U0276463

光学和光子学的术语及概念

Terminology and Conception of Optics and Photonics

（上卷）

麦绿波 等 著

科学出版社

北 京

内 容 简 介

　　本书系统介绍光学和光子学术语及概念的书籍，全书共十八章，术语及概念的内容包括：通用基础；视觉光学与色度学；几何光学；波动光学；量子光学；紫外和射线；激光；微光；红外；太赫兹；光通信；微纳光学；光学测量；光学材料；光学工艺；光学零部组件；光电器件与显示装置；光学仪器。各章又分别包含了多个层次类别的术语及概念，例如：第1章的通用基础包括光辐射波段、光的本征特性、光的传输与作用特性、辐射度学和光度学、光谱学、大气光学性质、海洋与水的光学性质、光学学科、自然界的光学现象等方面的术语及概念；第2章的视觉光学与色度学包括视觉基础、屈光系统、感光系统、视觉心理、眼损伤、眼镜光学、色觉、标准色度系统、其他表色系统、色度学应用等方面的术语及概念；第3章的几何光学包括几何光学基础、光线与光束、光线传输、光学系统要素、光学系统成像、棱镜光学性能、光学系统光束限制、像差、光学系统设计等方面的术语及概念；等等。

　　本书是光学和光子学领域里具有学习性、手册性、启发性和指导性特点的专业书籍，适用于光学和光子学领域的科学研究、高等教育、产品研发、产品制造、产品试验和检测、学术交流、技术管理、技术服务、技术文件撰写等，适合科学研究人员、产品设计人员、教师、本科生、研究生、测试人员、制造人员、技术管理人员和技术服务人员等阅读。

图书在版编目(CIP)数据

　光学和光子学的术语及概念/麦绿波等著.—北京：科学出版社，2025.1
　ISBN 978-7-03-077657-0

　Ⅰ. ①光…　Ⅱ. ①麦…　Ⅲ. ①光学–基本知识②光子–基本知识　Ⅳ. ①O43②O572.31

　中国国家版本馆 CIP 数据核字(2023)第 252887 号

责任编辑：刘凤娟　孔晓慧／责任校对：彭珍珍
责任印制：张　伟／封面设计：麦绿波　徐　惠　无极书装

科学出版社 出版
北京东黄城根北街 16 号
邮政编码：100717
http://www.sciencep.com
北京建宏印刷有限公司印刷
科学出版社发行　各地新华书店经销
＊
2025 年 1 月第 一 版　开本：720×1000　1/16
2025 年 1 月第一次印刷　印张：107 1/4　插页：6
字数：2 080 000
定价：499.00 元（全 2 卷）
(如有印装质量问题，我社负责调换)

撰 写 人 员

前　　言

　　光学和光子学是研究光的产生、传输、接收、作用效应等规律及其应用的学科。光学和光子学的基本理论主要是由几何光学、波动光学、量子光学、辐射度学和光度学等学科支撑起来的。几何光学是用几何关系解释光的粒子性直线传输特性的理论，是连续的和宏观定量的，研究分析的对象是**光线**；波动光学是用光的波动性解释光的微观和宏观波动现象的理论，是连续的、微观和宏观定量的，研究分析的对象是**光波**；量子光学是用量子的力学特性解释光的粒子和波动微观特性的理论 (有些特性也适用于宏观)，是离散的、定量的，研究分析的对象是**光子**；辐射度学和光度学是解释辐射能量和光能量发射和接收的宏观度量的理论，研究分析的对象是**光度** (此处指广义光度，含辐射度)。这四个学科的理论构成了光学和光子学的基础理论，它们对光线、光波、光子和光度的研究、延伸、交叉、应用和发展等，派生发展出光学设计、光学测量、光电器件、显示装置、光学仪器、光学工艺、色度学、光谱学、微光、红外、激光、紫外、太赫兹、光通信、微纳光学、海洋光学、大气光学、空间光学、自适应光学等学科和领域。

　　光学和光子学已广泛应用于观察、成像、传感、探测、感知、通信、绿色能源、医疗、加工、军事等领域。光学和光子学尽管发展历史悠久，但仍然还是迅速发展的学科领域，当今的智能终端、量子通信、量子计算机、物联网、自动驾驶、智能制造、无人机、人型机器人、人工智能、大数据、虚拟现实 (VR)、增强现实 (AR) 等领域的发展对光学和光子学的需求突显，为光学和光子学进一步打开了更广的发展空间，将带来更好的应用发展前景。

　　术语是概念或定义的命名或指称，用精简的词或词组代表概念名称，以方便知识、思想的书面和口头表达与交流。概念 (或定义) 是知识的核心要素，是对术语含义的叙述和界定，可用文字、符号、公式、图形等进行表达，以获得对术语概念内涵、外延的准确认识。术语及概念是知识的基本单元和重要基础，是思维依靠的基本单元，是 "思维的细胞"。各门学科的科学和技术知识体系都是由本学科的术语及概念体系支撑起来的，是学科知识体系的核心基本单元和基础框架。学科的知识体系大厦就是由大量的学科术语及概念基本单元构建起来的。

　　术语及概念是解决知识认识、思考、交流的集中性、耦合性、准确性和高效性的需要。术语使技术或专业知识的交流简洁、准确、高效。概念为术语的理解提供实在的内容和深层含义的支撑。术语及概念构成了学科知识学习、思考、研

究、交流、发展的重要基石。没有术语就没有交流的集中性、耦合性、准确性和
高效性。没有术语的交流将会导致须用大量的概念描述性语言或文字来进行发散
性交流，使交流极其低效和不可靠。另一方面，仅仅应用了术语，但对术语相应
的概念不很清楚或完全不知道的交流，是一种没有实际效果的和没有实质收获的
交流。因此，只有应用了术语并拥有术语清晰、准确的概念时，使用术语的交流
才能起到知识的准确传达、教授、启发、理解等价值性学术作用。专业技术知识
概念的建立工作，是对技术专业领域的现象、技术、方法、数值计算、过程等知
识内涵和外延的全面、准确、精简的概括，属于技术哲学性质的建设工作。学科
术语及概念的准度、深度和宽度是学科基础实力的体现。

　　本书术语及概念撰写的基本思路是：建立一个相对系统、完整的光学和光子
学的术语、概念和符号体系，即成体系、成系统和全要素的光学和光子学的术语
及概念；优先选取科研、教学、生产、学术交流中使用频率高的术语；尽量考虑新
技术发展产生的新术语；填补学科和领域术语的空缺；吸纳国际上提出的新术语；
加强对原有术语的深化和充实，以丰富其内涵；注重描述清楚不易理解和容易混
淆的术语；术语的名称力求精练；概念内涵力求准确和深入；原则上不纳入专业
性不强的普遍性通用术语。按以上原则，力求使本书的内容具有系统性、科学性、
准确性、新颖性、深入性、指导性、适用性、启发性等。系统性体现在对光学和
光子学术语进行体系化设计，建立了几乎覆盖光学和光子学各学科或专业领域的
共十八章术语及概念，形成体系化、系统、全面、互相联系和相互支持的术语及
概念。科学性体现在术语的概念表达尽量加入底层科学原理、数据、公式、图形、
表格等理论性要素，使术语概念的表达基于充分的科学元素。准确性体现在三个
方面：一是术语与概念具有准确对应关系，二是术语概念的描述深化到精准的内
涵，三是不采用简单和笼统的概念描述方式，避免给术语概念的理解带来空洞性、
模糊性、多义性和歧义性。新颖性体现在将光学和光子学发展的新术语及概念充
分纳入本书中，而对原有术语及概念赋予新的认识和内涵，使本书的术语及概念
具有时代感。深入性体现在将"深"作为重要的着力点，使术语的概念不仅要起到
认识和分辨概念的作用，还要能发挥深化概念内涵认识、支持科学工作和启发创
新的作用，使概念深入到底层内涵和本质要义，并用言简意赅的文字、必要的公
式、实用的数据、形象的图形、分析性的表格等要素来深刻表达，例如：涉及数值
关系的术语概念尽量给出量值界限，以为技术关系划界提供可靠的依据；涉及计
算关系的概念给出支持概念完整表达的、可靠的公式，能直接用于相关数值的计
算，以起到手册的作用；涉及几何和结构关系的概念给出概念的图形表达，使复
杂的空间关系更易于理解等。指导性体现在通过对术语及概念注入密切相关的原
理、数据、公式、图形、应用等深层次的多维要素，使读者在阅读这些术语及概念

时能获得更深的认识，在应用这些概念时获得更多的启发性引导。适用性体现在写入本书的术语及概念是光学和光子学领域使用频率较高的和覆盖较全面的，并具有"想查的基本能查到"和"查到的内容是可靠的"特性。规范性体现在术语概念的描述以求做到语言描述的规范性、公式应用表达的规范性、图形绘制的规范性、表格格式和表述的规范性，使全书的用语和表述方式协调一致。

本书的术语概念的撰写，力戒那种"**既无错也无用**"的术语概念，或者说避免那种"空洞无实的术语概念"。术语概念的具体写法是首先给出反映术语概念本质要义的精准内涵，尽量给出术语概念表达的相关公式、图形、表格等内容 (如果有)，尽可能给出有助于概念理解的其他视角的等价特性描述和增加相关的特点分析及应用内容来充实和丰富术语概念，由此来深化和扩展对术语概念的认识。术语概念的深化的写法以"光程"术语概念的写法为例：

光程 optical path

光在真空中传输的几何路程，或等效光传输时间在真空中所传输的距离，用长度单位度量。光通过折射率大于真空的介质时，光程 l 为光通过的介质几何路程 s 乘以介质的折射率 n，或者，光通过的介质几何路程 s 乘以光在真空中的传播速度 c 除以光在折射率为 n 的介质中的传播速度 v，或者，光通过介质的几何路程 s 所用的时间 t 乘以光在真空中的传播速度 c，按公式 (0-1) 计算：

$$l = s \cdot n = s\frac{c}{v} = t \cdot c \tag{0-1}$$

光在空气中传输的几何路程可近似等于光程。无论在任何介质中，光在相同时间所传输的光程是相同的，而且相同频率的光单位时间传输的波周期数是相同的，与其传输的介质差别无关。光在高折射率介质中的传输速度低于在低折射率介质中的传输速度。光在高折射率介质中的传输波长短于在低折射率介质中的传输波长。从光的传输角度，光程大小与光的传输时间有关，与光的波长无关。光学相位延迟器就是利用了不同偏振方向的光在双折射介质中传播的时间差所导致的光程差的原理制作的。

而对"光程"术语概念的普遍写法 (包括标准中的写法) 是"光在介质中传播的几何路程与介质折射率的乘积"。本书对"光程"术语概念的写法不仅给出了准确的定义，还从多个角度描述了"光程"的概念，给出了其计算的公式，以及"光程"相关的深层次的特性，因此，能帮助读者深化对"光程"术语概念的认识，还能为"光程"概念的应用提供启发性的引导。

目前，在一些出版物中，存在着一种现象，术语概念的内容非常简单，有些甚至用术语本身进行自定义，即用术语名词本身来进行概念的定义，或者用术语名词简单推理建立定义。这种定义没有体现术语概念的内涵要素，不能为术语概念的认识提供有效帮助。例如，将"焦距仪"、"全息显微镜"、"显示信噪比"、"光学塑料"、"光刻机"、"近轴光线"、"迈克尔逊干涉仪"、"马赫-曾德尔干涉仪"等术语分别定义为"测定透镜焦距的仪器"、"采用全息原理的显微镜"、"由显示器输出的信噪比"、"用于制作光学零件的塑料"、"制备半导体器件的光刻工艺设备"、"在近轴区内传播的光线"、"由迈克尔逊设计的双光束干涉仪"、"由马赫和曾德尔设计的双光束干涉仪"等, 这些定义基本属于自定义, 缺乏术语的技术性本质内涵和技术性特点等描述, 只是加了一点不需要有专业知识修养就能加的修饰性定语, 是顾名思义就能写的定义, 且概念描述的文字数比术语本身多不了几个字。虽然"迈克尔逊干涉仪"和"马赫-曾德尔干涉仪"的定义中都有"双光束"这一技术特征, 区别只是人名, 会让读者认为这两种干涉仪是一样的。实际上, 这两种干涉仪有明显的区别, 主要区别是采用的光源不同和原理光路不同, 前者采用宽光源, 光束分束后经反射镜反射原路返回后叠加干涉, 后者采用相干点光源 (也可用扩展相干光源), 光束分束后只经过一次不重复的路径传输后叠加干涉, 并且两种仪器都需要有原理光路图才易看清楚和区别开。遗憾的是, 上述那些**既没错也没意义**的术语定义不是个别情况, 具有一定的普遍性。

本书中术语及概念是通过四类不同深度工作建立的。大部分术语及概念是通过深读光学和光子学方面的专著、论文和标准等归纳提炼并加入作者的认识, 对原有术语的概念重新深化注入底层原理内涵, 扩展性质、特点和应用等外延撰写构建的。一部分术语及概念是根据光学和光子学学科理论及技术发展和建设的需要新创建的, 例如: "波粒子"、"光速恒定性"、"真像"、"同像"、"均匀性值"等。"波粒子"术语及概念的创建, 从理论上解决了无质量的能量粒子 (光子) 和实物粒子统一的问题, 为粒子性和波动性提供一个更全面的统一载体; "光速恒定性"为时空相对关系的分析提供了一个重要基准, 它既是麦克斯韦方程的结论, 也是爱因斯坦相对论的基本假设; "真像"不是镜像, 也不一定是实像, 可以是正像或倒像或旋转的像等, 它是与原物坐标系一致的像, 这一概念解决了反射镜和棱镜反射像描述的不全面问题。本书的术语及概念中只有很小一部分是对现有术语及概念进行适当完善和编辑修改建立的, 这部分术语概念原来就相对比较完善。

本书按光学和光子学的学科或专业设立章, 共设立了十八章, 各章大体上是按从基础到应用排序, 对于那些不存在谁为谁的基础的章或相互之间平行的章, 主要是按光谱由短波到长波的先后顺序排序, 也有按技术发展的先后等来进行的章排序。

本书的术语和概念包括术语名称、概念 (或定义) 和符号等。本书对每一项术语都给出了相应英文术语。在本书的术语中, 有些术语可能会有两个或三个英文术语对应着同一个知识概念。排在第一的英文术语多为国际标准、国外标准、国外专业书籍、技术文献中主要使用的英文术语, 其他等同义英文术语放在第二位或第三位。本书的英文术语构成了光学和光子学领域相对全面的专业英文术语,可为读者英文科技文献的阅读和对外学术交流提供有效的专业英文词汇。在光学和光子学领域中存在一些使用领域广、使用频率高、含义相同或相近的术语，例如，"透射比"、"透过率"、"透过系数"、"透过比"和"透光率"等，"分辨力"和"分辨率"等，这些术语至今并没有得到很好统一。没有统一的原因有：某些领域长期形成的用语习惯，例如，镀膜领域习惯用"透过率"术语，眼镜领域习惯用"透光率"术语等；有些被认为是相同术语之间在不同的情形存在一定的差别，例如，"分辨力"和"分辨率"，"分辨力"指分辨细节的能力，适合应用于光学镜头和光学系统 (细节的辨别方)，而"分辨率"指包含细节的比例 (如单位长度的线对数等)，适合应用于显示器、分辨率板等图案类对象 (细节的提供方)，一个是细节的辨别方，一个是细节的提供方，在所指对象不同时内涵也就有所不同。本书不打算强行统一，但将标准中规定的术语作为优先术语，而对于对象不同术语不同的，给相应的对象赋予适合的术语。

　　书中对等价性的术语称谓分别采用了"又称为……"、"也称为……"或"简称为……"等引导语。当采用"又称为……"的引导语时，引出术语的称谓与条款号后的主术语具有几乎同等的使用地位；而当采用"也称为……"的引导语时，引出的术语称谓是在过去一定时期或一定领域中习惯性使用的称谓，多指历史上的称谓，也有可能是在一些领域或地方现还在使用的称谓；当采用"简称为……"的引导语时，引出的术语称谓是对主术语的简化。本书将这些称谓都尽可能列出，以使读者马上就能知道这些有小差别的术语的内涵和概念是一样的，避免读者花许多时间和精力去查证和辨别它们之间的区别，也有利于避免由于术语称谓不同引起的误解和困惑。

　　对于名称称谓相同而概念不同的或概念不完全相同的，或概念本质相同但有领域的特色、应用特点和个性内涵需要细化的等术语，在这些术语的定义或概念描述的开头，用尖括号"〈〉"在其内注明了这些术语使用的领域、学科、专业、产品、事项等归属关系，以对它们进行区别。例如：称谓同样为"分辨力"的术语，对于人眼是指"人眼能分辨观察物最小间距对应的角度"，而对于光学系统是指"光学系统对物方细节能区分开的能力"，因此，在人眼领域的"分辨力"术语的概念叙述前加了"〈人眼〉"，而在光学系统领域的"分辨力"术语的概念叙述前加了"〈光学系统〉"，以示它们之间的区别；称谓同样为"激光"的术语，一个是指激光辐射，另一个是指激光学科，分别在各自的定义或概念描述的开头加了"〈激光辐射〉"和"〈学科〉"；称谓同样为"捕获"的术语，一个是指光通信中对信号的捕获，另一个是指光学仪器对观察目标的捕获，分别在各自的定义或概念描述的开头加了"〈空间光通信〉"和"〈光学仪器〉"；称谓同样为"吸收"的术语，一个是指各种介质吸收的广义概念 (大概念)，另一个是指某专业领域 (如光学材料) 的吸

收特性 (小概念)，在大概念与小概念的关系上，在大概念和小概念描述的开头都加尖括号 "〈　〉" 的说明，即在大概念吸收和光学材料吸收的定义或概念描述的开头分别加了 "〈基础〉" 和 "〈光学材料〉"。书中还有一些术语没有与其他术语重复，也在其定义或概念描述的开头加了尖括号 "〈　〉" 的说明，以表明其在光学领域的特色，这类术语通常是通用性更广、不限于光学和光子学领域的术语；在 "第13 章　光学测量术语及概念" 中，某个性能或物理量的测量有多个方法时，为了简化测量方法的称谓，采用了简化术语 (例如 "焦距法"、"剪断法" 等)，为了方便看清测量事项，在其定义或概念描述的开头加了尖括号 "〈　〉" 的说明，例如〈光纤宏弯损耗测量〉。

对于可归属到两章或多章的术语及概念，一般将其放入最贴近的章中，例如 "激光工作物质"，既可放入 "第 14 章　光学材料术语及概念" 中，也可放入 "第 7 章　激光术语及概念" 中，按照贴近原则将其放到了 "第 7 章　激光术语及概念" 中，使术语的使用和查找相对便捷。

在本书中，有的术语概念的描述用 "光"，有的用 "辐射"，采用 "光" 的地方多指可见辐射，采用 "辐射" 的地方是指不可见辐射或指包含可见和不可见的辐射。有些概念描述虽然用了 "光" 这个词，但也不排除所描述内容对不可见辐射的适用性，只是所描述的内容在可见光谱范围内用得更多或起源于可见光，以使描述的针对性更好和更贴近大部分情况或惯用的称谓。辐射通量、辐通量、辐射能通量和辐射功率是标准所规定的相同含义的不同名词，因而在本书中没有强行统一。百分比和百分数也是相同含义的不同名词，在本书中也没有强行统一。

在教学上，学科术语概念的质量是事关教学质量的要素；在科研中，术语概念的质量是事关知识认识的准度、深度和广度，以及有效研发和启发创新的要素；在学术交流中，术语概念的质量是事关消除交流障碍和提高交流效率的要素；在生产实践中，术语概念的质量是事关保证生产质量和生产安全的要素；在论文和书籍撰写中，术语概念的质量是事关论述准确性和深刻性的要素。正如少年强则国家强一样，**术语概念强则学科强**。建立系统性的、高质量的学科术语概念是学科建设重要的学术基础工作。

作者力图使本书为读者提供四个用途：一是学习用途；二是手册用途；三是规范用途；四是启发用途。由于每个人学习的学科专业有限，本书系统性的光学和光子学的术语及概念，能扩展读者的知识范围，为读者提供体系化、系统化的光学和光子学各专业或学科的术语及概念知识，满足读者扩展学习相关专业知识的需要，使本书起到助益学习的作用；由于每个人能记忆的术语及概念有限，本书系统性的光学和光子学的术语及概念知识，将满足读者随时查找需要了解的术语及概念的需要，使本书起到手册的作用；由于本书中有相当数量的术语及概念的撰写基于光学领域权威性的辞典、手册、书籍和标准等的素材，并通过相关专业的专家审查把关，且术语及概念撰写采用了规范、严谨的写法，本书具有一定程度的规范光学和光子学领域术语、概念、符号使用的指导作用；由于本书中有相当一部分的术语及概念的内涵描述深度比较深，尽量给出公式、图形、数据、表格、特点、分析、应用等有价值的内容，对科研、教学和生产等将具有启发性作用。术语和概念是科学和技术知识阅读理解的基础、书写表达的基础、学术交流的基础等，它可以用于科研、教学、生产、应用、服务，以及科技书籍、论文和文档的撰写，还可以用于日常生活中等。

　　本书于 2016 年开始撰写，历时 8 年，建立了庞大的光学和光子学的术语及概念体系，共计有术语概念 6510 多条，配图 1100 多幅。撰写期间共参阅相关的书籍、期刊和标准等 150 多本，撰写的过程也是笔者对光学和光子学系统性的概念的一次再学习、新学习、再认识和再提高的过程，笔者从中获得了大量的有益体会，并将这些有益的体会写入了本书，以为读者深化概念认识提供更多的帮助。在本书完成之时，笔者首先要感谢母校北京理工大学的严格教育和培养，笔者在校攻读学士、硕士和博士时打下了牢固的光学数理基础 (学士、硕士和博士三个学位论文均获得优秀成绩)，并培养了持续学习和深入思考的习惯。

　　特别要感谢沙定国教授、白廷柱教授、廖宁放教授、陈力研究员、邓玉强研究员等为本书的撰写提供了相关素材或补充了相关术语，并参加了有关章节内容的评审，提出了许多完善性的修改意见；感谢陈亦庆研究员、李勤学研究员、赵跃进教授、金伟其教授、吴重庆教授、白剑教授、高志山教授、孟军合研究员、刘红军研究员、王浟研究员、焦明印研究员、李晓峰研究员、郭晖研究员、孙利群教授、章婷研究员、宋海智研究员、韩森教授、杨鸿儒研究员、黎高平研究员、殷德奎研究员、宋余华研高、付秀华教授、杨伟声研高、胡向平研高、薛常喜教授、吴爱平研究员、杨爱英教授、盛传祥教授、刘智颖教授、林常规研究员、王劲松教授、吴征威教授、赵辉教授、钱惟贤教授、肖相国研究员、王乔方研究员、张平雷研究员、康文莉研究员、姜东升研高、赵建科研究员、张友荣研高、冯其波教授、陈津津研高、俞兵研究员、谢启明研高、杨静研高、苏瑛研究员、普世坤研高等参加了相关章节的审查，并提出了完善性的修改意见；感谢张玉莹 (13.6)、王欣、杨苏辉、胡滨、王元诚 (13.8)、李楠、张朴婧、李书衡、郭力维、麻云凤、陈晓梅和金有平等同志为某些章节搜集参考资料并支持相关的工作。

　　感谢北京理工大学、中国科学技术大学、浙江大学、清华大学、南京理工大学、电子科技大学、首都师范大学、中国科学院空天信息创新研究院、中国科学院上海技术物理研究所、上海交通大学、长春理工大学、上海理工大学、中国计量科学研究院、西安应用光学研究所、天津津航技术物理研究所、昆明物理研究所、北方夜视科技集团有限公司、公安部第一研究所、西南技术物理研究所、北京交通大学、西安电子科技大学、中国科学院西安光学精密机械研究所、华中科技大学、宁波大学、中国电子科技集团公司第十一研究所、江苏曙光光电有限公司、湖北新华光信息材料有限公司等单位的支持。最后还要特别感谢中国兵器工业标准化研究所为本书撰写提供的条件支持。

袁绿波

2023 年 2 月 7 日

目　录

下　卷

第 1 章　通用基础术语及概念

本章的通用基础术语及概念主要包括光辐射波段、光的本征特性、光的传输与作用特性、辐射度学和光度学、光谱学、大气光学性质、海洋与水的光学性质、光学学科和自然界的光学现象共九个方面的术语及概念。这些术语及概念是整个光学领域的基础，或本书各章的基础，具有基础性、通用性、广泛适用性的特点。光学和光子学的通用基础术语主要集中在第 1 章，以避免通用性和共用性术语及概念在各章的重复列入，同时还便于通用性和共用性术语的查找。对于光辐射波段的术语及概念，除了光学波段的内容外，还向长波方向的无线电波辐射和向短波方向的粒子射线辐射进行了一定的延伸，以方便对光学波段边界附近内容的了解。属于光子量的光子数、光子强度、光子亮度、光子出射度、光子照度、曝光子量等术语概念没有放在本章的 "1.6　辐射度学和光度学" 中，而是放到了 "第 5章　量子光学术语及概念" 中。有些可以看作是通用的光学基础术语及概念，例如，干涉、衍射等术语及概念，由于本书中有专门的 "第 4 章　波动光学术语及概念"，因此，这类基础性的术语及概念就放到了与其密切相关的章中。本章专门设了一节 "1.9　自然界的光学现象"，以对人们经常碰到的自然界光学现象进行专业性的解释。因为这些自然界的光学现象是人们普遍遇到的并想知道其光学原理的，这些原理不仅是大众想要了解的，也是一部分光学专业人士有了解需求的。因为它们的光学道理许多并不是显而易见的，甚至是需要比较复杂的光学关系分析和深刻的光学原理应用才能解释清楚。本书解释的部分光学现象是首次在公开出版物中作的专业性和深刻性的光学解释。在本章 1.9 节中，有些术语的概念不全是光学范畴的，对于这些术语，本节主要是侧重光学相关内容的描述或解释，例如"黑洞" 等。

1.1　光辐射波段

1.1.1　辐射 radiation

能量以波动或运动粒子形式的发射和传播。辐射包括电磁辐射和微粒子辐射，电磁辐射主要包括无线电波辐射和光学辐射，微粒子辐射包括 α 辐射、β 辐射和中子辐射等。

1.1.2 电磁辐射 electromagnetic radiation

能量以电磁波形式的发射和传播，包括以光子形式的发射和传播，也称为电磁波辐射。电磁辐射以辐射源为中心向各方向直线发射，辐射传播的速度约为 2.998×10^8 m/s (在真空中)。电磁辐射主要包括光学辐射和无线电波辐射，具体由 γ 射线、X 射线、紫外辐射、可见光、红外辐射、太赫兹波、无线电波等辐射组成。

1.1.3 电磁波谱 electromagnetic spectrum

波长范围为 10^{-14} m ~ 10^8 m 的电磁辐射按波长由短到长顺序排列的谱表，相应的频率范围为 3×10^{22} Hz ~ 3Hz。电磁波谱包括 γ 射线、X 射线、紫外辐射、可见光、红外辐射、太赫兹波、无线电波 (含微波) 等的波谱，γ 射线、X 射线、紫外辐射、可见光、红外辐射和太赫兹波属于光学波段的波谱，见图 1-1 所示。图 1-1(a) 为光学波段的波谱，图 1-1(b) 为无线电波段的波谱。以下电磁波谱段所给出的波长数值都是指真空中的波长数值 (因为电磁波在不同折射率介质中，波长是不同的)。

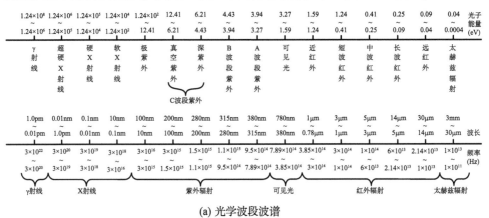

(a) 光学波段波谱

(b) 无线电波段波谱

图 1-1 电磁波谱

1.1.4 光学辐射 optical radiation

波长范围为 $1 \times 10^{-8}\mu m \sim 1000\mu m$ ($0.01pm \sim 1mm$) 的电磁辐射。按波段可分为 γ 射线、X 射线、紫外辐射、可见光和红外辐射五部分，见图 1-1(a) 所示。在位于日地平均距离处的地球大气上界的太阳全谱总能量辐照度为 $1368W/m^2$ (称为太阳常数值)，辐射光谱 99％的辐射能在 $0.15\mu m \sim 4.0\mu m$ 波长之间，可见光区占 50％。在地球大气上界的太阳辐射短波成分较多，称为短波辐射；到达地球的太阳辐射长波辐射成分较多 (可见光辐射占 40％，红外辐射占 60％)，称为长波辐射。

1.1.5 紫外辐射 ultraviolet radiation

波长范围为 $10nm \sim 380nm$（$0.01\mu m \sim 0.38\mu m$），其对应频率范围为 $3 \times 10^{16}Hz \sim 7.89 \times 10^{14}Hz$，相应的光子能量范围为 $1.24 \times 10^2 eV \sim 3.27eV$，波长比可见辐射波长短、人眼不可见的光学辐射，也称为紫外线 (ultraviolet, UV) 或紫外光 (ultraviolet light)。通常将波长范围在 100nm 和 380nm 之间的紫外辐射细分为 A 波段紫外辐射 (A 射线)、B 波段紫外辐射 (B 射线) 和 C 波段紫外辐射 (C 射线) (分别简称为 UVA、UVB 和 UVC)。将波长范围为 $10nm \sim 100nm$ 的辐射称为极紫外辐射（extreme ultraviolet radiation，EUV）。波长范围为 $100nm \sim 280nm$ 的辐射为 C 波段紫外辐射，$100nm \sim 200nm$ 波段称为真空紫外辐射 (vacuum ultraviolet radiation，VUV)，这个波段只适于在真空条件下进行研究和应用，而 $200nm \sim 280nm$ 波段称为深紫外辐射 (deep ultraviolet radiation，DUV)。

紫外辐射开始于可见光的短波极限，而其极紫外辐射波长与 X 射线的长波波长相接 (X 射线的波长范围为 $0.001nm \sim 10nm$)。

1.1.6 极紫外辐射 extreme ultraviolet radiation (EUV)

波长范围为 $10nm \sim 100nm$ 的光学辐射，其对应频率范围为 $3.0 \times 10^{16}Hz \sim 3.0 \times 10^{15}Hz$，相应的光子能量范围为 $1.24 \times 10^2 eV \sim 12.41eV$，也称为超紫外辐射。极紫外辐射几乎能电离所有的普通物质，因此，其不在普通物质中传播，只能在真空中传播。十几纳米波长或更短波长的极紫外光源是纳米级光刻的光源。也有将极紫外辐射的范围定为 $1nm \sim 100nm$，即最短波段延伸到了 1nm，或者说极紫外辐射和 X 射线共占了 $1nm \sim 10nm$ 的波段。

1.1.7 真空紫外辐射 vacuum ultraviolet radiation (VUV)

波长范围为 $100nm \sim 200nm$ 的光学辐射，其对应频率范围为 $3.0 \times 10^{15}Hz \sim 1.5 \times 10^{15}Hz$，相应的光子能量范围为 $12.41eV \sim 6.21eV$，又称为远紫外辐射。真空紫外辐射穿透力极弱，能使空气中的氧气氧化为臭氧，也被俗称为臭氧发生线。真空紫外辐射属于 C 波段紫外辐射。也有采用 190nm，而不是 200nm 作为真空紫外与深紫外的界限波长的。

1.1.8　深紫外辐射 deep ultraviolet radiation (DUV)

波长范围为 200nm~280nm 的光学辐射，其对应频率范围为 1.5×10^{15}Hz ～ 1.1×10^{15}Hz，相应的光子能量范围为 6.21eV~4.43eV，又称为短波紫外辐射。深紫外辐射将日盲紫外辐射包括在内。深紫外辐射也称为短波灭菌紫外线，其穿透力很弱，无法穿透大部分的透明玻璃和塑料。深紫外辐射属于 C 波段紫外辐射。也有采用 190nm，而不是 200nm 作为真空紫外与深紫外的界限波长的。

1.1.9　C 波段紫外辐射 C waveband ultraviolet radiation （UVC）

波长范围为 100nm~280nm 的光学辐射，其对应频率范围为 3.0×10^{15}Hz ～ 1.1×10^{15}Hz，相应的光子能量范围为 12.41eV~4.43eV，又称为短波紫外辐射。C 波段紫外辐射具有灭菌作用，细菌的脱氧核糖核酸和核蛋白最易吸收波长范围为 200nm~300nm（大部分为 C 波段）的紫外辐射。

1.1.10　B 波段紫外辐射 B waveband ultraviolet radiation (UVB)

波长范围为 280nm~315nm 的光学辐射，其对应频率范围为 1.1×10^{15}Hz~9.5×10^{14}Hz，相应的光子能量范围为 4.43eV~3.94eV，又称为中波紫外辐射。B 波段紫外辐射也称为中波红斑效应紫外线，对皮肤具有显著的晒红作用 (最敏感的波段为 297nm)，其穿透力中等，该波段的较短部分会被透明玻璃所吸收。

1.1.11　A 波段紫外辐射 A waveband ultraviolet radiation (UVA)

波长范围为 315nm~380nm 的光学辐射，其对应频率范围为 9.5×10^{14}Hz ～7.9×10^{14}Hz，相应的光子能量范围为 3.94eV~3.27eV，又称为长波紫外辐射、近紫外辐射。A 波段紫外辐射也称为长波黑斑效应紫外线，对皮肤具有显著的晒黑作用 (最敏感的波段为 365nm)，有较强的穿透力，能穿透大部分的透明玻璃和塑料。

1.1.12　日盲紫外辐射 solar blind ultraviolet radiation

波长范围为 240nm~280nm 的光学辐射。太阳辐射通过地球大气层时，240nm~280nm 波长的短波紫外辐射区会受到臭氧层的强烈吸收，形成该波段的截止区，因此该波段也称为日盲区。日盲紫外区的辐射也称为日盲紫外 (solar blind ultraviolet)，是太阳辐射的紫外波段进入地球大气层后消失的部分，其波长短于 280nm。

1.1.13　可见辐射 visible radiation

波长范围为 380nm~780nm（0.38μm~0.78μm），其对应频率范围为 7.89×10^{14}Hz~3.85×10^{14}Hz，相应的光子能量范围为 3.27eV~1.59eV，是可直接产生人眼明亮和颜色视觉的光学辐射，也称为可见光 (visible light)。可见辐射的波段范围取为 380nm~780nm 是根据国际照明委员会 [CIE：Commission Internationale de I'Eclairage (法

语）；International Commission on Illumination (英语)] 光谱光视效率函数表中的暗视觉的视觉截止波段和标准色度观察者颜色匹配函数表的截止波长确定的。而明视觉的视觉截止波段范围可达到 360nm~830nm。尽管可见光与红外辐射的界限还有 700nm、760nm、770nm 等多种界限说法，而 CIE 确定的界限是 780nm。在与紫外辐射相接的短波界限波长也有类似的不同划分，例如有 390nm、400nm 等。可见光光谱界限的划分问题，本质上是根据什么标准和在什么条件下为可见的问题，说清了采用的标准和条件，界限的划分就是可信任的。全谱可见辐射称为白光，又称为白色光、消色差光、无色光，实际是多种有色光的混合光。通常称可见辐射为可见光 (visible light)。可以通过用光谱中的红色、绿色和蓝色三原色的光，按一定比例混合得到白光，光谱中所有可见单色光按一定比例混合将成为白光。

1.1.14　红外辐射 infrared radiation

〈红外辐射波段〉波长比可见辐射波长长、人眼不可见的光学辐射，对应波长范围为 0.78μm~30μm 或 780nm~30000nm 的光学辐射，其对应频率范围为 3.85×10^{14}Hz~1.00×10^{13}Hz，相应的光子能量范围为 1.59eV~0.04eV。通常将红外波长范围的辐射细分为近红外辐射、短波红外辐射、中波红外辐射、长波红外辐射、远红外辐射。

1.1.15　近红外辐射 near infrared radiation

波长范围为 0.78μm~1μm 的光学辐射，其对应频率范围为 3.85×10^{14}Hz~3×10^{14}Hz，相应的光子能量范围为 1.59eV~1.24eV。也有将近红外波段的波长范围界定为 0.78μm~1.4μm。

1.1.16　短波红外辐射 short-wave infrared radiation

波长范围为 1μm~3μm 的光学辐射，其对应频率范围为 3×10^{14}Hz~1×10^{14}Hz，相应的光子能量范围为 1.24eV~0.41eV。也有将短波红外波段的波长范围界定为 1.4μm~3μm。

1.1.17　中波红外辐射 middle-wave infrared radiation

波长范围为 3μm~5μm 的光学辐射，其对应频率范围为 1×10^{14}Hz~6×10^{13}Hz，相应的光子能量范围为 0.41eV~0.25eV。

1.1.18　长波红外辐射 long-wave infrared radiation

波长范围为 5μm~14μm 的光学辐射，其对应频率范围为 6×10^{13}Hz~2.14×10^{13}Hz，相应的光子能量范围为 0.25eV~0.09eV。也有将长波红外波段的波长范围界定为 5μm~10.6μm。

1.1.19 远红外辐射 far infrared radiation

波长范围为 14μm~30μm 的光学辐射，其对应频率范围为 $2.14×10^{13}$Hz~$1×10^{13}$Hz，相应的光子能量范围为 0.09eV~0.04eV。

1.1.20 太赫兹辐射 terahertz radiation

波长范围为 30μm~3mm 的电磁辐射，其对应频率范围为 10THz~0.1THz 或 $1×10^{13}$Hz~$1×10^{11}$Hz，相应的光子能量范围为 0.04eV~0.0004eV。

1.1.21 爱克斯射线辐射 X-ray radiation

波长范围为 1.0pm~10nm 的电磁辐射，其对应频率范围为 $3×10^{20}$Hz~$3×10^{16}$Hz，相应的光子能量范围为 $1.24×10^{6}$eV~$1.24×10^{2}$eV，爱克斯射线也称为伦琴射线。X 射线波长较长的部分，波长范围为 0.1nm~10nm 的称为软 X 射线 (soft X-ray)，其对应频率范围为 $3×10^{18}$Hz~$3×10^{16}$Hz，相应的光子能量范围为 $1.24×10^{4}$eV~$1.24×10^{2}$eV；波长较短的部分，波长范围为 0.01nm~0.1nm 的称为硬 X 射线 (hard X-ray)，其对应频率范围为 $3×10^{19}$Hz~$3×10^{18}$Hz，相应的光子能量范围为 $1.24×10^{5}$eV~$1.24×10^{4}$eV；波长范围为 1.0pm~0.01nm 的称为超硬 X 射线 (superhard X-ray)，其对应频率范围为 $3×10^{20}$Hz~$3×10^{19}$Hz，相应的光子能量范围为 $1.24×10^{6}$eV~$1.24×10^{5}$eV。

1.1.22 伽马射线辐射 γ-ray radiation

波长范围为 0.01pm~1.0pm 的电磁辐射，其对应频率范围为 $3×10^{22}$Hz~$3×10^{20}$Hz，相应的光子能量范围为 $1.24×10^{8}$eV~$1.24×10^{6}$eV。射线是光子流，波长极短，是具有很大能量的电磁波，具有很强的穿透能力 (需要较厚的铅板或 1.5m 厚的混凝土墙才能将其屏蔽住)，速度为光速。

1.1.23 阿尔法射线辐射 α-ray radiation

高速运动的氦原子核形成的微粒子流。阿尔法射线带正电，电离能力强，穿透力弱，一张薄纸就可将其挡住。速度较光速小 ($2×10^{7}$m/s)。α 射线的波长短于 β 射线的波长。在宇宙射线辐射中包含有 α 射线。

1.1.24 贝塔射线辐射 β-ray radiation

高能高速电子流形成的微粒子流。贝塔射线带负电，电离能力比阿尔法射线弱，而穿透力较强 (相对于 α 射线穿透力强，但一张铝箔就能将其挡住)，速度接近光速 (0.99c)。在宇宙射线辐射中包含有 β 射线。

1.1.25 中子辐射 neutron radiation

由原子核中释放的中子形成的微粒子流。中子辐射不带电，不存在库仑势垒的阻挡，质量与质子相同，高能中子具有杀伤力。中子辐射由自由中子所组成，可由自发或感应产生核裂变、核聚变或其他核反应产生。中子与不同元素的原子核撞击，会产生不稳定的同位素，使物质具有放射性。

1.1.26　无线电波 radio wave

波长范围为 10^{-3}m~10^8m 的电磁辐射，其对应频率范围为 300GHz~3Hz，相应的频率辐射能量范围为 1.24×10^{-3}eV~1.24×10^{-14}eV。将波长为 0.1mm~1mm (即频率为 3000GHz~300GHz) 的波段作为无线电波向短波方向的延伸段。

(1) 无线电波按波长从短波到长波或按频率从高频到低频细分为：

➤ 至高频 (THF，亚毫米波) (波长 0.1mm~1mm，频率 3000GHz~300GHz；能量 1.24×10^{-2}eV~1.24×10^{-3}eV)；

➤ 极高频 (EHF，毫米波) (波长 1mm~10mm，频率 300GHz~30GHz；能量 1.24×10^{-3}eV~1.24×10^{-4}eV)；

➤ 超高频 (SHF，厘米波) (波长 1cm~10cm，频率 30GHz~3GHz；能量 1.24×10^{-4}eV~1.24×10^{-5}eV)；

➤ 特高频 (UHF，分米波) (波长 10cm~100cm，频率 3GHz~300MHz；能量 1.24×10^{-5}eV~1.24×10^{-6}eV)；

➤ 甚高频 (VHF，米波或超短波) (波长 100cm~10m，频率 300MHz~30MHz；能量 1.24×10^{-6}eV~1.24×10^{-7}eV)；

➤ 高频 (HF，短波) (波长 10m~100m，频率 30MHz~3MHz；能量 1.24×10^{-7}eV~1.24×10^{-8}eV)；

➤ 中频 (MF，中波) (波长 100m~1km，频率 3MHz~300kHz；能量 1.24×10^{-8}eV~1.24×10^{-9}eV)；

➤ 低频 (LF，长波) (波长 1km~10km，频率 300kHz~30kHz；能量 1.24×10^{-9}eV~1.24×10^{-10}eV)；

➤ 甚低频 (VLF，甚长波) (波长 10km~100km，频率 30kHz~3kHz；能量 1.24×10^{-10}eV~1.24×10^{-11}eV)；

➤ 特低频 (ULF，特长波) (波长 100km~1Mm，频率 3kHz~300Hz；能量 1.24×10^{-11}eV~1.24×10^{-12}eV)；

➤ 超低频 (SLF，超长波) (波长 1Mm~10Mm，频率 300Hz~30Hz；能量 1.24×10^{-12}eV~1.24×10^{-13}eV)；

➤ 极低频 (ELF，极长波) (波长 10Mm~100Mm，频率 30Hz~3Hz；能量 1.24×10^{-13}eV~1.24×10^{-14}eV)。

以上各频段的频率、波长和辐射能量之间的关系见图 1-1(b) 所示。其中，微波的波长、频率、辐射能量范围为：波长 1m~1mm；频率 300MHz~300GHz；能量 1.24×10^{-6}eV~1.24×10^{-3}eV)。

(2) 微波包含米波、分米波、厘米波和毫米波，其进一步细分为：

➤ UHF 波段 (波长 100cm~26.8cm；频率 0.30GHz~1.12GHz；能量 12.4 × 10^{-7}eV~4.64 × 10^{-6}eV) [P 波段 (波长 130cm~30cm；频率 0.23GHz~1GHz；能量 $9.51×10^{-7}$eV~4.14 × 10^{-6}eV)]；

➤ L 波段 (波长 26.8cm~17.6cm；频率 1.12GHz~1.70GHz；能量 4.64 × 10^{-6}eV~ 7.04 × 10^{-6}eV)；

➤ LS 波段 (波长 17.6cm~11.5cm；频率 1.70GHz~2.60GHz；能量 $7.04×10^{-6}$eV~ 1.08 × 10^{-5}eV)；

➤ S 波段 (波长 11.5cm~7.6cm；频率 2.60GHz~3.95GHz；能量 1.08 × 10^{-5}eV~ 1.64 × 10^{-5}eV)；

➤ C 波段 (波长 7.6cm~5.13cm；频率 3.95GHz~5.85GHz；能量 1.64 × 10^{-5}eV~ $2.42×10^{-5}$eV)；

➤ CX 波段 (波长 5.13cm~3.66cm；频率 5.85GHz~8.20GHz；能量 2.42 × 10^{-5}eV ~$3.39×10^{-5}$eV)；

➤ X 波段 (波长 3.66cm~2.42cm；频率 8.20GHz~12.40GHz；能量 3.39 × 10^{-5}eV ~5.13 × 10^{-5}eV)；

➤ Ku 波段 (波长 2.42cm~1.67cm；频率 12.40GHz~18.00GHz；能量 5.13 × 10^{-5}eV~7.45 × 10^{-5}eV)；

➤ K 波段 (波长 1.67cm~1.13cm；频率 18.00GHz~26.50GHz；能量 $7.45×10^{-5}$eV ~1.10 × 10^{-4}eV)；

➤ Ka 波段 (波长 1.13cm~7.50mm；频率 26.50GHz~40.00GHz；能量 1.10× 10^{-4}eV~1.66 × 10^{-4}eV)[Q 波段 (波长 1.0cm~6.0mm；频率 30GHz~50GHz；能量 1.24 × 10^{-4}eV~2.07 × 10^{-4}eV)]；

➤ U 波段 (波长 7.50mm~5.0mm；频率 40GHz~60GHz；能量 1.66 × 10^{-4}eV~ 2.48×10^{-4}eV) [Q 波段 (波长 9.0mm~6.0mm；频率 33GHz~50GHz；能量 1.37 × 10^{-4}eV~2.07 × 10^{-4}eV)]；

➤ E 波段 (波长 5.0mm~3.33mm；频率 60GHz~90GHz；能量 2.48 × 10^{-4}eV~ 3.72×10^{-4}eV) [M 波段或 V 波段 (波长 6.0mm~4.0mm；频率 50GHz~75GHz；能量 $2.07×10^{-4}$eV~ 3.18 × 10^{-4}eV)；W 波段 (波长 0.4cm~0.273cm；频率 75GHz~110GHz；能量 3.18 × 10^{-4}eV~4.55 × 10^{-4}eV)]；

➤ F 波段 (波长 3.33mm~2.14mm；频率 90GHz~140GHz；能量 3.72 × 10^{-4}eV~ 5.79×10^{-4}eV) [D 波段 (波长 2.73mm~1.76mm；频率 110GHz~170GHz；能量 4.55 × 10^{-4}eV~7.03 × 10^{-4}eV)]；

➤ G 波段 (波长 2.14mm~1.36mm；频率 140.00GHz~220.00GHz；能量 5.79× 10^{-4}eV~9.11 × 10^{-4}eV)；

➢ R 波段 (波长 1.36mm~0.923mm；频率 220.00GHz~325.00GHz；能量 9.11×10^{-4}eV~1.35×10^{-3}eV)。

方括号中的波段为内嵌波段的命名或近似等价波段的命名。

(3) 无线电波频段范围的应用领域：

➢ 极低频 (ELF)~ 特低频 (ULF) (频率 3Hz~3kHz)——音频；

➢ 极低频 (ELF)~ 高频 (HF) (频率 3Hz~15MHz)——视频；

➢ 特低频 (ULF)~ 至高频 (THF) (频率 3kHz~3000GHz)——射频无线电波；

➢ 高频 (HF)~ 极高频 (EHF) (频率 3MHz~300GHz)——雷达频段；

➢ 特高频 (UHF)~ 极高频 (EHF) (频率 300MHz~300GHz)——微波频段。

(4) 细化的各波段的主要应用为：

➢ 甚长波 (VLF)——越洋长距离通信、海岸与潜艇通信、海上导航等；

➢ 长波 (LF)——大气层内中等距离通信、地下岩层通信、海上导航等；

➢ 中波 (MF)——调幅广播、海上导航等；

➢ 短波 (HF)——远距离短波通信、短波广播、导航、电报、民用电台等；

➢ 超短波 (VHF)——电视、调频广播、对讲机、移动通信、雷达、无线电导航、电离层散射通信、流星余迹通信、人造电离层通信、对大气层内外空间飞行体 (飞机、导弹、卫星) 的通信等；

➢ 分米波 (UHF)——4G 手机通信、卫星导航、电视频道、无绳电话、微波炉、对流层散射通信、小容量微波接力通信、中容量微波接力通信等；

➢ 厘米波 (SHF)——5G 手机通信、大容量微波接力通信、数字通信、卫星通信、波导通信等；

➢ 毫米波 (EHF)——6G 手机通信、空间通信、近距离地面通信等。

(5) 微波细分应用为：

➢ L 波段以下——适用于移动通信；

➢ S 至 Ku 波段——适用于地面通信，包括地面微波接力通信及地球站之间的卫星通信；

➢ C 波段——波段应用比较普遍；

➢ U、E、F 波段毫米波——适用于空间通信及近距离地面通信。

1.2 光的本征特性

1.2.1 波粒二象性 wave-particle duality

光的传输和作用所表现出来的波动和粒子两种性质。波粒二象性是微观粒子的基本属性之一。光在干涉、衍射等现象中显示其波动性，故常被称为光波，但在发光和光电效应等现象中又显示了粒子性。电子、原子等通常被称为粒子，但在电子衍射等现象中表现了波动性，有物质波之称。因此，一切微观粒子都具有波粒二象性。粒子的能量或质量愈大，波动性愈弱，粒子性愈显著。较大的宏观粒子也可以认为只有粒子性。

1.2.2　波粒子 wavicle

具有波动的幅相位运动形态和粒子动能，传播方向为直线或特定轨迹的能量子。波粒子在传播方向上，其幅相位是波动的，对于光波幅相位是电磁场的振幅相位，对于实物微观粒子 (如电子) 是粒子出现的概率或统计密度。波粒子的波长 λ 按公式 (1-1) 计算：

$$\lambda = \frac{\upsilon \cdot h}{E} = \frac{2\pi\upsilon \cdot \hbar}{E} \tag{1-1}$$

式中：h 为普朗克常数；$\hbar$ 为约化普朗克常数；E 为粒子的能量；υ 为微观实物粒子的运动速度 (对于光子，$\upsilon = c$，c 为光速)。公式 (1-1) 是对所有波粒子都适用的波长计算公式。

由公式 (1-1) 可看出，波粒子的能量越大，波长越短，反之，波粒子的能量越小，波长越长。波粒子包括光子和实物微粒子。光波是没有质量的非实物波粒子。对于有质量的实物波粒子，其波动的波长 λ 可按公式 (1-2) 计算：

$$\lambda = \frac{h}{p} = \frac{2\pi\hbar}{p} = \frac{h}{m\upsilon} = \frac{2\pi\hbar}{m\upsilon} \tag{1-2}$$

式中：p 为微观实物粒子的动量，$p = m\upsilon$；h 为普朗克常数；$\hbar$ 为约化普朗克常数；m 为微观实物粒子的质量；υ 为微观实物粒子的运动速度。

本书波粒子概念的提出，具有统一光子和微观粒子的波粒二象性的意义，它是一个集波动性和粒子性于一体的概念。

1.2.3　德布罗意波 de Broglie wave

微观实物粒子运动所具有空间位置出现的概率波，又称为物质波 (matter wave)。德布罗意波反映了实物粒子的波动性。一切微观粒子都具有波粒二象性。运动电子的波称为电子的德布罗意波。从公式 (1-2) 可看出，微观实物粒子的动量和质量越大，波长越短，即波动性越弱，粒子性越显著，反之，波长越长，即波动性越强，粒子性越弱。较大的宏观粒子也可以认为只有粒子性。对于普通实验室的电子，电子波的波长与 X 射线有相同的数量级，都是几埃。例如，一个自由电子的动能 $E = 20\text{eV}$，其速度为 $2.67\times10^{6}\text{m/s}$，其相应的德布罗意波长 $\lambda \approx 0.3\text{nm}$，即 3 埃 (Å)。

玻恩 (M. Born) 基于波的性质提出了德布罗意波的统计解释：某一时空点上物质波的强度与粒子在该点出现的概率密度成正比；在量子力学中，可以通过粒子的物质波波函数求解粒子的坐标、能量、动量等各种物理量。

1.2.4　电磁光学特性 electromagnetic optical characteristics

基于麦克斯韦方程组的光学理论，定性和定量精确推导和解释的宏观光学现象的特点和性质。电磁光学特性反映了光的横波电磁矢量本质，能够演绎出几何光学、波动光学的全部理论，也能够解释光的偏振、色散、散射、双折射和发光等现象。

1.2.5　光速 velocity of light

光在真空中传播速度的大小，用符号 c 表示，单位为 m/s。它不随频率或波长而变化，其值为 299792458m/s，是基本物理常数。

光在介质中传播的速度 v 均小于 c，且随介质的折射率 n 或电磁波的频率而变化，按公式 (1-3) 计算：

$$v = \frac{c}{n} \tag{1-3}$$

式中：v 为光在介质中传播的速度 (m/s)；c 为光在真空中传播的速度 (m/s)；n 为介质的折射率。

1.2.6　光速恒定性 constancy of light velocity

在真空中，光源无论处于何种运动状态，其所发出光的速度都不变的性质，也称为光速不变性。光速恒定性既是麦克斯韦方程的结论，也是爱因斯坦相对论的基本假设。时空是相对的，是基于光速为恒定性的 (真空中的光速为 299792458m/s)，是物质和能量的时空相对性，它为时空相对关系的分析提供了一个重要基准。光速恒定性，也是真空中不同光频率的速度恒定性质。

1.2.7　波长 wavelength

在波传播方向上，相位相同的相邻两点间的距离，用符号 λ 表示，单位为米 (m)，见图 1-2 所示。图中的 A 为波的幅值或振幅。电磁波和光波的波长分别为其振动相位相同的相邻两点间的距离。

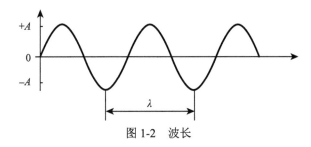

图 1-2　波长

介质中的波长等于真空中的波长除以介质的折射率。除另有说明外，波长值通常是指标准空气中的值。标准空气 (高度为海平面，$T = 15℃$，$P = 101325Pa$) 对可见辐射的折射率值在 1.00027~1.00029 之间。在光辐射测量中，常用的波长单位为 nm 或 μm。

1.2.8 真空中波长 wavelength in vacuum

一个无限大平面电磁波在真空中传播的波长，用符号 λ_0 表示。对于一个频率为 ν 的电磁波，真空中波长按公式 (1-4) 计算：

$$\lambda_0 = \frac{c}{\nu} \tag{1-4}$$

式中：λ_0 为电磁波在真空中传播的波长；c 为光速，$c = 299792458m/s$；ν 为电磁波频率。

[ISO 13695：2004，3.1]

1.2.9 空气中波长 wavelength in air

在空气中传播的电磁波的波长，用符号 λ_{air} 表示。空气中波长与真空中波长的相关关系按公式 (1-5) 计算：

$$\lambda_{air} = \frac{\lambda_0}{n_{air}} \tag{1-5}$$

式中：λ_{air} 为电磁波在空气中传播的波长；λ_0 为电磁波在真空中传播的波长；n_{air} 为环境空气的折射率。

环境空气的湿度、压力、温度和成分等特性会影响空气的折射率，因此，当用波长作为基准时，最好采用真空中或者标准空气中的波长。

[ISO 13695：2004，3.2]

1.2.10 标准干燥空气中的波长 wavelength in air under standard condition

在标准干燥空气 (相对湿度为 0%) 中传播的电磁波波长，用符号 λ_{std} 表示。标准状态下干燥空气中的波长与真空中波长的相关关系按公式 (1-6) 计算：

$$\lambda_{std} = \frac{\lambda_0}{n_{std}} \tag{1-6}$$

式中：λ_{std} 为电磁波在标准干燥空气中传播的波长；λ_0 为电磁波在真空中传播的波长；n_{std} 为标准干燥空气的折射率。

[ISO 13695：2004，3.3]

1.2.11 波数 wave number

波长 λ 的倒数，用符号 f 表示，单位为 cm^{-1} (在光谱学中常用的波数单位为 cm^{-1})，也称为空间频率，见图 1-3 所示，按公式 (1-7) 计算：

$$f = \frac{1}{\lambda} \tag{1-7}$$

波数表达在传播方向上空间单位距离具有光波的相位延迟量，或空间单位距离具有整波长长度的数量，波长越短波数越大，单位距离具有的相位延迟量越多；反之，波长越长波数越小，单位距离具有的相位延迟量越少；波数的整数部分为单位长度上具有波长整数的数量，小数部分为一个波长的百分数；用一个长度量与波数相乘可获得该长度的光波传播相位值或该长度上拥有的光波波长的和。当距离的度量方向与光波传播方向成一角度 θ 时，波数按公式 (1-8) 计算：

$$f_\theta = f \cdot \cos \theta \tag{1-8}$$

式中：f_θ 为与光波传播方向成 θ 角度方向的波数。当光传播的方向与一个投影方向成 θ 角，角度 θ 越大，投影方向的波数越小，投影的波长间隔就越大；两个光学面之间的干涉条纹宽度就是利用这个原理使波长在近似于垂直光传播方向被放大到看得很明显的。

波数 f 和传播数 k 有密切的关系，或者说是一种本质的两种表达形式，波数 f 乘以 2π 为传播数 k，即 $k = 2\pi f$，传播数 k 是波矢 $\boldsymbol{k}$ 的标量。

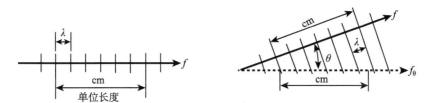

图 1-3 波数

1.2.12 频率 frequency

振动的物理量单位时间内电磁波的振动周期次数，用符号 ν 表示，单位为 Hz。真空中，频率与波长之间的关系按公式 (1-9) 计算：

$$\nu = \frac{c}{\lambda_c} \tag{1-9}$$

式中：λ_c 为真空波长，nm；c 为光速，km/s。在光学中，频率是单位时间内电磁波的振动周期次数。电磁波在介质中传播时，频率为电磁波在介质中的速度除以其在介质中的波长。电磁辐射在任何介质中传播时，其频率均保持不变。频率是光波的恒定参数，多普勒现象看到的频率或颜色 (可见光时) 改变，实际上是接收方接收频率的改变 (或接收感受)，不是发射方的频率或颜色 (可见光时) 改变。

1.2.13   相位 phase

度量振动的物理量传播的场强度周期性变化的时间位置或空间位置，一般用相角表示，单位为度或弧度，也称为周相、位相，见图 1-4 所示。在光学中，相位是度量电磁波传播的电场或磁场强度周期变化的时间位置或空间位置，用相位表示。

相位是波形循环变化中的度量。在振动或波动中，这种振动的相位状态决定于从某一选定的时刻作为起点计算的时间，或是从某一选定的位置计算的距离。最简单的周期运动是用正弦函数表示的。一种常用的图示方法是用图 1-4 所示的波动传播过程的距离表示。另一种图示方法是令一矢量绕与另一有着共同起点的更长的参考矢量的共同起点旋转，则该矢量旋转过程在参考矢量 (通常采用固定的水平矢量) 上的投影即为一正弦振动，两矢量之间夹角为相角。若在所选的时间起点相角为零，则在时间 t 时的相角按公式 (1-10) 计算：

$$\delta = \omega t \tag{1-10}$$

式中：δ 为相角，rad；ω 为矢量的角速度，rad/s；t 为时间，s。

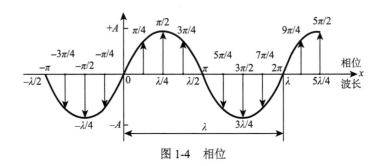

图 1-4   相位

1.2.14   振幅 amplitude

振动的物理量可能达到的最大值，是表示振动的范围和强度的物理量，简称为幅，用符号 a 或 A 表示。振幅是振动物理量偏离平衡位置的最大值。最常见的振动是正弦振动。在波动光学中，电磁波振动 (或扰动) 的振幅分别为电场强度 E_0 和磁感应强度 B_0 (或磁场强度 H_0)。在用复数表示的振动关系中，复振幅中振幅为实数，相位表达部分为虚数，复振幅与其共轭复数的乘积等于振幅平方，而振幅平方与能量成正比。

1.2.15 偏振 polarization

光波垂直于传播方向的强度振动矢量方向按一定规律随时间变化或不变化的现象。偏振体现了电磁波的横波特性。习惯上将电磁波的振动看作是电场矢量的振动。光波的偏振有线偏振、圆偏振、椭圆偏振等状态，线偏振的强度振动矢量方向不随时间变化，而圆偏振和椭圆偏振的强度振动矢量方向是随时间有规律变化的。

1.2.16 光子能量 photon energy

单光子的辐射频率与普朗克常数的乘积，用符号 E 表示，按公式 (1-11) 计算：

$$E = h\nu = 2\pi\hbar\nu \tag{1-11}$$

式中：E 为光子能量，eV 或 J；h 为普朗克常数；$\hbar$ 为约化普朗克常数；ν 为光辐射频率，Hz。

1.2.17 光子简并度 photon degeneracy

在光场中，处于同一光子态的光子数，用符号 $\bar{n}$ 表示。光子简并度具有相同含义的表述有：同态光子数；同一模式内的光子数；处于相干体积内的光子数；处于同一相格内的光子数。

1.2.18 光辐射压力 light radiation pressure

光照射到物体上时，由于电磁波具有能量或动量，物体对光的吸收和反射产生的反作用力而形成的压力，简称为光压，按公式 (1-12) 计算：

$$P_{\mathrm{a}} = \frac{h\nu(1+\rho)\cos i}{c} \tag{1-12}$$

式中：P_{a} 为光辐射压力，Pa；h 为普朗克常数；ν 为光辐射频率，Hz；ρ 为物体对光的反射率；i 为光对物体表面的入射角；c 为光在真空中的速度，m/s。

当物体表面为全反射时，光压按公式 (1-13) 计算：

$$P_{\mathrm{r}} = \frac{2h\nu\cos i}{c} \tag{1-13}$$

式中：P_{r} 为物体的全反射压，Pa。

光压很微弱，太阳垂直入射地面且全部被吸收的光压只有 4.7×10^{-6}Pa。光压作用的一个典型例子是彗星形成的形状。彗星的彗尾就是由于彗星靠近太阳时，彗星中的尘埃和气体分子受到太阳辐射的光压作用而产生的，并且光压作用使彗尾指向了太阳的反方向。

1.3   光的传输与作用特性

1.3.1   光程 optical path

光在真空中传输的几何路程,或等效光传输时间在真空中所传输的距离,用长度单位度量。光通过折射率大于真空的介质时,光程 l 为光通过的介质几何路程 s 乘以介质的折射率 n,或者,光通过的介质几何路程 s 乘以光在真空中的传播速度 c 除以光在折射率为 n 的介质中的传播速度 v,或者,光通过介质的几何路程 s 所用的时间 t 乘以光在真空中的传播速度 c,按公式 (1-14) 计算:

$$l = s \cdot n = s\frac{c}{v} = t \cdot c \tag{1-14}$$

光在空气中传输的几何路程可近似等于光程。无论在任何介质中,光在相同时间所传输的光程是相同的,而且相同频率的光单位时间传输的波周期数是相同的,与其传输的介质差别无关。光在高折射率介质中的传输速度低于在低折射率介质中的传输速度。光在高折射率介质中的传输波长短于在低折射率介质中的传输波长。从光的传输角度,光程大小与光的传输时间有关,与光的波长无关。光学相位延迟器就是利用了不同偏振方向的光在双折射介质中传播的时间差所导致的光程差的原理制作的。

1.3.2   光程差 optical path difference

两束光传输的光程之差或一束光传输的两个时刻的光程之差。两束通过不同路径和不同折射率介质的光的光程差 Δl 为,一束光通过折射率为 n_1 的介质、介质中传输的几何路程 s_1 的光程,减去另一束光通过折射率为 n_2 的介质、介质中传输的几何路程 s_2 的光程,或者一束光通过的介质几何路程 s_1 乘以光在真空中的传播速度 c 除以光在折射率为 n_1 的介质中的传播速度 v_1,减去另一束光通过的介质几何路程 s_2 乘以光在真空中的传播速度 c 除以光在折射率为 n_2 的介质中的传播速度 v_2,按公式 (1-15) 计算:

$$\Delta l = s_1 n_1 - s_2 n_2 = s_1 \frac{c}{v_1} - s_2 \frac{c}{v_2} \tag{1-15}$$

光程差常用于干涉、像差、波前差等现象和量的表达和计算中。

1.3.3   反射定律 law of reflection

描述光线在两种介质界面上反射传播所遵循规律的定律。反射光从一种介质进入另一种介质的界面时,入射光的传播返回到入射介质中的现象。反射光线和入射光线分别与两种介质界面法线的夹角绝对值相等,符号相反 (光线转向法线,顺时针方向为正，反之为负)，位于法线的两侧，并在入射光线和法线决定的同一平面内，见图 1-5 所示，反射角与入射角的关系符合公式 (1-16) 的关系：

$$I'' = -I \tag{1-16}$$

式中：I'' 为反射角，单位度 ($°$)；I 为入射角，单位度 ($°$)。图 1-5 中的 I' 为折射角。反射角和入射角的符号也有分别采用 θ'' 和 θ 的。

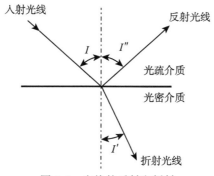

图 1-5　光线的反射和折射

1.3.4　折射定律 law of refraction

描述光线经两种介质界面进入到另一种介质中传播所遵循规律的定律。入射光从一种介质进入另一种介质时，入射光由两种介质界面进入另一种介质的光的传播方向发生改变的现象，见图 1-5 所示。折射光线和入射光线位于法线的两侧，并在入射光线和法线决定的同一平面内。折射角的正弦与入射角的正弦之比等于入射光所在介质的折射率与折射光所在介质的折射率之比，按公式 (1-17) 计算：

$$\frac{\sin I'}{\sin I} = \frac{n}{n'} \tag{1-17}$$

式中：I' 为折射角，单位度 ($°$)；I 为入射角，单位度 ($°$)；n 为入射光所在介质折射率；n' 为折射光所在介质折射率。入射角和折射角的符号也有分别采用 θ 和 θ' 的。

光线从光疏介质进入光密介质时，折射角小于入射角；光线从光密介质进入光疏介质时，折射角大于入射角。光由水进入空气的临界角约为 $48.5°$，玻璃进入空气的约在 $30° \sim 42°$ 之间，金刚石进入空气的约为 $23.7°$。

1.3.5　全反射 total reflection

光线从折射率较高的介质 (光密介质) 向折射率较低的介质 (光疏介质) 入射时，如果入射角 I 大于临界角，光线将被界面全部反射回原介质，不再进入折射率较低介质中的现象,见图 1-6 所示。全反射是折射光线的折射角大于 90° 时导致的无折射状态,入射光线的传播只有反射而无折射的现象,即按反射角 I'' 反射。当入射角等于临界角时,折射光线将沿两介质界面方向传播,或折射角为 90° 的方向传播。"临界角" 也称为 "全反射角"。光由水进入空气的临界角约为 48.5°,玻璃进入空气的约在 30° ~ 42° 之间,金刚石进入空气的约为 23.7°。

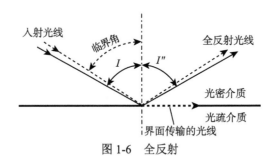

图 1-6   全反射

1.3.6   双折射 birefringence

当光束入射到各向异性的材料 (晶体等) 时,分解为两束沿不同方向折射且偏振状态不同的光的现象,见图 1-7 所示。光在各向异性介质中传播时,其传播速度和折射率值随光的振动方向不同而改变,其折射率值不止一个;电磁波入射各向异性介质时,折射光会发生双折射,分解成振动方向互相垂直、传播速度不同、折射方向可能不同的两种偏振光。

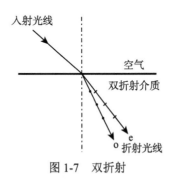

图 1-7   双折射

1.3.7   负反射 negative reflection

入射光线和反射光线位于法线同侧的现象。在一定的条件下,单轴晶体 (钒酸钇晶体) 内表面可以实现负反射,是单轴晶体固有的现象。

1.3.8 负折射 negative refraction

电磁波从具有正折射率的材料入射到具有负折射率的材料的界面时，电磁波的折射与常规折射相反，入射波和折射波处于界面法线方向同一侧的现象。对于负折射，光波的折射光线的位置与常规折射光线的位置相反，常规折射的入射波与折射波处于界面法线的两侧。负折射材料中，电场、磁场和波矢方向遵守左手定则，而常规材料遵守右手定则，因此，负折射率的材料也被称为左手材料。最初的负折射材料是由金属线和非闭合金属环周期排列构成的，称为超材料或超构材料 (metamaterial)。

1.3.9 反射比 reflectance

〈基础〉被介质表面反射的辐射通量或光通量与入射到介质表面的辐射通量或光通量的比值，也称为反射系数，用符号 ρ 表示，按公式 (1-18) 计算：

$$\rho = \frac{\Phi_\rho}{\Phi_i} \times 100\% \tag{1-18}$$

式中：ρ 为反射比；Φ_ρ 为被介质表面反射的辐射通量或光通量；Φ_i 为入射到介质表面的辐射通量或光通量。反射比用百分比或百分数表示。

反射比是光束在入射界面反射，进入材料或零件后从下一个表面再反射回来，以及在内部多次反射后再返回的总的反射结果。反射比常用来说明介质表面的反射能力程度，介质表面越光滑、密度越高，反射能力越强。反射率多用于表达表面的一次反射能力；反射系数多用于表达电磁波振幅的反射特性和各类材料的反射特性。

1.3.10 反射率 reflectivity

〈基础〉介质单个反射面反射一次的反射比，用符号 R 表示，按公式 (1-19) 计算：

$$R = \frac{\Phi_{\rho 1}}{\Phi_i} \times 100\% \tag{1-19}$$

式中：R 为反射率；$\Phi_{\rho 1}$ 为被介质表面反射一次的辐射通量或光通量；Φ_i 为入射到介质表面的辐射通量或光通量。反射率用百分比或百分数表示。

反射率是材料或介质表面反射一次的辐射通量或光通量占入射辐射通量或光通量的比值，用来说明材料或膜层等表面的光反射特性，材料表面越光滑、密度越高，反射率越高。反射率是不随介质或材料或零件厚度增加而改变的反射比。反射率和反射比的使用有些领域是区分的，有些领域是不区分的。

1.3.11   光谱反射比 spectral reflectance

被介质表面反射的光谱的或波长 λ 的辐射通量或光通量与入射到介质表面的光谱的或波长 λ 的辐射通量或光通量之比，或辐射通量或光通量的光谱密集度的反射量与入射量之比，用符号 $\rho(\lambda)$ 表示，按公式 (1-20) 计算：

$$\rho(\lambda) = \frac{\Phi_{\rho\lambda}}{\Phi_{i\lambda}} \times 100\% \tag{1-20}$$

式中：$\rho(\lambda)$ 为光谱反射比；λ 为入射光谱的波长；$\Phi_{\rho\lambda}$ 为介质表面反射的光谱的辐射通量或光通量；$\Phi_{i\lambda}$ 为入射到介质表面的光谱的辐射通量或光通量。光谱反射比用百分比或百分数表示。光谱反射比反映的是单色光或窄带光谱的反射比。

1.3.12   反射密度 reflection density

感光材料样品的反射通量与绝对反射通量之比的倒数的对数 (以 10 为底)。绝对反射通量是完全漫反射体的反射能量，但完全漫反射体并不存在，因此，采用标准反射板 (如硫酸钡板、陶瓷白板) 来校准测量仪器进行测量。测量方法用环带照明而垂直方向接收，或者垂直照明而环带接收，环带带宽中心到测量表面测量点的连线与垂直方向的夹角为 45°，环带照明光束半角和垂直照明光束半角均为 5°。

1.3.13   吸收 absorption

〈基础〉光或辐射进入介质界面内传播或在介质中传播时能量被衰减或被减少的现象，也称为消光或消辐射。大气层是生活中最常见的光或辐射的吸收介质。光或辐射在介质中被吸收的机理是：光或辐射对介质中的分子及原子的电子产生的受迫振动频率接近或等于电子原有频率而共振时的吸收 (经典理论)；光或辐射的能量被组成介质的那些分子或原子中的电子用于由低能态跃迁到高能态的吸收。吸收分为真吸收和表观吸收 (量子理论)。真吸收是将入射到介质内或介质中的光或辐射转换为另一种能量形式，例如转换为电能 (光电效应)、转换为化学能等；表观吸收是使光散射或光致发光，光虽然存在，但其波长和方向已有所改变，特别是磷光，在时间上也被延长了。对于真吸收占主要比例时，称为吸收；而表观吸收占有一定比例时，称为消光。

1.3.14   吸收比 absorptance

〈基础〉介质吸收的辐射通量或光通量与入射辐射通量或光通量之比，用符号 α 表示，按公式 (1-21) 计算：

$$\alpha = \frac{\Phi_\alpha}{\Phi_i} \times 100\% \tag{1-21}$$

式中：α 为吸收比；Φ_α 为被介质吸收的辐射通量或光通量；Φ_i 为入射到介质表面的辐射通量或光通量。吸收比用百分比或百分数表示。当介质的反射和散射可以忽略时，吸收比为入射辐射通量或光通量减出射的辐射通量或光通量再除以入射的辐射通量或光通量。吸收率是光学材料的主要性能之一。

吸收比是光束入射界面后一次通过介质或材料的吸收，以及被介质或材料内表面多次反射的内部传播吸收的总量与入射辐射通量或光通量的比。吸收比常用来说明光学材料制品或介质的不透明程度。

1.3.15 光谱吸收比 spectral absorptance

被介质吸收的光谱的或波长 λ 的辐射通量或光通量与入射到介质表面的光谱的或波长 λ 的辐射通量或光通量之比，或辐射通量或光通量的光谱密集度的吸收量与入射量之比，用符号 $\alpha(\lambda)$ 表示，按公式 (1-22) 计算：

$$\alpha(\lambda) = \frac{\Phi_{\alpha\lambda}}{\Phi_{i\lambda}} \times 100\% \tag{1-22}$$

式中：$\alpha(\lambda)$ 为光谱吸收比；λ 为入射光谱的波长；$\Phi_{\alpha\lambda}$ 为介质吸收的光谱的或波长 λ 的辐射通量或光通量；$\Phi_{i\lambda}$ 为入射到介质表面的光谱的或波长 λ 的辐射通量或光通量。光谱吸收比用百分比或百分数表示。

1.3.16 吸收率 absorptivity

在辐射传播方向上单位厚度的材料层的内吸收比，用符号 A_i 表示，按公式 (1-23) 计算：

$$A_i = \frac{\alpha_i}{d} \tag{1-23}$$

式中：A_i 为吸收率；α_i 为吸收比；d 为介质的厚度。

吸收率是材料或介质在单位厚度上一次传播吸收的百分数，是介质单位厚度的吸收份额，用来说明材料的光吸收特性。吸收率与吸收比经常在使用时混淆，需注意区分。材料的吸收率特性可应用于通过改变光学零件的厚度来获得光学零件期望的吸收比。

1.3.17 透射 transmission

〈基础〉光或辐射对介质的穿透现象，或光线从一种介质穿过与其相邻的另一种介质的界面或穿过光学元件或穿过光学系统的现象。出现透射现象的介质是对光辐射透明的介质，介质对什么波段或谱段的光或辐射透明，就能透射什么波段或谱段的光或辐射。除真空以外，介质对光或辐射的透射通常都是波段选择的。透射有直线透射和偏向透射（或折射透射），直线透射的入射光线方向和出射光线方

向是相同的 (即不发生改变)，而偏向透射 (或折射透射) 的出射光线方向将不同于入射光线的方向 (即入射光线在穿过介质后的传播方向发生了改变)。光线对介质透射后通常会有光能量的损失，损失主要是由于界面反射、介质吸收、介质散射等造成。评价光线透射效果的参数为透射比或透过率。折射属于透射的范畴。透射可能会改变入射光的光谱–强度分布，使出射光有新的光谱–强度分布 (如通过滤光镜后)，但透射不会增加入射光的光谱组成，使出射光出现不同于入射光的光谱 (除非是有强光散射)。

1.3.18　透射比 transmittance

〈基础〉透过介质的辐射通量或光通量与入射到介质表面的辐射通量或光通量之比，也称为透过率、透射系数、透过比、透光率，用符号 τ 表示，按公式 (1-24) 计算：

$$\tau = \frac{\Phi_t}{\Phi_i} \times 100\% \tag{1-24}$$

式中：τ 为透射比；Φ_t 为透过介质的辐射通量或光通量；Φ_i 为入射到介质表面的辐射通量或光通量。透射比是光学材料的主要性能之一。透射比用百分比或百分数表示。

透射比是光束入射界面后一次通过介质或材料的透射，以及被介质或材料内表面多次反射和吸收后的多次透射的总的透射结果与入射光束的对比关系。

入射的辐射通量或光通量通过介质时，一部分被反射，一部分被吸收，其余的透射出去，因此，吸收比、反射比和透射比之间存在公式 (1-25) 的关系：

$$\rho + \alpha + \tau = 1 \tag{1-25}$$

式中：ρ 为反射比；α 为吸收比；τ 为透射比。

通常，对于介质对不同光谱的入射，透射比会随入射光谱波长的不同而发生变化，因此，需用光谱透射比来表示透射比随波长变化的关系。

1.3.19　光谱透射比 spectral transmittance

透过介质的光谱的或波长 λ 的辐射通量或光通量与入射到介质表面的光谱的或波长 λ 的辐射通量或光通量之比，或辐射通量或光通量的光谱密集度的透射量与入射量之比，用符号 $\tau(\lambda)$ 表示，按公式 (1-26) 计算：

$$\tau(\lambda) = \frac{\Phi_{t\lambda}}{\Phi_{i\lambda}} \times 100\% \tag{1-26}$$

式中：$\tau(\lambda)$ 为光谱透射比；λ 为入射光谱的波长；$\Phi_{t\lambda}$ 为透过介质的光谱的辐射通量或光通量；$\Phi_{i\lambda}$ 为入射到介质表面的光谱的辐射通量或光通量。光谱透射比用百分比或百分数表示。光谱透射比反映的是单色光或窄带光谱的透射比或透射率。

1.3.20 内透射比 internal transmittance

〈基础〉光束到达介质出射界面时的辐射能辐射通量或光通量与光束刚进入介质界面时的辐射通量或光通量之比，用符号 τ_i 表示，按公式 (1-27) 计算：

$$\tau_i = \frac{\Phi_{it}}{\Phi_{ii}} \times 100\% \tag{1-27}$$

式中：τ_i 为内透射比；Φ_{it} 为光束到达介质出射界面时的辐射通量或光通量；Φ_{ii} 为光束刚进入介质界面时的辐射通量或光通量。内透射比用百分比或百分数表示。

内透射比是光束以介质的入射内边界和出射内边界为界限，经历一次传输的透射比，是不考虑介质界面反射因素的光学传输性质。

内透射比与内吸收比之间存在公式 (1-28) 的关系：

$$\tau_i + \alpha_i = 1 \tag{1-28}$$

式中：τ_i 为内透射比；α_i 为内吸收比。

1.3.21 透射率 transmissivity

〈基础〉在均匀的、非漫射的介质或材料内，在辐射传播方向上单位厚度的材料层的内透射比，用符号 T_i 表示，按公式 (1-29) 计算：

$$T_i = \frac{\tau_i}{d} \tag{1-29}$$

式中：T_i 为透射率；τ_i 为内透射比；d 为介质的厚度。

透射率是材料或介质在单位厚度上一次传播透过的百分数，是介质单位厚度的透过份额，用来说明材料的光透过特性。透射率与透射比经常在使用时混淆，需注意区分。材料的透射率特性可应用于通过改变光学零件的厚度来获得光学零件期望的透射比。

1.3.22 漫射 diffusion

〈基础〉光学辐射束被表面或介质分散向空间不同方向的无序射出的现象。漫射包括漫反射和漫照射 (或漫透射)。漫反射和漫照射 (或漫透射) 又分别有：均匀漫反射和均匀漫照射或漫透射，即均匀漫射；非均匀漫反射和非均匀漫照射或漫透射，即非均匀漫射。

1.3.23   均匀漫射 uniform diffusion

在各方向上，漫射的辐射亮度或光亮度均是相同的理想漫射。均匀漫射包括照射或透射发出的均匀漫射和反射形成的均匀漫射。均匀漫射的反射或照射体表面属于朗伯面。例如，银幕就是一个均匀的漫射体，太阳就是一个均匀的照射体。

1.3.24   非均匀漫射 inhomogeneous diffusion

在各方向上，漫射的辐射亮度或光亮度是不相同的或不完全相同的漫射。非均匀漫射是不理想的漫射，包括照射或透射发出的非均匀漫射和反射形成的非均匀漫射。

1.3.25   漫反射 diffuse reflection

〈基础〉光束投射在粗糙表面上向各个方向反射的现象。当一束定向的平行光入射到粗糙的表面上时，表面会把光线无规则地向四面八方反射，尽管入射光线是相互平行的，但由于各点微表面的法线方向是任意性的和不一致的，造成反射光线向不同的方向无规则地、无定向地任意反射，由此造成了"漫反射"，这种反射光称为漫射光。很多物体，如植物、墙壁、衣服等，其表面虽看似是平整的，但经放大后仔细观察，就会看到其表面是凹凸不平的，所以它们是漫反射体，它们可将平行光弥漫地射向不同方向。光线漫反射时，就不能形成反射像或清晰的反射像。

1.3.26   漫照射 diffuse radiation

由光源直接或间接发出的光向各个方向无序射出的现象。除了激光外，其他光源如果不采用聚光措施，发出的光基本上都是漫照射的，或者说它们属于漫照射源。漫照射源有蜡烛、白炽灯、荧光灯 (非均匀的漫照射) 等，光源间接发出漫照射的有积分球 (均匀的漫照射) 等。

1.3.27   漫透射 diffuse transmission

由光源照射漫射透明介质发出的光向各个方向无序射出的现象。用会聚透镜或反射镜对光源发出的光进行会聚，使会聚的光照射在毛玻璃或纸张等上，按此方法经毛玻璃或纸张等射出的光是漫透射的，许多光学仪器都是通过这种方式来获得均匀漫透射光。

1.3.28   漫射因素 diffusion factor

垂直照明被研究的表面上，在离法线 20° 和 70° 的方向上测得的亮度平均值与在离法线 5° 处测得的亮度值之比，用符号 σ_i 表示，按公式 (1-30) 计算：

$$\sigma_i = \frac{L(20) + L(70)}{2L(5)} \tag{1-30}$$

式中：σ_i 为漫射因素；$L(20)$ 为离法线 $20°$ 方向测得的亮度值；$L(70)$ 为离法线 $70°$ 方向测得的亮度值；$L(5)$ 为离法线 $5°$ 方向测得的亮度值。

1.3.29 损耗 loss

〈基础〉光传输系统中的光能损失，也称为光损耗（light-leakage loss）。如在光导管、光纤、光连接器、光集成线路中，由于任何形式的逸散和/或吸收所引起的光能损失。光损耗可分为吸收损耗和散射损耗两类。

1.3.30 色散 dispersion

〈基础〉电磁波传播中，在介质界面上电磁波频率呈空间或时间规律性分布的现象。色散分为空间色散和时间色散。空间色散是导致传播方向光谱规律性空间分布的现象，时间色散是导致频谱随时间规律性分布的现象。

空间色散器件主要有棱镜、光栅等，时间色散器件主要有棱镜对、光栅对、啁啾镜等。

1.3.31 极化 polarization

〈基础〉在外电场的作用下，电介质表面或内部出现一定规律性电荷或粒子某电特性统一的现象。极化程度通常以单位体积内各分子电偶极矩的矢量和来衡量。极化的对象包括极性电介质和非极性电介质材料。极性介质的极化为取向极化，非极性介质的极化为位移极化。

1.3.32 耦合 coupling

物理量在两个或多个器件、材料间能量、特性、状态等的对接传递或转换的匹配状态。耦合的器件方式有接口、对接、连接、转接、注入、接收元器件、装置、设备等。在光学仪器中，耦合的影响主要考虑的是像质和衬度 (衬比)，这就要求在透镜质量和照明上采取一定的措施。耦合显得重要和用得最多的是在光纤通信和集成光路中，如光纤通信中的源纤耦合器、光纤连接器、分路器、合路器、光中继器、光纤与检测器的耦合器等；集成光路中有定向耦合器、梯度波导耦合器、薄膜耦合器、棱镜耦合器、光栅耦合器等，还有部分是将光纤通信中的相应耦合器微型化。

1.3.33 多普勒效应 Doppler effect

物体辐射的波长或接收方接收的光频率因为波源和观测者的相对运动而产生变化的现象。波源以一定速度靠近观察者时，频率变高、波长变短，称为蓝移 (blue shift)；波源以一定速度远离观察者时，频率变低、波长变长，称为红移 (red shift)；波源的速度越高，所产生的效应越明显。根据波红 (蓝) 移的程度或波源频率的变化量，可以计算出波源运动的速度，以及判断出运动方向属于靠近还是远离。

1.3.34　对比度 contrast

〈基础〉景物中最亮与最暗部分亮度差异的度量，或反映图像灰度的最大反差量 (景物中的最亮部分和最暗部分不取同一本体上的)。对比度主要有景物对比度、调制对比度和显示对比度。

观察景物时的对比度用景物对比度表示，按公式 (1-31) 计算。景物对比度是小目标与大背景的对比度关系，景物对比度 C_b 的数值范围为 0~1，数值越大对比度越高，1 为最大对比度。

$$C_b = \frac{L_{max} - L_{min}}{L_{max}} \tag{1-31}$$

式中：C_b 为景物对比度；L_{max} 为景物中的最大亮度，cd/m^2；L_{min} 为景物中的最小亮度，cd/m^2。

周期性图形或栅状物图形的对比度用调制对比度表示，按公式 (1-32) 计算。周期性图形对比度是周期性的相同大小的亮与相同大小的暗的对比度关系，调制对比度 C_m 的数值范围为 0~1，数值越大对比度越高，1 为最大对比度。当周期性图形对比度的亮和暗值与景物对比度的亮和暗值相等时，周期性图形的对比度值要低于景物对比度的值 (除了它们的最小亮度为零或最小亮度等于最大亮度时)。

$$C_m = \frac{L_{gmax} - L_{gmin}}{L_{gmax} + L_{gmin}} \tag{1-32}$$

式中：C_m 为调制对比度；L_{gmax} 为周期性图形或栅状物中的最大亮度，cd/m^2；L_{gmin} 为周期性图形或栅状物中的最小亮度，cd/m^2。

显示器的对比度用显示对比度表示，按公式 (1-33) 计算。显示对比度 C_d 的数值范围为不小于 1 的正整数，数值越大对比度越高，1 为最小对比度。显示对比度采用的是灰度等级的概念，灰度等级增大，对比度增高。

$$C_d = \frac{L_{dmax}}{L_{dmin}} \tag{1-33}$$

式中：C_d 为显示对比度；L_{dmax} 为屏幕上同一点最亮时的亮度或全白屏状态时的亮度，cd/m^2；L_{dmin} 为屏幕上同一点最暗时的亮度或全黑屏状态时的亮度，cd/m^2。

1.3.35　固有对比度 inherent contrast

忽略了观察时存在的气候等条件影响，所观察到的景物或图案对比度。固有对比度可以看成是零距离观察的对比度，或无大气衰减影响情况下所观察的对比度，或在没有气候环境条件影响的实验室中所观察的对比度。

1.3.36 表观对比度 apparent contrast

在一定距离处，受到一定的气候条件影响所观测到的景物或图像的对比度。由于大气的吸收、散射、湍流等衰减影响，观测到的是随传输距离下降的景物或图案的对比度，即低于景物或图案的固有对比度的对比度。

1.3.37 对比度传递 contrast transfer

景物或图案的表观对比度与固有对比度之比。对比度传递是反映景物和图像的固有对比度经过一定距离的传递后，转化为表观对比度的对比度下降程度数值。这个数值的范围为0~1，数值越小，说明对比度下降得越大。

1.3.38 对比度衰减系数 contrast attenuation coefficient

景物或图案对比度随传输距离按指数规律下降的指数因子，用符号 σ_c 表示，其与传输距离和对比度传递的关系，按公式 (1-34) 计算：

$$\sigma_c = -\frac{\ln\tau_c}{R} \tag{1-34}$$

式中：τ_c 为距离为 R 处景物或图案的对比度传递；R 为传输距离，km。

1.3.39 阈值对比度 threshold contrast

人眼能察觉的景物或图案最小对比度，用符号 C_T 表示。人眼阈值对比度的平均值为2%。当景物或图像的对比度小于阈值对比度时，人眼将看不出景物或图像中的明暗差别，或者说看到的景物或图像是均匀的亮区或均匀的暗区，即一片亮或一片暗。

1.3.40 导波 guided wave

传播时能量一直限制在介质内表面之间并径向干涉的电磁波；或者由于沿表面垂直方向介质的折射率特性发生尖锐的或逐渐的变化，主要能量限制在表面内的电磁波。电磁导波可以包含若干不同的电磁模式。

1.3.41 表面波 surface wave

沿着两种不同介质分界面传输的横波或纵波。其传输形式由表面的几何形状和表面附近介质的特性所确定。表面波的类型有电磁波(含光波)、声波、机械波等。

1.3.42 光学轴 optic axis

各向异性的介质中，正交偏振的两个波具有相同相速度的传播方向。光学轴应与光纤轴 (optical axis) 和光学系统光轴区别开来。该术语是光纤通信中的基础术语。在光学材料领域称为光轴。

1.3.43 等效厚度 equivalent thickness

均匀各向同性的光学元件几何长度与其折射率的乘积，也称为光学厚度 (optical thickness)。等效厚度等价于光在光学元件中传输的光程，或者说等效于以这个传输时间在真空中传输的距离。

1.3.44 菲涅耳反射 Fresnel reflection

菲涅耳公式推导出的，在具有不同折射率的两均匀透明介质之间的平面界面上，垂直于入射面和平行于入射面电磁波电场的反射系数计算的规律。菲涅耳公式给出了 s 和 p 方向电场反射系数与入射角的关系。菲涅耳反射说明，当视线垂直于平面时，看到的平面比较透明 (反射较弱)，而当视线与平面所成的角度减小时，看到的平面不太透明 (反射较强)，夹角越小，反射越明显。

1.3.45 菲涅耳折射 Fresnel refraction

菲涅耳公式推导出的，在具有不同折射率的两均匀透明介质之间的平面界面上，垂直于入射面和平行于入射面电磁波电场的透射系数计算的规律，也称为菲涅耳透射。菲涅耳公式给出了 s 和 p 方向电场透射系数与入射角的关系。菲涅耳折射说明，当视线垂直于平面时，看到的平面比较透明 (透射较强)，而当视线与平面所成的角度减小时，看到的平面不太透明 (透射较弱)，夹角越小，透射越不明显。

1.3.46 布儒斯特角 Brewster angle

〈基础〉光入射到折射率不同的两区域之间的界面上，对于电场矢量在传播方向和界面法线所决定的平面内的光，反射比为零的入射角。对于从介质 1 (折射率为 n_1) 至介质 2 (折射率为 n_2) 的传播，布儒斯特角为 arctan (n_2/n_1)。布儒斯特角是自然光产生反射偏振光的入射角，该偏振光的偏振方向垂直于入射面 (s 分量)，入射面方向的偏振光 (p 分量) 为零，且反射光线与折射光线的夹角为 90°。

1.3.47 群折射率 group refractive index

真空中的光速除以介质或模的群速度，符号用 N 或 N_g 表示。对于波长为 λ 的平面波，群折射率 N 与折射率 n 的关系，按公式 (1-35) 计算：

$$N = n - \frac{\lambda \mathrm{d}n}{\mathrm{d}\lambda} \tag{1-35}$$

式中：N 为群折射率；n 为折射率；λ 为波长，nm。每一个模都具有自己的群折射率。对于光纤的群折射率，其等于光波在真空的传播速度 c 除以光波在光纤中的传播速度 v。

1.3.48 群色散 group dispersion

含有确定相位关系的多种频率成分合成一定形状的光波的集合(波包)通过色散介质时，不同频率成分因传输速度不同而波包形状发生变化的现象。或者，在色散介质中，导致群波形发生变化的现象，或脉冲形状发生改变的现象，也称为群速度色散 (group velocity dispersion) 或群速弥散。群速度色散是色散的二阶效应，而相速度色散是色散的一阶效应。群速度色散为群速度对角频率的导数。群速弥散效应非常小时即频宽非常窄时，波包才不会解体。

1.3.49 散射 scattering

〈基础〉光波照射到介质上，介质与光波相互作用而导致介质成为新的辐射源，向外辐射不同或/和相同波矢、不同或/和相同频率、不同强度的电磁波的现象。散射有非相干散射、相干散射、大气散射、介质散射、强作用散射、光声作用散射等。大气散射有瑞利散射、米氏散射；强作用散射有康普顿散射、拉曼散射；光声作用散射有布里渊散射。常有人将散射与漫反射混淆，要注意两者的差别。散射是原辐射源的辐射对介质或颗粒的非弹性作用或非弹性与弹性作用，改变原辐射源辐射的性质 (频率、波矢等)，成为了新的辐射源；而漫反射是原辐射源的辐射对介质或颗粒的弹性作用，不改变原辐射源辐射的性质。

1.3.50 非相干散射 incoherent scattering

散射光束的各部分之间不存在确定的相位关系的散射。非相干散射光之间不会发生干涉现象。

1.3.51 相干散射 coherent scattering

散射光束的各部分之间存在确定的相位关系的散射。相干散射光之间会发生干涉现象，散斑就是相干散射成形的一种现象。

1.3.52 侧向散射 sideway scattering

与入射光传播方向显著偏离向周围方向的散射，也称大角度散射。散射除了侧向散射外，还有前向散射和后向散射。瑞利散射就有侧向散射，其正侧向 (垂直于光传播方向) 的散射比前向散射或后向散射的光强少二分之一，即是前向散射或后向散射光强的一半。

1.3.53 前向散射 forward scattering

基本在入射光的传播方向上的散射，也称小角度散射。例如瑞利散射 (由气体分子引起) 就有前向散射和后向散射，其前向散射和后向散射的光强相等。

1.3.54   后向散射 backward scattering

与入射光传播方向相反的散射，也称背向或反向散射。例如米氏散射 (由烟、尘埃、小水滴及气溶胶等引起) 就有前向散射和后向散射，其前向散射的光强比后向散射的光强高。

1.3.55   非线性散射 nonlinear scattering

从一个波长变换成另一个或几个波长的散射。例如拉曼 (Raman) 散射和布里渊 (Brillouin) 散射。

1.3.56   康普顿散射 Compton scattering

〈基础〉用短波长的射线 (如 X 射线、γ 射线) 照射轻物质 (石墨、石蜡等) 时，在偏离入射光的方向将会散射出一个与入射光频率相同和另一个低于入射光频率 (波长长于入射光波长) 的两种频率的光，偏离入射光方向的角度越大，两个光之间的频率差别越大且新生光的强度随频率的远离而不断增大的散射现象，又称为康普顿效应 (Compton effect)，见图 1-8 所示。图 1-8 中展示了散射角分别为 45°、90°、135° 时，散射光线中新增频率光 (v_{45}、v_{90}、v_{135}) 对入射光 (频率 v_0) 的频率远离和光强度增大 (相对关系) 的现象，图 1-8 中下半部分的散射情况与上半部分是对称的。康普顿散射属于强作用散射。

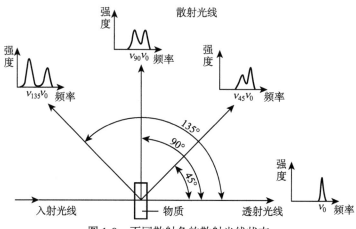

图 1-8   不同散射角的散射光线状态

康普顿散射在相同散射角时，新生光波的频率 (或波长) 是一样的，或原光频率与新生光波频率的间隔是一样的，与被照射物质的类型无关。康普顿散射对不同元素 (原子序数) 的物质，照射后的散射在同一散射角下的波长改变量相同，而新波长的散射光强将随散射物质原子序数的增加而减小，见图 1-9。新波长是光子与原子中的自由电子非弹性碰撞所导致的光子能量改变形成的，原子序数大的物质有利于增强照射光发生弹性碰撞的比例。

康普顿散射对波长越短的入射射线显现得越明显，如用 γ 射线照射就比用 X 射线照射的康普顿效应明显。

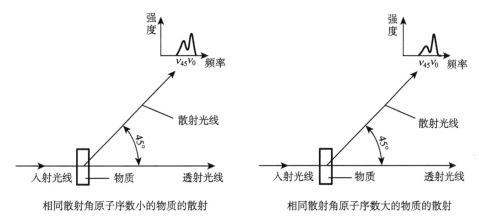

相同散射角原子序数小的物质的散射　　　　相同散射角原子序数大的物质的散射

图 1-9　相同散射角不同原子序数的散射光线状态比较

1.3.57　拉曼散射 Raman scattering

一定频率的激光照射到样品时，光的散射频率将会发生变化的现象，又称为拉曼效应 (Raman effect) (也有将 "Raman" 翻译为 "喇曼")。拉曼散射是激光照射在物质上，光子与分子的非弹性碰撞，物质中的分子吸收了部分能量，然后射出较低和较高频率的光。散射光中原始谱线的两侧分别对称地伴有低频谱线 (称为红伴线或斯托克斯线) 和高频谱线 (称为紫伴线或反斯托克斯线)。拉曼散射的强度比瑞利散射的弱很多。拉曼散射属于强作用散射。

拉曼散射的频率变化取决于散射物质的特性，与入射光的频率无关，不同种类的原子团振动的方式是独特的，因此，它将产生自己特定频率的散射光，这种散射光谱就是物质自己的 "指纹光谱"。拉曼散射光谱包含比入射光频率低的成分，也包含比入射光频率高的成分，高频是入射光子和分子相碰撞时，分子的振动能量或转动能量和光子能量叠加的结果。利用拉曼光谱可以把红外区的分子能谱转移到可见光区来。

1.3.58　布里渊散射 Brillouin scattering

光波与声波在光纤中传播时相互作用而使光频率发生变化的散射现象，也称为布里渊散射效应 (Brillouin scattering effect)。布里渊散射属于光声作用散射。

布里渊散射又分为自发散射和受激散射两种现象。光纤材料分子的布朗运动将产生声学噪声，这种声学噪声的压差引起光纤折射率变化，导致散射光的频率相对于传输光有一个多普勒频移的散射称为自发布里渊散射，存在斯托克斯和反斯托克斯两条谱线。大功率泵浦光在光纤中传播时折射率会增加，产生电致伸缩效应，导致大部分传输光被转化为反向传输的散射称为受激布里渊散射。

1.3.59   材料散射 material scattering

由光学材料内部均匀性的性质引起的散射，也称为介质散射。材料或介质内部均匀性越差，例如材料内部存在与传播光波的波长尺度相近的杂质、结晶、空穴等微粒，散射就越大，反之，越小。

1.3.60   粒子群散射 partical scattering

空间体积中全部粒子的散射或紧密结合在一起的粒子的散射。当粒子之间的距离数倍于其半径时，可认为每个粒子都是独立于其他粒子来散射的，这属于"独立散射"，大气中的粒子主要是"独立散射"；在高压气体、液体和固体中的紧密结合在一起的原子和分子的散射，主要是粒子群散射。

1.3.61   角散射 angle scattering

与入射光方向成一个角度 θ 方向上的散射。角度 θ 称为散射角，散射角 θ 方向的散射波长为 λ 的谱散射强度 $I_\lambda(\theta)$，按公式 (1-36) 计算：

$$I_\lambda(\theta) = \beta_\lambda(\theta) E_\lambda \tag{1-36}$$

式中：$I_\lambda(\theta)$ 为谱散射强度，单位为瓦每球面度 (W/sr)；$\beta_\lambda(\theta)$ 为体积角散射系数，又称为角系数，单位为每米 (m^{-1})；E_λ 为入射光对单位体积的谱辐照度，单位为瓦每平方米 (W/m^2)。

谱散射强度 $I_\lambda(\theta)$ 是角度 θ 的函数，它随角度 θ 的变化而变化，用于描述散射介质的谱散射强度的空间分布。散射光常呈现出某些形式和不同程度的偏振光，散射光强度和偏振特性通常用四个 Stokes 偏振参数表示。

1.3.62   总散射 general scattering

被光照射的散射介质在半径为 x 的球面空间除去光束入射传输方向辐射通量后的全部辐射通量，即光在非光束传输方向上的辐射通量总和。总散射至少有两种公式表达关系，一种是没有考虑前向散射通量用平行光照射的 Bouguer 定律，按公式 (1-37) 计算，另一种是表达点光源对一个单位体积悬浮物散射光线的能力的Allard 定律，按公式 (1-38) 计算。

$$E_x = E_0 \exp(-\beta x) \tag{1-37}$$

式中：E_x 为总散射通量，单位为瓦 (W)；x 为散射路径长度，单位为米 (m)；E_0 为在 $x = 0$ 处的光束辐射通量，单位为瓦 (W)；β 为体积总散射系数。

$$E_x = \frac{I_0 \exp(-\beta x)}{x^2} \tag{1-38}$$

式中：I_0 为点光源的发光强度，单位为流明每球面度 (lm/sr)。

1.3.63 束散 beam divergence

光束传播以角度关系展开的状态，或向周围散开的状态。未采取会聚措施的光源发出的光的传输一般都是束散的。即使像激光这种看似平行的光束也是有束散角的传输。光束横截面随着离光源的距离增加而增大。束散程度表达为在垂直于光轴的平面上，辐照度等于光束峰值辐照度的某一规定百分数值时径向相反两点间所对的远场区张角。通常只需规定最大和最小的束散度 (对应于远场规定辐照度的较大和较小的直径)。

1.3.64 衰减 attenuation

辐射传输路径中的两点间随传播路程增加电磁波功率减少的现象，也称为损耗 (loss)。可以按两点上的功率值之比来定量表示功率的减少。衰减通常采用对数单位，例如，分贝 (dB)。

1.3.65 线性衰减系数 linear attenuation coefficient

垂直通过极薄介质层的准直电磁辐射束的辐射通量或光通量的光谱密集度与介质层厚度的比值，又称为线性消光系数 (linear extinction coefficient)。线性衰减系数也是一个描述物质对射线衰减程度的物理量，其大小与物质的原子序数有关，原子序数越大，线性衰减系数就越大，射线衰减得也就越多。

1.3.66 吸光度 absorbance

光线通过溶液或某一物质前的入射光强度与该光线通过溶液或物质后的透射光强度比值的以 10 为底的对数值。

1.4 辐射度学和光度学

1.4.1 全辐射体 full radiator；total radiator

对入射辐射的任何频率成分、任何入射方向和任何偏振状态都能全部吸收而无任何反射和透射的理想的热辐射体，其吸收比为 1，与表面温度和入射波长无关，并能实现完全辐射的辐射体，又称为黑体 (blackbody) 或绝对黑体。

1.4.2 灰体 grey body

吸收或辐射能力小于黑体，不具有波长选择性吸收和反射，辐射的光谱分布形状与相同温度黑体的光谱分布形状相似的辐射体。

1.4.3 人工黑体 artificial blackbody

人工制造的、热辐射特性近似于黑体的装置或器件，也称为模拟黑体 (simulative blackbody)。人工黑体通常由辐射腔体、控温和测温系统、光阑等部分构成，用计算或测量方法确定其发射率。根据其工作波段的不同，大致可分为常温黑体、中温黑体和高温黑体三类。工作温度和发射率已知的黑体可以作为基准或标准辐射源复现全辐射亮度和光谱辐射亮度的单位量值。工作温度、发射率和光阑面积已知的黑体可以复现全辐射照度和光谱辐射照度的单位量值。人工黑体通常吸收比达到 0.99 以上。

1.4.4 超高温黑体 superhigh temperature blackbody

下限工作温度超过 2500℃，上限可高达 3000℃ 的黑体。超高温黑体典型辐射光谱范围为 200nm~2400nm。超高温黑体主要由加热元件、电源和控制电路等组成，加热辐射腔体的元件有石墨、钨灯等。超高温黑体可作为标准的紫外光谱辐射源使用。

1.4.5 高温黑体 high temperature blackbody

下限工作温度高于 1200℃，而上限工作温度低于超高温黑体下限温度 (2500℃) 的黑体。高温黑体的工作温度范围通常为 900℃~1600℃，腔体为非金属，采用三段控温的控制技术，配置专用温度控制器，使黑体腔内表面的温度与金属体一样均匀。高温黑体主要用于校准辐射温度计、红外温度计、辐射温度传感器和探测器等。

1.4.6 中温黑体 medium temperature blackbody

下限工作温度为常温，上限工作温度低于高温黑体下限温度 (1200℃) 的黑体。中温黑体为金属黑体腔，用普通的加热方式就能实现加热，腔内的温度均匀性很好，腔口辐射的能量随光谱分布均匀。中温黑体主要用于校准辐射温度计、红外温度计、辐射温度传感器和探测器等。

1.4.7 常温黑体 common temperature blackbody

工作温度范围为 −50℃~90℃ (223K~363K)，全辐射亮度量限为 40W/(sr·m²)~320W/(sr·m²)，全辐射照度量限为 0.5W/m²~5W/m²，比较装置中红外辐射温度计的温度分辨力优于 0.02K 的黑体。

1.4.8 朗伯辐射体 Lambert radiator

按照朗伯余弦定律所规定的角度辐射理想均匀漫射的全辐射体或辐射面，也称为朗伯光源 (Lambert source)。朗伯辐射体的辐射亮度在各个方向上都是一致的，存在辐射亮度的光谱密集度与辐射出射度的光谱密集度之间公式 (1-39) 的换算关系：

$$L_\lambda = \frac{M_\lambda}{\pi} \tag{1-39}$$

式中：L_λ 为辐射亮度的光谱密集度；M_λ 为辐射出射度的光谱密集度；π 为圆周率。

1.4.9 等离子体 plasma

由大量的接近于自由运动的带电粒子所组成的一种正负离子的离子化气体状物质形态，也称为等离子黑体 (plasma blackbody) 或离子浆。这种体系在整体上是准中性的，粒子的运动主要由粒子间的电磁相互作用决定，由于是长程的相互作用，因而具有集体行为。等离子体是不同于固体、液体和气体的物质第四态，其是宇宙中物质存在的主要形式，占宇宙物质总量的 99% 以上。

1.4.10 基尔霍夫定律 Kirchhoff law

在温度热平衡状态下的任何物体，其某一波长、某一方向上的方向光谱发射率等于该方向上的方向光谱吸收比，符合公式 (1-40) 的关系，公式的恒等关系与物体的性质无关。

$$\varepsilon(\lambda, T, \theta, \phi) = \alpha(\lambda, T, \theta, \phi) \tag{1-40}$$

式中：$\varepsilon(\lambda, T, \theta, \phi)$ 为方向光谱发射率；$\alpha(\lambda, T, \theta, \phi)$ 为方向光谱吸收比；λ 为辐射波长；T 为物体的温度；θ 为方向角度；ϕ 为辐射通量。

1.4.11 黑体辐射定律 law of blackbody radiation

以温度作为决定性因素，与相关常数一起描述黑体或全辐射体的辐射状况及特性等规律的定律。黑体辐射定律包括普朗克辐射定律、维恩定律、瑞利-金斯定律、维恩位移定律、斯特藩-玻尔兹曼定律等。

1.4.12 普朗克辐射定律 Planck radiation law

黑体温度 T 与辐射出射度的光谱密集度间的数值规律和计算关系，按公式 (1-41) 计算：

$$M_\lambda = \frac{C_1}{\lambda^5 \left[\exp\left(\frac{C_2}{\lambda T}\right) - 1 \right]} \tag{1-41}$$

式中：M_λ 为黑体的辐射出射度的光谱密集度，W/m^3；C_1 为第一辐射常数；λ 为辐射波长；C_2 为第二辐射常数；T 为黑体的温度。

普朗克辐射定律是对黑体辐射规律表达得比较完整的规律。

1.4.13   维恩定律 Wien's law

在普朗克辐射定律中，当温度不太高时，$\exp(C_2/\lambda T) \gg 1$，省去普朗克公式分母中的 "$-1$" 时，建立的简化了普朗克辐射定律的辐射亮度的光谱密集度表达的近似规律和计算公式，按公式 (1-42) 计算：

$$L_\lambda = \frac{C_1}{\lambda^5 \cdot \pi \cdot \exp(C_2/\lambda T)} \tag{1-42}$$

式中：L_λ 为黑体的辐射亮度的光谱密集度，W/(sr·m^3)。

当 $\lambda T < 3000\mu m \cdot K$ 时，维恩定律计算的结果与普朗克辐射定律计算的结果偏差不超过 1‰。

1.4.14   瑞利-金斯定律 Rayleigh-Jeans law

在普朗克辐射定律中，当温度较高时，$\lambda T \gg C_2$，使普朗克公式的分母近似等于 $C_2/\lambda T$ 时，建立的简化了普朗克辐射定律的辐射亮度的光谱密集度表达的近似规律和计算公式，按公式 (1-43) 计算：

$$L_\lambda = \frac{TC_1}{\lambda^4 \pi C_2} \tag{1-43}$$

式中：L_λ 为黑体的辐射亮度的光谱密集度，W/(sr·m^3)。

当 $\lambda T > 7.7 \times 10^5 \mu m \cdot K$ 时，瑞利-金斯定律计算的结果与普朗克辐射定律计算的结果偏差不超过 1‰。

1.4.15   维恩位移定律 Wien's displacement law

按照普朗克辐射定律，每一温度的光谱分布曲线有一最大值 (或峰值波长)，这个最大值波长 (或峰值波长) 随温度的增高而向短波方向移动的规律和计算公式，按公式 (1-44) 计算：

$$\lambda_m T = 2.8978 \times 10^{-3} m \cdot K \tag{1-44}$$

式中：λ_m 为黑体光谱曲线分布的峰值波长，m；T 为黑体的温度，K。

光子出射度或光子亮度的光谱密集度的峰值对应波长与热力学温度的关系，按公式 (1-45) 计算：

$$\lambda'_m T = 3.6697 \times 10^{-3} m \cdot K \tag{1-45}$$

式中：λ'_m 为光子出射度或光子亮度的光谱密集度的峰值波长，m；T 为黑体的温度，K。

1.4.16 斯特藩-玻尔兹曼定律 Stefan-Boltzmann law

黑体在整个光谱辐射范围的辐射总量与黑体温度的四次方成正比，按公式 (1-46) 计算：

$$M = \int_0^\infty M_\lambda \mathrm{d}\lambda = \sigma T^4 \tag{1-46}$$

式中：M 为黑体的辐射总量，$\mathrm{W/m^2}$；M_λ 为黑体的辐射出射度的光谱密集度，$\mathrm{W/m^3}$；λ 为辐射波长；σ 为斯特藩-玻尔兹曼常数；T 为黑体的温度，K。

1.4.17 最大辐射定律 maximum radiation law

由普朗克辐射定律导出的最大辐射波长的辐射出射度的光谱密集度与黑体温度间的数值规律，按公式 (1-47) 计算：

$$M_{\lambda m} = \frac{C_1}{\lambda_m^5 \left[\exp\left(\dfrac{C_2}{\lambda_m T} \right) - 1 \right]} = BT^5 \tag{1-47}$$

式中：$M_{\lambda m}$ 为黑体最大波长的辐射出射度的光谱密集度，$\mathrm{W/m^3}$；λ_m 为黑体的最大辐射波长；T 为黑体的温度，K；B 为常数，$B = 1.2862 \times 10^{-5} \mathrm{W/(m^3 \cdot K^5)}$。

最大辐射定律表明，一定温度下，最大波长对应的最大辐射出射度的光谱密集度与温度的五次方成正比。

1.4.18 距离平方反比定律 law of inverse distance square

受辐照面元的法向照度与均匀辐射源在该方向的强度成正比，与辐射源到受辐照面元的距离平方成反比，按公式 (1-48) 计算：

$$E = k \frac{I}{s^2} \tag{1-48}$$

式中：E 为受辐照面元的法向照度；I 为辐射源强度；s 为辐射源到受辐照面元的距离；k 为调整系数，当公式各量为国际单位制 (SI) 单位时，$k = 1$。

1.4.19 朗伯余弦定律 Lambert's cosine law

均匀漫射面的一个面元在某一个方向上发出的发光强度或辐射强度等于垂直于该面元发出的发光强度 (或辐射强度) 乘以两个方向夹角 θ 的余弦，用公式 (1-49) 的关系表达：

$$I = I_0 \cos\theta \tag{1-49}$$

式中：I 为面元某一个方向上发光强度或辐射强度；I_0 为垂直于该面元的发光强度或辐射强度；θ 为 I 和 I_0 两个发光方向间的夹角。

1.4.20   朗伯-比尔定律 Lambert-Beer law

透明介质在光程上每等厚层介质吸收相同比例值的光，光被吸收的比例与入射光的强度无关的规律。朗伯–比尔定律是光吸收的基本定律，适用于所有的电磁辐射和所有的吸光物质，认为光被吸收的量正比于光程中产生光吸收的分子数目。

1.4.21   互易定理 reciprocal theorem

空间的两个面积分别为均匀的朗伯辐射面 A_1 和 A_2，其辐射亮度之比等于其发送到对方的辐射功率之比，符合公式 (1-50) 的关系：

$$\frac{L_1}{L_2} = \frac{\Phi_1}{\Phi_2} \tag{1-50}$$

式中：L_1 为朗伯辐射面 A_1 的辐射亮度；L_2 为朗伯辐射面 A_2 的辐射亮度；Φ_1 为朗伯辐射面 A_1 发射到朗伯辐射面 A_2 的辐射功率；Φ_2 为朗伯辐射面 A_2 发射到朗伯辐射面 A_1 的辐射功率。

1.4.22   第一辐射常数 first radiation constant

由公式 (1-51) 表达和计算的常数：

$$C_1 = 2\pi hc^2 = 3.741832 \times 10^{-16}\ \mathrm{W \cdot m^2} \tag{1-51}$$

式中：C_1 为第一辐射常数，$\mathrm{W \cdot m^2}$；h 为普朗克常数；c 为光速。

1.4.23   第二辐射常数 second radiation constant

由公式 (1-52) 表达和计算的常数：

$$C_2 = \frac{hc}{k} = 1.438786 \times 10^{-2}\ \mathrm{m \cdot K} \tag{1-52}$$

式中：C_2 为第二辐射常数，$\mathrm{m \cdot K}$；h 为普朗克常数；c 为光速；k 为玻尔兹曼常数。

1.4.24   普朗克常数 Planck's constant

用于描述量子物理量大小的物理常数，用符号 h 表示，单位为焦耳秒 ($\mathrm{J \cdot s}$)，其数值由公式 (1-53) 表达：

$$h = 6.62607015 \times 10^{-34}\ \mathrm{J \cdot s} \tag{1-53}$$

当普朗克常数单位中的焦耳用电子伏特表示时，其值由公式 (1-54) 表达：

$$h = \frac{6.62607015 \times 10^{-34}}{1.602176634 \times 10^{-19}}\mathrm{eV \cdot s} = 4.135667697 \times 10^{-15}\mathrm{eV \cdot s} \tag{1-54}$$

公式 (1-53) 的普朗克常数值是新确定的普朗克常数值，于 2018 年 11 月 16 日在巴黎的第 26 届国际计量大会上通过。普朗克常数曾用值为 6.626176×10^{-34}J·s 和 6.62606896×10^{-34}J·s。

普朗克常数在量子力学中具有重要的地位，是计算光子能量的重要常数。普朗克常数给出了电磁波发射和吸收不连续性和按份进行的数值规律。

普朗克常数由马克斯·普朗克于 1900 年研究物体热辐射的规律时发现。

1.4.25　约化普朗克常数 reduced Planck's constant

普朗克常数 h 除以 2π 所得的物理常数，用符号 $\hbar$ 表示，也称为狄拉克常数或合理化普朗克常数，其计算关系和数值由公式 (1-55) 表达：

$$\hbar = \frac{h}{2\pi} = 1.05457266 \times 10^{-34}\text{J} \cdot \text{s} \tag{1-55}$$

约化普朗克常数是角动量的最小衡量单位，为了方便角动量的计算，将其作为一个单独的固定值使用。

1.4.26　玻尔兹曼常数 Boltzmann's constant

由公式 (1-56) 表达的常数：

$$k = 1.380649 \times 10^{-23}\,\text{J/K} \tag{1-56}$$

式中：k 为玻尔兹曼常数，J/K。公式 (1-56) 中的数值为 2018 年第 26 届国际计量大会上通过的玻尔兹曼常数的新数值。曾用玻尔兹曼常数值为 1.380662×10^{-23} J/K。

1.4.27　斯特藩-玻尔兹曼常数 Stefan-Boltzmann constant

由公式 (1-57) 表达和计算的常数：

$$\sigma = \frac{2\pi k^4}{15h^3c^2} = 5.67032 \times 10^{-8}\,\text{W/(m}^2 \cdot \text{K}^4) \tag{1-57}$$

式中：σ 为斯特藩-玻尔兹曼常数，W/(m² · K⁴)。

1.4.28　辐射能量 radiant energy

以辐射的形式发射、传播和接收的电场和磁场能量的总和，用符号 Q_e 表示，单位为焦耳 (J)。辐射能量主要是指电磁波非可见光辐射的能量。辐射能量 Q_e 是辐射通量的时间积分。

1.4.29　辐射能密度 radiant energy density

以辐射的形式发射、传播和接收的单位体积元内的辐射能，用符号 D 表示，单位为焦耳每立方米 (J/m³)。

1.4.30　辐射功率 radiant power

以辐射的形式发射、传播和接收的功率，又称为辐射通量 (radiant flux) 或辐通量或辐射能通量 (radiant energy flux)，用符号 P 表示，单位为瓦特 (W)，按公式 (1-58) 计算：

$$P = \Phi = \Phi_e = \frac{dQ_e}{dt} \tag{1-58}$$

式中：P 为辐射功率，W；Φ 为辐射通量，W；Φ_e 为辐射能通量，W；Q_e 为辐射能量，J；t 为辐射能量通过的时间，s。

1.4.31　辐射通量 radiant flux

概念与辐射功率概念完全等价的术语，或者说是术语名称不同，而概念与辐射功率概念完全相同的术语，用符号 Φ 表示，也称为辐射能通量 (radiant energy flux) 或辐通量，用符号 Φ_e 表示。

辐射功率、辐射通量、辐通量和辐射能通量与光度学中的光通量相对应。

1.4.32　辐射能流率 radiant energy fluence rate

入射到以空间中一给定点为球心的小球上的辐射功率与该球的横截面积之比，用符号 φ 表示，单位为瓦特每平方米 (W/m^2)。辐射能流率可以用来描写辐射场 $\varphi(x,\ y,\ z)$，即空间中各点辐射功率集中或分散的程度，而不问来自什么方向。

1.4.33　辐射强度 radiant intensity

在给定方向上的立体角元内，离开点辐射源 (或宽辐射源的面元) 的辐射通量与立体角元之比，用符号 I_e 表示，按公式 (1-59) 计算：

$$I_e = \frac{d\Phi_e}{d\Omega} \tag{1-59}$$

式中：I_e 为辐射强度，W/sr；$d\Phi_e$ 为立体角元的辐射通量，W；$d\Omega$ 为立体角元，sr。

1.4.34　功率通量密度 power flux density

垂直于传播方向的面每单位面积通过的辐射功率，也称为辐照功率密度 (radiant power density)，用符号 S 表示。

1.4.35　辐射密度 radiant density

光源单位面积发射的辐射功率。辐射密度是光源辐射能力的参数，单位面积发光的功率越大，说明光源对外辐射的能力越强。辐射密度是光源之间辐射能力进行比对的一个参数，测量光源辐射功率的范围为光源辐射面所对应的半球空间。

1.4.36 辐射亮度 radiance

辐射源表面一点处面元在给定方向上的辐射强度与该面元在垂直于给定方向的平面上的正投影面积之比，用符号 L_e 表示，也称为辐射度或辐射率 (红外)，按公式 (1-60) 计算：

$$L_e = \frac{dI}{\cos\theta \cdot dA} \tag{1-60}$$

式中：L_e 为辐射亮度，W/(sr·m^2)；I 为辐射强度，W/sr；θ 为面元的法线与给定方向的夹角；A 为包含指定点面元的辐射源面积，m^2。

1.4.37 辐射出射度 radiant exitance

离开辐射源表面一点处面元的辐射功率 (辐射能通量) 与该面元的面积之比，也称为辐射发射率 (radiant emittance)，用符号 M_e 表示，按公式 (1-61) 计算：

$$M_e = \frac{d\Phi_e}{dA} \tag{1-61}$$

式中：M_e 为辐射出射度，W/m^2；dΦ_e 为面元辐射能通量，W；dA 为辐射源的面元面积，m^2。

辐射出射度用以描写面辐射源 (包括次级辐射源) 上某点的发射能力。

1.4.38 辐射照度 irradiance

照射到表面一点处面元上的辐射能通量与该面元的面积之比，用来描写接收面上某点接收辐射能通量的集中程度，用符号 E_e 表示，也称为辐照度，按公式 (1-62) 计算：

$$E_e = \frac{d\Phi_e}{dA} \tag{1-62}$$

式中：E_e 为辐射照度，W/m^2；

辐射照度与辐射出射度的定义式和单位相同，两者分别描写入射和出射两种不同的情况。

1.4.39 曝辐射量 radiant exposure

辐射照度在曝光时间内的积分，又称为曝辐量，用符号 H_e 表示，按公式 (1-63) 计算：

$$H_e = \int E_e dt \tag{1-63}$$

式中：H_e 为曝辐射量，J/m^2；E_e 为辐射照度，W/m^2 或 lx 或 lm/m^2；t 为曝光时间。

1.4.40　光量 quantity of light

在指定时间内，光通量的时间积分，也称为光能 (luminous energy)，用符号 Q_v 表示，按公式 (1-64) 计算：

$$Q_v = \int_{\Delta t} \Phi_v \mathrm{d}t \tag{1-64}$$

式中：Q_v 为光量，lm·s；Δt 为时间期间，s；Φ_v 为光通量，lm。光量就是光的能量。

1.4.41　光通量 luminous flux

根据辐射对 CIE 标准光度观察者的作用，从辐射通量 Φ_e 导出的光度量，用符号 Φ_v 或 Φ 表示。对于明视觉，按公式 (1-65) 计算：

$$\Phi_v = K_m \int_0^\infty \frac{\mathrm{d}\Phi_e(\lambda)}{\mathrm{d}\lambda} V(\lambda)\, \mathrm{d}\lambda \tag{1-65}$$

式中：Φ_v 为光通量，lm；K_m 为最大光谱光视效能，lm/W，最大光谱光视效能分别有明视觉和暗视觉的，明视觉对应的波长为 555nm，暗视觉对应的波长为 507nm，它们相应的最大光谱光视效能分别为 683lm/W (明) 和 1700lm/W (暗)；$\Phi_e(\lambda)/\mathrm{d}\lambda$ 为辐射通量的光谱分布；$V(\lambda)$ 为光谱光视效率。光通量是单位时间内某一波段光的辐射能量。

1.4.42　总光通量 total luminous flux

光源向整个空间发出的光通量的总和。总光通量反映的是光源单位时间全部的辐射光能量，因此，光辐射的范围为三维空间的整个球面的立体角，即 4π 球面度的空间。

1.4.43　流明 lumen

光通量的国际单位制 (SI) 单位。发光强度为 1cd 的均匀点光源在单位立体角 (球面度) 内发出的光通量。其等效定义是频率为 540×10^{12}Hz、辐射通量为 1/683W 的单色辐射束的光通量。其符号为 lm。

1.4.44　发光强度 luminous intensity

光源在包含指定方向的立体角元 $\mathrm{d}\Omega$ 内传输的光通量 $\mathrm{d}\Phi_v$ 除以该立体角元之商，按公式 (1-66) 计算：

$$I_v = \frac{\mathrm{d}\Phi_v}{\mathrm{d}\Omega} \tag{1-66}$$

式中：I_v 为发光强度，cd；$\mathrm{d}\Phi_v$ 为立体角元内的光通量，lm；$\mathrm{d}\Omega$ 为立体角元，sr。

1.4.45 坎德拉 candela

发光强度的国际单位制 (SI) 单位。其是国际单位制七个基本单位之一。坎德拉是发出频率为 540×10^{12} Hz 辐射的光源在指定方向的发光强度，光源在该方向的辐射强度为 1/683W/sr (1979 年第 16 届国际计量大会决议)，用符号 cd 表示，1cd = 1lm/sr。

1.4.46 光出射度 luminous exitance

光源表面上一点处离开包含该点面元的光通量 $\mathrm{d}\varPhi_\mathrm{v}$ 除以该面元面积 $\mathrm{d}A$ 之商，用符号 M_v 表示，按公式 (1-67) 计算：

$$M_\mathrm{v} = \frac{\mathrm{d}\varPhi_\mathrm{v}}{\mathrm{d}A} \tag{1-67}$$

若将表示式 $L_\mathrm{v} \cos\theta \cdot \mathrm{d}\varOmega$ 对指定点所见的半球空间进行积分，则得到光出射度的等效定义，按公式 (1-68) 计算：

$$M_\mathrm{v} = \int_{2\pi\mathrm{sr}} L_\mathrm{v} \cos\theta \cdot \mathrm{d}\varOmega \tag{1-68}$$

式中：M_v 为光出射度，$\mathrm{lm/m^2}$；L_v 为从不同方向射出的、立体角为 $\mathrm{d}\varOmega$ 的光束元对着指定点的光亮度，$\mathrm{cd/m^2}$；θ 为这些光束元与该点所在表面法线间的夹角，rad；$\mathrm{d}\varOmega$ 为立体角元，sr。光出射度的国际单位制 (SI) 单位为流明每平方米 (lumen per square meter)，符号为 $\mathrm{lm/m^2}$。

1.4.47 光照度 illuminance

表面上一点处入射在包含该点的面元上的光通量 $\mathrm{d}\varPhi_\mathrm{v}$ 除以该面元面积 $\mathrm{d}A$ 之商，也称为照度，按公式 (1-69) 计算：

$$E_\mathrm{v} = \frac{\mathrm{d}\varPhi_\mathrm{v}}{\mathrm{d}A} \tag{1-69}$$

式中：E_v 为照度，lx $(1\mathrm{lx} = 1\mathrm{lm/m^2})$。

若将表示式 $L_\mathrm{v} \cdot \cos\theta \cdot \mathrm{d}\varOmega$ 对指定点所见的半球空间进行积分，则得到光照度的等效定义，按公式 (1-70) 计算：

$$E_\mathrm{v} = \int_{2\pi\mathrm{sr}} L_\mathrm{v} \cdot \cos\theta \cdot \mathrm{d}\varOmega \tag{1-70}$$

式中：L_v 为从不同方向入射的、立体角为 $\mathrm{d}\varOmega$ 的光束元对着指定点的光亮度，$\mathrm{cd/m^2}$；θ 为这些光束元与指定点所在表面法线间的夹角，rad；$\mathrm{d}\varOmega$ 为立体角元，sr。

1.4.48　勒克斯 lux

光照度的国际单位制 (SI) 单位。1 勒克斯为 1lm 的光通量均匀分布在 1m² 的表面上所产生的光照度，用符号 lx 表示，1lx = 1lm/m²。

1.4.49　光亮度 luminance

发光体单位立体角单位面积发出的光通量，用符号 L_v 表示，也称为亮度，按公式 (1-71) 计算：

$$L_v = \frac{\mathrm{d}\Phi_v}{\mathrm{d}A \cdot \cos\theta \cdot \mathrm{d}\Omega} \tag{1-71}$$

式中：L_v 为亮度，cd/m²，1cd/m² = 1lm/(m²·sr)；$\mathrm{d}\Phi_v$ 为由通过实际或假想面上指定点的光束元在包含指定方向的立体角元 $\mathrm{d}\Omega$ 内传播的光通量，lm；$\mathrm{d}A$ 为包含指定点的发光体元面积，m²；θ 为发光体元面法线与光束方向间的夹角，rad；$\mathrm{d}\Omega$ 为立体角元，sr。光亮度曾经有一个专门的单位，单位名称为尼特 (nit)，1 尼特等于 1 坎德拉/米²，即 1nit = 1cd/m²，目前亮度的单位尼特已经废除。

单位立体角内光通量相同时，发光体面积越小，亮度越高，反之越低。亮度从规定的方向观察，在真实面或假设面的给定点上，为单位面积单位立体角的辐射功率，表面可以是光源的表面，或是发射的横切光束的面。光亮度的国际单位制 (SI) 单位为坎德拉每平方米 (candela per square meter)，用符号 cd/m² 表示。

1.4.50　立体角 solid angle

一个任意形状的封闭锥面所包含的空间角度，用符号 Ω 表示，立体角的国际单位制 (SI) 的单位为球面度 (sr)。立体角是锥体的空间角度，是在过锥体中心线的平面中的锥体剖面的平面角旋转形成的对称立体角，因此，立体角是锥平面角旋转构成的空间角度。

1.4.51　球面度 steradian

立体角的国际单位制 (SI) 单位。一个球面度为半径为 r 的球面上面积等于 r^2 的球面对球心的张角，单位符号用 sr 表示，立体角符号用 Ω 表示。一个完整球表面的面积为 $4\pi r^2$，因此整个球有 4π 球面度。

1.4.52　亮度守恒 conservation of radiance

光亮度在无源光学系统中传输，如果吸收、散射等损耗为零，存在 $L \cdot n^{-2}$ 不变的规律，其中 L 为光束的亮度，n 为局部折射率。光束通过高折射率介质显暗，通过低折射率介质显亮。

1.4.53 等效光亮度 equivalent luminance

具有相同视亮度的比较场的光亮度。其辐射的相对光谱功率分布与处于铂凝固温度的普朗克辐射体相同，它的频率为 $540×10^{12}$Hz 的单色辐射与所考虑的视场在特定的光度测量条件下有相同的视亮度，用符号 L_{eq} 表示。比较场须有特定的形状和大小，但是可以不同于所考虑的场。单位为 cd/m^2。

频率为 $540×10^{12}$Hz 的辐射在标准空气中的波长为 555.016nm。

如果在相同测量条件下比较视场的等效光亮度是已知的，它的相对光谱分布可以不同于铂凝固点温度 (T =2042K) 的普朗克辐射体。

1.4.54 曝光量 luminous exposure

表面上一点处在指定的时程内，被光照射的表面单位面积上接收的光量，或光照射在面元上的光量除以该面元的面积，按公式 (1-72) 计算：

$$H_v = \frac{dQ_v}{dA} \tag{1-72}$$

若在指定的时程内，将入射在指定点处的光照度对时间积分，则得到曝光量的等效定义，按公式 (1-73) 计算：

$$H_v = \int_{\Delta t} E_v dt \tag{1-73}$$

式中：H_v 为曝光量，lx·s (1lx · s = 1lm · s/m^2)；dQ_v 为光量元，lm·s；dA 为面元面积，m^2；E_v 为光照度，lx。

1.4.55 曝光值 exposure value (EV)

用以表征曝光量或相对曝光量的数值，用符号 EV 表示，按公式 (1-74) 计算：

$$EV = \log_2\left(F^2/t\right) \tag{1-74}$$

式中：EV 为曝光值，无量纲或量纲为 1；F 为照相机光阑指数；t 为快门速度，s。

有些曝光表以曝光值作示值。在相同条件下，曝光量愈大，曝光值愈小。曝光量的 SI 单位为勒克斯秒，单位符号为 lx·s。

1.4.56 勒克斯秒 lux second

曝光时间为 1 秒时曝光量为 1 勒克斯的量，是曝光量的 SI 单位，符号为 lx·s。勒克斯是一个照度单位，当将其与时间相乘形成一个参数时，这个参数就反映了光照射物体表面随时间所积累的光度量。

1.4.57　光亮度因数 luminance factor

在规定照明光束的结构和入射角条件下，非自辐射体表面上一面元在给定方向观测到的光亮度与理想漫反射 (或漫透射) 体上的同样大小面元在相同照明条件下和方向上的光亮度之比，用符号 β_v 表示，单位为 1。其常用来说明表面 (特别是光泽面) 的反射性能。

遇到光致发光介质时，光亮度因数 β_v 是反射光亮度因数 β_S 和发光光亮度因数 β_L 两部分之和，按公式 (1-75) 计算：

$$\beta_v = \beta_S + \beta_L \tag{1-75}$$

1.4.58　辐亮度因数 radiance factor

在规定照射束的结构和入射角条件下，非自辐射体表面上一面元在给定方向测到的辐射亮度与理想漫反射 (或漫透射) 体上的同样大小面元在相同照射条件下和方向上的辐射亮度之比，用符号 β_E 或 β 表示，单位为 1 (无量纲或量纲为 1)。

遇到光致发光介质时，辐亮度因数 β_E 是反射辐亮度因数 β_S 和辐射辐亮度因数 β_L 两部分之和，按公式 (1-76) 计算：

$$\beta_E = \beta_S + \beta_L \tag{1-76}$$

1.4.59　反射因数 reflectance factor

〈基础〉在规定照射束的结构和入射角条件下，非自辐射体表面上一面元在给定方向和立体角内发射的辐通量或光通量与从完全漫反射面反射的辐通量或光通量之比，也称为反射系数 (reflectance coefficient)。

1.4.60　光谱亮度 spectral luminance

给定波长处单位波长区间的光亮度，单位为坎德拉每米 (cd/m)。光谱亮度反映的是单色光的亮度。当测试的光谱区间宽一点时，亮度就会增大，但按单位宽度的光谱计算时，亮度结果几乎是相等的。

1.4.61　光谱光照度 spectral illuminance

在给定波长处单位波长区间的光照度，单位为勒克斯每米 (lx/m)。光谱光照度反映的是单色光的照度。当测试的光谱区间宽一点时，照度就会增大，但按单位宽度的光谱计算时，照度结果几乎是相等的。

1.4.62　光谱密集度 spectral concentration

在复合辐射或多色光中属于波长 λ 附近的 $d\lambda$ 范围内的辐射度量或光度量 $d\theta$ 与 $d\lambda$ 之比，用符号 Q_λ 表示，按公式 (1-77) 计算：

$$Q_\lambda = \frac{\mathrm{d}\theta}{\mathrm{d}\lambda} \tag{1-77}$$

以波长 λ 为中心的微小波长宽度范围内的辐射量的光谱密集度为该辐射量 X (即辐射通量、辐照度、辐亮度等) 与该波长宽度之比 $X(\lambda)$，按公式 (1-78) 计算：

$$X(\lambda) = \frac{\mathrm{d}X}{\mathrm{d}\lambda} \tag{1-78}$$

对于特定的辐射量，如辐射通量 Φ_e 的光谱密集度可简称为光谱辐射通量，符号为 $\Phi_e(\lambda)$，单位为 W/m，按公式 (1-79) 计算：

$$\Phi_e(\lambda) = \frac{\mathrm{d}\Phi_e}{\mathrm{d}\lambda} \tag{1-79}$$

光通量的光谱密集度计算公式只需将公式 (1-79) 中的辐射通量符号换成光通量符号即可。光通量的光谱密集度记作 Φ_λ，单位为 lm/m。

1.4.63　光谱功率分布 spectral power distribution

光通量或辐射通量与波长之间的函数关系或在直角坐标系中的曲线关系。为明确辐射通量的性质，辐射通量的光谱功率分布叫做光谱辐射通量功率分布，以符号 $\Phi_{e\lambda}(\lambda)$ 表示，符号中的脚标 λ 表示与波长分布的相关性，(λ) 表示波长的函数。

1.4.64　相对光谱功率分布 relative spectral power distribution

将复色光在指定的光谱区范围内，对每一波长分别测出其辐射光功率，将整个测试光谱区中的每个波长的辐射功率除以其中的最大辐射功率，形成归一化的辐射功率，以光谱为横坐标而其相应的相对辐射功率为纵坐标的分布表达关系。

1.4.65　光谱反射因数 spectral reflectance factor

在规定的照明条件下，在规定的立体角内，从物体反射的波长 λ 的辐射通量或光通量与从完全漫反射面反射的波长 λ 的辐射通量或光通量之比，光谱反射因数用 $R(\lambda)$ 表示，按公式 (1-80) 计算：

$$R(\lambda) = \frac{\Phi_{\alpha\lambda}}{\Phi_{re\lambda}} \tag{1-80}$$

式中：$R(\lambda)$ 为光谱反射因数；$\Phi_{\alpha\lambda}$ 为从物体反射的波长 λ 的辐射通量或光通量，W 或 lm；$\Phi_{re\lambda}$ 为从完全漫反射面反射的波长 λ 的辐射通量或光通量，W 或 lm。公式 (1-80) 中的符号 Φ 的下标 α 可以为 e 或 v，当其为 e 时表示为辐射通量，按公式 (1-80) 计算的光谱反射因素是辐射度的；当其为 v 时表示为光通量，按公式 (1-80) 计算的光谱反射因素是光度的。

1.4.66   光谱光亮度因数 spectral luminance factor

在规定的照明和观测条件下，物体在波长 λ 上的光谱光亮度与完全漫反射面或完全漫透射面在波长 λ 上的光谱光亮度之比，用符号 $\beta(\lambda)$ 表示，按公式 (1-81) 计算：

$$\beta(\lambda) = \frac{L_{v\lambda}}{L_{re\lambda}} \tag{1-81}$$

式中：$\beta(\lambda)$ 为光谱光亮度因数；$L_{v\lambda}$ 为物体在波长 λ 上的光谱光亮度，cd/m^2；$L_{re\lambda}$ 为完全漫反射面或完全漫透射面在波长 λ 上的光谱光亮度，cd/m^2。光谱光亮度因数计算公式 (1-81) 既可以用于计算光度的，也可以用于计算辐射度的，当光谱光亮度换成光谱辐射亮度时就用于计算辐射度的光谱辐亮度因数。

1.4.67   朗伯体 Lambert body

反射的光亮度符合朗伯余弦定律规律的反射器，其是一个完全均匀的漫反射体，又称为朗伯反射器 (Lambertian reflector)。入射能量在所有方向均匀反射，即入射能量以入射点为中心，在整个半球空间内向四周各向同性反射能量的现象，称为理想漫反射体，也称为各向同性反射体。

1.4.68   完全漫反射体 perfect reflective diffuser

入射在其表面上的辐射，经过反射后在所有方向的辐亮度相同，且光谱反射比为 1 的反射体。完全漫反射体与朗伯反射器是等价的。

1.4.69   辐射温度 radiation temperature

与热辐射体总辐射出射度相等的黑体的温度，单位为开尔文 (K)。辐射温度与色温是等价概念。

1.4.70   辐亮度温度 radiance temperature

在规定波长，普朗克辐射体与所考虑的热辐射体有相同的辐射亮度的光谱密集度时，普朗克辐射体的温度，即为该热辐射体的规定波长辐射亮度温度，单位为开尔文 (K)，也称为单色辐射亮度温度 (monochromatic radiance temperature)，简称为亮度温度。辐亮度温度就是在同一波长，与热辐射体辐射亮度相同的黑体的温度。

1.4.71   发射率 emissivity; emittance

物体辐射量 (辐射强度、辐射功率等) 与相同温度下黑体的辐射量的比值，也称为比辐射率或发射系数。发射率有单色发射率和全发射率，单色发射率为物体对特定波长辐射的发射率，全发射率为物体对所有波长辐射的发射率。发射率反映的是物体对外辐射的能力，当物体的发射率为 1 时，说明该物体具有黑体的发射能力。吸收越强的物体发射率越高。物体的发射率是其温度和波长的函数，还与物体的材料属性和表面状况 (如粗糙度、颜色等) 密切相关。金属的发射率比非金属的小得多。

1.4.72 光度计量 photometry

按约定的光谱光视效率函数 $V(\lambda)$ (明视觉) 或 $V'(\lambda)$ (暗视觉) 评价辐射量的有关知识和测量技术。光度计量是基于人眼对光的感受来评定的，尽管测量的感光装置是光电装置，但其感光性能需要按光谱光视效率函数进行校正。

1.4.73 双向反射 bidirectional reflection

物体表面在不同入射角度的光辐射照射下，在不同反射角度所呈现的具有差异的反射特性。地物通常是一种双向反射体。

1.4.74 双向透射 bidirectional transimission

物体在不同入射角度的光辐射照射下，在不同透射角度所呈现的具有差异化的透射特性。

1.4.75 双向散射 bidirectional scattering

物体在不同入射角度的光辐射照射下，在不同散射角度所呈现的具有差异化的散射特性。双向散射有表面散射和体散射两种类型。

1.4.76 双向反射分布函数 bidirectional reflectivity distribution function (BRDF)

物体表面特定方向反射辐亮度的微增量与特定方向入射辐照度的微增量之比，也称为二向性反射分布函数，用符号 f_R 表示，单位为每球面度 (sr^{-1})，按公式 (1-82) 计算：

$$f_R = \frac{\mathrm{d}L(\theta_r, \varphi_r, \lambda_r)}{\mathrm{d}E(\theta_i, \varphi_i, \lambda_i)} \tag{1-82}$$

式中：f_R 为双向反射分布函数，单位为 sr^{-1}；$\mathrm{d}L(\theta_r, \varphi_r, \lambda_r)$ 为物体表面特定方向反射辐亮度的微增量，单位为 $\mathrm{W/(sr \cdot m^2)}$；$\mathrm{d}E(\theta_i, \varphi_i, \lambda_i)$ 为物体表面特定方向入射辐照度的微增量，单位为 $\mathrm{W/m^2}$；θ_i 为特定入射方向向量与物体面元法线的夹角；φ_i 为特定入射方向向量在物体面元平面的投影与该平面内的坐标轴的夹角；θ_r 为特定反射方向向量与物体面元法线的夹角；φ_r 为特定反射方向向量在物体面元平面的投影与该平面内的坐标轴的夹角；λ_i 为入射光线的波长；λ_r 为反射光线的波长。

双向反射分布函数描述的是入射光线经过某个物体表面反射后在各个出射方向上的分布关系，这种反射可以是理想镜面反射、漫反射、各向同性或各向异性的各种反射。双向反射分布函数是一种描述光学非互易现象的物理量。

1.4.77 双向反射因子 bidirectional reflectance factor (BRF)

在一定的辐照和特定方向下，物体表面的反射辐射亮度微增量与处于同一辐照度和特定方向下的理想漫反射面 (朗伯反射面) 的反射辐射亮度微增量之比，也称为二向性反射率因子，用符号 R 表示，按公式 (1-83) 计算：

$$R = \frac{\mathrm{d}L_\mathrm{T}(\theta, \varphi, \lambda)}{\mathrm{d}L_0(\theta, \varphi, \lambda)} \tag{1-83}$$

式中：R 为双向反射因子；$\mathrm{d}L_\mathrm{T}(\theta, \varphi, \lambda)$ 为特定角度和波长的目标物体的反射辐射亮度微增量，单位为 $\mathrm{W}/(\mathrm{sr}\cdot\mathrm{m}^2)$；$\mathrm{d}L_0(\theta, \varphi, \lambda)$ 为相同角度和波长的理想漫反射面的反射辐射亮度微增量，单位为 $\mathrm{W}/(\mathrm{sr}\cdot\mathrm{m}^2)$；$\theta$ 为特定反射方向向量与物体面元法线的夹角；φ 为特定反射方向向量在物体平面投影与该平面内的坐标轴的夹角；λ 为反射光线的波长。

1.4.78 双向透射分布函数 bidirectional transmissivity distribution function (BTDF)

物体特定方向透射辐亮度的微增量与特定方向入射辐照度的微增量之比，也称为二向性透射分布函数，用符号 f_T 表示，单位为每球面度 (sr^{-1})，按公式 (1-84) 计算：

$$f_\mathrm{T} = \frac{\mathrm{d}L(\theta_\mathrm{t}, \varphi_\mathrm{t}, \lambda_\mathrm{t})}{\mathrm{d}E(\theta_\mathrm{i}, \varphi_\mathrm{i}, \lambda_\mathrm{i})} \tag{1-84}$$

式中：f_T 为双向透射分布函数，单位为 sr^{-1}；$\mathrm{d}L(\theta_\mathrm{t}, \varphi_\mathrm{t}, \lambda_\mathrm{t})$ 为物体特定方向透射辐亮度的微增量，单位为 $\mathrm{W}/(\mathrm{sr}\cdot\mathrm{m}^2)$；$\mathrm{d}E(\theta_\mathrm{i}, \varphi_\mathrm{i}, \lambda_\mathrm{i})$ 为物体特定方向入射辐照度的微增量，单位为 W/m^2；θ_i 为特定入射方向向量与物体面元法线的夹角；φ_i 为特定入射方向向量在物体面元平面的投影与该平面内的坐标轴的夹角；θ_t 为特定透射方向向量与物体面元法线的夹角；φ_t 为特定透射方向向量在物体面元平面的投影与该平面内的坐标轴的夹角；λ_i 为入射光线的波长；λ_t 为透射光线的波长。

1.4.79 双向散射分布函数 bidirectional scattering distribution function (BSDF)

物体特定方向散射辐亮度的微增量与特定方向入射辐照度的微增量之比，也称为二向性散射分布函数，用符号 f_S 表示，单位为每球面度 (sr^{-1})，按公式 (1-85) 计算：

$$f_\mathrm{S} = \frac{\mathrm{d}L(\theta_\mathrm{s}, \varphi_\mathrm{s}, \lambda_\mathrm{s})}{\mathrm{d}E(\theta_\mathrm{i}, \varphi_\mathrm{i}, \lambda_\mathrm{i})} \tag{1-85}$$

式中：f_S 为双向散射分布函数，单位为 sr^{-1}；$\mathrm{d}L(\theta_\mathrm{s}, \varphi_\mathrm{s}, \lambda_\mathrm{s})$ 为物体特定方向表面及体内散射辐亮度的微增量，单位为 $\mathrm{W}/(\mathrm{sr}\cdot\mathrm{m}^2)$；$\mathrm{d}E(\theta_\mathrm{i}, \varphi_\mathrm{i}, \lambda_\mathrm{i})$ 为物体特定方向入射辐

照度的微增量，单位为 W/m^2；θ_i 为特定入射方向向量与物体面元法线的夹角；φ_i 为特定入射方向向量在物体面元平面的投影与该平面内的坐标轴的夹角；θ_s 为特定散射方向向量与物体面元法线的夹角；φ_s 为特定散射方向向量在物体面元平面的投影与该平面内的坐标轴的夹角；λ_i 为入射光线的波长；λ_s 为散射光线的波长。

1.4.80　双向表面散射分布函数 bidirectional surface scatter distribution function (BSSDF)

当双向散射分布函数 BSDF 明确仅为物体表面的散射特性时的函数，用符号 f_{SS} 表示，单位为每球面度 (sr^{-1})，按公式 (1-86) 计算：

$$f_{SS} = \frac{dL(\theta_s, \varphi_s, \lambda_s)}{dE(\theta_i, \varphi_i, \lambda_i)} \tag{1-86}$$

式中：f_{SS} 为双向表面散射分布函数，单位为 sr^{-1}；$dL(\theta_s, \varphi_s, \lambda_s)$ 为物体特定方向表面散射辐亮度的微增量，单位为 $W/(sr·m^2)$；其他符号的含义同 1.6.79 (双向散射分布函数) 中相同符号的含义。

1.4.81　点耀度 point brilliance

在人眼感觉不出光源的表观直径的距离上，直接目视观测光源时所涉及的光度量，以观察者眼睛所处平面 (垂直于光源方向) 上产生的光照度来度量，单位为 lx，用符号 E_v 或 E 表示。

1.4.82　光源的发光效能 luminous efficacy of light source

光源发出的光通量除以所消耗功率之商，用符号 η_v 表示，单位为 lm/W，简称为光源的光效。

该量使用时应说明所消耗功率是否含辅助设备消耗的功率。

1.4.83　同步加速器辐射 synchrotron radiation

由具有极大加速度的自由带电粒子 (如在环形轨道上高速运动的带电粒子) 发出的辐射。

1.4.84　半球发射率 hemispherical emissivity

热辐射体半球空间的辐射出射度与相同温度下黑体半球空间的辐射出射度之比，也称为半球比辐射率。

1.4.85　方向发射率 directional emissivity

热辐射体在给定方向上的辐射亮度与相同温度下黑体的辐射亮度之比，也称为方向比辐射率。

1.4.86 地物波谱特性 spectral characteristics of ground objects

以波谱曲线形式，描述地物的反射、吸收、发射、散射和透射辐射随波长变化的特征性质。波谱曲线通常是以光谱为横坐标，纵坐标为反射、吸收、发射、散射或透射的辐射物理量，每个光谱点都有对应的光物理量。

1.4.87 反照率 albedo

物体表面向半球 (2π) 空间反射的辐射通量与半球 (2π) 空间入射在物体表面上的辐射通量之比。

1.4.88 黑天空反照率 black sky albedo

仅考虑直射光照射情况下，物体表面向半球 (2π) 空间反射的辐射通量与入射的直射辐射通量之比。

1.4.89 白天空反照率 white sky albedo

仅考虑散射光照射情况下，物体表面向半球 (2π) 空间反射的辐射通量与入射的散射辐射通量之比。

1.4.90 半球反射率 hemispherical reflectance

物体表面向半球空间 (2π 立体角) 反射的辐射通量与入射在物体表面上入射的辐射通量之比。反射包含镜面反射、漫反射、散射等。半球也可以根据需要定义。

1.4.91 视星等 apparent magnitude

观察者在地球观察星体所看到的星体亮度等级的划分，也称为星等，按公式 (1-87) 计算：

$$m = m_0 - 2.51\lg(E/E_0) \tag{1-87}$$

式中：m 为视星等；E 为所考察星体的点照度，lx；m_0、E_0 为以某些标准星的星等为依据的常数。

星体的亮度越高，视星等的数值越小，而且可以取负值，每级之间相差 2.512 倍。一些典型星体的视星等为：牛郎星 0.77；织女星 0.03；天狼星 -1.45；满月 -12.8；太阳 -26.7。视星等不反映星体的实际亮度，它只是地球上看到的星体亮度，星体离地球的距离和它的实际亮度才是决定视星等亮度的关键因素。视星等是星体亮度的相对表达关系。

1.4.92 摄影昼光 photo graphic daylight

具有相关色温近似为 5503K 的辐射源辐射的光。摄影昼光对应的 CIE 规定的标准照明体是 D_{55}，其色温对应着典型日光。

1.4.93 感光密度 photosensitive density

感光计量的参量，用以衡量感光材料在曝光和显影定影后变黑的程度 (黑度)。感光材料上的卤化银，受光作用并显影定影后还原成金属银，形成一定的阻光度，阻光度的对数就是密度。黑度大，密度高；黑度小，密度低。在限定讨论感光材料的感光密度时，可省去 "感光"。

1.4.94 透光密度 trasmission density

透射比的倒数以 10 为底的对数，用符号 D 表示，也称为光密度 (optical density) 或透射密度 (transmission density)。透光密度反映的材料对光的吸收能力，其数值与透射比正好相反。对同一光学材料或零件，其透光密度的数值越大，透射比的数值就越小，即吸收越大的材料或零件，其能透过的光就越少。

1.4.95 光谱光密度 spectral trasmission density

光谱透射比的倒数以 10 为底的对数，用符号 $D(\lambda)$ 表示，按公式 (1-88) 计算：

$$D(\lambda) = \lg \frac{1}{\tau(\lambda)} \tag{1-88}$$

式中：$D(\lambda)$ 为光谱光密度；$\tau(\lambda)$ 为光谱透射比。

1.5 光 谱 学

1.5.1 光谱 spectrum

复色光经过色散系统 (如棱镜、光栅) 分解为按波长或频率顺序排列的单色光图谱。光谱就是采用特定的技术将复色光中的单色成分在空间域或时间域进行有序展开的呈现。物体发射光的光谱称为发射光谱；使波长连续分布的光学辐射通过物体时，经过物体吸收后的光谱称为该物体的吸收光谱。按波长范围不同可分为红外光谱、可见光谱和紫外光谱；按产生谱线的机理分为原子光谱、分子光谱和离子光谱；按产生方式不同分为发射光谱、吸收光谱和散射光谱；按光源不同有弧光光谱、火花光谱和激光光谱；按光谱形态不同有线状光谱、带状光谱和连续光谱。

1.5.2 谱线 spectral line

发射或吸收波长的一个狭窄范围，相当于量子力学系统能级转换或跃迁时发射或吸收的单色辐射，以线状形式展现的相应波长的能量线 (可以是亮线或暗线)，也称为光谱线。

1.5.3 单色光 monochromatic light

只含有单一频率或者频率范围很窄的光，也称为单色辐射 (monochromatic radiation)。自然界的光基本上是复色光，单色光可以用分光装置 (棱镜、光栅、滤光镜等) 对复色光分离或过滤而出。

1.5.4 谱线宽度 spectral linewidth

谱线最大强度的一半处所对应的频率 (或波长) 之差或谱线波长或频率的范围区间。其是波长或频率范围的量度。光谱中一条谱线 (无论是吸收谱还是发射谱) 有一定的宽度，说明它代表的并非单一频率的严格单色光，而是围绕着中心频率有一定的频率范围。在原子发光形式的气体发光中，按照产生原因，主要有以下三种谱线宽度：

(1) 谱线自然宽度；

(2) 谱线碰撞展宽；

(3) 谱线多普勒 (Doppler) 展宽。

1.5.5 线光谱 line spectrum

原子发射或吸收产生的呈分立线状的近似纯单色光组成的光谱，通常由一条或几条光谱线组成。

1.5.6 发射光谱 emission spectrum

物质在高温状态或因受到带电粒子撞击而激发后，原子或分子从激发态跃迁到能量较低的状态时直接发射出的光谱。由于受激物质所处状态不同，发射光谱呈现出不同形状：如在原子状态时为明亮的线状光谱；如在分子状态时为带状光谱；炽热的固态、液态或高压气体中为连续光谱。发射光谱在暗背景中的谱线为亮线。

1.5.7 吸收光谱 absorption spectrum

具有波长连续分布的光透过物质时，某些波长的光能量被物质吸收，使波长连续分布的光谱中在被吸收波长谱线位置呈现为暗线或暗带的谱线。在一般情况下，物质吸收光谱的波长与其发射光谱波长相等。吸收光谱在连续亮光谱背景中的谱线为暗线。

1.5.8 原子光谱 atomic spectrum

由于原子内部电子运动状态发生变化而产生的发射光谱或吸收光谱。原子光谱由许多分立的谱线组成，是研究原子结构的重要依据。

1.5.9　原子发射光谱 atomic emission spectrum

当原子受到外界能量 (热能、光能、化学能、生物能等) 激发时，原子中价电子的运动轨道从高能级向低能级跃迁发出的光谱。

1.5.10　原子吸收光谱 atomic absorption spectrum

当原子受到外界能量 (热能、光能、化学能、生物能等) 激发时，原子中价电子的运动轨道从低能级向高能级跃迁吸收 (或消隐) 的光谱。原子吸收光谱是光源的光谱通过气态原子后产生的，通常在紫外区和可见区。

1.5.11　分子光谱 molecular spectrum

由于分子内部状态发生变化而产生的发射光谱或吸收光谱。分子光谱包括分子电子光谱、分子振动光谱、分子转动光谱和分子振-转动光谱。分子光谱的形式决定于分子的结构和运动规律，常用来进行化合物的化学成分分析。

1.5.12　分子电子光谱 molecular electron spectrum

电子在分子不同能级间跃迁所发射或吸收的光谱，简称为分子光谱，也称为带光谱。分子光谱呈现出的是一条条宽度不等的光带光谱，在带的一头特别集中，形成了一条清晰的明暗分界线，称为"带头"，从带头开始谱线密集程度向另一头逐渐减小。由于分子中电子跃迁能级的能量比较大，因此，分子光谱主要位于可见光及紫外区。

1.5.13　分子振动光谱 molecular vibration spectrum

在分子振动能级间跃迁所发射或吸收的光谱，简称为振动光谱。分子振动光谱位于红外光谱区。利用分子振动光谱可研究分子结构、分子力和热力学函数等。

1.5.14　分子转动光谱 molecular rotation spectrum

分子从一种转动状态转变为另一种转动状态，在相应转动能级间跃迁所发射或吸收的光谱，简称为转动光谱。分子转动光谱位于远红外至微波区间。利用分子转动光谱可研究分子转动惯量和组成分子的原子核间的距离等。

1.5.15　分子振-转动光谱 spectrum of molecular vibration and rotation

在分子的振动和转动能级间跃迁所发射或吸收的光谱。分子振-转动光谱位于红外至微波区间。

1.5.16　亮线光谱 bright line spectrum

原子发射的线光谱，也称为明线光谱。亮线光谱是原子辐射跃迁 (从高能级到低能级) 时发出相应频率光的光谱，是辐射能量的光谱。

1.5.17   暗线光谱 dark line spectrum

原子吸收的线光谱，也称为黑线光谱。暗线光谱是原子吸收跃迁 (从低能级到高能级) 时吸收相应频率光的光谱，是吸收能量的光谱，是不发光的光谱。

1.5.18   光谱线系 spectrum linellea

原子光谱按一定规律分成若干个组中的每一个组的谱线集合。在同一线系中，各谱线的波长可用于简单公式计算，例如氢原子的巴耳末线系等。原子光谱的线系结构反映出原子能级的规律性。外壳层电子数相同的原子，具有相似的线系结构。

1.5.19   巴耳末线系 Balmer linellea

由巴耳末推导出来的计算氢原子各谱线波长的公式 (1-89) 所计算出的谱线 (波长) 的集合。公式 (1-89) 称为巴耳末公式 (Balmer formula)。

$$\frac{1}{\lambda} = R_{\mathrm{H}}\left(\frac{1}{m^2} - \frac{1}{n^2}\right) \tag{1-89}$$

式中：λ 为某条谱线的波长；R_{H} 为里德伯常数，$R_{\mathrm{H}} = 109677.581\mathrm{cm}^{-1}$；$m = 1, 2, 3, \cdots$；$n = 2, 3, 4, \cdots$；$m < n$。

对于可见光区域内的"巴耳末线系"，$m = 2$，n 为 3 及 3 以上的整数，$n = 3$ 的线为红色，$n = 4$ 的线为蓝绿色，$n = 5$ 的线为紫色，$n = 6$ 的线为紫色，$n = 7$ 的线为紫色等，每一个数相应地代表一条谱线。

1.5.20   禁戒谱线 forbidden spectrum line

两原子态间出现不符合选择定则而跃迁产生的谱线，也称为禁线。禁戒谱线是由于原子内部结构和相互作用的复杂性导致的。禁戒谱线的强度一般比较弱。在外太空或地球极端上层大气的极低密度的气体、等离子体中可以观测到禁线。

1.5.21   精细结构 fine structure

一条谱线能分裂为若干条细谱线的状态结构。原子谱线的精细结构用大色散光谱仪器能将其分裂开。谱线的精细结构是由于原子中的电子具有自旋动量矩所致。

1.5.22   超精细结构 hyperfine structure

一条精细结构谱线能分裂为若干条非常接近的谱线的状态结构。原子谱线的超精细结构用高分辨光谱仪能将其分裂开。谱线的超精细结构是由于电子运动的相对论效应、原子核的自旋和原子中各同位素的核质量不同等原因引起。分析原子的超精细结构可获得有关原子核动量矩、核磁矩和核质量等方面的知识。

1.5.23　选择定则 selection rule

当表征两个原子状态的两组量子数中，同种量子数间的差值各自满足一定的规则时，这两个状态间的光子跃迁才有可能发生，从而产生相应谱线的规律。两个不符合选择定则的原子状态之间一般不能发生跃迁，或者跃迁可能性很小，因此，谱线就不会产生或者产生出来的也很微弱。选择定则是原子改变状态而发射或吸收光谱线的过程中所遵守的规则。

1.5.24　电弧光谱 arc spectrum

光谱分析过程中，以电弧光源对分析试样进行激发所得到的光谱。电弧光谱主要是中性原子固有的谱线。中性原子是核外电子等于核内质子数，即正负电量相等，原子不显电性的原子。

1.5.25　火花光谱 spark spectrum

火花放电时出现的光谱。火花光谱主要是原子、离子固有的谱线。火花光谱是高压电极间的高压气体被电离击穿而放电所发射出的光谱。电弧放电和火花放电的主要区别是：电弧放电的放电过程稳定、爆炸力小、蚀除量低等；火花放电的放电过程不稳定、爆炸力大、蚀除量高等。

1.5.26　连续光谱 continuous spectrum

光谱中，光 (辐射) 强度随波长 (频率) 变化呈连续分布的光谱。连续光谱相片上的谱线都是紧挨着的光谱。炽热的固态、液态或高压气体往往发射连续光谱。电子和离子复合及高速粒子在加速场中运动也会发射连续光谱。可见光中七种颜色光的每种色的光谱都是连续光谱。

1.5.27　超连续谱 supercontinuum spectrum

具有超出常见的连续光谱带宽范围，宽度和强度达到一定程度的连续谱。超连续谱是一个相对概念，不是超出某个特定的具体光谱宽度值，而是对某光谱自身原固定的光谱带宽的连续加宽。利用高峰值功率的超短脉冲 (如飞秒激光脉冲) 通过非线性材料 (如光子晶体光纤) 可获得覆盖整个可见光波段的连续光谱。

1.5.28　光学频率梳 optical frequency comb(OFC)

在频谱上由一系列间隔相等且具有稳定相位关系的频率分量组成的光谱，也称为频率梳。光学频率梳是其曲线图的一个形象称谓，用来形容以频率为横坐标和振幅或强度为纵坐标绘制的似一把梳子的曲线图形。

1.5.29　等能光谱 equi-energy spectrum；equal energy spectrum

单位波长宽度所对应的能量密度在一定的波长范围内恒定时的光谱，或辐射能量的光谱密集度在整个可见区都不随波长改变的辐射光谱 [$\varphi(\lambda)$ = 常数]。

有时把等能光谱视为一种中性施照体，在这种情况下用符号 E 标出。

1.5.30　带状光谱 brand spectrum

谱线是分段密集的，或在小波段范围内是连续的，整个光谱由许多看起来是连续的带组成的光谱。

1.5.31　夫琅禾费谱线 Fraunhofer line

太阳光谱中出现的吸收谱线。太阳表面发射出的连续光谱，经过较冷的太阳大气时部分单色光被吸收而形成，也有少数谱线是地球大气的吸收所致。1814 年由德国科学家夫琅禾费首次观察到，并将明显的几条用 A、B、C、D、E 等字母标注，如 D3 线 (波长为 587.6nm)、C 线 (波长为 656.3nm)、F 线 (波长为 486.1nm) 等。将夫琅禾费谱线与已知元素特征光谱比对，可分析大气的化学成分，这些谱线也用作表征光学介质的折射率，见表 1-1 所示，表中所列谱线只是一部分典型使用的谱线，而夫琅禾费发现的谱线有 576 条，实际上有 3 万多条。

表 1-1　夫琅禾费谱线

符号	A′	A	a	B	C	D1	D2	D3/d
波长/nm	768.2	759.4	718.5	686.7	656.3	589.6	589.0	587.6
颜色	红	红	红	红	红	黄	黄	黄
元素	K/钾	O/氧	O/氧	O/氧	H/氢	Na/钠	Na/钠	He/氦
符号	e	E	F	g	G′	G	h	H
波长/nm	546.1	527.0	486.1	435.8	434.1	430.8	404.7	396.8
颜色	绿	绿	青	青	蓝	蓝	紫	紫
元素	Hg /汞	Ca/钙 Fe/铁	H/氢	Hg /汞	H/氢	Ca/钙 Fe/铁	Hg /汞	Ca/钙

1.5.32　色球光谱 chromospheric spectrum

在日全食时，太阳的光球部分已被或仍被月球遮住的瞬间的摄谱，也称为闪光光谱。闪光光谱的谱线很多，已观察到约 3500 条 (波长范围为 306nm~886nm)，其位置往往与夫琅禾费谱线重合。从闪光光谱可以获得有关太阳色球物理状态，如太阳大气中各元素的多少等。

1.5.33　光谱特性 spectral characteristics

与光相关的量和波长 (或频率) 的函数关系。光谱特性相关的量主要有波长 (或频率)、光谱的能量 (或功率)、光谱的范围 (或宽度)、光谱线宽等，这些特性可用坐标系中的曲线来表达。

1.5.34 光谱能量分布 spectral energy distribution

单位波长宽度内辐射能量的绝对值对于波长的函数或表达曲线，简称为光谱分布 (spectrum distribution)。光谱能量分布是在一个给定的光谱区内，各波长宽度对应能量的表达公式，或波长宽度对应能量在坐标系中的表达曲线。

1.5.35 光谱辐射能 spectral radiant energy

单位波长宽度的单色光的辐射能。光谱辐射的物理量，在可见光光谱范围常用光通量 (流明)，在紫外、红外等非可见光光谱区常用辐射能通量或辐射功率 (瓦)。

1.5.36 跃迁 transition

微观粒子按量子化能量关系从一个能级向另一能级转移的过程。跃迁是原子中能级轨道上电子的量子化能级轨道变化的过程。通常用能级图表示粒子跃迁的关系，见图 1-10 所示。发射和吸收跃迁的情况可分为三类：自发跃迁 (原子中的电子不受外界影响，自动地从高能级跃迁到低能级并发射辐射的过程)；受激跃迁 (原子中的高能级电子受外界共振辐射照射，从高能级跃迁到低能级并发射辐射的过程)；吸收跃迁 (原子中的低能级电子受外界共振辐射照射，从低能级跃迁到高能级的过程)。

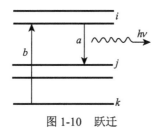

图 1-10 跃迁

1.5.37 跃迁密度 transition density

表达允许的电子能级间跃迁可能性大小 (跃迁概率) 的函数。跃迁密度表达的范围包括自发跃迁密度、受激吸收跃迁密度和受激发射跃迁密度。

1.5.38 跃迁频率 transition frequency

原子两分立能级 E_1 和 E_2 间的跃迁所决定的频率。设 E_1 为下能级，E_2 为上能级：跃迁频率 $\nu = (E_2 - E_1)/h$，h 为普朗克常数；当粒子由 $E_2 \rightarrow E_1$ 时为发射跃迁，发射一个频率为 ν 的光子；当粒子由 $E_1 \rightarrow E_2$ 时为吸收跃迁，吸收一个频率为 ν 的光子。

1.5.39 亚稳态 metastable state

〈光子和光子学〉由某能级出发到能量比它低的所有状态的跃迁概率极小而有较长寿命的能级状态。由于从亚稳态衰变到基态的跃迁违反了选择定则，因此亚稳态跃迁的概率非常小。粒子在亚稳态的寿命约为 10^{-3}s 或更长，是一个储能态；其在撞击或电磁场的作用下发射光子，返回基态。激光就是通过对三能级系统或四能级系统的亚稳态激发出来的。

1.5.40　共振转移 resonance transfer

当具有相同能级或能级具有严格匹配的能量差的两个粒子之间产生相互作用时发生的能量转移过程，也称为诱导共振。一个激发分子中高能电子的振动引起邻近的第二个分子中的电子相似振动，第一个分子的电子传递能量后回到基态，第二个分子的电子发生振动到激发态。共振转移的概率与二个分子间的距离有关，分子间距离越近，共振转移的概率就越高。

1.5.41　离子光谱 ion spectrum

离子的电子运动状态发生变化时发射或吸收的光谱。固体 (晶体) 中掺杂离子的光谱特性是研究固体 (晶体) 激光器的重要基础。

1.5.42　拉曼光谱 Raman spectrum

单色光被分子散射后频率改变形成的光谱。拉曼光谱是通过散射效应产生的光谱。拉曼光谱是印度科学家 C.V. 拉曼 (也有将 "Raman" 译成 "喇曼" 的) 发现的。对与入射光频率不同的散射光谱进行分析可以得到分子振动、转动方面信息，并应用于分子结构研究。激光出现后，激光拉曼效应对改变激光波长的技术非常重要。

1.5.43　激光光谱 laser spectrum

以激光为光源形成的光谱。与普通光源相比，激光光源具有单色性好、亮度高、方向性强和相干性强等特点，是用来研究光与物质的相互作用，从而辨认物质及其所在体系的结构、组成、状态及其变化的理想光源。激光光谱有以下特点：光谱分辨率由谱线自然宽度决定；能消除多普勒效应的影响，分辨率可达到很高值；灵敏度高，有可能实现单原子、单分子检测；能在微区范围进行光谱分析；能用于作无接触光谱分析。

1.5.44　光参量的光谱特性 optical parametric spectral characteristics

与光相关的量和波长 (或频率) 的函数关系。例如 "光谱辐照度" 是指以波长 λ 为中心的微小波长宽度范围内的辐照度与该波长宽度之比 E_λ，按公式 (1-90) 计算：

$$E_\lambda = \frac{\mathrm{d}E}{\mathrm{d}\lambda} \tag{1-90}$$

式中：E 为辐照度，J；λ 为波长，nm。

1.5.45 线性激光光谱技术 linear laser spectrum technology

利用强度低于引起非线性光学效应的高强度激光的光代替经典光谱光源的技术。线性激光光谱技术可使各种经典光谱技术面目一新，甚至获得传统光源光谱技术不可能达到的功能，例如极高的光谱分辨力等。

1.5.46 激光微区光谱技术 laser microcell spectrum technology

用显微物镜等光学部件将激光聚焦成微米量级的光斑，使聚焦区产生 $10^4°C$ 以上的超高温，从而实施对微小、难熔样品或生物活体样品的瞬间、无损、实时高灵敏度光谱分析的技术。

1.5.47 激光吸收光谱技术 laser absorption spectrum technology

用激光光源代替经典光源，通过用激光光谱吸收来分析物质元素成分的技术。激光具有极高的单色性，比最好的光栅单色器还高 5 个数量级，因此可达到极高的光谱分辨力，可提高物质元素成分分析的精细度。

1.5.48 激光光声光谱技术 laser opto-acoustic spectrum technology

将周期性调制的脉冲激光投射到密封在光声池中的样品上，并使激光的波长进行扫描变化，获得样品对不同波长入射光的吸收能力记录 (样品的光声光谱) 的技术。激光作用样品，使样品按激光的调制频率被周期性加热，从而产生周期性压力机械波动 (声波)，用压电陶瓷探测器探测获得样品的这种声波，将声波作为入射光频率函数的变量，就可获得激光的光谱图。

1.5.49 非线性激光光谱技术 non-linear laser spectrum technology

用强度高到能在被激发样品物质中产生非线性光学效应的激光作用样品，使样品物质被激发能级的粒子数分布发生变化，甚至造成多光子吸收跃迁，引起各种非线性光学现象的技术。非线性激光光谱技术能克服光谱的多普勒增宽效应的影响面获得极高的光谱分辨力。

1.5.50 饱和吸收光谱 saturation absorption spectrum

将频率调谐到样品特征吸收峰中心频率的高强激光投射到样品上，使该能级上的绝大部分低能级态粒子激发到高能态，造成高能态的粒子数多于低能态的粒子数，形成吸收峰中心频率不再能吸收照射激光能量的吸收光谱。处于饱和吸收状态的物质的吸收系数不再保持恒定，变成随入射光强增大而非线性减小的情况。

1.5.51 双光子光谱技术 double opton spectrum technology

将频率调谐到样品特征吸收峰中心频率二分之一的两束平行而反向投射的极高强激光投射到样品上，因激光强度极大，样品每一个原子或分子可能同时吸收两个光子, 以同频反向的两个光子抵消特征吸收峰中心频率的吸收谱线多普勒增宽的技术。

1.5.52 荧光光谱 fluorescent spectrum

较短波长的光照射物质, 物质在较短时间内发射出波长比入射光波长长或与入射光波长相同的光的光谱。分子吸收入射光发射的波长比入射光波长长的荧光(部分能量被分子的振动能级吸收), 原子吸收入射光发射的波长与入射光波长相同的荧光或共振荧光 (原子没有振动能级吸收)。荧光光谱通过荧光的波长–能量关系图来表达。

1.5.53 共振荧光 resonance fluorescence

受激辐射中, 粒子发出频率与激发光频率相同的光。在光致发光过程中, 发光体吸收某一频率的激发光后, 跃迁到激发态, 并辐射出与激发光源频率相同的单色光, 回到原来能级的一种现象。通常把物质原子最接近基态能级的激发态能级称为共振能级。当激发光光子能量等于共振能级和基态能级的能量差时, 可能被原子吸收 (共振吸收), 同时将原子激发到共振能级。原子从共振能级跃迁回基态能级的发光即为共振荧光。

原子在与其共振的光场作用下辐射荧光时, 当入射共振光场比较弱时, 原子辐射的荧光是与原子本征频率相同的单峰的光, 当入射共振光场非常强时, 原子辐射的荧光频率呈三峰分布, 即除了主要的与本征频率相同的光之外, 还有两个边带。

1.5.54 激光诱导击穿光谱 laser-induced breakdown spectrum

以激光作为热气化、电离和激发源产生等离子体的一种原子发射光谱。产生过程是, 用短脉冲激光聚焦后作用在样品表面或样品中产生高温等离子体, 在等离子体冷却前, 被激发的中性或电离的原子将产生具有元素成分特征的等离子体发射谱线。与传统原子发射光谱产生装置相比, 激光作为激发光源可以进行样品的原位及远程分析, 不需要样品的准备及预处理。

1.5.55 多普勒增宽 Doppler broadening

发光原子作无规则热运动, 运动的原子发出的电磁波产生多普勒频移, 发光原子运动向观察处趋近的原子发光频率增大, 远离的原子发光频率减小, 它们叠加的总效果造成谱线增宽的现象。

1.5.56 灵敏线 sensitive line

激发电位低、跃迁概率大、最容易出现的光谱线。在元素特征光谱中, 强度最大的谱线通常是具有较低激发能和较大跃迁概率的共振线。

1.5.57 共振辐射 resonance radiation

物质吸收一定频率的单色光后重新发出与这种光相同频率光的辐射现象。"共振" 就是对作用的频率，响应产生出与其相同频率的现象。

1.5.58 共振线 resonance line

粒子由激发态能级直接跃迁回基态能级时所辐射的频率与激发光的频率相同的谱线。共振线是共振辐射的谱线。

1.5.59 第一共振线 first resonance line

由最低激发态 (第一激发态) 直接跃迁回基态所产生的谱线。基态与第一激发态能量差值小，最容易发生跃迁，或者说样品被激发时跃迁到第一激发态的原子概率最大，处于第一激发态的原子数量最多。

1.5.60 分析线 analysis line

在原子发射光谱分析中，在工作波段内适合作为定性或定量分析用的无自吸收、未受干扰的一些灵敏线。一般，最灵敏的线必然会选为分析线。根据谱线强度、形状、波长位置、干扰情况等条件，按实际需要，再挑选 2~3 根次灵敏线，就可以完成原子光谱的定性、定量分析任务。

1.5.61 光谱工作范围 operating scope of spectrum

光谱分析仪器能进行有效光谱分析的最大光谱宽度。光谱工作范围主要取决于仪器光学系统 (光源、光学零件、光探测器或接收器等) 的光谱产生范围、透明范围、光电灵敏度界限等因素。从使用角度，光谱工作范围越宽越好。而实际中，光谱范围受材料、器件的客观限制，同时还受到仪器成本价格、体积重量、方便性等因素的限制。

1.5.62 光谱色散力 spectrum dispersive power

表达从光谱仪器色散系统出射的不同波长的各单色光在空间分开的程度，或者在光谱成像面上彼此分开的距离，也称为光谱色散率。光谱色散力是光谱仪器的一项性能指标，是仪器使不同波长的单色光分离的能力，光的谱线间彼此分得越开，越容易被分辨。光谱色散力以波长 λ 和 $\lambda+d\lambda$ 的两条相邻单色光彼此的角分离角 $d\theta$ 来表达。

1.5.63 光谱分辨力 spectrum resolution power

可分辨出光谱中波长差极小的两根相邻谱线的能力。光谱分辨力是光谱仪器最重要的性能指标。两根相邻谱线是否能分辨开，不仅取决于仪器的色散力，还与两根谱线本身的强度分布直接相关。理论上，判断两相邻谱线是否能被分辨开通常采用瑞利 (Rayleigh) 准则。由于谱线增宽因素，还有衍射、狭缝宽度、光学像差、仪器机电系统的误差等因素使谱线像的宽度和轮廓发生很大的变化，实际分辨力值总是小于理论分辨极限。

1.5.64 光谱分辨率 spectral resolution

光谱波段带宽 $\Delta\lambda$ 与该波段中心波长 λ 的比，即 $\Delta\lambda/\lambda$。光谱分辨率是光谱仪器的一个性能指标。

1.5.65 光谱化学分析 spectral chemical analysis

应用光谱学的原理和实施方法来确定物质的结构和化学成分的分析方法，简称为光谱分析。光谱化学分析方法包括发射光谱化学分析和吸收光谱化学分析，分别通过物质发射的光谱和吸收的光谱来分析物质所含化学成分和含量等。

1.5.66 集光本领 light harvesting ability

表达光谱仪器收集和传递光能量的指标。集光本领是光谱仪器的一项性能指标，通常与光源、仪器通光口径、仪器内部光束拦截程度和其他光能损失 (反射、吸收、散射等) 以及光谱接收器 (光电管等) 的效率等因素有关。

1.5.67 波长精度 wavelength precision

表达光谱仪器输出单色电磁波长与标准仪器显示波长的偏差。波长精度是光谱仪器的一项性能指标，靠仪器的波长机构的精密度保证。波长精度低将会给光谱分析造成误判。

1.6 大气光学性质

1.6.1 大气辐射光谱 atmospheric radiation spectrum

太阳辐射通过大气层经大气分子吸收发射和分子热辐射发射形成的辐射强度随波长的分布关系，也称为大气光谱辐射。

1.6.2 大气辐射传输 atmosphere radiation transmission

光辐射穿过大气时，作用于大气中的固体、液体、气体等微粒导致光辐射被吸收和散射衰减的传输变化状态和结果。

1.6.3 大气吸收 atmosphere absorption

辐射在大气中传输时，辐射能传递给气体分子和气溶胶粒子 (尘埃、雾滴、冰晶等悬浮微粒) 等，使辐射能量部分或全部被大气中的分子所吸收，导致辐射衰减的现象。大气的光学吸收主要为分子吸收，辐射吸收将导致大气温度和内能的改变，引起分子能态变化 (产生热能、离化能等)，使分子能态由较低能级向较高能级跃升 (电子能级、原子振动能级、分子转动能级、分子平动能级等)。除平动能外，其他能量状态的改变是量子化的，具有波长选择性和光谱不连续性特征，只能在一定的波长上发生，符合普朗克定律，即能量 ΔE 等于普朗克常数 h 与辐射频率 ν 之积，按公式 (1-91) 计算：

$$\Delta E = h\nu \qquad (1-91)$$

式中：ΔE 为被分子吸收的量子化辐射能 (为分子能级跃升前后的能量差)，J；h 为普朗克常数；ν 为辐射频率，Hz。

分子对能量的吸收导致分子能级状态的改变。一个孤立分子的能级为平动能 $E_平$、振动能 $E_振$、转动能 $E_转$、电子轨道能 $E_电$ 之和 E，按公式 (1-92) 计算：

$$E = E_平 + E_振 + E_转 + E_电 \qquad (1-92)$$

式中：电子能级跃迁所需能量 $E_电 \approx 10^0 \mathrm{eV}$，跃迁/吸收的光对应紫外波段到可见波段；振动能级跃迁所需能量 $E_振 \approx 10^{-1}\mathrm{eV} \sim 10^{-2}\mathrm{eV}$，跃迁/吸收的辐射对应红外波段；转动能级跃迁所需能量 $E_转 \approx 10^{-3}\mathrm{eV} \sim 10^{-4}\mathrm{eV}$，跃迁/吸收的辐射对应远红外和微波波段。

大气中的主要吸收气体包括水汽、二氧化碳、臭氧等 20 多种化学成分，从紫外波段到微波波段，目前已知的谱线有上百万根。太阳的 260nm 至更短波长的紫外辐射在高层大气中被氧和氮吸收，使氧和氮分子光化学离解，呈现为原子态；太阳的 200nm~300nm 的紫外辐射主要被臭氧吸收；太阳的可见光辐射在大气中的吸收较少 (大气窗口)；太阳的红外辐射主要被水汽、二氧化碳和臭氧吸收；太阳的 4mm~6mm 波长的微波辐射主要被氧气吸收，而波长 1.35cm 和 1.6cm 附近的微波辐射主要被水汽吸收。

1.6.4 大气散射 atmospheric scattering

辐射在大气中传输时，作用于气体分子和气溶胶粒子等使辐射能量被提取，产生电偶极子或多极子振荡，并以此为中心将提取的能量辐射出与入射波频率相同的子波，按一定规律在各方向重新扩散分布辐射能量的现象。所有波长的辐射都有散射。介质的散射主要有体散射系数、质量散射系数、散射相函数三个描述参数，体散射系数按公式 (1-93) 计算：

$$k_s = n_m Q_{ms} + \int N(r) Q_{as}(r)\, \mathrm{d}r = \int B(\theta, \varphi)\, \mathrm{d}\omega \qquad (1-93)$$

式中：k_s 为大气体散射系数，m^{-1}；n_m 为尺度均一的粒子数密度；r 为粒子半径，m；Q_{ms}、$Q_{as}(r)$ 为相应的散射截面，m^2；$N(r)$ 为粒子的尺度谱分布；$B(\theta,\varphi)$ 为散射函数；$d\omega$ 为单位体积散射体的总立体角的一个元量；θ 为散射体的水平方位散射角；φ 为散射体的俯仰方位散射角或天顶角。

质量散射系数按公式 (1-94) 计算：

$$k'_s = \frac{k_s}{\rho_s} \tag{1-94}$$

式中：k'_s 为大气质量散射系数；ρ_s 为散射体密度。

散射相函数 $P(\theta,\varphi)$ 用公式 (1-95) 表达：

$$P(\theta,\varphi) = \frac{B(\theta,\varphi)}{Q_s} \tag{1-95}$$

对尺度非均一的粒子群 (多分散系)，散射相函数用公式 (1-96) 表达：

$$P(\theta) = \frac{1}{k_s} \int n(r)\, Q_s(r)\, P(r,\theta)\, dr \tag{1-96}$$

式中：$P(\theta)$ 为散射相函数；$n(r)$ 为粒子尺度谱分布 (也称为容格谱)；$Q_s(r)$ 为散射截面，m^2。

散射波能量的分布与入射波的波长、强度以及粒子的尺寸、形状和折射率等有关。大气散射在所有波长都会发生。大气散射主要分为瑞利散射和米氏散射。

1.6.5　瑞利散射 Rayleigh scattering

辐射在大气中传播时，遇到比辐射波波长小得多的微粒 (气体分子、气溶胶粒子等) 时，即微粒尺寸直径小于 1/10 波长，所发生的散射。瑞利散射属于大气散射。瑞利散射强度与波长的四次方成反比，即辐射波长越短，散射的强度越大。各方向上的散射光强度是不一样的，其散射角概率密度服从公式 (1-97) 的瑞利分布：

$$P_{Ray}(\mu) = \frac{3[(1+3\gamma) + (1-\gamma)\mu^2]}{16\pi(1+2\gamma)} \tag{1-97}$$

式中：$P_{Ray}(\mu)$ 为散射角的概率密度；$\mu = \cos\theta_s$，θ_s 为散射角；γ 为大气模型参数，一般取值为 $\gamma = 0.017$。

瑞利散射的规律不仅适用于在大气中的散射，也适用于在其他介质中的散射。天空中和海洋中的蓝色就是瑞利散射形成的。

1.6.6 米氏散射 Mie scattering

辐射在大气中传播时，遇到与辐射波波长相当尺寸的微粒 (如烟、尘埃、小水滴和气溶胶粒子等) 时，即微粒尺寸直径为 1/10 波长至 50 倍波长，所发生的散射。米氏散射属于大气散射。米氏散射的散射强度与波长的二次方成反比，并且散射在光线向前方向比向后方向更强，方向性比较明显。其散射角概率密度服从公式 (1-98) 的米氏分布：

$$P_{\mathrm{Mie}}(\mu) = \frac{1-g^2}{4\pi}\left[\frac{1}{(1+g^2-2g\mu)^{3/2}} + f\frac{0.5\left(3\mu^2-1\right)}{(1+g^2)^{3/2}}\right] \tag{1-98}$$

式中：$P_{\mathrm{Mie}}(\mu)$ 为散射角的概率密度；$\mu = \cos\theta_{\mathrm{s}}$，$\theta_{\mathrm{s}}$ 为散射角；g 和 f 为大气模型参数，一般取值为 $g = 0.72$，$f = 0.5$。米氏散射光强与波长的长短关系不突出，可见光波段各波长的光基本相等地被散射，例如，天空中的云对阳光的散射，使云看起来是白色的，浪花对阳光的散射使浪花也呈现出白色。

1.6.7 大气折射 atmospheric refraction

来自天体或空间的目标光线经过地球的大气层时发生的折射现象。大气层是折射率大于 1 的折射介质，其折射率随大气层离地球的高度不同而变化，离地球越高的地方 (大气密度越低) 大气折射率越低，反之越高。

1.6.8 大气消光效应 atmospheric extinction effect

辐射在大气中传输时，由大气中气体分子和气溶胶粒子等吸收和散射造成的辐射能量在传输方向衰减的效应。

1.6.9 大气消光系数 atmospheric extinction coefficient

波长为 λ 的辐射，在大气传输中随传输距离按指数规律下降的指数因子，用符号 σ_λ 表示。消光的因素通常不仅包括吸收，而且包括散射。消光往往关注的是透过介质后，光在其传播方向的光消失的比例或保留的比例。

1.6.10 大气透射比 atmospheric transmittance

波长为 λ 的辐射，在大气中传输一定距离后的辐射通量与零距离上辐射通量之比，用符号 τ_λ 表示，按公式 (1-99) 计算：

$$\tau_\lambda = \exp\left(-\sigma_\lambda R\right) \tag{1-99}$$

式中：τ_λ 为大气透射比；σ_λ 为大气消光系数；R 为传输距离，km。

1.6.11　大气透明度 atmospheric transparency

白光通过 1km 水平距离的大气透射比。大气透明度反映的是光在空气中传播被衰减的程度。大气越稀薄，大气透明度就越高，即 1km 水平距离的大气透射比值就越大，海拔高的地区大气透明度就高；空气中水汽浓度越大的时候，大气透明度就越低，例如，阴天和下雨天的大气透明度就低。

1.6.12　能见度 visibility

以地平天空为背景，人眼对视角大于 30′ 的黑目标 (固有对比度为 1) 的最大可发现 (表观对比度下降到 2%) 距离，用符号 R_V 表示，单位为千米 (km)，也称为大气能见度 (atmospheric visibility)。

1.6.13　大气窗口 atmospheric window

电磁波在大气中传输衰减较少、透射比高的光谱区域。光学辐射常用的大气窗口有 0.3μm~1.25μm、1.4μm~1.8μm、2μm~2.5μm、3.2μm~4.2μm、4.4μm~5.2μm 和 8μm~13.5μm 等。大气窗口对近紫外到近红外包含可见光在内是一个连续的透明窗口，而在红外波段有短波红外、中波红外和长波红外几个分波段的窗口。

1.6.14　大气后向散射 atmospheric back scattering

照射器照射目标时，沿照射方向经大气散射分布在后方以照射轴线为中心大于 90° 范围的散射。当照射器与接收系统对向目标，照射器照射目标时，经大气散射向后进入接收系统的部分辐射，用符号 φ_0 表示。大气后向散射可导致观察目标景物的光学仪器背景噪声增加。

1.6.15　大气前向散射 atmospheric forward scattering

照射器照射目标时，沿照射方向经大气散射分布在前方以照射轴线为中心不大于 90° 范围的散射。可用于大气能见度测量及扩大激光告警探测范围。

1.6.16　大气辐射 atmospheric radiation

大气分子及粒子散射、发射的电磁辐射。大气辐射是大气自身放射出的辐射，辐射波长的范围为 4μm~12μm，辐射的波长长于太阳辐射 (太阳辐射的波长范围为 0.15μm~4μm)，因而也称为长波辐射。大气辐射有被动辐射和主动辐射，被动辐射是太阳作用于大气分子及粒子导致的散射辐射，主动辐射是大气分子及粒子的自发辐射或发射 (大气分子及粒子在吸收某些能后的释放)。大气辐射有上行辐射和下行辐射。

1.6.17　大气上行辐射亮度 atmospheric up-welling radiance

大气散射太阳辐射以及大气自身发射辐射中，未经地面反射而直接到达遥感器的辐射亮度，单位为瓦每平方米球面度 [W/(m²·sr)]，也称为大气层辐射 (atmospheric radiance)。

1.6.18　大气下行辐射亮度 atmospheric down-welling radiance

地表所接收的大气散射太阳辐射和大气自身的发射辐射亮度，单位为瓦每平方米球面度 [W/(m²·sr)]。

1.6.19　天空漫射辐射 diffuse sky radiation

地表从半球立体空间 (2π) 所接收的太阳辐射被大气散射的总量，也称为太阳散射辐射，简称为漫射辐射。天空漫射辐射是太阳受大气层中空气分子、水汽和尘埃散射后到达地表面的那部分辐射，不包括太阳直射部分的辐射。太阳总辐射是太阳直射辐射与天空漫射辐射的总和，其在高纬度地区 (地球表面南北纬度 60° 到南北极之间的区域) 的辐射最弱。在日出前和日落后的短时间内，地表面所接收到的太阳总辐射全部都是天空漫射辐射。太阳的高度角和天空中云的多少也是影响天空漫射辐射的因素。

1.6.20　大气效应 atmospheric effect

电磁辐射传播过程中，与大气相互作用产生的散射、折射、吸收、闪烁，以及大气自身的发射等作用效应。

1.6.21　大气衰减 atmospheric attenuation

电磁辐射在大气中传播时，被大气吸收和散射而导致辐射能量减少的大气特性或大气现象。大气衰减属于大气传输特性的内容。在天阴和下雨的大气环境中，大气衰减就比较明显。

1.6.22　大气波导 atmospheric waveguide

气象条件导致的，能使电磁波在上下壁结构中反射曲折传播的大气形态结构关系。大气波导的结构关系分别有：下壁为地表面，上壁为大气层的结构，即近地波导；下壁和上壁均为大气层的结构，即悬空波导。当对流层出现大气波导时，雷达与通信设备的作用距离可大大增加，但雷达定位也会造成错漏。

1.6.23　光学厚度 optical thickness

〈大气光学〉表达大气对电磁辐射的吸收、散射等衰减或消光作用的无量纲量，也称为消光光学厚度。内透射比 $\tau_i = I_\lambda / I_{0\lambda}$ 与光学厚度 τ_{ext} 间存在公式 (1-100) 的关系：

$$\tau_i = \exp(-\tau_{ext}) \tag{1-100}$$

当大气光学厚度等于零时，内透射比等于 1，$I_\lambda = I_{0\lambda}$，即全部光透过而无衰减。光学厚度不是长度量，是光传输的衰减程度的量。

1.6.24　大气质量因子 air mass factor

太阳辐射斜入射时大气的等效光程与垂直入射时的大气光程之比。太阳天顶角 θ 不大时 (θ 小于 60° 时)，可不考虑大气层曲率而把它看作平面层，同时忽略大气的折射，此时大气质量因子按公式 (1-101) 计算：

$$m(\theta) = \sec\theta \tag{1-101}$$

1.6.25　大气模式 atmospheric model

表达大气高度与大气温度、大气化学成分关系的数据和曲线。大气模式对应相应的大气光学特性，是研究大气光学特性所需的标准数据和曲线，如美国空军地球物理实验室给出了热带大气 (15°N)、中纬度夏季大气 (45°N，7 月)、中纬度冬季大气 (45°N，1 月)、副极地夏季大气 (60°N，7 月)、副极地冬季大气 (60°N，1 月) 和美国标准大气 (1976 年版) 6 种大气模式的数据。

1.6.26　大气探测 atmospheric detect

用光学仪器 (通常为遥感仪器) 对大气中的温室效应气体、臭氧、污染物质、气溶胶等的垂直和水平分布、风场矢量、大气温度、湿度、压力等进行的探测。大气探测主要是利用大气成分的光谱特性进行探测，光谱范围从紫外波段到红外波段。

1.6.27　大气光学遥感 atmospheric optical remote sensing

利用光学遥感仪器对大气进行的探测。光学遥感仪器包括成像相机、光谱仪、辐射计、成像光谱仪等。成像相机的种类有画幅式照相机、全景式照相机、摆镜拂拭式相机、推扫成像式相机等；光谱仪的种类有滤光片光谱仪、棱镜光谱仪、光栅光谱仪、干涉光谱仪等。

1.6.28　大气湍流 atmospheric turbulence

〈大气光学〉大气层中空气流动形成的空气折射率动态不均匀的现象。当目标发出的光波通过大气湍流时，目标光波的波前振幅和相位会受到随时间的扰动，成像质量会严重变差，导致光学接收系统的分辨力远达不到理论衍射极限。

1.6.29　大气相干长度 atmosphere coherence length

以线度关系反映大气湍流强度的一个特征尺度，用 r_0 表示。r_0 也是接收光学系统在无自适应校正时，接收通过大气的目标达到衍射分辨力极限性能的光学系

统最大口径半径 r 的限定。当接收光学系统最大口径半径 $r = r_0$ 时，波结构函数 $D(r)[D(r) = 6.88\,(r/r_0)^{-3/5}]$ 的值为 $6.88\,\mathrm{rad}^2$。在可见光波段典型大气湍流条件下的相干长度 r_0 约为几厘米到几十厘米。对于小口径的望远镜，其对天体进行观察时，大气湍流对其影响很小，因其口径没有超过大气相干长度 r_0，但对于大口径的天文望远镜等，大气湍流对其影响就很突出，因其口径显著超过大气相干长度。大气相干长度 r_0 按公式 (1-102) 计算：

$$r_0 = \left[0.422 k^2 \sec\psi \int_{h'}^{\infty} C_n^2\,(h)\,\mathrm{d}h \right]^{-3/5} \tag{1-102}$$

式中：k 为波数 $(1/\lambda)$，ψ 为天顶角，h 为高度，h' 为测站的高度，$C_n^2\,(h)$ 为湍流结构常数的高度分布。

1.6.30　大气等晕角 atmosphere isoplanatic angle

以角度关系反映大气湍流强度的一个特征尺度，用 θ_0 表示，反映大气到达观测点的光波波前的角度相关性。由于大气湍流随时随处不同，所以在视场范围内从不同方向到达系统的光波波前所受的扰动是不相同的，如果到达系统的不同方向的两束光之间的夹角超过 θ_0，就可以认为它们之间的相位扰动不再相关。典型大气湍流条件下的等晕角 θ_0 约为几十微弧度，且随观测距离和天顶角的增加而迅速减小。大气等晕角 θ_0 按公式 (1-103) 计算：

$$\theta_0 = \left[2.905 k^2 \sec\psi \int_{h'}^{\infty} C_n^2\,(h)\,\mathrm{d}h \right]^{-3/5} \tag{1-103}$$

式中：k 为波数 $(1/\lambda)$，ψ 为天顶角，h 为高度，h' 为测站的高度，$C_n^2\,(h)$ 为湍流结构常数的高度分布。也有用常数为 2.914，而不是 2.905 的情况。

大气相干长度 r_0 与大气等晕角 θ_0 分别是以不同参数类型评价大气湍流强度的等价性指标，大气相干长度 r_0 是线度的评价指标，大气等晕角 θ_0 是角度的评价指标。等晕角 θ_0 是自适应光学中的重要参数。

1.6.31　大气视宁度 atmosphere seeing

以角度关系或清晰度反映大气湍流影响天体图像品质的一种度量，用点源图像的角度大小和面源图像的清晰度来描述。例如，一个天体点源观察目标被大气湍流扰动，使其被看到时为一个 $1''$ 角度或 $2''$ 角度等的圆图像，角度值越小，说明大气视宁度越好，角度值越大，说明大气视宁度越差。视宁度不好不仅扩展了目标图像的尺寸 (或视角)，而且使目标图像持续地或间断地抖动或闪烁。哈佛大学天文台将视宁度分为十个等级，一级最差，十级最好；希腊天文学家将视宁度分为五个等级，一级最好，五级最差。

1.7　海洋与水的光学性质

1.7.1　海水固有光学性质 seawater inherent optical property

与边界条件无关，仅决定于海水本身物理性质和海水光学特性的性质，如海水折射率、海水透射率等。

1.7.2　海水折射率 seawater refractive index

光在真空中的传播速度与光在海水中传播速度的比值，用符号 n_w 表示，一般取 1.34。海水的折射率比淡水的折射率 (1.333) 要高一点点，因为海水中有盐分。

1.7.3　海水散射性质 seawater scattering property

光在海水中散射时，由瑞利散射、米氏散射和透明物质折射所引起的传播方向改变的特性。海水中，尺寸比波长小得多 ($< \lambda/10$) 的颗粒导致瑞利散射，接近波长尺度和微米级的颗粒导致米氏散射。

1.7.4　海水体积散射函数 seawater volume scattering function

在 θ 方向单位散射体积、单位立体角内散射辐射强度与入射在散射体积上辐照度之比，用符号 $\beta(\theta)$ 表示，按公式 (1-104) 计算：

$$\beta(\theta) = \mathrm{d}I(\theta)/(E\mathrm{d}V) \tag{1-104}$$

式中：θ 为海水散射角，rad；$\beta(\theta)$ 为海水散射体积函数，$\mathrm{m}^{-1} \cdot \mathrm{sr}^{-1}$；$I(\theta)$ 为单位立体角内散射辐射强度，W/sr；$E\mathrm{d}V$ 为入射在散射体积上的辐照度，$\mathrm{W/m}^2$。

1.7.5　海水总散射系数 seawater general scattering coefficient

空间 4π 立体角散射的总和，用符号 b 表示，按公式 (1-105) 计算：

$$b = 2\pi \int_0^{\pi} \beta(\theta) \sin(\theta) \, \mathrm{d}\theta \tag{1-105}$$

式中：b 为海水总散射系数，m^{-1}。

1.7.6　体积吸收系数 volume absorption coefficient

准直光束通过海洋水体单位路程被吸收的大小，用符号 a 表示，按公式 (1-106) 计算：

$$a = -\frac{1}{L}\frac{\mathrm{d}L}{\mathrm{d}r} \tag{1-106}$$

式中：a 为体积吸收系数，m^{-1}；L 为准直光束辐亮度；r 为海水传输路程。

1.7.7 光谱吸收系数 spectral absorption coefficient

与电动力学光谱吸收系数成正比,与波长成反比的水吸收能力表达的函数,用符号 $a(\lambda)$ 表示,按公式 (1-107) 计算:

$$a(\lambda) = \frac{4\pi k(\lambda)}{\lambda} \tag{1-107}$$

式中:$a(\lambda)$ 为水的光谱吸收系数;$k(\lambda)$ 为电动力学光谱吸收系数;λ 为光谱波长。

1.7.8 海洋表观光学性质 ocean apparent optical properties

由海洋中辐射场分布及海水固有光学性质决定的海洋光学性质,如海中向上、向下辐照度,海中向上、向下标量辐照度等。

1.7.9 海中向上辐照度 up irradiance in sea

海水水平面下表面,单位面积接收到的向上的辐射通量。取向下法线方向为正方向时,按公式 (1-108) 计算:

$$E(z, +) = \int_{\varphi=0}^{2\pi} \int_{\theta=0}^{\pi/2} L(z, \theta, \varphi) \cos\theta \, d\omega \tag{1-108}$$

式中:$E(z, +)$ 为海中向上辐照度,$\mathrm{W/m^2}$;$L(z, \theta, \varphi)$ 为空间坐标、方向的辐亮度;θ 为光发射的射向与发射面法线的夹角;φ 为光发射的射向方位角;z 为光传输的距离;$d\omega$ 为光束发射的微小立体角。

1.7.10 海中向下辐照度 down irradiance in sea

海水水平面上表面,单位面积接收到的向下的辐射通量,取向下法线方向为正方向时,按公式 (1-109) 计算:

$$E(z, -) = -\int_{\varphi=0}^{2\pi} \int_{\theta=\pi/2}^{\pi} L(z, \theta, \varphi) \cos\theta \, d\omega \tag{1-109}$$

式中:$E(z, -)$ 海中向下辐照度,$\mathrm{W/m^2}$。

1.7.11 海中向上标量辐照度 up scalar irradiance in sea

海水水平面下表面,单位面积接收到包括倾斜光在内的各方向上的海水向上的辐射通量,取向下法线方向为正方向时,按公式 (1-110) 计算:

$$E_0(z, +) = \int_{\varphi=0}^{2\pi} \int_{\theta=0}^{\pi/2} L(z, \theta, \varphi) \, d\omega \tag{1-110}$$

式中:$E_0(z, +)$ 为海中向上标量辐照度,$\mathrm{W/m^2}$。

1.7.12　海中向下标量辐照度 down scalar irradiance in sea

海水水平面上表面，单位面积接收到包括倾斜光在内的各方向上的海水向下的辐射通量。取向下法线方向为正方向时，按公式 (1-111) 计算：

$$E_0(z,-) = -\int_{\varphi=0}^{2\pi}\int_{\theta=\pi/2}^{\pi} L(z,\theta,\varphi)\,\mathrm{d}\omega \tag{1-111}$$

式中：$E_0(z,-)$ 为海中向下标量辐照度，W/m^2。

1.7.13　反射比 reflectance

〈海洋〉向上、向下辐照度与向下、向上辐照度的比值，按公式 (1-112) 计算：

$$R(z,\pm) = E(z,\pm)/E(z,\mp) \tag{1-112}$$

式中：$R(z,\pm)$ 为反射比，即向上、向下辐照度与向下、向上辐照度的比值。

1.7.14　分布函数 distribution function

〈海洋〉表征辐射场分布的向上、向下标量辐照度与向上、向下辐照度的比值，按公式 (1-113) 计算：

$$D(z,\pm) = E_0(z,\pm)/E(z,\pm) \tag{1-113}$$

式中：$D(z,\pm)$ 为分布函数，即海中向上、向下标量辐照度与向上、向下辐照度的比值。分布函数表征辐射场分布的漫射特性，辐射场分布的倾斜光辐亮度越强，D 值则越大。

1.7.15　辐照度衰减系数 irradiance attenuation coefficient

光在海水中单位传输距离减少的辐照量与初始辐照量之比，用符号 K 表示，也称为 K 函数。辐照度衰减系数反映光在海水中传输辐照量随传输距离增加而减少的相对关系。辐照度衰减系数和标量辐照度衰减系数分别按公式 (1-114) 和公式 (1-115) 计算：

$$K(z,\pm) = -\frac{1}{E(z,\pm)}\frac{\mathrm{d}E(z,\pm)}{\mathrm{d}z} \tag{1-114}$$

$$k(z,\pm) = -\frac{1}{E_0(z,\pm)}\frac{\mathrm{d}E_0(z,\pm)}{\mathrm{d}z} \tag{1-115}$$

式中：K 为辐照度衰减系数；k 为标量辐照度衰减系数，m^{-1}。

1.7.16　海洋辐射传递 ocean radiation transfer

光辐射通过海洋水体过程中受到海水散射和吸收导致传输的辐射场变化的传输过程和传输结果。海洋辐射传递理论是海洋光学的基本理论，是水中能见度、水中激光传输、海面向上光谱辐射等应用的理论基础。海洋辐射传递的基本问题包括辐射传递正问题 (求海中的辐射场分布)、辐射传递逆问题 (求海水固有光学性质的参数)、窄光束问题、海洋-大气系统辐射传递问题、水下图像传输问题。

1.7.17　两流辐射传递方程 two stream radiation transfer equation

分别用于计算海洋水平平面的向上辐照度和向下辐照度两个方向光子流的一组微分方程 (两个方程)，分别用公式 (1-116) 和公式 (1-117) 表示：

$$\frac{dE(z,-)}{dz} = -(aD+b)E(z,-) + bE(z,+) \tag{1-116}$$

$$-\frac{dE(z,+)}{dz} = -(aD+b)E(z,+) + bE(z,-) \tag{1-117}$$

式中：D 为分布函数；a 为吸收系数；b 为后向散射系数。

1.7.18　海洋辐射传递方程 ocean radiation transfer equation

用于计算海水中辐亮度传递过程由海水吸收和散射使单位传输距离光亮度衰减的数学方程，按公式 (1-118) 计算：

$$\frac{dL}{dr} = -cL + L_* \tag{1-118}$$

式中：L 为海水中初始辐亮度，单位为瓦每球面度平方米 $[W/(sr\cdot m^2)]$；r 为在海水中离目标 (发射亮度的) 的距离，单位为米 (m)；c 为海水中的对比度；L_* 为加入了环境因素影响的辐亮度。L_* 按公式 (1-119) 计算：

$$L_* = \int_{4\pi} \beta(\theta,\varphi;\theta',\varphi') \times L(P,\theta',\varphi')\sin\theta' d\theta' d\varphi' \tag{1-119}$$

式中：P 为空间坐标；$\beta(\theta,\varphi;\theta',\varphi')$ 为海水散射体积函数；θ',φ' 为环境辐射方向；θ,φ 为散射方向。

1.7.19　水中目标固有对比度 target inherent contrast in water

海水中目标固有辐亮度与目标处于海水水环境中的背景辐亮度之差除以背景辐亮度，按公式 (1-120) 计算：

$$c_0 = \frac{L_0 - L_{b0}}{L_{b0}} \tag{1-120}$$

式中：c_0 为水中目标固有对比度；L_0 为海水中目标固有辐亮度，cd/m^2；L_{b0} 为目标处于海水水环境中的背景辐亮度，cd/m^2。

自身不发光的理想黑物体 ($L_0 = 0$) 的固有对比度为 -1；处于理想背景 ($L_{b0} = 0$) 下的目标固有对比度为 ∞。

1.7.20　水中目标表观对比度 target apparent contrast in water

海水中距离目标 r 处测得的辐亮度与距离目标 r 处海水水环境的背景辐亮度之差除以背景辐亮度，按公式 (1-121) 计算：

$$c_r = \frac{L_r - L_{br}}{L_{br}} \tag{1-121}$$

式中：c_r 为水中目标表观对比度；L_r 为海水中距离目标 r 处测得的辐亮度，cd/m^2；L_{br} 为海水中距离目标 r 处测得的海水水环境的背景辐亮度，cd/m^2。

1.7.21　水中对比度传输方程 contrast transfer equation in water

计算水中目标固有对比度 c_0 随观察距离 r 增加而指数衰减的表观对比度 c_r 的数学方程，按公式 (1-122) 计算：

$$c_r = c_0 \exp\left[-(c + K\cos\theta)r\right] \tag{1-122}$$

式中：c_r 为水中目标的表观对比度；c_0 为水中目标的固有对比度；c 为水体的光学参数，$c = 0.594$；K 为水体的光学参数，$K = 0.216$；θ 为光子流方向与天顶方向的夹角，rad；r 为离目标的观察距离，m。

1.7.22　水中对比度衰减长度 contrast attenuation length in water

海水中目标的固有对比度 c_0 随观察距离 r 延长而衰减的表观对比度 c_r 为固有对比度 c_0 的 e^{-1} ($c_r/c_0 = e^{-1} = 0.367879$) 时的距离 r_e，按公式 (1-123) 计算：

$$r = r_e = \frac{1}{c + K\cos\theta} \tag{1-123}$$

式中：r_e 为水中对比度衰减长度，m；c 为水体的光学参数，$c = 0.594$；K 为水体的光学参数，$K = 0.216$；θ 为光子流方向与天顶方向的夹角，rad。

清洁海洋水的对比度衰减长度约为 20m 左右；沿海岸水的对比度衰减长度约为 5m 左右；混浊水的对比度衰减长度仅为几厘米。

1.7.23　水中视程 vision path in water

人眼在水中能观察到物体的最大距离。视程由人眼灵敏阈、目标固有对比度和海洋光学参数决定。人眼能观察到物体的最小对比度为 0.02。黑色目标在自然光条件下，水中视程约为对比度衰减长度的 4 倍。

1.7.24 海水体积衰减系数 seawater volume attenuation coefficient

人眼沿水平方向观察,能看到黑色目标的最长距离倒数的四倍,用符号 c 表示,按公式 (1-124) 计算:

$$c = \frac{4}{r_e} \tag{1-124}$$

式中:c 为海水体积衰减系数 (目视测定),m^{-1};r_e 为人能看到的黑色目标的最长距离,m。此时,对比度衰减 $c_r = c_0$,水中目标为一黑匣子 $c_0 = -1$。根据经验关系,海水体积衰减系数 $c = (2.7 \sim 3.3) K$,黑色目标的水中视程约为 3 个水中对比度衰减长度。沿水平方向刚好看不到黑匣子的距离为 $r_e = 4/c$。一种叫作透明度盘 (即 Secchi 盘) 的简单仪器可以目视测量海表下对应的损失来估算光束衰减系数和漫射衰减系数。

在深海或在夜晚无光照的条件下,自身发光目标的视程,理论上可达无穷大;实际上由于人眼灵敏阈的限制以及海水对光的多次散射,视程约为 15 个 ~20 个水中对比度衰减长度。

1.7.25 海水光学传递函数 seawater optical transfer function

水中点扩散函数 (距点辐亮度光源距离为 R 处所接收到的各个方向的归一化辐亮度分布) 的傅里叶-贝塞尔变换,按公式 (1-125) 计算:

$$OTF\,(\Psi, R) = 2\pi \int_0^{\theta_m} R^2 PSF\,(\theta, R) \cdot \theta \cdot J_0\,(2\pi\Psi\theta)\,\mathrm{d}\theta \tag{1-125}$$

式中:$OTF\,(\Psi, R)$ 为海水光学传递函数;Ψ 为光散射角;R 为距点辐亮度光源的距离,m;$PSF\,(\theta, R)$ 为点扩散函数;θ 为光传输方向角;θ_m 为最大积分角;$J_0\,(2\pi\Psi\theta)$ 为第一类零阶贝塞尔函数。

1.7.26 光传输极角 polar angle of optical transfer

海水中光的传输方向与极轴的夹角。极点和极轴是极坐标系的基准关系,可根据极坐标系建立的坐标系需要进行光传输极角的设定。

1.8 光学学科

1.8.1 光学 optics

〈学科〉研究从太赫兹、红外线、可见光、紫外线、X 射线直到 γ 射线的宽广波段范围内的电磁辐射的特性、产生、传输、成像、接收、与物质相互作用和应用等的一门大类的光学学科。光学是物理学的重要分支。光学主要包括几何光学、波动光学、辐射度学、光度学、色度学、生理光学 (或视觉光学)、光谱学、光学设计、傅里叶光学、微光、红外、太赫兹、薄膜光学、大气光学、海洋光学、空间光学、自适应光学、光学材料学、光学测量、光学工艺学、光学仪器等专业领域。

光学的发展史可追溯到 2000 多年前，最初主要是试图回答 "人怎么能看见周围的物体" 等类 "光" 和 "视觉" 的问题。

1.8.2   光子学 photonics

〈学科〉研究作为信息和能量载体的光子的行为及其应用，包括光的产生、发射、传输、调变、信号处理、切换、放大和传感等理论和应用的一门大类的光学学科。光子学是从光学发展出来的，在其形成过程中构成了相应的分支学科，包括量子光学、激光、分子光子学、超快光子学、非线性光子学、光子器件、信息光子学、生物医学光子学、集成与微结构光子学等。

1.8.3   几何光学 geometrical optics

〈学科〉以光线作为基本要素，用几何方法研究光的传播规律和光学系统成像规律的光学学科，是光学系统设计和各种光学观测仪器设计的理论基础。几何光学的内容主要包括几何光学的基本原理、球面系统物像关系、平面系统物像关系、光学系统光束的限制和选择、光能及其传播计算、光学系统成像质量评价、望远光学系统、照相光学系统、显微光学系统、非成像光学系统等的理论和方法。

1.8.4   生理光学 physiological optics

〈学科〉研究眼睛的构造、光谱响应能力、光能响应能力、图像观察能力等知识的学科，又称为视觉光学。生理光学主要应用生理学、几何光学、光度学、色度学等知识建立。

1.8.5   物理光学 physical optics

〈学科〉以物理理论研究光的本性、光在传播中的物理现象以及光与物质相互作用的物理效应的光学学科。物理光学包含波动光学和量子光学。也有些论著的名称为物理光学，其内容只是包括了波动光学内容的情况。

1.8.6   波动光学 wave optics

〈学科〉以光的波动性质为基础，用电磁波理论和傅里叶变换数学研究光的干涉、衍射、偏振、全息、频谱分析等物理现象及成像性质的光学学科。波动光学的重要理论基础是麦克斯韦方程。波动光学的内容主要包括波动的基本知识、光的电磁理论、光波叠加、衍射、双光束干涉、多光束干涉、光的偏振和双折射、全息术、光学系统频谱分析等。

1.8.7 量子光学 quantum optics

〈学科〉应用量子电动力学和统计物理的原理和方法研究光的发射和吸收及传输、光与物质的运动形态、各种波与场或其他质能形式的相互作用 (包括动量传递)，极弱和超快变化光信号的检测及光场本身性质的光学学科。量子光学研究的主要内容包括电磁场的量子化、电磁场的量子态、量子态在空间的概率分布、电磁场的相干性、电磁场与原子的相互作用、量子耗散和消相干、腔量子电动力学、量子信息科学、冷原子物理等。量子光学研究光场的量子性质以及光与物质相互作用，能定量描述光的发射和接收的微观机理，反映光的波粒二象性本质，处理光子纠缠和非局域性问题，具有很广泛的光学理论的解释能力。量子光学的重要理论基础是薛定谔方程。

1.8.8 光谱学 spectroscopy

〈学科〉研究光谱理论及其应用的光学学科。光谱学研究的主要内容包括原子光谱 (简单原子的和多电子原子的)、分子光谱 (双原子的和多原子的)、离子光谱、激光光谱、光谱特性 (宽度、线型、强度等)、常用光谱等。通常又分为常规光谱学和激光光谱学。常规光谱学是使用常规光源研究原子和分子光谱的最基本技术，其特点是可在相当宽的波段范围内获得原子、分子光谱，但所用光源单色性差、方向性差、单色亮度低，存在很多缺陷，如光谱的分辨力和灵敏度低，不能消除原子或分子气态光谱中的多普勒展宽等。激光光谱学是使用激光光源研究原子和分子光谱的技术，由于激光光源具有很好的单色性、方向性和相干性，具有极高的单色亮度，可以研究常规光谱学中许多无法研究的问题。

1.8.9 辐射度学 radiometry

〈学科〉对辐射能的量进行表达和计算的光学学科。辐射度学定量研究辐射能、辐射通量 (或功率)、辐射强度、辐照度、辐亮度等的发射、传播和接收规律及其测量方法，所研究的辐射主要是光学辐射，特别是不可见的 X 射线辐射、紫外辐射和红外辐射等。计量内容包括：辐射能 (单位：焦耳，J)；辐射通量或辐射功率 (单位：瓦特或焦耳每秒，W 或 J/s)；辐射强度 (单位：瓦特每球面度，W/sr)；辐射亮度 [单位：瓦特每球面度平方米，W/(sr·m^2)]；辐射出射度 (单位：瓦特每平方米，W/m^2)；辐射照度 (单位：瓦特每平方米，W/m^2) 等。有的论著将辐射度学的内容纳入到应用光学中。

1.8.10 光度学 photometry

〈学科〉对可见光的视觉响应和探测器件响应的量进行表达和计算的光学学科。光度学定量研究光能、光通量、光强度、光照度、光亮度等的发射、传播和接收规律及其测量方法。计量内容包括：光能 (单位：流明秒，lm·s)；光通量 (单位：流明，lm)；发光强度 (单位：坎德拉，cd)；光出射度 (单位：流明每平方米，lm/m²)；光照度 (单位：勒克斯，lx)；亮度 (单位：坎德拉每平方米，cd/m²) 等。有的论著将光度学的内容纳入到应用光学中。

1.8.11　色度学 colorimetry

〈学科〉研究人眼的颜色视觉规律、颜色表示、标准色度系统、颜色测量理论与技术的光学学科。色度学是以物理光学、视觉生理、视觉心理、心理物理等学科为基础的综合性学科，是关于颜色定量描述与测量的科学知识。狭义的角度，色度学是建立在一组协议上的有关颜色的测量技术，有统一的颜色标准，可对颜色作定量描述和控制，用来预测多种光谱组成不同的光，在一定观察条件下，颜色能否达到匹配。广义的角度，色度学为各种环境下观察者看到的各种颜色刺激外貌提供有效的评价方法。

1.8.12　应用光学 applied optics

〈学科〉由几何光学和光学仪器的内容有机合成的一门有益于指导光学理论实际应用的光学学科。在几何光学的基础上，侧重于典型的平面镜棱镜系统、望远光学系统、照相光学系统、显微光学系统、激光光学系统、红外光学系统、光纤光学、非成像光学系统 (如照明光学系统等) 等的性能计算以及像质评价等的知识。

1.8.13　光学设计 optical design

〈学科〉研究光学系统组成、光学性能、光路传输关系、光学元件组成、光学元件结构等设计理论和方法的光学学科。光学设计主要应用几何光学、像差理论、波动光学、光谱学、辐射度学、光度学、光学材料等的知识建立。侧重于典型的望远光学系统、照相光学系统、显微光学系统、激光光学、光纤光学、照明光学系统等的性能、像差、尺寸、公差、结构关系等的设计知识，以及典型光学系统设计软件的介绍和应用方法论述等内容。

1.8.14　工程光学 engineering optics

〈学科〉各光学学科应用所需知识的总称。工程光学由几何光学、波动光学、量子光学、光谱学、辐射度学、光度学和具有光学应用背景及前景等学科组成的学科总称。

1.8.15　光学测量 optical measurement

〈学科〉研究光学材料、光学零部件、光学系统、光学仪器等参数测量的理论和方法的光学学科。光学测量主要应用几何光学、波动光学、辐射度学与光度学、量子光学、色度学、光谱学、激光等知识建立，测量内容覆盖各个光学学科的相关参数，典型的测量技术有准直测量技术、测角技术、干涉测量技术、偏振光测量技术、辐射度和光度测量技术、光电参数测量技术、像质测评技术等。

1.8.16　光学计量 optical metrology

〈学科〉研究辐射度学、光度学、色度学、光谱、视觉光学、几何光学、物理光学等基准量值、精密测量和量值传递的光学学科。光学计量是计量学的一个分支，这个测量包含纯物理量的测量以及采用模拟人眼感觉的心理、生理、物理的测量。

1.8.17　光学材料学 optical materials science

〈学科〉研究光学材料微观组成成分、宏观和微观理化性能、应用等的理论和方法的光学学科。光学材料学主要应用原子理论、分子理论、光谱学、化学、力学、电学、光学测量等知识建立。光学材料学研究的主要内容包括光学材料的基本性质和参数、光学玻璃、特种光学玻璃、晶体材料、基底材料、光学塑料等。

1.8.18　光学工艺学 optical technology

〈学科〉研究光学材料制造、光学零件加工、光电器件制作、光学系统组装等理论和方法的光学学科。光学材料学主要应用光学材料学、薄膜光学、光刻、机械加工、化学加工、激光加工、光学测量、摄影等知识建立。光学工艺学主要有光学材料制造、光学零件冷加工、热塑加工、光学零件清洗、胶合、膜层镀制、分划刻制、光学系统装配等内容。

1.8.19　光学仪器 optical instrument

〈学科〉研究光学设备、装置等的组成、结构、功能、性能、参数测量等的设计理论和方法的光学学科。光学仪器主要应用机械设计、光学设计、光学工艺、光学测量等知识建立。光学仪器专业侧重于光学系统的结构设计，包括光学仪器的总体设计、结构形式设计、尺寸链计算、支撑结构设计、固定机构设计、运动机构设计、调整方式设计等。

1.8.20　激光 laser

〈学科〉研究光受激放大发射的机理、器件、设备、应用等的理论和方法的光学学科。激光主要应用量子光学、光谱学、辐射度学和光度学、光学材料学、非线性光学、光学设计等知识建立。激光研究的主要内容包括激光基本原理、谐振腔、共振相互作用、激光振荡特性、激光放大特性、激光器特性的控制与改善、激光放大器等。激光是应用非常广的学科，已广泛应用于激光加工、光通信、激光测量、激光医疗、信息处理、军事等领域。

1.8.21   光电子学 photoelectronics

〈学科〉研究辐射产生、辐射源、光电效应机理、光电转换接收器件、光电器件制作、光电器件应用等的理论和方法的光学学科。光电子学主要应用量子光学、材料学、光谱学、电学、光学设计等知识建立,包括 γ 射线、X 射线、紫外、微光、红外、太赫兹等信号探测、成像、通信等技术。

1.8.22   非线性光学 non-linear optics

〈学科〉研究物质与强相干光相互作用时出现的一系列新的光学现象及其应用的现代光学学科。非线性光学的理论和研究的内容主要包括非线性介质的极化特性、光在非线性介质中的传播特性、二阶非线性光学效应、三阶非线性光学效应、超短光脉冲非线性光学、光纤非线性光学、瞬态相干光学效应等。非线性光学有3 种理论研究体系:一是经典理论体系,光场是经典波场,用麦克斯韦理论描述,介质由经典粒子组成,用经典力学描述;二是半经典理论体系,光场是经典波场,用麦克斯韦理论描述,介质由具有量子性的粒子组成,用量子力学描述;三是全量子理论体系,光场是量子化的场,用量子力学描述,介质由具有量子性的粒子组成,用量子力学描述。

1.8.23   傅里叶光学 Fourier optics

〈学科〉将电信理论中使用的傅里叶分析方法移植到光学领域而形成的光学新学科。在电信理论中,要研究线性网络如何收集和传输电信号,一般采用线性理论和傅里叶频谱分析方法。在光学领域里,光学系统是一个线性系统,也可采用线性理论和傅里叶变换理论,研究光如何在光学系统中传播。两者的区别在于,电信理论处理的是电信号,是时间的一维函数,频率是时间频率,只涉及时间的一维函数的傅里叶变换;在光学领域,处理的是光信号,它是空间的三维函数,不同方向传播的光用空间频率来表征,需用空间的三维函数的傅里叶变换。

1.8.24   电子光学 electron optics

〈学科〉研究电子束在电场与磁场中的传播、聚焦、成像和偏转等运动轨迹、分布规律及其应用的光学学科。电子光学也是研究光子作用于材料产生电子的效率以及电子束在电场、磁场或电磁场作用下的运动规律及成像的学科。电子光学采用类似光学的方法,建立变分原理、光程函数、折射率、透镜、高斯光学、像差等组成的理论体系。电子光学典型的应用是在微光夜视领域,同时也应用于阴极射线管、显像管、摄像管、质谱仪、电子显微镜等方面。

1.8.25 晶体光学 crystal optics

〈学科〉研究晶体的结构特征、晶体特性以及光辐射在晶体中尤其在各向异性晶体中的传播规律及各种偏振效应的光学学科。晶体光学研究的主要内容包括晶体结构、周期性点阵、晶体对称性理论、晶体形态学、晶体的衍射效应、晶体的物理性质、晶体的光作用效应(非线性、散射等)、晶体生长、晶体缺陷、磁晶与磁群、准晶体、纳米晶体、液晶以及相关应用等。

1.8.26 纤维光学 fiber optics

〈学科〉研究光辐射在光纤中传播规律的光学学科，也称为光纤光学。其是关于使用透明材料如玻璃、熔融石英或塑料制造的纤维来传播光功率的光学技术。纤维光学研究的主要内容包括光纤的分类和参量、光纤的波动理论、光纤的光线理论、光纤的传输模、光纤元器件、光纤技术、光纤的参数测量、光纤的非线性效应等。

1.8.27 光通信 optical communication

〈学科〉研究以光作为信息载体，通过光纤、大气、大气层外空间等通道传输来实施通信的光学学科。光通信研究的主要内容包括光通信系统的组成、光通信光源、光通信信道、光检测与放大、光通信器件、光通信网络、光通信编码调制技术、数字光通信系统、光时/频分复用技术、光通信仿真、散射光通信、空间光通信等。

1.8.28 薄膜光学 thin-film optics

〈学科〉基于麦克斯韦波动方程，研究光学薄膜的特性、计算、设计、镀制、检测和应用等的理论和方法的光学学科。薄膜光学研究的典型薄膜类型主要有减反射膜、反射膜、高反射膜、分光膜、中性膜、单色滤光膜、截止滤光膜、带通滤光膜、偏振膜、相位延迟膜等。

1.8.29 超快光学 ultrafast optics

〈学科〉研究皮秒、飞秒等极短光脉冲的产生、放大、压缩、测量、控制及其应用的光学学科。这类极短的脉冲宽度，不仅使超短激光脉冲具备超快的时间测量能力，还能使看起来微不足道的单脉冲能量产生亿瓦级的峰值功率。超快光学的技术在台式化加速器、激光聚变、核物理与核医学、高能物理等领域都有重大应用价值。

1.8.30 二元光学 binary optics

〈学科〉基于光波的衍射理论，研究以二阶或多阶的微结构来实现光波相位变换，以衍射光学方式对波前复振幅分布产生作用，实现特定光学功能和性能的光学学科，又称为衍射光学。二元光学主要应用波动光学、光学设计、微电子工艺、光学工艺、光学测量等知识建立。

二元光学是光学与微机电技术相互渗透、交叉而形成的新兴学科。基于计算机辅助设计和微米级加工技术制成的平面浮雕型二元光学器件具有重量轻、易复制、造价低等特点，并能实现传统光学难以完成的微小、阵列、集成及任意波面变换等新功能，从而使光学技术在诸如空间技术、激光加工、计算技术与信息处理、光纤通信、生物医学、现代国防科技等众多领域中显示出重要作用和广阔的应用前景。

1.8.31 集成光学 integrated optics

〈学科〉在光电子学和微电子学基础上，采用集成方法研究和发展光学器件和混合光学电子学器件系统的一门新的光学学科。集成光学的理论基础是光学和光电子学，涉及波动光学与信息光学、非线性光学、半导体光电子学、晶体光学、薄膜光学、导波光学、耦合模与参量作用理论、薄膜光波导器件和体系等多方面的现代光学内容。其工艺基础则主要是薄膜技术和微电子工艺技术。集成光学主要应用于光纤通信、光纤传感技术、光学信息处理、光计算机与光存储、材料科学研究、光学仪器、光谱研究等方面。

1.8.32 量子电子学 quantum electronics

〈学科〉研究利用物质内部量子系统的受激发射来放大或产生相干电磁波的方法和相应器件的性质及其应用的学科。由于所研究的内容的放大、振荡机制是量子跃迁过程起关键的作用，所以称量子电子学。量子电子学的核心器件是微波激射器和激光器。

1.8.33 介观光学 mesoscopic optics

〈学科〉对波长尺度的微结构复杂光学现象，应用新算法和理论进行分析、解释和应用研究的新光学学科。分析电磁波经过一个尺寸仅有数个至数十个波长大小的系统的复杂行为时，使用麦克斯韦方程，并考虑严谨的边界条件，此时除了要考虑电磁波的相位特性外，还要考虑它的向量特性 (偏振) 以及多重散射 (来自系统内部复杂的边界条件或是差异较大的介电常数) 效应。这些因素导致了复杂而多样的光学现象，此类光学研究称为介观光学研究。发展的算法方面有纯数值计算 (有限时域差分)、电偶极近似算法 (离散偶极、偶合偶极)、周期性结构 (多重散射)、处理不规则纳米结构 (格林函数法、转移矩阵法) 等。

1.8.34 近场光学 near field optics

〈学科〉研究距离物体表面一个波长以内的光学现象的新型交叉光学学科。基于非辐射场的探测与成像原理，近场光学显微镜突破常规光学显微镜的衍射极限，以其超高光学分辨力，可进行纳米尺度光学成像与纳米尺度光谱的研究。

1.8.35 微纳光学 micro-nano optics

〈学科〉研究微米级和纳米级微结构材料的光学传输效应、光子与微纳结构物质的相互作用规律、相关操控，以及利用微纳米尺度的光学效应开发出的光学器件、系统及装置的光学学科，其包括微光学和纳米光子学。微纳光学研究微纳尺度结构上光波的发射、传输、变换和接收等，已应用于光存储、光通信、光显示等方面。当前微结构材料 (micro-structure materials) 加工尺度达到几十、几百纳米量级，表面等离基元、光学超晶格、集成光学、近场光学等进展，使得微纳光学在纳米尺度上有了更多的研究方向和应用，包括负折射材料、突破衍射极限光学、光镊等技术。

微纳光子学主要研究在微纳米尺度下光与物质相互作用的规律及其光的产生、传输、调控、探测和传感等方面的应用。微纳光子学亚波长器件能有效提高光子集成度，有望像电子芯片一样把光子器件集成到尺寸很小的单一光芯片上。纳米表面等离子体学是一新兴微纳光子学领域，主要研究金属纳米结构中光与物质的相互作用。它具有尺寸小，速度快和克服传统衍射极限等特点。纳米等离子体波导结构，具有良好的局域场增强和共振滤波特性，是制作纳米滤波器、波分复用器、光开关、激光器等微纳光器件的基础。光学微腔将光束缚在微小的区域内，极大地增强了光与物质的相互作用，因此高品质因子的光学微腔是高灵敏度传感和探测的重要方式。

1.8.36 微光学 micro-optics

〈学科〉研究微米 (10^{-6}m) 尺度 (单元尺寸已在光波长量级) 包括微米尺度的光学表面微结构上光的现象、规律、结构、应用等的光学知识。

1.8.37 纳米光子学 nano-photonics

〈学科〉研究纳米 (10^{-9}m) 尺度材料 (空间尺寸 $\alpha \ll \lambda$ 或体积 $V \ll \lambda^3$) 上光的现象、规律、结构、应用等的光学学科, 也称为纳米光学 (nano-optics)。纳米光子学主要研究纳米波长 (或亚波长) 尺度上光与物质的相互作用机理、光场约束、光物理化学过程、材料结构及其器件等内容。它应用激光与原子、分子、团簇和纳米结构的线性或非线性、经典或量子相互作用的新的或改型的已知效应。这一领域的实际发展以将激光和可见光局限在极小尺寸的亚微米结构 (纳米孔、纳米缝、纳米棒等) 的纳米技术为基础。纳米物质是指尺寸范围为 0.1nm~1000nm 的超微粒构成的物质。

1.8.38 表面等离子体光学 surface plasma optics

〈学科〉将表面等离子体技术应用到光子学领域而发展出来的一门新的光学学

科。通过表面等离子体与光场之间相互作用，能够实现对光传播的主动操控，是构成纳米光子学的最重要部分。

1.8.39　大气光学 atmosphere optics

〈学科〉研究光与大气相互作用时产生吸收、散射、折射等物理过程的光学学科。大气光学研究的本质是光在大气中传输，大气对光的传输路径和传输能量的影响。大气光学的研究可应用于遥感测量、天文观测、气象观察等方面。

1.8.40　海洋光学 ocean optics

〈学科〉研究光与海洋、湖泊、河流及其他水体相互作用时产生吸收、散射、折射等物理过程和在水体中进行观察的光学性质的光学学科。海洋光学研究的水体光学性质可以纯水、纯海水、天然水体作为经典水体进行研究。

1.8.41　空间光学 space optics

〈学科〉研究在空间飞行器 (航天飞机、卫星、空间站等) 上进行遥感观测、探测的光学科学技术。空间光学涉及的光谱范围一般为 X 射线 (0.4nm) 到长波红外线 (15μm) 以及亚毫米波段，技术手段是对光波进行收集、存储、传递、处理、识别等，利用的光学特性包括光谱发射率、反射率、吸收率、偏振等。空间光学可应用于空间天文、军事侦察、预警监测、测绘、大气观测、天气预报、灾害预报、环境监测、资源探测等方面。

1.8.42　自适应光学 adaptive optics

〈学科〉通过测量接收的波前动态误差，快速用能动器件进行实时波前校正，使光学系统具有自适应外界条件变化而始终保持良好工作状态或能使光学系统自主地排除外界干扰的光学技术。自适应光学技术主要应用于天文观测、空间监测、激光传输系统等仪器中。

1.9　自然界的光学现象

1.9.1　日食 solar eclipse

白天，当月球运动到太阳和地球之间，三者处在一条直线上时，太阳照射月球形成的影子投射到地球上，在地球上的月亮影子区域 (半影区和本影区)，所看到的太阳被月亮部分遮挡或全部遮挡的现象，也称为日蚀，见图 1-11 所示。日食包括日全食和日偏食的情况。

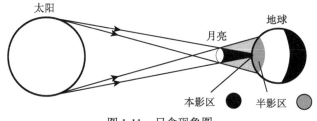

图 1-11 日食现象图

1.9.2 日全食 total solar eclipse

白天出现月亮全部遮住太阳，将其影子投射到地球上，在月亮影子投射在地球的本影区内所看到的太阳被月亮全部遮挡呈现出黑太阳时的现象，见图 1-12 所示 (彩色图附书后)。日全食时，地球上的本影区内将出现自然环境如同夜晚般昏暗的情况。

1.9.3 日偏食 partial solar eclipse

白天出现月亮遮住部分太阳，将其影子投射到地球上，在月亮影子投射在地球的半影区内所看到的太阳被月亮部分遮挡呈现出月牙形黑太阳时的现象，见图 1-13 所示 (彩色图附书后)。日偏食时，地球上的半影区内将出现自然环境光线强度随日食面积的加大而下降的现象。

图 1-12 日全食现象图

图 1-13 日偏食现象图

1.9.4 本影区 umbra zone

月亮全部遮住太阳时月亮影子投射在地球上的区域。本影区是完全没有太阳光线直接射入的区域，是能看到日全食的区域，见图 1-11 所示。在本影区所看到的太阳是一个圆的黑太阳。本影区也可以是地球全部遮挡太阳时的影子落在月亮上的区域。

1.9.5　半影区 penumbra field

月亮部分遮住太阳时月亮影子投射在地球上的区域。半影区太阳有一部分光线可以直接射入的区域，是能看到日偏食的区域，见图 1-11 所示。在半影区所看到的太阳是一个像咬了一口的太阳或灰月牙太阳。半影区也可以是地球部分遮挡太阳时的影子落在月亮上的区域。

1.9.6　日环食 annular solar eclipse

发生日食时，出现太阳中心部分黑暗而边缘仍然明亮，太阳呈现出亮光环的现象，见图 1-14 所示 (彩色图附书后)。日环食是月球在太阳和地球之间，距离地球较远时而不能完全遮住太阳所形成的。

1.9.7　日冕 corona

延展到几倍太阳半径甚至更远，物质稀疏，温度高达百万度，由质子、高次电离离子和自由电子组成的太阳外层透明大气，见图 1-15 所示 (彩色图附书后)。

日冕的可见辐射仅为太阳光球的百万分之一，平时肉眼看不到，仅在日全食时才能看到。

图 1-14　日环食现象图

图 1-15　日冕现象图

1.9.8　日珥 prominence; solar prominence

太阳色球层有时向外猛烈喷出高达几万到几十万千米红色跳动火焰或火舌的现象，见图 1-16 所示 (彩色图附书后)。图 1-16 中右边的图是对日珥的局部放大。日珥主要是炽热的氢气焰，持续时间有几分钟至几小时，肉眼在日全食时才能看到，平时需要分光镜才能看到。日珥分为爆发型、宁静型和活动型三大类。

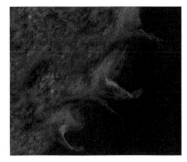

图 1-16 日珥现象图

1.9.9 月食 lunar eclipse

当太阳、地球和月球在一条直线上，月球进入到地球的影子 (地影) 里时，地球对太阳光的遮挡使月球残缺变暗或呈现完整暗红色 (或古铜色) 圆盘的现象，见图 1-17 所示。

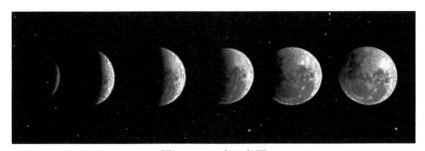

图 1-17 月食现象图

月食有月全食、月偏食。月食只可能发生在农历十五前后。月全食的月亮颜色呈暗红色或古铜色是因为太阳射到地球大气周围的光线经过大气散射后主要留下长波的红色，散射光又是向四面八方射出的，有一部分散射光就会射入到地球在月亮上的本影区中，使月亮呈现出暗红色或古铜色。

1.9.10 红月亮 red moon

发生月全食时，所观察到的月亮呈现出暗红色的现象，也称为血月，见图 1-18 所示 (彩色图附书后)。本来在月全食的本影区，月亮完全被地球的本影遮住了，所看到的月亮是黑色的，但有大量从太阳射向地球的光线穿过包裹地球的大气层时，经过瑞利散射将短波光 (蓝色) 后向散射掉，并经过米氏散射将剩下的长波光 (红色) 前向散射到月球上的本影区中，而本影区中又没有太阳直射光线进入的影响，因此，看到的月亮是暗红色的或古铜色的。

图 1-18   红月亮示意图

1.9.11   幻日 parhelion

在低温、薄云、云中形成了以六角形柱状冰晶体垂直排列为主的水汽结晶体的有日照的天空中，天空中看到的太阳两侧出现了多出来的额外太阳的现象，见图 1-19(a) 所示 (彩色图附书后)。幻日中额外多出来的太阳形状看起来不像太阳那样对称均匀，且比真太阳也小很多，边缘带有一些颜色，通常它们在靠近太阳一侧呈现蓝紫色，而远离太阳的一侧呈现红色，但短波的蓝紫色易被雾气散射掉，因此长波的红色比较明显。幻日是由于天空中垂直排列冰柱晶体对太阳光反射和折射所形成的太阳虚像，幻日左右两边多余太阳产生的主要贡献是垂直排列的六角形柱状冰晶体的反射，反射关系见图 1-19(b) 所示 (彩色图附书后)，眼睛看到的虚太阳的光线是六角形柱状冰晶体的反射面位置正好能使太阳光线反射到人眼的位置。由于反射是由水平方向对称的垂直排列的六角形柱状冰晶完成的，因此，看到的多余虚太阳只会在左右两边对称出现。幻日边缘颜色产生的主要贡献是垂直排列的六角形柱状冰晶体的折射，折射的光路如同三棱镜的分色光路，太阳的白光 (多色复合光) 进入六角形柱状冰晶体经过两次折射后，将各色光以不同角度射出 (将复合光谱展开)，见图 1-19(c) 所示 (彩色图附书后)，眼睛看到的虚太阳处的颜色光线是六角形柱状冰晶体的棱角位置正好能使太阳光线经两次折射到人眼的位置。由于折射出来的光是颜色光，所以幻日的白太阳虚像主要是反射的贡献。幻日现象图像中的以真太阳为中心形成的相对比较透亮的圆盘，主要是空中的水汽结晶球围绕在太阳和人眼相连的中心线周围，以圆对称的关系将太阳光一圈紧靠一圈地反射到人眼形成的较透亮的对称圆盘。由于水汽结晶球的反射面很小，能反射进入人眼的光线很少，因此，亮圆盘的亮度很低。

(a) 幻日现象图

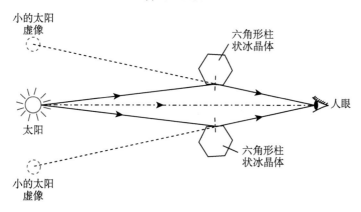

(b) 六角形柱状冰晶体的太阳光反射光路图

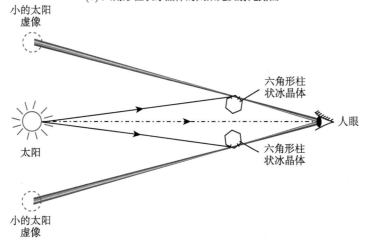

(c) 六角形柱状冰晶体的太阳光折射光路图

图 1-19 幻日的现象和光路图

1.9.12　彩虹 rainbow

在雨后出太阳的天空中，太阳位于西方 (或东方)，向东方 (或西方) 观看时，天空出现从上至下按红橙黄绿蓝靛紫颜色顺序排列的七彩色圆弧的现象。这是因为东方 (或西方) 雨后飘浮在空中的小水滴被西方 (或东方) 的太阳光照射后，太阳光线射到小水滴后，在小水滴中经历一次折射入射、一次全反射和一次折射出射后，将太阳光折反射回西方 (或东方)，小水滴对太阳光的折射过程将太阳光的多色光谱色散射出来，见图 1-20(a) 所示 (彩色图附书后)。符合这种现象条件的折射和全反射的太阳光对小水滴的入射光与出射光的夹角通常为 40°~42°，红色光和紫色光分开的角度为 2°，红色光与入射太阳光的夹角为 42°，而紫色光的为 40°，这是由于红光折射率比紫光小，在经历光线的折射、全反射、折射路径后，折射率高的光返回偏折角度比折射率低得多，因此紫色与入射太阳光的夹角比红色光的小，见图 1-20(a) 所示 (彩色图附书后)。

由于同一水滴散射的光谱的角度为 2°，彩虹离人的距离一般都有几百米或几公里，因此，人眼是无法同时看到一个水滴散射出来的全部光谱的，只能看到一个水滴散开角度非常小的光谱带，或者说几乎是单色光谱。彩虹进入眼睛的光谱是彩虹处环带空间位置从高到低 (或从低到高)、与太阳光线的夹角从大到小 (或从小到大) 的光谱，水滴中不同位置分布的适合进入眼睛角度的光线才能射入眼睛，因此，眼睛看到的彩虹是内圆弧为紫色、外圆弧为红色的彩环，见图 1-20(b) 所示 (彩色图附书后)，这是彩虹光谱的排序原理，这与从水滴中出来的光谱排序正好相反，水滴出来是上为紫色，下为红色。不同水滴色散的红色光和紫色光要能同时进入人眼，水滴的红色光对人眼形成的光锥体角度就得比水滴的紫色光对人眼形成的光锥体角度要大，因此，彩虹的大环为红色，小环为紫色。

由于看到彩虹的现象是太阳从观察的身后方向照射过来，可看成是平行光束，射入水滴光折射出来进入人眼的太阳光线是一个以平行于太阳光的人眼视线为中心线的圆锥体，这个圆锥体的底面就是太阳光折射进入人眼的水滴面，由于水滴是圆形或基本是圆形的，太阳光是平行光，所以进入人眼的彩虹一定是按圆对称形成为圆形的，这就是彩虹是圆形的原理，见图 1-20(c) 所示 (彩色图附书后)。彩虹是圆形的还可以用彩虹光谱进入眼睛的关系是空间分布为圆对称关系来解释。而我们通常看到的彩虹只是半个圆，主是因为有一部分彩虹被地平线遮挡住了，如果在空中看就是圆形的。

有时候，会看到彩虹外面有一道更大的彩环，被称为 "副虹" 或 "霓"，副虹是光线在水滴里经过两次反射后形成的，经过两次反射，太阳光对小水滴的入射光与出射光的夹角通常为 50°~53°，副虹的颜色顺序与主彩虹的相反，副虹颜色顺序反转的原因是多增加的一次反射造成的，见图 1-20(d) 所示 (彩色图附书后)，且要暗淡一些。"副虹" 或 "霓" 呈圆形的原理和彩虹是相同的。

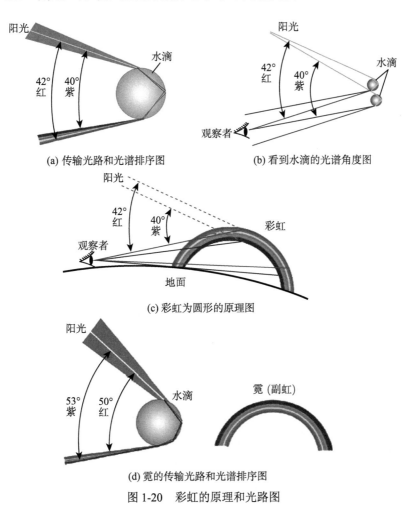

(a) 传输光路和光谱排序图　　　　　　　(b) 看到水滴的光谱角度图

(c) 彩虹为圆形的原理图

(d) 霓的传输光路和光谱排序图

图 1-20　彩虹的原理和光路图

　　在一定区域里，每个观察位置都有自己的彩虹圈，正如俗话所说："一百个人眼里就有一百条彩虹。" 彩虹的鲜艳程度和彩带宽度与空中水滴的大小有关，水滴大，彩虹就鲜艳清晰，水滴小，彩虹的颜色就淡一些，水滴太小就不会出现彩虹。彩虹的带宽与观察者和彩虹的距离有关，彩虹越远，彩带越宽。

1.9.13　彩云 color clouds

　　在太阳尚未升起的日出或已落山的日落时 (看不到太阳)，所看到的东边或西边的云呈现出橙色和红色的彩色现象，也称为彩霞 (rosy clouds)。太阳升起前的日出或落山后的日落，太阳光线是以掠过地球表面路径照射到东边的云或西边的云的，此时太阳光线经过大气层传输照射到云的距离比白天的中间期间经过大气层传输的距离长得多，见图 1-21 所示 (彩色图附书后)，由于太阳光线中的短波部分被长距离传输所散射 (瑞利散射)，使太阳光谱中的蓝色等短波部分被大量散射掉，剩下的主要是红色为主的部分，因此，在日出太阳尚未升起时东边的云或日落太阳已落山时西边的云看起来是橙色和红色的彩色云。

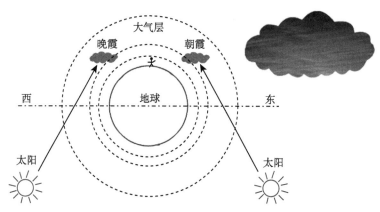

图 1-21　呈现彩霞的太阳光线的传输轨迹图

1.9.14　海市蜃楼 mirage

在海面、湖面、雪原、沙漠等地方，空中或地平线上出现高楼、城郭等景物像的现象，见图 1-22(a) 所示 (彩色图附书后)。海市蜃楼是地貌、光学、地表气候综合构成的一种景物成像的现象。

海市蜃楼是由于人和实景之间的光线传输区域出现空气层密度明显不均匀的情况，即在这个空间区域出现了低密度的空气"墙"或空气层和高密度空气"墙"或空气层的明显分层情况，存在空间前后层区域或上下层区域的空气折射率明显不一致，即折射率不一致的空气垂直墙或空气平面层，使景物的光线进入这种空气墙或空气层时，不再是直线传播，而是被全反射或反射，即经历了光线由光密介质到光疏介质交界面的全反射，或光线由光疏介质到光密介质的反射。海市蜃楼不是折射的像，因为折射将会产生色散，要想消除图像散射的颜色就要找到与生产色散相同条件的逆过程，这种逆过程在自然界中几乎是不可能与正过程同时匹配存在的，所以海市蜃楼是反射像。空气垂直墙全反射形成海市蜃楼的原理是，在湖面或海面，在晴天水面的水被大量蒸发且这些水蒸气由于靠近低温的水面，形成了水蒸气浓度高于空气的空间区域，这个水汽区域的折射率明显高于离水面区域稍远一点的陆面区域空气的折射率，这时形成了高折射率的高密度水汽区与低折射率的低密度空气区的分界"墙",这种空气区的分界"墙"就像一个立面的反射镜,它可以对高密度水汽区中的高亮景物 (如水边的建筑等) 在合适的角度进行全反射,这个全反射的光线能进入人眼位置时,人们就看到了景物的海市蜃楼,全反射"墙"形成海市蜃楼的光学原理见图 1-22(b) 所示 (彩色图附书后),这种原理形成的海市蜃楼的像为正像,为"侧蜃"。

当这种空气区的分界"墙"不是平面,而是凹面或凸面时,景物像就会被放大或缩小,凹面"墙"对景物是放大,凸面对景物是缩小;当全反射"墙"面向内倾斜时 (即向光线面倾斜时),海市蜃楼高于实景,为"侧上蜃";当全反射"墙"面向外倾斜时 (即向非光线面倾斜时),海市蜃楼低于实景,为"侧下蜃"。人们看到海市蜃楼时通常有许多雾气,这些雾气是海市蜃楼出现的条件。水面环境出现的大多数海市蜃楼都是这种空气区的分界"墙"全反射形成的,这种反射使本来不在人眼视线中的景物,经反射后被观察到。景物经这种空气区的分界"墙"的反射如果不是以全反射的角度射出来的光线,反射光线和雾气吸收衰减很严重,因此,人眼是看不到非全反射角度射过来的景物像的。水平产生海市蜃楼还有一种空气层的反射原理情况,即水面区域在水面上大量蒸发形成高密度高折射率湿空气区,而在水面以上的更高高度区域为低密度低折射率空气区域,两个区域形成高折射率和低折射率介质的分界面,水面附近的景物 (如建筑等) 经平静的水面反射再到高折射率和低折射率介质的分界面全反射后射入人眼,上下两次反射的海市蜃楼光学原理见图 1-22(c) 所示 (彩色图附书后),海市蜃楼为正像,为"上蜃"。

如果海市蜃楼是景物由水面反射再经"墙"全反射后看到的,海市蜃楼为倒像,为"下蜃"。

在沙漠环境中,沙漠表面在高温下形成高温低密度的低折射率区,在沙漠高温低密度区以上为低温高密度的高折射率区,两个层面形成了不同折射率的界面,当景物的光线经这两种空气层界面一次反射看到时,海市蜃楼为倒像,为"上蜃",一次上反射的海市蜃楼光学原理见图 1-22(d) 所示 (彩色图附书后)。沙漠的海市蜃楼像尽管是一次非全反也能看到像,是因为光在高温低密度区传输,光的传输吸收损失小。海市蜃楼出现的环境,空气场或空气流一般比较稳定,这样的环境才能形成稳定的反射面。为什么海市蜃楼通常只是会在水面 (或靠近水面)、沙漠、雪地区域出现?这是因为海市蜃楼对应的景物需要有充足的光线照射到景物表面上才能使景物的光线经过反射和传输吸收后还能被人眼感觉到,故海市蜃楼对应的景物除了需要阳光照射外,还需要水面或沙漠或雪地的反射光,才能拥有经反射和吸收损失后还能被人眼看到的光亮度。当实景物、反射"墙"或"层"、观察地三者构成不同光线路径时,可形成海市蜃楼对实景不同的位置关系,即海市蜃楼相对实景有"上蜃"、"下蜃"、"侧蜃"情况,"上蜃"为海市蜃楼比实景位置高,"下蜃"为海市蜃楼比实景位置低,"侧蜃"为海市蜃楼相对实景位置在左右两边的。通常海市蜃楼很难找到完全对应的实景,原因是海市蜃楼是实景中的高亮度部分,或者是多景物高亮部分组合体,且经过了反射变形、部分景物光线在传输过程被空气吸收消除等所形成的变化了的景物。

(a) 海市蜃楼的现象示例图

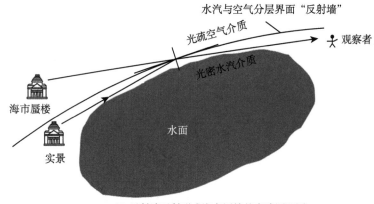

(b) 反射墙反射形成海市蜃楼的光路原理图

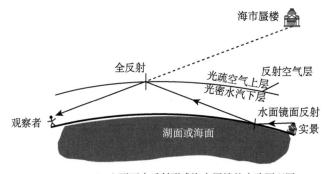

(c) 上下两次反射形成海市蜃楼的光路原理图

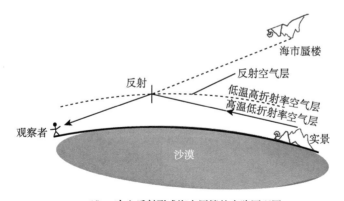

(d) 一次上反射形成海市蜃楼的光路原理图

图 1-22   海市蜃楼的现象和原理图

1.9.15 蓝天 blue sky

太阳辐射光照射到大气时,被大气中直径比波长小得多的气体分子和气溶胶粒子进行瑞利散射,使蓝色短波光向前和向偏离入射传输方向的周围散射所造成的天空显蓝色的现象。蓝天中的蓝色主要是瑞利散射结果,瑞利散射的强度与波长的四次方成反比,即越短的波长散射越严重,因此散射把许多蓝色光和紫色光留到了大气中。气体分子对紫光吸收比较强,且人眼对蓝色比紫色敏感,看到的天空感觉是蓝色的。米氏散射的强度与波长的二次方成反比,散射的基本上是白光,且高空中大尺寸的微粒数量不多,因此,米氏散射对蓝天的贡献不大。

1.9.16 蓝海 blue sea

太阳辐射光照射到大海时,被大海中直径比波长小得多的微粒进行瑞利散射,使蓝色短波光向后和向偏离入射传输方向的周围散射所造成的海水显蓝色的现象。海水中,大小微粒数量都不少,且微粒的密度比较大,瑞利散射和米氏散射都存在,两者对海水显蓝色都有贡献 (主要的贡献还是瑞利散射),因此,海水不用很深就会显出蓝色,而天空需要很厚的大气层才能显蓝。或者说,海水对蓝色的散射效率比天空高得多和强得多。水越深,蓝色显得越重 (越蓝),深海的蓝色要比天空的蓝色深得多,这是因为水越深,对蓝色的散射量越大。湖水和河水也可以显蓝色,只要它们有足够的水深支持蓝色显示的散射量。很纯净的水和很混浊的水不会显蓝色,因为,纯净的水没有散射短波所需的微粒,而混浊的水中大尺寸的杂质颗粒多,光线对其的作用以反射为主,反射光是与入射光同光谱的白光。

1.9.17 红太阳 red sun

日出和日落时,所看到的太阳呈现红色的现象。观察日出和日落时,太阳光线是以掠过地球表面进入人眼的,此时太阳光线经过大气层传输到人眼的距离比白天的中间期间太阳经过大气层传输的距离长得多，见图 1-23 所示 (彩色图附书后)，太阳光线在大气层中长距离传输，使太阳光谱中的蓝色等短波部分被长距离传输大量散射掉，剩下的主要是红色为主的部分，而且太阳光线也经长距离的大气传输被损耗，因此，在日出和日落时所看到的太阳亮度减弱，且颜色呈红色。图 1-23 中，所画的太阳和地球的大小尺寸关系是按在地球上的人所看到的大小关系，即地球大、太阳小，不是天体实际的大小关系，天体的实际大小关系是太阳大、地球小；大气层的厚度也是放大画的。

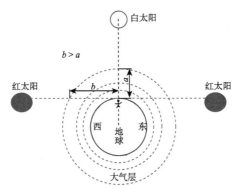

图 1-23　红太阳光的传输路径示意图

1.9.18　白太阳 white sun

晴天白天偏中间的时间段内，所观察到的太阳为白色的状况。白太阳是太阳本身发射的可见光光谱没有明显变化的状况。晴天白天偏中间的时间期间中，太阳射入地球的光通过大气层的距离比日出时和日落时的短得多，见图 1-24 所示 (彩色图附书后)，此时太阳的短波光谱不会被大气散射太多，太阳的光谱相对完整，因此看到的太阳是呈白色状态的。

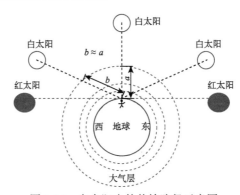

图 1-24　白太阳光的传输路径示意图

1.9.19 大太阳 big sun

当太阳位于观察者东边的初升位置或位于观察者西边的落下位置时，太阳看起来比升高后的明显大和偏扁的现象。早晨和傍晚看太阳时，看到的是一个椭圆形的红色大尺寸太阳，见图 1-25(a) 所示 (彩色图附书后)。人们在大气层中看大气层以外的空间物体时，相当于是在一个大气层正透镜中往外看物体，物体的光线进入大气层被大气层透镜所会聚，而会聚光线的反向向外延长线是发散的，人眼看会聚光线时就构成了一个更大物体的虚像，眼睛所接收的太阳光线按直线传播感受的结果是一个大太阳虚像发出的光线。

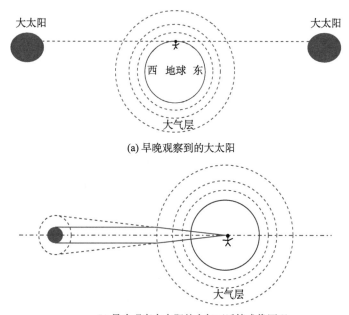

(a) 早晚观察到的大太阳

(b) 早晚观察大太阳的大气正透镜成像原理

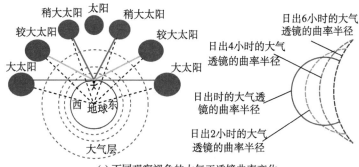

(c) 不同观察视角的大气正透镜曲率变化

图 1-25 大太阳的原理图

当太阳在东边刚露出来或在西边即将落下山位置处时，看到的太阳比在其他位置的大。这是由于此时观察者看太阳的视线通过的大气层透镜的厚度大于太阳在头顶位置观察时的，且大气层透镜的大气密度大于太阳升起来后的，即大气层透镜此时的折射率比较大 (早晨雾气大)，再加上大气层横向 (人站立水平方向) 的曲率半径较小 (以掠过地球地面顶点水平截面所截取的圆为地球过圆心截面圆中的一个小曲率半径同心圆)，大气层透镜弧矢方向的曲率半径小于子午方向的曲率半径，因而使太阳横向光线进入大气层透镜会更加会聚，所以，反向延长线的发散角更大，导致横向的反向延长线形成的太阳虚像的尺寸也更大，因此太阳的形状有些扁 (太阳在人眼的水平方向比垂直尺寸更大)，见图 1-25(b) 所示 (彩色图附书后)。

当太阳不断升高时，观察视线横向方向的大气层透镜的曲率半径不断加大，放大作用在不断减小，当太阳升到头顶时，观察视线横向方向的大气层透镜的曲率半径就是过地球球心截面上的大气层曲率半径，这个观察方向的大气层透镜曲率半径是在地球表面上肉眼观察太阳时曲率半径最大的，或者说是大气层透镜放大太阳尺寸最小的大气层透镜，因此，中午的太阳位置是一天中看到太阳尺寸最小的位置，并且也是最圆的位置 (此时大气层透镜在各方向的曲率半径相等)，见图 1-25(c) 所示 (彩色图附书后)。其实，在地球表面上观察到的太阳都是放大了的太阳，因为所有的观察位置都有大气层正透镜在进行放大，只是不同位置观察的放大倍数不同而已。太阳西下时看到的也是个大太阳，其道理与日出是一样的。

1.9.20   鱼肚白 fish belly white

在早晨太阳还未从东边升起来之前，天空出现发白或天空蒙蒙亮的现象。鱼肚白是早晨 4 点半到 5 点半期间 (鱼肚白出现的时间段会因季节和地理位置的不同而不同)，太阳的光线照射到地球上，光线经地球地表反射到大气中再经大气反射和散射后在地面所看到的天空的光亮，见图 1-26 所示 (彩色图附书后)。鱼肚白不只是日出前有，其实日落后也有，只是日落时的天空是由亮到弱亮 (鱼肚白)，不容易感受到，而日出时的天空是从黑到弱亮 (鱼肚白)，容易感受到，这两个时段的鱼肚白是东西方向对称的。

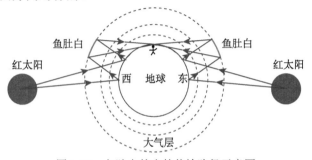

图 1-26   鱼肚白的光的传输路径示意图

1.9.21 太阳跳升与跳降 the sun jumping rise and jumping fall

太阳日出到与地平线还有一点连接时和太阳日落快接近地平线时，太阳会有一个跳跃的快速升起和跳跃的快速落下的现象。凡是看到过太阳升起全过程和落下全过程的人，都能看到太阳跳升与跳降的现象。这是因为太阳升起的速度等于地球自转相对于其的运动速度，在太阳不断上升过程中，人眼观察太阳视线方向的大气透镜的曲率半径在加大，使看到的太阳在上升过程中尺寸在连续减小，太阳尺寸减小的位移和太阳连续上升运动的速度位移一起构成了太阳上升的位移，当有地平线作为参照物时，太阳尺寸减小的附加位移就被显示出来，造成了日出快完成时的跳跃升起的感觉，此时太阳向上运动的速度并没有改变，但太阳向上位移的太阳下沿被太阳尺寸的缩小加速了，本质上是尺寸缩小的跳升；日落时，人眼观察太阳视线方向的大气层透镜的曲率半径在减小，使看到的太阳一边在下降而尺寸一边在增大，太阳尺寸增大的位移和太阳连续下降运动的速度位移一起构成了太阳下降的位移，当有地平线作为参照物时，造成了日落快接近地平面时跳跃降到地平面的感觉，此时太阳向下运动的速度并没有改变，但太阳向下位移的太阳前沿被太阳尺寸的增大加速了，本质上是尺寸增大的跳降。

1.9.22 物体水中放大 object magnified in water

当物体放入水中后，在空气中看水中的物体时，看到的物体会比物体实际的尺寸要大的现象。原因是水相对空气是光密介质，从水与空气界面出来的光线的折射角比水中入射角大，折射角相对入射角增大的角度就对应物体放大的尺寸，见图 1-27 所示 (彩色图附书后)。看水中物体的尺寸比我们在空气看到的实际尺寸要大，图中物体从水中射出进入人眼的光线的向后延长蓝线说明了放大现象，黄色虚线圆就是物体的放大像。水中的物体除了会被放大以外，观察到的物体离水面的距离还会随观察者视轴与水面法线的夹角增大或减小而发生位移变化，夹角越大，物体看起来升得越高 (即离水面越近)，反之亦然，这也是水中物体发出光线在水与空气的界面上发生折射所造成的。

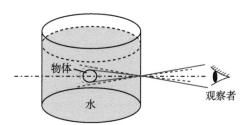

红线为物体光线实际传播的路径，蓝色虚线为光线实际路径的延长线

图 1-27 水中物体的光线折射路径示意图

1.9.23   极光 aurora

地球南北磁极高层大气分子或原子被太阳射出的电粒子流 (太阳风) 激发产生带状、弧状、幕状、放射状等的彩色发光的现象，见图 1-28 所示 (彩色图附书后)。极光产生需要磁极、大气和太阳辐射的带电粒子流三个要素。地球南北磁极的磁场加速了太阳射出的电粒子流，使其作用于大气的分子或原子上，将分子或原子的电子激发到高能态，然后这些分子或原子被受激辐射或自发辐射放出光来。

图 1-28   极光景象

1.9.24   北空昼光 north sky light

从日出 3 小时后到日落 3 小时前，避开太阳光直射的从北窗看到的天空散射光。北空昼光是北部的大气层被太阳光照射所散射和自发辐射形成的、不含直射太阳光的天空中的自然光，被用来作为标准自然光，用于对物体的颜色进行目测对比。

1.9.25   红移 red shift

宇宙中的发光星体向远离观察者的方向快速运动时出现颜色变红的现象。红移是一种观察现象，不是星体本身的颜色变红，而是星体远离运动使进入人眼的光波长变长与红色的光波长相对应或频率降低与红色的频率相对应，因此，人眼感觉看到的是红色物体。红移现象与多普勒现象的声源远离成低频声波原理相类似。红移现象可在天文学中应用来分析星体的运动方向和运动速度。

1.9.26   蓝移 blue shift

宇宙中的发光星体向靠近观察者的方向快速运动时出现颜色变蓝的现象。蓝移是一种观察现象，不是星体本身的颜色变蓝，而是星体靠近运动使进入人眼的光波长变短与蓝色的光波长相对应或频率升高与蓝色的频率相对应，因此，人眼感觉看到的是蓝色物体。蓝移现象与多普勒现象的声源靠近成高频声波原理相类似。蓝移现象可在天文学中应用来分析星体的运动方向和运动速度。

1.9.27 黑洞 black hole

宇宙中，具有极高密度、光线也不能从其里面和表面射出来的天体。由于黑洞的巨大质量密度，使任何物质和能量都被它吸进去，光是一种能量，因此，也难于逃出不被黑洞吸入。天体中，任何没有光发射或反射 (包括漫反射) 的物体都将是黑的，黑洞也是这样的物体。麻省理工学院 (MIT) 的博士后凯蒂·布曼 (Katie Bouman) 应用她提出的关键算法 (2019 年 4 月 10 日 21 时)，从庞大的数据 (用 10 年时间收集的海量数据) 中提取出一张黑洞画像，它的核心区域存在一个阴影或黑暗区，周围环绕一个新月状光环，见图 1-29 所示 (彩色图附书后)。

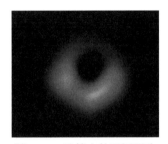

图 1-29 计算出的黑洞照片

1.9.28 彩色斑纹 color stripe

水面上的油膜、肥皂泡在白光照射下呈现出彩色条状斑纹的现象。由于水面上的油膜和肥皂泡都是由自身材料构成的具有上下光滑表面的透明薄膜，当它们厚度二倍的长度值不超过可见光谱中单色光波长几个整数倍时，白光照射在这些薄膜上时，在膜层厚度二倍的长度值等于某可见光单色波长整数倍的区域，将产生该单色光的干涉增强，将这个单色光显示出来。由于膜层厚度不一致，各波长的单色光将在其能干涉增强的区域显示出来，形成不同的颜色区域。当膜层厚度达到使各单色光都实现干涉增强时，即膜层厚度的二倍长度值是大部分单色光波长的整数倍或接近整数倍时，出现了各单色光的叠加，使其变成了白光，此时彩色斑纹就都消失了。因此，彩色斑纹只出现在很薄的膜层的情况，而厚膜层中看不到彩色斑纹的现象。

第 2 章　视觉光学与色度学术语及概念

本章的视觉光学与色度学术语及概念主要包括视觉基础、屈光系统、感光系统、视觉心理、眼损伤、眼镜光学、色觉、标准色度系统、其他表色系统、色度学应用共十个方面的术语及概念。由于视觉光学的有些内容与色度学的有些内容是共有的，如明视觉、暗视觉、颜色视觉等内容，因此，本章没有将这两部分截然分成两大部分，而是将这两大部分作为一个整体整合起来分为十个部分，以使它们的术语及概念既不重复，还能一起相互借用和互相支撑。本章对少数几对术语名称不同，但术语概念含义基本相同且具有相同学术地位和影响力的术语，分别进行了保留，不作强行统一，例如，"基色"和"原色"(它们术语名称的不同是对英文翻译的不同所造成的)。

2.1　视　觉　基　础

2.1.1　眼睛 eye

能响应可见光辐射的生理器官。眼睛的形状呈球状，直径约为 24mm，眼球壁由外层、中层、内层三层膜所构成。眼球壁外层为保护层，外层的前 1/6 为角膜，其余的 5/6 为巩膜；眼球壁中层从前向后分别为虹膜、睫状体和脉络膜；眼球壁内层为视网膜。眼球内部由房水、晶状体和玻璃体组成。整个眼球从功能角度可分为屈光系统和感光系统两部分。

2.1.2　角膜 cornea

位于眼球正前方，厚度约为 1mm，中央部分稍薄，约为 0.5mm，直径约为 11mm 的一种弹性透明组织。角膜具有屈光能力，整个角膜的等价光焦度为 43.05D，约为眼球整体光焦度 (60D) 的 3/4，其形状为非球面，其平均折射率为 1.376。

2.1.3　巩膜 sclera

与前方角膜连接的眼球向后 5/6 部分的眼球外围的白色纤维膜组织，俗称白眼仁。巩膜是眼球外壁的主要组成之一，生物组织为胶原和弹力纤维，结构坚韧，起支持和保护眼内组织的作用。

2.1.4 虹膜 iris

位于角膜和晶状体之间的眼球壁中层扁圆形环状薄膜，俗称黑眼仁。虹膜中间有一个称为瞳孔的孔，膜上有环绕瞳孔排列的缩瞳平滑肌 (收缩瞳孔的作用)，瞳孔周围有呈放射状排列的散瞳平滑肌 (扩大瞳孔的作用)，虹膜的功能是控制进入眼睛光线量的多少。人类虹膜因其内层上皮细胞含有黑色素细胞的数量和分布的不同，呈现出黑色、蓝色、灰色等不同的颜色。

2.1.5 睫状体 ciliary body

位于角膜和晶状体之间的眼球壁中层的虹膜后外方的环形增厚部分和前部向内侧并作放射状突起的部分。睫状体的功能是通过睫状肌的收缩和舒张来调节晶状体的曲度，以调节眼睛的屈光能力，并产生房水。

2.1.6 脉络膜 choroid

位于视网膜和巩膜之间的一层柔软光滑、有弹性和富有血管的棕色薄膜。脉络膜起于前部的锯齿缘，止于视神经周围，前部较薄，厚度约 0.1mm，后部较厚，厚度约 0.22mm。脉络膜的功能主要是给视网膜外层供应营养和阻断透过巩膜的光线。

2.1.7 视网膜 retina

能感受光刺激作用的眼球后壁紧贴在脉络膜内侧的一层柔软透明膜。视网膜主要由色素上皮细胞、视细胞 (含视锥细胞和视杆细胞)、双极细胞、节细胞、水平细胞、无长突细胞、网间细胞、Muller 细胞等组成，厚度一般为 0.4mm，最厚的视盘边缘约为 0.5mm，最薄的中央凹为 0.1mm，锯齿缘为 0.15mm。视网膜的功能是营养、再生、修复感光细胞。

2.1.8 视锥细胞 cone cells

位于视网膜黄斑中央凹区域的一种能感受强光和颜色的感光细胞。人的视锥细胞由外节、内节、胞体、终足四部分组成，长约 40μm~70μm，直径 1μm~8μm，数量为 600 万个 ~800 万个，在明视觉条件下对色觉和视敏度起决定作用，对物体的细节和颜色具有很高的分辨能力。

2.1.9 视杆细胞 rod cells

位于视网膜黄斑中央凹区域边缘向外周渐增至锯齿缘附近消失的一种能感受弱光的感光细胞。人的视杆细胞由外节、内节、胞体、终足四部分组成，长约 40μm~70μm，直径 1μm~2μm，数量为 12500 万个，是视锥细胞的 18 倍多，呈环形，位于距中央凹 5mm~6mm 处 (在距中央凹 0.13mm 处开始出现)，在暗视觉条件下对明暗感觉起决定作用 (对弱光产生视觉), 只能辨别明暗, 不能辨别物体细节和颜色。

2.1.10　房水 aqueous humor

充满于角膜和虹膜之间和虹膜与晶状体之间透明清澈的液体。房水由睫状体突产生, 血浆是形成房水的母液, 房水每分钟的产量为 2μL~3μL (为房水总容量的 1/100), 其功能是帮助角膜和晶状体等组织的新陈代谢, 为角膜和晶状体提供营养和维持眼内压。房水的折射率为 1.336, 与玻璃体的折射率基本相同。

2.1.11　晶状体 crystalline lens

位于房水和玻璃体之间呈凸透镜状的透明生物组织。晶状体是由皮质层和核质层组成的分层结构, 皮质层和核质层的折射率分别为 1.386 和 1.402, 核质层越靠近中心折射率越高, 中心折射率为 1.420 (正常人眼), 其非均匀的折射率分布有利于校正像差和提高折光力。晶状体周围由晶状体悬韧带与睫状体相连, 富有弹性, 前面的曲率半径为 10mm, 后面的约 6mm, 直径为 9mm, 厚约 4mm~5mm。晶状体具有对物体进行透镜成像的功能, 同时也具有过滤部分紫外线的功能, 是眼睛屈光系统的重要组成部分。

2.1.12　玻璃体 vitreous body

位于晶状体后并充满晶状体与视网膜之间空腔的无色透明胶状生物组织。玻璃体为半固体胶状, 水的成分占了 99%, 所需营养由房水和脉络膜提供, 对视网膜和眼球壁起支撑作用, 其与晶状体、房水、角膜等一起构成了屈光介质。

2.1.13　瞳孔 pupil

眼睛内虹膜中心的通光小圆孔。正常眼睛的瞳孔能反射性自动调节其大小, 当光线强时瞳孔会缩小, 当光线弱时瞳孔会散大。常规状态下, 成年人的瞳孔直径为 4mm~6mm, 儿童和老人的瞳孔直径约为 2mm。瞳孔直径大小变化的范围为 2mm~5mm, 一般情况直径约为 4mm, 强光时瞳孔直径为 2mm~3mm, 缩小和散大的极限直径为 1mm 和 9mm。瞳孔不仅可调节进入眼睛的光线的多少, 而且还可以改变成像的焦深、分辨力和球差, 瞳孔越小, 焦深越长, 球差越小, 分辨力越低。

2.1.14　视觉器官 visual organ

由眼睛、视神经和脑皮层视区组成的生物结构总体。视觉器官是有眼生物感受光的传感器, 人对光的感受能力在可见光范围内。正常的人视觉器官能感知外界物体的大小、明暗、颜色、动静等, 获取各种信息, 至少有 80% 以上的外界信息是通过视觉获得的。

2.1.15 视觉 visual sense

光辐射进入眼睛所产生的光感觉。眼睛是光辐射的视觉生理传感器。人眼对光辐射的视觉光谱波长范围为 380nm~780nm，有的动物的视觉光谱范围可延伸到近红外、近紫外。人正是有了视觉而获得对外界的认识。视觉是靠眼睛提供的，眼睛或眼球的功能主要由屈光系统和感光系统的功能所组成。

2.1.16 模型眼 model eyeball; reduced eye; schematic eye

将眼睛的屈光系统的介质均匀化、曲面几何化，以方便对眼的研究和分析建立的简化和等效的眼睛屈光系统，也称为眼模型。有代表性的模型眼有亥姆霍兹 (Helmholtz) 模型眼、古尔斯特兰德 (Gullstrand) 模型眼和古尔斯特兰德-莱格兰德 (Gullstrand-Le Grand) 模型眼。

2.1.17 亥姆霍兹模型眼 Helmholtz model eyeball

由角膜、晶状体前面、晶状体后面、晶状体、晶状体前主面、晶状体后主面、眼、眼的前主面、眼的后主面、眼的前焦面、眼的后焦面、眼的前节面和眼的后节面共 13 要素的相关曲率半径、到角膜距离、光焦度参数的数值组成的眼模型。

2.1.18 古尔斯特兰德模型眼 Gullstrand model eyeball

由角膜、房水、晶状体、玻璃体、眼整体等要素的曲率半径、折射面位置、折射率、光焦度、各基点位置参数 (包含角膜、晶状体、眼整体、黄斑、近点位置、入瞳、出瞳、旋转点) 的数值组成的眼模型。古尔斯特兰德模型眼有 I 号和 II 号两种模型眼，I 号称为精密模型眼，其将晶状体模拟成带有一个均质内核，II 号称为简化模型眼，没有内核。I 号模型眼和 II 号模型眼都有放松和调节状态时的光学参数。

2.1.19 古尔斯特兰德-莱格兰德模型眼 Gullstrand-Le Grand model eyeball

经莱格兰德对古尔斯特兰德模型眼进行改进后提出，由角膜前面、角膜后面、晶状体前面、晶状体后面四个折射面以及角膜、房水、晶状体、玻璃体四种介质的曲率半径、非球化系数、厚度、折射率四项参数的数值组成的眼模型。古尔斯特兰德-莱格兰德模型眼简单且等效性好，是当前广泛采用的模型眼。

2.1.20 正视眼 emmetropia

在非调节状态能将远处的平行光线或 5m 及以上距离物体成像在视网膜上的眼睛，见图 2-1 所示。正视眼是视力正常、屈光正常的眼睛，眼睛所看到的物体是清晰的。凡视力大于等于视力表 1.0 视标的眼睛可认为是正视眼。

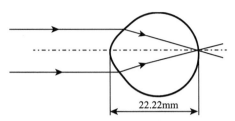

图 2-1　正视眼简约模型

2.1.21　模拟眼内状态 in situ of model eyeball

模拟眼在 35℃ 人眼房水平衡的状态，也称为眼内状态 (in situ of eyeball)。模拟眼内状态实际测试时，一般情况下可用生理盐溶液代替房水，在波长 546.07nm 时房水折射率取值 1.336。若经过验证表明，在其他条件下的测试值可修正到模拟眼内状态，则可用其他条件测试。

2.1.22　视线 line of sight

〈眼科〉由视网膜的中央凹连接到人眼的出瞳中心，并延伸到入瞳中心前的目标的空间连线，又称为视轴 (英国等国家将其称为视轴)。视线就是眼睛看东西时，眼睛与观察目标之间形成的一根假想连接直线。视线是视网膜中心视力最高的部分与眼球光学系统节点相连的方向线。

2.1.23　光轴 optic axis

〈人眼〉眼球光学系统的中心对称轴。光轴与视轴不同，一个是眼球光学系统的几何对称中心线，另一个是视觉的中心线，两者在俯仰方向形成的交叉角为 5°。

2.1.24　视场 visual field

〈人眼〉当头不动且眼球不转动时，一只眼所能观察到的立体角范围，即水平视角范围和垂直视角范围。视场是每一个光学系统都独立拥有的，每一只眼也都有自己的视场。视野可以是一只眼的或两只眼的。

2.1.25　视野 horizon; view

眼睛在注视目标物体看清的同时，还能看到的一定空间角度范围。视野与视场有些相似，但又不完全相同，视野是头不动眼睛有可能动所观察到的范围，并且既有一只眼睛观察的范围又有两只眼睛观察的范围，因此，视野的范围比视场的范围要大。视野的范围可分为：① 中心视野，10° 以内能正确接收细微信息的黄斑区视野范围；② 中间视野，10°~25° 注意力有关的图像识别视野范围，清楚范围是垂直到 15°、水平到 20° 范围；③ 周边视野，25° 以外视力和分辨能力降低而能分辨闪烁和运动目标的视野范围，中国人的周边视野 (白色) 颞侧 91.5°，正上方

59.1°，鼻侧 65.1°，下方 74.6°，黄-蓝色视野比白色小 10°，红色比白色小 20°；④ 诱导视野，25°~120° 产生诱导效果的视野范围。按视野行为可分为：静视野 (注视一点时所能看到的视野范围)；动视野 (眼球自由活动所能看到的最宽视野范围)；注视视野 (可能注视的视野范围)；双眼视野 (双眼共同使用能看到的视野范围)。

2.1.26　分辨力 resolving ability

〈人眼〉人眼能分辨观察物最小间距对应的角度。人眼的平均分辨力为 1′ (分)。由于人眼分辨力的角度值是固定的，因此，人眼对近物体的分辨的最小间距小于远物体的最小分辨间距，物体越远，能分辨的最小间距越大。

2.1.27　视觉暂留 persistence of vision; visual staying phenomenon

光输入对眼睛视网膜所产生的视觉在光停止输入后仍存在一段时间的现象，又称为余晖效应。视觉暂留是眼睛的一种性质 (视神经系统的性质)，暂留的时间为 0.1s~0.4s (中等亮度的光刺激)。利用视觉暂留现象可以将不连续的电影或电视画面由视觉感受成是连续的画面。

2.1.28　盲点 blind spot; scotoma

〈人眼〉眼球后部的视网膜上的视神经汇聚进入眼球处的一个无视神经的凹陷点或小区。由于视网膜中的盲点处无视杆细胞和视锥细胞，因此，该区没有光感觉，故称为"盲点"。盲点位于颞侧 15.5°、水平线下 1.5° 处，为竖椭圆形，该区域的视野竖径为 7.5°、视野横径为 5.5° (所占视野范围约 5°~8°)，所占视野范围区域很小，会被眼睛的活动和双眼成像互补，不容易感觉到。

2.1.29　红眼 red eye

〈人眼〉在光线弱暗环境中，用闪光灯直接对人脸拍正面像后，在照片中的眼睛瞳孔上呈现的具有红色光斑的眼睛。红眼中的红色光斑是在光线弱暗环境下，人眼瞳孔扩大，闪光灯的直接照明，通过大直径的瞳孔将视网膜上的血管拍照下来的结果。消除红眼的方法是在拍照前用闪光灯进行预闪，或用光源将环境照亮，使瞳孔缩小。许多动物 (如狗、猫等) 拍照没有红眼，因为它们的眼睛视网膜与脉络膜之间有一层有反射功能的"照膜"(tapetum)，将光线反射出去。

2.2　屈　光　系　统

2.2.1　屈光系统 dioptric system

〈生物〉人眼中使被观察物体清晰成像的调焦功能组成部分。人眼屈光系统的组成主要包括晶状体、玻璃体、角膜、房水等。屈光系统的功能是将景物的像成在视网膜上。当屈光系统不能把景物的像成在视网膜上时，就表明屈光系统出现了问题。

2.2.2　调焦 focusing

〈人眼〉通过拉伸捷状体的肌肉调节眼睛晶状体焦距，使观察者可以看清楚远近不同的景物或者同一景物的不同部位的行为。

2.2.3　调节 accommodation

〈人眼〉眼睛为看清不同距离物体所进行的不断改变其折光的行为。调节有看近物的加大会聚能力的调节，即眼球屈光系统缩短焦距，以及看远物体的减小会聚能力的调节，即眼球屈光系统增大焦距。调焦与调节的区别是，调焦的行为侧重目的，调节的行为侧重过程。

2.2.4　视力 eyesight

对规定的图案在规定的照明条件下和规定的距离处，人眼分辨图像或物体细节的能力，通常用角度表示。视力通常用视力表来检查。人分辨两物点最小角间距的平均能力为 1′。视力分裸视视力和矫正视力，裸视视力是眼睛直接观察图像或物体细节的能力，矫正视力是通过配戴矫正近视、远视、散光等眼睛缺陷的眼镜后观察图像或物体细节的能力。

对于特定检测图形，视力的能力类型及其数据为：① 最小视别阈，能看到点或线存在的最小尺寸一般为 10″ ~ 20″，在良好条件下能看到线的视别阈可达 0.5″；② 最小分离阈，能分辨两点或两线的最小间隔为 20″ ~ 30″；③ 最小认识阈，能分辨文字类复杂图形最小细节间隔为 40″ ~ 60″；④ 最小识别阈，能感觉到直线错移量为 2″ ~ 10″。

2.2.5　光焦度 focal power

光学系统对入射平行光束的屈折能力，或光学系统 (或透镜) 对平行光束会聚或发散的能力，也称为屈光本领。对于非平行光入射，光焦度为光学系统的像方会聚度与物方会聚度之差。光焦度的数值为光学系统焦距以米为单位的数值的倒数 (或米焦距的倒数)，用符号 Φ 表示，单位为屈光度，按公式 (2-1) 计算：

$$\Phi = \frac{n'}{f'} = -\frac{n}{f} \tag{2-1}$$

如果光学系统 (或透镜) 位于空气中，$n' = n = 1$，则按公式 (2-2) 计算：

$$\Phi = \frac{1}{f'} = -\frac{1}{f} \tag{2-2}$$

式中：Φ 为光焦度；n' 为像方介质折射率；f' 为像方焦距；n 为物方介质折射率；f 为物方焦距。

眼镜领域的光焦度用"度"为单位，眼镜度数＝屈光度数×100。正透镜的光焦度数值为正，负透镜的光焦度数值为负。例如：正透镜眼镜的焦距为 1m、0.5m，光焦度分别为 1D 和 2D，眼镜度数分别为 100 度和 200 度；负透镜眼镜的焦距为 −1m、−0.2m，光焦度分别为 −1D 和 −5D，眼镜度数分别为 −100 度和 −500 度。光焦度也有称其为屈光率。

2.2.6 屈光度 diopter

〈人眼〉对于波长为 546.07nm 的光，在模拟眼内状态下，近轴光折合焦距的倒数，也称为屈光焦度 (dioptric power)。屈光度是光焦度的单位名称，单位的符号为 D，其国际单位制的单位符号为 m^{-1}，$1D = 1m^{-1}$。屈光度 (D) 是非法定计量单位。

2.2.7 近轴焦距 paraxial focal length

〈人眼〉后主面与近轴后焦点之间的距离。近轴焦距的焦点是否落在视网膜上，或者近轴焦距是否为正常的焦距长度，是关系人眼视力是否正常的参数。人眼的近轴焦距短于其正常值的为近视状况，长于其正常值的为远视状况。

2.2.8 折合焦距 reduced focal length

〈人眼〉近轴焦距除以会聚光束通过介质 (或周围介质) 的折射率后所得的焦距。折合焦距相当于等效空气程焦距或等效空气层焦距。折合角却是实际角乘以折射率。会聚光线通过折射率大于空气折射率 (约为 1) 的介质时，其在介质中的会聚距离或焦距会比在空气中长 (即被拉长)，介质的折射率越大，会聚距离被拉长得越多。

2.2.9 远点 far point

眼睛在放松条件下，与眼睛视网膜上像点成光学共轭关系的物点。远点距离为眼睛到远点或眼睛所成像对应的物点的距离。对于正视眼，远点为无穷远的点，远点距离为无穷远，实际上，远点大于 5m 就可认为是正常的眼睛；对于近视眼，远点在眼睛的前方距离处，远点距离为负；对于远视眼，远点在眼睛的后方距离处，远点距离为正。对于近视眼和远视眼，远点距离分别与矫正眼睛视力的眼镜的焦距大小相等。

2.2.10 聚散度 vergence

远点距离的倒数，其单位与眼镜的"度"单位相同。聚散度是人眼近视或远视程度定量评价的参数，也是对眼睛进行矫正而配制眼镜的参数。

2.2.11   近视 shortsightedness; myopia

平行光入射到放松状态下的眼球屈光系统后，光线会聚在视网膜前面的状态，见图 2-2 所示。近视是一种眼睛疾病或缺陷，称为近视眼，只能看清近距离的物体，看不清远处的物体。后天近视主要是长时间近距离用眼睛使眼睛长期聚焦疲劳难以恢复到原放松的远视状态造成的。

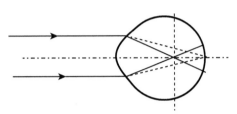

图 2-2   近视眼简约模型

2.2.12   远视 farsightedness; hyperopia

平行光入射到放松状态下的眼球屈光系统后，光线会聚在视网膜后面的状态，见图 2-3 所示。远视是一种眼睛疾病或缺陷，称为远视眼，只能看清远处的物体，看不清近距离的物体。后天远视主要是由年龄增长使眼球调节能力下降所造成的。

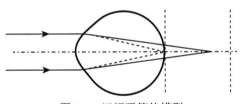

图 2-3   远视眼简约模型

2.2.13   散光 astigmatism

平行光入射到放松状态下的眼球屈光系统后，在不同的子午线上或在子午和弧矢方向 (即两个相互垂直的方向) 上屈光度不等，不能会聚在同一点上或视网膜同一点上的状态。散光是一种眼睛疾病或缺陷，与眼睛的角膜弧度有关，称为散光眼，散光眼对于任何距离处 (无论是近处还是远处) 的物体都不能成清晰的像。角膜源性散光多是由于角膜形态"不圆"造成的，晶体源性散光一般由其位置偏移造成。散光视力检查表是由等分角辐射状的等长度小短直线圆环按等差直径组成的图案，整体形状呈现为小短直线组成的由中心向外圆辐射的图。

2.2.14 视觉矫正 vision correction

对近视、远视、散光等眼睛疾病或缺陷进行视力改正的措施，也称为视力矫正。视觉矫正的措施有配戴眼镜 (含外置眼镜和隐形眼镜) 矫正和眼球手术矫正。配戴眼镜矫正措施有：近视眼需要用负透镜进行矫正，负透镜可使平行光 (远处物体的光) 发散在近视眼的视网膜上，见图 2-4 所示；远视眼需要用正透镜进行矫正，正透镜可使平行光 (近距离物体的光) 会聚在远视眼的视网膜上；散光眼需要用柱面透镜进行矫正，柱面透镜可使平行光会聚在散光眼的视网膜的一个点上。眼球手术矫正措施有：用准分子激光 (193nm) 准确切削角膜光学区重塑角膜表面曲率，主要用于治疗近视眼；用准分子激光 (193nm) 对角膜进行高精度切削与原位磨镶相结合进行矫正，主要用于治疗近视眼；用人工晶体置换有问题的生物晶体，对近视、白内障等进行矫正。

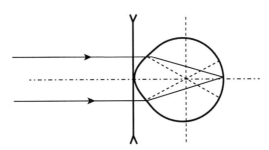

图 2-4　接触透镜的近视眼矫正

2.2.15 体视 stereopsis

双眼观察所感觉的景物体视和距离体视的总称。景物体视是一种双眼观察能感觉到实物、图片、画面等的立体特征的视觉效应或立体效应，也称为立体感，是两眼观察同一物体对象时，左眼、右眼看到的像有微小侧面差异，经神经系统将两个眼的像面进行合成产生立体效果，即立体物体的两个侧面像有差异构成的立体效果。距离体视是由于不同距离目标的体视角不同，使观察者双眼视网膜上不同距离目标像的位置相对黄斑中心不对应，在脑视觉中枢产生目标远近不同的立体视觉。体视的效果有双眼观察实物形成的体视，以及双眼分别观看左眼画面和右眼画面形成的体视。体视有真体视和假体视，真体视是双眼能分别获得有微小差异的左眼和右眼像的体视，假体视主要指在平面上通过立体投影的线条和亮暗关系画出立体效果的平面画。真体视是双眼构建的体视，假体视是看过立体的经验给予的体视效果感觉，真体视必须用双眼才能获得，假体视用单眼就能获得。

2.2.16　体视角 stereoscopic vision angle

观察者双眼同时注视目标时，双眼视线对目标构成的夹角，用符号 θ 表示。体视角是人眼感受物体远近的视觉参数，体视角大时物体近，体视角小时物体远。

2.2.17　体视差 stereoscopic vision difference angle

观察者双眼对不同距离目标体视角的差，用符号 $\Delta\theta$ 表示，按公式 (2-3) 计算：

$$\Delta\theta = \theta_A - \theta_B \tag{2-3}$$

式中：$\Delta\theta$ 为观察者对不同距离的目标 A 和目标 B 的体视角差；θ_A 为观察者对目标 A 的体视角；θ_B 为观察者对目标 B 的体视角。

2.2.18　双目视差 binocular parallax

〈人眼〉由人眼的瞳孔间距所引起的两只眼睛所看到的同一景物图像的差别。观察者在观看空间三维物体时，三维物体发出的光线聚焦于双眼的视网膜中心，由于人的两只眼睛之间有一定的距离 (被称为瞳孔间距，其平均值为 6.5cm)，因此对于同一景物，左右眼的相对位置是不同的，这就产生了双目视差，即左右眼看到的是有差异的图像，见图 2-5 所示。

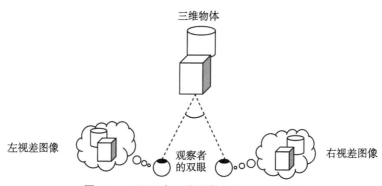

图 2-5　双眼观察三维图像各眼的成像关系

2.2.19　辐辏 convergence

双眼观察一个物体时两眼的视线向观察目标交会的动作。辐辏 (fú còu) 是双眼视轴对目标的交会动作，能使眼睛获得深度感和体视。当观察者的眼部肌肉被拉伸使眼球略微转向内侧以便对着三维物体上某一点观看时，两只眼睛的视轴所组成的角度称为会聚角。左右眼在观看远近不同的两点时，产生出的会聚角不一样，眼部肌肉受到的拉伸强度和眼球转动的程度也不一样，而人的感觉器官可以比较出这种强度和程度，这样便会有不同深度的感觉，即产生立体感。物体离观察者越近，会聚角越大，越远则会聚角越小，见图 2-6 所示。图 2-6 中，观察远距离物体的两眼会聚角为 α，观察近距离物体的两眼会聚角为 β，$\beta > \alpha$。

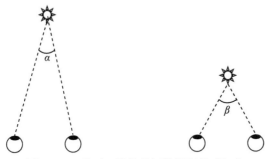

图 2-6 双眼对三维物体辐辏的深度感知角

2.2.20 移动视差 motion parallax

如果观察者的观察位置发生变化，观察到的三维物体的图像也会相应地发生变化的视觉差别效应，见图 2-7 所示。人眼需要很大的移动角度才能感觉到移动视差，而光电探测器件成像只需要很小的角度就能感觉到移动视差 (由图像的软件算法决定)。

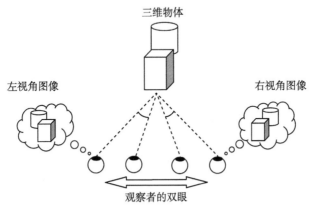

图 2-7 双眼观察三维图像的移动视差

2.2.21 体视锐度 stereoscopic vision acutance

人眼可分辨两个目标体视差的极限角值，一般为 10″ (训练后可达 3″ ~ 5″)，也称为体视灵敏度，用符号 $\Delta\theta_{\min}$ 表示。

2.2.22　浦肯野像 Purkinje images

光在眼睛的角膜面及晶状体面上的反射所成的像。这些像的关系由捷克科学家浦肯野 (Jan Evangelista Purkinje，1787~1869) 发现并提出。浦肯野像有四种像，即第 1 浦肯野像 (P1)、第 2 浦肯野像 (P2)、第 3 浦肯野像 (P3)、第 4 浦肯野像 (P4)。第 1 浦肯野像 (P1) 是由角膜外表面 (对着眼睛外部空间的面) 反射成的像；第 2 浦肯野像 (P2) 是由角膜内表面 (对着视网膜的面) 反射成的像；第 3 浦肯野像 (P3) 是由晶状体外表面 (对着眼睛外部空间的面) 反射成的像；第 4 浦肯野像 (P4) 是由晶状体内表面 (对着视网膜的面) 反射成的像。浦肯野像与眼睛的屈光系统的主要组成部分密切相关，因此，被应用于设计某些眼睛的检查仪器，如测量屈光部分的位置与形状、光轴、光轴与视轴的夹角等。

2.3　感 光 系 统

2.3.1　感光系统 sensitized system

〈眼睛〉生物视觉系统中能对光刺激起反应或能响应光刺激的视网膜、脑神经系统等。感光系统还有非生物的胶片感光系统、光电探测感光系统等。

2.3.2　刺激 stimulus

〈眼睛〉作用于眼睛的视网膜上能引起眼睛视觉的光辐射。刺激使视觉系统对刺激的大小 (或强弱) 和颜色有不同的感受，由此能感觉到光的亮暗和不同的颜色。眼睛对光刺激的感觉称为刺激感。

2.3.3　刺激阈 stimulus limen

〈眼睛〉眼睛刚能感觉光刺激存在的最小值。刺激阈表达的是眼睛对光线刺激的灵敏度水平，刺激阈越小，眼睛的灵敏度越高，刺激阈越大，眼睛的灵敏度越低。

2.3.4　差别阈 difference limen

刚能辨别两个光刺激间的最小差异量，也称为差别感觉阈限，或差别阈限。差别阈反映眼睛分辨光刺激量差异的能力，差别阈越小，眼睛分辨光刺激量的能力越强，反之越弱。

2.3.5　浦肯野现象 Purkinje phenomenon

〈视觉灵敏度〉自明视觉经中间视觉到暗视觉时，光谱光视效率值的最大值往短波方向移动的现象，也称为浦尔金耶现象。浦肯野现象可看成人眼从亮环境到暗环境时的视觉最大灵敏度发生向蓝色方向移动的现象。人眼明视觉的最大相对灵敏度在 555nm (绿光) 处，而在暗视觉时人眼的最大相对灵敏度在 507nm。

2.3.6 视场背景 background of vision field

目视比色时，直接环绕色度或亮度比较的视场区域。视场背景一般采用一定亮度的中性灰色背景。

2.3.7 视网膜照度 retinal illuminance

人眼观察物体时，物体辐射的光到达人眼视网膜上形成的照度，即以光源的亮度和瞳孔面积之积来定义的光度量，单位为楚兰德，也称为网膜照度。亮度 $1cd/m^2$ 的光源通过面积为 $1mm^2$ 的瞳孔时的网膜照度为 1 楚兰德 (Td)。视网膜照度的量与被观察物体的亮度成正比，与物体的大小无关，与物体的距离无关，同时与眼瞳的面积成正比。

2.3.8 楚兰德 troland

表示与视网膜照度成比例的输入光刺激量的单位，符号为 Td。当眼睛观察均匀表面时，楚兰德数等于自然或人工限制的瞳孔面积 (以平方毫米为单位，mm^2) 乘以该表面光亮度 (以坎德拉每平方米为单位，cd/m^2) 的积。在视网膜有效照度的计算中，必须计入吸收、散射、反射损失和待测眼的具体尺寸，以及斯泰尔-克劳福德效应。

2.3.9 临界闪烁频率 critical flicker frequency

人眼刚刚能感觉到刺激光 (亮度或颜色) 闪烁的最快时间频率，或恰能感觉出恒定刺激的最小频率，也称为时间分辨力。当光刺激的时间频率大于临界频率时，人眼就感觉不到闪烁，感觉到间断时间发出的相邻光是连续的。例如，闪烁光的时间频率为 50Hz 时，人眼将感觉不到这个闪烁光刺激的闪烁。

2.3.10 时空诱导 time-space induction

〈人眼〉两种或两种以上具有亮度和颜色的视标空间并置或时间相邻出现，将感觉到两个视标的亮度和色彩会相互影响的现象。表现时空诱导典型的图案有本哈姆圆盘。

2.3.11 方向灵敏度 direction sensitivity

相同光通量的光以不同方向入射到眼球视网膜上感受的亮度不同的效应现象，也称为第一种斯-柯效应。光线落在视网膜中心的入射方向是最灵敏的方向，光线入射的方向随偏离视网膜中心距离的加大而灵敏度不断降低，它们的关系为一"钟"形曲线，横轴为视网膜位置，纵轴为亮度感受，视网膜的中心正对"钟"形曲线的正顶部。

2.3.12　深度灵敏度 depth sensitivity

〈人眼〉观察距离除以深度分辨阈，按公式 (2-4) 计算。深度灵敏度是深度知觉的评价尺度，其是与观察距离大小有关的相对值，数值越大灵敏度越高。

$$D_{\mathrm{s}} = \frac{L}{\Delta L} \tag{2-4}$$

式中：D_{s} 为深度灵敏度；L 为观察距离；ΔL 为深度分辨阈。

2.3.13　深度知觉 depth perception

〈人眼〉眼睛能感到物体有距离远近的感觉。深度知觉主要是靠双眼观察建立的体视角所形成的远近深度感觉，单眼一般是没有距离远近或深度的感觉。

2.3.14　深度分辨阈 depth resolving threshold

〈人眼〉眼睛刚好能分辨的两个物体的远近距离差别的间距，按公式 (2-5) 计算：

$$\Delta L = \frac{\Delta\theta \cdot L^2}{d - \Delta\theta \cdot L} \tag{2-5}$$

远近两物体的眼视差角之差 $\Delta\theta$ 很小时，公式 (2-5) 可近似为公式 (2-6)：

$$\Delta L \approx \frac{\Delta\theta \cdot L^2}{d} \tag{2-6}$$

式中：ΔL 为深度分辨阈；$\Delta\theta$ 为远近两物体的眼视差角之差；L 为观察距离；d 为两眼球间的距离 (眼基线)。

深度分辨阈会随物体的远近位置、两眼球之间的距离的改变而改变。

2.3.15　空间频道 space channel

〈人眼〉视觉系统中存在的使观察反差阈值增高的特定敏感中心频率。人眼的空间频道有 4 频道、6 频道、7 频道说，6 频道的中心频率 [周/(°)] 分别为：0.8，1.7，2.8，4.0，8.0，16.0。空间频道是人眼对频率敏感的选择性，不是对所有频率 "一视同仁" 的。

2.3.16　空间频差 spatial frequency difference

〈人眼〉两只眼分别看空间频率有微小差别的两张条纹图 (或光栅图)，会感到有一排光栅斜立在视场中，高频一边离人近，低频一边离人远的现象。这种双眼频差引发的体视是不同于双眼视差带来的体视的。

2.3.17 视亮度 lightness

对于光源或物体表面明暗的视知觉特性, 又称为主观亮度。视亮度也指从黑色表面到白色表面的视感觉连续体。视亮度属于感知量, 是物体亮度的主观感觉, 其大小既取决于物体表面单位面积的辐射光强度, 也取决于背景状况, 例如, 对于相同亮度的物体, 白天看的亮度就没有晚上的亮。

2.3.18 光泽 gloss

物体表面定向选择反射的性质。由于反射光的空间分布而产生的物体表面视知觉的特性。它与表面定向反射成分的大小和反射光配光曲线的尖锐程度有关。越光泽的表面, 定向反射光的比例越多。

2.3.19 光泽度 glossiness

定量表示光泽的量, 即用数据表示物体表面接近镜面的程度。光泽度与光源照明和观察的角度有关, 物体通常需要分别测量 20°、45°、60° 或 85° 角度位置的光泽度来确定物体的光泽度。

2.3.20 明视觉 photopic vision

环境亮度不小于 $3cd/m^2$ 时的视觉工作状态。此时视觉完全由锥状细胞起作用, 人眼能够辨认很小的细节, 有感觉色彩的能力, 最好的视觉响应在光谱黄绿区间的 555nm 处。

2.3.21 暗视觉 scotopic vision

环境亮度小于 $3 \times 10^{-3} cd/m^2$ 时的视觉工作状态。此时锥状细胞失去感光作用, 视觉只由杆状细胞起作用, 人眼失去感觉色彩的能力, 仅能辨别白色和灰色。

2.3.22 中间视觉 mesopic vision

介于明视觉和暗视觉之间的视觉工作状态。眼睛的适应亮度介于明视觉和暗视觉之间, 由视网膜的锥体细胞和杆体细胞同时起作用的视觉。

2.3.23 绝对视觉阈 absolute visual threshold

人眼在全暗环境中, 经充分的暗适应后刚好能感知的最小光刺激值。绝对视觉阈反映的是人眼暗视觉的灵敏度值。

2.3.24 视觉敏锐度 visual acuity

在最佳照度时, 眼睛刚好可感知两相邻物体分离的两相邻物对眼睛的视夹角 (弧度) 的倒数, 张角的单位用角度分 (′) 或毫弧度 (mrad) 表示, 也称为视觉分辨力 (visual resolution)。视觉敏锐度是眼睛分辨图像细节能力的反映, 或人眼分辨细节的最大能力。视觉敏锐度的数值越大，敏锐度越高 (即分辨的细节越小)，其单位为角度分的负一次方或毫弧度的负一次方。

2.3.25 明视距离 distance of distinct vision

健康人眼在良好照明条件下清晰、舒适地观察到物体时，物体到眼角膜顶点的距离。国际上公认人眼的明视距离为 250mm。

2.3.26 光视效能 luminous efficacy

光学辐射的总光通量与其总辐射功率的比值，又称为光谱光视效能，用符号 $K(\lambda)$ 表示，单位为 lm/W，按公式 (2-7) 计算：

$$K(\lambda) = \frac{\Phi_{\mathrm{v}}(\lambda)}{\Phi_{\mathrm{e}}(\lambda)} = \frac{\int \Phi_{\mathrm{v}}(\lambda)\mathrm{d}\lambda}{\int \Phi_{\mathrm{e}}(\lambda)\mathrm{d}\lambda} \tag{2-7}$$

式中：$K(\lambda)$ 为光视效能，lm/W；$\Phi_{\mathrm{v}}(\lambda)$ 为光通量，lm；$\Phi_{\mathrm{e}}(\lambda)$ 为辐射功率，W；λ 为辐射光谱的波长。

光视效能常用来表示光源的发光效能。

2.3.27 光谱光视效率 spectral luminous efficiency

人眼对不同波长相同辐射光的相对灵敏度或光谱光视效能的归一化表达，符号为 $V(\lambda)$ (用于明视觉) 或 $V'(\lambda)$ (用于暗视觉)，也称为视见函数或光谱光效率。波长分别为 λ 与 λ_{m} 的两束辐射，在特定光度条件下产生相等辐射通量时，该两束辐射的光通量之比 (选择 λ_{m} 使其比值的最大值等于 1)。除非另有说明，所用明视觉光谱光效率值是 CIE 在 1924 年公布的国际协议值，由它确定了 $V(\lambda)$ 函数或曲线。对于暗视觉，CIE 在 1951 年采用青年观察者的光谱光效率值，由它确定了 $V'(\lambda)$ 函数或曲线。光谱光视效率反映出，人眼对具有相同辐射通量的不同波长光的视觉灵敏度。

2.3.28 光视效率计算 luminous efficiency calculation

光谱光视效能与最大光谱光视效能之比，又称为光谱光视效率计算，曾称为视见函数，用符号 $V(\lambda)$ 表示，按公式 (2-8) 计算：

$$V(\lambda) = \frac{K(\lambda)}{K_{\mathrm{m}}} \tag{2-8}$$

式中：$V(\lambda)$ 为光视效率；$K(\lambda)$ 为光视效能，lm/W；K_{m} 为最大光视效能，lm/W；λ 为光辐射的波长。光视效率是光谱光视效能的相对关系的表示量。

2.3.29 光谱光视效率曲线 spectral luminous efficiency curve

把光谱相对应的最大光谱光视效率作为 1，建立相应各波长上的光谱光视效率与波长之间的关系曲线，也称为相对光谱光视效率曲线，见图 2-8 所示。最大光谱光视效率作为 1 是对光谱曲线归一化的内容。曲线的横坐标为光谱，纵坐标为各光谱的光谱光视效率。

人眼的明视觉和暗视觉随光谱变化的光视效率曲线是不同的，通常，明视觉的光视效率用 $V(\lambda)$ 表示，暗视觉的光视效率用 $V'(\lambda)$ 表示，明视觉的光视效率最大值位于波长 555nm，暗视觉的光视效率最大值位于波长 507nm，暗视觉的光视效率峰值向短波方向有一定偏移，这种现象称为浦肯野现象，明视觉和暗视觉的光视效率曲线见图 2-8 所示。

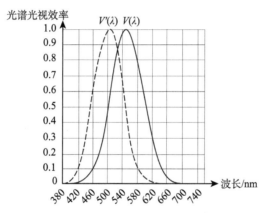

图 2-8 明视觉和暗视觉的光视效率曲线

2.3.30 明视觉光谱光视效率 photopic spectral luminous efficiency

亮度不小于 $3cd/m^2$ 时，明视觉光谱光视效能与最大光谱光视效能之比，用符号 $V(\lambda)$ 表示，按公式 (2-9) 计算：

$$V(\lambda) = \frac{K(\lambda)}{K_m} \tag{2-9}$$

式中：$V(\lambda)$ 为明视觉条件下的光谱光视效率；$K(\lambda)$ 为明视觉的光视效能，lm/W；K_m 为明视觉的最大光视效能，lm/W；λ 为光辐射的波长。明视觉光谱光视效率主要是由视觉系统的锥体细胞起作用的光谱光视效率，其是明视觉的光谱光视效能的归一化表达。明视觉光谱光视效率计算公式 (2-9) 采用的符号与通用的光谱光视效率公式 (2-8) 的符号是一样的。

2.3.31　中间视觉光谱光视效率 mesopic spectral luminous efficiency

眼睛的适应亮度介于明视觉与暗视觉范围之间时，由视觉系统的锥体和杆体细胞同时起作用的光谱光视效率。中间视觉光谱光视效率函数用 $V_m(\lambda)$ 表示。

2.3.32　暗视觉光谱光视效率 scotopic spectral luminous efficiency

眼睛的适应亮度低于 10^{-3}cd/m^2 时，暗视觉光谱光视效能与最大光谱光视效能之比，用符号 $V'(\lambda)$ 表示，按公式 (2-10) 计算：

$$V'(\lambda) = \frac{K'(\lambda)}{K'_m} \tag{2-10}$$

式中：$V'(\lambda)$ 为暗视觉条件下的光谱光视效率；$K'(\lambda)$ 为暗视觉的光视效能，lm/W；K'_m 为暗视觉的最大光视效能，lm/W；λ 为光辐射的波长。暗视觉光谱光视效率主要是由视觉系统的杆体细胞起作用的光谱光视效率，其是暗视觉的光谱光视效能的归一化表达。

2.3.33　辐射的光视效能 luminous efficacy of radiation

光通量除以相应的辐射通量之商，也称为辐射的最大光视效能或辐射的光效能，按公式 (2-11) 计算：

$$K = \frac{\varphi_v}{\varphi_e} \tag{2-11}$$

式中：K 为辐射的光视效能，lm/W；φ_v 为光通量，lm；φ_e 为辐射通量，W。

对于单色辐射，明视觉条件下 $K(\lambda)$ 的最大值用 K_m 表示，$K_m = 683\text{lm/W}$ $(\lambda_m = 555\text{nm})$；在暗视觉条件下，$K'_m = 1700\text{lm/W}$ $(\lambda'_m = 507\text{nm})$；对于其他波长则有，$K(\lambda) = K_m V(\lambda)$ 和 $K'(\lambda) = K'_m V'(\lambda)$。

2.3.34　辐射的光视效率 luminous efficiency of radiation

按照 $V(\lambda)$ 加权的辐射通量与其相应的辐射通量之比，又称为辐射的光效率，按公式 (2-12) 计算：

$$V = \frac{\int_0^\infty \Phi_{e,\lambda}(\lambda) V(\lambda)\mathrm{d}\lambda}{\int_{s_0}^\infty \Phi_{e,\lambda}(\lambda)\mathrm{d}\lambda} = \frac{K}{K_m} \tag{2-12}$$

式中：V 为辐射的光视效率；$\Phi_{e,\lambda}(\lambda)$ 为辐射通量，lm；$V(\lambda)$ 为光视效率；K 为光视效能，lm/W；K_m 为最大光视效能，lm/W；λ 为光辐射的波长。

2.3.35 适应 adaptation

视觉系统从先前的刺激状态到当前刺激状态下调节到最佳视觉的过程。适应有感光的适应和屈光的适应,感光适应包括由亮到暗的适应、由暗到亮的适应和颜色变化的适应,屈光适应包括观察物距离远近变化的适应、空间频率变化的适应、大小变化的适应和运动变化的适应。

2.3.36 明适应 light adaptation

视觉系统由暗环境状态到 $3cd/m^2$ 以上亮度环境状态下调节到最佳视觉的过程,又称为亮适应或亮度适应 (brightness adaptation; luminance adaptation)。亮适应的过程是通过调节缩小眼睛瞳孔直径,使眼睛的锥体细胞接收的光通量减少,以舒适地感受亮目标或亮背景光的刺激。亮适应是眼睛锥体细胞对所接收亮光的适应。亮适应一般较快,只需约几秒。

2.3.37 暗适应 dark adaptation

视觉系统由亮环境状态到 $0.03cd/m^2$ 以下亮度的暗环境状态下调节到最佳视觉的过程。暗适应的过程是通过调节扩大眼睛瞳孔直径,使眼睛的杆体细胞接收的光通量增加,以舒适地感受暗目标或暗背景光的刺激。暗适应是眼睛杆体细胞对所接收亮光的适应。暗适应一般较慢,一般在几十秒以上,在很暗的环境下也可能需要几分钟。

2.3.38 主观亮度 luminosity; subjective brightness

人眼对物体明亮程度的主观感觉的描述,也称为视亮度。主观亮度是人眼对物体亮度变化的感受,这种感受是定性的,而用专门的仪器可客观、定量地测量出亮度值。

2.3.39 亮度阈 luminance threshold

眼睛可感知到刺激的最低亮度。亮度阈本质上是眼睛亮度感觉的灵敏度,其值与视场大小、刺激周围的状态、适应状态及其他观察条件有关。

2.3.40 亮度差阈 luminance difference threshold

眼睛可感知到的最小亮度差,符号为 ΔL。亮度差阈本质上是眼睛对亮度变化的分辨能力,它与亮度和包括适应状态在内的观察条件有关。

2.3.41 对比 contrast

同时或相继看的视场两部分或更多部分表观差异的比较。对比的内容有视亮度对比、明度对比、色对比等;对比的时空关系有同时对比和相继对比等。

2.3.42 对比灵敏度 contrast sensitivity

〈人眼〉可感知的 (物理的) 最小对比的倒数，按公式 (2-13) 计算：

$$S_c = \frac{L}{\Delta L} \tag{2-13}$$

式中：S_c 为对比灵敏度；L 为平均亮度，cd/m^2；ΔL 为亮度差阈，cd/m^2。对比灵敏度 S_c 值与亮度和包括适应状态在内的观察条件有关。

2.3.43 对比度敏感函数 contrast sensitivity function (CSF)

反映人眼对于一定对比度的标准图案的敏感度与该图案的空间频率之间关系的函数。对比度敏感函数是描述人眼视觉系统空间特性的主要指标之一。

2.3.44 闪烁 flicker

〈视觉〉由亮度或光谱分布随时间交替变化的光刺激引起的不稳定视觉。闪烁是时间的亮度函数，这个函数是时间周期性变化的。

2.3.45 融合频率 fusion frequency

亮度或光谱分布随时间交替变化加快，刚好达到不能感知闪烁刺激的频率，也称为临界融合频率 (critical fusion frequency)。

2.3.46 塔尔博特定律 Talbot-Plateau law

视网膜某点如果受到超过融合频率且振幅周期变化的光刺激作用，则所引起的视觉等同于一个稳定光刺激所产生的视觉，该稳定光刺激的振幅等于变化的光刺激在一个周期内的平均振幅的规律。塔尔博特定律表明，高频率闪烁的光和连续稳定的光在主观上都能带来稳定光的感觉，使主观感觉两种光的明度相当。

2.4 视 觉 心 理

2.4.1 视觉心理 visual psychology

外界物体经过眼睛成像在视网膜上引起的对图像结果的心理反映。视觉心理是对眼睛看到的图像判别和认识的心理。视觉心理对图像要素间的形状、灰度、颜色等布置和匹配的不同可得出符合真实的正确反映或不符合真实的错觉。

2.4.2 感受野 receptive field

一个神经元受到多个感光细胞影响在视网膜上所涉及的细胞范围，或综合了多个感光细胞的反应在视网膜上所涉及的细胞范围。例如，双极细胞的感受野是同心圆状。神经节细胞的感受野有中心部为 on 反应的 (给光时反应加强) 和中心部为 off 反应的 (削光时反应加强) 两种，两种感受野的 on 反应区和 off 反应区分成两层同心圆状。

2.4.3 侧抑制 lateral inhibition

视网膜的视觉神经对方形的角、边、交叉点的响应比边外侧扩展更强的现象。侧抑制的生理机理是对神经节细胞给光的加强反映 (on 型) 和给光的削弱反映 (off 型) 所导致的。侧抑制是一种错觉现象，这种错觉现象称为马赫现象。例如，观察正方形和 T 字图形，图形的角、边、端部、交叉点神经活动强烈，图形的边扩展被抑制，增强了图形的对比度，使图形轮廓清晰。侧抑制还会让人看到明显的黑白相间中白中有阴影或暗斑点的现象，这些阴影或暗斑点是侧抑制机理造成的视觉错觉现象，见图 2-9 所示。

图 2-9　黑白相间中的阴影错觉图

2.4.4 马赫现象 Mach phenomenon

图像中有显著的亮区和暗区明度等级差和边界时，会从心理上反映出轮廓突出的效果和亮暗的错觉效果，亮区看起来会觉得比物理分布的亮度更亮，暗区看起来会觉得比物理分布的暗度更暗的现象，见图 2-10 所示。在图 2-10 中，左边的中心白方形和内白框看起来比其右边的大白方形要白，而中心白方形和内白框间的黑框色要比外黑框的黑色更黑，特别是在黑白交界处更突出，实际上它们是一样白或一样黑，这是一种错觉现象。

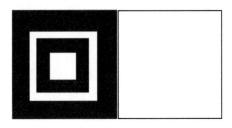

图 2-10　亮暗和轮廓突出现象图

2.4.5　主观轮廓 subjective contour

在图形中，通过借助周边图形的轮廓，人为主观地将没有明度级差的区域看作存在轮廓的现象，也称为错觉轮廓，见图 2-11 所示。主观轮廓是人们对已知图形印象中的图样轮廓 (或期望的图形的图样轮廓) 进行主观补充形成，前提是这个图样是人们熟悉的或是人们期望的。以图 2-11 中的三角形和熊猫为例，在我们观察它们时，都被主观补充了其轮廓线，使这两个图样的轮廓看起来是完整的。

图 2-11　主观轮廓现象图

2.4.6　色颉颃 color opponency

神经节细胞和外侧膝状体感觉野表现出其中心部和周边部对红、绿、蓝、黄四色的对立关系。色颉颃 (xié háng) 就是中心部色与周边部色的对立。例如，感受野的中心部对红光进行 on 反应 (兴奋反应)，而在周边部对其补色绿光呈 off 反应 (抑制反应)，表示为 +R/−G，且有 +G/−R，+Y/−B，+B/−Y，这四种对立类型刚好符合了赫林 (Hering) 的四色对立 (颉颃) 理论。赫林理论认为视觉系统有 3 种光化学物质能产生 6 种不同性质的感觉，它们是白-黑、红-绿和黄-蓝 3 组。

2.4.7　异应 disparity

两眼视网膜上所形成的像不在对应的位置，使人看到双像的现象。在水平方向上的异应为横异应 (lateral disparity)。由于心理因素，发生异应时，人眼通常会抑制一只眼的观察，使异应没有明显被感觉出来。异应情况只有双眼同时响应时才能感觉出来。

2.4.8 多义图 polysemy figure

对同一客观图像通过凝视画面，对图像的判别在不同的时间片刻会得出多个不同识别结果。多义图一般具有多个结果的图画特征，不同的识别结果来自于视觉和心理的瞬时决定。见图 2-12 所示，该图样时而被看成是一只大耳朵长尾巴的老鼠，时而被看成是一个戴着眼镜的光头。

图 2-12　多义图

2.4.9 图形错觉 drawing illusion

图像中的相同长度、尺寸、面积、位置、灰度、颜色等元素因为给予不同的参考配置、背景、表达方式等导致的与真实情况不同的视觉。错觉有几何线条错觉、面积错觉、明暗错觉、颜色错觉、远近错觉等，碰到最多的是几何线条和面积的错觉，如线段长短不等的错觉、线段不直的错觉、线段错位的错觉、面积不等的错觉等。线段为长短错觉，见图 2-13 (a) 所示，图中的线段 1、2 是等长的，由于箭头的方向不同，线段 2 看起来比线段 1 长；边框尺寸长短错觉，见图 2-13 (b) 所示，图中的边框尺寸长短是相等的，即 $a = b = c$，由于线条平行线方向不同，看起来垂直平行线条的 b 比水平平行线条的 a 宽一些；线段移位错觉，见图 2-13 (c) 所示，图中的线段 1、2 本是一条直线上，但看起来却是 1、3 在一条直线上，2、3 都出现了移位错误的视觉；直线弯曲的错觉，见图 2-13 (d) 所示，图中的线段 1、2 本是平行的两条直线，但被看成是两条弯曲的线；圆形尺寸大小错觉，见图 2-13 (e) 所示，图中的黑圆和白圆的尺寸是相同的，但看起来白圆的尺寸大于黑圆的尺寸。

(a) 线段长短错觉

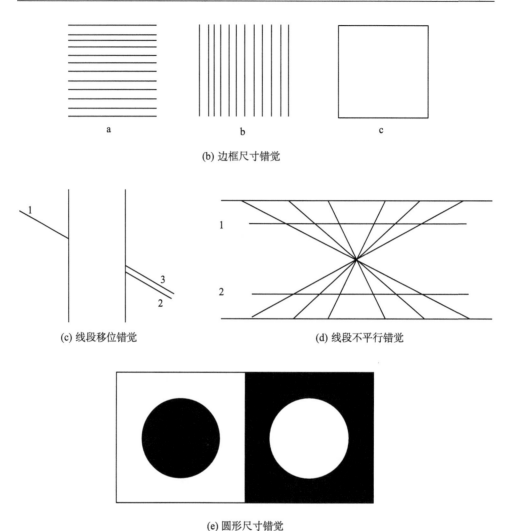

(b) 边框尺寸错觉

(c) 线段移位错觉   (d) 线段不平行错觉

(e) 圆形尺寸错觉

图 2-13   图像错觉的典型图

2.4.10   图形后效 graphic aftereffect

注视一个图形一段时间后再看另一个图形时，对后看的图形获得的视觉效果。图形后效是一种错觉，是经过适应、记忆、存储等过程，心理将视觉与之前经历等进行综合得出的与实际不符合的判别结果。典型的图形后效情况如：看一条曲线 (或弧线) 一段时间后马上就看直线，直线会被看成与前面曲线弯曲方向相反的曲线，见图 2-14 (a) 所示；还有就是对光栅线注视一段时间 (约 1min~2min) 后，马上就看圆形，将会把圆形看成为椭圆形，见图 2-14 (b) 所示。

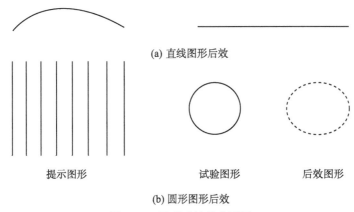

(a) 直线图形后效

提示图形　　　　　　　　试验图形　　　　　　　后效图形

(b) 圆形图形后效

图 2-14　图形后效的典型图

2.4.11　图形掩盖 graphic cover

人眼在受到一个图像刺激后再接受与前一个图像有特定关系的另一个图像刺激时，知觉会发生变化的现象。前一个为目标刺激，后一个为掩盖刺激，目标刺激会受到掩盖刺激而感觉不到、失真或无结构等变化。在图 2-15 中，黑色圆斑 1 是目标刺激，黑底白色圆斑 2 为掩盖刺激，先呈现 1，再放置 2，则黑色圆斑会被白色圆斑所掩盖 (实际上，黑色圆斑中的黑圆 1 和黑底白色圆斑 2 中的白圆这两个圆直径尺寸是相同的)。

1　　　　　　　　　　　　　2

图 2-15　图形掩盖

2.4.12　后像 afterimage

人眼接收光刺激停止时在人脑中仍然存留的原刺激的感觉。后像是刺激光消失以后残留的视觉印象，有正后像和负后像，后像感觉的印象与实际刺激相同的为正后像，后像感觉的印象与实际刺激相反的为负后像。

2.4.13　色后像 color afterimage

人眼观察颜色停止时在人脑中仍然存留的颜色感觉。人眼对颜色的后像为负后像，是颜色的近似于补色的颜色。例如：观察图 2-16(彩色图附书后) 中的红色

圆一段时间 (如 10s，此时用纸遮住旁边的黄色圆)，然后闭上眼睛，你眼前会呈现出青色圆图像，而不是红色圆图像；用纸遮住红色圆，观察图 2-16 中的黄色圆一段时间，然后闭上眼睛，你眼前会呈现出蓝色圆图像，而不是黄色圆图像。

图 2-16   色后像的圆图色

2.4.14   视野争斗 vision fight

〈人眼〉对两只眼分别施以性质不同无法融合的刺激，导致两眼中有一只眼的刺激消失的现象。视野争斗有颜色关系的，也有几何关系的。例如：两只眼分别给予如图 2-17 (a) 所示 (彩色图附书后) 的红光刺激 (红色方块) 和蓝光刺激 (蓝色方块)，为使每只眼只看到一种颜色，可用一块垂直于图平面的纸板将两只眼和两个颜色隔开，每只眼只观察到一个色块并两只眼同时观察，你会感觉到两个颜色图靠拢移动且一时看见红色而一时看见蓝色的现象，或一会儿看到红色面积减少或消失而只剩大面积蓝色，或一会儿看到蓝色面积减少或消失而只剩大面积红色的现象，这是颜色的视野争斗。

两只眼分别给予如图 2-17 (b) 所示的三角形刺激和圆形刺激，用以上同样的方法使每只眼只看到一种几何形状，你会感觉到两个形状图靠拢移动且一时看见三角形而一时看见圆形的现象，或一会儿看到三角形残缺或消失而只剩下圆形，或一会儿看到圆形残缺或消失而只剩下三角形的现象，这是几何形状的视野争斗。

(a) 视野争斗的颜色图

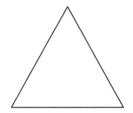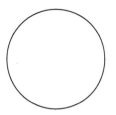

(b) 视野争斗的几何图

图 2-17 视野争斗的典型图

2.4.15 麦克洛效应 McCollough effect

人眼对颜色和形状的刺激具有分别的选择性效应。这个效应表明人眼视觉系统的颜色通道和空间频率通道是彼此独立的，或者说颜色的感觉和形状的感觉是不相关的。麦克洛效应典型的例子是，在一个垂直方向的光栅上放上红色滤光片，在一个水平方向的光栅上放上蓝色滤光片 (两者交换位置放也可以)，人眼观看带某一颜色滤光镜的光栅一阵适应后，再看这个滤光镜下对应的白光栅 (无颜色滤光镜的光栅)，会感受到白光栅上有滤光镜的补色或色后像。例如，先观察图 2-18 (a) (彩色图附书后) 中的有红色滤光镜的垂直光栅或有蓝色滤光镜的水平光栅，再分别观察图 2-18 (b) 中的垂直光栅或水平光栅，将会看到各自滤光镜的色后像，即原光栅覆盖颜色的补色，垂直白光栅看到的是蓝色 (淡蓝色)，水平白光栅看到是红色 (淡红色)。

(a) 放置滤光镜的光栅

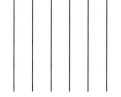

(b) 无色的光栅

图 2-18 麦克洛效应图

2.4.16　心理明度 psychometric lightness

在均匀色空间中，相当于明度的坐标。在 L*a*b* 色空间和 L*u*v* 色空间中的 L^* 定义为 CIE 1976 心理明度。

2.4.17　心理彩度坐标 psychometric chroma coordinate

在均匀色空间中，表示等明度面内的两个坐标。例如在 L*a*b* 色空间中的两个坐标 a^* 和 b^*。

2.5　眼　损　伤

2.5.1　紫外光损伤 ultraviolet damage

由波长为 280nm 附近的紫外光对眼睛的照射所带来的眼损伤。紫外光是一种俗称的蓝光危害，紫外光容易引起角膜炎症，主要有电光性眼炎和雪眼炎。

2.5.2　电光性眼炎 photoelectricity ophthalmia

由人工光源如焊弧光、电火花、水银灯等的大量紫外光对人眼照射带来的眼损伤。这些人工光源对眼睛照射几小时后，可引起角膜炎、结膜炎等症状，出现眼痛、流泪、刺眼状况，严重时会引起视力障碍。

2.5.3　雪眼炎 snow ophthalmia

白雪反射阳光后照射人眼，其中的紫外光部分造成的损伤症状，也称为雪盲。雪眼炎与电光性眼炎相似，但程度一般会轻一些。

2.5.4　可见光损伤 visible light damage

眼睛被强可见光照射所引起的眼损伤。可见光损伤主要有日食性网膜炎、室外耀眼、激光热损伤等。

2.5.5　日食性网膜炎 eclipse retinitis

观测日食或太阳时减光不够使视网膜被烧伤或永久性损坏的症状。可见光损伤严重的可使黄斑穿孔，导致眼睛的不可恢复损伤。

2.5.6　室外耀眼 outdoor bright

户外作业人员长时间或长期接受室外强烈阳光反射照射刺激引起的眼调节能力下降或迟钝的症状。

2.5.7　激光热损伤 laser heat damage

眼睛被可见光激光照射达到一定量时，使激光进入到视网膜 (部分光) 和脉络膜 (大部光) 被吸收产生热效应带来的眼损伤。能量大的激光会引起视网膜下出血，甚至会引起视网膜爆炸性破坏，血流入玻璃体内。可见光激光比室外强白光在视网膜上聚焦的能量大到 10^5 量级。

2.5.8　红外光损伤 infrared light damage

长期接触红外光引起的眼睛晶状体损伤。红外光损伤是一种眼灼伤危害，典型的症状有火热白内障损伤等。红外光损伤能使眼调节出现障碍，容易过早地引起视力衰退 (老花眼)。

2.5.9　火热白内障 hot cataract

从事吹玻璃制品工作的人员中易得的白内障眼损伤病症。火热白内障主要是红外热辐射造成的人眼晶状体混浊，表现为有漂浮物 (或飞蚊症)、视物模糊、视物混浊、眼前有朦胧感等症状。

2.5.10　曝光极限 exposure limit

根据研究和验证确认的人眼安全的有效辐照面积的辐照度上限值。

2.5.11　相对光谱效应 relative spectrum effect

将同一辐照度量值在不同波长对人眼的影响效应值归一化为相对值 (无量纲量) 的表达。

2.5.12　激光安全量级 laser safety level

为保证人眼安全经科学分析确定的激光照射的激光束类型、波长、持续时间、照射角膜的辐照量 (或辐照度) 的表格安全数据。激光束类型有连续波、正常脉冲、短脉冲等；波长范围为 400nm~1400nm；照射允许的持续时间与波长和辐照量 (度) 形成匹配关系。

2.6　眼镜光学

2.6.1　眼科镜片 ophthalmic lens

用于测量、矫正、保护人眼和改善人眼外观的光学镜片。眼科镜片的材料分别有光学玻璃和光学塑料。这四类镜片可以有相同的款式，但功能不同。

2.6.2　测量镜片 measurement ophthalmic lens

具有不同屈光度的成套正透镜、负透镜等系列镜片且包括平光镜在内的，直接用于或配合眼科仪器一起用于测量眼睛视力的镜片。这些镜片可用于测量眼睛的近视、远视、散光等眼科疾病。

2.6.3　矫正镜片 corrective lens

具有屈光度，能对近视、远视或散光等视力进行改正的眼镜镜片。矫正镜片包括正透镜、负透镜和矫正散光透镜 (子午方向和弧矢方向的曲率不相同)；矫正镜片一般是安装在眼镜架的眼镜框中使用；放大镜实际上既可是一种矫正镜 (对远视眼)，也可是一种放大功能镜。

2.6.4　防护镜片 protective lens

用于保护人眼不受辐射、力学、化学、生物等外部作用损伤和侵入危害的镜片。防护镜片有：防强光损伤眼睛的深色太阳镜片；防电焊辐射损伤眼睛的隔紫外线的深色镜片；防机械加工飞屑力学损伤眼睛的透明遮挡镜片；防化学试剂溅入损伤眼睛的透明镜片；防病毒等生物入侵危害而与密封式防护服集成在一体的透明镜片，例如防毒面具中的透明镜片 (其既能防生物，也能防化学)。

2.6.5　外观改善镜片 appearance improvement lens

用于遮挡眼睛、眼部附近缺陷、改善脸部气质及外观形象或展现某种时尚等的眼镜片。遮挡眼睛缺陷的眼镜片一般是深色的；遮挡眼部附近缺陷的眼镜片通常是深色与宽镜架边相结合的；改善脸部气质及外观的镜片是镜片的款式与镜架的款式相结合的；时尚的眼镜片是镜片颜色 (镀反颜色膜) 与镜架款式相结合的。

2.6.6　吸收镜片 absorptive lens

用于吸收入射辐射的某波段以上、以下范围或部分波段范围的辐射的镜片。吸收镜片有对各波段吸收相等的中性镜片，也有选择性对某个波段吸收的镜片，例如，防紫外线辐射或红外辐射的眼镜片，或衰减某激光波长防止其损伤眼睛的镜片。

2.6.7　球面镜片 spherical surface lens

〈眼镜〉镜片表面以球面曲率组成所需光焦度的镜片。球面镜包括正光焦度的球面镜片和负光焦度的球面镜片，结构形式有双凸透镜、双凹透镜、平凸透镜、平凹透镜、凸弯月透镜 (不同心)、凹弯月透镜 (不同心)、弯月透镜 (同心，无光焦度)，有光焦度的球面镜片用于对远视眼或近视眼进行矫正。

2.6.8 柱面镜片 cylindrical surface lens

〈眼镜〉镜片表面以圆柱面曲率组成所需光焦度的镜片。柱面镜片是在圆对称的平面中，只有在一个方位没有曲率 (即曲率为零) 的镜片。柱面镜包括正光焦度的柱面镜片和负光焦度的柱面镜片，结构形式有双凸透镜、双凹透镜、平凸透镜、平凹透镜、凸弯月透镜 (不同心)、凹弯月透镜 (不同心)、弯月透镜 (同心，无光焦度)，有光焦度的柱面镜片用于对散光眼进行矫正。

2.6.9 球-柱面镜片 spherocylindrical surface lens

〈眼镜〉镜片表面的一面是球面曲率而另一个面是圆柱面曲率共同组成所需光焦度的镜片。球-柱面镜片包括正光焦度的球-柱面镜片和负光焦度的球-柱面镜片，结构形式有双凸透镜、双凹透镜、凸弯月透镜、凹弯月透镜，以对远视散光眼或近视散光眼进行矫正。

2.6.10 非球面镜片 aspheric lens

〈眼镜〉镜片表面至少有一个面的曲率为非球面 (从顶点到边缘由连续可变化的曲率形成的表面) 的镜片。非球面镜包括正光焦度的非球面镜片和负光焦度的非球面镜片，结构形式有双凸透镜、双凹透镜、平凸透镜、平凹透镜、凸弯月透镜、凹弯月透镜，以对远视眼或近视眼进行矫正。

2.6.11 托力克镜片 toric lens

〈眼镜〉围绕两个相互垂直的轴以不相等的半径分别旋转形成表面的镜片，又称为环曲面镜片。托力克镜包括正光焦度的托力克镜片和负光焦度的托力克镜片，结构形式有双凸透镜、双凹透镜、平凸透镜、平凹透镜、凸弯月透镜 (不同心)、凹弯月透镜 (不同心)，以对双向散光眼进行矫正。

2.6.12 多焦点镜片 multiple focus lens

〈眼镜〉具有两个或以上焦距的镜片，也称为渐近加光镜 (progressive addition lens)、双光镜或三光镜。多焦点眼镜的结构形式是将眼镜片分上下两部分，各部分的焦距不同，有上部负光焦度透镜与下部正光焦度透镜组合的镜片、上部负光焦度透镜与下部零光焦度透镜组合的镜片、上部零光焦度透镜与下部正光焦度透镜组合的镜片等，它们分别适合同时具有近视和远视眼、近视眼、远视眼的人群。

2.6.13 递减镜片 degressive-power lens

〈眼镜〉表面至少有一个曲率渐变表面的镜片。递减镜片提供了递减的光焦度，例如配戴者向上看时光焦度是负的变化。这类镜片的主要目的是近用和中用，一般是按它们的近用焦度和递减焦度来定制的。

2.6.14　不等像校正镜片 anisometric correction lens

〈眼镜〉矫正两眼成像大小不一致、两眼成像不同步放大或缩小、眼中成像在水平或垂直方向大小不一致、眼中成像倾斜方向不一致等的镜片。非方向的不等像采用有放大倍数或有光焦度的眼镜进行矫正；眼中成像在水平、垂直或倾斜方向大小不一致采用不同方向不同放大倍数的眼镜进行矫正。

2.6.15　球镜度镜片 spherical-power lens

使近轴平行光束会聚于单一焦点的镜片。这个概念同样适用于非球面镜片。当镜片的残留散光在允差范围内时，这样的镜片也可归为球镜度镜片。

2.6.16　散光镜片 astigmatic-power lens

使近轴平行光束会聚于一条焦线或两条相互分离且相互正交的焦线的镜片，也称为散光度镜片。散光镜片仅在两个主子午面 (或一个子午面一个弧矢面) 上取顶焦度，其中一个顶焦度可以为零，其相应焦线位于无限远。环曲面镜片、球柱镜片和柱镜片都可称为散光镜片。环曲面镜片是镜面上两个相互垂直的方向都有弯曲度 (通常两个弯曲度不同) 的镜片。

2.6.17　单向镜片 one-way lens

〈眼镜〉只有垂直或水平方向柱面曲率的镜片。单向镜片只有一个方向有矫正散光的柱面曲率，另一个方向是正常的。例如：远视单向镜片，标记为柱面 +0.5D 轴 90°；近视单向镜片，标记为柱面 −1.5D 轴 180°。

2.6.18　双向镜片 double-ways lens

〈眼镜〉在垂直和水平方向都具有同一种性质柱面曲率 (正曲率或负曲率) 的镜片。双向镜片的垂直和水平两个方向都有矫正散光的柱面曲率。例如：近视双向镜片，标记为柱面 −1.5D 轴 180°，柱面 −2.0D 轴 90°；远视双向镜片，标记为 +2.5D 轴 180°，柱面 +3.0D 轴 90°。

2.6.19　混合镜片 mixed-ways lens

〈眼镜〉在垂直和水平方向具有不同种性质柱面曲率 (正曲率和负曲率) 的镜片。混合镜片的垂直和水平两个方向矫正散光的柱面曲率有一个为正，另一个为负。例如，柱面 −1.0D 轴 180°，柱面 +0.5D 轴 90°。

2.6.20　无焦镜片 afocal lens

〈眼镜〉标称屈光度为零的镜片，又称为平光镜片 (plano lens)。无焦镜片不宜称为平面镜片，因为无焦镜片既可以用平行平面镜片构成，也可以用同球心的两个球面的弧形镜片构成。

2.6.21 无色镜片 colorless lens

〈眼镜〉在光照下，无明显颜色的透明镜片。无色镜片是对复色光谱中的颜色 (或波长) 无波长选择性反射和吸收的镜片。

2.6.22 着色镜片 tinted lens

〈眼镜〉在光照下，具有明显颜色 (包括灰色) 的镜片，又称为彩色镜片或染色镜片。着色镜片通常是一种对复色光谱选择性吸收、反射或透过某个或某些颜色 (或波长) 光的镜片。镜片反射和透射哪个波长或波段，镜片就呈现哪个波长或波段相应的颜色。

2.6.23 浅色镜片 light color lens; clear lens

〈眼镜〉入射的可见光穿过镜片后的透射比大于 80% 的镜片。其吸收和反射入射光的总量小于 20%，是看起来透明度比较高的颜色镜片。

2.6.24 均匀着色镜片 uniformly tinted lens

〈眼镜〉镜片通体一致着色的，或是加工后经表面处理成为均匀着色的材料制成的镜片。均匀着色镜片是指颜色在镜片空间关系上的一致性，即在镜片任何位置的颜色都是一样的。

2.6.25 梯度着色镜片 gradient-tinted lens

〈眼镜〉在镜片的局部或整个表面上，着色随表面位置的不同而发生色彩变化的镜片。这种色彩变化可以是颜色 (波长) 的变化，也可以是颜色变深或变浅的变化，即入射光透射比的变化。

2.6.26 双重梯度着色镜片 double gradient-tinted lens

〈眼镜〉具有二种或多种着色颜色，镜片沿着同一梯度着色方向，在这个方向上的一种颜色逐渐减弱，而在其相反方向上的另一种颜色逐渐减弱的梯度着色镜片。

2.6.27 平衡镜片 balancing lens

〈眼镜〉装在镜框或镜架上，使其与另一镜片的质量和/或外观相平衡或匹配的镜片，又称为匹配镜片 (matching lens)。

2.6.28 白内障镜 cataract glasses

供白内障患者摘除了晶状体后使用的眼镜。白内障镜片相当于 +8D~+12D 的凸透镜，常用的是 10D 的，为了消除像散，通常采用非球面透镜。目前的趋势是将一种高分子材料的透镜 (称为人工晶状体) 置于眼内代替晶状体。

2.6.29   强度镜片 strength lens

〈眼镜〉曲率半径小、厚度厚、具有足够强度的镜片，也称为重镜片。强度镜片由于较厚、重量大，通常将镜片边部减薄 (凸透镜)。这种镜片的视场会受到一定的限制。凹透镜的强度透镜通常不作外边沿减薄。

2.6.30   近视眼镜 glasses for myopia

用于矫正裸视时将远处物体成像在视网膜前一定距离的眼睛的负屈光度眼镜，又称为近视镜。近视眼镜用于矫正具有近视眼眼疾的眼睛。近视眼通常能看清近处的物体，但看不清远处的物体。

2.6.31   远视眼镜 spectacles for hypermetropia

用于矫正裸视时将近处物体成像在视网膜后一定距离的眼睛的正屈光度眼镜，又称为老花镜或远视镜。远视眼镜用于矫正具有远视眼眼疾的眼睛。远视眼通常能看清远处的物体，但看不清近处的物体。

2.6.32   散光矫正眼镜 hydrodiascope

矫正眼睛对点物不成点像于视网膜上的散光问题的眼镜。散光矫正眼镜有单向片眼镜、双向片眼镜和混合片眼镜。

2.6.33   弱视镜 amblyoscope glasses

由物镜和目镜组成的无光焦度的放大眼镜。弱视镜用于帮助非屈光问题而看不清楚景物的眼睛。弱视镜通常采用正物镜和负目镜组成望远系统。

2.6.34   低视力望远镜 low-vision telescope

由一系列透镜或反光镜经适当安排而组成的光学器具。低视力望远镜可供视力减退患者使用，以增大物体的外观尺寸，有手持式或眼镜式的低视力望远镜。

2.6.35   影像增强助视器 image intensification vision aid

可增强周围的光照、供缺少暗适应能力或视力减退的患者使用的光学器具。

2.6.36   光学助视器 optical vision aid

由放大镜和光源组成，增强物体的外观细节尺寸，供视力减退患者使用的光学器具。

2.6.37   接触镜 contact lens

戴在眼球前表面，厚度薄、尺寸小、贴在眼球上的所有微型眼科眼镜，也称为隐形眼片。接触镜有用于矫正、保护、装饰等类型。矫正的接触镜通常用于矫正高度近视、远视、散光、屈光参差、圆锥角膜等眼疾。

2.6.38　光学区 optic zone

〈接触镜〉接触镜中具有规定光学效应的区域。如果是单光学区的表面，这个光学区可以由前缀 "后" 或 "前" 进行限定；如果是交替转换图像的双焦点接触镜，这个光学区可以由前缀 "远" 或 "近" 进行限定；如果是同心多焦点接触镜，这个光学区可以由前缀 "中心" 或 "周边" 进行限定。

2.6.39　角膜接触镜 corneal contact lens

戴在眼球角膜上，镜片区域仅覆盖角膜，总直径小于可视虹膜直径，用以矫正视力或保护眼睛的接触镜，又称为隐形眼镜 (contact lens)。角膜接触镜的材料主要有硅水凝胶和水合聚合物 (聚甲基丙烯酸羟乙酯、甲基丙烯酸甲酯、甲基丙烯酸羟乙酯、甲基丙烯酸甘油酯等)，有硬性接触镜、硬性透气接触镜和软性接触镜，直径一般为 3.5mm~14.5mm，含水量小于 50％称为低含水镜片 (中心厚度较薄)，大于 50％称为高含水镜片 (中心厚度较厚)，无色镜的透射比为 92％~98％之间，透明镜片颜色一般为淡水蓝色，也有无色和彩色的。其具有运动方便、视野宽阔、视物逼真的优点。

2.6.40　巩膜接触镜 scleral contact lens

戴在角膜前表面和其周边部相邻的球结膜区域的接触镜。巩膜接触镜由于要戴在球结膜区域 (眼睑内面和眼球前部眼白表面区域)，因此，其直径比角膜接触镜的大，且通常为软性接触镜。目前，普遍使用的接触镜多为角膜接触镜。

2.6.41　缩径接触镜 reducing contact lens; lenticular contact lens

前光学区略小于总直径的接触镜。缩径接触镜采用这种结构通常为了减少正屈光度接触镜的中心厚度或负屈光度接触镜的边缘厚度。

2.6.42　硬性接触镜 rigid contact lens; hard contact lens

材料具有一定的硬度，在正常条件下，不需要支撑即能保持其最终形态的接触镜。硬性接触镜成型性好，材料牢固、不易变形，光学矫正质量高，尤其是对一些高度近视和不规则散光 (圆锥角膜等) 的患者，矫正效果更好或者是能有效提高视力的矫正方法。当硬性透气接触镜出现后，其就成为了硬性接触镜类的主要使用类型。

2.6.43　硬性透气接触镜 rigid gas-permeable contact lens

在其材料聚合物内包含有一种或多种让氧气充分通过成分的一种硬性接触镜，又称为 RGP 接触镜 (RGP contact lens)。RGP 接触镜具有硬性接触镜的优点，由于材料含硅、氟等聚合物，能够大大增加氧气的通过量，具有高透氧性、高弹性模量、良好的湿润性 (亲水) 和抗沉淀性等优点，而且由于采用虹吸式原理佩戴于眼表，不直接磨损角膜，对角膜损伤小，适合长时间佩戴。

2.6.44　软性接触镜 soft contact lens

材料柔软，需要支撑才能维持其形状的接触镜。软性接触镜含水量大、直径大、贴附性好，配戴比较舒适。其类型有日抛型和长戴型。与 RGP 接触镜相比，软性接触镜更容易导致眼病。

2.6.45　角膜塑形镜 orthokeratology contact lens; ortho-K contact lens

采用逆几何关系设计，通过机械压迫角膜，使角膜中央曲率半径变大来降低屈光力，提高远视能力的接触镜。角膜塑形镜属于硬性透气接触镜类型。

2.6.46　水凝胶接触镜 hydrogel contact lens

由在 20℃ 的标准盐溶液中达到平衡时的含水量大于或等于 10% 的吸水性材料制成的接触镜。

2.6.47　复合接触镜 composite contact lens

由两种或多种不同材料制成的接触镜。复合接触镜有叠层接触镜、融合节段接触镜，或中间硬边缘软的接触镜等。

2.6.48　表面处理接触镜 surface treated contact lens

为使镜片表面和基质材料的特性不同而将表面进行过处理的接触镜。表面处理接触镜的表面处理的目的通常是为了改善接触镜的水亲和性、细菌附着能力或力学性能等。例如，用等离子体 (辉光放电) 来处理硅氧烷水凝胶接触镜的表面，形成含硅酸酯的表面薄膜，使表面变得更加亲水 (表面湿润性)，更抗沉积 (泪液中蛋白质和类脂的沉积)，更抗磨损等。

2.6.49　多焦点接触镜 multifocal contact lens

有两个或两个以上的光学区域，并且每个区域都有不同矫正度数的接触镜。

2.6.50　双焦点接触镜 bifocal contact lens

在接触镜的两个不同光学区分别具有各自焦点的接触镜，也称为双光接触镜。双焦点接触镜通常用于对近视视力和远视视力进行同时矫正，一般上光学区为近视视力矫正区 (即为视远区)，下光学区为远视视力矫正区 (即为视近区)。

2.6.51 渐变焦接触镜 progressive power contact lens; varifocal power contact lens

在镜片部分或整个区域内焦度呈连续变化而不是离散变化，用来矫正多距离视域的接触镜。渐变焦距功能可避免人眼从视远区 (近视镜) 到视近区 (老花镜) 的 "跳跃" 观察造成的视觉干扰，使不同距离的景物都可实现较高清晰度的成像，以及减缓视觉疲劳。非接触式的外戴的渐变焦镜片称为渐进加光镜片 (progressive addition lenses) 或渐进多焦点镜片 (progressive multi-focal lenses)。

2.6.52 液体透镜 liquid lens; fluid lens

〈接触镜〉由接触镜后光学区与角膜之间的液体形成的屈光单元，也称为泪液透镜 (tear lens; lacrimal lens)。此种透镜的液体成分通常由泪液构成。

2.6.53 透气性 gas permeability

〈接触镜〉在规定条件下，在单位压差的作用下，通过接触镜材料单位面积单位时间及设定厚度的气体流量，用 P 表示，按公式 (1-14) 计算：

$$P = \frac{V \cdot t}{A \cdot \Delta p \cdot T} \tag{2-14}$$

式中：P 为透气性，$(cm^3O_2 \cdot cm)/(cm^2 \cdot s \cdot hPa)$；$V$ 为气流量的气体体积，cm^3；t 为接触镜材料的轴向厚度，cm；A 为表面面积，cm^2；Δp 为压差, 用 hPa 表示；T 为接触镜材料受压差作用的时间，s。透气性是评价透气接触镜性能好坏的一项重要技术参数。

2.6.54 透氧系数 oxygen permeability

〈接触镜〉在规定条件下在单位压差的作用下，通过接触镜材料单位面积单位时间及设定厚度的氧气流量。透氧系数是用来描述接触镜材料透气性的最常用的术语。透氧系数用符号 Dk 表示，Dk 也可作为单位，$1Dk = 10^{-11}$ (cm^2/s) $[mLO_2/(mL \cdot hPa)] = 10^{-11}$ $(cm^3O_2 \cdot cm)/(cm^2 \cdot s \cdot hPa)$。在 Dk 单位中，$760mmHg = 1013.25hPa$，对以 hPa 为单位的数值除以 1.33322 可得到以 $mmHg$ 为单位的数值。透氧系数是材料的物理特性，与接触镜或材料样品的外形或厚度无关。

2.6.55 氧气流量 oxygen flux

〈接触镜〉在规定的温度、样品厚度和样品两侧的氧气分压条件下，在单位时间内通过接触镜材料样品单位面积的氧气的净体积。表示接触镜材料氧气流量的简便单位是 $\mu L/(cm^2 \cdot s)$。

2.6.56　透氧率 oxygen transmissibility

〈接触镜〉在规定条件下,用透氧系数 (Dk) 除以被测样品的厚度 (t) 的计算值,用关系式 Dk/t 表示。透氧率 Dk/t 也可作为单位,$1Dk/t = 10^{-9}(cm/s)\,[mLO_2/(mL·hPa)]=10^{-9}\,(cm^3O_2)/(cm^2·s·hPa)$。与透氧系数不同的是,透氧率与接触镜或材料样品的横截面形状或设计以及厚度有关。配戴过夜的接触镜的透氧率应超过 125(安全指标)。

2.6.57　含水量 water content

〈接触镜〉在规定的温度条件下,存在于接触镜中的水含量。含水量用质量分数来表示。含水量常用于涉及水凝胶的材料。含水量对水凝胶材料的许多物理特性以及接触镜成品的多种参数都有影响。接触镜按含水量可分为低含水量接触镜、中含水量接触镜、高含水量接触镜。

2.6.58　低含水量接触镜 low water content contact lens

含水量在不小于 10% 而小于 50% 区间 ($10\% \leqslant \omega_{water} < 50\%$) 的水凝胶接触镜。低含水量接触镜片的中心厚度相对较薄。

2.6.59　中含水量接触镜 mid water content contact lens

含水量在不小于 50% 而不大于 65% 区间 ($50\% \leqslant \omega_{water} \leqslant 65\%$) 的水凝胶接触镜。中含水量接触镜片的中心厚度一般在低含水接触镜片和高含水接触镜片之间。

2.6.60　高含水量接触镜 high water content contact lens

含水量大于 65% ($\omega_{water} > 65\%$) 的水凝胶接触镜。高含水量接触镜片的中心厚度一般设计得更厚些。

2.6.61　紫外吸收接触镜 UV-absorbing contact lens

符合紫外吸收 1 类或 2 类技术要求的接触镜,又称为防紫外接触镜 (UV-blocking contact lens) 或滤紫外接触镜 (UV-filtering contact lens)。

2.6.62　日戴式 daily wear

〈接触镜〉只在每天的非睡眠时间配戴接触镜的一种配戴方式。软性接触镜和硬性接触镜 (非透气性的) 一般都是日戴式的,晚上睡觉时都需要取出。

2.6.63　连续配戴式 extended wear

〈接触镜〉在睡眠和非睡眠连续的时间中可持续配戴接触镜的一种配戴方式。透气性能很好的透气性硬接触镜可以连续长时间配戴。

2.6.64 眼科菲涅耳棱镜 ophthalmic Fresnel prism

带有浮雕刻度，具有棱镜的光学效果的光学薄塑料片。菲涅耳棱镜在微结构上不同于菲涅耳透镜：菲涅耳透镜面是由不同尺寸大小的微齿槽环带组成，其功能是会聚光线的作用；而在薄塑料片上的眼科菲涅耳棱镜是由相同尺寸大于的微齿槽平行排列组成，其功能是偏折光线的作用。眼科菲涅耳棱镜用于眼镜片可给出棱镜的效果。

2.6.65 前房棱镜 gonioscopic prism

〈眼科〉放置在眼睛上进行前房研究的棱镜。前房棱镜可具有倾斜镜子作用，以便于清楚地观察前房解剖特点。

2.6.66 眼科旋转棱镜 ophthalmic rotary prism

具有不同棱镜性能，用于检查眼疾的光学器具。眼科旋转棱镜是由两块相同的圆外沿楔型棱镜组合而成，通过两者的相对旋转能得到连续不同的组合楔形角，可手持用于测量隐斜和斜视 (眼肌偏斜) 患者的眼位偏差等。

2.6.67 后顶光焦度 back focal power

〈眼镜〉角膜接触镜的角膜接触面到角膜接触镜后焦点的距离的倒数。角膜接触镜的后顶光焦度是角膜接触镜视力矫正的重要技术性能，它与患者眼球光焦度数值的大小相等，符号相反，由此实现对眼睛视力的矫正。

2.6.68 平行度 parallelism

〈眼镜〉平光镜两表面的平行性程度。平行度的单位用棱镜光焦度表示，记为 P.D，1P.D 为离开 1m 远的物成像后其光线偏折 1cm 的夹角，即 $1P.D = \arctan(1/100)$。

2.6.69 视见透射率 visible transmissivity

〈眼镜〉评价眼镜光谱透过效率的指标。其用光谱透过效率的积分平均值表示。由于镜片在可见光范围内的分布比较平坦，为方便起见，用有可信权重的 560nm 波长的透射率来表示。

2.6.70 人工晶状体 intraocular lens (IOL)

为了对眼球进行修复而植入在眼球内的光学透镜。人工晶状体可分为前房固定型人工晶状体、虹膜固定型人工晶状体、后房固定型人工晶状体，材料成分包括硅胶、聚甲基丙烯酸甲酯、水凝胶等。人工晶状体的形状和功能类似人眼的晶状体，具有重量轻、光学性能高、无抗原性、无致炎性、无致癌性和能生物降解等特性。白内障患者可以通过植入人工晶状体恢复视力，看清周围的景物。

2.6.71　支撑部分 support; haptic

〈人工晶状体〉一般位于人工晶状体边缘，用于保持人工晶状体在眼内位置的非光学组件。例如，襻 (pàn) 就属于支撑部分。

2.6.72　襻 loop

〈人工晶状体〉主体的边缘部分延伸，帮助透镜在眼内定位的支撑结构部分，又称为袢。襻 (pàn) 是支撑部分的一部分，或就是支撑部分。

2.6.73　光学偏心 optic decentration

〈人工晶状体〉由于襻压缩，导致晶状体侧向移位，以纯光学区的几何中心与人工晶状体的总直径的柱状中心之间的距离来度量的量。

2.6.74　光学倾角 optic tilt

〈人工晶状体〉压至处方直径时的光轴与没有压力的情况下光轴之间的夹角。光学倾角是人工晶状体植入手术中的一个调整参数。

2.7　色　　觉

2.7.1　颜色 color；colour

在可见光范围不同波长及其组合和强度引起不同视觉感受的物理现象，简称为色。颜色可用颜色名或颜色的三刺激值来表示，三刺激值可对颜色进行定量表达。颜色是独立于空间和时间关系的视觉特性。各主要颜色 (七色) 对应的波长范围大致为

红色：780nm~627nm；

橙色：627nm~589nm；

黄色：589nm~570nm；

绿色：570nm~495nm；

青色：495nm~480nm；

蓝色：480nm~450nm；

紫色：450nm~380nm。

2.7.2　色视觉 color vision

在可见光范围内眼睛对不同波长及其组合和强度的区别视觉，包括黄、橙、棕、红、粉红、绿、蓝、紫等彩色视觉和白、灰、黑等无彩色视觉，以及明、亮、暗等视觉，也称为颜色视觉或色觉。色视觉是眼睛对颜色的辨别能力。

2.7.3　色知觉 color perception

眼睛对于有色物体的整体反映或感觉，也称为色感觉或颜色感知。色知觉为对颜色的定性感受，色感受的要素包括明度、彩度、色相等。

2.7.4　原色 primary color

不能通过其他颜色的混合调配而得出的基本色，又称为基色。原色可看作空间内的一组基底向量，能组合出一个 "五彩缤纷" 的色彩空间。人眼所见的色彩空间通常是由三种基本色所组成，称为三原色或三基色。人眼的视网膜上有能感应红 (R)、绿 (G)、蓝 (B) 颜色的三种视觉锥状体或视锥细胞。虽然人眼中的视觉锥状体并非对红、绿、蓝三色的感受度最强，但是人眼的视觉锥状体对于这三种光线频率所能感受的带宽最大。

有些物种的眼球具有红、绿、蓝、黄四种不同的感光体视细胞，例如许多鸟类和有袋动物，包括一部分女性；大多数的哺乳动物的眼球都是只有两种感光体视细胞，属于双色感光体生物。

2.7.5　三色理论 trichromatic theory

认为人眼的颜色感知由视网膜上红、绿、蓝三种光接收椎状体细胞产生不同比例的响应量而形成的理论 (由 Young 于 1802 年提出并由 Helmholtz 于 1894 年发展而成)。

2.7.6　三基色 three primary colors

不能通过其他颜色的混合调配而得出的三个基本颜色，又称为三原色。通常，叠加型的三基色 (或三原色) 是红色、绿色和蓝色，例如，电视的颜色组合模式 (或颜色光的组合模式)；而消减型的三基色 (或三原色) 是品红色、黄色和青色，例如，颜料的颜色组合模式。

2.7.7　对立色理论 opponent-colors theory

认为视网膜上红–绿、黄–蓝、白–黑这三种对抗色的光接收锥状体细胞通过建立和破坏的代谢作用而引起颜色感知的理论 (由 Hering 于 1878 年提出)。对立色理论认为，在光刺激作用下，三对视锥细胞表现为对抗的过程 (颉颃机制)，即两者相消或排斥 (压制对方)。例如，红与绿的对立不可能混合，不会出现既带红又带绿的色；红光和绿光同时照射时，会相互抵消，没有颜色反应，或只感觉到一种颜色的反应，另一种颜色无反应。该理论能很好地解释色的对比、后像和色盲的现象。

2.7.8　主色 elementary color

表色系统中规定的主要颜色，通常指色调环上的红、黄、绿、蓝、紫五种颜色。

2.7.9 正常色觉 normal color vision

能分辨主色调并具有大多数人颜色辨别能力的眼睛色觉。正常色觉就是要有分辨红、黄、绿、蓝、紫这些主色调的能力。

2.7.10 颜色和谐 color harmony

两种或多种颜色通过某种组合及排列，在视觉心理上达到协调、悦目、愉快的审美效果，也称为色彩调和 (harmony of color)。颜色和谐有类似色的和谐 (性质接近的色彩相配置时，作纯度和明度的改变，使其达到有深浅浓淡的层次变化，形成的统一协调的效果) 和对比色的和谐 (两种性质相差较远的色彩，通过某些特定方法和规律进行配置而取得的协调效果)。和谐与对比都是构成色彩美感的要素，和谐是抑制过分对比的手段。

2.7.11 复合色 composite color

由两种或两种以上颜色组成的颜色或白色。复合色可通过色散分离出两种或两种以上的颜色。最典型的复合色是白色，其可由两种颜色复合而成，例如黄色和蓝色，或蓝绿色和红色，也可由三基色复合而成，还可以由各种颜色复合而成。

2.7.12 中性色 neutral color

无光谱选择性的物体表面色。中性色是全谱色或基色合成的无单一性颜色的结果。中性色只展现黑白之间的灰度关系，不显示出任何颜色，就像黑白电影或黑白照片的色。

2.7.13 白色 white

物体明度大于 8.5 的中性色 [GB/T 15608—2006 中 3.1]。白色是明度高的、无色相的全谱色，可以用全光谱混合而成，也可以用三基色按一定比例混合得到。白色给予明快、无瑕、冰雪和无情等心理感受，代表纯洁、轻松和愉悦，浓厚的白色会有壮大的感觉。

2.7.14 绝对白色 absolute white

物体明度为 10 的理想白色 [GB/T 15608—2006 中 3.10]。绝对白色是明度最高的、无色相的全谱色。绝对白色可由三种颜色都达到最高强度产生，所以人们看到的绝对白色就是三种颜色达到最高强度的复合或重叠。

2.7.15 黑色 black

物体明度小于 2.5 的中性色 [GB/T 15608—2006 中 3.7]。黑色是明度低的、无色相的全谱色，是亮度因数趋于零的中性色刺激。黑色给予寂静、严肃、无情、神秘、隐秘和冷酷等心理感受，当与其他颜色相配时，带来集中和重心感。

2.7.16　绝对黑色 absolute black

物体明度为 0 的理想黑色 [GB/T 15608—2006 中 3.11]。绝对黑色是明度最低的、无色相的全谱色。绝对黑色是与绝对白色完全对立的另一个极端色。绝对黑色和绝对白色是两个无色的极端。

2.7.17　灰色 gray

物体明度在 2.5~8.5 之间的中性色 [GB/T 15608—2006 中 3.9]。灰色是介于黑色和白色之间的中性色。灰色给予高雅、简素和简朴的心理感受，代表寂寞、冷淡、拜金主义。灰色使人有现实感。

2.7.18　红色 red

光谱能量的波长处于可见光区约 627nm~780nm 的颜色，是加混色的三原色之一。红色是最热情的色彩，给予热情、豪放、激情、喜庆、浓烈等心理感受，容易鼓舞勇气，在东方代表吉祥、乐观、喜庆之意，在西方象征牺牲之意。但是看久了会让视觉产生巨大的压力。

2.7.19　橙色 orange

光谱能量的波长处于可见光区约 589nm~627nm 的颜色，介于红色与黄色之间，又称为橘色或橘黄。橙色给予时尚、青春、快乐、甜蜜、活力四射等心理感受，代表炽烈的生命。太阳光为橙色。

2.7.20　黄色 yellow

光谱能量的波长处于可见光区约 570nm~589nm 的颜色，是减混色的三原色之一。黄色是活泼的颜色，给予温暖等心理感受。但黄色禁不起白色的冲淡。在东方，黄色代表尊贵、优雅，而在西方，基督教以黄色为耻辱象征。

2.7.21　绿色 green

光谱能量的波长处于可见光区约 495nm~570nm 的颜色，对应于人眼光谱灵敏度最高的波段，是加混色的三原色之一。绿色给予清新、健康、希望、安全、平静和舒适等心理感受，是生命的象征，有新生之感。

2.7.22　青色 cyan

光谱能量的波长处于可见光区约 480nm~495nm 的颜色，介于绿色和蓝色之间，是减混色的三原色之一。青色是中国特有的一种颜色，象征着坚强、希望、古朴和庄重等。青色在中国古代社会中具有极其重要的意义，传统的器物和服饰常常采用青色。

2.7.23 蓝色 blue

光谱能量的波长处于可见光区约 450nm~480nm 的颜色，是加混色的三原色之一。蓝色给予轻快、自由、安静、宽容、柔情、永恒、理想、艺术、忧郁、广阔、深邃、清新等心理感受。欧洲把蓝色看作为忠诚国家的象征色。

2.7.24 紫色 violet

光谱能量的波长处于可见光区约 380nm~450nm 的颜色，是人眼视觉系统所能观察到波长最短部分的光。淡紫色给予愉快的心理感受，象征梦幻、高贵、浪漫等。中国传统中紫色代表圣人、帝王之气。在西方，紫色亦代表尊贵，常成为贵族所爱用的颜色。

2.7.25 粉红色 pink

由红色和白色组成的颜色。粉红色的深浅由淡粉色到中粉色再到艳粉色。粉红色给予可爱、温馨、娇嫩、青春、明快、美丽、恋爱等心理感受，经常为花朵、装饰品的颜色，是广大女性喜爱的颜色。

2.7.26 褐色 brownness

由多种颜色混合而成、未包含在自然光谱色中、人眼可识别的一种颜色，也称为棕色、赭色、咖啡色、啡色或茶色等。褐色是由混合小量红色及绿色，橙色及蓝色，或黄色及紫色颜料构成的颜色，其很难用水彩颜料调出来。其含有适中的暗淡和适度的浅灰特征。

2.7.27 棕色 brown

与褐色完全同色，但不同名称的颜色。棕色与其他色不发生冲突。棕色给予耐劳、暗淡等心理感受，代表健壮等。

2.7.28 光谱色 spectral color

在可见光谱 380nm~780nm 波长范围内只含有一种波长且不能被再分解的光的颜色。光谱色就是单一波长的、最小波长单位的颜色。

2.7.29 同色同谱色 isomeric colors

两种非荧光材料颜色样品的光谱反射比或光谱透射比完全一致 (同谱)，在任何照明和观察条件下其颜色外貌都相互匹配 (同色) 的两种颜色刺激。

2.7.30 同色异谱色 metameric colors

两种非荧光材料颜色样品的光谱反射比或光谱透射比不同 (异谱)，在特定的照明和观察条件下其颜色外貌又能相互匹配 (同色) 的两种颜色刺激。

2.7.31 互补色 complementary color; hucaise

以适当比例混合产生中性色 (白色) 的两种颜色或多种颜色，简称为补色。互补色是通过相加混色能够匹配成规定的无彩色 (白色) 刺激的两种颜色或多种颜色，例如波长为 656.3nm 的红色和波长为 492.1nm 的青色为互补色，蓝色与黄色互补，绿色与品红色互补等；又如品红色、绿色和蓝色 (即三原色) 中任一种颜色与其余两种颜色的相加混合颜色都是互补色。互补色相减 (互补色的颜料混合在一起) 将成为黑色。互补色并列在一起时，能引起强烈的颜色对比感觉，使红色感觉更红，绿色更绿，蓝色更蓝。

2.7.32 中间色 intermediate color

相邻两种颜色相混合而产生的颜色。通常指色调环上的黄红、绿黄、蓝绿、紫蓝、红紫五种颜色。

中间色是由两个非互补色混合产生的介乎两者之间的新混合色，其色调取决于这两个非互补色的相对数量，其饱和度则由它们在色调顺序上的远近决定。

2.7.33 牛顿色盘 Newton's disk

牛顿为了说明日光的颜色成分而制作的装置，也称为七色盘。牛顿色盘是一块分成七个扇形的圆板，依次涂有红、橙、黄、绿、青、蓝、紫七种颜色，各颜色对应的扇形大小有一定的比例，当圆盘绕中心迅速旋转时，则呈现出白色，这说明白光是由以上七种颜色光合成的。

2.7.34 光源色 light source color

由光源发射的光的颜色。光源色由光源发出光的波长 (或频率) 组成及其强度大小决定，激光光源发出的光源色为单色光，白炽灯发出的光源色为偏黄色的白光，荧光灯发出的光源色为偏蓝色的白光。

2.7.35 孔色 aperture color

通过光孔，观察到的不具有深度感的颜色。例如，从屏上小孔中所观察到的颜色。

2.7.36 似近色 advancing color

看起来比实际距离显得更近的颜色。白色、黄色和浅色属于似近色，看起来都有显得靠近和宽阔的感觉。

2.7.37 似远色 receding color

看起来比实际距离显得更远的颜色。黑色、蓝色和偏蓝色属于似远色，看起来都有显得深远和辽阔的感觉。

2.7.38　似胀色 expansive color

看起来比实际物体显得更大的颜色。白色、黄色和浅色属于似胀色，看起来都有显得比实际尺寸更大的感觉。

2.7.39　似缩色 contractive color

看起来比实际物体显得更小的颜色。黑色、蓝色和深色属于似缩色，看起来都有显得比实际尺寸更小的感觉。

2.7.40　冷色 cool color

给予凉爽感觉的颜色。冷色不是一种物理感觉，是一种经验的凉爽心理感觉。白色、蓝色和偏蓝色属于冷色，看起来都有显得寒冷的感觉。

2.7.41　暖色 warm color

给予温暖感觉的颜色。暖色不是一种物理感觉，是一种经验的温暖心理感觉。红色、黄色和偏红色属于暖色，看起来都有显得温暖的感觉。

2.7.42　自发光色 self-luminous color

从自身能发光的发光体辐射出的颜色，又称为自发光体颜色。例如，灯具、显示屏、太阳等发出的颜色。自发光色的物体的颜色通常是由色温决定的，它们的颜色与物体的温度相关。

2.7.43　非自发光色 non-self-luminous color

从自身不能发光的物体上看到的颜色。非自发光色通常是由照射光与非自发光体作用后形成的反射光颜色或透射光颜色。

2.7.44　反射体颜色 reflective color

物体表面被特定光源照射后，有选择性地反射出一定光谱分布的光并由人眼感知到的颜色。例如，在树木、墙面、纸张等上面看到的颜色。

2.7.45　诱导色 inducing color

在视场的某一区域中，影响相邻区域颜色感觉的色刺激。诱导色将会改变对被诱导色的原本色感觉，使对原本色的感觉发生偏离。

2.7.46　被诱导色 induced color

受诱导色影响所感受到的不同于原本颜色的颜色。由于颜色对比或色同化效应引起感觉发生了变化的颜色。

2.7.47　异常色觉 anomalous color vision

不能正常辨别颜色的视觉，也称为色觉缺陷。异常色觉是人眼色感觉不健全的眼科疾病 (通常为先天性的)，有色弱和色盲。

2.7.48　色弱 color weakness; hypochromatopsia

眼睛的轻度异常色觉状况。色弱对红、绿、蓝三原色的感知比例或匹配与色觉正常者不同。在红色和绿色区域，只有两个波长差别大和亮度足够高时才能正确辨别，否则红色和绿色将被混淆。色弱属于色觉缺陷的基本类型之一。

2.7.49　色盲 color blindness

眼睛没有颜色辨别能力、颜色辨别能力不全或辨别能力低的色觉状况。色盲主要包括全色盲 (单色觉者)、局部色盲 (二色觉者)。全色盲者的视网膜上缺少锥体细胞，视觉主要靠杆体细胞，对可见辐射只有深浅感觉，如同看黑白电视；局部色盲者只有二个主波长色觉，如只能看到黄色和蓝色 (红-绿色盲)，或只能看到红色和绿色 (黄-蓝色盲)。

2.7.50　颜色缺陷 color deficiency

人眼颜色视觉异常或障碍的统称。颜色缺陷最常见的是色弱、局部色盲、全色盲等。

2.7.51　红色盲 red blindness

红色光谱部分比常人的窄，光谱中最灵敏的区域偏向紫色一边，中性点在490nm 附近，容易将淡红色与深绿色看成一样，将青蓝色与绀紫色看成一样的局部色盲，也称为甲型色盲或第一类色盲或道尔顿 (Dalton) 色盲。红色盲是二色觉者的一种子类。

2.7.52　绿色盲 green blindness

由于眼睛锥体细胞中缺乏分辨绿色的所需生理要素所致的局部色盲，也称为乙型色盲或第二类色盲。绿色盲是二色觉者的一种子类，患者虽然相对光谱敏感度曲线大致正常，但对绿光的感受性差，尤其是分辨不清紫红和绿色，并把二者看成是黄白色。

先天的多半为 X 染色体上缺少必要的色觉基因；后天的往往是由于视网膜疾病、视神经障碍、脑损伤、全身中毒或维生素缺乏等多种因素所致。男性发病率约为 1.4%，女性极为少见。

2.7.53　蓝色盲 blue blindness

眼睛的光谱两中性区域在黄色 (570nm~580nm) 和蓝色 (470nm) 的范围内，蓝色曲线和绿色曲线重合的局部色盲，也称为丙型色盲或第三类色盲或黄蓝色盲。蓝色盲是二色觉者的一种子类，这类色盲的人很少见。

2.7.54　夜盲 night-blindness

因视网膜的杆体细胞对低亮度的适应能力丧失或异常的病态视觉。夜盲患者对微弱的亮度没有视感觉，因此，夜晚看不到东西，相当于没有夜晚视觉。

2.7.55　感知的彩色 perceived chromatic color

感知具有色调的颜色，简称为彩色。感知的彩色等价于 "彩色" 或 "有色"，例如红、橙、黄、绿、青、蓝、紫等颜色。

2.7.56　感知的无彩色 perceived achromatic color

感知没有色调的颜色，简称为无彩色。感知的无彩色等价于 "无彩色"，例如白色、灰色、黑色等，对于透明物体用消色和中性来描述。

2.7.57　感知的发光色 perceived luminous color

被感知为某一发光区域 (如光源) 或镜面反射光的区域所具有的颜色，简称为发光色。

2.7.58　感知的非发光色 perceived non-luminous color

被感知为某一透射或漫反射区域所具有的颜色，简称为非发光色。

2.7.59　感知的相关色 perceived related color

被感知为某一与其他颜色相关的区域所具有的颜色，简称为相关色。感知的相关色就是被观察到的颜色是与其他颜色有关联而形成的。

2.7.60　感知的非相关色 perceived unrelated color

被感知为某一与其他颜色隔离的区域所具有的颜色，简称为非相关色。感知的非相关色就是被观察到的颜色是与其他颜色没有关联而形成的。

2.7.61　阿布尼现象 Abney phenomenon

保持主波长和亮度不变时，由色刺激纯度变化而引起的色调变化的现象。阿布尼现象表现为光谱色与白光相混合后，色彩的饱和度下降，原来的颜色会发生改变。例如，红色与白色混合颜色变为粉红。全面性的变化关系是，橙红色以及黄绿色在向黄色变，而蓝绿色向蓝色变，红色以及蓝色向紫色变，结果只剩下黄色、蓝绿色和紫色三种。

2.7.62　贝措尔德-布吕克现象 Bezold-Brücke phenomenon

保持色品不变时，色刺激亮度变化 (在明视觉范围内) 引起的色调变化的现象。对于某些单色刺激，色调在一个宽亮度范围内保持不变 (在一给定的适应条件下)，有时把该刺激波长称为不变波长。

2.7.63　亥姆霍兹-科尔劳施现象 Helmholtz-Kohlrausch phenomenon

在明视觉范围内保持光亮度不变时，由色刺激纯度增加引起的感知色视亮度变化的现象。就相关色而言，当色刺激的亮度因数保持不变时，纯度增大，明度也可能发生变化。

2.7.64　斯泰尔-克劳福德效应 Stiles-Crawford effect

光刺激视亮度随光束入射瞳孔位置偏离的增加而降低的现象，也称为第一类斯泰尔-克劳福德效应 (Stiles-Crawford effect of the first kind) 或方向效应 (directional effect)。如果所引起的变化是色调和饱和度，而不是视亮度，该效应称为第二类斯泰尔-克劳福德效应。

2.7.65　浦肯野现象 Purkinje phenomenon

〈视亮度〉当所观察色刺激的相对光谱分布不变，而亮度从明视觉降低到中间视觉或降低到暗视觉时，长波光占优势的色刺激视亮度会以同样的比例相对于短波为主的色刺激视亮度降低的现象，也称为普金吉现象。从明视觉到中间视觉到暗视觉，光谱光 (视) 效率发生变化，最大效率的波长向短波方向位移。

2.7.66　色适应 chromatic adaptation

在明适应状态下，视觉系统对视场颜色的适应过程。色适应主要是由于视场刺激的相对光谱分布不同而引起的适应，是从适应了某一颜色光后再观察另一颜色光的适应过程，会带有前者的补色成分，使对后者的颜色感觉发生变化。

2.7.67　色适应状态 state of chromatic adaptation

视觉系统对视场颜色的感知达到的舒适的平衡状态。色适应状态是人眼的视觉系统完成了从一种颜色的感知转到另一种颜色的感知的稳定状态。

2.7.68　色适应变化 change of chromatic adaptation

从一个色适应状态到另一个色适应状态的改变。色适应变化是颜色变化的内容，即前一适应的颜色和后一适应的颜色。例如，从适应的红色变到新适应的绿色，即红外到绿色的变化。

2.7.69　适应性色位移 adaptive color shift

从一种色适应状态变到另一种色适应状态时，这种状态的改变将引起对物体色感知的变化。对于适应性色位移，可通过数次调整校正色适应变化。

2.7.70　照明体感知色位移 illuminant perceived color shift

观察者的色适应状态没有任何变化的情况下，仅仅由于照明体改变引起的物体感知色的变化。

2.7.71　总和色位移 resultant color shift

分别在待测光源照明和标准光源照明时，各自色适应状态下知觉色的差异，是施照体感知色位移和适应性感知色位移的合成位移。总和色位移包括色品位移和适应性色位移。

2.7.72　物体色 object-color

被感知为某一物体所具有的颜色。物体色是光作用物体后被反射或透射呈现出的颜色，或者物体自身 (即发光体) 发出光的颜色，前者是光的作用和物体特性决定的颜色，后者是发光体的辐射光谱决定的颜色。

2.7.73　表面色 surface-color

被感知为某一漫反射或发射光的表面所具有的颜色。表面色就是物体的输出颜色：对于反漫反射物体，它取决于物体的表面颜色性质；而对于发射物体，既取决于物体的表面颜色特征，也取决于物体的内部特征 (如温度)。

2.7.74　主观色 subjective color

以明暗的时空刺激眼睛感受到的物理颜色以外的色，也称为费什涅色。用本哈姆圆盘 (时-空图形) 能产生高纯度主观色。主观色的色调随明暗变化的频率和圆盘表面照度的不同而变化，另外，不同的人之间也有一定差别。

2.7.75　色貌 color appearance

观察者对视野中的颜色刺激根据其视知觉的不同表象而区分的颜色知觉属性，又称为色表。色貌是与色刺激和材料质地等有关的主观色感觉。同一个颜色在不同照明条件、不同环境和不同背景下，以及由不同观察者感觉出不同颜色的表现。物体的色貌特征可以用色貌属性参数来表示。

2.7.76　色貌属性 color appearance attribute

表示物体或光源的色貌特征的参数或属性。其包括视明度、明度、视彩度、彩度、色饱和度、色相等。

2.7.77 色貌模型 color appearance model

用于对色貌属性参数作定量计算的数学模型。如 CIECAM97s、CIECAM02 色貌模型。

2.7.78 图像色貌模型 image color appearance model (iCAM)

用于处理和计算图像色貌属性参数的模型。图像色貌模型一般对图像的空间频率特性进行处理。

2.7.79 色貌现象 color appearance phenomenon

物体或光源的颜色外貌随观察条件变化的现象。例如空间结构现象、亮度现象、色相现象、颜色恒常性现象等。

2.7.80 对应色 corresponding colors

在不同照明光源或不同观察白场下有相同色貌的两个颜色刺激。当照明光源或白场改变时，被观察的颜色刺激的色貌也会改变，这说明相同颜色刺激通过改变照明光源和观察条件，能改变色貌，反过来，对不同颜色刺激通过改变照明光源和观察条件，可能会获得相同色貌。

2.7.81 色适应变换 chromatic adaptation transform (CAT)

建立在色适应模型上的一系列计算方程。其目的是实现对应色的预测。色适应模型是色貌模型的重要组成部分。典型的色适应模型有 Von Kries、CMCCAT2000、CAT02 等。

2.8 标准色度系统

2.8.1 标准色度系统 standard colorimeter system

采用国际照明委员会 (CIE) 所规定的一套颜色表示、数据、计算方法、颜色测量原理等的色度系统，也称为标准色度学系统。标准色度系统主要包括：CIE 1931 标准色度学系统 (含 1931 CIE-RGB 系统、1931 CIE-XYZ 系统)；CIE 1964 补充色度学系统；CIE 色度计算方法 (含色度坐标、主波长与色纯度、颜色相加计算)；CIE 1960 均匀色度标尺图；CIE 1964 均匀颜色空间 (含 CIE 1964 均匀颜色空间、CIE 1976 均匀颜色空间)。

2.8.2 格拉斯曼定律 Grassmann's law

格拉斯曼 (H. Grassmann)1854 年总结出颜色混合的定性性质。这些性质为现代色度学的建立奠定了基础，定律的内容主要包括以下方面。

(1) 人的视觉只能分辨色调、饱和度、亮度三种变化。

(2) 在由两个成分组成的混合色中，如果一个成分连续地变化，混合色的外貌也连续变化。若两个成分互为补色，以适当比例混合便产生白色或灰色，若按其他比例混合便产生近似比重大的颜色成分的非饱和色；若任何两个非补色混合便产生中间色，中间色的色调和饱和度随这两种颜色的色调及相对数量的不同而变化。

(3) 凡是在视觉上相同的颜色都是等效的，这一定律导出颜色的代替律，即

$$A \equiv B, \quad C \equiv D$$

则

$$A + C \equiv B + D$$

$$A - C \equiv B - D$$

$$nA \equiv nB$$

如果

$$A + B \equiv C, \quad X + Y \equiv B$$

那么

$$A + (X + Y) \equiv C$$

(4) 混合色的总亮度等于组成混合色的各颜色光的亮度总和，称为亮度相加定律。

2.8.3   补色律 law of complementary colors

颜色混合的基本定律之一：每一种颜色都有一个相应补色；如果某一颜色与其补色以适当比例混合，便产生白色或灰色；如果两者按其他比例混合，便产生近似于比重大的颜色成分的非饱和色。

2.8.4   中间色律 law of intermediary colors

颜色混合的基本定律之一：任何两个非补色相混合，便产生中间色，其色调取决于两颜色的相对数量，其饱和度取决于两者在色调顺序上的远近。

2.8.5   代替律 law of substitution

颜色混合的基本定律之一：颜色外貌相同的光，不管它们的光谱组成是否一样，在颜色混合中具有相同的效果。

2.8.6 恰可察觉色差 just noticeable color difference

在色差研究中，人眼刚感觉到的颜色差异，或是辨别颜色间不同的最小差别量值。恰可察觉色差与色宽容度在概念上等价，著名的麦克亚当椭圆代表颜色的宽容量，这个宽容量也称为恰可察觉色差。

2.8.7 颜色三属性 three color attributes

表征人眼颜色感知的色调属性、饱和度属性和视明度属性。任何颜色都是由色调 (hue)、饱和度 (saturation) 和视明度 (brightness) 属性来表示的，简称为 HSB 属性，色调、饱和度和视明度都是定量属性，一般用仪器标定。

2.8.8 色调 hue

红、黄、绿、蓝、紫等颜色属性的表示，也称为色相。色调是颜色的相貌，是颜色归属的根本属性，颜色的三属性之一。根据所观察区域呈现的感知色与红、绿、黄、蓝的一种或两种组合的相似程度来判定的视觉属性。

2.8.9 饱和度 saturation

颜色的深浅度或浓淡度的表示，也称为色饱和度、色度纯度 (colorimetric purity)、纯度 (purity) 或视彩度 (colorfulness)。饱和度是单色刺激量与特定无彩刺激量的比例的度量，为颜色的三属性之一。饱和度为零是灰色，饱和度越大，颜色越深。饱和度取决于颜色中含色成分 (灰色) 和消色成分的比例，含色成分越多饱和度越高，用百分比表示，取值范围为 0~100%。饱和度用以评价纯彩色在整个视觉中占有的比例的颜色属性。在给定的观察条件下，饱和度降低可看成颜色兑水或兑墨汁的结果，颜色兑水多，其饱和度降低，颜色变浅，颜色兑墨汁多，其饱和度降低，颜色变暗。

2.8.10 视明度 brightness

观测者感受的颜色表面明暗的表示。视明度是观察者对所观察颜色刺激在明亮程度上感受的强度，为颜色的三属性之一，曾称为主观亮度或视亮度。视明度是绝对量，明度是相对量。反光多的颜色视明度高，吸收光多的颜色视明度低。

视明度不同于视亮度，视明度是对颜色而言的，是基于颜色客观和主观的亮暗感觉，视亮度是针对非彩色的黑与白和灰度的亮暗感觉。视明度大小明显地受到刺激条件 (包括被观察物的色品、周围的亮度和色品) 和观察者条件 (包括色觉特性和色适应状态) 的影响。

视明度与视亮度尽管不同，但两者在特性上很接近，经常被混用。

色貌属性参数之一；是人眼对于光源或物体表面明暗的视知觉特性，属于视知觉的绝对量。

2.8.11　明度 lightness

〈色度学〉表示物体或光源表面相对明暗的特性。明度属于色貌属性中的相对量，是颜色系统中颜色的三属性之一。在同样的照明条件下，以白板作为基准，对颜色表面的视觉明暗程度的分度，一般分为 100 度，100 度为最高明度 (白色)，0 度为最低明度 (黑色)。例如 CIE 1976 LAB 和 CIE 1976 LUV 系统中的明度值 L。

2.8.12　明度值 lightness value

孟塞尔颜色立体的中心无彩色轴从底部黑色到顶部白色的明度等级数值，也称为孟塞尔明度值，由 0 至 10 共分为 11 个等级，符号为 V。

2.8.13　视彩度 colorfulness

颜色观察的鲜艳程度的视觉属性，为颜色的饱和度和视明度的乘积。视彩度是某颜色刺激所呈现色彩量多少的感受，或是人眼对色彩刺激的绝对响应量。对于色品一定的色刺激和在相关色情况下光亮度因数一定的色刺激，除非视亮度很高，视彩度通常随亮度增大而增大。视彩度是视知觉的绝对量。

2.8.14　彩度 chroma

人眼对色彩鲜艳程度的一个视觉心理尺度。彩度等于视彩度与同样条件下白色物体视明度的比值。彩度是色品的两个构成要素之一，与饱和度相似，是颜色的三属性之一。视彩度与彩度的区别为，前者是视知觉的绝对量，后者是相对量。

2.8.15　色度纯度 colorimetric purity

单色光刺激与无色刺激 (也称为无彩刺激) 相加混色后与样品色刺激达到匹配时，单色光刺激的亮度与样品色刺激的亮度之比，用符号 P_c 表示，按公式 (2-15) 计算：

$$P_c = \frac{L_d}{L_n + L_d} \tag{2-15}$$

式中：P_c 为色度纯度；L_d 为相加混合匹配中单色刺激的亮度；L_n 为相加混合匹配中特定无彩刺激的亮度。在紫色刺激场合，单色刺激由紫色边界上一点的色品所表示的刺激来代替。

在 CIE 1931 或 CIE 1964 标准色度系统色品图上，色度纯度与饱和度是相等概念。

2.8.16　兴奋纯度 excitation purity

色品图中从无色刺激点到样品点的距离与从无色刺激点到样品主波长点距离之比，用符号 P_e 表示，按公式 (2-16) 和公式 (2-17) 计算。兴奋纯度表示的是主波长被白光冲淡的程度，兴奋纯度值越大 (白光冲淡影响程度低)，说明白光在样品颜色中的比例越低，反之亦然。在 CIE 1931 或 CIE 1964 标准色度系统色品图上，兴奋纯度为同一直线上的两个距离之比 NC/ND 所定义的量，见图 2-19 所示 (彩色图附书后)。在图 2-19 中，NC 是表示特定无彩刺激的点 N 和表示所考虑色刺激的点 C 之间的距离；ND 是点 N 和光谱轨迹上表示所考虑色刺激主波长的点 D 之间的距离。点 C 越靠近点 D 时，兴奋纯度越高，点 C 越靠近点 N 时，兴奋纯度越低。

$$P_e = \frac{y - y_n}{y_d - y_n} \tag{2-16}$$

或者

$$P_e = \frac{x - x_n}{x_d - x_n} \tag{2-17}$$

式中：P_e 为兴奋纯度；(x, y) 为点 C 的 x，y 色品坐标；(x_n, y_n) 为点 N 的 x，y 色品坐标；(x_d, y_d) 为点 D 的 x，y 色品坐标。P_e 是小于等于 1 的数，P_e 数值越大，兴奋度越高，反之亦然。在紫色刺激场合，单色刺激由紫色边界上一点的色品所表示的刺激来代替。用 x 和用 y 表示的两个式子计算的 P_e 完全相等，但数值越大的计算结果越精确。在使用补色波长的情况下，兴奋纯度就是从无彩色点到试样点的距离与从无彩色点通过试样点到紫红轨迹上的交点距离之比。

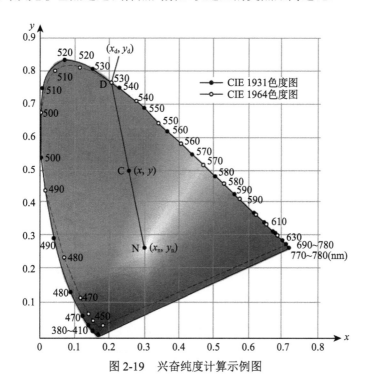

图 2-19 兴奋纯度计算示例图

在 CIE 1931 标准色度系统中，色度纯度 P_c 与兴奋纯度 P_e 的关系由式 $P_c = P_e \times (y_d/y)$ 确定，式中 y_d 和 y 分别是单色刺激和所考虑色刺激的 y 色品坐标。在 CIE 1964 补充标准色度系统中，色度纯度 P_{c10} 由 $P_{c10} = P_{10} \times (y_{d10}/y_{10})$ 来表示。

2.8.17   色表示 color specification

以心理特性或心理物理特性定量地对颜色进行的表示。例如：色调、饱和度和明度是以心理特性表示颜色的全面内容；三刺激值是以心理物理特性表示颜色的色调。

2.8.18   三色表示 trichromatic specification

用 3 个参照色刺激来对颜色进行的表示。通常，三色表示分为加法的三色表示和减法的三色表示，加法的三色表示的颜色分别为红色、绿色和蓝色，减法的三色表示的颜色分别为品红色、黄色和青色。

2.8.19   单色表示 monochromatic specification

用主波长 (或补色波长)、纯度和三刺激值中的 Y 来对颜色进行的表示。当三色表示由 R、G、B 转换为 X、Y、Z 以后，经归一化，实际上已变成了用二色表示，即 X、Y 表示。在色品图中，当有了主波长和 Y 刺激值时，主波长与等能白 C (或 E) 点的连线与 Y 相交可得到 X 刺激值，再加上纯度，就能将颜色全面表示出来。当没有主波长时 (颜色的色品坐标点在 C 点与马蹄形的长波及短波两端点构成的三角形内时)，用上述方法以补色波长代替主波长作线即可将颜色全面表示出来。

2.8.20   色标 color scal

用于检验或确定颜色的标准工具。色标有反射色标和透射色标两种：反射色标是用标准油墨叠印或调制成专色制作在不透明的基底上而成；透射色标是用染料印染在透明基底上而成，或用标准色样拍成彩色反转片而制成。

2.8.21   明度标尺 lightness scale

用来作为色卡明度判断的标准的无彩色的标尺，又称为灰度标尺 (gray scale)。例如，孟塞尔 (Munsell) 颜色系统明度标尺是一个很好的均匀明度标尺。明度标尺由黑到白等差明度的一系列无彩色卡组成，用来作为明度和色差判断的标准。

2.8.22   无彩色 achromatic color

从黑到白的一系列中性灰色。例如，CIE 1976 LAB 和 CIE 1976 LUV 系统中的明度轴 L^* 上的颜色，以及孟塞尔颜色立体的中心轴上由黑到白的色块都属于无彩色。

2.8.23 有彩色 chromatic color

除无彩色以外的各种颜色。可见光波段的所有光谱色,即每一个单一波长的或窄波段的颜色都是有彩色,或者色品图中除白色以外的所有部分的颜色都是有彩色。

2.8.24 色调环 hue circle

在色序系统中,用来表示色调变化的排成环形的色卡,又称为色相环。例如,自然彩色系统 (NCS) 颜色立体的色相环包含 4 个基本色相并被分为 40 个等份,即 40 个色调;孟塞尔颜色立体的色相环共有 100 个基本色相,即分为红、黄红、黄、绿黄、绿、蓝绿、蓝、紫蓝、紫、红紫 10 个主色调,并在每两个主色调间细分成 10 个子色调。

2.8.25 色卡 color chip

表示一定颜色的标准颜色样品卡。色卡是组成色卡图的基本颜色单元,其在色调、彩度 (饱和度) 和明度值三个维度上,分别按照一定的规律被划分成为颜色样品卡的单元。

2.8.26 色卡图 color chart

按顺序排列在一张图上的色卡。色卡图是由一个个方形的颜色样卡组成,而色卡图册又是由一页页的色卡图组成。

2.8.27 色卡图册 color atlas

根据特定的色度系统所编排的,由大量色卡图组成的颜色图集,也称为色集或色谱集。例如,自然色彩系统 (NCS) 色卡图册、孟塞尔 (Munsell) 色卡图册等。

2.8.28 色几何 color geometry

解决色混合问题或对颜色作科学界定时采用的欧氏几何方法。色几何分别有二维和三维的方法,如色三角、色空间、色立体等。

2.8.29 色度位移 colorimetric shift

物体的色品和亮度因数随照明光的变化而发生变化的现象。色度位移是由于加到物体上的照明光颜色和光度参数发生变化,使物体被观察到的色貌发生了变化。

2.8.30 色对比 color contrast

同时或相继观察视场两部分颜色差异的主观评价。色对比分为色调对比、饱和度对比和明度对比等。色对比的过程中,对比较色间的感觉会有相互影响。色对比是视觉心理物理学实验的基本方法之一。

2.8.31　同时对比 simultaneous contrast

对同时呈现在近邻两个视场的颜色进行的对比。同时对比是视觉心理物理学实验的基本方法之一。

2.8.32　相继对比 successive contrast

时间上先后相继呈现的两种颜色的色对比。相继对比是视觉心理物理学实验的基本方法之一。

2.8.33　色觉恒常 color constancy

在照明和观察条件变化时，物体的知觉色保持相对恒定的现象，又称为色恒定或色恒性。当照明和观察条件变化时，不会导致物体的三刺激值改变，就会出现色觉恒常的现象。例如白色，在不涉及照明光谱分布变化时，在各种照明下皆为白色。

2.8.34　同化效应 assimilation effect

当一种小面积颜色被围于其他颜色当中并与周围颜色相近时，看起来该颜色相似于周围颜色的现象。

2.8.35　假等色图片 pseudo-isochromatic plates

利用色觉异常者容易混淆的颜色绘制的数字和图形的图片。临床上广泛地用于色觉能力正常与否的检查。

2.8.36　目视色度测量 visual colorimetry

在色刺激之间用眼睛做定量比较的色度测量。用人眼观察三刺激值混合匹配的颜色作为比色，一直混合匹配到人眼观察到的被测颜色样品与三刺激值混合匹配色一致时，以三刺激值混合匹配结果作为被测样品颜色的结果。

2.8.37　物理色度测量 physical colorimetry

用物理探测器代替人眼对色刺激进行的色度测量。物理色度测量通常是，在积分球壁上安装 X、Y、Z 三个带有校正滤光镜的三刺激值探测器，对被测颜色的透射式样品或反射式样品进行三刺激值的测量，通过处理电路计算，直接获得被测样品的色品坐标。

2.8.38　相关色明度 lightness of related color

依据与所观察区域有相似照明的表观为白色或高透射区域的视亮度比例来判定的视亮度。只有相关色才呈现明度。

2.8.39 白度 whiteness

对高 (光) 反射比和低色纯度的漫射表面色特性的度量。其符号为 W。用一维数表示的物体色的白色程度。

2.8.40 显色性 color rendering property

与参考标准光源相比较,光源显现物体颜色的特性。在可见光谱段内具有连续光谱分布的光源具有较好的显色性,例如黑体,标准光源 B、C、D 等。

2.8.41 显色指数 color rendering index

光源显色性的度量,以被测光源下物体的颜色和参照光源下物体的颜色的相符程度来表示。在具有合理允差的色适应状态下,被测施照体照明的物体的心理物理色与用参比施照体照明同一物体的心理物理色符合程度的度量,用符号 R 表示。显色指数用于表示待测光源下物体颜色与参照光源下物体颜色的相符程度的数值度量。CIE 规定用完全辐射体 (黑体) 或标准照明体 D 作为参照光源,其显色指数为 100。

2.8.42 特殊显色指数 special color rendering index

光源对某一选定的标准颜色样品的显色指数,用符号 R_i 表示。特殊显色指数反映所采用的光源能否很好地显示出某一个颜色样品应有颜色的程度。R_i 的数值越大,说明采用的光源还原这个颜色样品的颜色越好。特殊显色指数表达的是光源还原一种颜色样品的能力。

2.8.43 一般显色指数 general color rendering index

光源对 CIE 规定的 8 种颜色的特殊显色指数的平均值,用符号 R_a 表示,又称为 CIE 1974 一般显色指数。一般显色指数反映所采用的光源能否很好地显示出一系列不同色谱颜色样品 (8 种) 整体应有颜色的程度。R_a 的数值越大,说明采用的光源还原这个 8 种颜色样品的颜色越好。一般显色指数表达的是光源还原一套颜色样品 (8 种) 的能力。

2.8.44 CIE 1974 特殊显色指数 CIE 1974 special color rendering index

CIE 于 1974 年规定的,在具有合理允差的色适应状态下,被待测施照体照明的 CIE 试验色样的心理物理色与用参比施照体照明同一色样的心理物理色符合程度的度量,用符号 R_i 表示。

2.8.45 色刺激 color stimulus

进入人眼并产生包括彩色和无彩色颜色感觉的可见辐射。色刺激就是人眼能感觉的、在可见光波段的单色的或复色的任何一个色刺激或多个色刺激的光度辐射。

2.8.46 色刺激值 color stimulus value

用三刺激值表示色刺激性质的量。色刺激值是国际颜色机构特定的、能够表达颜色组成关系的三个标准化量值或数值，这三个刺激值为 R、G、B 或 X、Y、Z 等。

2.8.47 三刺激值 tristimulus values

在给定的三色系统中，与待测刺激的颜色相匹配所需的三种参照色刺激的量。例如，CIE 标准色度系统中的三刺激值可以表示为 R、G、B；X、Y、Z；R_{10}、G_{10}、B_{10} 以及 X_{10}、Y_{10}、Z_{10}。在红、绿、蓝三原色系统中，刺激量分别以 R、G、B 表示。由于从实际光谱中选定的红、绿、蓝三原色光不可能调配或匹配出存在于自然界的所有色彩，因此，CIE 于 1931 年从理论上假设了并不存在于自然界的三种理论三原色，以 X、Y、Z 表示，形成了 XYZ 测色系统。X 原色相当于饱和度比 700nm 的光谱红还要高的红紫，Y 原色相当于饱和度比 520nm 的光谱绿还要高的绿，Z 原色相当于饱和度比 477nm 的光谱蓝还要高的蓝。

2.8.48 基本刺激 basic stimulus

用来作为基准，确定三色系统中的参照色刺激的相对大小的特定白色刺激。基本刺激是全色或白光的刺激。

2.8.49 单色刺激 monochromatic stimulus

只有单色光辐射的刺激。当光谱中的各单色辐射分别连续作用或同时作用的刺激为光谱刺激 (spectral stimulus)，在一个时间期间内或一个空间区域内，只有一个色的刺激为单色刺激。

2.8.50 彩色刺激 chromatic stimulus

在占优势的适应条件下产生彩色感知的刺激。彩色刺激是纯度大于零的刺激，即白色不能占色刺激的 100％的刺激。色刺激中，白色的比例越少，彩色刺激就越突出。

2.8.51 无彩色刺激 achromatic stimulus

在占优势的适应条件下，知觉为无彩色的色刺激。完全漫反射体或漫透射体在除了高彩度光源以外的所有光源的照明光下或中性光源的照明下，通常被认为是无彩色刺激。

2.8.52 等色刺激 isochromatic stimulus

同时作用在相邻视场而引起相同感知的色刺激。当光谱功率分布相同时，一定会引起相同的颜色感知；当光谱功率分布不同时，有时也会引起相同的颜色感知。在光度学中，如果光具有相同的色品，通常说它们是等色的。

2.8.53 异色刺激 heterochromatic stimulus

同时作用在相邻视场而引起不同颜色感知的色刺激。异色刺激往往是光谱色不同，或色品坐标系中的色品坐标不同所导致。

2.8.54 互补色刺激 complementary color stimulus

当两种色刺激适应相加混合而产生特定无彩色感觉的三刺激。两种刺激混合的色感觉是白色、灰色或黑色时，这个两色刺激是互补色刺激。

2.8.55 同色异谱刺激 metameric color stimulus

三刺激值相同而辐射通量光谱分布不同的色刺激，即光谱组成不同而颜色感知相同的两个色刺激，又称为异谱同色刺激。相应的特性称为同色异谱性 (metamerism)，用于描述两种光谱不同但有相同三刺激值的光源的性质。规定的观测条件，用于区别观察者和视场大小。对于物体色情况，是指照明光的光谱功率分布等。

2.8.56 匹配刺激 matching stimulus

在色相加性目视测色仪中，用物理方法规定的原刺激，也称为仪器刺激。它是光度仪器选择的三个原刺激。表达颜色三刺激之间的匹配关系，是由测量出的三个刺激的光度或辐射度单位的比例关系来表达。

2.8.57 参比色刺激 reference color stimulus

在三色系统中，作为颜色相加基础的特定的色刺激，或依据的一级三色刺激，或专门规定的具有标准地位的三色刺激，又称为参照色刺激。这些刺激既可以是实际的色刺激，也可以是由实际刺激的线性组合定义的理论刺激；三参比色刺激中每一刺激的大小，既可以用光度或辐射度单位表示，也可以用其比值确定的更普遍的形式表示，或者说这组三刺激的特定相加混合与特定的无彩刺激相匹配。在 XYZ 表色系统中，采用 [X]、[Y]、[Z] 刺激，在 $X_{10}Y_{10}Z_{10}$ 表色系统中，采用 $[X_{10}]$、$[Y_{10}]$、$[Z_{10}]$ 刺激。

2.8.58 色刺激的三刺激值 tristimulus values of color stimulus

在给定的三色系统中，与所考虑刺激达到色匹配所需要的三参比色刺激量，简称为三刺激值。在 CIE 标准色度系统中，用符号 X、Y、Z (CIE 1931) 和 X_{10}、Y_{10}、Z_{10} (CIE 1964) 表示三刺激值。在三色系统中，与待测色刺激达到色匹配所需的三参比色刺激的量。在 XYZ 表色系统中，采用 [X]、[Y]、[Z] 三参比色刺激的量，而在 $X_{10}Y_{10}Z_{10}$ 表色系统中，采用 $[X_{10}]$、$[Y_{10}]$、$[Z_{10}]$ 三参比色刺激的量。CIE 1931 是在 2° 中央视场观察条件下颜色视觉的平均特性 (视场范围为 1° ~ 4°)；CIE 1964

是在 10° 视场观察条件下颜色视觉的平均特性。CIE 1964 适用于 4° 以上视场的颜色样品。

2.8.59　光谱三刺激值 spectral tristimulus values

在三色系统中，匹配某一光谱色所需要的等能单色辐射的三刺激值。光谱三刺激值已经过 CIE 进行了标准化，形成了 CIE 光谱三刺激值。

2.8.60　CIE 光谱三刺激值 CIE spectral tristimulus values

在 CIE 标准色度系统中，匹配某一波长的等能光谱色所需要的红、绿、蓝三种 "原色光" 的在标准色度系统中的三个函数值。在 CIE 1931 的 XYZ 表色系统中，用 $\bar{x}(\lambda), \bar{y}(\lambda), \bar{z}(\lambda)$ 表示，在 CIE 1964 的 $X_{10}Y_{10}Z_{10}$ 表色系统中，用 $\bar{x}_{10}(\lambda), \bar{y}_{10}(\lambda),$ $\bar{z}_{10}(\lambda)$ 表示，每个函数都是以波长为横坐标，相对光度量为纵坐标，有突出的主波长的曲线。

2.8.61　色刺激函数 color stimulus function

色刺激以辐亮度或辐射功率一类辐射度量作为波长函数的光谱密集度的表达式，用符号表示 $\varphi_\lambda(\lambda)$。

2.8.62　相对色刺激函数 relative color stimulus function

色刺激函数的相对光谱功率分布，用符号 $\varphi(\lambda)$ 表示。相对色刺激函数是将光谱–功率分布曲线中最大功率进行归一化，即使其为 1，其他光谱的功率也按同样的比例压缩形成的光谱–功率分布函数。由此建立了光谱相应的功率以百分比表示的函数关系，光谱的最大功率为 100‰。

2.8.63　照明体 illuminant

在影响物体色知觉的波长范围，具有定义的相对光谱功率分布的辐射源。照明体中很重要的一类是 CIE 标准照明体，分别为标准照明体 A、B、C、D、E 等。

2.8.64　参比照明体 reference illuminant

用来与其他照明体比对的照明体。参比照明体实际上就一个标准照明体，用于作为基准的照明体。用于颜色复制的参比照明体要有特殊的定义。

2.8.65　CIE 标准光源 CIE standard light source

为实现 CIE 标准照明体 A、B、C、D、E 等的性能要求，由 CIE 所规定的人工光源。这些标准光源的建立都需要按照规定的相关色温进行标定。

2.8.66 CIE 标准照明体 CIE standard illuminants

由 CIE 规定的入射在物体上的一个具有特定的相对光谱功率分布的照明体，包括：

(1) 标准照明体 A：根据国标实用温标而标定的热力学温度为 2856K 的完全辐射体；

(2) 标准照明体 B：相关色温约为 4874K 的中午的直射阳光；

(3) 标准照明体 C：相关色温约为 6774K 的平均昼光；

(4) 标准照明体 D55：相关色温约为 5503K 的无云天气太阳在与水平方向成 45° 时的日光；

(5) 标准照明体 D65：相关色温约为 6504K 的正常天气状况下白天的平均日光；

(6) 标准照明体 D75：相关色温约为 7504K 的高色温光源下进行精细辨色工作场合的照明体；

(7) 标准照明体 E：一种人为规定的光谱分布，为等能光谱或等能白光。

2.8.67 昼光照明体 daylight illuminant

具有与某一时段的昼光相同或近似相同的相对光谱功率分布的施照体。例如，昼光照明体有不同时相条件下的日光的标准照明体 D 光源系列等。

2.8.68 色刺激的相加混合 additive mixture of color stimulus

不同的色刺激在视网膜上叠加，其中任一刺激都不能被单独感知的合成感光效果或方式。人眼看到的颜色光中，除了红、绿、蓝三基色外，其他颜色的色刺激是相加混合结果。

2.8.69 色匹配 color matching

使一个色刺激显现出与给定色刺激具有相同颜色的过程或现象或效果。从效果的角度，色匹配是使调配的颜色与给定的颜色在视觉上相等或相同。

2.8.70 冯克里斯守恒定律 Von Kries persistence law

描述在一组色适应条件下匹配的色刺激继续在另一组色适应条件下匹配的实验定律，简称为守恒定律。该定律不适用于所有条件。

2.8.71 阿布尼定律 Abney law

一个关于混合色刺激的视亮度实验定律。该定律的内容为：如果两个色刺激 A 和 B 被感知为具有相等的视亮度，另外两个色刺激 C 和 D 被感知为具有相等的视亮度，则 A 与 C 的相加混合色和 B 与 D 的相加混合色也被感知为具有相等的视亮度。该定律的有效性与观察条件和所涉及的色刺激本身有密切关系。

2.8.72　色度系统 colorimetric system

根据规定的定义和符号表示颜色的系统。色度系统包括混色系统和色序系统，例如 CIE 1931 XYZ 标准色度学系统 (混色系统)、孟塞尔色序系统、NCS 色序系统等。

2.8.73　三色系统 trichromatic system

基于三种适当选择的参比色刺激相加混合来匹配色，并用三刺激值来表征色刺激的系统。或者说是适当地选择三个参照色刺激，经相加混色后与待测色刺激达到色匹配，利用这种原理表示待测色刺激的色度系统，例如 CIE–XYZ 和 sRGB 都属于三色系统。

2.8.74　CIE 1931 标准色度系统 CIE 1931 standard colorimetric system

基于国际照明委员会 (CIE) 1931 年规定的光谱三刺激值建立的三色系统，也称为 CIE 1931 标准色度学系统。CIE 1931 标准色度系统包括 CIE 1931 RGB 标准色度系统和 CIE 1931 XYZ 标准色度系统。

2.8.75　CIE 1931 RGB 标准色度系统 CIE 1931 RGB standard colorimetric system

基于国际照明委员会 (CIE) 1931 年规定的光谱三刺激值 $\bar{r}$、$\bar{g}$ 和 $\bar{b}$ 建立的三色系统，也称为 CIE 1931 RGB 系统或 RGB 色度系统或 CIE 1931 RGB 标准色度学系统。CIE 1931 RGB 系统的光谱色色度坐标用 r、g 和 b 表示。CIE 1931 RGB 系统三原色 [R]、[G] 和 [B] 波长分别为 700nm、546.1 nm 和 435.8nm。CIE 1931 RGB 标准色度系统是 CIE 在 1931 年采取莱特和吉尔德两人的平均结果定出匹配等能光谱色而建立的。

2.8.76　CIE 1931 XYZ 标准色度系统 CIE 1931 XYZ standard colorimetric system

基于 CIE 1931 年规定的光谱三刺激值 $\bar{x}(\lambda)$、$\bar{y}(\lambda)$ 和 $\bar{z}(\lambda)$ 和参比色刺激 [X]、[Y] 和 [Z] 确定任意光谱分布的三刺激值的系统，也称为 CIE 1931 XYZ 系统或 XYZ 色度系统或 CIE 1931 XYZ 标准色度学系统。$\bar{y}(\lambda)$ 与 $V(\lambda)$ 是完全相同的，因此三刺激值 Y 与光亮度成比例。该标准色度系统适用于张角在约 1°~4° (0.017rad~0.07rad) 之间的中心视场，观察者的材料适用于 2° 视场 (观察 2° 面积物体时是中央窝锥体细胞起作用)。CIE 1931 XYZ 标准色度系统是为了解决 CIE 1931 RGB 标准色度系统的光谱三刺激值和色度坐标出现负值等问题而建立的。

2.8.77　CIE 1964 标准色度系统 CIE 1964 standard colorimetric system

国际照明委员会 (CIE) 于 1964 年推出的补充标准色度系统，也称为 CIE 1964 标准色度学系统，即 10° 视场 $X_{10}Y_{10}Z_{10}$ 色度系统，或 CIE 1964 XYZ 系统，它适合观察视场大于 4° 的情况。在观察视场大于 4° 时，由于杆体细胞的参与以及中央窝黄色素的影响，颜色视觉将发生饱和度的降低和颜色视场不均匀等变化，因此，CIE 在 1964 年又补充规定了一组适合 10° 大视场补充标准色度系统的观察者光谱三刺激值 (颜色匹配函数) 和相应的色度图。

2.8.78　$X_{10}Y_{10}Z_{10}$ 色度系统 $X_{10}Y_{10}Z_{10}$ colorimetric system

基于 CIE 1964 年规定的光谱三刺激值 $\bar{x}_{10}(\lambda)$、$\bar{y}_{10}(\lambda)$、$\bar{z}_{10}(\lambda)$ 和参比色刺激 $[X_{10}]$、$[Y_{10}]$、$[Z_{10}]$ 确定任意光谱分布的三刺激值的系统，也称为 $X_{10}Y_{10}Z_{10}$ 色度学系统。该标准色度系统适用于张角约大于 4° (0.07rad) 的中心视场。在使用该系统时，表示所有色度量的符号都用脚标 10 加以区别。Y_{10} 的值与亮度基本成比例。CIE 1964 标准色度系统就是 $X_{10}Y_{10}Z_{10}$ 色度系统，两者是同一个系统的两种称谓。

2.8.79　CIE 1931 标准色度观察者 CIE 1931 standard colorimetric observer

一种假想的观察者，这种观察者的色度特性与 CIE 1931 XYZ 色度系统中的色匹配函数 $\bar{x}(\lambda), \bar{y}(\lambda), \bar{z}(\lambda)$ 一致的理想观察者。

2.8.80　CIE 1964 标准色度观察者 CIE 1964 standard colorimetric observer

一种假想的观察者,这种观察者的色度特性与 CIE 1964 XYZ 色度系统 ($X_{10}Y_{10}Z_{10}$ 色度系统) 规定的光谱匹配函数 $\bar{x}_{10}(\lambda), \bar{y}_{10}(\lambda), \bar{z}_{10}(\lambda)$ 一致的理想观察者,也称为 CIE 1964 补充标准色度观察者。

2.8.81　CIE 标准光度观察者 CIE standard photometric observer

其相对光谱响应曲线符合明视觉的 $V(\lambda)$ 函数或者暗视觉的 $V'(\lambda)$ 函数的理想观察者。其遵从光通量定义中所含的相加律，匹配性质与 CIE 色匹配函数 $\bar{x}(\lambda)$, $\bar{y}(\lambda), \bar{z}(\lambda)$ 一致。

2.8.82　CIE 色匹配函数 CIE color matching functions

CIE 1931 标准色度系统的 $\bar{x}(\lambda), \bar{y}(\lambda), \bar{z}(\lambda)$ 函数和 CIE 1964 补充标准色度系统的 $\bar{x}_{10}(\lambda), \bar{y}_{10}(\lambda), \bar{z}_{10}(\lambda)$ 函数。

2.8.83　色方程 color equation

两种色刺激匹配的代数或矢量表达式，用公式 (2-18) 的关系表达：

$$X_1[X_1] + Y_1[Y_1] + Z_1[Z_1] \equiv X_2[X_2] + Y_2[Y_2] + Z_2[Z_2] \qquad (2\text{-}18)$$

一种匹配可以是三参比色刺激的相加混合，用公式 (2-19) 表示：

$$C\,[\mathrm{C}] \equiv X\,[\mathrm{X}] + Y\,[\mathrm{Y}] + Z\,[\mathrm{Z}] \tag{2-19}$$

符号 "≡" 表示一种色匹配，并读做匹配，不加括号的符号代表由加括号的符号指示的颜色的刺激量，带方括号的符号既代表一种颜色，也代表一个单位量。所以 $C[\mathrm{C}]$ 意味着有 C 个单位的刺激 [C]；记号 "+" 表示着色刺激的相加混合。在这一方程中，如为减号表示在做色匹配时，被加入的色刺激在该方程的另一边。

2.8.84　色空间 color space

表示颜色的色度或色貌属性的几何空间或坐标系统，也称为颜色空间、色立体 (color solid cube)。色空间是用表达颜色的三个基本量分别作为三个维度来建立表示颜色空间分布关系的几何空间。表达空间三个维度的三个基本量可采用标定颜色的色调、饱和度、亮度三属性，或匹配颜色的三原色 R、G、B。色空间可以是极坐标空间或直角坐标空间，例如，对于极坐标色立体，水平角度 (弧矢) 可用色调表示，垂直角度 (子午) 可用亮度表示，直径可用饱和度表示。常见的色空间有 RGB、XYZ、LCH、CMY、HSV、HIS、L*a*b*、L*u*υ* 等空间。

2.8.85　均匀色空间 uniform color space

用等距离来表示大小相等的感知色差阈或超阈值色差的色空间。或能以相同距离表示相同知觉色差的色空间。例如，CIELAB 和 CIELUV 色空间为均匀色空间。

2.8.86　CIE LAB 颜色空间 CIE LAB color space

由国际照明委员会 (CIE)1976 年推荐的，用 LAB 三维直角坐标系统表达的一种均匀色空间。CIE LAB 颜色空间目前仍在颜色领域的研究及应用中广泛使用。

2.8.87　CIE LUV 颜色空间 CIE LUV color space

由国际照明委员会 (CIE)1976 年推荐的，用 LUV 三维直角坐标系统表达的一种均匀色空间。CIE LUV 颜色空间目前仍在颜色领域的研究及应用中广泛使用。

2.8.88　RGB 颜色空间 RGB color space

一种常用的三基色加色空间。描述的是红绿蓝三种基色的比例数值。RGB 颜色空间通常用于表示实际设备或媒体的红绿蓝三基色分量，例如显示器、扫描仪、数码相机等。

2.8.89　sRGB 颜色空间 sRGB color space

一种标准化的 RGB 颜色空间。它是在国际电信联盟的 ITU-R BT.709-2 定义的高清晰度数字电视 (HDTV) 的 RGB 空间基础上发展起来的颜色系统。sRGB 颜色空间以三基色显示设备 CRT(阴极射线管) 的颜色特性为参照，定义了设备驱动的非线性 RGB 空间与标准化的 CIE-XYZ 空间的关系。sRGB 颜色空间中的 "s" 是 "standardization"(即标准化) 的第一个字母。

2.8.90　CMYK 空间 CMYK space

描述青、品红、黄和黑四种油墨数值的一种减色空间。CMYK (Cyan Magenta Yellow Black) 空间主要应用在打印机或彩色印刷系统的颜色处理中。

2.8.91　色立体 color solid

颜色按其特性关系有序排列的空间体，是颜色具体表达的具体空间体。在特定的表色系统的色空间里，表面色所占有的空间部分。例如，孟塞尔系统的颜色立体、自然色系统的颜色立体等。

2.8.92　色序系统 color order system

将颜色按照感知色貌的特性在色空间进行有序排列所构成的系统。例如，NCS 和孟塞尔颜色体系都属于色序系统。

2.8.93　色域 color gamut

〈色度学〉能够满足一定条件的颜色的集合在色品图或色空间内的范围。色域是以标准化颜色空间为基准 (例如 CIE-XYZ 或 CIE LAB) 定义或描述的颜色范围。在实际中，各种颜色介质、设备、图像数据等都有各自的色域范围，它们一般都在 CIE-XYZ 度度系统光谱轨迹包含的色域范围内。色域区 (通常为三角形区域) 越大，颜色的保真性就越好。

2.8.94　色域映射 color gamut mapping

将源介质的色域映射或转换复制到目标介质色域的操作或过程。通常目标介质色域与源介质色域不完全重合，因此，通过色域映射将源设备的色域根据目标介质的色域进行缩放。色域映射可以采用不同的策略或方法实现。

2.8.95　色差 color difference

〈色度学〉用定量数值表示人眼对于两种不同颜色的色知觉差别，通常用符号 ΔE 表示。两种颜色的色差用颜色空间两种颜色坐标点间的距离表示。

2.8.96   色差公式 color difference formula

计算两个色刺激之间的色知觉差异的公式。色差分别用不同色空间的坐标表达关系进行计算，例如，用 CIE LAB 空间的三个坐标值 L^*、a^*、b^* 按公式 (2-34) 计算色差，或用 CIE LUV 空间的三个坐标值 L^*、u^*、v^* 按公式 (2-29) 计算色差等。

2.8.97   CIE LAB 色差公式 CIE LAB color difference formula

基于 CIE LAB 颜色空间建立的，用于计算两种不同颜色色差的公式。其色差值等于该颜色空间中两坐标点的距离。

2.8.98   CIE LUV 色差公式 CIE LUV color difference formula

基于 CIE LUV 颜色空间建立的，用于计算两种不同颜色色差的公式。其色差值等于该颜色空间中两坐标点的距离。

2.8.99   CIE DE2000 色差公式 CIE DE2000 color difference formula

国际照明委员会 (CIE) 2000 年提出的一个新的色差评价公式,简称为 CIE DE2000。国际照明委员会于 2001 年正式推荐使用 CIE DE2000 色差公式。

2.8.100   颜色宽容度 color tolerance

在色差研究中，人眼感觉不出颜色变化的最大色差范围或刚能察觉到的颜色差别。人与人之间的颜色宽容度会因人之间的生理差别有所差别，但可在正常人群的眼中算出一个平均值群的。

2.8.101   色品 chromaticity

由主波长或补波长及饱和度 (纯度) 一起定义的色刺激性质，或由表色系统坐标标定的色刺激性质。色品用两个独立参数建立的坐标来标定颜色，在色品坐标上，由主波长 (或补色波长) 和色纯度，或用相 (或色调) 和彩度 [其中彩度也可以由视彩度、饱和度 (saturation) 等来表达] 表示的组合而表述的色刺激的心理物理性质。

2.8.102   色品图 chromaticity diagram

表示颜色色品坐标的平面图，或以其中由色品坐标确定的点表示色刺激色品的平面图形。在 CIE 标准色度系统中，通常把 y 画成垂直坐标和把 x 画成水平坐标来构成 x、y 色品图，色品图见图 2-20 所示 (彩色图附书后)。在图 2-20 中，实线 (含实心黑圆点) 马蹄形所构成的色品图为 CIE 1931 的色品图，虚线 (含空心白圆点) 马蹄形所构成的色品图为 CIE 1946 的色品图。

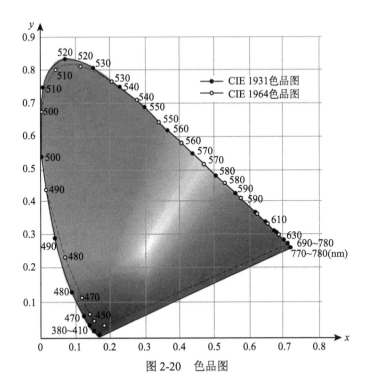

图 2-20 色品图

2.8.103 光谱色品坐标 spectral chromaticity coordinates

在色品图上用于表示单色光刺激的色品坐标。对于 XYZ 色度系统和 $X_{10}Y_{10}Z_{10}$ 色度系统，分别用 $x(\lambda)$、$y(\lambda)$、$z(\lambda)$ 和 $x_{10}(\lambda)$、$y_{10}(\lambda)$、$z_{10}(\lambda)$ 表示。

2.8.104 色品坐标 chromaticity coordinates

每个三刺激值与其总和之比作为 XYZ 色度系统每个维度的坐标。因为三个色品坐标之和等于 1，所以只用其中两个维度就足以定义色品。在 CIE 标准色度系统中，XYZ 色度系统和 $X_{10}Y_{10}Z_{10}$ 色度系统的色品坐标分别用符号 x、y、z 和 x_{10}、y_{10}、z_{10} 表示，分别用三刺激值 X、Y、Z 和 X_{10}、Y_{10}、Z_{10}，按公式 (2-20) 计算。

$$
\begin{cases}
x = \dfrac{X}{X+Y+Z}, & x_{10} = \dfrac{X_{10}}{X_{10}+Y_{10}+Z_{10}} \\[2mm]
y = \dfrac{Y}{X+Y+Z}, & y_{10} = \dfrac{Y_{10}}{X_{10}+Y_{10}+Z_{10}} \\[2mm]
z = \dfrac{Z}{X+Y+Z}, & z_{10} = \dfrac{Z_{10}}{X_{10}+Y_{10}+Z_{10}}
\end{cases}
\qquad (2\text{-}20)
$$

2.8.105   等能光谱 equal-energy spectrum

〈色度学〉辐射能量的光谱密集度在可见辐射内为恒定值的光谱。等能光谱是为了说明人眼视觉规律而人为规定的一种光谱分布。等能光谱的合成是一种白光，在色度计算中有重要作用，在标准色品图中它位于全色混合的聚集位置或重心位置。等能光谱的合成比日光偏蓝，又称为等能白。

2.8.106   紫色刺激 purple stimulus

色品图上位于由特定无彩刺激点和光谱轨迹上波长近似 380nm 和 780nm 两端点构成的三角形内的那些点表示的刺激。

2.8.107   光谱轨迹 spectrum locus

在色品图上，把各波长的单色光刺激色品坐标的点连起来形成的轨迹。光谱轨迹是表示单色刺激的点的轨迹。在色品图上，最高饱和度的光谱轨迹为马蹄形轨迹，见图 2-20 所示。

2.8.108   紫色边界 purple boundary

色品图上表示波长近似 380nm 和 780nm 的单色刺激相加混合的直线 (把可见光谱轨迹紫、红两端连起来的直线)，或三刺激空间里相应的平面，也称为紫红边界或绀色边界，见图 2-20 所示。

2.8.109   色温 color temperature

光源的色品与某一温度下完全辐射体的色品相同时对应完全辐射体的温度，也称为颜色温度。光源的色温是用黑体来标定的，使其达到定义的要求。

2.8.110   相关色温 correlated color temperature

当光源的色品坐标点不在黑体轨迹上时，光源的色品与某一温度下完全辐射体的色品最接近的黑体温度，或在均匀色品图上与黑体色差最小所对应的黑体温度。

2.8.111   色点 color point

色品坐标图中，用色品坐标表示的位置点。色点可在的位置包括马蹄形曲线与紫红线一起所围的封闭范围内的点，以及在马蹄形曲线上的点和在紫红线上的点，见图 2-21 所示。

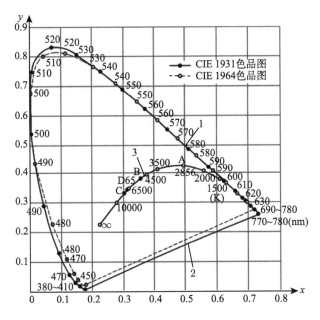

图 2-21 色点/日光轨迹/黑体轨迹图

2.8.112 日光轨迹 daylight locus

色品图上表示具有不同相关色温的日光时相的色品的点的轨迹。日光轨迹就是色品图中在黑体轨迹附近的和黑体轨迹上的那些日光时相对应色温点连接的轨迹，例如 B 点、C 点、D 点等连接的轨迹，见图 2-21 所示 (图中只连接了黑体轨迹，未连接日光轨迹)。

2.8.113 黑体轨迹 blackbody locus

在色品图上，把完全辐射体 (黑体) 在不同温度下的色品点连接起来的线，又称为普朗克轨迹 (Planckian locus)，见图 2-21 所示。在图 2-21 的色品图上，黑体轨迹为马蹄形边界向内延伸的色温线 ("小尾巴线")。图中的马蹄形线 1 为光谱轨迹，即各不同波长单色光的色品坐标点连成的轨迹；图中的线 2 为连接光谱轨迹两端点 380nm 与 780nm 的直线，直线上各点对应的颜色由紫色到红色，称为紫色边界；图中的线 3 为黑体轨迹，即黑体在不同温度下发出的光的色品坐标点连接后得到的曲线 (空心点对应色温的温度数值，实心点对应色温的字母代号)。

2.8.114 主波长 dominant wavelength

当规定的无彩色刺激和某单色光刺激以适当的比例相加混色时，与试验色刺激达到色匹配的单色波长，用符号 λ_d 表示。在紫色刺激场合，主波长由补色波长代替。

2.8.115　补色波长 complementary wavelength

当试验色刺激和某单色光刺激以适当的比例相加混色时，与规定的无彩色刺激达到色匹配的单色光波长，用符号 λ_c 表示，简称为补波长。

2.8.116　白点 white point

颜色介质或颜色空间的白平衡点的色品。例如，sRGB 系统的白点是 D65 照明体的色品、CIECAM02 色貌模型的参照白点是等能光谱的色品。

2.8.117　颜色宽容量 color tolerance

人眼不能感觉出差别的颜色范围或颜色变化区间。颜色宽容量既可通过人眼对颜色的分辨能力来反映，也可通过色度表达图等反映。人眼在波长为 490nm 附近区间和 600nm 附近区间，视觉的辨色能力很高，只要有 1nm 的改变就能被察觉出颜色的差别；而在 430nm 附近区间和 650nm 附近区间，这两个区间的辨色能力很低，需要达到 5nm~6nm 才能辨色差别。在 CIE 1931 色度图上，人眼只能看出较少数量的各种绿色，而可看出更多数量的各种蓝色，绿色在图上可辨别的距离长，蓝色在图上可辨别的距离短，蓝色与绿色的最大距离比达到 1/20，色度图中光谱轨迹蓝色端的颜色密度是绿色顶部密度的 300~400 倍。因此，CIE 1931 色度图的颜色分布关系很不均匀。

2.8.118　均匀色品标尺图 uniform chromaticity scale diagram

尽量以整个图内等距离表示同亮度色刺激的等色差来定义的坐标构成的二维图，简称为 UCS 图 (uniform chromaticity-scale diagram)。均匀色品标尺图是将 CIE 色品图经过某种变换而得到的均匀色品标尺图。在等明度 UCS 图上，两点间的色差与它们间的距离成正比。

2.8.119　CIE 1960 均匀色品标尺图 CIE 1960 uniform chromaticity scale diagram

按 1960 年 CIE 规定的公式 (2-21) 关系计算的直角坐标 u 和 v 作图而生成的均匀色品标尺图，简称为 CIE 1960 UCS 图。CIE 1960 UCS 图是针对 CIE 1931 色度图各颜色间的颜色宽容量差别太大而实施的颜色均匀性改造建立的。用 XYZ 色度系统中的三刺激值 X、Y、Z 或色品坐标 x、y，按公式 (2-21) 可计算得到 u、v 坐标。

$$\begin{cases} u = \dfrac{4X}{X + 15Y + 3Z} = \dfrac{4x}{-2x + 12y + 3} \\ v = \dfrac{6Y}{X + 15Y + 3Z} = \dfrac{6y}{-2x + 12y + 3} \end{cases} \tag{2-21}$$

式中：X、Y、Z 分别为 CIE 1931 或 1964 标准色度系统的三刺激值；x、y 为所考虑色刺激的相应色品坐标。同理，对于大于 4° 视场 (或 10° 视场) 的均匀色品标尺图，在公式 (2-21) 中，用三刺激值 X_{10}、Y_{10}、Z_{10} 代替 X、Y、Z，色品坐标 x_{10}、y_{10} 代替 x、y，按公式 (2-21) 可计算得到 u_{10}、v_{10} 坐标。

2.8.120　CIE 1976 均匀色品标尺图 CIE 1976 uniform chromaticity scale diagram

按 1976 年 CIE 规定的公式 (2-22) 关系计算的直角坐标 u' 和 v' 作图而生成的均匀色品标尺图，简称为 CIE 1976 UCS 图。用 XYZ 色度系统中的三刺激值 X、Y、Z 或色品坐标 x、y，按公式 (2-22) 可计算得到 u'、v' 坐标。

$$\begin{cases} u' = \dfrac{4X}{X + 15Y + 3Z} = \dfrac{4x}{-2x + 12y + 3} \\[2mm] v' = \dfrac{9Y}{X + 15Y + 3Z} = \dfrac{9y}{-2x + 12y + 3} \end{cases} \tag{2-22}$$

式中：X、Y、Z 分别为 CIE1931 或 CIE1964 标准色度系统的三刺激值；x、y 为所考虑色刺激的相应色品坐标。CIE 1976 UCS 图是由 CIE 1960 UCS 图 (直角坐标为 u 和 v) 修改而成并代替它，两对坐标之间的关系为：$u' = u$；$v' = 1.5v$。CIE 1976 均匀色品标尺图实际上是 CIE 1976 均匀色空间中的二维色品坐标部分。对于大于 4° 视场 (或 10° 视场) 的均匀色品标尺图，用 10° 的三刺激值替代 1°~4° 视场的三刺激值计算即可。

2.8.121　CIE 1964 $(W^*U^*V^*)$ 色空间 CIE 1964 $(W^*U^*V^*)$ color space

按 1964 年 CIE 规定的公式 (2-23) 关系计算的直角坐标 $W^*U^*V^*$ 作图而生成的近似均匀的三维色空间，也称为 CIE 1964$(W^*U^*V^*)$ 均匀颜色空间，简称为 CIE WUV 色空间。

$$\begin{cases} W^* = 25Y^{1/3} - 17 \quad (1 \leqslant Y \leqslant 100) \\ U^* = 13W^* (u - u_0) \\ V^* = 13W^* (v - v_0) \end{cases} \tag{2-23}$$

式中：W^* 为 CIE 1964 规定的明度指数；U^*、V^* 为色度指数坐标系统；u、v 为颜色样品的色度坐标；u_0、v_0 为光源的色度坐标。虽然 CIE 1960 UCS 图解决了 CIE 1931 色度图的不均匀性，但它没有明度坐标，在给出坐标 u、v 时还需单独注明 Y 值，这样在计算颜色差异时就不太方便。因此，需要将 CIE 1960 UCS 图的两维空间扩充为包括亮度因数在内的三维均匀空间，因此而建立了 CIE 1964$(W^*U^*V^*)$ 均匀颜色空间。

1964 均匀颜色空间的色差 ΔE 可以通过两个颜色 $U_1^*V_1^*W_1^*$ 和 $U_2^*V_2^*W_2^*$ 知觉上的差异，按公式 (2-24) 计算求得。

$$\Delta E = \left[(U_1^* - U_2^*)^2 + (V_1^* - V_2^*)^2 + (W_1^* - W_2^*)^2 \right]^{1/2}$$
$$= \left[\Delta U^{*2} + \Delta V^{*2} + \Delta W^{*2} \right]^{1/2} \tag{2-24}$$

2.8.122   CIE 1976 ($L^*u^*v^*$) 色空间 CIE 1976 ($L^*u^*v^*$) color space

按 1976 年 CIE 规定的公式 (2-25) 关系计算的直角坐标 $L^*u^*v^*$ 作图而生成的近似均匀的三维色空间, 也称为 CIE 1976($L^*u^*v^*$) 均匀颜色空间, 简称为 CIE LUV 色空间。

$$\begin{cases} L^* = 116 \, (Y/Y_\mathrm{n})^{1/3} - 16 \quad (Y/Y_\mathrm{n} > 0.008856) \\ u^* = 13 L^* \, (u' - u_\mathrm{n}') \\ v^* = 13 L^* \, (v' - v_\mathrm{n}') \end{cases} \tag{2-25}$$

式中: L^* 为 CIE 1976 规定的米制明度; u^*、v^* 为米制色品; Y 为三刺激值 Y 或 Y_{10}; u'、v' 为 CIE 1976 均匀色空间色品坐标; u_n'、v_n' 为特定的无彩刺激 (完全漫反射面的三刺激值); Y_n 为完全漫反射体色刺激的亮度因数。也有的书籍用 Y_0、u_0'、v_0' 表示 Y_n、u_n'、v_n'。

CIE 1976 近似均匀色空间饱和度 S_{uv}、彩度 C_{uv}^* 和色调角 h_{uv} 的近似关系可分别按公式 (2-26)、公式 (2-27) 和公式 (2-28) 计算:

$$S_{\mathrm{uv}} = 13 \left[(u' - u_\mathrm{n}')^2 + (v' - v_\mathrm{n}')^2 \right]^{1/2} \tag{2-26}$$

$$C_{\mathrm{uv}}^* = \left(u^{*2} - v^{*2} \right)^{1/2} = L^* S_{\mathrm{uv}} \tag{2-27}$$

$$h_{\mathrm{uv}} = \arctan \left[(v' - v_\mathrm{n}') / (u' - u_\mathrm{n}') \right] = \arctan \left(v^* / u^* \right) \tag{2-28}$$

CIE 1976($L^*u^*v^*$) 色空间是 CIE 为了改进 ($U^*V^*W^*$) 色空间新推出的, 改进的内容主要有三个方面: ① 包括了完全漫反射物体色刺激的亮度因数 Y_n; ② L^* 式中将 W^* 式中的常数 17 改为 16, 目的是当 $Y = 100$ 时, 可使米制明度 $L^* = 100$; ③ 将 CIE 1964 的坐标 v 改为 v', $v' = 1.5v$, 而坐标 u' 保持不变, $u' = u$, 使色差的计算有所改变。

2.8.123   CIE 1976($L^*u^*v^*$) 色差 CIE 1976($L^*u^*v^*$) color difference

两色刺激之差对应的 CIE 于 1976 年定义的 $L^*u^*v^*$ 空间中相应两点间的欧几里得距离, 简称为 CIE LUV 色差, 用 ΔE_{uv}^* 表示, 按公式 (2-29) 计算:

$$\Delta E_{\mathrm{uv}}^* = \left[(\Delta L^*)^2 + (\Delta u^*)^2 + (\Delta v^*)^2 \right]^{1/2} \tag{2-29}$$

CIE 1976 年的 u, v 色调差的 ΔH_{uv}^* 按公式 (2-30) 计算:

$$\Delta H_{\mathrm{uv}}^* = \left[(\Delta E_{\mathrm{uv}}^*)^2 - (\Delta L^*)^2 - (\Delta C_{\mathrm{uv}}^*)^2 \right]^{1/2} \tag{2-30}$$

2.8.124 CIE 1976($L^*a^*b^*$) 色空间 CIE 1976($L^*a^*b^*$) color space

按 1976 年 CIE 规定的公式 (2-31) 关系计算的直角坐标 $L^*a^*b^*$ 作图而生成的近似均匀的三维色空间, 也称为 CIE 1976 ($L^*a^*b^*$) 均匀颜色空间, 简称为 CIE LAB 色空间。

$$
\begin{cases}
L^* = 116\,(Y/Y_n)^{1/3} - 16 & (Y/Y_n > 0.008856) \\
a^* = 500\,(X/X_n)^{1/3} - (Y/Y_n)^{1/3} & (X/X_n > 0.008856) \\
b^* = 200\,(Y/Y_n)^{1/3} - (Z/Z_n)^{1/3} & (Z/Z_n > 0.008856)
\end{cases}
\tag{2-31}
$$

式中: L^* 为 CIE 1976 规定的米制明度; a^*、b^* 为米制色品; X、Y、Z 为 XYZ 表色系统或 $X_{10}Y_{10}Z_{10}$ 表色系统的三刺激值; X_n、Y_n、Z_n 为特定的白色无彩刺激 (完全漫反射的三刺激值)。有的书籍用 X_0、Y_0、Z_0 表示 X_n、Y_n、Z_n。CIE 1976 ($L^*a^*b^*$) 是为了获得物体色在知觉上均匀的空间, 并反映大于阈值小于孟塞尔颜色系统所表示的色差而推荐的第二个均匀颜色空间和色差计算方法。

CIE 1976 近似均匀色空间 (L^*a^*b) 的彩度 C_{ab}^* 和色调角 h_{ab} 的近似关系可分别按公式 (2-32) 和公式 (2-33) 计算:

$$
C_{ab}^* = \left(a^{*2} + b^{*2}\right)^{1/2}
\tag{2-32}
$$

$$
h_{ab} = \arctan\,(b^*/a^*)
\tag{2-33}
$$

为了获得物体色在知觉上均匀的空间, 并反映大于阈值小于孟塞尔颜色系统所表示的色差, CIE 推荐了第二个均匀 CIE 1976(L^*a^*b) 颜色空间和 CIE 1976($L^*a^*b^*$) 色差。

CIE 1976 的两个颜色空间中的米制明度 L^* 是相同的, 但米制色度 a^*、b^* 与 u^*、v^* 之间不存在简单关系, 但它们都与 x、y 坐标值发生关系。

2.8.125 CIE 1976($L^*a^*b^*$) 色差 CIE 1976($L^*a^*b^*$) color difference

两色刺激之差对应的 CIE 于 1976 年定义的 $L^*a^*b^*$ 空间中相应两点间的欧几里得距离, 简称为 CIE LUV 色差, 用 ΔE_{ab}^* 表示, 按公式 (2-34) 计算:

$$
\Delta E_{ab}^* = \left[(\Delta L^*)^2 + (\Delta a^*)^2 + (\Delta b^*)^2\right]^{1/2}
\tag{2-34}
$$

CIE 1976 年的 a, b 色调差的 ΔH_{ab}^* 按公式 (2-35) 计算:

$$
\Delta H_{ab}^* = \left[(\Delta E_{ab}^*)^2 - (\Delta L^*)^2 - (\Delta C_{ab}^*)^2\right]^{1/2}
\tag{2-35}
$$

CIE 1976 的两个颜色空间及色差公式适用于当前常用的观察条件, 在某些特殊观察条件下可能需要对两个颜色空间的色差计算用一定的加权系数, 加权系数主要作用于米制明度上。

2.9　其他表色系统

2.9.1　孟塞尔颜色系统 Munsell color system

用孟塞尔色立体模型所规定的色调、明度和彩度来表示物体表面色的色度系统。孟塞尔色立体模型的形状类似于一个球体，见图 2-22 所示；球中央轴的方向 (垂直于水平的方向) 表示明度 V，球的水平方向表示彩度 C，球的圆周旋转方向表示色调 H，见图 2-23 所示。对于任何颜色，用三个指标的数值按 "HV/C" 的格式表示，即 "色调值 明度值/彩度值"。美国于 1915 年出版第一版《孟塞尔颜色图谱》，在 1929 年和 1943 年分别进行了修订，修订成《孟塞尔颜色图册》。最新版的包括有光泽和无光泽两套样品：有光泽样品 (1974 年) 共包括 1450 块颜色样品，附有一套由白到黑共 37 块中性色样品；无光泽样品 (1973 年) 共包括 1150 块颜色样品，附有一套由白到黑共 32 块中性色样品。1943 年美国光学学会发现孟塞尔颜色样品在编排上不完全符合视觉上等距的原则，重新编排和增补了孟塞尔图册中的色样，制定出《孟塞尔新标系统》。

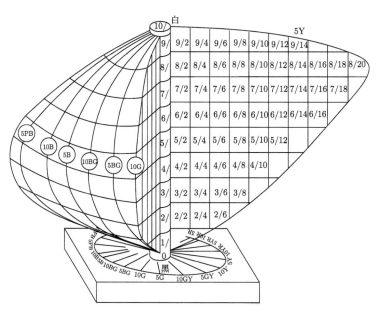

图 2-22　孟塞尔色立体模型

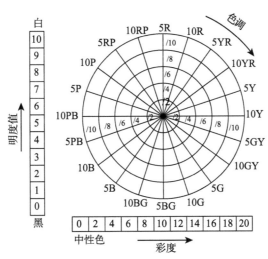

图 2-23 孟塞尔色立体模型的三个指标关系图

2.9.2 孟塞尔色调 Munsell hue

孟塞尔颜色体系中采用的色调,用符号 H 表示。立体球的水平剖面上有 20 分角扇区,共代表 10 色调,其中 5 个为主要色调红 (R)、黄 (Y)、绿 (G)、蓝 (B)、紫 (P),5 个为中间色调黄红 (YR)、绿黄 (GY)、蓝绿 (BG)、紫蓝 (PB)、红紫 (RP)。为了细分色调,将每个色调分为 10 个等级,5 个等级占一个扇区。

2.9.3 孟塞尔明度 Munsell value

孟塞尔颜色体系中采用的明度,用符号 V 表示。明度代表无彩色白黑系列中性色,沿中央轴方向划分等级,分成 0~10 共 11 个等级,白色在球顶,黑色在球底,实际使用只用明度值 1~9。明度等价于视亮度。

2.9.4 孟塞尔彩度 Munsell chroma

孟塞尔颜色体系中采用的彩度,用符号 C 表示。彩度代表颜色的饱和度的程度,用离开中央轴的水平距离来代表。彩度表示具有相同明度值的颜色离开中性灰色的程度,也分成多个视觉相等的等级,一个等级的数值为 2,中央轴上的中性色的彩度为 0。各种颜色的最大彩度是不一样的,个别最饱和颜色的彩度可达到 20,例如,明度值为 8 的黄色和明度值为 5 的蓝色的彩度都达到了 20。彩度是颜色混合白色比例多少的反映,是颜色纯度的表达,彩度数值越大,颜色越纯。

2.9.5　孟塞尔明度函数 Munsell value function

孟塞尔明度 V 与烟熏氧化镁的相对亮度因数之间的经验公式，按公式 (2-36) 计算：

$$\frac{100Y}{Y_{\text{MgO}}} = 1.2219V - 0.23111V^2 + 0.23951V^3 - 0.021009V^4 + 0.0008404V^5 \quad (2\text{-}36)$$

式中：Y_{MgO} 为烟熏氧化镁的亮度因数；Y 为亮度因数；V 为孟塞尔明度值。

2.9.6　亨特色差公式 Hunter's color difference formula

1948 年由亨特提出的均匀色空间色差公式。在标准光源 C 的照明下，表面色的色差公式，按公式 (2-37)、公式 (2-38)、公式 (2-39) 和公式 (2-40) 计算：

$$\Delta E_{\text{H}} = \left[(\Delta L)^2 + (\Delta a)^2 + (\Delta b)^2 \right]^{1/2} \quad (2\text{-}37)$$

$$L = 10Y^{1/2} \quad (2\text{-}38)$$

$$a = \frac{17.5\,(1.02X - Y)}{Y^{1/2}} \quad (2\text{-}39)$$

$$b = \frac{7.0\,(Y - 0.847Z)}{Y^{1/2}} \quad (2\text{-}40)$$

式中：ΔE_{H} 为亨特色差；ΔL、Δa、Δb 为坐标 L、a、b 中两个颜色点的相应坐标值之差；X、Y、Z 为 XYZ 表色系统中色刺激的三刺激值。

2.9.7　奥斯瓦尔德颜色系统 Ostwald color system

由奥斯瓦尔德 (Wilhelm Ostwald) 建立的色立体模型表色系统。奥斯瓦尔德色立体模型是由一正三角形 CWB 围绕其中一个边 (W 或 B) 旋转形成的，WB 为中央轴 (称为无彩轴) 的彩色立体。在正三角形中，最鲜艳的颜色 (称为全色) 放在角 C，黑色为角 B，白色为角 W，三角形内的任意颜色可由三个角的成分组成，并设全部量为 1 (即 100%)。奥斯瓦尔德颜色体系将圆周进行四等分，得出红与海绿和黄与深蓝两对主要色，再各二等分得出中间色调橙、叶绿、青绿和紫，再各三等分得出总共二十四种色调。奥斯瓦尔德颜色体系的颜色标号由数字或数字和大写字母与两个小写字母组成。奥斯瓦尔德颜色系统的特点是颜色容易复制，美术家和颜料工作者易于使用。

2.9.8 自然色系统 nature color system

由瑞典物理学家约翰森提出的以六个心理原色白、黑、黄、红、蓝、绿为基础建立的表色系统，符号表示为 NCS。自然色系统为正常色觉的人提供一种判定颜色的方法，使用这种方法，不需要测色仪器，也不必用色样比较。用 NCS 判定颜色时，第一步是确定颜色的色调，然后再判断产生这一色调所需的两单色色调的相对比例。自然色系统使用方便，即使没有专业知识的人也能选好颜色。

2.9.9 中国颜色体系 Chinese color system

在对国际上其他颜色体系的理论分析和对颜色样品测试的基础上，通过开展中国人眼对色调、明度、彩度等间距排列的视觉评价实验建立的一种色序系统，又称为中国颜色系统。

2.9.10 美国光学学会均匀颜色体系 uniform color system of Optics Society of America

由美国光学学会 (OSA) 按照 OSA 设计的匀色空间表色系统 (OSA-UCS)，于 1977 年制备的一套丙烯光泽色卡，又称为 OSA 匀色标。OSA 匀色空间立体由十二个角组成，是一个将正方体的八个角切去形成的一个正十四面体。这套色卡每种颜色有十二个邻近色 (边缘上的少数颜色除外)，色卡共有 558 种颜色。OSA-UCS 被认为是目前最均匀的表色空间，是一套使用价值很高的表色系统。

2.10 色度学应用

2.10.1 国际照明委员 International Commission on Illumination (CIE)

由国际照明工程领域中光源制造、照明设计和光辐射计量测试机构组成的非政府间多学科的世界性非营利性技术组织。国际照明委员成立于 1913 年，其总部设在奥地利的维也纳 (Vienna, Austria)，目前设有 8 个技术分部。

2.10.2 国际颜色学会 International Color Association (AIC)

鼓励开展全方位的颜色研究、促进颜色理论与技术的相关成果在众多领域中的应用的技术组织。国际颜色学会成立于 1967 年，与 CIE 的关系密切。

2.10.3 国际颜色联盟 International Color Consortium (ICC)

以建立和推广一种开放、中立、跨平台的颜色彩管理系统并促使其标准化的工业联盟组织，又称为国际色彩联盟。国际颜色联盟成立于 1993 年，最初由颜色应用领域的 8 个国际著名厂商发起组成，目前共有 100 多个国际厂商加盟。该联盟已发布了 10 个版本的颜色匹配的 ICC 规范，最新版为 4.3.0 ICC.1：2010—12，其技术内容与 ISO15076-1：2010 相同。

2.10.4　色平衡 color balance

将两个以上颜色通过相加或相减达到无彩色的状态。色平衡的状态是一个消除彩色的状态，或是寻找颜色的补色的过程。

2.10.5　色分解 color separation

将原景物或原图像中的颜色通过分色装置或分色仪器分成符合组成比例分量的三个基色或四个基色的操作或过程，也称为颜色分解。在彩色电视摄像中，用棱镜将景物的颜色分解成其组成关系的基色，以作为彩色显示复现的三路或四路信号。在多色印刷等技术中，从原来的图像中分出两种以上基色，作出各自的明暗图像。

2.10.6　色合成 color composite

将分解的原景物或原图像中的颜色通过按原来的组成份额进行相叠加的显示，也称为颜色合成。色合成的叠加方式有空间重叠的叠加、空间紧邻的叠加、时间紧邻的叠加等。

2.10.7　相加色 additive color

由两种及以上发光色混合而成的颜色。相加色将会随着参混发光色的数量增加而变亮。多束彩色光束相重叠所形成的颜色为相加色。

2.10.8　相减色 subtractive color

由两种及以上非发光色 (光经反射或透射而产生) 混合而成的颜色。相减色将会随着参混非发光色的数量增加而变暗。多种彩色颜料混合在一起形成的颜色为相减色。

2.10.9　相加混色 additive mixture

在视网膜的同一个部位，以同时入射或高频交替入射两种以上的色刺激或人眼分辨不出的镶嵌方式入射的色刺激混合，感觉出另一个颜色的现象。

2.10.10　相加混色原色 additive primaries

相加混色用的基本色刺激的颜色。相加混色原色通常使用红色、绿色和蓝色三种颜色，又称为三基色。

2.10.11　相减混色 subtractive mixture

光经颜色滤光片或其他光吸收介质组合而产生不同于原来的颜色。相减混色是吸收色之间的混色。

2.10.12 相减混色原色 subtractive primaries

相减混合用的基本吸收介质的颜色。相减混色原色通常为品红色 (吸收光谱的绿色部分)、黄色 (吸收光谱的蓝紫部分) 和青色 (吸收光谱的红色部分) 的色吸收介质。

2.10.13 麦克斯韦混色盘 Maxwell disc

在圆板上布置各种不同颜色的扇形面，把它快速旋转，用来进行颜色相加试验的装置。麦克斯韦盘是一种颜色相加试验盘，可将拟相加的颜色分别置入盘中不同的区域，通过旋转色盘，观察转盘转动过程的颜色得到合成的结果颜色。

2.10.14 色复现 color reproduction

实物的颜色在彩色图画、彩色照片、彩色电视等上面的重现过程。色复现是通过光源或特制的装置对实物表色的显色过程或再现过程。

2.10.15 显色意图 color rendering intent

在 ICC 颜色管理规范中，颜色管理系统有根据不同的应用目标来定义的颜色复制策略，也称为目标颜色的表现方式。

2.10.16 颜色转换 color conversion

颜色设备或介质之间的颜色空间的变换或映射或匹配的操作。颜色转换通常由颜色管理模块 CMM (color management module) 调用颜色特性文件 (color profile) 来完成。

2.10.17 基色转换 primary color transformation

将颜色从一种制式基色变换到另一种制式基色的操作。色度学常用的是 CIE-XYZ 系统，其三基色为 (X)、(Y)、(Z)，而彩色电视用的基色是 (R)、(G)、(B)，为了用 CIE-XYZ 系统的色品坐标来表示 RGB 三基色，就需要将 CIE-XYZ 系统转入到 RGB 三基色系统，或将用 RGB 三基色系统的表示转换成用 CIE-XYZ 系统的表示。例如，将 PAL 彩色电视的基色 (R)、(G)、(B) 和白色 (W) 用 CIE-XYZ 系统的色品坐标表示，就需要用公式 (2-41) 进行转换。

$$\begin{cases} R: & x_r = 0.64, & y_r = 0.33, & z_r = 0.03 \\ G: & x_g = 0.29, & y_g = 0.60, & z_g = 0.11 \\ B: & x_b = 0.15, & y_b = 0.06, & z_b = 0.79 \\ W: & x_0 = 0.313, & y_0 = 0.329, & z_0 = 0.358 \end{cases} \tag{2-41}$$

2.10.18   色增生指数 color creation index

由国际标准化组织 (ISO) 规定的用于评价摄影镜头颜色再现质量的三个数组成的一个数组，简称为 CCI 值。这三个数分别用于表示摄影镜头对景物或图像的三基色再现能力，分别用 R_B、R_G、R_R 表示，用公式 (2-42) 计算。

$$\begin{cases} R_B = \int_{\lambda_1}^{\lambda_2} P(\lambda)S_B(\lambda)\tau(\lambda)\mathrm{d}\tau \\[2mm] R_G = \int_{\lambda_1}^{\lambda_2} P(\lambda)S_G(\lambda)\tau(\lambda)\mathrm{d}\tau \\[2mm] R_R = \int_{\lambda_1}^{\lambda_2} P(\lambda)S_R(\lambda)\tau(\lambda)\mathrm{d}\tau \end{cases} \tag{2-42}$$

式中：$P(\lambda)$ 为光源的光谱分布；$S_B(\lambda)$、$S_G(\lambda)$、$S_R(\lambda)$ 为蓝、绿、红感光接收器的光谱灵敏度；$\tau(\lambda)$ 为镜头的轴向光谱透射比；$\lambda_1 \sim \lambda_2$ 为彩色感光波长范围。例如，一个镜头的色增生指数为 $R_B = 92$、$R_G = 100$ 和 $R_R = 96$，色增生指数越大的原色，说明镜头对该原色的透射比越高。

2.10.19   颜色管理系统 color management system (CMS)

实现跨平台或跨介质的颜色信息管理和交流，包括颜色的获取、显示、打印输出等管理的系统，也称为计算机颜色管理系统。颜色管理系统的典型代表是国际颜色联盟 (International Color Consortium, ICC) 的颜色管理系统。

2.10.20   颜色特性文件 color profile

一种标准化的、用于描述各种颜色输入及输出介质的颜色特性的数据文件。颜色特性文件是计算机颜色管理系统的核心部分，其规范由国际颜色联盟 (ICC) 来制定。

2.10.21   色度特性化 colorimetric characterization

颜色输入及输出介质的颜色特性化的表达。色度特性化通常是采用标准化的测量手段建立特定设备或介质的颜色空间参数与标准化的颜色空间参数 (如 CIE 1976 LAB、CIE 1976 LUV) 的数学模型或转换关系。

2.10.22   颜色校准 colorimetric calibration

对颜色的输入输出设备或介质的颜色用标准颜色进行校准的过程。颜色校准包括白场、基色、对比度、色度、线性度等的校准。

2.10.23 照明条件 illuminating condition

符合 CIE 各种光度色度测量要求的照射角、测量角、光束角的条件,也称为照明和观测条件。照明条件是保证光度色度测量结果正确性和可靠性的条件。CIE 于 1971 年正式推荐四种测色的标准照明和观测条件:垂直/45°(0/45); 45°/垂直 (45/0);垂直/漫射 (0/d);漫射/垂直 (d/0)。在 "/" 表示中, "/" 前面的是光源的照射角度, "/" 后面的是观察 (或探测) 角度,例如, "垂直/45°" 表示垂直样品面照射,与样品面成 45° 角观察 (或探测),在括号 "( )" 中的 "0/45" 为缩写;第三个和第四个条件是用积分球进行测量,样品表面、光源和观察 (或探测) 分别在积分球上开口提供窗口。

2.10.24 镜面光包含条件 specular component included condition

研究颜色测量中包含镜面光的测量条件。光谱镜面光包含条件用于不关心颜色所附着的样品表面光泽度的测量方式,出现在 d/8、8/d 照明条件中。

d/8 照明条件分别有 di:8° 和 de:8° 两种照明条件。di:8° 的照明条件为:漫射照明,8° 方向接收,包括镜面反射成分;de:8° 的照明条件为:漫射照明,8° 方向接收,排除镜面反射成分,也不包括与镜面反射方向成 1° 角以内的其他光线。

8/d 照明条件分别有 8°:di 和 8°:de 两种照明条件。8°:di 的照明条件为:8° 方向照明,漫反射接收,包括镜面反射成分;8°:de 的照明条件为:8° 方向照明,漫反射接收,排除镜面反射成分。

镜面光包含条件为:di:8°; 8°:di。

2.10.25 镜面光不包含条件 specular component excluded condition

研究颜色测量中不包含镜面光的测量条件。光谱镜面光不包含条件用于关心颜色所附着的样品表面光泽度的测量方式,出现在 d/8、8/d 照明条件中。

镜面光不包含条件为:de:8°; 8°:de。

第3章 几何光学术语及概念

本章的几何光学术语及概念主要包括几何光学基础、光线与光束、光线传输、光学系统要素、光学系统成像、棱镜光学性能、光学系统光束限制、像差、光学系统设计共九个方面的术语及概念。有些术语及概念可以属于本章的，但因为有些基础性的内容放到了"第1章 通用基础术语及概念"中，如反射定律、折射定律、全反射等术语及概念，因此在本章中就不再重复。在本章中，多个章节都需要拥有的术语及概念，尽量放到基础性的或最密切相关的或前置的章节(前面的章节或后面的章节中)，在其他相关章节中就不再重复纳入，如焦距可放到光学系统要素、光学系统成像、光学系统设计等节中，从基础性和紧密性的角度考虑，放到了光学系统要素一节中。再如数值孔径、相对孔径是光学设计的参数，同时也是光束限制的参数，由于光学系统光束限制在前面章节中，因此将其放到了光学系统光束限制一节中。在光学学科中，几何光学和光学设计是两门独立的课程，由于本章设置的章节有限，同时考虑到几何光学是光学设计的基础这一相近性关系，因此，将光学设计中的光学系统术语及概念放入到了本章中。关于各种类型的物镜和目镜，在本章和"第16章 光学零部组件术语及概念"都有，本章的物镜和目镜是从设计和性能参数角度论述的概念，即主要描述光学零部组件组成关系、传输光路和参数等。而"第16章 光学零部组件术语及概念"主要是从结构形状和功能角度论述的，两章的物镜和目镜的术语对象基本上是不相同的，且论述的角度也不同，一章从设计角度论述，一章从实体形态角度论述。

3.1 几何光学基础

3.1.1 几何光学 geometric optics

将光看成沿直线传播，用几何的方法研究光在介质中传播和在光学系统中成像规律的光学学科。几何光学的内容包括光的反射与折射定律、光线与光束的性质、光线的传输、光学系统的特性、光学系统成像、光束限制、几何像差、光学设计等方面的知识，是光学现象直观认识和光学系统设计的基础。

3.1.2 光线直线传播定律 law of straight path propagation of light ray

光线在各向同性或均匀介质中总是沿着直线进行传播的规律。光线的直线传播定律为把光线作为几何线看待提供了理论依据，也为几何光学的建立提供了基础。

3.1.3 光线独立传播定律 law of independent propagation of light ray

两束或多束光在传播途中相遇时，不会出现各光束性能发生变化的相互干扰现象的规律。光线独立传播定律中的互不干扰是指一束光的传播方向、波长、频率、强度等状态都不会因为另外光束的存在或叠加而发生改变。光线独立传播定律中的光线是指非相干光，当相干光相遇时，光线独立传播定律将失效。

3.1.4 光路可逆原理 light path reversible principle

在光线传播经历的路径中或光线完成传播后，当光线以与原传播方向相反的方向传播时或逆向传播时，它将沿着同一路径原路返回的规律，又称为光路可逆定理。光路可逆原理说明了反射定律和折射定律的普遍适用性和对光线传输的无先后选择性。光路可逆性质也是光线发出源头的可追溯性质。这一原理为光线的传播分析多提供了一个追迹分析的方向。"你能看到我，我就能看到你" 是这个原理的形象化描述。

3.1.5 马吕斯定律 Malus' law

〈几何光学〉作为某曲面的法线集的一束光线，在传播路径中，经过任意次折射、反射后，该束光线的每条光线仍然与新到达位置的另一曲面的对应面元垂直，构成新的法线集，且两个曲面之间的所有光线的光程相等的规律。马吕斯定律所描述的是光束的传播规律，即光束是有波面的，光束中的每一根光线与其波面垂直，光束传播过程中任意两波面间的光程相等且传播时间相等。平行光束的波面为平面波，发散和会聚光束的波面为曲面波 (球面或二次曲面等)。应用马吕斯定律作图可求解光束反射和折射传播的路径和到达位置。

3.1.6 费马原理 Fermat's principle

光传播的路径是光程最短的路径的原理。另一等价的表达为：空间中两点间的实际光线路径是所经历光程平稳的路径。这个 "平稳" 在数学上是光程的一阶导数为零，这个极值可以是最大值、最小值或拐点，常称为光程极值原理或时间极值原理，即光程最短律或时间最短律。光传播的极值路径证明了：光线在均匀介质中传播时，光程的路径最短，光线为直线传播；光线在两个介质的界面反射时，入射光线、反射光线和法线在一个平面内，且反射定律成立；光线从一个介质进入另一个介质时，入射光线、折射光线和法线在一个平面内，且折射定律成立。

3.1.7 介质 medium

光可以通过的任何气体、液体、固体物质，也称为媒质或媒介。光通过介质时将发生光的传播效应，如光的传播速度变化、折射、吸收、散射等，光从光疏介质进入光密介质后光速变慢、折射角小于入射角等，反之亦然。

3.1.8　各向同性介质 isotropic medium

光束在其空间分布中传播的光学性质 (光速、偏振态等) 是均匀的或相同的物质，也称为各向同性介质。对于各向同性介质，其在空间任何位置和方向的折射率、色散等光学性质是一样的。

3.1.9　光疏介质 optically thinner medium

两种能传播光的介质相比，或两相邻的能传播光的介质相比，折射率较小的那种介质。空气与水相比，空气是光疏介质；水与玻璃相比，水是光疏介质。

3.1.10　光密介质 optically dense medium

两种能传播光的介质相比，或两相邻的能传播光的介质相比，折射率较大的那种介质。空气与水相比，水是光密介质；水与玻璃相比，玻璃是光密介质。

3.1.11　几何光学符号规则 geometric optics symbolic rule

对几何光学的光路追迹、像差计算和光学系统成像等计算公式中的线段、角度等诸参量的正负关系进行确定的规定。按几何光学符号规则导出的公式，可以适用于光学计算中的各种不同情况。在用几何光学的公式计算时，必须遵守相应的符号规则才能保证计算结果的正确性。

光线入射方向自左向右；线段从原点起始，从左到右为正，从右到左为负，从下到上为正，从上到下为负。光学系统到物、像的距离的起算原点，以光学系统的光学面 (折射面、反射面、主面等) 与光轴的交点为原点；物方、像方焦点到物、像的距离的起算原点，以焦点为原点；光学系统顶点间的距离，以前一个顶点为原点；像差，以理想像点为原点。角度以锐角度量，顺时针转为正，逆时针转为负；光线与光轴的夹角，由光轴起始转到光线；光线与光学元件表面法线的夹角，由光线起始转到法线；光轴与法线的夹角，由光轴起始转到法线。角度单位按三角函数运算时采用度分秒，直接计算时采用弧度。

对于棱镜转动的角度符号，对着转轴矢量观察时，逆时针为正，顺时针为负。

有的软件以物点为起算原点。

3.1.12　相对折射率 relative index of refraction

光线在两种介质 (除空气外) 中的相速度之比值，或这两种介质折射率比的倒数。光线在 A 介质中的相速度与 B 介质中的相速度之比等于 B 介质的折射率与 A 介质的折射率之比。

3.2 光线与光束

3.2.1 光线 ray of light

表征光的传播方向、路径和能量的几何线。光线的方向代表光能量的传播方向。光线的概念是几何光学的基础。在各向同性的介质中,光线是沿直线传播的。从几何的角度,两个几何点之间原则上只有一条光线,但这条光线的能量是可大可小的。光线是忽略了光的微观的波动性和相干性,只考虑光的能量和方向性的宏观抽象概念。

3.2.2 发光点 luminous point

本身能自发光或被照明刺激后能发光的几何点。发光点可以看作光线的起点,向周围径向辐射光线。发光点是没有尺寸大小的无限小几何点,发光面元才有一定大小的几何尺寸。

3.2.3 光束 light beam; bundle of rays

由多光线构成的几何体光线传输的集合。光束有由一点对多点构成的尖锥形光束、球形光束等,多点对多点构成的柱形光束、锥形光束、梯形光束等。同一光束往往是来自同一物点源或会聚于同一像点的或具有等光程波阵面的所有光线的集合,否则不是同一光束。

3.2.4 同心光束 homocentric beam

具有对称中心光线的光束。同心光束的类型有发散光束、平行光束和会聚光束。会聚光束的光线沿传播方向将会相交于一点 (实交点);发散光束的光线沿传播方向的反方向延长线 (反向延长线采用虚线) 将会相交于一点 (虚交点);平行光的光线沿传播方向没有交点,或相交于无穷远。在光学设计中,同心光束具有分析和计算简便的优点。

3.2.5 发散光束 divergent beam

光束交点位于光线传播方向相反方向的光束。发散光束的交点既有虚交点,也有实交点。发散光束的交点在光束传播方向的反方向,有实物点经透镜后成虚像形成的发散光束,也有会聚光束会聚实焦点之后传播的发散光束。平行光通过负透镜后将形成发散光束,光束的虚焦点将位于平行光束的那方。

3.2.6 平行光束 parallel beam

由相互平行的光线构成的光束。平行光束可以看作是交点位于无限远的光束。平行光通过透镜后将会聚在其焦面上,从正透镜焦点发出经过透镜后的光为平行光。

3.2.7　会聚光束 convergent beam

光束交点位于光线传播方向的前方某点的光束。会聚光束的交点通常是实交点，但也可以为虚交点。平行光通过正透镜后将形成会聚光束。会聚光束的交点在光束传播的前进方向。当会聚光束遇到光学元件时的延长线交点为虚焦点 (因为延长线的交点不是实光线相交)。

3.2.8　准直光束 collimated beam

发散光束或会聚光束通过特定的光学系统后转变成的平行光束。准直光束是将发散光束的实交点或会聚光束的虚交点置于光学系统焦点处所形成的。准直光束是用准直方法得到的平行光束。平行光束对平面反射镜垂直入射后将原路反射返回，这是准直光束应用的典型实例。

3.2.9　细光束 sharp beam；thin pencil of ray

由一些无限靠近主光线的多光线构成的光束，或孔径角极小的同心光束，也称为元光束。细光束是通过光学系统后其光束口径尺寸不会带来与其相关的像差的光束，但会带来与其无关的像差，例如像散。

在实际中，认为孔径角正弦值与孔径角弧度值近似相等时，也可称为细光束。

3.2.10　宽光束 broad beam

具有一定孔径角或直径尺寸的光束。宽光束是包含离主光线一定距离或与主光线形成一定角度的许多光线构成的 "大口径" 光束，或 "粗直径" 光束。宽光束是通过光学系统后其光束口径尺寸会带来与其相关的像差的光束。

3.2.11　轴上光束 beam at axis

从光学系统光轴上的点发出的光束。轴上光束有从轴上发出，光线沿着光轴传播的光束，也有从轴上发出，光线与光轴成一定夹角的光束。

3.2.12　轴向光束 axial direction beam

沿着平行于光学系统光轴方向传播的光束。轴向光束有轴向细光束和轴向宽光束，轴向细光束基本是紧贴光轴且几乎平行于光轴的小直径光束，轴向宽光束可以看作与光学系统口径相同直径的光束或更大直径的光束 (只要其有意义)。

3.2.13　轴外光束 off-axis beam

从光学系统光轴以外的物点发射出的光束。轴外光束有光束主光线平行于光学系统光轴的轴外光束和主光线与光学系统光轴成一定的夹角的轴外光束。或者说轴外光束是斜入射光学系统的光束。

3.2.14　斜光束 oblique beam

光束的主光线与光学系统光轴成一定夹角入射光学系统的光束。斜光束通常会给光学系统带来场曲、像散、畸变、彗差等像差。

3.2.15　像散光束 astigmatic beam

子午光线和弧矢光线不会聚在同一点上的光束。像散光束是由于光束经过光学系统后，光学系统的像差所造成的子午面光线会聚点和弧矢面光线会聚点不重叠的现象。

3.2.16　子午面光束 meridian plane beam

在过光轴的平面内的所有光线或光束，简称为子午光束。子午光束的典型情况是光束是斜入射主光线与光轴所构成的平面内的所有光线的集合。对于光学系统而言，整个斜光束对子午面光束是对称的。子午面光束有光束主光线与光轴重合的对主光线对称的子午光束和光束主光线与光轴成一定夹角的对主光线不对称的斜子午光束。子午面光束通常用于描述斜入射光束的情况。

3.2.17　子午光线 meridian light ray

子午面光束中的光线。子午光线通常用来描述或解析透镜的成像关系，用来追踪光束受光学系统口径影响的变化，用来描述子午像差。

3.2.18　弧矢面光束 sagittal plane beam

与光束的子午面垂直并通过其主光线的平面内的所有光线或光束，简称为弧矢光束。除光束的主光线与光轴重合外，斜子午光束对弧矢面通常是不对称的。而弧矢面光束对子午面是对称光束，无论光束入射光学系统的斜角有多大。当子午面光束的主光线与光轴重合时，子午面光束和弧矢面光束是相同的。

3.2.19　弧矢光线 sagittal light ray

弧矢面光束中的光线。弧矢光线通常用于描述弧矢像差。相对于子午光线，弧矢光线使用的情形比较少。弧矢光线更多地用于分析像散、彗差等轴外像差。

3.3　光线传输

3.3.1　入射 incidence

光线投射到或射向介质界面或光学系统的行为或现象。入射有在介质界面的光疏介质区域的入射，也有在介质界面的光密介质区域的入射。整个入射行为都是在相同的均匀介质中的行为。入射是相对于折射和反射而言的，折射行为和反射行为对其继续传播进入的下一个界面可能成为了入射行为。

3.3.2   入射光线 incident ray

射到介质界面上的光线，见图 3-1 中的 AB 线段。入射光线是相对于折射光线和反射光线而言的，折射光线和反射光线对下一个界面可能成为了入射光线。

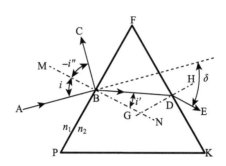

图 3-1   光线入射、反射、折射和出射的路径

图 3-1 中: AB 为入射光线；FP、FK 为界面；MN、GH 为界面的法线；BC 为反射光线；i'' 为反射角；BD 为折射光线；DE 为出射光线；δ 为偏向角。

3.3.3   法线 normal

垂直于两种介质界面的直线，见图 3-1 中的 MN 线段。法线是衡量入射角、反射角、折射角等大小的几何基准线。

3.3.4   入射角 angle of incidence；incident angle

入射光线与界面入射点处的法线所形成的夹角，用符号 i 或 I 或 θ 表示，见图 3-1 中的 i 所示。

3.3.5   入射面 plane of incidence

入射光线与入射界面的入射点法线所构成的平面。反射光线位于入射面内，折射光线也位于入射面内。

3.3.6   入射点 point of incidence

入射光线与介质界面的交点。入射点也是反射光线与介质界面的交点，还是折射光线与介质界面的交点。入射点是确定入射光线法线的位置，见图 3-1 中的 B 点。

3.3.7   反射 reflection

入射的光线或光辐射射到介质界面后经与介质界面作用返回到入射介质 (或原介质) 的行为或现象。入射光线在介质界面上的光线由介质表面反射回去的称为表面反射；入射光线进入到介质内部被散射回去的称为体反射。反射返回的光辐射能量大小与反射介质的表面状况和材料折射率有关。

3.3.8 反射光线 reflected ray

入射到介质界面，被介质界面按反射定律反射回原介质的光线，见图 3-1 中的 BC 线段。反射光线位于入射光线和界面入射点处法线所决定的平面内，反射光线和入射光线分别位于法线的两侧。

3.3.9 反射角 angle of reflection

反射光线与界面入射点处的法线所形成的夹角，用符号 i'' 或 I'' 或 θ'' 表示，见图 3-1 中的 i'' 所示。反射角 i'' 和入射角 i 的绝对值相等，符号相反。

3.3.10 内反射 inner reflecting

入射光线和反射光线均位于指定介质内的现象。内反射是对介质而言，是一个相对的概念，对某指定介质是内反射，对其相邻的介质就是外反射，例如，图 3-1 中的 BC 光线的反射对折射率为 n_1 的介质为内反射，而对折射率为 n_2 的介质是外反射。

3.3.11 外反射 outer reflecting

入射光线和反射光线均位于指定介质外的现象。外反射是对介质而言，也是一个相对的概念，对某指定介质是外反射，对其相邻的介质就是内反射，例如，图 3-1 中的 BC 光线的反射对折射率为 n_2 介质为外反射，而对折射率为 n_1 的介质是内反射。

3.3.12 折射 refraction

当两种介质的折射率不相等时，光线从一种介质与法线以一角度通过两种介质界面进入另一种介质后，光线传播方向发生改变的行为或现象。

3.3.13 折射光线 refracted ray

当入射光线射到两种均匀介质的界面上时，通过介质界面进入第二介质中的光线，见图 3-1 中的 BD 线段。折射光线位于入射光线和界面入射点处法线所决定的平面内，折射光线和入射光线分别位于法线的两侧。

3.3.14 折射角 angle of refraction

折射光线与界面入射点处法线所形成的夹角，用符号 i' 或 I' 或 θ' 表示，见图 3-1 中的 i' 所示。

折射角 i' 的正弦与入射角 i 的正弦之比值，等于入射光线所在介质折射率 n_1 与折射光线所在介质折射率 n_2 之比值，符合公式 (3-1) 的关系：

$$\frac{\sin i'}{\sin i} = \frac{n_1}{n_2} \tag{3-1}$$

式中：i' 为折射角；i 为入射角；n_1 为入射光线所在介质的折射率；n_2 为折射光线所在介质的折射率。

3.3.15　临界角 critical angle

光线从折射率较高的介质中射向与低折射率介质形成的界面上时，折射角为 90° 所对应的入射角，用符号 I_0 或 θ_0 表示，按公式 (3-2) 计算：

$$I_0 = \arcsin\left(\frac{n_2}{n_1}\right) \tag{3-2}$$

式中：I_0 为临界角；n_1 为入射介质的折射率；n_2 为出射介质或折射介质的折射率。临界角是全反射现象表征的关键参数。当入射光线的入射角大于临界角时，没有光线折射出去，光线全部反射到入射介质中。常用光学材料的折射率范围的介质折射率与空气交界的临界角见表 3-1。由表 3-1 可看出，介质的折射率越高，临界角越小，反之越大。表 3-1 中所列出的用于求解临界角的折射率有效位数为小数点后的二位。

表 3-1　常见的介质折射率与空气交界的临界角

n	1.50	1.55	1.60	1.65	1.70
I_0	41°50′	40°10′	38°41′	37°18′	36°1′
n	1.75	1.80	1.85	1.90	1.95
I_0	34°49′	33°47′	32°45′	31°44′	30°52′

3.3.16　出射 emergence

光线从入射介质空间透过介质界面进入，而离开入射介质界面进入到相邻介质中的传播行为或现象。出射是相对于两种介质界面而言的，仅发生于两种介质的界面上；光线在均匀介质中传播没有出射现象。对介质界面而言，出射光线可看成折射光线，出射角等于折射角。

3.3.17　出射光线 emergent ray

光线从射入介质空间透过介质界面进入，而离开入射介质界面进入到相邻介质中的传播光线。出射光线有相对界面的出射光线和相对光学系统的出射光线，界面出射光线是相对于入射光线而言的，见图 3-1 所示，相对于入射光线 AB 的 BD 光线，或相对于入射光线 BD 的 DE 光线，它们都是出射光线。光学系统的出射光线是相对于进入光学系统到射出光学系统而言。

3.3.18 直射 perpendicular incidence

光线垂直于介质界面入射或光线平行于界面法线入射或光线平行于曲率光学元件光轴入射的方式或状态，也称为垂直入射。直射是相对于斜射而言的。对于平面界面或平行平板介质的直射，入射光线从平面界面或平行平板介质射出的光线方向将不会改变；而对于曲面光学元件的直射，出射光线的方向将会根据入射光线与曲面法线的夹角不同而以不同方向射出。

3.3.19 偏向角 angle of deviation；deflection angle

入射光线通过介质出射后的光线方向与入射光线方向的夹角，又称为偏折角，用符号 δ 表示，见图 3-1 中的 δ 角。偏向角一定要考虑方向关系，有方向才能分清偏向角所偏向的方位，或相对于测角度盘的读数是锐角还是钝角。通常，以出射光线转到入射光线 (按最小角度方向) 顺时针为正，逆时针为负。

3.3.20 最小偏向角 minimum angle of deviation

三角棱镜的出射光线对入射光线偏折或偏离最小的角度，用符号 δ_{min} 表示。最小偏向角是光线通过三角棱镜后入射角等于出射角时的偏向角，是入射光线和出射光线对三角棱镜对称的情况。除了入射光线和出射光线对棱镜对称的入射角状态，其他入射角经过棱镜后的偏向角都大于这种对称情况时的偏向角。利用最小偏向角特性，可应用测角仪来确定棱镜的折射率，因为，当棱镜的顶角一定时，其最小偏向角由折射率决定。

3.3.21 散射 scattering

〈几何光学〉光束在介质中传播时，由于介质中存在其他物质微粒，或介质本身密度不均匀，使部分光线传播方向相对原方向发生改变或分散开的现象。散射会造成光线在原传播方向上改变和光能损失，由此而影响成像的对比度。几何光学的散射是散射光的频谱相对入射光未发生变化的散射。广义的散射包括散射光的频谱相对入射光未发生变化和发生变化的散射，广义散射的概念见第 1 章的散射概念。

3.3.22 法向入射 normal incidence

光线在入射介质中沿着界面法线方向入射的方式，也称为正入射。法向入射的出射光线或折射光线不会偏离原入射光线的方向。法向入射的折射光线角度为零度。

3.3.23　切向入射 grazing incidence；tangential incidence

光线沿着介质界面方向或垂直界面法线方向入射的方式，也称为掠入射。切向入射是入射角为 90° 的入射，此时光线以临界角方向在介质的界面上传播。

3.3.24　法向出射 normal emergence

出射光线沿着界面法线方向射出的现象。对于单个界面或平行平面介质，法向出射是法向入射条件所导致的，或者说只有法向入射才会有法向出射。法向出射也可看成是法向折射。对于棱镜，无论入射光线以什么角度入射到棱镜的一个面上，都可以通过棱镜的形状和其表面的折射或/和反射实现在另一个面上的法向出射。

3.3.25　切向出射 grazing emergence；tangential emergence

光线沿着介质界面方向或垂直界面法线方向出射的现象，也称为掠出射。切向出射是入射光线在光密介质中以临界角入射时，出射光线以和法线成 90° 角的方向沿介质界面进行传播的现象。

3.4　光学系统要素

3.4.1　光学系统 optical system

由光学元件 (透镜、平面镜、棱镜等) 按照一定光学性能和功能要求组成的有序排列系统。光学系统有简单的和复杂的。光学系统按相对于轴的关系，可分为共轴光学系统和非共轴光学系统。按成像特性可分为望远系统、照相系统、显微系统和投影系统，以及非成像的照明系统、特种光学系统 (如激光光学系统、光纤光学系统等) 等。

3.4.2　光学表面 optical surface

〔光学设计〕在光学系统中，对光线起反射和/或折射作用的光学零部件表面。光学表面的作用由设计的表面的形状和平滑度决定，光学表面的形状和平滑度由光学零件承载。光学表面形状主要有平面、球面、非球面等。

3.4.3　共轴光学系统 coaxial system

由具有一条共同对称轴线的诸光学旋转面组成的光学系统。当光学系统由球面构成时，共轴光学系统就是各光学表面曲率中心均位于同一直线上的光学系统。共轴光学系统有共轴球面光学系统、共轴球面及非球面光学系统和共轴非球面光学系统等。

3.4.4　共轴球面系统 coaxial spherical system

所有光学表面为球面或球面与平面的共轴光学系统。共轴球面系统由于加工方便和成本低，是使用最普遍的光学系统。平面可看作曲率半径无限大的球面。

3.4.5　非共轴光学系统 non-coaxial optical system

组成的光学元件间没有共同旋转对称轴线的光学系统。非共轴光学系统主要有柱面透镜光学系统 (宽银幕放映物镜)、共轴球面透镜与球心不在光轴上的反射面组成的光学系统、球面元件球心不在同一轴线上的光学系统等。

3.4.6　理想光学系统 perfect optical system

能使物空间任意物点发出的同心光束经光学系统投射到像空间仍为同心光束完善点像的光学系统。在理想光学系统中，物空间和像空间的点、线、面是分别唯一对应的和不变形的，即点、线、面分别成像为不变形的点、线、面。理想光学系统还有以下性质：①光轴上物点的对应像点仍在光轴上；②垂直于光轴的物平面的对应像平面仍垂直于光轴；③在垂直于光轴的一对共轭平面间的放大率处处相同，即像和物的几何形状完全相似。理想光学系统可以看成是一种没有像差的光学系统。

3.4.7　高斯光学系统 Gauss optical system

把光学系统在近轴区完善成像的理论推广到任意宽空间内的物点以很宽的光束都能完善成像的理想光学系统。通常可把该系统的像面和像点称为高斯像面和高斯像点。实际中，高斯光学系统是像差校正很好的光学系统，可看作是接近理想光学系统的一种实际光学系统。

3.4.8　光轴 optical axis

〈光学系统〉光学系统的光学对称轴线，即共轴光学系统中各光学曲面中心所连的直线，见图 3-2 中 AA′ 线段所示。

3.4.9　曲率 curvature

光学曲面或曲线的弯曲程度，或偏离平面或直线的程度。光学表面的曲率有单曲率表面和多复曲率复合表面或二次曲面。曲率越大，对应的曲率半径越小，反之亦然。光学表面曲率的正或负和大小是光学透镜功能为会聚或发散和能力大小的决定因素。

3.4.10　曲率中心 center of curvature

光学曲面或曲线构建对称关系的基准点。对于球面，曲率中心就是球面的球心或圆心。曲率中心的位置是光学透镜设计和加工的基准位置。

3.4.11　曲率半径 radius of curvature

光学曲面或曲线上一点的曲率圆的半径。对于球面，曲率半径就是球面半径。曲率圆为相切于曲线内侧的，与曲线在切点具有相同曲率的圆。曲率半径是曲率弯曲程度的核心度量参数，半径越小，曲率弯曲程度越大，反之亦然。曲率半径是光学透镜设计和加工的关键参数。

3.4.12　顶点 vertex

光学表面与光轴相交的点，用符号 O 表示，见图 3-2 中的 O_1 点和 O_k 点。

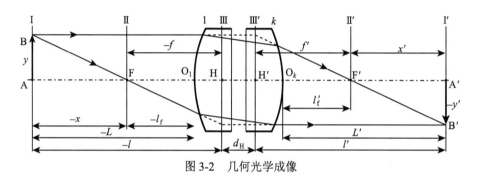

图 3-2　几何光学成像

图 3.2 中: 1 为第一个光学表面；k 为最后一个光学表面，1 和 k 之间可有多个面，也可能一个面都没有，即 k 为 2；I 为物平面；II 为物方焦平面；III 为物方主平面；III′ 为像方主平面；II′ 为像方焦平面；I′ 为像平面；d_H 为物方主平面到像方主平面的间距。

3.4.13　顶点间距 vertex interval

光学系统中，前一光学表面顶点到指定的后面光学表面顶点间的距离，用符号 d 表达。顶点间距可以是相邻的光学表面顶点间的距离，也可以是不相邻的光学表面顶点间的距离。

3.4.14　主平面 principal plane

光学系统 (包括单透镜和多透镜组成的) 中，垂轴放大率为 +1 的一对垂直于光轴的共轭平面，简称为主面，见图 3-2 中的 III 和 III′ 平面。在物空间的主平面称为物方主平面，在像空间的主平面称为像方主平面。主平面是确定光学系统物方和像方焦平面距离以及光学系统成像的物平面距离和像平面距离的基准面，物方焦平面距离、物平面距离用物方主平面作为基准面，像方焦半面距离、像平面距离用像方主平面作为基准面。

3.4.15 主点 principal point

主平面与光轴的交点，用符号 H 和 H′ 表示，见图 3-2 中的 H 和 H′。主点分为物方主点和像方主点，物空间的主点称为物方主点，以 H 表示；像空间的主点称为像方主点，以 H′ 表示。主点是在光轴上确定光学系统物方和像方焦距以及光学系统成像的物距和像距的基准点。

3.4.16 主点间距 principal point interval

光学系统 (包括单透镜、胶合透镜或组合透镜系统等) 中，自物方主点到像方主点间的距离，用符号 d_H 表示，见图 3-2 所中的 HH′ 所示。主点间距的正负号为，从物方主点到像方主点为正。对于折射率为 n 的单透镜，当两个面的半径之差 $(r_2 - r_1)$ 比透镜厚度 d 大得多时，可看作薄透镜，主点间距可按 $d_H = d \cdot (n-1)/n$ 计算。不符合这个条件的主点间距的严格计算公式比较复杂，计算公式为：$d_H = [d \cdot (n-1) \cdot (r_2 - r_1 + d)] / [n \cdot (r_2 - r_1) + d \cdot (n-1)]$。

3.4.17 节平面 nodal plane

光学系统中，光轴上角放大率为 +1 的一对垂直于光轴的共轭平面，简称为节面。

3.4.18 节点 nodal point

节平面与光轴的交点，用符号 J 和 J′ 表示，见图 3-3 中的 J 和 J′ 所示。在物空间的称为物方节点或前节点，以 J 表示；在像空间的称为像方节点或后节点，以 J′ 表示。凡通过物方节点 J 的光线，其共轭光线必通过像方节点 J′，且与入射光线平行。周视相机就是应用了节点的性质，使相机的水平旋转轴通过像方节点或置于像方节点上，由此使得镜头扫描成像的物像方向一一对应、像面连续化和像距恒定。如果物空间和像空间的光学介质相同，则对应的主点和节点重合，节平面与主平面重合。

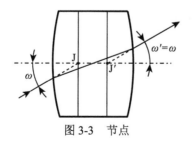

图 3-3 节点

3.4.19　基面 cardinal plane

光学系统的两个主平面、两个节平面和两个焦面的总称,也称为高斯面 (Gauss plane)。基面是基点所在的面,是光学系统确定焦距和光线传播特性等的基准面。

3.4.20　基点 cardinal point

基面过光轴与光轴相交的点,包括两个主点、两个节点和两个焦点,也称为高斯点 (Gauss point)。基点是两个主点、两个节点和两个焦点的总称。

3.4.21　焦点 focal point；focus

〈几何光学〉透镜或透镜系统中无限远轴上的一点对应的共轭点,用符号 F 和 F′ 表示。焦点是平行于光轴的光线经透镜系统后,光线与光轴的交点。焦点有物方焦点 F 和像方焦点 F′。

3.4.22　物方焦点 object focal point；object focus

光学系统像方无限远光轴上的一点对应的共轭物点,也称为前焦点,用符号 F 表示,见图 3-2 中的 F 所示。它是与像方无限远轴上点共轭的物点。对于正透镜,物方焦点在物空间,对于负透镜,物方焦点在像空间 (虚焦点)。

3.4.23　像方焦点 image focal point；image focus

光学系统物方无限远光轴上的一点对应的共轭像点,也称为后焦点,用符号 F′ 表示,见图 3-2 中的 F′ 所示。它是与物方无限远轴上点共轭的像点。对于正透镜,像方焦点在像空间,对于负透镜,像方焦点在物空间 (虚焦点)。

3.4.24　焦平面 focal plane

通过焦点并垂直于光轴的平面,简称为焦面。焦平面包括物方焦平面和像方焦平面,见图 3-2 所示,过 F 点的平面 Ⅱ 和过 F′ 点的平面 Ⅱ′。

3.4.25　物方焦平面 object focal plane

通过物方焦点并垂直于光轴的平面,简称为物方焦面。物方焦平面见图 3-2 所示,过 F 点的平面 Ⅱ,也称为前焦面。

3.4.26　像方焦平面 image focal plane

通过像方焦点并垂直于光轴的平面,简称为像方焦面。像方焦平面见图 3-2 所示,过 F′ 点的平面 Ⅱ′,也称为后焦面。

3.4.27 实焦点 real focal point；real focus

平行于光轴的光线经光学系统能用屏幕接收到的实在会聚点，或可接收到的像点，见图 3-2 中的 F 和 F′ 所示。正透镜的焦点为实焦点。

3.4.28 虚焦点 virtual focal point；virtual focus

平行于光轴的光线经光学系统后发散，发散光线的反向延长线相交所形成的点，见图 3-6 中的 F 和 F′ 所示。负透镜的焦点为虚焦点。

3.4.29 焦距 focal length

〈几何光学〉光学系统 (或透镜) 的主点到相应焦点的距离。焦距是光学系统重要的特性参数，包括物方焦距和像方焦距。光学系统像方焦距的正或负表征光学系统是会聚或发散，像方焦距为正的光学系统是会聚光学系统 (正系统)，像方焦距为负的光学系统是发散光学系统 (负系统)。正光学系统可获得实在的光束会聚点，负光学系统不能获得实在的光束会聚点。

3.4.30 物方焦距 object focal length

以光学系统物方主点为原点，到系统物方焦点的距离，用符号 f 表示，见图 3-2 中的 f 所示，也称为前焦距。

3.4.31 像方焦距 image focal length

以光学系统像方主点为原点，到系统像方焦点的距离，用符号 f' 表示，见图 3-2 中的 f' 所示，也称为后焦距。

3.4.32 物方顶焦距 object vertex focal distance

以光学系统第一个光学表面顶点为原点，到光学系统物方焦点的距离，也称为前顶焦距 (front vertex focal distance)，用符号 l_f 表示，见图 3-2 中的 $-l_f$ 所示。

3.4.33 像方顶焦距 image vertex focal distance

以光学系统最后一个光学表面顶点为原点，到光学系统像方焦点的距离，也称为后顶焦距 (back vertex focal distance)，用符号 l'_f 表示，见图 3-2 中的 l'_f 所示。

3.4.34 光学间距 optical interval

自光学系统的前一个系统的像方焦点到后一个系统的物方焦点的距离，用符号 $\varDelta$ 表示。光学间距是反映两个光学系统间相互联系的参数。当光学间距 $\varDelta = 0$ 时，说明前一个系统的像方焦点与后一个系统的物方焦点重合，平行光入射前一个系统后，将以平行光从后一个系统射出。在显微镜中称其为光学筒长。

3.5　光学系统成像

3.5.1　成像 image formation；imagery

用专门设计的光学系统对目标景物发出的光线通过折射和反射等光学作用形成期望图像的过程。用光学系统成像通常是为了对目标景物进行图像放大观察或缩小保留，望远镜和显微镜主要是用于对景物的图像进行放大观察 (现在的系统也可以具有保留能力)，一般照相机是用于对景物的图像进行缩小保留。

3.5.2　完善成像 perfect imaging

自物体上的任一个物点 A 发出的光束经光学系统成像后，都能成像为与其对应的唯一一个像点 A′ 或会聚成对应的唯一一个几何点 A′ 像的现象，也称为理想成像，见图 3-4 中的 A 点成像为 A′ 点所示。图 3-4 中: A 为物点；A′ 为物点 A 的唯一像点。

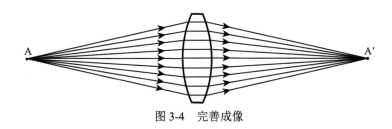

图 3-4　完善成像

3.5.3　不完善成像 imperfect imaging

自物体上的一个物点 A 发出的光束经光学系统成像后，成像为多个纵向或横向分开的像点或会聚几何点的现象，也称为非理想成像，见图 3-5 中的 A 点成像为 A′_1、A′_2、A′_3、A′_4 点所示。图 3-5 中: A 为物点；A′_1、A′_2、A′_3、A′_4 为物点 A 所成的多个像点。

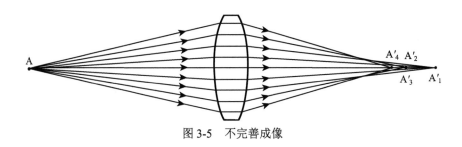

图 3-5　不完善成像

3.5.4　光学空间 optical space

物空间、像空间和光学系统所占空间的总称。光学空间是对物、像和光学系统所处位置的描述空间，也是光线传播所处位置的描述空间。

3.5.5　共轭 conjugation

在光学系统的物空间和像空间中，物和像及其相关的几何元素或几何量符合光路可逆原理的一一对应关系，或互成唯一对应的关系。共轭就是光学系统成像性质在光学空间的一对一的配对关系。光学系统中物空间和像空间的共轭关系表现在图 3-2 中的几何元素和几何量符号与其对应的带 "′" 的符号的配对关系上。

3.5.6　共轭点 conjugation point

物空间和像空间中，相对于光学系统成像，互为物和像的一对对应点。共轭点也是光学系统物与像的物理效应配对点和因果配对点。

3.5.7　共轭线 conjugation line

物空间和像空间中，相对于光学系统成像，互为物和像的一对对应线。共轭线也是光学系统物与像的物理效应配对线和因果配对线。

3.5.8　共轭点距离 conjugate point distance

物空间和像空间中，相对于光学系统成像，互为物和像的一对对应点间的距离，简称为共轭距。共轭点距离就是轴上物点到对应的像点之间沿光轴方向的距离。

3.5.9　主光线 principal ray；chief ray

成像光束的中心线或通过孔径光阑中心的光线。对于宽光束，指光束中通过孔径光阑中心的光线，见图 3-28 中的 BB′ 所示；对于细光束，指光束的中心线，见图 3-29 和图 3-30 中的 AA′ 和 BB′ 所示。主光线通常为光阑中心光线、光束中心光线、光束的能量中心线或指定的主光线。主光线是光学设计中至关重要的光线，它代表成像光束的位置。在进行光学系统外形尺寸计算时，为了使系统中各个光学零件的口径比较均匀，一般使主光线及其光束通过轴向光束口径最大的光学零件中心或光阑中心。在光学系统像差校正时，须依据主光线确定轴外物点成像光束的各种几何像差。

3.5.10　轴上点 point at optical axis

在光学系统成像关系中，在光轴上的物点或像点。轴上点有轴上物点和轴上像点，多指轴上物点。轴上点可用于分析光学系统的近轴光束的轴上成像位置，以及宽光束的像差，如球差等。

3.5.11   轴外点 point off optical axis

在光学系统成像关系中，不在光轴上或离开光轴一段距离的物点或像点。轴外点有轴外物点和轴外像点，多指轴外物点。轴外点可用于分析光学系统轴外物点的成像位置，以及像差，如场曲、像散、彗差等。

3.5.12   近轴区 paraxial region

实际共轴光学系统中，邻近光轴周围能接近理想成像的区域。由轴上点和非常靠近光轴的轴外点发出的光线以与光轴很小的夹角射入光学系统时，这些角度的正弦值和正切值近似等于角度的弧度值，而余弦值几乎为 1。近轴区就是非常靠近光轴，成像接近理想的区域，也称为高斯空间。

3.5.13   近轴光线 paraxial ray

在靠近光轴的狭小区域内所发出的光线且所发出的光线与光轴的夹角的正弦、余弦、正切值可看作等于弧度值的那些光线。通常，近轴区域由相对误差 $(\sin\theta - \theta)/\sin\theta$ 的容许值来确定，若允许的相对误差小于 1/1000 时，则近轴区域范围孔径角对应的 u、i、i' 和 u' 均应小于 5°。

3.5.14   远轴光线 far axial ray

在远离光轴的区域所发出的光线，以及所发出的光线与光轴的夹角的正弦、余弦、正切值不能近似用弧度值替代的那些光线。远轴光线是近轴区以外的光线和光束锥度角大的光线，如孔径光阑边缘的光线等。

3.5.15   物空间 object space

光学系统中，物方主面前的区域，也称为物方空间或物方。在光学系统图中，物空间通常设定在光学系统的左侧区域。物空间是像空间的相反区域。

3.5.16   物 object

被光学系统成像的对象，也称为物体，见图 3-6 和图 3-7 中的 AB 线段 (物高) 所示。物有轴上物和轴外物，光学系统成像关系分析通常采用轴上物。物的形状有点物、线物、面物和体物，也称为物点、物线、物面和物体。物有实物和虚物。

3.5.17   物点 object point

光学系统成像中，物体上发出发散光线的一个点或发散光线反向延长线相交形成的点。物点有实物点和虚物点，实物点是发出发散光束的实在点 (见图 3-6 中的 B 点所示)，虚物点是发出会聚光束在其延长线相交的虚构点 (见图 3-7 中的 B 点所示)。通常将物点看作为理想的几何点。尽管物的实光线来自物空间，但物点不一定在物空间，虚物点就是在像空间 (见图 3-7 中的 B 点所示)。

3.5.18 物面 object plane

光学系统成像的物所在空间中过物点并垂直于光轴的平面,也称为物平面,见图 3-2 中的 I 平面所示。物面有实物面 (见图 3-6(a) 中垂直于光轴通过 AB 的面所示) 和虚物面 (见图 3-6(b) 和图 3-7 中垂直于光轴通过 AB 的面所示)。尽管物的实光线来自物空间,但物面不一定在物空间,虚物面就是在像空间 (见图 3-7 中垂直于光轴通过 AB 的面所示)。

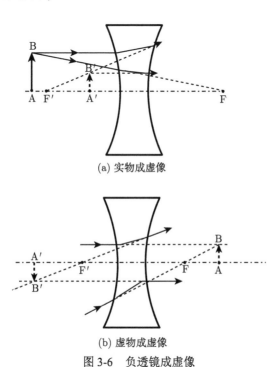

(a) 实物成虚像

(b) 虚物成虚像

图 3-6　负透镜成虚像

3.5.19 实物 real object

置身于物空间中,其上的点发出实在发散光束射向光学系统的物体,见图 3-6 所示的 AB 线段。实物上的点发出的光线为发散光。由实物点构成的物为实物。

3.5.20 虚物 virtual object

置身于像空间中,其上的点由会聚光束射向光学系统的光线的正向延长线相交点形成的物体,见图 3-7 所示的 AB 线段。虚物上的点本身不发射光线,是由实在的会聚光线正向延长线形成的抽象交点,这种点并不是实在的存在,这些交点为虚物点,由虚物点构成的物为虚物。

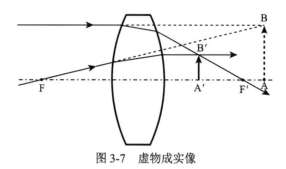

图 3-7　虚物成实像

3.5.21　物高 object height

光学系统成像中的物体在垂直于光轴方向，其顶点距离光轴的长度，用符号 h 表示。对于无限远或物距很长的物体，一般不使用物高的概念，而使用物方视场角的概念，除非需要分析对物体的分辨时。

3.5.22　像空间 image space

光学系统中像方主面后的区域，也称为像方空间或像方。在光学系统图中，像空间通常设定在光学系统的右侧区域。像空间是物空间的相反区域。

3.5.23　像 image

物体经光学系统成像后的共轭对象，也称为像体，见图 3-6 和图 3-7 中的 A′B′ 线段 (像高) 所示。像是物经光学系统变换后的映射。像有实像和虚像。

3.5.24　像点 image point

光学系统成像中，像上或像面上的一个光线会聚的点或物点光线通过光学系统后的发散光线反向延长线相交形成的点。像点有实像点和虚像点，实像点是会聚光束的会聚点，虚像点是发散光束反向延长线的相交点。像点与光学系统成像的物点是共轭点。尽管像的实光线在像空间，但像点不一定在像空间，虚像点就可能是在物空间 (见图 3-6 中的 B 点所示)。

3.5.25　像面 image plane

光学系统成像的所在空间中过像点并垂直于光轴的平面，也称为像平面，见图 3-2 中的 I′ 平面所示。像面有实像面 (见图 3-7 中垂直于光轴通过 A′B′ 的面所示) 和虚物面 (见图 3-6 中垂直于光轴通过 A′B′ 的面所示)。尽管像的实光线在像空间，但像面不一定在像空间，虚像面就可能是在物空间 (见图 3-6 中垂直于光轴通过 A′B′ 的面所示)。

3.5.26 实像 real image

置身于像空间中，由物点集合体经光学系统成像形成的可以被一个漫射表面截获显示的共轭像点集合体，见图 3-7 所示的 A′B′ 线段。物点的集合对应的实像点的集合为实像。实像既可以由实物成像获得 (见图 3-2 中的 A′B′ 所示)，也可由虚物成像获得 (见图 3-7 中的 A′B′ 所示)。

3.5.27 虚像 virtual image

置身于物空间中，其上的点由物点发出射向光学系统的光线的反向延长线相交点形成的像，见图 3-6 所示的 A′B′ 线段。虚像上的点和虚像本身不能被一个漫射表面截获显示，其是由实在的发散光线反向延长线形成的交点，虚像点所在的像为虚像。虚像可以被眼睛观察到和被另一个会聚光学系统转换为实像。虚像既可以由实物成像形成，见图 3-6(a) 中的 A′B′ 所示，也可以由虚物成像形成，例如用一负透镜对虚物可成虚像，见图 3-6(b) 中的 A′B′ 所示，用负透镜将可正立的虚物成倒立的虚像。

3.5.28 像高 image height

光学系统成像中的像在垂直于光轴方向，其顶点距离光轴的长度，用符号 h' 表示。对于无限远的像，不使用像高的概念，而使用像方视场角的概念。

3.5.29 正像 erecting image; upright image

物体经光学系统 (平面镜或/和棱镜或/和透镜) 成像后，所成与物在竖直方向为相同的像，即其上下方向与物体的上下方向一致的像。正像有上下方向及左右方向与物体的上下方向及左右方向一致的正像，也有上下方向与物体的上下方向一致而左右方向与物体的左右方向不一致的正像。正像有正的真像或正的镜像或正的实像或正的虚像。

3.5.30 倒像 inverted image

物体经光学系统 (平面镜或/和棱镜或/和透镜) 成像后，所成与物在竖直方向为相反的像。倒像有上下方向及左右方向与物体的上下方向及左右方向不一致的倒像，也有上下方向与物体的上下方向不一致而左右方向与物体的左右方向一致的倒像。倒像有倒的真像或倒的镜像或倒的实像或倒的虚像。

3.5.31 物距 object distance

以物方主点为原点，到光轴上物点的距离，或到通过物与光轴垂直相交点的距离，用符号 l 表示，见图 3-2 中的 l 所示。

3.5.32　像距 image distance

以像方主点为原点，到光轴上像点的距离，或到通过像与光轴垂直相交点的距离，用符号 l' 表示，见图 3-2 中的 l' 所示。

3.5.33　物方截距 object intersection distance

以光学系统第一个光学表面顶点为原点，到光轴上物点之间的距离，或到通过物与光轴垂直相交点的距离，用符号 L 表示，见图 3-2 中的 L 所示。

3.5.34　像方截距 image intersection distance

以光学系统最后一个光学表面顶点为原点，到光轴上像点之间的距离，或到通过像与光轴垂直相交点的距离，用符号 L' 表示，见图 3-2 中的 L' 所示。

3.5.35　焦物距 focus-object distance

以光学系统物方焦点为原点，到光轴上物点的距离，或到通过物与光轴垂直相交点的距离，用符号 x 表示，见图 3-2 中的 x 所示。

3.5.36　焦像距 focus-image distance

以光学系统像方焦点为原点，到光轴上像点的距离，或到通过像与光轴垂直相交点的距离，用符号 x' 表示，见图 3-2 中的 x' 所示。

3.5.37　倾斜角 inclination angle

光轴上点的入射光线或出射光线与光轴的夹角。倾斜角有物方光线倾斜角和像方光线倾斜角。

3.5.38　物方光线倾斜角 inclination angle of object ray

光轴上物点入射光学系统的光线与光轴的夹角，也称为物方光束会聚角，用符号 u 或 U 表示，见图 3-9 中的 u 所示。

3.5.39　像方光线倾斜角 inclination angle of image ray

光轴物点的物方光线倾斜角经光学系统成像对应的像点光线的倾斜角，也称为像方光束会聚角，用符号 u' 或 U' 表示，见图 3-9 中的 u' 所示。像方光线倾斜角就是构成物方光线倾斜角的光线经光学系统出射会聚于像点的光线与光轴的夹角。

3.5.40　余弦条件 cosine condition

任意方向微小线段对于光学系统理想成像的条件，满足公式 (3-3) 的计算关系：

$$n\overline{AB}\cos\theta - n'\overline{A'B'}\cos\theta' = C \tag{3-3}$$

式中：n 为物方折射率；n' 为像方折射率；$\overline{AB}$ 为物方微小线段；$\overline{A'B'}$ 为像方微小线段；θ 为物方微小线段 $\overline{AB}$ 方向与光线传输方向的夹角；θ' 为像方微小线段 $\overline{A'B'}$ 方向与光线传输方向的夹角；C 为常数，与 θ 无关的常数。余弦条件是基于微小线段对光学系统成像，将物方到像方对应的要素按等光程 (马吕斯定律) 列恒等式推导出来的。推导过程对光学系统是无限制的，即无论是否是共轴光学系统。

3.5.41 阿贝条件 Abbe condition

垂直于共轴光学系统的微小线段对于光学系统理想成像的条件，也称为等明条件或齐明条件，满足公式 (3-4) 的计算关系：

$$nAB\sin\theta = n'\overline{A'B'}\sin\theta' \tag{3-4}$$

式中：n 为物方折射率；n' 为像方折射率；$\overline{AB}$ 为物方垂直于光轴的微小线段；$\overline{A'B'}$ 为像方垂直于光轴的微小线段；θ 为物方微小线段 $\overline{AB}$ 与光轴交点处物点的物方光束会聚角；θ' 为像方微小线段 $\overline{A'B'}$ 与光轴交点处像点的像方光束会聚角。阿贝条件是垂直光轴的微小平面理想成像的条件，使任意垂直光轴截面内的成像性质相同。阿贝条件也被称为正弦条件。(按孔径角的表示习惯，公式中的 θ 和 θ' 也可换成 U 和 U'。)

3.5.42 赫谢尔条件 Herschel condition

共轴光学系统对光轴上的微小线段的光学系统理想成像的条件，满足公式 (3-5) 的计算关系：

$$n\overline{AB}\sin^2\frac{\theta}{2} = n'\overline{A'B'}\sin^2\frac{\theta'}{2} \tag{3-5}$$

式中：n 为物方折射率；n' 为像方折射率；$\overline{AB}$ 为物方与光轴重合的微小线段物；$\overline{A'B'}$ 为位于光轴上的微小线段像；θ 为物 $\overline{AB}$ 上的 A 点光线与光轴的夹角 (或 A 点发出的光束的半孔径角)；θ' 为像 $\overline{A'B'}$ 上的 A' 点光线与光轴的夹角 (或在 A' 点成像的光束的半孔径角)。赫谢尔条件是保证光轴上的微小线段理想成像的条件，当与阿贝条件同时满足时，就成为了空间微小物体的理想成像条件。(按孔径角的表示习惯，公式中的 θ 和 θ' 也可换成 U 和 U'。)

3.5.43 正弦条件 sine condition

与光轴垂直的近轴微小物面以宽光束完善成像所必须满足的条件，也称为不晕条件 (aplanatic condition)。这个条件是轴上物点发出的光线在物、像空间的会聚角的正弦之比等于轴上物点发出的近轴光线在物、像空间的会聚角的弧度比，且为一常数，即符合公式 (3-6)：

$$\frac{\sin U'}{\sin U} = \frac{u'}{u} = C \tag{3-6}$$

式中：U' 为像方光束会聚角；U 为物方光束会聚角；u' 为近轴光线在像方的会聚角；u 为近轴光线在物方的会聚角；C 为常数。正弦条件说明了光学系统对宽光束与细光束成像等价的理想性。满足正弦条件，光学系统不产生球差，这种透镜称为齐明透镜。

3.5.44   正弦差 offence against sine condition

光学系统偏离正弦条件的程度，用符号 SC' 表示，按公式 (3-7) 计算：

$$SC' = \frac{\sin U}{\sin U'} \cdot \frac{u'}{u} \cdot \frac{l' - l'_z}{L' - l'_z} - 1 \tag{3-7}$$

式中：SC' 为正弦差；U' 为像方光束会聚角；U 为物方光束会聚角；u' 为近轴光线在像方的会聚角；u 为近轴光线在物方的会聚角；l' 为近轴光线的像方截距；l'_z 为出瞳距离；L' 为边缘光线的像方截距。光学系统存在正弦差，使光学系统轴外点与轴上点所成像的缺陷程度不相等。对于近轴区域的物点，不用计算实际弧矢光线，直接利用轴上物点计算球差的结果，以及所算出的 l'_z 值，就可由 SC' 公式得到弧矢彗差，因此可减小计算工作量。这对设计小视场光学系统 (如望远镜和显微镜) 是很实用的。正弦差是光学系统成像不满足等晕的程度。当 $SC' = 0$ 时，满足等晕条件，可使垂轴小面积等晕成像，轴上点和轴外点成像缺陷相同，轴外点和轴上点具有相同的轴向球差。

3.5.45   麦克斯韦鱼眼 Maxwell's fish-eye

介质折射率在径向按类似鱼眼形状的曲线非均匀变化，圆周面积为旋转对称的折射率分布关系的光学零件或光学系统，见图 3-8 所示。麦克斯韦鱼眼可实现正弦条件、余弦条件、阿贝条件的光学系统空间理想成像。均匀介质的光学系统只可能对近轴、微小线段理想成像。

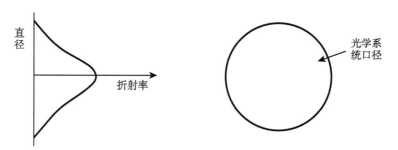

图 3-8   麦克斯韦鱼眼光学系统介质折射率分布

3.5.46 拉格朗日-亥姆霍兹不变式 Lagrange-Helmholtz invariant

在理想光学系统中或在实际光学系统的近轴区域内，对于给定的物体，物空间的介质折射率 n、物方近轴光线与光轴的夹角 u 和物高 y 三者的乘积，始终与其相邻的像空间的三个对应量的乘积相等，由此形成了一个成像传递不变量 J 的等式关系，也称为拉氏不变量、拉赫不变量或光学不变量。折射率 n、近轴光线与光轴的夹角 u 和物高 y 三个参量的图示见图 3-9 所示。拉赫不变量按公式 (3-8) 计算：

$$nuy = n'u'y' = J \tag{3-8}$$

式中：n 为物方介质折射率；u 为物方近轴光线与光轴的夹角；y 为物高；n' 为像方介质折射率；u' 为像方近轴光线与光轴的夹角；y' 为像高；J 为拉赫不变量。对于多个光学折射面的光学系统，拉赫不变量是一个连续传递的不变量，其一般关系式表达为公式 (3-9)：

$$n_1u_1y_1 = n_1'u_1'y_1' = n_2'u_2'y_2' = n_3'u_3'y_3' = \cdots = n_k'u_k'y_k' = J \tag{3-9}$$

将公式 (3-9) 推广到整个空间和宽光束时，理想光学系统的拉赫不变式为公式 (3-10)：

$$n_1y_1\tan u_1 = n_1'y_1'\tan u_1' = n_2'y_2'\tan u_2' = n_3'y_3'\tan u_3' = \cdots = n_k'y_k'\tan u_k' = J \tag{3-10}$$

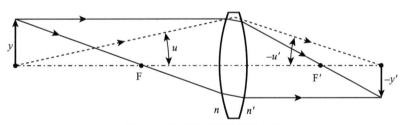

图 3-9 拉赫不变量的相关参量

3.5.47 高斯公式 Gaussian formulas

以主点为计算原点的理想光学系统的物像关系计算公式。高斯公式有四种形式的计算公式，分别为：

物像位置共轭关系式 (3-11)：

$$\frac{f'}{l'} + \frac{f}{l} = 1 \tag{3-11}$$

物像大小关系式 (3-12)：

$$\beta = -\frac{f \cdot l'}{f' \cdot l} \tag{3-12}$$

当光学系统位于同一介质中，或物像空间的介质相同时 (此时: $f' = -f$)，以上两式分别为式 (3-13) 和式 (3-14)：

$$\frac{1}{l'} - \frac{1}{l} = \frac{1}{f'} \tag{3-13}$$

$$\beta = \frac{l'}{l} \tag{3-14}$$

式中：l' 为像距；f' 为像方焦距；l 为物距；f 物方焦距；β 为横向放大率 (或垂轴放大率)。高斯公式是光学系统成像的像距计算或像的位置计算等方面的重要公式之一。

3.5.48　牛顿公式 Newton formula

以焦点为计算原点的理想光学系统的物像关系计算公式。高斯公式有四种形式的计算公式。物像位置共轭关系为公式 (3-15)：

$$x'x = ff' \tag{3-15}$$

物像大小关系为公式 (3-16)：

$$\beta = -\frac{f}{x} = -\frac{x'}{f'} \tag{3-16}$$

当光学系统位于同一介质中，或物像空间的介质相同时 (此时: $f' = -f$)，以上两式分别为公式 (3-17) 和公式 (3-18)：

$$xx' = -f'^2 \tag{3-17}$$

$$\beta = \frac{f'}{x} = -\frac{x'}{f'} \tag{3-18}$$

式中：x' 为焦像距；f' 为像方焦距；x 为焦物距；f 为物方焦距；β 为横向放大率 (或垂轴放大率)。

3.5.49　折射矩阵 fraction matrix

对于共轴理想球面系统，对一个折射球面，由球面折射的近轴公式推导出的物空间一物点投射到球面 P 点，使入射光线坐标转换到折射光线坐标的矩阵，用符号 $\boldsymbol{R}$ 表示，其表达关系见公式 (3-19)：

$$\boldsymbol{R} = \begin{bmatrix} 1 & \phi \\ 0 & 1 \end{bmatrix} \tag{3-19}$$

式中：ϕ 为折射球面的光焦度，$\phi = (n' - n)/r$；r 为球面系统单个球面的曲率半径；n 为球面系统单个球面的物空间的折射率；n' 为球面系统单个球面的像空间的折射率。当球面系统的折射面有多个时，第 i 个球面的折射矩阵用符号 $\boldsymbol{R}_i$ 表示，其表达关系见公式 (3-20)：

$$\boldsymbol{R}_i = \begin{bmatrix} 1 & \phi_i \\ 0 & 1 \end{bmatrix} \tag{3-20}$$

式中：ϕ_i 为第 i 个球面的折射球面的光焦度，$\phi_i = (n'_i - n_i)/r_i$；$r_i$ 为球面系统第 i 个球面的曲率半径；n_i 为球面系统第 i 个球面的物空间的折射率；n'_i 为球面系统第 i 个球面的像空间的折射率。从公式 (3-20) 可看出，折射矩阵只涉及折射面的曲率半径 r_i 和折射面前后两面的折射率 n_i 和 n'_i 参数，这些参数是球面系统固有的参数。

公式 (3-19) 和公式 (3-20) 是一个二阶方阵，其作用是将入射光线变换为折射光线的折射变换矩阵。对第 i 个球面应用折射矩阵，可使入射坐标点变换到折射坐标点，其矩阵变换关系用公式 (3-21) 表达：

$$\begin{bmatrix} n'_i u'_i \\ h'_i \end{bmatrix} = \boldsymbol{R}_i \begin{bmatrix} n_i u_i \\ h_i \end{bmatrix} = \begin{bmatrix} 1 & \phi_i \\ 0 & 1 \end{bmatrix} \begin{bmatrix} n_i u_i \\ h_i \end{bmatrix} \tag{3-21}$$

式中：u_i 为球面系统第 i 个球面的物空间入射光线对光轴的夹角；u'_i 为球面系统第 i 个球面的像空间折射光线对光轴的夹角；h_i 为物空间物点的光线入射到第 i 个球面的入射点上的高度；h'_i 为物空间物点的光线经第 i 个球面折射在其面上的折射点高度；始终存在 $h_i = h'_i$。

由于公式 (3-19) 和公式 (3-20) 均为三角方阵，其主对角线上的元素均为 1，其对应的行列式值为 1，见公式 (3-22) 所示。这样的矩阵可使计算大大简化，并且可以用于对矩阵进行校核。

$$\det \boldsymbol{R}_i = |\boldsymbol{R}_i| = \begin{vmatrix} 1 & \phi_i \\ 0 & 1 \end{vmatrix} = 1 \tag{3-22}$$

式中：det 为行列式的字母表达符号；| | 为行列式的数学运算符号。

3.5.50 传输矩阵 transfer matrix

光线在共轴理想球面系统的两个球面间，以直线传播的方式在均匀介质中传播，使光线前一个折射球面的 P_1 点的折射点坐标传输到下一个球面 P_2 点的入射点的坐标的传输变换矩阵，用符号 $\boldsymbol{T}$ 表示，其表达关系见公式 (3-23)：

$$\boldsymbol{T} = \begin{bmatrix} 1 & 0 \\ \dfrac{d}{n'} & 1 \end{bmatrix} \tag{3-23}$$

式中：d 为球面透镜系统的前一个球面的折射面到下一个球面的折射面间的轴间距离 (或透镜厚度)；n' 为球面透镜系统的前一个球面的折射面到下一个球面的折射面间的介质折射率。当球面系统的折射面有多个时，从第 i 个球面传输到第 $i+1$ 个球面的传输矩阵用符号 $T_{i+1,i}$ 表示，其表达关系见公式 (3-24)：

$$T_{i+1,i} = \begin{bmatrix} 1 & 0 \\ \dfrac{d_i}{n'_i} & 1 \end{bmatrix} \tag{3-24}$$

式中：d_i 为球面透镜系统的第 i 个球面的折射面到第 $i+1$ 个球面的折射面间的轴间距离 (或透镜厚度)；n'_i 为球面透镜系统的第 i 个球面的折射面到第 $i+1$ 个球面的折射面间的介质折射率。从公式 (3-24) 可看出，传输矩阵只涉及球面系统的前后两个折射面间的间隔 d_i 和两个折射面间的折射率 n'_i 参数，这些参数是球面系统固有的参数。

公式 (3-23) 和公式 (3-24) 是一个二阶方阵，其作用是将第 i 个球面上的折射光线变换为入射到第 $i+1$ 个球面折射面上的入射点的传输矩阵。传输矩阵是光线从第 i 个球面到第 $i+1$ 个球面的传输矩阵，应用传输矩阵可使第 i 个球面上的光线折射点坐标变换到第 $i+1$ 个球面的入射光线坐标点，其矩阵变换关系用公式 (3-25) 表达：

$$\begin{bmatrix} n_{i+1}u_{i+1} \\ h_{i+1} \end{bmatrix} = T_{i+1,i} \begin{bmatrix} n'_i u'_i \\ h'_i \end{bmatrix} = \begin{bmatrix} 1 & 0 \\ \dfrac{d_i}{n'_i} & 1 \end{bmatrix} \begin{bmatrix} n'_i u'_i \\ h'_i \end{bmatrix} \tag{3-25}$$

式中：u_{i+1} 为光线从第 i 个球面折射点折射到第 $i+1$ 个球面的入射点的连线与光轴的夹角；u'_i 为第 i 个球面折射点折射光线与光轴的夹角；n_{i+1} 为第 $i+1$ 个球面的物空间的折射率；n'_i 为第 i 个球面的像空间的折射率；h_{i+1} 为光线在第 $i+1$ 个球面上入射的入射点高度；h'_i 为光线在第 i 个球面上折射的射点高度。公式 (3-25) 中：由于第 i 个球面和第 $i+1$ 个球面间的折射率是相同的，因此 $n_{i+1} = n'_i$；由于在第 i 个球面和第 $i+1$ 个球面间传输的光线是同一根光线，因此 $u_{i+1} = -u'_i$；在多数情况下，h_{i+1} 和 h'_i 不相等。

由于公式 (3-23) 和公式 (3-24) 均为三角方阵，其主对角线上的元素均为 1，其对应的行列式值为 1，见公式 (3-26) 所示：

$$\det T_{i+1,i} = |T_{i+1,i}| = \begin{bmatrix} 1 & 0 \\ \dfrac{d_i}{n'_i} & 1 \end{bmatrix} = 1 \tag{3-26}$$

3.5.51　作用矩阵 function matrix

对于共轴理想球面系统，由折射矩阵和传递矩阵组成，对共轴理想透镜成像系统的光线起线性变换作用的矩阵，用符号 M 表示。一个单透镜的作用矩阵 M_{21}

可用公式 (3-27) 表示：

$$M_{21} = R_2 \cdot T_{21} \cdot R_1 = \begin{bmatrix} 1 & \phi_2 \\ 0 & 1 \end{bmatrix} \begin{bmatrix} 1 & 0 \\ \dfrac{d_1}{n_1'} & 1 \end{bmatrix} \begin{bmatrix} 1 & \phi_1 \\ 0 & 1 \end{bmatrix} = \begin{bmatrix} 1 & \phi_2 \\ 0 & 1 \end{bmatrix} \begin{bmatrix} 1 & \phi_1 \\ -\dfrac{d_1}{n_1'} & -\dfrac{d_1}{n'}\phi_1 + 1 \end{bmatrix}$$

$$= \begin{bmatrix} 1 - \dfrac{d_1}{n_1'}\phi_2 & \phi_1 + \phi_2 - \dfrac{d_1}{n_1'}\phi_1\phi_2 \\ -\dfrac{d_1}{n_1'} & 1 - \dfrac{d_1}{n_1'}\phi_1 \end{bmatrix} = \begin{bmatrix} b & a \\ d & c \end{bmatrix} \tag{3-27}$$

式中：R_1 为入射光线在透镜的第一个折射球面实施折射变换的折射矩阵；T_{21} 为光线在第一个球面折射后传输而入射到第二个球面所实施的传输变换的传输矩阵；R_2 为入射光线在透镜的第二个折射球面实施折射变换的折射矩阵；ϕ_1 为单透镜第一个球面的光焦度，$\phi_1 = (n_1' - n_1)/r_1$；$\phi_2$ 为单透镜第二个球面的光焦度，$\phi_2 = (n_2' - n_2)/r_2$。公式 (3-27) 中的 a、b、c、d 是单透镜的结构参数 r、d、n 的函数，通常将其称为高斯常数，它们分别用公式 (3-28)、公式 (3-29)、公式 (3-30)、公式 (3-31) 表示：

$$a = \phi_1 + \phi_2 - \frac{d_1}{n_1'}\phi_1\phi_2 = \phi \quad \text{（透镜的光焦度）} \tag{3-28}$$

$$b = 1 - \frac{d_1}{n_1'}\phi_2 \tag{3-29}$$

$$c = 1 - \frac{d_1}{n_1'}\phi_1 \tag{3-30}$$

$$d = -\frac{d_1}{n_1'} \tag{3-31}$$

a、b、c、d 四项高斯常数的求解，本质上是解算 ϕ_1、ϕ_2 和 (d_1/n_1') 三个参数，将单透镜的这三个参数算出来，分别代入相应的高斯常数式中，就能很容易地解算出四个高斯常数。

由于单透镜作用矩阵中的每一个折射矩阵和传递矩阵的行列式值都是 1，再根据矩阵乘积的行列式值等于各个矩阵行列式的乘积的性质，因此透镜作用矩阵的行列式值等于 1，即符合公式 (3-32) 的关系：

$$\det M_{21} = \begin{vmatrix} b & a \\ d & c \end{vmatrix} = bc - ad \tag{3-32}$$

对于具有 k 个折射面组成的共轴理想球面系统，作用矩阵 M_{k1} 的一般关系按公式 (3-33) 表达：

$$M_{k1} = R_k \cdot T_{k(k-1)} \cdot R_{k-1} \cdot T_{(k-1)(k-2)} \cdot R_{k-2} \cdots R_2 \cdot T_{21} \cdot R_1 = \begin{bmatrix} b_k & a_k \\ d_k & c_k \end{bmatrix} \tag{3-33}$$

公式 (3-33) 中的高斯常数 a_k、b_k、c_k、d_k 表达式或计算数值结果不同于单透镜的高斯常数 a、b、c、d，单透镜的高斯常数相当于是 a_2、b_2、c_2、d_2。

作用矩阵是由对应于球面折射系统结构的各折射矩阵与传递矩阵的乘积决定的。作用矩阵涉及的参数是球面系统的曲率半径、折射面间的间隔和折射材料的折射率这些固定参数，因此，光线经过透镜系统进行传输的结果是由其固有的结构性参数决定的。

3.5.52   点成像矩阵法 matrix method of point imaging

对于共轴理想球面系统的近轴子午光线，以在物空间的物点光线的角度 (与光轴夹角) 和高度二个参数 (u_1, y_1) 或物坐标 $\begin{bmatrix} n_1 u_1 \\ y_1 \end{bmatrix}$，用矩阵对其进行折射球面总面数的 k 个面的折射及传递过程的求解，获得在像空间的像点光线的角度 (与光轴夹角) 和高度二个参数 (u'_k, y'_k) 或像坐标 $\begin{bmatrix} n'_k u'_k \\ y'_k \end{bmatrix}$ 的方法，又称为球面透镜点成像矩阵法，按公式 (3-34) 计算：

$$\begin{bmatrix} n'_k u'_k \\ y'_k \end{bmatrix} = M_{k1} \begin{bmatrix} n_1 u_1 \\ y_1 \end{bmatrix} = \begin{bmatrix} b_k & a_k \\ d_k & c_k \end{bmatrix} \begin{bmatrix} n_1 u_1 \\ y_1 \end{bmatrix} \tag{3-34}$$

物点光线在光学系统中的传输，是一个多次折射和传递的过程，从数学的角度是一个线性变换的过程，因此从采用方便的解算方法的角度，适合采用代数矩阵的方法来解算。这个光学成像的解算矩阵称为作用矩阵。

3.5.53   面成像矩阵法 matrix method of plane imaging

对于共轴理想球面系统，以在物空间的物距为 l_1 的物平面上的物点光线的角度 (与光轴夹角) 和高度二个参数 (u_1, y_1) 或物坐标 $\begin{bmatrix} n_1 u_1 \\ y_1 \end{bmatrix}$，用矩阵对其进行物面入射传递、折射球面总面数的 k 个面的折射及传递和出射传递到像面过程的求解，获得在像空间的像距为 l'_k 像平面上的像点光线的角度 (与光轴夹角) 和高度二个参数 (u'_k, y'_k) 或像坐标 $\begin{bmatrix} n'_k u'_k \\ y'_k \end{bmatrix}$ 的方法，又称为物像面成像矩阵法，按公式 (3-35) 计算：

$$\begin{bmatrix} n'_k u'_k \\ y'_k \end{bmatrix} = \begin{bmatrix} 1 & 0 \\ \dfrac{l'_k}{n'_k} & 1 \end{bmatrix} \begin{bmatrix} b_k & a_k \\ d_k & c_k \end{bmatrix} \begin{bmatrix} 1 & 0 \\ \dfrac{l_k}{n_k} & 1 \end{bmatrix} \begin{bmatrix} n_1 u_1 \\ y_1 \end{bmatrix}$$

$$= \boldsymbol{T}_{\mathrm{I}k} \cdot \boldsymbol{M}_{k1} \cdot \boldsymbol{T}_{1\mathrm{O}} \begin{bmatrix} n_1 u_1 \\ y_1 \end{bmatrix} = \boldsymbol{M}_{\mathrm{IO}} \begin{bmatrix} n_1 u_1 \\ y_1 \end{bmatrix}$$

$$= \begin{bmatrix} a_k \dfrac{l_1}{n_1} + b_k & a_k \\ -a_k \dfrac{l_1}{n_1} \dfrac{l'_k}{n'_k} - b_k \dfrac{l'_k}{n'_k} + c_k \dfrac{l_1}{n_1} + d_k & -a_k \dfrac{l'_k}{n'_k} + c_k \end{bmatrix} \begin{bmatrix} n_1 u_1 \\ y_1 \end{bmatrix} \tag{3-35}$$

式中：$\boldsymbol{T}_{1\mathrm{O}}$ 为物平面上的物点的光线到第一个球面的传递矩阵，简称为物面传递矩阵；$\boldsymbol{M}_{k1}$ 为第一个球面到第 k 个球面的作用矩阵；$\boldsymbol{T}_{\mathrm{I}k}$ 为第 k 个球面的折射光线传递到像平面上的传递矩阵，简称为像面传递矩阵；$\boldsymbol{M}_{\mathrm{IO}}$ 为物成像于像面上的作用矩阵或物像共轭关系变换的作用矩阵，简称为物像面传递矩阵。物面传递矩阵、像面传递矩阵和物像面传递矩阵分别用公式 (3-36)、公式 (3-37)、公式 (3-38) 表示：

$$\boldsymbol{T}_{1\mathrm{O}} = \begin{bmatrix} 1 & 0 \\ \dfrac{l_k}{n_k} & 1 \end{bmatrix} \tag{3-36}$$

$$\boldsymbol{T}_{\mathrm{I}k} = \begin{bmatrix} 1 & 0 \\ \dfrac{l'_k}{n'_k} & 1 \end{bmatrix} \tag{3-37}$$

$$\boldsymbol{M}_{\mathrm{IO}} = \boldsymbol{T}_{\mathrm{I}k} \cdot \boldsymbol{M}_{k1} \cdot \boldsymbol{T}_{1\mathrm{O}} = \begin{bmatrix} a_k \dfrac{l_1}{n_1} + b_k & a_k \\ -a_k \dfrac{l_1}{n_1} \dfrac{l'_k}{n'_k} - b_k \dfrac{l'_k}{n'_k} + c_k \dfrac{l_1}{n_1} + d_k & -a_k \dfrac{l'_k}{n'_k} + c_k \end{bmatrix} \tag{3-38}$$

物距为 l_1 的物平面经过球面系统后，所成像平面在空气中的像距 l'_k 按公式 (3-39) 计算：

$$l'_k = \frac{c_k l_1 + d_k}{a_k l_1 + b_k} \tag{3-39}$$

物高为 y_1 的物体经过球面系统后，所成像在空气中的像距 y'_k 按公式 (3-40) 计算：

$$y'_k = (a_k l_1 + c_k)\, y_1 \tag{3-40}$$

球面系统对物体的放大率 β 按公式 (3-41) 计算：

$$\beta = \frac{y'_k}{y_1} = a_k l_1 + c_k = \frac{1}{a_k \dfrac{l_1}{n_1} + b_k} \tag{3-41}$$

　　将球面系统的垂轴放大率 β 应用于面成像矩阵 $\boldsymbol{M}_{\mathrm{IO}}$，构成了简洁的物像作用矩阵，用公式 (3-42) 表达：

$$\boldsymbol{M}_{\mathrm{IO}} = \begin{bmatrix} \dfrac{1}{\beta} & a_k \\ 0 & \beta \end{bmatrix} \tag{3-42}$$

因此，物像关系的矩阵方程可用公式 (3-43) 表达：

$$\begin{bmatrix} n'_k u'_k \\ y'_k \end{bmatrix} = \boldsymbol{M}_{\mathrm{IO}} \begin{bmatrix} n_1 u_1 \\ y_1 \end{bmatrix} = \begin{bmatrix} \dfrac{1}{\beta} & a_k \\ 0 & \beta \end{bmatrix} \begin{bmatrix} n_1 u_1 \\ y_1 \end{bmatrix} \tag{3-43}$$

　　当球面系统的物像空间均为空气 (即 $n_1 = n'_k = 1$) 时，物方主面位置 l_{H} 按公式 (3-44) 计算：

$$l_{\mathrm{H}} = \frac{1 - b_k}{a_k} \tag{3-44}$$

　　当 $n_1 = n'_k = 1$ 时，像方主面位置 l'_{H} 按公式 (3-45) 计算：

$$l'_{\mathrm{H}} = \frac{c_k - 1}{a_k} \tag{3-45}$$

　　当 $n_1 = n'_k = 1$ 时，物方焦面的位置 l_{F} 按公式 (3-46) 计算：

$$l_{\mathrm{F}} = \frac{b_k}{a_k} \tag{3-46}$$

　　当 $n_1 = n'_k = 1$ 时，像方焦面的位置 l'_{F} 按公式 (3-47) 计算：

$$l'_{\mathrm{F}} = \frac{c_k}{a_k} \tag{3-47}$$

　　当 $n_1 = n'_k = 1$ 时，物方焦距 f 和像方焦距 f' 按公式 (3-48) 计算：

$$f = -f' = -\frac{1}{a_k} \tag{3-48}$$

　　当 $n_1 = n'_k = 1$ 时，物方节点位置 l_{J} 按公式 (3-49) 计算：

$$l_{\mathrm{J}} = \frac{1 - b_k}{a_k} \tag{3-49}$$

　　当 $n_1 = n'_k = 1$ 时，像方节点位置 l'_{J} 按公式 (3-50) 计算：

$$l'_{\mathrm{J}} = \frac{c_k - 1}{a_k} \tag{3-50}$$

用公式 (3-49) 与公式 (3-44) 对比以及公式 (3-50) 与公式 (3-45) 对比可看出，当球面系统的物像空间均为空气时，物方主面与物方节面重合，像方主面与像方节面重合，即 $l_H = l_J$，$l'_H = l'_J$。且存在球面系统的点成像作用矩阵中的高斯参数 a_k 为球面系统的光焦度 ϕ，其表达关系为公式 (3-51)：

$$a_k = \frac{1}{f'} = \phi \tag{3-51}$$

高斯参数 b_k 为球面系统的物方顶焦距与物方焦距之比，其表达关系为公式 (3-52)：

$$b_k = \frac{l_F}{f} \tag{3-52}$$

高斯参数 c_k 为球面系统的像方顶焦距与像方焦距之比，其表达关系为公式 (3-53)：

$$c_k = \frac{l'_F}{f'} \tag{3-53}$$

由上面公式关系可看出，高斯参数由球面系统的球面半径、间隔和折射率决定，而高斯参数也决定了球面系统的光焦度、焦距、顶焦点位置、主面位置和节面位置等。

3.6 棱镜光学性能

3.6.1 平面镜棱镜 mirror and prism

平面反射镜和/或棱镜组成的光束反射系统的统称。物体经平面镜棱镜反射和/或折射后，所成的像可以是真像，也可以是镜像，使像坐标系与物坐标系可以相同，也可以不同。平面镜棱镜的作用包括：改变光轴的方向和位置 (光轴转角或光轴平移)；使物的坐标系经平面镜棱镜成像后，像的坐标系发生变化，不同于物的坐标系 (例如右手坐标系变为左手坐标系，或反之)；转动平面镜棱镜扩大观察范围；折叠光学系统光轴，缩短光学仪器长度、减小体积和减轻重量。

3.6.2 光轴截面 axial section; cross section of optical axis

在具有平面反射镜和/或棱镜 (简称为平面镜棱镜) 的光学系统中，两根相连的不同传播方向的平面镜棱镜光轴段所构成的平面或由入射光轴与反射光轴 (或出射光轴) 决定的平面，又称为主截面。对于棱镜光轴不在同一平面内的复合棱镜，光轴截面不止一个，其中有包含入射光轴的光轴截面和包含出射光轴的光轴截面。光轴截面见图 3-10 中所示的 ABC 所构成的平面。棱镜可有无数个平行于光轴截面的平面，可称为光轴平行面，或简称为光轴平面。

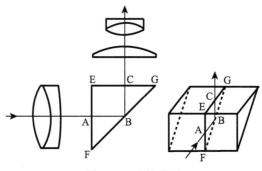

图 3-10　光轴截面

3.6.3　共轭光轴截面 conjugation axial section

一物平面位于棱镜光轴截面内, 若它经棱镜后所成的像平面也在此光轴截面内时的一对物像平面同平面的光轴截面。共轭光轴截面是物平面和像平面均在同一个光轴截面中的情形或状况。这种情形通常发生在单一主截面的棱镜系统中。

3.6.4　相互垂直光轴截面 mutually perpendicular axial sections

由两个或两个以上棱镜组成的、光轴轨迹的组成不在一个平面内, 且形成了棱镜系统两个或多个光轴截面相互垂直组成形态的光轴截面。当两个直角棱镜的光轴截面按相互垂直关系设置时, 就可建立相互垂直光轴截面的形态, 这种情形的棱镜系统的光轴轨迹是空间关系的 (三维关系的), 不在一个平面中。

此外, 还有任意光轴截面 (axial sections of arbitrary combination) 的情况, 即由两个或两个以上棱镜组成的、光轴轨迹的组成不在一个平面内, 且形成了两个及以上光轴截面空间各种可能组合的光轴轨迹形态。当两个直角棱镜的光轴截面按相互垂直关系设置时, 就可建立两个光轴截面相互垂直的组合形态; 当两个直角棱镜按潜望高关系组合, 其中一个棱镜绕潜望高光轴进行旋转的过程中, 两个棱镜构成的光轴截面的夹角就是任意的。

3.6.5　棱镜展开 prism unfolding

将反射棱镜对其光轴的反射过程, 看作等效于以直线穿过平面平行玻璃板的过程或结果, 或棱镜的主截面沿着每个反射面逐个顺序翻转 180° 形成诸主截面拼接板的过程的方法。棱镜的展开方法是顺序逐次以棱镜的反射面为连接边界和镜面绘制棱镜的反射镜像, 有多少反射面就绘制多少个棱镜的反射镜像, 展开的图中有反射面数加 1 的棱镜数量, 棱镜展开后的平板玻璃入射表面和出射表面平行, 光轴或光线沿入射方向直线传播, 见图 3-11 所示。棱镜展开应用于有棱镜的光学系统时, 可简化对光路的设计、分析和计算。在棱镜展开中, 如果光线是垂直于棱镜表面入射和出射, 展开的平板为平行板; 如果棱镜的材料是玻璃, 展开的就是玻璃板。

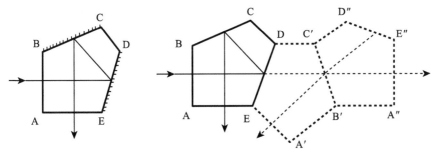

图 3-11 棱镜展开

3.6.6 等效空气层厚度 equivalent air thickness

光学平板的厚度或反射棱镜的展开厚度除以其材料折射率并乘修正系数所得的厚度，按公式 (3-54) 计算：

$$e = K \cdot \frac{L}{n} = \frac{\cos I}{\cos I'} \cdot \frac{L}{n} \tag{3-54}$$

式中：e 为等效空气层厚度；K 为光线入射角度修正系数；L 为棱镜展开的厚度；n 为棱镜折射率；I 为光线入射在棱镜第一面的入射角；I' 为光线在棱镜第一面的折射角。例如，棱镜材料折射率为 $n = 1.5163$，光线不同入射角对应的修正系数 K 值见表 3-2 所示。

表 3-2 光线不同入射角对应的 K 值

I	10°	20°	30°	40°	50°	60°
K	0.99	0.97	0.92	0.85	0.75	0.61

当光线入射角度较小时 (小于 20°)，修正系数可忽略，即等效空气层厚度为光学平板的厚度或反射棱镜的展开厚度除以其材料折射率。

等效空气层厚度是用于在光学系统光路中加入光学平板或棱镜后，可简便计算出像点位置到光学平板或棱镜出射面的距离的一个长度量。当光学系统光路中加入光学平板或棱镜后，像面被向后位移了一个距离 (光路被加长)，见图 3-12 所示，像面被向后位移的长度 ΔL 按公式 (3-55) 计算：

$$\Delta L = L - K\frac{L}{n} = L\left(1 - K\frac{1}{n}\right) \tag{3-55}$$

当光学系统光路中加入光学平板或棱镜后，光学平板或棱镜光线出射面 (最后一面) 到像点的距离按公式 (3-56) 计算：

$$l_2' = l_1 - K\frac{L}{n} \tag{3-56}$$

式中: l_2' 为光学平板或棱镜光线出射面 (最后一面) 到像点 A′ 的距离; l_1 为光线入射的光学平板或棱镜的入射面 (第一面) 到物点 A 的距离。

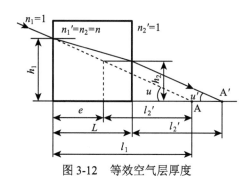

图 3-12　等效空气层厚度

3.6.7　倒像系统 inverting system

可使物所成的像与物上下关系相反的光学系统, 或应用光学原理可使光学系统所成的像上下翻转 180° 的光学系统。利用光学原理的倒像系统有透镜倒像系统和棱镜倒像系统。倒像也可应用电子技术进行倒像。

3.6.8　透镜倒像系统 lens inverting system

在光学倒像功能中, 应用透镜成像关系实现倒像的系统。透镜倒像可以分别应用正透镜系统和负透镜系统实施。正透镜实物成实像就可能是一个透镜倒像系统; 负透镜对虚物成虚像也可能是一个倒像系统; 伽利略望远镜观察到的景物是正像, 就是利用了正物镜对实物成倒像和负目镜对倒虚物成正像的原理。

3.6.9　棱镜倒像系统 prism inverting system

在光学倒像功能中, 应用棱镜反射面的反射倒像功能实现倒像的棱镜系统。应用棱镜系统倒像时, 要注意棱镜系统的反射面为奇数时 (无屋脊面时), 所倒的像会成为镜像。

3.6.10　折射棱角 refractive edge angle

折射棱镜的两相邻折射面的夹角。折射棱角越大, 棱镜的色散越大, 但受全反射的限制, 折射棱角不能过大, 一般为 60°～70°。折射棱角与棱镜折射率和折射棱镜的偏向角存在公式 (3-57) 的数学关系:

$$n = \frac{\sin\dfrac{\alpha + \delta}{2}}{\sin\dfrac{\alpha}{2}} \tag{3-57}$$

式中：n 为折射棱镜材料的折射率；α 为折射棱镜的折射棱角；δ 为折射棱镜的偏向角。

3.6.11 物体坐标系 object coordinate system

反射系统中用于表达物体在进入平面镜或/和棱镜系统前的物体三维形态方向的坐标系。物体坐标系用直角坐标系 xyz 表示，其可按右手坐标系确定，即 x 为中指方向，y 为拇指方向，z 为食指方向，中指方向 x 为物体光线入射平面镜棱镜的方向，见图 3-13 所示。图 3-13 中的 P 为平面镜。

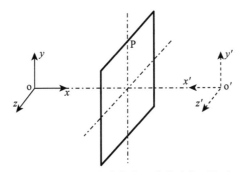

图 3-13　镜面成像的物体和像体坐标系标注

3.6.12 像体坐标系 image coordinate system

反射系统中用于表达物体进入平面镜或/和棱镜系统后所成像的三维形态方向的坐标系。像体坐标系用直角坐标系 $x'y'z'$ 表示，见图 3-13 所示，其坐标系中各轴的方向没有固定的关系，由反射物体的反射镜的反射面的类型、数量、位置决定。

3.6.13 真像 true image

物体经光学系统 (平面镜或/和棱镜或/和透镜) 成像后，所成与物的形态完全相同的像或与物的三轴坐标系完全一样的像。像与物的形态完全相同是指像的三轴坐标系 (x', y', z') 与物的三轴坐标系 (x, y, z) 对应关系完全相同，即都是右手坐标系或都是左手坐标系，但可能存在坐标指向或方向不相同、大小比例不一样等。物体经平面镜或/和棱镜偶数次反射所形成的虚像为真像。透镜所成的像都是真像。经光学系统成的真像可以是正像或倒像。建立真像的术语和概念是为补充光学系统 (含透镜、反射镜、棱镜系统) 成像概念的缺失。真像是与物完全相等或相似的像，是用于与镜像对比的，真像包括实真像和虚真像。正像不一定是真像，可能是镜像；倒像也可以是真像。

3.6.14　镜像 mirror image

物体经平面镜或/和棱镜的奇数次反射所形成的虚像。镜像是与物对称于反射平面的像，见图 3-13。镜像与物相比，是上下不变、左右交换了的像。

3.6.15　同像 identical image

物体经光学系统成像后所成与实物形状和大小相同的实像或虚像。同像包括与实物相同的正置实像或虚像，以及与实物相同的倒置实像或虚像。同像属于真像的一种情况，是物像比例一样的真像。

3.6.16　平面镜成像性质 mirror imaging nature

平面镜成像在成像质量、物像尺寸关系、物像形态变化等方面的本征性质，共有以下五个性质：

(1) 理想平面可以理想成像，即一个点严格成像于一个点 (而球面透镜即使对轴上点也难以理想成像，有球差存在)；

(2) 物体和像体对平面镜为对称关系，即物像分别对平面镜的距离对称和形态对称；

(3) 物体和像体大小相等，坐标系变换为对称关系，即物体为右手坐标系时，像体为左手坐标系；

(4) 按同一观察关系 (面对观察体) 时，物平面按顺时针方向旋转时，像平面则将按逆时针方向旋转，反之亦然；

(5) 物体经奇数个平面反射镜反射后所成的像为镜像，经偶数个平面反射镜反射后所成像为真像 (即与物体形态完全相同)。

3.6.17　平面镜旋转 plane mirror rotation

平面反射镜旋转，使入射光线和出射光线间的相互角度关系发生变化的规律。主要有：平面反射镜零旋转时，入射光线和出射光线的夹角是入射角的两倍；当平面反射镜从 P 位置绕垂直于入射面通过入射点的轴旋转角 α 到 P′ 位置时，反射光线的方向相对反射镜旋转前的反射光线方向旋转了 2α 角度，见图 3-14 所示，角度间的计算关系符合公式 (3-58)：

$$I'_{M} = 2\alpha \tag{3-58}$$

式中：I'_{M} 为平面反射镜转动后的出射光线相对平面反射镜转动前的出射光线方向所偏转的角度；α 为平面反射镜绕垂直入射平面通过入射点的轴转动的角度。

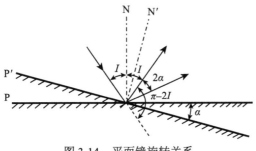

图 3-14 平面镜旋转关系

图 3-14 中：P 为平面反射镜旋转前的位置；P′ 为平面反射镜旋转角 α 后的位置；N 为平面反射镜旋转前的法线；N′ 为平面反射镜旋转后的法线；I 为平面反射镜旋转前的入射角；α 为平面反射镜旋转的角度。

3.6.18 夹角平面镜反射性质 reflection nature of intersection angle plane mirrors

两夹角为 θ 的平面反射镜对在两反射镜垂直平面 (或光轴截面) 内的入射光线，存在任意入射角入射的光线与出射光线的夹角 β 为两平面反射镜夹角 θ 的两倍的性质，见图 3-15 所示，计算关系符合公式 (3-59)：

$$\beta = 2\theta \tag{3-59}$$

式中：β 为出射光线与入射光线的夹角；θ 为两平面反射镜间的夹角。

这一性质可以应用于方便地确定有两个反射工作面的棱镜的入射光线与出射光线的夹角；或应用来设计两个反射工作面棱镜的反射面间的夹角关系。

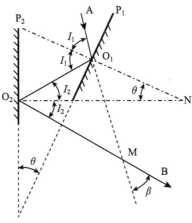

图 3-15 两夹角平面镜的光线夹角

3.6.19   三分之一通光性 one third of going through

入射光线平行于等腰直角棱镜斜面反射面入射时，出射光线的通光口径为垂直于任意直角面入射时的通光口径的三分之一的性质。通光口径按公式 (3-60) 计算，光束入射直角棱镜并传输的光路见图 3-16 所示。

$$D = \frac{a}{\sqrt{2}}\left(1 - \frac{1}{\sqrt{2n^2 - 1}}\right) \tag{3-60}$$

式中：D 为平行于等腰直角棱镜底面入射能通过棱镜的入射光束宽度；a 为等腰直角棱镜的直角边长度；n 为棱镜的折射率。

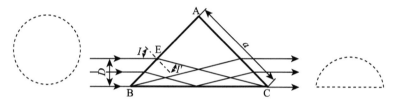

图 3-16   三分之一通光性的入射关系

当棱镜的材料为玻璃，$n = 1.5163$，$D = 0.334a$，即平行于棱镜斜面 (或底面) 的入射光束宽度为垂直于棱镜直角面的入射光束宽度的三分之一。棱镜光学材料的折射不同，通过光束的宽度会有点差别，折射率越高，通过的光束宽度会增大，反之亦然，但数值都在三分之一左右。

3.6.20   屋脊棱镜成像性质 roof prism imaging nature

在不改变光轴方向和主截面内成像方向的条件下，相对于一个反射平面，屋脊棱镜以屋脊面的反射形状使垂直于主截面的物体的像矢量改变 180° 方向，因此，奇数次的屋脊棱 (即由屋脊面 ABCD 和屋脊面 BCEF 相交构成的棱) 反射替换奇数次平面反射，可使平面反射的镜像变成真像 (与物体相同或相似的像) 的性质，屋脊棱镜形状见图 3-17 所示，屋脊棱镜成像性质见图 3-18 所示。屋脊棱镜的屋脊面间的夹角必须严格保持 90° 角，否则屋脊棱镜的反射像就会成双像。当通光口径相同时，屋脊棱镜的尺寸比一般棱镜的要大些。

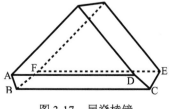

图 3-17   屋脊棱镜

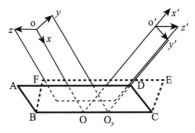

图 3-18　屋脊棱镜成像性质

3.6.21　反弹折转法 rebound turning method

用于分析物体经平面镜棱镜反射后传播的坐标矢量方向变化的手工移动演示方法。设想物体为一支有尖头的铅笔,尖头为顶端,平头为尾端,将笔保持与光轴垂直,相当于物体 y 矢量或 z 矢量,使其沿光轴传播方向移动,先碰到反射面的笔端 (尖端或尾端) 先反射或先折转,转到与光轴垂直的位置,此时笔端的方向就是经过反射面后 y' 或 z' 的方向,以此确定物体经平面镜棱镜反射后的像的矢量方向。这种方法对物体在主截面内矢量的成像关系分析很方便。在物体的三个矢量中,反射变化最复杂的就是主截面内垂直光轴的矢量,因为,光轴方向的矢量就是光线传播方向的矢量,对于单一主截面的平面镜棱镜系统,垂直主截面的矢量一般是不会变化的,除非是有屋脊棱镜或主截面相互垂直的棱镜或任意主截面的棱镜的反射,即使有屋脊反射面,垂直于主截面的矢量经过奇数次屋脊棱镜反射后矢量方向只转 180°,经偶数次屋脊棱镜反射后,物体垂直主截面的矢量方向不变。

3.6.22　光轴同向 same direction of optical axis

物体光轴的矢量方向经平面镜棱镜反射后,所成像体的光轴方向与物体光轴方向相同时的状态或结果,即物体的 x 矢量方向与像体的 x' 矢量方向相同的情况。在单一主截面时,光轴同向概念主要用于根据平面镜棱镜的反射次数,确定物体矢量 y 经平面镜棱镜反射后,像体矢量 y' 的方向的标准化模式条件。例如:光轴同向,光轴反射次数为偶数,y 和 y' 同向成的是正立的真像,而且是同像 (物和像都是右手坐标系,无倍率放大和缩小),见图 3-19(a) 所示,光轴反射次数为奇数时,y 和 y' 反向,成的是倒立的镜像 (物是右手坐标系,而像是左手坐标系),见图 3-19(b) 所示。

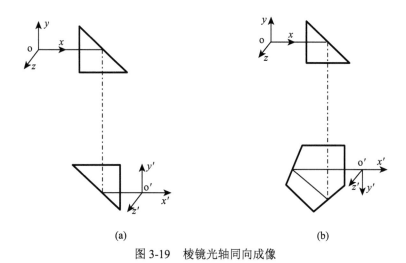

(a)   (b)

图 3-19   棱镜光轴同向成像

3.6.23   光轴反向 negtive direction of optical axis

物体光轴的矢量方向经平面镜棱镜反射后，所成像体的光轴方向与物体光轴方向相反时的状态或结果，即物体的 x 矢量方向与像体的 x' 矢量方向相反的情况。在单一主截面时，光轴反向概念主要用于根据平面镜棱镜的反射次数，确定物体矢量 y 经平面镜棱镜反射后，像体矢量 y' 的方向的标准化模式条件。例如: 光轴反向，光轴反射次数为偶数，y 和 y' 反向，成的是倒立真像，而且是同像，见图 3-20(a) 所示，光轴反射次数为奇数时，y 和 y' 同向，成的是正立的镜像，见图 3-20(b) 所示。

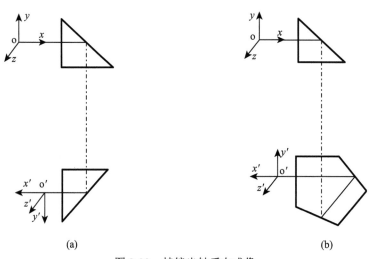

(a)   (b)

图 3-20   棱镜光轴反向成像

3.6.24 棱镜转动 prism rotation

棱镜围绕某矢量方向的轴旋转一定角度的行为，见图 3-21 中的 (a) 和 (b) 所示。棱镜转动可以扩大光学仪器的俯仰和水平观察范围，以及调整光学系统的光轴方向 (光轴偏) 和成像方向的偏差 (像倾斜)。棱镜转动的轴通常选取物体矢量坐标系的某一个或某几个矢量方向。在图 3-21(a) 中，棱镜系统转动的轴分别为过 O_1 点的垂直于主截面的水平轴 (扩大俯仰观察范围) 和垂直于水平方向的 O_1O_2 轴 (扩大水平观察范围)。

当棱镜在平行光路中工作时 (相当于成像物体在无限远)，棱镜转动只考虑像的方向，不考虑位置；当棱镜在非平行光路中工作时 (物为在有限距离实物或虚物)，棱镜转动既要考虑像的方向，也要考虑像的位置，见图 3-21(b) 中的点 F′ 所示。

3.6.25 棱镜转动定理 prism rotation theorem

物体不动，棱镜绕矢量 P 转 θ 角，像体首先绕矢量 P' 转 $(-1)^{n-1}\theta$，然后绕矢量 P 转 θ 角的规律，符合公式 (3-61) 表达关系：

$$[A'] = \left[(-1)^{n-1}\theta P'\right] + [\theta P] \tag{3-61}$$

式中：A' 为像体转动状态；n 为反射次数；P 为棱镜转动围绕的转轴矢量；θ 为棱镜转动的角度；P' 为 P 在像空间的共轭像；[ ] 为棱镜转动的符号 (方括号的量为非矢量)，例如，$[\theta P]$ 表示，P 为转轴的位置和方向，θ 为转动的角度。

棱镜转动定理的公式 (3-61) 的道理可借用图 3-21(b) 来解释：使物矢量 P 绕垂直于直角棱镜主截面过 C 点的轴 (矢量 C) 顺时针旋转 $-\theta$ 角 (即 PC 绕 C 点的轴顺时针转 $-\theta$ 角)，由此导致物矢量经棱镜反射成的像矢量 P' 绕过 C 点的轴 (矢量 C') 逆时针旋转 $\left[(-1)^{n-1}\theta C'\right]$ 角 (即 P′C 绕 C 点的轴逆时针转 θ 角)；使棱镜、物矢量和像矢量同时绕过 C 点的轴 (矢量 C) 逆时针旋转 θ 角，这个旋转导致物矢量 P 回到最初的位置及方向，而棱镜绕过 C 点的轴逆时针旋转 θ 角，且像矢量 P' 绕过 C 点的轴 (矢量 C') 逆时针旋转 θ 角；最终结果是，物矢量 P 不动，棱镜转动，其绕过 C 点的轴逆时针旋转 θ 角，使物矢量回到原位，而使像矢量 P' 又绕过 C 点的轴逆时针旋转 θ 角，因转轴是同一根，矢量 C 等于矢量 $C'(C = C')$；棱镜的转动，使像矢量转了 $\left[(-1)^{n-1}\theta C'\right] + [\theta C] = \left[(-1)^{n-1}\theta C'\right] + [\theta C']$，因反射次数为奇数次 ($n = 1$)，所以棱镜的转动使像矢量绕过 C 点的轴 (矢量 C') 转了 $[2\theta C']$，以上道理的解释与棱镜转动定理的表达步骤一致，以及解算结果一致。

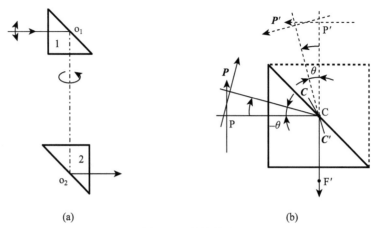

图 3-21 棱镜转动

　　棱镜转动的正负号为：对着转动轴向量观察，逆时针为正，顺时针为负。由于有限转动不符合加法定律，两次转动的顺序不能变。

　　棱镜转动定理对于平行光路，物空间不动的条件下，棱镜绕任意轴转动时，是像空间方向和位置变化的普遍规律。棱镜转动的转角 θ 不能过大，过大可能会使光线无法进入棱镜；对于非平行光路，转角 θ 过大会给近轴计算带来误差。

3.6.26　棱镜转动模式 prism rotation mode

　　分析棱镜转动情况时，棱镜所处的结构关系、旋转轴和入射出射光线的方向等状态的模式。棱镜的转动模式主要有：单一主截面棱镜系统中棱镜的转动；相互垂直主截面棱镜系统中棱镜的转动；绕垂直于棱镜主截面轴 z 的棱镜转动；入射和出射光轴平行的棱镜绕入射光轴 x 的转动；入射和出射光轴垂直的棱镜绕入射光轴 x 的转动等。

3.6.27　绕垂直主截面轴转动 rotation around the axis being perpendicular to main section

　　在平行光路中，棱镜绕垂直主截面的轴转动时，像的转动规律。这个规律是，在没有屋脊棱镜时，棱镜绕垂直主截面轴转动 θ 角：当棱镜的总反射次数为偶数时，$[A'] = [-\theta z'] + [\theta z] = 0$ $(P' = z'$，$P = z = z')$，像不转动；当棱镜的总反射次数为奇数时，$[A'] = [\theta z'] + [\theta z] = [2\theta z]$ $(P' = z'$，$P = z = z')$，主截面的内像的两个相互垂直矢量的像转动 2θ 角，见图 3-22 中的 (a) 所示。有屋脊棱镜 (单数个屋脊棱) 时，情况正好相反，偶数反射次数时，$[A'] = [-\theta z'] + [\theta z] = [2\theta z]$ $(P' = z'$，$P = z = -z')$，光轴转动 2θ 角，奇数反射次数时，$[A'] = [-\theta z'] + [\theta z] = [0]$ $(P' = z'$，$P = z = -z')$，光轴转动角为零，见图 3-22 中的 (b) 所示。当屋脊棱镜的屋脊棱数量为偶数时，情

形与无屋脊棱镜时相同。像的转动实际是来自棱镜在光轴矢量方向和垂直于光轴在主截面内矢量方向的转动，如果棱镜不转动，像就不会转动。

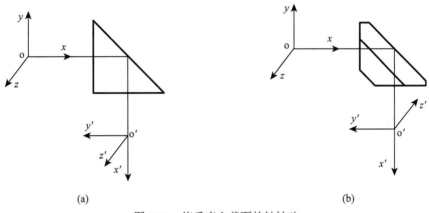

(a)　　　　　　　　　　　　　　(b)

图 3-22　绕垂直主截面的轴转动

3.6.28　光轴平行绕入射光轴转动 rotation around incidence axis in two axises being parallel

在平行光路中，入射出射光轴平行绕入射光轴转动时，像的转动规律。这个规律是，入射与出射光轴平行同向时，棱镜绕入射光轴转动 θ 角：当棱镜的总反射次数为偶数时，$[A'] = [-\theta x'] + [\theta x] = [0]\,(P' = x', P = x = x')$，像不转动；当棱镜的总反射次数为奇数时，$[A'] = [\theta x'] + [\theta x] = [2\theta x']\,(P' = x', P = x = x')$，像绕出射光轴转动 2θ 角，见图 3-23 中的 (a) 所示。入射与出射光轴平行反向时，棱镜绕入射光轴转动 θ 角：当棱镜的总反射次数为偶数时，$[A'] = [\theta x'] + [\theta x] = [2\theta x']\,(P' = x', P = x = -x')$，像绕出射光轴转动 2θ 角，见图 3-23 中的 (b) 所示；当棱镜的总反射次数为奇数时，$[A'] = [-\theta x'] + [\theta x] = [0]\,(P' = x', P = x = -x')$，像不转动。

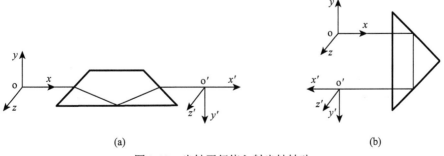

(a)　　　　　　　　　　　　　　(b)

图 3-23　光轴平行绕入射光轴转动

3.6.29 光轴垂直绕入射光轴转动 rotation around incident axis in two axises being vertical

在平行光路中,入射出射光轴垂直,绕入射光轴转动时,像的转动规律。这个规律是,棱镜绕入射光轴转动 θ 角:当棱镜的总反射次数为偶数时,$[A'] = [-\theta x'] + [\theta x]$($P' = x'$, $P = x, x \neq x'$),像首先绕出射光轴 x' 转 $-\theta$ 角,然后再绕入射光轴 x 转 θ 角,见图 3-24 所示;当棱镜的总反射次数为奇数时,$[A'] = [\theta x'] + [\theta x]$($P' = x'$, $P = x, x \neq x'$),像首先绕出射光轴 x' 转 θ 角,然后再绕入射光轴 x 转 θ 角。

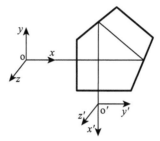

图 3-24 光轴垂直绕入射光轴转动

3.6.30 棱镜微量转动 prism slight rotation

转动量很小的棱镜转动,转动对像体的影响可用专门的公式进行计算和表达的转动量规律。棱镜微量转动表达的定理关系为公式 (3-62):

$$\Delta A' = (-1)^{n-1} \Delta\theta P' + \Delta\theta P \tag{3-62}$$

式中:$\Delta A'$ 为像体微量转动状态;n 为反射次数;P 为棱镜转动围绕的转轴矢量;$\Delta\theta$ 为棱镜微量转动的角度;P' 为 P 在像空间的共轭像。实际上,棱镜微量转动公式和棱镜转动公式在数学表达的本质上是等价的。

3.6.31 光学铰链 optical hinge

实现光学系统的入射光轴和出射光轴之间的夹角连续变化时像面不产生旋转的平面镜或/和反射棱镜系统,见图 3-25 所示。光学铰链主要应用于:观察者头部位置不动,而能观察到不同高低目标的光学铰链 (俯仰铰链),即反射镜 I 俯仰转动而像不转动的光学铰链,见图 3-25 中的 (a) 所示;能解决入射出射两根光轴在同一平面内水平面夹角变化,观察水平方向不同方位目标的光学铰链 (平面铰链),即直角棱镜 I 绕垂直水平的轴转动而像不转动的光学铰链,见图 3-25 中的 (b) 所示;能解决物像空间具有潜望深度,观察者头部不动,而能观察水平不同方位目标,即直角棱镜 I 绕主截面内垂直水平的轴周视旋转,通过道威棱镜反向旋转补偿来校正像倾斜的光学铰链 (空间铰链),见图 3-25 中的 (c) 所示。根据棱镜转动定理,见

图 3-25 (c) 中的棱镜 I (直角棱镜) 绕潜望轴转 θ 角时, 其垂直于光轴的物 (例如 y)的像 (y′) 绕潜望轴转 θ 角, 而棱镜 II (道威棱镜) 绕潜望轴转 θ 角时, 其的物 (y′) 的像 (y″) 将绕潜望轴转 2θ 角, 因此, 要纠正棱镜 I 绕潜望轴转动 (为了获得水平视场)带来的像倾斜, 当棱镜 I 绕潜望轴转动 θ 角时, 棱镜 II 应绕潜望轴转动 $-\theta/2$ 角。

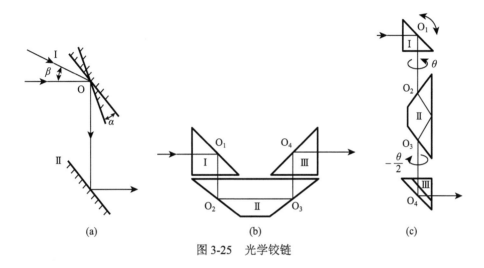

图 3-25 光学铰链

3.6.32 转像 image rotation

借助光学元件或光学元件的转动, 使像相对于物的方向产生旋转的现象。转像是使像绕某些矢量所作的旋转。倒像可以看作是像绕其光轴作 180° 的转像或半周的转像。转像通常是为了补偿纠正像倾斜的需要。

3.6.33 稳像 image stabilization

光学系统的载体在运动状态下, 使外界景物所成的像相对于接收器或观察者稳定的技术。稳像一般靠陀螺仪、摆锤、水准器等传感器, 由传感器感受载体的运动影响, 将修正量传给像补偿器 (平面镜、反射棱镜、透镜、平板玻璃、光楔等光学元件) 进行运动干扰消除的补偿。

3.6.34 光学像旋 optical image rotation

当瞄准线与扫描平面镜棱镜的光轴截面同步同向 (顺时针或逆时针) 转动时, 图像绕视轴同时同向相应旋转的现象。

3.6.35 平面反射系统作用矩阵 function matrix of plane reflection system

由平面反射系统的反射矩阵组成, 对相互正交的三维物空间坐标系起线性变换作用, 来给出相互正交的像空间坐标系的矩阵, 或给出平面反射镜系统物像变换

功能的矩阵, 简称为反射棱镜作用矩阵, 用符号 $\boldsymbol{M}$ 表示, 用公式 (3-63) 表示:

$$\boldsymbol{M} = \boldsymbol{R}_n \cdot \boldsymbol{R}_{n-1} \cdots \cdot \boldsymbol{R}_2 \cdot \boldsymbol{R}_1 \tag{3-63}$$

式中: $\boldsymbol{R}_n$ 为第 n 个反射面的反射矩阵, $\boldsymbol{R}_1$ 为第 1 个反射面的反射矩阵; n 为反射镜系统对物进行反射的反射面顺序号, n 可以为 $1, 2, 3, \cdots$。反射矩阵的一般表达关系为公式 (3-64):

$$\boldsymbol{R}_n = \begin{bmatrix} 1 - 2N_{nx}^2 & -2N_{nx}N_{ny} & -2N_{nx}N_{nz} \\ -2N_{nx}N_{ny} & 1 - 2N_{ny}^2 & -2N_{ny}N_{nz} \\ -2N_{nx}N_{nz} & -2N_{ny}N_{nz} & 1 - 2N_{nz}^2 \end{bmatrix} \tag{3-64}$$

式中: N_{nx}、N_{ny}、N_{nz} 分别为平面反射镜第 n 个反射面的法线矢量 $\boldsymbol{N}_n$ 在物空间坐标系 (x, y, z) 中的三个分量。当 $n = 1$ 时, $\boldsymbol{R}_1$ 是平面反射系统的第 1 个反射面的反射矩阵。

平面反射镜系统, 无屋脊棱镜的奇数次反射的作用矩阵 $\boldsymbol{M}$ 为公式 (3-65):

$$\boldsymbol{M} = \begin{bmatrix} \cos\theta & \sin\theta & 0 \\ \sin\theta & -\cos\theta & 0 \\ 0 & 0 & 1 \end{bmatrix} \tag{3-65}$$

平面反射镜系统, 有屋脊棱镜的奇数次反射的作用矩阵 $\boldsymbol{M}$ 为公式 (3-66):

$$\boldsymbol{M} = \begin{bmatrix} \cos\theta & -\sin\theta & 0 \\ \sin\theta & \cos\theta & 0 \\ 0 & 0 & -1 \end{bmatrix} \tag{3-66}$$

平面反射镜系统, 无屋脊棱镜的偶数次反射的作用矩阵 $\boldsymbol{M}$ 为公式 (3-67):

$$\boldsymbol{M} = \begin{bmatrix} \cos\theta & -\sin\theta & 0 \\ \sin\theta & \cos\theta & 0 \\ 0 & 0 & 1 \end{bmatrix} \tag{3-67}$$

平面反射镜系统, 有屋脊棱镜的偶数次反射的作用矩阵 $\boldsymbol{M}$ 为公式 (3-68):

$$\boldsymbol{M} = \begin{bmatrix} \cos\theta & \sin\theta & 0 \\ \sin\theta & -\cos\theta & 0 \\ 0 & 0 & -1 \end{bmatrix} \tag{3-68}$$

式中: θ 为物的光轴矢量 (入射光轴矢量) 经平面棱镜系统作用成像后与像的光轴矢量 (出射光轴矢量) 的夹角, 以物光轴矢量转到像光轴矢量, 顺时针为负, 逆时针为正。给出几个典型棱镜的作用矩阵, 道威棱镜 D I –0° (一次反射, 入射和出射光轴同向) 为公式 (3-69), 五棱镜 W Ⅱ –90° (二次反射, 入射和出射光轴垂直, 顺时针 90°) 为公式 (3-70), 屋脊半五棱镜 BⅡ$_J$ – 60° (二次反射, 有一屋脊棱, 入射和出射光轴夹角为 60°) 为公式 (3-71), 施密特屋脊棱镜 DⅢ$_J$ – 45° (三次反射, 有一屋脊棱, 入射和出射光轴夹角为 45°) 为公式 (3-72):

$$M = [mi, mj, mk] = [i, -j, k] = \begin{vmatrix} 1 & 0 & 0 \\ 0 & -1 & 0 \\ 0 & 0 & 1 \end{vmatrix} \quad (\text{道威棱镜 D I} - 0°) \quad (3\text{-}69)$$

$$M = [mi, mj, mk] = [j, -i, k] = \begin{vmatrix} 0 & 1 & 0 \\ -1 & 0 & 0 \\ 0 & 0 & 1 \end{vmatrix} \quad (\text{五棱镜 W Ⅱ} - 90°) \quad (3\text{-}70)$$

$$M = [mi, mj, mk] = \left[\frac{1}{2}i + \frac{\sqrt{3}}{2}j, -\frac{\sqrt{3}}{2}i + \frac{1}{2}j, -k \right]$$

$$= \begin{vmatrix} \dfrac{1}{2} & -\dfrac{\sqrt{3}}{2} & 0 \\ \dfrac{\sqrt{3}}{2} & \dfrac{1}{2} & 0 \\ 0 & 0 & -1 \end{vmatrix} \quad (\text{屋脊半五棱镜BⅡ}_J - 60°) \quad (3\text{-}71)$$

$$M = [mi, mj, mk] = \left[\frac{\sqrt{2}}{2}i + \frac{\sqrt{2}}{2}j, \frac{\sqrt{2}}{2}i - \frac{\sqrt{2}}{2}j, -k \right]$$

$$= \begin{vmatrix} \dfrac{\sqrt{2}}{2} & \dfrac{\sqrt{2}}{2} & 0 \\ \dfrac{\sqrt{2}}{2} & -\dfrac{\sqrt{2}}{2} & 0 \\ 0 & 0 & -1 \end{vmatrix} \quad (\text{施密特屋脊棱镜DⅢ}_J - 45°) \quad (3\text{-}72)$$

3.6.36 平面反射系统成像矩阵 imaging matrix of plane reflection system

相互正交的三维物空间坐标系, 通过平面反射系统的作用矩阵的线性变换作用, 获得相互正交的像空间坐标系的解算矩阵, 用公式 (3-73) 表达:

$$A' = MA \quad (3\text{-}73)$$

式中: A 为单位物矢量; M 为平面反射系统作用矩阵; A' 为单位像矢量。

单位物矢量 A 为列矩阵, 用公式 (3-74) 表达:

$$A = \begin{bmatrix} A_x \\ A_y \\ A_z \end{bmatrix} \tag{3-74}$$

式中: A_x、A_y、A_z 为单位物矢量 A 在物坐标系 (x, y, z) 中的三个相应分量。单位像矢量 A' 为列矩阵, 用公式 (3-75) 表达:

$$A' = \begin{bmatrix} A'_x \\ A'_y \\ A'_z \end{bmatrix} \tag{3-75}$$

式中: A'_x、A'_y、A'_z 为单位像矢量 A' 在物坐标系 (x, y, z) 中的三个相应分量。

平面反射系统的作用矩阵为正交方阵, 用公式 (3-76) 表达:

$$M = \begin{bmatrix} m_{11} & m_{12} & m_{13} \\ m_{21} & m_{22} & m_{23} \\ m_{31} & m_{32} & m_{33} \end{bmatrix} \tag{3-76}$$

作用矩阵 M 为正交矩阵, 其行列式值符合公式 (3-77) 的关系:

$$\det M = \pm 1 \tag{3-77}$$

正交矩阵 M 的非奇异阵存在逆矩阵, 其逆阵也是正交矩阵。正交矩阵 M 的逆矩阵 M^{-1} 等于其转置矩阵 M^{T}, 符合公式 (3-78) 的表达关系:

$$M^{-1} = M^{\mathrm{T}} \tag{3-78}$$

且正交矩阵 M 与其转置矩阵 M^{T} 的作用为单位矩阵 E, 符合公式 (3-79) 的表达关系:

$$M^{\mathrm{T}}M = MM^{\mathrm{T}} = E \tag{3-79}$$

平面反射系统成像矩阵, 使平面棱镜成像过程的分析和计算数学化、典型棱镜模式化、复杂过程简单化和准确化。

3.7 光学系统光束限制

3.7.1 光阑 diaphragm；stop

光学系统中所有对成像光束起到限制作用，一般为垂直于光轴的物理 (或实体) 通光孔。光阑通常是光学元件边框或中心位于光轴上的特设的开孔屏。光阑按作用分为孔径光阑、视场光阑和消杂光光阑三种。

3.7.2 孔径光阑 aperture stop

用于限制轴上物点成像光束直径大小的光阑，也称为有效光阑，简称为孔阑，见图 3-26 中的 Q_1Q_2 所示。孔径光阑的大小决定光学系统获取的光能量，例如，照相机的光圈就是一种孔径光阑，光圈数值小时，光阑孔开得就大，曝光量就多。

3.7.3 视场光阑 field stop

置于实像平面或接近实像平面上，限制所成实像范围大小的光阑，简称为场阑。对于没有实像的光学系统，因无法设置视场光阑，所观察到的图像没有清晰的视场边界，而是一个随视场角增加图像渐晕加大到消失的过程，如伽利略望远镜中看到的视场。视场光阑在光学系统物空间有一共轭的像，其作用是限制光学系统成像的物空间范围。视场光阑和景物窗二者是相互共轭的。对发出平行光的光源系统，可在其物面上 (光源面) 设置视场光阑，对接收方进行角视场大小的限制。

3.7.4 消杂光光阑 antireflection and glare diaphragm; flare stop

限制不成像的和不需要的任意角度的光线射入光学系统的光阑。消杂光光阑通常不是平面光阑，而是立体的围壁式光阑，用于拦截系统外来的非成像光和光学仪器壳体、镜筒内壁的反射光，使其不能影响成像质量。一般将其设置在光学系统物镜前端或探测器前端，以对可能射入的杂散光进行阻挡。

3.7.5 光瞳 pupil

孔径光阑在光学系统物空间或像空间中的共轭像。光瞳有入瞳和出瞳。孔径光阑、入瞳和出瞳三者是相互共轭的。

3.7.6 入瞳 entrance pupil

孔径光阑被其前面光学系统向物方所成的像，用符号 D 表示，见图 3-26 中的 P_1P_2 所示。通过入瞳的直径和位置，可直观地描绘出进入光学系统光束光锥的大小，但光束限制的本质还是孔径光阑。

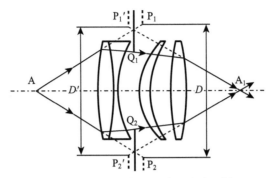

图 3-26　孔径光阑、入瞳和出瞳示例

3.7.7　出瞳 exit pupil

孔径光阑被其后面光学系统向像方所成的像，用符号 D' 表示，见图 3-26 中的 $P_1'P_2'$ 所示。通过出瞳的直径和位置，可直观地描绘出从光学系统出射的光束光锥的大小，但光束限制的本质还是孔径光阑。

3.7.8　入瞳距离 entrance pupil distance

自光学系统第一面顶点到入瞳平面与光轴交点的距离，简称为入瞳距，用符号 l_z 表示。光学系统的入瞳距离是光阑的物方像截距。

3.7.9　出瞳距离 exit pupil distance

自光学系统最后一面顶点到出瞳平面与光轴交点的距离，简称为出瞳距，用符号 l_z' 表示。目视光学系统的出瞳距离也被称为眼点距离或眼点高度。目视光学仪器的出瞳距离一般不小于 10mm(留出睫毛的位置)，长的出瞳距离可达 15mm(使观察更舒服)，更长到 20 mm(考虑配戴眼镜的人)。光学系统的出瞳距离是光阑的像方像截距。

3.7.10　入射窗 entrance window

视场光阑被其前面光学系统成像在物空间所成的光阑像，也称为光学入射窗(optical entrance window)。光学入射窗不同于物理入射窗，它并没有物理存在，是一种抽象存在，是视场光阑限制的一种物方映射关系，而物理入射窗是一种物理存在。光学入射窗和视场光阑是一对共轭关系。

3.7.11　出射窗 exit window

视场光阑被其后面光学系统成像在像空间所成的光阑像，也称为光学出射窗(optical exit window)。光学出射窗不同于物理出射窗，它并没有物理存在，是一种抽象存在，是视场光阑限制的一种像方映射关系，而物理出射窗是一种物理存在，光学出射窗和视场光阑是一对共轭关系。视场光阑、入射窗和出射窗三者是相互共轭的。

3.7.12　边缘光线 marginal ray

物点发出的光束中紧贴光阑边缘和/或遮挡结构边缘通过的那些光线，简称为边光线。边缘光线是界定成像光束能有效进入光学系统的边界光线。边缘光线包括轴上物点发出的边缘光线和轴外物点发出的边缘光线。边缘光线通常是偏离理想光学系统成像的光线，或是造成像差的主要光线。

3.7.13　光束的几何广度 geometric extent of light beam

光束辐射亮度计算的光通量所对应的立体角和辐射面组成的几何量，用符号 G 表示，见图 3-27 所示，符合公式 (3-80) 的计算关系：

$$dG = \frac{dA \cdot \cos\theta \cdot dA' \cdot \cos\theta'}{l^2} = dA \cdot \cos\theta \cdot d\Omega \tag{3-80}$$

式中：G 为光束的几何广度，$m^2 \cdot sr$；dA、dA' 分别为光束元相距为 $l(O_1O_2)$ 的两截面面积，m^2；θ 和 θ' 分别为光束元方向分别与 dA 和 dA' 的法线之间的夹角，sr；l 为光束元的距离，m；$d\Omega$ 为 dA' 对 dA 上一点所张的立体角，$d\Omega = \frac{dA' \cdot \cos\theta'}{l^2}$，$sr$。光束的几何广度 G 由公式 (3-28) 中的 dG 在整个射线束上进行积分获得。对于在非漫射多均匀介质中传输的辐射束，Gn^2(n 为光束传输介质的折射率) 是不变量 (当考虑光能在介质中无损失时)，即 $G_1 n_1^2 = G_2 n_2^2 = \cdots = G_m n_m^2$，其中：$n_1$ 为光束在第 1 种介质中传输的介质折射率；G_1 为光束在第 1 种介质中传输的几何广度；m 为光束连续传输的介质种类的总数。因为，光束在传输过程的两个面元 dA' 和 dA 上相应的光通量 $d\Phi'$ 和 $d\Phi$ 是相等的。对于光束在同种均匀介质中传输 (无吸收和散射) 的亮度是保持不变的。

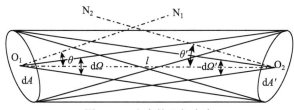

图 3-27　光束的几何广度

3.7.14　子午面 meridian plane；tangential plane

光学系统中，轴外点主光线和光轴所构成的平面，或通过光轴的平面，通常用符号 T 表示，见图 3-28 中的 T 面。子午面内的光线或光束称为子午光线或光束。光学系统整个成像光束始终对子午面的两侧对称。子午面光束可表达光学系统轴外光束的成像情况，子午光束的像差对整个光束的像差有重要意义。理论上，光学系统的过光轴的平面都可以形成子午面，子午面有无穷个，但在光学系统像差的分析和计算实际中，习惯上将子午面固定在竖直方向上，见图 3-28 所示。

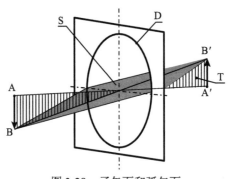

图 3-28　子午面和弧矢面

图 3-28 中：D 为孔径光阑；AA′ 为光轴；BB′ 为轴外点的主光线；T 为子午面；S 为弧矢面。

3.7.15　弧矢面 sagittal plane

光学系统中，与子午面垂直并通过主光线的平面，通常用符号 S 表示，见图 3-28 中的 S 面。弧矢面内的光线或光束称为弧矢光线或光束。弧矢光束表达的是光学系统相对于子午面光束对称的成像情况。子午面和弧矢面内的光束能简单地集中反映整个光束的成像质量。

3.7.16　斜光线 oblique ray

〈光学设计〉光学系统的入射光束中，在子午面内且不平行于光轴的光线。斜光线是在子午面内的、与光轴相交的、不平行于光轴的光线。典型的斜光线是轴外点主光线，该斜光线常用于描述物所成像的像高、视场的角度和尺寸等。

3.7.17　空间斜光线 skew ray

共轴光学系统中，不与光轴共面的光线。空间斜光线是不平行于光轴且与光轴不相交的光线。非共轴的弧矢光线是典型的空间斜光线 (不含过子午面的弧矢主光线)。

3.7.18　远心光路 telecentric path of light

将孔径光阑设置在成像光学系统物镜焦面上所形成的光路。这种光路的特点是各光束的主光线都通过物镜焦点，而在物镜的另一方的主光线都平行于光轴。

优点是，即使调焦不很精确，也不影响横向放大率。如孔径光阑设置在物镜的像方焦面上，物镜对物方所有不同物的位置调焦，入射光束的主光线在固定像面上是不变的 (这些像之间只有清晰度差别)，称为物方远心光路 (因入瞳位于物方无穷远)，见图 3-29 所示；如孔径光阑设置在物镜的物方焦面上，像方所有出射光束的主光线平行于光轴，称为像方远心光路 (因出瞳位于像方无穷远)，见图 3-30 所示。物方远心光路用在工具显微镜等计量仪器中，可使物面调焦不是很准时，也能正确测量物体尺寸，以提高测量长度的准确度；像方远心光路用在大地测量仪器中，可使像面与分划板不完全重合时，也能正确测量像体尺寸，以提高测距精度。物方远心光路的原理可用于测量显微镜的物镜中，以保证对物调焦不准不会影响对物体尺寸测量的准确性；像方远心光路原理可用于大地测量仪器的物镜中，以消除由于像平面和标尺分划面不重合造成的测量误差。物方远心光路可看作为物体微调距离，像的尺寸不变的光路模式；像方远心光路可看作为像面微调距离，物体尺寸不变的光路模式。

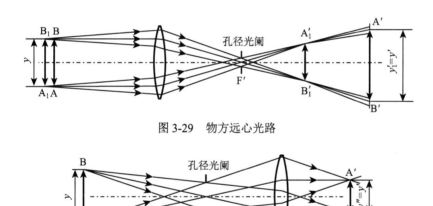

图 3-29 物方远心光路

图 3-30 像方远心光路

3.7.19 远心光阑 telecentric stop

设置在光学系统物镜焦面上的孔径光阑，也称为焦阑。远心光阑的设置是建立远心光路光学系统的关键因素。远心光阑分别有放置在物镜像方焦面上以获得物方远心光路的远心光阑和放置在物镜物方焦面上以获得像方远心光路的远心光阑。

3.7.20 物方孔径角 object aperture angle

轴上物点对入瞳直径张角的一半，用符号 $U_{\max}$ 或 U 表示。物方孔径角是物方光线倾斜角的最大角度。物方孔径角是最大的物方光束会聚角或张角。

3.7.21　像方孔径角 image aperture angle

轴上像点对出瞳直径张角的一半，用符号 $U'_{\max}$ 或 U' 表示。像方孔径角是像方光线倾斜角的最大角度。像方孔径角是最大的像方光束会聚角或张角。

3.7.22　数值孔径 numerical aperture

〈几何光学〉物方孔径角的正弦与物点所在介质的折射率之乘积，用符号 NA 表示，按公式 (3-81) 计算：

$$NA = \sin U \cdot n \qquad\qquad (3\text{-}81)$$

式中：NA 为数值孔径；U 为物方孔径角；n 为物点所在介质的折射率。数值孔径概念是对近贴物距物体成像而言的，主要用于显微物镜。

3.7.23　相对孔径 relative aperture

光学系统的入瞳直径与像方焦距之比，也称为孔径比，用符号 A 表示，按公式 (3-82) 计算：

$$A = \frac{D}{f'} \qquad\qquad (3\text{-}82)$$

式中：A 为相对孔径；D 为光学系统入瞳直径；f' 为光学系统的像方焦距。

3.7.24　F 数 F-number

物镜像方焦距与入瞳直径之比，也称为光圈数或光圈指数。相对孔径和 F 数 (或光圈) 互为倒数关系，因此，光圈数越大，通光孔径也小，反之，通光孔径越大。F 数是照相物镜的重要性能指标。像平面照度与 F 数的平方成反比，景深与 F 数成正比。在摄影领域中，主要是使用光圈的概念，一般不用相对孔径的概念。F 数的系列数值一般按公比为 $\sqrt{2}$ 的等比数列变化，照相物镜常用的 F 数系列为：1；1.4；2；2.8；4；5.6；8；11；16；22；32。F 数系列数值中的每一档之间的曝光能量相差一倍。

3.7.25　T 值光圈 T-number aperture

为统一不同物镜的光能量通过的光圈数值，以 F 数除以镜头的透射比所确定的光圈。由于物镜光学元件组成结构、材料、表面状况等不同，将会带来相同光圈的不同物镜透射比不同，使得相同的景物亮度的像平面上照度不相等，因此，需要一个使不同透射比的照相机物镜都能获得统一曝光量或照度的镜头性能参数。

3.7.26　通光孔径 clear aperture

光学元件或光学系统光束实际能通过的最大孔径，用符号 Φ 表示。对称光学元件和光学系统的通光孔径一般为圆形，其尺寸和面积一般由入瞳决定。

3.7.27 有效孔径 effective aperture

保证成像所需的光束光能量对光学元件或光学系统所要求的基本孔径，也称为有效口径。有些情况，有效孔径等于通光孔径。在设计领域，有效孔径是一个设计概念，通光孔径是实际概念。在测量领域，有效孔径是实际测量得到的可通过光束的孔径。

3.7.28 视场 field of view

〈光学系统〉光学系统可成像的像面幅面尺寸的范围或与其共轭的物面范围，或者景物进入光学系统的物方张角范围，用符号 $2y$(线视场) 或 2ω(角视场) 表示。用线值表示大小的视场，称为线视场 (如显微镜系统、投影仪等)；用角度表示大小的视场，称为角视场 (如望远镜系统、照相机等)。视场分别有物方视场和像方视场。

3.7.29 视场角 field angle

光学系统的视场边缘点的主光线与光轴夹角的两倍。视场角是光学系统对无限远的物方入射光束有效接收或无限远的出射光束所能射出的全张角。视场角有物方视场角和像方视场角。视场角有水平视场角、垂直视场角和对角线视场角。

3.7.30 物方视场角 object field angle

光学系统能有效接收物方光束的主光线的最大张角或全张角，用符号 2ω 表示。物方视场角就是入瞳中心向入射窗边缘所引连线的夹角。

3.7.31 像方视场角 image field angle

光学系统像方能射出光束的主光线的最大张角或全张角，用符号 $2\omega'$ 表示。像方视场角就是出瞳中心向出射窗边缘所引连线的夹角。

3.7.32 表观视场 apparent field of view

与光学系统的视场因素相关的，相当于人眼直接能看到的视场范围。表观视场尽管是以人眼来确定的，但这个指标是光学系统的视场指标，是人眼看与光学系统看的视场大小比较指标。表观视场分别有望远系统的表观视场和照相系统的表观视场。对于望远系统而言，表观视场是望远镜的视场角乘以望远镜的放大倍率，例如，望远镜的视场角为 7°、放大倍率为 8 倍，其表观视场为 56°(其也是目镜的视场角)；这个含义是，人眼以望远镜目镜的视场角看到的景物角度范围，是被望远镜按其放大倍数缩小了的视场角范围，如果人眼以这个望远镜的目镜视场角度直接看原景物，看到角度范围是望远镜的视场角乘以其放大倍数；望远镜的表观视场角通常比望远镜的视场角大，因为望远镜的放大倍数大于 1。对于照相系统而言，照相机的视场角由感光像面尺寸和焦距决定，当焦距与感光像面尺寸在数

值上相等或接近时，称为标准镜头。标准镜头的焦距范围为 40mm~55mm，相应的
视场角为 55°~40°。人的单眼视角 156°，双眼合视角 124°，双眼最大视角 188°(有
眼球运动)，单眼的注视角 25°，单眼舒适视角 60°，将单眼的注视角和舒适视角
向中间集中 (或折中)，单眼比较清楚的视角范围为 40°～45°，这就是人单眼的表
观视场角，标准照相镜头视场角与其相对应再宽了一些。从人眼清楚观察的角度，
表观视场角可取 40°。标准型照相机的视场角可看成对应表观视场角，而其他照
相机的视场角可与 40° 的表观视场角比较，以比较其视场与表观视场的关系。对
于广角镜头照相机，其视场角大于 60°，大的可达 120° 甚至 180°，其视场角是表
观视场角的 1.5 倍、3 倍和 4.5 倍，比表观视场角大很多，这就是称其为广角的原
因；对于长焦距镜头的照相机 (含变焦距的长焦距)，其视场角为 10°、5° 等，其视
场是表观视场的 1/4、1/8 等，比表观视场小很多。有了表观视场角的数值，就能
得到用光学系统比直接用眼睛看的视场是大或是小的定量数据。

3.7.33 窗 window

出于使用环境等因素的考虑，设置在光学系统前端的对外观察的通道或/和设
置在光学系统后端的图像输出观察的通道，也称为窗口。窗是光学系统在某些平
台 (如飞机、车辆、舰船、卫星等) 或某些环境中使用时设置的，不是光学系统自
身性能的需要，但其有可能会是影响光学系统设计性能的装置，例如，会影响观
察范围 (视场)、光束口径、入射光通量等，也可能没有任何影响。如果有影响时，
在光学系统设计时，需要将窗的因素考虑进去。窗分别有入射窗和出射窗。

3.7.34 渐晕 vignetting

由光阑以及镜框等其他结构对轴外物点斜入射光束的部分遮挡，使其到达像
面的光束面积小于轴上物点的光束面积，以致造成像面上从中央到边缘照度逐渐
下降 (或由亮变暗) 的现象，见图 3-31 所示。图 3-31 中：A 为轴上物点；B 为轴外

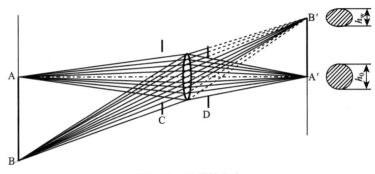

图 3-31 渐晕的产生

物点；C 和 D 为光阑；h_0 为轴上光束的通过高度；h_w 为轴外光束的通过高度。由于轴外光束被光阑部分遮挡，轴外光束的通过高度小于轴上光束的通过高度，即 $h_w < h_0$，因此，轴外光束的通过面积小于轴上光束的通过面积，导致在视场像面上，从中心向外出现渐晕逐渐增加的现象。

3.7.35 渐晕系数 vignetting coefficient

表达视场中像点光束渐晕程度的比例数值。渐晕系数的计算分别用线渐晕系数和/或面渐晕系数的公式来计算。

3.7.36 线渐晕系数 linear vignetting coefficient

光轴外物点与光轴上物点的子午成像光束在出瞳面上的高度之比，用符号 K_D 表示，见图 3-31 所示，按公式 (3-83) 计算：

$$K_D = \frac{h_w}{h_0} \tag{3-83}$$

式中：K_D 为线渐晕系数；h_w 为轴外物点子午光束在出瞳面上所占高度；h_0 为轴上物点子午光束在出瞳面上所占高度。

3.7.37 面渐晕系数 areal vignetting coefficient

光轴外物点与光轴上物点的成像光束在出瞳面上所占面积之比，用符号 K_S 表示，见图 3-31 所示，按公式 (3-84) 计算：

$$K_S = \frac{s_w}{s_0} \tag{3-84}$$

式中：K_S 为面渐晕系数；s_w 为轴外物点光束在出瞳面上所占面积；s_0 为轴上物点光束在出瞳面上所占面积。

3.7.38 渐晕光阑 vignetting stop

为了特定的需要，刻意造成渐晕效果而设置的光阑。渐晕光阑的设置，将会使光学系统视场边缘的光能量从里向外逐渐减弱。在有些设计中，用渐晕光阑起视场光阑的作用，遮挡掉不需要的视场景物，或使不需要的景物的成像光照度很弱或无照度。

3.7.39 照明系统孔径角 aperture angle of illuminating system

〈电子显微镜〉射到样品上的电子束散角的一半。在电子显微镜中，将电子的传播轨迹看作光线轨迹。

3.7.40　成像透镜孔径角 aperture angle of imaging lens

〈电子显微镜〉扫描电子显微镜中，入射到样品的电子探针束散角的一半。电子探针具有用电子束轰击样品，激发样品发出荧光的功能。

3.7.41　物镜孔径角 objective aperture angle

〈电子显微镜〉离开样品成像的电子束散角的一半。这里成像的物镜是电子透镜，即静电透镜或电磁透镜，限制电子束束散角的是电子透镜的电场和磁场。

3.8　像　　差

3.8.1　像差 aberration

成像光束通过光学系统后的实际位置与理想成像对应位置间的差异，或实际像与理想像的偏差。像差可以用几何像差或波像差表达。几何像差通常用点物通过光学系统成点像对理想像点的偏离来分析和表达，其偏离程度在轴向和垂轴面两个方向描述，分为轴向像差和垂轴像差。几何像差分为五种单色像差 (球差、彗差、像散、场曲和畸变) 和两种色差 (轴向色差和垂轴色差)，按像差孔径和像高的幂级数多项式中幂次的不同，分为初级像差和高级像差。校正像差是光学系统设计的重要任务。

3.8.2　初级像差 primary aberration

像差幂级数多项式中幂次最低的各项所对应的像差。例如，垂轴像差幂级数多项式中最低次幂为孔径和像高的三次方，和三次方各项对应的像差为初级像差，又称为三级像差。

3.8.3　高级像差 higher-order aberration

像差幂级数多项式中最低幂次以上各项所对应的像差。五次幂及以上各项对应的像差为高级像差，分别可称为五级像差、七级像差等。

3.8.4　几何像差 geometrical aberration

实际成像光线经过成像系统后的几何位置和对应理想成像位置之差，也称为光线像差 (ray-aberration)。几何像差用实际光线偏离理想光线几何量的大小来表示光学系统成像质量的优劣。几何像差可对光学系统的像质进行分类表达，有利于光学设计的针对性改进。

3.8.5 波像差 wave aberration

〈光学系统〉用实际波面与理想波面在理想波面法线方向上进行比较得出的光程差异。由于波面法线就是光线，因此，波像差与几何像差本质是一样的，它们之间具有可相互导出的关系。波像差是光学系统的像质的综合反映。

3.8.6 星点评价 star point evaluation

用被评价的光学系统对无穷远处的标准几何点(星点板)成像来观察和分析几何点失真状态所进行的光学系统像质的评价方法。星点评价是典型的光学系统几何像差的分析和评价方法。用星点评价方法可看出被测光学系统几何像差方面的球差、彗差、像散、色差等问题。

3.8.7 艾里斑 Airy disk

几何物点(圆孔)经优质光学系统成像所形成的非几何像点的衍射分布的中心圆图像，也称为星点衍射中心斑，见图 3-32 所示。艾里斑的角半径与波长及物方孔直径的关系可按公式 (3-85) 计算，由于第一暗环的衍射方向角 θ 很小，存在 $\sin\theta \approx \theta$；艾里斑的半径与波长、物方孔直径和成像透镜焦距的关系可按公式 (3-86) 计算，上述两个公式是物点经透镜成像于空气中的情况，即 $n' = 1$。图 3-32(a) 为物点成的衍射像图案，图 3-32(b) 为艾里斑的能量分布曲线及其直径尺寸。艾里斑所占的光能量约为整个衍射光能量的 84%，其他各级衍射明环所占的光能量的总和约 16%。有明显像差的光学系统所成的几何物点 (孔) 衍射像的中心斑不称为艾里斑，艾里斑是透镜对物点的理想成像点。

$$\sin\theta \approx \theta = \frac{1.22\lambda}{D} \tag{3-85}$$

$$r = \frac{1.22\lambda f'}{D} = \frac{0.61\lambda}{\sin U'_{\max}} \tag{3-86}$$

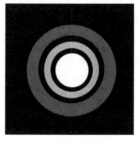

(a) 衍射图像

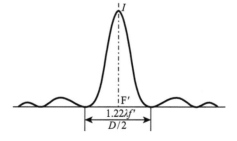

(b) 能量分布曲线及尺寸

图 3-32 艾里斑

式中：θ 为第一暗环的半径衍射张角，即亮斑中心到第一暗环对透镜的半张角 (第一暗环对点物成像透镜中心的半张角)；λ 为衍射光的波长；D 为成像透镜的口径直径；r 为艾里斑的半径；f' 为成艾里斑像的透镜的焦距；U'_{max} 为透镜对物点成像的像方最大会聚角 (像方会聚边缘光线与光轴的夹角)。

3.8.8　衍射极限分辨力 resolving limit power of diffraction

两个几何物点经成像系统成像的像点间，受衍射扩散影响后，能刚好分辨出为两个像点的对应物点的最小距离。衍射极限分辨力表达光学系统的分辨本领，是用来评价光学系统分辨或识别两个靠近的点物或物体精细结构能力的指标。对于一个既无像差又不考虑衍射限制的理想光学系统，点物的像仍然是理想的点，因而可以分辨两个任意靠近的点，分辨本领是无限的。但是对于一个实际的光学成像系统，一方面由于光学系统有限孔径对入射光波的衍射，另一方面由于光学系统像差的存在，点物的像实际是一个弥散斑，当两个点物足够靠近，或者物体靠得相当近时，两个物点所成的两个像点可能就无法看到是分开的。通常光学系统的口径都是圆形，其夫朗禾费衍射像就是艾里斑。即使光学系统的像差经过仔细校正，衍射效应也将是一个不可避免的影响分辨本领的主要因素，分辨极限本质上是衍射带来的极限。

3.8.9　斯特列尔判据 Strehl criterion

光学系统对星点成像的衍射图样中的中心亮斑的亮度占有像全部亮度的80％及以上时，光学系统的成像质量是完善的，即满足公式 (3-87) 的判据。

$$S.D. \geqslant 0.8 \times 100\% \tag{3-87}$$

式中：$S.D.$ 为中心光斑占有像全部亮度的百分比。

3.8.10　分辨力 resolution

〈光学系统〉光学系统对物方细节能区分开的能力，也称为分辨率。按照光学系统的不同用途，分辨力的表达分别为：① 刚能被分辨的两物点对入瞳中心的张角，称为角分辨力，用符号 α 表示，适合望远系统，见图 3-33(a) 所示；② 刚能被分辨的两物点的距离，称为线分辨力，用符号 δ 表示 (或 σ 表示)，适合显微系统，见图 3-33(b) 所示；③ 刚能分辨出物面上 1mm 内的线对数，称为周期线分辨力 (简称为周期分辨力)，用符号 N 表示，适合照相系统，见图 3-33(c) 所示。角分辨力、线分辨力和周期分辨力是分辨力的三种表达关系。

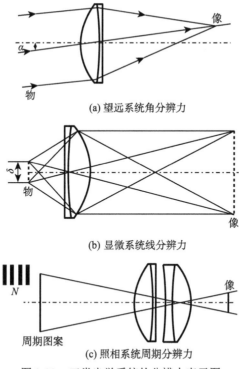

(a) 望远系统角分辨力

(b) 显微系统线分辨力

(c) 照相系统周期分辨力

图 3-33 三类光学系统的分辨力表示图

3.8.11 分辨力评价 resolution evaluation

用被评价的光学系统对无穷远处的标准几何图案或线条组 (分辨率板，平行间隙或扇形间隙等图案) 成像，来观察能看到的单位距离的线对数或线组序号及其线条方向或设定位置图案细节等，由此所进行的光学系统分辨力和像质的评价方法。平行线条的矩形线条组的分辨率图案见图 3-34 所示。星点评价方法是典型的几何像差分析和定性评价方法。分辨率图案评价是典型的光学系统分辨能力的评价方法。

图 3-34 分辨率板中部分图案的示意图

3.8.12　瑞利判据 Rayleigh criterion

光学系统对两星点物成像的两衍射斑的中心距满足公式 (3-88) 时，认为两个物点是能分辨出来的分辨能力判据。瑞利判据的物理形态为：一个物点的像点衍射图形 (艾里斑) 的中央极大值与另一个物点的像点衍射图形 (艾里斑) 的第一极小值重合时的两个像点形成的光强分布状态。在以下情况，两个衍射斑之间的最小光强值与最大光强值之比为 73.5％。瑞利判据也称为瑞利极限。对于望远系统、照相系统和显微系统，瑞利判据的分辨分别为满足公式 (3-89)、公式 (3-90) 和公式 (3-91)。

$$\sigma_0 = 1.22\lambda F \tag{3-88}$$

$$\alpha = \frac{1.22\lambda}{D} \tag{3-89}$$

$$N = \frac{1}{1.22\lambda F} \tag{3-90}$$

$$\varepsilon = \frac{0.61\lambda}{NA} \tag{3-91}$$

式中：σ_0 为衍射斑分辨间距；λ 为成像光波的波长或平均波长；F 为光学系统的光圈或 F 数；α 为望远系统的角分辨力，rad；D 为望远系统的孔径；N 为照相系统刚能分辨两衍射斑中心距的倒数，mm^{-1}；ε 为显微镜的物点间的分辨距离，mm；NA 为显微镜的数值孔径。

瑞利判据是针对两个等强度点光源得出的结果，如两个点光源强度不等，则实际最小分辨距离可能达不到瑞利极限。其次，瑞利判据是针对非相干成像系统得出的结果，如果是相干成像光学系统，由于像的分布是各点像复振幅的相干叠加，而不是强度叠加，系统的分辨本领将与两个靠近的点光源之间的初相位差有关。实验证明，瑞利判据是对分辨条件要求比较高的判据，即严苛的判据。降低分辨条件的判据是道斯判据和斯派罗判据。同一个光学系统，如果用瑞利判据得到的分辨力数值显得没有用道斯判据和斯派罗判据的好，即瑞利判据得到的分辨力数值比道斯判据和斯派罗判据的数值大。而在光学系统的分辨力数值相同时，采用瑞利判据的像质实际上要比采用道斯判据和斯派罗判据的好。

3.8.13　道斯判据 Dawes criterion

光学系统对两星点物成像的两衍射斑的中心距满足公式 (3-92) 时，认为两个物点是能分辨出来的分辨能力判据。在以下情况，两个衍射斑之间的合成光强最小值为 1.013，合成光强最大值为 1.046，光强的最小值与最大值之比为 97％。对于望远系统、照相系统和显微系统，道斯判据的分辨分别为满足公式 (3-93)、公式 (3-94) 和公式 (3-95)。

$$\sigma_0 = 1.02\lambda F \tag{3-92}$$

$$\alpha = \frac{1.02\lambda}{D} \qquad (3\text{-}93)$$

$$N = \frac{1}{1.02\lambda F} \qquad (3\text{-}94)$$

$$\varepsilon = \frac{0.51\lambda}{NA} \qquad (3\text{-}95)$$

式中：σ_0 为道斯判据的衍射斑分辨间距；λ 为成像光波的波长或平均波长；F 为光学系统的光圈或 F 数；α 为道斯判据的望远系统的角分辨力，rad；D 为望远系统的孔径；N 为道斯判据的照相系统刚能分辨两衍射斑中心距的倒数，mm^{-1}；ε 为道斯判据的显微镜的物点间的分辨距离，mm；NA 为显微镜的数值孔径。

3.8.14 斯派罗判据 Sparrow criterion

光学系统对两星点物成像的两衍射斑的中心距满足公式 (3-96) 时，认为两个物点是能分辨出来的分辨能力判据。在以下情况，两个衍射斑之间的合成光强刚好在要出现下凹而还未出现，正好是平顶时，两个衍射斑的合成光强最大值为 1.119(没有最小值)，相当于分辨两个像点的判断不是靠光强差，而是靠形状。对于望远系统、照相系统和显微系统，斯派罗判据的分辨分别为满足公式 (3-97)、公式 (3-98) 和公式 (3-99)。

$$\sigma_0 = 0.947\lambda F \qquad (3\text{-}96)$$

$$\alpha = \frac{0.947\lambda}{D} \qquad (3\text{-}97)$$

$$N = \frac{1}{0.947\lambda F} \qquad (3\text{-}98)$$

$$\varepsilon = \frac{0.47\lambda}{NA} \qquad (3\text{-}99)$$

式中：σ_0 为斯派罗判据的衍射斑分辨间距；λ 为成像光波的波长或平均波长；F 为光学系统的光圈或 F 数；α 为斯派罗判据的望远系统的角分辨力，rad；D 为望远系统的孔径；N 为斯派罗判据的照相系统刚能分辨两衍射斑中心距的倒数，mm^{-1}；ε 为斯派罗判据的显微镜的物点间的分辨距离，mm；NA 为显微镜的数值孔径。

3.8.15 瑞利波差判据 Rayleigh wave difference criterion

光学系统实际成像波面与理想波面的最大差值不超过 $\lambda/4$ 时，光学系统的成像质量是完善的判据，也称为瑞利判据。瑞利判据只考虑了极值差，没有考虑整个波面差的因素，因此，不能真实反映光学系统的像质情况。当 A 光学系统通光面上只有一个小麻点带来了波差超过 $\lambda/4$，而其通光面的其他部分都很好，见图 3-35 中的 (a) 所示，而 B 光学系统虽然通光面的最大波差值没有 A 光学系统的大，但整个通光面上都存在波差，显然 B 系统的实际成像质量效果比 A 系统差，见图 3-35 中的 (b) 所示，但按瑞利判据是 B 光学系统好。

图 3-35 中的对比，是一个光学系统的局部较大峰谷波差 (PV 值) 与光学系统整个面稍小一点的均方根波差 (RMS) 影响差异的比较问题。因此，瑞利判据需要增加考虑整个面波面的因素来完善，不能只是看局部峰谷波差 (PV 值) 的量值大小，还要看影响面积的大小。对光学系统像质，影响最大的因素主要是光学系统整个面的均方根波差 (RMS)。

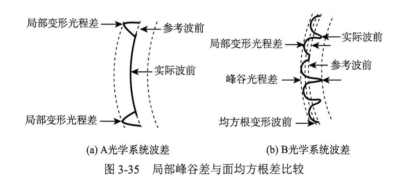

(a) A光学系统波差   (b) B光学系统波差

图 3-35   局部峰谷差与面均方根差比较

3.8.16   单色像差 monochromatic aberration

光学系统对只有单一波长光的物体成像所反映出来的像差。单色像差有球差、彗差、像散、场曲、畸变五种像差。

3.8.17   球差 spherical aberration

在自物方光轴上物点发出的成像光束经光学系统后，在像方会聚的相应光束中，主光线附近的细光束在轴上焦点和一定孔径的宽光束光线在光轴上的焦点沿光轴方向形成的位置差距的一种像差，也称为球面像差，用符号 $\delta L'(h)$ 表示。球差是轴上一个物点没有会聚于轴上一个像点，而是会聚成多个分离的轴上像点的状况，见图 3-36 所示。球差就是一种对称性的像差，它是透镜上不同高度的光线在光轴的会聚点位置不同形成的，球差与光线高度的分布关系见图 3-36 所示，因此，球差是光线在透镜上入射高度 h 的函数，即 $\delta L'(h)$，球差 $\delta L'(h)$ 与光线在透镜上的入射高度 h 一起可建立一条 $\delta L'(h)$-h 曲线，见图 3-36 中的曲线。同样的球差有两个量值评价方向，一个是纵向方向，另一个是横向方向，纵向方向的为轴向球差，横向方向的为横向球差。

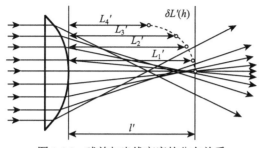

图 3-36　球差与光线高度的分布关系

球差通常按公式 (3-100) 计算：

$$\delta L'(h) = L'_h - l' \qquad (3\text{-}100)$$

式中：$\delta L'(h)$ 为球差；L'_h 为在透镜上高度 h 的光线在光轴上的焦点到透镜像方顶点的距离；l' 为近轴光线在光轴上的焦点到透镜像方顶点的距离。

3.8.18　轴向球差 axial spherical aberration

沿光轴方向上，度量透镜上不同高度和/或不同倾斜角出射光线会聚点的轴向离散量的球差，也称为纵向球差 (longitudinal spherical aberration)，用符号 $\delta L'$ 表示，见图 3-37 所示，按公式 (3-101) 计算：

$$\delta L' = L'_b - L'_a \qquad (3\text{-}101)$$

式中：$\delta L'$ 为轴向球差；L'_b 为自光学系统最后一面顶点到 b 光线会聚点的轴向距离；L'_a 为自光学系统最后一面顶点到 a 光线会聚点的轴向距离。

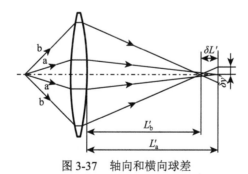

图 3-37　轴向和横向球差

3.8.19　横向球差 lateral spherical aberration

在轴上像点所在理想像平面上，度量透镜上不同高度和/或不同倾斜角出射光线会聚后在理想像平面上的扩散圆半径值的球差，也称为垂轴球差，用符号 $\delta y'$ 表示，见图 3-37 所示，按公式 (3-102) 计算：

$$\delta y' = \delta L' \tan U' \tag{3-102}$$

式中：$\delta y'$ 为横向球差；$\delta L'$ 为轴向球差；U' 为自光学系统 b 光线对透镜张孔径角的一半。

3.8.20　色球差 spherochromatic aberration

从物方光轴上物点发出的复合颜色的成像光束射入透镜同一高度的光线经透镜会聚，在像方光轴上形成不同波长光线的焦点在轴上的位置不同的一种像差。色球差常用 F 光和 C 光的焦点间距表示，按公式 (3-103) 计算：

$$\delta L'_{\text{FC}} = L'_{\text{F}} - L'_{\text{C}} \ \text{或} \ \delta L'_{\text{FC}} = \delta L'_{\text{F}} - \delta L'_{\text{C}} \tag{3-103}$$

式中: $\delta L'_{\text{FC}}$ 为 F 光和 C 光的色球差; L'_{F} 为自光学系统最后一面顶点到 F 光线焦点的轴向距离; L'_{C} 为自光学系统最后一面顶点到 C 光线焦点的轴向距离; $\delta L'_{\text{F}}$ 为 F 光的球差; $\delta L'_{\text{C}}$ 为 C 光的球差。F 光是氢光谱中的 F 线 (blue hydrogen F line), 波长为 486.1 nm, 颜色为青色/蓝色; C 光是氢光谱中的 C 线 (red hydrogen C line), 波长为 656.3 nm, 颜色为红色。

3.8.21　彗差 coma；comatic aberration

轴外物点发出的宽光束光线通过光学系统后不聚焦于主光线上，使成像光束的像点对主光线不对称离散分布的一种像差。称其为彗差是因为物点成像后的图像像彗星的样子，见图 3-38 所示。彗差使轴外点像成为弥散斑，在子午和弧矢两个方向弥散，且弥散点不再对主光线在这两个维度都对称，而偏到了主光线的一侧。这些弥散亮点是对子午面接近对称离散分布的，头部明亮集中，尾部亮点随发散逐渐变暗，形成了一个以主光线为顶点的似锥形弥散斑。彗差通常用子午彗差和弧矢彗差表示。彗差是轴外像差，对大角度视场的像质影响严重。

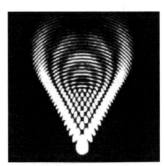

图 3-38　彗差图像

3.8.22　子午彗差 meridional coma

轴外物点发出的子午面宽光束光线通过光学系统后，其会聚点在子午面上偏离主光线所形成的一种像差，用符号 K_T' 表示，见图 3-39 所示，按公式 (3-104) 计算：

$$K_T' = \frac{Y_a' + Y_b'}{2} - Y_z' \tag{3-104}$$

式中：K_T' 为物点在子午面内成像的彗差；Y_a' 为 a 子午光线在理想像平面上穿透点的高度；Y_b' 为 b 子午光线在理想像平面上穿透点的高度；Y_z' 为轴外物点主光线 z 在理想像平面上穿透点的高度。子午彗差 K_T' 表示，在与子午面相交的理想像平面 P' 上，子午面宽光束的焦点的高度 $(Y_a' + Y_b')/2$ 离轴外物点主光线的高度 Y_z' 的距离。K_T' 为负数时，表示子午面宽光束的焦点高度 $(Y_a' + Y_b')/2$ 在轴外物点主光线的高度 Y_z' 的下方，反之在上方。

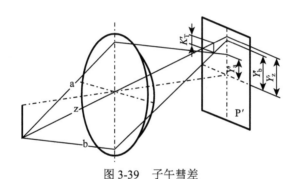

图 3-39　子午彗差

图中: P' 为理想像平面。

3.8.23　弧矢彗差 sagittal coma

轴外物点发出弧矢面宽光束光线通过光学系统后，其会聚点在子午方向偏离主光线所形成的一种像差，用符号 K_S' 表示，见图 3-40 所示，按公式 (3-105) 计算：

$$K_S' = Y_s' - Y_z' \tag{3-105}$$

式中：K_S' 为物点在弧矢面内成像的彗差；Y_z' 为在理想像平面上，轴外物点主光线 z 穿透点的高度；Y_s' 为在理想像平面上，c 或 d 弧矢宽光束光线穿透点的高度。弧矢彗差 K_S' 表示，在与子午面相交的理想像平面 P' 上，弧矢面宽光束的焦点高度 Y_s' 离轴外物点主线高度 Y_z' 的距离。K_S' 为负数时，表示弧矢面宽光束的焦点高度 Y_s' 在轴外物点主线的焦点高度 Y_z' 的下方，反之在上方。弧矢彗差通常比子午彗差要小，约是子午彗差的 1/3 。

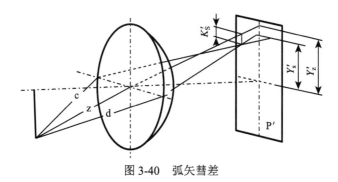

图 3-40 弧矢彗差

图中: P′ 为理想像平面。

3.8.24 相对弧矢彗差 relative sagittal coma

弧矢彗差与主光线在实际像面上投射点高度之比，用符号 SC' 表示，按公式 (3-106) 计算，准确的结果按公式 (3-107) 计算：

$$SC' = \lim_{y' \to \infty} \frac{K'_S}{y'} \tag{3-106}$$

$$SC' = \frac{\sin U_1}{\sin U'} \cdot \frac{u'}{u_1} \cdot \frac{l' - l'_z}{L' - l'_z} - 1 \tag{3-107}$$

式中：SC' 为相对弧矢彗差；U_1、U' 分别为物、像空间宽光束的会聚角；u_1、u' 分别为物、像空间窄光束的会聚角；l' 为近轴光线的像方截距；l'_z 为出瞳距离；L' 为边缘光线的像方截距。对小视场大孔径的光学系统，由于像高较小，彗差的实际数值更小，用彗差的绝对值难于表明其彗差问题严重程度，因此用相对弧矢彗差表达更能说明问题。相对弧矢彗差的公式与正弦差的公式是一样的，即同一个公式。

3.8.25 像散 astigmatism

轴外物点发出的细光束通过光学系统后，子午光线和弧矢光线分别在主光线上会聚形成相互垂直并相隔一定距离的短焦线的一种像差，用符号 x'_{TS} 表示，见图 3-41 所示，按公式 (3-108) 计算。图中 AA′ 为主光线；T 为子午面；S 为弧矢面；P′ 为像平面；F'_T 为子午焦线；F'_S 为弧矢焦线。像散是子午光线对和弧矢光线对分别形成子午焦线和弧矢焦线，子午焦线为一条垂直于子午面的直线 (水平焦线)，而弧矢焦线为一条平行于子午面内的直线 (垂直焦线)，即使是细光束这种现象依然存在，子午和弧矢像散焦线分别对斜主光线的两边近似对称分布。

$$x'_{TS} = x'_T - x'_S \tag{3-108}$$

式中：x'_{TS} 为像散；x'_T 为子午焦线到像面的距离；x'_S 为弧矢焦线到像面的距离。

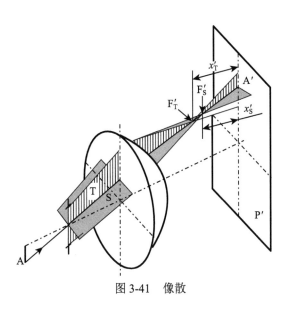

图 3-41　像散

3.8.26　场曲 field curvature

光学系统把垂直于光轴的物平面成像为曲面像 (或弯曲面像) 的一种像差，也称为像场弯曲，用符号 x' 表示，见图 3-42 所示，按公式 (3-109) 计算：

$$x' = L'_w - L' \tag{3-109}$$

平均场曲按公式 (3-110) 计算：

$$x'_h = \frac{x'}{2} \tag{3-110}$$

式中：x' 为场曲；L'_w 为光学系统最后一面顶点到轴外光束像方会聚点的轴向距离；L' 为光学系统最后一面顶点到轴上光束像方会聚点 (或理想像面) 的轴向距离；x'_h 为平均场曲。公式 (3-109) 和公式 (3-110) 为光学系统的子午光线和弧矢光线聚焦重合的场曲情况，即没有像散的情况 (整个光束相交于一点，但该交点与理想像点不重合)。当光学系统有像散的情况，场曲分别用子午场曲和弧矢场曲表示。

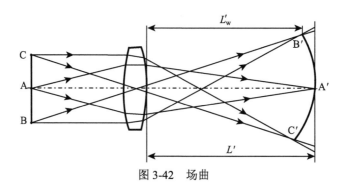

图 3-42   场曲

图中: CAB 为平面物体; C′A′B′ 为曲面像。

3.8.27   子午场曲 meridian field curvature

轴外物点发出的光束经光学系统后子午光线在像方会聚点相对于理想像面轴向距离偏离的一种像差, 用符号 x'_T 和 X'_T 分别表示细光束子午场曲和宽光束子午场曲, 按公式 (3-111) 计算:

$$x'_T = L'_T - L' \tag{3-111}$$

式中: x'_T 为细光束子午场曲, 当将公式 (3-111) 中的 x'_T 换成 X'_T, 轴外细光束换成轴外宽光束时, 即为宽光束子午场曲; L'_T 为光学系统最后一面顶点到轴外子午细光束像方会聚点的轴向距离; L' 为光学系统最后一面顶点到轴上光束像方会聚点 (或理想像面) 的轴向距离。

3.8.28   弧矢场曲 sagittal field curvature

轴外物点发出的光束经光学系统后弧矢光线在像方会聚点相对于理想像面轴向距离偏离的一种像差, 用符号 x'_S 和 X'_S 分别表示细光束弧矢场曲和宽光束弧矢场曲, 按公式 (3-112) 计算:

$$x'_S = L'_S - L' \tag{3-112}$$

式中: x'_S 为细光束弧束场曲, 当将公式 (3-112) 中的 x'_S 换成 X'_S, 轴外细光束换成轴外宽光束时, 即为宽光束弧矢场曲; L'_S 为光学系统最后一面顶点到轴外弧矢细光束像方会聚点的轴向距离; L' 为光学系统最后一面顶点到轴上光束像方会聚点 (或理想像面) 的轴向距离。

3.8.29   畸变 distortion

光学系统所成的像和物在形状上不相似的一种像差, 用符号 $\delta y'_Z$ 表示, 见图 3-43 所示, 按公式 (3-113) 计算:

$$\delta y'_Z = y'_z - y'_0 \tag{3-113}$$

式中：$\delta y'_Z$ 为畸变；y'_Z 为实际主光线决定的像高；y'_0 为理想像高。

畸变会将直线成像为曲线，导致图像变形。畸变的原因是在一对共轭的物、像平面上，不同物高度 (或不同视场角) 的垂轴放大率 (或横向放大率) 不为常数，而是随着视场的变化而变化。只有畸变时，影响的是图像的失真，但不会影响像的清晰度。图 3-43 中：(a) 为无畸变格网像；(b) 为正畸变格网像，正畸变的格网为凹形格网，即枕形畸变，视场边缘像高大于理想像高；(c) 为负畸变格网像，负畸变的格网为凸形格网，即桶形畸变，视场边缘像高小于理想像高；(d) 为非对称畸变格网像，非对称畸变格网包括左右或/和上下两边的畸变量或/和畸变方向不一致的畸变格网。

畸变是由于光阑在透镜前后的位置变化改变了主光线的折射关系而使主光线的像高相对理想像高发生了变化，导致了物像几何相似性的破坏。例如，将光阑放置在单透镜前产生桶形畸变，而将光阑放置在单透镜后产生枕形畸变。

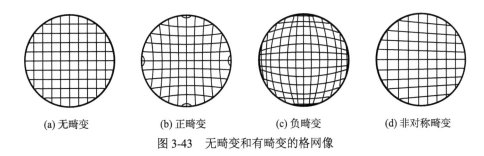

(a) 无畸变　　　　(b) 正畸变　　　　(c) 负畸变　　　　(d) 非对称畸变

图 3-43　无畸变和有畸变的格网像

3.8.30　相对畸变 relative distortion

畸变与理想像高之比的百分数，用符号 q' 表示，按公式 (3-114) 计算：

$$q' = \frac{\delta y'_Z}{y'_0} \times 100\% \tag{3-114}$$

式中：q' 为相对畸变；$\delta y'_Z$ 为畸变；y'_0 为理想像高。在实际中，畸变的评价是用相对关系的，即相对畸变。对于目视光学仪器，物镜的相对畸变控制在 4% 以内，但对于计量仪器、航空测量照相机等精密仪器，物镜的相对畸变应控制在万分之几。

3.8.31　色差 chromatic aberration

〈光学系统〉同一物体的不同波长的光线经同一光学系统成像时，这些波长光线的像之间形成位置差异和大小差异 (纵向或横向) 的一种像差，也称为色像差。色差将导致一个白光的像点成像为扩散的彩色斑，使成像模糊，因此需要进行消除。色差包括轴向色差和横向色差两种色差。

3.8.32　轴向色差 axial chromatic aberration

同一物距物面的不同波长的光线经同一光学系统成像时，这些波长光线的像面沿光轴方向形成不同位置差异的一种像差，也称为纵向色差 (longitudinal chromatic aberration) 或位置色差，用符号 $\Delta L'_{\lambda 1, \lambda 2}$ 表示，见图 3-44 所示，按公式 (3-115) 计算：

$$\Delta L'_{\lambda 1, \lambda 2} = L'_{\lambda 1} - L'_{\lambda 2} \tag{3-115}$$

式中：$\Delta L'_{\lambda 1, \lambda 2}$ 为谱线波长为 λ_1 的光线相对于谱线波长为 λ_2 的光线成像的轴向色差；$L'_{\lambda 1}$ 为光学系统最后一面顶点到谱线为 λ_1 光线的成像像面的轴向距离；$L'_{\lambda 2}$ 为光学系统最后一面顶点到谱线为 λ_2 光线的成像像面的轴向距离。图 3-44 中的 y 为物高。

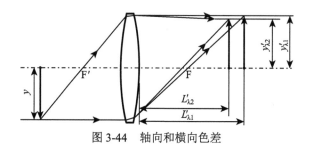

图 3-44　轴向和横向色差

3.8.33　横向色差 lateral chromatic aberration

同一物高 (或轴外视场) 的不同波长的光线经同一光学系统成像时，这些波长的光线所成像的像高在像面垂轴方向形成高低差异的一种像差，也称为垂轴色差或倍率色差，用符号 $\Delta y'_{\lambda 1, \lambda 2}$ 表示，见图 3-44 所示，按公式 (3-116) 计算。

$$\Delta y'_{\lambda 1, \lambda 2} = y'_{\lambda 1} - y'_{\lambda 2} \tag{3-116}$$

式中：$\Delta y'_{\lambda 1, \lambda 2}$ 为谱线波长为 λ_1 的光线相对于谱线波长为 λ_2 的光线成像的横向色差；$y'_{\lambda 1}$ 为谱线波长为 λ_1 的光线的成像像高；$y'_{\lambda 2}$ 为谱线波长为 λ_2 的光线的成像像高。

3.8.34　子午像差 meridianal aberration

子午面内光束形成的像差。子午像差包括宽光束子午场曲 X'_T、细光束子午场曲 x'_t、子午彗差 K'_T 和轴外子午球差 $\delta L'_T$ 等。子午球差按公式 (3-117) 计算：

$$\delta L'_T = X'_T - x'_t \tag{3-117}$$

3.8.35　弧矢像差 sagittal aberration

弧矢面内光束形成的像差。弧矢像差包括宽光束弧矢场曲 X'_S、细光束弧矢场曲 x'_s、弧矢彗差 K'_S 和轴外弧矢球差 $\delta L'_S$ 等。弧矢球差按公式 (3-118) 计算：

$$\delta L'_S = X'_S - x'_s \tag{3-118}$$

3.8.36　轴上像差 on-axial aberration

轴上物点经光学系统成像，其光线未会聚在光轴上的同一点上，而会聚在光轴上不同位置所形成的轴向焦点距离的像差现象，又称为轴上点像差。轴上像差表达的是，光学系统不理想所导致的轴上点光束成像在光轴方向的离散程度。轴上像差有轴上球差和轴上色差。

3.8.37　轴外像差 off-axial aberration

轴外物点经光学系统成像，其光线未会聚在轴外主光线在像面上的同一点上，而会聚在主光线上的不同位置和偏离主光线的位置上的像差现象，也称为轴外物点像差或轴外点像差。轴外像差表达的是，光学系统不理想所导致的，轴外点斜光束对斜主光线在像面上点的横向离散程度 (包括对称和非对称离散) 和轴向离散程度。轴外像差有球差、彗差、像散、场曲、畸变、轴外色差。

3.8.38　轴向像差 axial aberration

物点经光学系统成像，像的会聚点在轴向偏离理想像面的距离或会聚点轴向离散分开一定距离的像差，或用轴向距离度量的像差，也称为纵向像差 (longitudinal aberration)。轴向像差是成像光束的光线在光轴方向上聚焦离散长度的度量。

3.8.39　垂轴像差 vertical aberration

物点经光学系统成像，像的会聚点在理想像面上偏离理想像点的垂轴方向距离或成像主光线相对于理想像点在垂轴方向上偏离离散的像差，或用垂轴方向距离度量的像差，也称为横向像差 (transverse aberration)。垂轴像差是成像光束的光线在像面的垂直方向和水平方向上偏离主光线位置的度量，无论其是轴上像差或轴外像差造成的。

3.8.40　像差公差 tolerance for aberration

光学系统的性能允许存在或允许剩余的像差量。像差公差的量决定光学系统要求的严格程度，像差公差越小，光学系统要求越严格。通常，望远镜和显微镜等小像差系统设计中使用的瑞利判据，是以最大波像差小于1/4波长为公差限。

3.8.41   像差曲线 aberration curve

用于表示光学系统像差随孔径或视场变化的曲线。常用的像差曲线主要有：轴上点球差和轴向色差曲线；正弦差曲线；畸变和垂轴色差曲线；细光束像散曲线；子午光束垂轴像差曲线；弧矢光束垂轴像差曲线等。像差曲线可为光学系统设计者对像差优劣的判断和改进方案的确定提供直观分析图。

3.8.42   像差校正 aberration correction

在光学系统设计或装校中，通过改变透镜参数、位置、材料以及调整光阑位置等手段，把像差减少到最小或设计目标值，使光学系统接近理想光学系统或达到设计目标的光学系统的方法或过程。

3.8.43   像差平衡 aberration balancing

把光学系统的高级像差降低到一定限度，然后改变初级像差的符号和数量，使之和高级像差匹配，或用一种像差弥补另一种像差以提高成像质量的方法或过程。像差平衡方案的重点是明确用哪种初级像差和哪种高级像差匹配，以及它们在数量上应符合什么关系，这是光学设计像差校正中的重要设计技术之一。

3.8.44   像差补偿 aberration compensation

由两个或两个以上透镜组构成的光学系统中，每个的像差不完全独立校正，而是使它们之间的像差进行相互弥补来实现消像差的方法。

3.8.45   消色差谱线 achromatic spectral line

校正色差时所选定的两种谱线。单透镜对发出白光的物体成像时，其不同波长的像点不能重合于一点，而是按波长的大小顺序排列在一段距离上，当用不同阿贝数的正、负透镜组合起来成为一个透镜组时，可使两种指定波长的像点重合。消色差的两个波长谱线的选择，应使光能最集中的像面位置所对应的波长正好与对仪器最起作用的波长一致。

3.8.46   二级光谱 secondary spectrum

对两种指定波长光线校正色差后，而指定波长消色差平均位置与其他波长 (通常为平均波长，例如 D 光) 的像点位置不重合而造成的色差，用符号 $\Delta L'_{\lambda1,\lambda2,\lambda}$ 表示，即用两消色差波长的光线像点的中间位置与平均波长光线的像点位置之差表示，按公式 (3-119) 计算：

$$\Delta L'_{\lambda1,\lambda2,\lambda} = \frac{L'_{\lambda1} + L'_{\lambda2}}{2} - L'_{\lambda} \tag{3-119}$$

式中：$\Delta L'_{\lambda1,\lambda2,\lambda}$ 为光线波长 λ(例如 D 光) 的位置相对于 λ_2 和 λ_1 的平均位置的轴向距离之差构成的二级光谱；$L'_{\lambda1}$ 为光学系统最后一面顶点到 λ_1 光线成像像面的轴向距离；$L'_{\lambda2}$ 为光学系统最后一面顶点到 λ_2 光线成像像面的轴向距离；L'_{λ} 为自光学系统最后一面顶点到 λ 光线成像像面的轴向距离。色差校正中，通用选择为：λ 为 D 谱线；λ_1 为 F 谱线；λ_2 为 C 谱线。

大多数光学系统的二级光谱量值不大，不至于严重影响成像质量，可不用专门校正。但对于高倍显微物镜或高倍望远物镜以及特别高要求的光学仪器 (如高质量平行光管)，二级光谱是需要校正的重要像差。校正二级光谱通常需要萤石等特种光学材料。

3.8.47　等晕条件 isoplanatic condition

当光学系统不能完善成像时,使轴外物点近轴区与轴上物点所成像的缺陷 (或在像面上的弥散) 程度相等的状态或条件,见图 3-45 所示。在等晕条件下,所成的像为等晕成像,即轴上像和轴外像的缺陷程度相等。图 3-45 中：A 为轴上物点；B 为轴外物点；$\delta L'$ 为轴上物点与轴外物点成像具有等量的轴向球差。

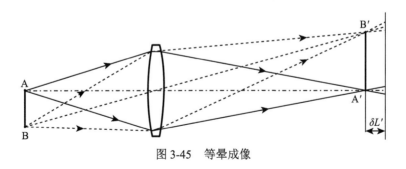

图 3-45　等晕成像

3.9　光学系统设计

3.9.1　光学设计 optical design

对预定要求的光学系统进行光学元件的组成、光学元件结构参数、光学系统性能参数、光学系统像差校正等所进行的技术分析、计算并形成设计成果方案的方法或过程。元件的组成主要指光学系统由多少透镜、棱镜等元件组成；光学元件结构参数主要是指透镜的曲率半径、口径、厚度、棱镜的反射关系、光学元件的间距等参数；光学系统性能参数主要是指焦距、相对孔径、放大倍率、分辨力、视场等参数；光学系统像差校正主要是指球差、彗差、像散、场曲、畸变、色差等的校正。

3.9.2   光学自动设计 optical automatic design

在计算机上应用专业的光学设计软件，对光学系统的光学元件的组成、光学元件结构参数、光学系统性能参数、光学系统像差校正等进行全自动或人工干预的半自动技术分析、计算并形成设计成果方案的方法或过程。

3.9.3   光路 ray path

光学系统中，光线按光学的传输规律所走过的或会走过的路径或轨迹。光路是几何光学和光学设计中，用于描述光线传播轨迹和光学系统成像关系的重要几何线。

3.9.4   光路计算 optical path calculation

对构建的光学系统的元件组成方案，选择代表性的光线，自物点开始，对组成光学系统这些光学元件逐面应用几何光学的折射定律和反射定律，计算光线的传输路径，直到成像点，并将这些计算路径绘制出光线轨迹图形的方法或过程，也称为光线追迹 (ray-tracing) 或光路设计 (optical path design)。光路计算也包含衍射光学元件的计算。

3.9.5   视轴 visual axis

在光学仪器中，分划板上十字线交点与物镜节点的连线，也称为对准轴。视轴是光学系统轴向观察的中心线，也是光学系统调校的基准线。注意：视轴的概念不同于光轴的概念，光轴是光学系统的对称中心轴线，而视轴是光学系统的对准中心线，但两者是可以重合的，通常选择让两者重合。视轴通常用于计量和测量仪器。

3.9.6   瞄准轴 axis of sighting

〈光学系统〉在光学仪器中，分划板上某瞄准标志与物镜节点的连线及其物方延长线，又称为瞄准线 (sighting line)。瞄准轴是光学系统对准目标的轴线，从捕获目标的角度，将瞄准标志设在分划板的中心；在考虑射击提前量 (如运动物体、风速、弹道等) 的情况下，瞄准标志在离开分划板中心的某个特定位置。瞄准轴的概念不同于视轴的概念，有些情况可选择让两者重合，但对有些用途又不能让两者重合，此时的瞄准轴并不在光轴上。瞄准轴通常用于军用光学仪器。

3.9.7   光学特性 optical characteristics

决定光学系统使用能力和效果的参数或性能。光学特性包括焦距、视场、相对孔径、数值孔径、放大倍率、分辨力、出瞳距离、出瞳直径、工作距离等。

3.9.8 光学制图符号 optical drawing symbols

光学系统设计和工艺设计时，在图样上使用的非对象真实形状的简单表示符号或标志。光学制图的符号主要是物像位置、光瞳、光电接收器、狭缝、光阑、光源、光学表面性质、光学镀膜、涂层等符号，见表 3-3 所示。表 3-3 中：表示图形符号的图线采用粗实线；无实体的光阑线采用粗虚线；标注尺寸的线采用细实线；对称中线采用点划线；涂黑采用粗点划线。

表 3-3　光学制图符号

序号	名称		符号	尺寸	示例	说明
1	眼点		⊙	⊙⊣a		
2	光源		⊗	90° 45° φa		光源的要求应在图样的明细栏中注明
3	光电接收器		⊙⊢	φa a/2 a		光电接收器的要求应在图样的明细栏中注明
4	狭缝			a 4a 30°		
5	物像位置		✕	90° 45° a/2 a	12.5 ✕	空间成像位置
					✕	表面成像位置
6	光瞳位置		┼			
7	光阑	有实体		a	φ10	有实体光阑的位置和大小及光瞳位置

续表

序号	名称	符号	尺寸	示例	说明
7	光瞳 无实体	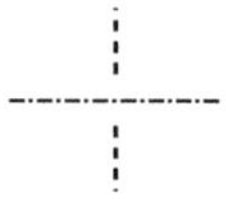	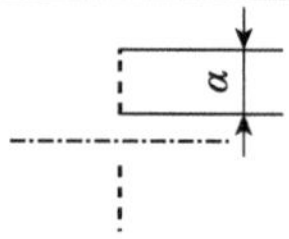	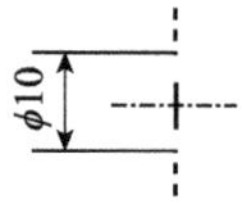	无实体光瞳的位置和大小及光瞳位置
8	非抛光面	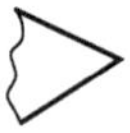	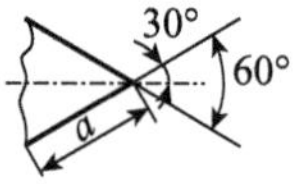	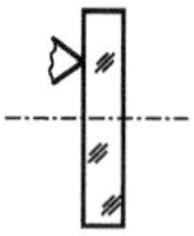	非抛光面符号仅适用于系统图中
9	分划面	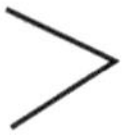	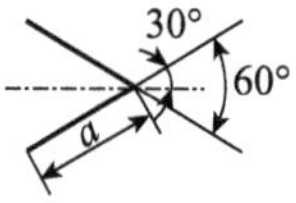	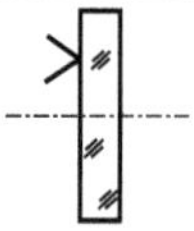	
10	反射膜 反射膜	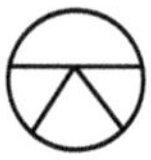	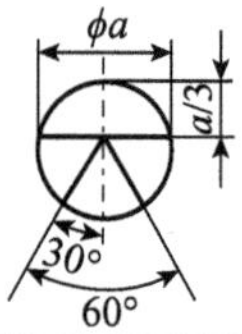	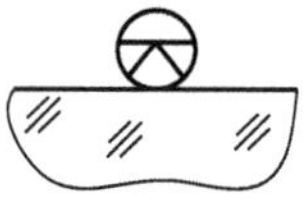	
11	反射膜 外反射膜	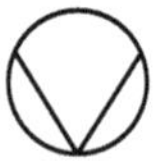	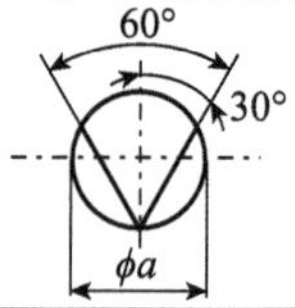	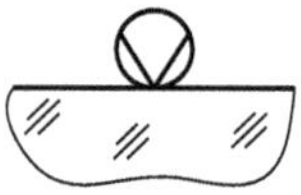	
12	分束（色）膜	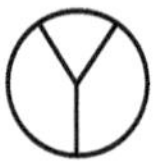	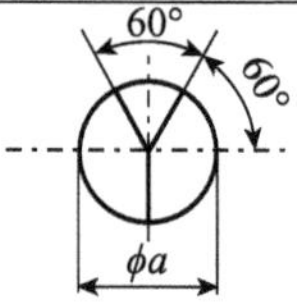	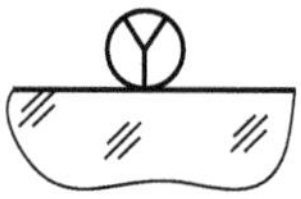	
13	滤光膜	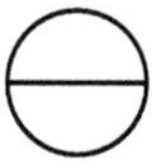	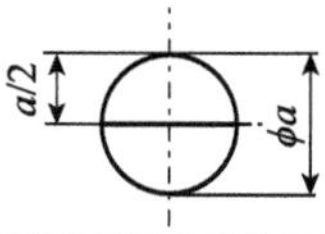	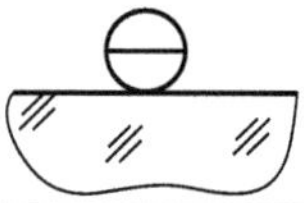	
14	保护膜	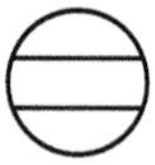	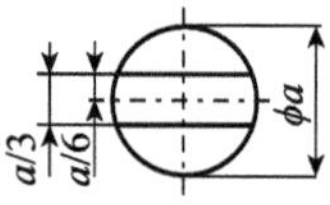	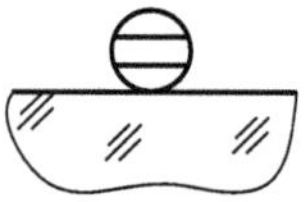	
15	导电膜	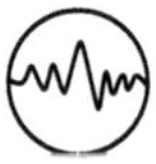	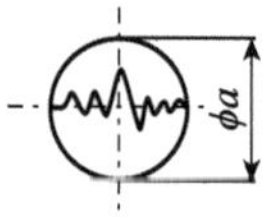	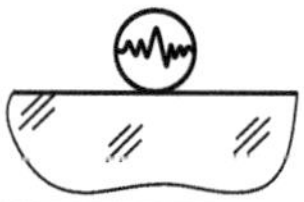	

续表

序号	名称	符号	尺寸	示例	说明
16	偏振膜		ϕa		
17	涂黑		a		粗点划线
18	减反射膜		$90°$ $a/2$ ϕa		

3.9.9　望远系统 telescope system

〈光学设计〉一般由望远物镜、棱镜和目镜组成或由望远物镜和目镜组成，用于观察远距离目标，具有视角放大率，能扩大人眼视觉能力的光学系统，也称为望远光学系统，其代表性的光学仪器称为望远镜。望远系统是将无限远物成像在无限远的无焦光学系统，即光学系统入射和出射的光束均为平行光或近似于平行光。望远系统的放大倍率为物镜焦距与目镜焦距之比，望远系统物镜的焦距显著长于目镜焦距(不考虑正负关系)，由此获得放大倍数。

3.9.10　照相系统 photographic system

〈光学设计〉一般由照相物镜、取景系统和电子传感器(或感光胶片)组成，用于拍摄物空间的景物照片或记录其视频的光学系统，也称为照相光学系统，其代表性的光学仪器称为照相机。由于照相系统的视场和相对孔径都比较大，设计时七种像差都需要校正，不但要校正初级像差，还需对高级像差进行一定程度的校正。照相物镜是照相系统的核心部件，其类型主要有摄远物镜、反摄远物镜、三片型物镜、鲁沙物镜、达哥物镜、双高斯物镜、双高斯和托卜岗物镜、匹兹伐物镜等类型。

3.9.11　显微系统 microscope system

〈光学设计〉一般由显微物镜和目镜组成，用于观察近距离微小物体，具有高倍垂轴放大率，能扩大人眼对微小物体视觉能力的光学系统，也称为显微光学系统，其代表性的光学仪器称为显微镜。显微系统的视放大率为显微物镜的垂轴放大率与目镜的视放大率的乘积。显微镜的分辨力主要取决于显微物镜的数值孔径和成像光源的波长。显微镜的功能和性能主要由显微物镜决定，因此显微镜的类型与物镜的类型密切相关，显微物镜的类型主要有消色差、复消色差、平场、平场复消色差、无限筒长、长工作距离等类型。

3.9.12   聚光照明系统 illumination system of condensing

把光源的光能尽可能多和均匀地聚焦和传递到照明目标上的光学系统。例如把光能聚焦和传递到成像物镜并使被成像物体得到均匀照明的光学系统。聚光照明系统主要用于显微镜、投影仪、放映机、亮目标发生仪器等。聚光照明系统根据照明方式不同，分为把发光体成像在投影物镜入瞳上和成像在物平面前后附近两类，前者称为柯勒照明，后者称为临界照明。

3.9.13   放大率 magnification

共轴理想光学系统中垂直于光轴的一对共轭面的相应共轭量之比。光学系统的放大率根据放大的维度的不同分别有横向放大率、轴向放大率、角放大率、视角放大率和视放大率，前三种放大率的关系是横向放大率 β 等于轴向放大率 α 乘以角放大率 γ，即按公式 (3-120) 计算：

$$\beta = \alpha \cdot \gamma \tag{3-120}$$

放大率中，最常用的放大率是横向放大率，常被简称为放大率。光学系统放大率的公式是基于共轴理想光学系统推导出来的，因此，放大率的计算公式是在一定条件下才成立的。这三种放大率仅指单透镜或透镜组的放大率，不同于望远镜、显微镜和放大镜的放大率，前两个是组合的放大率，后一个是视放大率。

3.9.14   横向放大率 lateral magnification

光学系统的物像共轭面中的像高 y' 与物高 y 之比，也称为垂轴放大率，用符号 β 表示，见图 3-46 所示，按公式 (3-121) 计算：

$$\beta = \frac{y'}{y} \tag{3-121}$$

横向放大率反映像相对于物在垂直于光轴的方向上尺度的增大或缩小。

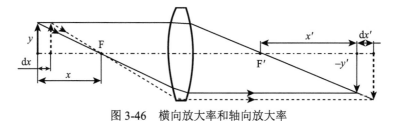

图 3-46   横向放大率和轴向放大率

3.9.15 轴向放大率 axial magnification

光学系统的物像共轭面中，当物平面沿着光轴移动一个微小距离 $\mathrm{d}x$ 时，像平面相应地移动了一个微小距离 $\mathrm{d}x'$，像平面移动的微小距离 $\mathrm{d}x'$ 与物平面移动的微小距离 $\mathrm{d}x$ 之比，又称为纵向放大率 (longitudinal magnification)，用符号 α 表示，按公式 (3-122) 计算，见图 3-46 所示。当移动的距离很小，且系统在空气中时，轴向放大率是横向放大率的平方，即 $\alpha = \beta^2$。

$$\alpha = \frac{\mathrm{d}x'}{\mathrm{d}x} \tag{3-122}$$

式中：α 为轴向放大率；$\mathrm{d}x$ 为物平面沿光轴方向移动的微小距离；$\mathrm{d}x'$ 为像平面沿光轴方向移动的微小距离。

3.9.16 角放大率 angular magnification

光学系统的物像共轭面中，轴上物点发出的光线在像空间内与光轴夹角 U' 的正切和物空间内对应光线与光轴夹角 U 的正切之比，用符号 γ 表示，见图 3-9 所示，按公式 (3-123) 计算：

$$\gamma = \frac{\tan U'}{\tan U} \tag{3-123}$$

式中：γ 为角放大率；U' 为轴上物点发出的光线在像空间内与光轴的夹角；U 为物空间内对应光线与光轴的夹角。

3.9.17 视角放大率 visual angle magnification

对同一目标用光学仪器观察的出射光束的视角 ω' 的正切和用人眼直接观察的视角 ω 的正切之比，或望远系统观察远距离物体时，目镜出射的最大主光线的角度 ω' 的正切与物镜入射的最大主光线的角度 ω 的正切之比，用符号 $\varGamma$ 表示，按公式 (3-124) 计算，见图 3-47 所示。

$$\varGamma = \frac{\tan \omega'}{\tan \omega} \tag{3-124}$$

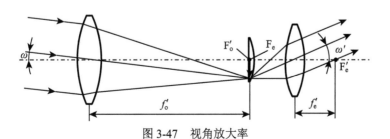

图 3-47　视角放大率

式中：$\varGamma$ 为视角放大率；ω' 为用光学仪器观察物体经仪器后光束出射的视角；ω 为人眼直接观察物体的视角。视角放大率是望远系统或望远镜的放大率。

3.9.18　视放大率 magnification power; absolute magnification

用光学系统观察时视网膜上的像高与用人眼直接观察时视网膜上的像高之比，也称为放大倍数或放大倍率或视觉放大率。望远镜的视放大率等于无限远目标通过望远系统成像后对人眼半张角的正切与该目标直接对人眼半张角的正切之比，用组成望远系统的物镜和目镜的光学性能计算为物镜焦距比目镜焦距，按公式 (3-125) 计算，见图 3-47 所示。放大镜或目镜的视放大率为明视距离 (250mm) 比放大镜焦距或目镜的焦距，按公式 (3-126) 计算，见图 3-48 所示。显微镜的视放大率等于物镜的横向放大率 (垂轴放大率) 与目镜的放大倍数的乘积。视放大率和视角放大率是一个等价概念，它们只是在某些方式的放大情况的计算参数和公式上有些区别。

$$\varGamma = \frac{\tan\omega'}{\tan\omega} = \frac{f_o'}{f_e'} \tag{3-125}$$

$$\varGamma = \frac{250}{f_m'} \tag{3-126}$$

式中：$\varGamma$ 为视放大率；ω' 为光学仪器观察物体的视角；ω 人眼直接观察物体的视角；f_o' 为望远镜物镜焦距；f_e' 为望远镜目镜焦距；f_m' 为放大镜焦距；250mm 为明视距离。

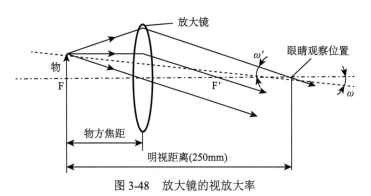

图 3-48　放大镜的视放大率

3.9.19　有效放大率 effective magnifying power

能满足目视光学仪器的视角分辨力 ($60''/\varGamma$) 和衍射分辨力 ($140''/D$) 相等的视放大率。望远镜的有效放大率不超过 ($D/2.3$)，D 为入瞳直径，单位为毫米。显微镜的有效放大率不超过 215 倍数值孔径。目视光学仪器视放大率大于有效放大率时，不能看清更小的物体细节；小于有效放大率时，不能充分发挥仪器具有的细小分辨能力的分辨作用，使仪器导致过高设计的浪费。在实际中，不完全是以分辨力决定光学系统孔径，往往是分辨力与放大倍数匹配了，但像面上的光能量不够，需要增大孔径，因此，光学系统孔径的设计一般是超过分辨力需要的，这不是过设计，是考虑光能量角度的需要。

3.9.20 焦深 depth of focus

〈几何光学〉物平面固定时，在像平面能获得规定概念的清晰像所容许的像平面沿光轴移动的距离，也称为像深。焦深就是当物平面固定时，在共轭像平面的前后，能对该物平面成清晰像的轴向深度。在像平面上容许的弥散光斑直径越大，焦深越长；焦深与像方孔径角成反比。焦深有几何焦深和物理焦深。

3.9.21 几何焦深 geometrical depth of focus

在像方空间认可为是清晰像点对应的两个最大几何弥散斑直径所确定的像方轴向距离，用符号 $\Delta l'$ 表示，见图 3-49 所示。几何焦深就是某物点在像方认为是成清晰像点的轴向范围。几何焦深的范围为：在像方焦平面附近，找到认可为是清晰的最大光斑 (或像点弥散斑) 的像平面位置，沿光轴方向使光斑向减小尺寸的方向移动，光斑减小到最小焦点，继续移动像平面使光斑逐渐增大至认可为是清晰的最大光斑 (或像点弥散斑) 的像平面位置，两个像平面的位置间的距离就是几何焦深。决定焦深的最大弥散斑直径 z' 由感光胶片的乳胶颗粒尺寸或光电探测器面阵探测元间距决定。几何焦深与物距相关，不同的物距对应不同的几何焦深。图 3-49 中：z' 可认为是清晰像点对应的两端的两个最大几何弥散斑直径；$\Delta l'$ 为几何焦深。

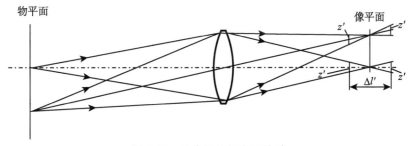

图 3-49　成像的几何焦深关系

3.9.22 物理焦深 physical depth of focus

按像平面理想波面的参考点沿轴向离焦产生不大于 $\lambda/4$ 波差对应的离焦量。物理焦深的离焦量对应范围为 $+2\lambda F^2$。

3.9.23 景深 depth of field

物镜能在像面上获得清晰像的物空间深度，用符号 Δl 表示，见图 3-50 所示。景深的本质是物点在像面上对应的像斑被认为是清晰的最大像点弥散尺寸 Z' 至最小焦点再到认为是清晰的最大像点弥散尺寸 (也可以是从最小焦点到认为是清晰的最大像点弥散尺寸再到最小焦点) 的像平面轴向范围的共轭物方的轴向范围。景深是像面固定，物体能清晰成像的轴向尺寸范围。

根据图 3-50 的几何关系，可推导出公式 (3-127) 的景深关系相关的计算公式：

$$\frac{1}{l_1} - \frac{1}{l_2} = \frac{2Z'}{D}\left(\frac{1}{l} + \frac{1}{f'}\right) \tag{3-127}$$

使 $l_1 \cdot l_2 \approx l^2$，且 l 比 f' 大得多，公式 (3-127) 可变换为公式 (3-128)：

$$\Delta l = l_2 - l_1 \approx l^2 \cdot \frac{2Z'}{D \cdot f'} = l^2 \cdot \frac{2Z'}{\dfrac{D}{f'} \cdot f'^2} \tag{3-128}$$

当景深为从某个物面到物方无穷远均为清晰时，l_2 对应的最近物距 $l_{2\infty}$(即超焦距) 按公式 (3-129) 计算：

$$l_{2\infty} = -\frac{1}{2} f'\left(1 + \frac{D}{Z'}\right) \tag{3-129}$$

l 对应的最近物距 l_∞(即基准物平面位置) 按公式 (3-130) 计算：

$$l_\infty = 2l_{2\infty} \tag{3-130}$$

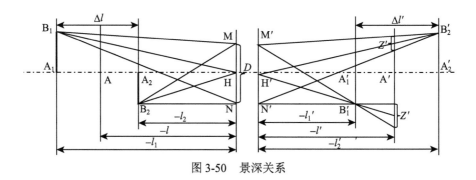

图 3-50 景深关系

图 3-50 中：一个焦距为 f' 的物镜；A、A_1、A_2 分别为物镜的物空间中的三个物平面；A′、A_1'、A_2' 为 A、A_1、A_2 三个物平面的共轭像平面；A_1B_1 为物平面 A_1 上的物；A_2B_2 为物平面 A_2 上的物；$A_1'B_1'$ 为像平面 A′ 上物 A_1B_1 的共轭像；$A_2'B_2'$

为像平面 A_2' 上物 A_2B_2 的共轭像；H、H' 分别物方主点和像方主点；M、N 分别为物方光线入射到物方主面上的点；M'、N' 分别为对应物方主面上 M、N 点在像方主面上的共轭点；D 为光线入射在光学系统上的口径；Z' 为被认为是清晰的最大像斑尺寸；l、l_1、l_2 分别对应物平面 A、A_1、A_2 的物距；l'、l_1'、l_2' 分别对应像平面 A'、A_1'、A_2' 的像距；Δl 为景深。

　　像面上容许的光斑直径 (被认为是清晰的直径) 越大，景深越大；景深与镜头的相对孔径成反比，相对孔径越大，景深越小 [见公式 (3-128) 的表达关系]；相对孔径相同时，景深与焦距的平方成反比，即短焦距的镜头景深长 [见公式 (3-128) 的表达关系]；成像的物体越远，景深间距就越长 [见公式 (3-128) 的表达关系]。

　　人们经常容易将焦深和景深混淆，焦深是针对像方的，景深是针对物方的，焦深是像方清晰成像的像方像面可轴向移动的深度，景深是像方清晰成像的物方景物的轴向的深度范围。

3.9.24　眼点 eye point

　　目视光学系统视场边缘光束的主光线在目镜像方与光轴的交点。眼点是在目镜后方能以最小眼瞳看到最大视场的位置，是观察时眼瞳应放置的位置。眼点位置本来是出瞳的位置，但由于出瞳像差的存在，使两者不再重合。

3.9.25　眼点距离 eye point distance

　　目视光学系统观察方的最后一面顶点到眼点的轴向距离。眼点距离就是目视光学仪器目镜最外边的那个面到眼点的距离，相当于出瞳的距离。对于枪用瞄准镜，眼点距离不能太小，否则枪的后坐力会使瞄准镜的目镜撞击到人眼，伤及眼睛。

3.9.26　视度 diopter

　　目视仪器目镜出射光束的会聚或发散程度，用符号 SD 表示，按公式 (3-131) 计算：

$$SD = \frac{1}{L_s} \tag{3-131}$$

式中：SD 为视度，单位为 m^{-1}；L_s 为眼点到轴上光线会聚或发散点距离，单位为 m。视度等于眼点到轴上光线会聚点距离 L_s 的倒数，用屈光度的单位。人眼观察目镜时，相当于给人戴了一副眼镜，目镜出射光束的状态，决定了目镜的光焦度的度数和正负关系。目镜焦面与物镜像面重合时，目镜出射光线为平行光，L_s 为无穷大，目镜为零视度；目镜后移 (即其焦面后移)，光线会聚，L_s 为正值，目镜的视度 SD 也为正；目镜前移 (即其焦面前移)，光线发散，L_s 为负值，目镜的视度 SD 也为负。通常目视光学仪器的视度调节范围为 ±5D，视度的刻度直接刻在目镜圈上。设目镜的焦距为 $f'_目$，目镜移动距离 $x = \left(SD \cdot f'^2_目\right) / 1000 \text{(mm)}$，目镜上视度刻度的螺纹进度就是按这个公式计算的。

3.9.27　摄远比 telephoto ratio

物镜的镜筒的结构长度与物镜的焦距之比，用符号 T_p 表示，按公式 (3-132) 计算：

$$T_p = \frac{L}{f'} \tag{3-132}$$

式中：T_p 为物镜的摄远比；L 为物镜镜筒的结构长度；f' 为物镜的焦距。摄远比表达的是物镜的机械结构尺寸与其对应的光学性能的一种比例关系，有利于指导改进物镜的机械结构尺寸关系。当物镜镜筒尺寸明显地比物镜焦距短时，摄远比小于 1，说明物镜的结构设计比较紧凑，即用较短的结构长度实现较长的焦距。摄远比是长焦距镜头需要考虑的一项指标，其通常为 0.8 左右。

3.9.28　工作距离 working distance

物面到距其最近的光学系统中的光学零件的第一面顶点的轴向距离 (第一面可以是光阑面)，用符号 WD 表示。工作距离的计算面不包括镜头保护盖板等非光学成像功能的零件。工作距离是给光学系统观察物体留出所需的物空间距离，通常是针对显微物镜考虑的。

3.9.29　法兰焦距 flange focal distance

自物镜的安装基准面到其像方焦平面之间的距离，也称为物镜定位截距。法兰焦距是由物镜的物理定位面到其具有性能特征的焦面的距离，这个距离可方便光学系统产品的安装和调试等，这是设计具有互换性功能镜头的一个重要参数，如用于更换使用不同焦距的照相镜头就需要法兰焦距的指标。

3.9.30　物镜的齐焦 parfocalization of objective

当用一个物镜对物体调焦清楚后，更换上其他放大率的物镜时，不需要再重新调焦或只作微量调焦就能看清楚物体的一种光学仪器设计结构关系或所处的状态。显微镜和照相机都会涉及到更换不同倍数的镜头的齐焦结构关系的设计。

3.9.31　望远物镜 telescope objective

望远系统中接收来自远方物体的光线，形成实像于目镜前焦平面上的透镜组，又称为望远系统物镜。望远物镜的主要光学性能为相对孔径、焦距、视场角等，其相对孔径不太大，一般小于 1/2，多采用双胶合物镜、双分离物镜、三分离物镜、双胶合-单物镜、单-双胶合物镜、摄远望远物镜、同态双胶合物镜、对称双胶合物镜、反射物镜等。望远物镜是望远系统物镜的总概念。

3.9.32 双胶合物镜 double cemented objective

由一个正透镜与一个负透镜胶合成,采用正透镜在前 (面对物方) 负透镜在后的关系组成的物镜,见图 3-51 所示。双胶合物镜是最常用的简单望远物镜,一般相对孔径在 1/3~1/10 范围,焦距在 50mm~1000mm,视场在 8°~10°,加消像散棱镜于光路中时视场可达 15°~20°,最大口径一般不超过 100mm,玻璃材料选择适合校正球差、彗差和轴向色差三种像差的,这种物镜本身不能校正像散和场曲。

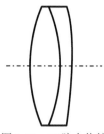

图 3-51　双胶合物镜

3.9.33 双分离物镜 double seperate objective

由一个正透镜与一个负透镜分开一定间隔组成,采用正透镜在前 (面对物方) 负透镜在后的关系组成的望远系统物镜,见图 3-52 所示。双分离物镜采用焦距为 100mm~150mm 时,相对孔径为 1/2.5~1/3,具有口径不受限制、能利用空气间隔校正球差及增大相对孔径的优点。缺点是光能损失大、加工安装比较困难、两透镜的共轴性不易保证。

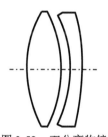

图 3-52　双分离物镜

3.9.34 三片型物镜 triplet objective

由两正一负的三片分离透镜,以两个正透镜隔开一定距离在前,一个负透镜隔一定距离在后组成的望远物镜,也称为三分离物镜,见图 3-53(a) 所示。该物镜的相对孔径可达 1/2,能很好地控制孔径高级球差和色球差。

由两正一负的三片分离透镜，以一个正透镜在前，第二个为负透镜，第三个为正透镜组成的照相物镜，也称为柯克物镜 (Cooke's objective) 或三分离物镜，见图 3-53(b) 所示。三片型物镜是具有中等光学特性的照相物镜中结构最简单的一种，一般相对孔径在 1/4~1/5 范围，视场在 40°~50°，是结构简单、像质较好，能够校正七种像差的基本物镜类型之一。

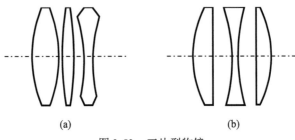

(a)   (b)

图 3-53   三片型物镜

3.9.35   双胶合–单物镜 double-cemented-single objective

由一个双胶合正透镜 (正透镜在前负透镜在后) 与一个单正透镜分开一定间隔组成，采用胶合正透镜在前 (面对物方)，单正透镜在后的放置关系的望远系统物镜，见图 3-54 所示。双胶合-单物镜相对孔径可大于 1/3，如果双胶合和单透镜的光焦度分配适当，相对孔径还可大于 1/2 左右，视场角小于 5°，孔径不大于 100mm，两种透镜的材料选择恰当，孔径高级球差和色球差都能校正得比较小。大相对孔径的望远物镜大多采用这种结构形式的物镜。

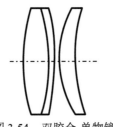

图 3-54   双胶合-单物镜

3.9.36   单–双胶合物镜 single-double-cemented objective

由一个单正透镜与一个双胶合正透镜 (正透镜在前负透镜在后) 分开一定间隔放置组成，采用单正透镜在前 (面对物方) 胶合正透镜在后的放置关系的望远系统物镜，见图 3-55 所示。单-双胶合物镜的性能和特点与双胶合-单物镜的相同。

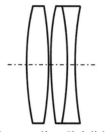

图 3-55　单-双胶合物镜

3.9.37　摄远望远物镜 telephoto telescope objective

由一个双胶合正透镜 (在前) 和一个双胶合负透镜 (在后) 分开一定距离组成的望远系统物镜，也称为远距望远物镜，见图 3-56 所示。摄远望远物镜可使系统总长度小于物镜焦距 (即摄远比在 0.8 以上)，能增加视场，除了能校正球差和彗差外，还能校正场曲和像散，缺点是相对孔径比较小，相对孔径在 1/10～1/5，视场在几度范围，适用于小相对孔径、视场不大，但焦距要求长的望远物镜。摄远物镜既能用于望远系统，也能用于照相系统。

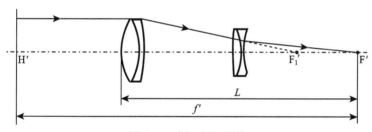

图 3-56　摄远望远物镜

3.9.38　同态双胶合物镜 double homomorphism cemented objective

由两个形态相同的双胶合正透镜，以相同形态分开一定间隔放置组成的望远系统物镜，见图 3-57 所示。同态双胶合物镜可增大相对孔径达到 1/2.5~1/3。

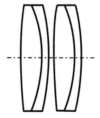

图 3-57　同态双胶合物镜

3.9.39　对称双胶合物镜 double symmetry cemented objective

由两个形态相同的双胶合正透镜，以对称形态分开一定间隔放置组成的望远系统物镜，见图 3-58 所示。对称双胶合物镜可以增大视场，相对孔径为 1/5 时，视场可以达到 30°。

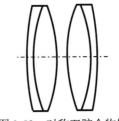

图 3-58　对称双胶合物镜

3.9.40　折射式望远系统 refraction telescope system

物镜组和目镜组都是由折射 (透射) 光学元件构成的望远系统。折射望远系统的优点是对各种像差的校正能力强，系统结构牢固性好，但制造大口径系统的成本高、加工难度大、重量重、体积大。折射式望远系统主要有开普勒望远系统和伽利略望远系统两种典型类型。不同于折射式望远系统的望远系统有折反射式望远系统和反射式望远系统。

3.9.41　开普勒望远系统 Kepler telescope system

由长焦距的正透镜物镜和短焦距的正透镜目镜组成的望远系统，见图 3-59 所示。开普勒望远系统的物镜像方焦点与目镜的物方焦点在一个平面上 (不考虑视度调节时)，物镜焦距 f_o' 与目镜焦距 f_e' 之比为望远系统的放大率 Γ，即物镜焦距长而目镜焦距短放大倍率就大，反之亦然；其光路中没有加倒像棱镜时，所成的像是物体的倒像，即像的左右和上下与物体的相反。用于天文观察的开普勒望远系统中一般不加棱镜系统，但用于景物观察的开普勒望远系统中，在物镜和目镜之间通常要加具有倒像功能的棱镜系统。

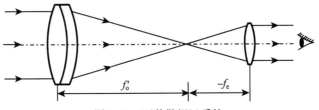

图 3-59　开普勒望远系统

3.9.42 伽利略望远系统 Galileo telescope system

由长焦距的正透镜物镜和短焦距的负透镜目镜组成的望远系统,见图3-60所示。伽利略望远系统的物镜像方焦点与目镜的物方焦点在一个平面上(不考虑视度调节时),负透镜目镜的物方焦点为虚焦点,在负透镜的后面(即在右边);与开普勒望远系统相比,伽利略望远系统的结构长度比较短;其成虚像于负目镜后方的结构关系限制了无法设计为大视场的望远系统。

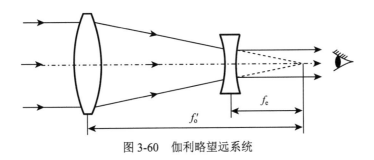

图 3-60 伽利略望远系统

3.9.43 变倍望远镜 focusing telescope; zoom telescope

〈光学设计〉通过改变物镜组或目镜组焦距使视角放大率可变化的望远镜,或通过改变某些光学部件或移动某些光学部件来增加或减小对观察物放大倍数的望远系统,又称为变放大率望远镜。变倍望远镜有间断变倍或连续变倍两种方式。间断变倍主要有更换目镜、更换物镜和附加伽利略望远镜的方式。① 变换目镜方式:将几个不同焦距的目镜布置在一个转盘周上,将需要倍数对应焦距的目镜转入光路中来变倍;也可以采用目镜不动,而是转动或移动棱镜(如菱形棱镜等)将物镜光束接入不同焦距的目镜来实现变倍(在不同的目镜处观察)。② 更换物镜方式:更换不同的焦距的物镜实现变倍;在原物镜中加入附加透镜来改变物镜的焦距来实现变倍。③ 附加伽利略望远镜方式:加入正置伽利略望远镜,使两个望远镜的倍率相乘来实现放大;加入反置伽利略望远镜(即负透镜在前正透镜在后),使两个望远镜的倍率相除来实现倍率缩小。连续变倍的方式是采用复杂的物镜组结构,通过按一定规律移动物镜组中特定透镜来实现像面不变的连续变倍。

3.9.44 反射式望远系统 reflection telescope system

由反射式物镜和折射(透射)目镜或反射目镜构成的望远系统。反射式望远系统中包含有透射校正镜的折反射望远系统。反射望远系统的优点是反射物镜完全不产生色差,可以工作在紫外、可见光、红外的宽光谱范围,大口径反射物镜材料容易制造,缺点是反射面加工精度要求比折射面的高,表面容易变形。反射式望远系统主要有牛顿望远系统、格里高里望远系统、卡塞格林望远系统等类型。

3.9.45　牛顿望远系统 Newton telescope system

由一个抛物面主反射物镜、一个与光轴成 45° 角的平面反射镜和一个正透射目镜或一个曲面反射镜构成的两种形式的反射式望远系统，见图 3-61(a) 和图 3-61(b) 所示。牛顿望远系统可有两种型式的，一种采用正透镜目镜，另一种采用凹面反射目镜。两种型式的望远镜的具体光路原理分别是，抛物面主反射物镜的光线被平面反射镜折转了 90°，使物镜的光轴与目镜的光轴成了 90°，抛物面主反射物镜的像方焦点 F_o' 与透射目镜的物方 (前) 焦点 F_e 重合，见图 3-61(a)，或抛物面主反射物镜的像方焦点 F_o' 与凹面反射目镜的物方 (前) 焦点 F_e 重合，见图 3-61(b)。

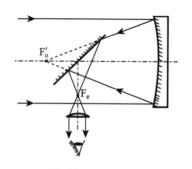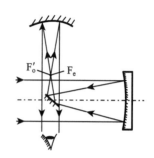

(a) 透射目镜的牛顿望远系统　　　　　(b) 凹面反射目镜的牛顿望远系统

图 3-61　透反射式和反射式牛顿望远系统图

3.9.46　格里高里望远系统 Gregory telescope system

由一个具有中心孔的抛物面主反射物镜、一个椭球凹面副反射镜和一个透射目镜构成的反射式望远系统，见图 3-62 所示。在格里高里望远系统中，主反射镜将无限远射来光束会聚在其像方焦点 F_1' 上并作为椭球凹面副反射镜的物点，椭球凹面副反射镜将点 F_1' 成像在抛物面主反的中心孔处的点 F_o'，即组合的反射物镜 (抛物面主反射物镜与椭球凹面副反射镜的组合) 的像方焦点 F_o' 上，目镜的物方 (前) 焦点 F_e 与组合的反射物镜的像方焦点 F_o' 重合。

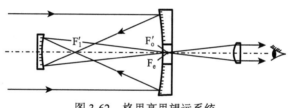

图 3-62　格里高里望远系统

3.9.47 卡塞格林望远系统 Cassegrain telescope system

由一个具有中心孔的抛物面主反射物镜、一个双曲凸面副反射镜和一个透射目镜构成的反射式望远系统，见图 3-63(a) 所示。在卡塞格林望远系统中，主反射镜将无限远射来光束射到双曲凸面副反射镜上，会聚于虚焦点 F_1'，双曲凸面副反射镜将其会聚于组合的望远物镜 (抛物面主反射物镜与双曲凸面副反射镜的组合) 的像方焦点 F_0'，目镜的物方 (前) 焦点 F_e 与经双曲凸面副反射镜最终会聚的焦点 F_0' 重合。典型的哈勃 (Hubble) 天文望远镜采用的就是卡塞格林望远系统的光路原理，在焦面上对天体进行成像，见图 3-63(b) 所示。

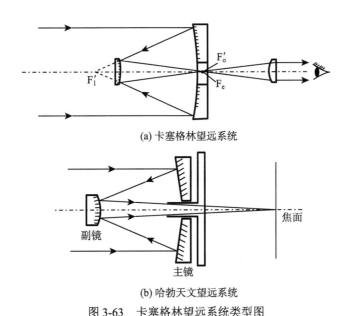

(a) 卡塞格林望远系统

(b) 哈勃天文望远系统

图 3-63　卡塞格林望远系统类型图

3.9.48 调焦望远镜 focusing telescope

具有内调焦或外调焦功能，能够观察近距离至无穷远距离物体的望远系统，又称为调焦观测镜，见图 3-64(a) 和图 3-64(b) 所示。望远系统通常只能观察远距离的物体，无法看清近距离的物体。

调焦望远镜通过内调焦或者外调焦功能 (轴向移动调焦透镜或调焦物镜) 的应用，能够看到近至一米左右和远至无穷远的物体。内调焦方式是，在望远系统的物镜和分划板之间加入了一个负透镜，在保持物镜和分划板及目镜位置不变的情况下，通过沿光轴方向移动负透镜，使远近不同距离的物方目标仍然成像在分划板上，见图 3-64(a) 所示；外调焦方式是，通过移动物镜 (分划板及目镜不动) 或成组移动分划板及目镜 (物镜不动)，使远近不同距离的物方目标仍然成像在分划板上，见图 3-64(b) 所示。给移动光学部件装上专门制作的移动标尺，可直接给出观测物到调焦望远镜的距离。水平仪、经纬仪常采用这种调焦望远系统。

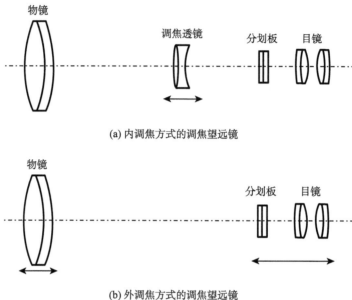

(a) 内调焦方式的调焦望远镜

(b) 外调焦方式的调焦望远镜

图 3-64　调焦望远镜类型图

3.9.49　马克苏托夫弯月校正物镜 Maksutov meniscus correction objective

适当选择曲率半径、厚度的校正像差的透射式弯月形透镜和一块主反射镜一起构成的一种折反射校正物镜，其像方焦点为 F_o'，见图 3-65 所示。马克苏托夫弯月校正物镜的弯月形透镜用于补偿像差。马克苏托夫弯月校正物镜的相对孔径一般不大于 1/4，视场角为 3°。这种弯月镜不能校正整个光束的球差，只能校正边缘球差，能校正彗差，不能校正像散。马克苏托夫弯月校正物镜主要用于大口径天文望远镜和工作在紫外、红外的其他折反射系统中。折反射物镜具有使焦距特别长的物镜体积小、重量轻等特点，不仅应用于大型物镜中，而且在某些小型物镜中也有应用。

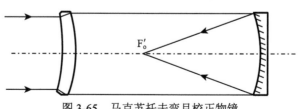

图 3-65　马克苏托夫弯月校正物镜

3.9.50 施密特校正物镜 Schmidt correction objective

由一个折射面为平面，另一折射面为近轴曲率近似为零的高次非球面所构成的透明薄板光学元件与一个主反射镜一起构成的一种折反射校正物镜，其像方焦点为 F_o'，见图 3-66 所示。施密特校正物镜的相对孔径大到 1/0.65，视场角较大可达 20°。这种校正镜可以很好地补偿作为主镜的球面反射镜的球差，若把校正镜安置在主镜的球心处，并作为整个系统的入瞳，则球面反射镜不产生彗差和像散，没有垂轴色差，只有很小的轴向色差。这种物镜的缺点是长度较长，是主反射镜焦距的两倍。

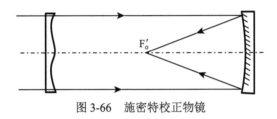

图 3-66　施密特校正镜

3.9.51 同心物镜 concentric objective

由一块与主反射镜曲率同心的透射校正透镜和一块主反射镜构成的一种折反射校正物镜，其像方焦点为 F_o'，见图 3-67 所示。同心物镜中的同心透镜既能校正反射镜的球差，又不产生轴外像差。由于存在少量色差和剩余球差，因此相对孔径不能太大。

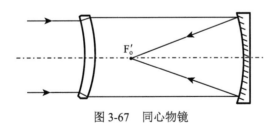

图 3-67　同心物镜

3.9.52 带校正卡塞格林望远系统 Cassegrain telescope system with correction

由一组无光焦度透镜与卡塞格林望远镜组成的一种折反射校正望远系统，其像方焦点为 F_o'，见图 3-68(a) 和图 3-68(b) 所示。带校正卡塞格林望远系统中，无光焦度透镜是由焦距绝对值相同、玻璃材料相同、两者间隔很小的一个正透镜和一个负透镜组成，两个透镜合起来的焦距为零 (相当于平板玻璃的光焦度)。当改变两个透镜的曲面形状时，可抵消反射系统的球差和彗差，但要始终保持两者组合的光焦度为零。校正的无焦度透镜可放在卡塞格林望远系统前，见图 3-68(a) 所示，也可放在两个反射镜之间，见图 3-68(b) 所示。

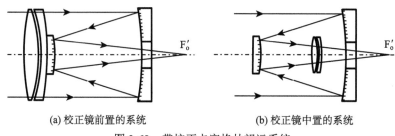

(a) 校正镜前置的系统　　　　　　　　　　(b) 校正镜中置的系统

图 3-68　带校正卡塞格林望远系统

3.9.53　大天区多目标光纤光谱望远镜 large sky area multi-object fiber spectroscopy telescope (LAMOST)

由一个改正反射镜、一个固定球面主镜 (主反射物镜)、主反射物镜焦面上的大量光谱传输光纤和光谱仪构成的反射式望远系统，见图 3-69 所示。

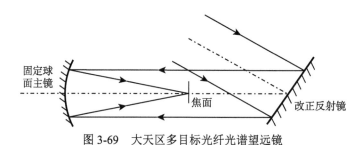

图 3-69　大天区多目标光纤光谱望远镜

LAMOST 的改正反射镜 (近似为平面) 的法线与固定球面主镜 (主反射物镜) 的光轴成一定夹角。LAMOST 的主镜口径达约 4m，在曝光 1.5h 内可以观测到暗达 20.5 等的天体；视场达 5°，焦平面尺寸 1.75m；焦面上 0.5m 直径可放置 4000 根光纤，可同时观察 400 个天体的光谱；改正反射镜为主动光学控制模式，为先进的大口径兼大视场的天文光学望远镜。在图 3-69 中放入一个目镜，使目镜的物方焦面与图中的焦面重合，就构成了一个目视望远镜。

3.9.54　离轴三反系统 three off-axial reflector system

由一个离轴抛物面主反射物镜、一个离轴双曲面次反射镜和一个离轴椭球面第三反射镜构成的物镜系统，见图 3-70 所示。离轴三反系统为大视场、长焦距、大口径的物镜系统，适合作为空间载荷相机的物镜，视场为长条形，通过推扫实现面成像。

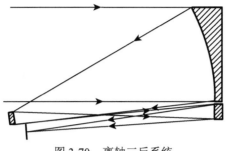

图 3-70 离轴三反系统

3.9.55 离轴四反系统 four off-axial reflector system

由一个离轴曲面主反射物镜、第一离轴曲面次反射镜、第二离轴平面次反射镜和第三离轴曲面次反射镜构成的物镜系统，见图 3-71 所示。离轴四反系统主要用于作为星载光学遥感相机的物镜，轨道高度为 400km~9000km，对地面物体分辨力为 0.5m~1.5m 和 2m~5m。

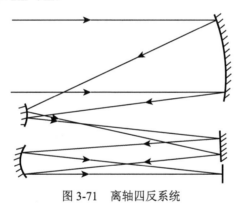

图 3-71 离轴四反系统

3.9.56 照相物镜 camera objective

将物空间的物体成像在平面感光器件或胶片上的物镜，也称为照相镜头。照相物镜的性能主要有焦距、相对孔径、视场等。照相物镜的焦距越长成像越大 (对于相同的物距)，其焦距范围一般为 2 mm~2500 mm，焦距小于 28 mm 有广角拍摄能力 (135 镜头)，焦距大于 70 mm 有摄远效果 (135 镜头)；相对孔径决定像平面的光照度和分辨力，其范围为 1/22~1/0.7；视场角决定拍摄景物的范围大小，其范围通常为 2°~140°。照相物镜有远距离成像和近距离成像的情况：远距离成像情况的物距比像距大得多，像比物小得多，是一种缩小的成像模式；较近距离成像情况的物距与像距接近，像比物小得不多，是一种物像大小接近的成像模式；很近距离成像情况的物距比像距小很多，像比物大很多。照相物镜按焦距和视场角可分为：标准镜头；广角镜头；长焦镜头。

3.9.57   摄远物镜 telephoto objective

由正、负两双胶合透镜组按正组在前，负组在后的顺序组合而成的照相物镜，也称为远距物镜，见图 3-72 所示。摄远物镜的相对孔径在 1/7~1/5.6，视场在 20°~30°。这种物镜的主面向前移 (即向物方移)，使镜筒的结构长度 L 小于焦距 f'，有利于减小仪器尺寸。一般摄远物镜的摄远比 L/f' 为 0.8 以上。摄远物镜适用于小相对孔径、视场不大、焦距长、镜筒结构要求短的照相机。摄远照相物镜的相对孔径和视场要比摄远望远物镜的明显大很多。

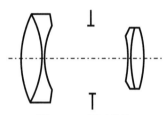

图 3-72   摄远物镜

3.9.58   反摄远物镜 inverted telephoto objective

由负、正两双胶合透镜组按负组在前，正组在后的顺序组合而成的照相物镜，也称为反远距物镜，见图 3-73 所示。反摄远物镜与摄远物镜在正胶合透镜和负胶合透镜的放置前后关系上正好相反，使反摄远物镜可以具有较大相对孔径和视场角。复杂的反摄远物镜的相对孔径在 1/2，视场达 80° 左右。采用反摄远物镜的结构型式，可设计广角镜头 (wide-angle lens)，即视场角等于大于 60° 的镜头。这种物镜的像方视场角比物方视场角小得多，因此像面照度比相同视场的对称型物镜均匀。这种物镜长度比较长。其后工作距离比一般物镜的大得多，适合短焦距但要求后工作距离长的摄影仪器，如在拍摄电影和电视的摄影机中使用。

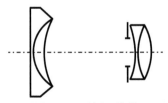

图 3-73   反摄远物镜

3.9.59   双高斯物镜 double Gauss objective

半部系统为一个正透镜 (单正透镜或正的正负透镜组) 和一个负的弯月透镜 (负的正负透镜组或单负透镜) 对光阑近似对称放置组成的照相物镜，见图 3-74(a)、

图 3-74(b) 和图 3-74(c) 所示。这种型式的物镜相对孔径为 1/2~1/0.95，视场为 40°~50°，是成像质量较高、视场大小中等的物镜。图 3-74(a) 为双高斯物镜的典型结构，相对孔径为 1/2，视场为 40°。在双高斯物镜典型结构的基础上，也发展出了一些变形结构，见图 3-74(b)，相对孔径为 1/0.95，视场为 25°；图 3-74(c)，相对孔径为 1/1.4，视场为 50°。许多大相对孔径和大视场的物镜都是在双高斯物镜结构的基础上发展起来的，广泛用于中、高档照相机和照相系统中。

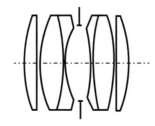

(a) 典型双高斯物镜

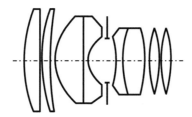

(b) 变形大相对孔径双高斯物镜

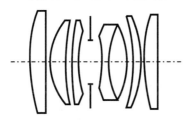

(c) 变形大视场双高斯物镜

图 3-74　双高斯物镜类型图

3.9.60　鲁沙物镜 Russa objective

半部系统为一个口径很大的负透镜和一个双胶合正透镜对光阑对称放置组成的特广角照相物镜，见图 3-75 所示。鲁沙物镜的相对孔径为 1/8，视场可达 120° 左右，能获得很大的视场，为航空摄影中常用的镜头类型。

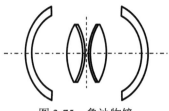

图 3-75   鲁沙物镜

3.9.61   达哥物镜 Dagor objective

半部系统为两个三胶合镜组对光阑对称放置组成的照相物镜，也有译为达戈尔物镜，见图 3-76 所示。达哥物镜的相对孔径约 1/8，视场可达 60° 左右，经复杂化修改的相对孔径可增至 1/4.5，视场可达 70°。达哥物镜是介于中等视场和广角物镜之间的一种过渡型照相物镜。

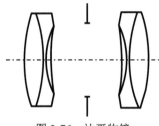

图 3-76   达哥物镜

3.9.62   托卜岗物镜 Topogon objective

半部系统为弯向光阑的厚正透镜和薄负透镜对光阑对称放置组成的广角照相物镜，见图 3-77 所示。托卜岗物镜的相对孔径为 1/6.3 左右，视场可达 90°，主要在大幅面的航空摄影机中应用。这种物镜的缺点是具有较大的斜光束渐晕，再加上像面照度按视场角余弦的四次方规律降低，因此像面边缘的照度比中心照度低很多。有些仪器加一个不均匀的滤光片使像面照度匀化。

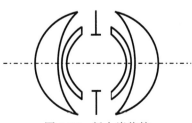

图 3-77   托卜岗物镜

3.9.63 匹兹伐物镜 Petzval objective

由一个胶合正透镜和远离其并经光阑分开的一个负单透镜及一个正单透镜组成的照相物镜，也有译为匹兹万物镜，见图 3-78 所示。匹兹伐物镜的相对孔径可达 1/2，视场一般为 20° 左右。这种物镜轴上像差能够校正得比较好，但场曲没有校正，并且两透镜组相距较远，斜光束在前后两透镜组上的投射高较大。匹兹伐物镜早期常用于拍摄人像，现主要用作电影放映物镜。

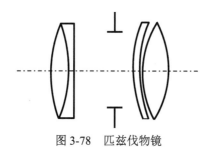

图 3-78 匹兹伐物镜

3.9.64 赛洛尔物镜 Celor objective

半部系统为分开一定间隔的一个正透镜和一个负透镜对光阑接近对称放置组成的照相物镜，也有译为松纳物镜，见图 3-79 所示。赛洛尔物镜的焦距约为 75mm，相对孔径约 1/4，视场可达为 55° 左右。

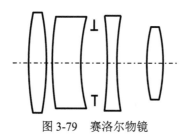

图 3-79 赛洛尔物镜

3.9.65 天赛物镜 Tessar objective

由光阑前分开一定间隔的一个单正透镜和一个单负透镜以及光阑后的负透镜在前正透镜在后的双胶合正透镜组成的照相物镜，见图 3-80 所示。天赛物镜的焦距为 50mm~80mm，相对孔径约 1/4.5~1/2.8，视场为 30°~47°。

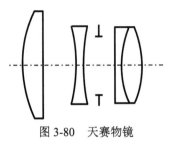

图 3-80   天赛物镜

3.9.66   耳洛斯达物镜 Ernostar objective

由光阑前相互靠近的一个单薄正透镜、一个单厚正透镜和一个单厚负透镜以及光阑后的一个单正透镜组成的照相物镜,见图 3-81 所示。耳洛斯达物镜的焦距为 50mm 左右,相对孔径为 1/1.7 左右,视场为 18° 左右。

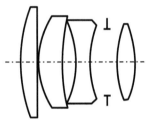

图 3-81   耳洛斯达物镜

3.9.67   海利亚物镜 Heliar objective

由光阑前靠近的一个胶合正透镜和一个单负透镜以及光阑后的一个胶合正透镜组成的照相物镜,见图 3-82 所示。海利亚物镜的焦距为 75mm 左右,相对孔径为 1/3.5 左右,视场为 55° 左右。

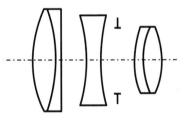

图 3-82   海利亚物镜

3.9.68   鱼眼镜头 fisheye lens

由人直径人曲率的负透镜作为第一透镜以及其他类似于沙鲁镜头结构的透镜组成的反摄远照相物镜,见图 3-83 所示。鱼眼镜头属于超广角镜头的特殊情况 (超广角视场角为 90° 及以上),具有很大的广角,大的视场角度可达 180° 以上 (有的视场能到达到 200° 左右)。

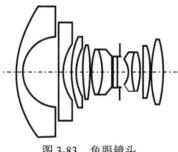

图 3-83 鱼眼镜头

3.9.69 数码变焦镜头 digital zoom lens

由补偿透镜组、变焦透镜组和微距透镜组等组成的照相物镜,见图 3-84 所示。在数码变焦镜头中:变焦透镜组相对于补偿透镜组做伸缩运动 (两者运动相互关联),完成变焦和稳定像面功能;微距透镜组作为拍摄特近景物的附加透镜,同时兼作对焦时的微量调节。数码变焦镜头的设计需要校正球差、彗差、像散、场曲、畸变、轴向色差和垂轴色差,变倍范围 2~10 倍,焦距约为几毫米到十几毫米,大视场,大相对孔径。图 3-84 中,序号 1 为补偿透镜组,序号 2 为变焦透镜组,序号 3 为微距透镜组,序号 4 为快门及感光面等,序号 5 为变焦透镜组的移动距离,序号 6 为微距透镜组的移动距离。

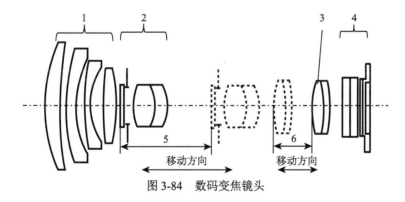

图 3-84 数码变焦镜头

3.9.70 变焦距物镜 zoom lens

利用两个或两个以上透镜组的移动形成连续变化的光学系统组合焦距,并在固定的像面位置上得到清晰像的物镜,也称为变倍物镜。变焦距物镜一般由前固定组、变倍组、补偿组和后固定组组成,见图 3-85(a) 和图 3-85(b) 所示。图 3-85(a)

中：从左向右数第 3 个透镜 (胶合透镜) 为变倍组透镜，其移动轨迹为往返直线移动轨迹；从左向右数第 4 个透镜 (胶合透镜) 为补偿组透镜，其移动轨迹为往返弧线移动轨迹。图 3-85(b) 中，变倍组透镜组和补偿组组合的移动轨迹为往返直线移动轨迹。

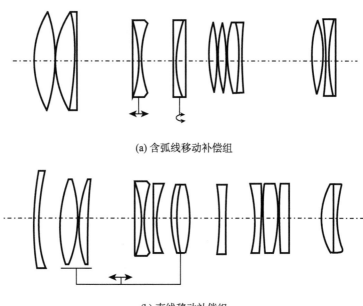

(a) 含弧线移动补偿组

(b) 直线移动补偿组

图 3-85　变焦距物镜

　　变焦距物镜不仅要求通过焦距的连续改变来获得同一物体不同放大倍率的像外，还要求物的共轭像位置不能改变，即像面位置不变。变焦距物镜主要应用于电影、电视的摄影机和照相机以及望远镜、显微镜等上。

3.9.71　前固定组 fixed front component

　　在变焦距物镜系统中，位于变倍组前方，对物体最先成像，在变焦过程中固定不动的透镜组。

3.9.72　变倍组 zoom component

　　在变焦距物镜系统中，主要承担变倍作用的透镜组。变倍组的透镜组，可以通过在光学系统轴向的移动实施连续倍率变化，还可以沿垂直光轴的方向切入光学系统或切换透镜组实施固定倍率变化。变倍组可设置在"前固定组"和"后固定组"之间，也可以设置在变焦距物镜系统的前端外部 (例如照相变焦镜头)。设在前固定组后的变倍组通常是负透镜组。变倍组的移动轨迹通常是往返直线非线性移动轨迹或线性移动轨迹。

3.9.73 补偿组 compensating component

在变焦距物镜系统中，主要用于补偿由变倍组移动引起的像面位移，以保持变焦过程中像面位置稳定的移动透镜组。补偿组分别有正透镜补偿组和负透镜补偿组，分别用于对变焦距过程实施正组补偿和负组补偿。单纯的补偿组的移动轨迹通常是往返的弧线移动轨迹，也有补偿组与变倍组组合在一起的线性往返移动轨迹。

3.9.74 后固定组 fixed rear component

在变焦距物镜系统中，在变焦过程中固定不动并形成最后像的透镜组。后固定组与前固定组或前变倍组一起，决定了变焦物镜系统的结构长度。

3.9.75 正组补偿 positive component compensation

在变焦距物镜系统中，用正光焦度透镜组补偿像面位移的方法。正组补偿是用正光焦度透镜组在变倍组的一个变倍单向行程中，其运动轨迹画了一个矢高不大的弧形，透镜组从起点位置出发再回到起点位置。当正补偿透镜组工作在变焦倍率 $|\beta| \ll 1$ 的位置上，补偿运动轨迹的弧形凸向前端；当正补偿透镜组工作在变焦倍率 $|\beta| \gg 1$ 的位置上，补偿运动轨迹的弧形凸向后端 (像面端)(即非线性速度移动)。

3.9.76 负组补偿 negative component compensation

在变焦距物镜系统中，用负光焦度透镜组补偿像面位移的方法。负组补偿是用负光焦度透镜组在变倍组的一个变倍单向行程中，其运动轨迹画了一个矢高不大的弧形，透镜组从起点位置出发再回到起点位置。当负补偿透镜组工作在变焦倍率 $|\beta| \ll 1$ 的位置上，补偿运动轨迹的弧形凸向前端；当负补偿透镜组工作在变焦倍率 $|\beta| \gg 1$ 的位置上，补偿运动轨迹的弧形凸向后端 (像面端)(即非线性速度移动)。

3.9.77 双组联运 double components joint movement

在变焦距物镜系统中，将变倍透镜组和补偿透镜组按各自的移动速度轨迹绑定同一移动机械系统中，使它们同时工作来实现倍率改变而像面位置固定的方法或过程。

3.9.78 机械补偿法 mechanical compensation method

在变焦距物镜系统中，用精确的凸轮形状控制透镜移动速度轨迹的机械方法，使变倍组和补偿组各按一定的速度规律移动，达到既连续改变焦距，又使像面位置稳定的方法。机械补偿法的透镜移动是非线性移动，即非等速移动，这种非等速移动是通过凸轮形状提供的不等速运动轨迹实现的。

3.9.79 光学补偿法 optical compensation method

〈光学系统〉在变焦距物镜系统中,用若干透镜组作线性运动来产生焦距变化,在连续改变焦距的同时又补偿像面位移的方法。实际上,在光学补偿法中,只在几个焦距位置上像面位置可以做到不变,其他焦距位置上像面位置会有一定的变化或漂移。尽管光学补偿法的透镜移动是线性移动,即等速移动,可使运动机构设计简单,制造成本低,但其做不到在变焦全过程像面稳定,因此在实际中很少使用。

3.9.80 显微镜物镜 microscopic objective

将近处物体或物体的细微部分进行放大成像于目镜前焦平面上或成像在光电探测器传感面上的物镜。显微物镜通常结构尺寸小、通光孔径小、数值孔径大、焦距短。显微物镜是显微类物镜的总概念。显微物镜按校正像差的类别可分为消色差物镜、复消色差物镜和平像场物镜三类。

3.9.81 消色差显微物镜 achromatic microscope objective

校正两种规定谱线的轴向色差,不校正二级光谱色差的显微物镜。消色差显微物镜根据倍率和数值孔径的不同,分为低倍、中倍、高倍和浸液物镜四类。低倍消色差物镜:采用双胶合物镜的,放大倍数小于 5 倍,数值孔径 (NA) 为 0.04~0.15,见图 3-86(a) 所示;采用里斯特型物镜的,放大倍数为 6~10 倍,数值孔径 (NA) 为 0.15~0.3,见图 3-86(b) 所示。中倍及高倍消色差物镜采用阿米西型物镜,放大倍数为 20~40 倍,数值孔径 (NA) 为 0.4~0.65,见图 3-86(c) 所示。高倍和浸液高倍消色差物镜采用阿贝型物镜,放大倍数为 90~100 倍,数值孔径 (NA) 为 1.25~1.4,分别见图 3-86(d) 和图 3-86(e)(浸液) 所示。

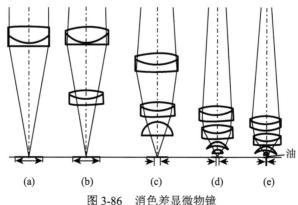

图 3-86　消色差显微物镜

3.9.82 复消色差显微物镜 apochromatic microscope objective

除校正两种规定谱线的轴向色差，还能校正二级光谱色差的显微物镜。复消色差显微物镜除了要能校正球差、轴向色差和正弦差外，还要很好地校正孔径高级球差和色球差，因此其结构比相同数值孔径的消色差物镜复杂，此外，为了校正二级光谱色差，通常需要萤石等特种光学材料。复消色差显微物镜根据倍率和数值孔径的不同，分为低倍、中倍、高倍和浸液物镜四类。低倍复消色差物镜见图 3-87(a) 所示，中倍复消色差物镜见图 3-87(b) 所示，高倍复消色差物镜见图 3-87(c) 所示，高倍浸液复消色差物镜见图 3-87(d) 所示。各图中，有斜线的透镜是用萤石 (氟化钙，CaF_2) 作为材料的透镜。萤石具有工艺性和化学稳定性不好，以及晶体内部会有应力等缺点。也可以用氟冕玻璃 (FK) 材料做正透镜，用特种火石玻璃 (TF) 材料做负透镜来复消色差。

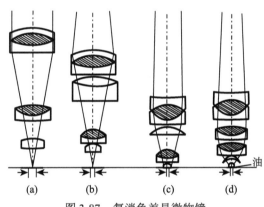

(a)   (b)   (c)   (d)

图 3-87　复消色差显微物镜

3.9.83 平像场显微物镜 flat-field microscope objective

在像平面上整个视场范围内都清晰成像的显微物镜。平像场显微物镜不但要校正球差、正弦差和轴向色差，还要校正场曲和像散，与消色差物镜和复消色差物镜相比，主要优点是视场显著增大。这种物镜场曲的校正一般是靠若干个弯月形厚透镜来实现，这使得这种物镜的结构相当复杂，见图 3-88 所示。平像场显微物镜主要应用在需要进行显微照相和显微投影的显微镜上。

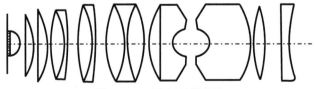

图 3-88　平像场显微物镜

3.9.84 平像场复消色差物镜 flat-field apochromatic objective

要求校正二级光谱色差并在像平面整个视场范围内高质量成像的显微物镜。平像场复消色差显微物镜既具有复消色差物镜的性能，又有较大的视场。这种物镜也需相当复杂的结构，见图 3-89 所示，图中为数值孔径 1.35 的一种 100 倍的平像场复消色差显微物镜。平像场复消色差显微物镜除了可以用于高质量的目视观察外，尤其适用于显微摄影。

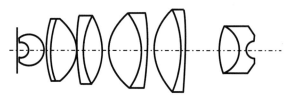

图 3-89 平像场复消色差显微物镜

3.9.85 无限筒长显微物镜 infinity-tube-length microscope objective

将被观察物体成像在无限远的显微物镜，又称为无限远校正显微物镜 (infinity-corrected microscope objective)。这种物镜的后方配有一个固定不变的辅助透镜组用以形成实像。无限筒长显微物镜和辅助透镜组之间为平行光束，便于装配调整和加入棱镜或变焦系统等光学组件。无限筒长的平像场复消色差显微物镜多用于金相显微镜、工具显微镜等要求折转光路或光路较长的仪器中，镜筒侧面刻有 "∞" 的标记。

3.9.86 长工作距离显微物镜 long-working-distance microscope objective

工作距离较同样倍率的一般显微物镜长很多的显微物镜。这种物镜主要是中倍的，因为低倍的本身工作距离已较长，高倍的数值孔径较大而难以做成长工作距离的。中倍显微物镜的工作距离一般为 1mm 左右，而长工作距离的中倍显微物镜的工作距离的长度可从几毫米到十几毫米。这种显微物镜可用于倒置的生物显微镜 (通过器皿底部观察) 或高温显微镜 (通过隔热区观察) 等中。

3.9.87 显微物镜的共轭距 conjugation distance of microscope objective

显微物镜的物平面到像平面之间的距离。一台显微镜通常都配有若干个不同倍率的物镜供互换使用，为了保证不同倍率物镜的互换性，要求不同倍率的显微物镜的共轭距均需要相等。我国规定大量使用的生物显微镜的共轭距为 195mm。

3.9.88 冉斯登目镜 Ramsden eyepiece

由两块凸面相对并有一定间隔的平凸透镜组成的目镜，见图 3-90 所示。冉斯登目镜的视场光阑通常位于场镜前，视场角为 30°~40°，相对出瞳距离 $l'_z/f'=1/3$，目镜的物方焦点 F_e 的面 (前焦面) 在第一平凸透镜的前面 (相对于光线入射方向)。冉斯登目镜结构简单，可以校正彗差、像散，但不能校正垂轴色差，主要用于出瞳直径、出瞳距离都不大，需要放置分划板的实验室仪器和检校仪器中。

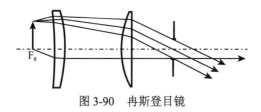

图 3-90 冉斯登目镜

3.9.89 凯涅尔目镜 Kellner eyepiece

由一块双凸透镜和一块正负透镜组成的胶合正透镜按一定间隔放置组成的目镜，也有译为克耳纳目镜，见图 3-91 所示。凯涅尔目镜的视场角为 40°~50°，相对出瞳距离可达 $l'_z/f'=1/2$，目镜的物方焦点 F_e 的面 (前焦面) 在第一双凸透镜的前面。

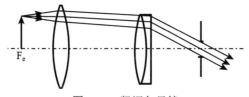

图 3-91 凯涅尔目镜

凯涅尔目镜相当于是将冉斯登目镜的接透镜换成了胶合透镜，因此，能够校正垂轴色差。凯涅尔目镜能校正像散、彗差和垂轴色差，并可安装分划板。

3.9.90 惠更斯目镜 Huygens eyepiece

由两片平面朝向人眼并有一定间隔的平凸正透镜组成的目镜，见图 3-92 所示。惠更斯目镜的视场角为 40°~50°，相对出瞳距离 (l'_z/f') 为 1/4，目镜的物方焦点 F_e 的面 (前焦面) 在第一平凸透镜 (焦距为 f'_1) 与第二平凸透镜 (焦距为 f'_2) 之间，该目镜为内焦点目镜，因此不能安装分划板。惠更斯目镜能校正像散、彗差和垂轴色差。这种目镜主要用于观察显微镜中。

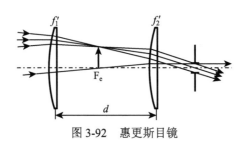

图 3-92   惠更斯目镜

3.9.91   对称式目镜 symmetrical eyepiece

由结构相同的两块胶合正透镜组对称组成的目镜，见图 3-93 所示。对称式目镜的视场角为 40° 左右，相对出瞳距离 (l'_z / f') 可达 3/4，目镜的物方焦点 F_e 的面 (前焦面) 在两个凸透镜的前面。对称式目镜能较好地校正彗差、像散，同时，由于两透镜组分别消色差，垂轴色差和轴向色差都校正得较好，场曲也较小，常用于军用光学仪器中。对称目镜是个总概念，图中的是典型结构的、使用较广的对称目镜，其还可以有各种不同单侧结构型式的对称目镜。

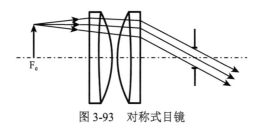

图 3-93   对称式目镜

3.9.92   无畸变目镜 orthoscopic eyepiece

由一个三胶合透镜组 (负透镜夹在两正透镜中间) 和一个平凸正透镜组成的目镜，也称为消畸变目镜，见图 3-94 所示。无畸变目镜的视场角为 40° 左右，相对出瞳距离 (l'_z / f') 可达 4/5，目镜的物方焦点 F_e (前焦点) 在三胶合透镜组与平凸正透镜组成的目镜的前面。无畸变目镜能较好地校正彗差、像散和垂轴色差，畸变比一般目镜的小。多用于体积较小、倍率较高的望远镜中，如经纬仪、水平仪等。

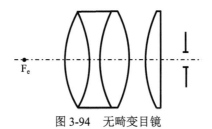

图 3-94   无畸变目镜

3.9.93　艾尔弗 I 型目镜 type-I Erfle eyepiece

由一个单正透镜和两个双胶合正透镜组成的目镜，见图 3-95 所示。艾尔弗 I 型目镜的视场角较大，可达 65°，相对出瞳距离 (l'_z/f') 可达 1/2，工作距离为 $-0.3f'$，目镜的物方焦点 F_e(前焦点) 在两个双胶合正透镜与单正透镜组成的目镜的前面。

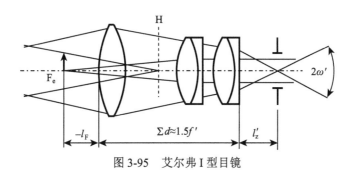

图 3-95　艾尔弗 I 型目镜

3.9.94　艾尔弗 II 型目镜 type-II Erfle eyepiece

由一个双胶合正透镜、一个单正透镜和一个双胶合正透镜组成的目镜，见图 3-96 所示。艾尔弗 II 型目镜的视场角较大，可达 65°~72°，出瞳距大，相对出瞳距离 (l'_z/f') 可达 3/4，工作距离为 $-0.35f'$，目镜的物方焦点 F_e(前焦点) 在前双胶合正透镜与单正透镜及后双胶合正透镜组成的目镜的前面。

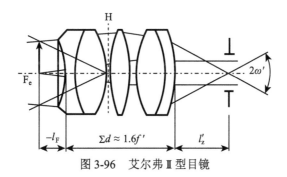

图 3-96　艾尔弗 II 型目镜

3.9.95　广角目镜 wide-angle eyepiece

通常由三个正透镜组 (其中有的正透镜为组合透镜) 并离开一定间隔组成的目镜，见图 3-97 中的 (a) 和 (b) 所示。广角目镜的视场角为 60°~70°，视场角为 70° 及以上时称为特广角目镜。目镜的物方焦点 F_e(前焦点) 在三正透镜组成的目镜的前面。广角目镜为了保证在大视场条件下的像差校正，结构比一般目镜的更复杂。

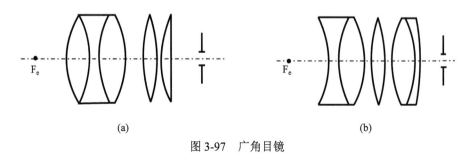

(a)   (b)

图 3-97 广角目镜

3.9.96 长出瞳距目镜 long exit pupil distance eyepiece

通常由一个负胶合透镜、一个单正透镜和一个胶合正透镜相互靠近组成的目镜，见图 3-98 所示。长出瞳距目镜的视场角为 30° 左右，出瞳距离可到 50mm，出瞳直径可到 8mm。目镜的物方焦点 F_e(前焦点) 在负胶合透镜与单正透镜及胶合正透镜组成的目镜的前面。长出瞳距目镜适合用于作为枪械瞄准镜和加戴防护面具时使用的目视光学仪器。

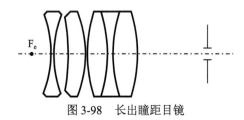

图 3-98   长出瞳距目镜

3.9.97 折衍射长出瞳距目镜 long exit pupil distance eyepiece of refraction and diffraction

通常由一个负弯月透镜、一个添加了衍射面的单正透镜和一个胶合正透镜相互靠近组成的目镜，见图 3-99 所示。折衍射长出瞳距目镜的视场角为 30° 左右，出瞳距离可到 50mm，出瞳直径可到 8mm。目镜的物方焦点 F_e(前焦点) 在负弯月透镜与衍射单正透镜及胶合正透镜组成的目镜的前面。折衍射长出瞳距目镜适合用于作为枪械瞄准镜和加戴防护面具时使用的目视光学仪器，其体积和重量比折射的长出瞳距目镜的小和轻，像质也可会更好。

添加衍射面的透镜

图 3-99　折衍射长出瞳距目镜

3.9.98　微显示器目镜 microdisplayer eyepiece

包含了采用高折射率材料的胶合正透镜在内，由多个胶合透镜和多个单透镜组成的，专门设计用于观察微显示器 (OLED 等) 图像的目镜，见图 3-100 所示。这种目镜的光学透镜的组成有多种配置方式，分别有 3 组 4 片、4 组 5 片和 4 组 6 片等。微显示器目镜中高折射率透镜的折射率高达 1.8~1.9，用高折射率透镜降低入射光线与镜片表面的入射角，以降低高级像差量；由于高折射率材料的菲涅耳反射对光能损失较大，需要对目镜的高折射率透镜镀制宽带增透膜；微显示器有显示保护玻璃、附加件等，微显示器目镜的工作距离需要增加 1.8mm~3mm 的长度；为了保证观察微显示器显示中心和边缘的亮度有好的均匀性，要求目镜视场边缘主光线与显示器 (如 OLED 等) 法线的夹角尽量小 (最好为 0°)；因微显示器画面为方形，四角畸变明显，要求目镜要有较好的视场畸变校正；因为是平面显示图像，要求目镜要有较小的场曲，一般小于 0.5SD。

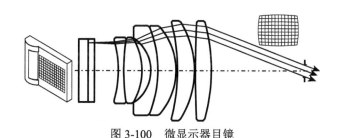

图 3-100　微显示器目镜

3.9.99　手机镜头 mobile phone lens

安装在手机上，将景物成像在光电传感器 (CCD 或 CMOS) 上的微型成像镜头。手机镜头按性能和成像质量分为低、中、高三个档次，镜头也因此相应形成三种结构型式，即单片镜头、双片镜头和三片及以上镜头。通常，手机镜头光圈数为 2.8，视场为 66° 左右，像素随镜头成像质量要求的提高而增大或提高其与光电传感器的配置。镜头材料的组成分别有塑料 (P 型材料) 和玻璃 (G 型材料)，玻璃比塑料有更好的成像质量和材料稳定性。

3.9.100　手机单片型镜头 mobile phone lens with one piece

由一片非球面正透镜组成的微型成像镜头。手机单片型镜头的镜片组成类型为单片塑料透镜，即 1P(注塑成型，1 为一片镜片，P 为塑料的第一个英文字母)。手机单片型镜头为低端成像质量的镜头，像素一般为 10 万像素左右。

3.9.101　手机双片型镜头 mobile phone lens with two pieces

由两片透镜组成的微型成像镜头。手机双片型镜头的镜片组成类型分别为两片塑料镜片、两片玻璃镜片或一片玻璃镜片一片塑料镜片，即 2P、2G 或 1G1P，G 一般为模压玻璃 (G 为玻璃的第一个英文字母)。手机双片型镜头为中端成像质量的镜头，像素一般为 30 万像素左右。

3.9.102　手机三片型镜头 mobile phone lens with three pieces

由三片透镜组成的微型成像镜头。手机三片型镜头的镜片组成类型分别为三片塑料透镜 (3P)、三片玻璃透镜 (3G) 或一片玻璃镜片二片塑料镜片 (1G2P) 或二片玻璃镜片一片塑料镜片 (2G1P)。手机三片型镜头为高端成像质量的镜头，像素一般为 200 万或以上像素。

3.9.103　红外成像光学系统 infrared imaging optical system

应用红外光学材料设计制造的能对红外波段辐射进行成像的光学系统。红外光学系统的特点是接收对人眼不透明的红外辐射，成像光的波长较长，光学材料价格昂贵。红外光学系统的类型有红外照相系统、红外望远系统等。光学系统的设计方法和结构型式与可见光的类似，应用几何光学和光学设计技术进行设计。红外光学系统有扫描型和凝视型 (非扫描) 的光学系统。

3.9.104　光盘读出镜头 compact disc read lens

对光盘上的信息进行光学成像读出的微型镜头。光盘读出镜头主要有全息双焦主镜、多层光盘读出主镜、多波长读出主镜等类型。

3.9.105　全息双焦主镜 hologram double focuses main lens

一个全息透镜与一个中心被全息透镜遮挡的偶次非球面透镜的集成微型显微物镜。在全息双焦主镜中，全息透镜处的中心区，其 $NA = 0.43$，用来读取保护层厚度为 1.2mm 的 CD 光盘信息，而中心有遮挡的偶次非球面透镜在全孔径的 $NA = 0.6$，用来读取保护层厚度为 0.6mm 的 DVD 光盘信息。

3.9.106 多层光盘读出主镜 read main lens for multi layer compact disc

由非球面透镜制成的可轴向微量移动的微型显微物镜。多层光盘读出主镜的 $NA = 0.5$，焦距为 3mm，工作波长为 530nm，用来读取光盘上不同层深度的信息。

3.9.107 多波长读出主镜 read main lens with multi working wavelengths

能对不同波长的光读取不同深度信息的微型显微物镜。多波长读出主镜的 $NA = 0.7$，焦距为 2mm，工作波长为 404nm~660nm，以不同波长读取光盘上不同层深度的信息。

3.9.108 傅里叶变换镜头 Fourier transform lens

用于运算和处理信息，对物像共轭位置校正了像差的一对正透镜组。傅里叶变换镜头需要严格校正畸变之外的各种像差，应校正的各种像的波差需控制在 $\lambda/4$ 以内。傅里叶变换镜头处理信息的过程是，需处理的光束面 (平行光) 作为输入面，经过第一个傅里叶变换镜头的傅里叶作用得到其频谱，该频谱再经过第二个傅里叶变换镜头的傅里叶变换作用又合成输入物面的像，如果在频谱面上加入选频的光学元件，就可对输出的图像进行频谱改造，见图 3-101 所示。常用的傅里叶变换镜头焦距都比较长，一般为 300mm~1000mm，为了减小傅里叶变换镜头布设距离，可采用在正透镜对中间加负透镜对的方式 (见图 3-101 所示的虚线负透镜对)，以减小焦距长度 (减小到 $0.7f'$)，同时还可进行像差校正。

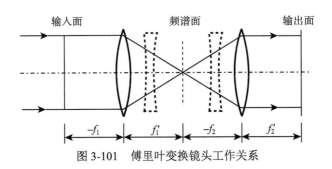

图 3-101　傅里叶变换镜头工作关系

傅里叶变换镜头所能传递的信息容量可按公式 (3-133) 计算：

$$W = 2h \times N_{max} \tag{3-133}$$

式中：W 为信息容量；$2h$ 为信息输入面 (即物面) 的直径；N_{max} 为傅里叶变换镜头能处理的最高空间频率。N_{max} 相当于镜头的最高分辨力。

3.9.109 单反相机光学系统 optical system of single-lens reflex camera

由照相镜头、取景反光镜、取景场镜、屋脊五棱镜、目镜等组成的由单一镜头反光取景的照相光学系统，也称为单镜头反光照相机光学系统，简称为单反相机镜头，见图 3-102 所示。照相机按取景方式分类可分为透视取景照相机、双镜头反光照相机和单镜头反光照相机，与前两种光学系统相比，单反相机光学系统所看到的景物与在感光面或成像面上的 (或摄取的影像) 是完全一样的。相机在取景时，取景反光镜在光路中，当按下快门时，取景反光镜就会向上弹起 (图中的虚线板) 退出摄影光路，而快门幕帘同时打开，影像曝光完毕后，取景反光镜又返回原来所在光路中的位置。

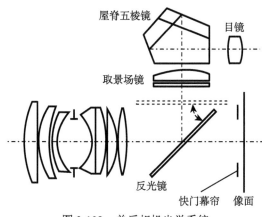

图 3-102 单反相机光学系统

3.9.110 数码相机物镜 objective of digital still camera

以 CCD(电荷耦合器件) 或 CMOS(互补金属氧化物半导体) 作为成像接收装置的照相机的物镜。数码相机是以光电接收器代替胶片进行图像记录的。由于数码相机物镜要求的视场角通常比较大 (例如 40° 及以上)，要成像于尺寸或面积很小的 CCD 或 CMOS(例如，尺寸为 6.4mm×4.8mm，其对角线为 8mm) 光电器件上，物镜的焦距就需要很短 (因要满足大视场的要求)；为了满足高分辨力要求和保证成像质量，数码相机物镜还需要校正球差、彗差、像散、场曲、畸变和轴向色差；为了满足高分辨力和足够的曝光量的要求，需要有大的物镜孔径。数码相机物镜的大相对孔径、短焦距和长后工作距离的要求，给物镜的像差校正带来了一定的难度，因此，数码相机物镜的光学设计是有一定难度的。

3.9.111 光刻物镜 lithographic objective

在光刻机中，用于将掩模图形微缩投影到光刻对象 (例如涂有光刻胶的硅片)

面上的光学投影物镜。光刻物镜通常要求高分辨力、像差校正完备 (特别是校正场曲和畸变)、尽可能有大焦深。高分辨力的光刻物镜主要是通过采用高数值孔径物镜 (如 $NA = 0.85$) 和极紫外短波长光源 (DUV) 来实现纳米级的分辨力；消除物像位置偏离和倾斜引起的倍率误差与对准误差，以及实现同轴对准主要是通过采用对称性的双远心光路结构光学系统 (前组透镜的后焦点与后组透镜的前焦点重合，光阑位于重合处) 来解决。为了实现高的光学性能，光刻物镜的设计非常复杂，镜片多达 20 多片或 30 多片，且各透镜对光学材料的均匀性、气泡度和条纹度要求很高，并需要一些高折射率的光学材料，有些曲面还需要设计为非球面；高分辨力的光刻物镜尺寸很长 (如 2m 左右)，重量重 (如 800kg 左右)。光刻物镜的类型主要有：折射式投影光刻物镜；折反射式光刻物镜；反射式光刻物镜。

3.9.112 光学系统公差设计 tolerance design of optical system

对完成了光学零件的组成结构和光学系统性能设计后的光学系统设计方案，选择被设计光学系统所关注的几何像差 (如球差、彗差、色差等)、波像差或光学传递函数作为光学系统像质的评价函数，并确定评价函数的偏差允许限值，对每个组成光学零件的曲率半径、厚度、面倾角、折射率、色散、材料均匀性、表面疵病以及零件间的间隔、零件中的同轴性等，按照对其加工和装配的能力和制造成本要求等进行初步的偏差分配 (可先借用经验)，再对光学系统进行空间光线追迹求出光学零件及其系统在初步偏差状况下的像差 (几何像差、波像差或光学传递函数)，对光学零件及其系统进行公差调整和再分配，再进行空间光学追迹求出新的像差，模拟生产和装配过程进行检验 (概率关系)，按此进行循环，直到公差分配到合理匹配和像质满足预定的要求为止的光学设计方法。光学系统公差的设计，通常是采用专门的设计软件进行自动设计或半自动设计。公差也可以称为容差。

第4章 波动光学术语及概念

本章的波动光学术语及概念主要包括光的电磁理论、光的波动特性、干涉、衍射、偏振、全息共六个方面的术语及概念。有些书将光波的电磁理论称为电磁光学，并将电磁光学与波动光学分开为两个学科内容。实际上，电磁光学或光波电磁理论是波动光学的根本基础，因此，本章与大多数书的划分方式一样，将光波电磁理论或电磁光学的内容作为波动光学的重要理论基础内容。由于光波电磁理论是波动光学的重要理论基础，且这部分内容比较抽象，因此，对这部分术语中的一些重要术语的概念描述得更深入、详细和广泛些，这些术语概念的描述体量会比本章中其他术语概念描述的体量要大一些。由于波动光学的理论是基于麦克斯韦方程的，而麦克斯韦方程的表达又涉及一些重要的数学术语及概念，为了有助于全面和深入地理解麦克斯韦方程，因此，纳入了哈密顿算子、散度、旋度、梯度等密切相关的数学术语及概念。本章涉及的公式比较多，对于公式中的字母符号，凡是符号和含义相同并在前面的公式中已作过说明的，原则上在后面的公式中不再进行说明。对于以人名命名的术语，从简化的角度，在概念中原则上不再简介贡献者，但对于比较重要的涉及个人贡献的理论/技术或大多数资料比较强调个人贡献的理论/技术，在概念描述中将会提及个人。关于相干性、偏振、晶体特性等方面的术语及概念，在 "第 14 章 光学材料术语及概念" 以及在 "第 1 章 通用基础术语及概念" 中已分别纳入的，在本章就不再重复。

4.1 光的电磁理论

4.1.1 电磁场 electromagnetic field

具有内在联系、相互激励产生、相互依存的电场和磁场的统一体。电场和磁场互为因果，随时间变化的电场产生磁场，随时间变化的磁场产生电场，即为时变电磁场。电磁场是一体两面的，变化的电场和变化的磁场一起构成了不可分离的统一运动能量体。时变电磁场与静态电场和磁场有显著差别。电磁场可由变速运动的带电粒子引起，也可由强弱变化的电流引起，无论由什么原因产生的电磁场都是以光速向四周传播，其性质、特征及运动变化规律由麦克斯韦方程组确定。电磁场具有能量和动量，是物质的一种存在形式，是电磁作用的介质 (或媒质)。电磁场对电荷、磁体及电流产生作用力。电磁场可分为交变电磁场和电磁波等。

4.1.2 电磁波 electromagnetic wave

电场强度 (E) 和磁感应强度 (B) 在空间和时间维度上进行周期变化传播的电磁场，见图 4-1 所示。电磁波是一种每一点都做周期性变化且它们的相位间存在关联性的电磁场，是电磁场的运动形态。当带电的粒子作高频振动时，产生的电场 (E) 和磁场 (B) 也是交变的，这个振动或具体的振动状态不会局限在振动源，它将脱离振动源，按电磁学定律在空间传播，形成电场波和磁场波。在真空或各向同性介质中，电磁波中的电场强度振动方向和磁感应强度振动方向是相互垂直的，且都垂直于传播方向，用电场强度 (E) 和磁感应强度 (B) 描述介质中传播的电磁波，用电位移 (D) 和磁场强度 (H) 描述电磁波与介质的相互作用。电磁波是横波，并是矢量波。电磁场的场源随时间变化时，其电场与磁场互相激励导致电磁场的运动而形成电磁波。电磁波与光波具有同一性，在真空中，电磁波的传播速度与光速相等。

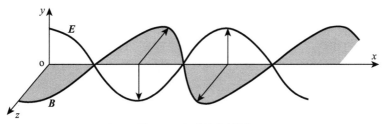

图 4-1 电磁波传播图

4.1.3 电场强度 electric field strength; electric field intensity

对电荷具有力作用的一种场能力，用于表达电场强弱和方向的物理量，用符号 E 表示，单位为伏 (特) 每米 [V/m，1 V/m =1N/C=1 N/(A·s)]。电场强度是矢量，单位为电场中某一点的单位距离的电压，电场强度方向为试探点电荷 (正电荷) 在该点所受电场力的电场方向，单位也可为电场强度为试探电荷所受的力与试探点电荷带电量的比值，是与试探电荷大小无关的物理量。电场强度是对单位电荷施加作用力的能力量值或施加作用力大小的量值。

4.1.4 电感应强度 electric induction strength; electric displacement field

静电场中存在电介质时，分析电荷分布和电场强度关系引入的矢量，也称为电通密度或电通量密度 (electric flux density)、电位移 (electric displacement)，用符号 D 表示，单位为库 (仑) 每平方米 (C/m²)。通过任意封闭曲面的电位移通量等于该封闭面包围的自由电荷的代数和。在各向同性介质中，D 的方向与作用于介质的外电场的电场强度方向相同，对于各向异性介质，D 的方向与 E 的方向用一个矩阵相联系。

4.1.5　磁场强度 magnetic field strength; magnetic field intensity

对正点磁荷具有力作用的一种场能力，用于表达电流产生磁场强弱和方向的物理量，用符号 H 表示，单位为安 (培) 每米 (A/m) 或奥斯特 (Oe)[1 安/米相当于 $4\pi\times10^{-3}$ 奥 (斯特)，$1\mathrm{A/m}=4\pi\times10^{-3}\mathrm{Oe}$]。磁场强度是一个矢量，反映磁场源的强弱，是线圈安匝数的一个表征量。对于有磁介质的情况，磁场包含了介质磁化在内时，用磁感应强度 B 来表达。对于不包含介质磁化产生的磁场，而只是由电流或运动电荷所引起的磁场时，用磁场强度 H 来表达，它是研究磁介质时引入的一个辅助物理量。

4.1.6　磁感应强度 magnetic flux density; magnetic induction

对运动电荷具有力作用的一种场能力，用于表达磁场强弱和方向的物理量，用符号 B 表示，单位为特 (斯拉)[T，$1\mathrm{T}=1\mathrm{N/(A\cdot m)}=1\ \mathrm{Wb/m^2}=1\ \mathrm{V\cdot s/m^2}$]，也称为磁通量密度或磁通密度。磁感应强度是矢量，点电荷 q 以速度 v 在磁场中运动时受到力 F 的作用，当 v 与 F 的方向垂直时受力最大，为 F_{m}，当 v 与 F 的方向相同或相反时受力为零，F_{m} 与 $|q|$ 及 v 成正比。磁感应强度为 $B=F/IL=F/QV$，数值上等于垂直于磁场方向长 1m，电流为 1A 的直导线所受磁场力的大小，B 的方向为运动正电荷所受最大力作用时的 F_{m} 力方向，其与运动电荷大小无关。磁感应强度是描述具有实际物理意义的磁场强弱的量，它的地位类似于电场强度。

4.1.7　电极化强度 electric polarization intensity

在电场 E 作用下单位体积介质中分子电偶极矩的矢量和，是电介质极化程度和极化方向的物理量，也称为电偶极子密度，用符号 P 表示，单位为库 (仑) 每平方米 ($\mathrm{C/m^2}$)，按公式 (4-1) 计算：

$$P=\varepsilon_0\chi E=\varepsilon_0\left(\chi^{(1)}\cdot E+\chi^{(2)}:EE++\chi^{(3)}\vdots EEE+\cdots\right)\qquad(4\text{-}1)$$

式中：χ 为各向同性介质的电极化率 (为标量)，或各向异性介质的电极化系数，表现为各阶的张量 $\chi^{(1)}$、$\chi^{(2)}$、$\chi^{(3)}$、$\cdots$，对于以晶体为代表的一类各向异性物质，χ 为含有九个元素的二阶张量；ε_0 为真空介电常数。

4.1.8　电流密度 electric current density

电路中某点电流强弱和流动方向描述的物理量，也称为面积电流 (areic electric current) 或传导电流密度，用符号 J 表示，单位为安 (培) 每平方米 (A/ $\mathrm{m^2}$)。

电流密度大小等于单位时间内通过某一单位面积的电量，方向向量为单位面积相应截面的法向量，指向由正电荷通过此截面的指向确定。因为导线中不同点上与电流方向垂直的单位面积上流过的电流不同，为了描写每点的电流情况，需要引入电流密度这一个矢量场。每点的 J 的方向定义为该点的正电荷运动方向，J 的大小则定义为过该点并与 J 垂直的单位面积上的电流。

4.1.9 位移电流密度 displacement current density

电场中某点的位移电流矢量对时间的变化率。位移电流是电位移矢量随时间的变化率对曲面的积分，麦克斯韦首先提出位移电流的变化会产生磁场的假设。

4.1.10 介电常数 permittivity; dielectric constant

介质在外加电场时会产生感应电荷而削弱电场，介质中的电场减小与原外加电场 (真空中) 的比值，用符号 ε 表示，又称为诱电率或电容率。介电常数是综合反映介质或光学材料内部电极化性质的宏观物理量，是与频率相关的量。介电常数是相对介电常数与真空中绝对介电常数的乘积，按公式 (4-2) 计算：

$$\varepsilon = \varepsilon_r \varepsilon_0 \tag{4-2}$$

式中：ε_0 为真空介电常数 $[\varepsilon_0 \approx 1/(4\pi \times 9 \times 10^9) = 1 \times 10^{-9}/(36\pi) = 8.842 \times 10^{-12}]$，F/m；$\varepsilon_r$ 为相对介电常数 (相对电容率)。各向异性介质的介电常数为张量。介电常数主要用静电法和复介电常数的微波谐振腔测定法来测定。

4.1.11 电导率 electrical conductivity; specific conductance

描述物质中的电荷流动难易程度的参数，也称为导电率，用符号 σ 表示，单位为西 (门子) 每米 (S/m，1 S =1A/V)。电导率 σ 为电阻率 ρ 的倒数，即 $\sigma =1/\rho$。对于各向同性介质，电导率是标量；对于各向异性介质，电导率是张量。当 1 安培 (A) 电流通过物体的横截面而电压为 1 伏特 (V) 时，物体的电导率为 1 S。

4.1.12 磁导率 permeability; magnetic conductivity

表示磁介质磁性的物理量，也称为磁导系数，用符号 μ 表示，单位亨 (利) 每米 (H/m)。磁导率是一个标量物质常数，表示空间或者在磁芯空间中的线圈流过电流后，产生磁通的阻力或是其在磁场中导通磁力线的能力。磁导率可用磁介质中磁感应强度 B 和磁场强度 H 的微分关系，按公式 (4-3) 计算：

$$\mu = \frac{dB}{dH} \tag{4-3}$$

实际中，通常是使用相对磁导率 μ_r，按公式 (4-4) 计算：

$$\mu_r = \frac{\mu}{\mu_0} \tag{4-4}$$

式中：μ_0 为真空磁导率，$\mu_0 \approx 4\pi \times 10^{-7}$，H/m。

相对磁导率 μ_r 与磁化率 χ 是描述磁介质磁性的物理量，相对磁导率 μ_r 与磁化率 χ 的关系按公式 (4-5) 计算：

$$\mu_r = 1 + \chi \tag{4-5}$$

对于顺磁质 $\mu_r > 1$；对于抗磁质 $\mu_r < 1$。空气、非磁性材料和大多数导体的相对磁导率等于 1。铁氧体 (如镍锌铁氧体等) 的相对磁导率为 10~1000。

4.1.13　哈密顿算子 Hamilton operator; Hamiltonian

直角坐标系中三维空间点区域的偏微分算符，用符号 ∇ 表示，用算符公式 (4-6) 表达：

$$\nabla = x_0 \frac{\partial}{\partial x} + y_0 \frac{\partial}{\partial y} + z_0 \frac{\partial}{\partial z} \tag{4-6}$$

式中：x_0、y_0、z_0 分别为 x、y、z 坐标轴的单位矢量。哈密顿算子是散度、旋度、梯度等运算的基本算符。

4.1.14　散度 divergence

直角坐标系中三维空间物理量矢量场点区域的 "出" 或 "进" 能力的表达，用算符 "∇" 点积空间矢量场 F，或 ∇ 和 F 的标量积表达，也记为 "div$F$"。空间矢量场 F 的散度用公式 (4-7) 表达：

$$\nabla \cdot F = \left(x_0 \frac{\partial}{\partial x} + y_0 \frac{\partial}{\partial y} + z_0 \frac{\partial}{\partial z} \right) \cdot \left(F_x x_0 + F_y y_0 + F_z z_0 \right) = \frac{\partial F_x}{\partial x} + \frac{\partial F_y}{\partial y} + \frac{\partial F_z}{\partial z} \tag{4-7}$$

式中：F_x、F_y、F_z 为矢量场 F 在 x、y、z 坐标轴上的分量。一个矢量场在某点的散度表征了该点 "产生" 或 "吸收" 这种场的能力，是一个标量。当散度为零时，表明该场为无源场；散度大于零时，表明场的力线是发散的；散度小于零，表明场的力线是会聚的。

4.1.15　旋度 rotation; curl

三维空间物理量矢量场点区域周围的旋转情况的表达，用算符 "∇" 叉积矢量场 F，或 ∇ 和 F 的矢量积表达，也记为 "rot$F$" 或 "curl$F$"。空间矢量场 F 的旋度表示为 $\nabla \times F$，用公式 (4-8) 表达：

$$\nabla \times F = \left(\frac{\partial}{\partial x} x_0 + \frac{\partial}{\partial y} y_0 + \frac{\partial}{\partial z} z_0 \right) \times \left(F_x x_0 + F_y y_0 + z_0 F_z \right)$$

$$= \begin{vmatrix} x_0 & y_0 & z_0 \\ \dfrac{\partial}{\partial x} & \dfrac{\partial}{\partial y} & \dfrac{\partial}{\partial z} \\ F_x & F_y & F_z \end{vmatrix} = \left(\frac{\partial F_z}{\partial y} - \frac{\partial F_y}{\partial z} \right) x_0$$

$$+\left(\frac{\partial F_x}{\partial z}-\frac{\partial F_z}{\partial x}\right)\boldsymbol{y}_0+\left(\frac{\partial F_y}{\partial x}-\frac{\partial F_x}{\partial y}\right)\boldsymbol{z}_0 \tag{4-8}$$

一个矢量场在某点的旋度表征了该点计算物理量的旋转方向和大小。

4.1.16 梯度 gradient

将三维空间物理量标量场转换为矢量场，以矢量场表达标量场空间变化的分布，用符号 "∇" 作用空间标量场 A 表示，也记为 "grad$A$"。空间标量场 $A(x, y, z)$ 的梯度用公式 (4-9) 表达：

$$\nabla A=\left(\boldsymbol{x}_0\frac{\partial}{\partial x}+\boldsymbol{y}_0\frac{\partial}{\partial y}+\boldsymbol{z}_0\frac{\partial}{\partial z}\right)A(x,y,z)=\boldsymbol{x}_0\frac{\partial A}{\partial x}+\boldsymbol{y}_0\frac{\partial A}{\partial y}+\boldsymbol{z}_0\frac{\partial A}{\partial z} \tag{4-9}$$

4.1.17 麦克斯韦方程 Maxwell's equations

由麦克斯韦创建的，用于表述电磁变换和电磁波传播特性的一组数学模型。麦克斯韦方程将光的电磁理论归纳为一组描述任意电磁场中 E、B、D、H 四个场矢量的内在联系以及与产生这个场的场源 (自由电荷密度 ρ 与电流密度 J) 关系的方程组。求解方程可以确定任一空间点电磁波的电场和磁场，还可得到电磁波在任意介质中的传播特性。由于电磁量的单位制比较多，不同的单位制有相应的不同方程表达形式，本章的麦克斯韦方程采用国际单位制的表达形式 (有理化 MKSA 制)。麦克斯韦方程分别有积分形式和微分形式两套方程组。积分形式的方程组由四个方程组成，包括：法拉第电磁感应定律，见公式 (4-10)；电场高斯定律，见公式 (4-11)；磁场高斯定律，见公式 (4-12)；麦克斯韦-安培定律，见公式 (4-13)。在场矢量对空间的导数存在的地方，利用数学中的格林定理和斯托克斯定理，可得出麦克斯韦方程的微分形式的四个相应的微分方程组，包括：法拉第电磁感应定律，见公式 (4-14)；电场高斯定律，见公式 (4-15)；磁场高斯定律，见公式 (4-16)；麦克斯韦-安培定律，见公式 (4-17)。

$$\oint_C \boldsymbol{E}\cdot\mathrm{d}l=\iint_A \frac{\partial \boldsymbol{B}}{\partial t}\cdot\mathrm{d}s \tag{4-10}$$

$$\oiint_A \boldsymbol{D}\cdot\mathrm{d}s=\iiint_V \rho\cdot\mathrm{d}\upsilon \tag{4-11}$$

$$\oiint_A \boldsymbol{B}\cdot\mathrm{d}s=0 \tag{4-12}$$

$$\oint_C \boldsymbol{H} \cdot \mathrm{d}l = \oiint_A \left(\boldsymbol{J} + \frac{\partial \boldsymbol{D}}{\partial t} \right) \cdot \mathrm{d}s \tag{4-13}$$

$$\nabla \times \boldsymbol{E} = -\frac{\partial \boldsymbol{B}}{\partial t} \tag{4-14}$$

$$\nabla \cdot \boldsymbol{D} = \rho \tag{4-15}$$

$$\nabla \cdot \boldsymbol{B} = 0 \tag{4-16}$$

$$\nabla \times \boldsymbol{H} = \boldsymbol{J} + \frac{\partial \boldsymbol{D}}{\partial t} \tag{4-17}$$

　　麦克斯韦方程是一组描述电场、磁场与电荷密度、电流密度之间关系的方程。麦克斯韦方程中：法拉第感应定律描述了时变磁场的电场产生关系，不管导体是否存在，限定面积中磁通量的变化必定伴随变化电场的产生，电场是一个电力线闭合的涡旋场 (环形电场)，又将使邻近的闭循环感应出电流；电场高斯定律描述了电场是怎样由电荷生成，计算穿过某给定闭曲面的电场线数量 (电通量密度)，可以得知包含在这闭曲面内的总电荷，即描述了穿过任意闭曲面的电通量与这闭曲面内的电荷之间的关系；高斯磁场定律描述了穿过一个闭合面的磁通量等于零 (流入和流出任一封闭曲面的磁通量永远相等)，磁场是个无源场 (没有类似于电荷的"磁荷"项)，磁力线永远是闭合的，即磁场没有起止点；麦克斯韦-安培定律描述了电流和时变电场的磁场产生关系，总的磁场包括传导电流产生的和位移电流产生的磁场 (环形磁场)。麦克斯韦方程的核心内容可概括为：变化的磁场产生电场 (法拉第电磁感应定律)，而变化的电场产生磁场 (麦克斯韦-安培定律，位移电流假说)，在理论上支持了电磁波形成和在空间传播的机理。麦克斯韦的积分和微分两套方程组反映的是同一类规律，其中，只是积分形式着重描述一个区域的电磁场特性，而微分形式着重描述一处点附近的电磁场局部变化状况。当场所在的点不连续时，不能使用微分形式的方程。

　　尽管麦克斯韦方程中的一些电磁现象和相互生产的规律由法拉第、高斯、安培此前已提出，但麦克斯韦将它们联系为了一个整体，且专门引入了位移电流的概念，并指出交变的电场和磁场可以互相产生，预言了电磁波的存在，使原方程组的意义发生了质的跃变。

　　麦克斯韦方程还有一个关于电流密度和电荷密度的方程，见公式 (4-18)：

$$\nabla \cdot \boldsymbol{J} = -\frac{\partial \rho}{\partial t} \tag{4-18}$$

公式 (4-18) 中的电流密度 $\boldsymbol{J}$、电荷密度 ρ 和电极化的高阶项是能量转化和新电磁场产生的激励源，在光学应用领域里，处理的主要是远离源的光波传播，$\boldsymbol{J}$ 和 ρ 可视为零，因此，这个方程在光波传播分析中一般不需要考虑。

4.1.18 物质方程 matter equations; constitutive equation

描述电磁场与空间介质相互作用的一个方程组。物质方程可以看作是描述介质特性对电磁场影响的关系的方程。物质方程有各向同性物质的物质方程组和各向异性物质的物质方程组。对于各向同性的物质，物质方程组由公式 (4-19)、公式 (4-20) 和公式 (4-21) 组成：

$$D = \varepsilon E = \varepsilon_0 \varepsilon_r E \tag{4-19}$$

$$B = \mu H \tag{4-20}$$

$$J = \sigma E \tag{4-21}$$

式中：ε 为介质的介电常数 (相对电容率)，$\varepsilon = \varepsilon_0 \varepsilon_r$，F/m；$\varepsilon_0$ 为真空介电常数，F/m，$\varepsilon_0 \approx 1/(4\pi \cdot 9 \times 10^9) \approx 8.854 \times 10^{-12}$ F/m；ε_r 为相对介电常数，$\varepsilon_r = 1 + \chi$（χ 为张量电极化率)，是一个无量纲的物理常数；μ 为磁导率，H/m；σ 为电导率，S/m 或 A/(V·m)。μ_0 为真空磁导率，$\mu_0 = 4\pi \times 10^{-7}$H/m $\approx 1.257 \times 10^{-6}$H/m。$\varepsilon$、$\mu$ 和 σ 不仅与介质的性质相关，还与电磁场的时间频率有关，因此它们一般不为常数，有色散 (频率影响)，只有在真空中时才认为是常数。

对于各向异性的物质，物质方程组由公式 (4-22)、公式 (4-23) 和公式 (4-24) 组成：

$$D = \varepsilon E = \varepsilon_0 \varepsilon_r E = \varepsilon_0 E + P = \varepsilon_0 E + \varepsilon_0 \chi E = \varepsilon_0 E(1 + \chi) \tag{4-22}$$

$$B = \mu H \tag{4-23}$$

$$J = \sigma E \tag{4-24}$$

式中：ε 为张量的介质介电常数或介电常数张量，F/m；ε_0 为真空介电常数，F/m；ε_r 为张量的相对介电常数或相对介电常数张量，$\varepsilon_r = 1 + \chi$；P 为电极化强度；χ 为介质的电极化率，对于空气、玻璃等各向同性介质其为标量，对晶体等各向异性的介质为张量；μ 为张量的磁导率，H/m；σ 为张量的电导率，S/m 或 A/(V·m) 或 A²·s²/kg·m³。对各向异性的介质，ε、μ 和 σ 不仅与介质的性质相关，而且都是张量。在各向异性介质中，一般 D 和 E 的方向不同。

4.1.19 电磁场的边界条件 boundary conditions

光波从一种介质传播到另一种介质时，表达电磁波的电场强度 (E)、磁感应强度 (B)、电位移矢量 (D)、磁场强度 (H) 等矢量在两个界面上相互联系及矢量相关性的方程组，由公式 (4-25)、公式 (4-26)、公式 (4-27) 和公式 (4-28) 组成：

$$u \times (E_2 - E_1) = 0 \tag{4-25}$$

$$u \cdot (B_2 - B_1) = 0 \tag{4-26}$$

$$u \cdot (D_2 - D_1) = \rho_s \tag{4-27}$$

$$u \times (H_2 - H_1) = J_s \tag{4-28}$$

式中：u 为界面法线方向的单位矢量，自介质 1 指向介质 2；E_1 和 E_2 分别为介质 1 和介质 2 的电场强度；B_1 和 B_2 分别为介质 1 和介质 2 的磁感应强度；D_1 和 D_2 分别为介质 1 和介质 2 的电位移矢量；ρ_s 为界面上的电荷面密度；H_1 和 H_2 分别为介质 1 和介质 2 的磁场强度；J_s 为界面上的电流面密度。

在光学中，常常需要处理光波从一种介质传播到另一种介质的问题，而由于两种介质的介电常数和磁导率等物理性质不同 (如 ε_1、μ_1 与 ε_2、μ_2 不相同)，在两种介质的分界面上，电磁场将不连续，但他们之间仍存在一定关系，这种界面两边不连续但又相互关联的电磁场关系称为电磁场的边界条件。

电场强度 E 的边界条件 $u \times (E_2 - E_1) = 0$，表示在界面两侧，电场强度 E 的切向分量连续；磁感应强度 B 的边界条件 $u \cdot (B_2 - B_1) = 0$，表示磁感应强度 B 在界面两侧的法向分量是连续的；电位移矢量 D 的边界条件 $u \cdot (D_2 - D_1) = \rho_s$，当界面上没有自由电荷时，即 $\rho_s = 0$ 时，电位移矢量 D 在界面两侧的法向分量是连续的；磁场强度 H 的边界条件 $u \times (H_2 - H_1) = J_s$，当界面上没有面电流时，即 $J_s = 0$ 时，磁场强度 H 在界面两侧的切向分量连续。

4.1.20   洛伦兹力 Lorentz force

磁场对运动电荷的作用力计算关系，用符号 F 表示，单位为牛顿 (N)，按公式 (4-29) 计算：

$$F = Q \cdot \upsilon \cdot B \tag{4-29}$$

式中：Q 为磁场中的电荷，C；υ 为电荷的运动速度，m/s。

洛伦兹力是由洛伦兹提出的运动电荷在磁场中运动时所受到的作用力关系，洛伦兹力方向与运动方向垂直。洛伦兹力的判断方法为：将左手摊平，让磁力线穿过手掌，四指为正电荷运动方向，左拇指与四指垂直，指向洛伦兹力方向 (左手定则)；如果是负电荷运动，则采用右手判断，即右拇指指向洛伦兹力方向 (右手定则)。洛伦兹力永远不做功，不改变运动电荷的速率和动能，只能改变电荷的运动方向使之偏转。洛伦兹力公式和麦克斯韦方程组以及物质方程一起构成了经典电动力学基础。

4.1.21   库仑定律 Coulomb's law

静止点电荷之间的相互作用力描述的规律。即两个静止的点电荷之间的相互作用力与两点的电荷量的乘积成正比，与它们之间的距离平方成反比，作用力的方向在它们的连线上，同性电荷相斥，异性电荷相吸，两个点电荷之间的作用力按公式 (4-30) 计算：

$$F = k\frac{Q_1Q_2}{r^2} \tag{4-30}$$

式中：F 为库仑力，N；Q_1、Q_2 分别为两个静止的点电荷的电荷量；r 为 Q_1、Q_2 之间的距离；k 为库仑常数 (静电力常量)，当公式 (4-30) 中的各个物理量都采用国际单位制中的单位牛顿、米、库仑时，$k = 9 \times 10^9 \text{N} \cdot \text{m}^2/\text{C}^2$。库仑定律是电磁场理论的基本定律之一，由法国科学家库仑 1785 年从实验中得出。

4.1.22 横电磁波 transverse electromagnetic wave

电场和磁场的振动矢量方向与波的传播方向垂直，电场和磁场的振动方向相互垂直，并且电场和磁场在波的传播方向无矢量分量，两者都处在一个本地平面内的波，又称为 TEM 波或横波模或横模 (transverse mode)。横电磁波是非色散波，其传播特性与频率无关，其在无限大介质、双线传输线、同轴线和带状线中传输。

4.1.23 横电场模 transverse electric mode

电场振动矢量方向与波的传播方向垂直并完全分布在这个垂直横截面内，电场在波的传播方向无矢量分量，磁场是具有波传播方向分量的行波波型，又称为横电模或 TE 模或 H 模，也称为横电波 (transverse electric wave)。横电场模的电场只有横向分量，纵向分量等于零，即 $E_z = 0$，但纵向磁场分量不等于零，即 $H_z \neq 0$。其截止波数不为零，电场截止波长为公式 (4-31) 的表达关系，只有波长小于截止波长的横电场模才能在波导中传播。其具有离散谱。是色散型模，相速度随频率而变。

$$\lambda_c = \frac{2\pi}{k_c} \tag{4-31}$$

式中：λ_c 为截止波长；k_c 为截止波长的波矢标量。电场模用 TEmn 表示，例如 TE10 模、TE01 模。横电场模是电磁波在波导中传播的一种模式，即电场振动垂直于传播光线的子午面，磁场振动在子午面内，且光线传输与波导传播方向有一定夹角时的情形。

4.1.24 横磁场模 transverse magnetic mode

磁场振动矢量方向与波的传播方向垂直并完全分布在这个垂直横截面内，磁场在波的传播方向无矢量分量，电场是具有波传播方向分量的行波波型，又称为横磁模或 TM 模或 E 模，也称为横磁波 (transverse magnetic wave)。磁场只有横向分量，纵向分量等于零，即 $H_z = 0$，但纵向电场分量不等于零，即 $E_z \neq 0$。其截止波数不等于零，磁场截止波长为公式 (4-31) 的表达关系，只有波长小于截止波长的横磁场模才能在波导中传播。其具有离散谱。是色散型模，相速度随频率而变。磁场模用 TMmn 表示，例如 TM11 模、TM01 模。横磁场模是电磁波在波导中传播的一种模式，即磁场振动垂直于传播光线的子午面，电场振动在子午面内，且光线传输方向与波导传播方向有一定夹角时的情形。

4.2　光的波动特性

4.2.1　波 wave

振动 (或扰动) 在空间和时间的传播形态或过程，也称为波动。波是一种运动状态传播的多点群体运动的现象。机械振动形成的波有水波、声波等；电磁振荡形成的波有无线电波、光波等。波携带有能量，以一定的速度传播。按波的振动方向与传播方向间的关系，波分为纵波和横波。波在某一时刻空间分布的振动物理量或在某一空间点时间分布的振动物理量可以用波函数表达，最基本的波函数是正弦函数，其对应的波为简谐波。

4.2.2　纵波 longitudinal wave

传播波的振动 (或扰动) 方向与传播方向相同或者相反的波。声波就是一种典型的纵波。机械纵波也称为压缩波，因为其在介质中传播时，这种波会造成介质的压缩或稀疏变化；有时也称为压力波，因为其在纵波传播过程中会造成介质压力的增大和减小。

4.2.3　横波 transverse wave

传播波的振动 (或扰动) 方向与传播方向垂直的波。电磁波是横波，光波也是横波，光波属于电磁波。摆动绳子振动产生的波也是横波，是最方便直观观察到的横波。

4.2.4　标量波 scalar wave

只考虑波物理参量的数值大小 (可有正负) 而不需表达方向或者不需考虑方向及时间变化关系时的波，也称为非向量波。当光波的波函数是标量时，对应的光波为标量波。

光波的本质是矢量波，通常情况下，光波电场 E 和磁场 B 的振动方向随空间坐标和时间坐标而变化，描述光波的物理参量 E(或 D) 和 B(或 H) 是矢量。但在某些特殊情况下 (例如线偏振波) 或特定的简化描述情况下，可使光波电场 E 和磁场 B 的振动方向不随空间和时间而变化，此时电场 E 和磁场 B 成为标量，这类波称为标量波。此外，在涉及光波在均匀各向同性介质中传播和叠加问题时，矢量波可以分解为直角坐标系中的三个分量，每个分量波的振动方向都不随空间和时间坐标而变化，每一个分量波都可以作为标量波来处理。矢量可通过三维分解标量化。

4.2.5 矢量波 vector wave

波的物理参量的描述既要有大小又要有方向的波。光波的本质是矢量波，通常情况下，描述光波的物理量 E(或 D) 和 B(或 H) 是矢量，且其振动方向和传播方向都需要用矢量来描述。矢量波可以分解成一个固定的三维坐标系中的三个分量方向上的标量波的叠加。

4.2.6 波的维数 dimension of wave

波动传播的或考察的波动特征所占空间的维数。波的传播方向用波矢 k 描述。若空间各点的波矢都处于同一个方向 (有正负)，则为一维波动；若各点的波矢都在同一平面但不是同一方向，则为二维波动；若各点的波矢有三个维度的方向，则为三维波动。弹性绳索是沿一个方向传播的，是一维波；水波是在水平面的各方向传播的，是二维波；光波通常是向空间的各方向传播的，是三维波。光波尽管本质是三维波，应采用三维波动方程进行描述，但对有些情况，为了简化对光波特性的描述，可以用一维或二维空间变量的公式或图形对光波进行描述。

4.2.7 一维波 one-dimensional wave

波动传播的或考察的波动特征所占空间的维数为一维时的波动，或者只需对光波进行一维分析时的光波。摆动绳索形成的波动可看成一维波，因考察其波动的振幅 (或起伏) 变化特征或波峰或波谷传播位置只表现在一维上，见图 4-2 所示。光波的本质是三维波，但为了简化分析，当考察光波传播点空间位置坐标只需沿一维方向取值时，此时可将光波作为一维波来分析。

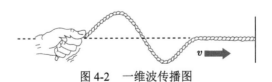

图 4-2　一维波传播图

4.2.8 二维波 two-dimensional wave

波动传播的或考察的波动特征所占空间的维数为二维时的波动，或者只需对光波进行二维分析时的光波。水面被物体撞击形成的波动可看成二维波，因其波动的振幅 (或起伏) 变化特征或波峰或/和波谷传播位置只表现在平面 (二维) 上，即向水面的四周扩散，见图 4-3 所示。光波的本质是三维波，但为了简化分析，当考察光波传播点 (波峰或/和波谷) 空间位置坐标只需沿二维方向取值时，此时可将光波作为二维波来分析。

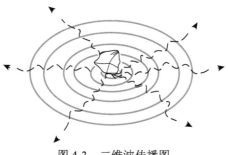

图 4-3   二维波传播图

4.2.9   三维波 three-dimensional wave

波动传播的波动特征所占空间的维数为三维时的波动，或者需要对光波进行全面的三维分析时的光波。光波的本质是三维波，当考察光波传播点任一空间位置坐标需要在三维方向取值时，或当要考察光波射向空间不同方向的某些点的振幅的变化，例如考察光波射向屏幕上某点位置的振幅时，要按三维波对光波进行分析，见图 4-4 所示。

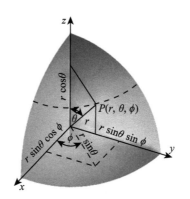

图 4-4   三维波传播图

4.2.10   简谐波 harmonic wave

波动方程或波函数采用正弦或余弦函数形式表达时的波动，用公式 (4-32) 表达：

$$A(z,t) = a\cos\left[\frac{2\pi}{\lambda}(z-\upsilon t)+\varphi_0\right] \tag{4-32}$$

式中：A 为波函数；z 为波沿某一确定方向传播的距离；t 为波传播的时间；a 为波振动 (或扰动) 的最大振幅；λ 为波动的传播波长；υ 为波传播的速度；φ_0 为波传播的初始相位，即 $z=0$ 处和 $t=0$ 时的相位。

简谐波函数具有形式比较简单、可直观地介绍或分析波动的一些基本参量、便于计算等优点。简谐波是一种基本波动，各种波都可以分解成许多简谐波，它与一些实际波动有良好的近似 (如单色波等), 因此, 一些实际波可用简谐波来近似描述和计算。

4.2.11 波动微分方程 wave differential equation

描述电磁波在介质或真空中传播的、三维形式的二阶偏微分的波动方程。波动微分方程可由微分形式的麦克斯韦方程导出。电磁波在非均匀介质中传播时的波动微分方程为公式 (4-33) 和公式 (4-34):

$$\nabla^2 \boldsymbol{E} = \frac{1}{v^2(\boldsymbol{r})} \frac{\partial^2 \boldsymbol{E}}{\partial^2 t} - \nabla(\boldsymbol{E} \cdot \nabla \ln \varepsilon) = \sigma \mu \frac{\partial \boldsymbol{E}}{\partial t} + \varepsilon \mu \frac{\partial^2 \boldsymbol{E}}{\partial^2 t} \tag{4-33}$$

$$v(\boldsymbol{r}) = \frac{1}{\sqrt{\mu(\boldsymbol{r})\varepsilon(\boldsymbol{r})}} = \frac{c}{n(\boldsymbol{r})} \tag{4-34}$$

式中: $v(\boldsymbol{r})$ 为光在非均匀介质中的位置矢量 $\boldsymbol{r}$ 处的速度; $\boldsymbol{r}$ 为位置矢量; t 为光波在介质中的传播时间; c 为光波在真空中的传播速度, $c = 1/\sqrt{\mu_0 \varepsilon_0} \approx 2.9979 \times 10^8$ m/s; $n(\boldsymbol{r})$ 为光在非均匀介质中位置矢量 $\boldsymbol{r}$ 处的折射率, $n(\boldsymbol{r}) = c/v(\boldsymbol{r}) = \sqrt{\mu(\boldsymbol{r})\varepsilon(\boldsymbol{r})/(\mu_0 \varepsilon_0)}$; $\mu(\boldsymbol{r})$ 和 $\varepsilon(\boldsymbol{r})$ 分别为非均匀介质中的位置矢量 $\boldsymbol{r}$ 处的磁导率和介电常数。光波在非均匀介质中传播的电导率 $\sigma \neq 0$。介质内的 E 与 H 之比为介质的阻抗, $Z = E/H = \mu v = \sqrt{\mu/\varepsilon}(\Omega)$, 真空的阻抗 $Z_0 = \sqrt{\mu_0/\varepsilon_0} = 120\pi \approx 376.6(\Omega)$。

介质为均匀、各向同性时, 意味着电导率 σ、介电常数 ε、磁导率 μ 是与位置无关的标量, 透明意味着 $\sigma = 0$ 及 $J = 0$, 否则会引起电流而消耗电磁波能量。应用麦克斯韦方程可推导电磁波在均匀、各向同性、透明、无源介质中传播时的波动微分方程, 推导出的波动微分方程为公式 (4-35) 和公式 (4-36):

$$\nabla^2 \boldsymbol{E} = \varepsilon \mu \frac{\partial^2 \boldsymbol{E}}{\partial^2 t} = \frac{1}{v^2} \frac{\partial^2 \boldsymbol{E}}{\partial^2 t} \tag{4-35}$$

$$\nabla^2 \boldsymbol{B} = \varepsilon \mu \frac{\partial^2 \boldsymbol{B}}{\partial^2 t} = \frac{1}{v^2} \frac{\partial^2 \boldsymbol{B}}{\partial^2 t} \tag{4-36}$$

公式 (4-35) 和公式 (4-36) 是标准的波动方程形式, 它意味着电磁波的存在, 电磁波以波动的形式在空间进行传播。除了公式 (4-35) 和公式 (4-36) 表达 E 和 B 的波动外, 用物质方程还可推导出同样形式 D 和 H 的方程, 说明 E 和 B 以及 D 和 H 这些场都可以以三维形式在空间传播, 形成电磁波, 所对应的扰动就是电场和磁场, 两者相伴而行, 缺一不可。

波动微分方程的解有很多形式, 平面波、球面波和柱面波以及它们的叠加形式, 其通解形式为公式 (4-37):

$$\Psi(x, y, z, t) = \Psi_0(x, y, z, t) \exp\left[\mathrm{j}(\boldsymbol{k} \cdot \boldsymbol{r} - \omega t + \varphi_0)\right] \tag{4-37}$$

式中：$\Psi(x,y,z,t)$ 为波函数；$\Psi_0(x,y,z,t)$ 为波函数的最大扰动或振幅；r 为位置矢量，k 为三维波的波矢或传播矢 (其标量为波数)；ω 为电磁波传播的角频率或相位速度。

4.2.12　时间周期 temporal period

〈波动光学〉波传播空间任一点重复一次完整的振动所需的时间期间，又称为波的时间周期，用符号 T 表示，单位为秒 (s)，按公式 (4-38) 计算：

$$T = \frac{\lambda}{\upsilon} \tag{4-38}$$

时间周期是波传播一个波长的路程所用的时间，在波传播过程中波长和传播速度不变 (在均匀介质中)，因此，时间周期也不会变，此时时间周期是一个常量。

4.2.13　时间频率 temporal frequency

〈波动光学〉时间周期的倒数，又称为波的时间频率，用符号 ν 表示，单位为周每秒或次每秒 (s^{-1})，按公式 (4-39) 计算：

$$\nu = \frac{1}{T} \tag{4-39}$$

时间频率是波动在单位时间内所振动的周期次数，ν 数值的整数部分为振动的周期整数，小数部分为不到一个周期的部分。

4.2.14　时间圆频率 temporal angular frequency

〈波动光学〉在一指定的空间位置，波在单位时间上振动相位变化的弧度数，又称为时间角频率或圆频率或角频率，用符号 ω 表示，单位为弧度每秒 (rad/s)，按公式 (4-40) 计算：

$$\omega = 2\pi\nu = 2\pi\frac{1}{T} \tag{4-40}$$

时间圆频率是时间频率的以弧度 2π 为周期表示的光波传播的相位数，表示在任一考察点处光波的相位随时间的变化。

4.2.15　空间周期 spatial period

〈波动光学〉光波在传播的一个指定方向上，在同一时刻重复一次完整的振动或扰动的空间相邻两点间的距离，也称为波的空间周期，用符号 $T_s(\theta)$ 表示，单位为米 (m)，或纳米 (nm) 或微米 (μm)，按公式 (4-41) 计算：

$$T_s(\theta) = \frac{\lambda}{\cos\theta} \tag{4-41}$$

式中：θ 为光波考察方向与波矢 k 的夹角。空间周期本质上就是光波的波长在不同考察方向作为周期的度量，是波形变化一个周期时波在空间传播的距离，是相

位差 2π 的两个相邻等相面在某指定方向上的距离，是一个矢量，具体数值与考察方向有关。如果只考察传播方向的空间周期时，空间周期可以作为标量 (即波长)。三维简谐波在不同的考察方向上有不同的空间周期，当考察方向与波矢 k 的夹角为 θ 时，空间周期用公式 (4-41) 计算；当沿光波的传播方向 (k 方向) 考察时 ($\theta = 0$)，具有最小空间周期，也就是简谐波的波长 λ，称为固有空间周期。θ 越大的方向，空间周期越大。

4.2.16 空间频率 spatial frequency

〈波动光学〉光波在传播的一个指定方向上，在单位空间距离上的振动周期变化次数，也称为波数 (wave number)，用符号 $f_s(\theta)$ 表示，单位为米 (m^{-1})，按公式 (4-42) 计算：

$$f_s(\theta) = \frac{1}{T_s(\theta)} = \frac{\cos\theta}{\lambda} \tag{4-42}$$

空间频率是空间周期的倒数或单位长度上波的周期数。在波动光学中，空间频率也是一个考察方向的函数，与空间周期同号。空间频率通常是一个矢量，也可以是一个标量，当在光波传播方向考察时，可作为标量，即波长的倒数。当考察方向与波矢 k 的夹角为 θ 时，空间频率用公式 (4-42) 计算。当沿光波的传播方向 (k 方向) 考察时 ($\theta = 0$)，具有最大空间频率 $f = 1/\lambda$，称为固有空间频率。空间频率是傅里叶空间中的变量，空间频率的单位名称为周每毫米 (周/毫米) 或周每毫弧度 (周/毫弧度)，θ 越大的方向，空间频率越小。

4.2.17 空间圆频率 spatial angular frequency

波在传播方向上，单位距离上振动相位变化的弧度数，也称为传播数 (propagation number)，用符号 k 表示，单位为弧度每米 (rad/m)，在光传播方向的空间圆频率按公式 (4-43) 计算：

$$k = \pm 2\pi f = \pm \frac{2\pi}{\lambda} \tag{4-43}$$

空间圆频率为描述波传播方向的标量，作为矢量时其与波矢是等价的，在数值上等于空间频率的 2π 倍，k 的方向与光波的速度 v 相同，用于描述一维波的传播方向，当 $k>0$ 时，表示光波沿 z 轴的正向传播，当 $k<0$ 时，表示光波沿 z 轴的负向传播。

4.2.18 波矢 wave vector

描述三维波传播方向的空间圆频率的矢量，也称为传播矢 (propagation vector)，用符号 k 表示，单位为弧度每米 (rad/m)，波矢的大小按公式 (4-44) 计算：

$$k = 2\pi f = \frac{2\pi}{\lambda} \tag{4-44}$$

波矢是矢量，既表示光波的传播方向，其方向指向三维波的传播方向，又表示传播方向上单位距离光波传播的相位数，其数值大小等于标量的空间圆频率或传播数 (有的书中把波矢的标量称为波数，但从严谨的角度，波数比传播数小了一个 2π 倍)。考察偏离波矢方向的 k' 方向的空间圆频率时，可按公式 (4-45) 计算：

$$k' = 2\pi f_{\mathrm{s}}(\theta) = \frac{2\pi\cos\theta}{\lambda} \tag{4-45}$$

式中：θ 为考察方向与波矢方向的夹角。

4.2.19 坡印亭矢量 Poynting vector

电磁波传递的能流密度，也称为能流密度矢量或坡印亭矢量，用符号 S 表示，单位为瓦 (特) 每平方米 (W/m^2)，按公式 (4-46) 计算：

$$\boldsymbol{S} = \boldsymbol{E} \times \boldsymbol{H} = \frac{1}{\mu}\boldsymbol{E} \times \boldsymbol{B} \tag{4-46}$$

坡印亭矢量的方向为能量流动的方向，在各向同性介质中，其方向与波矢方向相同。坡印亭矢量的物理量是单位时间穿过与波矢 k 方向相垂直的单位面积的能量。在晶体中，坡印亭矢量 S 与波面的传播方向 k 可能不一致，它们之间会有一个夹角 ξ，电场 E 方向与电位移密度 D 方向也有一个夹角 ξ，例如石英的最大 ξ 角为 20′ 左右，方解石的最大 ξ 角为 6° 左右。且 $D \perp k$，$E \perp S$，即坡印亭矢量与电场矢量垂直；电位移矢量与波矢垂直。

4.2.20 波面 wave plane

在波动存在的空间中，某一时刻具有相同相位的点组成的曲面 (平面是曲面的一种特殊状态) 或位置轨迹 (或集合)，又称为波阵面、等相面或波前。波面的形状可以有球面、平面、柱面等各种形状。光波的波面法线方向就是光波的传播方向，也是几何光学中的光线方向，波面随波的传播而前进。

4.2.21 平面波 plane wave

波面上各点的振动 (扰动) 时刻相等的面为平面的光波，即波面的等相面为平面的光波。光波等相面是在其上的振幅处处相等的面。波函数取正弦或余弦形式时对应的平面波称为简谐平面波。由平行光发出的波为平面波，平面波的振幅为常数 a。

4.2.22 球面波 spherical wave

波面上各点的振动 (扰动) 时刻相等的面为球面的光波，即波面等相面为球面的光波。真空或均匀各向同性介质中的 "点状" 光源，发出的光波以相同的速度向各个方向传播，经过一段时间之后，振动状态或相位相同的点将构成一个以光源所在点为球心的球面，这样的波就构成了球面波。球面波具有球对称性，在球坐标系中讨论比较方便。球面波的波函数表示为 $E(r, t)$，具有三维波的实质，一维波的形式，满足一维波动微分方程。球面波具有空间对称性，可用一维波来描述。波函数取正弦或余弦形式时对应的球面波称为简谐球面波。球面波的振幅不为常数，其与球面波的传播距离 r 成反比，即为 a/r，a 为光源强度。

4.2.23 柱面波 cylindrical wave

等相面呈圆柱形状的光波。实践中，常用单色平面波照明一个细长狭缝来获得近似理想的柱面波，也可以采用相当长度的细线光源发出的光波来近似获得柱面波。柱面波的振幅不为常数，其与柱面波的传播距离 r 的均方根成反比，即为 $a/\sqrt{r}$，a 为光源强度。

4.2.24 共轭光波 conjugation wave

波函数互为共轭复数的两个光波，也称为相位共轭光波。共轭光波是原光波在空间和时间上的反演，即对光波的**波阵面** (或相位) 进行的反演处理 (即成镜像关系处理)，实现某一光波的波前或相位的逆转。实际中，这种处理往往是通过光波与非线性物质相互作用来实现时，也称为非线性光学相位复共轭。理想的相位共轭镜还能够反演入射波的偏振态。对于无损耗的共轭镜，可以反演入射光子的线动量、角动量等所有量子数。光学相位复共轭技术可用以补偿光束通过某大气、材料介质等传输时引起的相位畸变，因此，其在自适应光学、非线性激光光谱学、光学信息储存和处理、成像和图像传输、计量、光刻、超低噪声探测、光计算机以及军事上有广泛的应用。

4.2.25 复杂波 complex wave

在时间参量上包含各种时间频率，在空间分布上等相面具有复杂的形状的光波。实际光源发出的光波通常是复杂波，通常可以利用傅里叶数学分解的方法分解成多个简谐波的叠加。

4.2.26 空间频谱 spatial frequency spectrum

对复杂波面光波应用傅里叶变换分解出的用空间频率关系表达的一系列简谐波的有序集合的函数。一个任意复杂波，其在时间参量上包含各种时间频率，在空间分布上，等相面的形状很复杂。凡是符合傅里叶变换存在条件的一切复杂波，都可以应用傅里叶变换的方法作为分解的手段，分别对其进行时间域和空间域的分解。

实际光源发出的光波通常是复杂波，表示为 $A(x, y, z, t)$，经过时间域的傅里叶分解可以把复杂波 $A(x, y, z, t)$ 分解为一系列简谐波 $A'(x, y, z, \nu) \exp(-\mathrm{j}2\pi\nu t)$ 的线性叠加。但在空间域考察时，每个简谐波的等相面形状仍然是复杂的。因此可对每个简谐波做空间域的傅里叶分解，将其分解成一系列不同空间频率的简谐平面波的线性叠加。$A'(x,y,z,\nu)$ 的空域傅里叶变换用公式 (4-47) 表示：

$$A''\left(f_x,f_y,f_z,\nu\right) = \iiint\limits_{-\infty}^{\infty} A'(x,y,z,\nu)\exp\left[-\mathrm{j}2\pi\left(f_x x + f_y y + f_z z\right)\right]\mathrm{d}x\mathrm{d}y\mathrm{d}z \qquad (4\text{-}47)$$

由于 $A'(x,y,z,\nu)$ 可表达为公式 (4-48)：

$$A'(x,y,z,\nu) = \iiint\limits_{-\infty}^{\infty} A''\left(f_x,f_y,f_z,\nu\right)\exp\left[\mathrm{j}2\pi\left(f_x x + f_y y + f_z z\right)\right]\mathrm{d}f_x\mathrm{d}f_y\mathrm{d}f_z \qquad (4\text{-}48)$$

复杂波 $A'(x,y,z,\nu)$ 可以分解为一系列空间频率为 $\left(f_x,f_y,f_z\right)$，振幅密度为 $A''\left(f_x,f_y,f_z,\nu\right)$ 的简谐平面波叠加，因此 $A''\left(f_x,f_y,f_z,\nu\right)$ 称为 $A'(x,y,z,\nu)$ 的空间频谱。

4.2.27　s 分量 s-subvector

在讨论光波在介质界面上的入射、反射和折射时，以入射面为基准，电场振动方向垂直于入射面的分量，也称为 s 偏振 (s-polarized)。s 分量的字母 s 取自德文 senkrechtr 的首字母，词义为垂直。对于光波的电场在介质界面的入射、反射和折射的分析，为了简化，照矢量处理方法，将电场矢量 E 分为两个正交关系的分量分别进行分析，这两分量分别为 s 分量和 p 分量，s 分量与 p 分量一起被称为光波的两个本征振动方向。s 分量这一振动方向在偏振的讨论时，也被应用于作为光波偏振的特定方向。在作介质界面的电磁场矢量的入射、反射和折射矢量的分析时，s 分量也被称为横电场矢量 TE，可用 $\boldsymbol{E}_{\mathrm{TE}}$ 代替 $\boldsymbol{E}_{\mathrm{s}}$ 进行表达。

4.2.28　p 分量 p-subvector

在讨论光波在介质界面上的入射、反射和折射时，以入射面为基准，电场振动方向平行于入射面或在入射内的分量，也称为 p 偏振 (p-polarized)。p 分量的字母 p 取自英文 parallel 的首字母，词义为平行。p 分量这一振动方向在偏振的讨论时，也被应用于作为光波偏振的特定方向。在作介质界面的电磁场矢量的入射、反射和折射矢量的分析时，p 分量的横磁场矢量 TM 垂直于入射面，而其电场矢量平行于入射面，可用 $\boldsymbol{E}_{\mathrm{TM}}$ 代替 $\boldsymbol{E}_{\mathrm{p}}$ 进行表达。

4.2.29　菲涅耳公式 Fresnel equations

描述光波在两个不同介质的界面上的入射波、反射波和透射波的电场振幅和相位之间定量关系，用于电场振幅透射系数和振幅反射系数计算的一组公式，见

公式 (4-49)、公式 (4-50)、公式 (4-51) 和公式 (4-52)。为了表达方便，将入射电场分解为一个垂直于入射面的分量 "s" 和一个在入射面内的分量 "p" 两个分量，当电场 E 为 s 分量时，电场由图纸面指向外为正向，磁感应强度 B 正向由右手坐标系 (或右旋坐标系) 确定，即右手掌面平面为电场振动面，其四指指向为电场方向，四指折转 90° 与掌面平面垂直的四指指向为磁感应强度方向，拇指为光波传播方向，电场为 s 分量在界面上的入射、反射和折射波的电磁场方向关系 (也为右旋坐标系) 见图 4-5 所示。电场为 p 分量在界面上的入射、反射和折射波的电磁场方向关系见图 4-6 所示。由于光波在非磁性介质中传播，入射介质的磁导率 $\mu_i = 1$，折射介质的磁导率 $\mu_t = 1$，此时磁感应强度 B 和磁场强度 H 等价，图 4-5 和图 4-6 中的 B 也可用 H 来表示。

s 分量的菲涅耳公式：

$$r_s = \frac{E_{r0s}}{E_{i0s}} = \frac{n_1\cos\theta_i - n_2\cos\theta_t}{n_1\cos\theta_i + n_2\cos\theta_t} \tag{4-49}$$

$$t_s = \frac{E_{t0s}}{E_{i0s}} = 1 + r_s = \frac{2n_1\cos\theta_i}{n_1\cos\theta_i + n_2\cos\theta_t} \tag{4-50}$$

p 分量的菲涅耳公式：

$$r_p = \frac{E_{r0p}}{E_{i0p}} = \frac{-n_2\cos\theta_i + n_1\cos\theta_t}{n_2\cos\theta_i + n_1\cos\theta_t} \tag{4-51}$$

$$t_p = \frac{E_{t0p}}{E_{i0p}} = \frac{2n_1\cos\theta_i}{n_2\cos\theta_i + n_1\cos\theta_t} \tag{4-52}$$

式中：r_s 为 s 分量的反射系数；t_s 为 s 分量的透射系数；E_{i0s} 为 s 分量的入射电场振幅；E_{r0s} 为 s 分量的反射电场振幅；E_{t0s} 为 s 分量的透射电场振幅；n_1 为入射介质的折射率；n_2 为折射介质的折射率；θ_i 为入射光波在界面的入射角；θ_t 为折射光波在界面的折射角；r_p 为 p 分量的反射系数；t_p 为 p 分量的透射系数；E_{i0p} 为 p 分量的入射电场振幅；E_{r0p} 为 p 分量的反射电场振幅；E_{t0p} 为 p 分量的透射电场振幅。

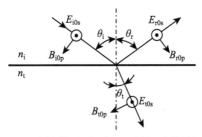

图 4-5　s 分量的界面入射、反射、折射关系图

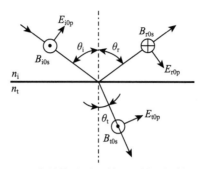

图 4-6　p 分量的界面入射、反射、折射关系图

利用折射定律，可将菲涅耳公式 (4-49)、公式 (4-50)、公式 (4-51) 和公式 (4-52)
转换为不含折射率的公式 (4-53)、公式 (4-54)、公式 (4-55) 和公式 (4-56)。

$$r_s = \frac{E_{r0s}}{E_{i0s}} = -\frac{\sin(\theta_i - \theta_t)}{\sin(\theta_i + \theta_t)} \tag{4-53}$$

$$t_s = \frac{E_{t0s}}{E_{i0s}} = 1 + r_s = \frac{2\cos\theta_i\sin\theta_t}{\sin(\theta_i + \theta_t)} \tag{4-54}$$

$$r_p = \frac{E_{r0p}}{E_{i0p}} = -\frac{\tan(\theta_i - \theta_t)}{\tan(\theta_i + \theta_t)} \tag{4-55}$$

$$t_p = \frac{E_{t0p}}{E_{i0p}} = \frac{2\cos\theta_i\sin\theta_t}{\sin(\theta_i + \theta_t)\cos(\theta_i - \theta_t)} \tag{4-56}$$

当光波的 s 分量和 p 分量两种分量同时存在时，只需对两个分量进行矢量相加
就可计算出电场实际传播的矢量关系。由以上菲涅耳公式可看出，s 分量与 p 分量
在入射电场振幅和反射电场振幅上是不相等的，当光波入射角 $\theta_i = 0$ 时，s 分量与 p
分量的反射系数和透射系数相等，$r_s = r_p = (n_1 - n_2)/(n_1 + n_2)$ 和 $t_s = t_p = 2n_1/(n_1 + n_2)$。
当电场的入射角大于折射角 $(\theta_i - \theta_t > 0)$ 时，即光场从光疏介质到光密介质，s 分
量的入射电场的振动方向与反射电场的振动方向相反。当 s 和 p 分量的正方向规
则改变时，将会导致不同于以上公式的正负号。例如，反射的 p 分量的正方向改
变，即图 4-6 中的电场分量和磁感应强度分量的方向转 180° 时，公式 (4-51) 和公
式 (4-55) 都将需要分别乘一个负号。

公式 (4-53) 等于公式 (4-49) 的证明推导为

$$r_s = \frac{n_1\cos\theta_i - n_2\cos\theta_t}{n_1\cos\theta_i + n_2\cos\theta_t} = \frac{\cos\theta_i - \dfrac{n_2}{n_1}\cos\theta_t}{\cos\theta_i + \dfrac{n_2}{n_1}\cos\theta_t} = \frac{\sin\theta_t\cos\theta_i - \sin\theta_i\cos\theta_t}{\sin\theta_t\cos\theta_i + \sin\theta_i\cos\theta_t}$$

$$= \frac{\sin(\theta_t - \theta_i)}{\sin(\theta_t + \theta_i)} = -\frac{\sin(\theta_i - \theta_t)}{\sin(\theta_i + \theta_t)}$$

公式 (4-54) 等于公式 (4-50) 的证明推导为

$$t_s = \frac{2n_1\cos\theta_i}{n_1\cos\theta_i + n_2\cos\theta_t} = \frac{2\cos\theta_i}{\cos\theta_i + \frac{n_2}{n_1}\cos\theta_t}$$

$$= \frac{2\cos\theta_i\sin\theta_t}{\cos\theta_i\sin\theta_t + \cos\theta_t\sin\theta_i} = \frac{2\cos\theta_i\sin\theta_t}{\sin(\theta_i + \theta_t)}$$

公式 (4-55) 等于公式 (4-51) 的证明推导为

$$r_p = \frac{-n_2\cos\theta_i + n_1\cos\theta_t}{n_2\cos\theta_i + n_1\cos\theta_t} = \frac{-\frac{n_2}{n_1}\cos\theta_i + \cos\theta_t}{\frac{n_2}{n_1}\cos\theta_i + \cos\theta_t} = \frac{-\cos\theta_i\sin\theta_i + \cos\theta_t\sin\theta_t}{\cos\theta_i\sin\theta_i + \cos\theta_t\sin\theta_t}$$

$$= \frac{-\frac{\sin2\theta_i}{2} + \frac{\sin2\theta_t}{2}}{\frac{\sin2\theta_i}{2} + \frac{\sin2\theta_t}{2}} = \frac{2\cos\frac{2\theta_t + 2\theta_i}{2}\sin\frac{2\theta_t - 2\theta_i}{2}}{2\sin\frac{2\theta_t + 2\theta_i}{2}\cos\frac{2\theta_t - 2\theta_i}{2}}$$

$$= -\frac{\cos(\theta_i + \theta_t)\sin(\theta_i - \theta_t)}{\sin(\theta_i + \theta_t)\cos(\theta_i - \theta_t)} = -\frac{\tan(\theta_i - \theta_t)}{\tan(\theta_i + \theta_t)}$$

公式 (4-56) 等于公式 (4-52) 的证明推导为

$$t_p = \frac{2n_1\cos\theta_i}{n_2\cos\theta_i + n_1\cos\theta_t} = \frac{2\cos\theta_i}{\frac{n_2}{n_1}\cos\theta_i + \cos\theta_t} = \frac{2\cos\theta_i\sin\theta_t}{\cos\theta_i\sin\theta_i + \cos\theta_t\sin\theta_t}$$

$$= \frac{2\cos\theta_i\sin\theta_t}{\cos\theta_i\sin\theta_i + \cos\theta_t\sin\theta_t} = \frac{2\cos\theta_i\sin\theta_t}{\frac{\sin2\theta_i}{2} + \frac{\sin2\theta_t}{2}}$$

$$= \frac{2\cos\theta_i\sin\theta_t}{\frac{2}{2}\sin\frac{2\theta_t + 2\theta_i}{2}\cos\frac{2\theta_t - 2\theta_i}{2}} = \frac{2\cos\theta_i\sin\theta_t}{\sin(\theta_i + \theta_t)\cos(\theta_i - \theta_t)}$$

证明公式（4-54）可由公式（4-53）推导得出：

$$t_s = 1 + r_s = 1 - \frac{\sin(\theta_i - \theta_t)}{\sin(\theta_i + \theta_t)} = \frac{\sin(\theta_i + \theta_t) - \sin(\theta_i - \theta_t)}{\sin(\theta_i + \theta_t)}$$

$$= \frac{\sin\theta_i\cos\theta_t + \sin\theta_t\cos\theta_i - \sin\theta_i\cos\theta_t + \sin\theta_t\cos\theta_i}{\sin(\theta_i + \theta_t)} = \frac{2\cos\theta_i\sin\theta_t}{\sin(\theta_i + \theta_t)}$$

4.2.30　相速度 phase velocity

电磁波的恒定相位点的推进速度，也称为相位速度。相速度可看作单一频率的正弦电磁波的等相面在介质中的传播速度。实际系统的光波信号总是由许多频率分量组成，在色散介质中，各单色分量将以不同的相速度进行传播。相速度等于波的角频率与波数之比。单一频率波的相速度就是其在传播介质中的传播光速。

4.2.31　群速度 group velocity

多种不同频率的正弦电磁波的合成波的包络波 (调制波) 的相位在介质中的传播速度。不同频率正弦波的振幅和相位不同，在色散介质中，相速度不同，所以合成波的包络波 (如拍频波) 的形状将不同于原各正弦波的形状。群速度是包络波上任一恒定相位点的推进速度，是一个代表能量的传播速度。对于拍频波，载波的相位速度 (相速度) 称为合成波的相位速度，拍频波或调制波 (包络波) 的相位速度称群速度。群速度等于波的角频率增量与波数增量之比。当相速度与频率无关时，群速度等于相速度，称为无色散；当相速度随着频率升高而减小时，群速度小于相速度，称为正常色散；当相速度随着频率升高而增加时，群速度大于相速度，称为反常色散。

4.3　干　　涉

4.3.1　干涉 interference

两束或两束以上光在重叠或交叉时发生电场矢量相加，并形成稳定光场强弱分布的现象。光叠加产生干涉的条件为：① 叠加光束应为偏振态稳定且振动频率相同或相近的偏振光；② 叠加光束之间的振幅相差不是很大；③ 叠加光束的初相位稳定或相位差稳定。光干涉会导致光强在空间重新分布，可使原来均匀的两束光在干涉重叠区形成明暗相间的干涉条纹，使亮的区域超过原来两束光的光强之和，暗的区域光强可能为零。干涉现象只有在相干光之间重叠时才能发生。波相互叠加产生干涉现象的空间域称为干涉场，当在三维干涉场中放置一个二维的观察屏，屏上会出现稳定的条纹分布图形，称为干涉条纹或干涉图形。光波产生干涉时，不是光强的标量求和，干涉产生应满足公式 (4-57)。公式 (4-57) 中的第三项是表达干涉特征的 "交叉项"，它决定相干光叠加的光场亮暗关系。当两束叠加光的传输方向一致，忽略时间项和位置项后，"交叉项" 的计算结果由光束 2 的初相位 φ_2 与光束 1 的初相位 φ_1 之差决定，按公式 (4-58) 计算：

$$I(\boldsymbol{r}) = I_1(\boldsymbol{r}) + I_2(\boldsymbol{r}) + 2\langle \boldsymbol{E}_1 \cdot \widetilde{\boldsymbol{E}_2} \rangle \tag{4-57}$$

$$2\langle \boldsymbol{E}_1 \cdot \widetilde{\boldsymbol{E}_2} \rangle = 2E_1 \cdot E_2 \cos(\varphi_2 - \varphi_1) \tag{4-58}$$

式中：r 为光传播的矢量方向；$I(r)$ 为两束光波叠加的光强；$I_1(r)$ 为光束 1 的光强；$I_2(r)$ 为光束 2 的光强；E_1 为光束 1 的电场强度；$\widetilde{E_2}$ 为光束 2 共轭的电场强度。

当光束叠加产生干涉时，干涉亮场的光强满足公式 (4-59)，干涉暗场的光强满足公式 (4-60)，不产生干涉或非相干光叠加时，光束之间叠加的光强满足公式 (4-61)：

$$I(r) = I_1(r) + I_2(r) + 2\sqrt{I_1(r) \cdot I_2(r)} \tag{4-59}$$

$$I(r) = I_1(r) + I_2(r) - 2\sqrt{I_1(r) \cdot I_2(r)} \tag{4-60}$$

$$I(r) = I_1(r) + I_2(r) \tag{4-61}$$

当两束光的光强相等时，亮场的光强度为其中一束光光强的 4 倍，暗场的光强为零，其他场的光强介于亮场和暗场之间，也存在为一束光光强 2 倍的情况。光波叠加出现干涉现象的叠加波形主要有行波 (同频同向传播叠加)、调制行波 (同频不同向传播叠加)、驻波 (同频反向传播叠加) 和拍频 (不同频同向传播叠加)。

4.3.2　相干性 coherence

〈波动光学〉决定干涉质量的两束光的频率、相位、振动方向、振幅的性质。相干性是光束叠加能发生干涉的性质或条件，其中一个重要的条件是电磁波场中各点光波之间的相位恒定性。当两光波频率相同、相位差恒定、振动方向相同和振幅相同时，相干性最强。两束相干光的叠加：频率有较小差别时，导致拍频干涉现象；相位不完全固定时，将影响干涉稳定性；振动方向和振幅不一致时，将影响干涉条纹对比度。相干性可从时间维度和空间维度来体现，因此，有时间相干性和空间相干性。

4.3.3　相干辐射 coherent radiation

具有相干性并能产生干涉效应的辐射。相干辐射具有相干特性，相干辐射光波的重叠可产生干涉现象，如激光辐射、单色光源辐射等。相干辐射可用于作为干涉仪的光源等。非相干辐射光波当满足干涉条件时，也可产生干涉现象，如白光的薄膜干涉、玻璃平板间隙干涉等。

4.3.4　相干度 degree of coherence

对两光束相干性干涉光的干涉条纹的可见度程度的数值量度，又称为相干系数，按公式 (4-62) 计算：

$$V = \frac{E_{\max} - E_{\min}}{E_{\max} + E_{\min}} \tag{4-62}$$

式中：V 为相干度；$E_{\max}$ 为在干涉图样最亮处的辐照度；$E_{\min}$ 为在干涉图样最暗处的辐照度。当相干度超过 0.88 时称为高度相干；当相干度低于 0.88 而大于零时称为部分相干；当相干度为零时称为非相干。相干度本质上是用干涉条纹的对比度来反映的。

4.3.5 相干区 coherent area

垂直于光传播方向的一个平面内的、具有较高相干度的区域，也称为相干面积。在相干区内的光的相干度 (或干涉条纹对比度) 超过 0.88 的，认为是高度相干的光，而相干度低于 0.88 的，则认为是部分相干的光。对于面光源干涉，相干区干涉光束的夹角如果为 $\Delta\theta$，那么光源的面积必须小于 $(\lambda/\Delta\theta)^2$。

4.3.6 相干时间 coherence time

〈波动光学〉相干辐射的传播时间。相干时间等于相干长度除以光在介质中的相速度。光波在真空 (或空气) 中叠加，相干时间可近似等于 $\lambda_0^2/(c\cdot\Delta\lambda)$，$\lambda_0$ 为光源的中心波长，$\Delta\lambda$ 为谱线宽度，c 为真空中的光速，其中 $\lambda_0^2/\Delta\lambda$ 为光源的相干长度。

4.3.7 时间相干性 temporal coherence

〈光源〉点光源产生的两个光波干涉叠加时，使反衬度不为零的时间差或传播时间差，也称为纵向相干性。时间相干性本质上取决于点光源辐射的波列长度，是指光源不同时刻扰动之间在相位上的关联性，是光源时间展宽引起的相干性问题。时间相干性反映的是光源在时间关系上的相干能力，是对光源时间维度相干能力的评价。采用分振幅干涉 (用迈克尔逊干涉仪)，点光源发出的一束光延迟的部分与未延迟部分发生干涉的能力。时间相干性与光源的单色性直接相关，光源的单色性越好，时间相干性越强。

4.3.8 空间相干性 spatial coherence

〈光源〉单色扩展光源的空间两点 S_1 和 S_2 作为实施干涉的光源点，按照某种干涉模式 (例如分波面干涉) 相叠加后干涉现象的显现性或干涉条纹的可见性。这种相干性的程度可用 S_1 和 S_2 发出的波各自干涉结果不相互干扰的分布来衡量，即可用它干涉形成的干涉条纹的反衬度 c 来衡量。空间相干性反映的是光源在空间关系上的相干能力，是对光源空间维度相干能力的评价，同时也是为使干涉能够产生而对光源空间尺寸的限制。空间相干性既可以指相干性光源能实施干涉的光源尺寸大小，也可以指光源能形成干涉场的空间尺寸大小 (同一时刻能够形成干涉的面积或范围大小)，通常用于指光源能实施干涉的光源尺寸大小。

4.3.9 非相干 incoherence

两束光按功率或能量叠加不能形成规律性强度分布的现象。非相干光的叠加结果是光束之间的光强算术和，不会出现光束之间光强重新分布的现象。即使是单色光之间，当光束之间的频率差别较大，相位差不恒定，振动方向和振幅差别较大时，也不能产生相干的现象。非相干的相干度为零。

4.3.10 非相干辐射 incoherent radiation

难以产生干涉效应的辐射。非相干辐射主要是辐射的电场矢量不稳定、辐射电磁波频率谱过宽等因素所导致的辐射间不能相干。非相干辐射的相干度为零。

4.3.11 独立传播原理 principle of independent propagation

从不同光源发出两束光波在均匀和各向同性的介质传播时，无论两束波是否发生相交或不相交，始终保持各自传播规律的原理。例如，从光源 A 和光源 B 发出的两列光波在同一空间区域传播时，它们之间是互不干扰的，每列波按照各自的传播规律独立进行。如果两束光波是相干的，且发生了传播过程的相交，那么它们只会在相交的叠加区发生光场分布改变的情况，但不会影响过了相交区的后续传播状态或原传播规律。这一原理不仅对光波成立，也是其他波动的共同性质。在真空中，波的独立传播原理是普遍成立的。但在非均匀和各向异性的介质中，只有这些介质对波的扰动比较小时，独立传播原理才能成立。

4.3.12 叠加原理 superposition principle

两列波在同一空间区域传播时，空间每一点将受到各分量波作用，在波叠加的空间区域，每一点扰动将等于各个分量波单独存在时该点的扰动之和。

当光波在介质中传播时，必然引起空间各点的扰动，空间每一点都将同时受到各分量波的作用，每一点的扰动将等于各个分量单独存在时各点扰动之和。当各分量波为标量波 (即非偏振波或非稳定偏振波) 时，合成的总扰动等于各分量波在该点扰动的标量和，满足公式 (4-63)：

$$E = \sum_{i=1}^{N} E_i \qquad (4\text{-}63)$$

式中：E 为标量波合成的总扰动；E_i 为标量波分量波的扰动；N 为参加叠加的分量波的总数量；i 为分量波的序号。

当各分量波为矢量波 (稳定偏振波) 时，合成的总扰动等于各分量波扰动的矢量和，满足公式 (4-64)：

$$\boldsymbol{E} = \sum_{i=1}^{N} \boldsymbol{E}_i \qquad (4\text{-}64)$$

式中：$\boldsymbol{E}$ 为矢量波合成的总扰动；$\boldsymbol{E}_i$ 为矢量波分量波的扰动。

4.3.13 行波 progressive wave

波在传播过程中，波的相位随波的传播而进行传播的波动。行波是相对驻波而言的，驻波的相位是不随波的传播而传播的，它只进行振幅的振动或扰动。设

行波的相位速度为 $v_{\varphi t}$，行波的相位速度符合公式 (4-65)：

$$v_{\varphi t} \neq 0 \tag{4-65}$$

驻波的相位速度 $v_{\varphi s}$ 符合公式 (4-66)：

$$v_{\varphi s} = 0 \tag{4-66}$$

实际行波的相位传播速度本质上与光波的传播速度是一致的，只是光波的传播速度用单位时间的距离表示，而相位速度用单位时间的相位角表示。同样是光波，相位速度不同是同一单位长度上对应的相位角不同所致，例如，载波的相位速度与调制波的相位速度不同，载波的相位速度显著大于调制波，因为单位距离上的载波比调制波的相位数量大得多。

4.3.14 驻波 standing wave；stationary wave

由频率和振幅都相同而传播方向相反的两个简谐波叠加合成的波。驻波的相位不随光波的传播移动，即驻波的相位相对于空间位置是固定的，或者说驻波的相位速度为零，驻波的名称也是由此而得。驻波在光波传播方向坐标 z 上各点的波振幅是不相等的 (除周期性重复的位置外)，但各点都以相同的圆频率 ω 作简谐振动，最大振幅点的值为 $2E_0$(称为波腹)，振幅最小点的值 (不考虑振幅的负数关系时) 为零 (称为波节)。相邻波腹或相邻波节之间的距离为 $\lambda/2$，而相邻波腹和波节之间的距离为 $\lambda/4$(λ 为参加合成的分量波的波长)。在每一个波节两边的点，其振动是反相的。当两个同频率的分量波的振幅不相等的波合成时，将出现最小振幅不为零 (无零振幅位置)，形成一个变形的驻波。

驻波现象在光学中相当普遍，例如，全反射角度入射时的入射光和反射光在传播方向垂直于界面的分量相互叠加，在 z 方向形成驻波，而它们平行于界面的分量相互叠加则在 x 方向形成行波，见图 4-7 所示。驻波具有稳定的周期性强度分布，这一强度分布不仅和空间位置 z 有关，而且和两分量波的波长和初相位差有关。通过对驻波场的分析和测量，可以获得相关信息，如著名的维纳实验和弗罗姆利用驻波场测量电磁波相位速度的实验。

图 4-7 入射光与反射光叠加形成的驻波关系图

4.3.15 波节 nodes

在驻波波形中，各振幅值中为最小值的点位。驻波的振幅不是光传播方向的常数，而是与光传播方向的位置坐标 z 有关，在某些考察点振幅值始终为零，这些点就称为波节，或者始终为最小振幅值的点 (分量波振幅不相等时)。

4.3.16 波腹 antinodes

在驻波波形中，各振幅值中为最大值的点位。驻波的振幅不是光传播方向的常数，而是与光传播方向的位置坐标 z 有关，在某些考察点振幅值始终为振幅值中的最大值，这些点就称为波腹。如果参加驻波合成的两个波的振幅分别为 E_0，驻波波腹的振幅就为 $2E_0$。如果合成驻波的分量振幅不相等，分别为 E_1 和 E_2，驻波波腹的振幅就为 $E_1 + E_2$。

4.3.17 拍频 beat frequency

不同频率简谐波的叠加，形成载波和调制波波形稳定的光波现象。考虑两个同向传播、振幅相等，频率差为 $\Delta\omega = \omega_2 - \omega_1$ 的简谐波叠加，两分量波 E_1 和 E_2 的合成波将是一个振幅受调制的行波，两分量波的叠加和合成的行波的波形图见图 4-8 中的 (a) 和 (b) 所示。

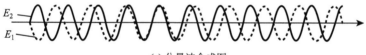

(a) 分量波合成图

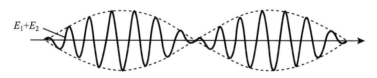

(b) 合成形成的拍频波图

图 4-8　波的合成与拍频现象图

形成拍频的合成波可以看作是高频的 "载波" 受沿 z 方向传播的 "调制波" 调制。载波的传播数 k、时间圆频率 ω、初相位 φ_0 均等于两分量波对应参量的平均值，图 4-8 (b) 中用实线描绘的高频振荡曲线即是 "载波" 的波形图。图 4-8 (b) 用虚线描绘的低频包络曲线即是 "调制波" 的波形图，它的传播数、时间圆频率、初相位均等于两分量波对应参量的差值除以 2，例如，时间圆频率等于 $\Delta\omega/2$。当 $\omega_2 \approx \omega_1$ 时，$\Delta\omega$ 可能小到无线电波频率范围之内，从而可以直接用仪器测出调制波的振动。探测器输出信号的时间圆频率为 $\Delta\omega$，就等于 "拍频" 两个分量波的圆频率之差。这种由两个交变物理量叠加产生一个差频物理量的现象，即 "拍频现象"。探测到的拍频信号虽然是低频的强度分布，但它包含了原分量波的频率差 $\Delta\omega$ 和相位差 $\Delta\varphi_0$。所以，通过拍频技术，可以将高频信号的频率信号和相位信息转移到差频信号中，从而可以利用较为成熟的低频信号检测技术来测量，这正是拍频现象应用的价值，广泛应用于长度和振动精密测量方面的激光外差干涉仪就是基于这一原理设计的。

4.3.18　单色波 monochromatic wave

仅有单一振动频率的电磁波，又称为单色光或单频光或单色辐射。单色波是一种理想光波。从光波的时间频率分布的功率谱来看，单色波只有一个频率，是时间和空间域里无限延伸的简谐振动。如果单色光辐射的连续性受到限制，例如断续辐射的光波，光波就不再是单色了，会出现其他频率成分，即时间上的展宽。实际中，只有一个频率的单色波是不存在的，有的是混频比较少的或谱线比较窄的单色波。

4.3.19　相干条件 coherence requirements

光波叠加能获得稳定光强度空间分布的条件。理想的相干条件是由公式 (4-67)、公式 (4-68) 和公式 (4-69) 所表达的条件：

$$\omega_2 = \omega_1 \tag{4-67}$$

$$E_{10} \cdot E_{20} \neq 0 \tag{4-68}$$

$$\varphi_{20} - \varphi_{10} = 常数 \tag{4-69}$$

完全满足光波振动方向相同及公式 (4-67)、公式 (4-68) 和公式 (4-69) 三个条件的光波称为 "相干光波"。在光波波段不存在严格意义的单色波，因为普通光源上各个原子发光都是间断的，每次发光的持续时间不会大于 10^{-8}s，因此，不同发光原子，或同一原子在不同时刻发射的光波在相位上是互不关联的，即 $\varphi_{20} - \varphi_{10}$ 是随时间 t 变化的，变化频率也在 10^{-8}s 量级。实际上，当 ω_2 和 ω_1 有一点差别时，两光波的叠加也能出现稳定干涉场，如拍频现象，因此，以上的相干条件是最好的干涉条件或理想的干涉条件，不是必要的干涉条件。用理想的干涉条件进行干涉的方式分别有分波面干涉和分振幅干涉，分波面干涉的方式如杨氏双缝干涉等，分振幅干涉的方式如迈克尔逊干涉仪、薄板干涉等。

4.3.20　干涉场强度 intensity of interference

描述空间分布干涉图形的光能量密度，或干涉图形中的高亮度区域的光能量密度值。干涉装置中光能量密度的空间分布是干涉现象是否存在的判据。由于干涉图形中，干涉图中的光能量起主要作用的是光波的电场，而电场能量密度 ω_e 正比于考察点电场强度的平方，并随时间 t 快速变化，探测器所能反映的只是 ω_e 的时间平均值，表示为公式 (4-70)：

$$\omega_e = \frac{\varepsilon}{2} |E|^2 = \frac{\varepsilon}{2} \langle E \cdot E^* \rangle \qquad (4\text{-}70)$$

在干涉问题中，$|E|^2$ 表示任一考察点 $P(r)$ 处，各个分量波叠加的瞬时合电场强度。在通常的情况下，有意义的是用干涉场中光能量密度来相对表达电场能量密度 ω_e，以光能量密度作为干涉图形的干涉场强度。干涉场强度 $I(r)$ 表示为公式 (4-71)：

$$I(r) = \langle E \cdot E^* \rangle \qquad (4\text{-}71)$$

干涉场强度 $I(r)$ 的单位是 J/(s·m³)。如果在三维干涉场中放置一个二维观察屏，屏上的辐照度正比于对应点的干涉场强度 $I(r)$，于是观察屏上 $I(r)$ 的单位为 J/(s·m²)。

4.3.21　等强度面 locus of equal interference intensity

两束波在空间叠加干涉导致光能量重新分布中的光强度相等的面。在干涉场分布中，相位相同的考察点强度相同，形成等强度面，于是在三维干涉场中出现了一系列周期排列的强度极大和极小的面，整数周期的等强度面即是等相位差面 (也是等光程差面)，是相位差相等的轨迹。两束光波干涉形成的干涉场的强度分布 $I(r)$ 由公式 (4-72) 表示：

$$I(r) = I_1 + I_2 + 2E_1 \cdot E_2 \cos(\Delta\varphi) \qquad (4\text{-}72)$$

式中：I_1 为光束 1 的光强；I_2 为光束 2 的光强；E_1 为光束 1 的电场强度；E_2 为光束 2 的电场强度；$\Delta\varphi$ 为两光束的相位差。从公式 (4-72) 可看出，当两光束相位差为零或 2π 或其整倍数时，公式中的最后一项中的 $\cos(\Delta\varphi) = 1$，这个相位的等强度面是值最大的，当两光束相位差为 π 或其奇数倍时，$\cos(\Delta\varphi) = -1$，这相位的等强度面是值最小的。

4.3.22　干涉条纹 interference fringe

干涉场区域中在观察平面上观察到的亮暗周期性相间或彩色周期性相间的稳定的光照度条纹的分布。干涉条纹是干涉场中光强为极值的等相位面在平面上的展示，或是光强为极值的等相位面与观察平面相交在观察平面上形成的交线。通常将一条最亮的或最暗的极值照度线称为一个条纹 (即亮条纹或暗条纹)。分振幅干涉装置 (如迈克尔逊干涉仪、薄板等) 可以形成两类干涉条纹：等倾干涉条纹；等厚干涉条纹。等倾干涉条纹由入射角度相同的光线形成，等厚干涉条纹由入射点处薄板厚度相同的光线形成。亮干涉条纹是两光束干涉相位差 $\Delta\varphi =$

$2m\pi(m = 0, 1, 2, \cdots)$ 的等相位面的考察点的轨迹；暗干涉条纹是两束相位差 $\Delta\varphi = (2m + 1)\pi(m = 0, 1, 2, \cdots)$ 的等相位面的考察点的轨迹。

4.3.23　干涉级 order of interference

两束相干光束干涉后形成干涉场中的考察点处的光束干涉相位差为 2π 的倍数值，或两束光产生干涉的光程差与波长的比值，用符号 m 表示。m 为整数时，代表最大干涉强度面的干涉级。干涉级 m 也可以取小数，在这种情况下，m 表示在最大干涉强度等级下的细分的干涉强度级。m 为奇数的 1/2 倍时，代表最小干涉强度面的干涉级。m 为整数时，说明两相干光波的相位差为整波长倍数，即两光束的光程差 $\Delta = \lambda \times m$，或者相位差 $\Delta\varphi = 2\pi \times m$。

4.3.24　亮纹 bright interference fringe

在干涉场区域中的观察平面上所呈现出的高亮的条纹或周期性相间的高亮条纹。亮纹有两种颜色表象，一种单色光干涉形成的单色亮纹，另一种复色光干涉形成的彩色亮纹。亮纹是干涉场中的最大强度面与观察屏相交在观察屏上的交线，是两干涉光束相位差 $\Delta\varphi = 2m\pi(m = 0, 1, 2, \cdots)$ 的等相位面的考察点的轨迹。

4.3.25　暗纹 dark interference fringe

在干涉场区域中的观察平面上所呈现出的最暗的条纹或周期性相间的最暗条纹。暗纹只有一种颜色表象，是光强度为零或几乎为零的纹。暗纹是干涉场中的最小强度面与观察屏相交在观察屏上的交线，是两干涉光束相位差 $\Delta\varphi = (2m + 1)\pi(m = 0, 1, 2, \cdots)$ 的等相位面的考察点的轨迹。

4.3.26　条纹间距 fringe separation

干涉场区域中在观察平面上观察到的两条相邻亮条纹间的距离或两条相邻暗干涉条纹间的距离。两条相邻亮条纹间的距离与两条相邻暗条纹间的距离是相等的，因为它们的周期是一样的。条纹的间距大小取决于观察平面与干涉场等相面的相交角度，当观察平面与干涉场等相面间的角度是垂直关系时，观察到的条纹间距最小；随着观察面与干涉场等相面间角度的减小(角度绝对值，正、负角度均一样)，在观察平面上的干涉条纹间距就逐渐加大，等到观察平面与干涉场等相面间的角度为零时(两平面平行时)，就看不到干涉条纹了(即全部亮场或暗场或亮暗间的场)。

4.3.27　条纹频率 frequency of interference fringe

干涉场区域中，在观察平面上观察到的单位距离上所拥有的周期性的干涉条纹数目。条纹频率是条纹间距的倒数，属于条纹的空间频率。与干涉条纹间距一样，条纹频率的大小也取决于观察平面与干涉场等相面的相交角度，但数值的大小与条纹间距的相反,当观察平面与干涉场等相面间的角度为垂直时,条纹频率值最大,而平行时最小。

4.3.28 条纹对比度 contrast of interference fringe

干涉条纹中亮条纹与暗条纹间反差程度的度量,又称为条纹反衬度,也称为条纹可见度 (visibility of interference fringes) 或条纹能见度,用符号 V 表示,按公式 (4-73) 计算:

$$V = \frac{I_M - I_m}{I_M + I_m} \tag{4-73}$$

式中:I_M 为最亮条纹的光强度;I_m 为最暗条纹的光强度。

条纹对比度反映了干涉条纹亮暗间的差距程度。干涉条纹观察的清晰度不仅与条纹的强度大小有关,而且与干涉条纹的对比度有关,即使干涉条纹的亮条纹再亮,但对比度很小时也是很难以看清条纹的。条纹对比度 V 的值为 1 时为最佳对比度,即为看得最清楚的对比度,当条纹对比度 V 的值为零时或接近零时,为最差对比度,即看不到条纹。影响条纹对比度的原因主要有两个,一个原因就是两束相干光的光强差别太大,另一个原因是条纹观察面上有较强背景光或其他光对观察面的照射,使暗条纹变亮。

4.3.29 干涉布置 interference arrangement

为了应用干涉原理完成某些特定目的,对实施干涉的光源、光路行程和应用或分析对象所进行的全局性安排设计。一般情况下,只有来自同一个发光原子或同频率相位差恒定的两个或几个光波才可能干涉,因为不同原子发出的光的频率、偏振状态、初始相位都是随机的,不能满足相干条件,因此需要设计使干涉现象发生的要素布置。干涉布置主要包括三个方面:产生两个或多个相干光波;构建相干光波传播和叠加的光路;引入应用或分析对象。干涉布置实现干涉的模式装置有两类:分波面装置;分振幅装置。

4.3.30 分波面干涉 wavefront-division interference

为了使两束光波的叠加具有很好的相干性,在光波的同一波源的波面上分取两个子波源使它们进行干涉的干涉布置方式。应用分波面干涉原理进行干涉的装置称为分波面装置,典型的分波面干涉装置有杨氏实验装置,各种菲涅耳型分波面装置 (如双面镜、双棱镜、洛埃镜等),以及光栅。

4.3.31 杨氏干涉 Young's interference

由托马斯·杨 19 世纪初 (1801 年) 首先演示而得名的分波面类型的双光束干涉方式,见图 4-9 所示。杨氏干涉典型的类型为采用同一光源用双孔或双缝实现的干涉。在图 4-9 中，S_0 为位于平面 (ξ, ζ) 中心的点光源 (单色光源为理想情况)，在与光源平面相距 a 的 (x_0, z_0) 平面放置一个开有两个针孔 S_1 和 S_2 的挡光屏 Σ，S_1 和 S_2 之间的距离为 l，在与挡光屏 Σ 相距为 d 的平面 (x, z) 上放置一个观察屏 Π，由小孔 S_1 和 S_2 截取 S_0 发出的球面波波面上两个小面元，形成一对相干的球面子波波源，由 S_1 和 S_2 发出的球面子波在挡光屏 Σ 后面的接收屏 Π 上的 P 点叠加，产生分波面的双光束干涉。

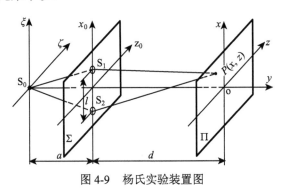

图 4-9　杨氏实验装置图

假设杨氏干涉光路满足菲涅耳近似，即 $d \gg l$ 和 Δx(Δx 为 Π 面上考察区域的线度)，Π 面上的干涉图形是一组强度按余弦函数分布、方向与 z 轴平行的平行等距直条纹，也称为杨氏条纹。这种条纹形状与两个平面波干涉图形基本相同。

假设 S_1 和 S_2 发出的光波强度相等，振动方向相同 (当考察区域很小时，这一条件可近似满足)，可得出杨氏条纹的反衬度 $c = 1$。只要观察距离 d 满足菲涅耳近似，在 d 等于不同值的平面上，杨氏条纹的分布相似 (d 的改变只影响条纹间距 e)，反衬度不会改变 ($c \equiv 1$)。这种反衬度 c 不随考察区域变化的干涉条纹称为非定域条纹。在使用单色光源的情况下，分波面双光束干涉条纹属于非定域条纹。

4.3.32　菲涅耳双面镜干涉 Fresnel's double mirror interference

用一个点光源对两个有一定夹角的平面反射镜进行近似等面积的照射，使两个反射镜反射的光在空间区域进行叠加而形成的分波面干涉，见图 4-10 所示。菲涅耳双面镜干涉也是一种典型的分波面干涉装置的干涉。在图 4-10 中，菲涅耳双面镜是由两块夹角很小的反射镜 M_1 和 M_2 构成，从点光源 S 发出的光波受不透明屏 Σ 的阻挡，不能直接照射到观察屏 Π 上，光波只能照射到双面镜 M_1 和 M_2 上，并被分割成两束相干光波，这两束光波可以看成是从 S 在双面镜中分别形成的两个虚像点 S_1 和 S_2 发出的 (因而 S_1 和 S_2 相当于一对相干光源)，它们发出的光波在双面镜的反射区有所重叠 (图中阴影部分，k_1 和 k_2 分别为 S_1 和 S_2 重叠区的边界)，两个同波源、分波面、等强度球面波的干涉在 Π 上就可形成干涉条纹。

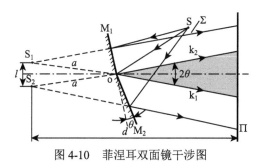

图 4-10 菲涅耳双面镜干涉图

虽然菲涅耳双面镜的分光原理与杨氏干涉实验不完全一样，但由图 4-10 可以看出，其原理仍然是分波面干涉，并且可以等效于由光源 S 的两个反射像 S_1 和 S_2 发出的两个同波源、分波面等强度球面波的干涉，Π 上干涉场强度分布仍然和杨氏干涉图形的分布一致。因此其干涉场强度公式仍然可以用杨氏干涉强度公式表示。由图 4-10 中的几何关系可以推导出近似表达子光源 S_1 和 S_2 的间距 l、子光源到两个反射镜分界点的距离 a 以及两个反射镜夹角 θ 相互间关系的近似计算公式 (4-74)：

$$l = 2a \sin \theta \tag{4-74}$$

4.3.33 洛埃镜干涉 Lloyd mirror interference

用一个点光源在其传播路径上放置一个平面反射镜，让平面反射镜将点光源的一部分光进行反射，使经反射镜反射的光与未经反射镜反射光在空间区域进行叠加而形成的分波面干涉，见图 4-11 所示。洛埃镜干涉也是一种典型的分波面干涉装置的干涉，由 Humphrey Lloyd 于 1834 年提出，其干涉条纹与杨氏条纹类似。在图 4-11 中，将点光源 S_1 直射出的光束与经反射镜 M 近似于掠入射的反射光束 S_2 相叠加形成干涉场，在观察屏 Π 上叠加区域的光都来自点光源 S_1 和它的镜像 S_2，因为同属一个波源的分波面，所以它们是相干的。图 4-11 中，P 为观察屏 Π 上的一个观察点，P_0 为反射镜 M 表面的延长线与观察屏 Π 的交点。与菲涅耳双面镜和双棱镜相比，洛埃镜的结构更为简单。

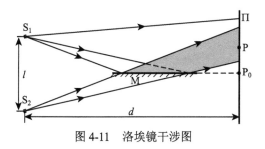

图 4-11 洛埃镜干涉图

由于入射角很大，为掠入射，反射光的传播方向很靠近反镜面。假定反射镜 M 简单地由空气–玻璃界面构成，反射光是从光疏介质到光密介质，在掠入射情况下产生的，相对于入射光而言，反射光有 π 相位变化，即反射引起了"半波损失"。计算观察屏 Π 上某点对应的两束相干光的光程差时，必须把半波损失引起的附加程差 λ/2 加进去，因此，零干涉条纹为暗条纹。这是洛埃镜干涉与杨氏干涉和菲涅耳双面镜干涉的主要不同点。

4.3.34 比累对切透镜干涉 Billet split lens interference

把一块凸透镜沿直径方向剖开成两半，在垂直于剖开方向拉开一定距离，留出的空当用挡光材料填充，将其放置在一个点光源传播路径前面，使两块半透镜分别对点光源成各自的实点光源像，由两点源像向前传播的光在空间区域进行叠加而形成的分波面干涉，见图 4-12 所示。比累对切透镜干涉也是一种典型的分波面干涉装置的干涉。在图 4-12 中，点光源 S 分别经两块对切的透镜成两个实像 S_1 和 S_2，因此 S_1 和 S_2 是一对相干光源，它们发出的球面光波在继续传播途径中叠加形成干涉场，在观察屏 Π 上可观察到干涉图形。比累对切透镜干涉符合杨氏干涉原理，Π 上干涉场强度分布仍然可以用杨氏干涉强度公式表示。两个相干点光源之间的距离 $l_{S_1\text{-}S_2}$ 可由几何关系按公式 (4-75) 计算：

$$l_{S_1\text{-}S_2} = \frac{a(l - l')}{l} \tag{4-75}$$

式中：a 为两个对切开的透镜所拉开的距离；l 为光源 S 到对切透镜的距离 (按几何光学的符号规则，l 的数值为负值)；l' 为对切透镜到两个实像点 S_1 和 S_2 的距离 (按几何光学的符号规则，l' 的数值为正值)。

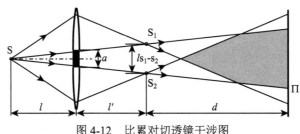

图 4-12   比累对切透镜干涉图

4.3.35 梅斯林对切透镜干涉 Meslin split lens interference

把一块凸透镜沿直径方向剖开成两半，将这两部分等大的半透镜沿光轴方向拉开一定距离，将它们放置在一个点光源传播路径前面，使两块半透镜分别对点光源成各自的实点光源像，由一个点源像向前传播的光和另一个点光源形成像前的光在空间区域进行叠加而形成的分波面干涉,见图 4-13 所示。在图 4-13 中 (图中所给尺寸只是具体例子之一),根据点光源 S 到上半透镜 L_1 和下半透镜 L_2 的距离,以及透镜的焦距 f(上半透镜和下半透镜的焦距是相等的),应用薄透镜成像原理,可以计算出半透镜 L_1 所成像为 S_1 和下半透镜 L_2 所成像为 S_2 在光轴上的位置与像点 S_1 和像点 S_2 间的距离 a。在物方像点 S_1 和 S_2 间的干涉场阴影区域 P 中放入观察屏可观察到来自上下两半透镜的球面波的双光束干涉形成的干涉条纹。

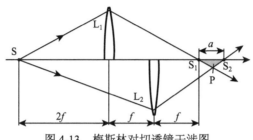

图 4-13 梅斯林对切透镜干涉图

4.3.36 瑞利干涉 Rayleigh interference

由光源、光源会聚透镜、具有两个小孔 (或狭缝) 的挡光屏板、两个气体容器 (放置在小孔/狭缝光束通道上)、两个光程补偿器 (放置在气体容器后)、成像透镜和观察屏幕组成的装置所实施的分波面干涉,见图 4-14 所示。在图 4-14 中,准直透镜 L_1 将点光源 S 的光投射到挡光屏板上的 S_1 和 S_2 小孔 (或狭缝) 上,从 S_1 和 S_2 出射的光分别穿过气体容器 A 和气体容器 B(长度为 d),分别经过光程补偿器 C_1 和 C_2,再由成像透镜 L_2 将两束光会聚进行干涉投影在观察屏 Π 上。瑞利干涉仪可用于测量气体的折射率,当被测气体的折射率与参考气体的不一致时,干涉条纹的零级最大将会偏离观察屏的中心位置 F,通过分别转动光程补偿器 C_1 和 C_2 后,将干涉条纹的零级最大调到中心时,由 C_1 和 C_2 的转动数值可计算出气体的折射率。瑞利干涉仪还可用于研究气体折射率随气压和温度的变化规律。

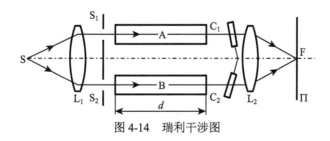

图 4-14 瑞利干涉图

4.3.37 分振幅干涉 amplitude-division interference

为了使两束光波的叠加具有很好相干性，使同一光波源的波束的入射光束与其反射的光束进行叠加、折射 (或透射) 光束与反射光束进行叠加、反射光束与反射光束进行叠加或折射光束与折射光束进行叠加，形成来自同一光波束的不同振幅的光束之间进行干涉的干涉布置方式。分振幅干涉主要有等倾干涉和等厚干涉类型。分振幅干涉用分振幅干涉装置产生，常用的分振幅干涉装置中的分振幅元件 (或分光元件) 有平行平板、楔形板、薄膜、棱镜等。无论采用何种分光元件，分振幅原理都可以借助图 4-15 所示的平板的折射和反射来说明。在图 4-15 中，一束振幅为 E_0 的单色光经透明平板的两个界面 A 和 B 的反射和折射，可以产生一系列反射光振幅 E_{r1}，E_{r2}，E_{r3}，$\cdots$ 和一系列透射光振幅 E_{t1}，E_{t2}，E_{t3}，$\cdots$，只要入射光波的相干光程足够长，这些光束就是相干光，各光束的振幅和强度可利用菲涅耳公式求出，而各光束的相位则可由光束传播中经历的光程以及在界面上的相位跃变来计算。

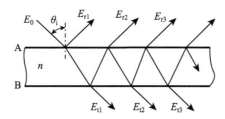

图 4-15   光学平板分振幅功能图

分振幅干涉属于定域干涉。对于分振幅干涉，当采用单色扩展光源时，条纹的反衬度将随考察点的位置而变化，这种反衬度与考察点位置有明显关系的干涉条纹称为定域条纹，具有最大反衬度的观察面称为定域面。

分振幅干涉允许使用准单色扩展光源。分振幅元件分光的两相干光束可以分开任意角度，便于引入被测物体，大多数的现代干涉仪器都采用分振幅原理。

4.3.38 定域干涉条纹 fringe of localization

反衬度与考察点位置有明显关系的干涉条纹。当采用单色扩展光源时，条纹的反衬度将会随考察点的位置变化而变化，这种干涉条纹称为定域条纹，观察面中具有最大反衬度的观察面称为定域面。定域面不一定是平面。反衬度基本上不会随观察面位置改变的干涉条纹称为非定域条纹。

对于平行平板分光产生的等倾干涉，经上下两表面反射的两条光线平行出射，在无限远处叠加，因此，平行平板的定域面就在无限远处，是理想定域面，可使用扩展光源。如果把观察屏设置在透镜的后焦面处，后焦面就是定域面。

楔形板是最简单的非平行板，是由两个反射平面夹角很小的楔形板构成的分振幅双光束干涉装置(属于定域干涉，其定域面比较复杂)。如果光源面积和楔形板的考察区域面积相对于光源距离很小时，射向楔形板的光线入射角范围很小，在这种情况下的定域面可用一个平面来近似，并且该平面与楔形板十分接近。由于楔形板分振幅干涉的定域面在有限距离，并且即使在定域面上，由扩展光源上不同面元产生的条纹互不重合，是非理想定域面，所以光源的空间扩展必然带来条纹反衬度的下降，因此要根据反衬度要求确定对光源扩展程度的限制。无论是平行平板或楔形板，它们的反射光束或折射光束的叠加是多光束的，但能实现有效干涉的只有两束光，第三束光将衰弱到基本不起作用的程度，即可以忽略。

4.3.39　等倾干涉 interference of equal inclination

定域面上的干涉条纹的光强度完全由反射光束的角度决定的干涉。等倾干涉是相同传播角度的平行光的干涉。等倾干涉的光源为扩展光源，其能增强条纹的强度，但光源的尺寸将影响干涉条纹的反衬度，当定域面积和反衬度确定后，需对光源的扩展程度作限定。在平行平板的分振幅干涉中，由平行平板两表面反射的反射光在无穷远叠加，其是定域面在无穷远的等倾干涉的典型情况。等倾干涉在现象上是参与干涉的反射光的角度决定了干涉条纹的光强度，但本质上还是由两束相干平行光束的相位差决定了干涉条纹的光强度，等角度的干涉条纹是两光束相位差相同的且同等级的。等倾干涉的定域面在无穷远，因此通常是通过透镜将无穷远的定域面捕获到透镜的后焦面上，以方便观察，见图 4-16 中的 (a) 和 (b) 所示。

观察这种干涉条纹，可以采用图 4-16 中的 (a) 和 (b) 所示的装置，从扩展光源 S 上发出光，经透明平行平板反射光，凡是从平板反射面反射进入透镜的光线与透镜光轴形成的入射角相同的全部光线在定域面上形成同一级干涉条纹，因而将这一类干涉条纹称为 "等倾条纹"(fringes of equal inclination)。能产生等倾条纹的干涉装置称为等倾干涉装置。

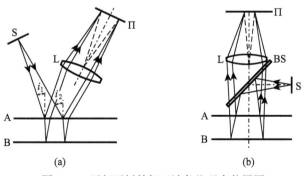

图 4-16　平行平板等倾干涉条纹观察装置图

在图 4-16(a) 的等倾干涉装置中，由于扩展光源 S 的法线与平行平板 AB 的法线不平行，而扩展光源 S 发出的对平板法线的入射角 i_1 相同的光线不能组成一个以平行平板法线为轴的完整光锥，观察透镜 L 的焦平面 Π 上的干涉条纹是一组弯曲条纹。而在图 4-16(b) 的等倾干涉装置中，扩展光源 S 的法线与平行平板 AB 的法线平行，经半透半反镜 BS 反射，射入平行平板 AB，与光源法线构成相同角度的入射光线形成多个完整光锥，经平行平板反射后进入观察透镜 L 的焦平面 Π 上干涉，形成一组同心圆环状条纹。

4.3.40 海定格干涉装置 Haidinger interference device

光源光线的入射方向与光学系统光轴垂直，主要由光源、析光镜、楔角标准平面平晶、被测件、成像透镜组成的等倾干涉装置，见图 4-17 所示。海定格干涉装置是最常用的等倾干涉装置，由楔角标准平面平晶和被测件的被测平面构成平行空气层来实现分振幅等倾干涉，主要功能是测量光学平晶的平面度误差。在图 4-17 中，B 是下表面面形误差优于 $\lambda/20$、有小楔角的标准平面平晶 (楔角的作用是将上表面的反射光反射到干涉仪视场外)，A 是待测面形误差的平晶或工件，分束镜 BS 和扩展光源 S(通常用单色光源) 提供了对称于仪器光轴 oF 入射角 i 不同的照明光束，由 B 的下表面和 A 的上表面 (待测面) 构成一个空气平行平板，在透镜 L 的后焦面 Π 上可观察到同心圆环状的等倾条纹。

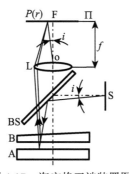

图 4-17 海定格干涉装置图

4.3.41 海定格条纹 Haidinger fringe

用海定格干涉装置对被测样品进行等倾干涉测试时所形成的等倾干涉条纹，见图 4-18 所示。海定格条纹是典型的分振幅等倾干涉条纹，具有以下特点：是一组同心圆环状干涉条纹，条纹呈现内疏粗条纹外密细条纹的分布；中心干涉级为 $m(0)$，它与平行空气层厚度 d 有关，当 d 连续变化时，$m(0)$ 连续变化，条纹系统中心点的强度也随之变化；如果 d 改变，条纹半径 r 也将随之变化，d 减小时，圆

条纹减少且变疏 (干涉级减小), d 加大时, 圆条纹增多且变密 (干涉级增加), 因此可观察到圆环条纹收缩或扩大的现象。利用海定格条纹, 可以检验被测平晶 A 的表面度误差, 当平晶某个区域的干涉圆环条纹产生变形时, 说明平晶在该区域存在表面误差。如果用眼睛替代图中的观察透镜 L 观察: 由于瞳孔尺寸的限制, 眼睛只能观察到平行平板中的一小部分等倾条纹; 如果被测试件为理想平面, 空气平板厚度 d 不变 (干涉平面平行), 眼睛左右移动, 圆环条纹半径也不会变; 如果发现条纹向内收缩, 表明沿移动方向厚度在减薄, 反之则表示平板厚度增大。

图 4-18　海定格等倾干涉条纹图

4.3.42　等厚干涉 interference of equal thickness

在楔形板的分振幅干涉中, 干涉条纹的强度完全由楔形板上下表面厚度决定的干涉。等厚干涉在现象上是楔形板的厚度决定了干涉条纹的光强度, 但本质上还是由两束相干平行光束的相位差决定了干涉条纹的光强度, 等厚度的干涉条纹是两光束相位差相同的且同等级的, 等强度线即是等厚度构成的等相位差线。对楔形板若采用平行光照明, 或者在观察装置中严格控制入射角 i_1 的变化范围, 使 i_1 近似为常数, 这就保证了楔形板上厚度 d 相同的点具有相同的相位差, 即具有相同的干涉强度, 对应于同一级干涉条纹。满足上述条件的一类干涉条纹被称为"等厚条纹"(fringes of equal thickness)。能产生等厚条纹的干涉装置称为等厚干涉装置。

4.3.43　牛顿干涉装置 Newton's interference device

光源光线的入射方向与光学系统光轴平行, 主要由光源、析光镜、标准平面和被测件平晶组成的等厚干涉装置, 见图 4-19 所示。牛顿干涉装置是最常用的等厚干涉装置, 由标准平面平晶的工作面和被测件的被测面构成空气层来实现分振幅等厚干涉, 主要功能是测量光学零件的面形误差。在图 4-19 中, S 为准单色或非单色扩展光源, BS 为分束器 (作用是实现人眼以平视方向对干涉图案的观察), L 为被测透镜, B 是标准平面平晶, B 的口径为 $2r$, L 和 B 在 P_0 点相切, 在半径为 R 的被测球面和标准平面平晶之间形成厚度随透镜半径大小变化的空气楔，L 和 B 之间的最大间隔为 *h*，由该空气楔可产生同心圆环状等厚条纹。

图 4-19 中的眼睛 E 也可以更换为成像透镜使干涉条纹成像在透镜焦平面上来观察。对照明光束入射角范围 Δi_1 的限制是能进入观察系统的口径，例如进入眼瞳孔 E 来实现的。牛顿干涉装置既可以检验光学零件的平面误差，也可以检验大曲率半径的球面误差。

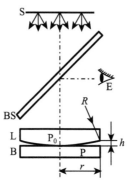

图 4-19　牛顿等厚干涉装置图

4.3.44　牛顿环 Newton's ring

　　用牛顿干涉装置对被测样品进行等厚干涉测试时所形成的等厚干涉圆环条纹，见图 4-20 所示 (彩色图附书后)。牛顿环是典型的分振幅等厚干涉条纹，通常用一个曲率半径很大的凸透镜的凸面和一平面玻璃板接触，构成圆环空气楔，由上下表面两束反射光波干涉形成牛顿环。在日光下或用白光照射时，等厚干涉的牛顿圆环为相间的同心彩色圆环，见图 4-20(a) 所示；当用单色光观察时，等厚干涉的牛顿圆环为一系列明暗相间的同心单色圆环，见图 4-20(b) 所示。牛顿环是光学车间用来检验光学对板、样板和零件表面误差常用的评价方式。

(a) 彩色牛顿环　　　　　　　　　　　　　　(b) 单色牛顿环

图 4-20　牛顿环图

4.3.45　分振幅干涉仪 amplitude-division interferometer

应用同一光束经反射、折射后分成两个能量或振幅的光束之间进行干涉的干涉仪器。分振幅干涉仪主要有等倾类型的干涉仪和等厚类型的干涉仪。分振幅干涉仪大部分使用单色的扩展光源，也有使用白色光源的 (如牛顿干涉仪)。由于分振幅元件产生的两束相干光束之间可以分开任意角度，便于在任何一支光路中引入被测件，因此，大多数现代干涉仪器都采用分振幅干涉的原理。

4.3.46　双臂式分振幅干涉仪 two arm amplitude-division interferometer

利用半透半反分束器和一系列反射镜，使一束光波分成两支不同路径光路的光，然后再合成光束进行重叠干涉的分振幅干涉仪。双臂式分振幅干涉仪可以在任何一束光中方便地引入被测元件。另一个特点是，可以通过调整反射镜的位置和方向，控制定域面的位置，实现等倾或等厚干涉。迈克尔逊干涉仪、泰曼-格林干涉仪、马赫-曾德尔干涉仪等都属于双臂式分振幅干涉仪。现代干涉测量仪器中，有相当一部分为双臂式分振幅干涉仪。

4.3.47　薄膜干涉 interference of thin films

由厚度为微米数量级的透明介质薄膜所形成的等厚干涉条纹的现象。自然界的透明介质薄膜，虽然其厚度不均匀、表面不很平，当光源足够远时 (即平行光源)，可以在薄膜上产生等厚彩色干涉条纹。这些条纹通常不是规矩的直条纹或圆条纹，而是薄膜厚度不均匀所决定的相应形状的条纹。薄膜干涉包括人工镀膜的干涉和自然界中的肥皂泡、油膜等的干涉，人工镀膜的干涉条纹通常是规矩条纹形状。

由于薄膜的厚度 d 及厚度的变化 δd 均很小，对应的光程差 Δ 很小，因此，当用单色光照射时，在整个观察范围内只有很少干涉级，特别是当干涉级 m 小于 1 时，看不到亮暗相间的条纹，只有干涉强度的变化，在这种情况下，无法通过计数干涉条纹来测量薄膜的光学厚度 ($n_2 d$)，但是可以利用白光干涉的彩色条纹进行测量。

4.3.48　白光干涉彩色条纹 color interference fringe of white light

由复合各种单色可见光作为光源，在符合干涉条件下所产生的彩色干涉条纹。使用白光光源时，在某一观察点 P，由于光源中不同波长成分的条纹间距 $e(\lambda)$ 不同，各波长条纹所合并的条纹反衬度将会降低。在光程差 Δ 较大的区域，由于有众多的波长同时满足干涉极值条件，合并条纹将成为白色，反衬度为零。但在 Δ 较小的区域，每个 Δ 值只有个别波长能满足干涉极值条件，并且在 Δ 值不同的点满足干涉极值条件的波长成分也各不相同，加之光源中不同波长的辐射功率密度 $S'(\lambda)$ 也不同，因此，强度叠加的结果，不同光程差 Δ 处将呈现不同的干涉条纹色。

迈克尔逊干涉仪、牛顿干涉仪和薄膜干涉都可以观察到白光彩色条纹，但由于白光相干光程很短，只有在零级条纹附近才能看到。

4.3.49   相衬干涉 phase contrast interference

将光束分成两束，一束经过微小透明物体，一束作为参考光，然后将两束光相遇形成干涉，透过微小透明物体光相位的增加，使其与背景光的相位不同，形成了与背景光的衬度，以清楚观察到微小透明物体形状的干涉技术，也称为干涉相衬。相衬干涉主要包括衬度调制、相位调制和干涉三个步骤。相衬干涉常用于相衬显微技术。相衬显微技术是一种光学显微技术，原理是利用光波在通过透明的样品时产生的微小相位差，向参考光中引入相移，获得高反衬度干涉图像。方法是在玻璃上精确蚀刻相位及振幅圆环，当将玻璃插入显微镜的光路中的时候，就会产生所需要的相移。这个技术称为相衬技术。

光学显微镜观察的许多对象如生物组织、细菌、精子的尾巴以及细胞结构在染色以前都是透明的。染色是一个非常困难和耗时的过程，而且有时还会对标本产生伤害。然而，观察对象的密度和成分不同经常会使光线在穿过它们的时候产生不同的相移，因此它们有时候也被称为相位物体。使用相衬技术可以使这些结构显示出来，同时允许对活体标本进行研究。目前，在大多数高级光学显微镜中都使用了相衬技术或提供可选的相衬套件，而它也被广泛应用于为透明标本如活体细胞和小的器官组织提供对比度图像。

4.3.50   相移干涉术 phase shifting interferometry

在参考波前与待测波前形成的干涉场中，通过有规律改变参考相位的过程中，记录一系列以强度变化模式编码反映的待测波前相位的干涉图像，通过点对点解码算法，恢复出待测波前各点相位的干涉技术。或者说，在参考波前与待测波前之间引入时变相移，对干涉图中的每个点记录时变信号，通过对这些点合适的解码计算恢复出待测波前相位的技术。相移干涉术可以通过数学模型公式 (4-76) 和公式 (4-77) 反映出来。稳定干涉图形的干涉场强度为公式 (4-76)：

$$I(x, y) = I'(x, y) + I''(x, y) \cos[\varphi(x, y)] \tag{4-76}$$

式中：$I'(x, y)$ 为待测光波和参考光波的光强之和；$I''(x, y)$ 为待测光波和参考光波光强之积的平方根的二倍；$\varphi(x, y)$ 为考察干涉图空间点的干涉场相位。$I''(x, y) \cos[\varphi(x, y)]$ 反映的是干涉项。

相移的干涉图形的干涉场强度为公式 (4-77)：

$$I(x, y) = I'(x, y) + I''(x, y) \cos[\varphi(x, y) + \delta(t)] \tag{4-77}$$

式中：$\delta(t)$ 为时变相移的相位。通过一系列引入已知时变相移获得的干涉图，获得被测波前的相位分布。

在干涉仪中，引入时变相移的方式常用的有压电陶瓷相移和旋转偏振器相移。泰曼-格林干涉仪、马赫-曾德尔干涉仪和菲佐干涉仪都是采用压电陶瓷相移的，它们的压电陶瓷相移的原理图分别见图 4-21 中的 (a)、(b) 和 (c) 所示。旋转偏振器相移的原理见图 4-22 中的 (a)、(b) 和 (c) 所示。

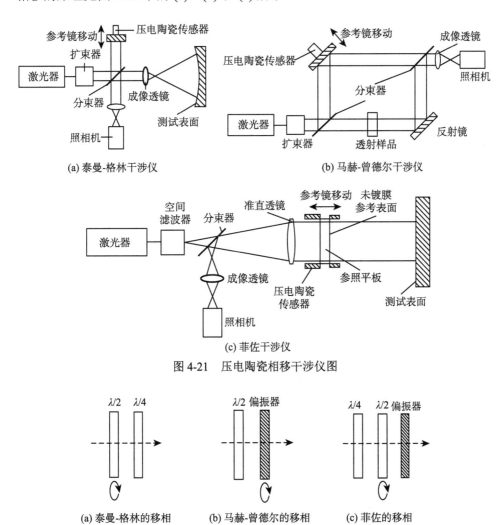

(a) 泰曼-格林干涉仪　　　　　　　　(b) 马赫-曾德尔干涉仪

(c) 菲佐干涉仪

图 4-21　压电陶瓷相移干涉仪图

(a) 泰曼-格林的移相　　(b) 马赫-曾德尔的移相　　(c) 菲佐的移相

图 4-22　旋转偏振器相移法图

时变相移是对干涉条纹强度引入时间相位调制，通过光电探测、数据采集和计算机信号处理，实现了波面相位的实时监测和显示。除了引入时变相移的方法之外，也可以通过空间位移或通过干涉仪的孔径上的光程长度的变化瞬间产生相移，从而在空间上同时产生相移，同时得到已知规则变化相移量的多幅干涉图。这种技术是一种动态相位测量技术，具有相当高的相位分辨率和空间分辨率，并可通过实时数字信号处理，自动消除干涉系统误差和环境影响，实现优于 $\lambda/100$ 的测量精度。

4.3.51 多光束干涉 multiple beam interference

两束以上的光波在空间某区域相遇，发生合成强度不等于各个分量强度之和的非线性叠加的光场分布现象。产生多光束干涉的物理基础与双光束干涉相同，即都是基于光波的叠加原理和强度与振幅之间的非线性关系。多光束干涉的特点是亮纹宽度窄而其中心亮度高，在干涉图的暗背景上有一组又细又亮的条纹。

多光束干涉也可以分为分振幅干涉和分波面干涉两种类型，分振幅多光束干涉可利用镀高反射膜的两个平行平面反射镜或平行平板实现，典型的干涉装置有陆末-盖尔克干涉仪 (Lummer-Gehrcke interferometer) 和法布里-珀罗干涉仪 (Fabry-Pérot interferometer)，典型应用包括光源波长测量、光谱分析、干涉滤光片和激光谐振腔等。分波面多光束干涉的典型装置是衍射光栅 (diffraction grating)。多光束干涉在干涉测量、激光谐振腔技术、薄膜光学和导波光学中得到了广泛的应用。

4.3.52 全息干涉法 holographic interferometry

用参考光波与目标光波进行干涉，形成记录目标光波或目标景物信息的干涉实物图，当以与记录时相同条件的参考波再照射干涉图时，可再现目标光波或目标景物的干涉技术。全息干涉主要有两种记录方法：利用再现波面与实际波面干涉的实时法；使两个波面重叠记录在同一张全息图上，然后使两个光波的夹角改变或改变曝光底板的干涉条纹方向，再进行干涉记录的双重或多重曝光法。

4.3.53 莫尔条纹 Moiré fringe；Moire fringe

两个周期性结构图案重叠时所产生的差频或拍频条纹图案。当两个周期相同的直线光栅以一个小角度相互倾斜重叠后就会出现条纹间距比光栅间距大得多、方向与直线光栅接近垂直的莫尔条纹。莫尔条纹的间距为直线光栅间距除以两直线光栅的夹角，因此，莫尔条纹具有长度量放大作用，是光栅位移精密测量的基础。莫尔条纹可以实现直线位移和角位移精密的静态、动态测量，广泛应用在精密测量与定位、超精密加工、微电子 IC 制造、地震预测、质量检测、纳米材料、机器人、MEMS、振动检测等领域。

4.3.54 干涉分光法 interference spectroscopy

利用干涉来获得高分辨本领或高灵敏度光谱的分光方法。干涉分光法主要应用于干涉光谱仪或干涉分光计等中。法布里-珀罗干涉仪、迈克尔逊干涉仪是干涉分光法的典型应用。法布里-珀罗干涉仪属于多光束干涉模式，能产生十分细锐的干涉亮条纹，具有极高的光谱分辨本领，是研究光谱超细结构的有效手段。

4.4 衍 射

4.4.1 衍射 diffraction

光波在传播过程中，由于受到调制 (即空间限制) 所发生的偏离直线传播规律的现象，也称为绕射。衍射是光传播中光场受到限制而偏离原来传播方向的绕射现象。衍射通常有微通 (狭缝、小孔等) 衍射和微挡 (微粒、刀口等) 衍射等。圆孔衍射的图案为亮圆环套亮中心圆斑（即艾里斑），单缝衍射的图案为垂直于单缝方向的间断性亮点线，方孔衍射的图案为间断性十字亮点线，直边衍射的图案为平行排列的亮条纹。光的衍射是光的波动性的主要现象之一。观察衍射现象主要有三个要素：光源发出光波；衍射物对光波传播进行限制；观察屏上可截获衍射图案。衍射的应用一般可归纳为由两个要素求取第三个要素，例如透镜的星点像质检验就是由星孔光源和星点的衍射图案来判断衍射物——透镜的质量，星点形状不规则时说明衍射物存在的成像质量问题。衍射现象是否发生与光源的性质 (如波长、振幅、偏振态、波面形状等) 无关，也与障碍物介质类型无关。

4.4.2 惠更斯-菲涅耳原理 Huygens-Fresnel principle

波前上任何一个未受阻挡的面元可以看作一个频率 (或波长) 与入射波相同的子波源，在其后任一地点的光振动就是所有子波叠加的结果的衍射原理。惠更斯-菲涅耳原理实际是惠更斯的子波假设和叠加原理结合的产物，是菲涅耳在惠更斯假说的基础上做的完善性补充。惠更斯的子波假设为："波前上的每一个面元都可以看作一个次级扰动中心，它们能产生球面子波"；"后一时刻的波前位置是所有这些子波波前的包络面"(在其《论光》著作中)。

根据惠更斯-菲涅耳原理的衍射关系可用图 4-23 来描述。在图 4-23 中，描述的是一单色球面波入射的情形，S 为单色点光源，Ω 为 S 发出球面波的一个波面，O 为球面波 Ω 与光阑面 Σ 的交点，$SO = r_0$，Ω' 为光阑开口允许通过的球面波部分，子波波源 M' 为 Ω' 上的一个子波波源，$\mathrm{d}\sigma$ 为 Ω' 上的面元，r' 为 Ω' 上一点到 P 的距离，P 为观察面 Π 上的一个观察点。

针对图 4-23 的坐标系统，根据惠更斯-菲涅耳原理，可以建立一个定量计算衍射问题的公式 (4-78)：

$$E(P) = K \iint_{\Omega'} \frac{D(\chi)A'\exp(\mathrm{i}kr_0)}{r_0} \cdot \frac{\exp(\mathrm{i}kr')}{r'}\mathrm{d}\sigma \tag{4-78}$$

式中：$E(P)$ 为 P 点处的复振幅；K 为复比例系数，表征入射波振幅与波源强度之间的关系；A' 为光源强度；χ 为图 4-23 所示角度，为常量；$D(\chi)$ 为方向因子；$\dfrac{A'\exp(ikr_0)}{r_0}$ 为 Ω 上的入射波振幅。

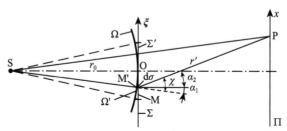

图 4-23　惠更斯-菲涅耳原理的衍射关系图

公式 (4-78) 用来描述单色光波在传播途径中任意两个面 (如衍射孔径面 Σ 和观察面 Π) 上光振动分布之间的关系，惠更斯-菲涅耳衍射公式是建立在假设基础上的，公式中的复比例系数 K 和方向因子都不确定。

4.4.3　基尔霍夫衍射公式 Kirchhoff's diffraction formula

基尔霍夫应用波动微分方程和数学上的格林定理于 1882 年推导出的一个求解衍射问题表达严格的积分公式，见公式 (4-79)：

$$E(P) = \frac{1}{4\pi} \iint_{S} \left[\frac{\partial E}{\partial n} \cdot \frac{\exp(ikr')}{r'} - E \frac{\partial}{\partial n} \left(\frac{\exp(ikr')}{r'} \right) \right] \mathrm{d}\sigma \qquad (4\text{-}79)$$

式中：$E(P)$ 为 P 点的电场；S 为包围 P 点的封闭曲面；$\mathrm{d}\sigma$ 为 S 上的面元 (取外法向为正)；$\dfrac{\partial E}{\partial n}$ 为 $\mathrm{d}\sigma$ 处电场沿曲面法线方向 $\boldsymbol{n}$ 的变化率；r' 为 M$'$ 到 P 的距离；$\dfrac{\exp(ikr')}{r'}$ 为格林函数。

假设：在 Σ 面上的开口处，E 和 $\partial E/\partial n$ 都完全取决于入射波性质，不受光阑的影响；在 Σ 面上的挡光部分，E 和 $\partial E/\partial n$ 均等于零。将这些假设用于图 4-23 所示的球面波入射情形，可将公式 (4-79) 简化为公式 (4-80)。

$$E(P) = \frac{1}{2i\lambda} \iint_{\Omega'} \frac{A'\exp(ikr_0)}{r_0} \cdot \frac{\exp(ikr')}{r'} (1+\cos\chi)\,\mathrm{d}\sigma \qquad (4\text{-}80)$$

基尔霍夫在公式 (4-80) 中还给出了惠更斯-菲涅耳衍射公式中没有确定的复比例系数 K 和方向因子 $D(\chi)$ 的具体形式，只要令 $D(\chi) = (1+\cos\chi)/2$，$K = 1/(i\lambda)$，

公式 (4-78) 和公式 (4-80) 就完全相同。基尔霍夫衍射积分公式的基础是亥姆霍兹-基尔霍夫定理，即空间上任一点 P 处的电磁场 $E(P)$ 可以用包围这一点的任意封闭面 S 上的电磁场 E 及其一阶法向偏导数来表示。基尔霍夫衍射积分公式的物理含义为：曲面 S 内任意考察点 P 处电场 $E(P)$，由 S 上所有面元发出的子波干涉叠加来确定。

结合衍射模型，应用基尔霍夫边界条件和索末菲辐射条件，子波源 M 不是取自入射波的某个波面 Ω'，而是取自衍射光阑平面的开口处，其至光源 S 的距离为 $\overline{SM}$，Σ' 积分域总是在 Σ 平面上，不再与入射波的情况相关，入射波基尔霍夫衍射积分公式可化简为公式 (4-81)：

$$E(P) = \frac{1}{2i\lambda} \iint\limits_{\Sigma'} \frac{A' \exp\left(ik\overline{SM}\right)}{\overline{SM}} \cdot \frac{\exp(ikr')}{r'} (\cos\alpha_1 + \cos\alpha_2)\mathrm{d}\sigma \tag{4-81}$$

式中：α_1 和 α_2 为图 4-23 中所标注的角度。

满足傍轴近似条件下，$D(\chi) = 1$，并定义衍射物体振幅透射系数为 $T(\xi, \eta)$，$B(\xi, \eta)$ 为衍射孔径平面光波的复振幅分布，衍射孔径平面出射光波复振幅分布为 $A(\xi, \eta) = B(\xi, \eta)T(\xi, \eta)$，由此可以得到基尔霍夫衍射积分公式的一般形式的公式 (4-82)：

$$E(P) = \frac{1}{i\lambda} \iint\limits_{\Sigma'} A(\xi, \eta) \frac{\exp(ikr')}{r'}\mathrm{d}\sigma \tag{4-82}$$

公式 (4-82) 可以用于计算更为普遍的衍射问题。

4.4.4　菲涅耳衍射 Fresnel diffraction

符合菲涅耳衍射近似条件时的衍射现象和定量表达关系，也称为菲涅耳近似 (Fresnel approximation)。由于基尔霍夫衍射积分公式中距离 r' 的积分较为复杂，即使对简单的衍射物体也很难得出解析的结果，须结合实际对衍射结果的计算进行简化。简化的条件结合对图 4-24 的衍射模型坐标的分析给出。

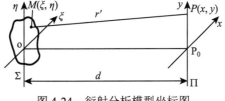

图 4-24　衍射分析模型坐标图

在图 4-24 中, 取衍射孔径中心点 o 为坐标原点, $M(\xi, \eta)$ 是衍射孔径平面 Σ 上的任一点, $P(x, y)$ 是考察面 Π 上的任一点, P_0 是考察面 Π 的中心点, Σ 平面和 Π 平面平行, 相距为 d。由 $M(\xi, \eta)$ 发出的球面子波传播到点 $P(x, y)$ 的距离为 r' 可表示为 $r' = [(x - \xi)^2 + (y - \eta)^2 + d^2]^{1/2}$, $d \gg \xi, \eta$, 或 x, y 取值时, 可用泰勒级数将 r' 的距离表达展开为公式 (4-83):

$$r' = d + \frac{(x - \xi)^2 + (y - \eta)^2}{2d} - \frac{\left[(x - \xi)^2 + (y - \eta)^2\right]^2}{8d^3} + \cdots \tag{4-83}$$

当衍射装置满足菲涅耳近似, 展开式的第三项引入的 (带来的) 相位误差 $\frac{2\pi}{\lambda} \frac{\left[(x - \xi)^2 + (y - \eta)^2\right]^2}{8d^3} \leqslant \frac{\pi}{2}$ 时, 或者是 $d^3 \geqslant \frac{1}{2\lambda} \left[(x - \xi)^2 + (y - \eta)^2\right]^2$ 时, 可对公式 (4-82) 的基尔霍夫衍射积分公式进行以下简化, 这个简化是基于四分之一波长的相位误差 (即 $\pi/2$ 的误差), 是可接受的误差, 由此建立的公式为公式 (4-84) 菲涅耳衍射积分公式:

$$E(x, y) = \frac{K}{d} \iint_{-\infty}^{\infty} A'(\xi, \eta) \exp(ikd) \exp\left\{i\frac{k}{2d}[(x - \xi)^2 + (y - \eta)^2]\right\} d\xi d\eta$$

$$= \frac{K}{d} \exp\left[ik\left(d + \frac{x^2 + y^2}{2d}\right)\right] \iint_{-\infty}^{\infty} A'(\xi, \eta) \exp\left[\frac{ik}{2d}\left(\xi^2 + \eta^2\right)\right]$$

$$\cdot \exp\left[\frac{-ik}{d}(x\xi + y\eta)\right] d\xi d\eta \tag{4-84}$$

式中: $K = 1/i\lambda$。满足菲涅耳近似条件的衍射称为菲涅耳衍射, 满足近似条件的观察区域称为菲涅耳衍射区。

4.4.5 夫琅禾费衍射 Fraunhofer diffraction

在衍射孔开口范围内, 用衍射平面波代替衍射球面波的误差不超过四分之一波长时的衍射现象和定量表达关系, 也称为夫琅禾费近似 (Fraunhofer approximation)。如果衍射孔径的尺寸不变, 而进一步增大观察平面 Π 到衍射孔平面 Σ 的距离, 则衍射图形将随之放大。这时, 观察面上衍射图形的最大坐标值 (x, y) 虽然仍然符合 $d \gg \xi, \eta$, 或 x, y, 即远小于距离 d, 但却远大于衍射物体孔径的最大坐标值 (ξ, η)。当观察面的距离 d 超过某一值时, 由衍射孔径坐标 (ξ, η) 的平方项引入的相位误差将小于 $\pi/2$, 即满足夫琅禾费近似条件 $\pi(\xi^2 + \eta^2)/(\lambda d) \leqslant \pi/2$ 时, 基尔霍夫衍射积分公式可以进一步化解为公式 (4-85)：

$$E(x,y) = \frac{K}{d} \exp\left[ik\left(d + \frac{x^2+y^2}{2d}\right)\right] \iint\limits_{-\infty}^{\infty} A'(\xi,\eta) \exp\left[-i\frac{k}{d}(x\xi+y\eta)\right]d\xi d\eta$$

$$= \frac{1}{i\lambda d} \exp\left[ik\left(d + \frac{x^2+y^2}{2d}\right)\right] \iint\limits_{-\infty}^{\infty} A'(\xi,\eta)$$

$$\cdot \exp\left[-i\frac{k}{d}(x\xi+y\eta)\right]d\xi d\eta \tag{4-85}$$

满足夫琅禾费近似条件的衍射称为菲涅耳衍射，满足近似条件的观察区域称为夫琅禾费衍射区。

4.4.6 傅里叶变换 Fourier transform

在波动光学中，应用傅里叶变换的数学表达关系，将光波空间域的振幅分布转换为频率域的振幅分布，或将频率域的振幅分布转换为空间域的振幅分布的数学计算和表达方法。傅里叶变换是一种线性积分变换，用于信号在时域 (或空域) 和频域之间的变换。表达衍射图案的傅里叶变换基本是采用空域的，空域的傅里叶变换关系见以下公式。

频域振幅一维分布为空域振幅一维分布的一维傅里叶变换，用公式 (4-86) 表达：

$$F(f_x) = \int_{-\infty}^{\infty} f(x)\exp(-i2\pi f_x x)\,dx \tag{4-86}$$

空域振幅一维分布为频域振幅一维分布的一维傅里叶逆变换，用公式 (4-87) 表达：

$$f(x) = \int_{-\infty}^{\infty} F(f_x)\exp(i2\pi f_x x)\,df_x \tag{4-87}$$

频域振幅二维分布为空域振幅二维分布的二维傅里叶变换，用公式 (4-88) 表达：

$$F(f_x, f_y) = \iint\limits_{-\infty}^{\infty} f(x,y)\exp\left[-i2\pi\left(f_x x + f_y y\right)\right]dxdy \tag{4-88}$$

空域振幅二维分布为频域振幅二维分布的二维傅里叶逆变换，用公式 (4-89) 表达：

$$f(x,y) = \iint\limits_{-\infty}^{\infty} F(f_x, f_y)\exp[i2\pi(f_x x + f_y y)]df_x df_y \tag{4-89}$$

在波动光学的处理中，一个任意复杂光波，时间空间参量上包含各种时间频率、空间频率，空间分布上的振幅分布可以很复杂。由于简谐平面波波函数的集合构成了数学上的完备正交系，凡是符合傅里叶变换存在条件的一切复杂波，都可以应用傅里叶变换的方法作为分解的手段，分别对其进行时间域和空间域的分解。对复杂波分解，可将空间各考察点处的振动用傅里叶变换数学关系分解为各种空间频率的简谐振动的线性组合。

可以通过对光阑复透射分布面进行傅里叶变换，获得相当于在光阑复透射分布面后面设置一个透镜，在透镜焦平面观察屏上的衍射分布，这相当于将衍射观察屏置于无穷远的效果。透镜前后焦面上光波的复振幅分布互为傅里叶变换关系。

4.4.7 平面波基元函数分析方法 analysis method of plane wave primitive function

以简谐平面波为基元对复杂波进行分解，分解为由各种频率的简谐平面波叠加表达的数学分析方法。平面波基元函数分析方法，本质上就是对复杂波的分布应用傅里叶变换中的频率分布来进行表达。一个复杂波的振幅分布为 $A'(x, y, z, \nu)$，对 $A'(x, y, z, \nu)$ 的空域傅里叶变换，分解成一系列不同空间频率的简谐平面波的线性叠加，即获得频域的振幅分布，其变换表达为公式 (4-90)：

$$A''\left(f_x, f_y, f_z, \nu\right) = \iiint\limits_{-\infty}^{\infty} A'(x,y,z,\nu)\exp\left[-\mathrm{i}2\pi\left(f_x x + f_y y + f_z z\right)\right]\mathrm{d}x\mathrm{d}y\mathrm{d}z \qquad (4\text{-}90)$$

反过来对频域傅里叶逆变换，获得空域的振幅分布，其变换表达为公式 (4-91)：

$$A'(x,y,z,\nu) = \iiint\limits_{-\infty}^{\infty} A''\left(f_x, f_y, f_z, \nu\right)\exp\left[\mathrm{i}2\pi\left(f_x x + f_y y + f_z z\right)\right]\mathrm{d}f_x\mathrm{d}f_y\mathrm{d}f_z \qquad (4\text{-}91)$$

公式 (4-91) 中的复杂波 $A'(x, y, z, \nu)$ 可以分解为一系列空间频率为 $\left(f_x, f_y, f_z\right)$，振幅密度为 $A''\left(f_x, f_y, f_z, \nu\right)$ 的简谐平面波叠加。

4.4.8 衍射角谱方法 method of diffraction angle spectrum

在一个与基尔霍夫标量衍射理论稍微不同的理论框架内，利用对复杂波傅里叶分解的方法，来进行衍射问题分析的理论和方法。衍射角谱分析方法可以用图 4-25 来分析，图中衍射孔径平面 Σ 在 $z = 0$ 平面上的坐标为 $(\xi, \eta, 0)$，由其出射的复振幅分布为 $A(\xi, \eta)$。观察平面 Π 与 Σ 平行，相距 z，取 Π 平面坐标 (x, y, z)，该平面上衍射场的复振幅分布 $E(x, y)$ 即为衍射复振幅分布。

平面波角谱理论思想为：对复振幅 $A(\xi,\eta)$ 做傅里叶变换，将其分解为一系列沿不同方向传播的三维简谐平面波，在平面上可将其表达为二维关系，$A(\xi,\eta)$ 的空间频谱 $a(f_\xi,f_\eta)$ 正是空间频率为 (f_ξ,f_η) 的平面波成分的复振幅；由于平面波在自由空间传播过程中不改变其波面形状，唯一的变化是产生一个与传播距离有关的相位移，所以根据 $z=0$ 平面的频谱 $a(f_\xi,f_\eta)$ 就可以求出距离 $z=z_1$ 的 (x,y,z) 平面上的频谱分布 $e(f_\xi,f_\eta)$；通过对 $e(f_\xi,f_\eta)$ 的傅里叶逆变换，将传播到平面 Π 上经历了不同相位延迟的所有平面波相加，可以合成出 Π 平面上衍射图形的复振幅分布 $E(x,y)$。

总体上的物理和数学关系可看成：将衍射孔径平面 Σ 的 $A(\xi,\eta)$ 变换为由空间频谱 $a(f_\xi,f_\eta)$ 的表达关系；求出空间频谱 $a(f_\xi,f_\eta)$ 传播到观察平面 Π 的频谱分布 $e(f_\xi,f_\eta)$；由频谱 $e(f_\xi,f_\eta)$ 逆傅里叶变换获得在观察平面 Π 上的衍射图形的复振幅分布 $E(x,y)$。

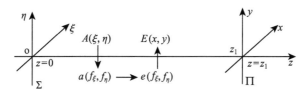

图 4-25 衍射角谱分析图

4.4.9 单缝衍射分布 single slit diffraction distribution

对含有一条长狭缝的挡光屏的狭缝投射光波，光波经狭缝衍射后在观察屏上所形成的光强二维分布，也称为单缝夫琅禾费衍射分布。单缝衍射装置见图 4-26 所示，图中，衍射物体为挡光屏 Σ 上一条方向平行于 η 轴、宽度为 a_0 的狭缝 (长度方向 η 不限)，用轴上单色点光源 S 和准直透镜 C 产生的平行光正入射照明狭缝，在焦距为 f 的透镜 L 后焦面 Π 上观察 (在不考虑透镜 L 孔径大小的情况下，可认为光波在 η 方向不受限制)，观察屏 Π 上衍射图形的复振幅分布符合公式 (4-92) 的表达关系，而辐照度分布符合公式 (4-93) 的表达关系：

$$E(x,y) = \frac{1}{i\lambda f} \exp\left[ik\left(f + \frac{x^2+y^2}{2f}\right)\right] \cdot a_0 \operatorname{sinc}\left(\frac{a_0 x}{\lambda f}\right)\delta\frac{y}{\lambda f} \tag{4-92}$$

$$L(x,y) = |E(x,y)|^2 = \frac{a_0^2}{\lambda^2 f^2} \cdot \operatorname{sinc}^2\left(\frac{a_0 x}{\lambda f}\right)\delta\frac{y}{\lambda f} \tag{4-93}$$

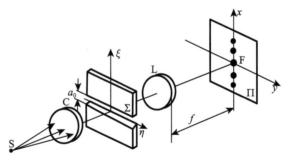

图 4-26　单缝夫琅禾费衍射装置图

计算和实验结果均表明，单缝的夫琅禾费衍射辐照度图形沿着与单缝垂直的方向扩展，并以光源 S 在观察屏 Π 坐标系 (x, y) 上的几何像点 F 为对称中心，在中心点 F 处有一个强度极大的中央亮斑，沿 x 方向的两侧对称分布一系列强度逐渐减弱的次级亮斑，两相邻亮斑之间的光强度为零或为暗区，见图 4-27 中的 (a) 和 (b) 所示。

正入射条件下的中央亮斑宽度 w 按公式 (4-94) 计算：

$$w = \frac{2\lambda f}{a_0} \tag{4-94}$$

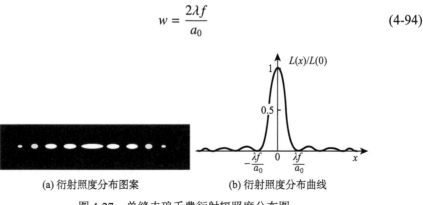

(a) 衍射照度分布图案　　　　　　(b) 衍射照度分布曲线

图 4-27　单缝夫琅禾费衍射辐照度分布图

4.4.10　矩孔衍射分布 diffraction distribution of rectangular aperture

对具有一个矩形通孔的挡光屏的通孔处投射光波，光波经矩形孔衍射后在观察屏上所形成的光强二维分布，也称为矩孔夫琅禾费衍射分布。矩孔衍射装置见图 4-28 所示，图中，Σ 上有高宽尺寸为 (a_0, b_0) 的矩形孔，用单色平面波正入射照明矩形孔，矩形孔内代表点 $M(\xi, \eta)$ 处的子波源经焦距为 f 的凸透镜 L 后，在观察平面 Π 的 $P(x, y)$ 代表点上叠加复振幅贡献，在观察平面 Π 上 P 点可观察到矩孔的夫琅禾费衍射图形。凸透镜 L 的中心 L_0 与 P 点的连线 L_0P 对 z 轴的夹角为 α。观察屏 Π 上衍射图形的复振幅分布符合公式 (4-95) 的表达关系，而辐照度分布符合公式 (4-96) 的表达关系：

$$E(x,y) = \frac{1}{i\lambda f} \exp\left[ik\left(f + \frac{x^2 + y^2}{2f}\right)\right] \cdot a_0 b_0 \sin c\left(\frac{a_0 x}{\lambda f}\right) \sin c\left(\frac{b_0 y}{\lambda f}\right) \tag{4-95}$$

$$L(x,y) = |E(x,y)|^2 = \frac{a_0^2 b_0^2}{\lambda^2 f^2} \cdot \sin c^2\left(\frac{a_0 x}{\lambda f}\right) \sin c^2\left(\frac{b_0 y}{\lambda f}\right) \tag{4-96}$$

矩孔的衍射图形不仅沿 x 方向扩展，也沿 y 方向扩展，在观察面坐标原点处，有一明亮的中央亮斑，图形上沿 x 轴和 y 轴还有一系列辐照度逐渐减弱的次亮斑，且在轴外区域也存在一系列辐照度更弱的亮斑，见图 4-29 所示。中央亮斑沿 x 方向和 y 方向的宽度分别为 w_x 和 w_y，正入射条件下的中央亮斑宽度 w_x 和 w_y 分别按公式 (4-97) 和公式 (4-98) 计算：

$$w_x = \frac{2\lambda f}{a_0} \tag{4-97}$$

$$w_y = \frac{2\lambda f}{b_0} \tag{4-98}$$

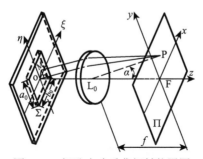

图 4-28　矩孔夫琅禾费衍射装置图

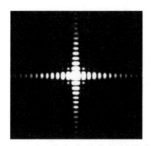

图 4-29　矩孔夫琅禾费衍射分布图

4.4.11　圆孔衍射分布 diffraction distribution of circular aperture

对具有一个圆形通孔的挡光屏的通孔处投射光波，光波经圆形孔衍射并通过透镜 L 后在观察屏上所形成的光强二维分布，也称为圆孔夫琅禾费衍射分布。圆孔衍射装置见图 4-30 所示，图中，衍射物体为挡光屏 Σ 上一个半径为 ε 的圆孔，由于圆孔对照明光波的限制是圆对称的，因此，在观察屏 Π 上，可观察到圆孔的夫琅禾费衍射圆对称图形，见图 4-31 的 (a) 和 (b) 所示。尽管圆孔衍射是一个二维衍射问题，但其有圆对称性，可用一维变量来表示。应用圆对称情况下的傅里叶-贝塞尔变换，观察屏 Π 上，衍射图形极坐标系下的复振幅分布符合公式 (4-99) 的表达关系，而辐照度分布符合公式 (4-100) 的表达关系：

$$E(r) = \frac{1}{\mathrm{i}\lambda f}\exp\left[\mathrm{i}k\left(f + \frac{r^2}{2f}\right)\right]\cdot(\pi\varepsilon^2)\frac{2J_1\left(2\pi\dfrac{\varepsilon r}{\lambda f}\right)}{2\pi\dfrac{\varepsilon r}{\lambda f}} \tag{4-99}$$

$$L(r) = |E(r)|^2 = \frac{1}{\lambda^2 f^2}(\pi\varepsilon^2)^2\left[\frac{2J_1\left(2\pi\dfrac{\varepsilon r}{\lambda f}\right)}{2\pi\dfrac{\varepsilon r}{\lambda f}}\right]^2 \tag{4-100}$$

式中：r 为观察屏 Π 上的极坐标半径变量；$J_1(\psi) = J_1\left(2\pi\dfrac{\varepsilon r}{\lambda f}\right)$ 为一阶第一类贝塞尔函数。

圆孔衍射图形是由一个大约集中了 84% 衍射光能量的中央亮斑和一系列逐渐减弱的亮暗相间的衍射圆环所构成的图形，通常称为“艾里 (Airy) 图形”，中央亮斑又称为艾里斑。艾里斑的半径 r_1(靠近中心的第一暗环半径) 按公式 (4-101) 计算：

$$r_1 = 0.61\frac{\lambda f}{\varepsilon} \tag{4-101}$$

角半径 θ_1(第一暗环对观察透镜中心的张角) 按公式 (4-102) 计算：

$$\theta_1 = 0.61\frac{\lambda}{\varepsilon} \tag{4-102}$$

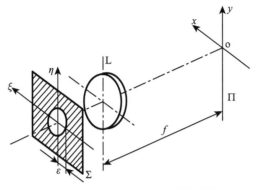

图 4-30　圆孔夫琅禾费衍射装置图

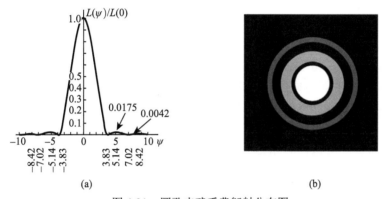

(a)　　　　　　　　　　　　　　　　　　　　　(b)

图 4-31　圆孔夫琅禾费衍射分布图

图 4-31 的 (a) 和 (b) 中，衍射图形的前面几个亮环、暗环的位置和相对辐照度见表 4-1。

表 4-1　亮环、暗环的位置和相对辐照度

	$2\pi\dfrac{\varepsilon r}{\lambda f}$	r/f	$L(\psi)/L(0)$
中心 (F 点)	0	0	1
第一暗环	3.83	$0.61\lambda/\varepsilon$	0
第一亮环	5.14	$0.82\lambda/\varepsilon$	0.0175
第二暗环	7.02	$1.12\lambda/\varepsilon$	0
第二亮环	8.42	$1.34\lambda/\varepsilon$	0.0042
第三暗环	10.17	$1.62\lambda/\varepsilon$	0

4.4.12 巴比内互补屏原理 Babinet's mutually complementary screen principle

形状相同和尺寸相同的两个衍射屏障，一个是通孔屏 (透光的)，一个是不透明屏 (不透光的)，两个屏的复振幅透射系数之和等于 1 时的这样两个屏之间的相互关系原理，也有翻译为巴比涅原理。巴比内互补屏是形状和大小完全相同的两个衍射屏在观察屏除成像透镜外的观察点上所形成的两者的复振幅相位差为 π 的关系。设衍射通孔屏 Σ 的复振幅透射系数为 $T(\xi,\eta)$(假定只能取 0 或 1)，与它形状大小相同不透明衍射屏 Σ′ 的复振幅透射系数为 $T'(\xi,\eta)$，当有 $T(\xi,\eta)+T'(\xi,\eta)=1$ 时，则该不透明衍射屏 Σ′ 称为衍射通孔屏 Σ 的互补屏，反之，衍射通孔屏 Σ 也是不透明衍射屏 Σ′ 的互补屏。当光波不受限制时，考察点 P 处的复振幅为 $E_\infty(P)$；当光波受到孔径 Σ 的限制时，考察点 P 处的复振幅为 $E_\Sigma(P)$；当光波受到不透明衍射屏 Σ′ 限制时，考察点 P 处的复振幅为 $E_{\Sigma'}(P)$。根据菲涅耳子波叠加原理可以导出，$E_\Sigma(P)+E_{\Sigma'}(P)=E_\infty(P)$，这就是一般意义上的巴比内互补屏原理。

针对夫琅禾费衍射问题，当观察屏的成像透镜口径足够大时，$E_\infty(P)$ 只在点 P 处的坐标 $(x,y)=(0,0)$ 处具有非零值，有 $E_\Sigma(P)+E_{\Sigma'}(P)=E_\infty(P)=E_\infty(x,y)=\delta(x,y)$，即在观察屏的成像透镜后焦距的中心焦点 F 处。因此在夫琅禾费衍射平面上，除中心点以外的其他点，总有 $E_\Sigma(P)=-E_{\Sigma'}(P)$，或者 $L_\Sigma(P)=L_{\Sigma'}(P)$，即不透明衍射屏 Σ 和它的互补屏 Σ′ 的夫琅禾费衍射，在除了中心点 F 之外的一切考察点上，复振幅的相位相差为 π，辐照度则完全相同，这是由巴比内原理得出的一个重要结论。

巴比内互补屏的原理关系可用三个数学公式表达：互补的两个 (通光与不通光) 衍射屏障的形状和尺寸上是相等的，而作用是相反的，见公式 (4-103)；衍射在观察屏上的复振幅 (除焦点外) 是互补的，见公式 (4-104)；衍射在观察屏上的光强 (除焦点外) 是完全相同的，见公式 (4-105)：

$$\Sigma = -\Sigma' \tag{4-103}$$

$$E_\Sigma(P) = -E_{\Sigma'}(P) \tag{4-104}$$

$$L_\Sigma(P) = L_{\Sigma'}(P) \tag{4-105}$$

4.4.13 菲涅耳半波带法 Fresnel's half-wave zone method

根据菲涅耳子波叠加原理，将整个衍射波面上子波到达观察屏考察点 P 的距离，按相邻波相差半个波长划等距轨迹 (如圆环)，形成一系列相邻半波带，使同一个半波带上的全部子波对点 P 复振幅的贡献量简单地用波带内一个子波源的贡献量乘以波带的面积来表示，并将这些半波带复振幅相加来获得衍射在点 P 的所有复振幅贡献的半定量衍射分析方法。半波带法采用划分为半波带的复振幅相加来简化的特点是，每个半波带复振幅的一半与其相邻的另一半复振幅相加对点 P 的贡献量是大小近似相等、相位相反，因此可以将所有半波带振幅的一半相邻相消，最后只剩下一头和一尾两个半波带一半的复振幅相加，用公式 (4-106) 表示，第 N 个序号的半波带的复振幅贡献按公式 (4-107) 计算：

$$E(P) = \sum_{N=1}^{M} E_N = \frac{1}{2}E_1 + \frac{1}{2}(E_1 + E_2) + \frac{1}{2}(E_2 + E_3) + \cdots + \frac{1}{2}E_M$$

$$= \frac{1}{2}E_1 + \frac{1}{2}E_M \tag{4-106}$$

$$E_N = (-1)^{N-1} \cdot K' \cdot \pi \lambda q_N \tag{4-107}$$

式中：$E(P)$ 为观察屏 P 点处的复振幅总和；N 为半波带的序号；M 为衍射屏上的半波带总序数量；E_N 为 N 个序号的半波带的复振幅，相邻序号的复振幅 E 的大小相近而符号相反，即 $E_N/2 \cong -E_{N+1}/2$；K' 为复常数，用公式 (4-108) 表示；q_N 为方向因子。

$$K' = \left[\frac{2i}{\pi} \exp(ikd_0)\right] K = \frac{2}{\lambda\pi} \exp(ikd_0) \tag{4-108}$$

式中：$K = 1/(i\lambda)$；d_0 为衍射屏中心到观察屏中心的距离。

公式 (4-106) 中的半波带叠加结果，可用图 4-32 中各半波带的相幅矢量及它们的合成关系进行解释。

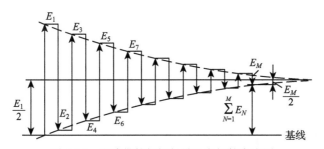

图 4-32 半波带的相幅矢量及它们的合成图

当衍射孔径具有一维分布特性时 (如直边、单缝等)，也可仿照上述方法将未受阻挡的波面划分为一系列条带，使相邻条带对考察点 P 的复振幅贡献量大小近似相等，相位相反，这样形成的条带称为一维的菲涅耳半波带。

4.4.14 菲涅耳波带板 Fresnel half-wave zone plate

对划分了半波带的衍射面，通过挡住奇数的波带或偶数的波带所形成的光波衍射板，也称为半波带板或波带板，见图 4-33 所示。

(a) 奇数半波带板   (b) 偶数半波带板

图 4-33   菲涅耳波带板图

对于圆孔菲涅耳衍射，由于奇数半波带和偶数半波带对轴上点复振幅的贡献量相位相反，所以轴上点 P 的辐照度甚至小于第一个半波带贡献的辐照度。当把圆孔内所有奇数 (或偶数) 半波带挡住，使各通光半波带的复振幅贡献量在点 P 同相相加，点 P 的振幅和辐照度将会大幅度增加，由此形成了增加复振幅相加增强的衍射板。菲涅耳波带板像透镜一样，能够将平面波会聚到轴上主焦点 P 处，而且对有限远的轴上点光源，也具有像普通折射透镜那样的 "成像" 功能。菲涅耳波带板具有其成像的突出优点，由于是基于光的衍射原理而不是介质的折射率，因此适用波段很宽，例如用金属薄片制作的波带板，可以在紫外到 X 射线波段作透镜使用，还可制成波带板型的微波透镜和声波透镜；用波带板薄片制作透镜，比用玻璃制作透镜重量轻和体积小。菲涅耳波带板作为成像透镜的最大缺点是具有严重的色差。

4.4.15 泊松亮点 Poisson spot

圆屏衍射在观察平面中心所出现的一个亮点，也称为阿拉戈亮斑 (Arago spot) 或菲涅耳亮斑 (Fresnel bright spot)。无论是圆屏的夫琅禾费衍射，还是圆屏的菲涅耳衍射，应用巴比内互补屏原理可以证明这个亮点的存在。

4.4.16 菲涅耳积分 Fresnel integral

对矩开口衍射，将菲涅耳近似基尔霍夫公式转化为一维积分表达的积分公式，由公式 (4-109)、公式 (4-110) 和公式 (4-111) 表达：

$$F(a) = \int_0^a \exp\left(i\frac{\pi}{2}\mu^2\right)d\mu = C(a) + iS(a) \tag{4-109}$$

$$C(a) = \int_0^a \cos\frac{\pi}{2}\mu^2 \mathrm{d}\mu \tag{4-110}$$

$$S(a) = \int_0^a \sin\frac{\pi}{2}\mu^2 \mathrm{d}\mu \tag{4-111}$$

式中：$F(a)$ 为菲涅耳积分；$C(a)$ 为菲涅耳积分的余弦积分；$S(a)$ 为菲涅耳积分的正弦积分；a 为曲线的弧长；μ 为 a 的变量表达形式。

由于菲涅耳积分中 $C(a)$ 和 $S(a)$ 均不能以解析形式表示成 a 的初等函数，因此，一般是通过数值计算列表或绘制曲线图来求出菲涅耳衍射区的复振幅分布，最典型的表达曲线图形是考纽螺线。

4.4.17 考纽螺线 Cornu spiral

在直角坐标系中，在第一象限和第三象限分别表达菲涅耳积分的余弦积分和正弦积分结果值的曲线，也称为科纽螺线或考纽蜷线，见图 4-34 所示。考纽螺线是用图形对菲涅耳积分不能用解析形式求解的表达，以图形对观察屏 P 点处衍射振幅叠加的求解 (对矩形开口衍射的求解)。图 4-34 中，$C(a)$ 为横坐标，$S(a)$ 为纵坐标，a 为自坐标原点 O 开始算起的弧长，在第一象限内 $a > 0$，在第三象限内 $a < 0$；一些特别的 $[C(a), S(a)]$ 位置已标明在曲线中相应的点旁边；当 $a \longrightarrow +\infty$ 时，曲线趋于点 (0.5, 0.5)，当 $a \longrightarrow -\infty$ 时，曲线趋于点 (−0.5, −0.5)。如果要求菲涅耳积分 $F(0.8)$ 的值，首先在曲线上找到 $a = 0.8$ 的点 A，分别在坐标系中量出点 A 对应的横坐标值 $C_A(0.8)$ 和纵坐标值 $S_A(0.8)$，应用公式 (4-109) 即可算出菲涅耳积分 $F(0.8)$ 值，即两个矢量和的标量，或应用公式 $F(0.8) = \sqrt{C_A^2(0.8) + S_A^2(0.8)}$ 计算得出。另外，也可画出矢量 $\overrightarrow{OA}$，$\overrightarrow{OA}$ 的长度得到的 $F(0.8)$ 模值，再由 $\overrightarrow{OA}$ 与横坐标轴 $C(a)$ 的夹角得到 $F(0.8)$ 的辐角。

当菲涅耳积分积分公式 (4-109) 的下限不为零时，可以按公式 (4-112) 计算：

$$F(a) = \int_{a_1}^{a_2} \exp\left(\mathrm{i}\frac{\pi}{2}\mu^2\right)\mathrm{d}\mu = \int_0^{a_2} \exp\left(\mathrm{i}\frac{\pi}{2}\mu^2\right)\mathrm{d}\mu - \int_0^{a_1} \exp\left(\mathrm{i}\frac{\pi}{2}\mu^2\right)\mathrm{d}\mu = F(a_2) - F(a_1) \tag{4-112}$$

例如，当 $a_2 = 0.8$、$a_1 = -0.3$ 时，菲涅耳积分的积分值由图 4-34 中的矢量 $\overrightarrow{BA}$ 表示。同理也可算出曲线中任一点 C 的 $\overrightarrow{OC}$ 的模值。

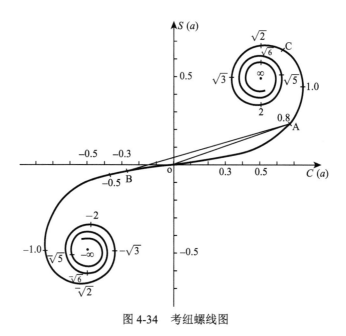

图 4-34 考纽螺线图

4.4.18 直边衍射 straight edge diffraction

一个平面光波通过与其传播方向垂直的不透明直边后，在其后面的观察平面上所看到的衍射图案，见图 4-35 的 (a) 和 (b) 所示。图 4-35(a) 为直边衍射装置，图 4-35(b) 为衍射图案，衍射图案在观察平面上衍射的光强是从 $x = -\infty$ 时开始出现，并沿 x 增大的方向逐渐不断增强，当过了观察平面中心线一小段距离后达到最大光强，然后在一定的光强背景上，沿 x 轴的正方向光强波动衰减。直边衍射复振幅可以用相幅矢量法或考纽螺线求解。

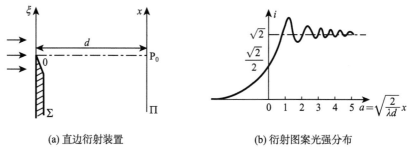

(a) 直边衍射装置   (b) 衍射图案光强分布

图 4-35 直边衍射的装置和图案

4.4.19 衍射光栅 diffraction grating

按空间周期性规律排列 (分布)，在一定范围内改变入射光波透过后或反射后的振幅或/和相位的衍射装置，也称为光栅 (grating)。衍射光栅也可看成用振幅或/和相位空间周期性分布装置对入射光波进行振幅调制或/和相位调制，使产生多光束干涉的装置。光栅光谱的产生是多狭缝干涉和单狭缝衍射两者联合作用的结果，多缝干涉决定光谱线出现的位置，单缝衍射决定谱线的强度分布。衍射光栅分类：按对入射光波调制的空间维度不同，可以分为一维光栅、二维光栅和三维光栅；按对入射光波调制参数类型的不同，可以分为振幅光栅、相位光栅和混合型光栅 (对入射光波同时具有振幅调制和相位调制作用)；按对衍射光波所在区域的不同，分为反射光栅 (入射光波和衍射光波在光栅同侧) 和透射光栅 (入射光波和衍射光波分别在光栅的两侧)；按照光栅制造方法的不同，可以分为刻划光栅、全息光栅和复制光栅等；按光栅工作波段的不同，可以分为可见光光栅、红外光栅、紫外光栅、太赫兹光栅、X 射线光栅等。

4.4.20 一维光栅 one-dimension grating

在一维空间方向对光波的振幅和/或相位进行调制的衍射光栅，又称为一维衍射光栅 (one-dimension diffraction grating)。常见的一维光栅有由一组平行等距的直线完全通透缝隙构成的一维矩形光栅和透过缝隙在垂直缝隙方向光波透射系数按余弦分布的一维余弦振幅光栅，其工作表面通常为平面。

4.4.21 二维光栅 two-dimension grating

在二维空间方向对光波的振幅和/或相位进行调制的衍射光栅，又称为二维衍射光栅 (two-dimension diffraction grating)，也称为面光栅。二维光栅的工作表面为平面的，称为二维平面光栅；二维光栅的工作表面为凹面的，称为凹面光栅，其除了用于分割波面之外，还具有一定的聚焦能力。由两组方向互相垂直的平行等距直线条构成的平面光栅称为 "正交光栅"。把两组刻线以一确定的夹角复合在一块模板上称交叉二维光栅。一维光栅是只有一个限制方向的光栅，二维光栅是有两个限制方向的光栅。

4.4.22 三维光栅 three-dimension grating

在三维空间方向对光波的振幅和/或相位进行调制的衍射光栅，也称为体积光栅，又称为三维衍射光栅 (three-dimension diffraction grating)。三维光栅的结构形式有：晶体的原子 (或晶胞) 在三维空间规则地排列所形成的三维光栅，对 X 射线起到三维光栅的作用；用厚感光材料对三维干涉场进行记录，形成的三维体积光栅。

4.4.23 振幅光栅 amplitude grating

对入射光波振幅进行调制的衍射光栅，又称为黑白光栅。常见的振幅光栅有刻划方法制作的矩形振幅光栅，见图 4-36 的 (a) 所示，a 为光栅的矩形缝宽度，d 为光栅矩形缝之间的间距，N 为光栅缝的数量，其夫琅禾费衍射分布见图 4-36 的 (b) 所示。振幅光栅还有用干涉法制作的透射系数按余弦规律变化的余弦振幅光栅。

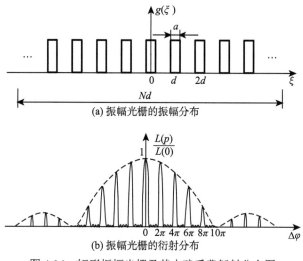

(a) 振幅光栅的振幅分布

(b) 振幅光栅的衍射分布

图 4-36　矩形振幅光栅及其夫琅禾费衍射分布图

4.4.24　细缝光栅 thin-line grating

对入射光波振幅调制的光栅缝的缝宽为无限细 (极细) 的一维衍射光栅。细缝光栅的衍射图案中的主亮纹 (或主极大值) 之间的分布为等间距的，也是等亮度的，整体形态如同 "梳子" 一样，主亮纹为梳子的齿。当细缝光栅的细缝数量为无限多时，衍射图案的主亮纹为很细的亮线 (细缝数量越多，衍射的主亮度越细)，各主亮纹之间为暗区，见图 4-37 所示；当细缝光栅的细缝数量为有限多时，衍射图案的主亮纹为有一定宽度的亮线，各主亮纹之间有小波动状起伏的低亮度区，见图 4-38 所示。实际上，无限细的光栅缝和无限多的光栅缝都是不存在的，因此，图 4-37 的衍射形态是一种理想形状。光栅缝的数量决定主亮纹的宽度和各主亮纹间是否有低亮度的起伏区，当光栅缝的数量足够大时，主亮纹很细，主亮纹之间为暗区 (即没有低亮度的小起伏区)；光栅的缝宽度决定了对衍射的各主亮纹高度 (光强度) 的调制，当光栅缝宽度很窄时，主亮纹为等高度 (等光强度) 的 (见图 4-38)，当光栅缝的宽度较宽时，主亮纹的高度 (光强度) 分布被调制为正弦分布状态，见图 4-36(b) 所示的矩形振幅光栅及其夫琅禾费衍射分布。

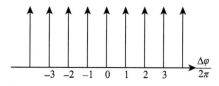

图 4-37　无限数量细缝光栅的衍射分布图

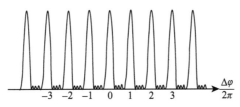

图 4-38　有限数量细缝光栅的衍射分布图

4.4.25　相位光栅 phase grating

对入射光波相位进行调制的衍射光栅。相位光栅可使光波通过光栅后，振幅无变化，但相位有周期性的改变。相位光栅仅对入射光波进行波面分割和相位调制，一方面避免了光的吸收损失，同时又通过光栅本身的相位调制产生一定的初相位分布，因而可衰减或消除零级衍射，提高衍射级，最终使光栅的分光性能得到提高。常见的相位光栅有闪耀光栅、阶梯光栅、余弦相位光栅、全息光栅等。阶梯光栅有透射型和反射型的。透射型的两个透光面的形状分别为平面和阶梯形状；反射型的结构形状与透射型的类似，但不采用透明材料，且在其阶梯面镀制高反射膜。

4.4.26　光栅常数 grating constant

周期性的光栅缝之间的一个周期的长度，也称为光栅间距，用符号 d 表示。光栅常数就是周期性光栅两个缝之间的距离。

4.4.27　光栅方程 grating equation

计算光波经光栅缝衍射，在观察面上所形成的干涉主极大值位置的数学方程，分别为光波正入射的计算公式 (4-113) 和光波斜入射的计算公式 (4-114)：

$$d\sin\theta = m\lambda \ (m = 0, \pm1, \pm2, \cdots) \tag{4-113}$$

$$d(\sin\beta + \sin\theta) = m\lambda \ (m = 0, \pm1, \pm2, \cdots) \tag{4-114}$$

式中：d 为相邻两个光栅缝之间的距离；θ 为从光栅平行衍射的方位角 (与透镜光轴的夹角) 或考察点对成像透镜光轴的夹角；λ 为入射光的衍射光波波长；β 为光波斜入射相对于光轴的角度。光栅方程求解的是相邻两狭缝光程差为整波长数时，用角度 θ 或角度 β 及 θ 求解相应的波长 λ，或用波长 λ 求解相应的角度 θ 或角度 β 及 θ。

光栅夫琅禾费衍射分布可以看作分波面多光束干涉强度分布受单缝衍射调制的结果，其中多光束干涉的强度极大值称为光栅衍射图形的主极大值，在观察平面上的主极大值是光栅各狭缝在此贡献为整数波长的位置，因此，光栅方程的推导是基于公式 (4-115)：

$$\Delta\varphi = 2m\pi \ (m = 0, \pm1, \pm2, \cdots) \tag{4-115}$$

式中：$\Delta\varphi$ 为相邻两狭缝的衍射在观察点的相位差。公式 (4-115) 的含义是，在观察平面的极大值观察点，各狭缝在此贡献的相位差为整波长数，在此形成光振幅相加增强。将公式 (4-115) 中的相位参量转换为与光栅间距和方位角后，即得到公式 (4-113) 和公式 (4-114) 的表达关系。

4.4.28　光栅色散 dispersion of grating

光栅对具有单位波长差的两个光波成分，在角度度量的空间或长度度量的空间相对两波长差的分开的程度，分别用角度色散公式 (4-116) 和线色散公式 (4-117) 计算：

$$D_{\mathrm{A}} = \left|\frac{\mathrm{d}\theta}{\mathrm{d}\lambda}\right| = \frac{m}{d\cos\theta} \tag{4-116}$$

$$D_{\mathrm{L}} = \left|\frac{\mathrm{d}x}{\mathrm{d}\lambda}\right| = \frac{mf}{d\cos^3\theta} \tag{4-117}$$

式中：D_{A} 为角色散，即具有单位波长差的两种单色成分在空间分开的角度；$\mathrm{d}\theta$ 为两波长成分经光栅分开的角度差；$\mathrm{d}\lambda$ 为两个成分波长的波长差；θ 为两波长成分主极大的平均方向；m 为在观察平面上主极大的等级；d 为相邻两个光栅缝之间的距离；D_{L} 为线色散，即具有单位波长差的两种单色成分在观察面上分开的线距离；$\mathrm{d}x$ 为两波长成分经光栅分开在观察平面上的距离差；f 为将光栅衍射成像在观察平面上的透镜的焦距。从公式 (4-116) 和公式 (4-117) 可看出，光栅缝常数 d 越小、θ 角越大、透镜焦距 f 越大，衍射级 m 越大，角色散及线色散越大，反之亦然。

在各种光谱仪器中，广泛使用衍射光栅作为分光元件，将由复杂光谱组成的入射光波分解为沿不同方向传播的单色波，以便取出光源中某些单色成分，或者对光源的功率谱进行测量分析。

4.4.29　光栅分辨本领 resolving power of grating

光栅对其衍射的光谱能分开相邻波长谱线的能力，按公式 (4-118) 计算：

$$RP = \frac{\lambda}{\delta\lambda} \tag{4-118}$$

式中：RP 为光栅的分辨本领；λ 为光栅分辨的主波长；$\delta\lambda$ 为光栅刚可分辨的波长差。

光栅刚可分辨的波长差 $\delta\lambda$ 的认定有两种状态，一种是瑞利判据 $\delta\lambda_{\mathrm{R}}$，另一种

是斯派罗判据 $\delta\lambda_S$。在实际测量中，一般采用的是瑞利判据，光栅分辨本领采用瑞利判据的计算采用公式 (4-119)：

$$RP = \frac{\lambda}{\delta\lambda_R} = mN \tag{4-119}$$

式中：m 为分辨的光谱所在观察平面上考察点的衍射极大值等级；N 为光栅参加衍射的狭缝总数量。公式 (4-119) 说明，光栅的分辨本领与考察点的极大值等级 m 和光栅狭缝数量 N 成正比，因为色散为随 m 的增大而增大，主亮纹会随 N 的增大而变细。而光栅常数 d 的变化对色散和主亮纹宽度同时起作用，因此不影响光栅分辨本领。如果光栅的刚可分辨的波长差用斯派罗判据 $\delta\lambda_S$，光栅分辨本领按公式 (4-120) 计算：

$$RP = \frac{\lambda}{\delta\lambda_S} = \frac{mN}{0.874} \tag{4-120}$$

当光栅用作光谱仪器的分光元件时，考虑光栅的光谱分辨本领是光栅设计或选择的主要性能参数之一。

4.4.30　闪耀光栅 blazed grating

基底材料上制作一系列相互平行向外倾斜表面的锯齿形沟槽，然后在表面上镀一层高反射膜制成的一种反射型相位光栅，也称为角反射光栅 (angular reflection grating)，见图 4-39 的 (a) 和 (b) 所示。闪耀光栅的主要参数有：光栅常数 d、闪耀角 α、入射角 β、衍射角 θ、光栅宏观平面 P 的法线 N 和斜阶梯在法线方向的高度 e 等，N′ 为光栅斜表面 (工作面) 的法线。当闪耀光栅的光栅常数 d、闪耀角 α 以及入射角 β 确定时，在某一衍射级 m 上，只能有一个波长满足上述条件，该波长称为闪耀波长。当光栅刻划成图中锯齿形的线槽断面时，光栅的光能量便集中在预定的方向上，即某一光谱级上，沿这个方向探测时，光谱的强度最大，这种现象称为闪耀。当改变闪耀光栅的倾斜角时，将改变其衍射角。闪耀角 α 是光栅宏观平面 P 与光栅斜反射面的夹角，一般为 10° 左右。

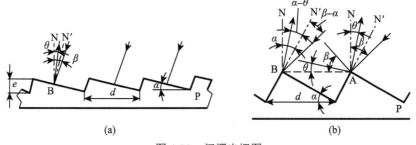

图 4-39　闪耀光栅图

闪耀光栅正入射的闪耀波长 λ_B 按公式 (4-121) 计算：

$$\lambda_B = d\sin2\alpha \qquad\qquad (4\text{-}121)$$

闪耀光栅与迈克尔逊阶梯光栅相比，它的缝距要小得多，只有波长量级，所以它的干涉级也与普通振幅光栅相似，数值很少，而且经常使用一级光谱。

4.4.31 衍射角 diffraction angle

光栅衍射的简谐平面波分量的波矢方向与光栅法线的夹角，用符号 θ 表示。利用平面波基元函数分析法分析光栅衍射时，光栅衍射出射面上的复振幅分布 $A(\xi, \eta)$ 可看作一个复杂波，这个波在传播途中分解为一系列不同空间频率的三维简谐平面波，观察平面上的复振幅分布，是这些传播方向不同的简谐平面波到达平面时相干叠加。确定衍射角的光波决定了其在观察平面上的叠加位置，反过来，观察平面上确定的光波叠加位置决定了光波的衍射角。

4.4.32 衍射效率 diffraction efficiency

在某一个衍射方向上的光强与入射总光强的比值，即所有使用方向衍射的辐射功率与入射光波的总辐射功率之比，用符号 η 表示，按公式 (4-122) 计算：

$$\eta = \frac{P_d}{P_0} \qquad\qquad (4\text{-}122)$$

式中：P_d 为光栅所有使用方向衍射的辐射功率；P_0 为入射光栅光波的总辐射功率。当将公式 (4-122) 的光栅所有使用方向衍射的功率 P_d 换成 m 级的衍射功率 P_m，就可成为计算 m 级衍射效率 η_m 的公式。衍射效率也可以用百分数表示。

光栅的衍射效率常用来评价光栅衍射各个衍射级的能量分配关系。对于可以实际应用的衍射光学元件，入射光在透过该元件时不但需要改变其传播的路径，而且还需要有足够的光强才有实用意义，因此，光学元件的衍射效率是光学元件性能的重要参数。

4.4.33 布拉格衍射 Bragg diffraction

当入射晶体的电磁波的波长与晶体的原子间距长度相当时，将会出现衍射光在某个散射角产生光波叠加增强的现象或出现干涉条纹或干涉斑的现象，也称为 X 射线衍射的布拉格形式，见图 4-40 所示。原子间距、散射角和入射光波长之间符合公式 (4-123) 的表达关系。

$$2d\sin\theta = n\cdot\lambda \qquad\qquad (4\text{-}123)$$

式中：d 为晶体的原子间距长度；θ 为散射角；n 为整数；λ 为入射电磁波的波长。原子的间距一般在零点几纳米。布拉格衍射是由威廉·劳伦斯·布拉格及威廉·亨利·布拉格于 1913 年提出。

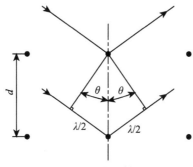

图 4-40　布拉格衍射示意图

4.5　偏　　　振

4.5.1　各向异性 anisotropy

光波在介质中传播时，介质对不同振动方向 (对不同偏振方向) 的光波呈现折射率不同的性质。物质的全部或部分化学、物理等性质随方向改变而有所变化，在不同的方向上呈现出差异的性质。各向异性包括介质组成结构的各向异性和光在介质中传播的各向异性。例如：非均匀介质就是介质的各向异性；光传播的各向异性必定包括介质的各向异性，如光在晶体中传播的各向异性。典型的各向异性现象是双折射现象。

4.5.2　偏振状态 polarized state

对光波所处偏振形态和程度的描述。光波偏振状态的宏观描述通常有 "完全偏振光"、"部分偏振光" 或 "非偏振光"。对于 "完全偏振光" 具体的偏振状态描述有 "线偏振光"(或平面偏振光)、"椭圆偏振光" 和 "圆偏振光"。前一类是 "偏振程度"，后一类是 "偏振形态"。

4.5.3　自然光 natural light

由太阳等大自然发光体发出的，振动方向和初相位随机变化的光波。从宏观上看，大自然的发光体总是在同时或多次发射大量光子，在任意考察点 z 处，总是同时存在所有振动方向的 D 矢量，这些 D 矢量形成了以 K 方向为对称轴的各向偏振的等概率分布，没有一个方向是占优势的，光波振动的端点轨迹在各方向单位时间内的平均是相等的，见图 4-41 所示。当用检偏器对自然光垂直传播方向进行偏振测试时，测试结果是各方向的光强是完全相等的。自然光就是任意方向的偏振能量相等的光。

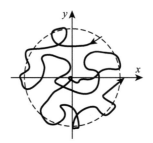

图 4-41　振动端点轨迹图

4.5.4　偏振光 polarized light

在垂直于波矢方向的二维空间中，电矢量振动是随时间有规律变化的光波，又称为极化光。偏振光随时间的变化的电矢量方向 (或偏振方向) 是可以准确定的和周期性重复出现的，例如，线偏振光、椭圆偏振光、圆偏振光。

4.5.5　线偏振光 linearly polarized light

光波的电矢量随时间变化时振动方向始终在一个固定平面内的光，也称为面偏振光或线偏振辐射 (linearly polarized radiation)。线偏振光的振动方向可表达为：s 偏振为电矢量振动方向与入射面正交；p 偏振为电矢量振动方向与入射面平行。线偏振光可采用起偏器使非偏振光通过其后产生。当两个频率相同、振动方向相同的线偏振光叠加后仍然是保持原偏振方向的线偏振光；当两个频率相同、振动方向垂直、初相位相差 $\pm m\pi$(m 为奇数) 的线偏振光叠加后成为偏振方向改变的线偏振光，m 为偶数时的合成偏振光的偏振方向在第一和第三象限，m 为奇数时的合成偏振光的偏振方向在第二和第四象限，见图 4-42 中的 (a) 和 (b)。

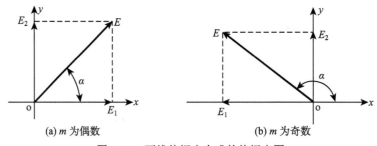

(a) m 为偶数　　　　　　　　　　　(b) m 为奇数

图 4-42　两线偏振光合成的偏振光图

设线偏振光 $\boldsymbol{E}_1$ 和 $\boldsymbol{E}_2$ 的振幅分别为 E_{10} 和 E_{20}，它们的合成线偏振光与 x 轴的夹角 α 按公式 (4-124) 计算：

$$\tan\alpha = \begin{cases} E_{20}/E_{10}, & m\text{为偶数} \\ -E_{20}/E_{10}, & m\text{为奇数} \end{cases} \tag{4-124}$$

当 $E_{10} = E_{20}$ 且 m 为偶数时，合成的线偏振光的偏振方向与 x 轴的夹角 α 为 $45°$，m 为奇数时，夹角 α 为 $135°$；当 $E_{10} > E_{20}$ 且 m 为偶数时，α 在 $0°\sim45°$ 范围，m 为奇数时，α 在 $135°\sim180°$ 范围；当 $E_{10} < E_{20}$ 且 m 为偶数时，α 在 $45°\sim90°$ 范围，m 为奇数时，α 在 $90°\sim135°$ 范围。

4.5.6 圆偏振光 circularly polarized light

光波电矢量的末端随时间变化作规律性圆周运动的光，也称为圆偏振辐射 (circularly polarized radiation)。E_1 和 E_2 两个振动频率相同、振动方向垂直、相位相差 $\pm\pi/2$ 的波合成时，其合成电场矢量 E 在坐标系 (x, y) 中的方向角 α(即圆偏振光旋转角) 按公式 (4-125) 计算，两个电场的合成结果为方程式 (4-126)。由公式 (4-125) 看出，合成波电场矢量方向角 α 将随 z 或 t 的变化而转动；公式 (4-126) 说明，在 x 和 y 方向两电场 $E_x [E_x = E_1 = E_{10}\cos(kz - \omega t + \varphi_{10})]$ 和 $E_y[E_y = E_2 = E_{20}\cos(kz - \omega t + \varphi_{20}) = \mp E_{20}\sin(kz - \omega t + \varphi_{10})]$ 合成电场矢量 E 的运动轨迹为圆形或椭圆形轨迹，当 $E_{10} = E_{20}$ 时为圆形轨迹，当 $E_{10} \neq E_{20}$ 时为椭圆形轨迹。当面对着光的传播方向观察时，顺时针旋转的 (右旋的) 称为右旋圆偏振光，逆时针旋转的 (左旋的) 称为左旋圆偏振光。圆偏振光是，电矢量投影到与传播方向正交的平面上时，电矢量末端的轨迹将随时间变化形成一个圆形的偏振光，见图 4-43 和图 4-44 所示。圆偏振光的旋转机理是 E_x 和 E_y 方向的振动矢量在振动过程中不断在合成不同矢量方向 E, 而形成了与 E_x 和 E_y 振动同步的旋转。

圆偏振光可用图 4-45 所示的装置产生，让一束自然光或白光通过起偏器，使其成为偏振方向为 OP 的线偏振光，再使线偏振光的偏振方向与一个晶体平板 (如 1/4 波片) 的光轴 y 成 $45°$ 夹角 (或起偏器的偏振方向 P 与晶体平板的光轴成 $45°$)，使线偏振光经晶体平板分解为两个振动方向相互垂直且振幅相同的两支线偏振光并经相位延迟 $\pi/4$(或 $\lambda/4$) 后重叠，它们合成的电场矢量端的轨迹将是随传播距离 z 变化的圆形, 即在 (x, y) 平面的投影是一个圆形，合成矢量 E 的圆旋转角速度是线偏振光的角速度 (或相速度)ω(常量)，以螺旋圆形沿 z 方向以速度 $\omega/k(k = 2\pi/\lambda$ 为波矢) 传播。

$$\tan\alpha = \begin{cases} \dfrac{-E_{20}}{E_{10}}\tan(kz - \omega t + \varphi_{10}), & \varphi_{20} = \varphi_{10} + \dfrac{\pi}{2} \\[3mm] \dfrac{E_{20}}{E_{10}}\tan(kz - \omega t + \varphi_{10}), & \varphi_{20} = \varphi_{10} - \dfrac{\pi}{2} \end{cases} \tag{4-125}$$

$$\left(\frac{E_x}{E_{10}}\right)^2 + \left(\frac{E_y}{E_{20}}\right)^2 = 1 \tag{4-126}$$

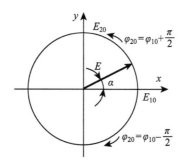

图 4-43   光波圆偏振矢量 **E** 的末端轨迹图

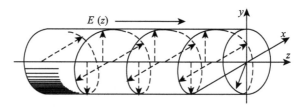

图 4-44   光波圆偏振矢量 **E** 的末端在传播方向 z 上的轨迹图 (右旋)

图 4-45   圆偏振光的产生装置图 (右旋)

4.5.7   椭圆偏振光 elliptically polarized light

光波电矢量的末端随时间变化作规律性椭圆运动的光，也称为椭圆偏振辐射 (elliptically polarized radiation)。椭圆偏振光像圆偏振光一样，也有右旋椭圆偏振光和左旋椭圆偏振光，其形态表现为电矢量投影到与传播方向正交的平面上时，电矢量末端的轨迹将随时间变化形成一个椭圆形的偏振光，见图 4-46 和见图 4-47 所示。

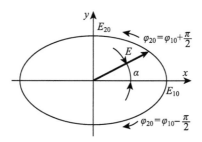

图 4-46   椭圆偏振光的 **E** 端轨迹图

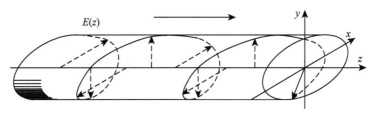

图 4-47　椭圆偏振光的 **E** 端在传播方向 z 上的轨迹图 (右旋)

椭圆偏振光也可用图 4-45 所示的装置产生，只要使产生圆偏振光时的线偏振光偏振方向与一个晶体平板 (如 1/4 波片) 的光轴 y 不成 45° 夹角，将导致两支相互垂直的线偏振光的振幅不相等 (即建立椭圆的长轴和短轴)，两支不等振幅的线偏振光经相位延迟 $\pi/4$(或 $\lambda/4$) 后重叠，它们合成的电场端的轨迹将是随传播距离 z 变化的椭圆形，即在 (x, y) 平面的投影是一个椭圆形，合成矢量 **E** 的椭圆旋转角速度是线偏振光的角速度 (或相速度)ω(常量)，以螺旋椭圆形沿 z 方向以速度 ω/k($k = 2\pi/\lambda$ 为波矢) 传播。

4.5.8　偏振波旋转角 polarized wave rotation angle

圆偏振波或椭圆偏振波的电场矢量 **E** 与 (x, y) 坐标系的 x 轴的夹角，用符号 α 表示，见图 4-48 所示。圆偏振波或椭圆偏振波旋转角是一个匀速转动的角度，即角转速度为常量，等于合成圆偏振波或椭圆偏振波两正交线偏振波 (E_{20}, E_{10}) 的时间角速度 ω，用公式 (4-127) 表示。对于逆时针旋转的左旋圆偏振波或椭圆偏振波，α 值的符号为正，圆偏振波或椭圆偏振波旋转角 α 随时间增大而增大；对于顺时针旋转的右旋圆偏振波或椭圆偏振波，α 值的符号为负，圆偏振波或椭圆偏振波旋转角 α 随时间增大而减小。α 也用于表示合成线偏振光倾斜方向角。

$$\alpha = \mp(kz - \omega t + \varphi_{10}) \tag{4-127}$$

式中：k 为合成圆偏振波或椭圆偏振波的两正交线偏振波的波矢；z 为圆偏振波或椭圆偏振波的传播方向；t 为圆偏振波或椭圆偏振波传播时间；φ_{10} 为 x 方向线偏振波的初相位。

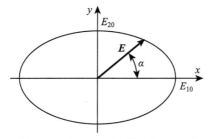

图 4-48　椭圆偏振波旋转角表示图

4.5.9 椭圆偏振波方位角 elliptically polarized wave azimuth

椭圆偏振波 (光) 的椭圆长轴与 (x, y) 坐标系的 x 轴的夹角,用符号 γ 表示,见图 4-49 所示。椭圆偏振波方位角 γ 描述了椭圆偏振光的椭圆形倾斜程度,见图 4-49 所示。椭圆方位角的大小由 x 和 y 两个相互垂直方向的振动矢量 E_x 与 E_y 间的相位差 ε 决定,见图 4-50 所示。当 $\varepsilon = -\pi/2$(右旋) 或 $\varepsilon = \pi/2$ (左旋) 时, $\gamma = 0$;当 $0 > \varepsilon > -\pi/2$(右旋) 或 $\pi/2 > \varepsilon > 0$(左旋) 时, $\pi/2 > \gamma > 0$(在一、三象限) ;当 $-\pi/2 > \varepsilon > -\pi$(右旋) 或 $\pi > \varepsilon > \pi/2$(左旋) 时, $\pi > \gamma > \pi/2$(在二、四象限)。

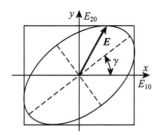

图 4-49 椭圆偏振波方位角表示图

4.5.10 偏振波相位差 polarized wave phase difference

合成偏振波的两正交方向线偏振波之间的初始相位之差,用符号 ε 表示。偏振波相位差的数值决定了所合成偏振波的偏振态,它与 E_x 偏振分量和 E_y 偏振分量的关系可用公式 (4-128) 表达。

$$\begin{cases} E_x = E_{10} \cos (kz - \omega t + \varphi_{10}) \\ E_y = E_{20} \cos (kz - \omega t + \varphi_{10} + \varepsilon) \end{cases} \tag{4-128}$$

式中: E_x、E_y 分别为相互正交的 x 方向振动和 y 方向振动的两个电场矢量; E_{10}、E_{20} 分别为 E_x、E_y 两个电场矢量的振幅; k 为合成椭圆偏振波的两正交线偏振波的波矢 (与分振动的矢量的相同); z 为偏振波的传播方向; t 为偏振波传播时间; φ_{10} 为 x 方向线偏振波的初相位。当偏振波相位差 $\varepsilon = 0$、π或 $-\pi$ 时,合成的偏振波为线偏振波;当偏振波相位差 $\varepsilon = \pi/2$或 $-\pi/2$ 时,合成的偏振波为正圆偏振波 ($E_{10} = E_{20}$ 时) 或椭圆偏振波 ($E_{10} \neq E_{20}$ 时);当偏振波相位差为 $-\pi/2 > \varepsilon > -\pi$、$\pi > \varepsilon > \pi/2$、$0 > \varepsilon > -\pi/2$ 或 $\pi/2 > \varepsilon > 0$ 时,合成的偏振波为倾斜椭圆偏振波。两合成偏振波的相位差 ε 与偏振态的关系见图 4-50 所示。

4.5.11 偏振波偏振态 polarized state of polarized wave

完全偏振波所归属的线偏振波、圆偏振波或椭圆偏振波类型之一的形态,见图 4-50 中所示。偏振波偏振态的内容主要包括偏振类型 (线偏振波、圆偏振波或

椭圆偏振波)、偏振方位角 (线偏振波的振动方位、椭圆偏振波的椭圆方位)、旋转
方向 (右旋、左旋)、旋转形态 (圆偏振波、椭圆偏振波)。

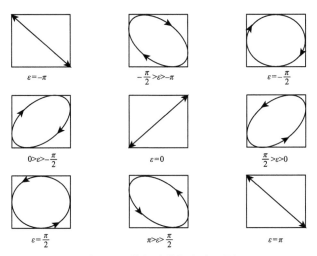

图 4-50 偏振波偏振态表示图

4.5.12 琼斯矩阵 Jones matrix

用于表示合成偏振光的相互正交的两矢量关系及其合成的偏振态、多种偏振
态间合成运算和偏振态分解的矩阵,也称为琼斯列矩阵 (Jones column matrix),用
公式 (4-129) 表达。琼斯矩阵的基本数学方法是,将偏振态矢量 E,用合成其的 x
方向的振动分量 E_x 和 y 方向的振动分量 E_y,以列矩阵的形式表达,E_x 和 E_y 分别
放在列矩阵的上面及下面项。琼斯矩阵的运算,通常将公共相位项作为常系数而
不参与运算。利用琼斯矩阵运算,可使偏振波的叠加问题变得简单和清楚,例如,
对左旋圆偏振波与右旋圆偏振波的叠加,用公式 (4-130) 的琼斯矩阵计算,可方便
地计算出结果为在 x 方向偏振的线偏振波。

$$E = \begin{bmatrix} E_x \\ E_y \end{bmatrix} = \exp\left[\mathrm{i}\left(kz - \omega t\right)\right] \begin{bmatrix} E_{x0}\exp\left(\mathrm{i}\varphi_{x0}\right) \\ E_{y0}\exp\left(\mathrm{i}\varphi_{y0}\right) \end{bmatrix} \tag{4-129}$$

$$\begin{bmatrix} E_x \\ E_y \end{bmatrix} = \begin{bmatrix} E_0 \\ \mathrm{i}E_0 \end{bmatrix} + \begin{bmatrix} E_0 \\ -\mathrm{i}E_0 \end{bmatrix} = \begin{bmatrix} 2E_0 \\ 0 \end{bmatrix} = 2E_0 \begin{bmatrix} 1 \\ 0 \end{bmatrix} \tag{4-130}$$

当左旋和右旋两个圆偏振波相加且有不同的初相位 φ_L 和 φ_R 时,琼斯矩阵的计
算按公式 (4-131),两圆偏振光的合成结果为倾斜方位角 $\alpha = (\varphi_R - \varphi_L)/2$ 的线偏振
波。当左旋和右旋两个圆偏振波的振幅 E_0 不相等,分别为振幅 E_L 和 E_R 时,琼斯
矩阵的计算按公式 (4-132),两圆偏振光的合成结果为正椭圆偏振波,长轴为 x 方向,

短轴为 y 方向；当 $E_L > E_R$ 时，为左旋椭圆偏振波；当 $E_R > E_L$ 时，为右旋椭圆偏振波；合成椭圆偏振波的旋转方向与振幅强度较大的圆偏振波的旋向相同。

$$\begin{bmatrix} E_x \\ E_y \end{bmatrix} = \exp(i\varphi_L)\begin{bmatrix} E_0 \\ iE_0 \end{bmatrix} + \exp(i\varphi_R)\begin{bmatrix} E_0 \\ -iE_0 \end{bmatrix}$$

$$= 2E_0 \exp\left[i\left(\frac{\varphi_L + \varphi_R}{2}\right)\right]\begin{bmatrix} \cos\dfrac{\varphi_R-\varphi_L}{2} \\ \sin\dfrac{\varphi_R-\varphi_L}{2} \end{bmatrix} \tag{4-131}$$

$$\begin{bmatrix} E_x \\ E_y \end{bmatrix} = E_L\begin{bmatrix} 1 \\ i \end{bmatrix} + E_R\begin{bmatrix} 1 \\ -i \end{bmatrix} = \begin{bmatrix} E_L + E_R \\ (E_L - E_R)\exp\left(i\dfrac{\pi}{2}\right) \end{bmatrix} \tag{4-132}$$

琼斯矩阵在计算光波的分解问题时作用更大，可将某个椭圆偏振波分解成两束相互正交的偏振波，正交的充要条件是两束偏振波的琼斯矢量内积为零。例如：x 方向和 y 方向的两个线偏振波是相互正交的，见公式 (4-133) 的计算结果；左旋和右旋圆偏振波是相互正交的，见公式 (4-134) 的计算结果。

$$[1, 0]^* \cdot \begin{bmatrix} 0 \\ 1 \end{bmatrix} = 0 + 0 = 0 \tag{4-133}$$

$$[1, i]^* \cdot \begin{bmatrix} 1 \\ -i \end{bmatrix} = 1 - 1 = 0 \tag{4-134}$$

对于已知偏振波的琼斯矢量的两个分量 E_x、E_y，将它分解为偏振方向分别与 x、y 轴夹角为 θ 的一对正交的线偏振波，可分解为公式 (4-135) 和公式 (4-136) 的表达；如果将两个已知分量 E_x、E_y 分解为一对左旋和右旋圆偏振波，可分解为公式 (4-137) 和公式 (4-138) 的表达。

$$\begin{bmatrix} E_x \\ E_y \end{bmatrix} = A\begin{bmatrix} \cos\theta \\ \sin\theta \end{bmatrix} + B\begin{bmatrix} -\sin\theta \\ \cos\theta \end{bmatrix} \tag{4-135}$$

$$\begin{cases} A = E_x\cos\theta + E_y\sin\theta \\ B = -E_x\sin\theta + E_y\cos\theta \end{cases} \tag{4-136}$$

$$\begin{bmatrix} E_x \\ E_y \end{bmatrix} = A'\begin{bmatrix} 1 \\ i \end{bmatrix} + B'\begin{bmatrix} 1 \\ -i \end{bmatrix} \tag{4-137}$$

$$\begin{cases} A' = \dfrac{1}{2}(E_x - iE_y) \\ B' = \dfrac{1}{2}(E_x + iE_y) \end{cases} \tag{4-138}$$

对于入射的偏振态光波矢量 E_{ix}、E_{iy} 通过一系列光学元件后，求取出射光波的偏振态光波矢量 E_{tx}、E_{ty}，可用公式 (4-139) 的琼斯矩阵计算。

$$\begin{bmatrix} E_{tx} \\ E_{ty} \end{bmatrix} = \begin{bmatrix} a_n & b_n \\ c_n & d_n \end{bmatrix} \cdots \begin{bmatrix} a_2 & b_2 \\ c_2 & d_2 \end{bmatrix} \begin{bmatrix} a_1 & b_1 \\ c_1 & d_1 \end{bmatrix} \begin{bmatrix} E_{ix} \\ E_{iy} \end{bmatrix} \tag{4-139}$$

式中：$\begin{bmatrix} a_1 & b_1 \\ c_1 & d_1 \end{bmatrix}$，$\begin{bmatrix} a_2 & b_2 \\ c_2 & d_2 \end{bmatrix}$，$\cdots$，$\begin{bmatrix} a_n & b_n \\ c_n & d_n \end{bmatrix}$ 分别为入射偏振态光波按顺序通过的第 1 个、第 2 个、$\cdots$、第 n 个光学零件的琼斯矩阵。在进行公式 (4-139) 计算时，矩阵相乘的次序不能改变。

公式 (4-135) 变换到公式 (4-136) 可用以下运算过程证明：

(1) 将公式 (4-135) 写成公式 (4-135a)

$$\begin{cases} E_x = A\cos\theta - B\sin\theta \\ E_y = A\sin\theta + B\cos\theta \end{cases} \tag{4-135a}$$

(2) 用 $\cos\theta$ 乘公式 (4-135a) 第一个方程的两边，用 $\sin\theta$ 乘公式 (4-135a) 第二个方程的两边，得公式 (4-135b)

$$\begin{cases} E_x\cos\theta = A\cos^2\theta - B\sin\theta\cos\theta \\ E_y\sin\theta = A\sin^2\theta + B\cos\theta\sin\theta \end{cases} \tag{4-135b}$$

(3) 用公式 (4-135b) 中的第一个方程加第二个方程得公式 (4-135c)

$$E_x\cos\theta + E_y\sin\theta = A\left(\cos^2\theta + \sin^2\theta\right) = A \tag{4-135c}$$

(4) 用 $-\sin\theta$ 乘公式 (4-135a) 第一个方程的两边，用 $\cos\theta$ 乘公式 (4-135a) 第二个方程的两边，得公式 (4-135d)

$$\begin{cases} -E_x\sin\theta = -A\sin\theta\cos\theta + B\sin^2\theta \\ E_y\cos\theta = A\cos\theta\sin\theta + B\cos^2\theta \end{cases} \tag{4-135d}$$

(5) 用公式 (4-135d) 中的第一个方程加第二个方程得公式 (4-135e)

$$-E_x\sin\theta + E_y\cos\theta = B\left(\sin^2\theta + \cos^2\theta\right) = B \tag{4-135e}$$

(6) 将公式 (4-135c) 和公式 (4-135e) 联立在一起得公式 (4-135f)，公式 (4-135f) 等于公式 (4-136)

$$\begin{cases} A = E_x\cos\theta + E_y\sin\theta \\ B = -E_x\sin\theta + E_y\cos\theta \end{cases} \tag{4-135f}$$

证毕。

公式 (4-137) 变换到公式 (4-138) 可以采用同样的思路证明：

(1) 将公式 (4-137) 写成公式 (4-137a)

$$\begin{cases} E_x = A' + B' \\ E_y = iA' - iB' \end{cases} \tag{4-137a}$$

(2) 用 i 乘公式 (4-137a) 中的第二个方程的两边得公式 (4-137b)

$$iE_y = -A' + B' \tag{4-137b}$$

(3) 用公式 (4-137a) 中的第一个方程减公式 (4-137b) 得 (4-137c)

$$E_x - iE_y = 2A' \tag{4-137c}$$

(4) 用公式 (4-137a) 中的第一个方程加公式 (4-137b) 得 (4-137d)

$$E_x + iE_y = 2B' \tag{4-137d}$$

(5) 将公式 (4-137c) 和公式 (4-137d) 联立在一起得公式 (4-137e)，公式 (4-137e) 等于公式 (4-138)

$$\begin{cases} A' = \dfrac{1}{2}(E_x - iE_y) \\ B' = \dfrac{1}{2}(E_x + iE_y) \end{cases} \tag{4-137e}$$

证毕。

典型偏振态的琼斯矩阵见表 4-2。

表 4-2   典型偏振态琼斯矩阵

偏振态	琼斯矩阵
水平 (x 轴) 线偏振光	$\begin{bmatrix} 1 \\ 0 \end{bmatrix}$
垂直 (y 轴) 线偏振光	$\begin{bmatrix} 0 \\ 1 \end{bmatrix}$
+45° 角线偏振光	$\dfrac{\sqrt{2}}{2}\begin{bmatrix} 1 \\ 1 \end{bmatrix}$
−45° 角线偏振光	$\dfrac{\sqrt{2}}{2}\begin{bmatrix} 1 \\ -1 \end{bmatrix}$
右旋圆偏振光	$\dfrac{\sqrt{2}}{2}\begin{bmatrix} 1 \\ -i \end{bmatrix}$
左旋圆偏振光	$\dfrac{\sqrt{2}}{2}\begin{bmatrix} 1 \\ i \end{bmatrix}$

典型偏振光学元件的琼斯矩阵见表 4-3。

表 4-3 典型偏振光学元件的琼斯矩阵

偏振光学元件	琼斯矩阵
线偏振器 透光轴在水平方向	$\begin{bmatrix} 1 & 0 \\ 0 & 0 \end{bmatrix}$
线偏振器 透光轴在垂直方向	$\begin{bmatrix} 0 & 0 \\ 0 & 1 \end{bmatrix}$
线偏振器 透光轴与 x 轴成 ±45°	$\dfrac{1}{2} \begin{bmatrix} 1 & \pm 1 \\ \pm 1 & 1 \end{bmatrix}$
线偏振器 透光轴与 x 轴成 θ 角	$\begin{bmatrix} \cos^2\theta & \frac{1}{2}\sin(2\theta) \\ \frac{1}{2}\sin(2\theta) & \sin^2\theta \end{bmatrix}$
1/4 波片 快轴在 x 轴	$\begin{bmatrix} 1 & 0 \\ 0 & i \end{bmatrix}$
1/4 波片 快轴在 y 轴	$\begin{bmatrix} 1 & 0 \\ 0 & -i \end{bmatrix}$
1/4 波片 快轴与 x 轴成 ±45°	$\dfrac{1}{\sqrt{2}} \begin{bmatrix} 1 & \mp i \\ \mp i & 1 \end{bmatrix}$
1/2 波片 快轴在 x 轴	$\begin{bmatrix} 1 & 0 \\ 0 & -1 \end{bmatrix}$
1/2 波片 快轴在 y 轴	$\begin{bmatrix} 1 & 0 \\ 0 & -1 \end{bmatrix}$
1/2 波片 快轴与 x 轴成 ±45°	$\begin{bmatrix} 0 & 1 \\ 1 & 0 \end{bmatrix}$
右旋圆偏振器	$\dfrac{1}{2} \begin{bmatrix} 1 & i \\ -i & 1 \end{bmatrix}$
左旋圆偏振器	$\dfrac{1}{2} \begin{bmatrix} 1 & -i \\ i & 1 \end{bmatrix}$
相位延迟 δ 的波片 快轴在 x 轴	$\begin{bmatrix} 1 & 0 \\ 0 & \exp(i\delta) \end{bmatrix}$
相位延迟 δ 的波片 快轴在 y 轴	$\begin{bmatrix} 1 & 0 \\ 0 & \exp(-i\delta) \end{bmatrix}$
相位延迟 δ 的波片 快轴与 x 轴成 ±45°	$\cos\left(\dfrac{\delta}{2}\right) \begin{bmatrix} 1 & \mp i\tan\left(\frac{\delta}{2}\right) \\ \mp i\tan\left(\frac{\delta}{2}\right) & 1 \end{bmatrix}$

4.5.13　斯托克斯参数 Stokes parameter

由 S_0、S_1、S_2 和 S_3 四个数组成的，用于表达光波偏振态的一组参数，又称为斯托克斯矢量。斯托克斯参数和庞加莱球都是单色波偏振态的两种表示方法。S_0 表示光波总强度，总是为正；S_1 表示光波水平偏振分量与垂直偏振分量的强度差，水平分量占优势为正，垂直分量占优势为负，水平和垂直分量相等时为零；S_2 表示 $+45°$ 偏振分量和 $-45°$ 偏振分量的强度差，$+45°$ 偏振分量占优势为正，$-45°$ 偏振分量占优势为负，两个分量相等为零；S_3 表示右旋圆偏振分量和左旋圆偏振分量的强度差，右旋圆偏振分量占优势为正，左旋圆偏振分量占优势为负，两个分量相等为零。斯托克斯的四个参数用电场分量的表示分别为公式 (4-140)、公式 (4-141)、公式 (4-142) 和公式 (4-143)。斯托克斯参数可写成公式 (4-144) 的 4×1 阶的斯托克斯矢量。对于完全偏振光，S_0 与 S_1、S_2 和 S_3 之间符合公式 (4-145) 的数学关系；如果光波为部分偏振光，S_0 与 S_1、S_2 和 S_3 之间符合公式 (4-146) 的数学关系；对于自然光波，存在公式 (4-147) 的数学关系。庞加莱球用斯托克斯的四个参数为表达的基础。

$$S_0 = I(0°) + I(90°) = \left\langle E_x^2(t) \right\rangle + \left\langle E_y^2(t) \right\rangle \tag{4-140}$$

$$S_1 = I(0°) - I(90°) = \left\langle E_x^2(t) \right\rangle - \left\langle E_y^2(t) \right\rangle \tag{4-141}$$

$$S_2 = I(45°) - I(135°) = 2 \left\langle E_x(t)E_y(t) \cos\left[\delta_y(t) - \delta_x(t)\right] \right\rangle \tag{4-142}$$

$$S_3 = I(R) - I(L) = 2 \left\langle E_x(t)E_y(t) \sin\left[\delta_y(t) - \delta_x(t)\right] \right\rangle \tag{4-143}$$

式中：$E_x(t)$、$E_y(t)$ 分别为 x 方向和 y 方向的电场分量 [$E_x(t) = A_x\cos(\omega t + \delta_x)$，$E_y(t) = A_y\cos(\omega t + \delta_y)$，$A_x$、$A_y$ 分别为 $E_x(t)$ 和 $E_y(t)$ 的振幅，ω 为光频率]；t 为时间；$\left\langle E_x^2(t) \right\rangle$、$\left\langle E_y^2(t) \right\rangle$ 分别为 $E_x^2(t)$ 和 $E_y^2(t)$ 的平均时间光强度值；$\delta_x(t)$、$\delta_y(t)$ 分别为 $E_x(t)$ 和 $E_y(t)$ 电场分量的随机相位；I 为光强，其后括号内的角度表示振动方向与 x 轴的夹角。

$$S = [S_0, S_1, S_2, S_3] \tag{4-144}$$

$$S_0^2 = S_1^2 + S_2^2 + S_3^2 \tag{4-145}$$

$$S_0^2 > S_1^2 + S_2^2 + S_3^2 \tag{4-146}$$

$$S_1 = S_2 = S_3 = 0 \tag{4-147}$$

4.5.14 庞加莱球 Poincare sphere

用于描述光波偏振态的归一化空间球, 也称为邦加球, 见图 4-51 所示。庞加莱球面上的各点一一与完全偏振光的偏振态对应, 球心点为非偏振光, 球心到半径上某点的距离表示部分偏振光的偏振度, 而该半径与球面的交点为全偏振态。庞加莱球的赤道表示各种形式的线偏振光; 球的两极点表示右旋和左旋圆偏振光; 球面上的其他点表示椭圆偏振光; 球的半径表示光束的强度 (归化为 1)。椭圆偏振光的长轴与 x 轴的夹角为 θ, 按公式 (4-148) 计算; 椭圆度角 (椭圆率) 为 ε, 按公式 (4-149) 计算; 表达的偏振波的偏振度为 P, 按公式 (4-150) 计算, 当 P 小于 1 时, 说明表达的偏振波为部分偏振波, 其偏振度值从球心到球表面的实值 (图中用实线表示) 小于半径 (半径为 1)。庞加莱球面上任一点 P_1 的经度和纬度分别为 $(2\theta, 2\varepsilon)$。

$$\theta = \frac{1}{2}\arctan\frac{S_2}{S_1} \tag{4-148}$$

$$\varepsilon = \frac{1}{2}\arcsin\frac{S_3}{\sqrt{S_1^2 + S_2^2 + S_3^2}} \tag{4-149}$$

$$P = \frac{\sqrt{S_1^2 + S_2^2 + S_3^2}}{S_0} \tag{4-150}$$

$\varepsilon = 0$ 时, 点 P_1 为在赤道上的点, 表示 P_1 波为不同方位角的线偏振光; 当 $\varepsilon = 0, \theta = 0$ 时, 偏振波的电矢量是水平的偏振光, 当 $\varepsilon = 0, \theta = \pi/2$ 时 (庞加莱球上的角度按一半计算, 例如半球的角度为 90°), 偏振波的电矢量是垂直的偏振光; 当 $\pi/4 > \varepsilon > 0$ 时, 点 P_1 落在上半球面上, 对应于右旋椭圆偏振光; 当 $-\pi/4 < \varepsilon < 0$ 时, 点 P_1 落在下半球面上, 对应于左旋椭圆偏振光。

对于偏振波通过双折射光学元件后的偏振态, 可以通过在庞加莱球上画曲线确定。方法是, 在球面上分别取与入射光波偏振态相对应的点 P_1 和与光学元件快轴对应的点 R, 以点 R 为圆心、点 R 的球半径为轴, 从入射偏振波的点 P_1 出发画弧长等于偏振元件相位延迟 δ 的曲线至终点 P_1', 曲线终点 P_1' 就是出射光的偏振态。绕 y 轴旋转可使 P_1 点在垂直圆线上运动, 相当于偏振光通过一个快轴与 y 轴重合并有一定相位差的延迟器。当 P_1 点沿在水平平面内的大圆面线上运动时, 意味着相位差不变, 但偏光方位角发生变化, 相当于偏振光以不同的方位角通过一个双折射波片。由此可看出, 偏振光的线形变换相当于 P_1 点在球面上的移动。当入射偏振光通过多个偏振光学元件时, 按以上类似的方法, 以下一个光学元件为圆心, 前一条曲线的终点为起点, 作该光学元件的曲线, 直到作完最后一个光学元件的曲线, 最后一条曲线的终点就是出射光波的偏振态。

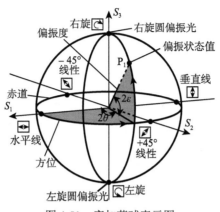

图 4-51　庞加莱球表示图

4.5.15　马吕斯定律 Malus' law

〈偏振〉线偏振光射向线偏振元件时，透射光强度与入射光振动方向和线偏振元件主方向之间的夹角有关的规律。入射电场强度与透射电场强度和入射光强与透射光强之间的关系分别按公式 (4-151) 和公式 (4-152) 计算：

$$E_A = E_P \cos\theta \tag{4-151}$$

$$I_A = I_P \cos^2\theta \tag{4-152}$$

式中：E_A 为透射光的电场强度；E_P 为入射光的电场强度；θ 为入射偏振光的电场振动方向与线偏振元件主方向之间的夹角；I_A 为透射光强；I_P 为入射光的光强。马吕斯定律的关系用图 4-52 可直观地说明。图 4-52 中：OP 为入射光的振动方向；OA 为线偏振元件主方向；θ 为两者之间的夹角；OB 为垂直于 OA 的方向；E_A 为入射光的电场强度在 OA 方向的电场强度分量，以透射光射出；E_B 为入射光的电场强度在 OB 方向的电场强度分量，不能透过元件射出。入射光的电场强度 E_P 经过线偏振元件后，电场强度的大小变为在线偏振元件主方向 OA 的投影 E_A，其振动方向也由原来入射的 OP 方向变成了与线偏振元件主方向 OA 一致的振动方向，偏振元件的主方向是偏振元件选择线偏振的方向。

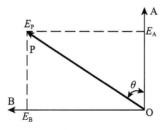

图 4-52　马吕斯定律示意图

4.5.16　非偏振光 unpolarized light

其电矢量可分解成为相互垂直的具有不同相位差的任意两个电矢量，这两个电矢量的平均振幅相同,但其相位差是完全随机变化的光,也称为非偏振辐射 (unpolarized radiation)。

4.5.17　完全偏振光 completely polarized light

光波中的所有光只有一种偏振态的光波。完全偏振光的偏振态分别有线偏振态、圆偏振态和椭圆偏振态。

4.5.18　不完全偏振光 incompletely polarized light

光波中光的偏振态不只是一种偏振态的光波。不完全偏振光的偏振态的组合分别有线偏振态光与圆偏振态光的组合、线偏振态光与椭圆偏振态光的组合、椭圆偏振态光与圆偏振态光的组合，以及线偏振态光与圆偏振态光及椭圆偏振态光的组合。

4.5.19　部分偏振光 partially polarized light

光波是由偏振光和自然光各占一定能量比例混合组成的光波。部分偏振光的光束，存在一个垂直于光束传播方向的偏振方向，在这个方向的光强强于其他方向，见图 4-53 所示。这个现象通过检偏器可检查出来，这个方向就是检偏器测出在整个圆周中，任何时刻光强都比其他方向更强的那个方向，图 4-53 中的 x 方向就是光强较强的那个方向。x 方向的光强是在自然光的光强基础上增加了偏振光的光强，因此这个方向的光强比较强。

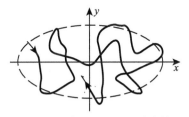

图 4-53　部分偏振光的振动端点轨迹图

4.5.20　偏振度 degree of polarization

部分偏振光的光束中，偏振部分的光强度和整个光强度之比值，用符号 P 表示，按公式 (4-153) 计算：

$$P = \frac{I_p}{I_p + I_u} \tag{4-153}$$

式中：I_p 为平面偏振光 (或线偏振光) 的强度；I_u 为非偏振光的强度；$I_p + I_u$ 为部分

偏振光的总强度或光束的总光强度。偏振度 P 的数值越大，光束中的偏振光成分就越多，当偏振度 P 为 1 时，光束为纯偏振光，当偏振度 P 为 0 时，为非偏振光。

4.5.21　布儒斯特定律 Brewster's law

由布儒斯特所发现的，当光波从一种介质射向另一种介质的界面时，在一个特定角度发生反射光中只有垂直于入射面的 s 分量偏振光，而无平行于入射面的 p 分量偏振光 (E_{rp} =0) 现象的规律。这种现象的发生与入射光电场 E_i 的矢量振动状态无关，即无论入射光是非偏振光、部分偏振光、偏振光，都将会发生这种现象，发生这种现象的特定光波入射角称为布儒斯特角。当自然光垂直于界面或掠界面入射时，反射光和透射光的偏振状态与入射光的是一样的；当自然光斜入射到界面时，反射光和折射光都为部分偏振光 (非布儒斯特角时)，反射光中垂直振动 (s 分量) 多于平行振动 (p 分量)，折射光中平行振动 (p 分量) 多于垂直振动 (s 分量)。在高速公路上开车时，会看到远处某个位置的路面像水面一样耀眼发亮，这就是人眼接收了对应这个位置构成布儒斯特角反射的垂直入射面偏振光的原因。

4.5.22　布儒斯特角 Brewster angle

〈偏振〉当光波从一种介质射向另一种介质的界面时，反射光中只有垂直于入射面的 s 分量偏振光而无平行于入射面的 p 分量偏振光 (E_{rp} =0) 时的入射角，也称为起偏角，用 θ_B 符号表示，按公式 (4-154) 计算：

$$\theta_B = \arctan\left(\frac{n_2}{n_1}\right) \tag{4-154}$$

式中：n_1 为入射空间介质的折射率；n_2 为与入射介质构成反射界面的另一种介质的折射率。

布儒斯特角现象发生在光波从介质 n_1 射向介质 n_1 和 n_2 的界面，当光波的入射角 $\theta_i = \theta_B$ 时，此时反射光波只有垂直于入射面的 s 分量偏振光 E_{rs}，而平行于入射面的 p 分量偏振光 E_{rp} 始终为零 ($E_{rp} = 0$)，但在此时的折射光中正好相反，只有平行于入射面的 p 分量的偏振光 E_{tp}，而没有垂直于入射面的 s 分量的偏振光 E_{ts}(E_{ts} =0)。用许多表面互相平行的玻璃片组成玻片堆，使自然光以布儒斯特角入射，就可得到平行于入射面的纯偏振光 (其为透射光)，由此原理可设计和制造偏振光的起偏器。

4.5.23　晶体物质方程 crystal physical equation

描述电磁场与晶体介质相互作用的一个方程组。晶体物质方程是，对晶体这个各向异性物质具体对象，当光波在晶体中传播时，电磁场与晶体介质的相互作用，两个电场矢量 E、D 之间或两个磁场矢量 H、B 之间关系的数学方程表达，由公式 (4-155) 和公式 (4-156) 组成：

$$D = \varepsilon_0 E + \varepsilon_0 \chi E \tag{4-155}$$

$$D = \varepsilon E = \varepsilon_0 \varepsilon_r E \tag{4-156}$$

公式 (4-155) 中的 χ 为晶体介质的电极化系数，是含有九个元素的二阶张量。以上公式中的 D，对于晶体也为二阶张量，通常情况下 D 和 E 方向不同。天然的透明晶体都是非磁的，因此光波 B 与 H 的关系与各向同性介质的相同。

4.5.24　晶体分类 crystal classification

按照晶体的三个坐标方向的主折射率之间的相等或不相等的关系所进行的分类。晶体三个坐标方向的主折射率分别为 n_x、n_y 和 n_z。当晶体的 $n_x = n_y = n_z$ 时，其折射率椭球退化为一个球，晶体的光学性质与光波电矢量 D 的方向无关，为各向同性的，称为各向同性晶体；当晶体的 $n_x = n_y \neq n_z$ 或 $n_x \neq n_y = n_z$ 或 $n_x \neq n_y \neq n_z$ 时，其光学性质 (折射率、偏振方向等) 与光波电矢量 D 的方向有关，为各向异性的，前两种情况称为单轴晶体，最后一种情况称为双轴晶体。

4.5.25　寻常光线 ordinary ray

光入射到双折射介质 (如晶体等) 上分解为两束折射光线时，遵守寻常折射定律传播的那束光线，又称为 o 光。寻常光线称为 o 光是采用了 "ordinary" 的第一个英文字母。寻常光在各向异性介质 (或晶体) 中各个方向的传播速度相等或折射率相等。当入射面为主截面 (即界面法线与光轴构成的平面) 时，o 振动方向垂直于主截面。

4.5.26　异常光线 extraordinary ray

光入射到双折射介质 (如晶体等) 上分解为两束折射光线时，不遵守寻常折射定律传播或光束的折射角大小 (入射角不变时) 会随入射方向改变的那束光线，又称为 e 光或非寻常光。异常光线称为 e 光是采用了 "extraordinary" 的第一个英文字母。异常光波的坡印亭矢量 S 与波矢 k 的传播方向不一致，有一个夹角，因此，电位移矢量 D 与坡印亭矢量 S 不正交，见图 4-54 所示。异常光在各向异性介质 (或晶体) 中的传播速度或折射率会随折射角度的改变而改变。当入射面为主截面时，e 振动方向平行于主截面。

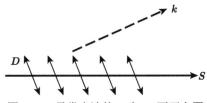

图 4-54　异常光波的 S 和 D 不正交图

4.5.27　相位波片 phase wave plate

由晶体制成，以使通过的特定波长光波在经其传播后的寻常偏振光和异常偏振光形成一定相位差的平行平板薄透明片，也称为相位延迟片 (phase retardation sheet)，简称为波片。波片主要有 1/4 波片、半波片和全波片。

1/4 波片是使特定波长光波通过的寻常偏振光和异常偏振光的相位差 φ 为四分之一波长的波片，它们的相位差关系用公式 (4-157) 表示：

$$\varphi = |n_\text{o} - n_\text{e}| d = \left(m + \frac{1}{4}\right)\lambda \tag{4-157}$$

式中：n_o 为波片对寻常偏振光的折射率；n_e 为波片对异常偏振光的折射率；d 为波片光路方向的厚度；m 为任意整数；λ 为通过波片的光波波长。当线偏振光与波片的快轴或慢轴为 45° 通过后，出来的光波为圆偏振光；当线偏振光与波片的快轴或慢轴的夹角不为 45° 通过后，出来的光波为椭圆偏振光；反过来圆偏振光和椭圆偏振光通过 1/4 波片后，出来的是线偏振光。

半波片是使特定波长光波通过的寻常偏振光和异常偏振光的相位差 φ 为二分之一波长的波片，它们的相位差关系用公式 (4-158) 表示：

$$\varphi = |n_\text{o} - n_\text{e}| d = \left(m + \frac{1}{2}\right)\lambda \tag{4-158}$$

圆偏振光和椭圆偏振光通过半波片后，出来的光仍是圆偏振光和椭圆偏振光，但旋转方向改变，如左旋变成了右旋；当线偏振光通过半波片后，出来的仍是线偏振光，但线偏振的振动方向与快轴或慢轴的夹角变了符号，例如正夹角变为负夹角，或线偏振方向由第一及第三象限变到了第二及第四象限。

全波片是使特定波长光波通过的寻常偏振光和异常偏振光的相位差 φ 为整波长的波片，它们的相位差关系用公式 (4-159) 表示：

$$\varphi = |n_\text{o} - n_\text{e}| d = m\lambda \tag{4-159}$$

圆偏振光、椭圆偏振光和线偏振光通过全波片后，出来的光仍是圆偏振光、椭圆偏振光和线偏振光，但当入射光波的波长与波片的波长不同时，入射光波的偏振态就会被相应改变。

4.5.28　快轴 fast axis

波片将通过其的光波分解为两个偏振方向相互垂直的两支光中传播速度快的那支光的振动方向，也称为快轴方向。快轴将是寻常光 (o 光) 的振动方向或异常光 (e 光) 的振动方向之一，对于负单轴波片，e 光的速度比 o 光的快，所以快轴为

e 光的偏振方向或波片光轴的方向，见图 4-55 所示；对于正单轴波片，o 光的速度比 e 光的快，所以快轴为 o 光的偏振方向或垂直于波片光轴的方向，e 光的偏振方向为慢轴。图 4-55 和图 4-56 中的圆和椭圆是光线的传播面，尺寸大的形状为光线传播速度快而折射率低的面，尺寸小的形状为光线传播速度慢而折射率高的面。光线传播面与光率体对应的负轴晶体形状正好相反，对应的正轴晶体形状也是相反。

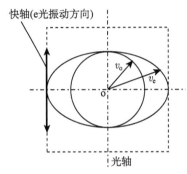

图 4-55　负单轴晶体的快轴方向示例

4.5.29　慢轴 slow axis

　　波片将通过其的光波分解为两个偏振方向相互垂直的两支光中传播速度慢的那支光的振动方向，也称为慢轴方向。慢轴将是寻常光 (o 光) 的振动方向或异常光 (e 光) 的振动方向之一，对正单轴波片，e 光的速度比 o 光的慢，所以慢轴为 e 光的偏振方向或波片光轴的方向，见图 4-56 所示；对于负单轴波片，o 光的速度比 e 光的慢，所以慢轴为 o 光的偏振方向或垂直于光轴的方向，e 光的偏振方向为快轴。快轴和慢轴间为相互垂直的关系，它们与光轴是平行或垂直的关系；e 光因在主截面内，总是与光轴平行，o 光因垂直于主截面，总是与光轴垂直。

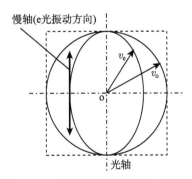

图 4-56　正单轴晶体的慢轴方向示例

4.5.30　二向色性 dichroism

对不同振动 (或偏振) 方向的光波具有不同吸收比的各向异性物质的一种性质。具有二向色性的晶体称为 "二向色性晶体",当两束振动方向不同的光通过这种晶体时,出射的两束光的强度将会有明显的差别,例如,1mm 的电气石几乎吸收掉全部寻常光,但对异常光却没有明显的吸收。有些晶体的二向色性还与波长明显相关,当偏振方向相互垂直的白光线偏振光通过晶体后,两个相互垂直方向的偏振光的颜色将出现差别,这也就是二向色性名称的由来。利用晶体的二向色性可以制作偏振器,例如电气石偏振器。

4.5.31　旋光 rotatory polarization

线偏振光在物质中传播时,偏振面所在方向偏离光入射时的原振动面方向,沿着光的传播方向产生一定角度旋转的现象,见图 4-57 所示。旋光是由某些具有旋光性质的晶体或溶液的这种性质导致的,如石英、岩盐 (立方晶体)、酒石酸 (双轴晶体)、松节油、蔗糖溶液等。旋光现象有右旋 (迎着光传播方向看顺时针旋转) 的和左旋 (迎着光传播方向看逆时针旋转) 的,是右旋的还是左旋的取决于物质的性质,有些物质具有右旋的和左旋的两类旋,如石英和蔗糖溶液等就都具有右旋的和左旋的两个类别。

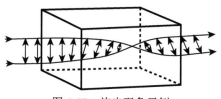

图 4-57　旋光现象示例

4.5.32　旋光率 specific rotation; rotation rate

表征旋光物质的旋光能力大小的参量,也称为旋光系数。旋光率用线偏振光通过单位厚度旋光物质后其偏振面旋转的角度来表示,按公式 (4-160) 计算:

$$\rho = \frac{\alpha}{d} \tag{4-160}$$

式中:ρ 为旋光率;α 为线偏振光在物质中传播后振动方向旋转的角度;d 为线偏振光在物质中传播的距离。关于旋光率的符号:对于右旋物质,$\rho > 0$;对于左旋物质,$\rho < 0$。旋光物质的旋光率有 (用钠黄光源,$\lambda = 589.3\text{nm}$):石英的 $\rho = 21.7(°)/\text{mm}$;松节油的 $\rho = 0.37(°)/\text{mm}$。同一物质的旋光率将因传播光源的波长不同而不同,这称为旋光色散,如用波长 $\lambda = 435.8\text{nm}$ 光源,石英的 $\rho = 41.55(°)/\text{mm}$,波长

λ =643.8nm 光源，石英的 ρ =18.02(°)/mm。同一物质，波长短旋光率增大，即同一传播过程中，蓝光的旋转角度比红光的大。

4.5.33　双反射 bireflection

〈晶体〉被偏振光照射下的各向异性 (或不均匀) 的反射物质引起不同反射方位的颜色和光强度不同的现象，也称为反射多色性。双反射现象的产生主要是由晶体等各向异性物质的微观分子或原子结构排列的不均匀所导致的现象。偏振光照射显微镜载物台上的非均匀物质，随载物台的旋转，可从显微镜看到不同方位的反射颜色和反射光强的不同。

4.5.34　双反射率 bireflectance

反射物质表面的各向异性所引起指定波长的两个相互垂直振动的反射比的最大差异，用符号 δ 表示，按公式 (4-161) 计算：

$$\delta_\lambda = \left| \tau_s - \tau_p \right|_{\max} \tag{4-161}$$

式中：δ_λ 为指定波长 λ 的双反射率；τ_s 为在双反射物质反射面上反射的 s 振动方向的反射比；τ_p 为在双反射物质反射面上反射的 p 振动方向的反射比。

4.5.35　人为双折射 human birefringence

对于各向同性晶体或各向异性晶体人为地施加有方向的外界作用，使其产生双折射性质或改变双折射性质的现象。各向同性介质的分子结构是无规则性的，因此呈现的光学性质是各向同性的，当人为对它们施加具有方向性的外界作用时或作用后，如定向的机械力或电磁场作用，可能使其结构出现方向性，从而形成了光学各向异性的性质。人为产生的双折射性质与外界作用的大小密切相关，因此测定这种双折射的大小或变化可以推断施加外界作用物理量的大小和方向；反之，通过控制外界作用物理量，可以产生所需要的双折射，从而实现透射光束偏振态或光强的调节。

4.5.36　消光比 extinction ratio

〈偏振〉光通过起偏方向相互平行的两个起偏器组成的偏光系统与起偏方向相互正交的两个起偏器组成的偏光系统时，得到的最大输出光强与最小输出光强之比，也称为消光系数，用符号 r_e 表示。消光比也可采用两个线偏振器相对旋转时的最小透射光强度与最大透射光强度之比。消光比也可采用，经偏振系统后的最大光强与最小光强之比取以 10 为底的对数乘 10 来表达。无论消光比用什么表达方式，在给出其值时，需要标明其算法。当有应力双折射的透明介质插入两个偏振器之间时，消光比降低。因此，可用消光比来表示介质应力的大小。消光比是线偏振光纯度的表达参数或起偏器输出线偏振光能力的表达参数。对起偏器而言，消光比的值越大，其将输入光变成线偏振光的能力就越强；对光源而言，消光比的值越大，其输出的光越接近于线偏振光；对于理想的线偏振光，其消光比为无穷大。

4.5.37 泡克耳斯效应 Pockels effect

〈光学材料〉晶体 (或介质) 置于恒定或交变电场中产生与电场强度成正比的折射率变化 Δn 的现象或效应，也有称为普克耳斯效应。泡克耳斯效应是一种线性电光效应，属于一级电光效应，其只在缺少反演对称性的晶体，如铌酸锂 (LiNbO$_3$)、钽酸锂 (LiTaO$_3$)、硼酸钡 (BBO) 和砷化镓 (GaAs) 等或其他非中心对称的介质 (如电场极化高分子和玻璃) 中出现。泡克耳斯效应可应用于做电光快门。

4.5.38 克尔效应 Kerr effect

物质置于电场中发生双折射，折射率的变化 Δn 与电场强度的平方成正比的现象或效应，也称为克尔电光效应。物质在电场中，分子受到电力的作用而发生取向 (偏转)，使沿两个不同方向通过物质的光的折射能力不同，呈现出各向异性的双折射现象。产生双折射的克尔效应属于二级电光效应，产生双折射的物质包括气体、液体和玻璃态固体。克尔效应表现为，电场对液体的作用使其成为单轴晶体，晶体的光轴与电场方向平行，光垂直于电场方向通过液体容器。所有材料都可产生克尔效应，只是某些极性液体 (如硝基甲苯和硝基苯) 的效应更为突出。

克尔效应与泡克耳斯效应的不同之处是，前者的折射变化与电场强度的二次方成正比，后者是折射率的变化与电场强度的变化成正比。

4.5.39 塞曼效应 Zeeman effect

原子 (或光源) 辐射的谱线在外加强磁场作用下发生分裂且偏振的现象或效应，也称为塞曼分裂。当观察的方向与磁场的方向相同时，原来的谱线一分为二，且是反方向的圆偏振光，称为纵 (向) 塞曼效应；当观察方向和磁场方向两个方向垂直，原来的频率 (谱线) 还存在，在两边又新出现了两条，成为塞曼三重线 (洛伦兹三重线)，且三者都是平面偏振的，称为横 (向) 塞曼效应；原来的光谱线本身就是多重线，或一条谱线在磁场作用下并非分裂成三条线，而是间隔不为相等洛伦兹单位的更为复杂的多重线，称为反常塞曼效应；在磁场作用下，金属蒸气的吸收谱线的分裂，称为倒塞曼效应；各谱线之间的间隔大小与磁场的强度一次方成正比，称为线性塞曼效应；各谱线之间的间隔大小与磁场的强度二次方成正比，称为平方塞曼效应；磁场更强的有帕邢-巴克 (Paschen-Back) 效应，其表现为反常塞曼效应回归正常效应，又表现为三重分裂。塞曼效应是由于外磁场方向与原子动量矩之间夹角不同，使原子得到不同的附加能量。

4.5.40　法拉第效应 Faraday effect

物质置于磁场中出现旋光性的现象或效应，又称为法拉第旋转或磁致旋光。线偏振光在介质中传播时，在平行于传播方向施加一个磁场，偏振面的旋转角 θ 与磁感应强度 B 和光在物质中传播的距离 L 成正比，$\theta = V \cdot B \cdot L$ (V 为比例系数或费尔德常数)。法拉第效应可解释为：磁场作用导致光谱分裂，使入射光分为左旋和右旋两束圆偏振光，两束圆偏振光在介质中成为双折射，而产生一定光程差后在离开介质时再合成为线偏振光，合成的线偏振光的振动平面却比原先有所偏转。

4.6　全　　息

4.6.1　全息术 holography

利用光的干涉和衍射原理，将物体发射的特定光波以干涉条纹的形式记录下来，并在一定条件下使其再现，形成逼真的原物体立体像的技术，又称为全息学或全息摄影。全息术利用物光波与参考光波的干涉来记录物体信息，不仅存储了物体的振幅信息，而且也存储了物体的相位信息，而普通摄影只是保留物体的振幅信息，因此，全息术能存储物体全面的信息，这就是"全息"名称的由来。

4.6.2　全息图 hologram

将物体反射的光波与参考光波的干涉分布记录在照相感光材料或光电器件上的干涉图样，或通过模拟干涉场用编码编制的图样。全息图上记录的内容没有物体的结构形状内容，只是一些光栅状结构的图案。全息图记录的对象 (或物体) 只有在参考光的照射下才能再现。全息图再现的参考光有用激光的，也有用白光的等。全息图的记录和再现过程可形象地看作是对拍摄对象信息"冻结"和"解冻"的过程。

全息图有许多种类：按记录介质厚度，可分为平面全息图和体积全息图；按记录的光栅内容，可分为振幅全息图和相位全息图；按感光底板的光干涉区域，可分为菲涅耳全息图和夫琅禾费全息图；按参考光和照射物体光的传播方向，可分为共轴全息图和离轴全息图；利用透镜系统使物体成像在感光底片附近的称为像全息图；用物体的频谱与参考光干涉获得的全息图称为傅里叶变换全息图 (与夫琅禾费全息图同类) 等。

4.6.3　光学全息 optical holography

利用干涉原理，通过引入一个与物光波相干的参考光波与物光波干涉，将物光波中的振幅和相位以干涉条纹的形式记录在某种介质上，然后再利用光波衍射的原理，通过光波的衍射，再现原始物光波，从而再现原物体的三维像的全息技术。用光学方法记录的全息图称为光学全息图。

4.6.4　数字全息 digital holography

用光电传感器件 (如 CCD 或 CMOS) 代替干板记录全息图，然后将全息图存入计算机，用计算机模拟光学衍射过程来实现被记录物体的全息再现和处理的全息技术。数字全息与传统光学全息相比具有制作成本低、成像速度快、记录和再现灵活等优点。用数字方法记录的全息图称为数字全息图。

4.6.5　计算全息 computing holography

用计算机编码来建立物体或设想物体的振幅与相位信息来制作全息图的全息技术。计算全息具有信息全面、噪声低、重复性高、可记录任何甚至不存在的物体的全息图等优点。计算全息是基于数字计算与现代光学的一种全息技术。计算全息既可以用光学方法再现，也可以用计算机再现。用计算机编码方法记录的全息图称为计算全息图。

4.6.6　波前记录 wavefront recording

物光波的波前与参考光波的波前进行干涉后的干涉图场的电场振幅和相位的记录。波前记录的一般光路见图 4-58 所示，激光器输出的光束经分束板分为物光波和参考光波两束光波；物光波经反射镜 M_1 反射后，经透镜 L_1 扩束后照射被摄物体，再经过物体衍射、漫反射等照射到全息干板 H 上；参考光波经反射镜 M_2 反射后，经透镜 L_2 扩束后不经过被摄物体直接照射到全息干板 H 上；带有物信息的物光波和参考光波在全息干板 H 上叠加干涉，并曝光全息干板 H；将经曝光的全息干板显影和定影处理后，波前干涉的条纹就被记录下来。

波前记录也可用数学关系来表达。设在记录平面上，物光波和参考光波的复振幅分别为公式 (4-162) 和公式 (4-163)

$$O(x, y) = O_0(x, y) \exp\left[i\phi_0(x, y)\right] \tag{4-162}$$

$$R(x, y) = R_0(x, y) \exp\left[i\phi_r(x, y)\right] \tag{4-163}$$

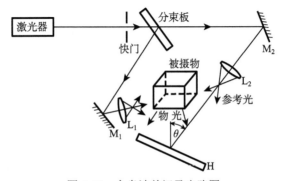

图 4-58　全息波前记录光路图

对记录材料曝光的两束光波的干涉强度 $I(x, y)$ 的分布为公式 (4-164)：

$$I(xy) = |O(x, y) + R(x, y)|^2$$
$$= O_0^2(x, y) + R_0^2(x, y) + 2O_0(x, y)R_0(x, y)\cos[\phi_o(x, y) - \phi_r(x, y)] \quad (4\text{-}164)$$

控制曝光时间，可以获得显影后底片的振幅透射系数 $t(x, y)$，用公式 (4-165) 表示：

$$t(x, y) = t_b + \beta T I(x, y) = t_b + \beta' I(x, y)$$
$$= t_b + \beta' \left[O_0^2(x, y) + R_0^2(x, y) \right]$$
$$+ 2\beta' O_0(x, y)R_0(x, y)\cos[\phi_o(x, y) - \phi_r(x, y)] \quad (4\text{-}165)$$

式中：t_b 为记录介质的偏置点基数；β 为记录介质的偏置点斜率；T 为曝光时间；β' 为 β 与 T 的乘积。

从上式可以看出，全息图是记录了物体光波振幅和相位信息的复杂光波，光栅条纹的位置编码了物体光波的相位，光栅的反衬度编码了物体光波的振幅。

4.6.7 波前再现 wavefront reproduction

用参考光波照射记录了物体信息的全息图，全息图衍射的光波使物体光波显现出来的过程或结果。波前再现可以用数学关系表达。波前再现用一束相干光波 $B(x, y) = B_0(x, y)\exp[\mathrm{i}\phi_b(x, y)]$ 照射全息图，则衍射光波 $u(x, y)$ 用公式 (4-166) 表示：

$$u(x, y) = B(x, y)t(x, y)$$
$$= t_b B(x, y) + \beta' \left[O_0^2(x, y) + R_0^2(x, y) \right] B(x, y)$$
$$+ \beta' O(x, y)R^*(x, y)B(x, y)$$
$$+ \beta' O^*(x, y)R(x, y)B(x, y)$$
$$= u_1 + u_2 + u_3 + u_4 \quad (4\text{-}166)$$

若再现光波 B 就是记录时的参考光波 R，则衍射第三项成为 $u_3 = \beta' O(x, y)R_0^2(x, y)$，这正是原物体光波的重现。

4.6.8 物光波 object wave

全息图波前记录时，用于照射物体并经物体散射、衍射、反射或透射入射到照相记录材料上的光波。物光波上，承载着物体的振幅和相位信息。

4.6.9 共轴全息图 coaxial hologram

参考光和照射物体的光波都沿着相同光轴方向传播产生的全息图，也称为加伯 (或伽搏) 全息图。同轴全息图透射光波中包含的四项都在同一方向上传播，无法分离。在全息图两侧的对称位置产生物体的实像和虚像，称为孪生像，但在观察某一像时，会受到另一离焦像的干扰。同轴全息图拍摄的对象通常是透明片，如带文字或图形的透明片，用一束干涉光照射透明片，文字部分衍射射向记录片的光波为物光波，透明部分直接射向记录片的是参考光，物光波和参考波是同轴的。

4.6.10 离轴全息图 off-axis hologram

参考光和照射物体的光波不在相同光轴方向传播产生的全息图。离轴全息图的实像和虚像错开一定的角度，因而在观察某一像时，不会受到另一离焦像的干扰。

4.6.11 彩虹全息图 rainbow hologram

一种用激光记录全息图、用白光对全息图上的拍摄物进行再现的全息图。彩虹全息图的特点是再现像的色彩随观察角度而变化，如同彩虹一样，故称彩虹全息。彩虹全息拍摄方法一般分两步，先用普通方法拍摄一张透射全息图，以此全息图作为物，用一束逆平行于原始参考光的光再现实像，但照射的只是全息图上约 10mm 的水平窄带，第二个全息图底片位于实像上，也用参考光照射拍摄，这样就得到彩虹全息图。用白光再现时这类全息图有较高的衍射效率，因为绝大部分衍射光向观察者眼睛方向散射，但缺点是牺牲了垂直方向的视差。

4.6.12 傅里叶变换全息图 Fourier transform hologram

利用透镜的傅里叶变换性质产生物体的频谱，并引入参考光与其干涉所获得的全息图。傅里叶变换全息图不是记录物体光波本身，而是记录物光波的空间频率，光路原理见图 4-59 所示。图中：设被记录物体是二维透明片 Σ，将此透明片 Σ 放置在傅里叶变换透镜 L 的前焦平面上，用单色平面波正入射照明；被记录的物光波 $O(x,y)$ 是 Σ 透射系数为 $\sigma(\xi,\eta)$ 的傅里叶变换；参考光波是由透镜 L_R、针孔 M 和透镜 L(其焦距为 f) 建立的倾斜平面波；在透镜的后焦平面上放置全息底片 H，H 上记录的是 σ 准确的傅里叶变换全息图。

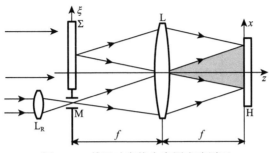

图 4-59 傅里叶变换全息图光路原理

4.6.13 菲涅耳全息图 Fresnel hologram

记录介质与被记录物体的距离满足菲涅耳近似条件对应的干涉场记录的全息图。菲涅耳全息图就是在菲涅耳近场区域记录并再现的全息图。菲涅耳全息图记录不需要变换透镜或成像透镜, 仅要求记录介质到物体的距离满足菲涅耳近似条件 (即物体的尺寸与物体到记录介质的距离相比小很多, 可忽略不计)。菲涅耳衍射积分公式可以用来计算光波在近场区域的传播。

4.6.14 体积全息图 volume hologram

用厚度足够厚的全息记录感光胶膜, 使记录的物光波和参考光波的干涉场为明暗相间的三维空间曲面族的全息图, 见图 4-60 中的 (a)、(b)、(c) 和 (d) 所示。图 4-60(a) 为透射全息图, 用与参考光源完全相同的光源 G 作为照明光源, 位置在原参考光源位置 M 处, 照射体积全息图, 体积全息图上全息摄影干涉形成双曲面结构对光源进行发散反射, 在原来的物点 A′ 点处成虚像; 光源和像在全息图的同一侧; 各双曲面反射会聚于 A′ 点的光程差都是波长 λ 的整数倍; 当参考光源 G 逐渐移离位置 M 时, 再现像 A′ 逐渐模糊。图 4-60(b) 为用参考光源的共轭波 G′ 照射透射全息图, 在原来的物点 A″ 点处成实像, 光源和像在全息图的同一侧, A″ 点处各光线的光程差都是波长 λ 的整数倍; 当光源 G′ 逐渐移离位置 M 的性质同图 4-60(a)。图 4-60(c) 为反射全息图, 用与参考光源完全相同的光源 G 作为照明光源, 位置在原参考光源位置 M 处, 照射体积全息图, 体积全息图上全息摄影干涉形成双曲面结构对光源进行发散反射, 在原来的物点 A′ 点处成虚像; 光源和像分在全息图的两侧; A′ 点处各光线的光程差都是波长 λ 的整数倍; 当光源 G 逐渐移离位置 M 的性质同图 4-60(a)。图 4-60(d) 为用参考光源的共轭波 G′ 照射反射全息图, 在原来的物点 A″ 点处成实像, 光源和像分在全息图的两侧, A″ 点处各光线的光程差都是波长 λ 的整数倍; 当光源 G′ 逐渐移离位置 M 的性质同图 4-60(a)。体积全息图的特点是: 可用多色的宽光源再现彩色物体 (如用三基色光记录); 衍射效率高; 对入射光波的角度有强烈的选择性, 可用于多重记录, 有利于充分利用记录材料。

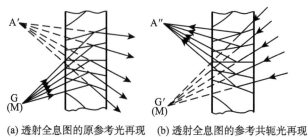

(a) 透射全息图的原参考光再现   (b) 透射全息图的参考共轭光再现

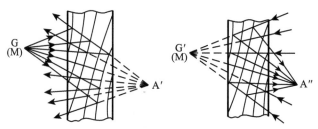

(c) 反射全息图的原参考光再现   (d) 反射全息图的参考共轭光再现

图 4-60   体积全息图的再现原理光路图

4.6.15   相位全息图 phase hologram

物光波的信息主要由相位携带，透射系数与空间位置无关，相位与空间位置有关，等于相位参量记录的全息图，也称为相位全息图或基诺 (或开诺) 全息图 (Kinoform)。相位全息图是一种相对透明的图，再现光通过时，由于图面上相位分布变化而导致衍射作用产生，从而使记录在上面的物信息再现。相位全息图只有成像光波，无其他衍射光损失，衍射效率高，其理论衍射效率可高达 100%，因而它是一种光波重构的理想元件。它更接近立体视觉的真实过程，同时信息量比全息图小，便于传输，便于相位显示，还有光能利用率高等优点。相位全息图有浮雕型 (全息图的表面为浮雕状) 和变折射率型 (全息图用变折射率感光材料记录相位信息) 两类。

4.6.16   空间带宽积 spatial bandwidth product

感光记录介质的宽度与感光记录介质空间分辨力频率的乘积，用符号 N 或 SW 表示，按公式 (4-167) 计算：

$$N = \Delta x \cdot \delta\xi = \frac{\Delta x}{\delta x} = SW \tag{4-167}$$

式中：Δx 为感光记录介质的宽度；$\delta \xi$ 为感光记录介质空间分辨力频率；δx 为感光记录介质的最小分辨距离。空间带宽积是表示记录介质记录信息量能力 (或信息量多少) 的物理量，是在 Δx 宽度方向所记录的线条数目，本身是无量纲的量，是有关三维波前重建图像的视角范围、图像清晰度和尺寸等感知参数的重要物理因素。按照带宽定理有 $\delta x \cdot \delta \xi = 1$。公式 (4-167) 为一维情况下的空间带宽积。

4.6.17　全息光学元件 holographic optical element(HOE)

根据全息术原理制成的具有成像、分光、分色、偏折等功能的衍射光学元件。全息光学元件通常制作在感光薄膜、塑料薄板等材料上，主要有全息透镜、全息光栅、全息滤波器、全息扫描器等。全息光学元件不像传统的光学元件那样是用透明光学玻璃、晶体或有机玻璃等制成，也不是基于几何光学的折射、反射原理工作，而是基于衍射原理工作。

第 5 章　量子光学术语及概念

本章的量子光学术语及概念主要包括量子光学基础、量子特性、量子效应、量子技术、量子器件、非线性光学、量子光学应用共七个方面的术语及概念。量子光学的范围通常还可以包括非线性光学、分子光学、量子器件等相关内容，非线性光学和量子器件的内容已纳入本章中。而分子光学的相关内容，分别在本书的"第 1 章　通用基础术语及概念"、"第 7 章　激光术语及概念"和"第 14 章　光学材料术语及概念"等章中有纳入，因此，本章不再设专门的章节来重复这部分内容。"第 7 章　激光术语及概念"中的有些术语既涉及量子光学，也涉及非线性光学，这些术语及概念已被激光领域长期使用，因此，仍保留在激光术语及概念的章节中。

5.1　量子光学基础

5.1.1　光子 photon

构成光的基本粒子 (中性玻色子)，是光能的最小单位，不可再分，稳定、不带电，是电磁场的能量量子，又称为光量子 (photon-quantum)。光子是电磁波的能量、动量、自旋携带者，光子的自旋量子数为 1，静止质量为零，在真空中以电磁波的传播速度运动，运动质量为 $h\nu/c^2$，能量为 $h\nu$，动量的大小为 $mc = h/\lambda = h\nu/c$，是不带电的中性粒子，因具有两种可能的独立振动状态而有两个内在自由度，即自旋。光子能量的确定态就是频率的确定态。光子具有很宽的能量范围，从高能的 γ 光子、X 光子、紫外光子到低能的红外光子、太赫兹光子等。

5.1.2　单光子 single photon

可以独立存在的单个光子。物质通过电磁辐射的方式释放能量的最小单元或最小电磁场能量单元的光场，能量大小为 $h\nu$，h 为普朗克常数，ν 为光子的频率。

5.1.3　量子 quantum

物理学中参与相互作用的物理量的不可再分单元，是不可再分物理量单元的统称。其是表征微观粒子物理量不连续性的最小单位。特定体系里微观粒子的某些物理量，如频率、速度、动量、能量等，不像宏观物体那样可以连续变化，而只能以某一最小单位 (量子) 的整数 (或半整数) 倍数变化，此倍数为量子数。

5.1.4 全同粒子 identical particle

质量、电荷、自旋等固有性质完全相同的微观粒子。在量子力学中，全同粒子是一群不可区分的粒子。全同粒子包括基本粒子，像电子、光子，也包括合成的粒子，像原子、分子。全同粒子包括两种类型：① 玻色子，可以处于同样的量子态或占据相同的量子态 (倾向于聚集，形成相似性质的相干态)，例如光子、胶子、声子、氦-4 原子都是玻色子；② 费米子，不能处于同样的量子态 (泡利不相容原理)，即两个粒子不能占据相同的量子态 (避免堆积)，电子、中微子、夸克、质子、中子、氦-3 原子都是费米子。费米子的性质解释了电子有不同的能级。所有的电子 (在忽略自旋的情况下，或它们处于相同的自旋态) 都是全同粒子。但同类分子不一定是全同粒子，例如两种 H_2O 分子，它们的化学组分相同，但构成分子的化学键夹角不同，即 $\beta_1 \neq \beta_2$，见图 5-1 所示，二者不属于全同粒子。

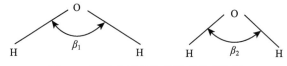

图 5-1　两种分子的化学键夹角对比图

5.1.5 普朗克假设 Planck's hypothesis

物质发射或吸收的辐射能量是量子化的，且一个能量量子的能量和辐射频率成正比的假定。一个能量量子的能量为其频率 ν 与普朗克常数 h 的乘积，普朗克常数 $h = 6.626070150(81) \times 10^{-34} J \cdot s$。

5.1.6 能级 energy level

某种微观粒子可能有的能量值按其大小的排列。电子在原子或分子中所处运动轨道具有的能量值。每个原子或分子都具有许多能级，这些能级是不连续的或者说是分立的。一切有内部结构的微观粒子 (如原子、分子、晶胞等)，都有与内部运动状态相对应的能量，即其组成成分的电子、质子、中子、介子等相对运动和相互作用的能量，且这些能量是量子化的，一般用电子伏特 (eV) 单位表示。介子是自旋量子数为整数，质量介于轻子和重子之间，参与强相互作用的强子。介子的质量是电子的 200 多倍，不能稳定存在，经历一定寿命后就转变为别的种类的基本粒子。

原子内还有一些影响能量值的次要因素，如电子间的相互作用、电子自旋、电子运动的相对论效应，以及其他微观粒子电磁场的作用等。这些因素将稍稍改变电子的原有能量值，使原子的一个主要能级分裂成多个间隔较小的分能级，常称为能级的精细结构。对于原子间距较小的物质或晶体，能级的分立状态将密集化，由分立状态变为准连续状态。

分子的能量量子化形成分子能级，主要有分子内部的有价电子的运动、原子间的振动和分子转动三种运动形式。相应地具有三种量子化的能量：价电子的动能和势能 E_e、振动动能和势能 E_V 以及转动动能 E_J。三种能量的值的差别很大，它们的关系为：$E_e \gg E_V \gg E_J$。

5.1.7　光子禁带 photonic forbidden band; photonic band gap

光子晶体的特殊周期性结构，使得其对特定波长或波段的光子具有禁阻作用的光子能带隙，也称为光子能带。光子禁带的含义类似半导体中的电子能带。光子禁带是光子晶体中的特有概念。

5.1.8　布居 population

微观粒子系综中，不同能级 (状态) 上粒子的分布。或单个微观粒子，在不同能级 (状态) 上的分布概率。布居可以看作为原子核外电子的分布排列位置。系综 (ensemble) 是在一定的宏观条件下，大量性质和结构完全相同的、处于各种运动状态的、各自独立的系统的集合，其全称为统计系综，是量子力学和统计力学中的一个基本概念。

5.1.9　布居数 number of population

分布在不同能级的粒子的数量。某态的布居数大小可以形象地理解为该态粒子数的多少。某态布居数算符可以是该态的产生和湮灭算符的积 (或升降算符的积)，它的特征值就是布居数。

5.1.10　费米子 Fermion

遵循费米-狄拉克统计、角动量的自旋量子数为半奇数整数倍的粒子。或自旋为半整数 (1/2，3/2，⋯) 的粒子。轻子、核子和超子的自旋都是 1/2，或自旋为 3/2、5/2、7/2 等的共振粒子，中子、质子都是由三个 (二种) 夸克组成且自旋为 1/2，因而它们都是费米子。奇数个核子组成的原子核是费米子，因为中子、质子都是费米子。基本粒子中所有的物质粒子都是费米子，是构成物质的原材料。由于没有任何两个费米子能拥有相同的量子态，费米子的凝聚一直被认为不可能实现。

5.1.11　泡利不相容原理 Pauli exclusion principle

一个量子态中只能容纳不超过一个自旋为半整数的粒子，即不能有两个或两个以上的费米子处于同一量子态，也称为泡利不相容原理。原子核外的电子可以用 4 个量子数 n、l、m_1、m_s 表示，根据泡利原理，任意两个电子不能有完全相同的 4 个量子数。例如，在氢的基态中，两个 1s 电子的量子数只能是 (1, 0, 0, 1/2) 和 (1, 0, 0, −1/2)，即两个电子的自旋必相反，自旋总角动量的量子数 = 0，其原子态为 $^1S_0$。

5.1.12　玻色子 boson

遵循玻色-爱因斯坦统计，自旋量子数为整数的粒子。玻色子不遵守泡利不相容原理，多个全同玻色子可以同时处于同一个量子态，在低温时可以发生玻色-爱因斯坦凝聚。和玻色子相对的是费米子，费米子遵循费米-狄拉克统计，自旋量子数为半整数 (1/2，3/2，$\cdots$)。物质的基本结构是费米子，而物质之间的基本相互作用却由玻色子来传递。

5.1.13　玻色-爱因斯坦凝聚 Bose-Einstein condensation (BEC)

大量的玻色子在冷却到接近绝对零度所呈现出的一种低密度的气态的物质。在该状态下，大量玻色子处于相同的量子基态，因而表现出宏观量子现象，例如波函数干涉。

5.1.14　零点能 zero point energy (ZPE)

对应粒子数为零的态所具有的电磁能量，也称为零点能量或真空涨落 (vacuum fluctuations)。零点能为真空态的能量。零点能的存在表明能量算符在真空态的期望值不为零，即光子数为零的场的能量平均值为非零。零点能描述物理系统可能具有的最低能量，此时系统所处的态称为基态。

5.1.15　量子系统 quantum system

具有量子性质、量子态、量子数等各种量子特性要素的粒子 (含光子) 或粒子群 (含光子群)。量子系统的粒子或粒子群包括光子或光子群、电子或电子群、质子或质子群、原子或原子群、分子或分子群等。

5.1.16　量子态 quantum state

原子、分子及光子等微观粒子的具有确定能量 (能级) 的稳定状态，又称为微观粒子的定态，简称为定态。原子的量子态由一组量子数 (例如，主量子数 n、角量子数 l、磁量子数 m 和自旋量子数 m_s 等) 表征，这组量子数的数目等于粒子的自由度数。

粒子在两定态 (定态 1 和定态 2) 之间变化时，可能放出或吸收一个频率为 ν 的光子，光子的能量 $h\nu$ 等于定态 2 和定态 1 的能量之差。一个量子系统的量子态随时间的演化满足薛定谔方程。

5.1.17　暗态 dark state

原子或者分子所处的不能吸收和发射光子的态。可以通过激光诱导原子或者分子布居于暗态。当激光激发原子或者分子至激发态后，原子或者分子可以通过自发辐射衰减到不能通过该激光与任意能级发生跃迁的态，这个态便是暗态。

　　暗态也可能是一个三能级系统中量子干涉的结果。一个原子或者分子可以处在两个态的相干叠加态，这两个态分别可以由特定频率的激光耦合到第三态。当原子或者分子处于一个特殊的相干叠加态时，由于量子干涉的原因，系统可以同时不与两个能态发生相互作用，因而对两个能态的光子吸收概率为零，该相干叠加态即为暗态。

5.1.18　狄拉克符号 Dirac notation

　　量子力学中，表征态矢量的符号，符号分别为"$|\ \rangle$"和"$\langle\ |$"。例如，波函数 Ψ 可以表示为 $|\Psi\rangle$，而它的复共轭 Ψ^* 则用 $\langle\Psi|$ 表示。狄拉克符号为广泛应用于描述量子态的一套标准符号系统。在这套系统中，每一个量子态都被描述为希尔伯特空间中的态矢量，对应的符号包括右矢 ($|\ \rangle$，列向量，Ket) 和左矢 ($\langle\ |$，行向量，Bra)。在英文中，左矢和右矢合为 braket，即括号。

5.1.19　希尔伯特空间 Hilbert space

　　由可以是无限多的两两正交的本征基矢 $|\psi_1\rangle$、$|\psi_2\rangle$、$\cdots$、$|\psi_n\rangle$ 所张成的一个无限维的空间。希尔伯特空间是完备的内积空间，即是一个带有内积的完备向量空间，是有限维和实数欧几里得空间的推广。多种表达空间中的相互间包含与被包含的关系为：度量空间 $\subset$ 赋范线性空间 $\subset$ 内积空间 $\subset$ 希尔伯特空间。

5.1.20　本征函数 eigenfunction

　　算符与其作用等于某一常数与其相乘的函数。在数学中，函数空间上定义线性算符的本征函数，将该算符作用于空间中任意非零函数上进行变换，变换后的结果等于某常数 (标量) 与该函数的乘积，该非零函数即为本征函数，对应的常数为本征函数对应的本征值。例如，一个算符 A 作用在一个函数上，等于一个常数 a 乘以这个函数，这个函数是这个算符本征值为 a 的本征函数。在一些数学物理过程中，本征函数也可看作是某些经微分后等于其倍数的函数。

5.1.21　本征态 eigenstate

　　本征函数所描述的状态。例如，一个算符 A 作用在一个状态函数 Ψ 上，等于一个常数 a 乘以这个函数 Ψ，这个函数 Ψ 是这个算符 A 的本征态。

5.1.22　态矢量 state vector

　　微观体系的一个状态。在量子力学中，一个量子系统的量子态可以抽象地用态矢量来表示。在满足量子物理事实的情况下，可以将复数域或线性代数中的矩阵、向量、特征值、特征向量分别看作对应于量子力学中的算符、态矢量、本征值、本征矢。本征矢为本征态的态矢量，也称为基矢 (basis vector)。

5.1.23 纯态 pure state

在量子态体系中，只有单一态矢量的量子态，用符号 $|\Psi\rangle$ 表示。在形式上，纯态 $|\Psi\rangle$ 也可以用公式 (5-1) 的密度算符或密度矩阵描述。在量子力学中，纯态是由一个相同统计系综所构成的量子态。

$$\rho = |\Psi\rangle\langle\Psi| \tag{5-1}$$

纯态的密度算符 ρ 具有：厄米性，见公式 (5-2)；正定性，见公式 (5-3)；幺迹性，见公式 (5-4)；幂等性，见公式 (5-5)。

$$\rho^+ = \rho \tag{5-2}$$

任意态 $|\varphi\rangle$ 中，有

$$\langle\varphi|\rho|\varphi\rangle \geqslant 0 \tag{5-3}$$

$$\mathrm{tr}\rho = 1 \tag{5-4}$$

$$\rho^2 = \rho \tag{5-5}$$

纯态 $|\Psi\rangle$ 是量子力学中两大类量子态中的一类，另外一类是混合态。

5.1.24 混合态 mixed states

在量子态体系中，不处于某个确定的纯态，而是以不同的概率 P_Ψ 处于不同纯态 $|\Psi\rangle$ 的量子态。混合态是可以分解为两个以上系综的量子态。混合态不能用单一态矢量表示，而要用公式 (5-6) 的密度算符或密度矩阵描述。

$$\rho_{\mathrm{ms}} = \sum_\Psi P_\Psi|\Psi\rangle\langle\Psi| \tag{5-6}$$

式中：ρ_{ms} 为混合态的密度算符；P_Ψ 为纯态在混合态 ρ_{ms} 中出现的概率，P_Ψ 为实数，满足 $\sum\limits_\Psi P_\Psi = 1$。混合态的密度算符满足厄米性、正定性和幺迹性，但不满足幂等性。需要注意混合态不同于叠加态 (或相干叠加) 形式的纯态。

5.1.25 正交归一性 orthogonal and normalization

在线性代数或矩阵力学里，内积空间的两个向量相互正交，且二者的范数都是 1 的性质。则这两个向量相互具有正交归一性。一组相互间均满足正交归一的向量集称作正交归一集，它们形成的一个基，称作正交归一基。

离散谱情况，本征矢 $|\psi_n\rangle$ 符合公式 (5-7) 的表达，连续谱情况，本征矢 $|\psi_\lambda\rangle$ 符合公式 (5-8) 的表达：

$$\int \psi_m^* \psi_n \mathrm{d}x = \langle\psi_m|\psi_n\rangle = \delta_{mn} \tag{5-7}$$

$$\int \psi_{\lambda'}^* \psi_\lambda \mathrm{d}x = \langle\psi_{\lambda'}|\psi_\lambda\rangle = \delta(\lambda - \lambda') \tag{5-8}$$

在内积运算时，$\langle\psi_m|\psi_n\rangle$ 可以理解为基矢 $|\psi_n\rangle$ 向基矢 $\langle\psi_m|$ 的投影。当 $m \neq n$ 时，二基矢正交，投影为零，见图 5-2 所示；当 $m = n$ 时，二基矢重合，投影为 1，见图 5-3 所示。

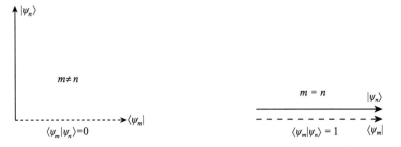

图 5-2　本征矢正交的几何示意图　　　　　图 5-3　本征矢归一性的几何示意图

坐标算符 $\hat{x}$ 的本征矢的正交归一性符合公式 (5-9) 的表达：

$$\langle x'|x\rangle = \delta(x - x') \tag{5-9}$$

动量算符 $\hat{p}$ 的本征矢的正交归一性符合公式 (5-10) 的表达：

$$\langle p'|p\rangle = \delta(p - p') \tag{5-10}$$

5.1.26　量子态内积 inner product of quantum state

任意两个量子态 Ψ 和 Φ 之间按公式 (5-11) 的表达：

$$\int \Psi^* \Phi \mathrm{d}x = \langle\Psi|\Phi\rangle \tag{5-11}$$

其复共轭满足公式 (5-12)：

$$\langle\Psi|\Phi\rangle^* = \langle\Phi|\Psi\rangle \tag{5-12}$$

量子态内积可以理解为态矢量 $|\Phi\rangle$ 向态矢量 $\langle\Psi|$ 的投影，见图 5-4 所示。

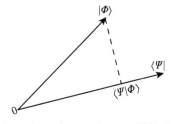

图 5-4　态矢量 $|\Phi\rangle$ 向态矢量 $\langle\Psi|$ 投影的几何示意图

5.1.27 态矢量坐标投影 coordinate projection of state vector

任意态矢量 $|\Psi\rangle$ 向坐标本征矢量 $\langle x|$ 的投影。这个投影的结果是态矢量 $|\Psi\rangle$ 成为以 x 为变量的波函数，符合公式 (5-13) 的表达：

$$\langle x|\Psi\rangle = \Psi(x) \tag{5-13}$$

其复共轭符合公式 (5-14) 的表达：

$$\langle \Psi|x\rangle = \Psi^*(x) \tag{5-14}$$

5.1.28 本征方程 eigen equation

算符 $\hat{F}$ 作用于态矢量 $|\psi_n\rangle$，满足公式 (5-15) 关系的方程。

$$\hat{F}|\psi_n\rangle = \lambda_n|\psi_n\rangle \tag{5-15}$$

5.1.29 厄米算符 Hermitian operator

对于任意两个函数 ϕ 和 ψ，满足公式 (5-16) 关系的算符。厄米算符用 $\hat{F}$ 表示。公式 (5-16) 中的 x 表示所有相关的变量，积分范围是所有变量变化的整个区域。

$$\int \psi^* \hat{F}\phi \mathrm{d}x = \int (\hat{F}\psi)^* \phi \mathrm{d}x \tag{5-16}$$

设 ψ_1、ψ_2、$\cdots$、ψ_n、$\cdots$ 是厄米算符 $\hat{F}$ 的归一化本征函数，厄米算符 $\hat{F}$ 的本征函数 ψ_1、ψ_2、$\cdots$、ψ_n、$\cdots$ 具有正交性、完备性和封闭性。

5.1.30 算符的厄米共轭 Hermitian conjugate of operator

算符 $\hat{F}$ 作用于态矢量 $|\Psi\rangle$，给出新的态矢量 $|\Phi\rangle = \hat{F}|\Psi\rangle$，其复共轭满足公式 (5-17) 关系时的算符共轭关系。其中的算符 $\hat{F}^+$ 与算符 $\hat{F}$ 为共轭关系。

$$\langle \Phi| = (\hat{F}|\Psi\rangle)^* = \langle \Psi|\hat{F}^+ \tag{5-17}$$

5.1.31 算符的期待表示 expectation expression of operator

算符 $\hat{F}$ 在任意态矢量 $|\Psi\rangle$ 中按公式 (5-18) 的表达。

$$\int \Psi^* \hat{F}\Psi \mathrm{d}x = \langle \Psi|\hat{F}|\Psi\rangle = \langle \hat{F}\rangle \tag{5-18}$$

5.1.32 投影算符 projection operator

利用基矢 $|\psi_n\rangle$ 构造的公式 (5-19) 的算符。

$$|\psi_n\rangle\langle\psi_n| \tag{5-19}$$

用投影算符作用任意态矢量 $|\Psi\rangle$ 给出公式 (5-20) 关系。

$$|\psi_n\rangle\langle\psi_n|\Psi\rangle = \langle\psi_n|\Psi\rangle|\psi_n\rangle \tag{5-20}$$

这意味着算符 $|\psi_n\rangle\langle\psi_n|$ 对态矢量 $|\Psi\rangle$ 的作用是将 $|\Psi\rangle$ 投影到基矢 $|\psi_n\rangle$ 上，给出一个长度为 $\langle\psi_n|\Psi\rangle$ 且沿 $|\psi_n\rangle$ 方向的态矢量，见图 5-5 所示。投影算符一般定义为 $|\alpha\rangle\langle\beta|$ (任意态 $|\alpha\rangle$ 和 $\langle\beta|$)，它作用于 $|\Psi\rangle$ 给出 $|\alpha\rangle\langle\beta|\Psi\rangle$，将态矢量 $|\Psi\rangle$ 投影到态矢量 $|\alpha\rangle$ 上，给一个长度为 $\langle\beta|\Psi\rangle$ 且沿 $|\alpha\rangle$ 方向的态矢量。

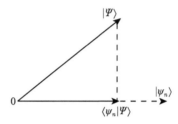

图 5-5   投影算符 $|\psi_n\rangle\langle\psi_n|$ 对态矢量 $|\Psi\rangle$ 投影的几何示意图

5.1.33   本征矢的完备性式 completeness expression of eigenvector

算符 $\hat{F}$ 的本征矢 $|\psi_1\rangle$、$|\psi_2\rangle$、$\cdots$、$|\psi_n\rangle$，相应的本征值为 λ_1、λ_2、$\cdots$、λ_n，其本征方程和复共轭方程分别为公式 (5-21) 和公式 (5-22)，符合公式 (5-23) 表达的关系式，也称为本征矢完备性关系式。

$$\hat{F}|\psi_n\rangle = \lambda_n|\psi_n\rangle \tag{5-21}$$

$$\langle\psi_n|\hat{F}^+ = \langle\psi_n|\lambda_n^* \tag{5-22}$$

$$\sum_n |\psi_n\rangle\langle\psi_n| = 1 \tag{5-23}$$

公式 (5-23) 意味着算符 $\sum_n |\psi_n\rangle\langle\psi_n|$ 对任意态矢量 $|\Psi\rangle$ 的作用结果仍为 $|\Psi\rangle$，即公式 (5-24)。

$$\sum_n |\psi_n\rangle\langle\psi_n|\Psi\rangle = |\Psi\rangle \tag{5-24}$$

5.1.34   算符的对易关系 commutation relation of operator

算符 $\hat{A}$ 和 $\hat{B}$ 之间符合公式 (5-25) 的表达关系：

$$[\hat{A}, \hat{B}] \equiv \hat{A}\hat{B} - \hat{B}\hat{A} \tag{5-25}$$

$[\hat{A}, \hat{B}]$ 的运算结果称为对易子 (commutator)，它可以是零、常数或算符。当 $[\hat{A}, \hat{B}] = 0$ 时，$\hat{A}$ 和 $\hat{B}$ 是对易的；当 $[\hat{A}, \hat{B}] \neq 0$ 时，$\hat{A}$ 和 $\hat{B}$ 是不对易的。量子力学中，坐标 x 与相应的动量 $\hat{p}_x$ 之间是不对易的，它们的对易关系为公式 (5-26)：

$$[x, \hat{p}_x] \equiv i\hbar \tag{5-26}$$

即 $[x, \hat{p}_x] \neq 0$，这是量子力学的特点。如果 $[x, \hat{p}_x] = 0$(或 $\hbar$ 可以忽略)，则坐标和动量、角动量各分量之间都是对易的 (或近似对易的)，这样量子力学就过渡到了经典力学。

两个算符 $\hat{A}$ 和 $\hat{B}$ 对易时，它们有共同的本征函数集 $\{|n\rangle\}$，这样在本征态 $|n\rangle$ 中，力学量 A 和 B 同时有确定值 $\langle n|\hat{A}|n\rangle = a_n$ 和 $\langle n|\hat{B}|n\rangle = b_n$，即这些力学量能被同时测定。

5.1.35 布居反转算符 population inversion operator

两态系统中实现两个态之间的布居 (粒子数) 反转的一个算符，即 $W = |a\rangle\langle a| - |b\rangle\langle b|$，其中 a 和 b 分别表示上、下能级。

5.1.36 不确定原理 uncertainty principle

算符 A 和 B 不对易，它们所表示的力学量在同一量子态 $|\Psi\rangle$ 中不能同时被测定的原理。不确定原理可由公式 (5-27) 表达：

$$\Delta A \Delta B \geqslant \frac{\langle C \rangle}{2} \tag{5-27}$$

式中：ΔA 为算符 A 的不确定度；ΔB 为算符 B 的不确定度；C 为一算符或常数。意味着，如果力学量 A 的不确定度 ΔA 越大，则力学量 B 的不确定度 ΔB 越小，反之亦然。应用于坐标和动量的情况下，则 $A = x$，$B = p$，由于 $[x, p] = i\hbar$，则 $C = \hbar$，于是公式 (5-27) 转换为公式 (5-28)：

$$\Delta x \Delta p \geqslant \frac{\hbar}{2} \tag{5-28}$$

意味着，坐标 x 的不确定度 Δx 越小，则动量 p 的不确定度 Δp 越大，反之亦然。Δx 和 Δp 不能同时为零，当一个为零时，另一个必须为无穷大。公式 (5-28) 取等号 ($\Delta x \Delta p = \hbar/2$) 时，为最小不确定态，例如 "相干态" 就是最小不确定态。该原理俗称 "测不准原理"。

5.1.37 正交量子态 orthogonal quantum state

对应于同一量子算符的不同本征值的本征态，又称为正交态。任意两个正交量子态 $|m\rangle$ 和 $|n\rangle$ 的内积为克罗内克函数 $\langle m|n\rangle$。常用的正交光量子态主要有光子数态、压缩态等。

5.1.38 量子数 quantum number

表征量子系统的动力学中守恒量的值。常用的量子数为描述原子和分子中的电子、原子核或者亚原子粒子状态的一组整数或半整数。描述原子中电子的量子

数包括主量子数 n、角量子数 l、磁量子数 m 和自旋量子数 m_s 四种，前三种量子数是在数学求解薛定谔方程过程中引出的，而最后一种量子数则是为了表述电子的自旋运动提出的。主量子数 n 决定电子能量高低；角量子数 l 决定电子的轨道角动量的大小以及电子云的形状；磁量子数 m 决定电子绕核运动产生的磁矩的大小；自旋量子数 m_s 是由电子的自旋状态决定的，有顺时针自旋和逆时针自旋两种状态。

5.1.39   量子轨道 quantum trajectory

量子系统的状态随时间演化在希尔伯特空间中形成的路径。原子轨道属于量子轨道的范畴，原子轨道是单电子薛定谔方程的合理解 $\psi(x,y,z)$(直角坐标系中) 或 $\psi(r,\theta,\varphi)$(球坐标系中)。

5.1.40   量子比特 quantum bit

在二维希尔伯特空间中，量子信息的基本单位，也称为量子位 (qubit)。一个具有两个正交量子态的系统即是一个量子比特。一个量子的两态系统一般可以处于 $|0\rangle$ 态或 $|1\rangle$ 态，还可以处于 $|0\rangle$ 态和 $|1\rangle$ 态的线性叠加态，正是量子比特的这一性质，构成了量子信息并行处理的基础。量子比特是量子计算的理论基石。目前，量子比特的制备主要是采用光学 (如圆偏振光的左旋和右旋等)、粒子 (原子中的电子的基态和激发态；质子自旋的 $+1/2$ 分量和 $-1/2$ 分量等) 和半导体 (超导) 三大途径。

5.1.41   量子信息 quantum information

量子态所蕴含和/或承载的信息。量子信息是以量子系统状态来表征的和/或承载的信息。它是一种通过量子系统的量子态叠加、量子纠缠和量子不可克隆等各种相干特性，进行计算、编码和传输的全新信息方式。最基本和最重要的量子信息就是量子比特，它既是基本信息，也是各种含义信息的载体。

5.1.42   光与原子相互作用的半经典理论 semi-classical theory for light-atoms interaction

在处理光与原子相互作用中，对光场采用电磁场描述、对原子系统采用量子化描述的一种理论。

5.1.43   不可克隆定理 no-cloning theorem

在量子力学中，不能对任意未知量子态进行完全有效的复制的理论，也称为量子不可克隆定理 (quantum no-cloning theorem)。不可克隆定理也表现为量子信息读取后即丢失的特性。一个单独的量子态是不可克隆出来的。从量子力学的线性特性可证明此定理。克隆是指在保留原型的同时，重新复制出新的 "拷贝"。

5.1.44 波函数 wave function

量子力学中用来描述粒子的德布罗意波的函数，用符号 $\Psi(t, r)$ 或 $\Psi(r, t)$ 表示。波函数中的 r 为粒子在空间的位置，t 为粒子所处的时刻。波函数表征的波是粒子的概率波或物质波。波函数的绝对值平方 $|\Psi(t, r)|^2$ 表示任意 t 时刻粒子在空间 r 处单位体积中出现的概率，即概率密度，见图 5-6 所示。

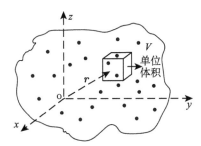

图 5-6　波函数绝对值平方的空间示意图

$|\Psi(t, r)|^2 \, dr$ 表示粒子在体积元 dr 内出现的概率。粒子在它运动的整个空间出现的总概率按公式 (5-29) 计算，式中的 V 为粒子可能存在的整个空间。公式 (5-29) 计算的结果为 1，这是波函数的归一化条件。

$$\int_V |\Psi(t, r)|^2 \, dr = 1 \tag{5-29}$$

5.1.45 薛定谔方程 Schrödinger equation

描述质量为 m 的粒子在势场 $V(r)$ 中的波函数随时空变化的波动方程，又称为薛定谔波动方程 (Schrödinger wave equation)，用公式 (5-30) 表达：

$$i\hbar \frac{\partial \Psi(t, r)}{\partial t} = -\frac{\hbar^2}{2m} \nabla^2 \Psi(t, r) + V(r)\,\Psi(t, r) \tag{5-30}$$

式中：i 为虚数单位；$\hbar$ 为约化普朗克常数；$\Psi(t, r)$ 为粒子的波函数；t 和 r 分别为时间和空间坐标。

薛定谔方程是一个线性偏微分方程，因此满足叠加原理，这意味着粒子可以同时处于不同波函数所描述状态的叠加态。

5.1.46 哈密顿算符 Hamiltonian operator

薛定谔波动方程右边对波函数的算符，用符号 $\hat{H}$ 表示，由公式 (5-31) 表达：

$$\hat{H} = -\frac{\hbar^2}{2m} \nabla^2 + V(r) \tag{5-31}$$

哈密顿算符是薛定谔波动方程右边的算符，当用 $\mathrm{i}\hbar\dfrac{\partial}{\partial t}$ 和 $\hat{H}$ 作用波函数 $\Psi(t, r)$ 时，马上就得到了薛定谔波动方程。用哈密顿算符可使薛定谔波动方程的表达简化，见公式 (5-32)。

$$\mathrm{i}\hbar\frac{\partial\Psi(t, r)}{\partial t} = \hat{H}\Psi(t, r) \tag{5-32}$$

由公式 (5-32) 可看出，哈密顿算符与能量算符是完全等价的，即符合公式 (5-33) 的关系。因此，哈密顿算符本质上是粒子的能量算符。

$$\mathrm{i}\hbar\frac{\partial}{\partial t} \leftrightarrow \hat{H} \tag{5-33}$$

5.1.47　量子刘维尔方程 quantum Liouville equation

描述量子系统的密度矩阵随时间演化的动力学方程，按公式 (5-34) 计算：

$$\frac{\mathrm{d}\rho}{\mathrm{d}t} = -\frac{\mathrm{i}}{\hbar}[H, \rho] \tag{5-34}$$

式中：ρ 为密度矩阵；$\hbar$ 为约化普朗克常数；H 为量子系统的哈密顿量 (Hamiltonian)。

量子刘维尔方程可直接由薛定谔方程求出。

5.1.48　量子电压 quantum voltage

以电子伏特 (eV) 为单位表示的量子能量值。若一个辐射量子的能量等于某个值的电子伏特，则称此值为其量子电压的数值。电子伏特 (eV) 是能量的单位，其单位为焦耳 (J)，1 电子伏特为一个电子 [所带电量为 1.6×10^{-19} 库仑 (C) 的负电荷] 经过 1 伏特 (V) 的电位差加速后所获得的动能，即 1eV=1.6021766208(98)×10^{-19}J。电子伏特是一个很小的能量单位，因此也用于作为量子能量的描述单位。

5.1.49　量子统计 quantum statistics

针对大量服从量子力学规律处于平衡态的全同粒子或粒子系统的统计方法。全同粒子是指互换这类粒子并不导致系统出现新的状态。全同粒子系统分为两类：一类是由对称波函数描述的粒子所构成的系统，称为玻色系统 (Boson system)，在独立粒子玻色系统的每一个量子态上容纳的量子数不限，这种粒子遵循的统计规律称为玻色统计或玻色-爱因斯坦统计；第二类是由反对称波函数描述的粒子所构成的系统，称为费米系统 (Fermion system)，这种粒子必须遵循泡利 (Pauli) 不相容原理，每个量子态上最多只能有一个粒子，它们遵循费米 (Fermi) 统计或费米-狄拉克 (Dirac) 统计。可初步认为：玻色统计是研究不带电荷的粒子体系；费米统计是研究带电荷的粒子体系。

5.1.50 光子数 number of photons；photon number

在指定的时程 Δt 内，光子通量 Φ_P 的时间积分，按公式 (5-35) 计算：

$$N_P = \int_{\Delta t} \Phi_P(t)\mathrm{d}t \tag{5-35}$$

式中：N_P 为光子数；Δt 为时间差，s；Φ_P 为光子通量，s^{-1}。

5.1.51 平均光子数 mean photon number

一段时间及一定的空间内，通过系综平均得到的光子波包中包含的光子数均值，单位为每波包或每个波包。光场中光子的平均个数，取决于光场总能量和单个光子的能量。某特定波长的波包的能量除以该波长的频率和普朗克常数，得其平均光子数。

5.1.52 光子波包 photon wave packet

局限在某一有限时空范围内的光子波函数界面，为光子波动性的几何化描述的形状。光子波包取决于光子的频谱分布，决定了光子的一阶干涉性质。波包是多个简谐波 (或单频波) 叠加形成的调制波形状或包络诸简谐波的曲面，其波长要比被包络的简谐波的波长长得多或频率低得多。

5.1.53 光子通量 photon flux

在时间元 $\mathrm{d}t$ 内发射、传输或接收的光子数 $\mathrm{d}N_p$ 除以该时间元之商，按公式 (5-36) 计算：

$$\Phi_P = \frac{\mathrm{d}N_p}{\mathrm{d}t} \tag{5-36}$$

式中：Φ_P 为光子通量，s^{-1}；$\mathrm{d}N_p$ 为光子数；$\mathrm{d}t$ 为时间元，s。

对于光谱分布为 $\Phi_e(\lambda)/\mathrm{d}\lambda$ 或 $\Phi_e(\nu)/\mathrm{d}\nu$ 的辐射束，光子通量按公式 (5-37) 计算：

$$\Phi_P = \int_0^\infty \frac{\Phi_e(\lambda)\cdot\lambda}{h\cdot c}\mathrm{d}\lambda = \int_0^\infty \frac{\Phi_e(\nu)}{h\cdot\nu}\mathrm{d}\nu \tag{5-37}$$

式中：h 为普朗克常数，$h = (6.626070150(81))\times 10^{-34}\mathrm{J\cdot s}$；$c$ 为真空中的光速，$c = 299792458\mathrm{m/s}$。

5.1.54 光子强度 photon intensity

点辐射源在包含指定方向的立体角元 $\mathrm{d}\Omega$ 内辐射的光子通量 $\mathrm{d}\Phi_P$ 除以该立体角元之商，按公式 (5-38) 计算：

$$I_P = \frac{\mathrm{d}\Phi_P}{\mathrm{d}\Omega} \tag{5-38}$$

式中：I_P 为光子强度，$\mathrm{s}^{-1}\cdot\mathrm{sr}^{-1}$；$\mathrm{d}\Phi_P$ 为光子通量，s^{-1}；$\mathrm{d}\Omega$ 为立体角元，sr。

5.1.55 光子亮度 photon radiance

辐射光源面积在辐射束垂直方向的投影面积除光子强度，按公式 (5-39) 计算：

$$L_P = \frac{\partial^2 \Phi_P}{\partial A \cdot \cos\theta \cdot \partial\Omega} \tag{5-39}$$

式中：L_P 为光子亮度，$\mathrm{s}^{-1} \cdot \mathrm{m}^{-2} \cdot \mathrm{r}^{-1}$；$\Phi_P$ 为光子通量，s^{-1}；A 为辐射源截面积，m^2；θ 为辐射源截面法线与辐射束方向间的立体夹角，rad。

5.1.56 光子出射度 photon exitance

表面上一点处，光子离开包含该点的面元的光子通量 $\mathrm{d}\Phi_P$ 除以该面元面积 $\mathrm{d}A$ 之商，按公式 (5-40) 计算：

$$M_P = \frac{\mathrm{d}\Phi_P}{\mathrm{d}A} \tag{5-40}$$

若将表达式 $L_P \cdot \cos\theta \cdot \mathrm{d}\Omega$ 对所见该点的半球空间进行积分，则得到光子出射度的等效定义，按公式 (5-41) 计算：

$$M_P = \int_{2\pi\mathrm{sr}} L_P \cdot \cos\theta \cdot \mathrm{d}\Omega \tag{5-41}$$

式中：M_P 为光子出射度，$\mathrm{s}^{-1} \cdot \mathrm{m}^{-2}$；$L_P$ 为指定点上立体角为 $\mathrm{d}\Omega$ 的不同方向辐射束元的光子亮度。

5.1.57 光子照度 photon irradiance

表面上一点处，光子入射在包含该点的面元上的光子通量 $\mathrm{d}\Phi_P$ 除以该面元面积 $\mathrm{d}A$ 之商，按公式 (5-42) 计算：

$$E_P = \frac{\mathrm{d}\Phi_P}{\mathrm{d}A} \tag{5-42}$$

式中：E_P 为光子照度，$\mathrm{s}^{-1} \cdot \mathrm{m}^{-2}$。

若将表达式 $L_P \cdot \cos\theta \cdot \mathrm{d}\Omega$ 对所见该点的半球空间进行积分，则得到光子照度的等效定义，按公式 (5-43) 计算：

$$E_P = \int_{2\pi\mathrm{sr}} L_P \cdot \cos\theta \cdot \mathrm{d}\Omega \tag{5-43}$$

式中：L_P 为从不同方向入射的、立体角元为 $\mathrm{d}\Omega$ 的辐射束元对着指定点的光子亮度，$\mathrm{s}^{-1} \cdot \mathrm{m}^{-2} \cdot \mathrm{sr}^{-1}$；$\theta$ 为辐射束与指定点所在表面法线间的立体夹角，rad。

5.1.58 曝光子量 photon exposure

表面上一点处在指定的时程内，入射在包含该点的面元上的光子数 $\mathrm{d}Q_\mathrm{P}$ 除以该面元面积 $\mathrm{d}A$ 之商，按公式 (5-44) 计算：

$$H_\mathrm{P} = \frac{\mathrm{d}Q_\mathrm{P}}{\mathrm{d}A} \tag{5-44}$$

对指定的时程 Δt 内，指定点处的光子照度的时间积分，即得到曝光子量的等效定义，按公式 (5-45) 计算：

$$H_\mathrm{P} = \int_{\Delta t} E_\mathrm{P} \mathrm{d}t \tag{5-45}$$

式中：H_P 为曝光子量，m^{-2}。

5.1.59 泡利矩阵 Pauli matrices

量子力学的矩阵力学中的典型矩阵，表示为公式 (5-46)、公式（5-47）和公式（5-48）的矩阵：

$$\sigma_x = \begin{bmatrix} 0 & 1 \\ 1 & 0 \end{bmatrix} \tag{5-46}$$

$$\sigma_y = \begin{bmatrix} 0 & -i \\ i & 0 \end{bmatrix} \tag{5-47}$$

$$\sigma_z = \begin{bmatrix} 1 & 0 \\ 0 & -1 \end{bmatrix} \tag{5-48}$$

泡利矩阵的 σ_x、σ_y、σ_z 都满足 $A^+ = A$ 条件 (相对矩阵的主对角线的元素以复共轭方式对称)，它们均是厄米的。由于公式 (5-49)、公式 (5-50) 和公式 (5-51) 均为单位矩阵，即 $\sigma_x{}^2$、$\sigma_y{}^2$、$\sigma_z{}^2$ 均为单位矩阵，且有公式（5-52），σ^2 也是厄米的。

$$\sigma_x{}^2 = \begin{bmatrix} 0 & 1 \\ 1 & 0 \end{bmatrix}\begin{bmatrix} 0 & 1 \\ 1 & 0 \end{bmatrix} = \begin{bmatrix} 1 & 0 \\ 0 & 1 \end{bmatrix} \tag{5-49}$$

$$\sigma_y{}^2 = \begin{bmatrix} 0 & -i \\ i & 0 \end{bmatrix}\begin{bmatrix} 0 & -i \\ i & 0 \end{bmatrix} = \begin{bmatrix} 1 & 0 \\ 0 & 1 \end{bmatrix} \tag{5-50}$$

$$\sigma_z{}^2 = \begin{bmatrix} 1 & 0 \\ 0 & -1 \end{bmatrix}\begin{bmatrix} 1 & 0 \\ 0 & -1 \end{bmatrix} = \begin{bmatrix} 1 & 0 \\ 0 & 1 \end{bmatrix} \tag{5-51}$$

$$\sigma^2 = \sigma_x{}^2 + \sigma_y{}^2 + \sigma_z{}^2 = 3\begin{bmatrix} 1 & 0 \\ 0 & 1 \end{bmatrix} \tag{5-52}$$

泡利矩阵满足角动量的对易关系，符合公式 (5-53)、公式 (5-54)、公式 (5-55) 和公式 (5-56)，这些关系用于描述自旋 1/2 粒子的量子特性。

$$\left[\sigma_x, \sigma_y\right] = 2\mathrm{i}\sigma_z \tag{5-53}$$

$$\left[\sigma_y, \sigma_z\right] = 2\mathrm{i}\sigma_x \tag{5-54}$$

$$\left[\sigma_z, \sigma_x\right] = 2\mathrm{i}\sigma_y \tag{5-55}$$

$$\left[\sigma^2, \sigma_x\right] = \left[\sigma^2, \sigma_y\right] = \left[\sigma^2, \sigma_z\right] = 0 \tag{5-56}$$

泡利矩阵具有完备性。任意一个公式 (5-57) 的 2×2 矩阵，可以用泡利矩阵 σ_x、σ_y、σ_z、σ^2 按公式 (5-58) 展开。

$$M = \begin{bmatrix} M_{11} & M_{12} \\ M_{21} & M_{22} \end{bmatrix} \tag{5-57}$$

$$M = a_1\sigma_x + a_2\sigma_y + a_3\sigma_z + \frac{a_4}{3}\sigma^2 = \begin{bmatrix} a_3 + a_4 & a_1 - \mathrm{i}a_2 \\ a_1 + \mathrm{i}a_2 & -a_3 + a_4 \end{bmatrix} \tag{5-58}$$

泡利矩阵不但为角动量理论提供了非常简单的模型，而且可以用来展示自旋的物理图像、表征二能级体系的作用算符以及中微子的周期振荡等，甚至可以诠释量子计算机的工作原理。

5.1.60　量子力学十大理论 ten main theories of quantum mechanics

由量子力学的主要公式、定理、性质等组成的，能对量子力学的规律进行解释、量子状态进行求解、定量数据进行解算等的量子力学理论框架。量子力学的十大理论主要包括：①薛定谔方程；②波粒二象性；③波函数的正交性；④自旋；⑤泡利不相容原理；⑥海森堡不确定性原理；⑦量子隧道效应；⑧布洛赫定理；⑨矩阵力学；⑩路径积分。

5.2　量子特性

5.2.1　量子关联 quantum correlation

量子力学所蕴含的非定域关联性。关联的不同量子体系将不能再像经典体系一样完全分离为各自体系进行处理。

5.2.2 量子跳跃 quantum jump

在量子理论中，粒子可能在一定概率下发生隧穿效应，透过障碍势垒的现象。即粒子在有限概率下穿透通常不可越过的障碍势垒。

5.2.3 光子相干性 photon coherence

用于刻画光子与自己、光子与其他光子间波函数相互作用的属性。光子在各种干涉实验里可以展示出的相干性质，分为一阶相干性和高阶相干性。其中一阶相干性体现的是光子的相位相干性，由光场的频谱决定；高阶相干性还反映了光场中光子的统计分布。

按波动光学，若要求传播方向限于张角 $\Delta\theta$ 内的光波是相干的，则光源的面积应小于 $(\lambda/\Delta\theta)^2$。因此 $(\lambda/\Delta\theta)^2$ 就是光源的相干面积。若光波的频带宽度为 $\Delta\nu$，则相干长度为 $c/\Delta\nu$，光源的相干体积 V_{cs} 按公式 (5-59) 计算：

$$V_{cs} = \frac{(\lambda/\Delta\theta)^2 c}{\Delta\nu} = c^3 \nu^{-2} (\Delta\nu)^{-1} (\Delta\theta)^{-2} \tag{5-59}$$

5.2.4 量子一阶相干函数 quantum first-order coherent function

用于表述量子光场中两个时空点量子光场相位相干性的函数，按公式 (5-60) 计算：

$$g^{(1)}(x_1, x_2) = \frac{G^{(1)}(x_1, x_2)}{[G^{(1)}(x_1, x_1) G^{(1)}(x_2, x_2)]^{1/2}} \tag{5-60}$$

其中：

$$G^{(1)}(x_1, x_2) = \text{tr}\left[\rho E^{(-)}(x_1) E^{(+)}(x_2)\right] \tag{5-61}$$

$$G^{(1)}(x_i, x_i) = \text{tr}\left[\rho E^{(-)}(x_i) E^{(+)}(x_i)\right], \quad i = 1, 2 \tag{5-62}$$

式中：$g^{(1)}(x_1, x_2)$ 为归一化的量子一阶相干函数，当 $|g^{(1)}(x_1, x_2)| = 1$ 时为完全相干，当 $0 < |g^{(1)}(x_1, x_2)| < 1$ 时为部分相干，当 $|g^{(1)}(x_1, x_2)| = 0$ 时为不相干；x_1、x_2 分别表示两个时空点位；G 表示自相关函数和互相关函数，$G^{(1)}(x_i, x_i)$ 为自相关函数；$G^{(1)}(x_1, x_2)$ 为互相关函数。公式 (5-61) 和公式 (5-62) 右边的 tr 表示求矩阵的迹 (即矩阵主对角线上元素之和)，ρ 表示量子态的密度算符，$E^{(+)}(x_i)$、$E^{(-)}(x_i)$ 分别表示在 x_i 处光场的正频部分和负频部分。一阶相干函数只能区分具有不同光谱性质的光场，而不能区分具有不同光子统计的光场 (例如，处于相干态和光子数态的单模光场具有相同的一阶相干函数)。

5.2.5 量子二阶相干函数 quantum second order coherent function

用于表述两个时空点光场强度相干性的函数，按公式 (5-63) 计算：

$$g^{(2)}(x_1, x_2; x_2, x_1) = \frac{G^{(2)}(x_1, x_2; x_2, x_1)}{G^{(1)}(x_1, x_1) G^{(1)}(x_2, x_2)} \tag{5-63}$$

其中：

$$G^{(2)}(x_1, x_2; x_2, x_1) = \text{tr}\left[\rho E^{(-)}(x_1) E^{(-)}(x_2) E^{(+)}(x_1) E^{(+)}(x_2)\right] \tag{5-64}$$

$$G^{(1)}(x_i, x_i) = \text{tr}\left[\rho E^{(-)}(x_i) E^{(+)}(x_i)\right], \quad i = 1, 2 \tag{5-65}$$

式中：$g^{(2)}(x_1, x_2; x_2, x_1)$ 为归一化的量子二阶相干函数。公式 (5-63) 中的其他符号含义同公式 (5-60)。对于单模量子化电磁场，当 $g^{(2)}(\tau) = g^{(2)}(0)$，与 τ 无关（τ 为时延，$\tau = t_2 - t_1$）：相干态时 $g^{(2)}(0) = 1$(相干态的光子分布为随机分布或泊松分布)；热光场态时 $g^{(2)}(0) = 2$($g^{(2)}(0) > 1$ 的光场量子态为光子群聚态，意味着光子倾向于成对到达探测器，热光场态是一种光子群聚态)；光子数态 $|n\rangle$ 时 $g^{(2)}(0)\begin{cases} 0, n = 0, 1 \\ 1 - 1/n, n \geqslant 2 \end{cases}$ [$g^{(2)}(0) < 1$ 的光场量子态为光子反群聚态，意味着光子倾向于以均匀的时间间隔到达探测器，光子数态是一种光子反群聚态]。对于多模量子化电磁场，把 $g^{(2)}(\tau) < g^{(2)}(0)$ 的光场量子态称为光子群聚态，把 $g^{(2)}(\tau) > g^{(2)}(0)$ 的光场量子态称为光子反群聚态。

5.2.6 量子高阶相干函数 quantum high-order coherent function

用于表述两个及以上时空点光场高阶相干性的函数，按公式 (5-66) 计算：

$$g^{(n)}(x_1, \cdots, x_n; x_n, \cdots, x_1) = \frac{G^{(n)}(x_1, \cdots, x_n; x_n, \cdots, x_1)}{G^{(1)}(x_1, x_1) \cdots G^{(1)}(x_n, x_n)} \tag{5-66}$$

其中：

$$G^{(n)}(x_1, \cdots, x_n; x_n, \cdots, x_1)$$
$$= \text{tr}\left[\rho E^{(-)}(x_1) \cdots E^{(-)}(x_n) E^{(+)}(x_n) \cdots E^{(+)}(x_1)\right] \tag{5-67}$$

$$G^{(1)}(x_i, x_i) = \text{tr}\left[\rho E^{(-)}(x_i) E^{(+)}(x_i)\right], \quad i = 1, 2, \cdots, n \tag{5-68}$$

式中：n 为阶数；公式 (5-66) 中的其他符号含义同公式 (5-60)。如果某电磁场对所有的 $n \geqslant 1$，均有 $\left|g^{(n)}(x_1, \cdots, x_n; x_n, \cdots, x_1)\right| = 1$，则称该电磁场是 n 阶相干的。如果当 $n \to \infty$，前式仍然成立，则称该电磁场是完全相干的。处于相干态的电磁场是完全相干的。

5.2.7 量子涨落 quantum fluctuation

量子物理中，空间任意位置处能量随机的变化。真空态、相干态、压缩态的量子涨落特点是不同的，各有其特征。

真空态的量子涨落的大小是定值，其与本征值 α 取值无关，两个正交分量 X_1 和 X_2 的平均值为 0，见图 5-7 所示。

相干态的量子涨落的大小与真空态的相同，是定值，其与本征值 α 取值无关，只是平移算符改变了两个正交分量 X_1 和 X_2 的平均值 (由真空态平移而来)，$|\alpha|$ 将会改变 X_1 和 X_2 的平均值，见图 5-8 所示；$|\alpha|$ 越大，$\Delta\theta$ 越小；当 $|\alpha| \to \infty$ 时，$\Delta\theta \to 0$，对应于经典电磁场有完全确定的相位。

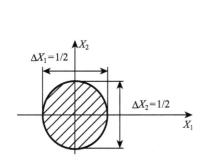

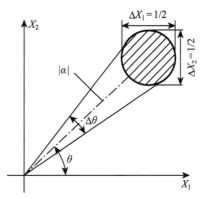

图 5-7　真空态的量子涨落示意图　　　　图 5-8　相干态的量子涨落示意图

压缩真空态的量子涨落受到压缩幅 r 和压缩角 θ 的调控，压缩幅 r 描述压缩的强弱 $(0 \leqslant r < \infty)$，压缩角 θ 描述压缩的方向 $(0 \leqslant \theta \leqslant 2\pi)$；当 $\theta = 0$ 时，正交算符 X_1 的涨落压缩，而正交算符 X_2 的涨落增大，见图 5-9 所示；当 $\theta = \pi$ 时，正交算符 X_2 的涨落压缩，而正交算符 X_1 的涨落增大，见图 5-10 所示；可以看出，压缩出现在 $\theta/2$ 方向。

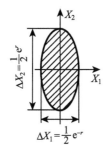

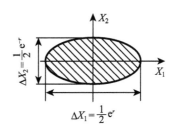

图 5-9　$\theta = 0$ 时的量子涨落示意图　　　图 5-10　$\theta = \pi$ 时的量子涨落示意图

　　压缩真空态中，一般方向的压缩描述可通过引入旋转正交分量 Y_1、Y_2 来表达；压缩真空态中，Y_1、Y_2 的量子涨落关系见图 5-11 所示；压缩真空态中只可能探测到偶数个光子。平移压缩真空态中，Y_1、Y_2 的量子涨落关系见图 5-12 所示；平移压缩真空态中，平移算符只改变正交分量算符 Y_1、Y_2 在量子态中的平均值，而不改变它们涨落的大小。

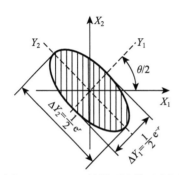　　　　　　　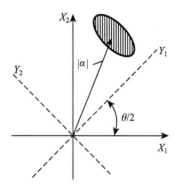

图 5-11　Y_1、Y_2 的量子涨落示意图　　　　图 5-12　Y_1、Y_2 的量子涨落示意图 (平移的)

5.2.8　量子噪声 quantum noise

　　量子数偏离平均值的方差。由于电磁辐射的离散性引起的任意噪声。量子噪声主要有散粒噪声、光子噪声和复合噪声。量子噪声中来源于电磁场粒子性的噪声称为散粒噪声，它与光电流的直流分量、电子电荷及滤波器的频带有关，在理想的量子效率下，探测器的量子噪声等于散粒噪声。散粒噪声随着光的频率的增大而线性增大。光子噪声则起源于光源和调制的光子涨落 (如自发辐射和纵模) 以及介质 (如波导) 的不当反射、色散和干涉。复合噪声是光源和探测器的半导体材料中的电子与空穴载流子的重新复合引起。利用各种压缩态可将量子噪声减低到最小程度，但不能最终消除。

　　量子噪声也表现为在绝对零度附近，单色光的涨落。

5.2.9　量子噪声极限 quantum noise limit

　　由于量子源产生物理量的不确定性对物理量测量产生的精度限制。量子噪声极限是测量量子变量的过程中，由于受到不可避免的量子噪声的限制，导致不能完全消除测量的不确定性，而使得无法获得精确的测量结果。这一概念主要涉及海森堡不确定性 (测量量子系统中的两个共轭变量的不确定度积永远大于等于普朗克常数的一半) 和光子计数泊松分布两个原理。

5.2.10 光子噪声 photon noise

光子数偏离平均值的方差。光的粒子性或离散性所引起的噪声，对信噪比影响较大。光子噪声源于光子计数的波动性和随机性符合泊松分布。对于传感器而言，光子噪声是到达传感器的光子数目发生变化，使实际值与理想值不符而生产的偏差。

5.2.11 光子湮灭算符 photo annihilation operator

将处于特定状态中的多个粒子，使其粒子数减少一个的算符，用符号 a 或 $\hat{a}$ 表示，简称为湮灭算符，也称为降阶算符（lowering operator）。作用在电磁场能量本征态上的使本征值减少 1 的算符，产生一个新的能量本征态，本征值比原来的态少一个 $h\nu$，该算符的本征态为相干态。

5.2.12 光子产生算符 photo creation operator

将处于特定状态中的多个粒子，使其粒子数增加一个的算符，用符号 a^+ 或 $\hat{a}^+$ 表示，简称为产生算符，也称为升阶算符 (raising operator)。作用于电磁场能量本征态上的使右矢本征值增加 1 的算符，产生一个新的能量本征态，本征值比原来的态增加一个 $h\nu$。

5.2.13 光子数态 photo number state

光子算符 a^+a 的本征态。用光子的概念描述量子化电磁场的态 $|n\rangle$。a^+a 对应于光子数算符，$a^+a|n\rangle = n|n\rangle$。$|n\rangle$($n$ 由 0 至 ∞) 构成正交完备集，光子数态的本征值为光子数 n，本征能量为 $(n + 1/2)h\nu$(单模电磁场的哈密顿量 H)，光子数态是辐射场量子化的结果，是光的量子态，又称为福克态 (Fock state)。

5.2.14 热光场态 thermal optical field state

物质通过热辐射的方式释放的电磁能量态。常见的有太阳光、白炽灯光。热光场态也就是这些光的热平衡辐射场所处的量子态。

5.2.15 相干态 coherent state

光子量子化电磁场的一个具有相干性的态，用符号 $|\alpha\rangle$ 表示。这个态的场具有最大的相干性和经典性。薛定谔推导的相干态为具有 "最小不确定性" 的高斯波包，是一个具有最小不确定性的态。选择一个自由参量使得无量纲的位置和动量的不确定量相等。相干态也是湮灭算符 $\hat{a}$ 的本征态，即满足公式 (5-69)。

$$\hat{a}|\alpha\rangle = \alpha|\alpha\rangle \tag{5-69}$$

相干态可以通过真空态平移 (或位移) 来产生，符合公式 (5-70) 的关系式。

$$|\alpha\rangle = D(\alpha)|0\rangle \tag{5-70}$$

式中：$D(\alpha)$ 为平移算符 (或位移算符)；$|0\rangle$ 为真空态。

相干态中的光子数方差 $V_{\mathrm{coh}}(n)$ 等于平均光子数 $\bar{n}$，符合公式 (5-71) 的关系式。

$$V_{\mathrm{coh}}(n) = \langle n^2 \rangle_{\mathrm{coh}} - \langle n \rangle^2_{\mathrm{coh}} = \bar{n} \tag{5-71}$$

相干态可以用光子数态 (Fock 态) 展开，即按公式 (5-72) 展开，式中的 c_n 为公式 (5-73)。

$$|\alpha\rangle = \sum_n c_n |n\rangle \tag{5-72}$$

$$c_n = \mathrm{e}^{-\frac{1}{2}|\alpha|^2} \frac{\alpha^n}{\sqrt{n!}} \tag{5-73}$$

相干态中的光子数分布服从泊松分布 p_n，符合公式 (5-74) 的关系式。

$$p_n = |c_n|^2 = \mathrm{e}^{-\bar{n}} \frac{\bar{n}^n}{n!} \tag{5-74}$$

两个本征值 α 与 β 不相同，它们的相干态 $|\alpha\rangle$ 与 $|\beta\rangle$ 是不正交的。

相干态构成一个完备集 (有时也称为超完备集)，从而构成了一个连续态表象，符合公式 (5-75) 的关系式。

$$\frac{1}{\pi} \iint |\alpha\rangle\langle\alpha| \mathrm{d}^2\alpha = 1 \tag{5-75}$$

相干态表象在量子光学中有着重要和广泛的应用。

5.2.16　压缩态 squeezed state

电场强度振幅和其相位组合的某一正交相位分量的涨落小于真空涨落的电磁场量子态。因为需要满足海森堡不确定关系，与之共轭的正交相位分量的涨落必须大于真空涨落。

5.2.17　复合系统 composite system

量子力学中，若子系统 A 和子系统 B 的状态分别为 $|\Psi_{\mathrm{A}}\rangle$ 和 $|\Psi_{\mathrm{B}}\rangle$，构成的合成系统的纯态为 $|\psi_{\mathrm{AB}}\rangle$，这个纯态可以写成子系统 $|\Psi_{\mathrm{A}}\rangle$ 和 $|\Psi_{\mathrm{B}}\rangle$ 的直积态 $|\Psi_{\mathrm{A}}\rangle|\Psi_{\mathrm{B}}\rangle$ 或 $|\Psi_{\mathrm{A}}\rangle \otimes |\Psi_{\mathrm{B}}\rangle$，即 $|\Psi_{\mathrm{AB}}\rangle = |\Psi_{\mathrm{A}}\rangle |\Psi_{\mathrm{B}}\rangle$ 或 $|\Psi_{\mathrm{A}}\rangle \otimes |\Psi_{\mathrm{B}}\rangle$ 的系统，也称为多组分系统。

5.2.18　量子纠缠 quantum entanglement

在由两个或两个以上粒子组成系统中的相互影响的强关联的现象，也称为量子纠结。在量子力学中，当一对或者多组粒子以某种方式产生、相互作用或者共享空间临近时发生的一种物理现象，无论这些粒子相隔多远，每个粒子的量子状态都不能独立于其他粒子的状态来描述，此时这些粒子之间就处于量子纠缠的关系。形成量子纠缠的各个粒子所拥有的特性已经综合成为整体性质，无法单独描述各个粒子的性质，只能描述整体系统的性质。量子的纠缠没有空间和时间，即无论多远，量子纠缠同时发生。

5.2.19 量子纠缠态 quantum entangled state

量子力学中，若子系统 A 和子系统 B 的状态分别为 $|\Psi_A\rangle$ 和 $|\Psi_B\rangle$，构成的复合系统的纯态为 $|\Psi_{AB}\rangle$，如果一个复合系统的纯态不能写成两个子系统的直积态 $|\Psi_A\rangle|\Psi_B\rangle$ 或 $|\Psi_A\rangle \otimes |\Psi_B\rangle$，即 $|\Psi_{AB}\rangle \neq |\Psi_A\rangle|\Psi_B\rangle$ 的状态。这个状态就是一个纠缠态，A，B 两个子系统是相互纠缠的。扩展到多个系统，如果系统处于纯态并且不能写成各个子系统纯态的直积形式，那么这个系统处于纠缠态，其所有子系统相互纠缠。

处于纠缠态的每个粒子的态不能脱离其他粒子的态而被独立描述，量子态必须将系统作为一个整体来描述。对处于纠缠态的粒子的物理量进行的测量是相关的，亦即，测量其中的一个粒子某个物理量，另一个粒子的相应物理量的值也会被确定或受到测量的影响，尽管这两个粒子可以在空间分离任意远的距离。量子纠缠是量子通信、量子密钥、量子计算、量子精密测量等应用技术的基础。

5.2.20 纠缠光子态 entangled photon state

无法用单个光子态的直积形式表示的叠加态。纠缠光子态常通过自发参量下转换非线性光学过程或者原子系统中电子的级联辐射过程产生。纠缠光子态是两个或两个以上纠缠的光子所处的量子态。

5.2.21 两态系统 two-state system

一种拥有两个互相独立且正交量子态的量子系统，如电子自旋态、光子偏振态、原子的两个特殊能态等。两态系统包括但不限于下述正交的量子态。电子自旋态相对某外场方向的：自旋向上态 $|\uparrow\rangle$ 和自旋向下态 $|\downarrow\rangle$。光子偏振方向的两正交偏振态：水平偏振态 $|H\rangle$ 和垂直偏振态 $|V\rangle$；+45° 偏振态 $|\nearrow\rangle$ 和 –45° 偏振态 $|\searrow\rangle$；左旋偏振态和右旋偏振态。原子中的两个特殊能态：基态 (或向下能态)$|g\rangle$ 和激发态 (或向上能态)$|e\rangle$。各种两态系统的两个量子态可统一分别用 $|0\rangle$ 和 $|1\rangle$ 表示。需注意不要将计算基矢的 $|0\rangle$ 态和 $|1\rangle$ 态与零光子态 (真空态) 和单光子态相混淆。

5.2.22 贝尔态 Bell state

用于描述两个量子比特系统的四种最大纠缠态，也称为贝尔基 (Bell base)，用公式 (5-76) 和公式 (5-77) 表达。

$$|\Phi_\pm\rangle = 1/\sqrt{2}\,(|0\rangle|0\rangle \pm |1\rangle|1\rangle) \tag{5-76}$$

$$|\Psi_\pm\rangle = 1/\sqrt{2}\,(|0\rangle|1\rangle \pm |1\rangle|0\rangle) \tag{5-77}$$

式中：$|0\rangle, |1\rangle$ 是单量子比特中正交的两个基矢，这四个贝尔态构成了二维希尔伯特空间的完备基矢。

5.2.23　消相干 decoherence

量子体系与环境的相互作用，在其随时间的演化过程中，量子体系将从量子纯态变到统计混合态的现象。大多数情况下，当腔场初态的光子数量很大时，有效相干性的时间要远远短于有效能量的存在时间，即消相干速率要远远大于能量衰减速率。当时间很长时，相干性基本上已完全消失，而能量尚未完全消失。

5.3　量 子 效 应

5.3.1　光子聚束效应 bunching effect of photon

全同光子倾向于处于同一时空状态的现象或效应。该现象经洪-区-曼德尔 (Hong-Ou-Mandel) 干涉实验验证。两个全同光子从 50∶50 光学分束器分束的干涉仪的两个端口同时输入，只会选择从干涉仪的一个输出端口中同时输出的现象。也称为光子群聚效应。

5.3.2　光子反聚束效应 antibunching effect of photon

当光场的二阶相关函数的取值范围在 0 到 1 之间，发生光子不能同时出现的效应，也称为光子反群聚效应。光子反聚束效应主要产生途径有：

(1) 通过非线性光学效应 (自发参量下转换或者自发四波混频)，产生一对 (量子) 关联光子，通过单光子探测器测量其中一个光子，得到电信号输出，预报另一个光子的输出。被预报输出的光子波包中，光子具有反群聚效应。在实验检测中，光子数可分辨的单光子探测器将发现光子波包中几乎有且仅有一个光子；或者将光子波包通过 50∶50 光学分束器分束，在两个输出端口的两个探测器无法实现非延迟的符合计数。

(2) 使用单个发光中心中的电子从高能级向低能级跃迁，辐射出一系列单个光子，使光子只能先后发出。

5.3.3　洪-区-曼德尔干涉 Hong-Ou-Mandel interference (HOMI)

两个全同光子同时到达 50∶50 光学分束器的两个输入端，仅可同时从该分束器的同一输出端口输出的干涉现象，也称为 HOM 干涉。该干涉现象是现代光量子信息科技的基础，被大量使用。

1987 年洪 (C. K. Hong)、区泽宇 (Z. Y. Ou) 和曼德尔 (L. Mandel) 提出并实现的一种双光子干涉方法。该方法利用两个交换对称 (或反对称) 的光子光路交叉后出现的聚束或反聚束效应获得干涉结果。

5.3.4 汉伯里·布朗-特威斯干涉 Hanbury Brown-Twiss interference(HBT)

用于刻画光场中一个光子被检测到之后，再检测到第二个光子的时间差的干涉现象。通常将待检测光场从 50：50 光学分束器的一个输入端口输入，然后从该光学分束器的两个输出端口中进行光子检测。通过对两个端口中光子检测信号进行符合测量，即可得到该光场的 HBT 干涉条纹。

汉伯里·布朗-特威斯干涉实现的是关于光场强度关联的干涉。

5.3.5 弗兰森干涉 Franson interference

用于刻画纠缠光子对双光子波函数相干性的干涉现象。不同时间 (相干时间内) 产生的双光子波函数的相干叠加，两光子通过相同路径 (同时长路径或者同时短路径) 同时到达探测器，通过符合计数消除时间上可分性，可观察到符合计数随着长路径和短路径之间相对相位改变而改变的现象。

弗兰森干涉是利用参量下转换光子产生时间的不确定性进行光子数关联干涉的方法。

5.3.6 多光子干涉 multi-photon interference

二阶以上 (强度) 光学干涉，即多个光子形成的德布罗意波函数发生干涉的现象。多光子干涉多使用光子数可分辨或符合计数来测量干涉结果；HOM 干涉、HBT 干涉、弗兰森干涉均为量子光学中常见的多光子干涉现象。

多光子干涉是使用光子计数多体符合探测进行干涉的方法。

5.3.7 兰姆位移 Lamb shift

兰姆实验测得氢原子 $2S^{1/2}$ 和 $2P^{1/2}$ 之间的能量差。其频率间隔为 1057MHz。利用辐射场的全量子理论可以精确计算出这一观测值。

5.3.8 V 型原子 V-type atom

三能级原子与双光子相互作用的模型中,共用一个下能级,两个激发态分别由两个不同频率的光子与下能级耦合，呈现字母 V 形状的原子，见图 5-13 所示。

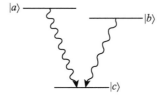

图 5-13 V 型原子示意图

5.3.9 Λ 型原子 Λ-type atom

三能级原子与双光子相互作用的模型中，共用一个上能级，两个低能态分别由两个不同频率的光子与上能级耦合，呈现字母 Λ 形状的原子，见图 5-14 所示。

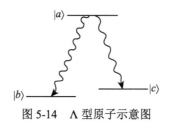

图 5-14 Λ 型原子示意图

5.3.10 梯型原子 ladder-type atom

三能级原子与双光子相互作用的模型中，共用一个中间能级，一个高能态和一个低能态分别由两个不同频率的光子与中间能级耦合，呈现梯子形状的原子，见图 5-15 所示。

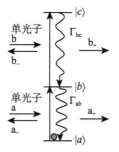

图 5-15 梯型原子示意图

5.3.11 量子拍 quantum beat

原子和场相互作用在 V 模型和 Λ 模型中按照半经典理论，均可以观察到干涉，即差拍，而全量子理论只有 V 模型有干涉现象，可以观察到拍，Λ 模型中的两个通道没有拍的现象。量子拍的这个现象只可以用全量子理论来解释而不能用半经典理论来解释，是量子电动力学正确性的有力支持。

5.3.12 拉比振荡 Rabi oscillation

光与物质相互作用过程中，光场引起介质上下能级粒子数周期性反转的物理现象。当共振激光作用于二能级系统时，引起该系统上下能级粒子数周期性反转的现象。

5.3.13　拉比频率 Rabi frequency

半经典理论中描写双能级原子与单模场相互作用，其归一化反转粒子数在 0 和 1 之间做余弦振荡的频率，按公式 (5-78) 计算：

$$\Omega_{\mathrm{R}} = \frac{\rho \cdot \varepsilon}{h} \tag{5-78}$$

式中：Ω_{R} 为拉比频率；ρ 为原子跃迁的偶极矩；ε 为场的电场强度振幅标量值；h 为普朗克常数，$h = 6.626070150(81) \times 10^{-34}$ J·s。拉比频率是半经典理论中表征原子与场相互作用强弱的一个量。

5.3.14　光子回波 photon echo

先后向非均匀展宽介质入射两个具有一定宽度并与介质特定能级共振的强电磁波脉冲，通常脉冲 2 宽度是脉冲 1 宽度的 2 倍，经过一段时间后介质会自发发射出一个同频率电磁波脉冲，这个脉冲与脉冲 2 的时间延迟刚好是两个入射脉冲间的时间间隔的现象，也称为自旋回波。

5.3.15　量子崩塌-复现 collapse and revival of quantum oscillation

二能级原子 (或其他量子体系) 和相干态光场相互作用时，长时间演化过程中拉比振荡的消失和恢复现象，也称为量子崩塌-复苏，见图 5-16 所示。图 5-16 中，$W(t)$ 为原子的布居数反转，t 为时间。

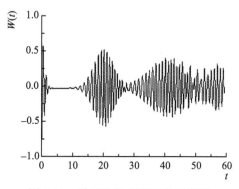

图 5-16　量子崩塌-复现现象示意图

5.3.16　电磁感应光透明 electromagnetically induced transparency(EIT)

在电磁场 (通常是激光) 对介质的作用下，介质吸收线内出现透明 (不吸收) 的非线性现象，见图 5-17 所示。在这个透明窗口还会出现反常色散及其导致的 "慢光"。电磁感应光透明的实质是量子干涉效应导致原本对某个波长光强吸收的介质对该波长的光透明。电磁感应光透明的三种常用的能级结构见图 5-18 所示。

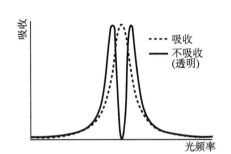

图 5-17 吸收线内出现的透明现象示意图

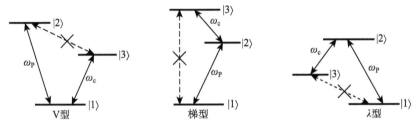

图 5-18 三种常用的能级结构图

5.3.17 无反转激光放大 lasing amplification without inversion

实现受激辐射放大而不需要激光介质粒子数反转的一种受激辐射放大方法。无反转激光利用原子跃迁的概率振幅之间的量子相干效应而消除受激吸收却不影响受激辐射，使信号光得到净增益。

5.3.18 光场量子涨落 quantum fluctuation of light field

由于光的波粒二象性，在光与物质相互作用时，即使是一些宏观参量恒定而仍然有光子数量在过程中随机波动的现象。量子涨落存在于一切光探测过程中，并导致散粒噪声的出现。

5.3.19 量子尺寸效应 quantum size effect

当粒子尺寸下降到某一数值时，费米能级附近的电子能级由准连续变为离散能级或者能隙变宽的现象或效应。量子尺寸效应会导致纳米粒子磁、光、声、热、电以及超导电性与宏观特性有着显著不同。同时处于分立的量子化能级中的电子的波动性给纳米粒子带来一系列特殊性质，如高的光学非线性，特异的催化和光催化性、强氧化性和还原性等。

5.3.20 光学章动 optical nutation

光脉冲入射原子系综之后，由于原子系综与光脉冲发生相干的相互作用，原子基态的布居将随时间发生周期振荡的现象。这种周期振荡导致脉冲的透射率也随时间周期振荡，在实验中表现为脉冲光经过原子系综之后的透射光的功率发生周期振荡，该现象称为光学章动。

5.4 量子技术

5.4.1 量子计算 quantum computation

运用量子力学规律调控量子信息单元实现经典/量子信息计算处理的技术。通用的量子计算机的理论模型是用量子力学规律重新诠释的通用图灵机，其只能解决传统计算机所能解决的问题。但在计算效率上，由于量子力学叠加性的存在 (或并行处理能力)，用量子算法处理问题的速度要远远快于传统的计算机。量子计算发展的主要目标是先实现各类量子比特逻辑门，进而组成普适的量子计算机。量子计算的关键技术包括：量子比特制备、量子寄存器、量子逻辑门、量子算法、量子计算操作系统等。随着量子计算技术的进步，量子计算的发展将由物理比特计算阶段向逻辑比特计算阶段推进。

5.4.2 计算基矢 computation basis vector

量子信息技术中，用于表达量子比特状态的基本符号 $|0\rangle$ 和 $|1\rangle$ 的矢量。$|0\rangle$ 表示量子状态为 "0"，$|1\rangle$ 表示量子状态为 "1"。单个量子比特的纯态 $|\Psi\rangle$ 的一般表示为公式 (5-79)：

$$|\Psi\rangle = c_0|0\rangle + c_1|1\rangle \tag{5-79}$$

式中：c_0、c_1 均为复数，对应计算基 $|0\rangle$ 和 $|1\rangle$ 相干叠加的概率幅 (几率幅)，满足 $|c_0|^2 + |c_1|^2 = 1$。

5.4.3 量子寄存技术 quantum storage technology

由一系列 (N 个) 量子比特单元组成的，用于暂时存放计算过程中由量子比特表达的操作数、结果和信息的量子信息存储技术。表示 N-量子比特寄存器的数值状态 $|\Psi_N\rangle$ 的一般表达为公式 (5-80)：

$$|\Psi_N\rangle = \sum_{a=0}^{2^N-1} c_a|a\rangle \tag{5-80}$$

式中：N 为量子比特寄存器的并列个数或位数；a 为对应于十进制数的存储值；c_a 为量子比特的计算基状态对应的数值，只取数 0 或 1；$|a\rangle$ 为十进制数的存储值状态。在量子计算中，对 N 个量子比特寄存器进行一次操作等价于经典计算中对 2^N 个数进行操作，体现了量子计算超越经典计算的并行计算能力。

5.4.4　量子逻辑门 quantum logical gate

与传统数字电路的经典逻辑门类似,用于操作量子比特的量子线路。经典逻辑门是将输入数据变换为输出数据,而量子逻辑门是将输入的量子态变换为输出的量子态。与经典逻辑门不同的是,由于量子态的演化必须是幺正的,因此,相应的逻辑门必须是可逆的,而经典的逻辑门可以是可逆的,也可以是不可逆的。任意的量子逻辑操作都可以用由几个单量子比特逻辑门和双量子比特受控非门构成的一组通用逻辑门来实现。

5.4.5　单量子比特逻辑门 single quantum bit logical gate

由输入量子态直接决定输出量子态来操作量子比特的量子线路,也称为单量子比特 U 门,简称为一位门,见图 5-19 所示。图 5-19 中的 |in⟩ 和 |out⟩ 分别表示输入态和输出态。常见的单量子比特逻辑门有量子非门 X、量子相位门 $P(\theta)$ 和哈达马德 (Hadamard) 门 H 等。

$$|\text{in}\rangle \quad\boxed{U}\quad |\text{out}\rangle$$

图 5-19　单量子比特逻辑门示意图

5.4.6　量子非门 quantum not gate

具有公式 (5-81) 功能的单量子比特逻辑门,也称为量子非门 X。由两能级原子系统构成的量子比特,一个经典的 π 脉冲就可以实现量子非门的功能。

$$\begin{cases} X|0\rangle = |1\rangle \\ X|1\rangle = |0\rangle \end{cases} \tag{5-81}$$

5.4.7　量子相位门 quantum phase gate

具有公式 (5-82) 功能的单量子比特逻辑门,也称为量子相位门 $P(\theta)$。由两能级原子系统与真空电磁场的色散相互作用就可以实现量子相位门的功能。

$$P(\theta)|x\rangle = \mathrm{e}^{\mathrm{i}x\theta}|x\rangle \tag{5-82}$$

5.4.8　哈达马德门 Hadamard gate

具有公式 (5-83) 功能的单量子比特逻辑门,也称为 Hadamard 门或 H 门。由两能级原子系统构成的量子比特,一个经典的 $\pi/2$ 脉冲就可以实现量子哈达马德门的功能。

$$\begin{cases} H|0\rangle = \dfrac{1}{\sqrt{2}}\left(|0\rangle + |1\rangle\right) \\[2mm] H|1\rangle = \dfrac{1}{\sqrt{2}}\left(|0\rangle - |1\rangle\right) \end{cases} \tag{5-83}$$

5.4.9 量子受控相位门 quantum controlled-phase gate

实现由控制量子比特控制目标量子比特相位改变的双量子逻辑门，也称为量子相位门，简称为二位门。该逻辑门通常包含控制比特和目标比特，当控制比特为 0 时，目标比特相位不变，当控制比特为 1 时，目标比特增加一个相位 π。

5.4.10 光学移相量子相位门 quantum phase gate of optical phase shift

在 a、b 两光束中的 b 光束的路径上，插入一个算符为 $P(\theta) = \mathrm{e}^{\mathrm{i}\theta b^+ b}$ 的光学移相器 θ，用以控制 a 光束的量子相位的量子逻辑门，也称为光学移相器量子相位门，见图 5-20 所示。

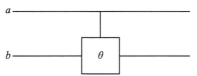

图 5-20 光学移相量子相位门示意图

5.4.11 量子受控非门 quantum controlled-not gate

实现由控制量子比特控制目标量子比特进行非运算的双量子逻辑门，简称为二位门。量子受控非门是由两个量子比特组成的逻辑门，分别为目标比特和控制比特，目标比特的状态是否发生变化由控制比特的状态决定。当控制比特的状态 $|x\rangle$ 为 $|0\rangle$ 时，目标比特的状态 $|y\rangle$ 不变，当控制比特的状态 $|x\rangle$ 为 $|1\rangle$ 时，目标比特的状态 $|y\rangle$ 发生变化 (0 翻转为 1 或 1 翻转为 0)，$(x, y) \in \{0, 1\}$，控制的数学关系见公式 (5-84)，受控非门 $U_{\text{c-not}}$ 的逻辑关系见图 5-21 所示。

$$U_{\text{c-not}}|x\rangle|y\rangle = |x\rangle|\mathrm{mod}_2(x + y)\rangle \tag{5-84}$$

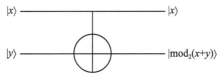

图 5-21 受控非门 $U_{\text{c-not}}$ 量子线路示意图

5.4.12   光学分束哈达马德门 Hadamard gate of optical beam splitting

采用 $50:50$ 的光学分束器对输入模 a 和 b 进行分束，构成输出模 a' 和 b'，令计算基 $|0\rangle \equiv |1\rangle_a|0\rangle_b = a^+|0\rangle_a|0\rangle_b = (|0\rangle + |1\rangle))/2$ 表示模 a 处于单光子态而模 b 处于真空态，令计算基 $|1\rangle \equiv |0\rangle_a|1\rangle_b = b^+|0\rangle_a|0\rangle_b = (|0\rangle - |1\rangle))/2$ 表示模 a 处于真空态而模 b 处于单光子态，由两个场模构成一个量子比特所实现的量子逻辑门，其光路关系见图 5-22 所示。

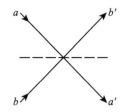

图 5-22　光学分束哈达马德门示意图

5.4.13   量子非破坏性测量 quantum nondemolition measurement

测量过程中不会破坏量子系统的本征态 (即被测量子系统的状态不发生变化)，且能连续对量子态的某些可观测量进行读出的行为。

5.4.14   量子力学主方程 quantum mechanics master equation

量子体系的约化密度算符满足的数学物理方程。通常用来分析一个量子系统在有外界环境明显的影响时的演化状态及计算系统处于不同量子状态的概率、量子力学系统的测量和量子纠缠等问题。量子力学主方程最常用的是薛定谔方程 ($i\hbar\partial\Psi/\partial t = \hat{H}\Psi$) 和海森堡方程 ($dA/dt = i\hbar[\hat{H}, A]$)，薛定谔方程用于描述波函数随时间的演化，海森堡方程用于描述算符 A 随时间的演化 (即量子态随时间的演化)。

5.4.15   量子束缚斯塔克效应 quantum-confined Stark effect

在量子阱结构中，在内建极化电场的作用下，半导体的能带发生倾斜，电子-空穴对发生空间分离、波函数交叠量减少，引起复合效率降低，发光效率下降，发光峰红移的现象或效应。

5.4.16   量子算法 quantum algorithm

在量子计算的现实模型上运行的算法，通常是指利用量子态的叠加性和相干性以及量子比特之间的纠缠等特性而实现各类量子门操作的算法。

5.4.17 量子编码 quantum coding

为了克服消相干,用一些特殊的量子态来表示量子比特的技术方式。量子编码是为了避免量子的相干性被破坏甚至被消除,所实施的量子态制备、操作、传播和处理等的过程或技术。量子编码有量子纠错码、量子避错码和量子防错码三种形式。量子编码的重要技术有:编码纠缠态来引入信息冗余;编码形成附加比特或量子态,只对部分量子比特(附加的)进行测量,保住原来比特或量子态不变;尽管量子错误是连续统,因量子错误是三种基本错误的线性组合,纠正了三个基本错误,所有量子错误才将得到纠正。

5.4.18 光子的腔内寿命 photon cavity lifetime

光子在与之谐振的光学腔内因散射、逸出等耗散影响而存留的平均时间。光子在谐振腔内随单位时间的损耗增大时,腔内的光子数密度就减小,光子数密度降低得越快,光子按平均数计算的寿命就越短,因此,降低腔内损耗是提高腔内光子寿命的方向。光子在谐振腔内损耗的因素主要有几何偏折损耗、衍射损耗、腔镜反射不完全引起的损耗、材料中的非激活吸收、散射以及腔内插入物(如布儒斯特窗、调 Q 元件、调制器等)所引起的损耗等。

5.4.19 量子效率 quantum efficiency

〈量子光学〉表示发光微观过程效率的一个量,也称为量子产额(quantum yield)。在光致发光或电致发光中,微观过程是外来光子或电子直接碰撞原子或分子使之激发而发出光子。若 N 个粒子入射到发光体中产生 n 个光子,则称比值 n/N 为荧光的量子产额。通常荧光屏和荧光灯上的荧光物质都有较大的量子产额。例如:日光灯中汞紫外线激发管壁荧光粉的量子产额高达 80%。

对于量子器件,量子效率为可计数输出基本事件和可计数输入基本事件之比。量子效率的模式主要有:

(1) 对于电光转换器件,是发射光子数与输入作用电子数之比;

(2) 对于光电转换器件,是产生光电流的电子数与输入作用光子数之比;

(3) 在光泵浦激光器中,是一个激光光子能量与一个贡献于粒子数反转的泵浦光子能量之比。

5.4.20 微分量子效率 differential quantum efficiency

在量子器件中,基于其输出和输入的量子效率曲线而得到的斜率。如果以输入为横坐标、输出为纵坐标作曲线,曲线上某一段的输出量除以相应的输入量的结果就是在该段位置的微分量子效率。这个斜率的数值通常小于 1 的,即不太可能有 100% 的量子效率,因而该曲线的倾斜度不会大于 45°。

5.4.21   贝尔测试 Bell test

使用量子纠缠态测试物理学中定域实在理论和隐变量理论的方法。贝尔测试是贝尔不等式 (Bell inequalities) 的实验检验。1965 年贝尔 (J. S. Bell) 提出了一个数学不等式，该不等式在定域性和实在性的双重假设下，对于两个分隔的粒子同时被测量时其结果的可能关联程度建立了一个严格的限制。而量子力学预言，在某些情形下，处于纠缠状态的粒子测量结果的关联程度会超过贝尔不等式的限制。

5.4.22   光学双稳态 optical bistability

光学系统具有多值性的现象，在一个非线性光学系统中，系统的输出光强和输入光强之间会出现类似磁滞回线的滞后现象，见图 5-23 所示。光学双稳态是通过光与物质作用，使在同一输入条件下，输出的光强发生非线性变化，出现两个稳定透射状态的光学现象。图 5-23 中：输入与输出的信号曲线呈 S 形；虚线部分为不稳定的状态；当输入信号增强到一定强度 I_M 时，输出跳跃式增加 (开状态)；反之，当输入光减少到 I_m 时，输出落回到下分支的低状态 (关状态)；曲线的中间部分有两个稳定的值，究竟是哪个值取决于输入光的增减方向和非线性光学系统所处于的 "开" 或 "关" 状态。光学双稳态的两种状态可分别代表开和关，或代表二进制的 0 和 1，利用这种现象可以制成光学双稳态器件。

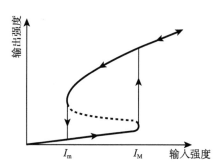

图 5-23   光学双稳态的光强输入输出对应关系曲线图

5.4.23   量子噪声限制操作 quantum-noise-limited operation

最小可检测信号受量子噪声限制的操作。对量子相关参量测量时，由于存在量子噪声影响的缘故，限制了测量量子相关参量的最小可测量能力，即测量参量的准确度或不确定值会被限定在不可能小于某个量。

5.4.24   原子纠缠态制备 atomic entanglement preparation

让两个原子先后与腔场发生共振相互作用来实现量子纠缠态产生的技术方法。一种可以制备原子纠缠态的设备见图 5-24 所示。单模辐射场与单个二能级原子的相互作用由杰恩斯-卡明斯模型 (Jaynes-Cummings model，又称为 JC 模型) 描述。脉塞的意思是微波激射器，其英文名称为 maser。

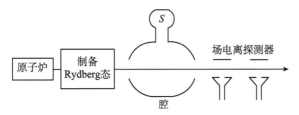

图 5-24 基于 JC 模型的单原子脉塞示意图

5.4.25 薛定谔猫态制备 Schrödinger cat state preparation

将原子与腔场 (量子化电磁场) 的色散相互作用和原子与两个经典电场的共振相互作用相结合来产生薛定谔猫态的技术方法。一种可以制备原子薛定谔猫态的设备见图 5-25 所示。该设备是在图 5-24 的基础上，在谐振腔的前后分别加一个经典光场 R_1 和 R_2 进而构成一个 Ramsey 干涉仪，用来制备薛定谔猫态。

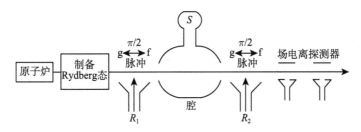

图 5-25 薛定谔猫态制备的示意图

5.4.26 纠缠态产生典型实验 typical experiment for generation of entangled state

采用双光子激发手段，将两束激光垂直聚焦于钙原子束，它们的相互作用区域约为长 1mm、直径 60μm(激光束束腰) 的圆柱体，在激光级联激发作用下，钙原子从基态 $4s^2\ {}^1S_0$ 跃迁到激发态 $4p^2\ {}^1S_0$，随后激发态钙原子经由级联辐射 $J = 0 \rightarrow J = 1 \rightarrow J = 0$($J$ 为总角动量) 的方式产生纠缠光子对的技术方法和过程，纠缠光子产生的机理见图 5-26 所示，实验装置见图 5-27 所示。

该实验是于 1982 年由 Alain Aspect 领导的一组法国科学家在南巴黎大学完成的两个光子的纠缠实验。他们用波长为 λ_K 的氪离子激光和波长为 λ_D 的染料激光对钙原子进行双光子激发，随后处于激发态的钙原子通过级联辐射的方式产生相互纠缠的波长为 λ_1 的绿光光子和波长为 λ_2 的蓝光光子。

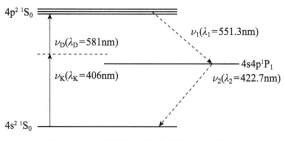

图 5-26　纠缠光子产生的机理示意图

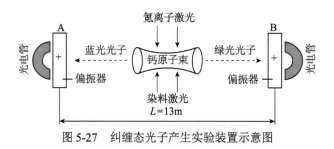

图 5-27　纠缠态光子产生实验装置示意图

5.5　量子器件

5.5.1　光子探测器 photo detector

〈量子光学〉通过光子与物质内部电子相互作用，产生电子 (或电子对) 能态变化而完成光电转换的器件，包括光电导型、光伏型和超导体型。光子探测器应具有接收单个光子的能力。

5.5.2　单光子源 single photon source

在任意时刻都可以并且只发射出一个光子的理想光源。实际应用过程中，光子波包中平均光子数达到单光子量子的时候，也称为单光子源。

由于技术水平的限制，实际使用中该条件被不同程度地放宽，例如：单个脉冲平均光子数不超过 1、光子数超过 1 的脉冲与光子数为 1 的脉冲相比不超过一定比例等。

5.5.3　纠缠光源 entangled photon source

能够在光的某自由度上产生量子纠缠现象的光源。或可以产生两个甚至更多光子的纠缠态的光源，常见的有基于自发参量下转换的光源和基于原子气体关联辐射的光源。

5.5.4　量子级联 quantum cascade

在多层半导体中形成周期性的量子阱的结构或状态。量子级联激光器是一种基于量子级联效应，电子从一个量子阱跃迁到另一个量子阱时释放光子，这个光子会引导到下一个量子阱中来激发下一个光子，以此继续来形成级联激发光子的过程，能够发射光谱在中红外和远红外频段激光的半导体激光器。量子激光器具有高效率、高功率、高速度、高稳定性等优点，常应用于通信、医疗、加工等领域。

5.5.5　量子比特器件 quantum bit device

能通过粒子的量子态产生表征 $|0\rangle$、$|1\rangle$ 以及它们叠加态的物理器件。量子比特器件的比特信息，可以通过光学、粒子和半导体等的量子态来表征。

5.5.6　量子寄存器 quantum register

能够存放计算过程中用于表达量子比特信息相应量子态的存储物理器件。量子寄存器可同时存储量子位相应叠加状态的全部量子比特信息。

5.5.7　量子逻辑门器件 quantum logical gate device

包括量子非门 X、量子相位门 $P(\theta)$ 和哈达马德门 H 等在内的单量子比特逻辑门器件和多量子比特逻辑门组合的量子器件。

5.5.8　光学双稳态器件 optical bistability device

利用光学系统的非线性和负反馈机制所制作的、具有两值稳定状态的量子物理器件。光学双稳态器件可作为光存储器、光学限幅器和光学逻辑元件等。

5.5.9　量子晶体管 quantum transistor

借助信号量子化使电子运动速度加快，使物体的物理结构发生变化，驱使电子突破在经典物理学中无法逾越的能量界限而隧穿物体，基于该原理制作的晶体管器件。该器件可实现晶体管的开关效应，它的应用可使计算机的运行速度提高几百倍。

5.5.10　量子效应器件 quantum effect device

用一个"岛"取代场效应晶体管的沟道，通过一种薄层材料与源极和漏极隔离，"岛"也像两个旋转栅门之间的缝隙（限制了电子通行的空间），只允许电子低速通过，或只让一个电子通过，按该原理制作出的量子器件。这类器件有单电子晶体管、共振隧道晶体管等。单电子晶体管的体积只是传统晶体管的 1%，耗电也仅为传统晶体管的十万分之一；共振隧道晶体管的开关之间有很多不同的状态，可以只用一个共振隧道晶体管代替十几个常规的晶体管。

5.6　非线性光学

5.6.1　非线性光学 nonlinear optics

研究光与物质的非线性相互作用的知识。在非线性相互作用中，物质中产生的极化强度与光的电场强度呈非线性关系。介质在电磁波场 (红外、可见、紫外及 X 射线) 的作用下会产生感应电极化。当光强较弱时，这种效应是线性的，即极化强度与电磁波电场的一次方成正比。但当光强逐渐增大时，极化强度公式中还会相继出现与电场的二次、三次，以至高次方成比例的项。与这些项相对应的极化统称为非线性极化。一般来说，在强光作用下，极化强度是光强的非线性函数。通常的光学效应如反射、折射、双折射等只与介质的线性极化相联系，属于线性光学的范围。而与介质的非线性极化或极化非线性性质相联系，会产生一系列新的光学现象，这属于非线性光学的范围。

5.6.2　光与物质相互作用 light-matter interaction

物质在光场作用下折射率、增益等特性的变化，以及物质对光场的相位、振幅、偏振状态等特性的影响。强光与某些物质相互作用会产生二阶、三阶、更高阶的非线性极化，使物质的折射率等光学特性出现非线性的现象。

5.6.3　非线性极化强度 nonlinear polarization

光在介质中传播时，光的电场与物质的相互作用所导致的感应极化强度中产生的非线性极化强度项。光在介质中传播的感应极化强度 P 的一般表达式包括线性项和非线性项，符合公式 (5-85) 的表达。当光场强度很低时，非线性项 P_{NL} 可忽略，仅保留线性项 P_L，这种情况属于非线性的范畴。

$$P = P_L + P_{NL} \tag{5-85}$$

当光的强度很高时，必须考虑非线性项 P_{NL} 的作用，非线性极化强度项可表示为公式 (5-86) 的级数形式：

$$P = P^{(2)} + P^{(3)} + \cdots + P^{(r)} + \cdots \tag{5-86}$$

式中：$P^{(r)}$ 为与光电场 E 的 r 次方有关的非线性极化强度分量，称为 r 阶非线性极化强度。

5.6.4　非线性极化张量 nonlinear polarization tensor

描述非线性极化强度矢量与光场的电场强度矢量相关的张量，也称为非线性极化率。例如在三阶非线性效应中，存在公式 (5-87) 的描述关系：

$$P^{(3)} = \chi^{(3)} \vdots E_1 E_2 E_3 \tag{5-87}$$

式中：$P^{(3)}$ 为三阶非线性极化强度；E_1、E_2、E_3 为相互作用中涉及到的光场的电场强度；$\chi^{(3)}$ 为三阶非线性极化率张量。

5.6.5 克拉莫斯-克隆尼格色散关系 Kramers-Kronig dispersion relation

描述电极化率实部与虚部关系的公式, 也称为色散关系或克喇末-克勒尼希关系或 K-K 关系, 用公式 (5-88) 和公式 (5-89) 表示。K-K 关系是介质中因有电场所导致的极化过程中的因果性的必然结果, 是一种普遍关系, 是介质吸收和折射率之间的数学关系。因介电常数虚部与入射波的吸收 (增益) 有关, 介电常数实部与折射率有关, 实部和虚部的表达式给出了对所有角频率积分的关系。用这个数学关系可以计算折射率分布, 从与频率相关的损耗就可以得到介质的色散。

$$\mathrm{Re}\varepsilon_{\mathrm{r}}(\omega) = 1 + \pi^{-1}P\int_{-\infty}^{\infty}(\omega'-\omega)^{-1}\mathrm{Im}\varepsilon_{\mathrm{r}}(\omega')\mathrm{d}\omega' \tag{5-88}$$

$$\mathrm{Im}\varepsilon_{\mathrm{r}}(\omega) = -\pi^{-1}P\int_{-\infty}^{\infty}(\omega'-\omega)^{-1}\left[\mathrm{Re}\varepsilon_{\mathrm{r}}(\omega')-1\right]\mathrm{d}\omega' \tag{5-89}$$

式中: Re 为实部符号; ε_{r} 为介质介电常数; ω 为光的角频率; P 为积分主值; $\omega'-\omega$ 为两角频率之差; Im 为虚部符号。

5.6.6 非线性折射率系数 nonlinear refractive index coefficient

表达光与介质相互作用所导致的介质的折射率随入射光强的改变, 折射率相应非线性改变的函数。强光作用介质, 导致三阶非线性极化, 将使介质的折射率成为非线性折射率或具有双折射特性。这种非线性折射率的产生会导致自聚焦、自散焦、自相位调制等光克尔效应。

5.6.7 非线性吸收系数 nonlinear absorption coefficient

表达光与介质相互作用所导致的介质的吸收随入射光强的改变而产生相应非线性改变的函数。强光与介质相互作用导致的非线性吸收有饱和吸收和非饱和吸收, 饱和吸收是随光强的增大而吸收减小, 其函数曲线为随光强增大而吸收下降的下坡圆弧曲线, 而非饱和吸收是随光强的增大而吸收增大, 其函数曲线为随光强增大而吸收上升的上坡圆弧曲线。饱和吸收会引起非线性色散效应。

5.6.8 三波耦合方程 three wave coupling equations

在非线性介质中, 与二阶非线性过程相关的, 用于描述三波相互作用的耦合方程组。三波混频是利用介质在频率分别为 ω_1 和 ω_2 的两束光波入射的作用下产生二阶非线性极化, 在满足相位匹配条件时, 输出第三束光频率为 $\omega_1\pm\omega_2$ 的光波, 由此可实现对光波频率的和频或差频。用两束可见光波段的光波进行和频, 可产生紫外波段频率的光波; 用两束可见光波段的光波进行差频, 可产生红外波段频率的光波。这种混频可在无中心对称或各向异性的晶体或介质中产生。

5.6.9 相位匹配 phase matching

〈非线性光学〉满足能量守恒和动量守恒条件时，参与相互作用的波矢的叠加应满足辐射加强的状态，也称为折射率匹配或光子动量匹配。由于受介质折射率色散的影响，新生波与入射波的相速度有差异，当相位差等于 π 时，将会出现振幅相减的抵消现象，因此，需要通过相位匹配来提高新生波的光强。相位匹配的方式有：角度相位匹配；温度相位匹配；第 I 类相位匹配；第 II 类相位匹配等。

5.6.10 角度相位匹配 angle phase matching

对入射光射入非线性介质的角度进行选择，通过介质的各向异性作用而实现的相位匹配，也称为临界相位匹配。角度相位匹配的本质是利用晶体的双折射特性，补偿晶体色散效应的相位匹配。角度相位匹配往往存在着离散效应、输入光谱宽和输入光发散引起失配等问题，由于这些问题，对相位匹配角的偏离非常敏感，这也是称其为临界相位匹配的原因。

5.6.11 温度相位匹配 temperature phase matching

利用晶体的双折射和色散是其温度敏感函数的特点，通过适当调节温度来实现的相位匹配，也称为非临界相位匹配。在晶体的折射率曲面上，如果能使相位匹配角 $\theta_m = 90°$，就等于在垂直于光轴的方向上实现相位匹配，则光的离散效应可以消除，光束发散的限制也可以放宽。

5.6.12 第 I 类相位匹配 type-I phase matching

在光混频过程中，入射的两混频光 (或基频光) 偏振方向相同的光波之间的角度相位匹配。第 I 类匹配的晶体种类、偏振性质和相位匹配条件见表 5-1 相应的内容，表 5-1 中的 θ_m 为相位匹配角，ω 为入射光频率。

表 5-1

第 I 类相位匹配		
晶体种类	偏振性质	相位匹配条件
正单轴晶体	e + e → o	$n_e^\omega(\theta_m) = n_o^{2\omega}$
负单轴晶体	o + o → e	$n_o^\omega = n_e^{2\omega}(\theta_m)$
第 II 类相位匹配		
晶体种类	偏振性质	相位匹配条件
正单轴晶体	o + e → o	$\frac{1}{2}[n_e^\omega(\theta_m) + n_o^\omega] = n_o^{2\omega}$
负单轴晶体	e + o → e	$\frac{1}{2}[n_e^\omega(\theta_m) + n_o^\omega] = n_e^{2\omega}(\theta_m)$

5.6.13 第 II 类相位匹配 type-II phase matching

在光混频过程中，入射的两混频光 (或基频光) 偏振方向相互垂直的光波之间的相位匹配。第 II 类匹配的晶体种类、偏振性质和相位匹配条件见表 5-1 相应的内容。单轴晶体和双轴晶体的第二类相位匹配条件是不一样的，要通过具体的计算和分析来确定。

5.6.14 相位失配因子 phase-mismatch factor

混频过程中，产生的新波长光波波矢与入射光波波矢的差值，用符号 Δk 表示。相位失配因子是入射波波矢与新产生波波矢的矢量差，当这矢量总和 $\Delta k \neq 0$ 时，说明相位失配，而当这矢量总和 $\Delta k = 0$ 时，说明相位匹配。

5.6.15 相位匹配长度 phase matching length

当存在相位失配时的相干长度，按公式 (5-90) 计算：

$$L_{\rm c} = \frac{\pi}{\Delta k} \tag{5-90}$$

式中：$L_{\rm c}$ 为相位匹配长度或相干长度；Δk 为相位失配因子。若晶体长度大于相位匹配长度，非线性作用效率下降很快，并呈现周期性变化。如果将公式 (5-90) 中的相位匹配长度换成晶体长度时，就可解算出允许的最大相位失配 Δk。

5.6.16 准相位匹配 quasi phase matching

〈非线性光学〉以周期性结构提供的倒格矢作为一个参数，使之满足动量守恒条件，以此实现相位匹配的方式。相位匹配和非线性频率转化中要求的动量守恒，在普通晶体中由于色散的存在较难实现。而非线性周期性结构则能较容易地实现相位匹配。通过在非线性介质中构造周期性的结构 (非线性光子晶体)，其提供的倒格矢能有效实现动量补偿，以满足守恒条件。通过人工调制超晶格的倒格矢 (即调制超晶格的周期)，可以补偿由于晶体折射率色散产生的波矢失配。相对通常的完美相位匹配 (温度匹配，角度匹配)，将这种方法称为准相位匹配。准相位匹配是非线性光学频率转换的一种重要技术。

5.6.17 非线性光学系数 nonlinear optical coefficient

与二阶非线性极化率密切相关的，用于表达非线性过程效率的参数，用符号 d 表示。非线性光学系数与二阶非线性极化率之间有专门的换算公式。当应用了相位匹配的参数到非线性光学系数的解算中时，建立的新非线性光学系数，就为有效非线性光学系数，用符号 $d_{\rm eff}$ 表示。

5.6.18　光学频率变换 optical frequency conversion

一个或多个不同频率光场与物质相互作用时，由于非线性效应导致输入光场的光子湮灭，并产生出新频率光子的现象。

5.6.19　周期性极化 periodic polarization

双折射介质中畴向间隔变化的组成形式。周期性极化是在透明晶体材料中实现非线性相互作用中准相位匹配的一种技术，它涉及一种在非线性晶体中产生周期性畴反转，使得非线性系数的符号也发生改变，周期通常为工作波长的整数倍。

5.6.20　自发参量下转换 spontaneous parametric down conversion

当一个光子 (泵浦光子) 在非线性介质中传输时，由于非线性效应分裂成一对频率较低的光子 (信号光光子和闲频光光子) 的现象。泵浦光光子到信号光光子、闲频光光子的转换满足能量守恒和动量守恒定律。此过程称之为自发参量下转换，它是量子光学领域的一个重要现象，可用于产生纠缠光子对或单光子。

5.6.21　四波混频 four-wave mixing(FWM)

〈非线性光学〉利用入射到介质上的二束或三束光的作用所产生的三阶非线性极化，在满足相位匹配条件时，产生出二束或一束新频率光的现象。对于三个入射光，新产生的第四个频率的光和先前三个频率的光之间符合公式 (5-91) 的能量守恒和动量守恒关系，相位匹配满足公式 (5-92) 的关系：

$$\omega_4 = \omega_1 \pm \omega_2 \pm \omega_3 \tag{5-91}$$

$$\boldsymbol{k}_4 = \boldsymbol{k}_1 \pm \boldsymbol{k}_2 \pm \boldsymbol{k}_3 \tag{5-92}$$

式中：ω_4 为新产生频率 ν_4 的输出光；ω_1、ω_2 和 ω_3 分别为先前入射的三束不同频率 ν_1、ν_2 和 ν_3 的光；$\boldsymbol{k}_4$ 为新产生频率 ν_4 的输出光波矢；$\boldsymbol{k}_1$、$\boldsymbol{k}_2$ 和 $\boldsymbol{k}_3$ 分别为先前入射的三束不同频率 ν_1、ν_2 和 ν_3 光的波矢。四波混频的相位匹配有共线和非共线两种。共线是三束入射光束均为同一方向，通过控制折射率色散来满足相位匹配条件；非共线是适当选择三束入射光束间的相对方向来满足相位匹配。四波混频通常需要三阶非线性系数大的介质，这类介质在极化前通常是各向同性的气体和液体。四波混频技术可用于产生纠缠光子对。

5.6.22　非简并四波混频 nondegenerate four-wave mixing

当四波混频过程中,涉及混频的四个波的频率分量各不相同时的四波混频。非简并四波混频可用来实现激光频率的升频和降频，可扩展激光的紫外波和红外波。

5.6.23　简并四波混频 degenerate four-wave mixing

当四波混频过程中，三束作用介质产生三阶非线性极化和混频输出的四个光波的频率都相同的混频，四个波的频率满足公式 (5-93) 的关系，四个波的波矢满足公式 (5-94) 的关系。简并四波混频虽然四个光束的频率都相同，但是它们的波矢方向可以不同。

$$\nu_1 = \nu_2 = \nu_3 = \nu_4 \tag{5-93}$$
$$\Delta k = k_4 - k_1 - k_2 - k_3 = 0 \tag{5-94}$$

式中：ν_4 为新产生输出光的频率；ν_1、ν_2 和 ν_3 分别为先前入射的三束光的频率；Δk 为相位失配因子矢量，或频率 ν_1、ν_2、ν_3 和 ν_4 的四个波矢的矢量和；k_4 为新产生频率 ν_4 的输出光波矢；k_1、k_2 和 k_3 分别为先前入射的三束不同频率 ν_1、ν_2 和 ν_3 光的波矢。简并四波混频可用于作为产生相位共轭波的重要手段，用于自适应光学的波前再现。

5.6.24　自发四波混频 spontaneous four-wave mixing

由两个入射光波入射到非线性材料中产生三阶非线性极化，而产生另外两个具有关联关系甚至纠缠关系的一对光波的四波混频。在四波混频过程中，由两个相同的泵浦光子湮灭同时生成了一对关联光子的过程。

5.6.25　非线性光学转换效率 nonlinear optical conversion efficiency

在非线性过程中，新产生的光场的能量 (输出能量/功率) 与注入光场能量 (输入能量/功率) 的比值。非线性光学的转换效率与材料的张量和光束在材料中的传播角度有关，通过材料选择和光束入射角度选择可获得高的转换效率

5.6.26　光学相位共轭 optical phase conjugate

光波入射一个系统，其输出光场与原光场传播方向相反，复振幅则为原光场复振幅的复共轭的现象，也称为时间反演波。光学相位共轭就是通过光波与介质的非线性相互作用，对光波的波前 (波阵面) 实时地进行反演处理，以消除波前在传播路径中带来的畸变。光学相位共轭技术在自适应光学、图像传递、无透镜成像、空间和时间信息处理、光计算、光开关、压缩光脉冲、双光子相干态低噪声量子限探测等方面有很好的应用前景。

5.6.27　光学克尔效应 optical Kerr effect

一种由三阶非线性过程导致的折射率变化量与光场的电场强度的幅值平方成正比的效应，也称为光克尔效应。

5.6.28　自作用光学克尔效应 self-acting optical Kerr effect

一个光场自身与物质发生三阶非线性相互作用，导致该光场的折射率与其自身的电场强度幅值平方成正比的效应。

5.6.29　互作用光学克尔效应 interaction optical Kerr effect

当不同模式的光场在同一介质中传播时，由于三阶非线性相互作用，一个模式的光场的折射率与其他模式光场的电场强度幅值平方成正比的效应。

5.6.30　自陷效应 self-trapping effect

对于入射光束，自聚焦的会聚作用与衍射作用达到平衡的现象或效应。稳定自陷状态下获得的稳定光场分布为空间光孤子。

5.6.31　自相位调制 self-phase modulation

〈非线性光学〉当光场与物质相互作用产生非线性效应时，光场的相位发生与光强成正比变化的现象或调制。

5.6.32　交叉相位调制 cross phase modulation

不同模式的光场在介质中传播时，由于非线性效应使得某光场的相位发生与其他光场的电场强度呈非线性关系变化的现象或调制。

5.6.33　非线性元件 nonlinear element

可以与光场发生非线性相互作用的元件。用与光场发生相互作用，能产生二阶、三阶或更高阶非线性极化的晶体、玻璃等材料所制作的元件，例如：光开关、光学双稳态器件、光混频器件、相位共轭器件等。

5.6.34　Z 扫描测量法 Z scanning measurement

利用被测样品的自聚焦效应，将样品沿光束传播方向 (Z 方向) 在焦点前后连续移动，通过放置在小孔光阑后的探测器采集光强信号，获得归一化的光强随 Z 变化曲线，从而计算得到被测样品三阶非线性极化率的方法。

5.7　量子光学应用

5.7.1　光子存储 photon storage

光子作为信息载体，并且可以同存储介质之间直接相互作用，使存储介质发生相应的物理或化学性质的变化，达到信息存储目的的存储方式。在量子信息领域，特指将光子承载的量子信息存储在介质中。

使用物理装置对光子或光子态的存储，可以直接存储光子，例如可以通过光纤或光腔完成，也可以将光子的状态转移到其他体系 (存储器)，需要时再由其存储器产生具有被存储状态的光子。

5.7.2 量子通信 quantum communication

利用量子态 (如纠缠态等) 进行信息传递的一种新型通信方式, 也称为光-量子通信 (optical-quantum communication)。基于不确定性、测量坍塌和不可克隆原理的量子通信具有无法被窃听和计算破解的绝对安全性。量子纠缠通信的过程是: 事先构建一对具有纠缠态的粒子, 将两个粒子分别放在通信双方, 将具有未知量子态的粒子与发送方的粒子进行联合测量, 使接收方的粒子瞬间发生坍塌或变化为某种状态, 这个状态与发送方的粒子坍塌或变化后的状态是对称的, 然后将联合测量的信息通过经典信道传送给接收方, 接收方根据接收到的信息对坍塌或变化的粒子进行幺正变换 (逆转变换), 即可得到与发送方完全相同的未知量子态。量子通信具有极高的安全性, 因为量子加密的密钥是随机的, 即使被窃取也无法得到正确的密钥, 另一方面, 通信双方手中具有纠缠态的两个粒子, 只要有窃取干扰, 原有信息就会被破坏。量子通信效率还有极高的通信效率, 例如一个量子态可同时表示 0 和 1 两个数字, 7 个这样的量子态就可以同时表示 128 个状态或 128 个数字, 一次传输就相当于经典通信方式的 128 倍。

量子通信有两种方式: 一种是利用量子的不可复制性以及测量的随机性来生成量子密码, 给传统的数字通信加密, 实现量子密钥分发的通信; 另一种是利用量子纠缠直接传送量子比特, 实现量子隐形传态的通信。

5.7.3 量子直接通信 quantum direct communication

通信双方通过传递承载信息的量子态, 完成类似于经典信息直接传输的通信。其实现经典信息传递的功能与量子密集编码类似。量子直接通信属于量子安全直接通信, 是直接将秘密信息加载于量子态上并进行传输的通信方式。

5.7.4 量子隐形传态 quantum teleportation

一种利用量子纠缠与经典通信技术实现量子态传递的方式, 也称为量子遥传、量子隐形传输、量子隐形传送、量子远距传输或量子远传。具体过程为: 事先构建一对具有纠缠态的粒子, 将两个粒子分别放在通信双方, 将携带某种量子信息的粒子与发送方的粒子进行联合测量, 使接收方的粒子瞬间发生坍塌或变化为某种状态, 这个状态所携带的量子信息与需要传递的量子信息是关联的, 然后将联合测量的信息通过经典信道传送给接收方, 接收方根据接收到的信息对坍塌或变化的粒子进行幺正变换 (逆转变换), 即可得到与发送方完全相同的量子态。

5.7.5 量子密集编码 quantum dense coding

利用预先分配的纠缠, 通过一位量子比特的传输可以传送两位甚至更多经典比特的信息的技术。量子密集编码是一种利用量子纠缠资源实现经典信息传递的通信协议。具体为: 通过纠缠光子分发, 保证通信双方各有纠缠光子对中的一个光子；经典信息发送方将两比特经典信息编码在单量子比特操作上，根据需要传输经典的信息，发送方对持有的光子进行相应操作，然后传送给接收方；接收方获得该光子后将它和自己持有的两个光子进行 Bell 态测量，依据测量结果和初始纠缠态，可以推算出发送方进行的单比特操作，进而根据双方此前对单比特操作的协议约定，解码出发送方要传递的两比特经典信息。由于一次光子传递过程可实现两比特经典信息的传递，因此该过程称为量子密集编码。

5.7.6　量子密钥编码 quantum key coding

利用量子态作为量子比特进行密码编制，形成量子态密钥信息的技术。非纠缠态的量子态信息是通过应用量子态属类基读取量子态密钥编码来获得密码信息，纠缠态的量子态信息是直接用对应基读取的。量子密钥编码的内容是融入量子密钥分发协议中的。

5.7.7　量子密钥分发 quantum key distribution

利用量子力学原理，通过使用量子态或量子纠缠态以及特定协议来传输密钥信息，实现密码分发协议安全的密钥分发方法。量子密钥分发是使用量子态的传输进行经典密钥分配的方法，其利用未知量子态被测量提取信息时会受到干扰来保证密钥分发的安全性。如果有第三方试图窃听密码，必须用某种方式测量承载密码的量子态，则通信的双方便会察觉，由此保证密钥分发的安全性。

5.7.8　BB84 协议 BB84 protocol

发方随机将一系列光子用公式 (5-95) 和公式 (5-96) 的四个量子态 (或光子态) 进行编码 (这两对量子态各对应基 ⊕ 和基 ⊗)，并将编码态通过量子信道发送给收方，收方随机用基 ⊕ 和基 ⊗ 进行光子信息的测量，测量完后，发方和收方通过公开信道比较他们的编码基和测量基 (不公开编码的态和测量到的态)，两人只保留相同基的光子信息，得到比特串 (约总比特串的 50%) 的原始共享比特串信息，发方和收方从原始共享比特串信息中取出少量来进行公开比较，检测错码率，如果错码率高时，表明密码被严重窃听而宣告密钥分发失败，如果错码率低时，将剩余的共享比特串信息进行 "保密增强"，由此得到共享密钥的协议分发方式。BB84 协议的流程关系见图 5-28 所示。由于对应于基 ⊕ 和基 ⊗ 的这两对量子态之间不是正交的，因此它们之间测量的量子态无法被彻底分辨。当存在窃听者时，由于窃听者不知道发方采用编码基的顺序，只能靠猜编码基的顺序，他只有约 50% 概率猜对，因此，窃听者的测量将使约 50% 的发方发出的信息量子状态被破坏，使收方用编码基解出的信息有很高的错误率 (错误率约 75% 或以上，不是正常时的约 50%)。BB84 协议是 Charles Bennett 和 Gilles Brassard 在 1984 年提出的第一个量子密钥分发协议，其后来被推广到了应用其他的基或态构建量子协议的情况。

BB84 协议中, 原采用人名 Alice、Bob 和 Eve 分别作发送方、接收方和窃听者。为了使 BB84 协议解释得具有普遍性和角色感知的直接性, 此处将 Alice、Bob 和 Eve 分别换成发方、收方、窃听者, 使协议技术的过程描述不像是在讲故事, 而是在讲一种技术方式。

$$0 \to |\updownarrow\rangle, \quad 1 \to |\leftrightarrow\rangle \tag{5-95}$$

$$0 \to |\nearrow\rangle, \quad 1 \to |\searrow\rangle \tag{5-96}$$

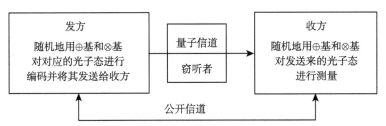

(1) 双方比较编码基和测量基;
(2) 双方保留相同基对应光子态的比特串信息;
(3) 双方取少量比特串信息进行正确率比较;
(4) 如果比较结果错误率低, 保留共享比特串信息;
(5) 如果比较结果错误率高, 密钥分发失败。

图 5-28　BB84 协议的流程关系示意图

5.7.9　B92 协议 B92 protocol

发方采用两个非正交态 $|u_0\rangle$ 和 $|u_1\rangle$ 作为编码符随机地对一串量子比特进行编码, $|u_0\rangle$ 表示比特 0, 用 $|u_1\rangle$ 表示比特 1, 它们定义的投影算符为公式 (5-97), 将编码态通过量子信道发送给收方, 收方随机用 P_0 和 P_1 对这串量子比特进行测量, 由公式 (5-98) 可知, 仅当发方发送 $|u_0\rangle(|u_1\rangle)$, 而收方用 $P_0(P_1)$ 测量时才能得到非零的结果, 测量完后, 收方通过公开信道告诉发方, 对哪些量子比特他得到了非零的测量结果 (不告诉进行哪种测量), 两人只保留那些非零测量结果对应的量子比特信息, 这些比特串构成了两人的原始共享比特串信息, 发方和收方从原始共享比特串信息中取出少量 (一小部分) 进行公开比较来检测错码率, 错码率高时, 表明被严重窃听而宣告密钥分发失败, 错码率低时, 将剩余的共享比特串信息进行"保密增强", 由此得到共享密钥的协议分发方式。B92 协议的流程关系见图 5-29 所示。

$$P_0 = 1 - |u_1\rangle\langle u_1|, \quad P_1 = 1 - |u_0\rangle\langle u_0| \tag{5-97}$$

$$\begin{cases} \langle u_1|P_0|u_1\rangle = 0, & \langle u_0|P_0|u_0\rangle = 1 - |\langle u_0|u_1\rangle|^2 > 0 \\ \langle u_0|P_1|u_0\rangle = 0, & \langle u_1|P_1|u_1\rangle = 1 - |\langle u_0|u_1\rangle|^2 > 0 \end{cases} \tag{5-98}$$

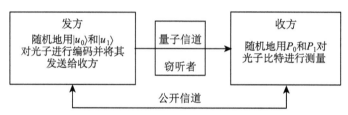

(1) 收方告诉发方测量的哪些比特为非零结果；
(2) 双方保留非零结果对应的比特串信息；
(3) 双方取少量比特串信息进行正确率比较；
(4) 如果比较结果错误率低，保留共享比特串信息；
(5) 如果比较结果错误率高，密钥分发失败。

图 5-29　B92 协议的流程关系示意图

B92 协议判断有窃听者存在的情况与 BB84 协议的类似。B92 协议是 Charles Bennett 在 1992 年提出的量子密钥分发协议。

5.7.10　EPR 协议 EPR protocol

纠缠光子对装置产生纠缠光子对 (例如偏振纠缠)，将其中一个光子发送给接收方甲，另一个光子发送给接收方乙，如果接收方甲和接收方乙共享 n 个处于公式 (5-99) 纠缠态的光子对，接收方甲和接收方乙各自独立地、随机地用基 $\oplus$ 和基 $\otimes$ 对各自的光子进行测量，并记录下结果，接收方甲和接收方乙通过公开信道比较他们用的测量基，两人只保留他们采用了相同基的测量结果，这些测量结果构成了他们的原始共享比特串信息，接收方甲和接收方乙从原始共享比特串信息中取出一部分进行公开比较来检测错码率，错码率高时，表明被严重窃听而宣告密钥分发失败，错码率低时，将剩余的共享比特串信息进行 "保密增强"，由此得到共享密钥的分发协议方式，也称为纠缠光子对协议或 Ekert 协议。EPR 协议的流程关系见图 5-30 所示。EPR 为纠缠光子对的英文缩写，即 Entangled Photon paiRs 的缩写。

$$|\varPsi\rangle = \frac{1}{\sqrt{2}}(|\uparrow\rangle_A|\uparrow\rangle_B + |\downarrow\rangle_A|\downarrow\rangle_B) \tag{5-99}$$

EPR 协议是 Ekert 于 1991 年提出的，接收方甲和接收方乙两个接收方对产生的纠缠光子对分别随机用基 $\oplus$ 和基 $\otimes$ 进行测量，要求双方要有准确的测量方向一致性 (即测量基相同)，才能得到相同比特信息结果，并通过比较判断获得密钥的协议。当两个接收方使用的测量方向不一致时，双方得到的量子态是不一致的。而 BB84 协议和 B92 协议均依赖于发送编码和接收测量的应用状态比较来确定保留的比特串信息。

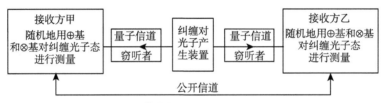

(1) 接收方甲和接收方乙比较双方用的测量基；
(2) 保留相同基的测量结果对应的比特串信息；
(3) 双方取少量比特串信息进行正确率比较；
(4) 如果比较结果错误率低，保留共享比特串信息；
(5) 如果比较结果错误率高，密钥分发失败。

图 5-30　EPR 协议的流程关系示意图

5.7.11　随机量子线路采样 random quantum circuit sampling

基于量子叠加和量子纠缠，通过随机化的方式生成一些随机电路，然后对这些电路进行采样，从而获得有用信息的一种量子计算方法。其用来演示量子计算在解决某个问题时会优于经典计算的方案。主要是通过采取一个特定形式的随机量子电路，并从其输出分布中产生样本，以期望这种产生样本的效率会高于利用经典计算机产生的效率，由此证明量子优越性。

5.7.12　瞬时量子多项式 instantaneous quantum polynomial (IQP)

有所有的量子门，使同一个计算结果拥有等价的任何可能计算顺序操作的一种量子计算电路。其是证明量子优越性的另一种方案，主要集中在量子电路中的量子比特上开展交换量子门的实验。

5.7.13　玻色采样 Boson sampling

为演示量子优越性提出的在线性光学网络中开展的通过输入多个全同光子进行干涉后对输出的光子数分布进行采样的方案，也称为玻色取样或高斯玻色采样。主要用来证明在这个问题上量子算法比经典计算可以有更高的效率 (由 S. Aaronson 和 A. Arkhipov 两人 2011 年提出的方案)。该方案中的一个主要优势在于计算光学网络矩阵的积和式 (与线性代数中的行列式类似的多项式) 可以直接通过光子输出分布得到，而经典计算一般需要计算每个矩阵元才能得到积和式。

5.7.14　激光冷却原子 laser cooled atom

利用激光束两两对射的激光照射原子，使处于激光束交汇处的原子受到激光的作用力而被减速和被粘住，难以逃脱激光束的禁锢，从而实现原子降温的技术。由于原子运动的平均动能正比于温度,原子减速等价于使原子系统冷却。应用六束激光冷却原子的原理见图 5-31 所示。激光冷却原子的设想是 Hänsch 和 Schawlow 于 1975 年最先提出的。激光冷却的温度可远低于多普勒冷却极限温度，甚至低于反冲温度。激光冷却原子新的模型建立后，发展出了一系列激光冷却原子的机理，如偏振梯度冷却、磁感应冷却、拉曼跃迁冷却、速度选择性相干布居囚禁冷却等。

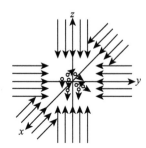

图 5-31　六束激光冷却原子的示意图

5.7.15　光学黏团 optical glue group

在激光冷却过程中，激光束交汇处的团原子与光子的集合体，也称为光学黏胶 (optical molasses)。光学黏团可以使原子陷于像带有黏性的液体中运动，使其速度大大减小，并难以逃脱。

5.7.16　囚禁原子阱 trapped atom well

通过采用能对原子的运动状态进行有效性控制或限制的能量，使原子被限制在一定范围内运动的装置。

5.7.17　激光阱 laser well

利用原子具有电偶极矩，原子的电偶极力与光强成正比等特性，用激光作为作用原子的光强场制成的囚禁原子的阱，其原理见图 5-32 所示。原子的偶极力，在红失谐情况 ($\delta < 0$)，力指向强光处，在蓝失谐情况 ($\delta > 0$)，力指向弱光处。激光阱势能的最大值称为阱深。图 5-32 中：σ^+ 为光的作用场（从左向右方向的或从下向上方向的）；σ^- 为光的作用场（从右向左方向的或从上向下方向的）。

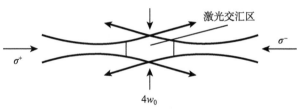

图 5-32　激光阱示意图

5.7.18 静磁阱 static magnetic well

利用原子具有磁偶极矩，原子的磁偶极力与磁场成正比等特性，用静磁场作为作用原子的磁场制成的囚禁原子的阱。用于捕获和囚禁原子的磁阱主要分为两类：一类是具有零点的四极型阱，它由一对载有反向电流的亥姆霍兹线圈构成，其线圈布置与磁力线分布和等势面见图 5-33 中的 (a) 和 (b) 所示；另一类是具有非零极小值的 Ioffe-Prichard 型阱，它由四条载流直导线和两个载有同向电流的线圈构成，其侧面结构视图和端面结构视图 (从左向右看的视图) 见图 5-34 中的 (a) 和 (b) 所示。

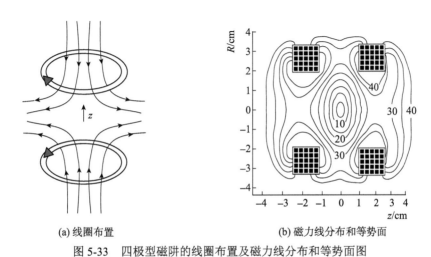

(a) 线圈布置　　　　　　　　(b) 磁力线分布和等势面

图 5-33　四极型磁阱的线圈布置及磁力线分布和等势面图

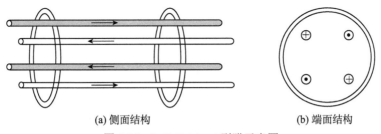

(a) 侧面结构　　　　　　　　(b) 端面结构

图 5-34　Ioffe-Prichard 型阱示意图

5.7.19 磁光阱 magneto-optical well

将激光束和静磁场两类作用力相结合，形成同时具有激光束和静磁场对原子进行作用而制成的囚禁原子的阱，其原理和结构见图 5-35 所示。

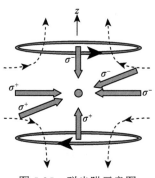

图 5-35　磁光阱示意图

5.7.20　量子优越性 quantum supremacy

量子计算装置在特定测试案例上表现出超越所有经典计算机的计算能力，也称为量子霸权。主要背景来自普适的量子计算机短期难以实现，为了证明量子计算的确会远远优于经典计算时所提出的针对特殊问题的演示方案。

第6章 紫外和射线术语及概念

本章的紫外和射线术语及概念主要包括紫外光学、紫外消毒、X 射线、伽马射线、射线摄影与显示、射线影像质量评价、射线数字成像、计算机成像和断层成像、辐射防护共九个方面的术语及概念。紫外光学与紫外消毒的术语及概念有一定相关性和共用性，紫外光学中的一些通用性的术语及概念对紫外消毒也是适用的，或者说两者是共用的。部分紫外探测用的器件和部件放在 "第8章　微光术语及概念" 中，因此在本章中就不再重复纳入。X 射线中的一些通用性的术语及概念对伽马射线也是适用的，就放到了先出现的 "6.3　X 射线" 中，例如 "空间分辨率"、"对比灵敏度" 等。反过来，在本章后面的章节中的一些术语及概念也有对前面章节适用的，例如 "分辨率测试卡"、"对比灵敏度计" 等。射线摄影与显示、射线影像质量评价、射线数字成像和辐射防护的术语及概念，对 X 射线和伽马射线基本上是通用的，有些对紫外辐射也是通用的。在本章中那些属于一个学科内的 "学"，如 "紫外光谱学"、"紫外剂量学" 等术语及概念，未将它们放到 "第1章　通用基础术语及概念" 中的 "1.8　光学学科" 章节中，而是将放到了它们所属的本章中，因为，这些 "学" 只是一个学科中很小范围的知识，不属于大的学科，或者说它们只是 "术" 层面的。本章的射线未包括中子射线、α 射线和 β 射线的内容，因为这部分内容属于实物粒子流，尽管它们有波动和衍射等特性，也可以用光学的理念和方法进行研究和分析，但它们不属于电磁波。

6.1 紫外光学

6.1.1 紫外光谱学 ultraviolet spectroscopy

研究紫外光谱发生、分光、性质、规律、观测、解释、应用和与物质之间相互作用等的知识，也称为紫外光光谱学，或紫外光谱术。通过紫外光谱学，可对各种物质的紫外光谱进行研究和分析，可了解和掌握原子、分子等的能级结构、能级寿命、电子组态、分子几何形状、化学键性质、反应动力学等多方面的物质结构与运动性质，为化学分析提供定性和定量的分析方法。紫外光谱学通常分为紫外发射光谱学、紫外吸收光谱学和紫外散射光谱学三个分支。紫外领域应用光谱学是利用各种光谱仪来探知物质的元素和化合物的存在及其组成成分、能级结构等状态。

6.1.2　紫外天文学 ultraviolet astronomy

主要观测和研究 91.2nm~300nm 波段紫外区天体辐射的知识，也称为紫外天文术。紫外天文学研究的对象为太阳的色球-日冕过渡层的物态、行星大气、恒星大气、星系物质和星系等。

6.1.3　紫外光电子能谱学 ultraviolet photoelectron spectroscopy

用能量已知的单色紫外辐射照射光电效应器件，测试产生光电子数量及其速度分布，来推断光电子原来所处能级，研究其机制和应用等的知识，也称为紫外光电子能谱术。

6.1.4　紫外剂量学 ultraviolet dosimetry

研究和确定紫外使用剂量方法的知识，也称为紫外剂量术。紫外使用剂量的确定通常有两种方法，一种是按被照射对象对紫外光源的光谱能量大小在波长上的反应去考虑，另一种是按紫外 A、B、C 波段的关系去考虑。

6.1.5　紫外辐射源 ultraviolet radiator

紫外辐射或紫外线的发射源或发射装置。紫外辐射 (光) 源通常是以非照明为目的的电辐射 (光) 源，波长范围为 10nm~380nm 或 (1nm~380nm)，其具有荧光效应、生物效应、光化学效应和光电效应。太阳就是一个宽谱的自然紫外辐射源。紫外线的汞灯、氙灯、金属卤化物灯、发光二极管 (LED) 等是重要的紫外光源，可用于晒图 (380nm~300nm)、医疗、生物和光化学领域，对其加上可见光屏蔽罩就成了黑光灯。380nm~190nm 波段的紫外光源可采用氢灯、氘灯、氦灯、氪灯等。荧光灯或 E 磷光体也有 300nm 左右波长的紫外辐射。碳弧和氙灯用 380nm~300nm 波段做颜料褪色试验。常用的钨灯也能辐射波长大于 320nm 的紫外光。人造紫外光源的玻璃泡采用石英材料时可透过波长小于 320nm 的紫外辐射。人造的更短的紫外辐射波长的辐射源有电火花、莱曼 (Lyman) 灯、舒勒 (Schuler) 灯、无极灯、紫外激光器、X 射线激光器等。紫外光源可应用于复印、印刷制版、工业探伤、光合成、光固化、光氧化、捕鱼、诱虫、公安检查和鉴别、医疗、装饰照明、广告照明、舞台效果等方面。

6.1.6　紫外摄谱仪 ultraviolet spectrograph

紫外光谱产生和接收分析的装置，也称为紫外光谱仪。紫外摄谱仪中的紫外光谱是通过电离或多次电离发出的，波长较短的紫外辐射需要在真空或充氢气的环境中传输，并需用凹面反射光栅分谱 (棱镜分谱的最短紫外波长为 115nm，这种棱镜材料有 LiF、CaF_2 等)。

6.1.7 紫外光电管 ultraviolet phototube

采用能透过紫外的入射窗口并对紫外辐射接收响应灵敏的阴极进行接收的光电管。紫外光电管的接收阴极有锑铯、铷碲、铯碲、铜碘等阴极，窗口有石英窗、涂水杨酸钠 ($NaC_7H_5O_3$) 窗等。

6.1.8 紫外灾变 ultraviolet catastrophe

按照瑞利-金斯 (Rayleigh-Jeans) 公式，黑体辐射在波长趋于零时出现无穷大推测的一种不利结果。这一理论公式与实验结果不符，被用于对经典理论困境的形容。这是将经典统计力学在平衡状态下导出的辐射公式无限制地谬推到量子力学非平衡状态的结果。随着研究的深入，瑞利-金斯公式被普朗克公式代替。

6.1.9 紫外激发 ultraviolet excitation

以紫外辐射作为激发光源去激发发光物质发光或发射电子的现象，也称为紫外光激发。大多数发光体有一个相当宽的能受激发的光谱范围。紫外激发可使相关的材料发射波长比紫外波长长的可见光的荧光或磷光，或者用真空紫外激发材料表面而发射电子（光电子能谱）。

6.1.10 紫外材料 ultraviolet material

能透过紫外光波长为 380nm~100nm 某一区段或全部波段的熔石英、氟化物玻璃/晶体等材料。能透过紫外波长在 180nm 以下的材料常用氟化钙 (萤石)(130nm~10μm)、氟化锂 (105nm~ 7μm) 等。真空、反射光栅等也能提供这种通道。

6.1.11 紫外玻璃 ultraviolet glass

能透过紫外线的玻璃。紫外玻璃主要有熔石英、氟化物玻璃等，透过紫外线的波长范围为 380nm~100nm 中的某些波段。这类玻璃在光照下对紫外线的透过率会逐渐降低。

6.1.12 紫外晶体 ultraviolet crystal

能透过紫外光的晶体材料，主要有氟化钙、氟化镁、氟化锂等晶体材料。氟化钙 (CaF_2) 的工作波段在 100nm~10000nm 范围的连续区，紫外波段平均折射率约为 1.46，易吸湿，会影响紫外透过；氟化镁 (MgF_2) 的工作波段在 110nm~9000nm 范围的非连续区，紫外波段平均折射率约为 1.43，性能不受水影响；氟化锂 (LiF) 的工作波段在 105nm~7000nm 范围的连续区，紫外波段平均折射率约为 1.42，化学稳定性好，不易潮解。

6.1.13　紫外磷光体 ultraviolet phosphor

受紫外线照射能激发发射磷光的物质。紫外磷光体有硼酸盐、卤化物、磷酸盐、硅酸盐、氧化物、硼氮体、钨酸盐、硫化物等。磷光的发射是一个缓慢的过程，在激发的紫外光照射停止后，磷光的发射仍将持续进行，如夜明珠。

6.1.14　紫外透镜 ultraviolet lens

能透射波长小于 380nm 紫外光并对其具有会聚或发散功能的透镜。制作紫外透镜的材料有石英、萤石、氟化钙、氟化锂等材料，或紫外波带片透镜。消色差紫外透镜一般用石英和氟化钙匹配组成。

6.1.15　紫外滤光片 ultraviolet filter

只允许规定范围的紫外光谱区的辐射通过而其他光谱区不能通过的光学滤光片。紫外滤光片通常是在基片涂制特定材料制成，也可以用特定的气体 (氯气滤光器可用来分离汞谱线 253.7nm) 或液体 (可透过 370nm~200nm 的紫外光) 盒作为紫外滤光片。紫外滤光片的基片可用有色玻璃，如维他 (Vita) 玻璃，涂镀材料有碱金属等，镀铯滤光片可透 440nm~180nm 的可见光和紫外光，镀铷滤光片可透 360nm~186nm 的紫外光，镀钾滤光片可透 315nm~170nm 的紫外光，镀钠滤光片可透 210nm~125nm 的紫外光，镀锂滤光片可透 140nm 以上波长的紫外光。在紫外滤光片中，也有长波紫外滤光片、中波紫外滤光片、短波紫外滤光片、真空紫外滤光片和极紫外滤光片等。

6.1.16　紫外显微镜 ultraviolet microscope

物镜用反射镜或透紫外光透镜等制成，观察用荧光目镜、照相、变像管或电视，由此构成的透紫外光的近场显微放大光学系统。紫外显微镜的分辨力较高，工作的紫外光波长越短，分辨力越高，分辨力可达到 100nm。紫外显微物镜透镜一般用石英和萤石材料制作。

6.1.17　极紫外多层膜 extreme ultraviolet multilayer coatings

具有较好的膜层表面质量和单色选择性，工作在极紫外波段的多层光学膜层。极紫外多层膜目前主要采用溅射沉积和电子束蒸发沉积镀制，其表面粗糙度和相互扩散厚度之和要求小于多层膜厚度的 1/10。与可见光波段的膜层相比，每层膜的厚度和厚度误差要小两个数量级，膜层数量要高一个数量级。目前每层膜的厚度误差可达 0.01nm，膜层数量大于 100 层时，每层膜的厚度误差可控制小于 0.05nm。极紫外多层膜的镀制技术可将膜层的工作波段向短波方向延伸到软 X 射线波段。

6.1.18 极紫外光刻物镜 extreme ultraviolet lithography objective

由镀制了极紫外多层膜的多片反射镜组成，工作在极紫外波段，用于将掩模板图案高清晰成像在刻蚀基片上的反射成像光学系统。一个由 6 片反射镜组成的、无遮拦数值孔径为 0.25 的极紫外光刻物镜的结构和光路见图 6-1 所示。

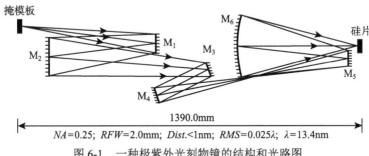

$NA=0.25$; $RFW=2.0mm$; $Dist.<1nm$; $RMS=0.025\lambda$; $\lambda=13.4nm$

图 6-1　一种极紫外光刻物镜的结构和光路图

6.1.19 紫外激光器 ultraviolet laser

能发射 10nm~380nm 波段中某波长紫外激光的激光器。紫外激光器按激光工作物质可分为固体紫外激光器、气体紫外激光器和半导体紫外激光器等，主要有离子激光器、氮激光器、稀有气体激光器、晶体激光器、二极管激光器等。

6.1.20 紫外敏化 ultraviolet sensitization

将明胶制的照相乳胶的感光波段扩展至 240nm 以下的处理措施。紫外敏化是使之产生可发荧光的物质，荧光的较长波长能穿入明胶并能使其感光，具体方法是用含荧光物质的凡士林涂在药膜上，或将胶片放在水杨酸钠中浸制。舒曼干板材料的感光波段为 185nm~125nm。

6.1.21 紫外胶卷 (胶片) ultraviolet film

对 240nm 以下波长紫外光能感光的胶卷，包括不用明胶的舒曼干板。紫外胶卷、胶片除了可以拍摄紫外辐射的图像外，还可以拍摄文件涂改痕迹、物品上微弱指纹痕迹等，用于刑侦和取证等方面。紫外胶卷感光的长波截止波长通常在 500nm 左右，因此，可以在红灯下进行暴露性的操作。

6.2　紫外消毒

6.2.1 紫外线消毒 ultraviolet disinfection

利用病原微生物吸收波长在 200nm~280nm 间的紫外线能量后，破坏微生物机体细胞中的 DNA(脱氧核糖核酸) 或 RNA(核糖核酸) 的分子结构，造成生长性细胞死亡和/或遗传物质 (核酸) 发生突变导致细胞不再分裂繁殖，达到灭活病原微生物目的的消毒方式。紫外线消毒利用特殊设计的高效率、高强度和长寿命的 UVC 波段紫外光照射水中的各种细菌、病毒、寄生虫、水藻及其他病原体，仅需十几秒即可将其灭杀，还能灭杀一些氯消毒法无法灭活的病菌。

6.2.2 紫外线穿透率 ultraviolet transmittance(UVT)

波长为 253.7nm 的紫外线在通过 1cm 厚度的比色皿水样后的紫外线强度与通过前的紫外线强度之比。紫外线由于与红外辐射相比波长短，而与 X 射线比能量小，所以对物质的穿透性没有短波的 X 射线强，在大气中的穿透性也没有长波的红外辐射强。

6.2.3 紫外线强度 ultraviolet intensity

单位时间内与紫外线传播方向垂直的单位面积上接收到的紫外线能量，常用单位为 mW/cm^2 或 W/m^2。

太阳对地面的紫外线强度表示可称为紫外线指数，其通常分为 5 级，用数字 0~10（或 0~15）表示。一级为弱（夜间或阴雨天），对应数字 0~2；二级为较弱（多云天），对应数字 3~4；三级为中等（少云天），对应数字 5~6；四级为较强（非夏季的无云晴天），对应数字 7~9；五级为强（夏季的无云晴天），对应数字 10。

6.2.4 准平行光束仪 quasi-parallel beam apparatus

〈紫外线〉能够提供准平行紫外线的仪器。准平行光束仪可用于作为标准紫外线源进行相关的紫外线性能和效果的测试。将紫外光源置于紫外光学系统焦面上，可使紫外线通过光学系统后变成平行紫外线。也可以用细长管道作为紫外光出射通道，从紫外光源中选出准平行光束。准平行光是光束锥度角较小的光束，严格的平行光是光束锥度角为零的光束。

6.2.5 准平行光测试 quasi-parallel beam test

用来确定紫外线照射剂量和受试微生物杀灭率的反应关系的测试方法。该测试提供紫外线照射的仪器是准平行光束仪。某一特定紫外线剂量所需的照射时间由紫外线强度、照射水样对紫外线的吸收、佩特里 (Petri) 系数和光源到水样的距离等参数确定。准平行紫外光可用于污水、回用水和饮用水等的杀菌。

6.2.6 佩特里系数 Petri factor

在准平行光测试中，描述紫外光平行性的参数。佩特里系数是描述光束锥度角大小的有关参数。在应用紫外辐射进行消毒或杀菌时，要对照射的紫外线平行束的均匀性进行辐照度测试，为了保证测试准确，就需要用佩特里系数、发散系数、反射系数和水系数等来修正测试结果。

6.2.7 光电转化率 photoelectric conversion efficiency

紫外线消毒设备中的紫外灯管用于杀菌的功率占总功率的比值。光电转化率是用紫外辐射功率与紫外线消毒设备使用的总输入功率之比求得。光电转化率是紫外线消毒设备的一项重要性能指标，光电转化率高的设备使用效率高。

6.2.8 紫外灯老化系数 ultraviolet lamp aging factor

〈紫外线〉在一定的工作温度区域内，紫外灯工作一段时间后的紫外线输出功率与新紫外灯的紫外线输出功率之比。紫外灯具有随使用时间增加其输出功率逐渐衰减的特性。老化系数采用一个特定的输出功率衰减比作为老化评价的基准点。

6.2.9 结垢系数 fouling factor

〈紫外线〉紫外线消毒设备使用中的紫外灯套管的紫外线穿透率与洁净紫外灯套管的紫外线穿透率之比。紫外线消毒通常是将紫外灯置于水中使用的，由于灯套管随水浸泡时间的增加，会在灯套管壁上结水垢，水垢的遮挡将会降低紫外线对外辐射的能量，从而降低原有使用效果，因此需要用结垢系数来评定紫外消毒设备使用一段时间后的使用效果。

6.2.10 初始值 initial readings

〈紫外线〉紫外灯在老炼（或老化）之前所测的启动特性及老炼（或老化）100h时所测的紫外辐射特性、电特性和臭氧特性的值。

6.2.11 紫外灯工作寿命 operation life of ultraviolet lamp

〈紫外线〉紫外线消毒设备的紫外灯在刚刚不能达到设计要求的最低有效紫外输出剂量时，紫外灯已经历正常有效输出的连续工作时间或累计工作时间。紫外灯的紫外输出功率会随着工作时间的增长而衰减。

6.2.12 灯寿命终点 end of lamplife

〈紫外线〉工作一段时间后，紫外灯的输出功率刚降低到反应器要求的最低输出功率以下的时刻。

6.2.13 在线光强计 duty sensor

〈紫外线〉安装在紫外线消毒设备上用来监测紫外线消毒设备工作过程中紫外线强度的仪器。在线光强计是用于保证紫外线消毒设备的工作现场有效性的设备。

6.2.14 有效杀菌光谱紫外线光强计 ultraviolet sensor of effectively germicided spectrum

主要检测 250nm~280nm 有效杀菌光谱的紫外线光强的传感器。该传感器主要是测量紫外线灯杀菌波段的辐射功率/能量的辐照计。新的紫外线光强计配有多种不同的探头，波段涵盖了 UVA、UVB、UVC 等多个紫外线的波段范围。

6.2.15 微生物修复 microbial repair

微生物体内的酶通过外来源光能 (光修复) 或者化学能 (暗修复) 的刺激，自我修复被紫外线破坏的脱氧核糖核酸 (DNA) 的过程。

6.2.16 石英套管 quartz sleeve

石英制成的用来保护紫外灯管的套管，也称为灯石英套管 (lamp quartz sleeve)。紫外灯一般是气体放电的，其灯管基本上是采用石英作管壁。由于制作紫外灯的管壁通常为厚度 1mm 左右的熔融石英管，容易被碰碎，所以，对于应用在可能经常会被碰撞到的场合的紫外光源，需要一个厚一些的石英套管套在紫外灯外面，对其进行保护。紫外灯采用石英材料是因为：① 石英对紫外线透明 (很少吸收紫外)；② 石英不易导热；③ 石英的热膨胀系数低。

6.2.17 紫外线剂量 ultraviolet dose

单位面积上接收到的紫外线能量，常用单位为 mJ/cm^2 或者 J/m^2，采用 mJ/cm^2 单位表示的结果比采用 J/m^2 单位表示的结果要大十倍。

6.2.18 紫外线剂量分布 ultraviolet dose distribution

微生物通过紫外线消毒设备时所接收到各种不同波长紫外线剂量的分布关系。紫外线剂量分布是一个以紫外波段为横坐标，照射剂量为纵坐标，用于表达各紫外使用波段在紫外线照射位置的照射剂量多少的分布关系曲线或分布图，可看作是一个紫外光谱–照射剂量的曲线。

6.2.19 紫外线剂量–反应曲线 ultraviolet dose-response curve

通过实验室准平行光实验得到的某种微生物的灭活率与其接收到的紫外线剂量之间的分布曲线。

6.2.20 灭活当量剂量 inactivation equivalent dose

通过准平行光实验得到受试微生物的剂量-反应曲线和反应器生物验证实验得到反应器的流量-灭活率关系，进而计算得到的灭活率对应的反应器剂量。

6.2.21 紫外线消毒设备有效剂量 ultraviolet disinfector effective dose

紫外线消毒设备生物验证剂量在一定的工作时间内，能提供的对微生物进行有效灭活的紫外线剂量。

6.2.22 紫外线水消毒设备 ultraviolet disinfector of water

通过紫外灯管照射水体而进行消毒的设备。紫外线水消毒设备由紫外灯、石英套管、镇流器、紫外线强度传感器和清洗系统等组成。紫外线水消毒设备分为管式消毒设备和渠式消毒设备。

6.2.23 管式紫外线消毒设备 closed vessel ultraviolet disinfector

消毒用的紫外灯管布置在闭合式的管路中的紫外线消毒设备。管式紫外线消毒设备中的"管式"是指消毒对象流过的通道，而不是设备集成形态。管式消毒设备是对在管道中流过的水进行封闭式的消毒，如对管中流过的自来水进行消毒。

6.2.24 渠式紫外线消毒设备 open channel ultraviolet disinfector

消毒用的紫外灯管布置在敞开式的水渠中的紫外线消毒设备。渠式紫外线消毒设备中的"渠式"是指消毒对象流过的通道，而不是设备集成形态。渠式消毒设备是对明水渠中流过的水进行敞开式的消毒，如对明水渠中流过的水进行消毒。

6.2.25 离线化学清洗 off-line chemical clean(OCC)

关闭紫外线水消毒设备，用化学清洗剂(通常是弱酸)清洗紫外线水消毒设备石英套管的清洗方式或过程。

6.2.26 在线机械清洗 on-line mechanical clean(OMC)

利用机械清洗装置(例如 O 型圈)，在紫外线水消毒设备工作时，对石英套管进行清洗的方式或过程。

6.2.27 在线机械化学清洗 on-line mechanical-chemical clean(OMCC)

利用在线的机械清洗装置(例如 O 型圈)配合化学清洗剂，在紫外线水消毒设备工作时，对石英套管进行清洗的方式或过程。通常应用于污水和再生水消毒的紫外线水消毒设备。

6.3 X 射 线

6.3.1 X射线 X-ray

波长短于紫外线而长于伽马射线，波长为 0.001nm~10nm 的短波、高频的电磁辐射，也称为伦琴射线。X 射线通常是由高速电子撞击金属靶(钨、钼等)所产生的穿透性电磁辐射，它对人体组织、金属等具有很好的穿透性。也有资料将其波长范围定为 0.01nm~10nm 的情况。产生 X 射线的高速电子是在阴极和阳极间施加高压实现的。两极间施加几十至几百千伏或更高电压，被其加速的电子撞击阳极靶就能产生 X 射线。医学上应用的 X 射线波长在 0.001nm~0.1nm 之间。

6.3.2　X 射线连续谱 X-ray continuous spectrum

所发出的 X 射线各波长对应的强度间具有连续性关系的 X 射线辐射谱。真空高压电子二极 X 射线管辐射出的 X 射线谱线的波长是连续的，或是叠加了一些细锐线状谱线的 X 射线连续谱线。X 射线管发射谱线的连续性的机理是因为高速电子打到靶子与原子碰撞而骤然减速时产生轫致辐射或刹车辐射，在靶核的库仑场的作用下，这种减速是连续的 (电子速度的改变是连续的)，故形成了连续的 X 射线。对于确定的阳极材料，当加速电压 V 小于某一限度，即加速电子的动能小于某个数值时，阳极上只发射出连续的 X 射线，其强度随波长连续变化，X 射线连续谱曲线见图 6-2 所示。图中的 "W" 曲线是外加电压为 $V = 35\text{kV}$ 时，阳极材料为钨 (W) 的 X 射线连续谱曲线，以及具有标识谱线 (两个兔耳朵) 的钼 (Mo) 的连续曲线。

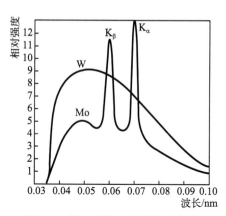

图 6-2　钨和钼的 X 射线谱曲线图

6.3.3　X 射线标识谱 X-ray identifiable spectrum

物质原子中内层电子跃迁产生的叠加在连续谱上的细锐 X 射线谱，也称为 X 射线特征谱。X 射线标识谱包含 K 线系和 L 线系，K 线系波长比 L 线系波长短，K 线系可分为 K_α、K_β、$\cdots$ 等谱线，L 线系可分为 L_α、L_β、L_γ、$\cdots$ 等谱线。X 射线标识谱线结构取决于原子内层电子的壳层结构，不同元素的原子具有相似的内层结构，只是各壳层的能量不同，因而它们的标识谱线都有相似的成分，只是波长不同。对于确定的阳极材料，当加速电压 V 超过某一限度，即加速电子的动能超过某个数值时，阳极上发射出的连续 X 射线谱线的背景上会叠加一些细锐的线状谱线，这种谱线可表征阳极材料的特征，称为 X 射线特征谱或标识谱，X 射线标识谱曲线见图 6-2 所示。图中的 "Mo" 曲线是外加电压为 $V = 35\text{kV}$ 时，阳极材料为钼 (Mo) 的 X 射线标识谱曲线 K_α 和 K_β，钨要得到标识谱，需要将工作电压增大至 70kV 以上。

6.3.4 莫塞莱定律 Moseley law

各元素的 X 射线标识谱 K 线系的谱频率近似地正比于产生该谱线的元素的原子序数 Z 的平方的规律。该规律是英国物理学家莫塞莱 (H. G. J. Moseley, 1887~1915) 研究了从铝到金的几十种元素的 X 射线标识谱线波长时发现的。

6.3.5 俄歇效应 Auger effect

具有空穴的离子激发态通过发射电子的释能现象或效应。俄歇效应中所发射的电子称为俄歇电子。原子发射的一个电子导致另一个或多个电子被无光辐射发射出来，使原子、分子成为高阶离子的物理现象。俄歇现象产生的过程是，当用 X 射线或 γ 射线辐射到物体上时，使原子内壳层上的束缚电子发射出来，在内壳层上出现空位，而原子外壳层上高能级的电子可能跃迁到这空位上，同时释放能量，一定的原子内壳层空位可以引起一个或多个俄歇电子跃迁，跃迁时释放的能量将以辐射的形式向外发射 (通常是发射光子)，也可以通过发射原子中的电子来释放能量，被发射的电子称为俄歇电子。俄歇效应是使一个电子能量降低 (增补内壳空位) 的同时，使另一个或多个电子 (外层价电子) 的能量增高的跃迁过程，是一种无光辐射的跃迁。俄歇电子的动能等于第一次电子跃迁的能量与俄歇电子的电离能之差。原子受高速电子轰击、X 射线照射或其他方式输入较大能量，将会通过辐射 X 光子或无辐射发射电子来释放能量。二者是同时存在、互相竞争的过程，各有一定的概率，原子空穴高能态辐射 X 光子可能性的大小可用原子辐射 X 光子的量子产额 η 表示，按公式 (6-1) 计算：

$$\eta = \frac{n_X}{n_T} \tag{6-1}$$

式中：n_X 为发射 X 光子的离子数；n_T 为在 K、L 等壳层的空穴离子总数。

η 较小的原子发生俄歇效应的可能性较大。量子产额 η 与原子序数有关，较轻原子在俄歇过程中比较占优势。俄歇电子发射的机制见图 6-3 所示，原子内壳层产生空穴后 (例如 K 空穴)，外层电子将向空穴跃迁，在其中一个 L 层的电子自发跃迁而填充 K 层空穴的同时，由于它跟另一个 M 层的电子间的库仑作用，有可能将其多余的能量 $(E_K - E_L)$ 传递给这个 M 层的电子，使这个 M 层的电子脱离，形成一定动能的俄歇电子，俄歇电子的动能可表达为 (L→K, M)，符合公式 (6-2) 的关系。

$$(L \to K, M) = (E_K - E_L) - E_M \tag{6-2}$$

式中：E_K、E_L、E_M 分别为壳层 K、L、M 的电子电离能。

当一个 L 层的电子填充 K 层空穴时，也有可能将其多余的能量 $(E_K - E_L)$ 传递给这个 L 层的另一个电子，使这个 L 层的电子游离为俄歇电子，这个俄歇电子的动能可表达为 $(L \to K, L)$，符合公式 (6-3) 的关系。

$$(L \to K, L) = (E_K - E_L) - E_L = E_K - 2E_L \tag{6-3}$$

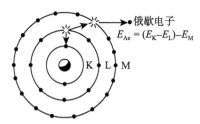

图 6-3　俄歇电子发射机制图

一种原子发射俄歇电子的动能分布情况 (俄歇电子动能谱)，只决定于原子能级的结构，其具有该原子独有的个性，因而也是一种标识谱。测量原子的俄歇电子动能谱，可以确定发射原子的 Z 值，从而辨认原子或原子核的类别，也可用来研究周围环境对原子内壳层结构的影响。由已知能量的俄歇光谱线可以校准转换电子的能量，按照这一俄歇效应，已应用于制成了俄歇电子谱仪，并已在表面物理、化学反应动力学、冶金、电子等领域用于高灵敏度的检测与快速分析。

6.3.6　平方反比定律 inverse-square law

空间任意一点的 X 射线或 γ 射线强度与该点到射线源的距离平方成反比的规律，符合公式 (6-4) 的表达关系：

$$\frac{I_1}{I_2} = \frac{L_2^2}{L_1^2} \tag{6-4}$$

式中：I_1 为距射线源距离 L_1 处的射线强度；I_2 为距射线源距离 L_2 处的射线强度。平方反比定律反映的是从射线源发散发出的射线在传输过程中随着传输距离的增加射线覆盖面积越来越大，但射线传输的总能量没有改变，因此，射线覆盖面积的增加将伴随射线强度的减小，而面积的变化与距离平方的变化成正比。

6.3.7　电离辐射 ionizing radiation

〈X 射线〉由直接或间接电离粒子或两者混合体构成的辐射，也称为致电离辐射。具有使物质的原子或分子中的电子成为自由态而出现电离现象的能量辐射，包括高速宇宙射线粒子（电离能力取决于能量而不是数量）、伽马射线、X 射线、高能紫外线、放射性物质的辐射，紫外线的中、低能以下（界限约为 12.4eV 以下或 100nm 以上）部分的所有频谱不属于电离辐射。由于放射性衰变的能量通常大大地高于电离所需的能量，因此几乎所有放射性衰变产物都是致电离的。

6.3.8 自然电离辐射 natural ionizing radiation

由地球上的自然辐射源以及地球以外的自然辐射源所产生的电离辐射。放射性同位素的衰变是地球上的自然电离辐射源，宇宙射线是地球以外的自然电离辐射源，它们也被称为自然背景电离辐射。

6.3.9 本底辐射 background radiation

排除所使用的辐射源之外，由自然电离辐射和其他人工辐射源在某点组成的电离辐射。本底辐射不是预定施加的辐射，是环境带来的辐射。以上是工业上用的本底辐射概念。自然界中的"天然本底辐射"概念为：由宇宙射线和自然界中天然放射性核素发出作用在地球上的射线或电离辐射。人受到天然本底辐射有外照射和内照射，外照射来自于宇宙射线和地表放射性核素，内照射是从口摄入和呼吸摄入的放射性核素。根据联合国原子辐射效应科学委员会评估，全世界人均的天然辐射剂量约为 2.4 mSv/年。

6.3.10 轫致辐射 bremsstrahlung；braking radiation

〈X 射线〉高速带电粒子（电子）通过原子核或其他带电粒子的电场时，减速产生的 X 射线辐射，又称为刹车辐射或制动辐射。轫致辐射是高能电子与原子核相碰撞产生的辐射，其是产生高能光子束（X 射线、γ 射线）的基本方式，所产生的 X 射线谱往往是连续谱。

6.3.11 一次辐射 primary radiation

〈X 射线〉直接由靶或辐射源发出的电离辐射，又称为初级辐射或原辐射。由预定使用的辐射类型的原辐射源发射出的电离辐射。在辐射束中，由原辐射源发出的与射束散射过滤器或均整过滤器相互作用而使能量或方向有微小变化的电离辐射仍被认为是原辐射。

6.3.12 二次辐射 secondary radiation

〈X 射线〉由于一次辐射与物质作用，由被作用物质发出的电离辐射，又称为次级辐射。二次辐射通常在能量、方向，甚至在波长上与一次辐射相比会有明显的变化。

6.3.13　多能量辐射 polyenergetic radiation

〈X 射线〉包含不同辐射能量的光子或具有不同动能的一种粒子的电离辐射。多能量辐射有多能量 X 射线辐射、多能量 γ 射线辐射等。

6.3.14　单能量辐射 monoenergetic radiation

〈X 射线〉由辐射能量大致相同的光子或具有大致相同动能的一种粒子形成的电离辐射。

6.3.15　质子 proton

稳定的带电基本粒子，带有正电荷 1.60219×10^{-19}C，静止质量为 1.67261×10^{-27}kg。质子是组成原子核的带电基本粒子。

6.3.16　中子 neutron

不带电的基本粒子，静止质量为 1.67492×10^{-27}kg，平均寿命约 1000s。中子是组成原子核的不带电基本粒子。

6.3.17　电子 electron

稳定的带电基本粒子，带有负电荷 1.60219×10^{-19}C，静质量为 9.10956×10^{-31}kg。电子是组成原子的带电基本粒子。

6.3.18　直接电离粒子 directly ionizing particle

具有足够动能的、碰撞时能引起电离的带电粒子 (电子、质子、α 粒子等)。

6.3.19　间接电离粒子 indirectly ionizing particle

能释放出直接电离粒子或者引起核转变而产生电离的不带电粒子 (中子、光子等)。

6.3.20　电离 ionization

由分子的分裂，或由原子或分子中加入或移去电子而形成离子的现象。电离是在能量 (物理性的) 作用下，原子、分子形成离子，原子或分子获得一个负电荷或正电荷或失去电子的现象。电离是由于获得能量 (碰撞、光子照射等) 所致，结果是使电离的粒子带电，失去电子的粒子为阳离子，获得电子的为阴离子。

6.3.21　辐照 irradiation

〈X 射线〉用辐射能或辐射源对生物体或物质进行能量束指向的投射。辐照包括用 X 射线辐照、伽马射线辐照、电子辐照、中子辐照等。

6.3.22 散射辐射 scattered radiation

〈X 射线〉射线通过物质时，电离辐射与物质相互作用而导致辐射方向改变和/或能量减少发出的电离辐射，又称为散射线。

6.3.23 康普顿散射 Compton scattering

〈射线〉由于 X 或伽马射线的光子与电子相互作用并遭受能量损失而引起的一种散射线与入射方向成某一角度的辐射。对能量范围在 100keV 到 10keV 的射线而言，它是射线衰减的主要因素。

6.3.24 散射比 scattering ratio

散射线强度与一次射线强度之比，用公式 (6-5) 计算：

$$n = \frac{I_S}{I_D} \tag{6-5}$$

式中：n 为散射比；I_S 为散射线强度；I_D 为一次射线强度。透照中影响散射比的因素主要有射线能量、透照物体厚度、透照物体的透照面积、辐射场范围。射线能量增加，散射比降低；被透照物体厚度增加，散射比增加；被透照物体透照面积从很小开始增大时散射比增加，透照面积大到一定程度 (如直径 50mm)，散射比保持在一个水平不再增加；辐射场大小与散射比的关系类似于被透照物体的面积；焦距增加对散射比没有明显影响。

6.3.25 背散射 back scatter

射出的 X 射线或伽马射线的辐射方向与入射辐射方向的夹角大于 90° 的辐射，也称为反射散射或后向散射。背散射的 X 射线或伽马射线是射线辐射的一部分。

6.3.26 杂散辐射 stray radiation

〈X 射线〉不包括规定或预定的辐射线束在内的其他电离辐射。杂散辐射为包括剩余辐射在内的非规定辐射线束的所有电离辐射。

6.3.27 剩余辐射 residual radiation

〈X 射线〉医学放射线学中，射束穿过影像接收平面和所有辐射测量装置后的剩下部分的辐射或在放射治疗中从人体受照部位射出的剩下部分的辐射。

6.3.28 泄漏辐射 leakage radiation

〈射线检测〉穿过辐射源防护屏蔽的，以及某些 X 射线发生装置在加载前和之后穿过辐射窗 (例如: 装有栅控装置的 X 射线管) 的电离辐射。泄漏辐射是不期望的辐射。

6.3.29 能量吸收 energy absorption

〈X 射线〉入射辐射能量的全部或一部分传递给被辐照物质的能量转移或消耗掉的现象。伴随能量损耗的散射 (如康普顿效应和中子减速) 也视为能量吸收。

6.3.30 衰减 attenuation

〈射线〉X 射线或伽马射线通过物质时，由于与物质相互作用的吸收和散射引起的能量减小的现象。衰减的原因是射线与物质中的原子发生光电效应、康普顿效应或电子对效应、瑞利散射等之中的任何一种或多种作用，使原来的光子通量消失，或改变能量并偏离原来的入射方向而散射。射线与物质作用的结果和产物见图 6-4 所示。X 射线或伽马射线通过物质的衰减，实质上是光子数的减少，单色窄束 X 射线通过物质时的衰减模型见图 6-5 所示，衰减的过程只减少光子数，但不改变光子的频率。

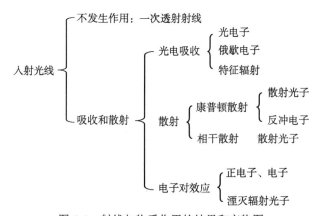

图 6-4　射线与物质作用的结果和产物图

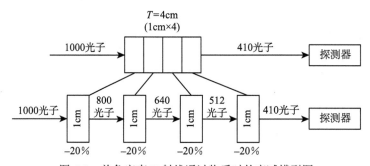

图 6-5　单色窄束 X 射线通过物质时的衰减模型图

6.3.31 衰减系数 attenuation coefficient

〈射线〉表达射线入射到厚度为 t 的吸收体某一表面上的强度 I_0 与穿透后的强度 I 之间的关系，衰减系数用符号 μ 表示，它们间的关系符合公式 (6-6) 的表达关系：

$$I = I_0 \exp(-\mu t) \tag{6-6}$$

6.3.32 半值层厚度 half value thickness(HVT)

材料被 X 或伽马射线束的定向辐射穿透时，射线强度减少一半的材料厚度，也称为半值厚度或半厚度。半值层厚度是一个与辐射源强度和材料性质相关的参数，主要是表达材料的防辐射能力或设备的穿透能力。在材料厚度关系上，材料的防辐射能力与设备的穿透能力正好相反，即材料防辐射能力强时，则设备的穿透能力弱。从防护角度，对于特定强度的辐射源，材料的半值层厚度越薄，材料的防辐射能力就越好，反之亦然。从穿透角度，对于特定的材料，设备穿透的半值层厚度越厚，设备的穿透能力就越强，反之亦然。

6.3.33 表面剂量 surface dose

受辐照物体入射表面某点处 (通常选择在辐射束轴上) 的吸收剂量。表面剂量包括反散射产生的吸收剂量。

6.3.34 深度剂量 depth dose

在受辐照物体入射表面下方特定深度处 (通常在辐射束轴上的某个位置处) 的吸收剂量。深度剂量表达的是对被辐照对象内部的作用位置处施加剂量的水平。

6.3.35 百分深度剂量 percentage depth dose

用百分数表示的辐射束轴上某一深度的吸收剂量与特定深度点的吸收剂量之比。百分深度剂量表达的是被照射对象内部射线中心轴上某一深度 d 处的吸收剂量 D_d 与参考深度 d_0 处吸收剂量 D_0 的比的百分数，是描述射线中心轴在不同深度处相对剂量分布的物理量。参考深度 d_0 通常选择为最大作用剂量深度或焦点的深度，因此，轴上绝大多数深度点位置的百分深度剂量是小于 100% 的。这个参数可用于给出辐射在轴向作用相对剂量的范围。

6.3.36 射出面剂量 exit dose

辐射束在受辐照物体穿出表面上一点的吸收剂量。射出面剂量的考察点通常在辐射束轴上。

6.3.37 累积 build-up

由于两次带电粒子的释放和物质的入射表面以内的散射辐射而引起的吸收剂量率随入射深度增加而增大的现象。

6.3.38　累积因子 build-up factor

连续辐照或多次辐照使某点到达的总射线强度与一次射线强度之比。累积因子的数值是一个大于等于 1 的数，其数值含义为一次射线强度的倍数，后续辐照的次数越多，累积因子的数越大。

6.3.39　滤过 filtration

穿过物质时电离辐射特性的改变。滤过的改变包括：对多能量 X 射线辐射或 γ 射线辐射的某些成分选择吸收，同时发生辐射衰减；在辐射束截面上辐射强度分布的改变。

6.3.40　X 射线源 X-ray source

通过真空中高速电子轰击靶、高能光子照射材料、原子核转变、回旋加速器中高速运动的带电粒子等原理来产生 X 射线的装置及其输出的 X 射线。

6.3.41　X 射线产生装置 X-ray generating device

产生和控制 X 射线发射所有组部件的组合。X 射线产生装置通常包括 X 射线管、高压产生器、控制器以及冷却系统等。

6.3.42　同步辐射光源 synchrotron radiation light source

利用相对论性电子 (或正电子) 在磁场中偏转时产生同步辐射的高性能新型强光源物理装置。在真空中以接近光速运动的具有相对论效应的带电粒子在二极磁场作用下偏转时，会沿着偏转轨道切线方向发射连续谱的电磁波。同步辐射光具有：① 波段覆盖面宽，具有从远红外、可见光、紫外直到 X 射线范围内的连续光谱；② 高准直，发射集中在以电子运动方向为中心的一个很窄的圆锥内，张角非常小，几乎是平行光束；③ 高偏振，从偏转磁铁引出的同步辐射光在电子轨道平面上是完全的线偏振光；④ 高纯净，在超高真空中产生的辐射，不存在任何由杂质带来的污染；⑤ 高亮度，有很高的辐射功率和功率密度，第三代同步辐射光源的 X 射线亮度是 X 光机的千亿倍；⑥ 窄脉冲，脉冲宽度在 10^{-11}s~10^{-8}s(几十皮秒至几十纳秒) 之间可调，脉冲之间的间隔为几十纳秒至微秒量级；⑦ 可精确预知，同步辐射光的光子能量、角分布和能谱等均可精确计算，因此它可以作为辐射计量的标准光源。

6.3.43　高压发生器 high-voltage generator

〈X 射线〉将电源电压、电流变为 X 射线管电压和电流，由高压变压器、灯丝变压器和整流电路组成的电器装置。高压发生器的功能是为 X 射线管阴极提供灯丝和电压，并在阴极和阳极间建立几百千伏的高压电压 (如 240kV 等)，对阴极灯丝产生的自由电子进行加速，使电子高速轰击阳极靶来产生 X 射线。

6.3.44 加速管 accelerating tube

加速器的关键部件。加速管配以适当的电源以及其他辅助设备后，使从电子枪或离子源发出的带电粒子在其中得到加速，它通常包括电子枪 (离子源)、加速结构、引出窗和 (或) 靶等。

6.3.45 粒子加速器 particle accelerator

将带电粒子 (如：电子、质子、氘核以及 α 粒子等) 加速，使其动能增加 (一般指大于 0.1MeV) 的装置。例如：电子加速器。

6.3.46 直线加速器 linear accelerator

将带电粒子沿直线路径加速的粒子加速器，也称为高频直线加速器 (high-frequency linear accelerator)。直线加速器是由一个直的真空管道和一系列的带孔的金属漂移管组成，电场和粒子的同步是由电压源和相应的漂移管之间的传输线长度的时间延迟来实现，利用沿直线轨道分布的高频电场加速带电粒子 (用高频电场的轴向分量进行加速)，使被加速的带电粒子沿直线轨迹运动。加速器按被加速带电粒子的种类可分为电子直线加速器、质子直线加速器、重离子直线加速器和超导直线加速器等。

6.3.47 电子直线加速器 electron linear accelerator

通过沿直线轨道分布的高频电场加速电子而产生高能电子，然后撞击靶来产生 X 射线的设备。

6.3.48 多级直线加速器 multistage linear accelerator

由多个直线加速器串联组成的直线加速器。多级直线加速器采用一高频发生器激励谐振器，以这种方式使得带电粒子到达每个间隙时电极间的场强总是接近最大值并且方向相同。多级直线加速器通过多个直线加速器的串联加速，使带电粒子被多级或多次加速，以大大提高带电粒子的速度。

6.3.49 行波直线加速器 travelling wave linear accelerator

射频能量从加速管的一端馈入，在另一端被吸收，以这样的方式在行波的电磁场中加速带电粒子的直线加速器。行波直线加速器用圆柱波导作为加速结构，在其内沿轴向周期性地设置圆盘负载，使波导中传播的相速小于或等于光速，以利于同步地加速带电粒子，加速场的模式为横磁模，它在近轴区提供最大的轴向电场分量，以高频 (或微波) 电场的轴向分量加速电荷粒子。

6.3.50 驻波直线加速器 standing wave linear accelerator

将射频能量馈入加速管并在管的两端被反射形成驻波，以这样的方式在驻波的电磁场中加速带电粒子的直线加速器。采用圆柱形谐振腔，沿轴向周期性地设置电极（或称为漂移管）负载，以有效提高加速电场强度；其加速场的模式为横磁模，近轴区提供最大的轴向电场分量，以高频（或微波）电场的轴向分量加速带电粒子。

6.3.51 环形加速器 circular accelerator

带电粒子由一磁场引导沿直径恒定或递增的环形轨道被加速的粒子加速器。被加速的带电粒子以一定的能量在一圆形结构里运动，和直线加速器不一样的是，其环形结构可以持续地将带电粒子加速，带电粒子会重复经过圆形轨道上的同一点。

6.3.52 回旋加速器 cyclotron

带电粒子在其中受一恒定磁场作用沿半径递增的环形轨道运动，并穿过由高频发生器产生的电场被加速许多倍的一种粒子加速器。回旋加速器结构是在磁极间的真空室内有两个半圆形的金属 D 形盒隔开相对放置，D 形盒上加交变电压，其间隙处产生交变电场，带电粒子从置于真空室中心的源射出，受到电场加速，在垂直磁场平面内作螺旋圆周运动 (在 D 形盒内不受电场力，仅受磁极间磁场的洛伦兹力作用)。回旋加速器的能量受制于随粒子速度增大的相对论效应，粒子的质量增大，粒子绕行周期变长，从而逐渐偏离了交变电场的加速状态。

6.3.53 电子回旋加速器 microtron

电子在恒定磁场中沿半径递增并且互切的圆形轨道运动，在每条轨道开始处穿过由射频发生器产生的电场被加速的一种电子加速器。电子回旋加速器使电子在圆形轨道上被加速后撞击靶产生高能 X 射线。

6.3.54 同步加速器 synchrotron

带电粒子在其中受一递增的磁场引导沿半径恒定的环形轨道运动，并穿过由一射频发生器产生的与粒子运动轨道同步的电场，使带电粒子被加速许多倍的一种粒子加速器。例如：质子同步加速器。同步加速器中磁场强度随被加速粒子能量的增加而增加，从而保持粒子回旋频率与高频加速电场同步。

6.3.55 电子感应加速器 betatron

其逐渐增大的磁场保持电子运动轨道的恒定，在轨道内由磁通量增大所产生的电场使电子加速的一种电子加速器。电子感应加速器是利用感生电场来加速电子的一种加速装置。其原理是，在电磁铁的两极间有一环形真空室，电磁铁受交变电流激发在两极间产生一个由中心向外逐渐减弱并具有对称分布的交变磁场，这个交变磁场又在真空室内激发感生出一系列绕磁感应线的同心圆电场,沿切线方向射入环形真空室的电子将受到环形真空室中的感生电场的作用而被加速,并同时受到真空室所处磁场的洛伦兹力的作用,使电子在环形轨道上加速运动。

6.3.56 管头 tube head

含有管罩和 X 射线管的部件。管头由于包括 X 射线管,因此,它是 X 射线设备的重要组成部分,是给 X 射线设备提供重要功能和性能的部件,是 X 射线设备的核心部件。

6.3.57 X 射线管 X-ray tube

通过加速的电子轰击靶子发射 X 射线的真空管高压电子加速装置。X 射线管主要由保持高真空度 (10^{-7}mm~ 10^{-6}mm 水银柱) 的外壳 (玻璃或金属等),以及真空管内的灯丝电极 K (阴极)、靶子 P (阳极,通常采用高熔点的金属材料钨、钼等)组成;X 射线管的工作原理是阴极的灯丝通电加热产生自由电子,电子在阳极高压作用下被加速 (几十伏、几百伏、几千伏或更高),巨大速度的电子撞击阳极金属表面产生 X 射线,其工作原理和结构见图 6-6 所示。X 射线管的性能指标主要包括阳极特性曲线、灯丝发射特性曲线、管电压、辐射强度空间分布、辐射角、焦点、真空度和寿命等。X 射线管的性能决定 X 射线机的性能,X 射线机的 X 射线穿透力、透照清晰度、使用寿命等都与 X 射线管密切相关。

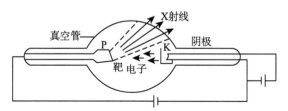

图 6-6 X 射线管的工作原理和结构图

X 射线管类别很多,按不同的属性可有不同的分类方式。按发射电子的状态方式,分为冷阴极式和热阴极式;按产生的波谱,分为软 X 射线管 (小焦点、高分辨)和一般 X 射线管;按阳极冷却的方式,分为自冷却式和强迫冷却式;按辐射方向,分为定向辐射式 (平阳极) 和周向辐射式 (锥阳极);按管壳材质,分为玻璃壳、金属壳和金属陶瓷壳;按阳极静动关系,分为固定阳极式和旋转阳极式;按焦点尺寸,分为微小焦点、常规焦点和双焦点;按工作电压,分为恒压式和脉冲式;按极结构,分为棒阳极式 (可伸进小直径管内周向曝光) 和栅极式 (灯丝前方装有栅极)。

6.3.58 阳极 anode

X 射线管的正电极。X 射线管的阳极处设置有供高速电子轰击的金属靶 (通常采用钨、钼等金属),以通过高速电子轰击在此处产生 X 射线。

6.3.59　靶 target

受到电子束撞击并由此发出初始 X 射线的 X 射线管阳极表面的区域。X 射线管的靶按照材料类型划分，主要有钼靶、铑靶和钨靶等。钼靶的射线能量相对较低，发出的是软 X 射线；铑靶的射线能量比钼靶的稍高一些，发出的是低能 X 射线；钨靶的射线能量相对较高，发出的是硬 X 射线。

6.3.60　阳极电流 anode current

X 射线管中从阴极到阳极流过的电子流。阳极电流是阴极灯丝产生的自由电子被阳极电压加速后轰击阳极的电子流。

6.3.61　阴极 cathode

X 射线管的负电极。X 射线管的阴极处设置有灯丝，以产生自由电子，作为轰击阳极靶的高速电子源。

6.3.62　管子光阑 tube diaphragm

通常固定在管罩或管头上，限制出射 X 射线束范围的器件。管子光阑的口径大小是可以根据使用的需要改变大小的，以方便设备使用时，按使用所需的光束尺寸将管子光阑的口径调整到适合的大小。

6.3.63　管罩 tube shield

把泄漏辐射降低至规定值或以下的 X 射线管的屏蔽罩。管罩是 X 射线管的外壳，用于整体性屏蔽或吸收 X 射线管预定不允许有 X 射线辐射和泄漏的方向和部位，以对工作人员进行保护。

6.3.64　源套 radiation source housing

套在射线源外部的具有一定防护效能的壳体。源套分为密封源套和管套。源套分别有用于 X 射线源的和伽马射线源的。

6.3.65　管子遮光器 tube shutter

安装在管罩上，一般用铅制作，用于控制 X 射线束射出，可以实时响应屏蔽有用线束的器件，也称为快门，简称为遮光器。管子遮光器通常可远距离操纵。管子遮光器主要用于 X 射线管工作时，需要临时遮挡住 X 射线束，以保证在 X 射线束传播方向和靠近方向上人员实施某些操作的人员安全性。

6.3.66　防护罩 protective enclosure

敞束型分析仪中，用来屏蔽源套和所有受照射部件的一种防护设备。在防护罩的侧面，通常装有可以平移的防护窗。在调试、校准等操作时，关闭防护窗，能够有效地防止人员受到有用线束和较强散射线的照射。

6.3.67 工件屏蔽 workpiece masking

使用吸收射线的材料 (通常用铅)，把对工件的照射面积局限于进行射线照相检验的区域的防护措施或过程，也称为遮蔽，简称为屏蔽。屏蔽是一个比较广的范围，包括探测器屏蔽、工作人员屏蔽和工件屏蔽等，本条的屏蔽是指工件的屏蔽。当工件小于胶片时，应使用遮蔽物对直接处于射线照射的不需要曝光的胶片部分进行遮蔽，以减少边蚀散射。遮蔽物一般用铅制作，也可以使用钢铁和一些特殊材料（如钡泥）制作。

6.3.68 金属屏 metal screen

由高密度金属 (通常是铅) 组成的屏。这种金属在 X 或伽马射线照射下可过滤射线，对遮蔽对象起保护作用。

6.3.69 管子窗口 tube window

X 射线管中射线对外发射通过的区域。管子窗口不同于管子光阑，其尺寸大小是固定的，是给 X 射线从管子对外射出留的通道，通常使用铍作为窗口材料。

6.3.70 管电压 tube voltage

施加在 X 射线管的阳极和阴极之间的高压。X 射线管的管电压是最大峰值电压，采用的单位符号为 "kVp"，超过这个电压容易将管子击穿而损坏。有效电压 U_{eff} 与管电压 U_p 之间的关系为：$U_{eff} = 0.707U_p$，例如，管电压 $U_p = 200\text{kVp}$，其有效电压 $U_{eff} = 141.4\text{kV}$。通常，管电压越高，发射的 X 射线波长越短，射线穿透工件的能力越强。

6.3.71 恒电势电路 constant potential circuit

一种设计成在 X 射线管内施加和维持恒电势的电子线路。X 射线管的恒电势电路类型主要有半波自整流电路、全波整流电路和全波恒压整流电路等。

6.3.72 等效 X 射线电压 equivalent X-ray voltage

对应一个特定伽马源拍摄效果的 X 射线管的电压。用这个电压所拍摄的 X 射线底片几乎等同于用一个特定伽马源所拍摄的伽马射线底片。

6.3.73 连续谱 continuous spectrum

X 射线装置产生的 X 射线波长或能谱范围。X 射线装置产生的能谱是以波长或频率表征的连续能量谱，其辐射强度随波长的不同而不同。

6.3.74　焦点 focal spot

〈射线〉X 射线管阳极上 X 射线发射的区域，也称为实际焦点。发射 X 射线的阳极区域是有一定面积的，不是严格意义上的点，焦点的面积是由这个区域的面积决定的，面积的形状有正方形、长方形、圆形和椭圆形等。

X 射线管的实际焦点在垂直于 X 射线管轴线方向上的投影面积称为有效焦点，有效焦点约为实际焦点面积的三分之一。有效焦点的面积与靶倾角有关，靶倾角越大，有效焦点面积越大。靶倾角是靶面与 X 射线管轴线的垂直线的夹角。X 射线管技术指标给出的焦点是有效焦点。

X 射线管的功率一般与焦点尺寸 (或面积) 成正比，但面积太大发热快、温度高，容易烧坏阳极。采用旋转的环形阳极，可解决阳极散热问题，制作出高功率的 X 射线管。X 射线管的焦点尺寸小时，可提高检测的精细度。在阴极和阳极之间设置磁聚焦装置，可制作出微小焦点的 X 射线管。

6.3.75　焦点尺寸 focal spot size

〈射线〉平行于胶片或荧光屏平面 (成像面) 测量的 X 射线管焦点的截面尺寸。X 射线管焦点的尺寸通常径向尺寸是 0.03mm~0.1mm 的微点，还有 0.3mm~1.0mm 的点，以及大于 1mm 的点。

6.3.76　焦距 focus-to-film-distance

〈射线〉用于射线照相曝光的 X 射线管焦点到胶片 (成像面) 的最短距离。这个焦距是 X 射线管直接使用的焦距。当使用了准直器后，焦距是与准直器相关的焦距。

6.3.77　双焦点管 dual focus tube

〈射线〉具有两个不同尺寸焦点的 X 射线管。双焦点管通常是在大功率的 X 射线管的阴极分别设置一个长灯丝和一个短灯丝，长灯丝用于产生大焦点，短灯丝用于产生小焦点，长灯丝用于满足大功率辐射的需要，短灯丝用于精细结构的透视或拍摄。一般大型 X 射线探伤机 (如 400kV) 常采用大小不同的两个焦点，采用大焦点为减少透照时间，采用小焦点为提高透照清晰度。

6.3.78　准直 collimation

〈射线检测〉用由吸收材料制作的光阑来限制并减小射线束的散射角，提取射线束相对平行的部分，把射线束限制在所需尺寸形状内的技术或射线状态。X 射线的准直方式不同于可见光的准直，是通过光阑进行光束射向和射束尺寸的控制，因此，很难实现光束严格的平行度。

6.3.79 准直器 collimator

〈射线检测〉射线成像装置中,由吸收射线(或辐射衰减)材料(如铅或钨等)制成的单孔或多孔或圆周合拢形的器件,也称为射线准直器(ray collimator)。准直器用于限制和规定射线束的方向和范围,以确定辐射视野,以及限定到达辐射探测器的辐射展开角度,作用是保证射线照相的分辨率和定位准确性。孔型准直器有单针型和多孔型两大类,多孔型分别有平行孔型、发散型、会聚孔型和斜孔型等,平行孔型是最常用的类型。

6.3.80 聚焦准直器 focused collimator

一些等距离的孔分布其上的准直器。聚焦准直器上这些孔的轴线通常会聚到几何焦距的一个点上或一条直线上。聚焦准直器有会聚准直器和发散准直器。

6.3.81 会聚准直器 converging collimator

几何聚焦面在其入射面前方的聚焦准直器。前方指光束照射的方向,或光束传播的方向。会聚准直器对射线束起会聚并聚焦到特定点的作用。

6.3.82 发散准直器 diverging collimator

几何聚焦面在其入射面后方的聚焦准直器。后方指光束照射的反方向,或光束传播的反方向。发散准直器对射线束起散开的作用,其后焦点为虚焦点,没有实射线在此聚焦。

6.3.83 狭缝准直器 slit collimator

由一条狭缝的间隙组成的准直器。狭缝准直器提供的一条线状的细光束,因此,其被应用于一维(线)扫描方式的成像中。

6.3.84 聚焦狭缝准直器 focused slit collimator

由许多狭缝形的间隙组成的准直器。通过这些狭缝的射线束平面会聚到辐射探测器装置前方的一条直线(或一组直线)上,各狭缝可由平行隔板隔开。这种准直器用在扫描仪中。

6.3.85 平行孔准直器 parallel hole collimator

由许多轴线互相平行的准直孔构成的准直器。平行孔准直器可提供多束平行柱阵列细光束来进行工作。

6.3.86 针孔准直器 pin-hole collimator

在辐射探测器组件前方的平面上有一小孔的准直器。针孔准直器提供极细的射线光束,有利于提高探测的分辨力,其属于单孔准直器。

6.3.87　准直器前端面 collimator front face

射线照相时，射线先到达准直器的端面或准直器的射线入射端面。当准直器置于成像物体和探测器之间时，准直器前端面是准直器距成像物体最近的表面。前端是相对于 X 射线光束到达的先后而言的，先到达准直器的面为前端面。

6.3.88　准直器后端面 collimator back face

射线照相时，射线后到达准直器的端面或准直器的射线出射端面。当准直器置于成像物体和探测器之间时，准直器后端面是准直器距辐射探测器组件最近的表面。在准直器的两个面中，光束后到达的面为后端面，后端面出射的光束的准直性是最好的。两个端的距离决定准直器的准直性能，两个面间的距离越大，光束的准直性越好。

6.3.89　准直器入射野 entrance field of collimator

准直器中，其入射面上与孔的周边的外沿相切的圆周所限定的区域，简称为入射野。入射野就是准直器孔的入射面积。

6.3.90　准直器出射野 exit field of collimator

准直器后端面上外准直孔外边缘上的最短切线所界定的区域，简称为出射野。准直器出射野实际上就是准直器后端面射出的光束截面积。

6.3.91　准直器轴 collimator axis

通过准直器出射野与入射野几何中心的直线。准直器轴就是前端面的孔面中心与后端面的孔面中心的连线。

6.3.92　准直器几何焦距 geometrical focal distance of collimator

聚焦准直器中，沿其轴线测得的准直器各个孔的轴线或中线缝平面所会聚于的一点或一条直线到其入射平面的距离。需要注意准直器几何焦距与射线管有效焦距和射线管焦距的区别。

6.3.93　准直器有效焦距 effective focal distance of collimator

聚焦准直器中，沿其轴线测得的轴线上半最大值本征全宽度为最小值的点到其入射平面的距离。

6.3.94　几何焦平面 geometrical focal plane

聚焦准直器中，通过几何焦点或焦线并垂直于准直器轴的平面。几何焦平面是聚焦准直器孔轴线会聚点决定的平面，这是准直器设计的焦平面位置。

6.3.95　有效焦平面 effective focal plane

聚焦准直器中，通过有效焦点或焦线并垂直于准直器轴的平面。有效焦平面是射线光束通过聚焦准直器后光束会聚点决定的平面，这是准直器实际的焦平面位置。几何焦平面与有效焦平面不一定重合，但差得不会多，差别的大小取决于入射到准直器上的射线光束的角度与准直器孔轴线会聚角的差别。

6.3.96　近焦极限点 near focal limit

聚焦准直器中，轴上距入射面最近的半最大值本征全宽度为最小值的两倍直径的点。近焦极限点是焦深中离入射面最近的焦点。

6.3.97　远焦极限点 far focal limit

聚焦准直器中，轴上距入射面最远的半最大值本征全宽度为最小值的两倍直径的点。远焦极限点是焦深中离入射面最远的焦点。

6.3.98　焦深 focal depth

〈射线〉聚焦准直器中，近焦极限点与远焦极限点之间的距离。焦深给出的是射线经聚焦准直器后，辐射作用量和作用面积接近相等的一个深度或一段距离。

6.3.99　焦点辐射 focal radiation

〈射线〉从 X 射线源组件内的有效焦点发出的 X 射线辐射。焦点辐射是 X 射线管焦点在射线出射方向投影的焦点发出的辐射，这个有效焦点的面积要比实际焦点的小。

6.3.100　焦点外辐射 extra-focal radiation

〈射线〉从 X 射线源组件内的有效焦点以外的辐射源发出的 X 辐射。焦点外辐射不是从有效焦点源射出的，是散射辐射、反射辐射或泄漏辐射等不期望的辐射，这些辐射都属于焦点外辐射。

6.3.101　初始射线 primary radiation

从源到接收元件没有偏离、沿直线传播的射线。初始射线是没有经过反射或/和折射路径的射线，是没有反射或/和折射因素损耗和改变传播路径的射线。

6.3.102　有用线束 useful ray beam

来自射线源并通过窗、光阑或准直器射出的待用射线束。有用线束是经过限制和选择，预定要使用的射线束。有用线束是经过限制和选择的射线，因此其通常比初始射线的角度范围小。

6.3.103　射束角 beam angle

射线束中心轴线与胶片平面之间的角度。射束角是反映射线光束对胶片作用效果的参数，射束角为 90° 时，说明光束垂直入射胶片，此时光束对胶片单位面积的作用能量最大，当射束角变小时，光束在胶片单位面积上的能量就会减小。

6.3.104　X 射线聚焦元件 X-ray focusing element

具有 X 射线会聚功能的反射曲面、衍射波带板或镂空材料折射等光学元件。X 射线聚焦元件是制作 X 射线成像设备的核心元件。

6.3.105　X 射线折射透镜 X-ray refraction lens

在 X 射线通过的路径上，具有一定的镂空形状，能使 X 射线发生折射而产生会聚作用的光学元件。一种在铝铜合金材料上进行圆柱镂空的 X 射线折射单透镜的结构和光路见图 6-7 所示。

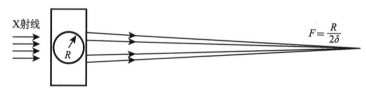

图 6-7　一种圆柱镂空的 X 射线折射单透镜的结构和光路图

X 射线折射透镜突破了只能通过反射和波带板衍射元件来实施 X 射线会聚的限制，开辟了 X 射线折射会聚的技术途径。单 X 射线折射透镜的焦距都比较长，通常难以满足 X 射线会聚或成像的短焦距需要。X 射线折射透镜镂空的形状除了圆柱形状外，还可以有抛物面镂空形状、三角形镂空形状、菱形镂空形状等；材料除了铝铜合金材料外，还可以有铝、铍、硅、锂、金刚石、镍、蓝宝石等材料。

6.3.106　X 射线复合折射透镜 X-ray composite refraction lens

在 X 射线通过的路径上，串联排多个或并联排多个镂空形状，能使 X 射线发生相当于多次单透镜折射会聚作用的光学元件。一种在铝铜合金材料上实施一系列圆柱 (串联) 镂空的 X 射线折射复合透镜的结构和光路见图 6-8 所示，这个透镜是在材料的光束传播方向上打了 30 个直径为 0.6mm 的一排圆柱孔，相当于 30 个单透镜复合在一起，形成的焦距为 1.8m(单透镜的焦距为 54 m)，焦斑为 8μm(入射光束宽为 150μm)。

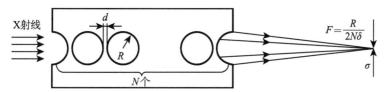

图 6-8 一种圆柱镂空的 X 射线折射复合透镜的结构和光路图

6.3.107 X 射线正交圆柱复合折射透镜 X-ray orthogonal cylindrical composite refraction lens

在 X 射线通过的路径上,材料上实施相隔正交圆柱镂空的 X 射线折射复合透镜,其结构和光路见图 6-9 所示。

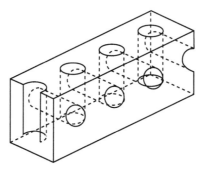

图 6-9 X 射线正交圆柱复合折射透镜的结构和光路图

6.3.108 X 射线平面折射透镜 X-ray plane refraction lens

在 X 射线通过的路径上,在材料上实施不同数量不同形状镂空排列在平板上的 X 射线折射复合透镜。这种平面折射透镜属于一维聚焦透镜。一种平面抛物形折射透镜是由 5 组不同个数的镂空抛物形排列组成平面透镜,5 排的抛物形数量分别为 1、2、4、6、8,其结构见图 6-10 所示。这种透镜的长度为 100μm,透镜平板厚度为 5μm,透镜在 8keV 处都有相同的 18cm 的焦距。

图 6-10 一种 X 射线平面抛物形折射透镜的结构图

6.3.109   X 射线二维聚焦平面折射透镜 X-ray two-dimensional focusing plane refraction lens

在 X 射线通过的路径上，由两个或两组相互正交布置的一维聚焦透镜组合的二维会聚透镜。一种 X 射线二维聚焦平面抛物形折射透镜的结构见图 6-11 所示。

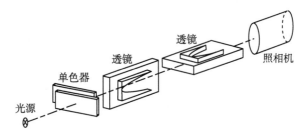

图 6-11   一种 X 射线二维聚焦平面抛物形折射透镜的结构图

6.3.110   相息图透镜 kinoform lens

设计特别的图形形状，以去除透镜中对 X 射线没有贡献的部分，尽可能增大 X 射线透射率和增益系数的 X 射线折射透镜。一种 X 射线最小吸收的平面抛物形相息图透镜的结构见图 6-12 所示；一种相息图透镜变形的长形形状和短形形状相息图透镜分别见图 6-13 中的 (a) 和 (b) 所示。

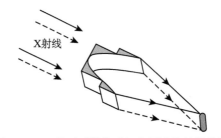

图 6-12   一种平面抛物形相息图透镜的结构图

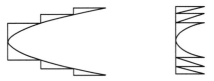

(a) 相息图透镜变形的长形   (b) 相息图透镜变形的短形

图 6-13   相息图透镜变形的两种透镜的结构图

6.3.111   列向棱柱相息图透镜 column direction prism kinoform lens

类似于沙漏形状的多个形状串联组合或串并联组合的相息图透镜的变形透镜，也称为沙漏形透镜 (hourglass shape lens)。几种列向棱柱相息图透镜的形状见图 6-14 所示。图中，光轴为过透镜图形对称中心的水平线。

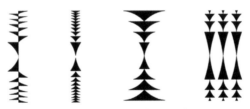

图 6-14 几种列向棱柱相息图透镜的形状图

6.3.112 三角阵列棱柱相息图透镜 array prism kinoform lens

类似于三角棱镜形状的多个棱镜按二维关系编排为阵列所形成的相息图透镜的变形透镜，简称为阵列棱柱透镜。一种阵列棱柱相息图透镜的形状见图 6-15 所示。这种阵列棱柱相息图透镜按离光轴越远布设的棱镜越多进行排列，使离光轴越远的光线偏折角度越大 (图中，光轴为上下方向直线，两个大三角形分别在光轴的左右)，从而形成光束聚焦。这种透镜已实现对 500μm 宽的 8keV 的 X 射线光束的会聚焦线尺寸为 2.8μm，得到 25 倍的增益。

图 6-15 阵列棱柱相息图透镜的形状图

6.3.113 梳齿形透镜 comb teeth shape lens

类似于镂空菱形的多个棱镜形状从小到大纵向排列形成的 X 射线折射透镜，也称为多棱镜透镜 (multi-prism lens)，简称为梳齿透镜。一种梳齿 X 射线折射透镜的形状见图 6-16 所示。梳齿 X 射线折射透镜的梳齿高度随着离开 X 射线入射端逐步增远而增高。图中的梳齿透镜在 23keV 处，焦距为 22cm，增益系数为 1.7。

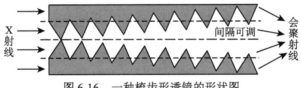

图 6-16 一种梳齿形透镜的形状图

6.3.114 气泡透镜 bubble lens

在均匀材料中制作一纵列整齐排列的空心气泡所构成的 X 射线折射透镜。一种气泡透镜的结构和光路见图 6-17 所示。气泡透镜的气泡是在中空管中充满的环氧树脂中依次充进气泡，由液体张力作用自然形成，因此其面形粗糙度几乎为零；不同的中空管有不同黏度的环氧树脂，目前最大气泡的直径可做到 1mm，最小的可到 0.05mm。环氧树脂对 X 射线的吸收较小。

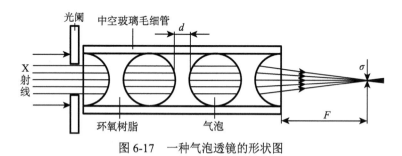

图 6-17 一种气泡透镜的形状图

6.3.115 折射透镜制作 refraction lens production

采用光刻或激光烧蚀等工艺，在 X 射线折射透镜的基底材料上刻蚀或烧蚀出折射透镜设计的图形或形状的制作方法。一种应用激光在折射透镜的基底材料上烧蚀形成设计形状的 X 射线折射透镜的制作方法，见图 6-18 所示。图中的玻璃炭是一种含炭纯度高、端口形貌和结构特征类似玻璃的新型炭材料，其不透明、呈黑色、不透气和硬度高。

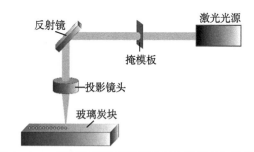

图 6-18 一种激光烧蚀折射透镜制作的原理和装置图

6.3.116 探测器视野 detector field of view; detector FOV

探测器一次成像或一个扫描周期能探测到事件的最大图像范围。在此范围内各个事件都包含在显示出的图像中，此范围的大小由制造厂给出。

6.3.117　探头 detector head

由辐射探测器组件、准直器和探测器屏蔽组合成的组件。对于射线探测设备而言，探头和辐射源一样，是射线探测设备中的两个最核心的组件之一。

6.3.118　探测器屏蔽 detector shield

用来衰减探头入射野以外的电离辐射的部件。探测器屏蔽通常采用铅材料，对于固定场所使用的设备，可以采用混凝土墙屏蔽，屏蔽材料的厚度通常是安全系数的 2 倍。

6.3.119　辐射探测器组件 radiation detector assembly

射线成像装置中，由一个或多个辐射探测器组合成的组件。辐射探测器组件输出的电信号可用于形成射线图像。

6.3.120　探伤灵敏度 flaw sensitivity

在特定检测条件下，能探测到的最小缺陷尺寸。在光电领域里，"灵敏度"这个词往往会使人向探测微弱信号能力方向理解。而射线检测设备的探伤灵敏度是指射线检测设备能探测尺寸大小的灵敏度，或者说是设备的尺寸分辨能力，即探测最小尺寸的能力。

6.3.121　对比灵敏度 contrast sensitivity

〈射线检测〉能在射线照相图像上产生可识别光学密度变化的试样上最小厚度差，通常用试样总厚度的百分比表示，也称为厚度灵敏度 (thickness sensitivity)。探测系统的对比灵敏度将限定其沿射线束方向所能识别缺陷的最小厚度。射线检测系统的对比灵敏度可用对比灵敏度测试卡进行测量。

6.3.122　几何参数 geometric parameter

为了保证射线对被检对象的检查或检验质量所规定的操作工艺要求的几何性参数。几何参数主要包括透照厚度和焦距。透照厚度与射线通量和曝光时间匹配，透照厚度小、焦距长将有利于保证透照质量。

6.3.123　物理参数 physical parameter

为了保证射线对被检对象的检查或检验质量所规定的操作工艺要求的物理性参数。物理参数主要包括射线通量 (X 射线管电压) 和曝光量。X 射线的照相质量应从射线穿透能力和检测灵敏度两方面综合考虑，曝光量主要是限定下限值 (最小曝光量)，因为曝光量增大有利于提高影像对比度和分辨力。

6.3.124　透照布置 transillumination arrangement

使射线的照相能更有效对被检对象进行检查或检验的布设安排。透照布置的内容主要包括：射线源、被检对象和胶片相对位置的安排；透照方式；有效透照区；透照厚度比等。射线源、被检对象和胶片相对位置的安排应使透照厚度尽可能小，检查的问题处尽可能靠近胶片。

6.3.125　透照方式 transillumination mode

由透照位置、透照范围、透照方向等构成透照源与透照对象间的相互摆放关系。对于透照源与透照对象间的关系，透照方式分别有：源在内和源在外透照方式；中心法和偏心法透照方式；单面和双面透照方式；直透法和斜透法透照方式；单影和双影透照方式等。

6.3.126　有效透照区 effective transillumination area

使射线照相质量符合规定的灵敏度要求或影像满足规定的黑度范围内的透照范围或透照工作区域。有效透照区的选择主要控制或限制透照范围内的透照对象各部分间的透照厚度相差不能太大，厚度相差增大就会使同样状况部位的照相灵敏度或黑度差异增大，使结果失真。

6.3.127　透照参数 transillumination parameter

〈射线检测〉为了保证射线对被检对象的检查或检验质量所规定的关键参数。透照参数主要包括允许的最高管电压、射线源适宜的透照厚度、源到物体的距离和射线的曝光时间。

6.3.128　透照厚度 transillumination thickness

射线沿入射方向穿过被检对象的直线距离，也称为穿透厚度 (penetrating thickness)。对于一块等厚度的平行板，射线垂直入射的厚度将会比射线斜入射的厚度距离小，斜入射的角度越大，厚度越大。

6.3.129　透照厚度比 transillumination thickness ratio

射线透照范围内，检查或检验对象的最大透照厚度与最小厚度之比。透照厚度比通常分为 A 级和 B 级透照厚度比，A 级透照厚度比 ≤1.2，B 级透照厚度比 ≤1.1。

6.3.130　周向曝光 panoramic exposure

利用伽马射线源或周向 X 射线设备多向特性进行的射线照相布置曝光的方式。例如对几个试样或对圆管形试样 (如大直径管道的接口焊缝) 的整个周长进行射线照相曝光。

6.3.131　固有过滤 inherent filtration

初始射线将要通过的射线管部件、装置和装源包壳对射线束的过滤。固有过滤是射线从射线管套射出之前，穿过射线产品设计的不可移开的材料所产生的过滤。表达固有过滤的参数为固有过滤值，一般用特定材料 (如铍、铝、铜等) 的厚度表示。

6.3.132　射线束质量 quality of ray beam

射线穿透材料能力的表达，也称为射线质。常用半值层厚度表达。即采用相同的材料，对不同的射线设备进行对比，射线束通过材料的半值层厚度越厚，设备的射线束质量就越高。

6.3.133　强度衰减成像原理 intensity attenuation imaging principle

根据射线透过被检对象后辐射强度衰减像中的不均匀性来判断被检对象材料内部的密度不一致问题程度的方法或原理。

6.3.134　几何投影成像原理 geometric projection imaging principle

根据锥形射线透过被检对象后形成的几何尺寸、形状、位置等几何关系来判断被检对象材料内部问题的位置和尺寸大小的方法或原理。锥形射线投影将会造成投影结果放大、畸变、重叠、半影和穿透厚度大等失真问题，判断时需要进行相应的修正。

6.3.135　KB 成像系统 KB imaging system

采用两相互正交布置的球面或柱面反射镜结构，应用掠入射反射原理实现 X 射线的二维聚焦成像的光学系统，其结构见图 6-19 所示。KB 是 P. Kirkpatrick 和 A. V. Baez 两人名字的缩写，KB 成像系统就是由这两个人联合提出的，应用于 X 射线的显微镜系统中。KB 成像系统可将物点 A 成像于点 A′。

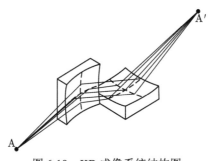

图 6-19　KB 成像系统结构图

6.3.136 X 射线波带片显微镜 X-ray zone plate microscope

由同步辐射光源、波带片聚光镜、样品台、波带片成像物镜和软 X 射线敏感 CCD 组成，工作在 X 波段的显微镜，其结构和光路见图 6-20 所示。这种成像波带片有的做到直径为 30μm，最外环宽度为 25nm，环带数为 100，空间分辨力达到 20nm，进一步的发展空间可使分辨力达到几纳米水平。

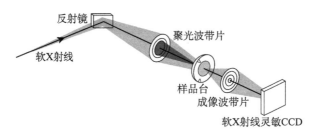

图 6-20　X 射线波带片显微镜的结构和光路图

6.3.137 主因对比度 primary contrast

透照影像或显示中的无缺陷部位的辐射强度与有缺陷部位辐射强度之差比上无缺陷部位的辐射强度，用公式 (6-7) 表示：

$$C_p = \frac{\Delta I}{I} = \frac{\mu \cdot \Delta T}{1 + n} \tag{6-7}$$

式中：C_p 为主因对比度；ΔI 为无缺陷部位的辐射强度与有缺陷部位辐射强度之差；I 为无缺陷部位的辐射强度；μ 为射线衰减系数；ΔT 为缺陷在射线透照方向上的尺寸；n 为散射比。主因对比度的最高值为 1，最低值为 0，数值越大，主因对比度越高。由公式 (6-7) 可看出，提高射线衰减系数，增大缺陷投影尺寸，减小散射比均可提高影像或显示的主因对比度。

6.3.138 窄束曝光曲线 narrow beam exposure curve

在不考虑散射线或散射线可以忽略不计情况下得到的曝光曲线。当散射线屏蔽得很好时，可利用窄束曝光曲线确定工艺参数。

6.3.139 散射线控制 scattering ray control

通过采用防护铅板、铅罩、光阑、厚度补偿、滤波板、遮蔽物等以减少投影影像中散射线作用的措施。射线透照被检对象产生的散射主要是康普顿散射和瑞利散射，康普顿散射使波长变长，散射使穿透力变弱，因为散射线不是成像线，其照射将降低影像对比度、增大灰雾度，同时产生边蚀效应，对影像的质量产生严重影响，需要采取专门的措施进行控制。不属于投影方向的那些射线的作用是属于散射线的作用。

6.3.140 微焦点射线照相 microfocus radiography

使用尺寸小于 100μm 或非常小的有效焦点 X 射线管的射线照相。微焦点射线照相通常具有较好的图像清晰度,但穿透能力不强。

6.3.141 立体射线照相 stereo radiography

适合于立体观察的一种表达立体图像结果的射线照相。立体射线照相通常需要从多个角度拍照观察物体,然后再利用算法和计算机软件进行图像重构来实现。

6.3.142 投影放大技术 projective magnification technique

利用试样和成像系统之间的距离和射线光束扩散的投影关系,使射线照相或射线透视中的图像被直接放大的方法。当射线以发散角度穿过试样时,成像系统距试样的距离与放大线度成正比关系。

6.3.143 投影放大率 projective magnification

图像尺寸放大程度的数值表达。投影放大率的数值表达的是图像被放大的倍数,是像的尺寸与物的尺寸之比,放大率的数值越大,物所投影的像放大得越大。

6.3.144 工件对比度 object contrast

被透照工件两评定区之间射线穿透量的相对差。工件对比度就是工件两个评定区的射线穿透量之间的差别,两者射线穿透量差别越小,对比度就越差。这也是区域间能束分辨的参数,通常用于相邻区域。

6.3.145 工件至胶片距离 object-to-film distance

沿射线束中心轴线测量的被检工件射线源一侧至胶片表面的距离。这个距离是包含了射线束中心轴穿过工件厚度在内的距离,即射线轴向工件厚度 + 工件的胶片一侧至胶片表面的距离。

6.3.146 源至胶片距离 source-to-film distance(SFD)

射线方向上射线源到胶片之间的距离。源至胶片的距离有两种距离,一个是有效焦点至胶片的距离,另一个是实际焦点至胶片的距离。用哪一个点至胶片距离要明确。

6.3.147 反衬介质 contrast medium

为了整体或部分提高照射对比度,用在被射线照相材料上的固体或液体介质。反衬介质通常是对射线吸收比较强的介质,通常反衬介质在需要提高反衬度的部位使用,使这些部位显现出来。

6.3.148　遮挡介质 blocking medium

用于减少胶片上或图像探测装置上散射射线效应的材料。遮挡介质通常是对射线强吸收的材料，用于遮挡非成像射线的光路，避免非成像射线照射到胶片上或图像探测装置的探测面上。

6.3.149　散射体 scatter block

使射线产生散射，从而产生最恶劣辐射条件的物体。散射体是射线检查中不期望的物体，如果它在射线辐射的路径中存在，有可能会给射线成像的清晰度带来影响。射线管的设计和使用射线检查装置进行检测时都要避免使用散射体。

6.3.150　单次检查时间 time per inspection

从操作员发出指令到图像显示完毕的时间。单次检查时间是完成一次检查的时间周期，这个时间参数可用于评估仪器检查工作的时间效率，也可作为射线检测仪器的一项性能指标。

6.3.151　冷却系统 cooling system

〈X 射线机〉对 X 射线管阳极产生的热量进行降温的装置。由于 X 射线管的高速电子动能大部分 (99%) 转换为热量，将会使阳极靶温度升高导致损坏，并且高热还会使高压变压器绝缘损坏而击穿，因此，必须通过冷却系统进行降温才能保证 X 射线管的正常工作。冷却系统降温的方式主要有油循环冷却、水循环冷却和辐射散热冷却。

6.3.152　控制和保护系统 control and protection system

〈X 射线机〉对 X 射线机的冷却、工作时序等进行控制以及对设备性能和安全性进行保护，由基本电路、电压与电流调整电路等组成的电器装置。保护部分的功能主要是过电流保护、过电压保护和冷却液温度保护。

6.3.153　均值过滤器 equalizing filter

在兆伏射线照相中，使横向一次穿过其的 X 射线束强度均衡，以提供有用照射场尺寸的装置，也称为射线束致平器 (beam flattener)，简称为过滤板。过滤板可将 X 射线束中的波长较长的软 X 射线吸收掉，使透过的射线波长均匀化，增强有效能量，以减少边蚀散射。过滤板可用黄铜 (其厚度应小于工件最大厚度的 20%)、铅 (其厚度应小于工件最大厚度的 3%) 或钢 (其厚度应小于吸收曲线上均匀点对应的厚度) 制作。对于厚度差较大的工件透照时，可以在 X 射线窗口处加一过滤板。

6.3.154 阶梯楔块 step wedge

材料相同呈一系列阶梯状，具有特定规格尺寸的金属结构的标准器具。阶梯楔块通常是用金属材料制作的，例如钢铁的；每个相邻阶梯的厚度差是相等的，例如相差 2mm 或 5mm 等；阶梯的数量根据需要确定，例如 5 个台阶、6 个台阶或 7 个台阶等。阶梯楔块主要用于射线管与胶片的曝光曲线制作，针对某一种胶片和不同管电压时的照射，绘制出此时阶梯楔块厚度与曝光量的关系曲线，以为高质量照相提供合理的工艺参数。

6.3.155 联锁装置 interlocking device

当其中相关的组件启动工作时可以发出警告信号，或能够阻止仪器进入使用状态，或使正在工作的仪器立即关停的一种安全控制装置。

6.3.156 边缘遮挡材料 edge-blocking material

用于试样周围或凹陷处，以获得更加均匀的吸收，减少额外散射线，并且防止局部过渡曝光的材料。

6.3.157 线分辨力 wire resolution; wire display

设备分辨单根实芯铜线的能力。线分辨力也是设备对特定金属线的显示能力。线分辨力一般用线的标称直径 (mm) 或对应线号 (American wire gauge, AWG) 表示。

6.3.158 穿透分辨力 useful penetration resolution

设备分辨规定厚度合金铝阶梯下单根实芯铜线的能力。穿透分辨力一般用线的标称直径 (mm) 或对应线号 (AWG) 表示。

6.3.159 穿透力 penetration

设备穿透规定材料最大厚度的能力，也称为钢穿透力 (steel penetration，SP)。穿透力一般用能穿透钢板的厚度 (mm) 表示。例如，在规定的扫描速度下，检查系统所能显示的置于钢板吸收体后的探测器探测出射线被全吸收的最小钢板吸收体厚度。

6.3.160 线对 line pair

均匀排列的一组金属线，两线之间的间隔等于线的直径的一条线及一个间隔的组合。一般用线的标称直径 (mm) 表示线对的规格。

6.3.161 空间非线性 spatial non-linearity

射线源的像与直线物在空间几何形状上非线性放大的偏离。有效焦点的选择、成像射线束的选取、射线影像接收面的状态、其他辐射的屏蔽等问题都有可能造成空间非线性。

6.3.162   本征空间非线性 intrinsic spatial non-linearity

无准直器时探头的空间非线性，又称为固有空间非线性。本征空间非线性是指未通过外加手段 (即准直器) 对射线束进行校正状态下出现的非线性。

6.3.163   空间分辨力 spatial resolution

〈射线检测系统〉射线成像系统所能分辨两个相邻点或线的最小距离的能力，用每毫米线对数表示 (lp/mm)，也称为空间分辨率。射线成像系统空间分辨力在本质上是将点源图像的计数密度分布集中到一点的能力，物点的像点空间分布越集中，成像系统的空间分辨力就越高。空间分辨力有两种表示方式，一种是用线对表示 (例如 6 lp/mm)，另一种是用分辨的间隔尺寸表示 (例如 0.2mm)。射线检测系统的空间分辨力可用分辨率测试卡进行测量，测试卡有扇型分辨率卡和线型分辨率卡。

6.3.164   灰度分辨 gray level differentiation

设备分辨同种材料、不同厚度被检对象的能力。灰度分辨一般用可分辨合金铝阶梯的阶梯数表示，即是对规定材料可区分的最小厚度差，或厚度差对应的最小可区别对比度。

6.3.165   有机物分辨 organic differentiation

设备分辨等效有机物厚度的能力。有机物分辨一般用可分辨有机物阶梯 (例如塑料) 的厚度表示，是有机物厚度差别体现出的可分辨的对比度。

6.3.166   无机物分辨 inorganic differentiation

设备分辨等效无机物厚度的能力。无机物分辨一般用可分辨钢阶梯的厚度表示，是无机物厚度差别体现出的可分辨的对比度。

6.3.167   混合物分辨 mixed differentiation

设备分辨等效混合物厚度的能力。混合物分辨一般用可分辨合金铝阶梯的厚度表示，是合金铝厚度差别体现出的可分辨的对比度。

6.3.168   材料分辨 material differentiation

设备分辨具有不同等效原子序数物质厚度的能力。材料分辨是设备的分辨能力，它涉及设备射线源辐射的强弱范围大小和探测头及显示的灰度灵敏或胶片的对比度性能。等效原子序数物质是指对于多种元素混合的物质，混合后的物质性质与某原子序数元素物质等价。

6.3.169 有效材料分辨 useful material differentiation

设备分辨规定厚度钢阶梯下具有不同等效原子序数物质的能力。有效材料分辨是设备能满足分辨标准样品 (规定厚度钢阶梯) 灰度时的分辨能力。

6.3.170 人体背景材料探测力 material detection on human body

设备分辨高密度聚乙烯背景下高密度聚乙烯圆片厚度的能力。人体背景材料探测力一般用高密度聚乙烯圆片的厚度表示，高密度聚乙烯圆片的单位为毫米 (mm)。

6.3.171 空气背景材料探测力 material detection in air

设备分辨空气背景下梳状测试物厚度的能力。空气背景材料探测力一般用梳状测试物的齿厚度表示，齿厚度的单位为毫米 (mm)。

6.3.172 体线分辨力 wire detection on human body

设备分辨高密度聚乙烯背景下单根实芯铜线圈线径的能力。体线分辨力一般用线的标称直径表示，线的标称直径的单位为毫米 (mm)。

6.3.173 体空间分辨力 spatial resolution on human body

设备分辨高密度聚乙烯背景下钢球直径的能力。体空间分辨力一般用钢球的直径表示，钢球直径的单位为毫米 (mm)。

6.3.174 背散射穿透力 backscatter simple penetration

设备分辨一定厚度钢板后面有机物品的能力。背散射穿透力用钢板的厚度表示，厚度的单位为毫米 (mm)。

6.3.175 背散射空间分辨力 backscatter spatial resolution

设备分辨背散射背景下聚乙烯线对的能力。背散射空间分辨力用线对的线宽表示，线宽的单位为毫米 (mm)。

6.3.176 背散射线分辨力 backscatter wire resolution

设备分辨背散射背景下单根聚乙烯棒的能力。背散射线分辨力用棒的直径表示，棒的直径的单位为毫米 (mm)。

6.3.177 背散射线探测力 backscatter wire detection

设备分辨强散射体背景下单根实芯铜线的能力。用线的标称直径或对应线号 (AWG) 表示，标称直径的单位为毫米 (mm)。

6.3.178　背散射对比灵敏度 backscatter contrast sensitivity

设备在厚有机物散射背景下，分辨同等材料薄有机物的能力。背散射对比灵敏度 BCS 按公式 (6-8) 计算：

$$BCS = \frac{T_b}{T_h} \times 100\% \tag{6-8}$$

式中：T_b 为薄有机物厚度；T_h 为厚有机物厚度。

6.3.179　丝分辨力 wire detect ability(WD)

在规定的扫描速度下，检查系统所能显示的置于一定厚度的钢板吸收体后的最小钢丝直径与钢板吸收体厚度之比。

6.3.180　反差灵敏度 contrast indicator(CI); contrast indicator index

在规定的扫描速度下，检查系统所能显示的置于一定厚度的钢板吸收体后的最小钢片厚度与钢板吸收体厚度之比。

6.3.181　单次检查空气比释动能 air kerma per scan; AK per scan

空箱条件下，集装箱内规定点经一次扫描后的空气比释动能。kerma 是英文 kinetic energy released in material 缩写的单词。比释动能的含义是射线释放的全部带电粒子的初始动能之和的平均值除以该体积元内物质的质量所得的商，用符号 K 表示，单位为 Gy(戈瑞)；其表示某种物质的体积元中物质元的辐射量，物质中各点位置有各自的比释动能值；空气比释动能是指在自由空气中的比释动能，用符号 K_a 表示。

6.3.182　扫描速度 scanning speed (SS)

辐射源与被检物的相对运动速度。由于扫描是一种相对运动，辐射源和被检物只要有一个运动即可，此时，扫描速度也就是运动方的速度。对于小型被检物，一般采用被检物运动来扫描；对于大型被检物，一般采用辐射源运动来扫描。

6.3.183　通过率 through put(TP)

单位时间内检查系统所能检查的 12.192m(40ft) 标准集装箱的最大数量，也称为吞吐量。这个通过率是指单位时间内检查系统能检查集装箱数量的能力，属于检查系统的工作效率指标。

6.3.184　X 射线探测器 X-ray detector

一种能探测 (测量) X 射线，并能将 X 射线强度转换成可被处理的电信号的传感器。X 射线探测器是能将接收的 X 射线图像通过显示装置进行实时和过程显示的电子接收器件。

6.3.185 受照射部件 exposed components

仪器中受到有用线束照射的部件。受照射部件主要有源套、遮光器、准直器、连接器、样品架、测角仪、探测器等。

6.3.186 高能 X 射线照相 high energy X-ray camera

用射线能量达到 1MeV 以上的 X 射线对被检体进行的成像记录。实现高能 X 射线照相的核心是有高能 X 射线产生源，其关键是电子的加速能力，或高能电子加速器的制作。目前加速带电粒子的方法主要有静电场加速、磁感应电场加速和交变电磁场加速。按电子运动的轨迹可分为直线加速器、环形 (圆形) 加速器、跑道式加速器。高能 X 射线照相具有的优点为：射线强度大，测试物体厚度大；焦点可以做得小；由于射线强度高，可用长焦距检测，几何不清晰度值小；由于能量大，散射影响小，散射比小，灵敏度高；厚度宽容度大，可不采用厚度补偿块；能量转换效率高，可达 50%~60%，而普通 X 射线机的转换效率只有 1%~3%；可减少增感屏的使用；设备可连续运行，不需停歇。

6.3.187 X 射线探伤机 X-ray flaw detector

应用 X 射线源发出的 X 射线穿透被测工件和材料等来成像显示其内部缺陷的设备。X 射线探伤机主要由 X 射线管、高压发生器、控制和保护系统与冷却系统四部分组成。X 射线探伤机按工作电压方式可分为恒压的和脉冲的，按 X 射线管的材料可分为玻璃管的和陶瓷管的，按辐射方向可分为定向的和周向的，按焦点尺寸可分为纳米焦点的、微焦点的、小焦点的和常规焦点的，按绝缘介质可分为油绝缘的和气绝缘的，按高压发生器工作频率高低可分为工频的和高频的，按探伤机结构可分为携带式的、移动式的、固定式的等。

6.3.188 工业 X 射线探伤装置 industrial X-ray radiography facility

由 X 射线管头组装体、控制箱及连接电缆等组成的对物体内部结构和状况进行 X 射线摄影或断层检查的设备总称。X 射线探伤装置按照 X 射线发射的方向和窗口范围可分为定向式和周向式；按安装形式可分为固定式和移动式。

6.3.189 工业 X 射线断层探伤 industrial X-ray computed tomography

使用工业 X 射线断层装置，以二维断层图像或三维立体图像的形式，展示被检测物体内部结构、组成、材质及缺损状况的工作过程。

6.3.190 工业 X 射线探伤室探伤 industrial X-ray radiography in special room

在探伤室内，利用 X 射线探伤装置产生的 X 射线对被测物体内部结构和状况进行检查的工作过程。探伤室内的探伤，适合应用固定 X 射线探伤装置，长期性地对批量零件进行常规性的无损探伤检查，或对大型工件进行探伤检查。

6.3.191 工业 X 射线现场探伤 industrial X-ray radiography on site

在室外、生产车间或安装现场使用移动式 X 射线探伤装置对物体内部结构和状况进行 X 射线摄影检查的工作过程。

6.3.192 X 射线检查系统 X-ray inspection system

利用产生 X 射线的设备作为辐射源对检查对象进行检查的系统。X 射线检查系统有固定式检查系统 (固定安装在建筑物内的)、移动式检查系统 (可以在不同检查场地间移动的)、车载移动式检查系统 (安装在车辆上的) 和组合移动式检查系统 (可反复拆装，并可在不同检查场地之间迁移的) 等类型。

6.3.193 X 射线衍射仪 X-ray diffraction equipment

利用 X 射线轰击样品，测量所产生的衍射 X 射线强度的空间分布，以确定样品的微观结构的仪器。

6.3.194 X 射线荧光分析仪 X-ray fluorescence analysis equipment

利用 X 射线轰击样品，测量所产生的特征荧光，以确定样品中元素的种类与含量的仪器。

6.3.195 闭束型分析仪 enclosed-beam analytical equipment

以结构上能防止人体的任何部分进入有用射线束区域为特征的分析仪。这种分析仪采取了进入有用线束区域的封闭措施，对使用者进行保护，比较安全。

6.3.196 敞束型分析仪 open-beam analytical equipment

结构上不完全封闭，操作人员身体的某部分有可能意外地进入有用线束区域的分析仪。敞束型分析仪使用时，操作人员需要穿戴防护服和设置防护装置，以对自身进行保护。

6.3.197 医用电子直线加速器 medical electronic linear accelerator

利用微波电磁场加速电子产生具有直线运动轨道的高能 X 射线和电子线，用于患者肿瘤或其他病灶实施放射治疗的一种加速装置医疗器械。医用电子加速器具有剂量率高，照射时间短，照射野大，剂量均匀性和稳定性好，以及半影区小等特点。

6.3.198 柜式 X 射线系统 cabinet X-ray system

柜体内安装 X 射线球管，对进入柜体内部的行李包进行 X 射线照射检查的系统。在 X 射线产生时，该系统不仅能屏蔽辐射，并且可阻挡人员进入柜体内部。临时或偶然地配用可携带式防护挡板的 X 射线设备 (改装者除外) 不视为柜式 X 射线系统。

6.3.199　货物/车辆辐射检查系统 cargo/vehicle radiographic inspection system

配有光子或中子辐射源、辐射探测器等装置及设施, 利用辐射成像原理获得货物及车辆等被检物进行透视图像检查的系统。货物/车辆辐射检查系统分为: X射线检查系统 (利用产生 X 射线的加速器作为辐射源的检查系统); γ 射线检查系统 (利用释放 γ 射线的密封放射源作为辐射源的检查系统); 中子检查系统 {利用产生快中子的装置 [例如 (D,D) 和 (D,T) 反应的中子发生器] 作为辐射源的检查系统}。

6.3.200　X 射线安全检查设备 X-ray security inspection system

利用 X 射线与被检对象的相互作用, 测量 X 射线强度分布或能谱分布, 生成被检对象的 X 射线图像或提供被检对象材料信息来对被检对象的安全性进行判识的设备。这种检查通常是通过俄歇效应来判断被检材料所含的成分和分量。

6.3.201　微剂量 X 射线安全检查设备 micro-dose X-ray security inspection system

单次检查剂量小于等于 10 Gy 的 X 射线安全检查设备。Gy 是比授能的单位符号, 称为戈 [瑞], 1Gy=1J/kg, 是电离辐射授予物质单位质量的能量; 比授能 (specific energy imparted)z 是辐射授予物质的能量 ε 与物质的质量 m 之比, $z = \varepsilon/m$。

6.3.202　透射式微剂量 X 射线安全检查设备 transmission micro-dose X-ray security inspection system

用单次检查剂量小于等于 10Gy 的 X 射线透照, 通过测量穿过被检对象的 X 射线强度分布或能谱分布, 生成被检对象的 X 射线图像或提供被检对象材料信息来对被检对象的安全性进行判识的微剂量 X 射线安全检查设备。

6.3.203　背散射式微剂量 X 射线安全检查设备 backscatter micro-dose X-ray security inspection system

用单次检查剂量小于等于 10Gy 的 X 射线照射, 利用 X 射线光子和物质相互作用的散射效应, 采集被检对象散射的背向散射 X 射线, 并生成被检对象图像的微剂量 X 射线安全检查设备。

6.3.204　单能谱型微剂量 X 射线安全检查设备 single-energy micro-dose X-ray security inspection system

利用微剂量的 X 射线与被检对象的相互作用, 测量能谱 X 射线的强度分布, 对被检对象的结构特性进行成像的 X 射线安全检查设备。

6.3.205 多能谱型微剂量 X 射线安全检查设备 multi-energy micro-dose X-ray security inspection system

根据不同等效原子序数的物质对 X 射线能谱吸收特性不同的规律, 对被检对象的材料特性进行判识并成像的微剂量 X 射线安全检查设备。

6.3.206 开放式微剂量 X 射线安全检查设备 unshielded micro-dose X-ray security inspection system

没有加装用于屏蔽检查过程产生的散射、泄漏射线等的辐射防护装置, 需要划定监督区或放在符合辐射防护要求位置工作的微剂量 X 射线安全检查设备。

6.3.207 封闭式微剂量 X 射线安全检查设备 shielded micro-dose X-ray security inspection system

加装了屏蔽检查过程产生的散射、泄漏射线等的辐射防护装置的微剂量 X 射线安全检查设备。

6.3.208 透射式行包安全检查设备 transmission baggage security inspection system

用于检查行李和包裹, 且其任意一个检查通道入口截面的高度和宽度均小于 1.1 m 的透射式微剂量 X 射线安全检查设备。

6.3.209 透射式货物安全检查设备 transmission cargo security inspection system

用于检查货运物品, 且其任意一个检查通道入口截面的高、宽尺寸中最大单边长度大于等于 0.91m、小于等于 2.41m 的透射式微剂量 X 射线安全检查设备。

6.3.210 微剂量 X 射线人体安全检查设备 micro-dose X-ray human body security inspection system

用于检查人体携带危险品、违禁品的微剂量 X 射线安全检查设备。微剂量 X 射线人体安全检查设备分别有透射式微剂量 X 射线人体安全检查设备、背散射式微剂量 X 射线人体安全检查设备、开放式微剂量 X 射线人体安全检查设备和封闭式微剂量 X 射线人体安全检查设备 (带有可封闭舱体和门盖, 在射线出射的检查期间, 可阻挡射线泄漏出检查区域和防止其他人员进入检查区域) 等类型。

6.3.211 微剂量 X 射线背散射物品安全检查设备 micro-dose X-ray backscatter object security inspection system

用 X 射线产生装置和探测器实现背散射 X 射线成像方式检查物品的微剂量 X 射线安全检查设备。微剂量 X 射线背散射物品安全检查设备有移动式背散射 X

射线安全检查设备 (设备动而物品不动)、固定式背散射 X 射线安全检查设备 (物品动而设备不动)、开放式背散射 X 射线安全检查设备 (没有加装用于屏蔽检查过程产生的散射、泄漏射线等的辐射防护装置，需要划定监督区或放在符合辐射防护要求的位置)、封闭式背散射 X 射线安全检查设备 (加装有用于屏蔽检查过程产生的散射、泄漏射线等的辐射防护装置) 等类型。

6.3.212 辐射型集装箱检查系统 container radio graphic inspection system

配有 X 或 γ 辐射源和辐射探测器等装置及设施，利用辐射成像原理获得集装货物及车辆等被检物透射图像的检查系统。

6.3.213 货运列车检查系统 train cargo inspection system

可对货运列车及其所载货物进行在线检查的检查系统。货运列车检查系统是安装在混凝土防护建筑设施 (或屏蔽墙) 中的，应用 X 或 γ 射线进行检查，能对货运列车车厢进行通道宽度 (例如 5m) 方向扫描和高度 (例如 5.6m) 方向扫描检查的大型检查系统。

6.3.214 X 射线摄影床 X-ray radiographic table

能对躺卧在其上的检查者进行 X 射线影像的 X 射线感光胶片或光电器件纪录的平台式仪器。X 射线摄影床有 X 射线荧光摄影床、X 射线体层摄影床、X 射线特殊摄影床等类型。

6.3.215 X 射线诊断床 X-ray diagnostic table

为了对患者进行病症诊断，采用 X 射线进行人体透视与摄影的台面型 X 射线设备。X 射线诊断床采用水平方向移动扫描，对躺在诊断床上的患者进行人体透视和摄影，属于 X 射线体层摄影床类型。

6.3.216 剂量监测系统 dose monitoring system

测量和显示与吸收剂量直接相关的辐射量的设备系统。剂量监测系统可以包括当达到预定值时终止辐照的装置。剂量监测系统可以是监测 X 射线的剂量监测系统，也可以是监测伽马射线的剂量监测系统。在环境监测方面，主要是用伽马射线的剂量监测系统，以对环境的放射性状况进行监测。

6.3.217 剂量率监测系统 dose rate monitoring system

测量和显示与吸收剂量率直接有关的辐射量的设备系统。剂量率监测系统不仅要能测量出射线的剂量，而且需要有一个时间量，给出单位时间的射线剂量，是一长时间持续性的监测系统。

6.3.218   一次剂量监测系统 primary dose monitoring system

在预调值达到时，用于终止辐照的剂量的监测系统。一次剂量监测系统是一种单次性工作的 "开关" 性剂量监测系统。

6.3.219   二次剂量监测系统 secondary dose monitoring system

在一次剂量监测系统万一失灵时，用于终止辐照的剂量的监测系统。二次剂量监测系统是一种具有备用功能或保险功能的一次剂量监测系统。

6.3.220   治疗控制台 treatment control panel

在射线治疗时，用于控制患者辐照剂量、时间等的控制台。治疗控制台是一种具有剂量监测、时间设定等功能，用于保证患者治疗安全的多功能的监测和控制系统。

6.3.221   工业放射学 industrial radiology

研究 X 射线、伽马射线、中子和其他穿透辐射的原理和在无损检测中的技术，以及这些知识应用的学科。

6.4   伽 马 射 线

6.4.1   放射性核素 radionuclide

能自发地放出如 α 射线、β 射线、γ 射线等的不稳定核素，也称为不稳定核素。放射性核素通过不断地发射射线衰变形成稳定的核素。同位素中有的会放出射线，称为放射性同位素或放射性核素。

6.4.2   放射性 radioactivity

某些核素具有的自发发射粒子或 γ 辐射，或继轨道电子俘获后发射 X 辐射，或者产生自发裂变的性质。放射性是元素从不稳定的原子核自发地放出射线 (如 α 射线、β 射线、γ 射线等) 而衰变形成稳定的元素 (即停止放射) 的性质或现象。原子序数在 83(铋) 或以上的元素都具有放射性，但少量原子序数小于 83 的元素 (如铕) 也具有放射性。

6.4.3   诱发放射性 induced radioactivity

由辐照或高速粒子撞击物质所引起的放射性。当物质被高速电子轰击时，电子的能量被物质吸收，将内层电子激发出来、电离等，然后高能级电子回补内层电子空穴，释放能量，发出高能射线等的现象。

6.4.4 放射性平衡 radioactive equilibrium

一个蜕变系列中相继蜕变，核素的活度比保持为常数占主导地位的状态。放射性平衡就是核素的活度比不变的状态。

6.4.5 久期平衡 secular equilibrium

放射性衰变系列中子体活度与其母体活度相等的状态。母体的原子数 (或放射性活度) 与子体的原子数 (或放射性活度) 之比不随时间变化，母子体之间达到的放射性平衡。只有母体经历了很长时间 (5~10 倍的最长子体半衰期) 时，才会有久期平衡。

6.4.6 伽马射线 gamma ray

由特定放射性材料的原子核跃迁退激时释放出的射线或电磁辐射，又称为伽马粒子流，伽马射线用符号 γ 表示。伽马射线可通过核衰变或核反应产生。伽马射线的穿透力很强。伽马射线与物质作用会产生光电效应、康普顿效应和正负电子对三种效应。伽马射线不具有电荷，其静止质量为零，其电离能力较 α 粒子和 β 粒子弱。伽马射线可被高原子序数的原子阻挡，如铅等。伽马射线可应用于工业探伤、自动控制、医疗治疗等。

6.4.7 伽马射线源 gamma ray source

产生伽马射线的放射性材料，如钴-60 (Co-60)、铯-137 (Cs-137)、铱-192 (Ir-192)、铥-170 (Tm-170)、硒-75 (Se-75)、镱-169(Yb-169) 等。伽马射线源分为密封源和非密封源两种。国内常用的放射源主要是钴-60(Co-60)、铱-192(Ir-192) 和镱-169(Yb-169)，前者能量较高，主要用于检测厚件，后两个主要用于检测薄工件。伽马射线源选择时要考虑能量、比活度、半衰期和源尺寸等重要参数。

6.4.8 源尺寸 source size

射线源输出窗口的几何尺寸。射线源的尺寸不是指射线源物质的几何尺寸，因为那个尺寸对使用没有直接的关系，使用主要是射线输出的窗口几何尺寸。尤其是 X 射线，其物质源 (阳极靶) 尺寸与射线强度没太大关系，X 射线强度是由极间电压决定的。

6.4.9 未密封源 unsealed source

任何没有密封在容器中的放射源，也称为非密封源。未密封源状态通常是一种整体使用的状态，例如，放入人体中进行内照射治疗的放射源，其使用一定要严格控制剂量，做好操作防护。

6.4.10 源固定器 source holder

固定、装载或连接放射源的器件。通过这个器件可将伽马射线源 (密封源) 固定在曝光容器内或遥控装置的端头上。

6.4.11 放射性同位素 radioisotope

某一元素具有自发发射粒子或伽马射线的同位素。当两种原子质子数目相同,但中子数目不同,它们拥有相同的原子序数,即是周期表中同一位置的元素,它们被称为同位素。有放射性的同位素称为 "放射性同位素",没有放射性的且半衰期大于 10 年的则称为 "稳定同位素"。

6.4.12 粒子吸收 particle absorption

粒子与原子或核子的相互作用,在此过程中,入射粒子作为自由粒子消失,同时伴随反射一个或几个与入射粒子相同或不同的粒子的现象。高能电子或光子 (粒子) 与原子相互作用就有可能产生粒子吸收现象。散射不属于粒子吸收。

6.4.13 品质因数 quality factor

〈射线〉用来计算一个关注点的剂量当量的修正因子。其值取决于在水中辐射的线性碰撞抑制能力。

6.4.14 衰变常数 decay constant

对某种放射性核素在单位时间内一个核子自发衰变的概率,用符号 λ 表示。衰变常数按公式 (6-9) 计算:

$$\lambda = \frac{-\mathrm{d}N}{N \cdot \mathrm{d}t} \tag{6-9}$$

式中: N 为在时刻 t 所存在的核子数目。衰变常数是一个负数,这说明放射性核素中的衰变核子为减少的关系。

6.4.15 活度 activity

放射源中每单位时间发生的原子核蜕变数,用符号 A 表示,单位为贝可 [勒尔](Bq),可用 s^{-1} 表示,$1\mathrm{Bq}=1\mathrm{s}^{-1}$,又称为放射性活度,也称为衰变率 (decay rate)。原子核的蜕变是使一种元素的原子衰变成另一种元素的原子。活度按公式 (6-10) 计算:

$$A = \frac{\mathrm{d}N}{\mathrm{d}t} \tag{6-10}$$

式中: $\mathrm{d}N$ 为在时间间隔 $\mathrm{d}t$ 内一定能态的原子核衰变数目的期望值。衰变常数乘以核子数就是活度。

6.4.16 比活度 specific activity

放射性同位素每单位质量的活度，也称为比放射性。即放射源的放射性活度与其质量之比，即单位质量物质中所含某种核素的放射性活度。

6.4.17 半衰期 half life

放射性元素的原子核有半数发生衰变的时间。放射性元素的原子核衰变是按指数曲线下降的，原子核有半数发生衰变所需要的时间长度为半衰期。放射性元素的半衰期是一个宏观规律，是对大量原子的衰变个数统计的结果，对于单个的原子衰变只能用概率描述。放射性元素的半衰期长短差别很大，短的远小于一秒，长的可达数百亿年。对于每类放射性元素，半衰期不是一定的，是一种平均值。放射性元素的半衰期是一轮接一轮的，通常在经过 30 个半衰期后，辐射已减至原来的十亿分之一，基本不能被探测到，因此也就没有危害了。

6.4.18 衰减曲线 decay curve

放射性同位素活度对时间的曲线。通常为时间的负指数函数。即放射性原子的数目在衰变时是按指数规律随时间的增加而减少的曲线。当取对数表达时，其为线性函数关系。

6.4.19 系统灵敏度 system sensitivity

〈伽马照相〉当准直器与脉冲幅度分析器窗限定时，探测器头的计数率与一平面源的活度之比。在规定的条件下，此平面源垂直于准直器的轴，并含有特定的放射性核素，活性区大小符合规范并位于准直器轴上。

6.4.20 平面灵敏度 plane sensitivity

〈伽马照相〉当准直器与脉冲幅度分析器窗限定时，探头的计数率与含有特定核素且面积确定的平面源活度之比。此平面源距准直器前端面的距离为 Z 且与准直器轴的轴线垂直对中，其活度区集中在中心附近。

6.4.21 比平面灵敏度 specific plane sensitivity

〈伽马照相〉放射性核素成像装置中，当其准直器与脉冲幅度分析器窗宽限定时，探头的计数率与平面源的单位面积活度之比。平面源的尺寸限定，其包含的特定放射性核素在距准直器入射面规定距离处与准直器轴相垂直，且以准直器轴为中心。

6.4.22 系统响应的非均匀性 system non-uniformity of response

〈伽马照相〉带准直器时探测器响应的非均匀性。伽马照相系统响应的非均匀性主要产生于多元探测器的情况，单元探测器不会发生非均匀性问题。产生非均匀性主要有两个原因，一是各探测元的准直器不一致，二是各探测元的响应能力不一致。

6.4.23   源组件 source module

〈伽马射线机〉由伽马放射源、包壳和辫子组成的组件，也称为源辫子。伽马放射源放在两层包壳中 (通常内包壳为铝包壳，外层包壳为不锈钢)，并采用离子焊封口，防止放射性污染的扩散。

6.4.24   源容器 source container

〈伽马射线机〉伽马射线源的存储装置。其内部主要有直通道和 S 形通道。源容器能安全操作，由密度材料制成，具有足够厚度，能大幅降低源发射的射线强度的容器。源容器中有贫化铀屏蔽层进行放射防护。

6.4.25   贮源箱 source storage chest

存放放射性核素敷贴器并具有防火防盗和防辐射性能的容器。贮源箱包括供运输用的贮源器和在治疗室内存放敷贴源的贮源箱。

6.4.26   贮源器 store container

贮存后装的治疗用放射源的容器。贮源器包括供运输 (或暂存) 放射治疗源用的运输贮源器和供后装机配套用的工作贮源器。

6.4.27   施源器 radiation source applicator

预先放入人体腔、管道或组织中，供放射源驻留或运动，并实施治疗的特殊结构性器械，又称为施治器。施源器有针形、管形或具有其他特殊形状的施源器。施源器主要用于近距离放射性治疗，对放射性源的放置进行事前定位，与输源管、放射源和源容器等是配合使用关系。

6.4.28   驱动机构 driving mechanism

〈伽马射线机〉一套用来将伽马放射源从机体的屏蔽存储位置驱动到曝光焦点位置，并能将伽马放射源收回到机体内的装置。驱动机构一般有手动驱动和电动驱动两种机构。

6.4.29   输源管 transferring-source tube

〈伽马射线机〉由一根或多根软管连接一个一头封闭的包塑不锈钢管制成的部件。输源管的使用是通过开口一端接到机体源输出口，封闭的一端放在曝光焦点位置，并始终保证源在管内。

6.4.30　附件 accessory

〈伽马射线机〉保证设备使用安全和相关操作的装置，包括专用准直器、射线检测仪、个人剂量笔、音响报警器、定位架、专用曝光计算尺、换源器等。

6.4.31　伽马刀 gamma knife

一种立体定向的伽马射线放射治疗设备。伽马刀主要用于治疗脑部疾病，通过立体定向将多个钴-60 的伽马射线聚焦到脑部的病灶靶上进行一次性大剂量照射，使病灶部分坏死或功能改变，以此达到治疗的目的。由于伽马刀定位准确，对周围组织损伤小，且无创伤、不出血、无痛苦、迅速、安全、可靠等，是脑外科很有优势的治疗工具。

6.4.32　闪烁体 scintillators

一类吸收高能粒子或射线后能够发光的材料。闪烁体是核影像设备的核心部件，用于将不可见的射线图像转换成可见光的图像。用于闪烁计数器的闪烁体可分为有机和无机两大类，按其形态又分为固体、液体和气体三种。最常用的无机晶体是用铊激活的碘化钠晶体 NaI(Tl)(尺寸可达 240mm 以上)，其他无机晶体还有 CsI (Tl)、CsI(Na)、ZnS(Ag) 等，新出现的有锗酸铋等；气体和液体的无机闪烁体多用惰性气体及其液化态制成，如氦、氖、氩、氪、氙等，其中以氙的光输出最大而较多使用；根据退激的机制不同而发射出衰落时间很短的荧光 (约 10ns) 或较长时间的磷光 (约 1μs 或更长)。有机闪烁体可分为有机晶体闪烁体、液体闪烁体和塑料闪烁体；材料主要有蒽、芘、萘等；也有两个发光成分，荧光过程小于1 ns；其具有比较高的荧光效率，但体积不易做得很大。

6.4.33　伽马射线照相 gamma radiography

使用伽马射线源获取被拍摄对象图像信息的射线照相。伽马射线照相用的射线源主要来自于钴-60 (Co-60)、铯-137 (Cs-137)、铱-192 (Ir-192)、铥-170 (Tm-170)、镱-169(Yb-169) 等放射性同位素源。伽马射线的强度与放射性同位素源的体积有关，源体积越大，伽马射线的强度就越大，其穿透能力也就越强。放射性同位素源的体积会随衰变而变化，因此，伽马射线的强度是不好控制的。

6.4.34　伽马照相机 gamma camera

探测通过被测物体的伽马辐射，一次形成图像的闪烁成像设备，也称为伽马射线照相机或闪烁照相机。伽马照相机主要用于病灶的医疗诊断。伽马照相机主要由准直器、闪烁晶体、光电倍增管、电子学读出系统、图像显示记录装置等组成，其擅长快速的动态显像，可以输出二维的动态平面像。伽马照相机是用来给放射性核素在人体全身或部分器官组织中的分布情况进行成像的一种医疗设备，其准直器、闪烁晶体、光电倍增管等构成可单独运动的探头，是伽马照相机的核心。

6.4.35 伽马射线检查系统 gamma radioactive source inspection system

利用密封伽马放射源作为辐射源的检查系统。不同于使用未密封源的检查设备，伽马射线检查系统可以有一个比较宽的射线剂量范围，射线源与探测器是一体化关系的，这种系统类别既具有固定式的检查系统，也有便携式的检查设备。

6.4.36 伽马照相机全身成像系统 wholebody imaging system based gamma camera

用单个或两个探头，由探头与目的物的彼此相对运动和输出有关的放射性图像信息，并形成检查图像的一种闪烁成像设备。

6.4.37 伽马射线探伤机 γ-ray defector; gamma ray defector-cope

应用伽马射线源发出的伽马射线穿透被测工件和材料等来成像显示其内部缺陷的设备，也称为伽马射线机或伽马射线探伤机。伽马射线探伤机主要由源组件、源容器、驱动机构、输源管和附件五部分组成，其属于工业应用的伽马射线设备。伽马射线探伤机按移动方式可分为手提式(便携式)、移动式、固定式和爬行式(爬行式主要用于野外焊接管线的检测)，按机体结构可分为直通道式和 S 通道式，按放射源可分为钴 60 伽马射线探伤机、铯 137 伽马射线探伤机、铱 192 伽马射线探伤机、铥 170 伽马射线探伤机等。伽马射线探伤机与 X 射线探伤机相比具有探测厚度大、可连续工作、体积小、重量轻、不需使用水电、效率高、可深入狭窄部位、故障率低、无易损部件等优点，但缺点为半衰期短、能量固定而无法根据试件厚度调整、固有不清晰度大、管理要求严格等。

6.4.38 伽马射线探伤室 γ-ray defect detecting room

放置伽马射线探伤机和被检物体进行伽马射线探伤并具有一定屏蔽防护作用的专用照射室。

6.4.39 含密封源强度测量型检测仪表 gauge containing sealed radioactive source

通过探测有、无待测物时粒子注量的变化或探测粒子与物质相互作用所产生的次级粒子的注量来检测有关量的一种仪表。含密封源强度测量型检测仪表主要有料位计、厚度计、密度计、湿度计、核子皮带秤等。

6.4.40 移动式探伤 mobile defect detecting

在室外、生产车间或安装现场用手提式或移动式伽马射线探伤机进行探伤的工作过程。移动式探伤所使用的设备应是不需要配套固定混凝土防护墙的设备。

6.4.41　固定式探伤 stationary defect detecting

在专用伽马射线探伤室内用固定安装的或可有限移动的探伤机进行伽马射线探伤的工作过程。固定式探伤通常是使用的探伤设备体积大、重量重和防护要求高时的情况。

6.4.42　后装技术 afterloading techniques

预先在患者需要治疗的部位正确地放置施源器,然后采用自动或手动控制,将贮源器内的放射源输入到施源器内实施治疗的技术。

6.4.43　后装伽马源近距离治疗 γ-radiation source afterloading brachytherapy

采用后装技术,依照临床要求,使伽马放射源在人体自然腔、管道或组织间驻留而达到预定的分布及其剂量的一种放射治疗方式。

6.4.44　敷贴治疗 applicator therapy

选择适当的放射性核素面状源作为敷贴器覆盖在患者病变部位的表面,照射一定时间,达到治疗目的的接触放射治疗方法。

6.4.45　放射性核素敷贴器 radionuclide applicator

将一定活度与能量的放射性核素,通过一定的方式密封起来,制成具有不同形状和面积的面状源, 作为敷贴治疗用的放射源用具, 也称为敷贴器或敷贴源。

6.4.46　源面吸收剂量率 source surface absorbed dose rate

由放射性核素敷贴器内的片状放射源在整个敷贴器有效面积的表面产生的空气吸收剂量率 (mGy/min)。源面吸收剂量率是按每分钟空气吸收的毫戈 [瑞] 来度量的。

6.5　射线摄影与显示

6.5.1　射线透视 radioscopy

使电离辐射穿透被检物体成射线图像通过射线显示屏或射线探测器的显示器或胶片将人眼不可见的射线图像转换为可视图像的射线成像方法。射线透视是一种对射线检查物进行实时地观察检查结果的方式, 也可以通过拍成胶片像,事后进行照片观察。所谓 "透视" 就是穿透观察。

6.5.2　X 射线透视 X radioscopy

用 X 射线作为射线源，对被检物进行透照形成射线图像，再将人眼不可见的射线图像转换为可见图像的射线透视。X 射线透视有直接 X 射线透视、间接 X 射线透视和立体 X 射线透视。

6.5.3　直接 X 射线透视 direct X radioscopy

可见影像显示在 X 射线辐射束中的影像接收区或在 X 射线辐射束中近处显示可见影像的 X 射线透视。直接 X 射线透视是一种 X 射线图像的实时性的和现场性的拍摄和观察。

6.5.4　间接 X 射线透视 indirect X radioscopy

在 X 射线辐射束中的影像接收区接收的影像信息经过信息转换后显示的 X 射线透视。间接 X 射线透视可在辐射束之外的其他位置和其他时间进行 X 射线图像的观察。

6.5.5　立体 X 射线透视 stereo X radioscopy

从两个方向辐照一个物体产生一对影像，再通过适当光学方法观察到三维立体影像的 X 射线透视。立体像需要由左眼和右眼不同的视角图片来构建，可通过特制眼镜使两只眼分别只观察到自己视角的图片来形成，即双视差立体透视原理。

6.5.6　荧光透视 fluoroscopy

透照物体的 X 射线穿过物体后，通过 X 射线作用在荧光屏上产生可视图像并在荧光屏上直接观察的透视。利用 X 射线的荧光作用可制成荧光屏、增感屏、影像增强器中的输入屏等。荧光屏用于透视时观察 X 射线通过人体组织影像的显像装置，增感屏用于摄影时增强胶片的感光量的装置。荧光透视是射线透视的显示方式之一，也可以有其他的显示方式，如液晶显示、LED 显示等，但液晶和 LED 的显示需要通过光电探测器转换出的电子信号才能显示。

6.5.7　X 射线摄影 X-ray photography

用 X 射线对物体进行透照来获得物体内部构造影像的摄影技术，又称为 X 光摄影。X 射线摄影分别有工业用和医疗用两种。它是直接或在转换之后摄取、记录和选择处理影像接收面上的 X 射线像中所包含的图像信息的摄影方式。X 射线摄影有直接 X 射线摄影和间接 X 射线摄影。X 射线摄影的影像记录方式有胶片 X 射线摄影、荧光屏 X 射线摄影、像增强器 X 射线摄影等。

6.5.8 直接 X 射线摄影 direct X-ray photography

可在影像接收面上记录可直接实时观看影像的一种 X 射线摄影。直接 X 射线摄影最普遍采用的方式是用荧光屏对 X 射线影像进行接收来直接显像观看和记录。

6.5.9 间接 X 射线摄影 indirect X-ray photography

对影像接收面上获得的信息转换为可视的观看影像后进行的记录, 或对直接摄影的影像进行再摄像的 X 射线摄影。

6.5.10 连续 X 射线摄影 serial X-ray photography

对 X 射线透照的物体采用规定的速率 (每秒拍摄帧数) 进行连续摄取和记录信息的一种 X 射线摄影。连续 X 射线摄影可用于对人体内部器官或装置内部结构等在运动情况下的变化状态进行分析。

6.5.11 X 射线电影摄影 cineradiography

在电影胶片或在光电探测器上对 X 射线透照的物体含移动物体进行每秒规定帧数 (通常 24 帧每秒) 的快速连续的 X 射线摄影。目前, 多数是采用光电探测器的摄影设备进行 X 射线电影摄影, 例如机场的动态安检系统等, 而用胶片记录的 X 射线电影摄影已很少见。X 射线电影摄影记录影像的胶片和电子文件可以用于电影放映。

6.5.12 X 射线记波摄影 X-ray kymography

获得物体移动轮廓图像的直接 X 射线摄影。X 射线记波摄影作为一种特殊的 X 射线检查方法, 可以用于对人体器官的活动动态以波纹 (轮廓) 的形式进行记录, 来诊断病情和支持科研, 例如, 应用于心脏、大血管疾病的诊断, 以及用于了解膈与胃肠道的活动情况等的诊断。

6.5.13 立体 X 射线摄影 stereo-radiography

从两个方向辐照一个物体产生一对 X 射线照片, 再通过适当光学方法观察到三维影像幻影的 X 射线摄影。立体 X 射线摄影的记录需要通过双视差镜的观察来再现立体图像。

6.5.14 体层摄影 tomography

对物体的内部按横截面分层逐层进行的 X 射线摄影, 也称为分层摄影、断层摄影、截面摄影。体层摄影的体层面为焦面, 最基本的运动方式是直线运动轨迹的, 后来发展出了多种轨迹体层摄影, 例如, 圆形、椭圆形、8 字形、内摆线形、螺旋形等运动轨迹的。体层摄影得到的是立体影像结果。

6.5.15   直接体层摄影 direct tomography

在影像接收面上直接对物体某一层面进行影像记录的体层摄影。直接体层摄影是对摄影的体层边扫描边记录图像，在整个体层完成扫描后，图像就出来了。

6.5.16   间接体层摄影 indirect tomography

把影像接收面上获得的信号转换后，再进行影像记录的体层摄影。间接体层摄影通常是要对摄影的图像进行一些算法处理，以获得更精细的图像。

6.5.17   再现体层摄影 reconstructive tomography

把物体中获得的信息记录下来，经处理后再重新显现物体各层次影像的体层摄影。再现体层摄影往往是能够构建体层摄影的立体像，使看到的维度更多，特定位置的状况分析更直观和准确。

6.5.18   厚体层摄影 zonography

能够对物体的相当厚度层面进行的直接体层摄影。厚体层摄影的实施主要是依靠一种具有深度摄影能力的体层摄影设备，这种设备的射线穿透能力需要比较强。

6.5.19   狭缝焦点射线照相 focal spot slit radiogram

用狭缝照相机通过有效焦点并经狭缝光阑在沿狭缝长度方向上形成无数扇形紧密排列成的立体扇形辐射的辐射强度分布对物体扫描照射而得到 X 射线照片的照相方式。

6.5.20   针孔焦点射线照相 focal spot pinhole radiogram

用针孔照相机将有效焦点的形状和方位以及经针孔光阑形成的立体锥形辐射所通过的空间辐射强度分布对物体扫描照射而得到 X 射线照片的照相方式。针孔光阑的尺寸通常比焦点的尺寸小，焦点和针孔光阑的尺寸关系为：当焦点为 0.2mm~1.0mm 时，针孔为 30μm；当焦点大于 1.0mm 时，针孔为 100μm。

6.5.21   星卡焦点射线照相 focal spot star radiogram

用星形照相机获得 X 射线照片来确定在有效焦点的一个或多个方向上的星形花纹的分辨率的限度的 X 射线照片的照相方式。

6.5.22   X 射线造影剂 radiopaque agent

注入人体可使被注入部位与周围组织在 X 射线像上呈现明显反差的物质。这种造影剂是一种不易被射线透过的液体物质，由此显示出了有机组织的表面形状和状况。

6.5.23 射线影像接收器 ray image receptor

直接或间接地把射线图形转变成可见影像的装置。射线影像接收器包括荧光显示屏或射线摄影胶片或光电接收器等。

6.5.24 片基 film base

用于涂布感光乳剂的支撑材料。片基是一种具有透明性、柔软性和一定机械强度的塑料薄膜，是胶片的结构材料，其主要性能是物理机械性能。过去的片基用硝酸纤维素作片基，由于易燃而改用三乙酸纤维素作片基 (称为安全片基)，而X 射线胶片、印刷胶片、遥感胶片和缩微胶片等均使用涤纶片基。

6.5.25 曝光 exposure

用射线源的射线照射被拍照的物体，使射线影像记录在成像系统的感光载体上的过程。曝光记录射线影像的载体是胶片和照相纸，曝光的时间要根据射线强度和胶片或照相纸的感光性能合理确定。

6.5.26 曝光时间 exposure time

将记录介质置于射线照射过程的持续时间，或记录介质经受射线照射的时间期间。曝光时间与射线强度、被拍摄对象的材质与厚度以及感光材料感光性能等密切相关，曝光时间最好将曝光密度设置在胶片特性曲线的直线段中部。

6.5.27 曝光曲线 exposure chart

用给定质量的射线束，对特定不同厚度标样进行射线照相的曝光量的二维曲线族。曝光曲线是为了拍出符合要求质量的照片所需要的合理工艺确定的曲线。对于 X 射线而言，曝光曲线与工件材质、厚度、管电压、曝光量、黑度、焦距、暗室处理条件等有关，一般取工件厚度、管电压、曝光量为变化参数，固定其他参数，曝光曲线通常有两种类型：一种是在一定条件和透照电压下，给出曝光量与透照厚度的曲线 (即曝光时间与标样厚度坐标系，电压为曲线族)；另一种是在一定条件和曝光量下，给出透照电压与透照厚度的曲线 (即管电压与标样厚度坐标系，曝光时间为曲线族)。透照厚度由采用不同厚度的一系列钢阶梯块提供。以上两种曲线的每一种都分别可以针对其一系列透照电压和一系列曝光量在其曲线图中作出一组线系的曲线。对于伽马射线而言，伽马射线源平均能量是固定的，其曝光曲线为曝光量和透照厚度的曲线 (即曝光时间和标样厚度坐标系，胶片类型为曲线族)。

6.5.28 曝光宽容度 exposure latitude

对应感光乳剂有效光学密度范围的曝光范围，简称为宽容度。曝光宽容度是由胶片特性曲线中的有效段 (如直线段) 来确定的范围，参数可以用密度或曝光量之一来确定，因为两者对同一感光乳剂是对应的关系。曝光宽容度是感光材料在一次拍摄时接受景物反差的能力，宽容度大的材料能记录明暗差别较大的景物。

6.5.29　曝光计算器 exposure calculator

用来合理确定射线照相的曝光时间的计算器具。当用 X 射线或伽马射线的检测或检查设备进行照相时，要保证照相的质量，就需要确定正确的曝光时间。曝光时间与胶片种类、工件厚度、拍摄焦距和射线曝光量等密切相关，它们间有复杂的参数匹配计算关系，需要一个计算器具，根据这些参数的具体数值直接算出曝光时间，方便正确曝光时间的设定，曝光计算器就是这种纳入相关参数换算公式的便捷计算器具。曝光计算器有一种类型称作滑尺。

6.5.30　暗盒 cassette

由面板、后盖、框架及内固定件所组成，曝光时用于安放射线照相胶片或相纸，面板可滑动拉开曝光，可以是刚性或柔性的不透光的胶片储存器，也称为暗袋。暗盒一般有号码设置格，可放入增感屏。暗盒有一次性使用的和多次性使用的两类。暗盒可以有 15cm×30cm、18cm×24cm、24cm×30cm、35cm×35cm、35cm×43cm、35cm×84cm 等多种规格。

6.5.31　真空暗盒 vacuum cassette

射线照相曝光时，在真空的作用下使胶片和增感屏紧密接触的不透光的包装盒。

6.5.32　特性曲线 characteristic curve

〈胶片〉表示曝光量常用对数 $\log H$ 与光学密度 D 关系的曲线，也称为胶片特性曲线。特性曲线常称为曝光量-密度曲线，即 H-D 曲线。曝光量 H 为感光乳剂上所照射的照度 E 与照射时间 t 的乘积，即 $H = E \cdot t$，其单位为勒克斯秒 $(\mathrm{lx} \cdot \mathrm{s})$；密度 D 为冲洗后胶片的入射光通量 Q_0 与出射光透过光通量 Q_t 之比的对数，即 $D = \lg(Q_0/Q_t)$；将曝光量 H 取以 10 为底的对数 $\lg H$ 作为横坐标，密度 D 作为纵坐标，绘制出的曲线就是胶片特性曲线；当光线穿透胶片的透过率 (Q_t/Q_0) 为 100%、50%、25%、10%、$\cdots$、0.01% 时，相应的阻光率 (Q_0/Q_t) 为 1%、2%、4%、10%、$\cdots$、10000%，相应密度 D 为 0.0、0.3、0.6、1.0、$\cdots$、4.0；密度 D 为 4.0 是胶片达到的最高密度，曝光量 H 每增加一倍，横坐标 $\lg H$ 就增加 0.3 单位。黑白胶片的特性曲线为一条，彩色胶片的是红、绿和蓝三条特性曲线。特性曲线通常分为五个区：最低密度区 $(D_{\min}$，黑白片的雾区)；趾区 (欠曝光区)；直线区 (正常区)；肩区 (过度曝光区)；最高密度区 $(D_{\max}$，负感现象区)。特性曲线表达了胶片曝光和曝光后胶片密度结果的照相因果一体化关联特性。

6.5.33 胶片梯度 film gradient

胶片特性曲线上某一特定光学密度 D 处的斜率，用符号 G 表示。胶片梯度是反映胶片对比度的参数，是用胶片特性曲线中特定点密度 D 与曝光量 H 的对数 $\lg H$ 之比来表示的。胶片梯度 (曲线斜率) 数值越大，胶片的对比度越大。

6.5.34 平均梯度 average gradient

曝光曲线上两点之间直线的斜率。平均梯度反映的是胶片的平均对比度程度，是胶片特性曲线直线区的斜率。

6.5.35 已校验阶梯密度片 calibrated density step wedge

经过校验用作参考密度的具有一系列不同光学密度的胶片。已校验阶梯密度片由一系列不同密度数值的标准化胶片组成，用作对其他胶片的密度进行判别或确定的比样胶片。

6.5.36 射线照相底片/照片 radiograph

用于感光射线照相曝光的图像信息，并经处理后在其上能显示出可见图像的相胶片或相纸。这个术语泛指用于 X 射线、伽马射线、中子、电子、质子等产生图像的底片/照片。

6.5.37 X 射线照相胶片 radiographic film

在一层透明片基的单面或两面涂有对射线敏感的乳剂构成的用于 X 射线摄影的未曝光的单张或成卷的胶片，又称为 X 射线摄影胶片。X 射线照相胶片有单面乳剂胶片和双面乳剂胶片类型。通常，曝光后冲洗出来的就称为 "X 射线胶片"。

6.5.38 X 射线摄影纸 radiographic paper

用于直接 X 射线摄影的、涂有射线辐射感光乳剂的、纸形式的单张或成卷的纸基感光材料。

6.5.39 增感型胶片 screen type film

对增感屏辐射的光和/或射线敏感的，与增感屏一起使用，能使其曝光量增加来减少曝光时间的 X 射线照相胶片。

6.5.40 无屏片 non-screen film

直接 X 射线摄影时，不必使用增感屏的 X 射线摄影胶片。通常，要求不高的 X 射线图像的拍摄，可采用无屏片，其具有拍摄简单、成本低的优点，但缺点是图像的清晰度有限。

6.5.41   有屏片 screen film

直接 X 射线摄影时，需要配上增感屏一起使用才能达到好的曝光效果的胶片。对于质量要求高的 X 射线图像的拍摄，应采用有屏片。

6.5.42   直接 X 射线照片 direct radiogram

直接在影像接收面上获得可直接观察使用的影像的 X 射线照片。用胶片拍摄的 X 照片就是直接 X 射线照片，是广泛使用的 X 射线照片传统形式。

6.5.43   间接 X 射线照片 indirect radiogram

拍摄的影像为不能直接观察使用的影像，需将拍摄影像的信息转换后才能获得可观察使用影像的 X 射线照片。用光电探测器拍摄的 X 射线照片就是间接 X 射线照片，这种照片是一种电子文件，需要通过计算机等才能将图像显示出来。

6.5.44   X 射线透视屏 X-ray radioscopic screen

在电离辐射辐照下能在涂层上发出荧光显示图像，直接用于 X 射线透视的荧光屏。采用 X 射线透视屏进行 X 射线影像的观察和摄像是传统的技术，新的先进 X 射线设备是用光电器件接收 X 射线影像，将其转换为高清晰的数字图像，可用计算机进行图像处理、传输、存储和管理。

6.5.45   增感屏 intensifying screen

把部分射线照相能量转换成可见光或二次标识 X 射线，提高接触记录介质的曝光量来减少曝光时间的屏。增感屏是置于记录介质后面 (紧靠着) 使用的，分别有金属增感屏、荧光增感屏和金属荧光增感屏三种。增感屏按增感效率可分为低速增感屏、中速增感屏和高速增感屏，增感效率越低的影像清晰度就越高。没有增感屏时，胶片仅吸收了不到 1% 的射线，99% 的射线都透过胶片被浪费了。

6.5.46   增感因子 intensifying factor

其他条件不变，获得相同光学密度曝光或同一黑度底片时，不用增感屏的曝光时间与使用增感屏的曝光时间之比，用公式 (6-11) 计算：

$$F = \frac{T_0}{T} \tag{6-11}$$

式中：F 为增感因子；T_0 为不用增感屏的曝光时间；T 为使用增感屏的曝光时间。从公式 (6-11) 的关系可看出，增感因子值越大，增感的效果越好。

6.5.47 增感系数 intensifying coefficient

其他条件不变，获得相同光学密度曝光或同一黑度底片时，不用增感屏的曝光量与使用增感屏的曝光量之比，也称为增感率，用公式 (6-12) 计算：

$$Q = \frac{E_0}{E} \tag{6-12}$$

式中：Q 为增感系数；E_0 为不用增感屏的曝光量；E 为使用增感屏的曝光量。从公式 (6-12) 的关系可看出，增感系数值越大，增感的效果越好。产生好的增感效果时，增感因子的数值和增感系数的数值走向相同，增感因子的值大，增感系数的值大。

6.5.48 金属增感屏 metal intensifying screen

将很薄的金属箔粘合在优质纸基或胶片基 (涤纶片基) 上制成的屏。金属增感屏的作用机理是，透过胶片的 X 射线作用在金属增感屏的金属上时，产生俄歇电子和二次标识 X 射线，它们入射到胶片上增加了胶片的感光量；另外，金属对散射光还有吸收的作用，使影像质量得到改善。金属增感屏使用的金属材质主要有铅、钨、钽、钼、铜、铁等。

6.5.49 荧光增感屏 fluorescent intensifying screen

基底上涂有荧光物质使其曝光于 X 或伽马射线中时会发出荧光来增加感光物质感光的屏，也称为盐增感屏。荧光增感屏主要由支持基层 (纸型或塑料型)、荧光物质层 (盐类物质) 和保护层 (纤维化合物) 组成，荧光物质主要用钨酸钙、硫化物稀土 (转换为绿色可见光)、溴氧化物稀土 (转换为蓝色可见光) 等。一张照片曝光的构成中，射线的作用只占 10% 以下，90% 以上是荧光屏的贡献。尽管荧光增感屏能显著增加曝光量，但荧光增感屏不能吸收散射，影像的清晰度会被降低，影响检测灵敏度。标准荧光增感屏采用的是中速钨酸钙屏。

6.5.50 金属荧光增感屏 fluorometallic intensifying screen

由金属增感屏和荧光增感屏组合形成的增感屏，也称为复合增感屏。金属荧光增感屏主要由支持基层、金属箔、荧光物质层和保护层组成，具有荧光物质的高增感作用和金属箔 (通常采用铅) 对散射的吸收作用，因此其具有两者的优点。

6.5.51 图像增强 image enhancement

通过硬件或软件措施来提高射线照相图像效果的方式。硬件方式图像增强是采用图像增强器；软件方式图像增强是通过提高对比度和/或清晰度或降低噪声来提高像质的任何处理方法。"数字图像处理" 增强常用计算机软件来完成。

6.5.52   图像增强器 image intensifier

与直接的 X 射线束所形成的荧光图像相比，能在其荧光屏上提供更明亮图像的电子装置。图像增强器的原理是，通过工件的射线图像照到输入荧光屏上，输入荧光屏把射线图像转换成可见光图像，紧贴输入荧光屏的光电阴极将可见光图像转换为电子图像，通过电子透镜成像在阳极输出荧光屏上，由其转换为增强的可见光图像。

6.5.53   防散射滤线栅 anti-scatter grid

放置于影像接收面之前，以减少射在影像接收面上的散射辐射，从而改善 X 射线影像对比度的一种由许多薄铅条排列而成的装置，也称为滤线板。防散射滤线栅的铅条排列可以有多种形式，根据铅条排列形式可分为直线滤线栅、平行滤线栅、会聚滤线栅、锥形滤线栅、交叉滤线栅 (含正交滤线栅和非正交滤线栅) 等类型，根据滤线栅使用状态可分为静止滤线栅和活动滤线栅。

X 射线滤线栅板外观形状一般是数毫米 (4mm~8mm) 厚的平板，板内由许多薄铅条填充易透 X 射线的定位物质 (如木、纸或铝片等) 粘合在一起，再用薄铝板封装成滤线栅版。

6.5.54   直线滤线栅 linear grid

由条状高吸收材料在平面上相隔排列，并沿条纵向相互平行的栅条所构成的防散射滤线栅。直线滤线栅的条可以有各种形状，由条的形状不同可形成不同的直线滤线栅。

6.5.55   平行滤线栅 parallel grid

各吸收栅条的平面相互平行，并垂直于射线入射面的直线滤线栅。平行滤线栅是直线滤线栅的一种。

6.5.56   会聚滤线栅 focused grid

吸收栅条的各平面在规定的焦点处会聚成一条线的直线滤线栅。这个会聚关系不是栅条方向的会聚，而是使平行栅条间的相对面按某些角度倾斜，即栅条立面对射线入射面按一定的规律倾斜特定的角度。会聚滤线栅是直线滤线栅的一种。

6.5.57   锥形滤线栅 tapered grid

平行滤线栅的吸收栅条从中心栅条开始向两边边缘对称地逐渐降低栅条高度形成两边对称的斜坡形高度的直线滤线栅。锥形滤线栅的顶面形状像屋顶形状。

6.5.58 交叉滤线栅 cross grid

由两个直线滤线栅叠合一起，其两者吸收栅条的方向形成一个夹角的防散射滤线栅。交叉滤线栅按相交的角度不同分为正交滤线栅 (orthogonal cross grid，吸收栅条之间的方向互成 90° 角) 和斜交滤线栅 (oblique cross grid，吸收栅条之间的方向互成非 90° 角)。

6.5.59 静止滤线栅 stationary grid

在使用时，相对于辐射束不移动的防散射滤线栅。静止滤线栅使用的过程简单，但有可能会在胶片等器材上留下栅条放置位置的栅条影像。

6.5.60 活动滤线栅 moving grid

在使用中，辐射束通过时使滤线栅移动，以避免留下栅条影像和引起信号损失的防散射线滤线栅。

6.5.61 栅密度 grid density

直线滤线栅中垂直滤线栅条方向每厘米中的吸收栅条的数量，用符号 N 表示。通常，栅密度的范围为 28 条/cm 到 44 条/cm，活动滤线栅的密度一般为 20 条/cm 到 30 条/cm，固定滤线栅多采用 40 条/cm 以上的滤线栅。

6.5.62 栅比 grid ratio

对于直线滤线栅，中心线处吸收栅条高度与栅条之间的低吸收材料厚度之比，用符号 γ 表示。栅比也就是栅条 (或铅条) 高度与栅条间隙 (或铅条间隙) 之比，设 b 为栅条高度，a 为栅条间隙，栅比就是 b 比 $a(b/a)$ 的值，常用的栅比有 6:1、8:1、10:1、12:1 等，比值越大，吸收散乱射线的效果越好，但同时使原发 X 射线的吸收也随之增加，一般普通摄影选 6~8 的栅比，高清晰摄影多用 10~12 的栅比。

6.5.63 会聚距离 focusing distance

会聚滤线栅的各吸收栅条平面会聚于一条线，该会聚线与滤线栅入射面之间的垂直距离，用符号表示 F_0，也称为栅焦距。

6.5.64 应用极限 application limits

会聚滤线栅中，可获得令人满意的放射学信息的焦点至入射面之间距离的限定范围，下限用符号 F_1 表示，上限用符号 F_2 表示。

6.5.65 中心线 central line

在防散射滤线栅外部入射面上的一条标志线。不同类型的防散射滤线栅有各自的中心线，直线滤线栅的是在吸收栅条的方向和有效面积的中心，会聚滤线栅的是在吸收栅条的方向和垂直于入射面的栅条的位置，交叉滤线栅的是在吸收栅条的两个方向均同样有中心线。

6.5.66 放大透照 amplification irradiation

通过布置射线源至试样表面间的距离和射线源至探测器表面间的距离，使成像的图样面积比试样被照射的面积大的成像布置方式，其布置见图 6-21 所示。放大透照的放大倍数按公式 (6-13) 计算：

$$M = \frac{F}{f} \tag{6-13}$$

式中：M 为透照放大倍数；F 为射线源至探测器表面间的距离；f 为射线源至试样表面间的距离。

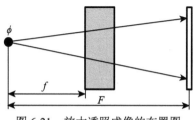

图 6-21　放大透照成像的布置图

6.5.67 透照参数 irradiation parameter

〈数字成像〉表征射线成像系统的检测性能、检测能力和检测效果的射线能量、曝光量、焦距、最佳放大倍数、工件运动速度等参数。

6.5.68 最佳放大倍数 optimum magnification

在射线成像的不清晰度和放大倍数之间进行权衡，使不清晰度为最小值时的放大倍数，用符号 M_{opt} 表示，按公式 (6-14) 计算：

$$M_{opt} = 1 + \left(\frac{U_i}{d_0}\right)^{3/2} \tag{6-14}$$

式中：M_{opt} 为透照最佳放大倍数；U_i 为胶片或探测器的固有不清晰度；d_0 为射线有效焦点的尺寸。最佳放大倍数与射线的焦点尺寸和探测器的固有不清晰度相关，如果焦点尺寸较小，可采用较大的放大倍数的透照布置；如果焦点尺寸较大，最佳放大倍数接近 1，即不宜放大。

6.5.69 胶片系统速度 film system speed

在规定的曝光条件下，胶片系统对射线能量响应的时间，也称为胶片速度。胶片速度已根据标准化机构的规定，采用了标准化数值表示，例如，100、200、400、

800、1600 和 3200(ISO)，数字越小，胶片对光的反应越慢，数字越大，胶片对光的反应越快，即 200(ISO) 快于 100(ISO)。数字大的胶片适合在较弱光线条件下摄影，数字小的胶片适合在较强光线条件下摄影。数字间的倍数是时间的加倍和减倍，例如，100 的响应时间是 200 的 2 倍时间，100 的响应速度是 200 的响应速度的一半。

6.5.70　潜影 latent image

由射线对胶片的作用在胶片中产生的不可见图像。这些图像通过胶片处理可转换成可见图像。潜影就是摄影或拍照曝光的光记录。

6.5.71　胶片处理 film processing

把潜影转换成永久可见图像所需的操作过程。胶片处理通常包括显影、定影、水洗、干燥和保存。

6.5.72　显影 development

将射线潜影转换成可视图像的化学或物理过程。显影过程是一个氧化-还原过程，即 "银离子 + 还原剂 → 金属银 + 显影剂的氧化物 + 氢离子" 的转化过程。胶片经曝光后产生潜影 (一种看不见的影像)，通过对胶片显影，结构已发生变化的卤化银晶体便转化为黑色金属银颗粒的聚结体，从而产生负像影像。显影有化学显影和物理显影两种方式。

6.5.73　定影 fixing

使显影胶片中的卤化银从胶片乳剂中分离的化学过程。定影是使经显影所形成的影像固定下来的过程。停止显影的感光材料中含有大量在显影中未发生反应的卤化银，这些卤化银是不能见光的，必须经过定影将这些未发生反应的卤化银除去，以使影像彻底固定下来。

6.5.74　清澈时间 clearing time

胶片定影第一阶段即雾翳 (yì) 消失所需要的时间，也称为通透时间。清澈时间是胶片乳剂膜变为通透的时间，胶片刚通透时存在的卤化银为定影前总量的 5%~12%，因此，通透后还需要再加一倍的定影时间，整个定影时间应为清澈时间的 2 倍。

6.6　射线影像质量评价

6.6.1　图像对比度 image contrast

射线底片图像中邻近区域光学密度的差异关系。图像对比度是被检测物体反映的信息要素，是分析和评定被检测物体的根据。底片图像可分辨的图像对比度值越小，从底片中能获取的信息量越大。

6.6.2　照射对比度 radiation contrast

在被透照物体中由于射线穿透力不同而引起的射线图像强度差异关系。照射对比度反映的是被照物体的不同厚度关系和材料不同密度的关系。

6.6.3　可视对比度 visual contrast

被照亮射线底片上两相邻区域之间人眼可见的密度差异关系。片上的可视对比度由两个因素决定，一是片子自身的对比度反映能力，另一个是人眼对比度阈值。根据有关资料提供人眼对比度阈值为 0.003，在 1m 距离观察时为 0.01。

6.6.4　图像清晰度 image definition

射线底片上图像细节轮廓的清晰程度。图像清晰度的定量评定主要是通过像质灵敏度值来反映。图像清晰度是一种定性的主观评价。

6.6.5　像质 image quality

对射线底片图像细节、清晰度等的表征或评价，也称为图像质量。像质是用像质灵敏度来表达的。

6.6.6　像质值 image quality value

表达射线图像质量的数值。像质值是采用像质灵敏度值来表达的。像质灵敏度值通过一套不同宽度的标准线或丝来确定，各相邻线或丝之间的宽度间隔按优先数系的数值来确定，例如用 R10 系列，公比为 $\sqrt[10]{10}$ =1.25，共设置了 18 个宽度等级，每种宽度的线或丝按厚度不同又分成 A 级、AB 级和 B 级 (厚度由薄到厚)，最窄的线或丝的宽度为 0.063mm。

6.6.7　像质计 image quality indicator(IQI)

由一系列不同规格的线丝、厚度元件等组成，用于定量测量射线照相影像质量的计量器具，也称为图像质量指示器。像质计用于评定照相质量的元素 (或结构要素) 通常是线丝、孔、槽，以这些要素的摄影图像与被探测工件的图像对比来评价工件的图像质量。像质计通常分线型像质计、孔型像质计和槽型像质计。

6.6.8　线型像质计 linear image quality indicator

由系列材质相同、丝径按一定规律变化的圆柱形直金属丝以一定的间距排列构成的，封装在射线吸收系数较低的材料中的，用于定量测量射线照相影像质量的计量器具。使用时，线型像质计的丝材料应与被检工件的材质相同或相近；一种形式的像质计内含的所有金属丝的材料应为同一种材料。线型像质计按材质分为：钢质线型像质计；铝质线型像质计；钛质线型像质计；铜质线型像质计；镍质线型像质计；其他金属材质线型像质计。

6.6.9 双线像质计 duplex wire image quality indicator

由一系列成对高密度金属线组成，用于估计射线照相图像总不清晰度的装置，也称为双丝像质计或双线图像质量指示器。双线像质计是结构和作用均不同于线型像质计的一种标准化的图像质量指示器 (GB/T 23901.5)，与线型像质计或阶梯型像质计或槽型像质计同时使用，用于测定射线照相的不清晰度。双线像质计应置于被检物体的源侧，尽可能地靠近射线束轴线且与轴线垂直。

6.6.10 孔型像质计 hole image quality indicator

由一系列在上面钻有直径等于阶梯厚度并垂直于阶梯表面的通孔的阶梯构成的，用于定量测量射线照相影像质量的计量器具，也称为阶梯孔型像质计。常用的阶梯孔型像质计的表面形状有矩形和正六边形，阶梯表面上有一个或多个直径与该阶梯厚度相同的圆孔。

6.6.11 平板孔型像质计 hole image quality indicator in plate

在均匀厚度的平板上面钻有直径分别等于 1 倍阶梯厚度、2 倍阶梯厚度和 4 倍阶梯厚度的三个孔，用于定量测量射线照相影像质量的计量器具，也称为透度计 (penetrameter)。平板孔型像质计是一种特殊的孔型像质计，由美国 ASME、ASTM 的标准所规定，是在美国广泛使用的像质计。平板孔型像质计的形状有矩形和圆形两种，材质分别为与各种被检测的金属材料相同或相近的材质。

6.6.12 槽型像质计 groove image quality indicator

在矩形金属块上制作出深度按一定规律变化的、宽度相同的或不相同的矩形槽或缝，主要用于测量对比灵敏度的像质计。槽型像质计以槽作为细节，利用它们在底片上可识别的最小和最浅影像，判断射线照相的灵敏度，也可利用其来评定缺陷的深度尺寸。

6.6.13 像质计灵敏度 image quality indicator sensitivity; IQI sensitivity

对像质计所要求的或像质计达到的像质测定的最低敏感值。像质灵敏度是用灵敏度值来表达的，用具有一定空间间隔宽度的线或丝表示。像质灵敏度为底片上可识别的最细丝直径除以透照厚度的百分数。

6.6.14 图像空间分辨率 image spatial resolution

〈射线〉图像上恰好能分开的细节之间的距离。空间分辨率有两种表达方式，一种是用能看清刚好分开的最小间隔尺寸表达，另一种是用能看清每毫米间隔中拥有的最多线对数 (lp/mm) 表达。

6.6.15　空间分辨率测试卡 spatial resolution test card

用于测试射线检测系统能看清一单位毫米中最多线对数的空间分辨能力的测试工具。空间分辨率测试卡有扇型分辨率测试卡和线型分辨率测试卡，它们由高密度材料 (常用铅箔) 的栅条组成，栅条宽度和间距的占空比为 1∶1 的结构，密封在低密度材料 (常用塑料薄板) 板中，扇型分辨率测试卡和线型分辨率测试卡的结构形状见图 6-22 中的 (a) 和 (b) 所示，图 (a) 中的扇型分辨率测试卡是标准 JB/T 10815—2007 规定的，图 (b) 中的单位长度为从一端白线的外边到另一端白线的内边 (在相同规格线中)。空间分辨率测试卡不仅能测试射线检测系统的分辨率，还能测试其清晰度和不清晰度，分辨率为刚好可分辨的一组栅条的线对数，清晰度为分辨率对应的两栅条的间距，不清晰度为分辨率线对的下一组线对数的两栅条的间距。

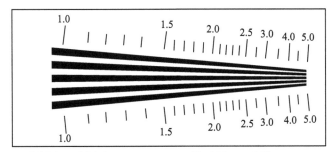

1.0 lp/mm~5.0 lp/mm　　　　　　Pb: 0.03 mm~0.05 mm

(a) 扇型分辨率测试卡

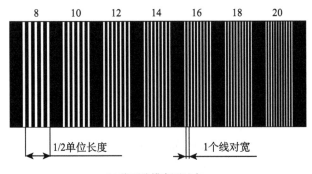

(b) 线型分辨率测试卡

图 6-22　分辨率测试卡的结构形状图

6.6.16　射线照相灵敏度 ray photography sensitivity

射线底片上能记录的最小细节尺寸。射线照相灵敏度是射线照相的对比度、不清晰度和颗粒度三大要素的综合结果。射线照相灵敏度分为绝对灵敏度和相对灵敏度，绝对灵敏度用对比度、不清晰度和颗粒度三大要素可定量确定，相对灵敏度用最小细节尺寸与射线透照厚度之比的百分比表达。

6.6.17 对比灵敏度计 contrast sensitivity meter

用于测试射线检测系统能识别试样最小厚度差的测试工具，其结构见图 6-23 所示。对比灵敏度计上有 J、K、L 和 M 四个平底方孔，其深度分别为对比灵敏度计厚度的 1%、2%、3% 和 4%，测试时，由能可靠重复成像的最浅平底方孔来确定射线检测系统的对比灵敏度。射线检测系统能显示出对比灵敏度计上深度越浅的凹方形 (或厚度差的百分数越小的凹方形)，说明检测系统的灵敏度就越高。

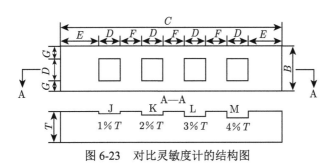

图 6-23 对比灵敏度计的结构图

6.6.18 检测技术分级 detecting technology classification

对射线数字成像系统以检测对比灵敏度程度进行的技术等级划分。射线数字成像系统的检测技术分级分为两级：

(1) A 级：基本技术；

(2) B 级：高级技术 (优化技术)。

当 A 级技术不能满足灵敏度要求时，采用 B 级技术。技术分级的内容来自于国际标准 ISO 17636。

6.6.19 影像畸变 image distortion

投影影像的形状与物体在投影方向截面形状不相似或变形的现象。影像畸变不同于放大，它是投影射线的横截面与接收平面不平行造成的投影形状变形。

6.6.20 影像重叠 image overlap

在投影射线束中两个或两个以上问题或缺陷在垂直方向 (投影高度所处的面) 上分离而在水平方向 (投影面) 上重叠所形成的影像结果。影像重叠会将两个或两个以上缺陷或问题展示成一个缺陷或问题，需要经过换不同角度透照的像来甄别。

6.6.21　半影 penumbra

由于透射源焦点有一定尺寸大小带来的投影对象轮廓边缘不清晰的现象。半影也称为几何不清晰度，是影响影像质量的重要因素。射线源焦点尺寸越大、离检测件越近和检测件与感光片间的距离越大，这三个因素的每一个都会增大半影，所以透照时应合理控制这三个因素。

6.6.22　不清晰度 unsharpness

由于图像模糊造成的图像清晰度损失，是 "几何不清晰度"、"固有不清晰度" 和 "运动不清晰度" 的总和。

6.6.23　几何不清晰度 geometric unsharpness

因射线源尺寸大小引起的射线照相图像的模糊程度，也称为几何模糊或半影，用符号 U_g 表示。几何不清晰度的大小取决于射线源到工作位置 (缺陷) 的距离和工作位置 (缺陷) 到胶片的距离，见图 6-24 所示，图中的 T 为试样厚度。几何不清晰度按公式 (6-15) 计算：

$$U_g = \frac{d_0 b}{F - b} \tag{6-15}$$

式中：U_g 为射线成像的几何不清晰度；d_0 为有效焦点的尺寸；F 为射线源到胶片 (或探测器) 的距离；b 为工作位置 (缺陷) 到胶片 (或探测器) 的距离。

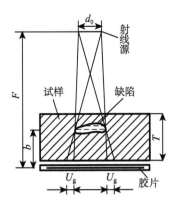

图 6-24　试样中缺陷的几何不清晰度关系图

6.6.24　固有不清晰度 inherent unsharpness

因射线光子在照相乳剂层中撞出二次电子而使卤化银粒子感光从而造成射线照相图像或射线荧光图像或光电探测器本身成像的模糊程度，用符号 U_i 表示。

6.6.25 运动不清晰度 movement unsharpness

由于射线源、工件或射线探测器 (或胶片) 之间的相对运动而导致射线照相或射线荧光图像的模糊程度，用符号 U_m 表示。运动不清晰度按公式 (6-16) 计算：

$$U_m = \frac{(d_0 + S)b}{F - b} \tag{6-16}$$

式中：U_m 为射线成像的运动不清晰度；d_0 为有效焦点的尺寸；S 为曝光时间内射线源的相对运动距离；F 为射线源到胶片 (或探测器) 的距离；b 为工作位置 (缺陷) 到胶片 (或探测器) 的距离。运动不清晰度本质上是运动使射线源尺寸由 d_0 扩大为 $(d_0 + S)$。

6.6.26 总不清晰度 total unsharpness

由无相对运动时的几何不清晰度 U_g 和固有不清晰度 U_i 共同构成，或有相对运动时的运动不清晰度 U_m 和固有不清晰度 U_i 共同构成的射线成像总的模糊程度，用符号 U_T 表示，分别按公式 (6-17) 或公式 (6-18) 计算：

$$U_T^2 = U_g^2 + U_i^2 \tag{6-17}$$

$$U_T^2 = U_m^2 + U_i^2 \tag{6-18}$$

6.6.27 衍射斑纹 diffraction mottle; diffraction stripe

由于入射射线通过材料结构时衍射而产生的叠加在射线照相图像上形成的花纹。例如，对铸件或焊件进行透照，其金属凝固组织的晶体结构对射线衍射形成的斑纹像。衍射斑纹主要出现在轻合金 (如铝合金等)、不锈钢的铸件和焊件的透照照片上。衍射斑纹的形状类型主要有线状衍射斑纹、羽毛状衍射斑纹、斑点状衍射斑纹三类。

6.6.28 伪像 artifact

透照对象本身不存在的物而在照片中或显示中表现出来的非共轭的像，也称为虚假显示 (false indication)。伪像产生的过程主要有两个，一个是在透照过程由透照对象结构关系、照相设备的原理、硬件、软件等引起的，另一个是胶片在制片和洗片过程由制造、加工、曝光或暗室处理等过程中的问题造成的。透照过程引起的伪像类型主要有部分体积效应伪像、射束硬化伪像、环状伪像、散射线引起的伪像、边缘干扰伪像、金属伪像等。

6.6.29　灰雾度 fog density

除形成图像的射线直接作用外，任何原因引起的处理后在胶片上多增加的光学密度。灰雾的类型分别有老化灰雾、化学灰雾、分色光灰雾、曝光灰雾和固有灰雾。

6.6.30　老化灰雾 ageing fog

由于长时间存放后，经暗室处理后测得的在未曝光胶片上增加的光学密度。胶片长期储存后，胶片的感光材料受到温度、湿度等多方面的影响会使其化学性质发生变化而导致灰雾。

6.6.31　颗粒性 graininess

〈胶片分辨率〉胶片或相纸中记录影像最小单元尺寸大小的定性表达。颗粒性的好坏或颗粒的粗细是由胶片中卤化银微晶尺寸的大小决定的。照片的颗粒性通常由视觉观察给出影像细腻或粗糙的定性描述结论，不需给出具体尺寸的大小量。

6.6.32　颗粒度 granularity

〈胶片分辨率〉记录影像最小单元尺寸大小的定量表达。颗粒度是对胶片中颗粒尺寸大小的具体数值表达，通常用颗粒的平均尺寸来表达。颗粒度大将影响图像的分辨率质量。颗粒性和颗粒度本质上是一样的，都是表达胶片反映成像细节的能力，区别是一个为定性表达，另一个为定量表达。

6.6.33　有效密度范围 useful density range

射线照片上可用于图像评定的或图像有用信息识别的光学密度范围，其上限取决于观片灯，下限则取决于缺陷灵敏度。

6.6.34　观察屏蔽 viewing mask; viewing shield

用于遮挡强光的观片灯附件。观察屏蔽是用于遮挡光源的挡板或罩，避免灯管直接照射到片子上来观看，其是构建均匀观片光源的一项技术措施。

6.6.35　静电斑纹 electrostatic stripe

静电闪光对胶片曝光形成的斑纹像。静电斑纹通常是在干燥天气下，安装胶片时有静电闪光发生对胶片进行了曝光。静电斑纹的形状类型主要有树枝状静电斑纹、冠状静电斑纹、连续斑点状静电斑纹三类。

6.6.36　伪缺陷 pseudo flaw

工件缺陷检查或检测过程中，由于透照操作不当和暗室操作不当等使胶片上产生非工件本身存在的缺陷的影像。伪缺陷的类型主要有划痕、压痕、压力斑纹、水迹斑纹、显影斑纹、冲洗条纹、增感屏斑纹、显影斑纹、定影斑纹、温差网纹等。

6.6.37　划痕 scratch

〈胶片〉安装胶片时由于尖锐物体对胶片乳剂层划破形成的痕迹。导致胶片产生划痕的尖锐物体有指甲、器具尖角、工作台、胶片尖角和砂粒等。识别划痕的方法是借助胶片上的反射光，看药膜是否有划伤的痕迹。

6.6.38　压痕 pressure mark

在射线照相胶片上，因胶片受到局部压力而引起不同程度的外观变形或密度变化(亮或暗)的现象。压痕将会影响胶片的成像质量，并会对胶片所成图像的观察造成干扰。

6.6.39　压力斑纹 stress stripe

胶片局部受到挤压或弯折导致的胶片上出现月牙状的斑纹。曝光前胶片受到的一般性挤压或弯折，底片上产生的月牙斑纹黑度远低于背景黑度；曝光前胶片受到的严重挤压或弯折，底片上产生的月牙斑纹黑度高于背景黑度。曝光后胶片受到挤压或弯折，底片上产生的月牙斑纹黑度高于背景黑度。压力斑纹可用反射光看底片表面是否有被挤压或弯折的痕迹来确定。

6.6.40　水迹斑纹 water stain stripe

冲洗胶片时的水质不好或干燥处理不当在胶片上形成的形状不规则的片状模糊影像。这种伪缺陷是水滴流过产生的痕迹或水迹，水滴最终停留的痕迹是黑色的点或弧线。

6.6.41　显影斑纹 development stripe

不当的显影工艺和显影操作所造成的显影不均匀在胶片上产生的黑色条状宽带状影像。显影斑纹造成的原因主要是在显影过程中，曝光过度、显影液温度过高、显影液浓度过大、显影液搅动不及时、胶片不同部分显影时间不同等。显影斑纹具有分布范围较大、斑纹对比度不大、轮廓模糊、条纹走向相同等特点，一般不会与缺陷影像混淆。

6.6.42　冲洗条纹 washing streak

胶片冲洗过程中的中间水洗或停显处理不当导致的局部区域继续显影在胶片上产生的模糊条纹状影像。

6.6.43　增感屏斑纹 intensifying screen stripe

由于增感屏损坏、污染或夹带异物使增感屏局部性能改变造成的在胶片上与问题几何形状相似的影像。这些伪像的黑度可能低于背景黑度，也可能高于背景黑度。由于这些伪像会重复出现，所以通过再次使用增感屏检测出完全不一样的像不属于增感屏斑纹，当出现与上次一样的像时，这些像就是增感屏斑纹。

6.6.44　显影斑点 development fleck

显影操作之前胶片沾染了显影液导致提前显影产生的斑点状影像。显影斑点的黑度比其他部位的大，并具有成片分布的特点。

6.6.45　定影斑点 fixation fleck

显影操作之前胶片沾染了定影液导致提前定影产生的斑点状影像。定影斑点的黑度比其他部位的小，并具有平滑轮廓和成片分布的特点，容易识别，不会与金属夹杂物混淆。

6.6.46　温差网纹 temperature difference net cobwebbing

胶片冲洗过程中的中间过程之间的温差过大导致的乳剂层破裂，在胶片上形成的网状条纹影像。温差网纹的黑度高于背景黑度。

6.7　射线数字成像

6.7.1　射线数字成像 ray digital radiography

采用射线数字探测器接收射线图像，以输出数字图像并进行数字图像处理的一种射线成像技术或方法。射线数字成像的图像采集速度高于 25 帧/s 时称为实时成像，射线实时成像是射线数字成像技术的一种快速成像技术。

6.7.2　射线数字成像系统 ray digital radiography system

一般由射线源、数字探测器和图像处理系统等组成的系统。射线数字探测器分别有线阵列探测器、面阵探测器和图像增强器等。射线数字成像系统按采用的探测器类型，分为射线数字线阵列探测系统、射线数字面阵列探测系统、射线数字积累型 CCD 成像探测系统和射线数字图像增强器 +CCD 成像探测系统四种类型。

6.7.3　射线数字成像系统性能 ray digital radiography system performance

表征射线数字成像系统检测能力、检测效果的空间分辨率、图像不清晰度、对比灵敏度和信噪比等性能参数。

6.7.4　线阵列探测器数字成像 line array detector digital radiography

由射线源、机械装置、荧光材料 (荧光屏或闪烁体)、线阵列探测器、图像采集处理显示系统等组成系统，通过射线的扇面光束与探测器同步移动对被诊断工件进行一维扫描而获得完整图像的射线数字成像技术或方法，其成像原理和系统组成见图 6-25 所示。线阵列探测器可以采用闪烁体与非晶硅光电二极管、非晶硒

(无闪烁体)、闪烁体与 CCD、CMOS 等线阵列器件，来接收射线透过被诊断对象后照射荧光材料激发出的可见光，使光电线阵列器件产生电子像数字信号。

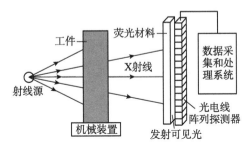

图 6-25 线阵列探测器数字成像原理和系统组成图

6.7.5 面阵探测器数字成像 array detector digital radiography

由射线源、机械装置、荧光材料 (荧光屏或闪烁体)、面阵探测器、图像采集处理显示系统等组成系统，通过射线源发出空间立体角辐射对被诊断对象进行整体照射和面阵器件整体成像的射线数字成像技术或方法。面阵探测器数字成像系统可以省去同步移动的机械机构，缩短了整幅图像的成像时间，是一种不需扫描的一次整体成像的系统。

6.7.6 图像增强器数字成像 image intensifier digital radiography

由射线源、机械装置、图像增强器、摄像机、图像采集处理显示系统等组成系统，通过射线源发出空间立体角辐射对被诊断工件进行整体照射，透过工件的射线照射图像增强器的输入荧光屏，荧光屏发出蓝光和紫外光谱照射光电阴极，光电阴极经荧光照射发射电子，电子透镜系统将电子图像成像在输出荧光屏上激发出可见光图像输出，摄像机对荧光屏的图像进行摄取的射线数字成像技术或方法，其成像原理和系统组成见图 6-26 所示。电子透镜系统输入高压进行工作，工作电压范围为 25 kV~30 kV；图像增强器的转换过程为：射线 → 弱可见光和紫外 → 电子 → 可见光。

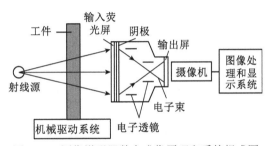

图 6-26 图像增强器数字成像原理和系统组成图

6.8   计算机成像和断层成像

6.8.1   射线计算机成像 ray computed radiography

采用存储磷光 (IP) 成像板代替胶片记录影像，再用激光扫描 IP 成像板将复现的像通过光电装置转换为数字信号图像的射线成像技术或方法，也称为计算机照相或 CR(computed radiography) 成像。CR 成像具有曝光动态范围大、IP 成像板可重复使用且寿命高达 5000 次、不需要暗室及长时间处理过程等优点，显著提高了检测效率，大大缩短了检测时间，并可使检测图像能长期可靠保存。

6.8.2   CR 成像系统 computed radiography imaging system

由射线源、存储磷光 (IP) 成像板、扫描读出装置 (激光扫描仪和读出器) 和图像处理软件等组成的射线成像系统，也称为 CR 系统。

6.8.3   CR 系统图像性能 computed radiography system image performance

表征 CR 系统图像检测能力、检测效果的最大不清晰度、像素尺寸、最小信噪比 SNR(反映对比灵敏度)、最小读出强度等参数。

6.8.4   CR 系统分类 computed radiography system classification

按 CR 成像系统的空间分辨率和信噪比参数，从高到低 (即从优到劣) 进行的分类，用符号 IPX/Y 表示。IPX/Y 中的 X 为类别代号，为 1、2、3、⋯ (或 I、II、III、⋯)，其对应信噪比，Y 为系统最大的空间分辨率。按欧洲标准 EN 14784-1，CR 成像系统分为六类，即 IP1/Y(SNR:130)；IP2/Y(SNR:117)；IP3/Y(SNR:78)；IP4/Y(SNR:65)；IP5/Y(SNR:52)；IP6/Y(SNR:43)。CR 系统的信噪比（SNR）值越大，性能就越好，如信噪比从大到小的值有 130、117、78、65、52、43 等。CR 系统的空间分辨力是间隔值越小，性能就越好。CR 系统一般要求为不低于 IP5/100，即信噪比不小于 52，空间分辨力应不大于 100μm。由于 CR 系统的信噪比对空间分辨力是有明显影响的，因此，CR 系统的分类是对信噪比和空间分辨力两个维度的值进行综合考虑的。

6.8.5   CR 技术分级 computed radiography technology classification

对 CR 成像系统以检测对比灵敏度程度进行的技术等级划分。CR 成像系统的检测技术分级分为二级：① A 级，基本技术；② B 级，高级技术。比 B 级的灵敏度更高的技术，由合同双方规定相关的参数。技术分级的内容来自于欧洲标准 EN 14784-2。

6.8.6 IP 成像板选择 selection of IP imaging plate

根据被检测对象的材料与厚度、采用的射线源类型、射线能量和 IP 技术级别来确定的 IP 成像板的合理匹配过程。IP 成像板的选择类似于胶片射线照相检测技术中胶片的选择。

6.8.7 存储磷光成像板 input phosphor imaging board

一种将 X 射线光子图像通过对荧光物质内部晶体的电子激励到高能级上进行存储形成潜在影像的电子图像存储器，简称为 IP 成像板 (IP imaging plate)。IP 成像板的影像显示是通过激光 (600nm 左右的红色激光效果最好) 扫描激发 IP 成像板使俘获的电子返回初始能级而发射对应照相影像存储能量的可见光 (蓝光) 影像输出。IP 成像板的像元尺寸现可做到 $50\mu m$ 及以下。IP 成像板作为影像记录载体可代替传统的暗盒来记录 X 照相的影像，且可重复使用，但不具备影像显示功能。IP 成像板主要由保护层、荧光物质层 (荧光成像层)、基板层 (支持结构) 和背面保护层 (背衬层) 组成，荧光成像层是核心层，其成分由多聚体溶液与含有微量二价铕的氟卤化钡晶体相互均匀结合而成，结晶体的尺寸为 $4\mu m \sim 7\mu m$，晶体尺寸决定影像的强度、清晰度、灵敏度等，晶体尺寸大则发光强度大、灵敏度高，但影像清晰度下降。IP 成像板指存储磷光成像板或存储荧光成像板，其具有传感器、存储器和发光器的功能。

6.8.8 CR 成像工业应用 industrial applications of computed radiography

对石油、化工、电力、核工业、航空工业、安全检查等领域，应用 CR 成像系统对管道腐蚀、焊缝、铸件进行缺陷检查、质量检查等的应用活动。CR 成像用于检测管道腐蚀和工件缺陷发现的效果见图 6-27 所示，图中的白点、黑点、黑条为缺陷的位置 (腐蚀、裂痕等)。

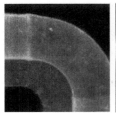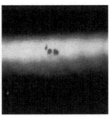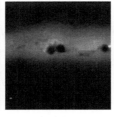

图 6-27　管道腐蚀 CR 检测图

6.8.9 计算机层析成像 computerized tomography (CT)

不同于以穿透物体的衰减信息获得平面图像 (即射线传播路径的平均衰减图像) 的传统的 X 射线成像方式，而是以大量相互交叉方向的射线照射物体获得透射数据，用算法求解物体中每一点处的衰减信息图像，通过计算机软件计算合成重构物体内部剖面立体像的成像技术或方法，也称为计算机断层成像或 CT 成像。CT 成像依据多个角度投影数据重建物体三维结构的检测或检查方法，能精确地给出物体内部细节的位置和立体形态，消除了常规影像检测的图像失真和影像重叠的问题，具有成像直观、不受试件几何结构限制等优点，且能大大提高空间分辨力和密度分辨力。

6.8.10　CT 成像系统 computerized tomography system

由射线源系统、探测系统、采集系统、机械系统、自动控制系统、图像重建处理系统和辅助系统等组成的计算机层析成像系统，也称为 CT 系统或 CT。

6.8.11　全身 X 射线 CT 扫描装置 X-ray computed tomography wholebody scanner

受检者置于 X 射线管和探测器之间，对其进行多方向的 X 射线扫描，并将检出的信号用计算机处理以重建体层影像的诊断装置。全身计算机 X 射线体层摄影是对包括头部在内的全身的检查。

6.8.12　CT 系统性能 computerized tomography system performance

表征 CT 系统检测能力、检测效果的检测范围、辐射源工况、扫描方式、扫描时间、图像重构时间、分辨能力、伪像处理能力等参数。

6.8.13　拉东变换 Radon transform

由密度函数获得投影函数的变换，也称为雷当变换。设密度函数为 $f(x, y) = \hat{f}(r, \varphi)$，投影函数为 $p(s, \theta)$，R 为拉东变换符号，拉东变换用公式 (6-19) 和公式 (6-20) 计算：

$$p(s, \theta) \triangleq Rf(x, y) = \int_{-\infty}^{\infty} f(x, y)\mathrm{d}l = \int_{-\infty}^{\infty} \hat{f}(r, \varphi)\mathrm{d}l$$

$$= \int_{-\infty}^{\infty} \hat{f}\left(\sqrt{s^2 + l^2}, \theta + \arctan \frac{l}{s} \right)\mathrm{d}l \tag{6-19}$$

$$p(s, \theta) \triangleq Rf(x, y) = \int_{-\infty}^{\infty} \int_{-\infty}^{\infty} f(x, y)\delta(x\cos\theta + y\sin\theta - s)\mathrm{d}x\mathrm{d}y \tag{6-20}$$

式中：x 为透照断层平面直角坐标的横坐标；y 为透照断层平面直角坐标的纵坐标；l 为透照断层平面选定射线的透照射线路径；r 为透照断层平面极坐标的长度坐标；φ 为透照断层平面极坐标的角度坐标；s 为直线 l 到原点的距离；θ 为

s 与 x 轴的夹角。符号 ≙ 表示"定义为"或"记为"。拉东变换是 CT 成像的理论基础。

6.8.14 傅里叶切片定理 Fourier slice theorem

物体 $f(x,y)$ 在角度 θ 得到的平行投影的傅里叶变换等于在同一角度下进行 $f(x,y)$ 二维傅里叶变换的一条直线的定理。傅里叶切片定理的意义在于,通过在投影上执行傅里叶变换,可以从每个投影中得到物体的二维傅里叶变换。如果在 $(0,\pi)$ 的范围内采集足够多的投影,就可以填满试图重建的物体的整个傅里叶空间。一旦得到物体的傅里叶变换,就可以用傅里叶逆变换恢复其本身。

6.8.15 CT 扫描方式 CT scanning mode

CT 成像系统为获得立体重构图像的透照射线对工件所进行的扫描方式。CT 扫描经历了五代发展,形成了五种断层面的扫描方式,分别为:单源平行细线束对准单探测器,使工件在一个分度上平移扫描运行 N 个投影值,再旋转一个新的分度,按上一个方式获得投影值,直到完成工件 M 个分度 (对圆平分 M 个角度) 旋转的第一代 CT 扫描方式,见图 6-28(a) 所示;单源小角度扇形线束对准多探测头 (线列探测器),使工件在一个分度上平移扫描运行 N/a 组投影值 (a 为线列探测器的元数),再旋转一个新的分度,按上一个方式获得投影值,直到完成工件 M 个分度旋转的第二代 CT 扫描方式,见图 6-28(b) 所示;单源大角度扇形全覆盖线束对准 N 个全覆盖 (全接收) 探测头 (弧形线列探测器),使工件在一个分度上一次直接接收 N 元投影值,再旋转一个新的分度,按上一个方式获得投影值,直到完成工件 M 个分度旋转的第三代 CT 扫描方式,见图 6-28(c) 所示;单源大角度全覆盖扇形线束沿着圆周旋转 M 个分度扫描对圆周布置的探测头照射的第四代 CT 扫描方式 (医用 CT,最大外圆为探测器布置圆周,射线单源置于探测器与人体之间的圆周上,而在射线源辐射方向的顺序为射线源、人体和探测器),见图 6-28(d) 所示;120° 布置的三个源的扇形射线束大角度全覆盖被检物,按 120° 对应扇形射线束接收布置扇形探测头阵列,使被测工件自身沿其中心轴向旋转 M 个分度的第五代 CT 扫描方式,见图 6-28(e) 所示。上述五种扫描方式仅仅是一个断层的扫描,全部断层的成像需要沿被测对象的厚度方向逐层移动来完成每个断层的扫描。这五代 CT 系统在工业 CT 系统中应用最普遍的是第二代和第三代,尤其是第三代扫描方式用得最多,因为这种方式相对简单,检测效率较高且设备成本较低。

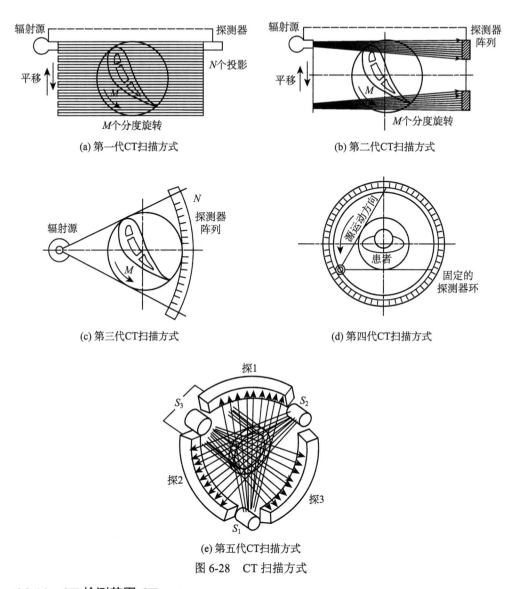

(a) 第一代CT扫描方式

(b) 第二代CT扫描方式

(c) 第三代CT扫描方式

(d) 第四代CT扫描方式

(e) 第五代CT扫描方式

图 6-28　CT 扫描方式

6.8.16　CT 检测范围 CT test scope

　　CT 系统应用时，在保证有效工作和成本合理所需选择的功能、性能、能力等条件下，能够实施检测的检测对象、检测最大厚度、工件检测最大回转直径、工件检测最大高度或长度、工作最大检测重量等的范围。

6.8.17　CT 辐射源使用 CT radiation source use

　　CT 系统应用时，在保证有效工作和成本合理所需选择的辐射源的类型和性能，包括辐射源的类型 (X 射线、伽马射线等)、辐射能量大小、射线出射角度、焦点尺寸等的决定和应用。

6.8.18 CT 扫描时间 CT scanning time

获取一个断层全面数据扫描过程所需的时间总和。CT 扫描时间是 CT 设备的一项技术性能，是 CT 设备完成对被扫描对象全面图像信息清晰捕捉所需要的全部断层扫描中一层的扫描时间，是射线源照射强度和探测器响应综合的结果。一层扫描面积的大小由接收探测器的阵列的大小决定。

6.8.19 CT 图像重建时间 CT image rebuilding time

CT 系统应用透照数据建立完整原件立体图形的相关软件计算和处理所需的时间。CT 图像重建时间是 CT 设备的一项技术性能，是 CT 设备计算机软件处理完成图像重建所需要的时间，是软件算法能力和计算机性能综合的结果。

6.8.20 CT 分辨能力 CT resolution

CT 系统检测物体所具有的细节分辨能力，包括空间分辨力和密度分辨力。CT 分辨能力是 CT 系统的核心性能，其分辨能力与其成本成正比，分辨能力越高的 CT 系统，价格越贵。

6.8.21 CT 空间分辨力 CT space resolution

CT 空间分辨力在概念上同本章 6.6.14 条。影响 CT 系统空间分辨力的主要因素有扫描矩阵大小 (即矩阵探测元数量规模的大小)、探测器准直孔宽度、被检工件采样点对应的距离、扫描机械精度、X 射线焦点尺寸或 γ 活性区尺寸大小、图像数据修正与图像重建算法等。通常，扫描矩阵大、探测器准直孔宽度小、X 射线焦点尺寸或 γ 活性区尺寸小、算法精确，CT 空间分辨力就高。

6.8.22 CT 密度分辨力 CT density resolution

CT 系统能分辨被测物体材料密度变化的最小值。对于 CT 系统，图像的密度是通过电子灰度来表达的，通常采用灰度等级表示，如 256 个灰度等级、4096 个灰度等级等。辐射源射线束的不均匀和电子元器件的噪声是影响灰度分辨力的主要因素，其中量子噪声是最主要的，它与辐射源剂量有关，通过增加辐射剂量可减小噪声。一般工业 CT 系统的密度分辨力为 1‰ ~1%。

6.8.23 康普顿散射成像 Compton scattering imaging

射线照射被检物体，用前面装有准直器的不同位置的探测器检测不同深度的散射线，根据检测的同层散射线的差异，利用计算机软件建立图像并分析确定问题性质的成像技术或方法。康普顿散射成像系统主要由射线源、扫描机构、散射线探测器、计算机系统、图像显示与数据存储系统、控制系统等组成。康普顿散射成像的探测器布置通常为背向散射接收的方式 (探测器与源同侧)，辐射源和探测器前面分别都设有准直器，两个准直器轴线的交叉点确定了被检物体的探测点的深度和位置，通过测量物体散射光中的电子密度来计算获得物体的质量密度，进而得到物体层面上的密度图像；当射线源和探测器固定时，移动工件可在两轴线交叉点确定深度上进行整个工件层面的成像 (能发现其中的病灶或缺陷)；当调整两准直器轴线交叉点确定的深度 (固定射线源微量平移探测器位置，或固定探测器微量平移射线源位置)时，可对新的层面进行扫描成像。康普顿散射成像系统的核心是拥有足够强的散射线及精确的准直装置。康普顿散射成像系统可应用于：大而厚试件的不穿透检测；检测原子质量较轻的材料，如轻合金或树脂基复合材料制件；直接获得层析或断层成像，能更准确地定位缺陷位置和尺寸。

6.8.24　CT 系统工业应用 industrial applications of computerized tomography system

　　应用 CT 系统对工件 (含零件、部件和组件等) 进行尺寸测量、分层结构测量、结构分析、三维可视化，以及对材料、零件进行裂纹、空隙、夹杂物等缺陷检查、质量检查等的应用活动。CT 系统对工件结构分析的应用见图 6-29 所示，图 (a) 为工件整体的正面图像，图 (b)、图 (c) 和图 (d) 分别为图 (a) 中剖面位置 1、2 和 3 的剖视结构图。

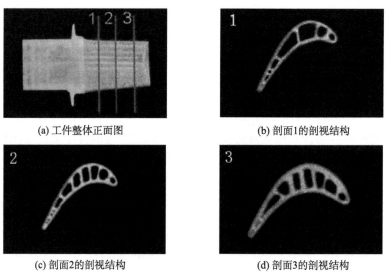

(a) 工件整体正面图　　　　　　　　(b) 剖面1的剖视结构

(c) 剖面2的剖视结构　　　　　　　　(d) 剖面3的剖视结构

图 6-29　CT 系统对工件结构分析的应用图

　　CT 系统对工件和材料缺陷检查的应用见图 6-30 所示，图 (a) 为电容器的缺陷，图 (b) 为陶瓷中的杂质，图 (c) 为工件中的裂纹，图 (d) 为岩心中的杂质。

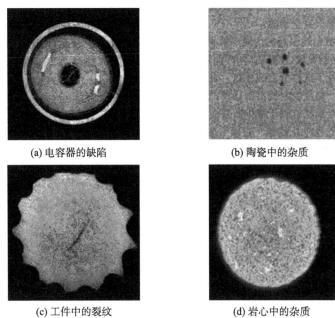

(a) 电容器的缺陷   (b) 陶瓷中的杂质

(c) 工件中的裂纹   (d) 岩心中的杂质

图 6-30　CT 系统对工件和材料缺陷检查的应用图

6.9　辐射防护

6.9.1　照射量 irradiating dose

度量 X 射线或 γ 射线对空气电离的能力或射线空间分布的辐射剂量或物质受到射线辐照的量。照射量的公式表达为，X 射线或 γ 射线在单位质量空气中，与原子相互作用释放出来的次级电子完全被阻止时产生同一符号离子的总电荷，按公式 (6-21) 计算：

$$X = \frac{\mathrm{d}Q}{\mathrm{d}m} \tag{6-21}$$

式中：X 为照射量，C/kg；Q 为射线作用的空气中产生同一符号离子的总电荷，C；m 为射线作用的空气质量，kg。照射量旧的专用单位为伦琴 R，$1R = 2.58 \times 10^{-4}$ C/kg。照射量是以 X 射线或 γ 射线在空气中电离的本领说明辐射场的强弱，以此来说明它对环境的影响程度。照射量仅适用于能量在 10keV~3MeV 范围内的 X 射线或 γ 射线。

6.9.2　照射量率 irradiating dose rate

单位时间内的照射量，按公式 (6-22) 计算：

$$\dot{X} = \frac{\mathrm{d}X}{\mathrm{d}t} \tag{6-22}$$

式中：$\dot{X}$ 为照射量率，C/(kg·s)；X 为照射量，C/kg；t 为照射时间，s。

6.9.3　吸收剂量 absorbing dose

电离辐射授予单位质量物质的平均吸收量，按公式 (6-23) 计算：

$$D = \frac{\mathrm{d}\bar{E}}{\mathrm{d}m} \tag{6-23}$$

式中：D 为吸收剂量，J/kg；$\bar{E}$ 为吸收的能量，J；m 为被照射的物质质量，kg。国际单位专用名称为戈 (瑞)(Gy)，1Gy =1 J/kg。吸收剂量适用于任何电离辐射和任何被照射的物质。

6.9.4　比释动能 kerma

不带电致电离粒子与物质相互作用时，在单位质量的物质中产生的带电粒子的初始动能的总和，单位为戈瑞 (Gy)，1Gy=1J/kg。比释动能按公式 (6-24) 计算：

$$K = \frac{\mathrm{d}\overline{E}_{\mathrm{tr}}}{\mathrm{d}m} \tag{6-24}$$

式中：K 为比释动能，J/kg；$\overline{E}_{\mathrm{tr}}$ 为不带电致粒子释放出来的所有带电粒子的初始动能之和 (即转移能)，J；m 为所考虑的物质质量，kg。射线在物质中的能量转移分为两个步骤，一是射线把能量转移给带电粒子，二是带电粒子通过电离、激发等把能量转移给物质。比释动能表示的是第一步概念，吸收动能表示的是第二步概念。

6.9.5　剂量当量 dose equivalent

对于射线的不同照射量或不同吸收剂量的相同生物效应影响结果的度量。剂量当量就是射线照射等效影响的量，按公式 (6-25) 计算：

$$H = D \cdot Q \cdot N \tag{6-25}$$

式中：H 为剂量当量，J/kg；D 为组织中某点的吸收剂量，J/kg；Q 为品质因素；N 为修正因子。剂量当量是通过适当的修正因子对吸收量按实际影响加以修正，从而获得有效反映不同射线对机体危害程度的统一表达量。

6.9.6　当量剂量 equivalent dose

对组织所致射线平均吸收剂量换算成相同效应影响的量。当量剂量按公式 (6-26) 计算：

$$H_{T \cdot R} = D_{T \cdot R} \cdot W_R \tag{6-26}$$

式中：$H_{T \cdot R}$ 为 R 类辐射在组织或器官 T 中所致的当量剂量，J/kg；$D_{T \cdot R}$ 为 R 类辐射在组织或器官 T 中所致的平均吸收剂量，J/kg；W_R 为 R 类辐射的权重因子。R 类辐射的类型有光子、电子和介子、中子、质子、α 粒子、裂变碎片、重核等。剂量当量和当量剂量在本质上是等价的。

6.9.7　有效剂量 effective dose

对辐射照射组织 (或器官) 的当量剂量根据对组织 (或器官) 危害程度不同权重进行加权以实现统一化评定的量。有效剂量相当于是对当量剂量进行了被照组织危险度或受损程度的加权。有效当量剂量按公式 (6-27) 计算：

$$E = \sum_T H_T \cdot W_T = \sum_T W_T \sum_T D_{T \cdot R} \cdot W_R \tag{6-27}$$

式中：E 为有效当量剂量，J/kg；W_T 为组织或器官权重因子；H_T 为受多种辐射的组织或器官的当量剂量，J/kg；$D_{T \cdot R}$ 为 R 类辐射在组织或器官 T 中所致的平均吸收剂量，J/kg；W_R 为 R 类辐射的权重因子。

6.9.8　待积当量剂量 committed equivalent dose

单次摄入的放射性物质在其后的一段时间 τ 内对相应器官或组织作用的辐射总量。待积当量剂量按公式 (6-28) 计算：

$$H_{T(\tau)} = \int_t^{t+\tau} \dot{H}_{T \cdot R} dt \tag{6-28}$$

式中：$H_{T(\tau)}$ 为待积当量剂量；$\dot{H}_{T \cdot R}$ 为单次摄入 R 类放射性物质后在 t 时刻对组织或器官 T 作用的当量剂量率，J/(kg· y) (y 为年的单位)。从事放射性工作人员的待积当量剂量积分时间定为 50 年，一般人群为 70 年。

6.9.9　待积有效剂量 committed effective dose

单次摄入的放射性物质在其后的一段时间 τ 内对相应器官或组织有效剂量作用的辐射总量。待积有效剂量按公式 (6-29) 计算：

$$E_{(\tau)} = \sum_T H_{T(\tau)} \cdot W_T \tag{6-29}$$

式中：$E_{(\tau)}$ 为待积有效剂量，J/kg；$H_{T(\tau)}$ 为受多种辐射的组织或器官 T 的待积当量剂量，J/kg；W_T 为组织或器官权重因子。

6.9.10　周围剂量当量 ambient dose equivalent

辐射场中某点相应的扩展齐向场在 ICRU 球内、逆齐向场的半径上深度为 d 处产生的剂量当量,用符号 $H*(d)$ 表示,单位为希 [沃特](Sv),1 Sv=1J/kg。ICRU 是国际辐射单位与测量委员会的缩写,即 International Commission Radiological Units。

6.9.11　周围剂量当量率 ambient dose equivalent rate

在 dt 时间内周围剂量当量的增量 d$H*(d)$ 除以 dt,用符号 $H*(d)$ 表示,单位为希 [沃特] 每秒 (Sv/s)。周围剂量当量率按公式 (6-30) 计算:

$$H^*(d) = \frac{\mathrm{d}H^*(d)}{\mathrm{d}t} \tag{6-30}$$

周围剂量当量率常使用的单位是希 [沃特] 或其倍数或分数与适当的时间单位的商,例如,mSv/h。

6.9.12　单次检查剂量 dose per inspection

被检对象接受一次检查所吸收的空气比释动能,单位为戈瑞 (Gy),1Gy=1J/kg。

6.9.13　等效原子序数 equivalent atomic number

表示某种属性材料对 X 射线或 γ 射线的衰减与某理论元素等效时该元素的原子序数,用符号 Z_{eff} 表示。材料理论元素的原子序数 (或等效原子序数) 相同的材料具有相同的 X 射线或弱 γ 射线的衰减特性。

6.9.14　等效有机物 equivalent organic material

等效原子序数小于 10 的物质。等效有机物由于原子序数小 (小于 10),物质密度不高,对射线的吸收小,是射线比较容易穿透的物质。

6.9.15　等效无机物 equivalent inorganic material

等效原子序数大于 18 的物质。等效有无机物由于原子序数大 (大于 18),物质密度高,对射线的吸收大,是射线不太容易穿透的物质。

6.9.16　等效混合物 equivalent mixed material

等效原子序数介于 10 和 18 之间的物质。等效混合物由于原子序数在有机物和无机物之间 (10~18),物质密度中等,对射线的吸收中等,是射线穿透性中等的物质。

6.9.17　穿不透区域 impenetrable area

X 射线照射被检对象能到达 X 射线探测器的强度几乎为零的区域。在这个区域,检测设备不能对其穿透,不能识别被检对象的基本结构特征的。

6.9.18 材料不确定区域 undetermined area

射线虽然能够穿透，但已不能判识被检对象材料特性的区域。材料特性不能被判识是指材料等效原子序数的所属区间不能确定。这种情况有可能是材料在这区域的厚度显著不均匀或材料中间有许多不规则的空隙或夹杂物等。

6.9.19 躯体效应 body effect

辐射作用在受照射者并影响受照射者本身的不良效应。躯体效应可分为全身效应和局部效应。躯体效应是由于人体普通细胞受到损伤引起的，只影响受照人体本身。

6.9.20 遗传效应 genetic effect

辐射作用在受照射者身上导致影响其后代的不良效应。遗传效应是由于受照人性腺中的细胞受到损伤引起的，这种损伤能影响到受照射人的子孙。

6.9.21 近期效应 recent effect

受辐射照射较短的时间后出现辐射损伤不良反应症状的效应。近期效应分为急性效应和慢性效应，急性放射病和急性皮肤放射损伤属于前者，而慢性放射病和慢性皮肤放射损伤属于后者。

6.9.22 远期效应 forward effect

受辐射照射较长的时间后出现辐射损伤不良反应症状的效应。远期效应一般发生在受照射几年或几十年后，出现辐射致癌、辐射致白内障和辐射致遗传效应等。

6.9.23 随机效应 random effect

受射线照射后出现损伤或病症的情况是服从概率规律的效应。随机效应是受照射后是否出现影响或是否发生病症不是必然的，而是可能性的，发病率的高低与受照剂量的大小有关，但疾病的严重程度与剂量无关，因为这种损害效应可能不存在阈值，小剂量的照射条件下也可能产生效应。随机效应一般是小剂量照射的情况。

6.9.24 确定性效应 definiteness effect

受射线照射后出现损伤或病症的情况是必然的效应。确定性效应是受照射后肯定会损伤和发生病症，因为是达到了损伤剂量的照射，不存在概率问题。确定性效应是大剂量照射的情况，剂量越大，损伤越严重。当照射剂量降下来后，确定性效应就会变成随机效应，因此，确定性效应是有阈值的。

6.9.25　辐射作用阶段 radiation effect stage

辐射对生物照射发生作用的阶段，包括物理作用阶段、物理-化学作用阶段、化学作用阶段、生物作用阶段四个作用阶段。

6.9.26　物理作用阶段 physical effect stage

辐射照射只持续约 10^{-16}s 时间将能量输入被辐照生物体发生物理效应的最初阶段。物理作用阶段是辐射的第一阶段，其作用是使能量沉积在细胞内并引起电离。

6.9.27　物理–化学作用阶段 physics-chemistry effect stage

在物理作用阶段后持续约 10^{-6}s 时间内被辐照生物体中发生物理效应和化学效应的阶段。物理-化学作用阶段是辐射的第二阶段，其作用是离子与其他水分子相互作用形成一些新的产物。

6.9.28　化学作用阶段 chemical effect stage

在物理-化学作用阶段后持续几秒时间内被辐照生物体中发生化学效应的阶段。化学作用阶段是辐射的第三阶段，其作用是反应产物自由基和氧化剂与细胞的重要有机分子相互作用，可能破坏构成染色体的复杂分子，例如，它们可能附着于分子上并破坏长分子链中的键。

6.9.29　生物作用阶段 biology effect stage

在化学作用阶段后持续几分钟到几十年时间内被辐照生物体中发生生物效应的阶段。生物作用阶段是辐射的第四阶段，其作用是化学作用的影响导致生物组织的损伤或病变。

6.9.30　辐射敏感性 radiation sensitivity

受照机体的器官、组织对相同照射条件下出现某效应的时间快慢和严重性程度的反应状态。相同照射条件下，某器官、组织出现某效应的时间快和严重的，辐射敏感性就高，反之就低。人体各细胞的辐射敏感性是不同的，新生而又分裂迅速的细胞(如血细胞)辐射敏感性高，肌肉及神经细胞的辐射敏感性最低。遭受一定剂量的照射后，血液中反应最快的是淋巴细胞，其次是红细胞、母细胞、颗粒性白细胞和血小板。常用血液中的淋巴细胞、白细胞和血小板的变化作为受照机体的生物辐射敏感性指标。

6.9.31　辐射性质 radiation property

关于辐射源种类、被照射物质中的传能线密度、被照射物质电离程度和产生的生物效应等之间的性质。辐射性质是不同种类的辐射在物质中的传能线密度不同产生电离程度不同而带来不同生物效应的性质。辐射的传能线密度越大,它在物质中的电离密度越大。低传能线密度辐射是指在水中的传能线密度小于 3.5keV/μm 的辐射,X 射线、γ 射线、β 射线均属于此类;高传能线密度辐射是指在水中的传能线密度大于 3.5keV/μm 的辐射,α 粒子、质子、快中子等属于此类。

6.9.32 剂量 dose

单位质量物质遭受辐射能量的度量,又称为剂量当量,单位名称为希 [沃特] (sievert),单位符号为 Sv,1Sv=1J/kg。

6.9.33 剂量率 dose rate

单位质量物质单位时间遭受辐射能量的度量,又称为剂量当量率,单位名称为希 [沃特] 每秒,单位符号为 Sv/s,1Sv/s =1W/kg。

6.9.34 剂量计 dose meter

用于测量 X 射线或 γ 射线累积剂量的仪器。剂量计是用电离辐射引起的化学变化来确定吸收剂量的体系。测定生物材料、有机体和水溶液样品的吸收剂量,常采用水溶液体系的化学剂量法;对更加广泛的被照射物,可用各种气体、液体和固体的化学剂量法。硫酸亚铁剂量计是水溶液剂量体系中最有代表性的,另外,硫酸铈及硫酸亚铈剂量计也是使用比较广泛的,它可测量高达 2×10^6Gy(戈瑞) 的吸收剂量。

6.9.35 剂量率计 dose rate meter

用于测量 X 射线或 γ 射线剂量率的仪器。剂量率计是一种对射线进行直接响应,例如用闪烁晶体和光电倍增管接收,并实时测量出射线剂量的仪器。

6.9.36 个人剂量限值 individual dose limit

从事放射性职业人员和大众个人所接收辐射照射的安全当量剂量的国家标准规定限值 (国家标准为 GB18871 电离辐射防护与辐射源安全基本标准)。

6.9.37 职业照射 profession exposure

由于职业因素,工作人员在其工作过程中所受的所有照射。为了保护职业照射人员的健康,职业照射的剂量限值为:连续 5 年的年平均有效剂量小于 20mSv;任何一年中的有效剂量小于 50mSv;眼晶体的年当量剂量小于 150mSv;四肢或皮肤的年当量剂量小于 500mSv。

6.9.38 公众照射 public exposure

出于身体检查目的用管理机构审查批准的辐射源对被检查人员进行的照射。为了保护公众的健康,公众照射的剂量限值为:连续 5 年的年平均有效剂量小于 1mSv;

一年中的有效剂量小于 1mSv；眼晶体的年当量剂量小于 15mSv；四肢或皮肤的年当量剂量小于 50mSv。公众照射剂量基本上是职业照射的 1/10，甚至更少。

6.9.39   散射防护 scattering protection

包括准直控制、滤波措施和背散射防护与检验等的射线防护措施。只要有射线射出和射线作用的地方都会有散射，包括作用到工件和胶片上等，因此，散射防护是一个比较大范围的防护。散射影响的程度取决于散射剂量的大小。

6.9.40   外照射防护 external illumination protection

采取照射时间长度限制、照射距离限制和屏蔽物使用等方面的射线防护。外照射防护的时间长度限制是控制不能长时间照射，照射距离限制是尽量避免短距离照射，屏蔽物是采用不透过辐射物体进行阻挡，如铅等金属。

6.9.41   内照射防护 internal illumination protection

防止放射性物质经呼吸道进入体内，放射性污染食物进入体内，放射性从皮肤、伤口进入体内等方面的照射防护，以及建立内照射监测系统及时发现问题及并提出改进措施。

6.9.42   放射源分类 radioactive source classification

国家法规对放射源从高到低所划分的 I 类、II 类、III 类、IV 类、V 类五个类别。放射设备划分为 I 类、II 类、III 类三个类别。规定放射源和放射设备分类的国家法规为《放射性同位素与射线装置安全和防护条例》。

6.9.43   辐射事故分类 radiation accident classification

国家法规根据辐射事故的性质、严重程度、可控性和影响范围等因素，对事故从重到轻所划分的事故等级，分为特别重大辐射事故、重大辐射事故、较大辐射事故和一般辐射事故四个等级。规定辐射事故分类的国家法规为《放射性同位素与射线装置安全和防护条例》。

6.9.44   控制区 controlled area

在辐射工作场所划分的一种管理控制区域。在控制区域内要求或可能要求采取专门的防护手段和安全措施，以在正常工作条件下控制辐射不超过正常照射或防止污染扩散，以及防止潜在照射或限制其程度。

6.9.45   监督区 supervised area

未被确定为控制区、通常不需要采取专门防护手段和安全措施但要不断检查其职业照射条件的任何区域。

6.9.46　辐射工作场所 radiation work place

布置射线检测或检查设备,对被检测或检查的对象开展辐射检测或检查,具有可能被射线照射风险的特定区域。辐射工作场所通常划分为控制区和监督区,因此,它是控制区和监督区的统称。辐射工作场所是需要进行安全管理的场所,在安全管理工作中应有相应的管理行动,并在其地点设有相应的标识。

6.9.47　有用线束区 useful beam area

由辐射源发出并经准直装置限定的用于辐射成像的有用(初级)线束覆盖的区域。有用线束区是辐射源的直线作用区,是比较容易确定的区域,这个区域通常不期望有其他方向的射线进入,以免这些杂散射线影响成像质量。

6.9.48　泄漏辐射 leakage radiation

〈射线防护〉贯穿(穿透)辐射源的防护屏蔽体或经辐射源防护屏蔽体的缝隙逃逸出的辐射。泄漏辐射通常是防护屏蔽体遭到破坏所致,例如,地震、爆炸等。如果防护屏蔽体的施工质量不达标也可能导致泄漏辐射。

6.9.49　常规监测 routine monitoring

为确定设备和工作条件是否适合继续进行使用或操作,在预定场所按预先规定的时间间隔或期间所进行的监测。常规监测包括监测的辐射指标和开展监测的间隔时间期。

6.9.50　任务相关监测 task-related monitoring

无时间规律性,只是针对规定的任务所开展的相关监测。任务相关监测用于特定操作,旨在为有关运行管理的当前决定提供数据资料,也可用于支持防护最优化。

6.9.51　特殊监测 special monitoring

为了阐明某一特殊问题而在一个有限期间进行的监测。特殊监测是一种常规以外的和非长期性的监测,例如,针对某一突发事件或某些问题的反映或问题的报告所开展的放射性专门监测。

6.9.52　安全联锁装置 safety interlock device

保护 X 射线设备安全工作,并能阻止非正常情况下发射 X 射线的装置。安全联锁包括对设备的保护和对人员的保护等,其需要多种传感器的支持。

6.9.53　紧急停止开关 emergency stop switch

在紧急情况下能立即切断 X 射线产生装置和输送装置的供电电源的部件。紧急停止开关一般需要与报警和控制系统相关联。

6.9.54   个人监测 individual monitoring

利用工作人员佩戴的剂量计进行的测量，或对其体内或排泄物中放射性核素的种类和活度进行的测量，以及对测量结果的解释等活动。

6.9.55   内照射个人监测 individual monitoring of internal exposure

对体内或排泄物中放射性核素的种类和活度进行的监测，以及利用工作人员所佩带的个人空气采样器或呼吸保护器对吸入放射性核素的种类和活度进行的监测。

6.9.56   摄入量 intake

通过吸入或食入，或经由完好皮肤或伤口进入人体内的放射性核素的量。摄入量分别有为了检查或治疗而有目的地给予的摄入量和不期望的被动摄入量。不期望的被动摄入量是环境中放射性核素所导致的，属于健康卫生和保护的范畴，主要用年摄入量限值 (ALI) 和导出空气深度 (DAC) 两项指标来评价。

6.9.57   个人空气采样器 personal air sampler(PAS)

一种专门设计用来测量工作人员呼吸空气中带有的放射性气溶胶或气体时间积分活度浓度以估算该工作人员摄入量的便携装置。

6.9.58   固定空气采样器 static air sampler (SAS)

用来监测工作场所条件，并能就放射性核素的构成及粒子大小提供有用的资料的装置。

6.9.59   个人剂量监测仪 individual dose monitoring device

人员随身佩戴的，用于测量被射线照射人的局部和整体在某一时刻的照射剂量或吸收剂量，以及一段时间的累积剂量的监测仪器。个人剂量监测仪可帮助了解照射剂量的程度，避免工作人员受到超标剂量的照射，同时还有助于分析超剂量的原因，还可为射线病的治疗和研究辐射损伤提供有价值的数据，其类型主要有剂量笔、胶片剂量计和热释光剂量计等。

6.9.60   剂量笔 dosing pen

人员随身佩戴的，对辐射的环境中的带电程度进行检测的灵敏笔形验电器，又称为电离室剂量笔 (ionization chamber dosing pen)。剂量笔充电后，涂有金属的石英丝达到最大偏转，当受到辐射作用时，剂量笔中的气体产生电离，使石英丝偏转角度减小，通过笔中的伦琴刻度标尺可直接读出所接受的剂量。

6.9.61 胶片剂量计 film dosimeter

人员随身佩戴的，将 X 射线胶片包好在黑纸中的射线照射敏感的装置。胶片剂量计是通过 X 射线胶片对射线的感光来感知辐射，再经过显影后胶片变黑，以胶片变黑的程度来度量辐射量的多少或累积剂量的多少。

6.9.62 热释光剂量计 thermoluminescent dosimeter (TLD)

人员随身佩戴的，利用热致发光原理记录累积辐射剂量的装置。热释光剂量计中的接收器在接收到照射剂量时会发光，光电倍增管测量热释光输出，再读出相应的辐射剂量。其优点是即使搁置很长时间后，读数的衰减也很小。

6.9.63 场所辐射监测仪 site radioactive tracer

布置在用 X 射线或伽马射线设备进行检测或检查的工作场所，对关注区域的辐射剂量进行长期监测的仪器。场所辐射监测仪有固态电离辐射仪 (探测辐射相对应的物质为半导体、晶体等固体) 和气态电离辐射仪 (探测辐射相对应的物质为气体) 两类。固态电离辐射仪主要有电导率探测器、闪烁探测器等类型；气态电离辐射仪主要有电离室剂量仪、计数管式剂量仪等类型。

6.9.64 调查水平 investigation level(IL)

诸如有效剂量、摄入量或单位面积或单位体积的污染水平等量的规定值。当达到或超过此值时，应进行调查。调查水平是对有害辐射的影响是否需要开展调查活动的界定数值指标。

6.9.65 记录水平 recording level(RL)

审管部门所规定的要纳入个人受照记录中的剂量、暴露量或摄入量的数值界限。工作人员所接收的剂量、暴露量或摄入量达到或超过这一水平时，则应记入他们的个人受照记录中。

第7章 激光术语及概念

本章的激光术语及概念主要包括激光原理、激光性能与参数、激光技术、激光材料、激光元器件及部件、激光器、激光仪器和设备、激光应用共八个方面的术语及概念。激光原理的术语及概念主要是激光产生的理论和机理方面的术语及概念。激光性能与参数主要是激光输出光束的性能及其参数。激光仪器和设备部分严格地说是应用激光技术制造成具有特定功能的仪器、设备、装备、产品等的术语及概念，包括了作为军用装备的激光武器等的术语及概念。激光应用部分主要是激光在科研、工业、医疗、农业、军事等方面应用的术语及概念。本章的术语分类中，有些术语具有多类属性，可能放在几个类中都适合，就将其放入反映其根本性的或与其关系最密切的类别中，例如激光的模式，它既是激光器输出激光光束前的，也是激光器输出光束后的，根本上是来自于激光器光束输出前的。在本章中标明了国际标准编号的术语及概念中，例如束腰、稳定腔、非稳腔、纵模、横模等术语，其概念内容不仅仅是来自国际标准的定义内容，另外还在这些术语概念中大量增补了其相关的特点、深化讲解、应用、图形等内容，使这些术语的概念得到进一步的充实和丰富。

7.1　激 光 原 理

7.1.1　激光 laser

〈激光辐射〉由激光器产生的，波长直到 1mm 的相干电磁辐射。它由物质的粒子受激发射放大产生，具有良好的单色性、相干性和方向性，又称为激光辐射 (laser radiation)。术语 laser 是 "light amplification by stimulated emission of radiation" 的缩写。

[ISO 11145：2016，3.32]

7.1.2　激光束亮度 brightness of laser beam

在激光束输出方向上单位面积向单位立体角辐射的光功率，单位为 $W/(m^2 \cdot sr)$。光束亮度高是激光的一个突出特点。

7.1.3　激光光谱亮度 spectral brightness of laser beam

在激光束输出方向上单位面积向单位立体角单位光谱宽度辐射的光功率，单位为 $W/(m^2 \cdot sr \cdot nm)$。

7.1.4 辐射跃迁 radiative transition

一个激活粒子由高能级 (或能态) 跃迁至低能级 (或能态) 并释放一个光子的现象。辐射跃迁有自发发射的和受激发射的两种。

7.1.5 无辐射跃迁 nonradiative transition

激活粒子由高能级跃迁至低能级而无光子释放的现象，也称为非辐射跃迁。如果原子只是通过与外界碰撞的过程或其他与外界进行能量交换的过程而从高能级跃迁到低能级，就不会发射光子，因为这个过程将能量交给了周围环境。

7.1.6 自发发射 spontaneous emission

原子中处于高能级的粒子按一定概率自发地跃迁到低能级，同时发射光子的现象，也称为自发辐射，其机理见图 7-1 所示。自发发射的情况是，不管外界类似的辐射是否同时存在，一个量子力学系统的粒子从激发能级降到较低能级时发射电磁辐射。自发发射场发出的大量光子之间的相位、传播方向和偏振方向是无规则分布的，因而发出的光通常是不相干的。自发发射有发光二极管的辐射、激光器泵浦低于激光阈值时的辐射等。

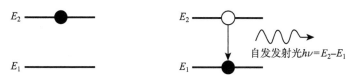

图 7-1 自发发射机理示意图

7.1.7 受激吸收 stimulated absorption

在外加辐射场作用下，原子中处在低能级的粒子吸收能量与粒子从低能级到高能级需要的能量相同的光子，跃迁到高能级而不产生辐射的现象，其机理见图 7-2 所示。受激吸收和受激发射这两个过程统称为受激跃迁。

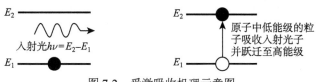

图 7-2 受激吸收机理示意图

7.1.8 受激发射 stimulated emission

在外加辐射场作用下，原子中处在高能级的粒子向低能级跃迁时，发射出与入射光子特性 (频率、方向和偏振等) 完全相同的辐射的现象，也称为受激辐射，其机理见图 7-3 所示。或具有某种能量的入射光子与激发态粒子碰撞引起的发射，发射的光子具有与入射光子同样的状态。例如注入式激光管高于激光阈值的辐射就是受激发射。

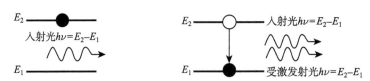

图 7-3　受激发射机理示意图

7.1.9　受激跃迁截面 stimulated transition cross section

受激跃迁概率 γ 相应的光子数除以光子流密度 ϕ，用符号 σ 表示，也称为感应跃迁截面。光子流密度为单位时间通过垂直于光子流方向单位面积的光子数。把粒子吸收或发射光子比作光子与粒子发生非弹性碰撞的过程。受激跃迁截面用于表示非弹性碰撞的有效概率，单位量是面积，与跃迁概率成正比。受激跃迁截面泛指受激吸收和发射截面。

7.1.10　超发光 superluminescence

在增益介质中自发发射的放大，也称为超辐射 (superradiance)。其特点是有较窄的谱线宽度和一定的方向性。这个过程通常无正反馈，因而也没有明确的振荡模式，这与激光的性质有所不同。

7.1.11　三能级系统 three-level system

由基态能级 E_1、激光上能级 E_2 和泵浦高能级 E_3 组成，泵浦源将原子从基态激发到 E_3 能级，原子通过无辐射跃迁迅速弛豫到 E_2 能级的能级系统，见图 7-4 所示。图 7-4 中，受激吸收或受激发射速率 (或概率) 为 W，自发发射速率 (或概率) 为 A，无辐射跃迁速率 (或概率) 为 S，泵浦源将原子从基态能级 E_1 激发到激发态能级 E_3，原子通过无辐射跃迁迅速弛豫到激发态能级 E_2，E_2 能级是寿命比较长的亚稳态能级，要求 A_{31}、$S_{31} \ll S_{32}$，以及 $S_{32} \gg A_{21}$，且 $A_{21} \gg S_{21}$，以保证激光上能级能够具有尽量多的粒子数，当反转粒子数密度 Δn 达到振荡阈值条件时，激光器开始振荡。红宝石晶体是典型的三能级系统的激光工作物质。

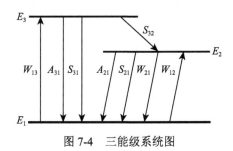

图 7-4　三能级系统图

7.1.12 四能级系统 four-level system

由基态能级 E_0，泵浦高能级 E_3，以及激光上能级 E_2 和下能级 E_1 组成，泵浦源将原子从基态激发到 E_3 能级，原子通过无辐射跃迁迅速弛豫到 E_2 能级的能级系统，见图 7-5 所示。图 7-5 中，受激吸收或受激发射速率 (或概率) 为 W，自发发射速率 (或概率) 为 A，无辐射跃迁速率 (或概率) 为 S，泵浦源将原子从基态能级 E_0 激发到激发态能级 E_3，原子通过无辐射跃迁迅速弛豫到激发态能级 E_2，E_2 能级是寿命比较长的亚稳态能级，要求 S_{30}、$A_{30} \ll S_{32}$，以及 $S_{32} \gg A_{21}$，且 $A_{21} \gg S_{21}$，以保证激光上能级 E_2 能够具有尽量多的粒子数，另外，还要求激光下能级 S_{10} 的抽空速率较大，以使粒子能迅速返回基态，当反转粒子数密度 Δn 达到振荡阈值条件时，激光器开始振荡。对于激光工作物质而言，四能级系统需要的激励能比三能级系统的少得多，其更具有代表性，四能级系统更容易实现粒子数反转。氦氖气体 (氦氖激光器的)、Nd:YAG 等工作物质都属于四能级系统。

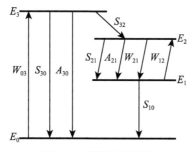

图 7-5　四能级系统图

7.1.13 粒子数反转 population inversion

处于高能级的粒子数多于处于低能级的粒子数时的非热平衡状态，也称为集居数反转。粒子数反转是产生激光的必要条件。物质处于热平衡状态时，高能级的粒子数少于处于低能级的粒子数。只有外界向物质供给能量时，才能使物质处于非热平衡状态。

7.1.14 激光振荡阈值 laser oscillation threshold

使激光器内光子增益等于或稍大于腔内总损耗，从而产生激光的最低激发水平的光子增益门限值。或使激光器内光子增益抵消腔内总损耗，从而产生激光的最低激发水平的光子增益门限值。激光振荡阈值可以用阈值增益系数、反转粒子数密度、阈值泵浦功率来表达。

7.1.15　激光阈值 laser threshold

产生激光的最小输入 (泵浦) 能量或功率。激光阈值是激光器实现激光输出的临界条件，是一个与工作介质、温度、谐振腔等相关的参数。对于具体的泵浦源，激光阈值参数也可采用使激光器发光的最低泵浦电压或者最低泵浦电流参数表示。

7.1.16　激光振荡条件 laser oscillation condition

激光器的增益因数等于或大于损耗因数刚好能维持激光振荡，并且激光腔长等于谐振波长的半整数倍的条件，也称为临界振荡条件或阈值条件。这个条件包括必要条件和充分条件，必要条件是上下能级粒子数反转，充分条件是增益大于损耗。

7.1.17　激活粒子 active particle

可以通过受激发射而产生激光的原子、分子、离子和电子–空穴对等的总称。激活粒子是形成稳定激光必须有的、能够实现粒子数反转的发光粒子。

7.1.18　光增益 gain of light

光在介质中传播时，随着距离的增加而逐渐增强的现象。光增益的本质是泵浦源输入工作介质能量产生受激吸收跃迁而介质中传输的光作用于工作介质产生受激发射。

7.1.19　激光介质 laser medium

具有适合产生激光的能级结构和光增益作用的介质，也称为工作介质 (working medium) 或工作物质（working material）或激活介质（active medium）。激光介质是一种具有能实现粒子数反转的适当能级结构的激活介质或激活物质，其形态有固体、气体、液体等。

7.1.20　增益系数 gain coefficient

通过单位长度激光介质的光场强度相对增加量，用符号 g 表示，也称为介质增益系数 (gain coefficient of medium)，按公式 (7-1) 计算：

$$g = \frac{1}{I}\frac{\mathrm{d}I}{\mathrm{d}z} \tag{7-1}$$

式中：g 为增益系数，m^{-1}；I 为光强，$\mathrm{W/m}^2$；z 为激光介质长度，m。增益系数为光通过激活介质时，单位长度上光强的相对增加量。

7.1.21 增益饱和 gain saturation

当光强增加到一定程度后，激光介质的增益系数随光强增加而减小的现象。激光介质不同，增益饱和性质通常是不同的，例如，基于掺杂离子的晶体或玻璃的固态激光介质具有很大的增益饱和效应和强度，而半导体和激光染料激光介质通常有比较小的增益饱和效应和强度。

7.1.22 小信号增益 small signal gain

通过激光介质的光强较弱时,增益系数与光强的关系可忽略时的增益系数。在计算反转粒子数密度 Δn 的公式中，当入射光强 I_{v_1} 与饱和光强 $I_s(v_1)$ 的比 $I_{v_1}/I_s(v_1)$ 与 1 相比为很小值时，即 $1+I_{v_1}/I_s(v_1) \approx 1$ 时，小信号增益系数与入射光强 I_{v_1} 无关，反转粒子数密度 Δn 等于小信号反转粒子数密度 Δn^0，即 $\Delta n = \Delta n^0$。小信号增益是一种不会引起任何增益饱和现象的情况。

7.1.23 单程增益 single pass gain

在谐振腔内，光单次通过工作物质时的增益，或光从谐振腔的一端传播到另一端所获得的总增益。

7.1.24 单程损耗 single pass loss; loss by one pass

在谐振腔内，激光单次通过工作物质时的损耗，或光从谐振腔的一端传播到另一端所引起的总损耗。

7.1.25 弛豫振荡 relaxation oscillation

在激光器的输出中，由于谐振腔内激光振荡与激发粒子之间互相作用而出现的不稳定振荡现象。弛豫振荡是激光输出从不稳定到稳定前的过程中所出现的产生脉冲尖峰随时间增加由高到低衰减的现象，其一般具有特定的弛豫振荡频率和阻尼系数。

7.1.26 自聚焦 self-focusing

强激光与介质的非线性相互作用使介质折射率发生变化而产生聚焦的现象，也称为非线性自聚焦 (nonlinear self-focusing，NSF)。在光纤激光器中，非线性自聚焦是制约激光功率提高的主要因素之一。

7.1.27 自调 Q self Q-switching

由激活介质自身的饱和吸收特性或其他非线性效应所产生的调 Q 作用。自调 Q 就是不需要采用专门的技术措施，利用激活介质自身特有性质形成开关作用来进行的调 Q，例如利用饱和吸收实现介质透明来打开光路。

7.1.28   自吸收 self-absorption

激活介质对自身辐射吸收的现象。当激活介质吸收自己发射的辐射时，在发射的增益曲线上会出现吸收凹陷或吸收谷的现象。

7.1.29   均匀加宽 homogeneous broadening

引起加宽的物理因素对于每个原子的作用都是等同的加宽。加宽是粒子辐射谱线的宽度被增宽的现象。在均匀加宽中，每个发光原子都以整个线型发射，不能把线型函数上的某一特定频率和某些特定原子联系起来，即每一发光原子对光谱线内任一频率都有贡献。均匀加宽的类型有自然加宽、碰撞加宽和晶格振动加宽等。

7.1.30   非均匀加宽 inhomogeneous broadening

原子体系中每个粒子只对谱线内与它的表观中心频率相应的部分有贡献时出现的加宽。在非均匀加宽中，可以区分谱线上的某一频率范围是由哪一部分原子发射的。非均匀加宽的类型有多普勒加宽 (气体工作物质中)、晶格缺陷加宽 (固体工作物质中) 等。

7.1.31   多普勒加宽 Doppler broadening

由粒子无规则热运动引起的多普勒效应所导致谱线加宽的现象。多普勒加宽是由发光的原子 (或分子) 的无规则热运动使其所发出辐射产生多普勒频移导致的。

7.1.32   洛伦兹线型 Lorentzian line shape

谱线相对强度对频率的分布符合公式 (7-2) 洛伦兹函数关系的线型：

$$g_L(\nu) = \frac{\Delta\nu}{2\pi} \cdot \frac{1}{(\nu - \nu_0)^2 + (\Delta\nu/2)^2} \tag{7-2}$$

式中：$g_L(\nu)$ 为洛伦兹线型函数，s；ν 为频率，s^{-1}；$\Delta\nu$ 为谱线的线宽，s^{-1}；ν_0 为谱线的中心频率，s^{-1}。

7.1.33   高斯线型 Gaussian line shape

谱线的相对强度对频率的分布符合公式 (7-3) 高斯函数关系的线型：

$$g_G(\nu) = \frac{c}{\nu_0} \left(\frac{m}{2\pi kT}\right)^{\frac{1}{2}} \cdot \exp\left[-\frac{m}{2kT} \cdot \frac{c^2}{\nu_0^2}(\nu - \nu_0)^2\right] \tag{7-3}$$

式中：$g_G(\nu)$ 为高斯线型函数，s；c 为光速，m/s；m 为原子质量，kg；k 为玻尔兹曼常数，J/K；T 为热力学温度，K；ν 为频率，s^{-1}；ν_0 为谱线的中心频率，s^{-1}。

7.1.34 烧孔效应 hole-burning effect

在非均匀加宽的激光介质内，由反转粒子数的频率选择性消耗效应造成增益频谱曲线的局部凹陷的现象。

7.1.35 兰姆凹陷 Lamb dip

在非均匀加宽的气体驻波激光器中，激光振荡频率与激光介质增益频谱曲线的中心频率接近或重合时，其输出功率随振荡频率出现极小值的现象，见图 7-6 所示。当气体激光管内的气压加大时，碰撞加宽 Δn 增大，这会使兰姆凹陷变宽、变浅，直到消失。

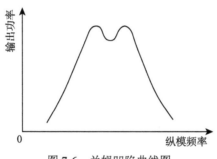

图 7-6　兰姆凹陷曲线图

7.1.36 反兰姆凹陷 inverted Lamb dip

置于激光器谐振腔中的特殊气体盒，使激光器输出功率随频率变化的曲线在激光振荡频率等于该气体盒吸收谱线中心频率处出现尖峰的现象，见图 7-7 所示。

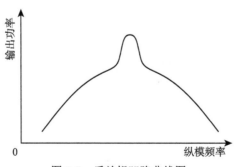

图 7-7　反兰姆凹陷曲线图

7.1.37 光学谐振腔 optical resonator; optical cavity; optical resonant cavity

在其空间内能够建立和维持稳定的光频段电磁波本征振荡的光学系统，也称为光谐振腔、激光谐振腔、激光共振腔或光学共振腔。光学谐振腔是由两个或多个反射面构成的有界区域，把构成反射面的这些元件校准以实现腔内多次反射，并能对某特定的波长产生驻波或行波振荡。光学谐振腔的分类关系见图 7-8 所示，各类光学谐振腔的典型结构见图 7-9 所示。光学谐振腔可分为闭腔 [又称为介质腔，见图 7-9 的 (a) 所示]、开腔 [又称为开放式光学腔，见图 7-9 的 (b) 所示] 和波导腔 [见图 7-9 的 (c) 所示]，开腔包括稳定腔、非稳腔 (非稳定腔) 和临界腔 (介稳腔)。除了由两个反射镜构成的光学谐振腔外，还有由两个以上的反射镜构成的光学谐振腔，这类光学谐振腔有折叠腔、环形腔等。

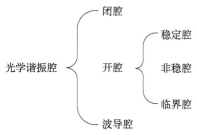

图 7-8   光学谐振腔的分类关系图

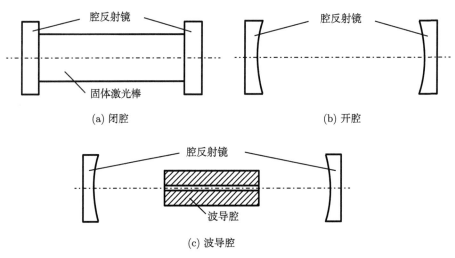

图 7-9   各类光学谐振腔的典型结构图

7.1.38   谐振腔的 g 参数 g parameter of resonator

由谐振腔两块腔镜的曲率半径 R_1、R_2 及腔长 L 决定的，表征谐振腔稳定性等性能的参数 g_1 和 g_2 (从腔内看腔镜时，凸面的曲率半径为负值)，分别按公式 (7-4) 和公式 (7-5) 计算。

$$g_1 = 1 - \frac{L}{R_1} \tag{7-4}$$

$$g_2 = 1 - \frac{L}{R_2} \tag{7-5}$$

7.1.39 稳定腔 stable resonator

具有两个端面反射镜，能使近轴光线保持在腔内作无限往返传输，激光谐振腔的两个 g 参数因子的数值满足 $0 < g_1 g_2 < 1$ 关系的谐振腔。[ISO 11145：2016, 3.57] 稳定腔可使光线在腔内反射而不逸出腔外，因此损耗小，容易起振，其主要结构型式有双凹心内错位腔、双凹心外移腔和对称共焦腔等，见图 7-10 以及图 7-12 中的 (c) 和 (d) 所示。

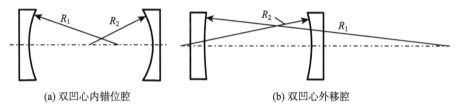

(a) 双凹心内错位腔   (b) 双凹心外移腔

图 7-10 稳定腔的典型结构图

7.1.40 非稳腔 unstable resonator

具有两个端面反射镜，近轴光线在其内作有限次传输后便逸出腔外，激光谐振腔的两个 g 参数因子的乘积满足 $g_1 g_2 < 0$ 或 $g_1 g_2 > 1$ 条件的谐振腔。非稳腔是随着高功率激光器的发展而发展起来的，其有利于增大模体积和横模鉴别能力。非稳腔中存在着唯一的一对轴上共轭像点及相应的一对几何自再现波型。[ISO 11145：2016, 3.58] 非稳腔的主要结构型式有双凸非稳腔 ($R_1 < 0, R_2 < 0$)、平–凸非稳腔 ($R_1 < 0, R_2 \to \infty$)、平–凹非稳腔 ($R_1 < L, R_2 \to \infty$)、双凹非稳腔 ($g_1 g_2 > 1$; $g_1 g_2 < 0$)、非对称实共焦腔 ($R_1/2 + R_2/2 = L$; $2g_1 g_2 = g_1 + g_2$; 构成一个望远系统)、凹–凸非稳腔 ($R_1 < L, R_2 < 0$; $R_1 + |R_2| > L$)、虚共焦腔 ($R_1/2 + R_2/2 = L$; $2g_1 g_2 = g_1 + g_2$; 构成一个虚共焦望远系统) 等，见图 7-11 中的 (a)、(b)、(c)、(d)、(e)、(f)、(g1)、(g2)、(h1)、(h2) 所示。从对激光光束的输出方向限制能力来讲：非稳定腔的最强，输出的光束发散角最小；稳定腔的最差，输出的光束发散角较大；临界腔 (腔) 处于两者之间。

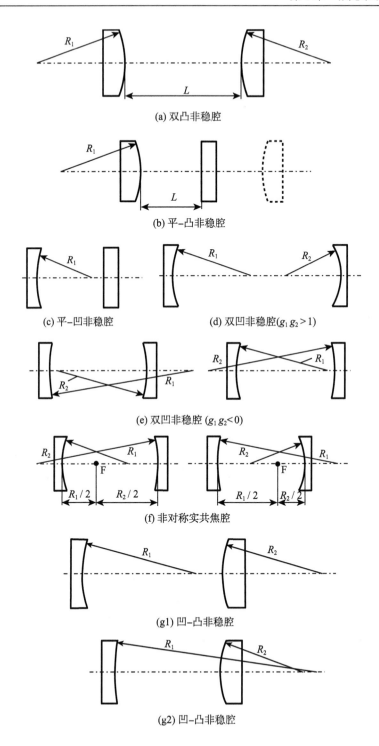

(a) 双凸非稳腔

(b) 平-凸非稳腔

(c) 平-凹非稳腔　　　　　　(d) 双凹非稳腔($g_1 g_2 > 1$)

(e) 双凹非稳腔 ($g_1 g_2 < 0$)

(f) 非对称实共焦腔

(g1) 凹-凸非稳腔

(g2) 凹-凸非稳腔

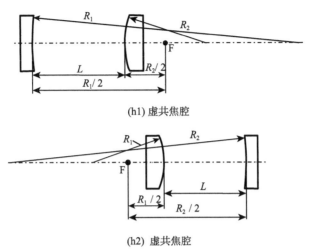

(h1) 虚共焦腔

(h2) 虚共焦腔

图 7-11 非稳定腔的典型结构图

7.1.41 临界腔 critical resonator

激光谐振腔的两个反射镜的 g 参数因子的乘积满足 $g_1 g_2 = 0$ 或 $g_1 g_2 = 1$ 条件的共轴球面腔，又称为介稳腔 (quasistable resonator)，见图 7-12 所示。典型的临界腔有平行平面腔 ($g_1 g_2 = 1$)、对称共心腔 ($g_1 g_2 = 1$)、对称共焦腔 ($g_1 g_2 = 0$) 等。临界腔中的对称共焦腔的傍轴光线均可在腔内往返无限多次不会横向逸出，且经两次往返即自行闭合，在这个意义上将其列为稳定腔，而且其是共焦腔中最重要的和最有代表性的一种稳定腔。对称共焦腔从用 g 参数因子判别的角度，是临界腔，

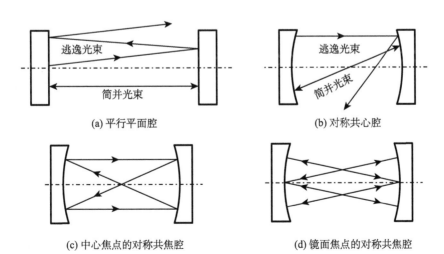

(a) 平行平面腔

(b) 对称共心腔

(c) 中心焦点的对称共焦腔

(d) 镜面焦点的对称共焦腔

图 7-12 临界腔的典型结构图

但从光线不逸出的角度，它是稳定腔。

7.1.42　共轴球面腔 coaxial sphere resonator

具有两个端面为球面的反射镜，球面的曲率中心的连线在系统光轴上的谐振腔。共轴球面腔通常由共轴球面反射镜构成，具有比平行平面腔更好的稳定性。在这种腔中，近轴光线都能被很好地限制在光学谐振腔内，而不会被逸出腔外。

7.1.43　闭腔 closed resonator

在两个端面反射镜之间充满工作介质的谐振腔，也称为介质腔或介质谐振腔。闭腔是将工作介质密封在两个端反射镜之间的谐振腔，按工作介质类别可分为固体闭腔、气体闭腔和液体闭腔。当工作介质为固体时，固体工作介质的两端可以直接作为腔反射镜，也可以另外设置腔反射镜，见图 7-9 的 (a) 所示。闭腔中的光束为双向传播时，为驻波谐振腔；闭腔中的光束为单向传播 (光路中加入隔离器使其单向传播) 时，为行波谐振腔。闭腔的端反射镜横向被工作介质尺寸限制，横模是通过谐振腔的本征振荡条件进行选模。

7.1.44　开腔 open resonator

在两个端面反射镜之间留有空间，其间可放置尺寸小于反射镜间距的工作介质的谐振腔，也称为开放腔或开放谐振腔。开腔的两个反射镜之间是空着的，见图 7-9 的 (b) 所示，为固体、液体或气体工作介质的放置留有空间。开腔中的光束为双向传播时，为驻波谐振腔；开腔中的光束为单向传播 (光路中加入隔离器使其单向传播) 时，为行波谐振腔。开腔的端反射镜横向边界比较宽，横模是通过横模的振荡损耗差异进行选模。

7.1.45　有源腔 active resonator

由两个端面反射镜和激光工作物质组成的谐振腔。有源腔就是腔中有激光工作物质的谐振腔。

7.1.46　无源腔 passive resonator

由两个端面反射镜组成的谐振腔，也称为空腔。无源腔是腔中不包含激光工作物质的空谐振腔。

7.1.47　谐振腔损耗 loss of resonator

光波在谐振腔中往返传播时光能的损耗，通常包括几何偏折损耗、衍射损耗、吸收损耗、散射损耗和透射损耗等。

7.1.48 衍射损耗 diffraction loss

光波在谐振腔中往返传播时，由孔径衍射而造成的光能量损耗。孔径尺寸越小，衍射效应越突出，则衍射损耗越大，反之越小。

7.1.49 谐振腔菲涅耳数 Fresnel number of resonator

标志谐振腔衍射损耗的参量，用符号 N 表示。谐振腔菲涅耳数按公式 (7-6) 计算：

$$N = \frac{a^2}{L\lambda} \tag{7-6}$$

式中：N 为菲涅耳数；a 为反射镜的线度 (方形反射镜为边长的一半，圆形反射镜为半径)，m；L 为谐振腔长，m；λ 为光波波长，m。谐振腔菲涅耳数相当于从一个镜面中心看到另一个镜面上可以划分的菲涅耳半周期的数目 (对平面波阵而言)。

7.1.50 谐振腔品质因子 quality factor of resonator

代表谐振腔的质量指标的参量，用符号 Q 表示，又称为 Q 值，按公式 (7-7) 计算：

$$Q = 2\pi \times \frac{E_c}{E_1} \tag{7-7}$$

式中：Q 为谐振腔品质因子；E_c 为存储在腔内的光波能量，J；E_1 为一个振荡周期中损耗的光波能量，J。

7.1.51 光学谐振腔模式 modes of optical resonator

光学谐振腔内允许存在的电磁场的本征函数，也称为激光模。通常用横电磁波 TEM_{mnq} 来表示，下标中的 m、n、q 分别是零或正整数，用以表征模式的阶次，m、n 为横模序数 (或节点数)，q 为纵模序数 (或节点数)。

7.1.52 纵模 longitudinal mode

在长度为 L 的谐振腔内，沿电磁波传播方向的电场分布本征函数。纵模数 $q = 2n(\lambda)L/\lambda$ 描述其在光学谐振腔路径长上的半波长数，$n(\lambda)$ 为介质折射率。[ISO 11145：2016，3.35] 纵模表现为在激光腔内纵向稳定的光场强度分布。如果激光器输出一个频率的激光，称为单纵模激光器；如果激光器输出多个频率的激光，称为多纵模激光器。通常，所说的单模和多模属性是指纵模。

7.1.53 横模 transverse mode

谐振腔内垂直于电磁波传播方向的电场分布本征函数，或垂直于电磁波传播方向光束功率 (或能量) 密度分布的本征函数。[ISO 11145：2016，3.36] 横模表现为激光束在垂直于光束传播方向的平面上光场强度的稳定分布 (光斑图样)。对于矩形对称模式，符号 m、n 表示垂直电磁波传播方向的 x、y 方向场分布的节点数 (厄米–高斯模)，符号为 TEM_{mn}(m 为水平方向节点数，n 为垂直方向节点数)。m、n 的物理意义是：m 是 x 方向变化的半周期数；n 是 y 方向变化的半周期数。对于圆对称模式，符号 p、l 表示垂直电磁波传播方向的径向 (p) 和方位 (l) 节点数 (拉盖尔–高斯模)，符号为 TEM_{pl}。横模光斑图样见图 7-13 中的 (a) 和 (b) 所示，(a) 为矩形镜球面腔的光斑图样，(b) 为圆形镜球面腔的光斑图样。01* 模为矩形的 10 模和 01 模的等量线性合成，产生一个黑的圆对称中心节。通常，所说的基模和高阶模属性是指横模。

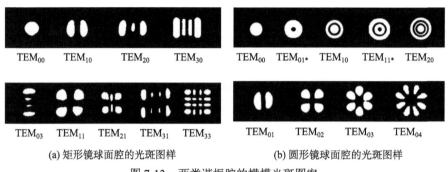

(a) 矩形镜球面腔的光斑图样　　　　　　　(b) 圆形镜球面腔的光斑图样

图 7-13　两类谐振腔的横模光斑图案

7.1.54　基模 fundamental mode

光学谐振腔中的最低阶横模。基模是横电磁波 $TEM_{mnq} = TEM_{00q}$ 的横模，在垂直电磁波传播方向的横截面上的分布为无节点的一个整体光强分布，为一个亮的圆面积 (理想的) 或似圆面积，见图 7-13 中的 (a) 和 (b) 中的 TEM_{00} 模所示。通常，基模的光强分布范围 (图案) 很小，光束发散角最小，功率密度最大，亮度最大。

7.1.55　高阶模 high-order mode；higher order mode

光学谐振腔中除了基模以外的其他阶横模。高阶模是横电磁波 $TEM_{mnq} \neq TEM_{00q}$ 的横模，在垂直电磁波传播方向的横截面上的分布为有各种可能节点之一的光强分布，见图 7-13 中的 (a) 和 (b) 中的 $TEM_{mn} \neq TEM_{00}$ 的所有模。

7.1.56　低阶模 lower-order mode

光学谐振腔中最接近基模的模式。有时也特指一阶横模。基模占主导、包含其他模式 (包括高阶模) 的混合模也被称为低阶模。

7.1.57 模体积 mode volume

光学谐振腔中某个模式所占有的空间体积。模体积大就有可能获得大的输出功率；模体积越大，对激活介质能量的提取就越大，对模式振荡作贡献的粒子数就越多。对称共焦腔的基模的模体积可看成半径为束腰半径 ω_0、高度为腔长 L 的圆柱体。

7.1.58 模式竞争 mode competition

阈值内增益较大而优先振荡的模式夺得系统能量，通过增益饱和效应而抑制其他模式的现象。均匀加宽激光器的模式竞争将使在均匀加宽增益曲线范围内的多个模式的谐振频率在竞争中逐渐熄灭，增益曲线也在竞争过程中下压，最后是靠近中心频率的纵模取胜，模式竞争建立稳态振荡的增益曲线变化关系见图 7-14 所示。图 7-14 中，$g^0(\nu)$ 为小信号增益系数，g_t 为阈值增益系数，ν_{q-1}、ν_q、ν_{q+1} 为在均匀加宽增益曲线范围内的谐振频率，ν_0 为中心频率，在竞争过程中，由于饱和效应，增益曲线将随光强的上升而不断下降，增益曲线的变化过程为曲线 $g^0(\nu) \to$ 曲线 1 $\to$ 曲线 2 $\to$ 曲线 3，增益曲线不断下压最终到达曲线 3 而形成稳定振荡。

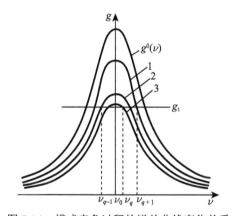

图 7-14   模式竞争过程的增益曲线变化关系

7.1.59 模式简并 mode degeneracy

同一频率的光波以不同模式存在于同一光学谐振腔中的现象。对于光纤，模式简并为波导在不同波型下有相同的截止频率。对于矩形波导，相同的 m 和 n，横向电场模 TE_{mn} 和横向磁场模 TM_{mn} 具有相同的截止波长；对于圆波导，分为 E-H 简并和极化简并：E-H 简并为横向电场模 TE_{0n} 和横向磁场模 TM_{1n} 的模式简并（一阶贝塞尔函数的根和零阶贝塞尔函数导数的根相等）；极化简并是对 m 不等于 0 的任意非圆对称模式，横向电磁场可以有任意的极化方向而截止波数相同，任意极化方向的电磁波可以看成是偶对称极化波和奇对称极化波的线性组合，偶对称极化波和奇对称极化波具有相同的场分布。

7.1.60   跳模 mode hopping; mode jumping

激光器模式从一个模式转换 (或跳) 到另一个模式的现象。一般情况是，有几个纵模的激光的运行模式从一个纵模忽然间变为另一个纵模的现象。激光器的温度变化导致谐振腔长度的变化，谐振腔建立新波长的驻波，就会引起跳模。跳模除了会改变波长外，通常还会改变功率。

7.1.61   纵模间距 longitudinal mode spacing

以频率或波长表达的相邻两纵模的间隔，频率用符号 ν_{mnq} 表示，波长用符号 S_{mnq} 表示，见图 7-15 所示。

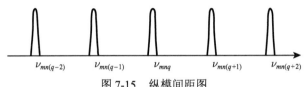

图 7-15   纵模间距图

[ISO 13695：2004，3.13]

7.1.62   纵模个数 number of longitudinal modes

规定光谱带宽中的纵模数量，用符号 Nm 表示。纵模个数通常为均方根光谱带宽 $\Delta\lambda_{rms}$ 内的纵模个数。

[ISO 13695：2004，3.14]

7.1.63   边模抑制比 side-mode suppression ratio

波长 λ_p 的最强模的相对辐射功率 I_p 与波长 λ_s 的次强模的相对辐射功率 I_s 之比，用符号 SMS 表示。相对辐射功率的边模抑制比按公式 (7-8) 计算：

$$SMS = 10\lg\left(\frac{I_p}{I_s}\right) \tag{7-8}$$

实践中，可以假定 SMS 等于最强模 $S(\lambda_p)$ 与次强模 $S(\lambda_s)$ 的光谱分布峰值之比，见图 7-16 所示。光谱分布峰值的边模抑制比按公式 (7-9) 计算：

$$SMS = 10\lg\left[\frac{S(\lambda_p)}{S(\lambda_s)}\right] \tag{7-9}$$

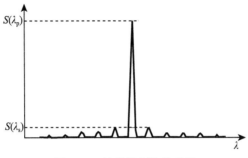

图 7-16   边模抑制比关系图

[ISO 13695：2004，3.15]

7.1.64   斜率效率 slope efficiency

激光器输出的激光功率 (或能量) 随泵浦功率 (或能量) 变化曲线中线性部分的斜率，也称为微分效率 (differential efficiency)。一般用泵浦输入功率作为横坐标，用激光器输出功率作为纵坐标，由输入功率和输出功率关系画出的一条曲线。当泵浦输入高出阈值很多时，泵浦输入功率和激光器输出功率的关系曲线接近于直线，故激光器的斜率效率是一个确定的值。

7.1.65   长脉冲 long pulse

脉冲宽度为毫秒级的自由振荡的激光脉冲。其特征为含有大量无规则尖峰脉冲。长脉冲的主脉冲时间通常为毫秒级，另外，其还包含着许多能量很小的不规则微秒级脉冲。

7.1.66   阈值电流 threshold current

在半导体激光二极管中，对应于激光阈值的激励电流，也称为激光二极管阈值电流 (threshold current of laser diode)。阈值电流是半导体激光器二极管产生激光所需的最小驱动电流，达到这个值时，输出光功率急剧增加并产生激光振荡。

7.1.67   波长电流依赖性 current dependence of wavelength

激光器的波长随激光器电流变化的改变量，也称为波长电流变化，用符号 $\delta\lambda_C$ 表示。波长电流依赖性按公式 (7-10) 计算：

$$\delta\lambda_C = \frac{\mathrm{d}\lambda}{\mathrm{d}I} \tag{7-10}$$

式中：λ 为激光器发射的波长；I 为激光器的电流。

[ISO 13695：2004，3.18]

7.1.68 波长温度依赖性 temperature dependence of wavelength

激光器的波长随激光器温度变化的改变量, 也称为波长温度变化, 用符号 $\delta\lambda_T$ 表示。波长温度依赖性按公式 (7-11) 计算:

$$\delta\lambda_T = \frac{\mathrm{d}\lambda}{\mathrm{d}T} \tag{7-11}$$

式中: λ 为激光器发射的波长; T 为激光器的温度。

[ISO 13695: 2004, 3.17]

7.1.69 信号光 signal light

由激光器产生, 符合预定使用需要的频率 (或波长) 的激光。信号光的频率一般比泵浦光的频率低, 即其波长比泵浦光的波长长。信号光是激光工作介质受激辐射发射的光, 在谐振腔中振荡增强的光, 会出射一部分, 保留一部分, 保留部分为信号光。

7.1.70 泵浦光 pump light

用于激励激光工作介质产生激光和给激光注入能量的由泵浦装置产生的非直接使用需要的光。泵浦光的频率一般比信号光和闲频光的频率高, 即其波长比信号光和闲频光的波长短。例如, 用 980nm 或 1480nm 的泵浦光, 使掺铒激光器输出 1550nm 的激光。

7.1.71 闲频光 extra frequency light

和信号光一起由激光器同时产生的非使用需要频率 (或波长) 的激光。闲频光的频率一般比信号光的频率低, 即其波长比信号光的波长长。

7.1.72 种子光 seed light

用于照射已经被泵浦光将原子激发到高能级的工作介质, 使其受激辐射激光的其他外部激光源。种子光具有和信号光近似的波长和效果。种子光与出射的激光可能有极小的偏差。

7.2 激光性能与参数

7.2.1 激光光束 laser beam

空间定向的激光辐射。[ISO 11145: 2016, 3.29] 激光束是一种具有方向性、相干性、单色性、高亮度的光束, 也是一个以光束口径输出单位为瓦 (W) 或焦耳 (J) 的能量流。

7.2.2 光束轴 beam axis

在均匀介质内的光束传播方向上，光束横截面上功率 (或能量) 一阶矩所定义的质心连成的直线。

[ISO 11145：2016，3.1.1]

7.2.3 轴偏度 misalignment angle

激光器的光束轴相对制造商定义的机械轴的偏角，用符号 $\Delta\theta$ 表示。轴偏度是激光器产品设计、制造和检验的一个性能指标。

7.2.4 光束直径 beam diameter

在垂直光束轴平面内，内含功率 (或能量) 占光束总功率 (或能量) 规定百分数 $(u\%)$ 的最小孔径定义的直径，用符号 d_u 表示。当 u =86.5 时，下角标可省去。

用功率 (或能量) 密度分布函数 $E(x,y,z)$ 或 $E(r,\varphi,z)$ 的二阶矩的开方 $\sigma(z)$ 定义的光束直径，用符号 d_σ 表示，按公式 (7-12) 计算：

$$d_\sigma(z) = 2\sqrt{2}\sigma(z) \tag{7-12}$$

在光束位置 z 处功率 (或能量) 密度分布函数 $E(x,y,z)$ 或 $E(r,\varphi,z)$ 的二阶矩，按公式 (7-13) 计算：

$$\sigma^2(z) = \frac{\iint r^2 \cdot E(r,\varphi,z) \cdot r\mathrm{d}r\mathrm{d}\varphi}{\iint E(r,\varphi,z) \cdot r\mathrm{d}r\mathrm{d}\varphi} \tag{7-13}$$

式中：r 为到质心 $(\bar{x},\bar{y})$ 的距离，m；φ 为方位角。

质心坐标 $(\bar{x},\bar{y})$ 由一阶矩确定，分别按公式 (7-14) 和公式 (7-15) 计算：

$$\bar{x} = \frac{\iint x \cdot E(x,y,z)\mathrm{d}x\mathrm{d}y}{\iint E(x,y,z)\mathrm{d}x\mathrm{d}y} \tag{7-14}$$

$$\bar{y} = \frac{\iint y \cdot E(x,y,z)\mathrm{d}x\mathrm{d}y}{\iint E(x,y,z)\mathrm{d}x\mathrm{d}y} \tag{7-15}$$

理论上，必须对整个 (x,y) 平面进行积分。实际上，要求对占光束功率 (能量) 至少 99% 的面积进行积分。

对于脉冲激光器，必须用能量密度 H 代替功率密度 E。

为了明确，光束直径的标识要将符号及其适合的下标一起使用，即 d_u 或 d_σ。
[ISO 11145：2016，3.3.1] 和 [ISO 11145：2016，3.3.2]

7.2.5   光束半径 beam radius

由在垂直光束轴平面内，内含功率 (或能量) 占光束功率 (或能量) 规定百分数 $(u\%)$ 的最小孔径定义的，或功率 (或能量) 密度分布函数的二阶矩所定义的光束半径：

(1) 在垂直光束轴平面内，内含功率 (或能量) 占光束功率 (或能量) 规定百分数 $(u\%)$ 的最小孔径的半径，用符号 w_u 表示。

(2) 用功率 (或能量) 密度分布函数的二阶矩定义的光束半径，用符号 w_σ 表示，按公式 (7-16) 计算：

$$w_\sigma(z) = \sqrt{2}\sigma(z) \tag{7-16}$$

二阶矩 $\sigma^2(z)$ 的定义见 7.2.4 条公式 (7-13)。

为了明确，光束半径的标识应将符号及其适合的下标一起使用，即 w_u 或 w_σ。
[ISO 11145：2016，3.4.1] 和 [ISO 11145：2016，3.4.2]

7.2.6   光束横截面积 beam cross-sectional area

〈激光参数〉由内含功率 (或能量) 占光束功率 (能量) 规定百分数 $(u\%)$ 的最小面积定义的，或功率 (或能量) 密度分布函数的二阶矩所定义的面积：

(1) 内含功率 (或能量) 占光束功率 (或能量) 规定百分数 $(u\%)$ 的最小面积，用符号 A_u 表示。

(2) 用功率 (或能量) 密度分布函数的二阶矩定义的圆横截面积 A_σ 按公式 (7-17) 计算：

$$A_\sigma = \frac{\pi \cdot d_\sigma^2}{4} \tag{7-17}$$

或椭圆横截面积 $A_{\sigma xy}$ 按公式 (7-18) 计算：

$$A_{\sigma xy} = \frac{\pi \cdot d_{\sigma x} \cdot d_{\sigma y}}{4} \tag{7-18}$$

为了明确，光束横截面积的标识应将符号及其适合的下标一起使用，即 A_u、A_σ。
[ISO 11145：2016，3.2.1] 和 [ISO 11145：2016，3.2.2]

7.2.7   束腰 beam waist

光束直径或光束宽度的最细处。[ISO 11145：2016，3.10] 束腰是高斯光束绝对平行传输的位置，沿着束腰光斑向外延伸各处直径的包络线是有渐近线的双曲面，见图 7-17(a) 所示。高斯光束用束腰能量分布确定的束腰半径是振幅为 A_0/e 时所对应的 r 值，见图 7-17(b) 所示。

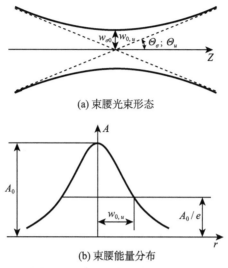

(a) 束腰光束形态

(b) 束腰能量分布

图 7-17 束腰形态和能量分布图

高斯光束沿传播方向成特定角度扩散 (光束的远场发散角，一对渐近线的夹角)，远场发散角与波长成正比，与其束腰半径成反比，因此，束腰半径越小，光斑发散越快，反之，束腰半径越大，光斑发散越慢。对球面镜谐振腔，束腰位置通常在谐振腔内，对输出端为平面的谐振腔，束腰位置通常在谐振腔输出端上，也有些谐振腔的束腰位置在腔外。

7.2.8 束腰直径 beam waist diameter

由束腰位置处的内含功率 (或能量) 规定百分数 ($u\%$) 的最小面积定义的，或束腰位置处功率 (或能量) 密度分布函数的二阶矩所定义的光束直径：

(1) 束腰位置处的内含功率 (或能量) 定义的光束直径 d_u，用符号 $d_{0,u}$ 表示。

(2) 束腰位置处功率 (或能量) 密度分布函数的二阶矩定义的光束直径 d_σ，用符号 $d_{\sigma 0}$ 表示。

为了明确，束腰直径的标识应将符号及其适合的下标一起使用，即 $d_{0,u}$ 或 $d_{\sigma 0}$。[ISO 11145：2016，3.11.1] 和 [ISO 11145：2016，3.11.2]

7.2.9 束腰半径 beam waist radius

由束腰位置处用内含功率 (或能量) 规定百分数 ($u\%$) 的最小面积定义的，或束腰位置处功率 (或能量) 密度分布函数的二阶矩所定义的光束半径：

(1) 束腰位置处用内含功率 (或能量) 定义的光束半径 w_u，用符号 $w_{0,u}$ 表示。

(2) 束腰位置处功率 (或能量) 密度分布函数的二阶矩定义的光束半径 w_σ，用符号 $w_{\sigma 0}$ 表示。

为了明确，束腰半径的标识应将符号及其适合的下标一起使用，即 $w_{0,u}$ 或 $w_{\sigma 0}$。

[ISO 11145：2016，3.12.1] 和 [ISO 11145：2016，3.12.2]

7.2.10　束腰宽度 beam waist widths

在 x 和 y 方向上，束腰位置处基于内含功率 (或能量) 规定百分数 ($u\%$) 的最小宽度定义的光束宽度 $d_{x,u}$ 和 $d_{y,u}$，用符号 $d_{x0,u}$ 和 $d_{y0,u}$ 表示。

在 x 和 y 方向上，束腰位置处基于功率 (或能量) 密度分布函数二阶矩定义的光束宽度 $d_{\sigma x}$ 和 $d_{\sigma y}$，用符号 $d_{\sigma x0}$ 和 $d_{\sigma y0}$ 表示。

为了明确，束腰宽度的标识应将符号及其适合的下标一起使用，即 $d_{x0,u}$，$d_{y0,u}$ 或 $d_{\sigma x0}$，$d_{\sigma y0}$。

[ISO 11145：2016，3.13.1] 和 [ISO 11145：2016，3.13.2]

7.2.11　像散束腰分离 astigmatic waist separation

对于简单像散的光束，两个正交主面上的束腰位置在轴向的间距，用符号 Δz_a 表示。像散束腰分离量称为像散差。

[ISO 15367-1：2003, 3.3.4] 和 [ISO 11145：2016，3.14.1]

7.2.12　相对像散束腰分离 relative astigmatic waist separation

像散束腰分离量 Δz_a 除以瑞利长度 z_{Rx} 和 z_{Ry} 的算术平均值，用符号 Δz_r 表示。相对像散束腰分离按公式 (7-19) 计算：

$$\Delta z_r = \frac{2\Delta z_a}{z_{Rx} + z_{Ry}} \tag{7-19}$$

[ISO 11145：2016，3.14.2]

7.2.13　光束宽度 beam widths

由内含功率 (或能量) 占总功率 (或能量) 规定百分数 ($u\%$) 的最小面积定义的，或功率 (或能量) 密度分布函数的二阶矩所定义的光束宽度：

(1) 分别在两个所选的相互正交且垂直于光束轴的 x 和 y 方向上，内含功率 (或能量) 占总功率 (或能量) 规定百分数 ($u\%$) 的最小宽度，用符号 $d_{x,u}$ 和 $d_{y,u}$ 表示。

所选方向由最小束宽及其正交方向确定。对于圆形高斯光束，$d_{x,95.4} = d_{86.5}$。

(2) 用功率 (或能量) 密度分布函数的二阶矩定义的光束宽度，用符号 $d_{\sigma x}$ 和 $d_{\sigma y}$ 表示，按公式 (7-20) 和公式 (7-21) 计算：

$$d_{\sigma x}(z) = 4\sigma_x(z) \tag{7-20}$$

$$d_{\sigma y}(z) = 4\sigma_y(z) \tag{7-21}$$

在光束位置 z 处功率 (或能量) 密度分布函数 $E(x,y,z)$ 的二阶矩, 按公式 (7-22) 和公式 (7-23) 计算:

$$\sigma_x^2(z) = \frac{\iint (x - \bar{x})^2 \cdot E(x, y, z)\mathrm{d}x\mathrm{d}y}{\iint E(x, y, z)\mathrm{d}x\mathrm{d}y} \tag{7-22}$$

$$\sigma_y^2(z) = \frac{\iint (y - \bar{y})^2 \cdot E(x, y, z)\mathrm{d}x\mathrm{d}y}{\iint E(x, y, z)\mathrm{d}x\mathrm{d}y} \tag{7-23}$$

公式 (7-22) 和公式 (7-23) 中, $(x - \bar{x})$ 和 $(y - \bar{y})$ 是 (x,y) 到质心 $(\bar{x},\bar{y})$ 的距离。质心坐标由一阶矩确定, 按公式 (7-24) 和公式 (7-25) 计算:

$$\bar{x} = \frac{\iint xE(x, y, z)\mathrm{d}x\mathrm{d}y}{\iint E(x, y, z)\mathrm{d}x\mathrm{d}y} \tag{7-24}$$

$$\bar{y} = \frac{\iint yE(x, y, z)\mathrm{d}x\mathrm{d}y}{\iint E(x, y, z)\mathrm{d}x\mathrm{d}y} \tag{7-25}$$

理论上, 必须对整个 (x,y) 平面进行积分。实际上, 要求对占光束功率 (或能量) 至少 99% 的面积进行积分。对于脉冲激光器, 必须用能量密度 H 代替功率密度 E。

为了明确, 光束直径 (或半径) 的标识应将符号及其适合的下标一起使用, 即 $d_{x,u}$, $d_{y,u}$ 或 $d_{\sigma x}$, $d_{\sigma y}$。

[ISO 11145：2016, 3.5.1] 和 [ISO 11145：2016, 3.5.2]

7.2.14 功率密度分布椭圆度 ellipticity of power density distribution

最小光束宽度和最大光束宽度之比, 用符号 ε 表示。功率密度分布椭圆度的数值越小, 激光束的功率密度分布的椭圆程度越大, 反之, 数值越大, 就越接近圆。

7.2.15 圆功率密度分布 circular power density distribution

功率密度分布椭圆度大于 0.87 时的功率密度分布。功率密度分布椭圆度为 1 时, 是理想的圆功率密度分布, 当接近圆时就归进了圆的范畴。

7.2.16　高斯光束 Gaussian beam

光束横截面的电场振幅或光强分布是高斯函数的光束。通常，激光谐振腔发出的基模辐射场在横截面上的分布是符合高斯函数的。在实际应用中，一般认为基模高斯光束在瑞利长度范围内是近似平行的，因此，也把瑞利距离长度称为准直距离。从瑞利长度表达公式可看出，高斯光束的束腰半径越大，其准直距离越长，准直性越好。

7.2.17　瑞利长度 Rayleigh length

自束腰处沿光传播方向到光束直径或束宽增加到束腰的 $\sqrt{2}$ 倍处的距离，用符号 z_R, z_{Rx}, z_{Ry} 表示。对于基模高斯光束，瑞利长度按公式 (7-26) 计算：

$$z_R = \frac{\pi \cdot d_{\sigma 0}^2}{4\lambda} \tag{7-26}$$

一般情况，公式 $z_R = d_{\sigma 0}/\Theta_\sigma$ 是有效的 (Θ_σ 为束散角)。激光束的束腰半径越大、束散角越小，瑞利长度就越长，说明光斑发散得越慢，激光光束质量越高。

[ISO 11145：2016，3.55]

7.2.18　远场 far field

自束腰到比瑞利长度 z_R 大得多的距离 z 处的辐射场。即比从束腰位置到光束面积为束腰面积 2 倍位置大得多的距离。远场是一个沿着光束传播方向延伸的很大的范围。

7.2.19　近场 near field

激光器输出光束自束腰到比瑞利长度 z_R 小得多的距离 z 处的辐射场。或激光器输出端面附近的辐射场。

7.2.20　空间光强调制度 spatial intensity modulation index

激光器近场空间光强的峰值强度与平均强度之比，用符号 M 表示，按公式 (7-27) 计算：

$$M = \frac{I_{max}}{I_{avg}} \tag{7-27}$$

式中：M 为空间光强调制度；I_{max} 为空间光强分布的峰值强度；I_{avg} 为空间光强分布的平均强度。

7.2.21 束散角 divergence angle

光束宽度 [内含功率 (或能量) 定义的] 在远场增大形成的渐近面包锥所构成的全角度，用符号 $\Theta_u, \Theta_{x,u}, \Theta_{y,u}$ 表示，也称为发散角。

对圆横截面，光束宽度为光束直径 d_u。对于非圆横截面，束散角分别由相应的 x 方向和 y 方向的光束宽度 $d_{x,u}$ 和 $d_{y,u}$ 确定。当规定束散角时，应使用下标说明相关的光束宽度，如 $\Theta_{x,50}$ 说明光束宽度为 $d_{x,50}$。这里坐标系的定义和光束宽度的定义不包括一般像散情况。

光束宽度 [功率 (或能量) 密度分布函数二阶矩定义的] 在远场增大形成的渐近面包锥所构成的全角度，用符号 $\Theta_\sigma, \Theta_{\sigma x}, \Theta_{\sigma y}$ 表示。

对圆横截面，光束宽度为光束直径 d_σ。对于非圆横截面，束散角分别由相应的 x 方向和 y 方向的光束宽度 $d_{\sigma x}$ 和 $d_{\sigma y}$ 决定。这里坐标系的定义和光束宽度的定义不包括一般像散情况。

为了明确，束散角的标识应将符号及其适合的下标一起使用，即 $\Theta_\sigma, \Theta_{\sigma x}, \Theta_{\sigma y}$ 或 $\Theta_u, \Theta_{x,u}, \Theta_{y,u}$。

7.2.22 有效 f 数 effective f-number

〈激光〉光学元件焦距与该元件上的光束直径 d_σ 之比，也称为 F 数。有效 f 数是相对孔径的倒数，在照相机中，它就是光圈。

7.2.23 光束参数积 beam parameter product

束腰直径 $d_{\sigma 0}$ 与束散角 Θ_σ 的乘积除以 4，按公式 (7-28) 计算：

$$p_{\mathrm{bp}} = \frac{d_{\sigma 0} \cdot \Theta_\sigma}{4} \tag{7-28}$$

式中：p_{bp} 为光束参数积。光束参数积 p_{bp} 与光束传输因子 K 成反比。

椭圆光束的光束参数积分别由功率 (或能量) 分布的主轴给定。椭圆的主轴分别是椭圆的长轴和短轴。

7.2.24 光束位置 beam position

在垂直光学系统机械轴的规定面内，光束轴相对光学系统固定机械轴的位移。机械轴为连接限束孔径中心的直线。限束孔径通常由光阑和安装光学元件的镜框等组成。

7.2.25 光束指向稳定度 beam pointing stability

所测光束轴角偏移量的标准方差的 2 倍，用符号 $\Delta\theta_{2\sigma}, \Delta\theta_{2\sigma x}, \Delta\theta_{2\sigma y}$ 表示。光束指向稳定度的角偏移量可分别用 x 轴方向和 y 轴方向的分量表达，也可以用 x 和 y 两个分量合成的方向的角偏移量来表达。光束指向稳定度用角度量表达。

7.2.26　光束位置稳定度 beam positional stability

在平面 z' 上，测得光束位置漂移标准偏差的 4 倍值，用符号 $\Delta_x(z'), \Delta_y(z')$ 表示。这些量是在光束轴系 x, y, z 中定义的。如果光束位置稳定度的椭圆率大于 0.87，光束位置稳定度就看作旋转对称的，只给一个数值，使用符号 $\Delta(z')$。光束位置稳定度用长度量表示。

7.2.27　光束传输比 beam propagation ratio

光束参数积逼近理想高斯光束衍射极限程度的度量，用符号 M^2 表示，按公式 (7-29) 计算：

$$M^2 = \frac{1}{K} = \frac{\pi}{\lambda} \cdot \frac{d_{\sigma 0} \cdot \Theta_\sigma}{4} \tag{7-29}$$

式中：K 为光束传输因子 (beam propagation factor)；λ 为波长，μm；$d_{\sigma 0}$ 为束腰直径，mm；Θ_σ 为束散角，mrad。光束传输比与光束传输因子 K 互为倒数，与光束参数积 p_{bp} 成正比。

M^2 等于激光器实际光束的参数积与基模高斯光束的参数积 (TEM$_{00}$) 之比。

对于理论上的理想高斯光束，光束传输比为 1。而对于任何实际的激光束，光束传输比的值都大于 1。M^2 是表示光束质量的参数，光束质量评价的应用最好是使用 M^2。术语"光束传输因子"及其符号 K 未来不打算再使用。

7.2.28　平均能量密度 average energy density

〈激光〉光束在其定义的横截面积中的总能量除以该光束的横截面积 A_u 或 A_σ，用符号 H_u 或 H_σ 表示。平均能量密度是激光束在定义的横截面上单位面积的平均能量，是光束在定义面积上的平均能量。

7.2.29　脉冲能量 pulse energy

一个激光脉冲所含的能量，用符号 Q 表示。脉冲能量是脉冲激光器在一个激光脉冲时间里所输出的全部能量。

7.2.30　能量密度 energy density

在垂直于激光束传输方向的横截面的 (x, y) 位置上，δA 面积上的光束能量除以面积 δA，用符号 $H(x, y)$ 表示。能量密度是在光束二维截面上某一点位置 (x, y) 的微面积的单位能量，是一个点能量密度量。

在物理量上，能量密度等同于辐照度，它们的测量单位都是单位面积上的焦耳数。能量密度主要用于描述光束的辐射分布，而辐照度主要用于描述入射表面的辐射分布。

7.2.31 平均功率密度 average power density

〈激光〉光束在其定义的横截面积中的总功率除以该光束的横截面积 A_u 或 A_σ，用符号 H_u 或 H_σ 表示。平均功率密度是激光束在指定横截面的单位面积的平均功率。

7.2.32 脉冲持续时间 pulse duration

激光脉冲上升和下降到它的 50% 峰值功率点之间的间隔时间，用符号 τ_H 表示，也称为脉冲宽度 (pulse width) 或脉冲半宽度 (pulse half width)。

7.2.33 10% 脉冲持续时间 10%-pulse duration

激光脉冲上升和下降到它的 10% 峰值功率点之间的间隔时间，用符号 τ_{10} 表示。对于同一个脉冲，10% 脉冲持续时间比脉冲持续时间 (脉冲半宽度) 要长。

7.2.34 连续功率 CW-power

连续激光器的输出功率，用符号 P 表示。即激光持续辐射时间大于或等于 0.25s 的激光器单位时间辐射的能量。

7.2.35 脉冲重复频率 pulse repetition rate

重复脉冲激光器每秒钟发出的激光脉冲个数，用符号 f_p 表示。例如，一个高重频激光器的脉冲重复频率 $f_p = 100$kHz。两个相邻脉冲之间的时间间隔称为脉冲重复周期，它是脉冲重复频率的倒数，用符号 T_p 表示。

7.2.36 脉冲功率 pulse power

脉冲能量 Q 与脉冲持续时间 τ_H 之比，用符号 P_H 表示。激光的脉冲能量是随时间变化的山峰形分布，脉冲功率是指一个单脉冲的功率，是单脉冲持续时间里的能量平均值。

7.2.37 平均功率 average power

脉冲能量 Q 与脉冲重复频率 f_p 的乘积，用符号 P_{av} 表示。对于脉冲激光器，平均功率是 1s 内所发出的每一个脉冲的能量相加的总和，即单位时间所发出脉冲能量的总和。

7.2.38 峰值功率 peak power

〈激光〉功率时间函数的最大值，用符号 P_{pk} 表示。峰值功率是脉冲激光器发出一个脉冲中的最高能量点的功率。实际确定激光器的峰值功率是测出多个输出脉冲的峰值功率后取它们的平均值。

7.2.39   输出功率不稳定度 output power instability

在一定的时间范围内，激光输出功率变化的 2 倍标准差与激光输出功率的平均值的比，用符号 Δ_p 表示。输出功率不稳定度按公式 (7-30) 计算：

$$\Delta_p = \frac{2\Delta P_\sigma}{P} \tag{7-30}$$

式中：Δ_p 为输出功率的不稳定度；ΔP_σ 为激光输出功率变化的标准差，W；P 为激光输出功率的平均值，W。

7.2.40   光谱辐射功率 (能量) 分布 spectral radiation power(energy) distribution

〈激光〉激光束在波长间隔 $\mathrm{d}\lambda$ 中具有的辐射功率 $\mathrm{d}P(\lambda)$ 或在脉冲激光情况下辐射能量 $\mathrm{d}Q(\lambda)$ 与这个波长间隔之比，用符号 $P_\lambda(\lambda)$ 或 $Q_\lambda(\lambda)$ 表示，也称为相对光谱密度。光谱辐射功率分布和光谱辐射能量分布分别按公式 (7-31) 和公式 (7-32) 计算：

$$P_\lambda(\lambda) = \frac{\mathrm{d}P(\lambda)}{\mathrm{d}\lambda} \tag{7-31}$$

$$Q_\lambda(\lambda) = \frac{\mathrm{d}Q(\lambda)}{\mathrm{d}\lambda} \tag{7-32}$$

在任何带宽 λ_{low} 至 λ_{high} 之间的激光的辐射功率 P 和辐射能量 Q 分别按公式 (7-33) 和公式 (7-34) 计算：

$$P = \int_{\lambda_{\mathrm{low}}}^{\lambda_{\mathrm{high}}} P_\lambda(\lambda)\mathrm{d}\lambda \tag{7-33}$$

$$Q = \int_{\lambda_{\mathrm{low}}}^{\lambda_{\mathrm{high}}} Q_\lambda(\lambda)\,\mathrm{d}\lambda \tag{7-34}$$

[ISO 13695：2004，3.4]

7.2.41   峰值发射波长 peak-emission wavelength

光谱辐射功率 (或能量) 分布达到其最大值的波长，用符号 λ_p 表示，又称为强度峰值波长 (peak intensity wavelength)，见图 7-18 所示。

峰值发射波长是在给定方向上，光源辐射强度最大的光波波长。

[ISO 13695：2004，3.5]

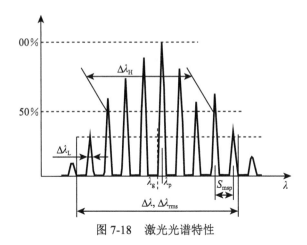

图 7-18 激光光谱特性

7.2.42 加权平均波长 weighted average wavelength

代表光谱辐射功率 (或能量) 分布重心的波长，也称为一阶矩波长 (first moment wavelength)，用符号 λ_g 表示，见图 7-18 所示。加权平均波长 (一阶矩) 按公式 (7-35) 计算：

$$
\lambda_g = \frac{\displaystyle\int_{\lambda_{\min}}^{\lambda_{\max}} \lambda S(\lambda)\mathrm{d}\lambda}{\displaystyle\int_{\lambda_{\min}}^{\lambda_{\max}} S(\lambda)\mathrm{d}\lambda} \tag{7-35}
$$

式中：λ_g 为加权平均波长；$S(\lambda)$ 为连续激光的光谱辐射功率分布 $P_\lambda(\lambda)$，或脉冲激光的光谱辐射能量分布 $Q_\lambda(\lambda)$；$\lambda_{\min}$ 为积分光谱的最短波长；$\lambda_{\max}$ 为积分光谱的最长波长；λ 为光谱波长。

公式 (7-35) 中的积分上限 $\lambda_{\max}$ 和下限 $\lambda_{\min}$ 间隔以外的光谱辐射功率 (或能量) 应小于光谱辐射功率 (能量) 分布最大值的 1%。

[ISO 13695：2004，3.6]

7.2.43 中心波长 central wavelength

多条光谱线或多个模式的波长的加权平均值，用符号 $\bar\lambda$ 表示。中心波长按公式 (7-36) 计算：

$$
\bar\lambda = \frac{\displaystyle\sum_{i=i_{\min}}^{i=i_{\max}} I_i \lambda_i}{\displaystyle\sum_{i=i_{\min}}^{i=i_{\max}} I_i} \tag{7-36}
$$

式中：λ_i 为第 i 条谱线或第 i 个模式的波长；I_i 为第 i 条谱线或第 i 个模式的相对辐射功率；$i_{\min}$、$i_{\max}$ 分别为低于和高于 λ_p 的边缘谱线或模式。

通常，求和限的选择要使得求和限以外的谱线或模式的相对辐射功率小于最强相对辐射功率波长 λ_p 的 1‰。这个概念特别适用于多模激光的情况。

[ISO 13695：2004，3.7]

7.2.44　平均波长 average wavelength

光速与光发射的平均频率之比，用符号 λ_{av} 表示，按公式 (7-37) 计算：

$$\lambda_{\mathrm{av}} = \frac{c}{\nu_{\mathrm{av}}} \tag{7-37}$$

式中：λ_{av} 为平均波长；c 为光速；ν_{av} 为光发射的平均频率。

光发射平均频率可以通过外差测量等方法直接测量得到。

[ISO 13695：2004，3.8]

7.2.45　均方根光谱辐射带宽 RMS spectral radiation bandwidth

光谱辐射功率 (或能量) 分布的二阶矩的开方，用符号 $\Delta\lambda$ 表示，见图 7-18 所示。均方根光谱辐射带宽按公式 (7-38) 计算：

$$\Delta\lambda = \sqrt{\frac{\int_{\lambda_{\min}}^{\lambda_{\max}} (\lambda - \lambda_{\mathrm{g}})^2 S(\lambda)\mathrm{d}\lambda}{\int_{\lambda_{\min}}^{\lambda_{\max}} S(\lambda)\mathrm{d}\lambda}} \tag{7-38}$$

式中：$S(\lambda)$ 为连续激光器的光谱辐射功率分布 $P_\lambda(\lambda)$，或脉冲激光器的光谱辐射能量分布 $Q_\lambda(\lambda)$；积分上限 $\lambda_{\max}$ 和下限 $\lambda_{\min}$ 间隔以外的光谱辐射功率 (或能量) 应小于光谱辐射功率 (或能量) 分布最大值的 1‰。

[ISO 13695：2004，3.9]

7.2.46　均方根光谱带宽 RMS spectral bandwidth

各条光谱的波长与中心波长之差的平方乘以各条光谱相应的相对辐射功率的和，再除以各条光谱的相对辐射功率之和后的均方根，用符号 $\Delta\lambda_{\mathrm{rms}}$ 表示，见图 7-18 所示。均方根光谱带宽按公式 (7-39) 计算：

$$\Delta\lambda_{\mathrm{rms}} = \sqrt{\frac{\sum_{i=i_{\min}}^{i=i_{\max}} I_i(\lambda_i - \bar{\lambda})^2}{\sum_{i=i_{\min}}^{i=i_{\max}} I_i}} \tag{7-39}$$

式中：λ_i 为第 i 条谱线或第 i 个模的波长；I_i 为第 i 条谱线或第 i 个模的相对辐射功率；$\bar{\lambda}$ 为中心波长；i_{min}、i_{max} 分别为小于和大于 λ_p 的边缘谱线或模式。

通常，求和限 i_{min} 和 i_{max} 的选择要使得求和限以外的谱线或模式的相对辐射功率小于最强相对辐射功率波长 λ_p 的 1%。该定义特别适用于多模激光的情况。

[ISO 13695：2004，3.10]

7.2.47 光谱带宽 spectral bandwidth

光谱辐射功率 (或能量) 分布降低到其峰值一半时对应波长或频率的最大间隔，波长用符号 $\Delta\lambda_H$ 表示，频率用符号 $\Delta\nu_H$ 表示，又称为谱宽度或激光谱宽，见图 7-18 所示。光谱带宽是激光器发射的激光光束中所有纵模包络的较强光谱的宽度。光谱带宽也称为光谱全宽半最大值带宽 (FWHM)。

[ISO 11145：2016，3.56] 和 [ISO 13695：2004，3.11]

7.2.48 光谱线宽 spectral linewidth

在单纵横光谱的 $\delta\lambda$ 范围内，光谱辐射功率 (或能量) 分布降低到其峰值一半时的两波长间隔的最大差值，用符号 $\Delta\lambda_L$ 表示，见图 7-18 所示。光谱线宽与光谱带宽相似，但是其是为单 (纵) 模或者其他在间隔 $\delta\lambda$ 范围内包含的清晰可分辨和可以标记的光谱特性而定义的。光谱线宽也称为光谱全宽半最大值线宽 (FWHM)。激光线宽通常由谐振腔的品质因数决定，腔的品质因数越高，激光线宽就越窄。

[ISO 13695：2004，3.12]

7.2.49 连续激光器的阿伦方差 Allen variance for CW laser

在选定的平均时间间隔内两次频率起伏采样的方差，用符号 $\sigma_y^2(2\tau)$ 表示。连续激光器的阿伦方差按公式 (7-40) 计算：

$$\sigma_y^2(2,\tau) = \left\langle \frac{[\bar{y}(k+1) - \bar{y}(k)]^2}{2} \right\rangle \tag{7-40}$$

式中：$\langle\ \rangle$ 为对无限组数据的平均；$\bar{y}(k)$ 为这组数据中对 $\bar{y}$ 的第 k 次测量值；τ 为选定的平均时间间隔，s；$\bar{y}$ 为在 τ 时间间隔内对 $y(t)$ 的平均。

对于频率测量，相对偏差 $y(t)$ 按公式 (7-41) 计算：

$$y(t) = \frac{\nu(t) - \nu_0}{\nu_0} \tag{7-41}$$

式中：$\nu(t)$ 为瞬时频率；ν_0 为名义频率。

测量时间间隔需一直保持为 τ，且相邻测量之间无死时间。对于 $\tau<100s$，数据组至少包括 100 个数据。对于更大的 τ，数据量可以减少，但应在测试报告中注明。

$\bar{y}$ 可由外差探测测量获得，其中频率差 $\Delta \nu$ 是时间间隔 τ 内积分，并相对振荡频率 ν_0 归一化。

由于 $y = \Delta \nu / \nu = -\Delta \lambda / \lambda$，$\sigma_y^2(2, \tau)$ 同时也是频率稳定性或波长稳定性的度量。

[ISO 13695：2004，3.19]

7.2.50 仪器响应函数 instrumental response function

仪器在设定波长 λ 处相对于单色波长 λ_0 输入的响应 (输出信号)，用符号 $R(\lambda, \lambda_0)$ 表示。通常，在仪器的整个波长范围内，$R(\lambda, \lambda_0)$ 是近似于与输入波长无关的，二次方项忽略。对于一个经过适当调整的仪器，由以下公式 (7-42) 仪器响应函数 $R(\lambda, \lambda_0)$ 的一阶矩定义的波长 λ_g 应该等于输入波长，即 $\lambda_g = \lambda_0$。

$$\lambda_g = \frac{\displaystyle\int_{\lambda_{\min}}^{\lambda_{\max}} \lambda R(\lambda, \lambda_0) \mathrm{d}\lambda}{\displaystyle\int_{\lambda_{\min}}^{\lambda_{\max}} R(\lambda, \lambda_0) \mathrm{d}\lambda} \tag{7-42}$$

[ISO 13695：2004，3.20]

7.2.51 仪器有效光谱带宽 instrumental effective spectral bandwidth

由以下公式 (7-43) 仪器响应函数 $R(\lambda, \lambda_0)$ 的二阶矩定义的光谱宽度，用符号 $\Delta \lambda_{\mathrm{ins}}(\lambda_0)$ 表示：

$$\Delta \lambda_{\mathrm{ins}}(\lambda_0) = \sqrt{\frac{\displaystyle\int_{\lambda_{\min}}^{\lambda_{\max}} (\lambda - \lambda_g)^2 R(\lambda, \lambda_0) \mathrm{d}\lambda}{\displaystyle\int_{\lambda_{\min}}^{\lambda_{\max}} R(\lambda, \lambda_0) \mathrm{d}\lambda}} \tag{7-43}$$

如果，正如通常假设的，$R(\lambda, \lambda_0)$ 和 $\Delta \lambda_{\mathrm{ins}}(\lambda_0)$ 近似与输入波长 λ_0 无关，则有效带宽 $\Delta \lambda_{\mathrm{ins}}$ 的使用没有争议。

[ISO 13695：2004，3.21]

7.2.52 相干性 coherence

〈激光〉电磁波场各点之间有恒定相位关系的特性。相干性可从时间维度和空间维度来体现，因此，有时间相干性和空间相干性。

7.2.53 时间相干性 temporal coherence

〈激光〉在同一位置，不同时刻电磁波相位的相关特性。当叠加光波传播时间差在一定范围内，叠加光波之间就能具有相对固定的相位差，这样的叠加光波是时间相干的。

7.2.54　空间相干性 spatial coherence

〈激光〉在同一时刻，不同位置电磁波相位的相关特性。当叠加光波传播空间差在一定范围内，叠加光波之间就能具有相对固定的相位差，这样的叠加光波是空间相干的。

7.2.55　相干长度 coherence length

〈激光〉激光辐射在其传播方向上能保持有效相位关系的距离，用符号 l_c 表示。相干长度可用公式 $c/\Delta\nu_H$ 计算，式中的 c 为光速，$\Delta\nu_H$ 为激光发射的频率带宽。

7.2.56　相干时间 coherence time

〈激光〉激光辐射保持有效相位关系的间隔时间，用符号 τ_c 表示。相干时间可用公式 $1/\Delta\nu_H$ 计算，式中的 $\Delta\nu_H$ 为激光发射的频率带宽。

7.2.57　圆偏振 circular polarization

〈激光〉在均匀光学介质中，激光电场矢量为常量振幅，并以辐射频率绕传播方向旋转的辐射波状态。圆偏振的电场矢量的末端点描绘成一个圆。

7.2.58　椭圆偏振 elliptical polarization

〈激光〉在均匀光学介质中，激光电场矢量以辐射频率绕传播方向旋转且振幅变化的辐射波状态。椭圆偏振的电场矢量的末端点描绘成一个椭圆。

7.2.59　线偏振 linear polarization

〈激光〉辐射波电场矢量在一个固定方位上振动的状态。在均匀光学介质中，电场矢量限定在包含辐射传播方向的一个平面内。线偏振度大于 0.9，偏振方向不随时间而变的激光束称为线偏振光束。

[ISO 11145：2016，3.40]

7.2.60　线偏振度 degree of linear polarization

〈激光〉偏振的两个相互垂直方向的光束功率 P（或能量 Q）的差与和之比，用符号 P 表示，按公式 (7-44) 计算：

$$P = \frac{P_x - P_y}{P_x + P_y} \quad 或 \quad P = \frac{Q_x - Q_y}{Q_x + Q_y} \tag{7-44}$$

光束功率（或能量）通过线偏振器后，x 方向和 y 方向的选取分别为衰减最小或最大。通过线偏振器后光束衰减最小的 x 方向是偏振方向。

[ISO 11145：2016，3.41]

7.2.61　部分偏振 partial polarization

〈激光〉由自然或人工辐射源发出的既不是完全偏振也不是完全不偏振的辐射。部分偏振光束可看作偏振光和非偏振光两部分组成。如果激光束的线偏振度大于 0.1 但小于 0.9，并且偏振方向不随时间变化，称为部分线偏振。

[ISO 11145：2016，3.42]

7.2.62　随机偏振辐射 randomly polarized radiation

〈激光〉由两相互垂直、固定方向的线偏振波合成的，且各振幅随时间任意改变的辐射波，或偏振方向任意变化的辐射波。

[ISO 11145：2016，3.43]

7.2.63　波前 wavefront

〈激光〉激光束光波的等相面，也称为波阵面。波前也是传播的激光光波中，所有以同一相位振动的各点连接起来构成的曲面。在各向同性的介质中，波前与光线相垂直。

7.2.64　波前畸变 wavefront distortion；wavefront aberrance

〈激光〉激光束光波的实际波前对参考面 (通常是平面和球面) 的偏离。偏离量用参考光波表面法线方向的波长数度量。

7.2.65　量子效率 quantum efficiency

〈激光〉在光泵浦激光器中，一个激光光子能量与一个贡献于粒子数反转的泵浦光子能量之比，用符号 η_Q 表示。

[ISO 11145：2016，3.54]

7.2.66　量子缺失 quantum defect

激光光子能量与贡献于粒子数反转的泵浦光子能量之差。量子缺失参数反映的本质是激光器的效率。

7.2.67　激光器效率 laser efficiency

激光束内的所有功率 (或能量) 与直接输入激光器的所有泵浦功率 (或能量) 的比，用符号 η_L 表示。

[ISO 11145：2016，3.31]

7.2.68　激光装置效率 laser device efficiency

激光束内的所有功率 (或能量) 与包括全部附属系统在内的所有输入功率 (或能量) 的比，用符号 η_τ 表示。

[ISO 11145：2016，3.18]

7.2.69　激光器噪声 noise of laser

激光器输出光波的相位和振幅的无规则涨落。噪声主要有激光物理性能异化自身产生的噪声和非激光特性导致的外因噪声。自身噪声产生的原因主要有自发发射噪声、等离子体噪声和模拍噪声等；外因噪声主要有热噪声与颤噪声等。

7.2.70　自脉冲 self-pulsing

某些激光器即使在连续泵浦条件下也能发射出光脉冲序列的现象。这种现象常见于光纤激光器。

7.2.71　相对强度噪声 relative intensity noise (RIN)

辐射功率起伏平方 $\Delta P(f)^2$ 的平均值与辐射功率平方 $P(f)^2$ 的平均值之比乘以频率带宽 Δf 的倒数，也称为相对强度噪声谱密度，是频率 f 的函数，用符号 $R(f)$ 表示，按公式 (7-45) 计算。即单位带宽的光强度均方噪声与平均光功率平方的比值。

$$R(f) = \frac{\langle \Delta P(f)^2 \rangle}{\langle P(f)^2 \rangle} \cdot \frac{1}{\Delta f} \tag{7-45}$$

7.2.72　动静比 output ratio of Q-switching to free running

激光调 Q 输出能量与静态 (不调 Q 输) 输出能量的比值。一般，调 Q 激光器的能量转换效率都要比相应的静态激光器的能量转换效率低，动静比一般总是小于 1。一般的调 Q 激光器输出能量的动静比为 1:10 至 1:5 之间，好的可达 1:2 或再高一点。

7.2.73　荧光光谱 fluorescence spectrum

〈激光〉激发态物质经照射后自发辐射的频谱，也称为荧光发射光谱。当激发光源照射物质停止后，物质再发射的光称为荧光。荧光是物质吸收电磁辐射后受到激发，受激发原子或分子在去激发过程中再发射波长与激发辐射波长相同或不同的辐射。荧光是光致发光，也是二次发光，在激发光源停止照射后，再发射过程立即停止。

7.2.74　荧光激发谱 fluorescence excitation spectrum

用不同波长而光强保持一定的单色光激发物质时所得到的荧光强度随波长而变化的谱图，也称为激发光谱。

7.2.75　荧光分支比 fluorescence branching ratio

由同一高能级跃迁到不同低能级可发射不同的荧光谱线，其中某一荧光谱线所对应的光子数与同一高能级所发射的全部荧光光子数之比。

7.2.76   荧光线宽 fluorescence linewidth

荧光谱线峰值强度的一半处所对应的两个频率 (或波长) 之差，也称为谱线宽度或半值宽度，简称为线宽。由于原子 (分子、离子) 体系的各能级存在固有宽度，加上热运动及粒子之间的碰撞等因素的存在，导致辐射光谱线有一定的频率展开，使光谱中各个频率分量的强度随频率的变化呈现出某种频率强度分布形状。

7.2.77   荧光量子效率 fluorescence quantum efficiency

单位时间 (秒) 内，发射的荧光光子数与所吸收的激发光子数之比值，又称为荧光量子产额 (quantum yield of fluorescence) 或荧光效率。

7.2.78   荧光寿命 fluorescence lifetime

激发停止后，荧光光强衰减到开始衰减时光强的 1/e (即开始衰减时光强的 36.8％) 所经历的时间。

7.2.79   激光器寿命 laser lifetime

激光装置或激光组件能保持制造方规定的工作性能的时间长度 (或脉冲数)。其使用、服务和维护维修条件由制造方规定。

[ISO 11145：2016，3.34]

7.3   激 光 技 术

7.3.1   泵浦 pumping

将能量供给粒子，使其由低能态跃迁到高能态的过程。泵浦按粒子到上能级的途径分有直接泵浦和间接泵浦类别；按泵浦源分有闪光灯泵浦、激光二极管泵浦、包层泵浦等。

7.3.2   直接泵浦 direct pumping

将激活粒子直接泵浦到激光上能级的泵浦方式，也称为谐振泵浦。与传统的泵浦方式相比，直接泵浦方式中不再有从更高能级向激光上能级的无辐射跃迁过程，因此直接泵浦具有热效应小、效率高的优势。

7.3.3   间接泵浦 indirect pumping

泵浦系统将粒子从基态能级激发到某一中间态能级，然后再从中间态能级转移到激光上能级的泵浦方式。间接泵浦使粒子从基态能级到激光上能级的转换采用了两步来实现，即先到某个中间态能级然后再到激光上能级。间接泵浦的优点为：中间能级的寿命远大于激光上能级，中间能级上很容易积累大量的粒子；将粒子从基态激发到中间能级态的概率要比激发到激光上能级态的概率大得多，可降低对泵浦的要求；可以使中间能级向激光上能级的弛豫过程比中间能级向激光下能级的弛豫过程快得多。间接泵浦方式有自上而下泵浦、自下而上泵浦或横向转移泵浦等方式。

7.3.4 闪光灯泵浦 flash lamp pumping

用闪光灯作为固体激光介质泵浦源的泵浦方式。常用的闪光灯包括氙灯和氪灯。由于闪光灯的发光光谱很宽，激光介质仅能吸收部分光谱，因此闪光灯泵浦的固体激光器效率低 (不足 20％)、体积大、热效应严重。

7.3.5 激光二极管泵浦 laser diode pumping

用激光二极管 (LD) 作为固体激光介质泵浦源的泵浦方式。由于激光二极管的发光光谱窄，可以与激光介质的吸收光谱有很好的匹配。激光二极管泵浦 (电光转换效率可达 30％以上) 的固体激光器具有效率高、频率稳定性好、体积小、结构简单、寿命长等优点。

7.3.6 包层泵浦 clading pumping

在双包层光纤中，泵浦光在内包层中传输，在传输过程中与纤芯有效耦合，实现纤芯中掺杂离子向高能态跃迁的一种泵浦方式。

7.3.7 热透镜效应 thermal lens effect

热使棒状光学介质的光程分布沿径向发生变化，光通过这种热不均匀介质，使其具有对光束会聚或发散作用的效应。介质因热效应产生变形和折射率变化，其效果相当于一个透镜的现象。由于激光器的工作，导致工作介质发热，中心热膨胀最厉害，形成工作介质空间分布的温度梯度，造成了晶体各部分密度不同的折射率不均匀分布，其光学作用像一个透镜，故称其为热透镜效应。热透镜效应是各类热效应中对光束质量影响最大的。

7.3.8 相位匹配 phase matching

〈激光〉为保证不同频率的光波在非线性介质中传播的相速度相等，以获得最显著的非线性光学效应所必须满足的相位条件。

7.3.9 准相位匹配 quasi-phase matching

〈激光〉在介电体超晶格材料中，利用周期调制的正负畴结构来补偿非线性频率转换过程中的波矢失配，以获得最显著的非线性光学效应的调整方式。

7.3.10　非线性光学频率变换 nonlinear optical frequency conversion

利用非线性光学的方法获得新频率光波的技术。通过用强光束作用非线性光学材料，来获得输出光频率高于或低于入射光频率的频率变换方法。非线性光学频率变换技术扩大了激光的波段范围，可获得更多的激光波段。

7.3.11　倍频 frequency doubling

利用非线性光学频率变换的方法，获得输出光频率为入射光频率两倍的光波的技术，也称为二次谐波产生 (second harmonic generation，SHG)。利用非线性材料 (例如偏硼酸钡 BBO) 在强激光作用下的二次非线性效应，使频率为 ω 的激光通过与非线性材料的相互作用后变为频率为 2ω 的倍频光，例如通过非线性材料将 1.06μm 的近红外激光倍频成 0.532μm 的绿光。倍频是将光波的波长缩短的频率变换。

7.3.12　和频 sum frequency (SF)

利用非线性光学频率变换的方法，获得频率为各入射光频率之和的光波的技术，也称为和频产生 (sum frequency generation，SFG)。在非线性材料中，由于极化率的各向异性，一个低能量 (低频) 光子把能量先传给了原子内的电子，电子再把这份能量传给了另一个低能 (低频) 光子，从而合成一个高能量 (高频) 的光子，例如通过非线性材料将波长 1319nm 光与波长为 639nm 的入射光经和频成为波长为 430nm 的光 (430nm 的频率是 1319nm 的频率的 3 倍；639nm 的频率是 1319nm 的频率的 2 倍)。和频是将光波的波长缩短的频率变换。

7.3.13　差频 difference frequency(DF)

利用非线性光学频率变换的方法，获得频率为各入射光频率之差的光波的技术，也称为差频产生 (difference frequency generation，DFG)。例如，将频率较高的泵浦光和频率相对较低的信号光入射到非线性晶体中，由于光与非线性材料的二阶非线性效应，产生的空闲光的频率比泵浦光和信号光的频率均低。差频是将光波的波长加长的频率变换。

7.3.14　频移 frequency shift

入射光经过某种介质，产生频率与入射光频率不同 (较高或较低) 的光的现象。将频率由低频移到高频为频率上转换，而将频率由高频移到低频为频率下转换。

7.3.15　频率上转换 frequency up-conversion

用和频或倍频等方法得到较高频率光输出的转换技术。频率上转换是通过入射光波与非线性材料的相互作用将低频率的光转变成高频率光的方式或技术，也称为能量上转换。

7.3.16 频率下转换 frequency down-conversion

用差频等方法得到较低频率光输出的转换技术。频率下转换是通过入射光波与非线性材料的相互作用将高频率的光转变成低频率光的方式或技术，也称为能量下转换。

7.3.17 倍频效率 frequency doubling efficiency

倍频光功率 (或能量) 与基频光功率 (或能量) 的百分比值。倍频效率的典型值为：连续脉冲的一般小于 50%(峰值光强不够)；皮秒至纳秒脉冲的可以达到 80% 以上；100fs 至皮秒脉冲的可以达到 70%(典型值为 50%)；100fs 以下脉冲的一般小于 50%(时间偏离严重，典型值为 30%)。

7.3.18 光参量放大 optical parametric amplification

在非线性晶体中，由于激光与晶体的参量效应，低频信号光从高频泵浦光吸取能量而得到的放大。光参量放大是泵浦光光子湮没，而增强低频信号光子或光强的过程。

7.3.19 光参量振荡 optical parametric oscillation

将非线性晶体置入合适的谐振腔中，当高频泵浦光的输入功率超过阈值时，由光参量放大作用所形成的激光振荡。

7.3.20 啁啾 chirping

光源发射光波的频率随时间快速变化的现象，也称为啁啾效应。啁啾效应是由于群速度色散、非线性效应、注入电流的变化等导致产生的。频率随着时间变化而增高称为上啁啾；频率随着时间变化而降低称为下啁啾。

7.3.21 啁啾脉冲放大 chirped pulse amplification(CPA)

用展宽器对振荡器输出的超短脉冲 (皮秒或飞秒) 引入一定的色散，将脉冲的宽度在时域上展宽 (如百万倍等)，然后在放大器中进行放大，待获得较高能量后，通过压缩器补偿色散将脉冲宽度压缩回皮秒级或飞秒级，以形成高峰值功率激光脉冲的技术。啁啾脉冲放大系统主要由振荡器、展宽器、放大器和压缩器组成。啁啾脉冲放大是实现超短脉冲激光放大的核心技术，是实现高峰值功率激光的最佳手段。超短脉冲激光峰值功率较高，直接放大时，峰值功率过高会损伤光学元件。啁啾脉冲放大先在时域上将脉冲展宽 (如展宽到纳秒或更长时间)，降低峰值功率，使在放大过程中降低元件的损伤风险，并提高放大效率。能量放大后，在时域上再把光脉冲压缩回到原来的超短状态，这样就可以安全地实现高峰值功率的超短脉冲激光。啁啾脉冲放大的发明在国内外的超大型激光装置中都获得了广泛应用。

7.3.22   受激拉曼散射 stimulated Raman scattering

当一定强度的光入射到某些介质时, 由介质内部原子、分子的振动或转动所引起的伴有频移谱线出现的散射。在受激拉曼散射频率谱中, 与入射光频率相同的两侧伴有频差相等的散射谱线, 频移量较大 (相应于振动能级的能量差), 散射光频率小于入射光频率 (波长长) 的散射称为斯托克斯拉曼散射, 对应的频移称为斯托克斯拉曼频移, 散射光的频率大于入射光频率 (波长短) 的散射称为反斯托克斯拉曼散射, 对应的频移称为反斯托克斯拉曼频移。受激散射光与入射泵浦光的光子简并度、光强、频谱等特性参数有密切关系。

7.3.23   受激布里渊散射 stimulated Brillouin scattering

一定强度的光通过光学介质时, 有声学支 (低频) 分子振动参与的, 散射光具有受激辐射性质的伴有频移谱线出现的散射。受激布里渊散射的光谱特征与拉曼散射相同 (见受激拉曼散射)。当入射光强达到一定水平时, 自发散射将变为受激散射, 受激拉曼散射和受激布里渊散射都属于受激散射。

7.3.24   拉曼频移 Raman frequency shift

通过受激拉曼散射, 获得频率比入射光频率较高或频率较低的光的技术。拉曼频移的分布现象见受激拉曼散射。

7.3.25   电光效应 electro-optical effect

介质的折射率在电场的作用下发生变化的现象。电光效应是通过对电光晶体施加一定的电压后, 使电光晶体的折射率发生变化, 用电光晶体的折射率变化可对通过电光晶体的光信号的相位、幅度、强度、偏振等状态进行调制。常见的电光晶体材料有铌酸锂晶体 ($LiNbO_3$)、砷化镓晶体 (GaAs) 和钽酸锂晶体 ($LiTaO_3$) 等。

7.3.26   声光效应 acousto-optical effect

声波作用介质, 使通过介质的光产生衍射或散射的现象。声光效应是通过产生超声波对声光介质作用, 超声波的纵向机械弹性波 (应力波) 使声光介质的密度呈疏密周期性变化, 导致介质的折射率也发生相应的周期性变化, 形成了一个等效的相位光栅, 使作用在该光栅上的激光产生衍射 (如声光调制布拉格衍射), 这种衍射光的强度、频率和方向将会随超声波场的变化而变化。激光印刷机中的激光束偏转调制器等就是声光效应的应用。声光效应材料主要有石英玻璃、磷化镓、二氧化铁、铌酸锂、硫化钙、透明铁电陶瓷等。

7.3.27   调 Q Q-switching

使激光器谐振腔 Q 值由低到高或由高到低突变的技术, 也称为 Q 调制 (Q modulation)。调 Q 技术是高功率脉冲激光器的主要基础技术之一, 是通过 Q 开关元件在腔内的使用来压缩激光器输出脉冲宽度和提高脉冲峰值功率。Q 调制有两种实现技术途径，一种是通过受激态粒子数的积累实现，另一种是通过光子的积累实现。受激态粒子数的积累方式是：使在泵浦激励刚开始时光谐振腔为高损耗因子状态，此时激光器阈值高而不能产生激光振荡，使亚稳态上的粒子数可以积累到较高水平，然后在适当时刻使腔的损耗因子突然降低，导致阈值也随之突然降低，反转粒子数大大超过阈值，使受激辐射迅速增强的过程。光子的积累方式是：将激光能量存储于激光器内的光子里，即将腔的 Q 值初始时调得很高，容易产生振荡而不输出，使腔内光子数越来越多，被积累的能量越来越大，然后突然增大损耗使 Q 值下降，来输出激光的过程，也称为腔倒空或透射模式输出。调 Q 是采取某种措施，获得脉冲激光器输出脉宽极窄、功率巨大光脉冲的一种技术，或使激光能量在时间上进一步高度集中的技术。Q 调制就是通过某些技术措施使腔内的损耗按规定的程序进行变化的过程。通过应用调 Q 技术，可使输出激光的脉冲时间宽度压缩到纳秒量级，峰值功率可提高到兆瓦 (MW) 量级，即 10^6 W。调 Q 开关的类型主要有声光开关、转镜开关、电光开关、饱和吸收染料开关等。

7.3.28 开关时间 switching time

在调 Q 激光器中，Q 开关的通断使谐振腔 Q 值从最小值变到最大值所经历的时间。开关时间远小于脉冲延迟建立的时间称为快开关，阶跃函数开关属于快开关；开关时间与脉冲延迟建立的时间相差不多或更长的称为慢开关，线性函数开关、抛物线函数开关属于慢开关。

7.3.29 腔倒空 cavity dumping

急剧改变谐振腔的 Q 值，在高 Q 值状态下把储藏在谐振腔内的全部能量取出以获得激光输出的技术。即应用调 Q 技术，在腔内的光子数达到极大值时，将腔内的光子瞬间倒到腔外。

7.3.30 激光调制 laser modulation

用信号来控制激光参数的技术。激光调制通常有振幅调制、偏振调制、强度调制、相位调制、频率调制等。激光调制按调制的位置可分为腔内调制和腔外调制；按调制的方法可分为电光调制、声光调制、磁光调制、直接调制等。

7.3.31 腔内调制 intracavity modulation

在激光振荡过程中加载调制信号，以调制信号去改变激光器的振荡参数，从而使输出的激光带有需要传递的信息的调制，也称为内调制。腔内调制就是通过改变谐振腔内激光振荡条件或内部参数而实现激光输出特性改变的激光调制，如增益、共振腔 Q 值或光程等参数。腔内调制的形式主要有电源调制和谐振腔参数调制。腔内调制的特点是小型化和集成度高。

7.3.32　腔外调制 outercavity modulation

在激光器外的光路中放置调制器，通过调制信号改变调制器的物理特性，激光通过调制器后，光波的某参量受到改变，从而实现信息加载的调制，也称为外调制。腔外调制是在激光束形成后进行的，以改变激光束的输出参数。腔外调制的特点是调整方便，不受激光器件工作速率的限制，因此，它比腔内调制的调制带宽要宽得多。

7.3.33　电光调制 electro-optical modulation

利用某些晶体在外加电场的作用下其折射率会发生变化的效应，对通过此介质光波的参量 (相位、频率、偏振态和强度等) 进行控制的调制。电光调制就是通过对施加电场的变化来改变材料折射率所进行的调制。典型的电光调制是泡克耳斯效应、克尔效应的调制，调制的效应是材料的折射率的大小和性质发生变化，材料变成了具有双折射的性质。

7.3.34　光致折射率变化效应 photoinduced refractive index change effect; photorefractive effect

在各向同性的非线性介质中，强光场引起介质极化率的实部 (折射率) 变化的效应，也称为光学克尔效应 (optics Kerr effect)，或光致折射率变化。光致折射率变化效应属于三阶非线性光学效应，非线性折射率变化的大小与光强的大小成正比。光致折射率变化效应会导致光束自聚焦、自相位调制等现象，是克尔透镜锁模的基础。

强光作用各向同性的非线性介质导致光致折射率效应的物理机制主要为: ① 介质内部电子云分布的畸变，引起介质极化强度的改变，其响应时间在飞秒至亚皮秒量级; ② 有极性的液体分子重新取向引起折射率的改变，其响应时间在皮秒量级; ③ 内部带电质点发生位移，引起介质内密度的起伏 (电致伸缩效应)，其响应时间在纳秒量级; ④ 介质吸收产生温升而引起折射率的变化 (热效应)，其响应时间为毫秒以上量级。

7.3.35　自相位调制 self-phase modulation (SPM)

〈激光〉在各向同性的非线性介质中，信号光束的光强发生能产生光学克尔效应的变化引起信号光束自身相位变化的调制。在单波长系统中，光强变化导致相位变化时，自相位调制效应使信号频谱逐渐展宽，这种展宽与信号的脉冲形状和光纤的色散有关。在光纤的正常色散区中，由于色散效应，一旦自相位调制引起频谱展宽，沿着光纤传输的信号将发生较大展宽。但在异常色散区，光纤的色散效应和自相位调制效应可能会相互补偿，从而使信号的展宽变小。光纤中信号光强的瞬时变化也有会引起其自身相位调制的情况。

7.3.36 外相位调制 phase modulation of external effect

在各向同性的非线性介质中，对信号光束传输的介质施加光强能达到产生光学克尔效应的另外的光束，使信号光束的相位发生变化的调制。在外相位调制中，信号光束的光强，可以是达到能产生光学克尔效应的光强，也可以是不能产生光学克尔效应的光强。在外相位调制中，施加的另外光束对信号光束调制的本质是改变信号光束传输介质的折射率来实现对信号光束相位的改变，施加的另外光束通常是非信号光束，其频率通常采用与信号光束频率明显差别的频率。

7.3.37 交互相位调制 cross-phase modulation (CPM)

当两束或两束以上不同频率对传输介质具有光学克尔效应的信号光在同一介质中传输的相互作用所导致的互相影响相位改变的调制，也称为交叉相位调制或交互相位调变。交互相位调制是由于在介质中传输的每一种频率的光束都具有产生光学克尔效应的能力，使介质的折射率发生变化，对自己形成了自相位调制，而对不同频率的其他光形成了外相位调制，不同频率光之间的外相位调制的相互作用形成了它们之间的相位互相调制。交互相位调制技术已经应用在光纤通信技术中。这种技术主要应用于非线性脉冲压缩、被动模态锁定、超快脉冲光学开关、光学时域多工传信频道的多工解信、波长分工调制频道的波长转换等。

7.3.38 消光比 extinction ratio

〈晶体〉表征晶体消光或减光作用的参数。如电光晶体用作光开关时，它等于光开关在开启状态下的透过光强与在关闭状态下的透过光强之比。消光比是衡量光开关器件性能的参数，消光比数值越大，光开关器件的性能就越好。

7.3.39 磁光调制 magneto-optical modulation

利用磁光效应进行光波调制的方法。磁光调制是利用光波通过磁性物质时，传播特性发生变化的性质 (例如偏振方向改变等)，其包括法拉第旋转效应、克尔效应、磁致双折射效应等。

7.3.40 声光调制 acousto-optical modulation

利用声光效应进行光波调制的方法。声光调制常包括布拉格衍射调制、拉曼-奈斯衍射调制等。声波在介质中传播时，使介质产生弹性形变，引起介质的密度呈疏密相间的周期性交替分布，形成折射率周期性变化的一个光学 “相位光栅”，光栅常数等于声波波长 λ；当光波垂直声波方向通过此介质时，会产生光的衍射，衍射光的强度、频率、方向等都随波场的变化而变化。布拉格衍射是当入射光与声波面间夹角满足一定条件时，仅出现 0 级和 1 级或 −1 级衍射光 (与入射光方向有关)；拉曼–奈斯衍射是使形成与入射方向对称分布的多级衍射光。

7.3.41   液晶调制 liquid crystal modulation

利用液晶分子的电控双折射效应，通过电场控制液晶分子主轴旋转来对入射光场的振幅和相位进行调制的方法。

7.3.42   激光调谐 laser tuning

在一定条件下，采用专门技术在一定程度上或范围内连续改变激光输出波长的技术。激光调谐的技术有：① 改变激光工作物质状态或性质的调谐技术，如改变溶质的成分、浓度、溶剂种类、溶液温度的染料激光器调谐技术，以及改变半导体工作介质的温度、压力、磁场强度等的半导体激光器调谐技术等；② 改变共振腔和限纵模元件的调谐技术，如转动共振腔的色散元件或腔反射镜角度位置实现的调谐，采用了限纵模元件后改变腔长或腔内元件的折射率的调谐；③ 非线性光学效应的调谐，即改变施加到半导体散射介质上的磁场强度、受激散射光的散射角、折射率匹配条件时产生非线性光学效应实现的调谐；④ 改变自由电子激光器中的自由电子速度实现从 X 射线直到微波段的连续调谐。

7.3.43   激光限模 laser mode restriction

对激光器内光场空间分布模式 (横模) 和/或频谱模式 (纵模) 进行选择、限制和控制的方法和措施。横模的激光限模方法主要是通过谐振腔类型的选择及其具体几何参量的设计，以及采用孔径光阑或视场光阑来减少横模数量和压缩输出光束发散角实现；纵模的激光限模方法主要有：① 采用色散元件光谱选择带通滤波器方法压缩激光起振的频率范围 (压缩激光器的有效增益带宽)；② 腔内放置一块或多块标准具通带滤光元件增大两相邻纵模间的频率间隔；③ 利用组合腔 (多个共振腔回路相互耦合构成) 增大两相邻纵模的频率间隔。

7.3.44   选模 mode selection

控制并选择激光器的输出模式的方法。选模技术包括选横模和选纵模两大类。在实际应用中，有时这两类选模技术需要同时使用。

7.3.45   选横模 transverse mode selection

控制并选择激光器输出，使其输出具有一定横模状态的方法。横模选择主要是压缩光束发散角来改善激光光束的方向性来进行横模选择，方法有小孔光阑法、聚焦光阑法、猫眼谐振腔法和腔内加望远镜法等。

7.3.46   选纵模 longitudinal mode selection

控制并选择激光器输出，使其输出具有一定纵模状态的方法。纵模选择主要是限制振荡模数目来进行纵模选择，方法有色散腔法、短腔法、法-珀标准具法、复合腔法、行波腔法、薄膜吸收法等。

7.3.47 锁模 mode locking

通过主动、被动、自身等相位或/和振幅调制，使激光器中振荡的各纵模的相位保持固定关系的方法。锁模主要是让纵模间彼此叠加，建立窄脉宽、高峰值功率的激光脉冲。锁模技术一般可获得皮秒、飞秒级脉冲，峰值功率可达太瓦 (TW) 量级，即 10^{12}W。

7.3.48 主动锁模 active mode-locking

在激光谐振腔内插入一个受外界信号控制的调制器，用一定的调制频率周期性地改变腔内振荡模的频率或相位，当调制频率与纵模间隔相等时，对各个模的调制会产生边频，其频率与两个相邻纵模的频率一致，由于模之间的相互作用，使所有的模同步而实现的锁模。

7.3.49 被动锁模 passive mode-locking

将可饱和吸收体放在谐振腔内，利用可饱和吸收体的非线性吸收效应实现的锁模。被动锁模的原理是，当腔内的光强达到一定值时，腔内的可饱和吸收体对光的吸收达到饱和，使其透过率接近 100%，使强度最大的脉冲受到最小的损耗，输出很强激光脉冲的锁模方式。被动锁模是利用材料自身的、非外加技术措施产生的非线性效应来实现的锁模。

7.3.50 自锁模 self mode-locking

由激光工作物质自身的非线性效应而产生的锁模。自锁模是利用激光增益介质的自聚焦效应形成的透镜 (克尔镜) 和一个小孔 (硬孔或软孔) 构成与强度相关的透射来产生超短脉冲的锁模。

7.3.51 稳频 frequency stabilization

使输出激光频率在一定程度上稳定的技术。稳频的途径主要有保证腔长和腔内元件的机械稳定性，同时保证器件运行温度环境与腔内通光介质折射率等物理参量的稳定，具体措施有恒温、防震、密封隔声和采用稳频光源等。稳频的方式有主动稳频和被动稳频。

7.3.52 主动稳频 active frequency stabilization

通过反馈系统对激光器的腔长等参数进行控制，从而使激光频率实现稳定的技术。主动稳频的方法主要有兰姆 (Lamb) 凹谷法、双频法等。兰姆凹谷法稳频系统由 He-Ne 激光器和稳频伺服系统组成，稳频的原理是，当激光频率偏离凹谷处的中心频率时，系统自动检出误差信号后，通过调整压电陶瓷环垫长度，使其回复到中心频率。双频法是利用磁致谱裂的塞曼 (Zeeman) 效应产生的左旋和右旋圆偏振光的频差作为失谐信号进行稳频。

7.3.53　被动稳频 passive frequency stabilization

通过对激光器结构设计及制造工艺的控制，实现激光器谐振腔及工作介质折射率的稳定，从而使激光频率在一定程度上得到稳定的技术。被动稳频的方法主要有饱和吸收法等。饱和吸收法是在激光腔中设置一个 He-Ne 激光管和一个充有更稀薄特种气体 (He 或 I_2) 的吸收管，因吸收管中气体更为稀薄，使频率更加稳定。

7.3.54　频率长期稳定度 frequency long-time stabilization

在大于等于 1s 的总采样时间内，激光频率的漂移量与在这段时间内的平均频率的比值。频率长期稳定度是评价激光器在长的时间期间 (不小于 1s) 里，激光器频率波动性的参数指标，其数值越大稳定性越差，反之越好。

7.3.55　频率短期稳定度 frequency short-time stabilization

在小于 1s 的总采样时间内，激光频率的漂移量与在这段时间内的平均频率的比值。频率短期稳定度是评价激光器在短的时间期间 (小于 1s) 里，激光器频率波动性的参数指标，其数值越大稳定性越差，反之越好。

7.3.56　频率梳 frequency comb

在频谱上由一系列均匀间隔且具有相干稳定相位关系的频率分量组成的光谱。随着光通信技术的飞速发展，其在光学任意波形产生、多波长超短脉冲产生和密集波分复用等领域有着广泛应用。

7.3.57　相干合成 coherent synthesis

使多束激光光束具有相干或部分相干特性，按相干原理进行合成，以提高激光亮度的技术手段。

7.3.58　非相干合成 incoherent synthesis

将多束不具有相干特性的激光束直接进行合束，使激光输出能量 (或功率) 得到算术累加的技术手段。

7.3.59　敏化 sensitization

在晶体中除了发光中心的激活离子外，再掺入一种或多种称为敏化剂的施主离子的技术或措施。敏化剂的作用是吸收激活离子不吸收的光谱能量，并将吸收的能量转移给受主的激活离子。

7.3.60　激光强度稳定 laser intensity stabilization

通过控制激光器的器件结构及工艺、输入电源稳定性等减小激光输出功率周期性或随机性波动的技术或措施，也称为激光稳能。

7.3.61 光束准直 beam collimation

利用望远光学系统对激光器输出的激光束进行束散角压缩和光束直径扩束，以发出准直激光束的技术，也称为激光束准直，原理见图 7-19 所示。

图 7-19 中，L_1 为副镜 (相当于望远光学系统的目镜)，L_2 为主镜 (相当于望远光学系统的物镜)，f_1' 为副镜的像方焦距 (通常采用短焦距)，f_2 为主镜的物方焦距 (像方焦距为 f_2')，l 为束腰距副镜的物距 ($l \gg f_1'$)，ω_0 为激光器所发射激光的束腰半径，$\omega(l)$ 为入射在副镜表面的光斑半径，ω_0' 为束腰聚焦于副镜像方焦面上的光斑半径，ω_0'' 为主镜出射光束的半径，θ_0 为激光束的束散角，θ_0' 为经过副镜后的光束束散角，θ_0'' 为经过主镜后的光束束散角。望远光学系统对激光束的光束准直倍率 M' 按公式 (7-45) 计算：

$$M' = \frac{\theta_0}{\theta_0''} = \frac{f_2'}{f_1'} \frac{\omega(l)}{\omega_0} = M \frac{\omega(l)}{\omega_0} = M \sqrt{1 + \left(\frac{\lambda l}{\pi \omega_0^2}\right)^2} \tag{7-46}$$

式中：M 为望远光学系统的放大率或准直倍率，$M = f_2'/f_1'$；λ 为激光的波长。应用望远光学系统进行激光的光束准直，望远光学系统按反向使用，即副镜 ("目镜") 为光束的输入方，主镜 ("物镜") 为输出方。激光束准直倍率表达的是对激光束散角的压缩能力，望远镜的放大倍率越大、激光束在副镜的投影直径越大，对激光束散角的压缩能力就越大，反之越小。

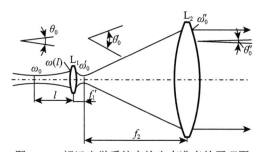

图 7-19 望远光学系统实施光束准直的原理图

7.3.62 激光制导 laser guidance

利用激光传输制导指令或接收来自目标的激光信息，纠正载体飞行方向偏差，使载体趋向目标的制导方式。激光制导有指令制导、驾束制导、照射制导等方式。

7.3.63 激光寻的制导 laser homing guidance

弹载激光寻的器接收来自目标的激光信息，使弹体获得相对目标的偏差并进行修正，控制弹体趋向目标的制导方式。

7.3.64   激光主动寻的制导 laser active-homing guidance

导弹自身携带激光目标指示器，自主向目标照射激光并接收目标反射信息的寻的制导方式。

7.3.65   激光半主动寻的制导 laser semi-active homing guidance

由弹外 (地面平台、飞机或舰船等加载的) 激光目标指示器照射目标的激光寻的制导方式。

7.3.66   激光末端制导 laser terminal guidance

在具有导引头的弹体运动行程的末端 (距目标一定距离) 使用激光寻的的制导方式。

7.3.67   激光半主动瞄准线指令制导 laser semi-active line-of-sight command guidance

导弹飞行中接收武器系统发出的编码调制激光，获得弹体偏离瞄准线的偏差，并进行修正的制导方式。包括激光驾束制导、激光指令制导、离轴激光驾束制导等。

7.3.68   激光驾束制导 laser beam-riding guidance

导弹发射后，其在对目标照射的激光束内飞行，弹上尾部接收器接收空间激光编码信息，获得弹体空中飞行位置与激光束中心偏差量，由弹内控制系统纠偏，控制导弹趋近激光束中心飞向目标的制导方式。

7.3.69   激光指令制导 laser command guidance

导弹发射后系统测角仪实时测取导弹与瞄准线空间偏差量，并由指令装置发出编码调制激光，将纠偏指令发送到弹上接收机，由弹内控制系统纠偏，控制导弹趋近瞄准线飞向目标的制导方式。

7.3.70   离轴激光驾束制导 off-axis laser beam-riding guidance

导弹发射后，其在对目标照射的激光束内飞行，弹上侧向对称布置的多个接收器接收周围大气散射的编码脉冲激光扫描信息，解算所有侧向接收器的输出信号，获得弹体与激光束中心的偏差量 (偏差距离和/或偏角)，由弹内控制系统纠偏，控制导弹趋近激光束中心飞向目标的制导方式。导弹采用侧向接收器可避开导弹尾烟 (焰) 和气动干扰，使超高速导弹发动机和推进剂的设计有更灵活的选择。

7.3.71   激光指示精度 laser designating precision

激光器指示光束能量中心与目标中心的误差。该误差可以用目标处的线距离表示，单位米 (m)；也可以用在激光发射点对目标观察的角误差表示，单位毫弧度 (mrad)。

7.3.72 激光指示距离 laser designating distance

激光目标指示器照射目标时，激光照射光束的反射能量能使与之对接或配套的激光导引头实现有效作用时的最大照射距离。

7.3.73 激光编码 laser encoding

使激光辐射的某些参量，在时间或空间上按预定的规律变化，以达到信息传输、保密或抗干扰目的的技术。

7.3.74 激光编码精度 accuracy of laser encoding

在时间、空间或光学参量上按预定的规律变化的激光编码脉冲的时间、空间或光学参量的精度。激光编码精度最终的评价是激光信息发出被接收后的正确率。

7.3.75 激光目标指示器编码精度 encoding accuracy of laser designator

采用精确频率码的激光目标指示器发射的激光脉冲的时间间隔精度。或采用变间隔频率码的激光目标指示器发射的激光脉冲的时间间隔与编码对应间隔的误差。

7.3.76 激光导引头灵敏阈 sensitivity threshold of laser seeker

激光导引头探测并能够处理出偏差信号的、在光学入瞳处的最小激光能量或功率。激光导引头灵敏阈是激光导引头的重要性能指标。

7.3.77 激光发射天线增益 gain of laser transmitting antenna

激光束通过发射天线后的远场能量密度与不加发射天线的远场能量密度之比。激光发射天线实际上是一种激光束会聚的光学望远系统，其作用是压缩激光束远程传输的光斑尺寸。

7.3.78 发射孔径 transmitting aperture

激光发射天线物镜的有效通光口径。发射孔径是从无线电借用过来的术语，指的是输出(发射)激光束的光学系统的口径。

7.3.79 接收孔径 receiving aperture

激光接收物镜的有效通光口径。接收孔径是从无线电借用过来的术语，指的是输入(接收)激光束的光学系统的口径。

7.3.80 激光测距精度 laser ranging precision

激光测距仪多次测量的目标距离的准确度与精密度合成的不确定度，即测量系统误差与偶然误差合成的不确定度。准确度为测量平均值与真值之差，精密度为多次测量值间的一致程度。

7.3.81 激光测距准测率 successful ranging probability at given laser ranging accuracy

激光测距仪对所标定的目标测距，达到规定测距精度的概率。测距精度涉及测量精密度、测量准确度和测量正确度，在规定时应明确是这些量的哪个量。

7.3.82 激光测距范围 scope of laser ranging

激光测距仪对给定目标，满足所要求的准测率时能够测量到的最近至最远的距离。激光测距范围是激光测距仪的工作能力范围。

7.3.83 激光测距仪光轴一致性 parallelism of optical axes of laser rangefinder

激光测距仪中的激光发射系统、接收系统、瞄准系统等光轴间的平行度程度，也称为三轴一致性。三轴一致性是保证激光测距仪测量精度的重要性能之一。

7.3.84 激光测距频率 repetition rate of laser ranging

激光测距仪在单位时间内的测距次数。激光测距频率是激光测距仪实施距离重复测量的次数 (不是激光脉冲重复频率)，通过这个重复测距次数可获得测距的平均值和测距的不确定值。通常根据需要，将激光测距仪的激光测距频率设置为 1Hz、5Hz、20Hz 等。

7.3.85 激光测距逻辑 laser ranging logic

在测距过程中，对脉冲计数方式、数字处理方式、目标选择方式等进行选择的策略。如 "首"、"末" 回波的选择。

7.3.86 激光测距距离选通 laser ranging gating

激光测距仪具备的在一定范围内选择目标信号范围并排除不需要的、可能被测距的非目标的功能。该功能是采用专用的距离选通电路和显示电路，通过连续或分档调节选通距离，以排除不需要的回波和近距离干扰，从而正确地测量目标距离。

7.3.87 激光测距目标选择 target selection of laser ranging

在多目标情况下，根据测距逻辑，将所需测定目标以 "外" 的目标屏蔽掉的工作方式。目标选择的目的是用于确定被测距的对象，即瞄准被测距的对象，以便正确测距。一种激光测距目标选择的方法是通过成像来选择，即通过瞄准被测目标并对其成像，可同时加入距离选通，将目标像以外的部分排除掉，由此来排除可能测距的非目标，实现目标选择。

7.3.88 激光雷达最小可探测信号 minimum detectable signal of laser radar

激光雷达能探测到的目标反射的最小信号功率或能量。激光雷达最小可探测信号是与激光雷达最大测量距离密切相关的性能参数，其是激光雷达的一项重要性能参数。

7.3.89 目标对激光的反射特性 laser reflection characteristics of targets

目标表面对入射激光的反射能量及反射激光的振幅、相位、偏振特性在空间的分布状况等的性质。目标对激光的反射特性与目标的尺寸大小、形状、材料类别、表面状况等有关。

7.3.90 激光测距角分辨力 angle resolution of laser ranging

激光测距仪在垂直光束传播方向上能区分出两个目标之间的最小夹角。激光测距角分辨力是激光测距仪的空间横向分辨力，其同时反映出激光测距仪测角的不确定度范围。

7.3.91 激光测距距离分辨力 range resolution of laser ranging

在光束传播方向上、激光测距仪接收视场内能探测到两个不完全重叠目标的最小距离间隔。激光测距距离分辨力是激光测距仪的空间纵向分辨力，其同时也反映出激光测距仪测距的不确定度范围。

7.3.92 激光对抗 laser countermeasure

利用激光进行干扰和反干扰所采取的技术措施。激光对抗是作战双方在激光频段进行的技术、战术对抗，包括激光侦察、激光干扰和激光反干扰，激光侦察包括主动侦察和被动侦察，激光干扰包括有源干扰 (压制性干扰、欺骗性干扰) 和无源干扰 (改变目标光学性能等)，激光反干扰包括多光谱技术、编码技术、距离选通技术、反辐射导弹等。

7.3.93 激光主动侦察 laser active reconnaissance

对拟定目标发射激光，对反射或散射回的信号进行探测、分析和处理，以获取目标信息的光电侦察方式。

7.3.94 激光被动侦察 laser passive reconnaissance

对对方激光辐射或激光散射信号进行探测、截获、分析和处理，以获取对方激光源的物理参数、功能、类型、方位等信息的一种光电侦察方式。

7.3.95　激光干扰 laser interference

利用激光破坏或影响对方光电系统正常工作的一种光学有源干扰技术措施。激光干扰包括激光测距欺骗干扰 (测距正偏差或负偏差技术)、激光制导武器欺骗干扰 (假目标回答或同步转发技术)、激光近炸引信干扰、激光致盲干扰 (以强激光损伤) 等。

7.3.96　激光反干扰 laser anti-interference

为消除或削弱对方激光干扰的有害影响，保障己方光电设备和光电制导系统的正常工作而采取的技术措施。激光反干扰的措施主要有多波长、距离波门、滤光片、偏振接收、抗饱和接收等技术。

7.3.97　激光欺骗 laser deception

发射、转发、反射激光波束，使干扰信号与真实信号相似，以激光诱饵、激光诱骗等方式给出虚假信息，使对方产生错误判断和错误行动的一种激光干扰技术措施。

7.3.98　激光诱饵 laser decoy

发射与来袭激光特征相似的激光或模拟被保护目标的激光反射、散射特性，用以欺骗或诱惑对方激光制导系统和激光跟踪系统的假目标激光信号。

7.3.99　激光诱偏 laser-induced deflection

发射与来袭激光特征相似的激光或模拟被保护目标的激光反射、散射特性，使制导弹药 (来袭弹药) 偏离被保护目标的技术。

7.3.100　激光压制 laser suppression

发射激光使对方光电子设备损伤、光电探测器饱和或损坏，以致无法正常工作，或造成对方人员眩目或损伤的技术。

7.3.101　强激光防护技术 reinforce technique against laser damage

为避免飞机、导弹、卫星及其光电系统受到强激光辐射而被损毁，防止烧灼、熔融、损伤所采取的材料加固、涂敷保护、目标遮蔽或使攻击激光偏离、高反射、削弱等技术措施。例如：涂敷金刚石膜、陶瓷膜、滤光膜，或加装激光防护罩、释放烟幕等。

7.3.102　激光隐身 laser stealthy

利用低反射率涂料及伪装等技术，以降低对方激光探测系统及制导系统的探测概率的技术。激光隐身通过采用激光波段高吸收和低反射材料，以降低探测激光的反射信号，并还能改变探测激光的反射光频率，使回波信号偏离激光探测波段。

7.3.103　激光侦听 laser interception

利用激光作为信息载体，将激光束照射在侦听目标周围容易受声压作用而产生振动的一类物体 (如玻璃) 上，接收带有声压作用信号的反射光，并对反射激光中的信号进行解调，实现声音还原的技术。

7.3.104　激光告警 laser warning

对对方激光辐射或激光散射信号进行截获、分析和识别，判明其属性，并按预定的判断准则实时报警的技术。

7.3.105　激光敌我识别 laser identification of friend or foe

利用编码信息的激光照射目标，对目标进行询问，并接收目标应答信息，经分析、处理得出目标是敌或是我属性的技术。

7.3.106　激光眩目 laser dazzling

激光照射到眼部，使人的视觉功能产生暂时性障碍或丧失，但不会产生器质性损伤，包括闪光盲、回避效应、残影效应等现象。

7.3.107　人眼的激光防护 eye protection from laser

控制人眼所受的激光辐照量在对人眼不产生损伤的最大允许照射量以下的防护措施。人眼的激光防护通常是通过配戴屏蔽或衰减激光辐射波段的激光防护眼镜进行防护。

7.3.108　皮肤的激光防护 skin protection from laser

控制皮肤所受的激光辐照量在对人员皮肤不产生损伤的最大允许照射量以下的防护措施。皮肤的激光防护措施通常是穿戴防护服、控制辐射出的激光功率或能量、遮蔽激光束传播的路径等。

7.3.109　激光雷达角分辨力 angle resolution of laser radar

激光雷达能探测并分辨出相邻目标的张角。激光雷达角分辨力是关系激光雷达多目标同时识别能力的重要性能，角分辨力高 (或能分辨的角度小)，激光雷达能同时识别的目标就多，反之，能同时识别的目标就少。

7.4　激 光 材 料

7.4.1　激光工作物质 laser material

用于实现粒子数反转以产生激光的必要物质条件的材料，也称为激光介质 (laser medium) 或激活激光介质 (active laser medium)。激光工作物质有固体工作物质、气体工作物质和液体工作物质，如掺钕钇铝石榴石、红宝石、二氧化碳、罗丹明 6G 等。不同种类的工作物质有不同的激光产生光谱，激光受激发射的光谱可以从真空紫外辐射到远红外辐射。固体激光工作物质中包括半导体。

7.4.2   激光基质 laser host

为激活中心提供合适寓所的光学介质，或寄存激光激活离子的材料。激光基质是激活离子的载体，它和激活离子一起构成了激光介质或激光工作物质。激光基质主要有 Al_2O_3、$BeAl_2O_4$、$LiSrAlF_6$、$Y_3Al_5O_{12}$、$LiYF_4$、$YAlO_3$、YVO_4、$Y_3Al_5O_{12}$ 等。

7.4.3   多掺杂激光工作物质 multidoped laser material

为改进光学质量或获得某种特性，除掺激活离子以外还掺有一种或一种以上其他离子的激光工作物质。掺杂除了激活离子以外的离子，例如有用于敏化的离子，以提高激光的能量转换效率。

7.4.4   三能级激光工作物质 three-level laser material

在产生激光的过程中，电子跃迁涉及激活粒子的三个能级的工作物质。红宝石晶体等是典型的三能级激光工作物质。

7.4.5   四能级激光工作物质 four-level lasering material

在产生激光的过程中，电子跃迁涉及激活粒子的四个能级的工作物质。氦氖气体、Nd:YAG 等是典型的四能级激光工作物质。

7.4.6   固体激光材料 solid-state laser material

在激光技术中使用的固体光学介质材料。固体激光材料主要指固体激光工作物质和用于激光调制和变频的非线性晶体。

7.4.7   固体激光工作物质 solid-state laser material

在泵浦条件下，具有光增益作用的固态光学介质 (如激光晶体和激光玻璃等)。光增益作用来自该介质中的激活中心。

7.4.8   激光棒 laser rod

棒状固体激光工作物质。激光棒通常是指以钇铝石榴石晶体为基质 (本条不排除有其他的基质材料) 的固体激光工作介质，可分为: Nd:YAG 晶体、Nd,Ce:YAG 晶体和 Yb:YAG 晶体等，它们是性能优异的激光工作物质。常用的激光棒的直径范围为 1.5mm~18.0mm(以 0.5mm 为间隔递增)；长度尺寸规格为 15mm，20mm，25mm，30mm，35mm，40mm，45mm，50mm，55mm，60mm，70mm 直至 200mm。

7.4.9 激光晶体 laser crystal; lasering crystal

用作激光工作物质的晶体。激光晶体主要有 Nd:YAG、Nd, Ce:YAG、YCr^{4+}:YAG、Er:YAG、Yb:YAG、CTH:YAG(Cr,Tm,Ho:YAG) 等。

7.4.10 激光玻璃 laser glass

在基质玻璃中掺入能产生激活离子的氧化物熔制成的玻璃，也称为激光玻璃材料。激光玻璃主要用作激光工作物质，其物理、化学性质主要由基质玻璃决定，而光谱特性主要由激活离子决定，它们之间有相互联系和影响。玻璃作为激光工作介质的优点是均匀性好。目前基质玻璃大多采用钡冕、重冕、磷冕、氟磷冕玻璃等。激光玻璃与激光晶体不同的是分布在玻璃网格体中的激活中心各自的配位数 (一个原子周围的原子数) 不尽相同。

7.4.11 同质结 homojunction

两个区的掺杂级传导率不同，但原子结构是相同的 pn 半导体结。同质结是由同一种半导体材料形成的结，包括 pn 结、pp 结、nn 结。

7.4.12 异质结 heterojunction

两个区的掺杂级传导率不同，原子结构也不同的 pn 半导体结。异质结是由两层以上不同的半导体材料薄膜依次沉积在同一基座上形成，其具有不同的能带隙，它们可以是砷化镓之类的化合物，也可以是硅-锗之类的半导体合金。

7.4.13 激光染料 laser dye

溶于溶剂或固体材料中后，能够用来作为激光介质的有机染料。典型的染料和溶剂有：POPOP(四氢呋喃)；PBO(甲苯)；四甲基伞形酮 (乙醇)；DPS(二烷)；香豆素 (乙醇)；荧光素钠 (乙醇)；二氯荧光素 (乙醇)；罗丹明 6G(乙醇)；甲酚紫 (乙醇) 等。

7.4.14 掺钕钇铝石榴石 neodymium-doped yttrium aluminium garnet

化学式为 Nd^{3+}:Y$_3$Al$_5$O$_{12}$ 的一种晶体，材料用符号 Nd:YAG 表示。掺钕钇铝石榴石是最常用的固体激光介质，其泵浦波长为 750nm、810 nm、808.5 nm(半导体二极管泵浦)，激光主波长为 1064nm、1319 nm。

7.4.15 掺钕钒酸钇 neodymium-doped yttrium vanadate

化学式为 Nd^{3+}:YVO$_4$ 的一种晶体，材料用符号 Nd:YVO$_4$ 表示。掺钕钒酸钇常用作二极管泵浦激光器的激光介质，其泵浦波长为 808.5 nm(半导体二极管泵浦)，激光主波长为 1064nm、1342nm。

7.4.16 掺钕氟化钇锂 neodymium-doped yttrium lithium fluoride

化学式为 $Nd^{3+}:YLiF_4$ 的一种晶体，材料用符号 Nd:YLF 表示。其泵浦波长为 802 nm(半导体二极管泵浦)，激光主波长为 1047nm、1053nm、1321nm。

7.4.17 掺钕钆镓石榴子石 neodymium-doped gadolinium gallium

化学式为 $Nd^{3+}:Gd_3Ga_5O_{12}$ 的一种晶体，材料用符号 Nd:GGG 表示。其泵浦波长为 798nm、808.5nm(半导体二极管泵浦)，激光主波长为 880nm、935nm、930nm、1060nm。Nd:GGG 晶体在高功率、大能量激光应用方面与 Nd:YAG 相比有明显优势；在激光二极管泵浦下有较大优势。

7.4.18 掺镱钇铝石榴石 ytterbium-doped yttrium aluminum garnet

化学式为 $Yb^{3+}:Y_3Al_5O_{12}$ 的一种晶体，材料用符号 Yb:YAG 表示。其泵浦波长为 940nm、970nm，激光主波长为 1030nm。

7.4.19 红宝石 ruby

化学式为 $Cr^{3+}:Al_2O_3$ 的一种晶体。红宝石是最早用于实现激光振荡的激光介质。其泵浦波长为 360nm~450nm、510nm~600nm，激光主波长为 694.3nm。

7.4.20 掺钛蓝宝石 titanium doped sapphire

化学式为 $Ti^{3+}:Al_2O_3$ 的一种晶体，材料用符号 $Ti:Al_2O_3$ 表示，也称为钛蓝宝石、钛宝石。其泵浦波长为 400nm~600nm，激光主波长为 660nm~1160nm。掺钛蓝宝石可用作调谐激光器和超短脉冲激光器的激光介质。

7.4.21 掺钕钨酸钾钆 neodymium-doped kalium gadolinium tungstate

化学式为 $Nd^{3+}:KGd(WO_4)_2$ 的一种晶体，材料用符号 Nd:KGW 表示。其泵浦波长为 811nm，激光主波长为 1067nm，优势有高效拉曼变频、适于产生皮秒激光脉冲、高存储密度、低激光阈值、自我保护特征。

7.4.22 掺铒钇铝石榴石 erbium-doped yttrium aluminum garnet

化学式为 $Er^{3+}:Y_3Al_5O_{12}$ 的一种晶体，材料用符号 Er:YAG 表示。可产生多种对人眼安全的激光的激光介质。

7.4.23 金绿宝石 alexandrite

化学式为 $Cr^{3+}:BeAl_2O_4$ 的一种晶体，也称为紫翠宝石。其泵浦波长为 380nm~630nm、680nm，激光主波长为 700nm~830nm。可用作调谐激光器的激光介质。

7.4.24 陶瓷激光材料 ceramic laser material

可作为激光介质且对工作波段透明的陶瓷材料。如 Nd:YAG 陶瓷、Yb:YAG 陶瓷和 Nd:Y$_2$O$_3$ 陶瓷等。

7.4.25 钕玻璃 neodymium glass

掺有三价钕离子 (Nd^{3+}) 的硅酸盐、磷酸盐或氟磷酸盐玻璃。其泵浦波长为 750nm、810nm，激光主波长为 1060nm、1370nm。

7.4.26 铬镱铒共掺磷酸盐玻璃 Cr-Yb-Er co-doped phosphate glass

同时掺有铬、镱、铒的磷酸盐玻璃。其折射率为 1.520~1.540，激光主波长为 1530nm~1560nm。铬镱铒共掺磷酸盐玻璃具有较好的光谱和热光性质，工作在人眼安全波段和大气红外窗口，广泛应用于测距、医疗、通信等领域。

7.4.27 色心激光晶体 color center laser crystal；color center lasing crystal

利用色心作为激活中心的激光晶体。色心是晶体中正负离子缺位引起的缺陷。已获得激光的色心激光晶体主要有 NaF 晶体的 F$_2^+$ 心、LiF 晶体的 F$_2^-$ 心、LiF 晶体的 F$_3^+$ 心、LiF 晶体的 F 心、KCl:Li 晶体的 (F$_2^+$)$_A$ 心、KCl:Na 晶体的 (F$_2^+$)$_A$ 心、KCl:Tl 晶体的 F$_A$(Ⅲ) 心、KCl:Na 晶体的 F$_B$(Ⅱ) 心等。色心激光晶体属四能级工作介质，由于晶格振动的影响而有很宽的荧光线宽，调谐范围宽：0.6μm~3.65μm，线宽窄，但大都只能在低温下工作。

7.4.28 铁电晶体 ferroelectric crystal

在某温度范围内具有自发极化方向随外加电场而变化的并能观测到电滞回线的晶体。铁电晶体材料能制成光学偏振器、光学晶体振荡器等，可用于激光器、闪光灯、红外线探测器等。

7.4.29 终端声子激光晶体 phonon-terminated laser crystal

激活中心产生激光跃迁的终态能级是电子–声子能级的声子激发态的激光晶体 (不包括色心激光晶体)。其是红外可调谐声子终端的激光晶体材料。

7.4.30 自激活晶体 self-activated crystal

激活离子属于基质本身组成部分的激光晶体。自激活晶体是指激活离子不是以掺杂离子形式出现，而是晶体的化学计量比成分，处于晶体结构格位的一类晶体，典型的代表有五磷酸钕 (NdP$_5$O$_{14}$，NDPP)、四硼酸铝钕 (NdAl$_3$(BO$_3$)$_4$，NAB)。

7.4.31　大模场光纤 large mode area fiber

通过光纤结构设计、模式选择控制和模式转换法等技术手段，能够产生大模场高光束质量激光输出的光纤。大模场光纤具有较大的基模面积，可以有效解决光纤激光器功率提升面临的非线性效应及光纤损伤等问题。多种新型结构的大模场光纤出现，使得光纤激光的模场不断扩大，推动着高功率光纤激光的快速发展。

7.4.32　保偏光纤 polarization maintaining fiber (PMF)

能够传输线偏振光，且保持其偏振方向的一种特殊光纤。保偏光纤主要应用于光纤陀螺、光纤水听器等传感器以及高密度波分复用 (DWDM)、掺铒光纤放大器 (EDFA) 等光纤通信系统。

7.4.33　熔融拉锥光纤束 taper fused fiber bundle (TFB)

将一束光纤剥去涂覆层，然后以一定方式排列在一起，在高温中加热使之熔化，向相反方向同时拉伸光纤束，光纤加热区域熔融形成熔锥状的光纤束。从锥腰切断后，将锥区输出端与一根输出光纤熔接，在此基础上可制备光纤合束器。

7.5　激光元器件及部件

7.5.1　Q 开关 Q-switch

能使谐振腔的品质因子 (Q 值) 突然改变的器件。Q 开关的类别分别有转镜 Q 开关、电光 Q 开关、声光 Q 开关、染料 Q 开关、色心 Q 开关等。Q 开关的共同原理都是有意降低初始所激发出来的光子的能量。Q 开关通过阻断和不阻断光的反射通道来抑制和产生激光脉冲，即改变激光共振腔 Q 值，提高激光器输出功率和压缩激光脉冲宽度的技术。

7.5.2　主动 Q 开关 active Q-switch

以某种信号控制谐振腔品质因子 (Q 值) 实现调 Q 的器件。即由外部机械或电子信号使 Q 值变化的 Q 开关。电光晶体 Q 开关、转镜式 Q 开关、声光 Q 开关等属于主动 Q 开关。

7.5.3　被动 Q 开关 passive Q-switch

由激光器器件的特性自主实现调 Q 的器件。例如以某种饱和吸收体实现调 Q 的器件。染料 Q 开关、色心 Q 开关、Nd^{3+}:YAG Q 开关等属于被动 Q 开关。

7.5.4　转镜 Q 开关 rotating mirror Q-switch

以高速旋转的反射镜实现主动调 Q 的器件。用马达带动置于谐振腔中的一块三棱镜高速旋转，转镜必须与泵浦闪光灯的触发同步，使转镜与另一面反射镜达到精确平行时，激光工作物质已得到充分的泵浦，腔的 Q 值最高，而其他位置都比较低。转镜 Q 开关的主要优点是重复性好，缺点是容易产生杂波。

7.5.5　电光 Q 开关 electro-optic Q-switch

利用电光效应实现主动调 Q 的器件。在共振腔内放置电光元件和偏振分析器，当给置于谐振腔内的电光元件加上外电场时，会使通过的激光的偏振面发生旋转，由此可控制光束通过偏振分析器的透过率，透过率最大时谐振腔的 Q 值最高。常用的电光开关是克尔盒和普克尔盒。

7.5.6　声光 Q 开关 acousto-optic Q-switch

利用声光效应实现主动调 Q 的器件。用声波 (机械波) 周期性地作用于熔融石英，使其周期性地有光栅和无光栅，当激光束通过光栅时刻，光束被衍射偏转，激光损失，谐振腔 Q 值低，当光激光通过无光栅时刻，光束透明通过，激光损失消除，谐振腔 Q 值最高。

7.5.7　染料 Q 开关 dye Q-switch

利用有机染料饱和吸收特性实现被动调 Q 的器件。在共振腔内放置可饱和吸收的染料盒，开始时谐振腔内的受激辐射强度低，染料盒对光辐射的吸收率大 (即共振腔的 Q 值很低)，当工作物质被充分泵浦而达到激光振荡阈值时，染料盒发生饱和吸收，透过率上升到近 100%，谐振腔的 Q 值也随即突然升高到很高的数值。染料 Q 开关有调 Q 染料片和调 Q 染料盒等。

7.5.8　色心 Q 开关 color center crystal Q-switch

以具有色心的晶体实现被动调 Q 的器件。在共振腔内放置可饱和吸收的色心晶体，开始时谐振腔内的受激辐射强度低，色心晶体对光辐射的吸收率大，当工作物质被充分泵浦而达到激光振荡阈值时，色心晶体发生饱和吸收，透过率上升到近 100%，谐振腔的 Q 值也随即突然升高到很高的数值。

7.5.9　Cr^{4+}:YAG Q 开关 Cr^{4+}:YAG Q-switch

以 Cr^{4+}:YAG 晶体实现被动调 Q 的器件。在共振腔内放置可饱和吸收的 Cr^{4+}:YAG 晶体，开始时谐振腔内的受激辐射强度低，Cr^{4+}:YAG 晶体对光辐射的吸收率大，当工作物质被充分泵浦而达到激光振荡阈值时，Cr^{4+}:YAG 晶体发生饱和吸收，透过率上升到近 100%，谐振腔的 Q 值也随即突然升高到很高的数值。

7.5.10　主振-功率放大器 master oscillator-power amplifier(MOPA)

以种子源激光器作为主振荡器,再对其激光输出进行功率放大的激光器件,也称为主振荡功率放大器。主振-功率放大器的组成方式分别有：主激光器 (或者称为种子源激光器) 和光纤装置 (放大器)；固态体激光器和固体放大器；可调谐外腔二极管激光器和半导体光纤放大器等。MOPA 的优点是：比较容易得到需要带宽、波长调谐范围、光束质量或脉冲长度等方面的性能；适用于功率或者相位调制的调制方式等。

7.5.11　激光放大器 laser amplifier

利用光的受激辐射原理使激光束的强度 (亮度) 增大的器件。激光放大器主要由激光介质和泵浦源构成,置于激光器的输出端。激光放大器主要有脉冲的和稳态的两类,脉冲的分别有长脉冲激光放大器、脉冲激光放大器和超短脉冲激光放大器。按工作方式可分为：行波激光放大器；再生激光放大器 (做好模匹配)；注入锁定放大器 (模匹配 + 相位锁定)；多程放大器等。通过采用激光放大器,可以在获得高的激光能量或功率的同时,还保持激光的质量 (包括脉宽、线宽、偏振特性等),降低对光学元件的破坏和损伤。

7.5.12　掺铒光纤放大器 erbium-doped fiber amplifier (EDFA)

采用掺杂 Er^{3+} 的光纤作为放大介质的激光放大器。掺铒光纤放大器可对光纤通信的光信号进行光放大,用来补偿因器件和线路引起的损耗,以便光信号能够进行更长距离的传输,是光纤通信中应用最广的光放大器件。

7.5.13　掺镱光纤放大器 ytterbium-doped fiber amplifier (YDFA)

采用掺杂 Yb^{3+} 的光纤作为放大介质的激光放大器。掺镱光纤放大器可对约 1μ 光波段的激光进行功率放大。由于镱离子具有能级结构简单、存在多重激发态吸收、光转换效率高、大能级间隔消除非辐射弛豫时间和浓度猝灭等优点,因此掺镱光纤激光放大器得到广泛应用。

7.5.14　半导体激光放大器 semiconductor laser amplifier (SLA)

采用半导体有源区作为增益介质的激光放大器。半导体激光放大器主要有三种类型：半导体激光器 (即法布里-珀罗半导体激光放大器,FPA)；在法布里-珀罗激光器的两个端面上涂有抗反射膜,以获得宽频带、高输出、低噪声的放大器 (即行波式光放大器,TWLA)；在结构上与法布里-珀罗激光器-SLA 完全相同,但它被偏置在阈值电流以上,将弱的单模光注入此放大器,是可得到高功率单模输出的放大器 (即注入锁定放大器,IL-SOA)。

7.5.15 光纤合束器 fiberoptic combiner

在熔融拉锥光纤束的基础上制备的将多路光纤的光束合并为一路光束的光纤器件。光纤合束器是高功率光纤激光器的关键器件，其内部结构一般为全光纤结构，光纤之间一般采用直接熔接的方式结合。光纤合束器按功能可分为泵浦合束器和功率合束器两大类。

7.5.16 泵浦合束器 pump combiner

将多路泵浦光合束到一根光纤中输出，以提高光纤激光器泵浦功率的多模-多模光纤合束器。泵浦合束器的集成度较高，稳定性较好，可承受功率和亲合效率也比较高。随着光纤激光器的全光纤化发展，泵浦合束器已作为泵浦耦合的最主要手段应用于各类光纤激光器中。

7.5.17 功率合束器 power combiner

将多路单模激光合束到一根光纤中输出，用来提高激光的输出功率的单模-多模光纤合束器。功率合束器可将多个单模光纤激光合束成为一束高功率多模激光，激光输出功率可达数十千瓦，其主要受限于功率合束器的能力。

7.5.18 端帽 end cap

针对高功率光纤激光器和放大器输出端面易损伤而设计的防损伤的高功率激光器件。端帽是通过对输出光束的扩束来降低输出端的光功率密度，从而保证输出端不易损伤。

7.5.19 克尔盒 Kerr cell

利用克尔效应工作的电光效应元件。液体克尔盒是由内部注入有较大克尔系数的液体、一对电极和通光窗口组成的器件。克尔盒是激光器的一种调 Q 开关器件。

7.5.20 泡克耳斯盒 Pockels cell

利用泡克耳斯效应工作的电光效应元件，泡克耳斯盒通常由电光晶体和一对电极等组成。也有将 Pockels 翻译为泡克耳斯或普克尔斯的。泡克耳斯盒是激光器的一种调 Q 开关器件。

7.5.21 变反射率镜 variable reflectivity mirror

利用镀膜或其他方式获得径向反射率可变的反射镜。其常见变反射率分布 $R(r)$ 符合式 (7-46)。

$$R(r) = R_{max} \exp[-2(r/\omega_m)^n] \tag{7-47}$$

式中：r 为径向坐标；R_{max} 为中心的峰值反射率；ω_m 为镜面的光斑尺寸；n 为高斯分布的阶数，$n=2$ 为高斯分布，$n>2$ 为超高斯分布。

7.5.22　紧凑折叠腔 tight folded resonator

在激光二极管泵浦板条介质内具有 "Z" 字形光路，增大激光二极管泵浦光和激光的交叠，可实现最佳模匹配的激光谐振腔。这一构型也可看作是对激光在每一反射点处的端泵浦。

7.5.23　梯度折射率透镜 gradient index lens

折射率按径向梯度分布的透镜。例如，在硼硅酸盐玻璃中，利用 Li^+/Na^+ 离子交换，制成具有径向梯度折射率的透镜，也称为自聚焦透镜 (self-focusing lens)。

7.5.24　激光泵浦腔 laser pumping cavity

将泵浦光能聚集到激光介质上的反射器或光学结构。如聚光腔等。激光泵浦腔的种类主要有：镀金金属腔 (如不锈钢等金属结构的)、镀银金属腔 (如不锈钢等金属结构的)、陶瓷腔 (非金属矿物结构的)。激光泵浦金属腔为镜面反射腔，对光的聚焦性比较好。

7.5.25　漫反射泵浦腔 diffuse reflection pumping cavity

用漫反射材料 (如陶瓷) 制成具有高漫反射率的泵浦腔。陶瓷腔的特点是对光的反射比较均匀。

7.5.26　激光天线 laser antenna

用以发射或接收激光的光学系统。激光天线分为激光发射天线和激光接收天线，或激光发射光学系统和激光接收光学系统。

7.6　激　光　器

7.6.1　激光器 laser

主要由谐振腔、工作介质、泵浦源等组成，能产生受激辐射波长直到 1mm 的相干辐射的器件。激光设备通常按激光器、激光装置、激光组件、激光设备的层次关系组成，见图 7-20 所示。图 7-20 的激光设备组成关系取自材料加工的例子，这里没包括通常所要求的安全设备。激光器可按激光介质、光学结构、输出特性或泵浦方式等分类，分类见表 7-1。

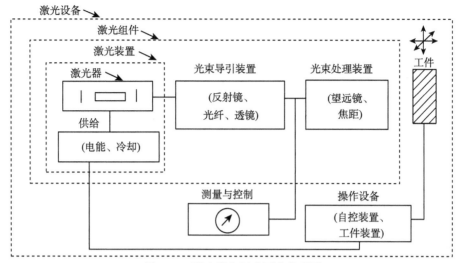

图 7-20 激光设备组成层次关系图

表 7-1 激光器分类表

分类方式		类别	
激光介质	固体	晶体	红宝石、掺钛蓝宝石、钇铝石榴石等激光器
		玻璃	钕玻璃、铒玻璃等激光器
		光纤	掺铒光纤、掺钕光纤、掺镱光纤等激光器
		陶瓷	掺钕陶瓷、掺镱陶瓷等激光器
	气体	分子气体	二氧化碳、氮分子等激光器
		准分子	氯化氙、溴化汞、氟化氢等激光器
		原子气体	氦氖、金属蒸气等激光器等
		离子气体	氩离子、氪离子、氦镉等激光器
	液体	无机液体	含稀土金属离子与无机化合物溶液合成的 (如 $SeOC_{12}$ 等) 无机液体激光器
		有机液体	染料、螯合物等激光器
	半导体		同质结、单异质结、双异质结、量子阱等激光器
	电子束		自由电子等激光器

续表

分类方式		类别
光学 结构		内腔式、外腔式、半内(外)腔式、环形式、折叠式等激光器
输出 特性	波长	X射线、紫外光、可见光、近红外光、中远红外光等激光器
	工作 方式	连续辐射、脉冲辐射、重复脉冲辐射、调Q脉冲辐射、 锁模脉冲辐射、稳频辐射等激光器
	模式	单模、多模等激光器
泵浦方式		电激励、光泵浦、热激励、核泵浦、化学激励等激光器

[ISO 11145：2016，3.25]

7.6.2 激光装置 laser device

由激光器和使激光器工作所必需的外围部件(即冷却、温控、供电和供气等单元)所组成的装置，见图7-20。

[ISO 11145：2016，3.30]

7.6.3 激光组件 laser assembly

由激光装置与专门用来处理光束的光、机、电部件所组成的组件，见图7-20。

[ISO 11145：2016，3.28]

7.6.4 激光设备 laser unit

由一个或多个激光组件以及操作、测量、控制部件所组成的设备，见图7-20。

[ISO 11145：2016，3.33]

7.6.5 脉冲激光器 pulsed laser

以单脉冲或序列脉冲形式输出能量的激光器。一个脉冲的持续时间小于0.25s。脉冲激光器实现脉冲激光的主要技术是调Q和锁模，具有输出功率较大的特点。常见的脉冲激光器有钇铝石榴石(YAG)激光器、红宝石激光器、钕玻璃激光器、氮分子激光器、准分子激光器等。脉冲激光器适用于激光打标、切割、测距等。

[ISO 11145：2016，3.27]

7.6.6 重复频率激光器 repetition rate laser

在单位时间内，周期性地输出脉冲能量的激光器。重复频率激光器属于脉冲激光器。典型的脉冲产生技术及相应的重复频率范围为：典型的固体锁模激光器的重复频率通常在 50MHz 到数 GHz，也有少数情况能到 10MHz 以下或者高达百 GHz；固体的调 Q 锁模激光器的重复频率可以从小于 1Hz 到百 kHz；有增益开关的半导体激光器的重复频率可以从小于 1Hz 到数 MHz；利用高次谐波产生的有限长度阿秒脉冲序列的重复频率可以高达数百 THz。

7.6.7 连续激光器 continuous wave (CW) laser

大于或等于 0.25s 时间期间持续辐射的激光器。连续激光器中各能级的粒子数及腔内辐射场均是稳定分布的，可以在一段较长时间范围内以连续方式输出激光，是一种稳态激光器。其工作物质的激励和激光输出均是连续进行的，主要类型有连续光源激励的固体激光器、连续电激励的气体激光器以及连续电激励的半导体激光器等，它们多数都需采取适当的冷却措施。典型的连续激光器有氦氖激光器、半导体激光器等。

[ISO 11145：2016，3.26]

7.6.8 准连续激光器 quasi-continuous wave (QCW) laser

输出激光脉冲的重复频率大于 1kHz 的脉冲激光器，或输出脉冲持续时间大于 1μs 的半导体激光器。准连续激光器也称为长脉冲激光器，脉冲为毫秒 (ms) 级，占空比大于 10%。准连续激光器的峰值功率比连续的高 10 倍以上。

7.6.9 超短脉冲激光器 ultrashort pulsed laser

激光脉冲持续时间小于 10^{-11}s 量级的激光器。皮秒激光器、飞秒激光器都属于超短脉冲激光器。飞秒激光器的加工属于冷加工，加工过程几乎没有热传导，具有峰值能量高、精度高、几乎无热损伤等优点，主要适合蚀刻、改性、切割、打孔、雕刻和集成电路光刻等微加工。

7.6.10 固体激光器 solid state laser

以固体材料为激光工作物质的激光器。固体激光器的工作物质通常为均匀掺入少量激活离子的晶体、陶瓷或光学玻璃，这些激活离子主要是过渡金属元素、稀土元素和放射性元素三类。典型的固体激光器的工作物质有红宝石、金绿宝石、掺铬六氟铝酸锶锂 (Cr:LiSAF)、掺钛蓝宝石、掺钕钇铝石榴石 (Nd:YAG)、钕玻璃、掺钕氟化钇锂 (Nd:YLF)、掺钕铝酸钇 (Nd:YAP)、掺钕钒酸钇、掺铒钇铝石榴石、掺铥钬钇铝石榴石等。固体激光器普遍采用光激励方式，激励光源一般采用半导体激光器、气体放电灯，也可以用太阳光，其结构见图 7-21 所示。

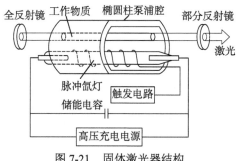

图 7-21 固体激光器结构

7.6.11 固体热容激光器 solid state heat capacity laser

采取将激光器工作与冷却过程分开的工作方式，激光器工作时介质处于绝热状态，形成与传统固体激光器相反 (介质温度外高内低) 的温场分布，此时介质受压应力作用，输出能量高于非绝热状态的激光器。

7.6.12 二极管泵浦固体激光器 diode-pumped solid state laser

用激光二极管作泵浦源的固体激光器。二极管泵浦固体激光器由于采用激光二极管作泵浦源，大大提高了激光器的效率，总效率可做到 7%~20%，远远高于放电灯激励的固体激光器。

7.6.13 激活镜激光器 active mirror laser

谐振腔中采用有源反射镜，使反射激光束获得增益，以实现功率 (能量) 放大和高质量激光输出的激光器。激活镜是一种具有增益功能的反射镜，可以对光的能量 (功率) 进行放大，并且通过设计激活镜面形可以保持激光束的质量，其包括激光的脉宽、线宽、偏振特性等。

7.6.14 气体激光器 gas laser

以气体或蒸气为激光工作物质的激光器。气体工作物质吸收谱线宽度小，不宜采用光源泵浦，通常采用气体放电泵浦的方式 (或电激励的方式)，或者采用化学泵浦、热泵浦和核泵浦等方式。电激励的机理是，在适当放电条件下，利用电子碰撞激发和能量转移激发等，气体粒子有选择性地被激发到某高能级上，形成与某低能级间的粒子数反转，从而产生受激发射跃迁。由于气态工作物质的均匀性远比固体的好，所以气体激光易于获得衍射极限和方向性好的高斯激光束；气体工作物质的谱线宽度远比固体的小，因而激光的单色性好；气体的激活粒子密度远比固体的小，需要较大体积的工作物质，因此气体激光器的体积一般比较庞大。典型的气体激光器有氦氖激光器、二氧化碳激光器、氩离子激光器、氮分子激光器、准分子激光器等。一种纵向流动的 CO_2 激光器的结构见图 7-22 所示，图中的 CO_2 气体从放电管的一端流入，由另一端抽走，目的是排出 CO_2 气体与电子碰撞时分解出来的 CO 气体，并补充新鲜的 CO_2 气体。

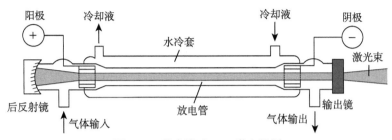

图 7-22　纵向流动 CO_2 激光器图

7.6.15　准分子激光器 excimer laser

以在激发态复合成分子而基态则离解成原子的准分子物质作为激光介质的激光器。常见的准分子激光器以氟化氙为工作物质。

7.6.16　半导体激光器 semiconductor laser

以半导体材料为激光工作物质的激光器，也称为半导体二极管激光器或激光二极管，其典型结构见图 7-23 所示。半导体激光器的工作物质常采用两种材料体系，即 GaAs 和 $Ga_{1-x}Al_xAs$ 材料体系以及 InP 和 $In_{1-x}Al_xAs_{1-x}P_y$ 材料体系，有源层厚度约为 $0.1\mu m \sim 0.3\mu m$。半导体激光器的光学谐振腔是介质波导腔，其振荡模式是介质波导模式。半导体激光器输出的波长范围很宽，可以从可见光到红外波段，典型的输出波长有 780nm、850nm、1300nm、1480nm、1550nm 等。半导体激光器的激励方式有电注入、电子束激励和光泵浦三种，由于可采用简单的注入电流方式来泵浦，工作电压和电流与集成电路兼容，可与单片电路集成，具有体积小、寿命长等优点，广泛应用于激光通信、光存储、光陀螺、激光打印、测距以及雷达等方面。

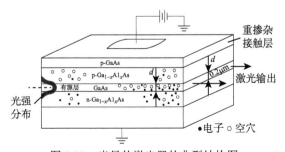

图 7-23　半导体激光器的典型结构图

7.6.17　脉冲半导体激光器 pulsed semiconductor laser

输出脉冲持续时间小于 1μs 的半导体激光器。脉冲半导体激光器的结构形式主要是同质结激光器和单异质结激光器。

7.6.18　连续半导体激光器 continuous wave semiconductor laser

激光的输出大于或等于 0.25s 时间期间持续辐射的半导体激光器。连续半导体激光器的结构形式主要是双异质结激光器。

7.6.19　激光二极管阵列 laser diode array

在单个芯片上由多个谐振腔组成的一个整体半导体激光发射器件。

7.6.20　激光条 laser bar

由多个激光二极管并联或串并联构成的条形半导体激光发射芯片。

7.6.21　激光二极管线阵 laser diode linear array

由多个激光条沿着长度方向呈线性排列组装在一起构成的二极管阵列。

7.6.22　激光二极管叠层阵列 laser diode stack array

由多个激光条按一定间距堆积组装在一起构成二极管的叠层器件。

7.6.23　垂直腔面发射激光器 vertical cavity surface emitting laser(VCSEL)

出光方向垂直于衬底的半导体激光器，也称为垂直共振腔面射型激光器。其与由边缘射出激光的激光器不同，激光由垂直于顶面射出。垂直腔面发射激光器的典型结构为：几层厚度为四分之一激光波长、反射率超过 99%、较高折射率的铝镓砷化物 ($Al_xGa_{1-x}As$) 和较低折射率的砷化镓 (GaAs) 透镜组成、两面分别镀上了 p 型材料和 n 型材料、相互平行的分散式布拉格反射器 (DBR) 的谐振腔；谐振腔中间为由 1 到数个量子阱所构成的芯片主动反应区；镓砷芯片为基底。VCSEL 的典型波长从 650nm 到 1300nm。在被分割成数万个 VCSEL 单独的个体之前，其具有可以在制造的任何过程中进行品质测试和处理问题等优点。

7.6.24　量子阱激光器 quantum well laser

有源层厚度可以与电子波的波长相比 (玻尔半径或德布罗意波长数量级) 的半导体双异质结结构的半导体激光器。量子阱是被夹在两个宽带隙势垒薄层之间的窄带隙超薄层 (势阱和势垒宽度在 10nm 左右)，即有源层非常薄 (二维材料)，根据有源区内阱的数目可分为单量子阱 (single quantum well，SQW) 和多量子阱 (multiple quantum well，MQW) 激光器。量子阱激光器在垂直于有源层方向，表现出的量子尺寸效应类似于一维势阱。量子阱激光器具有阈值电流密度低、转换效率高、量子效应好、可直接调制、温度特性好、输出功率大、动态特性好、寿命长、覆盖波段范围广、体积小、重量轻、价格便宜、易集成等优点，被誉为理想的半导体激光器。

7.6.25 量子线激光器 quantum wire laser

以量子线作为有源区的半导体激光器。量子线激光器的有源区被宽带隙势垒区分割为许多线度在二维方向上均接近或小于载流子的德布罗意波长的线条，对载流子在空间两个方向上的运动均进行了量子限制 (一维材料)，半导体材料原有的能带结构被重新分裂为线的能级。量子线激光器是通过一个极小的线状芯将电转化为光，工作电流将比以前的激光器要小得多，所需激活电流极低，能够在电路之间起到微型光通信系统的作用。量子线激光器具有极低阈值电流 (μA 范围内)、较高调制带宽、较窄谱线宽和低的温度灵敏度等优点。

7.6.26 量子点激光器 quantum dot laser

以量子点作为有源区的半导体激光器。量子点激光器的有源区被宽带隙势垒区分割为许多线度在三维方向上均接近或小于载流子的德布罗意波长的小体积，对载流子在空间所有方向上的运动均进行了量子限制 (零维材料)，半导体材料原有的能带结构被重新分裂为分立的能级。量子点激光器具有量子效应、量子隧穿、非线性光学等独特物理性能，与量子阱和量子线激光器相比，在输出光谱纯度、阈值电流、温度特性和调制性等方面的性能均可获得较大幅度的提高。

7.6.27 量子级联激光器 quantum cascade laser

〈激光〉由数组量子阱结构串联在一起构成的半导体量子阱激光器。利用多个量子阱的带内能级跃迁激射出中远红外激光的激光器。

7.6.28 染料激光器 dye laser

以染料作为激光工作物质的激光器，也称为有机液体激光器。染料激光器采用溶于适当溶剂中的有机染料作为激光工作物质，这些染料包含共轭双键的有机化合物。染料激光器可产生很短的激光脉冲，例如以罗丹明 6G 为工作物质，可产生 30fs 超短激光脉冲 (可压缩为 6fs 超短激光脉冲)。染料激光器还是理想的调谐激光器，已可从紫外到红外连续可调谐输出激光。

7.6.29 化学激光器 chemical laser

通过化学反应来实现粒子数反转的激光器。化学激光器属于一类特殊的气体激光器，其泵浦源为化学反应所释放的能量，大部以分子跃迁方式工作，也有以电子跃迁方式工作的 (氧碘激光器，$1.3\mu m$ 的输出波长)，有脉冲和连续两种工作方式，典型波长在近红外到中红外谱区，例如：氟化氢 (HF) 激光器的波长在

2.6μm~3.3μm 之间 (输出 15 条以上的谱线)；氟化氘 (DF) 激光器的波长在 3.5μm~4.2μm 之间 (输出约 25 条谱线)；溴化氢 (HBr) 激光器的波长在 4.0μm~4.7μm 之间；一氧化碳 (CO) 激光器的波长在 4.9μm~5.8μm 之间。化学激光器按跃迁机理，可分为纯转动化学激光器、振转跃迁化学激光器和电子跃迁化学激光器三种。化学激光器是能输出高功率激光的激光器，目前其输出功率可达到数十兆瓦。

7.6.30   全固态激光器 all-solid-state laser

全部由固态元件组成的激光器。全固态激光器就是用半导体激光器泵浦的固态激光器，其易于整体集成，具有体积小、重量轻、效率高、性能稳定、可靠性好、寿命长、光束质量高等优点。全固态激光器的总体效率至少要比灯泵浦的高10 倍，由于单位输出的热负荷降低，可获取更高的功率，系统寿命和可靠性约是用闪光灯泵浦系统的 100 倍。

7.6.31   薄碟激光器 thin disk laser

激光介质为薄碟状，厚度为几百微米，激光介质散热方向和激光振荡方向一致的激光器，又称为薄片激光器。其谐振腔长度一般都短，最典型的谐振腔的腔长为薄片介质本身的厚度 (薄片晶体的前后两个表面是谐振腔的两个端镜)，由于腔长短，使得腔内纵模间的频率间隔增大，导致只有一个纵模存在，故易获得单纵模激光。由于薄碟能在轴向 (在碟表面上) 均匀散热，可减小工作介质的热透镜效应和热沉积，可获得高效率、高功率和高质量的激光输出。采用二极管泵浦的薄碟激光器具有集成化、体型小、重量轻等优点。

7.6.32   板条激光器 slab laser

激光工作物质为板条状，利用最大表面积进行散热的激光器。板条激光器的工作物质形状有矩形板条式的，也有 "Z" 形板条式的，见图 7-24 所示。"Z" 形板条激光器进一步降低了激光介质的热效应，改善了光束质量。

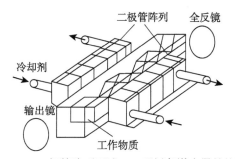

图 7-24   二极管阵列泵浦 "Z" 形板条激光器结构图

7.6.33　光纤激光器 fiber laser

以掺有激活粒子的光纤为激光工作物质的激光器，其一种结构见图 7-25 所示。光纤激光器可分为基于非线性效应的光纤拉曼激光器和基于受激辐射的掺杂光纤激光器，其属于一种特殊的固体激光器；泵浦光被束缚在光纤中，能实现高能量密度泵浦；采用低损耗长光纤，能获得大的单程增益；单模光纤激光器的谐振腔具有波导的特点，容易实现模式控制，获得高质量的激光束；光纤介质具有很大的表面积/体积比，散热好。光纤激光器的谐振腔形式分别有两端设反射镜、两端空、两端设光纤光栅、两端空中间光纤光栅、两端闭环以耦合器导入泵浦光和导出激光输出等类型。光纤激光器还具有频带宽、噪声低、可靠性高、对数据透明等优点，广泛应用于工业加工、激光通信、军用、医疗仪器设备等领域。

图 7-25　光纤激光器结构图

7.6.34　掺铒光纤激光器 erbium-doped fiber laser (EDFL)

采用掺杂 Er^{3+} 离子的光纤作为激光介质的激光器。掺铒光纤激光器可输出 $1.55\mu m$ 波长附近的激光 (低损耗第三通信窗口)，主要应用于光纤通信、自由空间光通信、激光雷达、环境检测、工业加工等领域。

7.6.35　掺镱光纤激光器 ytterbium-doped fiber laser (YDFL)

采用掺杂 Yb^{3+} 离子的光纤作为激光介质的激光器。掺镱光纤激光器可输出 $1\mu m$ 波段的高功率激光，单模连续输出可达数千瓦，主要应用于工业加工、生物医疗、光谱学等领域。

7.6.36　气动激光器 gas dynamic laser(GDL)

用气体动力学方法 (如气体迅速绝热膨胀变冷) 将气体的动能作为泵浦能量来实现粒子数反转的激光器。其工作介质为气体 (如二氧化碳，CO_2)，泵浦方式有燃烧驱动、爆炸等方式，燃烧驱动 CO_2 气动激光器能连续输出大功率激光。

7.6.37　色心激光器 color center laser

以具有色心的晶体为激光工作物质的激光器。色心激光器是一种可调谐的固体激光器，其具有调谐范围宽 ($0.8\mu m\sim3.3\mu m$)、输出谱线窄、泵浦阈值低、输出功率高等优点。

7.6.38　自由电子激光器 free-electron laser(FEL)

由同步加速器 (将电子加速到接近光束的装置) 产生的高能电子束以 1MeV 或以上动能经偏转磁铁导入真空系统, 真空系统中有由极性相反的磁极组成的磁铁阵列, 以真空中相对论效应显著的电子束作为激光介质, 在磁铁阵列周期性摆动的作用下, 电子在电子束传输方向的横方向上的磁极间来回振荡 (周期振荡), 振荡频率取决电子束的能量以及磁极的纵向距离和横向距离, 电子因做横向扭摆运动而产生电磁辐射 (光脉冲), 光脉冲经两个反射镜反射后与电子束团反复发生作用, 使电子沿运动方向群聚成尺寸小于光波波长的微小束团, 这些微束团将其动能转换为相同频率相同相位的光辐射, 光振幅不断增大直到光强达到饱和, 由此产生极强的可调谐激光束的激光器, 其原理和结构见图 7-26 所示。自由电子激光器是通过磁场对高速运动自由电子的作用将自由电子的动能转变为相干光辐射的激光器, 其波长的调谐是通过改变电子束的加速电压实现的 (称为电压调谐), 作用后的电子经下端偏转磁铁偏转后输出到系统之外。自由电子激光器要求电子束的性能必须非常优越, 即能量分散小、方向分散小、时间稳定度高、流强尽可能大等; 输出的激光波长越短, 技术难度也就越大。自由电子激光器的输出波长范围理论上可从短波的 X 射线延伸到长波的毫米波波段, 目前已能达到从近紫外 (0.2μm) 到毫米波波段 (6mm)。

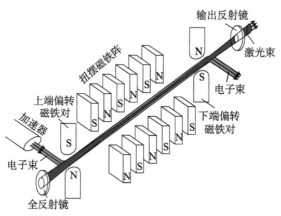

图 7-26　自由电子激光器的原理和结构图

7.6.39　可调谐激光器 tunable laser

输出的激光波长可在一定的范围内受控变化的激光器。可调谐激光器是在一定范围内可以连续或近似于连续改变激光输出波长的激光器, 大多数可调谐激光器都使用具有宽荧光谱线的工作物质。其实现激光波长调谐的原理主要有三种: 通过某些元件 (如光栅) 改变谐振腔低损耗区所对应的波长来改变激光的波长; 通过改变某些外界参数 (如磁场、温度等) 使激光跃迁的能级移动; 利用非线性效应实现波长的变换和调谐 (见非线性光学、受激拉曼散射、光二倍频、光参量振荡)。具体的可调谐方式的典型激光器有染料激光器、金绿宝石激光器、色心激光器、掺钛蓝宝石激光器、可调谐高压气体激光器和可调谐准分子激光器。可调谐的实现技术主要有电流控制技术、温度控制技术和机械控制技术等。

7.6.40　X 射线激光器 X-ray laser

产生小于 100nm 波长 X 辐射的激光器。X 射线激光器是用核爆炸产生的强 X 射线照射激光工作物质, 使其吸收足够多的光辐射能量变成高温等离子体状态, 使处于高激发态的离子数大于低激发态离子数, 形成粒子数反转, 当增益达到一定程度时, 便沿激光棒的轴向发射 X 射线激光, 其是原子内部壳层的电子跃迁产生的光子。X 射线激光器具有重量轻、可瞬时发射、特定方向上亮度极高等优点, 据报道已做到能发射几纳米波长的 X 射线激光, 功率达太瓦级。

7.6.41　波导激光器 waveguide laser

谐振腔内激光传播和振荡的方式按波导理论确定的激光器。固体、液体、气体、半导体等工作物质都可以做成波导激光器, 而较为成熟的气体波导激光器是 CO_2 波导激光器。CO_2 波导激光器的波导管的内径很细 (约 1nm)、内表面很光滑, 可以是圆形或方形, 通常用氧化铍 (BeO) 陶瓷做成。其波导管只允许低阶模通过, 对高阶模的损耗很大, 故输出激光的光束质量很好。CO_2 波导激光器由于气压高, 增益大, 每立方厘米激光工作物质输出功率可达 10W 以上, 是普通 CO_2 波激光器的 25 倍。光纤激光器、半导体激光器是固体波导激光器的典型类型。

7.6.42　注入式激光管 injection laser diode(ILD)

利用半导体材料 pn 结制造的一种激光器, 也称为注入式半导体激光器 (injection semiconductor laser) 或二极管激光器 (diode laser)。pn 结施以正向偏置, 当电流密度超过阈值时, 注入载流子 (电子和空穴) 在 pn 结结区通过受激辐射复合而产生激光。

7.6.43　注入式锁定激光器 injection locked laser

发射的强度峰值波长是受另一光源个别光信号或外镜面反射的光信号的注入所控制的一种激光器。

7.6.44   环形激光器 ring laser

具有环形闭合谐振腔结构的激光器。典型的环形激光器是三角光路的环形激光器，主要由三个反射镜构成三角形光路，工作物质置于三角形中的一个边的光路中，另一边光路设置一个只能单向通光的隔离器，环形行波腔激光器的光路和结构见图 7-27 所示，它是一种可形成无空间烧孔的行波腔，从而实现单纵模振荡。

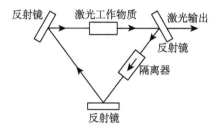

图 7-27   环形行波腔激光器的光路和结构图

7.6.45   非平面环形腔单频激光器 non-planar ring oscillator single frequency laser

在一块特殊形状的激光介质中，通过在各个反射面上的全内反射形成非平面闭合谐振腔，并通过输出端面上的偏振选择反射膜和外加磁场产生的法拉第旋光效应，实现单向行波振荡，输出单频激光的激光器。

7.6.46   纳米激光器 nano laser

由纳米线等纳米材料作为谐振腔，在光激发或电激发下能够出射激光的微纳器件。这种激光器的尺寸往往只有数百微米甚至微米量级，直径更是达到纳米量级，是未来薄膜显示、集成光学等领域中的重要组成部分。

7.6.47   太阳光泵浦激光器 solar pumped laser

将经大压缩比会聚后具有高能量密度的太阳光耦合到激光介质中，从而使太阳光中有用的泵浦光对介质进行泵浦而产生激光输出的激光器。为使收集的太阳光尽可能地耦合到晶体上，通常还采用复合抛物面聚光器 CPC 作为二级聚光器。激光晶体的侧面与冷却水接触从而将自身产生的废热导出。激光器在太阳光的泵浦激励下，克服阈值后在高反镜和输出耦合镜构成的谐振腔内形成激光振荡。

7.6.48   碱金属蒸气激光器 alkali metal vapor laser

用碱金属蒸气作为激光工作介质，用泵浦光源照射激发，经谐振腔振荡产生激光的激光器，又称为碱金属激光器。碱金属激光器兼有固体激光器和气体激光器的优点，它具有量子效率高、光束质量好和线宽窄等特点，主要应用于定向能量传输、大气环境监测、材料功能处理和医疗等方面。用半导体激光器泵浦的碱金属激光器英文缩写为 DPAL(diode pumped alkali laser)。碱金属主要为锂 (Li)、钠 (Na)、钾 (K)、铷 (Rb)、铯 (Cs)、钫 (Fr)，这一族属于元素周期表的 s 区，均有一个属于 s 轨道的最外层电子，前 5 种存在于自然界中，而钫只能由核反应产生。

7.6.49 单频激光器 single frequency laser

输出激光是单一纵模的激光器。单频激光器的谐振腔内部只有单一纵模在振荡，输出的激光模式既满足单横模又满足单纵模，输出光强呈现高斯分布。其不仅单色性和方向性良好，还具有普通激光器难以达到的窄谱线宽度、长相干长度等优点，在激光雷达、激光测距、激光遥感、激光医疗、光谱学、光频标准和非线性光学频率变换等领域中广泛应用。

7.6.50 稳频激光器 frequency stabilized laser

采用稳频技术将激光的输出频率稳定在计量基准所需要的等级，激光输出为单横模和单纵模的激光器。稳频激光器主要是用作长度基准的激光器。国际计量局发布了 12 种作为实现米长度定义的国际标准谱线波长，分别为 243nm、515nm、532nm、543nm、612nm、633nm、640nm、657nm、674nm、778nm、3.39μm、10.3μm。

7.6.51 单模激光器 single-mode laser

通过横模选择技术使激光器输出为单一横模 (一般为基模) 的激光器。在特殊的设计下，单模激光器也可以输出单一高阶横模。如果进一步对激光器的纵模进行控制，使激光器输出单一纵模，则称单纵模激光器，也称为单频激光器。

7.6.52 多模激光器 multimode laser

输出光束中包含两个及两个以上模式的激光器。光纤的多模激光器和单模激光器可以用它们输出激光的光束质量因子 M^2 来判断，M^2 因子小于 1.3 的为纯单模激光器 (LP_{01} 模的能量占比接近 100%)，M^2 因子小于 1.3~2.0 的为准单模激光器 (LP_{01} 模的能量占比超过 90%，并出现少量 LP_{11} 模和 LP_{02} 模), M^2 因子大于 2.0 的为多模激光器。(LP 为线性偏振模，即 linear polarization mode。)

7.6.53 高能激光器 high energy laser

输出的激光能量和激光功率都很高的激光器，其单脉冲能量在 1J 量级以上、脉冲宽度不少于 100μs、持续时间内的平均功率不少于 10kW。

7.6.54　高功率激光系统 high power laser system

输出激光单脉冲峰值功率大于 10^{11}W、脉冲宽度在 10^{-15}s~10^{-7}s 范围的大型激光发射系统。

7.7　激光仪器和设备

7.7.1　激光测距仪 laser rangefinder

利用测量激光在介质中传输到目标及返回的时间或相位变化，通过解算获得距离信息的光电设备，又称为激光测距机。前者为脉冲激光测距机，后者为相位激光测距机等。一般包括便携激光测距仪、车载激光测距仪、舰载激光测距仪、机载激光测距仪等。

7.7.2　激光准直仪 laser collimator

用激光光束作为基准来度量直线度和同轴度的设备。激光准直仪常用于管道敷设、大型件加工、导轨敷直、精密定线、变形观测等。

7.7.3　激光光谱仪 laser spectrometer

利用激光作为光源进行照射，使样品形成荧光或激光等离子体发光，经过光学系统采集光信号，对其成分进行分析的设备。由于激光单色性好，其作为光源大大改善了原有的光谱仪在灵敏度和分辨率方面的不足。

7.7.4　激光微探针 laser microprobe

用激光激励非导电物质试样，使其有部分物质气化电离，其电离蒸气使电极间通电发出放电光谱，来进行物质成分分析的装置。当激光探针照射物质试样的能量能使试样产生发光等离子体时，就不需要电极放电获得光谱，可直接对物质的等离子光谱进行分析来获得物质的成分和含量等信息。

7.7.5　激光陀螺 laser gyroscope

利用旋转时环形激光器输出的两束激光 (一束为顺时针方向，一束为逆时针方向) 之间产生频率差的原理测量角速度的陀螺，其原理和结构见图 7-28 所示。当激光陀螺的环形腔绕垂直腔面的轴旋转时，两束光就会出现相对程差，干涉条纹就发生相应的移动，移动的方向由腔面转动方向决定，移动的快慢和大小由转动角速度决定。将三个这样的激光陀螺相互垂直组合，就可构成一个能检测三维旋转的激光陀螺组件。

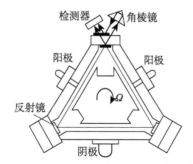

图 7-28 环形激光陀螺的原理和结构图

7.7.6 激光照排机 laser typesetter

通过激光将计算机产生的文字和图像信息在胶片上扫描曝光形成点阵图像的制版设备。激光照排机的原理是：采用电子计算机编辑排版系统，把书稿输入到计算机内，书稿内容经过计算机而转换成点阵信息，用这种点阵信息去控制声光调制器，使衍射光通过扩束器，经过多面体反射镜的反射，由物镜在感光底片上聚焦成具有一定尺寸的光点，当多面体反射镜转过一面时，在感光底片上就扫描曝光出来一行点阵信息，随着感光底片连续不断地运动和多面体反射镜连续不断地转动，在感光底片上所曝光出来的一行接一行的点阵信息，形成了文字的照排版 (即胶片)。照排机常用的激光器有氦氖激光器 (波长为 633nm)，红光半导体激光器 (波长为 650nm 或 670nm)，红外半导体激光器 (波长为 780nm 红外光)。激光照排机能使一个字有 480 种变化。

7.7.7 激光打印机 laser printer

通过激光将计算机产生的文字和图像信息在硒鼓上扫描成正电荷潜影像，显影滚筒将墨粉供给硒鼓的潜影像，再由转印滚筒将墨粉拉到纸张上，形成印刷品的设备。激光打印机的原理是：由计算机处理文档上的文字信息形成二进制数据信息，传给视频控制器转换成视频信号，再由视频接口/控制系统把视频信号转换为激光驱动信号，驱动激光扫描系统按视频的字符信息点阵关系实施激光束扫描，使激光束成像在光导鼓 (硒鼓) 表面上 (硒鼓表面先由充电筒充电，便其获得一定的负电位)，便在硒鼓的表面形成静电潜像 (正电荷图像，因光照形成正电荷)，经过显影滚筒显影，即以硒鼓上的正电荷潜像吸显影滚筒上的负电荷墨粉转变成可见的默粉像，在经过转印区时，在转印电极的电场作用下，正电荷墨粉便转印到带负电荷的普通纸上，最后经预热板及高温热滚定影，即在纸上熔凝出文字及图像。在此过程中，清洁辊把未转印走的墨粉清除，消电灯把鼓上残余电荷清除，再经清洁纸系统作彻底地清洁，又可进入新的一轮工作周期。与其他打印设备相比，激光打印机有打印速度快、成像质量高等优点。

7.7.8　激光溶栓仪 laser thrombus cure instrument

利用激光辐射作用于血管中的栓塞物，疏通血管的医疗仪器。激光溶栓仪有双镜头仪和双波长仪等。双镜头仪：通常配置一个散光镜头和一个聚光镜头，散光镜头将激光扩散加热血栓部位，使该位置血管扩张、血流加快，聚焦镜头将激光束聚焦在血栓上，使血栓破碎、分裂，由此实现清除血栓。双波长仪：配置 308nm 准分子激光器和 2μm 激光器，用准分子激光器产生 308nm 激光脉冲作用于非钙化血栓，用 2μm 激光器产生 2μm 激光脉冲作用于钙化血栓，按分类作用实现清除血栓。

7.7.9　激光美容仪 laser face-beauty instrument

利用激光辐射作用于生物表皮组织，使之发生物理、化学或生理等变化，实现修复老化、损伤肌肤和美化肌肤作用的光学仪器。激光美容仪采用合适的波长、能量、脉冲持续时间，对皮肤进行光热作用 (热效应使胶原纤维可收缩到原来长度的 1/3 且胶原的直径增加)、光动力反应 (引起组织化学反应导致病变部位被有效治疗或改善) 和光刺激等进行皮肤美容。激光美容仪常用的激光波长有 532nm、1064nm、1550nm、2940nm、10600nm 等超短脉冲激光。

7.7.10　激光光凝机 laser cohesion device

利用激光对视网膜进行融接的激光治疗设备。激光光凝机工作波长一般在可见光区，例如激光波长 577nm，通常具有传统视网膜光凝、图形扫描激光光凝、微脉冲光凝功能，是一种用于基础医学、临床医学领域的眼科光学仪器。

7.7.11　激光角膜修整仪 apparatus for laser-assisted in-situ keratomileusis (LASIK)

利用激光对眼睛的角膜进行曲率修整来恢复视力的激光治疗设备，也称为激光角膜手术仪。激光角膜修整仪主要由激光控制台、控制面板、光束传输装置、视频显微镜、患者接口组件、用户监控器和键盘、开关、不间断电源 (UPS) 等组成，用于需实施手术或需实施初始角膜板层切除治疗的患者等。一种实际应用仪器的参数为：激光中心波长 1053nm($\pm$16nm)；脉冲重复频率 150kHz($\pm$1kHz)；脉冲宽度 600fs~800fs($\pm$50fs)；最大脉冲能量 2.5μJ($\pm$0.5μJ)。

7.7.12　激光手术刀 laser scalpel

用激光光束烧蚀手术部位，以实现分离生物组织，起切割和去除病灶等作用的光学医疗设备。激光手术刀常采用二氧化碳激光器，利用激光能量高度集中 (10^5W/cm²) 和焦点极小 (可小到 0.1mm) 的特点，作为外科手术 "刀"，不管是皮肤、肌肉，还是骨头，都会迎刃而解。用功率为 50W 的激光 "刀" 切开皮肤的速度为 10 cm /s，切缝深度约 1mm，和普通手术刀差不多，特别是在切开骨头方面，几乎和切皮肤一样快，比用普通手术刀具优越多了，大大减轻医生的劳动强度，并减轻患者的痛苦。激光手术刀具有封闭切开的小血管来减少出血 (热凝固效应) 的特点，凝血效果与波长相关，波长短的凝血效果好，如 1.06μm 波长的钇铝石榴石激光器的凝血效果好于 10.6μm 的二氧化碳激光器，蓝绿激光的氩离子激光器的凝血效果好于 1.06μm 的激光器 (短波长比长波长能量大，本质是能量大)。激光手术刀不仅具有对外表组织手术的优势，而且还有对食道、气管、腹腔、胃、肠等内部组织在无须开膛破肚的条件下，用光纤将光束导入机体内部直接进行激光手术或激光修复的优势。

7.7.13　激光压制观瞄装置 laser suppression and viewing device

利用观察瞄准光学系统观察、寻找和瞄准目标，用激光束照射目标武器装备中的光电器材，使之受到干扰、过载、失效等，或造成损伤的一类激光装备。

7.7.14　激光眩目器 laser dazzler

利用激光眩目效应，发射可见光谱激光，使一定距离范围内的人眼视觉功能出现障碍或暂时丧失，但不会产生器质性损伤的仪器。

7.7.15　激光照明器 laser illuminator

用激光光束照亮目标范围的强化照明装置。激光照明器主要由基于半极性GaN 激光二极管及荧光粉的光源 + 光学系统组成，其效率是 LED 的上千倍，具有投射距离远、安全性高、体积小等优点。激光照明器有可见光激光照明和红外激光照明两种，可见光激光照明主要用于激光显示、投影机、数字院线、电视、舞台灯、大屏拼接、汽车灯等多个领域，红外激光照明多用于夜视、夜间摄像头监控照明。

7.7.16　激光标示器 laser pointer

对目标发射可见或红外激光束，给出特定意图 (瞄准、标水平点等) 的目标被对准位置的装置。例如：枪用红点激光标示器；测绘测量用激光标示器；建筑用水平位置激光标示器等。

7.7.17　激光目标指示器 laser target designator

侦察目标，并对目标发射编码激光束，为制导弹药指示目标位置的装置。一般包括地面激光目标指示器、便携式激光目标指示器、激光测距目标指示器等。

7.7.18　激光测照器 laser rangefingding designator

对目标发射编码激光束，为制导弹药指示目标位置并具有目标测距功能的装置。一般包括车载激光测照器、机载激光测照器、舰载激光测照器等。

7.7.19 激光指示吊舱 laser illumination pod

挂装于飞机等飞行器机腹的，具有跟踪地面目标、发射激光脉冲实现测距和目标指示功能的专用外挂吊舱。

7.7.20 激光引信 laser fuze

利用激光束探测弹目间距离 (弹药和目标间距离)，当弹目接近至预定距离时，启动起爆信号并引爆战斗部 (弹药) 的引信。

7.7.21 激光射击模拟器 laser shoot simulator

以发射激光束代替实弹发射效果的射击训练器材。激光射击模拟器有军事训练用的和玩游戏用的。军事训练用的激光射击模拟器与真枪相比，存在无后坐力、无风力影响、无子弹飞行时间差等差别。

7.7.22 激光航路测定仪 laser route tester

利用激光测量目标坐标点位置、方位、航路角、航速、距离等诸参数，为武器装备对目标进行准确射击提供射击诸元的激光装备。

7.7.23 激光诱骗干扰装置 laser decoy interference equipment

采取激光测距距离欺骗干扰、激光制导武器有源欺骗干扰、激光探测信息转发给假目标欺骗、假目标模拟发射探测信号欺骗等技术对敌方实施诱骗，使其不能准确或正确攻击的一种激光干扰设备。

7.7.24 激光询问机 laser inquiring equipment

以激光为信息载体，向应答方发射载有信息的激光，对应答方进行约定信息询问，以实施激光敌我识别和其他信息传递功能的仪器。

7.7.25 激光应答机 laser answering equipment

以激光为载体，对问讯方进行约定信息回答，构成激光敌我识别和其他信息传递的仪器。

7.7.26 激光武器 laser weapon

发射激光束照射目标，使目标损伤或毁伤的激光设备。通常，激光武器的激光脉冲能量大于数万焦耳或激光功率大于数万瓦。

7.7.27 战略激光武器 strategic laser weapon

用于攻击战略设施和战略武器的激光武器。战略激光武器攻击的对象一般为战略导弹或卫星等战略目标。

7.7.28 战术激光武器 tactical laser weapon

用于攻击战术设施和战术武器的激光武器。攻击对象一般为光电设备、人员、无人机、战术导弹、直升机等战术目标。

7.7.29 激光雷达 laser radar; Lidar; Ladar

以发射激光束探测目标的位置、速度、距离、姿态、场景、物质成分等特征量，以激光为信息载体，通过检测与目标发生相互作用后的激光反射回波信息，来实现对一定距离内目标特征信息的探测、识别或跟踪的光学雷达系统。可根据检测工作模式分为相干激光雷达和非相干激光雷达；根据激光发射方式分为连续波激光雷达和脉冲激光雷达。激光雷达的类别主要有激光测云雷达、激光测风雷达、激光测污雷达、激光防撞雷达、激光成像雷达、激光侦毒雷达等。

7.7.30 激光测云雷达 cloud-detecting laser radar

利用激光测量云底高度、云层厚度、云状、云量等特征的设备。激光测云雷达是用激光束测量云层的后向散射回波的特性，获得云边界、云结构以及其随时间演变特征等信息，以实现对云形状及其移动状态进行测量。

7.7.31 激光测风雷达 wind-detecting laser radar

利用激光测量风速、风向分布的设备。激光测风雷达是一种用激光束测量空气中颗粒物(灰尘、云雾水滴、气溶胶等)的激光后向散射回波的多普勒频移，采用多普勒外差法分析，测得风速和风向等参数的主动式三维测风雷达。其可测量水平风速、垂直风速、风向、风切变和湍流强度等，可用于大气研究、气象气候检测、空气污染追踪、机场天气探测和风能利用等领域。

7.7.32 激光大气雷达 atmosphere-detecting laser radar

利用激光照射大气，通过测量大气的后向散射回波分布来测定大气颗粒大小分布的设备。大气颗粒一般为气体分子、气溶胶、尘埃等。

7.7.33 激光防撞雷达 obstacle avoidance laser radar

利用激光对障碍物或入侵物进行离自身的距离测量并发出告警信号，以防止运动物体碰撞的设备。激光防撞雷达可通过激光束的点测距、一维扫描线测距或二维扫描面测距等方式来确定物体靠近的危险性，以作出相应报警。

7.7.34 激光成像雷达 imaging laser radar

以激光为光源，利用扫描或凝视的方法对物体进行表面测距获得被测物体三维图像的设备。现在广泛应用于汽车自动驾驶、光电侦察、激光成像制导等方面。

7.7.35　激光侦毒雷达 poison-detecting laser radar

采用激光差分吸收等原理，对生化毒性物质进行探测的设备。激光侦毒雷达的工作原理为：在一定时间内，至少应用两种波长的激光束测量气体中的颗粒对两束光的后向散射回波的强度变化，并经过用特定模型对大气中其他反射和散射干扰的过滤以及进行各类毒模型对比，从而分析出战剂的种类、浓度和距离等信息。

7.7.36　激光相控阵雷达 phased array laser radar

对同源同时刻的激光进行阵面分束，通过给不同阵面的光施加相位差，使光束在某个相应角度进行干涉加强，而在其他方向干涉相消，来实现激光束按一定角度范围和速度进行扫描探测的激光雷达。激光相控阵雷达就是采用光学相控阵技术的激光雷达，它在基本原理上与无线电的相控阵雷达是类似的。

7.7.37　激光护目镜 laser eyewear; laser protective goggles

人员佩戴的，用于将入射激光辐射衰减到人眼最大允许照射量以下的专用眼镜。激光护目镜一般是针对所要防护的激光束波段镀制相应波段吸收光能量的光学膜进行眼睛的防护，因此，针对不同的激光束波长情况要进行相应防护能力的护目镜选择。选择首先是要搞清激光器的激光波长、最大输出功率 (或能量)、光束直径、脉冲时间等参数，并确定激光输出最大辐照度或最大辐照量，再按相应波长和照射时间的最大允许辐照量 (眼照射限值) 确定眼镜所需最小光密度值，按此选取合适的激光护目镜。

7.7.38　激光防护镜 laser safety glasses

利用吸收、反射、衍射等原理将激光强度衰减到仪器、人眼安全范围，从而避免仪器、人眼受到激光损害的光学装置。除了人眼需要进行强光防护外，许多光电设备中的光电探测器也需要进行强光防护，以免光电探测器被强光烧坏。

7.7.39　激光光盘 laser disc

按固定格式，通过作用其上的激光反射等特性变化实现存储或读取信息的盘片 (如 CD、DVD、蓝光等光盘)。激光光盘是利用激光和数字技术再现数据、音乐或图像 (兼伴音) 的盘片统称。其由基板、记录层、反射层、保护层和印刷层共 5 层组成，通过激光照射烧蚀和不烧蚀分别记录为 “1” 和 “0” 数字信息来记录数据，根据 “1” 和 “0” 位置反射率的不同来读取数字信息。激光光盘有只读光盘、一次写入光盘、可擦写光盘之分。只读光盘的记录介质是激光烧蚀后不能恢复的，可擦写光盘的记录介质是激光照射后可恢复的。

7.7.40   光盘驱动器 disc driver

利用配置的激光来读出光盘上存储的信息，或将信息记录在光盘上或擦除光盘上存储的信息的光盘操作设备，也称为光盘机。

7.7.41   激光发动机 laser engine

基于原理设想，利用激光作用物质和结构产生动力推动发动机工作的动力机器。设想的激光发动机可有三种方式：① 锅炉式；② 共振吸收式；③ 光子发动机。

7.7.42   激光光子发动机 laser photo engine

直接将激光作用于气体的共振吸收能量转化为机械功作为推动力的设想动力机器。

7.7.43   激光动力火箭 laser powered rocket

在地面上把高能激光射到火箭上，火箭将其聚焦到氢的等离子体上，使其发热到 3000℃~4000℃，由此推动火箭运动的设想动力机器。激光动力火箭的推力比化学燃料的高三倍，且可简化运载动力设备在火箭上的配备。

7.7.44   激光离解发动机 laser dissociation engine

利用激光将气缸内的多原子气体的分子离解，使气体体积膨胀而做功的动力机器。

7.7.45   激光气体涡轮发动机 laser driven gas turbine

利用激光通过共振吸收将气体内的多原子气体的分子离解，气体体积增大，推动气体涡轮来做功的动力机器。

7.7.46   微射流激光刀 microjet laser; microjet laser knife

将激光聚焦后注入比头发丝还细的水柱中，导引光束去加工并冷却工件的加工仪器或设备，也称为微水刀激光或水导激光刀。微射流激光刀可消除传统激光加工的热影响，提高加工的质量。

7.7.47   激光扫描共焦显微镜 laser scanning confocal microscope

通过成像显微物镜将激光束聚焦到极小光斑，焦点深入到样品内的任意选定深度，在这个深度层面上同时进行样品的照明和成像扫描，获得样品在该层面的图像，顺序改变激光聚焦深度，并逐层扫描，以得到整个样品各层组成的三维图像的仪器或设备。激光扫描共焦显微镜由光学显微镜、激光光源、光学共聚焦系统、扫描装置、计算机系统、图像处理软件等组成，采用激光照明物会聚点和探测 (成像) 物点都用同一个共轭像方点孔光阑 (光阑后为光电接收器)，使得只有在物方激光照明焦平面上的点能同时照明和成像，物方焦平面以外的点不会再成像到孔处，由此实现分层成像。该仪器具有高分辨率、高灵敏度、"光学切片"、三维重建、动态分析等优点，可用于观察和检测生物的细胞、组织切片、活细胞的结构、分子、离子及生命活动等，是基础医学与临床医学研究的有效手段。

7.7.48 激光指向仪 laser orientation instrument

能发出准直激光束，利用激光束作为准直线给出直线方向和标志对准位置的光学仪器。激光指向仪主要由激光器、发射望远光学系统、安平机构和电源等组成，通过望远光学系统准直和扩束，使激光指向仪发射出的激光束成为平行度高的激光束。激光指向仪具有指向距离远、精度高、响应速度快等特点，常用于指示井巷、隧道等施工。

7.7.49 激光铅垂仪 laser plumb instrument

将激光束导到铅垂方向用于竖向准直的一种仪器。激光铅垂仪主要由激光器、发射光学系统、安平机构和电源等组成。激光铅垂仪常用于高层建筑建设、竖井掘进等施工的指向。

7.7.50 激光速度计 laser velocimeter

用激光照射运动物体，测量运动物体对照射光散射出的光相对照射光频率的频移量，以获得物体运动速度的仪器。激光速度计是一种多普勒 (Doppler) 速度计。频移测量的原理是使散射光与原来的入射光拍频，以外差法接收后处理获得。

7.7.51 激光重力计 laser gravimeter

用激光干涉原理测量运动物体的移动距离以测量重力加速度的仪器。激光重力计的时间测量使用的是原子钟，距离和时间测量的精度可分别达到 10^{-8} 和 10^{-11}。

7.7.52 激光扫描分析器 laser scanning analyzer

以激光束对流水线上的板材进行扫描，用光学成像系统和光电探测器接收反射光，获得光电信号，经计算机软件分析获得在线显示板上的缺陷的一种无损检测设备。

7.7.53 激光寻的器 laser seeker

对激光指示器所照射在目标上的光斑进行搜索、跟踪并能提供与目标所在位置有关信息的装置。其主要由激光探测器、放大及逻辑运算器、信息处理器、指令形成装置和陀螺平台等组成。

7.7.54 速度追踪式激光寻的器 velocity pursuit guidance laser seeker

以激光探测系统测得的目标 (激光光斑) 视线与制导弹药速度方向的偏差角作为制导信息，从而控制速度向量指向目标的激光寻的器。

7.7.55 比例导引式激光寻的器 proportional guidance laser seeker

连续不断地跟踪目标 (激光光斑) 并输出与目标视线转动角速度成比例的控制信号驱动弹体飞向目标的激光寻的器。比例导引寻的的基本原理是：导引头测量弹体飞行矢量方向与目标视线的弹目偏差角，并将其转化为弹目视线角速度传递给弹上控制系统，由自动驾驶仪处理成舵机驱动信号，驱动舵机控制舵面旋转，使弹体的速度矢量转动角速度与目标视线转动角速度成一定比例地向目标逼近的飞行控制方式。

7.7.56 激光光斑跟踪器 laser spot tracker

用以实现自动搜索、跟踪目标 (激光光斑)，为导弹发射系统标定激光所照射的目标位置的装置。

7.8 激 光 应 用

7.8.1 激光成像 laser imaging

利用激光扫描、凝视探测等技术获取目标外形每个物元的位置 (或坐标) 和距离信息，以获得目标三维图像的技术。

7.8.2 激光冷却 laser cooling

基于原子或分子吸收和再发射光子时的动量发生变化，利用光的动力学效应压缩原子体系的运动速度和分布，使用激光使原子速度降低和均匀分布，可将原子或分子的温度冷却到接近绝对零度的技术。

7.8.3 原子束激光制冷 laser cooling of atomic beam

使用频率可连续调谐的激光器，用与原子束跃迁频率相同的激光束照射原子束，与激光形成共振，使原子束中的原子减速，在外场连续对原子调谐，使其跃迁频率始终与激光频率共振，原子不断跃迁而损失动能，最后减速的结果是使原子仅在其平衡位置振动，使温度可减至接近绝对零度的制冷方法。

7.8.4 光镊 optical tweezers; optical forceps

能通过极细光束的光压束缚和移动原子的光束操作系统，其正式名称为单光束梯度力光阱 (single-beam optical gradient force trap)。光镊的技术本质是利用光的辐射压力来捕捉微粒 (或原子)，在技术上是用强度不均匀的激光束照射微粒 (或原子)，使微粒 (或原子) 被吸引和束缚到光束中光强最强的地方，通过移动光束来移动微粒 (或原子)。光镊操作微粒的尺寸从微米到纳米量级。现在的光镊不仅有 "抓" 和空间水平方向 "移" 的功能，还有空间垂直方向的 "推" 和 "拉" 的移动功能。

7.8.5   激光核聚变 laser nuclear fusion

以高功率激光系统作为驱动源，对含热核燃料的靶丸的四周进行高功率激光照射，使其外层受热急速膨胀，内层材料受到强力挤压导致小丸直径缩小到原直径的二十分之一以下，温度急剧增高，而引发热核聚变反应，释放能量的技术或过程。

7.8.6   激光差分吸收探测 laser difference absorption detection

激光器发出至少两个特定波长的激光束，其中一个波长位于待测气体吸收谱带中吸收峰 (或谷) 位置，通过测量气体后向散射中两种波长激光强度的差异，从而判定预测气体成分是否存在并计算其浓度等信息的技术。激光差分吸收探测可用于激光侦毒、测污、温室气体探测等。

7.8.7   激光荧光探测 laser fluorescence detection

利用激光激发物质产生荧光谱，通过荧光波长与物质的特定关系测量物质成分的技术。

7.8.8   激光信标 laser beacon

以所发射激光的波长、光斑、脉冲编码或幅度调制作为信号，用于探测、识别的一种标记技术。激光信标是利用激光原有特征和人为调制形成状态，使其具有 "自己的身份"，以成为可识别的目标。

7.8.9   激光校轴 laser axis alignment

利用激光束模拟武器轴线，以方便通过激光束对靶标照射位置的指示，来看到武器轴线 (同一载体上的军械设备轴线) 延伸到靶标上的位置，以此进行枪械瞄准关系校正的方法。

7.8.10   激光存储 laser storage

利用激光将需要存储的信息通过调制的激光束聚焦到记录介质上，使介质的光照微区发生物理的或化学的变化，以实现信息存储的技术或方法。用激光束扫描记录信息的介质，被信息调制的反射光经探测器接收、解调可获得原存储的信息。

7.8.11　激光条码扫描 laser scanning for bar code

用激光束沿条形码的间隔方向扫描包含各类信息的条形码，经条形码中的黑色和白色条纹反射激光，使光电探测器能接收到沿扫描方向强弱不同的反射信号，这些反射信号的强弱和持续时间，反映出了条形码的黑色、白色和它们的宽度，再通过计算机解码光电探测器接收的信号，识别出其中包含的原始信息的技术。

7.8.12　激光损伤阈值 laser induced damage threshold

激光照射某种材料，能使其表面或内部发生局部破坏或光学性质发生变化的最低激光功率密度。材料的激光损伤阈值越高，材料抗激光损伤的能力越强，反之依然。

7.8.13　激光等离子体 laser plasma

用激光照射气体或固体靶，激光的高温作用于照射物使其电离产生出的等离子体。几乎所有的元素被激发形成等离子体后都会发出特征光谱(谱线)，因此，应用激光(如纳秒脉冲激光)聚焦样品表面形成等离子体，分析等离子体发射的光谱，可确定样品的物质成分和含量。

7.8.14　激光声呐 laser sonar

将已调制的激光束射入传输介质所发射的声子或声波。激光声呐可应用于测距和通信。对激光声呐发射的波直接进行接收检测的方式为通信应用；对激光声呐发射并经目标返回的波进行检测的方式为目标方位和距离的探测应用。

7.8.15　激光散斑 laser speckle

用激光照射物体表面，物体表面上各不平整的小区域对相干光的反射、折射、散射后传播到观察位置相互干涉形成的凌乱颗粒状干涉图分布，也称为激光斑纹。当改变观察位置、照射激光波长、被照射物体时，激光散斑的颗粒状图案分布会改变。激光散斑可应用于检测表面的粗糙度、振动表面上的静止部分、两个物体的相对移动、处理双物散斑图像提升分辨力。

7.8.16　激光时间探针 laser time probe

利用超短脉冲激光照射样本，使其产生物理变化、化学变化、光学现象、生物活体变化等，研究激光作用于被照对象后在超短时间内的响应特性、变化等，揭示物质运动的动因、演化和结果等的技术。

7.8.17　激光化学 laser chemistry

利用超短脉冲激光作用在物质上，在极短时间内造成作用区与非作用区的温度差，从而破坏该处化学平衡，导致某些化学作用发生，或用高强度激光作用在物质上，造成常规情况不能出现的现象发生，借此开展的物质化学性质研究的新领域。

7.8.18　激光原子陷获 laser trapping of atom

利用强激光束具有沿径向向内的横向电偶极矩力，在光束周围形成一个有效的负势阱，极小值在光束轴，电偶极矩力指向光束焦点，且在沿光轴方向指向焦点，形成一个负势阱的特性，以此对低温原子进行捕获和控制的技术。

7.8.19　激光操纵原子束 laser steering of atomic beam

利用原子束激光制冷、激光原子陷获等技术，对原子进行制冷、陷获、偏离、移动等的操作。

7.8.20　激光计算层析术 laser computing tomography

用超短脉冲激光器照射物体，提取物质散射出带有时间信息的弹道光子和蛇行光子进行相干选通，对这些信息进行数学和物理分析，运用计算机将不同层面的结构信息加以处理，得到物体各分层层面图像，以二维的分层结构将三维结构分布表现出来，以实现对物质进行分层成像的技术。

7.8.21　激光发光分光仪 laser emission spectroscope

用激光照射分析物质，应用发光光谱分析法对物质发出的光谱进行分析，以定性和定量测定微量元素的一种仪器，也称为激光探针。激光发光分光仪能对 60 多种元素进行分析，探测痕量的灵敏度可高达 $10^{-7}g \sim 10^{-11}g$，在生物学研究和医学研究中具有其特有的作用。

7.8.22　激光同位素分离 laser isotope separation

利用激光的窄频带及波长精确可调的特性，对同位素能级进行有选择的调谐激发，以进行分离的技术。军事上主要用于铀浓缩，具有省能耗的优点。对 1kg 铀浓缩到 3% 的 U-235 时，耗能为 50kW·h，而用离心法需 1500kW·h，用扩散法需 1500kW·h。

7.8.23　激光上釉 laser glazing

利用激光的高能量产生区域的高温熔化功能，作用于需上釉区域，使材料表面迅速熔化，在熔化液相和基体固相两相间形成极高的温度差，导致熔化层高速冷却，形成一层微晶或非晶层，即釉化层的技术。

7.8.24　激光医学 laser medicine

研究激光作用于人体或动物体上所产生的各种生物学效应，包括细胞的组成、分裂、生长和转化等，加深对新陈代谢、遗传、发育等生命过程的了解的医学研究和学科。

7.8.25　激光疗法 laser therapy

应用不同能量的激光分别对不同病灶进行治疗的方法。低能量的激光主要用于治疗炎症、皮肤黏膜溃疡、某些肿瘤，以其用于止痛、促进上皮生长等；高能激光主要用作光刀，供外科切割和烧灼使用。

7.8.26　激光外科手术 laser surgery

利用激光的烧蚀和能量输出作用作为手术刀、焊、钻等工具，对需要做手术的生物组织进行切割、焊接、碎石、钻孔、针灸、美容等外科治疗的方法。激光外科手术具有聚焦范围小、对周围组织伤害小、出血少等优点。激光外科手术用的激光器主要有固体激光器、光纤激光器、半导体激光器等。

7.8.27　激光保健学 laser hygiene

对激光可能造成的眼睛损伤、皮肤灼伤、视觉疲劳，激光器的有害和有毒气体对环境的污染、可能产生的 X 射线等采取防护和对人保护研究的学科。

7.8.28　激光穴位照射疗法 laser therapy of acupoint illumination

利用激光辐射照射穴位，产生光、热、机械、电磁等效应，以产生治疗效果的方法。激光穴位照射治疗设备也称为激光针或光针。穴位照射治疗的激光主要有氦氖激光、半导体激光等。

7.8.29　激光眼治疗 laser ophthalmic therapy

利用激光进行视力矫正、角膜锥切除、角膜和晶体病变部分去除、视网膜焊接等，以使眼睛恢复正常或接近正常状态的治疗方法。

7.8.30　激光光致凝结 laser photocoagulation

将激光聚焦到视网膜上，把脱离了巩膜的网膜烧结在巩膜上的过程，也称为视网膜焊接。激光脉冲射入人眼中烧结一次的能量为 0.1J~0.25J，凝结器每次烧结的时间间隔为 6s。

7.8.31　激光修复 laser repair

应用激光的高功率光线杀死皮肤表面病变组织的一种医美或医疗手术方法。激光修复主要用于进行祛斑美容，也可以用于治疗扁平疣、尖锐湿疣等皮肤疾病。激光修复使用的激光器主要有二氧化碳激光器等。

7.8.32　激光触发开关 laser triggered switching

利用激光照射的高温，电离两个电极之间的气体、液体或固体等绝缘体，使绝缘体导电而致使两个电极间导通的开关。激光开关具有响应快和控制方便等特点，响应时间可达纳秒或皮秒量级。

7.8.33　激光地形测绘 laser topography measuring

用激光测距仪的测距功能与经纬仪的测角功能结合，对地形地貌进行测绘的方法。激光地形测绘能方便、准确地测绘复杂地形和小比例尺寸地形。

7.8.34　激光育种 laser cultivated seed

通过激光对生物的照射，使激光光子作用于生物的分子、分子团、细胞等，激活生物特定的键，从而改变分子结构，使遗传密码异化，并通过细胞分裂而遗传到后代，以实现对生物后代特定目的的遗传改变的方法。生物育种的目的有提高粮食产量、提高农作物恶劣环境耐受能力、缩短农作物生长期、提高农产品储存能力、防治虫害等方面。育种的方式除了用激光外，还有放射性、失重、化学药品、温度等方式。

7.8.35　激光修整 laser trimming

〈电器〉利用激光的区域烧蚀或改性功能调整材料或元件性能 (例如电阻值)，使其精准应用的方法。激光修整的激光器要求功率密度达到 $10^9 W/cm^2$，温度达到 3000℃。YAG 激光器由于聚焦光斑小，可使电阻值的调整公差小，是激光修整应用的主要激光器。

第8章 微光术语及概念

本章的微光术语及概念主要包括微光基础、性能与参数、元器件和部件、仪器和系统共四个方面的术语及概念。本章中的微光基础、性能与参数部分，分别包括微光共性基础以及系统和器件的主要性能参数的术语及概念；元器件和部件部分除了包括微光元器件和部件的术语及概念外，还包括了相关光电器件材料的术语及概念；仪器和系统是应用比较多的军用微光仪器和系统的术语及概念。本章所纳入的光阴极术语及概念主要是负电亲和势的光阴极，其他光阴极的术语及概念放在了"第17章 光电器件与显示装置术语及概念"中。

8.1 微光基础

8.1.1 夜空光 light in the night sky

夜间天空中的自然辐射源 (月光、星光、黄道光、银河光、气体辉光等) 及其散射光所形成的辐射照明光。黄道光是由行星际尘埃对太阳光的散射而在黄道面 (地球绕太阳公转的轨道面) 上而形成的银白色光锥 (一般都呈三角形)。

8.1.2 夜空辐射照度 irradiance from the night sky

夜间天空中的自然辐射源 (月光、星光、黄道光、银河光、气体辉光等) 及其散射光照射到地面环境上的辐射照度。

8.1.3 微光探测方程 low light level detection equation

微光探测系统的极限分辨力 (或作用距离) 与其影响因素间的数学公式。影响因素主要包括环境 (人工) 条件、目标特性，以及成像物镜、核心器件、末端显示器件 (或执行机构) 等的对比度/信噪比、传递能力等，按公式 (8-1) 计算。

$$L \cdot c^2 \cdot \alpha^2 = \text{const} \tag{8-1}$$

式中：L 为目标的亮度；c 为目标与背景的对比度；α 为成像器件的极限分辨角；const 为与器件的入瞳、量子效率、阈值信噪比、积分时间等因素有关的常数。

8.1.4 微光夜视技术 low light level technology

将微弱的光学图像经光电转换和图像增强后，成为适于人眼观察的可见光图像的技术。分为直视微光夜视技术和微光电视技术。

8.1.5　直视微光夜视技术 direct view low light level technology

主要由物镜系统、像增强器和目镜系统等组成，实现微弱光学图像的光电转换和图像增强，适合人眼通过目镜直接观察像增强器显示的可见光图像的技术。

8.1.6　微光电视技术 low light level television technology

主要由摄像物镜、像增强器、图像数字处理装置和显示器等组成，实现微弱图像的光电转换和图像增强，适合人眼通过显示器来观察可见光图像的技术。

8.1.7　微光像增强器电子光学 electron optical for night vision image intensifier

研究微光像增强器中电子/带电粒子在电磁场中运动、聚焦、偏转和成像规律的知识。电子束成像的规律和电子透镜设计是该知识研究的重点。

8.2　性能与参数

8.2.1　光电流 photocurrent

〈微光〉像增强器在施加一定电压的条件下，入射辐射作用于光阴极上产生的输出电流，单位用安培 (A) 表示。

8.2.2　饱和光电流 saturated photocurrent

像增强器在入射辐射不变的条件下，随着施加电压的增加，光阴极产生的输出电流将随之不断增大，而当所加电压达到某一特定值时，输出电流将不再发生显著变化时的电流，用符号 I 表示，单位用安培 (A) 表示。光电流饱和的另一种情况是：输入电压不变，随着输入照度的增加，光电流随之不断增加，当入射照度增加到一定强度时，光电流不再显著增加时的电流。

8.2.3　光阴极光灵敏度 photocathode luminous sensitivity

在标准 A 光源照射下，光阴极所产生的光电流与入射光通量之比，用符号 s 表示，单位用微安每流明 (μA/lm) 表示。

8.2.4　光阴极辐射灵敏度 photocathode radiant sensitivity

在标准 A 光源照射下，入射辐射为单一波长时，光阴极所产生的光电流与入射辐射通量之比，用符号 S_R 表示，单位用毫安每瓦 (mA/W) 表示，也称为光阴极光谱灵敏度。

8.2.5 光阴极光谱响应 photocathode spectral response

光阴极辐射灵敏度与波长的对应关系。光阴极光谱响应通常是通过测试光阴极对指定光谱范围的每一单色光的光阴极辐射灵敏度，并绘制出光谱-灵敏度曲线，由此给出光阴极对不同单色的灵敏度关系，用于分析光阴极的光谱响应性能适合性。

8.2.6 光谱响应峰值波长 spectral response peak wavelength

光谱响应中光阴极辐射灵敏度最大值所对应的波长，用符号 λ_p 表示，单位用微米 (μm) 表示。

8.2.7 阈值波长 threshold wavelength

光谱响应曲线中，光阴极辐射灵敏度下降到最大值的特定百分数时所对应的波长，用符号 λ_T 表示，单位用微米 (μm) 表示。

8.2.8 光谱匹配系数 spectrum matching coefficient

描述辐射源和接收器光谱响应匹配程度的性能参数，按公式 (8-2) 计算。

$$\sigma = \frac{\displaystyle\int_{\Delta\lambda} R(\lambda)\phi(\lambda)\mathrm{d}\lambda}{\displaystyle\int_{\Delta\lambda} \phi(\lambda)\mathrm{d}\lambda} \tag{8-2}$$

式中：σ 为光谱匹配系数；$\Delta\lambda$ 为接收器的响应波段；$R(\lambda)$ 为接收器的光阴极辐射灵敏度；$\phi(\lambda)$ 为辐射源的辐射光谱分布。

8.2.9 光阴极有效直径 photocathode useful diameter

在像管输入端与系统光轴同心的条件下，能完全成像于荧光屏上的光阴极的最大直径，用符号 D_c 表示，单位用毫米 (mm) 表示。

8.2.10 荧光屏有效直径 screen useful diameter

在像管输出端与系统光轴同心的条件下，能包容光阴极有效直径像的荧光屏的最小直径，用符号 D_s 表示，单位用毫米 (mm) 表示。

8.2.11 荧光屏发光效率 luminous efficiency of phosphor screen

在规定电子束的作用下，荧光屏的出射光通量与电子束功率 (束电压和束电流乘积) 之比，用符号 η_{crt} 表示，单位用流明每瓦 (lm/W) 表示。

8.2.12　暗背景亮度 dark background luminance

光阴极无光输入时，处于工作状态下的像管荧光屏输出亮度，用符号 L_{ab} 表示，单位用坎 (德拉) 每平方米 (cd/m^2) 表示。

8.2.13　等效背景照度 equivalent background illumination(EBI)

像增强器光阴极面上，对应于暗背景亮度的等效输入照度大小，用符号 E_{EBI} 表示，单位用勒克斯 (lx) 表示。数值上等于使荧光屏亮度增加到等于暗背景亮度 2 倍时所需的输入照度。

8.2.14　亮度增益 luminance gain

用标准 A 光源照射像管的光阴极时，荧光屏的法向输出亮度与光阴极上的输入照度之比，用符号 G 表示，用坎德拉每平方米勒克斯 [$cd/(m^2 \cdot lx)$] 表示。

8.2.15　辐射增益 radiant gain

在标准光源照射下，入射辐射为单一波长时，荧光屏的法向输出亮度与光阴极上的输入辐照度之比，也称为光谱增益。

8.2.16　光通量增益 luminous flux gain

用标准 A 光源照射像管的光阴极时，荧光屏的输出光通量与光阴极上的输入光通量之比。光通量增益为 π 与亮度增益的乘积。

8.2.17　光晕 halo

像增强器对强光物成像时，在图像输出端所形成的围绕亮像中心的直径尺寸显著超过正常亮像尺寸的扩大弥散亮环 (或亮斑) 的现象。光晕会影响像增强器的分辨力和信噪比，导致像增强器的性能下降。对于微通道板像增强器，光晕产生的机理主要是由于阴极发射的电子射到微通道板的非开口壁上，被弹性散射，散射的电子被阴极弹回时，再被阴极和微通道板之间的电场拉回到微通道板上，形成一个扩大的弥散圆。当夜视仪遇到强光时，图像也会产生光晕，光晕主要是由汽车灯、路灯、照明弹等的照射所引起。

8.2.18　噪声因子 noise factor; noise figure(NF)

器件输入信噪比与输出信噪比之比，或器件输入信噪比的平方与输出信噪比的平方之比，用符号 NF 表示，按公式 (8-3) 计算。噪声因子表征了器件对输入信噪比的传递能力。

$$NF = \frac{(S/N)_{in}}{(S/N)_{out}} \quad \text{或} \quad NF = \frac{(S/N)_{in}^2}{(S/N)_{out}^2} \tag{8-3}$$

式中：NF 为噪声因子；$(S/N)_{in}$ 为器件输入信噪比 [$(S/N)_{in}$ 也可用符号 SNR_{in} 表示]；$(S/N)_{out}$ 为器件输出信噪比 [$(S/N)_{out}$ 也可用符号 SNR_{out} 表示]。噪声因子是从电学借用过来的概念，当输入和输出参数为电流 (或电压)，信噪比采用功率表示时，噪声因子就应采用输入信噪比的平方与输出信噪比的平方之比。如果信噪比不采用功率方式表达时，噪声因子就用电流 (或电压) 输入信噪比与电流 (或电压) 输出信噪比之比。噪声因子是一个不小于 1 的数，因存在 $(S/N)_{out} \leqslant (S/N)_{in}$。噪声因子计算中的信噪比是采用功率计算还是采用电流 (或电压) 计算需要声明，因为两个计算结果是不同的。相同的情况，用功率计算出来的噪声因子比用电流 (或电压) 计算出来的噪声因子的数值要大。

8.2.19 像增强器噪声因子 noise factor of image intensifier

微通道板的输入信噪比的平方与像增强器的输出信噪比的平方之比，或光阴极灵敏度乘以条件系数与像增强器的输出信噪比的平方之比，用符号 N_F 表示，按公式 (8-4) 计算。

$$N_F = \frac{(S/N)_{in}{}^2}{(S/N)_{out}{}^2} = k\frac{S}{(S/N)_{out}{}^2} \tag{8-4}$$

式中：N_F 为像管噪声因子；$(S/N)_{out}$ 为像增强器的输出信噪比；S 为光阴极灵敏度，μA/lm，作为输入信噪比的平方；k 为测量条件系数，单位为流明每微安 (lm/μA)。当光阴极输入照度为 1.08×10^{-4} lx、光斑直径为 0.2mm、带宽为 10Hz 的测试条件下，$k = 1.06$ lm/μA [用公式 (8-8) 计算]。k 是由光阴极输出信噪比与光阴极灵敏度之间的等式方程计算出的系数，如果测量的条件改变，这个系数值也将随之改变。像增强器的噪声因子相当于是用微通道板的噪声因子来表达的，微通道板可看作是像增强器的噪声发生器或最主要的噪声源。此处的像增强器的噪声因子是从方便测试的角度，并基于将微通道板的噪声因子可看成是像增强器的噪声因子来定义的噪声因子。在计算方面，借用了光阴极灵敏度与光阴极输出功率信噪比存在的密切关系，方便了微通道板输入功率信噪比参量的获得。这个噪声因子既不是严格意义的像增强器噪声因子，也不是严格意义的微通道板噪声因子。从像增强器的噪声因子计算的角度，采用光阴极灵敏度乘一个系数 (光阴极输出信噪比的平方) 代替的像增强器的输入信噪比平方；从微通道板的噪声因子计算的角度，采用像增强器的输出信噪比平方代替微通道板的输出信噪比平方。

光阴极的输出信噪比按公式 (8-5) 计算：

$$(S/N)_c = \sqrt{\frac{I_c}{2 \cdot e \cdot \Delta f}} \tag{8-5}$$

式中：$(S/N)_c$ 为光阴极输出信噪比；I_c 为光阴极电流；e 为电子电量 (1.6×10^{-19}C)；

Δf 为测量带宽 (噪声功率频谱带宽按测量带宽)。光阴极灵敏度按公式 (8-6) 计算:

$$S = \frac{I_c}{\pi \cdot R^2 \cdot E} \tag{8-6}$$

式中: S 为光阴极灵敏度; I_c 为光阴极电流; R 为入射到光阴极上的光斑半径; E 为照射在光阴极上的光照度。光阴极的输出信噪比平方按公式 (8-7) 计算:

$$(S/N)_c^2 = \frac{I_c}{2 \cdot e \cdot \Delta f} = \frac{S \cdot \pi \cdot R^2 \cdot E}{2 \cdot e \cdot \Delta f} = k \cdot S \tag{8-7}$$

$$k = \frac{\pi \cdot R^2 \cdot E}{2 \cdot e \cdot \Delta f} \tag{8-8}$$

式中涉及的单位换算存在: 1 C=1A·s; 1C×1Hz=1A·s/s =1A; 1C×1Hz×10^{-6} =1× 10^{-6}A = 1μA。将 $E = 1.08 \times 10^{-4}$lx, $R = 0.1$mm, $\Delta f = 10$Hz, $e = 1.6 \times 10^{-19}$C, $\pi = 3.1416$ 代入公式 (8-8) 算出结果, 再代入公式 (8-7) 的右边, 可得到 $(S/N)_c^2 = 1.06 \times S$, 即 $k = 1.06$ lm/μA。

8.2.20　像管信噪比 signal to noise ratio (SNR) of image tube

在阴极面上输入规定的照度 (高照度: 10^{-4}lx; 低照度: 10^{-5}lx) 信号时, 像管输出信号的平均值与规定带宽内 (10Hz) 噪声的均方根值之比。

8.2.21　像管调制传递函数 modulation transfer function (MTF) of image tube

在各种空间频率下, 像管荧光屏上输出图像的调制度与光阴极上输入图形的调制度之比。像管调制传递函数是光纤面板、阴极、电子透镜 (或微通道板) 和荧光屏等各部分传递函数的综合结果。

8.2.22　像管分辨力 resolution of image tube

规定对比度的分辨力图案投射到光阴极上, 荧光屏上可分辨的图案的最大空间频率, 用符号 N 表示, 单位用线对每毫米 (lp/mm) 表示。

8.2.23　像管中心放大率 center magnification of image tube

在像管中心处测得的荧光屏上输出像的线度尺寸与光阴极上输入像的线度尺寸之比, 用符号 M_0 表示。

8.2.24　像管强光分辨力 resolution of image tube at highlight

200lx 照度下, 像管的分辨力。像管对高照度物体成像的图像分辨力将会显著下降。高照度物体的强光将会使所成图像要素的点或线的边缘扩展, 导致图像分辨力降低。

8.2.25　像管畸变 distortion of image tube

表征像管成像几何失真程度的性能参数，用符号 D_r 表示。用距离像管光轴中心不同位置的放大率与中心放大率的差与中心放大率之比表示，按公式 (8-9) 计算。

$$D_r = \frac{M_r - M_0}{M_0} \times 100\% \tag{8-9}$$

式中：D_r 为像管畸变；M_r 为距光轴中心半径为 r 处的放大率；M_0 为像管中心放大率。

8.2.26　荧光屏输出亮度均匀性 output brightness uniformity of screen

像管在均匀的输入光照下，荧光屏上法向最大亮度与最小亮度之比。荧光屏输出亮度均匀性是有关荧光屏是否能还原景物图像亮度分布真实状况的参数。

8.2.27　荧光屏的光谱特性 spectral characteristic of screen

在电子束的激发下，荧光屏的相对辐射能量按波长的分布函数，也称为荧光屏的光谱响应 (spectral response of screen)。荧光屏的光谱特性应符合人眼的观察特性，可将荧光屏的人眼响应的峰值波长移到人眼舒适观察的波长，例如，将荧光屏人眼响应的峰值波长 550nm 移到人眼舒适观察的波长 540nm。

8.2.28　荧光屏余辉特性 phosphor decay of screen

电子束停止激发后,荧光屏亮度衰减与时间的关系,也称为余辉时间 (phosphor decay time)。余辉时间的长短由荧光粉的类别决定。短余辉时间 (10^{-2}s 以下) 荧光粉适合观察运动物体，长余辉时间荧光粉能平滑噪声，提高信噪比。

8.2.29　光生背景 induced background by light

在有光输入时，处于工作状态的像管荧光屏上存在的随入射光的强度变化而产生的附加亮度。

8.2.30　视场质量 quality of view field

像增强器输出像面上各规定区域的疵点 (疵病) 的尺寸和数量。视场质量是像增强器成像相关的输入保护窗、阴极面、微通道板、荧光屏面、输出保护窗等各面的表面疵病累加的综合结果。

8.2.31　自动亮度控制 automatic brightness control(ABC)

当输入照度较高时，采用电子学自动控制的方法将荧光屏的输出亮度控制在某一规定范围内，而不使其随光阴极的输入照度线性增加的措施或技术。

8.2.32　复丝 multifibers

多根光学纤维集合在一起拉制成的光纤束。复丝是指光纤集成束后的工作端面所展现的外观，不是光纤束的纵向外观，是横向外观或横截面外观。

8.2.33　复丝间固定图形噪声 multi-to-multi fixed pattern noise

由于相邻复丝增益 (或透射比) 的不一致性，所引起的在荧光屏上能分辨出的亮度不均匀性。这是由于通道之间的增益差别所引起的。

8.2.34　复丝边界固定图形噪声 multi-boundary fixed pattern noise

复丝边界的增益和相邻复丝的增益 (或透射比) 不同时，所引起的在荧光屏上能分辨出的亮度不均匀性。这个噪声严重时，会出现复丝边界的部分轮廓形状。

8.2.35　恢复时间 recovery time

像增强器输入周期或非周期的强闪光照射后，其输出亮度恢复到稳态输出亮度的规定百分数时所经历的时间。

8.2.36　像管时间调制传递函数 temporal modulation transfer function of image tube

像管输入各种时间频率的正弦调制照度时，所输出的调制度与输入的调制度之比。像管时间调制传递函数是像管时间响应中的重要性能，反映像管对运动物体的记录能力和辨别能力。

8.2.37　启动时间 starting time

像管接通电源后，光阴极接收规定范围的任意照度，荧光屏亮度达到稳态值的规定百分数所需的时间。

8.2.38　时间响应 time response

与像管时间特性有关的性能指标的统称，包括时间调制传递函数、恢复时间、启动时间等。

8.2.39　图像同轴性 image alignment

对应于输入到像管光阴极中心处图像的荧光屏输出图像，与荧光屏输出中心的径向距离。图像同轴性反映的是像管的输入面中心与输出面中心的对准程度。

8.2.40　紫外可见光抑制比 ultraviolet-visible rejection ratio

紫外像管中，规定紫外线与可见光波长的辐射灵敏度之比。该指标用于表征阴极的紫外特性。

8.2.41　图像漂移 image shift

在正常工作条件下，经规定的稳定工作时间后，在特定的时间 (通常为 30 s) 间隔测出输出图像与输入到像管光阴极中心处的图像的相对位移。

8.2.42　像管品质因子 merit of image tube; quality factor of image tube

像管信噪比与像管分辨力的乘积，即品质因子 = 信噪比 × 分辨力，也称为像管品质因数，按公式 (8-10) 计算。像管品质因子是像管探测微弱光景物目标光子的能力和分辨景物目标细节的能力的综合，前者反映的是探测目标的相对信号量大小，后者反映的是对比度水平。像管品质因子数值越大，说明像管看清景物的能力越强，或者说像管的性能越高。

$$M = (S/N) \times R \tag{8-10}$$

式中：M 为像管品质因子；S/N 为像管的信噪比；R 为像管的分辨率。

8.2.43　纤维光学面板理论数值孔径 theoretical numerical aperture of fiber-optic plate

能在纤维光学面板的光纤中子午面内传输的光线最大入射角的正弦值。光纤面板的数值孔径就是光束从光纤入射端面入射，能进入光纤内传输的最大光锥角一半的正弦。

8.2.44　纤维光学面板的测量数值孔径 measured numerical aperture of fiber-optic plate

垂直于纤维光学面板的平面内，用准直光以不同入射角入射纤维光学面板时，所测得的透射比为最大值的 50% 所对应角度的正弦值。

8.2.45　纤维光学面板朗伯透射比 Lambertian transmittance of fiber-optic plate

朗伯光从纤维光学面板入射，透射的光通量与入射光通量之比。纤维光学面板朗伯透射比是纤维光学面板对均匀漫反射光输入的透射比。

8.2.46　纤维光学面板准直透射比 collimated transmittance of fiber-optic plate

准直光垂直从纤维光学面板入射，透射的光通量与入射的光通量之比。纤维光学面板准直透射比是纤维光学面板对平行光输入的透射比。

8.2.47　纤维光学面板光谱透射比 spectral transmittance of fiber-optic plate

单色漫射光从纤维光学面板入射，透射的单色光通量与入射的同一波长的光通量之比。面板光谱透射比通常需要测量一段光谱范围的透射比，并绘制光谱-透射比曲线。

8.2.48   纤维光学面板刀口效应 knife-edge response of fiber-optic plate

用漫射 (朗伯) 光照射紧贴在纤维光学面板上的刀口时，在纤维光学面板的另一面沿刀口像的垂直方向上测出的透过光的相对分布。

8.2.49   微通道板孔径 microchannel plate wire diameter; MCP hole diameter

微通道板单丝的孔直径或单通道的直径 (channel diameter)。微通道板孔径代表的是图像的像元或单元大小，或者说是对图像的单元化分割，决定一个像元的光通量的大小，同时也与图像的分辨率有关，孔径大，像元的光通量大，但图像的分辨力就小。微通道板一根丝的外形是六边形的，丝的孔直径一般为 $5\mu m \sim 27\mu m$，整个通道板上集成的丝的根数量为 $10^4 \sim 10^7$。

8.2.50   微通道板孔间距 pitch between microchannel plate holes

微通道板相邻通道轴线或通道中心之间的距离。微通道板孔间距相当于两像元间的距离，是直接决定图像分辨率的参数，孔间距大，图像的分辨率就低，反之，图像的分辨率就高。微通道板孔间距一般为 $7\mu m \sim 3\mu m$。

8.2.51   微通道板体电阻 microchannel plate resistance

微通道板输入端面与输出端面的电阻值。微通道板体电阻是一个关系到像管荧光屏的亮度和分辨力的参数。

8.2.52   微通道板开口比 microchannel plate open area ratio

在微通道板的有效截面 (工作面) 内通道口的总面积与微通道板有效截面积 (工作面积) 之比，也称为微通道板开口面积比，用符号 OAR 表示，按公式 (8-11) 计算。微通道板开口比决定微通道板的探测效率，在一定程度上影响微通道板的噪声因子。微通道板开口比的数值一般为 $58\% \sim 63\%$，处理为漏斗形的为 $70\% \sim 80\%$。微通道板开口比的数值大，可提高微通道板的探测效率。

$$OAR = 0.907\,(d/p)^2 \tag{8-11}$$

式中：d 为微通道板的通道直径；p 为微通道板的相邻通道间的中心距。

8.2.53   微通道板电流增益 current gain of microchannel plate

微通道板的输出电流与输入电流之比，也称为微通道板电流传递特性。微通道板电流增益是微通道板的输出电流随着输入电流的增加而变化的曲线，存在饱和现象或饱和效应，即电流增益不是常数，产生饱和效应的原因主要有空间电荷效应、管壁充电、通道电阻过高等。

8.2.54　微通道板的斜切角 bias angle of microchannel plate

微通道板的端面法线与通道轴线的夹角，也称为微通道板的偏置角。微通道板的斜切角通常为 8°。

8.2.55　夜视仪增益 gain of night vision device

在实验室内通过夜视仪测得的输出像的亮度与目标靶亮度之比，用符号 G_n 表示。

8.2.56　选通技术 gating technology

利用周期性开启和关闭的脉冲控制，以时间的先后分开不同距离上的散射光和目标反射光，并仅使目标反射光到达像管时控制像管选通工作而成像的技术。

8.2.57　红暴距离 red-light-discovered distance

近红外光源在额定功率下工作时，在低照度条件下人眼正对光源并向光源方向自远而近移动观察，能发现红光的最大距离，用符号 R_e 表示，单位用米 (m) 表示。

8.3　元器件和部件

8.3.1　微光光阴极 photocathode of low light level

具有外光电效应、接受辐射后能向真空发射光电子的光电发射体，简称为光阴极或光电阴极。微光光阴极是将光景物图像转换为电子像的转换器。

8.3.2　负电子亲和势光阴极 negative electron affinity photocathode

在超高真空中，用铯蒸气处理 III-V 族元素化合物 (如砷化镓) 单晶所得到的、具有负电子亲和势的光阴极，也称为 III-V 族负电子亲和势光阴极 (III-V negative electron affinity photocathode)。负电子亲和势光阴极表面有两种理论模型，一种是表面异质结模型，另一种是表面偶极层模型，分别见图 8-1 中的 (a) 和 (b) 所示。

负电子亲和势是热化电子发射，光电子的初动能较低，能量又比较集中。第三代和第三代半像管采用的是负电子亲和势光阴极，其具有增益高、噪声低、图像分辨力高等优点。此前的多晶薄膜结构的碱光阴极主要是正电子亲和势光阴极。

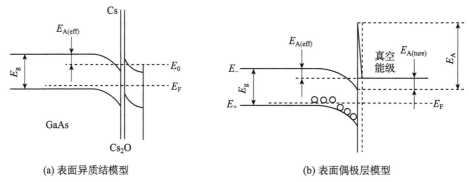

(a) 表面异质结模型　　　　　　　　(b) 表面偶极层模型

图 8-1 负电子亲和势光阴极的两种理论模型图

8.3.3 砷化镓光阴极 GaAs photocathode

在超高真空中，用铯蒸气处理 GaAs 所得到的、具有负电子亲和势的、对可见光和近红外辐射敏感的光阴极。

8.3.4 镓砷磷光阴极 GaAsP photocathode

在超高真空中，用铯蒸气处理 GaAsP 所得到的、具有负电子亲和势的、对蓝绿光敏感的光阴极。

8.3.5 铟镓砷光阴极 InGaAs photocathode

在超高真空中，用铯蒸气处理 InGaAs 所得到的、具有负电子亲和势的、对可见光和短波红外辐射敏感的光阴极。

8.3.6 氮化镓光阴极 GaN photocathode

在超高真空中，用铯蒸气处理 GaN 所得到的、具有负电子亲和势的、对紫外辐射敏感的光阴极。

8.3.7 镓铝氮光阴极 GaAlN photocathode

在超高真空中，用铯蒸气处理 GaAlN 所得到的、具有负电子亲和势的、对紫外辐射敏感的光阴极。

8.3.8 碲铯光阴极 Cs-Te photocathode

对 200nm~320nm 波段的紫外辐射敏感的碲铯半导体薄膜光阴极。碲铯光阴极是专门用于探测紫外线的 C 波段 (200nm~280nm) 和 B 波段 (280nm~315nm) 的光阴极。

8.3.9 纤维光学面板 fiber-optic plate(FOP)

由芯料折射率高于皮料折射率、具有导光性能的导光玻璃纤维和吸收光性能的吸光玻璃纤维按一定规则排列、在高温高压下熔压成的有一定厚度的二维光学传像元件。

8.3.10 光纤倒像器 fiber-optic image inverter

在保持传输几何图形不变的前提下，其输出端相对于输入端扭转 180° 而形成的纤维光学倒像元件。

8.3.11 纤维光锥 fiber-optic taper

一种具有放大或缩小功能的特殊纤维光学面板。纤维光锥的放大或缩小率等于光锥的输出端有效直径与输入端有效直径之比。

8.3.12 微通道板 microchannel plate(MCP)

由大量中空的、内表面具有高二次电子发射能力的通道式电子倍增器按规则排列并熔压而成的面阵器件。微通道板用于增强阴极发出的电子，是近贴式像增强器的核心器件。一块微通道板上可以有多达百万个微通道。

8.3.13 原子层沉积微通道板 atomic layer deposition microchannel plate

利用原子层沉积技术，在硼硅酸盐玻璃基板孔内制备导电层和二次电子发射层等功能层，从而获得具有导电和电子倍增能力的微通道板。原子层沉积微通道板能有效避免基板玻璃材料对其性能优化的制约，可对基板材料和功能材料进行独立设计，提高微通道板的综合性能。现已开发出性能远优于传统微通道板的 Al_2O_3/ZnO、Al_2O 等原子层沉积功能层。

8.3.14 V 堆叠微通道板 V-stack MCPs

将两片板阻相近的微通道板按斜切角相反的方向堆叠在一起，组合形成的二级级联倍增的高增益微通道板组件。

8.3.15 Z 堆叠微通道板 Z-stack MCPs

将三片板阻相近的微通道板按斜切角两两相反的方向堆叠在一起，组合形成的三级级联倍增的高增益微通道板组件。

8.3.16 日盲紫外滤光片 solar blind filter

由吸收型和干涉型滤光片组合而成的对日盲紫外波段透过、对可见光波段深截止的滤光片组。日盲紫外的波段为 240nm~280nm，也有采用 240nm~290nm 波段的。

8.3.17 电子光学系统 electron optical system

利用电磁场来控制真空中的电子运动，使带电粒子/电子束实现聚焦、成像或偏转的系统，也称为电子透镜系统或电子透镜。

8.3.18 静电聚焦系统 electrostatic focusing system

由静电场的作用进行聚焦、成像的电子光学系统，也称为静电聚焦电子光学系统、电子透镜，其聚焦原理见图 8-2 所示。静电聚焦系统或电子透镜的电极结构有双圆筒的和双球面的，分别见图 8-3 所示和图 8-4 所示。

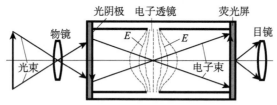

图 8-2 静电聚焦系统原理示意图

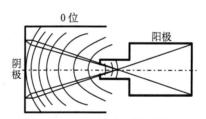

图 8-3 双圆筒电极系统结构图

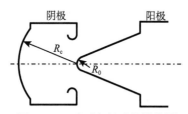

图 8-4 双球面电极系统结构图

8.3.19 像管用荧光屏 phosphor screen used in image tube

在玻璃或纤维光学面板等基底上涂敷了在电子轰击下能发光的材料 (荧光粉，如 ZnS:Cu) 和导电铝膜的显示屏。荧光屏常用的荧光粉牌号有 P20、P43、P31 等。

8.3.20 像管高压电源 high voltage power supply for image tube

为像管光阴极、阳极荧光屏以及其他电极提供数百至数千伏直流电压，具有纳安级或微安级电流输出的微型集成电源。

8.3.21 自动门控电源技术 technology of auto-gating power supply

能够适应像增强器光阴极光照度的增加，先后对微通道板电压和阴极电压脉宽进行自动调节的技术。其可以拓宽电源的自动亮度控制范围，使像增强器光阴极的照度适应范围上限达到 $10lx \sim 10^5\ lx$。

8.3.22 像管 image tube

能将投射到光阴极上的光学辐射图像，经光电转换和增强，在荧光屏上显示为适合人眼观察的可见光图像的真空光电成像器件。像管是变像管、像增强管的总称。

8.3.23 变像管 image converter tube

将投射到光阴极上的 X 射线、紫外和近红外等不可见辐射图像，转换为适合人眼观察的可见光图像的真空光电成像器件。

8.3.24 短波红外变像管 shortwave infrared image convertor

用于短波红外波段 (约 $0.9\mu m \sim 1.7\mu m$) 探测，具有铟镓砷负电子亲和势光阴极和带防离子反馈膜微通道板的像管。

8.3.25 紫外变像管 ultraviolet image convertor

用于紫外辐射 (约 $0.2\mu m \sim 0.32\mu m$) 探测，由石英玻璃作为输入窗，碲铯、氮化镓或镓铝氮材料作为光阴极，微通道板作为电子倍增器，制作有高分辨力荧光屏的光纤面板或倒像器输出窗所组成的近贴聚焦像管。

8.3.26 X 射线变像管 X-ray image convertor

用于 X 射线辐射成像探测，由输入窗、碲化铯阴极、电子透镜 (或微通道板) 及制作有高分辨力荧光屏的光纤面板或倒像器输出窗所组成的像管，其结构见图 8-5 所示。图 8-5 中是用电子透镜增强电子的 X 射线变像管。

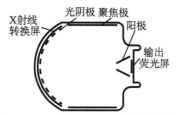

图 8-5 X 射线变像管的结构示意图

8.3.27 红外变像管 infrared image converter

将近红外辐射图像转换为可见光图像的真空光电成像器件。常采用银氧铯光阴极，其响应范围一般为 300nm~1200nm。

8.3.28 像增强管 image intensifier tube

能将输入的微弱光学图像，增强到适合人眼观察的亮度的真空光电成像器件。像增强管是像增强器的最核心部分。像增强管对阴极电子增强的方式有电场增强和微通道板增强。

8.3.29 选通式像管 gated image tube

对调制极施加周期电压，使像管随周期电压工作，具有可控的间断工作方式的像管，其结构见图 8-6 所示。选通式像管属于静电聚焦式像管，是在普通二电极像管的结构上增加控制栅极构成的；控制栅极是由靠近光阴极的栅网和阳极孔阑组成；当栅极电位低于光阴极电位时，则形成反向电场使光电发射截止；当正电位的工作脉冲施加在栅极上时，则构成聚焦成像的电场；由此实现选通式工作状态。选通式像管具有可控的间断工作功能，选通的工作方式有单脉冲触发式工作和连续脉冲触发式工作两种，前者用于高速摄影中作为电子快门，后者用于主动红外选通成像与测距。

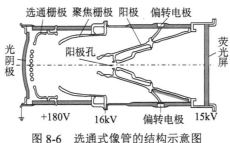

图 8-6 选通式像管的结构示意图

8.3.30 静电聚焦像管 electrostatically focused image tube

采用静电聚焦电子光学系统进行聚焦、成像的像管，也称为静电聚焦倒像管。静电聚焦像管由阴极和阳极共同构成静电聚焦系统，所成的像为倒像 (单级或奇数级)，电极结构主要有平面光阴极双圆筒系统和球面光阴极双球面 (同心球) 系统两种。

8.3.31 电磁复合聚焦系统 combined electric and magnetic focusing system

由磁场和静电场共同作用，进行聚焦、成像的电子光学系统，也称为电磁复合聚焦像管 (combined electric and magnetic focused image tube)，其作用原理见图 8-7 所示，其结构见图 8-8 所示。电磁复合聚焦系统在平面光阴极和荧光屏之间设置有环形电极，其上加有逐步升高的电压，沿管轴建立起上升的电位，并且管壳外设置有通以恒定电流的螺旋线圈产生的均匀磁场，由此形成纵向的均匀电磁场，该电磁场使光阴极发射的电子加速并聚焦到荧光屏上成像。电磁复合聚焦系统只要严格控制电压和磁场，就可获得良好的像平面和高分辨力。由于电磁复合聚焦系统结构复杂、笨重，主要是应用在需要高性能的天文观察等方面。

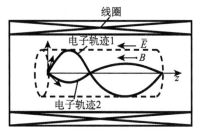

图 8-7 电磁复合聚焦系统的原理示意图

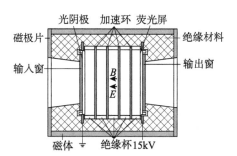

图 8-8 电磁复合聚焦系统的结构示意图

8.3.32 变倍像管 zoom image tube

采用光阴极、聚焦电极、变倍电极、荧光屏构成的静电聚焦电子光学系统，通过改变变倍电极的电位，使像管显示器图像尺寸与阴极面图像尺寸之比不为1的像管，也称为变倍式像管，其结构见图8-9所示。变倍像管是四电极结构，通过改

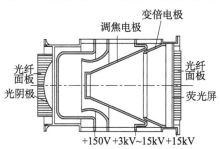

图 8-9 变倍像管的结构示意图

变变倍电极电压实现变倍；当阳极电位与变倍电极电位相同时，像管放大率为 1；当阳极电位逐渐降低，而变倍电极电位保持不变时，像管的放大率随之下降；阳极电位由 15kV 调节到 3kV 时，像管的放大率由 1 变为 0.2；在变倍的同时还需改变调焦电极的电位来获得最佳聚焦，保持变倍时的成像质量。

8.3.33　近贴式像管 proximity image tube

光阴极和荧光屏相互平行近距离 (约 1mm) 设置，在光阴极和荧光屏之间施加高压实施静电聚焦成像的像增强管，也称为近贴静电聚焦像管 (proximity focused image tube)，其结构见图 8-10 所示。近贴式像管是结构最简单的像管，显示器图像的尺寸与阴极面图像的尺寸之比为 1(放大率为 1 倍)，荧光屏上成的是正像，且无畸变。由于受分辨力的限制，因此极间距离不能太大；受场致发射的限制，极间电压不能太高，因此亮度增益受到限制，像质受到影响。

图 8-10　近贴式像管的结构示意图

8.3.34　近贴微通道板像管 proximity MCP image tube

在光阴极和荧光屏之间近贴设置微通道板构成的像增强管，也称为近贴式二代像增强管 (second generation proximity intensifier tube) 或双近贴式像管，其结构见图 8-11 所示。近贴微通道板像管由于采用双近贴、均匀场，所以图像无畸变，放大率为 1，不倒像；同样由于近贴，为了避免场致发射，所以电压较低，电子到达微通道板的能量也较低，增益受到限制；光阴极与荧光屏之间空间很小，其光反馈比较严重，使分辨力受到影响。

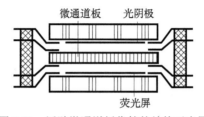

图 8-11　近贴微通道板像管的结构示意图

8.3.35 像增强器 image intensifier

由像增强管和高压电源封装在一起所构成的器件。像增强器是一个完整的、具有独立使用功能的组件。而像增强管尽管具有核心地位，但它还不能独立使用。

8.3.36 一代像增强器 first generation image intensifier

由纤维光学面板为输入/输出窗、光阴极和静电聚焦电极构成的像管，与高压电源封装在一起构成组件的像增强器。组件中只有一个像增强管时被称为单级一代像增强器，单级静电聚焦倒像式像管的结构见图 8-12 所示，有两个或三个像管时，被称为二级或三级级联一代像增强器。

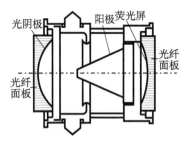

图 8-12　单级静电聚焦倒像式像管的结构示意图

8.3.37 级联像增强器 cascade image intensifier

将同代的像管耦合为串联像管，并将其与高压电源封装在一起构成高增益的像增强器。三级级联像增强器的组成结构见图 8-13 所示。

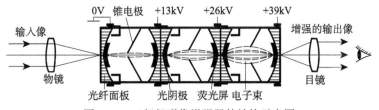

图 8-13　三级级联像增强器的结构示意图

8.3.38 混联像增强器 hybrid image intensifier

将不同管型的像管耦合为串联像管，并将其与高压电源封装在一起构成高增益的像增强器。俗称杂交管。

8.3.39 二代像增强器 second generation image intensifier

将采用锑–钾–钠–铯多碱的光阴极、用微通道板作为电子倍增器的像管，与高压电源封装在一起构成的像增强器。按像管的电子光学系统分，可分为倒像式轴对称静电聚焦二代像增强器和近贴式二代像增强器。

8.3.40 近贴式二代像增强器 second generation proximity intensifier

由近贴聚焦二代像增强管和高压电源封装在一起所构成的二代像增强器。近贴式二代像增强器是一种薄型的微光成像器件，具有体积小、重量轻的优点。

8.3.41 倒像式二代像增强器 second generation inverter image intensifier

在多碱光阴极和微通道板输入端之间采用轴对称静电聚焦，且微通道板输出端和荧光屏之间采用近贴聚焦电子光学系统的二代像增强器，也称为静电聚焦倒像式第二代像管，其结构见图 8-14 所示。这种二代像增强器输出的像相对于输入到光阴极上的图像为倒像。

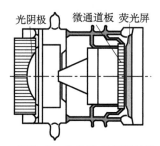

光阴极　　微通道板　荧光屏

图 8-14　倒像式二代像增强器的结构示意图

8.3.42 超二代微光像增强器 super generation II image intensifier

由输入窗、Na$_2$KSB(Cs) 多碱光阴极、低噪声长寿命微通道板、高分辨力荧光屏以及光纤面板或倒像器输出窗所组成的近贴聚焦像增强器。超二代微光像增强器分为两类，以防光晕玻璃窗作为输入窗的超二代微光像增强器称为普通超二代像增强器，而以光栅窗作为输入窗的超二代微光像增强器则称为高性能超二代微光像增强器。

超二代微光像增强器根据品质因子及其相应的型号进行性能分类，型号分为 IV 型、V 型、VI 型、VII 型等，型号数越大的其品质因子越高，即技术越先进、性能越高。IV 型的品质因子大于 1200，V 型的品质因子大于 1600，VI 型的品质因子大于 1800，VII 型的品质因子大于 2300，VI 型以下的超二代微光像增强器属于普通超二代微光像增强器，VI 型及其以上的超二代微光像增强器属于高性能超二代微光像增强器。

8.3.43 三代像增强器 third generation image intensifier

由防光晕玻璃作为输入窗、砷化镓负电子亲和势光阴极、带防离子反馈膜微通道板及带高分辨力荧光屏的光纤面板或倒像器输出窗组成的像增强器。

8.3.44 多阳极微通道阵列探测器 multi-anode microchannel array detector(MAMA)

由光阴极、微通道板、编码阳极阵列、电荷灵敏放大器组、解码电路和数据存储器组成的，具有光电转换、信号放大和坐标定位功能的微光探测器，原理见图 8-15 所示。

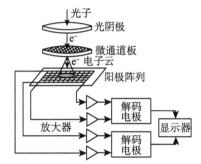

图 8-15 多阳极微通道阵列探测器原理示意图

多阳极微通道阵列探测器 (MAMA) 起源于为哈勃望远镜的光谱探测而研制，具有较高的探测灵敏度与时间和空间分辨能力，可以探测到单光子事件并能对其定位，因此，应用于天体物理、高能物理、等离子体诊断和军事等领域，发展前景广阔。

8.3.45 蓝绿光像增强器 blue-green radiation image intensifier

用于蓝绿光波段 (约 0.4μm~0.67μm) 探测，具有镓砷磷负电子亲和势光阴极和带防离子反馈膜微通道板的像增强器。

8.3.46 微光摄像器件 low light level camera device

能在较低的靶面照度 (低于1lx) 下实现视频摄像的光电器件。包括硅靶摄像管、二次电子传导摄像管 (SEC)、硅增强靶摄像管 (SIT) 等真空摄像管，将像管和 CCD 固体器件组合在一起的增强 CCD 器件 (ICCD)、电子轰击 CCD 器件 (EBCCD)、电子轰击 CMOS 器件 (EBCMOS) 和电子轰击有源像素传感器 (EBAPS)，以及全固态器件电子倍增 CCD 传感器 (EMCCD)。

8.3.47 硅靶 silicon target

在 n 型单晶硅基底上，用选择扩散形成 p 型区制成的微小硅光电二极管面阵薄片形器件。硅靶属于光电导靶，其功能是在光学图像的作用下产生与像元照度相对应的电荷图像 (电位)，通过扫描电子枪取出电荷，形成视频信号。结型光电导靶除了硅靶外，还有氧化铅靶。

8.3.48 电子轰击硅靶 electron bombarded silicon (EBS) target

在结构上与硅靶基本相同,只是在光电子入射侧 N$^+$ 层上加镀一层厚度 10nm 左右的铝层,以屏蔽杂散光照射在靶面上而产生附加的光电导效应,按这种结构关系所形成的高灵敏度的摄像管靶器件。电子轰击硅靶属于外光电效应工作的光电发射型器件。电子轰击硅靶和硅靶接收的作用源不同,前者接收光电子的作用,后者接收光图像的作用。

8.3.49 硅靶摄像管 silicon target camera tube

具有硅光电二极管阵列靶面,利用内光电效应将输入的光学图像由硅靶面变换成电信号,经电子枪扫描取出视频信号的光导摄像管。硅靶摄像管主要由光电导硅靶、扫描电子枪、输出信号电极和保持真空的管壳等组成,光电导硅靶面既作为光电变换器,又作为电信号存储与积累器。

8.3.50 二次电子传导摄像管 secondary electron conduction camera tube

由光阴极和电子光学系统组成的能将光学图像变换成电子图像的移像段,用具有二次电子导电特性的材料 [如低密度氯化钾 (KCl)] 作靶面,由抑制栅、栅网和电子枪组成的扫描段组合而成的高灵敏度微光摄像管,其结构见图 8-16 所示。像管相当于具有移像功能的增强级。二次电子传导摄像管的特性主要有灵敏度、光电转换特性、惰性、分辨力、信噪比、暗电流、积累特性等。这种器件通过外光电效应完成光电变换,称为光电发射型器件。

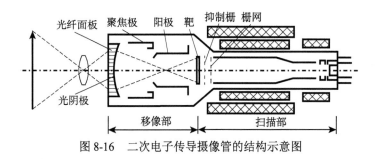

图 8-16 二次电子传导摄像管的结构示意图

8.3.51 硅增强靶摄像管 silicon intensifier target camera tube

在硅靶前增加一个像增强级作移像段与扫描段一起组成的摄像管,也称为电子轰击硅摄像管 (electron bombarded silicon camera tube),其结构见图 8-17 所示。硅增强靶摄像管的结构和工作状态与二次电子传导摄像管的很相似,只要将二次电子传导摄像管中的氯化钾 (KCl) 靶换成硅靶就构成了硅增强靶摄像管。其性能特性与二次电子传导摄像管的差不多。硅增强靶摄像管是一种灵敏度很高的摄像管。

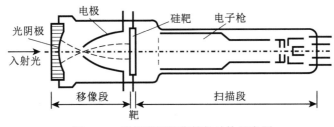

图 8-17 硅增强靶摄像管的结构示意图

8.3.52 数字化微光 digital night vision

将微弱的二维空间光学图像转换为一维的数字视频信号,并经放大、处理和显示,再现为适合人眼间接观察图像的技术。

8.3.53 固态微光器件 solid state night vision image device

以内光电效应为特征的,在材料内部完成全部光电转换、信号放大和输出的,用于低照度成像探测的器件。固态微光器件是一种用于对微光环境进行探测的,类似于 CCD 的器件,目前主要用 InGaAs 材料。称其为固态是因为这种器件由固体组成,很紧凑,没有真空空间。

8.3.54 彩色微光 color night vision

利用不同光谱波段成像的差异性,获得自然场景的真假彩色图像,从而有效改善微光夜视系统的输出图像中差别的分辨效果,显著提高系统对目标的发现和识别概率的技术。

8.3.55 增强 CCD intensified CCD(ICCD)

用纤维光学元件或中继透镜将像管和 CCD 成像器件耦合在一起构成的高灵敏度微光摄像传感器件。

8.3.56 背照明 CCD back-illuminated CCD(BCCD)

通过对探测器的减薄工艺,使景物辐射从 CCD 探测器背面入射,避免了传统前照 CCD 探测器电极、层底材料对入射辐射的衰减,从而提高探测器的灵敏度,能适应低照度条件下工作的 CCD 传感器。

8.3.57 电子轰击 CCD electron bombarded CCD(EBCCD)

由光阴极、静电聚焦电子光学系统和背减薄 CCD 构成的高灵敏度微光摄像传感器件。光阴极发射的光电子,经静电聚焦电子光学系统加速,轰击背减薄 CCD后,产生视频信号。

8.3.58　电子轰击 CMOS electron bombarded CMOS

由光阴极、静电聚焦电子光学系统和背减薄 CMOS 构成的高灵敏度微光摄像传感器件。光阴极发射的光电子，经静电聚焦电子光学系统加速，轰击背减薄 CMOS 后能产生视频信号。

8.3.59　电子轰击有源像素传感器 electron bombarded active pixel sensor(EBAPS)

由光阴极、静电聚焦电子光学系统和背减薄 CMOS 有源像素传感器构成的高灵敏度微光摄像传感器件。光阴极发射的光电子，经静电聚焦电子光学系统加速，轰击背减薄 COMS 有源像素传感器 (APS) 后，产生视频信号。

8.3.60　电子倍增 CCD electron-multiplied CCD(EMCCD)

在典型的 CCD 读出寄存器和在同一芯片上的读出放大器之间增加有电子倍增寄存器的 CCD 传感器。

8.3.61　低照度 CCD low light level CCD(LLLCCD)

通过探测器材料和电极的优化以及在探测器前安置微透镜阵列等措施，提高探测器填充率和灵敏度，能对照度在 1lx 以下的靶面响应的 CCD 传感器。

8.3.62　低照度 CMOS low light level CMOS(LLLCMOS)

通过探测器工艺优化及在探测器前安置微透镜阵列等措施，提高探测器填充率和灵敏度，能对 10^{-3}lx 以下照度响应的 CMOS 传感器。

8.4　仪器和系统

8.4.1　夜视仪 observing instrument in night

在低照度或夜间条件下进行观察瞄准的光电装置，包括微光夜视仪和红外夜视仪。夜视仪是红外夜视仪器和微光夜视仪器的总称。

8.4.2　主动红外夜视仪器 active infrared night vision instrument

由物镜、红外变像管、小型高压电源和目镜组成，并带红外辅助照明的低照度下使用的夜视仪器。主动红外夜视仪器的工作波段一般在 0.78μm~1.2μm 的近红外光谱区，其长波限由红外变像管的光阴极决定。主动红外夜视仪器需要使用红外照明光源，以弥补红外探测器件性能不高的状况，以实现夜间的长距离观察。由于使用光源照明，主动红外夜视仪器的使用能耗高，且容易暴露目标 (作为军用)。

8.4.3 红外光源 infrared source

直接输出红外辐射的光源，或对宽谱光源通过红外滤光镜滤光而输出红外辐射的光源组件。直接输出红外辐射的光源通常是半导体发光光源 (如砷化镓发光二极管)、激光光源 (如 GaAs 激光二极管)；红外辐射的光源组件通常由电热光源 (如白炽灯) 或气体放电光源 (如高压氙灯)(两种之一)、红外滤光镜和聚光镜等组成。

8.4.4 微光夜视仪 night vision instrument of low light level

由光学系统和具有像增强功能的微光器件组成的低照度下使用的夜视仪。微光夜视仪主要有直视的微光夜视仪和间视微光电视。

8.4.5 激光夜视仪 night vision device with laser

通过激光主动照明光源增强视距的视频摄像夜视仪器。激光夜视仪由近红外激光照明光源 (如半导体激光等)、CCD 摄像机等组成，相当于一种主动红外夜视仪。该仪器通过近红外激光的高亮度照明，使 CCD 器件能在近红外波段对远距离的景物清楚成像。

8.4.6 直视微光夜视仪 direct night vision instrument of low light level

由物镜、像增强器和目镜系统组成，人眼通过目镜进行直接观察像增强器图像的夜视仪，也称为微光望远镜，其组成结构和原理见图 8-18 所示。

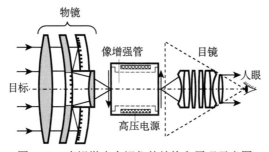

图 8-18 直视微光夜视仪的结构和原理示意图

直视微光夜视仪已分别发展了第一代直视微光夜视仪 (级联式像增强器)、第二代直视微光夜视仪 (微通道板像增强器)、第三代直视微光夜视仪 (负电子亲和势光阴极和微通道板的像增强器) 等产品。

8.4.7 间视微光夜视仪 indirect night vision instrument of low light level

由物镜、像增强器、CCD 和显示器，或由物镜、微光摄像管和显示器组成，人眼通过显示器进行间接观察景物图像的夜视仪，也称为微光电视，其组成结构和原理见图 8-19 所示。微光电视有微光摄像管的和 CCD 的，最早的微光电视的核心器件是微光摄像管，现在的微光电视用像增强器与 CCD 耦合器件代替微光摄像管。微光摄像管主要有二次电子传导摄像管 (SECT)、硅增强靶摄像管 (SIT) 等类型。

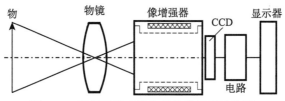

图 8-19　间视微光夜视仪的结构原理示意图

8.4.8　微光望远镜 night vision telescope

由物镜、像增强器和目镜系统组成的具有一定放大倍率的低照度下使用的观察仪器。微光望远镜属于直视微光夜视仪。

8.4.9　微光瞄准镜 night vision sight

由直视或电视 (间视) 微光系统组成的光轴稳定且具有一定放大倍率的低照度下使用的瞄准仪器。微光瞄准镜有微光枪用瞄准镜等。

8.4.10　微光观察镜 night vision viewer

由直视或电视 (间视) 微光系统组成的可手持或通过三脚架支撑进行固定的具有一定放大倍率的低照度下使用的观察仪器。

8.4.11　微光夜视眼镜 night vision goggles

由直视微光系统组成的倍率为 1 的、小巧轻便的、如同眼镜一样戴在眼前的低照度下使用的观察眼镜。

8.4.12　轻武器微光瞄准镜 light weapon night vision sight

小型、轻便、配备于轻武器上使用的微光瞄准镜。包括微光枪瞄镜、火箭筒微光瞄准镜等。

8.4.13　驾驶员微光夜视仪 driver's night vision viewer

供各种车辆驾驶员在夜间使用的由上反射镜、物镜组、像增强器、转向棱镜及大目镜系统组成的 1 倍微光夜视仪。

8.4.14　坦克车长微光昼夜观察仪 tank commander's night vision day/night periscope

供坦克指挥员昼夜兼用的，由立方棱镜、物镜组、像增强器、反射镜转向系统和目镜系统组成的，具有白光/微光切换功能和变倍功能的，潜望式的微光观察镜。

8.4.15 坦克炮长微光瞄准镜 tank gunner's night vision sight

供坦克炮长在夜间进行观察、瞄准的,由立方棱镜、物镜组、像增强器、反射镜转向系统和目镜系统组成的,具有白光/微光切换功能和变倍功能的微光瞄准镜。

8.4.16 头盔夜视镜 helmet night vision goggles

安装在车辆驾驶员、直升机驾驶员或单兵的头盔上的微光夜视眼镜。头盔夜视镜通常采用近贴式微光像增强管,有双筒的和单筒的,双筒的具有体视感,可分辨远近距离,而单筒的没有远近体视感。头盔夜视镜具有视场大、体积小、重量轻等特点。

8.4.17 宽视场夜视眼镜 panoramic night vision goggles(PNVG)

由四路放大倍率 1 倍的直视夜视镜组成的可合像形成视场角大于 90°×40°(水平视场 × 俯仰视场) 的夜视眼镜。

8.4.18 夜视航海六分仪 night vision marine sextant

装有像增强器,能在微光条件下进行天体角度测量来确定舰船位置坐标的六分仪。夜视航海六分仪利用微光夜视系统能观看低照度景物的优势,对夜间天空中的微弱星座进行清晰观测,以确定航海的方位。

8.4.19 遥控昼夜航海仪 day/night remote control night vision television sextant

综合应用微光电视技术、数字显示技术、计算机技术和自动控制技术而构成的昼夜兼用的航海六分仪。

8.4.20 微光电视 low light level television(LLLTV)

能摄取靶面照度低于 1lx 景物图像视频信号,并由监视器再现景物图像的设备。微光电视主要由微光摄像机和电视显示系统组成,可实时地将摄取的景物画面直接显示在电视机上,方便多人同时观看。

8.4.21 坦克车长红外昼夜观察仪 tank commander's infrared day/night periscope

供坦克指挥员昼夜兼用,包括白昼观察系统和红外夜视系统的双目潜望式观察仪。坦克车长红外昼夜观察仪有主动红外夜视的或被动红外夜视的。主动红外夜视需要配置红外照明光源,工作在近红外波段。

第9章 红外术语及概念

本章的红外术语及概念主要包括红外基础、性能与参数、元器件和部件、仪器及系统、红外检校方法共五个方面的术语及概念。与红外探测密切相关的辐射能量、辐射通量、辐射亮度、辐射照度、辐射出射度等辐射度学的术语及概念，属于通用性和基础性的术语及概念，在"第1章　通用基础术语及概念"中已列入，在本章不再重复。红外探测器件的基本性能参数以及与红外探测器的探测元密切相关的像元尺寸、像元中心距、像元位深、像素规模、盲元、瞬时视场、驻留时间、积分时间、时间常数、占空比等术语及概念，由于其具有对各类探测器的普遍适用性，因此就与"第17章　光电器件与显示装置术语及概念"中的一起共用，在本章不再重复。本章中的响应度、噪声等效功率、探测率、归一化探测率等术语及概念与"第17章　光电器件与显示装置术语及概念"中的响应率、噪声等效输入、探测率、比探测率等术语及概念本质上是等价的，但由于术语的称谓上不完全相同，并且它们在概念中有一些红外探测器的特色解释，为了尊重红外专业领域的使用习惯，因此，还将它们保留在本章中。

9.1　红外基础

9.1.1　红外辐射 infrared radiation

〈红外探测〉波长从 0.78μm~30μm 波段的，用相应的红外探测器才能接收到的电磁波辐射。红外辐射是人眼不能直接感光的电磁波辐射波段，需要专门的红外探测仪器才能探测到，用于对物体红外辐射成像的仪器称为红外热成像仪。红外技术专业就是围绕着探测和应用红外辐射发展起来的。在太赫兹技术发展前，红外波段的范围被界定为 0.78μm~1000μm。

9.1.2　红外传感 infrared sensing

用对红外辐射敏感的光电器件进行目标和场景的温度或图像感知的过程。红外感知包括红外热成像和红外测温，通常红外热成像所需的技术比红外测温的复杂得多。

9.1.3　红外热成像 infrared thermal imaging

用对红外辐射敏感的光电器件，将来自物体表面的红外辐射亮度的二维空间变化转变成以灰度或伪彩色显示的图像的技术或过程，简称为热成像。

9.1.4 红外测温 infrared temperature detecting

用对红外辐射敏感的光电器件，感知物体红外辐射能量，再根据物体的发射率特性计算出物体表面温度的过程。红外测温的范围主要有工业红外测温、农业红外测温、医疗红外测温、科研红外测温等。

9.1.5 红外探测 infrared detecting

对目标和场景等，应用红外系统进行侦察、发现、监视、观察、跟踪、识别、制导、预警、遥感、气象分析等的过程。红外系统具有全天候工作的能力，特别是夜间长距离工作的能力，还具有对伪装和隐藏物体的独特发现能力，以及穿透烟和雾霾的能力，是一种性能优良的夜视仪器，主要应用于军事、公安、消防、安全等方面。红外探测属于红外系统应用的范畴。

9.1.6 红外检测 infrared testing

应用红外系统对电器、电力设备、化工设备、管路等的安全隐患进行发现，对冶炼、化工、食品加工、机械加工等生产过程进行监测等的过程。红外检测主要是利用红外系统能对物体成温度图像的特性，对于安全隐患、故障、腐蚀、生产工艺等表现在温度上的物体和现象，通过成温度图像或热图像进行发现和监测。红外检测属于红外系统应用的范畴。

9.1.7 红外系统测试 infrared system test

采用特定红外辐射目标源和专用红外测试仪器，对红外系统的功能、性能和质量特性等进行测试的过程。红外系统测试所测试的对象是红外系统，适用于红外系统的研制、生产、维修等阶段，测试的是调制传递函数、噪声等效温差、三维噪声(时间、空间水平、空间垂直三个维度的噪声)、最小可分辨温差、最小可探测温差、可靠性、安全性、电磁兼容性、环境适应性等红外系统的技术性内容。

9.1.8 等效黑体辐射温度 blackbody equivalent radiation temperature

物体的辐射与绝对黑体的辐射相同时所对应绝对黑体的温度。这是物体与绝对黑体相比较的"等效"温度参数，或者说以黑体作为标准温度体来评价其他物体的温度。也即假定物体是一个发射率为1的理想黑体时，根据实测辐射亮度所确定的物体视在温度。

9.1.9 视在温度 apparent temperature

采用辐射测温法，用红外系统测量热辐射体表面辐射所获得的温度，也称为表观温度。视在温度就是物体的表面温度。

9.1.10　热成像噪声 thermal image noise

叠加在热成像系统有用信号上的干扰信号。分为时域噪声和空域噪声。时域噪声包括传感器和电路的随机噪声及电磁干扰、帧间频闪等；空域噪声则主要表现为非均匀性或固定图案噪声等。

9.1.11　点源 point source

〈红外〉目标尺寸小于探测器瞬时视场的红外辐射源，或几何尺寸远小于其至观察点距离的红外辐射源。红外辐射点源是一种不可见的点热源。点源的辐照度与距离的平方成反比。相同面积接收的辐射通量随辐射源距离的远离以距离平方的倒数关系减小 (即以远的距离平方除近的距离平方作为倍数值的衰减)。

9.1.12　扩展源 extended source

〈红外〉目标尺寸大于探测器瞬时视场的红外辐射源。实际上，扩展源可近似看成点源以外的辐射源，其在红外探测器上至少覆盖 2 个探测元。红外辐射扩展源是一种不可见的面热源。

9.1.13　热扩散率 thermal diffusivity

材料的热传导率与材料的密度和比热容乘积的比值,单位为平方米每秒 (m^2/s),也称为热扩散系数。

9.1.14　黑热 black heat

将温度高的景物显示为黑色、温度低的景物显示为白色的红外成像图像显示的选择方式，也称为黑热方式。黑热图像相当于负片图像效果。

9.1.15　白热 white heat

将温度高的景物显示为白色、温度低的景物显示为黑色的红外成像图像显示的选择方式，也称为白热方式。白热图像相当于正片图像效果。

9.1.16　热图 thermal image; thermogram

将物空间的红外辐射亮度分布转换成灰度或伪彩色的图像，也称为热成像图或热像图。热图是景物或目标等的表面温度分布和发射率分布的图像。不同于传统的照片，传统照片的图是景物或目标表面亮度分布的图像。

9.1.17　热图序列 thermal image sequence

有时序关系的一组热图。将同一景物或目标等的热成像图以一定的时间间隔进行摄取所形成的按时间关系顺序排列的一组图。时间排序可以是从过去到现在，也可以是从现在到过去。热图序列反映事物随时间的温度变化过程，可用于工艺过程分析、物质的相变分析、事物的变化规律研究、安全隐患发现等。

9.1.18 热图拼接 thermal images composition

将分区获得的热图拼接在一起的过程。对于大范围的景物，热成像仪的视场不能全面覆盖的，通常采取用热成像仪对其进行分区或分块摄取热像图，然后按照分区热像图的相邻关系拼接成一张完整热像图。

9.1.19 目标背景 target background

视场范围内被检测或探测对象以外的部分。目标背景不是检测或探测的对象，它或起对照参考的作用，或起干扰作用，或起提高对比度作用，或起降低对比度作用等。为了获取更好效果的目标图像，应根据目标背景的类别对热成像系统图像的摄取进行相关设置，如发射率、温度范围、景深等。

9.1.20 热波 thermal wave

随时间周期发生位置变化或传播变化的物质温度场。沸程较宽 (没有固定的沸点) 的混合液体 (如原油、蜡油、沥青、润滑油等)，在燃烧过程中，处于燃烧面的轻馏分 (低沸点的) 被烧掉，被燃烧热和辐射热加热的重馏分 (高沸点的) 逐步下沉，形成一个向油品深层传递的热界面或锋面，这个界面称为热波。热像仪是热波检测的优势仪器，利用热波现象可用热像仪进行物质的特性分析、金属材料或零部件的无损检测等。

9.2　性能与参数

9.2.1 冷反射 cold reflection

制冷探测器光敏面的冷辐射经光学系统内元件表面反射又落到探测器上形成图像缺陷的现象。

9.2.2 冷屏 cold shield

在制冷探测器中用以限制非成像热辐射到达探测器的一种屏蔽光阑。冷屏通常是探测器组件杜瓦的重要组成部分，形状为上端 (冷屏开口位置) 小而下端 (探测器底座位置) 大的圆锥筒形，温度接近探测器制冷温度 (从下端向上端形成温度梯度，温差约 5°C~8°C，温度梯度大小与冷屏材料有关)，位于制冷探测器组件的窗座内，用于屏蔽非成像辐射和环境辐射对探测器成像质量的不利影响。

9.2.3 冷屏角 cold shield angle

冷屏的孔径对探测器任意像元所张的立体角。冷屏角是以探测像元为角顶，以冷屏开口孔径为底的圆锥立体角，不同位置的探测元的冷屏角是有一点差别的。中心像元的冷屏角最大，最边缘像元的冷屏角最小。

9.2.4 探测器张角 detector angular subtense(DAS)

探测器中心对冷屏孔径的张角。探测器张角反映了冷屏开口孔径的大小和冷屏开口面到探测器面的位置关系。在相同的光束状态下，张角越大，探测元获得的光通量越多。

9.2.5 冷屏效率 cold shield efficiency

探测器轴外某一像元对应的冷屏角与中心像元对应的冷屏角之比。冷屏效率是一个小于 1 的数，且随像元位置由中心向外移动不断减小，越边缘的像元，冷屏效率越低。

9.2.6 冷屏匹配 cold shield matching

红外光学系统出瞳与探测器冷屏在位置和大小上相适应的过程。冷屏匹配的结果是：冷屏开口一般位于红外光学系统的出瞳，开口的孔径等于出瞳直径。

9.2.7 热负载 heat load

探测器工作在规定的低温工作温度和杜瓦保持真空绝热能力所需的功耗。热负载是制冷系统的技术参数，是制冷系统功率消耗的主要部分，可以是热功率损耗或/和无功损耗。

9.2.8 杜瓦热负载 Dewar heat load

无功损耗制冷量的大小。杜瓦热负载是杜瓦瓶真空绝热能力的重要综合参数，是杜瓦瓶绝热性能的反映，热负载越小，杜瓦瓶的绝热性能就越好。

9.2.9 静态热负载 static heat load

探测器通电后未工作状态下由杜瓦封装产生的热负载。静态热负载是不包括红外辐射作用在探测器上产生的热带来的热负载。

9.2.10 工作热负载 heat load at working

探测器在设定的低温工作温度和偏置状态下正常工作时向杜瓦传导的功耗。工作热负载是探测器保持在低温下工作所需要的功耗。

9.2.11 全匹配密封 sealing at whole matching

玻璃与金属封接中，在室温至 400℃ 区内玻璃和金属的平均热膨胀系数差异小于 5%，并且两膨胀曲线近似时的封接。

9.2.12　制冷温度 cooling temperature

在给定的工作系统中，制冷机工作时冷端的指示温度，也称为工作温度。制冷温度是保证探测器正常工作所需要降低到的温度，是体现在探测器芯片体上的温度，是探测器芯片工作时，探测器体的实际温度。红外制冷探测器被制冷到的工作温度通常有 77K、105K、165K 等。

9.2.13　制冷量 cooling capacity

在规定的制冷温度下，制冷机吸收的热功率。制冷量是保持红外探测器芯片低温状态向制冷机输入的热负载。

9.2.14　制冷功耗 cooling power

工作到规定的制冷温度和制冷量时，制冷机的电功率。制冷功率是制冷机消耗功率的总支出，是保持探测器芯片在规定低温下工作所需的电功率消耗。制冷功率是制冷机的性能指标，通常是指最大功率，而实际工作时消耗的功率一般都低于这个指标。

9.2.15　制冷器启动时间 cooler start-up time

在环境温度为 20℃ 情况下，从制冷机开始工作到探测器的信号电压上升至稳定工作时信号电压的 $\sqrt{2}/2$(约 0.7) 倍时所需的时间。

9.2.16　制冷器蓄冷时间 cooler's cool storage time

在环境温度为 20℃ 情况下，从制冷机停止工作到探测器的信号电压下降至稳定工作时的信号电压的 $\sqrt{2}/2$(约 0.7) 倍时所用的时间。

9.2.17　响应度 responsivity

〈红外〉红外辐射入射到红外探测器光敏面上，红外探测器平均输出电流或电压与辐射输入平均功率的比值，也称为响应率。响应度是表征红外探测器对单位辐射功率照射所能产生信号的能力的性能参数。

9.2.18　噪声等效功率 noise equivalent power(NEP)

〈红外〉红外探测器的信号均方根电压等于均方根噪声电压时，投射到探测器上的经正弦调制的辐射功率，单位用瓦 (W) 表示。噪声等效功率也可理解为：已知调制频率、波长和有效噪声带宽情况下，输出信噪比为 1 时投射到探测器上的辐射功率。噪声等效功率是表征红外探测器性能优劣的一种评价因子，噪声等效功率数值越小红外探测器性能越优。

9.2.19 探测率 detectivity

〈红外〉红外探测器噪声等效功率的倒数，单位用每瓦 (W^{-1}) 表示。探测率对探测器性能的表达与噪声等效功率的不同，是以数值大的方向来表征红外探测器性能的优，探测率数值越大红外探测器的性能越优。

9.2.20 归一化探测率 normalized detectivity

〈红外〉探测器光敏面单位面积 ($1cm^2$)、放大器工作单位带宽 (1Hz) 时的探测率，用符号 D^* 表示。归一化探测率单位用厘米根号赫兹每瓦 ($cm \cdot Hz^{1/2}/W$) 表示。

9.2.21 峰值波长归一化探测率 peak wavelength normalized detectivity

〈红外〉探测器峰值响应波长所对应的归一化探测率，单位用厘米根号赫兹每瓦 ($cm \cdot Hz^{1/2}/W$) 表示。

9.2.22 探测器非均匀性 detector nonuniformity

探测器不同像元响应的不一致性，致使热成像的图像灰度分布与实际场景的辐射分布不对应的现象。探测器不均匀的极端情况是探测器中出现盲元，即对目标辐射完全不响应的像元。

9.2.23 像元视场 pixel field of view (PFOV)

单个探测器单元所对应的物空间的立体角，也称为瞬时视场。探测器单元的形状为矩形时，像元视场是对系统物空间的二维张角；探测器单元的形状为圆形时，像元视场是对系统物空间的圆锥张角。像元视场的大小除了与自身的尺寸大小有关外，还与光学成像物镜的焦距有关，其大小代表探测系统的空间分辨力，当光学成像物镜的焦距长时，像元视场立体角小，空间分辨高，反之亦然。

9.2.24 噪声等效温差 noise equivalent temperature difference(NETD)

输出信噪比为 1 时对应的黑体目标 (大于或等于瞬时视场) 与背景的温差值。大于瞬时视场的黑体目标处于均匀黑体背景中，下调目标温度，使探测器目标信号峰值电压等于其均方根噪声电压时，目标与背景的温差，单位用开尔文 (K) 表示。

9.2.25 调制传递函数 modulation transfer function(MTF)

〈热像仪〉组成热像仪的红外光学系统、探测器、电子学、显示器以及结构系统 (振动因素) 等各分系统频率归一化到物空间的调制传递函数的乘积。热像仪的调制传递函数性能是用于对热像仪成像质量的综合客观评价。如果热成像系统有光学扫描系统时，红外光学系统不仅包含红外成像系统，还包含光学扫描系统。

9.2.26 信号传递函数 signal transfer function(STF)

热像仪入瞳孔径上输入信号变量的输出信号函数。热像仪信号传递函数曲线的横坐标为热像仪的物方目标温差 (ΔT)，纵坐标为输出信号显示亮度的对数 ($\log L$)。同一热像仪视场内不同小区域的信号传递函数都是不相同的，通常测出的结果是测量区域的平均值。通常用测得的热像仪信号传递函数曲线中央 60% 处的平均斜率 (大信号增益) 或规定点斜率 (小信号增益) 判定增益动态范围要求的符合程度；用相关内容判定电平动态范围的符合程度。热像仪的信号传递函数不同于其调制传递函数，不是评价热像仪成像质量的参数，是对热像仪的温差响应及其亮度显示能力和线性特征的评价。信号传递函数曲线的状态会随增益和电平的变化而改变，增益改变会改变曲线的斜率，电平改变主要是使曲线沿着物方目标温差轴水平方向位移，分别见图 9-1 中的 (a) 和 (b) 所示。信号传递函数是一客观评价参数，不受观察者的主观判断差异影响。

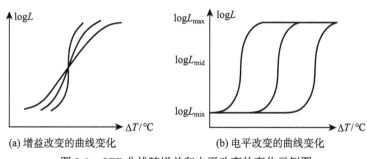

图 9-1　STF 曲线随增益和电平改变的变化示例图

9.2.27 最小可分辨温差 minimum resolvable temperature difference(MRTD)

具有不同空间频率，高宽比为 7:1 的四杆状黑体目标处于均匀的黑体背景中，调节目标与背景的温差，观察者刚好能分辨出四杆状图形时目标与背景间的温差 (温差从小到大和从大到小，取平均值)。最小可分辨温差是综合评价热成像系统的温度分辨力和空间分辨力的重要参数。

9.2.28 最小可探测温差 minimum detectable temperature difference(MDTD)

不同尺寸的方形或圆形黑体目标处于均匀的黑体背景中，调节目标与背景的温差，观察者能发现方形或圆形图案时的温差 (温差从小到大和从大到小，取平均值)。最小可探测温差是目标张角的函数。最小可探测温差是综合评价热成像系统热灵敏度和一定程度空间分辨力的重要参数。

9.2.29 热分辨力 thermal resolution

红外传感装置能够测出的两个黑体之间的最小温度差。热分辨力是热成像系统的热灵敏度或热响应能力的体现，热分辨力的温差值越小，热成像系统的热灵敏度就越高。

9.2.30 热成像系统作用距离 operation range for thermal image system

热成像系统完成预定任务所能达到的最大距离，单位用米 (m) 表示。热成像系统的作用距离是热成像系统最综合的评价参数，是目标尺寸和温差的函数，即目标尺寸不同、目标温差不同就有不同的作用距离，因此，作用距离要根据热成像系统使用目的所对应的特定目标尺寸和温差来评定。

9.2.31 物平面分辨力 object plane resolution

物平面内的可分辨的最小尺度。物平面分辨力等于系统的相邻像元视场角和该系统至物体距离的乘积。对于同一成像系统，物平面分辨力与物平面的距离远近有关，物平面距离越远，物平面分辨力就越低，反之亦然。

9.2.32 极限分辨力 limiting resolution

成像传感器能够分辨出阵列 (凝视和扫描型) 相邻像元间中心距对应的最高空间频率，也称为器件极限分辨力。

9.2.33 系统极限分辨力 system limiting resolution

热成像系统与空间分辨力相关的传感器、光学系统、电器噪声等影响因素综合叠加后，热成像系统能够分辨出的目标最高空间频率。

9.2.34 系统非均匀性 system nonuniformity

由于探测器不同像元响应的不一致性、光学系统成像的像差和电路处理的噪声等，致使热成像的图像与场景的辐射分布不对应的现象。

9.2.35 帧扫场角 frame scan field angle

第一扫描行与最末扫描行有效区段中心平均位置间的物空间夹角。帧扫场角就是一帧图像的第一行与最后一行在垂直方向对物空间的夹角。帧扫场角反映的是扫描型探测器的垂直视场角捕获能力或大小。

9.2.36 帧获差 frame gain error

实测帧扫场角与标称帧扫场角之差除以标称帧扫场角的百分比。帧获差是帧扫场角偏差的相对百分比量，用相对量来评价输出图像的变形程度。

9.2.37 帧线性度 frame linearity

探测器校准曲线与拟合直线间的最大偏差与满量程输出的百分比。帧线性度是扫描最大偏差的相对百分比量，用相对量来评价输出图像的变形程度。帧线性度也称为帧非线性误差，该值越小，说明线性度越好。

9.2.38 帧周期 frame period

光机扫描系统扫过一幅完整画面所需的时间，用符号 T_f 表示，单位为 s，也称为帧时。帧周期的术语及概念主要用于扫描成像和扫描显示的系统中。

9.2.39 帧频 frame frequency

〈成像〉红外探测系统中的光机扫描系统 1s 内扫过完整景物画面的幅数或帧数，或红外探测器 1s 内输出完整景物画面的幅数或帧数，用符号 f_p 表示，单位为 s^{-1}，也称为帧速。帧频的术语及概念主要用于扫描成像和扫描显示的系统中。

9.2.40 水平扫描 horizontal scanning

光机扫描系统的扫描工作使成像画面在探测器面上沿水平方向运动的过程，也称为行扫。水平扫描可通过摆动平面反射镜 (摆镜)、旋转反射镜鼓 (镜鼓)、旋转折射棱镜等实施。

9.2.41 垂直扫描 vertical scanning

光机扫描系统的扫描工作使成像画面在探测器面上沿垂直方向运动的过程，也称为帧扫。垂直扫描可通过摆动平面反射镜 (摆镜)、旋转反射镜鼓 (镜鼓)、折射棱镜等实施。

9.2.42 物方扫描 object scanning

扫描器位于成像光学系统前方光路中，对被观察视场进行的扫描。物方扫描的光路类型见图 9-2 所示。物方扫描通常是对平行光线进行扫描。

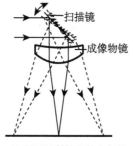
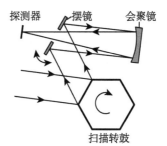

(a) 平面反射镜的物方扫描   (b) 扫描转鼓的物方扫描

图 9-2 物方扫描光路示意图

9.2.43   像方扫描 image scanning

扫描器位于成像光学系统后方光路中，对被观察视场进行的扫描。像方扫描的光路类型见图9-3所示。像方扫描通常是对会聚光线进行扫描。

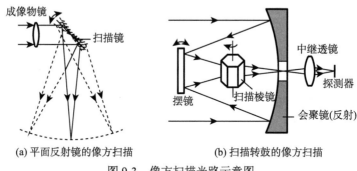

(a) 平面反射镜的像方扫描   (b) 扫描转鼓的像方扫描

图 9-3   像方扫描光路示意图

9.2.44   串行扫描 serial scanning

对水平排列为一行 (或称为水平列) 的多元探测器采取对景物水平逐行扫描 (即先进行水平扫描，再进行垂直移行扫描)，使每一个光敏元扫过总视场中每个像元的扫描方式，也称为串联扫描，简称为串扫，见图9-4所示。多元探测器的串行扫描与单元探测器的扫描相似，但探测灵敏度比单元探测器的高，信噪比与单元探测器的相比高 $\sqrt{n}$ 倍 (n 为多元探测器的探测元数)，增强了对图像的探测能力。多元探测器中的每个元对同一像素的信号经扫描分别接收，在相应的延迟后叠加，形成单一通道视频信号输入显示器。串行扫描可以消除图像非均匀性问题，由于驻留时间与单元探测器的相同，因此要求探测器响应速度快，即时间常数小。行扫和帧扫实施的扫描镜组合方式通常有：旋转反射镜鼓为行扫 + 摆镜为帧扫；折射镜为帧扫 + 旋转反射镜鼓为行扫；旋转折射棱镜为行扫 + 旋转折射棱镜为帧扫；摆动平面反射镜为行扫 + 摆动平面反射镜为帧扫；等等。图9-4 中，右

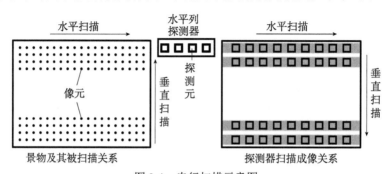

景物及其被扫描关系   探测器扫描成像关系

图 9-4   串行扫描示意图

边的垂直扫描方向是指探测元对景物成像行的移动方向，景物的行是向上移动完成整幅景物的扫描，像的行是向下移动完成整帧的扫描。

9.2.45 并行扫描 parallel scanning

将一行单列的多元探测器的光敏元置于排列方向与水平扫描方向垂直，采取以列为段逐段平行扫描，使探测器的每列的每个元在每段扫描时扫过景物的一行，直到景物的垂直移动使探测器扫过了整个景物画面的扫描方式，也称为并联扫描，简称为并扫，见图 9-5 所示。

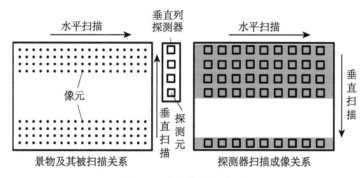

图 9-5　并行扫描示意图

并行扫描方式通过垂直排列的探测元将图像在垂直方向进行分解，每个探测元接收其对应的景物水平扫描方向上的所有水平景物元素。当垂直列探测元多到能覆盖图像画面的垂直方向时，水平扫描只需一次即可完成整个成像画面的扫描成像，否则还需要按照探测器的列向分解数，进行相应次数的垂直方向移像扫描才能完成整个景物的成像，例如垂直方向分解为 10，就需要进行 10 次垂直方向的移像扫描。并行扫描相对单元探测器扫描提高了灵敏度，信噪比是单元探测器的 $\sqrt{n}$ 倍 (n 为多元探测器的探测元数)，其相对串行扫描降低了探测器的快速响应要求。

9.2.46 串并扫描 serial and parallel scanning

既有串行扫描又有并行扫描的混合扫描方式，也称为串-并扫描，简称为串并扫，见图 9-6 所示。

当面阵探测器的阵列不能覆盖整个成像画面时，例如 4×8、4×288 像元的探测器阵列，通常是采用串并扫描方式实现整个画面成像。采用串并扫描方式成像，既可以提高探测灵敏度，又可以降低探测器快速响应要求。扫描方式成像降低了大面阵探测制作的技术难度和成本，但提高了扫描器设计与制造的技术难度和成本。

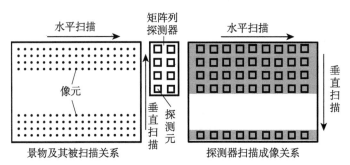

图 9-6   串并扫描示意图

9.2.47   微扫描 microscanning

为了获得高分辨图像或大面阵图像，用面阵探测器的探测元阵列面将成像画面通过水平分割、垂直分割或水平垂直分割为少数几幅子图，用简易扫描方式实施子图整体成像的成块移动扫描，形成整幅大面阵图像的扫描方式，见图 9-7 所示。例如，用 640×512 的面阵探测器，将成像画面分割为四块进行子图整体成像的微扫描，然后再合成为 1280×1024 像元的高分辨图像画面。

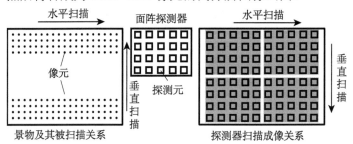

图 9-7   微扫描示意图

9.2.48   扫描反射镜偏转角 deflection angle of scanning mirror

扫描反射镜在扫描过程中所处的位置与起始位置的夹角，单位用毫弧度 (mrad) 表示。扫描反射镜偏转角是光束扫描角的二分之一，或者说光束扫描角是反射镜偏转角的二倍。

9.2.49   扫描效率 scanning efficiency

在一帧图像信号中有效扫描时间与帧扫描时间周期之比。扫描效率与探测器阵列的占空比和扫描辅助时间 (开始和返回等时间) 有关，探测器占空比越大、扫描辅助时间越短，扫描效率就越高。

9.2.50   过扫描 overscanning

在扫描成像系统中，探测器对成像的物空间多余部分 (即非期望的景物部分) 扫描的现象。过扫描将会导致对景物成像的清晰度损失。

9.2.51　欠扫描 underscanning

在扫描成像系统中，探测器对成像空间出现漏扫描的现象。欠扫描将会导致对景物成像的缺失。

9.2.52　过扫比 overscanning ratio

探测器扫过视场空间之和与成像视场空间之比。过扫比大于 1 为过扫描，反之为欠扫描。

9.2.53　平场 flat field

无特定扫描光栅的显示平面场。平场就是一个均匀的显示白场，平场可用于探测器像元的均匀性校正和显示器的均匀性校正的过程以及结果评价。

9.3　元器件和部件

9.3.1　热像仪通用组件 thermal imager common module(TICM)

将组成热像仪的一些主要功能部件，按标准化中的模块化思想设计，以适用多种型号热像仪的组合化设计与集成的可重复性使用的组件。热像仪的通用组件主要有扫描器组件、制冷器组件、探测器组件、信号处理组件、显示器组件等。

9.3.2　光学扫描器 optical scanner

使光学系统所成的像相对于探测器光敏面产生规律性移动的光机电装置，也称为光机扫描器。光学扫描是利用光学的反射或折射原理，通过赋予光学元件某种运动状态使光束规律性移动来实现扫描。

9.3.3　行扫描器 line scanner

沿被探测物体进行单行扫描以提供该物体一维热分布图的装置。行扫描器的扫描运动方向为水平方向 (或横向)，使物体某行的全部元素顺序投影到某个像方的一个特定点上。物体的移行是通过垂直扫描器进行的。

9.3.4　成像行扫描器 imaging line scanner

一种沿横向扫描、纵向移动以产生二维景物或图像的扫描装置。成像行扫描器实际上是一个二维扫描器，行扫描 (横向扫描) 为大角度范围的扫描，垂直扫描 (纵向扫描) 为微动作的小角度移行扫描，由此实现对物体整个幅面的扫描。

9.3.5　摆镜扫描器 swing-in-mirror scanner

通过按周期性往复规律摆动的平面反射镜对光束反射的移动来实施扫描的光学扫描器。一个摆镜通常只能作一维扫描，其既可用于平行光束的扫描，也可用于会聚光束的扫描，可用于物方扫描，也可用于像方扫描。

9.3.6 外镜鼓扫描器 polygon scanner with exterior mirror

通过绕过质心轴线旋转的外表面为反射镜面的多面体对光束的反射来实施光束扫描的光学扫描器。外镜鼓扫描器通常采用六面反射体 (六边形) 或八面反射体 (八边形), 主要用于平行光束的扫描, 可以设计成一维扫描器, 也可以设计成集二维扫描于一体的扫描器, 其只沿一个方向旋转, 因此, 转动比较平稳。二维垂直方向的移动靠镜鼓各反射表面与转轴成不同的夹角来实现垂直移行。

9.3.7 旋转折射棱镜扫描器 rotation refracting prism scanner

通过绕过质心轴线旋转的立方镜或具有 $2(n+2)(n$ 为正整数) 个面的折射棱镜对穿过光束的移动来实施扫描的光学扫描器。旋转折射棱镜扫描器只用作会聚扫描器, 其相当于一个平行平板, 对会聚光束不仅有横向移动, 也有纵向移动, 而且还会产生多种像差, 但它有运动平稳、尺寸小、机械噪声小、有利于高速扫描等优点。

9.3.8 制冷器 cooler

应用制冷技术原理产生低温, 对探测器进行降温的装置, 也称为制冷机或制冷系统。制冷器的技术原理主要有液氮制冷器、焦–汤制冷器、斯特林制冷器、半导体制冷器和辐射制冷器等的原理。

9.3.9 杜瓦 Dewar; dewar

具有能防止辐射、对流和传导的夹层真空绝热结构, 用于封装制冷型红外探测器的特种隔热小型容器, 也称为杜瓦瓶, 其结构见图 9-8 所示。杜瓦主要由内外壁、引线、红外窗口等部分组成, 内外壁的外表面分别镀有反射层, 内外壁之间为抽真空的绝热层。杜瓦按制作的材料分为玻璃杜瓦和金属杜瓦, 玻璃杜瓦和金属杜瓦的优缺点正好相反, 玻璃杜瓦隔热好, 但强度不高, 金属杜瓦强度高, 但隔热性不好。

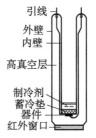

图 9-8 杜瓦结构图

9.3.10 集成式杜瓦 integrated dewar

杜瓦的内管分部件同时又是斯特林制冷机的冷指外壳部件,形成一体结构的杜瓦。

9.3.11 冷指 cold finger

封闭在杜瓶中使用的, 具有取冷和传递冷功能的圆柱形部件。冷指的顶端通常与红外探测器末端直接或间接接触，以对红外探测器进行降温。斯特林制冷器的冷指是由膨胀腔体和排出器等组成的圆柱形腔体结构；特殊应用的集成探测器制冷组件 (integrated detector/cooler assembly, IDCA) 的 JT 节流器的冷指是由肋片换热器和金属材料的圆柱形腔体等组成的结构。

9.3.12 焦–汤制冷器 Joule-Thomson cooler

高压气瓶中的高压氮气由入口进入热交换器，通过气瓶节流阀向杜瓦底部喷射纯净高压气体，气体绝热膨胀、吸热降温，降温的氮气通过回路返回热交换器，与高温高压氮气换热，使节流前的高压氮气温度降低，然后经排气口排出，后续的氮气以该方式不断降低节流前气体的温度，使高压气体在越来越低的温度下节流膨胀，膨胀后的温度越来越低，最终使一部分氮气在制冷腔中液化而获得 77K 低温的制冷装置，其制冷效应流程和组成结构分别见图 9-9 中的 (a) 和 (b) 所示。焦–汤制冷器分为自调式和非自调式两种，或闭合式和开式两种。闭合式是回收节流膨胀后排出的气体，用压缩机再压缩成高压气体，循环使用；开式是将节流膨胀后的气体排出，不再回收利用。为了获得更低的制冷温度，可用氮和氖两种制冷剂，将两个焦–汤制冷器耦合在一起形成氮–氖双级焦–汤制冷器，一个用氮气获得 77K 的预冷级温度，另一个用氖气获得 30K 的最终低温。焦–汤制冷器是成熟制冷器之一，具有制冷部件体积小、质量轻、无运动部件、机械噪声小、使用方便等优点，但存在气源可获得性差 (气体纯度要求高，杂质含量不得高于 0.01%)、高压气瓶较重等缺点。

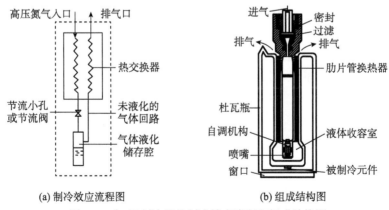

(a) 制冷效应流程图   (b) 组成结构图

图 9-9 焦–汤制冷器的制冷效应流程和组成结构图

9.3.13 斯特林制冷器 Stirling cooler

由压缩腔、压缩活塞、冷却器、再生器、膨胀活塞和制冷膨胀腔等部分组成，利用气体等熵膨胀，膨胀机活塞输出机械功，膨胀后气体的内位能增加消耗气体本身的内功能来补偿，使气体等熵膨胀后的温度显著降低，以此反复循环实施制冷的制冷器。斯特林制冷器可分为分置式和整体式两种。斯特林制冷器制冷循环工作的四步过程原理见图 9-10 所示：a→b 等温压缩过程，膨胀气体在恒定温度 T_o 下压缩放热，压缩热由冷却器带走；b→c 等容降温过程，压缩气体通过再生器而降温；c→d 等温膨胀制冷过程，压缩气体在恒定温度 T_c 下膨胀吸收热量；d→a 等容升温过程，低温低压气体由膨胀活塞推过再生器而复温，从而完成一个制冷循环。斯特林制冷器的制冷工质为氮气或氢气等，制冷的温度范围为 10K~77K，具有启动时间短、效率高、寿命长、操作简单、可长期连续工作等优点，但存在制造工艺要求高、机械振动及噪声较大、价格昂贵等缺点。

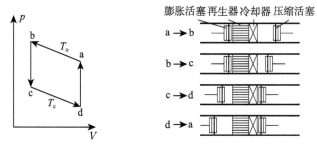

图 9-10   斯特林制冷器原理图

9.3.14   热电制冷器 thermoelectric cooler

利用帕尔贴效应制成的制冷器，也称为半导体制冷器 (semiconductor cooler)。采用 n 型和 p 型两块半导体材料连接成温差电偶对，形成闭合回路；在外场作用下，电子和空穴在一个接点上产生分离运动，吸收能量而制冷；在另一个接点上产生复合运动，释放能量而发热，三级半导体制冷器结构见图 9-11 所示。

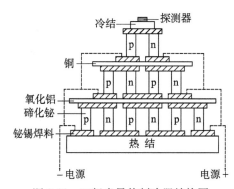

图 9-11   三级半导体制冷器结构图

9.3.15　辐射制冷器 radiant cooler

由冷片、辐射器、帽檐、多层绝热层和外屏蔽等部分组成，利用两种物体温度不同，高温物体辐射能量温度降低，低温物体吸收辐射能量温度升高的原理所制成的制冷器。一种空间环境使用的辐射制冷器与周围的深冷 (约 3K) 空间进行热辐射热交换，能把红外探测器制冷到 95K 温度，其结构见图 9-12 所示。

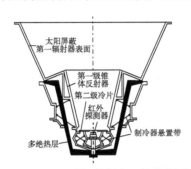

图 9-12　一种辐射制冷器的结构图

9.3.16　灌注式制冷器 perfused cooler

利用相变吸热原理，将液体制冷剂直接注入到杜瓦制冷剂室实现制冷的制冷器。在红外领域里，灌注式制冷器主要有灌注液氮的制冷器，简称为液氮制冷器。灌注式制冷器的制冷温度可达到约 77K，其具有结构简单、制冷温度稳定等优点，但制冷持续时间有限。

9.3.17　红外探测器 infrared detector

将红外辐射转换为电参量 (电压或电流) 的器件。一般分为光子探测器和热探测器两类。探测器从材料角度分类主要包括碲镉汞 (HgCdTe)、锑化铟 (InSb)、硫化铅 (PbS)、硒化铅 (PbSe)、硅化铂 (PtSi)、铟镓砷 (InGaAs)、量子阱 (GaAs/AlGaAs)、超晶格 (InAs/GaSb)、热释电材料 [如 BST(BaSrTiO$_3$)、PZT(PbZrTiO$_3$)]、氧化钒 (VO$_x$) 和多晶硅 (α-Si) 等。

9.3.18　单元探测器 single-element detector

由一个敏感元构成的探测器。单元探测器一般是用于物理参数的测量，例如温度测量等。如果要用单元探测器成景物图像，就需要与扫描器和处理电路配合起来使用。

9.3.19　多元探测器 multi-element detector

由多个敏感元按一定规律排列而构成的探测器。多元探测器有按一行或一列排列的线阵列探测器，有按行和列两个维度排列的面阵列探测器。多元探测器中的每一个元在尺寸和性能上都应该是完全一样,如果有差异,就需要通过均匀性校正使它们一致。

9.3.20 阵列探测器 array detector

探测单元按线阵或矩阵形状有规律排列组成的探测器。阵列探测器有线阵列(或线阵)探测器和矩阵(或面阵列或面阵)探测器,线阵探测器是探测元以相同间隔在一条直线上排列,面阵探测器是探测元以相同间隔在水平方向的多条线直线上或垂直方向的多条直线上排列,形成矩形形状。

9.3.21 焦平面阵列 focal plane array(FPA)

工作时置于成像光学系统像方焦面上的,由光敏元与读出处理电路一起构成的多元探测阵列的探测器,也称为焦平面探测器 (focal plane detector) 或焦平面阵列探测器 (focal plane array detector)。焦平面探测器有线阵列探测器和面阵列探测器。

9.3.22 扫描型焦平面阵列 scanning focal plane array

需要进行扫描才能捕获物方完整图像的焦平面探测器,也称为扫描型焦平面探测器 (scanning focal plane detector) 或扫描型焦平面阵列探测器 (scanning focal plane array detector)。扫描型焦平面探测器的探测元阵列通常为线阵列和不太大的面阵列。线阵列探测器成像时,需要通过扫描来实现整幅景物画面的捕获;不太大的面阵列探测器成高清晰度像时,也需要通过扫拼来实现整幅高像素景物画面的捕获。

9.3.23 凝视阵列 staring array

无需光机扫描来实现捕获全视场图像的红外探测器,也称为凝视型焦平面阵列探测器 (staring focal plane array detector)。凝视阵列由大量在平面上规则排列的探测元组成 (矩形阵列探测器),它们将投射到凝视阵列平面上的图像进行单元分割分别接收,经处理合成后再现原图像。

9.3.24 双色波段探测器 dual-color band detector

相对普通的单色波段探测器而言,可响应两个波段的探测器,也称为双色红外探测器或双色探测器。双色探测器的波段组合可以有中-长波、中-短波、中-中波、长-长波等,读出方式有分时读出和同时读出两种。由于双色探测器能探测两个不同波长的辐射,因而可以更有效地探测出不同辐射波段的目标和更准确地测量气体的浓度等。双色红外探测器在军事、环境监测、医学诊断以及工业过程控制等方面都是很有用的。

9.3.25　多色波段光谱探测器 multi-color band spectrum detector

相对普通的单色波段探测器而言，可响应两个以上波段的探测器，也称为多色红外探测器或多色探测器。多色探测器探测的光谱可覆盖红外辐射的一个区段，因此，其有更强的探测和发现能力。

9.3.26　一代红外探测器 first generation infrared detector

单元或多元探测器，光敏元的数量在数百像元以内不自带读出电路的探测器。一代红外探测器需要配置专门的信号读出电路，图像成像也需要通过快速光机扫描来实现，热图像的像素量不大，图像分辨率不高。一代红外探测器主要有 8 元、32 元和 64 元等探测器。

9.3.27　二代红外探测器 second generation infrared detector

光敏元的数量为数千到数十万像元，自带读出电路的焦平面探测器，包括线列和面阵，也称为焦平面探测器。二代红外探测器制冷型的一般需要在很低的温度 (77K 或 80K 等) 下工作，要想成高像素的图像，需要通过拼扫或微扫来实现，直接使用面阵器件凝视成像的图像分辨率不高。

9.3.28　三代红外探测器 third generation infrared detector

阵列规模达百万像素，具有双色 (双波段) 探测能力，能在较高工作温度 (不低于 120K) 下工作的探测器。

9.3.29　四代红外探测器 fourth generation infrared detector

探测器阵列规模达千万像素，具有多色 (多波段) 探测能力，具备智能化功能，能在较高工作温度下工作的探测器。

9.3.30　制冷型红外探测器 cooled infrared detector

需要在低温条件下工作 (通常是指工作温度低于 200K) 的红外探测器。探测器组件由探测器芯片、杜瓦/封装和制冷装置构成。探测器材料主要包括碲镉汞 (HgCdTe)、锑化铟 (InSb)、硅化铂 (PtSi)、铟镓砷 (InGaAs)、量子阱 (GaAs/AlGaAs)、超晶格 (InAs/GaSb) 等。

9.3.31　非制冷型红外探测器 uncooled infrared detector

在室温或近室温条件下能进行正常工作的红外探测器。非制冷型红外探测器就是不需要采取专门的制冷措施就能进行正常工作的探测器。非制冷探测器组件一般由红外探测器芯片、半导体恒温器和封装组成。非制冷探测器的类型主要有热释电探测器、微测辐射热计、热电堆红外焦平面阵列、常规集成电路非制冷红外焦平面阵列等。

9.3.32　热探测器 thermal detector

通过吸收目标辐射后使敏感元件温度上升引起物理参数改变 (热电效应) 来探测目标的探测器。由于热探测器是温升效应，因此，它是一种对任何波长的辐射都有响应的无波长选择性探测器，这正是它与光子探测器的一大差别。热探测器通过吸收热使温度升高所伴随产生的效应有体积膨胀、电阻率变化、产生电流或电动势等，通过测量这些性能参数的变化就可知道辐射的存在和大小，利用这种原理制成的热探测器有温度计、戈莱探测器、热敏电阻、热电偶和热释电探测器等。

9.3.33　热释电摄像管 pyroelectric vidicon

利用具有热释电效应材料制作靶面的摄像管，也称为热电视像管。热释电效应晶体在没有外加电场和应力的情况下，具有自发的或永久的极化强度，晶体温度升高时极化强度降低，温度降低时极化强度反而升高，这种变化导致在垂直于极化强度方向 (极化轴) 的晶体外表面上极化电荷的变化，导致在晶体两端出现随温度变化的开路电压的热释电效应，这种极性晶体称为热电体，是热电效应中的一种。目前最常用的适合热释电摄像管的热释电材料主要有硫酸三甘钛 (TGS)、钽酸锂 (LT-LiTaO$_3$) 和铌酸锶钡 (SBN) 3 种。

9.3.34　测微辐射热计 micro-bolometer

应用探测元材料受微辐射后温度升高而引起其电阻变化的效应所研制的热敏型非制冷红外探测器，也称为电阻测辐射热计。测微辐射热计采用的热敏电阻材料主要是氧化钒 (VO$_x$) 和多晶硅 (polysilicon) 等，利用这种效应的电路主要有两种，一种是直流工作的桥式电路，另一种是交流工作的辐射热测量电路，分别见图 9-13 和图 9-14 所示，一种类型的测微辐射热计的结构见图 9-15 所示。

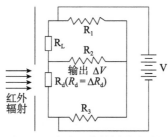

图 9-13　直流工作的桥式电路图

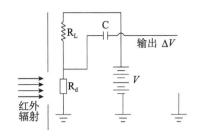

图 9-14 交流工作的辐射热测量电路图

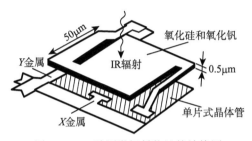

图 9-15 一种测微辐射热计的结构图

9.3.35 热电堆红外焦平面阵列 thermopile infrared focal plane array

利用两种不同的金属组成的闭合回路中，两金属接触处温度不同时回路中将产生热电势的现象制成热电偶，由一系列热电偶串联组成红外辐射探测单元的非制冷红外探测器，其结构见图 9-16 所示。当红外辐射照射热电堆时，热电堆的电压 V_s 就会变化，由此可测出热辐射的温度变化。

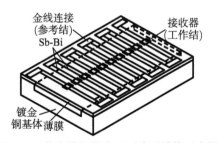

图 9-16 热电堆红外焦平面阵列结构示意图

9.3.36 常规集成电路非制冷红外焦平面阵列 conventional IC uncooled infrared focal plane array

采用一种绝缘膜 (如 SiO_2) 隔开的两个单晶硅组成，与硅标准工艺兼容的硅 pn 结二极管作为热探测单元的非制冷红外探测器，也称为绝缘硅热探测器 (detector of Si on insulation) 或 SIO 热探测器。这种探测器的读出电路与传统的 (或标准的) 硅加工技术兼容，SOI(Si on insulation) 热探测器的结构见图 9-17 所示。

图 9-17 SOI 热探测器结构示意图

9.3.37 SPRITE 探测器 signal processing in the element detector

利用整机图像扫描速度与材料载流子迁移速度相等的原理，在长条器件内部进行延迟积分等信号处理的红外探测器，也称为扫描型红外探测器。其工作原理见图 9-18 所示。适用于串并扫红外成像系统，是一种光导探测器，属于一代半红外探测器。

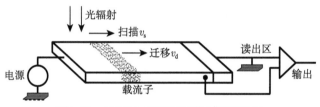

图 9-18 SPRITE 探测器工作原理示意图

9.3.38 超晶格探测器 superlattice detector

由超晶格材料制备的红外探测器。超晶格材料由两种不同的半导体材料交替周期排列的多层薄膜材料构成，势垒层较薄，相邻势阱间载流子波函数耦合很强。

9.3.39 背景限光电探测器 background limited photodetector(BLPD)

对于背景噪声等于或大于探测器自身噪声，通过采取对受背景辐射噪声影响大的相关探测器部件进行制冷降温措施，将被探测的背景辐射噪声的影响降低到探测自身噪声以下的探测器，也称为低温背景限光电探测器。背景限光电探测器有效的制冷措施之一是，将调制系统、冷屏及光阑和光敏元三位一体均置于真空夹层内的液氮低温下，以增强屏蔽、降低周围背景辐射噪声，提高信号输出来提高探测器的性能。背景限的含义是，背景辐射的扰动比探测器本身光子噪声、热噪声和电路噪声大时，即背景辐射噪声的影响占据主导时，对探测器性能的限制。背景限光电探测器就是降低背景噪声对信号探测限制的探测器。

9.3.40 量子阱红外探测器 quantum well infrared detector

由多量子阱材料制备的红外探测器。量子阱材料由两种不同的半导体材料交替周期排列的多层薄膜材料构成，势垒层较厚，相邻势阱间载流子波函数耦合很小。(详见第 17 章相应术语)

9.3.41 红外电荷耦合器件 infrared charge coupled device(IR-CCD)

红外光敏元与电荷耦合结构共同构成的红外探测器。红外电荷耦合器件分为单片式和混合式两类，它们的分类关系及其探测器特征见图 9-19 所示。

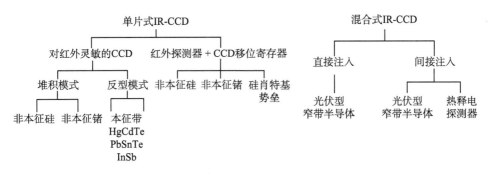

图 9-19　IR-CCD 分类及探测器特征图

9.3.42 单片式红外电荷耦合器件 single chip infrared charge coupled device

将整个红外电荷耦合器件做在一块芯片上的红外探测器件，也称为单片 IR-CCD、整体式 IR-CCD，其基本结构关系见图 9-20 所示。单片式 IR-CCD 又分为两种情况：CCD 本身对红外敏感且集探测及转移功能于一体的；把红外探测器同CCD 做在同一基底上，基底通常用硅，探测器部分则常用非本征材料的，见图 9-21 所示。

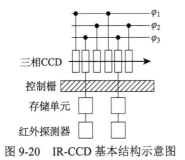

图 9-20　IR-CCD 基本结构示意图

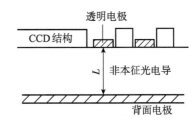

图 9-21　非本征半导体硅单片 IR-CCD 图

9.3.43 混合式红外电荷耦合器件 hybrid infrared charge coupled device

将红外探测器与 CCD 移位寄存器的物理及功能分开, 然后再互连集成为一体的红外探测器件, 也称为混合 IR-CCD。混合式的红外敏感元件多采用光伏器件, 红外探测器与 CCD 之间多数采用铟柱连接 (铟柱连接成功率很高), 混合互连方式见图 9-22 所示。由于互连方式不同, 混合 IR-CCD 有多种结构, 基本结构可归为前照射结构和背照射结构两种, 见图 9-23 中的 (a) 和 (b) 所示。混合 IR-CCD 是将红外探测与 CCD 两者耦合起来组成的焦平面器件, 是能获得高性能的红外焦平面阵列。混合式具有量子效率高、探测器选择灵活等优点, 是大多数红外焦平面阵列采用的途径。

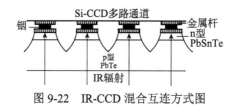

图 9-22 IR-CCD 混合互连方式图

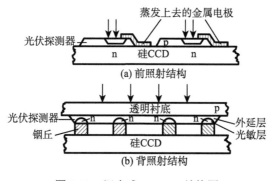

图 9-23 混合式 IR-CCD 结构图

9.3.44 Z 平面红外焦平面探测器 Z plane infrared focal plane detector

将信号读出及处理功能芯片 (包括低噪声前放、滤波器和多路传输等) 采用叠层的方法组装起来, 形成信号处理模块, 再把模块与探测器和输入/输出线等连接在一起构成的立体焦平面探测器, 也称为 Z 平面红外焦平面阵列 (Z plane infrared focal plane array), 结构原理见图 9-24 所示。Z 平面技术可用于光导型、光伏型等各种探测器信号的读出、处理, 具有抑制噪声、提高灵敏度和缩小整体体积, 以及采用神经网络技术进行多目标识别和成像跟踪等优点。

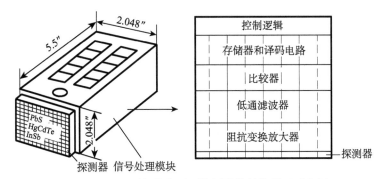

图 9-24　Z 平面红外焦平面探测器的结构原理示意图

9.4　仪器和系统

9.4.1　热像仪 thermal imager

采用探测景物各部分温度和发射率引起的红外辐射差异,形成可见图像的成像仪器,也称为热成像系统 (thermal imaging system) 或红外成像系统 (infrared imaging system)。热像仪是将来自物体的红外辐射分布转变成以灰度或伪彩色图像显示的系统,一般由红外光学系统 (扫描或非扫描)、红外探测器 (制冷或非制冷;凝视或非凝视)、信号处理系统和显示器等部分组成。

9.4.2　光机扫描热像仪 optic-mechanical scanning thermal imager

通过光学扫描器对景物进行一维或二维扫描,使探测器能传感整幅物方图像的热像仪,也称为光机扫描热成像系统,其组成和工作原理见图 9-25 所示。光机扫描热像仪由于需要配置光机扫描器,系统的结构复杂、体积大、可靠性降低、成本高,但探测器的面阵尺寸要求降低,技术难度相对降低。图 9-25 中,光机扫描也可以选择置于红外光学系统前面,探测器也可以有不用非制冷器的。

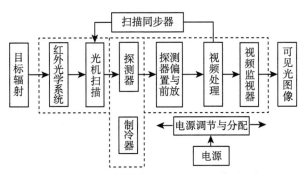

图 9-25　光机扫描热像仪的组成和工作原理框图

9.4.3   凝视焦平面热像仪 staring focal plane thermal imager

不需要光学扫描器，通过大面阵红外探测器对整幅物方图像直接进行传感成像的热像仪，也称为凝视焦平面热成像系统，其组成及工作原理见图 9-26 所示。

凝视焦平面热像仪取消了扫描器，探测器的前置放大电路与探测器合一，集成在位于光学系统焦平面上的探测器阵列中，体积小、重量轻，容易实现模块化、系列化发展。图 9-26 中，探测器也可以有不用非制冷器的。

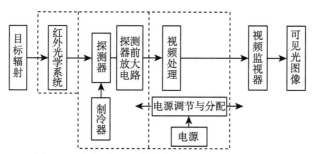

图 9-26   凝视焦平面热像仪的组成及工作原理图

9.4.4   前视红外仪 forward looking infrared instrument

置于飞机、坦克、舰船等武器平台前端，能实时显示前方景物、目标的热像仪，也称为前视红外。所谓的"前视"就是置于平台前面，提供平台前面的景物图像，以对前面的景物进行观察和瞄准。

9.4.5   红外搜索系统 infrared search system

利用红外辐射响应对预定范围内的目标进行搜索的红外成像系统。红外搜索系统是具有大观察视场和水平周视及俯仰方向自动扫描机构的热成像系统。

9.4.6   红外跟踪系统 infrared track system

利用红外辐射响应对捕获的目标进行连续位置跟踪的红外成像系统。红外跟踪系统除了要有红外搜索系统的功能外，还要具有目标识别、锁定、随动跟踪等功能，因此，红外跟踪系统是技术复杂度比较高的热成像系统。

9.4.7   红外搜索跟踪系统 infrared search and track system

利用光、机、电、算一体化技术，对预定范围内目标的红外辐射进行可靠探测、识别、定位、连续跟踪的红外成像系统。主要针对覆盖直径大于 5km 的复杂背景和难以分辨的点源目标。

9.4.8 热成像瞄准镜 thermal imaging sight

用于武器系统观察和瞄准的热像仪。热成像瞄准镜光轴的稳定性一般要求较高，需耐冲击，并能满足火控系统的校零、装表、火控、通信、显示等要求。

9.4.9 红外制导系统 infrared guidance system

探测目标的红外辐射，给出目标位置等信息，控制弹体接近并攻击目标的导引系统。红外制导系统通常采用的是红外图像制导方式，具有较强的目标识别能力、对伪装目标的发现能力和全天候 (白天及夜晚) 的工作能力。

9.4.10 红外电视 infrared television(IRTV)

采用图像传感器探测景物红外辐射，形成视频图像的成像装置。早期的红外电视的红外传感器是热释电摄像管，目前主要是红外焦平面探测器。目视的热成像系统一般都属于红外电视。

9.4.11 化学毒剂红外探测报警器 chemical warfare agent infrared detecting alarm device

采用光学方法，基于目标红外辐射、大气传输原理、红外光电探测及信号处理与智能鉴别技术，用于应对化学武器攻击的战场毒气探测装备。其原理是通过光谱分光，根据气体的光谱特征进行毒剂鉴别，实现非接触远距离探测毒剂污染的毒剂报警。

9.4.12 红外成像光谱仪 infrared imaging spectrometer

将红外成像技术和红外光谱技术结合，对目标空间辐射分布差异成像的同时，对每个空间像元在工作波段范围内进行光谱解析，形成"红外图像立方体"数据的一种红外光电探测仪器。按照光谱分辨力的不同分为红外多光谱、高光谱和超光谱成像仪。"红外图像立方体"数据是指由图像面的两个空间维度数据加上一个光谱维度数据组成；当由三个维度图像的三维空间数据和一维光谱数据组成时，称为超立体数据。

9.4.13 红外方位仪 infrared locating instrument

接收目标的红外辐射，以确定目标方位的仪器。红外方位仪主要由红外辐射探测装置与方位测角装置组成。红外方位仪具有夜间确定目标方位和确定可见光仪器难以发现的热目标方位的优势。

9.4.14 红外照相机 infrared camera

利用红外焦平面探测器或红外胶片记录目标红外辐射的照相机。红外照相机是通过温度传感来记录图像，记录的画面是景物的温度分布和发射率分布关系，因此，红外照相机的照片是被拍摄物体的温度分布照片，而传统的照片是被拍摄物体的灰度分布照片。

9.4.15 多功能直视热像仪 direct-view versatile thermal imager

将探测到的红外视频信号输送到微型显示器上，用目镜直接观察目标的红外热像仪。其不同于外接电视观察的热像仪，而是能使热像仪系统的光轴与人眼的光轴同轴进行观察、搜索、监视和瞄准主要应用于枪械、头盔等平台上。

9.4.16 红外检测系统 infrared testing system

基于红外检测原理，能独立使用的无损检测系统。红外检测系统一般为高空间分辨力和高温度分辨力的热成像仪。红外检测系统主要应用于电路和电器安全检测、冶金过程工艺检测、钢板轧制缺陷检测、管路缺陷检测和医疗诊断等方面。

9.4.17 红外探测装置 infrared sensing device

用于探测、显示、记录所接收到的物体热辐射信息的装置。红外探测装置是红外探测仪器的总称，包括非成像的红外探测装置和成像的红外探测装置。非成像的红外探测装置主要是测温用的，而成像的红外探测装置通常具有实时热图显示和拍摄热图像的功能。

9.5 红外检校方法

9.5.1 黑体参考源 blackbody reference source

〈红外〉一种用于红外辐射测量或对红外装置进行标定，其温度可调可控，红外发射率接近于 1.0 的装置。

9.5.2 腔型黑体 cavity blackbody

辐射发射率非常接近 1.0 的一种黑体模型器，也称为腔型黑体辐射源。典型的腔型黑体由包容腔体的芯子、加热绕组、测量与控制腔体温度的温度计和温度控制器等组成，腔体形态一般有锥型腔、圆柱型腔、球型腔、倒置锥型腔，其结构见图 9-27 所示。通常腔型黑体按使用要求分为高温、中温和低温黑体辐射源。

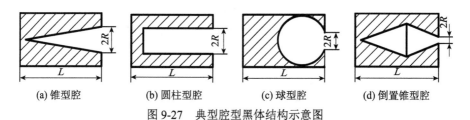

(a) 锥型腔   (b) 圆柱型腔   (c) 球型腔   (d) 倒置锥型腔

图 9-27　典型腔型黑体结构示意图

9.5.3 面型差分黑体 surface source differential blackbody

有效发射率为 1.0、温度可变的两个均匀平面区的温差标准装置，也称为温差黑体 (temperature difference blackbody) 或面型差分黑体源。面型差分黑体通常采用表面涂有高辐射率涂料的高导热性材料作为面型黑体面，采用半导体帕尔帖 (或佩尔捷) 效应实现黑体温度的控制；靶标采用高导热性的金属制作，靶标形状通过镂空形成；靶标温度通过温度传感器测量控制加温至设定的温度。面型黑体源主要用于均匀性和系统响应等的测量和标定，其靶标图案形状有用于各种目的的形状，常用的形状见图 9-28 所示。

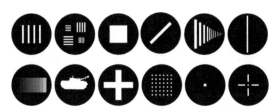

图 9-28　面型差分黑体的靶标图案

9.5.4 脉冲热源 pulsed heat source

用于对被测物施加短时间、高能量单次或周期性热激励的装置。脉冲热源通常采用强激光脉冲，通过强激光脉冲的照射将高能流密度在短时间内作用在被测物体上，用作红外探测器性能的测试靶标。脉冲热源可用于测量红外探测装置的时间响应性能或时间灵敏度。

9.5.5 温度标定 temperature calibration

利用黑体参考源对热像仪或热探测器进行温度标定的方法或过程。黑体参考源是一个标准的温度辐射源，可用其辐射的温度对热成像系统的温度测量结果进行正确性修正和标定。

9.5.6 背景辐射 background radiation

由红外传感装置接收到的，非被检测目标所发射的全部辐射。背景辐射是除了目标辐射以外的所有辐射，当其与目标的温差小于和等于最小可分辨温差时或最小可探测温差时，将使目标像消失或难以辨清。

9.5.7 红外热像法 infrared thermography

采用红外热成像方法，显示被测物体辐射通量的变化 (实际温度或发射率引起的变化，或两者共同引起的变化) 来进行无损检测的方法。红外热像法分别有被动式热像检测和主动式热像检测两大类方法。其具有非接触、无损伤、检测速度快等优点。

9.5.8   被动式热像检测 passive thermographic testing

通过探测物体自身辐射通量分布而进行检测的一种红外热像法。被动式热像检测的目标事项通常是自身辐射比较强的 (如光源、钢水、扎钢板等)，或检测的目标事项是与背景温差比较大 (如电器开关接触不良电阻大发热、电机异常发热等) 的事项。

9.5.9   主动式热像检测 active thermographic testing

通过施加激励措施，使被检测物的检测要素升温，探测物体受激励后辐射通量分布的变化而进行检测的一种红外热像法。例如，利用被检测对象经激励后产生的温度分布，用热像仪来发现温度不一致的空穴或杂质等缺陷的存在。

9.5.10   同侧检测 same-side homographic testing

在主动式热像检测中，对被测物体的热激励和探测在被测物体的同一侧面进行的方式。

9.5.11   对面检测 opposite-side homographic testing

在主动式热像检测中，对被测物体的热激励和探测分别在被测物体检测表面相对的两个侧面进行的方式。

9.5.12   热波检测 thermal wave testing

利用已知变化温度场在介质中的传输及其与介质的相互作用规律，通过控制热激励并测量材料表面的温度场变化，获取材料均匀性信息以及其表面下的结构信息 (例如材料内部的裂纹、杂质等缺陷)，而达到检测目的的一种红外热像法。热波检测的热波源种类主要有脉冲热波、锁相热波、超声热波、雷达热波等。

9.5.13   脉冲热像法 pulsed thermography

利用脉冲热源激励进行检测的一种红外热像法。脉冲热像法是一种工业生产中使用的主动式温度注入的热成像的热波无损检测方法。

9.5.14   脉冲相位热像法 pulsed phase thermography

对脉冲热像法采集到的热图序列，采用傅里叶变换提取不同频率热波成分的幅值与相位信息，进行图像显示和分析的一种红外热像法。

9.5.15 锁相热像法 phase-locked thermography

采用周期性热激励和锁相原理对热图序列进行处理的一种红外热像法。锁相热像法可利用相位与缺陷的深度关系进行缺陷检测，也可用于对材料的疲劳性等进行检测。

9.5.16 振动热像法 vibration thermography

用振动激励进行检测的一种红外热像法。振动热像法是对被检对象施加低振幅的变频振动激励作用，例如，作用层合材料来检测其层间贴合是否完好 (即检查是否有脱层)，脱层的部位将会有一个自然频率，在施加频率变到脱层频率时，将会发生共振，共振部位温度将显著增高，由此发现脱层缺陷的一种热成像无损检测方法。

9.5.17 超声热像法 ultrasonic thermography

利用超声波激励进行检测的一种红外热像法。超声热像法的振动激励源为超声波，通过超声波在被检对象中传播遇到裂痕、杂质等缺陷而衰减发热升温，形成缺陷与均质体的温度差别，由此来发现缺陷的一种热成像无损检测方法。

9.5.18 阶梯热像法 step heating thermography

利用阶梯式热激励进行检测的一种红外热像法。阶梯热像法的热激励过程是通过不断提高激励激光脉冲的能量来形成激励的热梯度。阶梯热像法的阶梯激励方式，对导热速率小、厚度较大的材料的无损检测效果比较好。

9.5.19 热激励装置 thermal exciting device

在红外检测中，用于对被测物加热以激发被测物内部缺陷的可控制热激励系统。一般由加热装置、能源提供装置和控制装置及软件构成。常见的激励方式有闪光灯、超声、激光、热风、电流或其他形式。

9.5.20 一阶对数微分 first order logarithmic derivative

脉冲热激励前后温度差值的自然对数相对于时间自然对数的变化率。一阶对数微分所表达的是脉冲热激励温差的速度。

9.5.21 二阶对数微分 second order logarithmic derivative

一阶对数微分对于时间自然对数的变化率。二阶对数微分所表达的是脉冲热激励温差的加速度。

9.5.22 温度–时间对数曲线 logarithmic temperature-time plot

Y 轴为脉冲热激励前后温度差值的自然对数 (Y 轴也可为辐射亮度差值的自然对数)，X 轴为时间自然对数的曲线。$t = 0$ 是闪光灯触发时刻。

9.5.23 热异常区域 thermal abnormal region

检测人员根据对被测物体的材料、结构等的分析，在热图中判定的与预期的辐射亮度分布或变化存在差异的区域。

9.5.24 宽深比 aspect ratio

缺陷的宽度与深度的比值。也有采用深宽比表达的，其值为缺陷的深度与宽度的比。宽深比或深宽比是缺陷影响在正交维度上的相对关系。

9.5.25 非均匀性校正 nonuniformity correct(NUC)

对于焦平面阵列探测器热成像系统，用于补偿探测器单元响应、光学系统成像和电路处理等不均匀性因素而进行的校正方法或过程。

对于探测器的非均匀性是采用电子信号处理或图像处理方式改善不同像元的非均匀性，技术措施通常采用对均匀背景进行器件的非均匀性校正，或者说是基于均匀背景的非均匀性校正。

9.5.26 抗反射处理 antireflection process

对被测物体表面所做的，降低其表面红外反射率和提高其表面红外发射率的处理过程。

9.5.27 采集频率 acquisition frequency

根据被测物体材料的热特性而设定的热成像系统单位时间采集图像的帧数。热像仪的采集频率一般为9Hz~60Hz，同样的探测器像素，采集频率越高，显示越准确、图像连续性越好。

9.5.28 采集时间 acquisition time

根据待测物体的热特性及后期数据处理精度等因素而设定的热成像系统完成一次测试热图序列采集的总时间。

9.5.29 分区 section planning

由于热成像系统视场限制，对大尺寸物体检测时所进行的区域划分。分区可用于指导拆分热像图的拍摄和以后的热图拼接。

9.5.30 分区标记 section planning mark

对大尺寸物体检测时所进行的区域划分的标记，也称为匹配标记 (matching mark)。分区标记可用自然数的顺序数字作为分区热图的拍摄和拼接的标记，也可用表达矩阵的行和列的数字作为分区热图的拍摄和拼接的标记。

第 10 章　太赫兹术语及概念

本章的太赫兹术语及概念主要包括基本原理、性能与参数、元器件与材料、仪器与应用共四个方面的术语及概念。基本原理部分包括太赫兹波相关的物理概念、太赫兹波与物质的相互作用，以及太赫兹波的产生、传输、探测等基础性的术语及概念；性能与参数部分包括太赫兹波功率、能量、宽带、吸收、相干、匹配、分辨率等特性及参数的术语及概念；元器件与材料部分包括太赫兹波产生、传输和探测的元器件以及相关材料的术语及概念；仪器与应用部分包括太赫兹波领域的常用仪器，以及太赫兹波谱、太赫兹成像、太赫兹通信等应用方面的术语及概念。太赫兹领域有些基础性的技术尽管源于激光技术和光电器件技术等，但它们也是太赫兹的主要技术，因此在太赫兹的术语及概念中也纳入进来，在概念上重点是突出太赫兹有关的技术特点和应用特色。本章中的石墨烯、碲化锌、低温砷化镓、超介质材料、光子带隙材料、聚乙烯等术语是具有多种专业通用性的术语，在本章中对这些通用性术语的定义或概念只是从太赫兹应用的角度来写的，不按它们的本质内涵来描述，因为它们不是归属于太赫兹领域专有的术语。

10.1　基 本 原 理

10.1.1　连续太赫兹波 continuous terahertz wave

以连续或持续一个时间段的方式输出、有稳定工作状态的太赫兹波。连续太赫兹波辐射的作用具有时间的不间断性或时间持续性的特点。

10.1.2　脉冲太赫兹波 pulse terahertz wave

以单脉冲或序列脉冲形式，每间隔一定时间输出的太赫兹波。脉冲太赫兹波辐射的作用具有时间间隔的间断性特点。

10.1.3　宽带太赫兹波 broadband terahertz wave

包含了较宽的太赫兹频谱成分在内的太赫兹辐射。宽带太赫兹波一般为宽脉冲太赫兹波，多采用光学方法由激光激发产生。例如，频率范围为 0.2THz~7 THz 的宽带太赫兹波。

10.1.4　窄带太赫兹波 narrow band terahertz wave

只包含较窄线宽的太赫兹频谱成分在内的太赫兹辐射。窄带太赫兹波多为连续太赫兹波。例如频率范围为 0.22THz~0.35 THz 的太赫兹波是窄带太赫兹波。"宽带太赫兹波"和"窄带太赫兹波"的"宽带"和"窄带"目前还是一个相对概念 (尤其是在两者靠近的区域)，在某场合或某技术中属于窄带太赫兹波，而在另外的场合中有可能又是宽带太赫兹波，因此当前还很难给出两者频率范围明确的界限。

10.1.5　相干太赫兹检测 coherent terahertz detection

采用超外差结构系统，先将太赫兹信号变换到较低频率的微波、毫米波频段，再提取信号的幅度和相位的太赫兹检测技术或方法。由于采用了变频方式，相干太赫兹检测系统较为复杂，需要混频器等元器件。

10.1.6　非相干太赫兹检测 incoherent terahertz detection

应用检波器将检波信号直接转化为电流或电压信号，得到被测太赫兹信号的幅度信息的太赫兹检测技术或方法，又称为太赫兹信号直接检测。

10.1.7　傅里叶变换极限脉冲 Fourier transform limited pulse

任意一个脉冲的时域包络强度的半高宽与它的傅里叶变换光谱的半高宽的乘积 (时间带宽积) 必须不小于一个常数，这个常数随脉冲形状不同而不同 (高斯脉冲 0.414，双曲正割脉冲 0.315)，且当脉冲的相位因子是常数最小时的脉冲。

10.1.8　零面积脉冲 zero-area pulse

入射光场相对于时间积分为零的激光脉冲。零面积脉冲具有对基线对称的特点，零面积双脉冲的波形见图 10-1 所示。

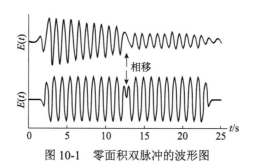

图 10-1　零面积双脉冲的波形图

10.1.9　啁啾脉冲 chirped pulse

太赫兹频率随时间变化的脉冲。随时间增加，如果太赫兹波从频率上先看到低频波后看到高频波为正啁啾，即上升的前沿是低频，下降的后沿是高频。反之为负啁啾，负啁啾的脉冲波形见图 10-2 所示。

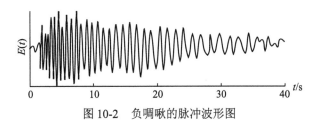

图 10-2 　 负啁啾的脉冲波形图

10.1.10 非相干太赫兹热辐射源 incoherent terahertz thermal radiation source

在热平衡的情况下将热能转换为太赫兹辐射能，产生连续的太赫兹波谱的热辐射源。这类太赫兹辐射源产生的太赫兹波功率较低，应用较为局限。

10.1.11 太赫兹热电子发射 thermionic emission of terahertz wave

当金属的温度升高时，金属中电子的动能随之增大，动能超过其逸出功的电子数逐渐增加，当金属温度升高到一定值，大量电子从金属中逸出，使金属辐射出太赫兹波的现象。热电子发射在无线电技术中有广泛的应用，各种电子管和电子射线管都是利用热电子发射来产生电子束的。

10.1.12 光混频 photomixing

〈太赫兹〉两束或两束以上不同频率的单色强光同时入射到非线性介质后，通过介质的二次或更高次非线性电极化系数的耦合，产生太赫兹波段的光学和频或光学差频光波的现象。

10.1.13 非线性差频技术 nonlinear difference frequency technique

〈太赫兹〉利用两束频率接近的高功率光束与非线性晶体相互作用，通过二阶非线性效应产生频率为两抽运光之差的太赫兹辐射。

10.1.14 太赫兹波差频产生 difference frequency generation of terahertz wave

利用非线性光学频率变换的方法，获得辐射出频率为各入射光频率之差的太赫兹辐射的过程。将两束频率不同的光 ω_1 和 ω_2 射入非线性晶体中，和非线性晶体进行作用形成差频，从而产生频率为 ω_T 的太赫兹波，$\omega_T = \omega_1 - \omega_2$，其原理见图 10-3 所示。太赫兹波差频产生 (difference frequency generation, DFG) 属于非线性频率变换的下变频产生太赫兹波的模式，即以低于入射波的频率输出太赫兹波。

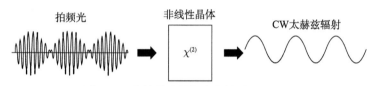

图 10-3 太赫兹波差频产生的原理示意图

10.1.15 太赫兹波产生电子学方法 electronic method of terahertz wave generation

利用某些电子学的技术手段导致太赫兹波产生的机制。电子学的太赫兹波产生方法主要有微波倍频产生的方法、激励偏置光电导天线产生的方法、高速电子产生的方法、周期性波动电子束产生的方法、两能级量子系统产生的方法等。两能级量子系统主要是通过两能级量子系统的粒子数反转产生太赫兹波，技术途径是太赫兹激光器，主要有 Far-IR(远红外) 气体激光器、p 型锗激光器、量子级联激光器等。

10.1.16 太赫兹波微波倍频产生 microwave frequency doubling generation of terahertz wave

利用二极管的强非线性电流-电压特性，将入射微波信号的频率提高一倍，转换为太赫兹波的方法或过程，其原理见图 10-4 所示。太赫兹波微波倍频产生属于非线性频率变换的上变频产生太赫兹波的模式，即以高于入射波的频率输出太赫兹波，产生的是连续太赫兹辐射。

图 10-4 太赫兹波微波倍频产生的原理示意图

10.1.17 太赫兹波产生光子学方法 photonic method of terahertz wave generation

将红外辐射或者可见光通过某些技术手段向太赫兹波段进行转换的一种太赫兹波产生的机制。太赫兹波产生光子学方法有飞秒激光脉冲作用二阶非线性晶体的光整流方法、拍频光作用二阶非线性晶体的差频方法等。

10.1.18 太赫兹波光整流产生 optical rectification generation of terahertz wave

将宽频带 (带宽约为 10THz) 的飞秒激光脉冲射入非线性晶体，非线性晶体对飞秒激光脉冲进行光整流，形成脉冲形状类似于光脉冲包络的宽带太赫兹脉冲波的方法或过程。其原理是利用了非线性的光整流效应，使两个光束或者一个高强度的单色光束在介质中传播时产生差频或和频振荡，特点是可实现太赫兹超宽带输出，但输出能量相对较低，其原理见图 10-5 所示。太赫兹波光整流产生属于非线性频率变换的下变频产生太赫兹波的模式，产生的是宽带太赫兹辐射。

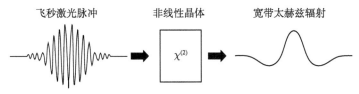

图 10-5　太赫兹波光整流产生的原理示意图

10.1.19　太赫兹波光电导天线产生 photoconductive antenna generation of terahertz wave

利用光照射光电导天线 (PC 天线)，PC(光电导) 天线由沉积在半导体基底上的两个金属电极构成，照射到电极空隙的光束导致自由载流子产生，再由静态偏置场加速自由载流子运动，对应入射光束强度大小的光电流随时间变化，而导致太赫兹波产生的方法或过程。其主要机理是光导天线在光脉冲的照射下产生载流子并在电场作用下加速运动，在表面产生瞬态电流，进而辐射太赫兹电磁波。太赫兹波光电导天线产生有飞秒激光脉冲作用 PC 天线的产生方式、拍频光作用 PC 天线的产生方式等，其原理分别见图 10-6 和图 10-7 所示，其特点是具有较高的输出能量。太赫兹波的飞秒激光脉冲 PC 天线产生和拍频光 PC 天线产生属于加速的电荷和时变的电流产生太赫兹波的模式。飞秒激光脉冲 PC 天线方式形成瞬时光导形状，产生的是宽带脉冲太赫兹辐射；拍频光 PC 天线产生方式在拍频处产生连续太赫兹辐射。

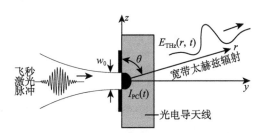

图 10-6　太赫兹波飞秒激光脉冲 PC 天线产生的原理示意图

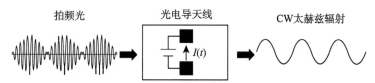

图 10-7　太赫兹波拍频光 PC 天线产生的原理示意图

10.1.20　太赫兹波高速自由电子产生 high speed free electron generation of terahertz wave

利用电子加速器将电子加速到某一相对论速度使太赫兹波产生的过程，其原理见图 10-8 所示；或应用反向波振荡器或自由电子激光器对电子束进行周期性加速使太赫兹波产生的方法或过程，其原理见图 10-9 所示。太赫兹相对论速度电子产生的方式是，通过飞秒激光作用电子形成电子束团，电子束团在电子加速器中做圆周运动，通过瞬态电子的加速产生太赫兹波。反向波振荡器 (backward wave oscillator, BWO) 或自由电子激光器 (free-electron laser, FEL) 的太赫兹波产生机理是相似的，都是采用周期性结构使电子束波动，BWO 有一个金属栅，FEL 由一个磁体阵列组成。

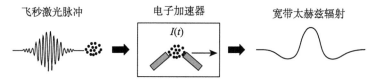

图 10-8　太赫兹相对论速度电子产生的原理示意图

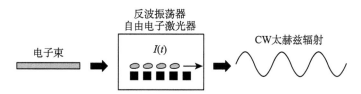

图 10-9　太赫兹波周期加速电子产生的原理示意图

10.1.21　太赫兹波激光器产生 laser generation of terahertz wave

利用 Far-IR 气体激光器或 p 型锗激光器或量子级联激光器产生太赫兹波的方法或过程，其原理见图 10-10 所示。产生太赫兹波的激光器可以是 Far-IR 气体激光器或 p 型锗激光器或量子级联激光器。Far-IR 气体激光器利用分子旋转能级，其跃迁频率落入太赫兹频谱范围来产生太赫兹波；p 型锗激光器为电泵浦固态激光器，其浸入正交电磁场的热载流子形成两个朗道能级 (电子在磁场中做回旋运动的能级), 由两个朗道能级的粒子数反转来产生太赫兹波; 量子级联激光器 (quantum cascade laser, QCL) 是半导体异质结构激光器, 由不同的半导体层周期性交替组成, 这些半导体纳米结构亚带之间的跃迁产生太赫兹波。

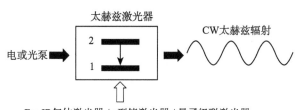

图 10-10　太赫兹波激光器产生的原理示意图

10.1.22　空气等离子体太赫兹波产生 terahertz wave generation in air plasma

利用飞秒激光将空气电离, 使其产生空气等离子体, 由空气等离子体的三阶非线性效应使太赫兹波产生的过程。

10.1.23　太赫兹参量振荡方法 terahertz parametric oscillation method

利用光学非线性效应及参量振荡理论得到太赫兹波的方法。例如, 让两束光通过非线性晶体 (非中心对称晶体), 经过二阶非线性光学处理而产生差频的太赫兹波。

10.1.24　相对论电子束太赫兹波产生 relativistic electron beam terahertz wave generation

用亚皮秒激光激励半导体, 使半导体产生光生电子, 加速这些电子致其逸出半导体到自由空间中, 而后再被加速到接近光速时, 产生太赫兹辐射的方法或过程。相对论电子束太赫兹波产生是通过将电子束加速到接近光速来产生太赫兹波的机制。

10.1.25　等离子体波尾场太赫兹波产生 terahertz wave generation of plasma wave tail field

利用一横向磁场将强脉冲电子束或强脉冲激光对等离子体激励的强等离子体波 (不能辐射出去的静电波) 转换为非常模式波 (可辐射出去的波) 来产生太赫兹波的方法或过程。这种辐射实际上是一种等离子体波尾场的切连科夫 (或契伦科夫) 辐射, 可基于这种原理产生太赫兹辐射。

10.1.26　真空电子切连科夫尾场辐射太赫兹波产生 vacuum electron terahertz wave generation of Cherenkov tail field radiation

用脉冲激光辐照真空电子束, 激起尾场很强等离子体波, 使受激发的真空电子等离子体波通过一种加载的波导或其他介质, 其中的电磁波相速小于电子束传播速度时而产生太赫兹波的机制。切连科夫尾场辐射产生太赫兹波的功率可达毫瓦量级。

10.1.27 太赫兹波混频产生 terahertz wave mixing generation

对一支波长为 λ_1(例如 800nm) 的强脉冲激光束进行分束，使分束中的一支激光束通过二阶非线性晶体 (如 BBO 等) 产生倍频成为波长为 λ_2(例如 400nm) 的激光束，再使分束的另一支波长为 λ_1(例如 800nm) 的激光束与倍频生成的波长为 λ_2(例如 400nm) 的激光束非共束聚焦交汇在电离介质中进行相互作用，在实现相位匹配后，产生振荡频率在太赫兹频率范围的太赫兹波脉冲的三阶非线性过程。这个现象是多个频率的激光束混频后的频率下转化现象，此过程的必要条件是混频介质 (如空气等离子体) 的三阶非线性极化强度较大。通常各向同性的气体、液体等介质，其电离后的介质的三阶非线性系数较大，而各向异性的介质三阶非线性系数较小。三阶非线性极化强度较大的电离介质可由强激光束聚焦作用各向同性介质形成，也可采用其他方式作用极化形成。

10.1.28 太赫兹光整流 terahertz optical rectification

利用亚皮秒脉冲激光照射非线性介质，将一个脉冲光束分解成一系列单色光束的叠加并在非线性介质中发生混合，由差频振荡效应产生一个低频振荡的时变电极化场而辐射出太赫兹波的技术。由于辐射出的电磁波的频率上限与入射激光的脉宽有关，如果入射激光的脉宽在亚皮秒量级，则辐射出的电磁波的上限就会在太赫兹量级。

10.1.29 微波倍频 microwave frequency multiplication

将微波合成器的输出 (10GHz~100 GHz) 作为种子信号，输入肖特基势垒二极管进行倍频产生太赫兹波的技术。利用乘法器可实现倍频功能，同时也带来直流分量。

10.1.30 铌酸锂斜光脉冲 tilted optical pulses in lithium niobate

用倾斜光泵浦脉冲照射铌酸锂 (LiNbO$_3$) 晶体，操控太赫兹辐射的方向与切连科夫锥垂直，使泵浦激光脉冲的群速度和产生的太赫兹波的相速度相匹配，从而产生高质量太赫兹波的方法。

10.1.31 光学参量放大 optical parametric amplification(OPA)

在非线性晶体中，由于激光与晶体的参量效应，低频信号光从高频泵浦光吸取能量而得到放大的技术。当一束高功率激光入射非线性晶体，能在两个较低频率上具有增益，由此放大相应频率的光束。当相位匹配条件得到满足时增益最大。

如果入射非线性晶体一束光束，其光强将被放大，同时在没有光束入射的频率产生相干光，这个技术就是光学参量放大技术。

10.1.32 泡克耳斯效应 Pockels effect

〈太赫兹〉在恒定或太赫兹脉冲交变电场作用下，光学介质产生双折射的效应。泡克耳斯效应中的介质折射率变化是一种线性光电效应，介质折射率改变与所加电场的大小成正比。太赫兹领域应用泡克耳斯效应可对太赫兹辐射的某些参数进行采样。

10.1.33 电光采样 electro-optic sampling

线偏振的探测激光与太赫兹波共线入射到电光晶体上，太赫兹脉冲电场作用于电光晶体产生泡克耳斯效应，从而调制探测激光束的偏振态，被调制的椭圆偏振激光束经过一个 $\lambda/4$ 波片和分光棱镜 (常用沃拉斯顿棱镜) 分成两束光，分别入射到光电探测器中，通过测量两束光引起的电流或电压差计算出待测太赫兹波的电场强度的采样方法。

10.1.34 空气偏压相干探测 air biased coherent detection

一种利用空气等离子体的三阶非线性效应相干探测太赫兹波特性参数的方法。在偏置电压作用下，空气不再保持空间对称性，它在太赫兹脉冲和飞秒脉冲作用时会产生二倍频光。改变太赫兹脉冲和红外脉冲的延迟，二倍频光强度会受到调制，其调制幅度正比于太赫兹时域电场强度。

10.1.35 瞬态吸收 transient absorption

一种吸收光谱时间分辨的技术。用一束单色脉冲光泵浦样品，将分子或原子能级从基态提升到激发态，同时用另一束宽带白光或者单色脉冲光束照射样品，探测样品在被脉冲光激发过程中光吸收随时间发生的变化。

10.1.36 表面等离子体共振 surface-plasma-resonance(SPR)

〈太赫兹〉太赫兹波在棱镜中发生全反射现象时，会形成倏逝波进入到光疏介质中，而在介质中又存在一定的等离子体振荡，出现倏逝波与表面等离子体振荡发生共振的现象。倏逝波与表面等离子体发生共振时，能量从光子转移到表面等离子体，入射光的大部分能量被表面等离子体振荡吸收，使反射光的能量急剧减少，从而检测到的反射光强会大幅度地减弱的现象。

10.1.37 太赫兹极化声子 terahertz polarization phonon

由晶格振动的声子与电磁场中的光子相互耦合形成的一种极化激元波。使用飞秒激光入射在铁电晶体铌酸锂中，通过光学非线性效应可产生极化声子，其频率位于太赫兹波段。

10.1.38　标准具效应 etalon effect

太赫兹波在平行物品前后表面发生多次反射形成多波束相干涉所产生的干涉效应。标准具效应是基于法-珀干涉仪原理构建的，标准具产生的干涉条纹非常细。

10.1.39　电光检测 electro-optic detection

通过改变探测脉冲和太赫兹脉冲之间的时间关系，利用探测脉冲的偏振变化将太赫兹辐射的时间波形描述出来的方法。电光检测可以看作光整流的逆过程。

10.1.40　太赫兹速率 terahertz rate

用飞秒脉冲光学激光器和光电导天线产生太赫兹辐射，辐射能量中反映飞秒激光脉冲持续时间的频率分量。用飞秒脉冲光学激光器作用于光电导体紧密间隔的电极，使电极之间产生载流子，然后施加电场加速载流子产生电流浪涌，将电流浪涌耦合到无线射频天线辐射无线射频，辐射能量具有能够反映脉冲持续时间的频率分量，这一频率分量被称为太赫兹速率。

10.1.41　非电离性 non-ionizing

由于脉冲太赫兹技术产生的平均功率不会在所研究的材料中引起化学变化或相变，使得太赫兹波可用于基于光谱学和成像技术的非侵入性和非破坏性检查的性质。

10.1.42　太赫兹辐射透射 terahertz radiation transmission

太赫兹辐射照射在材料上，如纸板、纸张、干木、各种涂料、塑料和陶瓷等材料，在材料的出射端能探测到规定能量及以上的太赫兹辐射的现象。在材料的出射端能探测到的出射太赫兹辐射能量越大，说明太赫兹辐射对该材料的透射能力越强，反之亦然。

10.1.43　太赫兹辐射反射 terahertz radiation reflection

太赫兹辐射照射在材料上，如水、金属等材料，在材料的入射端能探测到规定能量及以上的太赫兹辐射的现象。在材料的入射端能探测到的反射太赫兹辐射能量越大，说明该材料对太赫兹辐射的反射能力越强，反之亦然。

10.1.44　太赫兹辐射吸收 terahertz radiation absorption

太赫兹辐射照射在材料上，如水、金属等材料，在材料的入射端和出射端探测到的反射能量和透射能量之和小于入射能量的现象。在材料的入射端和出射端探测到的反射和出射太赫兹辐射能量和比入射能量越小，说明太赫兹辐射对该材料的吸收能力越强，当反射和出射的太赫兹辐射接近入射太赫兹辐射时，说明该材料对太赫兹的吸收很小。

10.1.45 热电子效应 thermoelectric effect

自由电子吸收较长波长辐射使电子平衡温度变化而导致电子迁移率发生变化的现象。自由电子吸收太赫兹波辐射能量后，电子-电子相互作用的时间变短，使载流子在晶格以上温度达到新的热平衡，电子平衡温度的这种变化会改变电子迁移率。

10.1.46 超快泡克耳斯效应 ultra-fast Pockels effect

太赫兹光束被收集并聚焦到电光采样检测晶体上，在该晶体上引起瞬时双折射的效应。以近红外光束探测该晶体，用偏振分离棱镜和两个平衡的光电二极管来测量探测光束的椭圆率，可以通过在泵浦光束中放置声光调制器并使用锁定方法来测量光电二极管信号 (或者可以通过测量光电二极管信号) 来获得时域中太赫兹脉冲的电场。

10.1.47 太赫兹成像 terahertz imaging

利用太赫兹成像系统记录样品的太赫兹透射谱或反射谱信息 (包括振幅和/或相位信息)，再进行分析和处理，最后得到样品太赫兹图像的方法。

10.1.48 吸收损耗 absorption loss

〈太赫兹〉太赫兹波传播介质的强导电性而导致的太赫兹波的衰减。例如，太赫兹波容易穿过塑料，但太赫兹波进入水气和水中就衰减严重，或难以穿过。

10.1.49 变频损耗 frequency conversion loss

采用变频机制产生太赫兹波的输出功率少于输入功率的部分。当进行频率变换时，混频器输出信号功率与输入信号功率之比值是衡量太赫兹混频器优劣的重要指标，这个比值越小，变频损耗越大，反之亦然。

10.1.50 同步辐射 synchrotron radiation

速度接近光速的带电粒子在磁场中沿弧形轨道运动时放出的电磁辐射，也称为同步加速器辐射。同步加速器上产生的辐射波段很宽，可以产生太赫兹辐射，辐射的能量可达到百微焦量级。

10.1.51 被放大的自发辐射 amplified spontaneous emission(ASE)

自发辐射所产生的光在增益介质中被受激辐射过程所放大的辐射。在激光场中，它是固有的。放大的自发辐射谱线比自发辐射的谱线窄。

10.2　性能与参数

10.2.1　太赫兹平均辐射功率 average terahertz radiation power

一秒 (s) 时间在一平方米 (m^2) 面积上通过的太赫兹波总辐射能量 (J)。一秒 (s) 时间在一平方米 (m^2) 面积上通过一焦耳 (J) 太赫兹能量为 1W 太赫兹平均辐射功率。

10.2.2　光电导率 optical conductivity

半导体吸收光辐射形成非平衡载流子 (光生载流子)，载流子浓度的增大使其电导率增大所引起的附加电导率。

10.2.3　复介电常数 complex permittivity

考虑了介电损耗的介电常数。复介电常数的实部由材料内部的各种位移极化引起，代表着材料的储能项；虚部由材料内部的各种转向极化跟不上外高频电场变化而引起的各种弛豫极化所致，代表着材料的损耗项。

10.2.4　光子能量 photon energy

〈太赫兹〉由太赫兹波光子频率乘以普朗克常数所得的光子能量，也称为太赫兹光子能量。太赫兹波光子能量的数量级大约为毫电子伏特，频率为 1THz 的光子能量为 4.14meV，约为 X 射线光子能量的百万分之一。

10.2.5　带宽范围 bandwidth range

一种光谱辐射所包含的光谱最高频率与最低频率之差。太赫兹波段的带宽范围为 0.1THz~10THz，对应的波长范围为 3mm~30μm。

10.2.6　中心频率 center frequency

在光谱频率范围内中间的频率。太赫兹波典型的中心频率为 1THz，太赫兹波的波段范围为 0.1THz~10THz。

10.2.7　带宽比 bandwidth ratio

脉冲信号绝对带宽与中心频率之比，用百分比来表示，按公式 (10-1) 计算：

$$B = \frac{2(f_H - f_L)}{f_H + f_L} \times 100\% \tag{10-1}$$

式中：B 为带宽比；f_H 为脉冲信号最高频率，单位为 THz；f_L 为脉冲信号最低频率，单位为 THz。一般地，$B \leqslant 1\%$ 的信号脉冲称为窄带信号脉冲；$B \geqslant 25\%$ 的信号脉冲称为超宽带信号脉冲；介于上述两者之间称为宽带信号脉冲。

10.2.8　功率转换效率 power conversion efficiency

输出的功率与输入的功率之比。太赫兹波的功率转换效率取决于非线性系数和相位匹配条件。

10.2.9　峰值功率 peak power

〈太赫兹〉太赫兹波光信号在时域或空域中的最大功率。太赫兹源的特点是峰值功率高，最高可达兆瓦量级。

10.2.10　脉冲宽度 pulse width

太赫兹波脉冲的持续时间长度。太赫兹波的脉冲宽度很短，一般在皮秒量级。脉冲宽度有两种表达方式，一种是脉冲上升和下降到它的 50% 峰值功率点之间的间隔时间，另一种是脉冲上升和下降到它的 10% 峰值功率点之间的间隔时间。

10.2.11　图像空间分辨率 image spatial resolution

〈太赫兹〉太赫兹图像上能够详细区分的细节尺寸或能区分开的最小间隔尺寸。太赫兹图像空间分辨率是太赫兹成像的重要技术参数。与微波相比，太赫兹较短的波长使之具有更高的空间分辨率，并表现出更强的方向性，有利于波束赋形技术的实现。

10.2.12　信噪比 signal-to-noise ratio

〈太赫兹〉太赫兹辐射的信号强度与同时发出的噪声强度之比。目前，太赫兹辐射强度测量的信噪比可以大于 10^{10}，远高于傅里叶变换红外光谱技术，而且其稳定性更好。由于太赫兹时域频谱信噪比很高，所以非常适用于成像应用。

10.2.13　噪声等效功率 noise equivalent power

〈太赫兹〉信噪比为 1 时所需的入射太赫兹波辐射功率。这相当于投射到微测辐射热计上的太赫兹波辐射功率所产生的输出电压正好等于微测辐射热计自身的噪声电压，这个辐射功率叫做噪声等效功率。

10.2.14　隔离度 isolation

〈太赫兹〉信号从一个端口泄漏到其他端口的功率与信号原有功率之比。表征的是一个具有一定频率和一定功率的信号从一个端口泄漏到另一个端口的程度，泄漏是不期望的。隔离度是太赫兹混频器的重要特征。

10.2.15　散射参数 scattering parameter

〈太赫兹〉描述太赫兹网络的反射、阻抗、衰减等量值。太赫兹散射参数概念与微波网络理论的相同，为同类的概念。

10.2.16　消光系数 extinction coefficient

〈太赫兹〉规定溶液对太赫兹辐射的吸收值。消光系数是太赫兹光谱中的光学参数。被测溶液浓度高，溶液显色后颜色深，对光吸收大，光透射率低，消光系数就大，反之，消光系数就小。

10.2.17　吸收系数 absorption coefficient

〈太赫兹〉表达介质对太赫兹辐射传播的强度随传播距离 (穿透深度) 增加而逐渐衰减性质的特定常数值，用符号 α 表示。光的吸收遵循比尔-朗伯定律 (Beer-Lambert law)，吸收系数是表达介质特定光学性质的一个常数。太赫兹的吸收系数是定律中的一个常数，被称为介质对该单色太赫兹辐射的吸收系数。

10.2.18　切连科夫角度 Cherenkov angle

光入射产生的太赫兹辐射和泵浦激光在铌酸锂晶体内所成的夹角，用符号 θ_c 表示。一种切连科夫角辐射的类似为超音速物体的音爆：如果物体或者是声波源比声波传输更快，塌陷波在锥形体内形成一个冲击波前，冲击波以与物体轨迹呈常数角度 θ_c 发射，常数角度满足 $cos\theta_c = v_{波}/v_{物体}$。

10.2.19　切连科夫锥 Cherenkov cone

介质中的粒子在其运动路径上的各点所激发的圆锥形电磁场包络面。透明介质中带电粒子的运动速度大于介质中的光速时就会产生切连科夫辐射波，形成明显的辐射光锥，这个光锥是由向外辐射的波面构成，切连科夫辐射波射出的方向垂直于光锥面，光锥的尖头为带电粒子的运动方向。

10.2.20　古依相移 Guoy phase shift

会聚波经过其焦点时产生的轴向相位延迟。光线传播方向上的古依相移以相位角表示，按公式 (10-2) 计算。

$$\varphi(Z) = \arctan\left(\frac{Z}{Z_0}\right) \tag{10-2}$$

式中：$\varphi(Z)$ 为古依相移的相位角；Z 为传播距离，单位为 m；Z_0 为瑞利长度，单位为 m。$Z = 0$ 处为聚焦面所在位置。

10.2.21　远场范围 far-field range

以场源为中心的半径为三个波长之外的空间范围。在光导天线中，远场范围为距离光电导天线 10 个太赫兹波长以外的光场范围。

10.2.22 碲化锌晶体折射率 refractive index of ZnTe crystal

按公式 (10-3) 计算获得的折射率:

$$n(\lambda) = \sqrt{4.27 + \frac{3.01\lambda^2}{\lambda^2 - 0.142}} \tag{10-3}$$

式中: $n(\lambda)$ 为碲化锌晶体对波长为 λ 的电磁波的折射率; λ 为电磁波的波长, 单位为 μm。碲化锌晶体是一种常用的产生太赫兹波的非线性晶体材料。

10.2.23 相位匹配条件 phase matching condition

〈太赫兹〉基频光在晶体中沿途各点激发的倍频光传播到出射面时具有相同的相位, 可相互干涉增强的条件。在太赫兹波产生中, 如果不同晶体长度处产生的太赫兹波可以实现相干叠加, 差频功率能够随晶体长度的增大而逐渐积累, 差频过程能够在可能发生的非线性过程中占据优势, 那么这样的过程就满足了差频相位匹配条件。此条件直接决定非线性差频转换效率。

10.2.24 抽运光线宽匹配 pumping light width matching

在差频输出太赫兹波过程中, 为提高差频转换效率, 抽运光线宽要与晶体在该波长附近的相位匹配带宽相配合的状态。这样的匹配能够保证单频太赫兹波的输出功率和线宽。

10.2.25 瞬态性 transient nature

太赫兹脉冲的脉宽极窄 (典型值在皮秒量级), 便于对诸如半导体、超导体、生物样品、液体样品等各种材料进行时间分辨研究, 结合取样测量技术能有效抑制背景辐射噪声干扰的特有性质。

10.2.26 宽带性 broadband

太赫兹脉冲所含频率范围的性质。太赫兹脉冲源通常只包含若干个周期的电磁振荡, 单个脉冲的频带可以覆盖从 GHz 至几十 THz 的范围, 便于在大的范围里分析物质的光谱性质。

10.2.27 相干性 coherence

〈太赫兹〉两束太赫兹波的两点光振动之间能实现振幅相互叠加的关联性质。太赫兹波的相干性源于其产生机制。相干性有时间相干性与空间相干性, 时间相干性与辐射波的线宽有关, 而空间相干性则与辐射波源的尺寸有关, 发光面积越小, 辐射波源的空间相干性就越好, 而单色性越高, 则辐射波源的时间相干性越好。太赫兹波是由相干电流驱动的偶极子振荡产生, 或是由相干的激光脉冲通过非线性光学差频效应产生。太赫兹技术的相干测量技术能够直接测量电场振幅和相位，可以方便地提取样品的折射率、吸收系数。

10.2.28 透视性 perspective

太赫兹辐射能穿透材料传播的性质。太赫兹辐射对于很多介电材料和非极性液体有着良好的穿透性，且空气中的灰尘、烟尘对其散射作用远小于可见光和红外光。

10.2.29 安全性 safety

太赫兹波照射物质 (或材料) 时，其光子能量对物质 (或材料) 造成损伤或损坏的性质。太赫兹波的光子能量 (4.14meV) 较低，该能量远低于各种化学键的键能，不会对物质尤其是生物组织引起有害的电离反应。

10.2.30 光谱分辨本领 spectral resolution power

利用物质 (或材料) 的分子对太赫兹波强烈的吸收和色散特性来分辨未知物质的能力。太赫兹波的光谱分辨本领主要是靠应用太赫兹源和太赫兹探测设备，对各种物质的太赫兹波吸收和色散特性模型和曲线的构建来形成。

10.2.31 指纹特性 fingerprint characteristics

利用太赫兹光谱反映分子的种类和结构等特性的性质。物质的太赫兹光谱包含着丰富的分子结构信息。大部分物质晶格的振动以及分子的转动和振动能级之间的跃迁都对应于太赫兹波段范围，每一种物质在该波段透射和吸收光谱的位置、强度和形状均不相同，因此太赫兹光谱能反映分子种类和结构的细微变化，使得它们具有类似指纹一样的唯一特点，所以太赫兹光谱也称为分子指纹谱。

10.2.32 惧水性 fear of water

太赫兹波能被水分子极强地吸收的性质。为了能有效地判断具有不同形态的生物组织，可以利用太赫兹波的这个特性将其检测技术应用于生物组织诊断分析方面。

10.3 元器件与材料

10.3.1 太赫兹源 terahertz source

利用非线性频率变换、加速或时变电流辐射、电子加速等方法产生或发射太赫兹波的装置。太赫兹源主要有基于超快光学、光电导天线、光整流、电子加速器等原理或机制来产生太赫兹的装置。

10.3.2 碳晶灯 globar source

包含一个碳化硅圆柱体,两端装有金属电极帽,整体封装在水冷腔中,腔上有一条狭缝用于输出辐射的装置。碳晶灯在 3THz 以上具有足够的发射率。

10.3.3 本振源 local oscillator

在微波、太赫兹波段转发设备中,提供本振信号和转发信号的部件。本振源就是一个频率源,其核心技术是频率合成技术。

10.3.4 衬底透镜 substrate lens

固定在光电导天线发射器背面,用于准直太赫兹辐射的元件。衬底透镜通常采用等光程超半球设计,用高阻硅制成,其原理结构和实物照见图 10-11 所示。

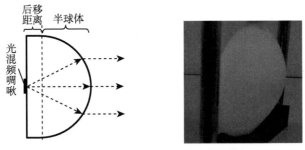

后移距离 半球体

光混频啁啾

图 10-11 衬底透镜原理结构及其实物照

10.3.5 光电导天线 photoconductive antenna (PCA)

利用高速光电导材料作为瞬态电流源向外辐射太赫兹波的装置,也称为 PC 天线。在超快激光激励下光电导材料的载流子浓度增大,在外加偏置电场和内建电场的作用下做加速运动,可作为辐射天线提供瞬态电流源向外辐射太赫兹波。常用的光电导材料有高电阻率的砷化镓 (GaAs)、磷化铟 (InP) 等。

10.3.6 太赫兹相控阵天线 terahertz phased array antenna

通过改变太赫兹控制阵列天线中辐射单元的馈电相位来改变天线方向图形状,以实现改变太赫兹辐射方向的天线。控制相位可以改变天线方向图最大值的指向,以使天线在无机械运动的情况下实现波束的扫描。

10.3.7 锥形喇叭天线 conical horn antenna

设置在光电导天线出射端面的高方向性锥形喇叭结构形状的天线。锥形喇叭天线使产生的太赫兹波通过喇叭的引导朝着预期的方向辐射,以增强光电导天线在某一指向方向上的太赫兹波输出功率,其结构形状见图 10-12 所示。

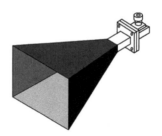

图 10-12　锥形喇叭天线结构形状图

10.3.8　透镜-天线系统 lens-antenna system

平面天线和透镜的组合形成的天线系统，也称为混合天线或集成天线。透镜-天线系统是将太赫兹辐射耦合到探测系统或将太赫兹辐射从发射系统耦合输出的常用器件。透镜-天线系统通常由平面天线和一个平凸透镜组合而成，透镜的凸面有球面和椭球面两种形状，平面天线与透镜的平面接触，探测/发射元件位于平面天线的馈源部位，透镜将平面天线的大宽度、高发散的波束变换为更加容易耦合到其他光学器件的波束。透镜-天线系统广泛应用于 1THz 以上外差接收机中。

10.3.9　超快激光系统 ultrafast laser system

利用调 Q 或锁模技术来获得的皮秒、飞秒量级短脉冲激光，用于太赫兹波产生的激光系统。高功率超快激光系统由振荡器、展宽器、放大器和压缩器四部分组成，通过调 Q 或锁模技术将激光能量压缩，再配合啁啾脉冲放大技术，可得到极高瞬间功率的输出激光。超快激光是驱动以砷化镓 (GaAs) 和辐射损伤蓝宝石上硅 (RD-SOS) 材料为衬底的太赫兹发射极和探测器的理想之选，它的脉冲重复率和脉冲稳定性都很好，并且操作起来也相对比较容易。蓝宝石上硅是在蓝宝石上生长厚度约为 0.6μm 的一层薄硅。

10.3.10　太赫兹波参量发生器 terahertz wave parametric generator (TPG)

由泵浦激光源和非线性晶体构成，利用晶格或分子本身的共振频率来实现太赫兹波的参量振荡和放大的装置。

10.3.11　太赫兹波参量振荡器 terahertz wave parametric oscillator (TPO)

在太赫兹参量发生器的基础上加装闲频光谐振腔制成的产生相干可调的太赫兹辐射的装置。谐振腔由平面镜和半区域的高反腔镜组成，它可对闲频光进行放大。当泵浦光、太赫兹波和闲频光满足非共线相位匹配条件后，通过改变泵浦光和闲频光之间的夹角，就可实现对太赫兹波的调谐。

10.3.12 硅棱镜阵列 silicon prism array

为了提高太赫兹输出效率，避免其在晶体中发生全反射所设置的由多个高阻硅制成的硅棱镜阵列组成的太赫兹波输出耦合器。硅棱镜阵列一般紧贴在晶体上，其结构示意见图 10-13 所示。

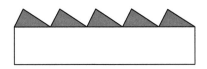

图 10-13 硅棱镜阵列结构示意图

10.3.13 准相位匹配太赫兹系统 quasi-phase-matching terahertz system

利用准相位匹配非线性晶体中飞秒脉冲的光整流产生窄带太赫兹脉冲的光学系统。通过在非线性介质中构造周期性结构 (非线性光子晶体)，有效实现非线性频率转化的方法称为准相位匹配。

10.3.14 太赫兹分束镜 terahertz beamsplitter

在玻璃表面镀上一层或多层具有半透射和半反射功能的薄膜，使投射到镀膜玻璃的太赫兹波束经过反射和折射 (或透射) 分为两束不同传播方向的太赫兹波的镀膜玻璃。

10.3.15 太赫兹波导 terahertz wave guide

用来定向引导太赫兹波传播的结构，也称为太赫兹电磁波导。在电磁学和通信工程中，波导这个词可以指在它的端点间传递电磁波的任何线性结构，但最初和最常见的意思是指用来传输无线电波的空心金属管。这种波导主要用作微波频率的传输线，在雷达、通信卫星和微波无线电链路设备中用来将微波发送器和接收机与它们的天线连接起来。

10.3.16 太赫兹行波管 terahertz traveling wave tube (TWT)

〈太赫兹〉由电子枪、微波结构、收集极和聚焦磁场构成，基于电子束与太赫兹行波场之间相互作用的太赫兹行波器件。太赫兹行波管可分为 "O" 型行波管和 "M" 型行波管，其优点是频带窄、连续可调、功率高、寿命长、工作稳定可靠等。

10.3.17 太赫兹反向波振荡器 terahertz backward wave oscillator (BWO)

利用电子束与慢波线中的返波相互作用产生振荡的太赫兹电子管，也称为太赫兹返波管。太赫兹反向波振荡器是产生亚太赫兹频率连续调谐相干输出的电子器件。

10.3.18　太赫兹纳米速调管 terahertz nano-klystron

基于反射速调管，利用微电子加工技术制成谐振系统，采用纳米碳管作为阴极的太赫兹速调管。太赫兹纳米速调管的工作频率段可达 2THz~3THz，而纳米速调管阵列的工作频段可达 0.3THz~3THz。

10.3.19　奥罗管 orotron

基于史密斯-珀塞尔效应制成的电子器件，也称为绕射辐射器件。当电子束紧贴着周期性金属结构的表面飞行时，将激励起毫米波、太赫兹波、远红外波段的电磁辐射，这种现象被称为史密斯-珀塞尔 (Smith-Purcell，S-P) 效应，激励起的辐射被称为史密斯-珀塞尔辐射。由于此类电子器件采用了准光学谐振腔 (开放谐振腔和光栅)，所以又称为开放式谐振器，它的工作波长可在毫米波和太赫兹波段。

10.3.20　电子加速器 electron accelerator

利用强电场来推动带电粒子高速运动使之获得高能量以产生太赫兹辐射的装置。由于电子加速器具有高亮度和宽可调度的特征，使基于电子加速器产生的太赫兹辐射功率范围可达 mW 至 W 级。

10.3.21　三倍频器 frequency tripler

固态太赫兹倍频器利用半导体器件的非线性特性来实现频率倍增，使输出光波频率增大到输入光波频率三倍的太赫兹倍频器件。三倍频器具有可常温工作、体积小、重量轻、频率稳定性好等特点。这种频率倍增的功率转换效率与利用的谐波次数有直接关联，次数越高的倍频电路效率越低。太赫兹倍频器一般基于 HBV(异质结势垒变容管)、SBD(肖特基二极管) 等完成倍频，其最高工作频率可达 3THz。

10.3.22　耿氏振荡器 Gunn oscillator

利用耿氏二极管的负微分电阻性质与中间层的时间特性制成的弛豫振荡器。耿氏振荡器一般是将耿氏二极管封装在金属谐振腔中制成。

10.3.23　光学延迟线 optical delay line

太赫兹时域光谱系统中用于改变泵浦光和探测光的时间延迟，以实现探测光脉冲对携带样品信息的太赫兹波形进行逐点取样的装置。在太赫兹时域光谱系统 (terahertz time domain spectral system) 中，飞秒激光脉冲经分光器被分为两束，其中一束发射到太赫兹发射器上激发出脉冲太赫兹波，以对待测样品进行采样而得到携带样品某种或多种信息的脉冲，这束光被称为泵浦光 (pump light)；另一束光通过时间延迟器后，与携带样品信息的脉冲一起到达太赫兹探测器上，其作用是实现对样品信息的探测，这束光被称为探测光 (probe light)。

10.3.24 TPX 透镜 TPX lens

用 TPX[4-甲基戊烯 (4-methyl pentene-1) 的聚合物] 制作的传输太赫兹辐射的透镜。TPX 的化学名称为甲基戊烯共聚物 (methyl pentene copolymer，PMP)，是一种硬质材料，可模压成型，抗热变形性能好，可研磨抛光。TPX 在 6THz 以下透过性很好，折射率约为 1.45，是制造太赫兹透镜的常用材料。

10.3.25 沃拉斯顿棱镜 Wollaston prism

〈太赫兹〉能使一束入射光成为两束彼此分开的、振动方向互相垂直的线偏振光的光学器件。沃拉斯顿棱镜用于太赫兹电光探测时分离被调制偏振激光束。

10.3.26 开环谐振器 split-ring resonator(SRR)

〈太赫兹〉由同心环或相同臂长环 (等边长环) 构成，在环的对称位置或臂上开有缝隙的谐振装置。作为许多超材料的基本构件，其在受到微波、太赫兹波磁场作用时会感应出环电流，类似一个磁矩加强或者抵抗原磁场，因此在谐振频率处会出现负磁导率和吸收峰，它是用来构造超介质材料的最常用的磁单元。一种开环谐振器的结构形状见图 10-14 所示。

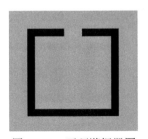

图 10-14 开环谐振器图

10.3.27 反射镜 mirror

〈太赫兹〉用整块金属或将玻璃前表面进行金属化，用于反射太赫兹波的反射器件。为了获得良好的反射率，反射镜中金属的实际厚度必须大于趋肤深度 d_{skin}，即电场幅度在导体中衰减到 1/e 倍处距表面的垂直距离。采用金属材料的反射镜中，材料为金时具有很高的反射率。

10.3.28 光管 light pipe

用高电导率金属材料或覆有高电导率金属的其他材料制成的器件。光管的性质依赖于高折射率金属，其结构简单、成本低、使用方便，是一种用于收集传输光线的特殊太赫兹器件。太赫兹仪器中使用的是压缩光管和直光管。

10.3.29　金属线栅 metal grids

〈太赫兹〉由线半径很小 (典型半径 r 为 3μm~25μm)、线距离为常数 g(栅常数) 的金属线阵构成的线栅体。利用金属表面自由电子的振荡特性，电场方向与线栅方向平行的横电 (TE) 偏振光能够激发电子沿线栅方向振荡，从而发生反射；而电场方向与线栅方向垂直的横磁 (TM) 偏振光由于周期性结构的限制无法激发自由电子振荡，因此 TM 偏振光主要表现为透射特性。当波长远大于栅常数和金属线直径时，线栅对偏振方向垂直于金属线的辐射透明，而对偏振方向平行于金属线的辐射具有强反射。金属线栅常被用来产生线性偏振波束。

10.3.30　布儒斯特角平板 Brewster angle plate

〈太赫兹〉为了抑制透射波束中偏振方向垂直入射面的分量，使用聚乙烯 (PE) 膜或硅堆叠形成的使平行于入射平面的偏振分量能透过的起偏器。在布儒斯特角条件下，只有电场平行于入射平面的偏振分量可以透射。

10.3.31　太赫兹波滤波器 terahertz wave filter

能够滤除不需要的短波或长波射线、滤除可见光和近红外波能量，同时具备谐波滤除能力的器件。其中，谐波是指对周期性非正弦交流量进行傅里叶级数分解所得到的大于基波频率整数倍的各次分量。

10.3.32　黑色聚乙烯吸收滤波器 black polyethylene absorption filter

主要成分为分散在聚乙烯 (PE) 材料里的碳粒子构成的滤波器，也称为黑色聚乙烯 (PE) 吸收滤波器 [black polyethylene (PE) absorption filter]。黑色聚乙烯吸收滤波器用以滤除波长较短的光波，经常与晶态石英一起实现阻挡 40μm 以下波长光波的滤波效果。

10.3.33　太赫兹固态放大器 terahertz solid state amplifier

用于太赫兹源和太赫兹信号的放大，基于半导体的固态电子器件构成的微电子集成电路。太赫兹固态放大器可以将微弱的太赫兹信号进行放大，它决定了系统的作用距离、抗干扰能力、通信质量和灵敏度，是太赫兹系统最关键的部件之一。

10.3.34　太赫兹移相器 terahertz phase shift device

一种可以对输出的太赫兹信号进行相位调整的器件。太赫兹移相器是太赫兹相控阵雷达的关键器件，也是组成太赫兹相控阵系统必不可少的功能器件。

10.3.35　石墨烯 graphene

〈太赫兹〉利用其电导率可调特性调制太赫兹波的一种单层碳原子排列而成的二维平面材料。石墨烯的狄拉克状的能带结构决定了这种材料具有非常优异的电学和光学性质，如较高的电子迁移率、可调的光学电导率等。利用石墨烯电导率可调的特性可以调制太赫兹波。

10.3.36　碲化锌 zinc telluride(ZnTe)

一种用于光整流太赫兹辐射源和太赫兹波探测器的 II-VI 族化合物直接跃迁能带结构的半导体材料。碲化锌在室温下的禁带宽度为 2.2eV，具有较大的二阶非线性系数和电光性能，是目前最常用的光整流太赫兹辐射源和探测器材料。

10.3.37　低温砷化镓 low-temperature-grown GaAs(LT-GaAs)

在 200°C~250°C 的低温 (正常外延生长的衬底温度约为 600°C) 高压环境中，在 GaAs 衬底上用分子束外延法 (molecular beam epitaxy，MBE) 生长的约 1μm 的用于制作太赫兹光电导天线的砷化镓晶体薄膜。低温砷化镓是用于制作太赫兹光电导天线的关键部件。

10.3.38　超介质材料 metamaterial

〈太赫兹〉一种新型的具有天然材料所不具备的超常物理性质的人工复合结构或复合材料。超介质材料的磁导率、介电常数、折射率等可以通过人为设计而在特定的频率范围内呈现负值，具有与天然物质材料非常不同的电磁特性，迄今发展出的超介质材料包括左手材料、光子晶体、超磁性材料等。太赫兹超材料多由亚波长金属微结构阵列组成，可以通过调节基底材料折射率、金属膜厚、微结构形状和周期等参数，对太赫兹超材料中电磁共振模式进行调制，使不同偏振和入射角的太赫兹光束可表现出相同或相异的光谱特性。

10.3.39　光子带隙材料 photonic bandgap material(PBG)

介电磁导率会随着介质中辐射波的波长尺度周期性变化，具有天然结构块状均匀材料不具备的各种特性的人造结构的准块状材料。一种光子带隙材料人造结构形式见图 10-15 所示。光子带隙材料能使某些波段的电磁波完全不能在其中传播，于是在频谱上形成带隙；可制成独特的器件，例如理想透镜，可实现没有像差且具有无限分辨率的透镜。构建此类材料有两种策略，一种是自上而下，由传统的微平版印刷术发展而来，使用多重激光干涉光的全息平版印刷术及激光引导的立体平版印刷术等。这类方法往往使用激光相干光束获得亚微米结构，内部结构缺陷较少，可以得到多种所需结构，但对设备要求高且所用光致抗蚀剂等聚合物种类尚待发展。另一种策略是自下而上，以原型化合物形式层层形成特定图案，得到三维介观结构并表现出近红外区域的完全带隙。

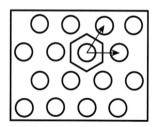

图 10-15　一种光子带隙材料人造结构形式示意图

最初光子带隙材料研究在光学领域开展，目的是阻止特定频段的光波传输；后续通过缩放尺寸关系扩展频率范围，达到了太赫兹波、毫米波和微波波段。近年光子带隙材料在太赫兹领域的应用引起广泛关注，可用于制作太赫兹理想透镜等，已成功应用于滤波器、放大器、混频器等有源器件的设计中。光子带隙材料和超介质材料将在研究和设计各种新的、具有以前不可获得的物理特性的太赫兹材料中，发挥重要作用。

10.3.40　聚乙烯 polyethylene(PE)

〈太赫兹〉制作太赫兹频段窗口最常用的塑料材料。常见的聚乙烯材料有两种，一种是密度高于 0.95g/cm³ 的，称为高密度聚乙烯 (HDPE)，另一种是密度低于 0.95g/cm³ 的，称为低密度聚乙烯 (LDPE)。HDPE 的结晶度比 LDPE 高大约 20%，因此其透射率更高、更坚固、用途更加广泛，但 HDPE 在 2.2THz 处有一个明显的吸收峰。PE 材料在低于 2THz 频段的折射率近似一个常数，低于 1.54±0.01，因而可以用作太赫兹频段的理想窗口材料。PE 还可以用于加工透镜和其他光学器件。

10.3.41　聚四氟乙烯 polytetrafluoroethylene(PTFE)

〈太赫兹〉制作太赫兹低频段透镜的塑料材料，也称为特氟纶。聚四氟乙烯的折射率为 1.43 左右，随频率升高而增加，吸收系数比 PE 稍大，且随频率升高增长很大。聚四氟乙烯在 8THz 处有很强的吸收，在太赫兹的低频段是制作太赫兹透镜的良好材料。

10.3.42　荧光金 fluorogold

由含有玻璃微粒的特氟纶构成的太赫兹低通滤波材料。荧光金的玻璃微粒在特氟纶中取向一致，具有双折射性，吸收系数在 1THz 附近为从 $1cm^{-1} \sim 10cm^{-1}$，是一种不错的低通滤波材料。

10.3.43　蓝宝石 sapphire

〈太赫兹〉用于作为泵浦光阻挡器的具有双折射特性的单晶态氧化铝材料。300K 时，蓝宝石在 4THz 以上的吸收系数高于 $50cm^{-1}$，在此频段几乎不透明，吸收系数随温度降低显著下降，但在 $10\mu m \sim 30\mu m$ 之间具有强吸收作用，因而常在基于 CO_2 激光器和红外自由电子激光器的泵浦-探测实验系统中用作泵浦光的阻挡器。

10.3.44　金刚石 diamond

〈太赫兹〉制作太赫兹频段窗口的晶体材料。金刚石是唯一一种从可见光至毫米波全波段透明的材料，折射率为 2.37，且与频率无关。在太赫兹波段具有很高的透射性质以及优异的热传导性质，是一种理想的太赫兹窗口材料，其中一个重要应用是作为高莱 (Golay) 探测器的窗口。

10.4　仪器与应用

10.4.1　量子级联激光器 quantum cascade laser(QCL)

〈太赫兹〉通过在砷化铝镓 (AlGaAs) 势垒间加入纳米厚度的 GaAs 而制成的耦合多量子阱结构，利用量子阱的子能带之间的电子跃迁释放光子来辐射太赫兹波的装置。

10.4.2　p 型锗太赫兹激光器 p-type germanium terahertz laser

以铍为掺杂物提供高光增益，基于浸入正交电磁场中 p 型锗晶体的热载流子的流注活动和粒子束反转产生太赫兹激光的电泵浦全固态太赫兹激光器。

10.4.3　光泵浦太赫兹激光器 optically-pumped terahertz laser(OPTL)

以二氧化碳 (CO_2) 激光器为泵浦源，激励低压真空腔中的甲烷 (CH_4) 或氨气 (NH_3) 等气体工作介质获得太赫兹波输出的太赫兹激光器。

10.4.4　辐射计 radiometer

〈太赫兹〉一种可用于太赫兹辐射通量检测的测量装置，又称为放射计。"放射计" 这一术语有时特指红外辐射检测计。太赫兹辐射计中的接收器应对太赫兹辐射比较敏感，或者对红外以上波段到微波以下波段的辐射比较敏感。

10.4.5　太赫兹干涉仪 terahertz interferometer

根据光波的干涉原理制成的，用于测量和分析太赫兹波的一种干涉仪器。将来自一个太赫兹波的两个波完全分开，各自经过不同的光程，然后再经过合并干涉，可产生干涉条纹。在光谱学中，应用精确的迈克尔逊干涉仪或法布里-珀罗干涉仪，可以准确而详细地测定谱线的波长及其精细结构。

10.4.6　太赫兹照相机 terahertz camera

由二维太赫兹阵列传感器构成，通过捕获目标物激发的太赫兹辐射并进行成像的小型被动式成像设备。三款太赫兹照相机产品见图 10-16 所示。一种应用太赫兹照相机进行太赫兹光场成像的原理见图 10-17 所示。

图 10-16　三款太赫兹照相机实物图

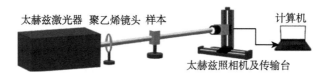

图 10-17　一种应用太赫兹照相机进行太赫兹光场成像的原理图

10.4.7　太赫兹成像雷达 terahertz imaging radar

由可调谐脉冲的光学参量振荡器，反射光学系统，以及外差探测器组成，根据目标物的光谱响应来对目标成像的装置。一种 220GHz 太赫兹成像雷达结构原理示意图见图 10-18 所示，图中小号和大号字的 "×12" 和 "×6" 表示倍频数。

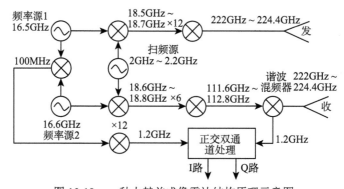

图 10-18　一种太赫兹成像雷达结构原理示意图

10.4.8 太赫兹扫描成像系统 terahertz scanning imaging system

太赫兹量子级联激光器作为成像光源发出太赫兹激光,经过设计搭建的成像光路后照射在样品上,太赫兹激光与样品相互作用后,经过样品(或被样品反射)的太赫兹激光被太赫兹量子阱探测器探测,采用特定的移动装置(例如二维平移台或旋转平移台)实现太赫兹激光与样品不同区域的相互作用,从而获得与样品位置相对应的透射或者反射太赫兹信号,将上述信号强度与空间位置一一对应,得到样品的太赫兹图像的系统。一种太赫兹扫描成像系统结构形式框图见图 10-19 所示。

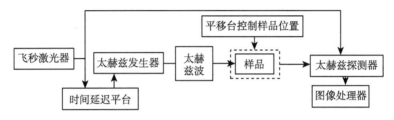

图 10-19　一种太赫兹扫描成像系统结构形式框图

10.4.9 基于化学可调碳纳米管材料的柔性太赫兹成像仪 flexible terahertz imager based on chemically tunable carbon nanotube

由化学可调的碳纳米管材料制成的柔软的太赫兹成像仪器。将碳纳米管太赫兹成像仪放置在指尖上,很容易缠绕成曲面。一种典型应用是将附着在指尖上的这类成像仪插入管道内并旋转,可清晰检测管道内的损坏。

10.4.10 片上太赫兹系统 on-chip terahertz system

将太赫兹的产生与接收集成到同一基片上,在泵浦区与探测区之间用金属波导连接,将样品置于波导传输线上方,通过待测样品与波导传输线的消逝场相互作用来完成频谱测量的太赫兹系统。一种片上太赫兹系统结构示意见图 10-20 所示。

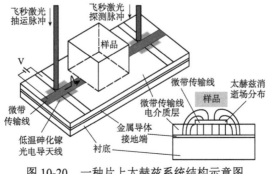

图 10-20　一种片上太赫兹系统结构示意图

10.4.11 毫米波/太赫兹波成像安全检查门 millimeter/terahertz wave imaging safety inspection door

基于二维合成孔径原理，通过二维机械扫描装置构建三维安检成像平台，用毫米波/太赫兹波照射被进行安全检查的对象后，获得散射回波数据，采用后向投影算法处理回波数据，得到成像结果的安全检查仪器。这类仪器称为毫米波/太赫兹波成像安全检查门。

10.4.12 太赫兹外差接收机 terahertz heterodyne receiver

〈太赫兹〉利用本机的混频器对输入信号混频，基于非线性设备 (非线性电子元件和滤波器) 中的降频转换实现外差检波的设备，也称为太赫兹混频器。主要采用具有很强二次非线性的场型混频器，如超导体-绝缘体-超导体隧道结、超导热电子测辐射热仪和肖特基二极管，前两种需在低温下工作，灵敏度高，后者在常温下工作，灵敏度较前两者低。太赫兹外差接收机是属于非相干探测的，灵敏度比较低。

10.4.13 太赫兹傅里叶变换光谱仪 terahertz Fourier transform spectrometer

利用傅里叶变换光谱仪采集太赫兹波干涉图，然后通过对接收到的太赫兹波干涉图进行傅里叶变换而还原太赫兹光谱，进而分析太赫兹源光谱的干涉仪。

10.4.14 啁啾变换光谱仪 chirp transform spectrometer(CTS)

基于脉冲压缩线性调频变换原理，主要包括待测信号的频带扩展与压缩功能，从信号的模拟通道直接完成频域到时域的转换，从而实现信号频谱测量的测频仪器。

10.4.15 太赫兹量子阱探测器 terahertz quantum well detector(THz QWP)

对太赫兹特定波段的辐射具有很好响应的量子阱探测器。太赫兹量子阱探测器是太赫兹频段中颇具潜力的一种光电探测器，具有结构简单、响应速度快、性能稳定、易集成和损伤阈值高等优点，是 2THz 以上综合性能较高的一种快速探测器，特别适合高速探测与高速成像应用。当外加太赫兹辐射作用于器件敏感面时，位于量子阱中的束缚态电子吸收太赫兹光子能量后跃迁至接近势垒边的准连续态，光生载流子 (电子) 在外加偏压的作用下，形成特定方向的光电流，通过测量和分析光电流的大小和变化可以得到入射光辐射的强弱和变化情况，进而实现对太赫兹波的探测。

10.4.16 太赫兹探测器 terahertz detector

将入射的太赫兹波接收并变换成便于观察、记录和分析的热探测器、电光探测器或光电探测器等接收装置。太赫兹探测器对太赫兹波的探测，按照对太赫兹波测量方式的不同可分为相干探测和非相干探测。

10.4.17　热辐射探测器 thermal radiation detector

〈太赫兹〉用于测量太赫兹波辐射功率的探测装置。热辐射探测器响应速度缓慢，在太赫兹低频部分具有非常宽的频谱响应特性。

10.4.18　气动辐射探测器 pneumatic radiation detector

〈太赫兹〉太赫兹辐射通过接收窗口照射到吸收薄膜上时，吸收薄膜将能量传递给与之相连的气室，使气体温度和气压升高，以此驱动与气室相连的反射镜膨胀偏转，通过光学方法检测反射镜的移动量可间接测量太赫兹辐射强度的探测装置。常用的气动粒子探测器有高莱探测器 (Golay detector)。

10.4.19　热电探测器 pyroelectric detector

〈太赫兹〉利用热电效应制成探测太赫兹波的探测装置。当探测器接收到太赫兹入射辐射后温度升高，表面电荷发生变化，根据表面电荷的变化量探测太赫兹的辐射能量。这种探测器能在室温工作，而且在很宽的频率和温度范围内有较高的探测率，时间常数远比其他热探测器短，能制成各种形状和尺寸，并具有均匀的区域响应率。

10.4.20　热电堆 thermopile

〈太赫兹〉当两种不同的金属接触在一起时，由于费米能级不匹配，在接触面上会形成电动势，电动势的大小随温度变化，通过将数个这种热电金属结或热电偶级联起来用于探测太赫兹辐射的装置。热电堆具有良好的探测率和相对均匀的全太赫兹频段响应特性。

10.4.21　半导体测辐射热计 semiconductor bolometer

〈太赫兹〉吸收目标物体发出的电磁辐射，引起其热敏材料发生温度变化，热敏材料电阻随之发生变化，在外加偏置的作用下产生相应的电学信号输出，然后还原成图像信息，实现探测太赫兹辐射目的的探测器件。半导体测辐射热计是最重要的太赫兹探测器之一，主要由掺杂半导体的小芯片组成，常用材料为硅和锗。器件的制作需通过采用合适的吸收材料和薄膜材料，设计像元的大小，使器件敏感性和分辨率达到合理折中等。半导体测辐射热计可被优化用于整个太赫兹波段甚至更高频段的探测。

10.4.22　光电导探测器 photo conductive detector

〈太赫兹〉利用光电导效应制成的探测太赫兹辐射的探测器件。光电导探测器的原理为光子的能量被材料中的电子所吸收，改变了材料的电阻性能，当电流通过探测元件时，通过测量其电阻特性的变化来确定太赫兹的辐射特性。光电导探测器可分为本征激励的和非本征激励的，其中非本征激励的可用于太赫兹的光电导探测，但太赫兹频率接近 10THz 时就不适用了，而本征探测的可用于该频段。本征探测器的半导体为非掺杂的半导体，而非本征探测器的半导体为掺杂的半导体。

10.4.23 太赫兹差频探测器 terahertz difference frequency detector

由本振源、混频器、滤波器、放大器等组成，通过本振源信号与待测太赫兹信号同时通过混频器进行差频，产生一个中频信号，对中频信号进行滤波和放大，测得特定频率信号的太赫兹探测器。该探测器的本振源频率应与待探测的太赫兹波的频率相近或相等，两频率相差混频相干后为拍频信号，而两频率相等相干后为直流信号 (即零差变换)。太赫兹差频探测器是一种应用外差法原理工作的探测器，属于相干探测，灵敏度比无本振源的直接混频探测的高很多，广泛应用于高光谱分辨率探测中。

10.4.24 基于耦合共振的太赫兹双频超材料吸收器 terahertz dual frequency metamaterial absorber based on coupling resonance

基元由两个耦合的非对称金属十字条带和金属接地板上的介质层组成，通过两个金属条带的耦合，使产生一个由磁共振主导的吸收峰，实现双频吸收的吸收器。基于耦合共振的太赫兹双频超材料吸收器的结构示意见图 10-21 所示。

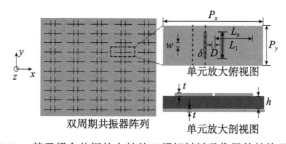

图 10-21 基于耦合共振的太赫兹双频超材料吸收器的结构示意图

10.4.25 时间分辨太赫兹光谱技术 time-resolved terahertz spectroscopy technology

一种光学抽运技术与太赫兹时域光谱技术结合的非接触式的电场探测的应用技术。时间分辨的太赫兹光谱系统利用同步产生的红外抽运脉冲和太赫兹探测脉冲实现能测量到样品信号的光致变化所反映出的信息，其分辨率在亚皮秒量级 (最高可达 200 fs)。

10.4.26 太赫兹发射光谱技术 terahertz emission spectroscopy technology

通过分析材料辐射出的太赫兹波形的振幅和形状，以此研究材料的特性 (内部的和表面的特性) 的应用技术。例如，用超快激光照射半导体晶圆表面激发辐射太赫兹波，用太赫兹波的波形变化来揭示晶圆表面的带弯曲等缺陷。

10.4.27 材料太赫兹波谱分析 terahertz spectroscopy analysis of material

用时间分辨的太赫兹波谱技术对半导体材料内部的电子间的碰撞、散射，电子与声子的碰撞、散射，以及电子迁移等电子运动效应进行分析，以实现对材料的太赫兹波谱研究的应用技术。

10.4.28 超快光学光谱 ultrafast optical spectroscopy

使用小于皮秒量级的超短脉冲激光进行泵浦探测获得时间分辨的光谱信息，研究物质的超快光学特性、超快光与物质的相互作用等的应用技术。超快光学光谱技术基于电光采样及光谱干涉原理，直接测量相位，与传统时域光谱仪相比，具有实时和高线性度的优点。该技术适合应用于测量大强度太赫兹信号。

10.4.29 太赫兹时域光谱 terahertz time-domain spectroscopy (THz-TDS)

利用飞秒激光脉冲产生并探测高时间分辨的太赫兹波电场信号，再通过傅里叶变换获得频域上幅度和相位的变化量，得到样品谱信息的应用技术。太赫兹时域光谱技术可以用来研究平衡系统和非平衡系统；对于平衡系统，主要是获取材料样品在太赫兹波段的复折射率；而对于非平衡系统，主要是通过研究太赫兹脉冲的波形来获取材料样品中的电流强度或极化强度的瞬态变化。太赫兹时域光谱技术是太赫兹领域最重要的应用技术之一。

10.4.30 太赫兹介电光谱 terahertz dielectric spectroscopy

对电介质加一太赫兹电场，在宽范围的温度和频率内建立介电常数和介质损耗因数变化的频谱曲线 [即复介电常数的实数部分 $\varepsilon'(\omega)$ 频谱和虚部 $\varepsilon''(\omega)$ 频谱]，来对电介质进行分析的应用技术。

10.4.31 太赫兹显微光谱 terahertz micro-spectroscopy

太赫兹波经会聚透镜照射在待测样品上，样品会吸收某些波长的光，其余的透射光或反射光经由显微镜物镜导入微型光谱仪，从而实时分析样品微小区域的光谱曲线来分析样品特性的应用技术。

10.4.32 太赫兹偏振光谱 terahertz polarization spectroscopy

不同的物体或同一物体的不同状态在散射以及发射太赫兹波的过程中，会产生由它们自身性质和光学基本定律决定的特征偏振，将其中的偏振信息提取出来形成偏振光谱，来对物体的性质进行分析的应用技术。

10.4.33　太赫兹成像技术 terahertz imaging technology

太赫兹波通过样品空间各点的衰减作用产生样品信息传递给接收系统，将样品空间各点信息以灰度或伪彩色分布图像的方式表现出来的太赫兹波成像技术。太赫兹成像按有无辐射源可分为主动式成像和被动式成像，按扫描方式不同可分为机械扫描成像、光机扫描成像、焦平面阵列成像，按辐射源不同可分为连续波太赫兹成像和脉冲太赫兹成像，按光波对样品的作用关系可分为透射成像和反射成像。

10.4.34　水印透射扫描成像 transmission scanning imaging of watermark

用太赫兹脉冲对样品 (如纸币等) 上的水印特征区域进行逐点透射扫描获取相应的太赫兹时域信号，然后对太赫兹波形进行数据处理获得时域显示模式成像及频域显示模式成像，将不同成像结果进行对比以发现明显区别从而进行分辨的太赫兹波扫描成像技术。

10.4.35　太赫兹时域逐点扫描成像 terahertz time-domain point-by-point scanning imaging

在太赫兹时域光谱系统中将样品放置在二维扫描平移台，样品可以在垂直于太赫兹波传输方向的 x-y 平面移动，从而使太赫兹射线通过样品的不同点，记录样品不同位置的透射和反射信息，实现对样品上每一个像素点提取太赫兹时域波形，利用各个点的样品信息实现物体重构的太赫兹波扫描成像技术。应用这种成像技术，可以清晰呈现树叶水分流失的情况，通过对获得的图像每个像素上的太赫兹信号进行光谱分析，还可以进一步提取出物质的二维光学信息。

10.4.36　基于太赫兹光谱的实时焦平面成像 terahertz real-time focal plane imaging based on terahertz spectroscopy

将样品放在一个四倍焦距 ($4f$) 成像系统中，利用大尺寸 (不必大于等于样品) 的碲化锌 (ZnTe) 晶体和 CCD 相机作为接收装置，直接获取整个样品的太赫兹光谱信息的太赫兹波成像技术。这种成像技术无需对样品进行二维扫描就能直接获取整个样品的光谱信息。

10.4.37　连续太赫兹波成像 continuous terahertz wave imaging

以连续太赫兹波源为返波管或耿氏管，采用热释电探测器、高莱探测器或肖特基二极管作为太赫兹探测器，将样品置于一个二维平移台上，通过计算机控制平移台，实现对样品的二维成像的太赫兹波成像技术。

10.4.38 太赫兹近场成像 terahertz near field imaging

将太赫兹探测器放置于样品附近 (一个波长之内) 来探测样品上的倏逝波，对样品进行亚波长高分辨率成像的太赫兹波成像技术。倏逝波通常仅存在于成像样品的表面附近，它会随距离的增加而指数递减，无法在远离样品的像面成像。

10.4.39 太赫兹层析成像 terahertz tomography

利用太赫兹射线对物体某一选定的截面进行扫描，根据在物体外部所获得的某种物理量 (如物质对射线的衰减系数) 的二维投影数据，运用特定的数学重建算法，重建出物体在该截面物理量分布的二维图像的太赫兹波成像技术。

10.4.40 太赫兹相干层析成像 terahertz coherence tomography

通过对样品反射太赫兹波的相干信息进行分析，获取样品信息进而得到样品截面图像的太赫兹成像技术。太赫兹相干层析成像是一种类似超声成像的高分辨率光学成像技术。

10.4.41 反射式脉冲太赫兹层析成像 terahertz pulse reflection tomography

通过对被测样品不同层不同调制反射回来的太赫兹脉冲信号进行三维信息重构，得到样品的三维图像的太赫兹成像技术。反射式脉冲太赫兹层析成像的原理是，使用脉冲太赫兹波照射物体，太赫兹激光脉冲波被物体表面反射，由于物体不同视角的表面特性光脉冲的时间特性被调制，从而改变激光回波的形状，获得围绕物体一周的平面内不同视角下的投影后，利用层析重构算法可以得到物体二维交叉截面的廓像，反映该视轴方向下物体廓像的边缘信息。反射层析成像系统中，由于激光脉冲被物体在深度方向上调制，所以重构的投影图像反映的是平行于光束传播方向上物体的深度信息。

10.4.42 太赫兹波计算机辅助层析 terahertz wave computed assisted tomography

从多个投影角度直接测量宽波带太赫兹脉冲的振幅和相位，然后应用计算机及图像重构算法软件对测量到的太赫兹波信息进行计算，从被测样品中提取大量被测物的特征信息，从而描绘被测物的三维结构的太赫兹成像技术。

10.4.43 太赫兹衍射层析 terahertz diffraction tomography

以亥姆霍兹方程线性解为基础，利用衍射现象中的太赫兹散射场信号获取目标函数，来实现目标图像高质量重构的太赫兹成像技术。由于衍射现象含有丰富的被测物目标函数信息，因而能够实现对小散射体和被测物棱边的探测。

10.4.44　太赫兹单像素成像 terahertz single pixel imaging

使用空间光调制器产生正弦条纹对射入到硅基石墨烯上的太赫兹光束进行调制，太赫兹单像素探测器获取物体二维图像的空间傅里叶谱，最后通过傅里叶逆变换重构出成像目标的二维图像的太赫兹成像技术。太赫兹单像素成像通过单点太赫兹探测器采集经空间编码的目标图像强度，再根据编码反算出太赫兹图像，该项技术的关键是利用空间光调制器对太赫兹光束进行调制，以及重建算法。该技术能够极大地降低测量次数，在保证成像质量的前提下提高成像效率。一种太赫兹单像素成像系统原理示意见图 10-22 所示。

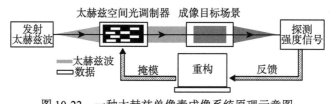

图 10-22　一种太赫兹单像素成像系统原理示意图

10.4.45　太赫兹幅度成像 terahertz amplitude imaging

用太赫兹波照射样品，测量通过样品后的太赫兹波振幅，将太赫兹波振幅分布转变成灰度或伪彩色分布图像的太赫兹成像技术。太赫兹幅度成像主要能展现出样品中不同物质的不同密度差别和导电性能差别。

10.4.46　太赫兹相位成像 terahertz phase imaging

用太赫兹波照射样品，测量通过样品后的太赫兹波相位，将太赫兹波相位分布转变成灰度或伪彩色分布图像的太赫兹成像技术。太赫兹相位成像主要能展现出透明样品中相同物质的均匀性差别和不同物质的密度差别。

10.4.47　太赫兹通信 terahertz communication

利用太赫兹波作为信息载体进行通信的技术。太赫兹通信与无线电通信相比，具有更大的传输容量、更快的传输速率、更窄的波束、更高的能量效率、更好的保密性等特性，在通信领域中具有很好的应用前景。

10.4.48　宽带太赫兹通信 broad band terahertz communication

用 0.1THz~10THz 波段作为无线通信信号载波的通信技术。要提高无线通信传输容量，必须要保证足够的传输带宽，太赫兹波与无线电波的波段相比，有更宽的带宽，与更短波段相比，有更强的云雾穿透能力以及更高的能量利用率。因为载波频率高，宽带太赫兹通信可以实现极高的无线信号传输速率，比现有无线电通信快几百倍甚至千倍，在中短距高容量的无线通信以及空间通信中有巨大潜力。

10.4.49　太赫兹无损检测 terahertz nondestructive testing(THz-NDT)

利用太赫兹波的无损性、穿透性、指纹谱特性以及太赫兹成像的优点，对物质 (材料或物体等) 进行透射照射成像，以检查物质内部缺陷的技术。太赫兹无损检测已列为常规检测技术之一，可应用于复合树脂、陶瓷、塑料、自然材料和其他非金属材料等的缺陷检测。

10.4.50　航天材料安全太赫兹检测 terahertz space material safety inspection

为保障航天器材料的安全性，对航天泡沫、吸波涂层、玻璃钢等材料应用太赫兹进行无损检测的技术。航天泡沫、吸波涂层、玻璃钢等材料在太赫兹波段具有很高的透明度，利用太赫兹无损检测技术可以探测这些材料缺陷。

10.4.51　太赫兹毒品检测 terahertz drug testing

为了防止毒品的携带和运输等，应用太赫兹无损检测技术对携带物和运输物中是否包含毒品进行无损检测的技术或活动。多数毒品在太赫兹波段具有特征吸收，且多数包装材料 (如纸张、织物、塑料、木头等) 对太赫兹波是透明的，将这两项特点结合起来，使太赫兹检测毒品具有很好的适用性。

10.4.52　太赫兹药物分析与检测 drug analysis and test of terahertz

利用太赫兹波对药物的特有光谱特性，用太赫兹检测技术对药物进行分析和检测的技术或活动。太赫兹光谱技术无论在药物的鉴别率与扫描速度上，还是在无损检测准确性、在线检测及分析和药理基团解析等方面，都具备很大的优势。

10.4.53　太赫兹生物医学 terahertz biomedicine

应用太赫兹成像技术对人体组织器官或其他动物组织器官进行成像，获取组织器官的病灶信息，以进行医学诊断的研究及应用。太赫兹波具有安全性、穿透性、惧水性、指纹谱特性等特点，在生物医学领域已有很多有价值的应用，如利用太赫兹辐射对人体组织器官进行成像，可获得肿瘤组织的信息，为及时治疗进行早期诊断。

10.4.54　太赫兹安全检查 terahertz security check

为了保证公共安全，应用太赫兹成像技术在交通设施、公共场所等入口处对人员和物品等进行无损检测的技术或活动。太赫兹扫描成像对非金属物体、非极性物质的穿透性好，对生物组织安全，成像分辨率从原理上比微波成像更高，太赫兹波谱的指纹特性可以检测出衣物内隐藏的毒品、爆炸物以及其他危险品、违禁品等，且可以进行长距离、无接触以及隐蔽性的检查。太赫兹对纸箱、塑料箱、皮革包、衣服、木头和陶瓷等具有穿透性，但对金属不能穿透，应用太赫兹波可对塑料箱、纸箱等进行安全检查。图 10-23 中的 (a) 为皮革包的外观，用太赫兹波透射检查皮革包，可发现藏在皮革包中的违禁物品 (长刀)，见图 10-23 中的 (b) 所示。

(a) 皮革包外观   (b) 皮革包内部图像

图 10-23   皮革包太赫兹安全检查示意图

10.4.55   太赫兹环境监测 terahertz environmental monitoring

通过探测大气分子辐射出的太赫兹辐射来判断大气成分变化的太赫兹检测应用技术。太赫兹辐射可用于大气污染物检测，可对大气环境污染的程度进行监控。

10.4.56   太赫兹脉冲测距 terahertz pulse ranging

通过发射装置发出脉冲太赫兹波，分析接收器接收到的太赫兹信号时间差，根据太赫兹波传输速度计算获取目标与太赫兹源之间距离的测距技术。太赫兹脉冲测距主要应用于空间或太空等特殊场合，这些场合因为没有水分子等原因，便于太赫兹波的长距离传输。太赫兹脉冲测距具有穿透性强、测量精确度高、抗噪声性能强等优点。

10.4.57   太赫兹遥感 terahertz remote sensing

利用搭载在遥感平台上的太赫兹波传感器接收来自于物体表面的太赫兹波，由回波信号 (极化、幅度、太赫兹谱等) 确定目标物的指纹特征、形态等的技术。

10.4.58   太赫兹实时监测技术 terahertz real-time monitoring technology

应用太赫兹波谱 (terahertz spectrum)、太赫兹成像 (terahertz imaging)、太赫兹无损检测 (terahertz nondestructive test) 等进行实时监测的技术。太赫兹技术的优势使其在多个领域中得到了有意义的应用，太赫兹实时监测技术就是其中的一种应用类型。例如在油气光学领域中实现了很多有意义应用。此类应用的推广和试用，获得了实际有益效果，为太赫兹技术在其他科研与应用领域的发展提供了验证和基础。

10.4.59   太赫兹国防与军事应用 terahertz national defense and military application

利用太赫兹波的穿透性、安全性、隐蔽性等特点，将太赫兹波谱、太赫兹成像、太赫兹通信等优势技术应用于国防与军事领域中的活动。例如，太赫兹辐射有优于微波的方向性，可以用来制造高空间分辨率的雷达，可在风沙或烟雾环境下提供精确的定位信息；又如，太赫兹图像可以用于分辨伪装植物和真植物，当采用伪装的树叶遮盖军用装备和人员以进行隐蔽时，人眼直接观察或用普通光学仪器观察是不易发现目标的，但用太赫兹探测仪器，很容易识别出是假的，因为假树叶中没有水分 (通常由纺织物或塑料等制成)，假树叶的图像没有层次，见图10-24 中的 (a) 所示，真植物有水分，水分多的区域对太赫兹波吸收得多，呈现深色，树叶的图像层次突出，见图 10-24 中的 (b) 所示。

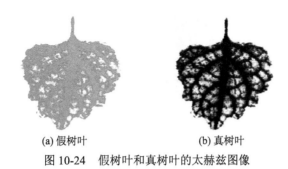

(a) 假树叶   (b) 真树叶

图 10-24　假树叶和真树叶的太赫兹图像

10.4.60　太赫兹波光学计算 terahertz wave optical calculation

应用太赫兹波作为信息传输介质的光学计算。基于固有的物理限制，通过电子晶体管的减少来提高计算机处理速度面临巨大的挑战，突破这些限制的一个途径是用光来替代电流。线偏振光只在一个方向上振动，太赫兹波在某些材料上会发生巨大的法拉第旋转，从而改变光的偏振方向，其中巨大的法拉第旋转是太赫兹波段一个特有的性质。因为太赫兹波的这个特性，太赫兹波光学计算逐渐成为太赫兹应用技术的一个重要发展方向。

第 11 章　光通信术语及概念

本章的光通信术语及概念主要包括通用基础、光纤结构与光学特性、光纤传播特性、光缆、线路器件与连接、光检测器及测量、通信系统、空间光通信、可见光通信、紫外光通信共十个方面的术语及概念。本章所需要的基础理论和部分相关技术的术语及概念可看本书中的"第 4 章　波动光学术语及概念"、"第 7 章　激光术语及概念"、"第 13 章　光学测量术语及概念"、"第 14 章　光学材料术语及概念"和"第 17 章　光电器件与显示装置术语及概念"等章中的内容，在本章中就不再重复列入。尽管本章中 11.1 节到 11.7 节的许多术语的名称都没有"光纤"两字，但它们中的大部分术语是光纤通信的，可在其概念或定义的描述中看出所属关系，因此在术语称谓中对"光纤"两字进行了省略。在本章中，纳入了少数几条具有普遍性、通用性的术语及概念，例如蒙特卡洛法、大气湍流等，因为这些术语的内容与光通信的设计和计算密切相关，从方便使用的角度也纳入到了本章的术语及概念中。

11.1　通　用　基　础

11.1.1　光通信 optical communication

以光波作为信息载体，以光纤、空气或空间作为传输介质的一种"有线"或"无线"的通信方式。光通信包括光纤通信、激光通信、白光通信、紫外通信、红外通信、太赫兹通信等从短波段到长波段光谱的通信。光通信与无线电通信相比具有通信带宽宽、抗干扰能力强等突出优点。

11.1.2　光纤通信 fiber communication

以光波作为信息载体，以光纤作为传输介质的一种通信方式。其是一种"有线"光通信。构成光纤通信的基本物质要素是电光转换、光源、光纤和光电转换等装置，其组成及原理见图 11-1 所示。光纤除了按制造工艺、材料组成以及光学特性进行分类外，在应用中，光纤常按用途进行分类，可分为通信用光纤和传感用光纤。传输介质光纤又分为通用与专用两种，而功能器件光纤则指用于完成光波的放大、整形、分频、倍频、调制以及光振荡等功能的光纤，常以某种功能器件的形式表达。光纤通信具有传输频带宽、抗干扰性高和信号衰减小等优点。

图 11-1 光纤通信系统组成及原理图

11.1.3 激光通信 laser communication

利用激光的振幅、相位、频率、偏振等参量加载并传输信息的通信技术。激光通信是以相干性好的激光作为信息载体的光通信。依据传输介质不同，分为大气通信、光纤通信、空间通信和水下通信等。

11.1.4 光纤通信频段 frequency sector of optical fiber communication

所选择的有利于在光纤中传输光信号的光载波频率范围或波长范围。光纤通信选择通信频段是为了使光信号在光波导中传输损耗小，能使光系统易于完成通信信号的传输工作。光纤通信的波长范围为 $0.85\mu m\sim1.65\mu m$，属于电磁波谱中的近红外区。光通信为窄谱通信，选择的具体通信窄谱段与传输介质的低损耗窗口相吻合。

11.1.5 传输损耗 transmission loss

〈光通信〉相连的两光电设备之间的光通路在特定波长上的损耗。传输损耗主要包括接续损耗(含光纤的固有损耗、熔接损耗和活动接头损耗等)和非接续损耗(含光纤弯曲损耗、应用环境造成的损耗等)。光纤的传播损耗是关系光纤传输距离、传输稳定性和传输可靠性的重要因素之一。

11.1.6 插入损耗 insertion loss

〈光通信〉在光纤系统中由于介入光学元器件引起的附加光损耗。光纤系统的插入损耗主要是续接插入造成的损耗，包括熔接插入和活动接头插入等，影响的具体因素为连接的两端光纤之间的轴心错位、轴向倾角、端面分离(有间隔)、端面不完整、折射率差别、端面不清洁等。

11.1.7 纤维散射 fiber scattering

由纤维几何形状和折射率分布的变化引起的散射。纤维散射主要是指纤维制造的几何结构不均匀性和材料折射率分布偏离设计所造成的散射，几何结构不均匀的问题主要是模场直径不一致、芯径失配、芯截面圆不圆度和包层与芯径同心度欠佳等。

11.1.8　光谱窗口 optical spectrum window

光在光纤中传输，其传输损耗明显低的光谱谱段。光纤的损耗与波长密切相关，通常光纤具有三个主要的低损耗窗口，分别在以 0.85μm、1.31μm 和 1.55μm 为中心波长的光谱区，见图 11-2 所示。

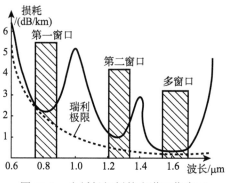

图 11-2　光纤低损耗的光谱工作窗口

第一窗口的光谱范围为 0.850μm 附近；第二窗口的光谱范围为 1.260μm～1.360μm，也称为 O 波段；第三窗口的光谱范围为 1.530μm～1.565μm，也称为 C 波段；第四窗口的光谱范围为 1.565μm～1.625μm，也称为 L 波段；第五窗口的光谱范围为 1.360μm～1.530μm，也称为 S 波段；超长波段的光谱范围为 1.625μm～1.675μm，也称为 U 波段。这些光谱窗口被光纤通信和光纤传感等用作主要的工作波长区。

11.1.9　带宽 bandwidth

〈光纤通信〉数值上等于光纤基带传递函数的大小下降到某一规定值 (通常是下降到零频率时幅值的一半) 时的最低调制频率。光纤带宽是光纤基带传递函数从最大值下降到 3dB 时的频率范围，亦即半功率点的频率范围。当以电特性表示时，则是 6dB 点的频率范围。带宽主要受传输模机理的限制：在多模光纤中，主要是模畸变和材料色散；在单模光纤中，主要是材料色散和波导色散。

11.1.10　基带传递函数 baseband transfer function

〈光纤通信〉用复数表征的调制辐射功率输出对输入之比，也称为基带响应函数 (baseband response function) 或光纤传递函数 (fiber transfer function)。基带传递函数反映基带信号经光纤传输后所带来的影响或变化。

11.1.11　冲激响应 impulse response

表征设备对输入 δ(delta) 函数的时间响应的函数。冲激响应是传递函数的傅里叶变换或拉普拉斯逆变换。它与输入函数的卷积就是输出函数。

11.1.12　高斯脉冲 Gaussian pulse

波形为高斯分布的一种脉冲。在时域中，其波形用公式 (11-1) 表示：

$$f(t) = A \exp\left[-\left(\frac{t}{a}\right)^2\right] \tag{11-1}$$

式中：$f(t)$ 为高斯分布波形函数；A 为常数；a 为脉冲 1/e 处的半宽；t 为时间。

11.1.13　半幅值全宽 full width at half maximum(FWHM)

〈光通信〉所给特性等于其最大值一半的变量范围，又称为半值全宽。FWHM 适用于辐射图、光谱线宽等特性，其变量可以是波长、频率、空间或角度等参数。

对于任意的脉冲，幅值没有定义，而峰值 (最大值) 比较明确。

11.1.14　半幅值脉宽 full duration at half maximum(FDHM)

脉冲幅度等于其最大值一半的时间间隔。半幅值脉宽对应于激光脉冲在上升边峰值的 50% 点和下降边峰值的 50% 点之间的时间宽度。

11.1.15　光通信用光源 optical communication light source

用于电-光转换的光发射器件。光源用于将电数字脉冲信号转换为光数字脉冲信号，并将光信号送入光通信通道进行传输，是光通信系统中的重要器件。光通信用光源的性能主要有波长、输出功率、光谱宽度、调制特性、耦合效率、可靠性、寿命、温度稳定性、尺寸、重量等。光源对性能的要求主要为：光源波长符合低衰减窗口，如光纤的 0.850μm 附近、1.310μm 附近和 1.550μm 附近；满足传输距离要求的足够的光功率；满足高速率信号传输的窄光谱宽度，光谱宽度小于 0.1nm；较高的调制效率和较高的调制频率；与光纤的耦合效率高，如达到 50% 左右；可靠性高；寿命长；尺寸小；重量轻等。光通信采用的光源主要有半导体激光器 (LD)、发光二极管 (LED)、分布反馈式激光器 (DFB)、多量子阱激光器 (MQW)、垂直腔面发射激光器 (VCSEL) 等。

11.2　光纤结构与光学特性

11.2.1　光纤 optical fiber; fiber

利用纤维内壁对光的全反射和光子带隙效应等，传输光能的丝状或纤维状的电介质材料，也称为光学纤维或光导纤维 (photoconductive fiber)。光纤是由玻璃、塑料等透明材料制成的，是一种能使光进行波导传输的光透明电介质细丝状材料。按光纤的折射率分布关系分，光纤可分为阶跃光纤和渐变光纤；按光纤的光传输的模式分，光纤可分为单模光纤和多模光纤；按光纤的组成材料分，光纤可分为石英光纤、多组分玻璃光纤、塑料包层光纤、全塑光纤和特种光纤。光纤的几何结构、折射率分布和传输方式的对应关系见图 11-3 所示。光纤的结构通常由纤芯、包层和涂覆层组成，见图 11-4 所示。光纤有多种类型，可以按折射率分布、传输方式、组成材料等进行分类。

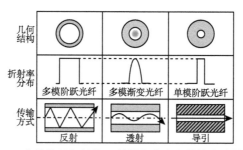

图 11-3　光纤的几何结构、折射率分布和传输方式关系图

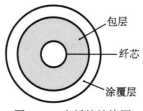

图 11-4　光纤的结构图

11.2.2　光纤类型 optical fiber type

由国际电信联盟标准化组织 (ITU-T) 和国际电工委员会 (IEC) 的光纤相关的标准所规定的光纤分类和命名类型。ITU-T 规定的光纤类别主要是 G.65x 系列；IEC 规定的光纤类别主要是 60793 系列。中国的光纤是参照 IEC 的标准来分类命名的。

ITU-T 的 G.65x 系列主要包括：G.651 光纤 (多模光纤，MMF)；G.652 光纤 (常规单模光纤或标准单模光纤，STD SMF/ SSMF)；G.653 光纤 (色散位移单模光纤，DSF)；G.654 光纤 (截止波长位移单模光纤或 1550nm 波长损耗最小光纤)；G.655 光纤 (非零色散位移单模光纤，NZ DSF)；G.656 光纤 (宽带传输用非零色散平坦单模光纤，NZ DSF) 和 G.657 光纤 (弯曲损耗不敏感单模光纤) 等。上述光纤中，除 G.651 是多模光纤外，其他都是单模光纤，这些单模光纤之间的区别主要是工作波长和传输特性。单模光纤中根据应用场合和偏振模色散 (PMD) 等参数，将 G.652 光纤又分为 A、B、C 和 D 四种亚型号，将 G.655 光纤又分为 A、B 和 C 三种亚型号。

　　IEC 标准将光纤分为 A 类光纤 (多模) 和 B 类光纤 (单模)。A 类光纤包括：A1a 多模光纤 (50μm/125μm 型多模光纤)；A1b 多模光纤 (62.5μm/125μm 型多模光纤)；A1d 多模光纤 (100μm/140μm 型多模光纤)。B 类光纤包括：B1 光纤 (B1.1 光纤对应于 G.652 光纤；B1.2 光纤对应于 G.654 光纤；B1.3 光纤对应于 G.652C 光纤)；B2 光纤 (对应于 G.653 光纤)；B4 光纤 (对应于 G.655 光纤)。

11.2.3　光缆结构 optical cable construction

　　由一条或多条光纤或多组光纤连同增强金属线 (或塑料线) 绞合，加绕包带和护层等而形成长条索缆状的组成结构。光缆结构分为简单绞合式、骨架式和矩阵式三种。按包含的光缆条数与配组分为单芯、双芯、4 芯、6 芯、12 芯、24 芯、144 芯等。

11.2.4　单模光纤 single mode fiber

　　在所考虑的波长上只能传导一个束缚模的光纤。束缚模可由一对互相垂直的偏振模组成。单模光纤只能传播基模一个模式 (没有截止波长的模式)，光传播的轨迹是一平行光纤轴的直线，高次模全部被截止，不存在模式色散。单模光纤的纤芯直径比较小，通常在 8μm~10μm 范围。

11.2.5　多模光纤 multimode fiber

　　在所考虑的波长上能传播两个以上束缚模的光纤。对于多模光纤，光线入射进入光纤的角度多，向前转播的路径也多，电场分布的模式多种多样，能同时传播多种模式。多模光纤的纤芯直径比较大，典型值一般为 50μm 或 62.5μm。

11.2.6　纤芯 core

　　包裹在光纤最里面用于传输光束的那一根中心纤。纤芯是大部分光功率通过的光纤中心区，其折射率通常比紧邻包层介质的折射率高，以形成全反射的波导传输关系。

11.2.7　包层 cladding

　　包在纤芯外面紧邻纤芯的介质材料。包层的折射率通常比纤芯的折射率低，以建立全反射条件，为纤芯构建波导环境。

11.2.8　折射率分布 refractive index profile

　　沿光纤横截面直径方向的折射率分布曲线，也称为折射率分布图。折射率分布主要有阶跃型折射率分布、渐变型折射率分布等类型。

11.2.9　阶跃型折射率分布 step index profile

光纤纤芯内的折射率在径向保持常数，纤芯与包层界面折射率如同台阶突然锐变的一种折射率分布。阶跃型折射率分布的光纤，其纤芯与包层的折射率分布形态是台阶状的，见图 11-5 所示。

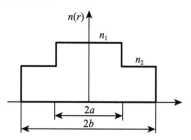

图 11-5　阶跃型折射率分布关系图

11.2.10　等效阶跃型折射率分布 equivalent step index profile; ESI profile

为了分析复杂结构关系光纤的传播特性而将其折射率分布简化假设成的阶跃型光纤的折射率分布。等效阶跃型折射率分布是用于对一些复杂折射率光纤进行简化的假想，以便借助传统的光纤理论进行分析，例如将微结构光纤 (MSF) 的折射率分布简化为跃型光纤 (SIF) 的折射率分布。

11.2.11　等效阶跃型折射率差 equivalent step index difference; ESI difference

等效阶跃型折射率分布中的纤芯折射率与包层折射率之差。在等效阶跃型折射率分布中，光纤芯和包层分别被假设为不同折射率的单一材料。

11.2.12　渐变型折射率分布 graded index profile

纤芯内的折射率随半径变化而变化的一种折射率分布，也称为梯度型折射率分布。渐变型折射率分布的光纤，其纤芯的折射分布形态是中心折射最大，由中心向外从高到低逐渐减小，减小的折射率曲线有弧线型的或斜线型 (倾斜直线) 的，见图 11-6 所示。

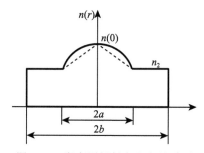

图 11-6　渐变型折射率分布关系图

11.2.13　幂数规律折射率分布 power-law index profile; alpha profile (deprecated)

纤芯的折射率按幂数 (或指数) 规律减低的一种渐变型折射率分布，也称为指数规律折射率分布。其折射率按公式 (11-2) 和公式 (11-3) 计算：

$$n(r) = n_1 \sqrt{1 - 2\varDelta \left(\frac{r}{a}\right)^g}, \quad r \leqslant a \tag{11-2}$$

$$n(r) = n_1 \sqrt{1 - 2\varDelta} = n_2, \quad r > a \tag{11-3}$$

式中：$n(r)$ 为在任何半径 r 处的折射率，是 r 的函数；r 为距光纤轴的距离；n_1 为在轴上位置处的纤芯折射率，即 $r = 0$ 处的折射率；a 为纤芯半径；g 为确定折射率分布曲线形状的参数；$\varDelta$ 为相对折射率差；n_2 为光纤包层的折射率。

11.2.14　折射率分布参数 refractive index profile parameter

在指数规律折射率分布中确定折射率分布形状的参数，用符号 g 表示。指数折射率分布公式中的折射率分布参数见公式 (11-2)。当 "$g = \infty$" 时，为阶跃折射率分布光纤；当 "$g = 2$" 时，为平方曲线 (或抛物线) 折射率分布光纤；当 "$g = 1$" 时，为三角折射率分布光纤。

11.2.15　折射率分析图 refractive index analysis chart

沿光纤横截面直径方向的折射率分布曲线图。即横坐标为光纤的径向尺寸，纵坐标为折射率大小的曲线或折射率分布图。折射率分析图可直观地展示光纤径向的折射变化，方便对光纤折射率变化关系的分析。

11.2.16　抛物线型分布 parabolic profile

幂数规律折射率分布参数 $g = 2$ 的光纤折射率分布。这个抛物线是一个从光纤纤芯的中心随径向距离增加折射率逐渐下降的抛物线。

11.2.17　折射率凹陷 refractive index dip

折射率在纤芯中心出现降低的缺陷情况。折射率凹陷有由于某些制造技术的缺陷造成的，例如改进化学气相沉积 (MCVD) 制造工艺带来的缺陷折射率凹陷，也有专门制作的，这种光纤称为环芯光纤，可以抑制模式组在传输过程中的耦合和衰减，增加光纤传输距离。

11.2.18　均匀包层 homogeneous cladding

至少在其影响光波传播的部分折射率在规定的容差范围内是一常数的包层区。一根光纤里可能有一层以上的均匀包层。

11.2.19　凹陷包层 depressed cladding

在纤芯和包层之间，所设置一个折射率值小于外包层折射率的中间层。这种结构是为了减少单模光纤的色散，可以使材料色散和波导色散相互抵消。

11.2.20　匹配包层 matched cladding

单一的均匀包层构成的包层。匹配包层是光纤包层的一种构成模式，其制造工艺相对简单，一般用外气相沉积法 (OVP) 制造，在弯曲性能和光缆接续等方面有较好的性能。

11.2.21　弱导光纤 weakly guiding fiber

纤芯中最大折射率和均匀包层最小折射率之差很小的光纤。通常其纤芯折射率与包层折射率很接近，相对折射率远小于 1，折射率差小于 1%。弱导光纤的光线与纤轴的夹角小；芯区对光场的限制较弱；倏逝场在包层中延伸较远。

11.2.22　芯区 core area

光纤横截面里其折射率 (折射率凹陷除外) 大于最里面均匀包层折射率一个规定值的区域。这个规定值是纤芯最大折射率与最里面均匀包层折射率之差的一个给定百分数。芯区是指光纤的横截面里，由折射率为 n_3 的各点轨迹所围成的最小横截面积 (不包括任何折射率凹陷)，按公式 (11-4) 计算：

$$n_3 = n_2 + K(n_1 - n_2) \tag{11-4}$$

式中：n_3 为界定纤芯区的折射率；n_1 为纤芯的最大折射率；n_2 为最里面均匀包层的折射率；K 为常数 (通常为 0~0.05)。

11.2.23　基准面 reference surface

〈光纤通信〉供光纤连接时作基准用的光纤圆柱形外表面。典型的基准面是包层或一次涂覆层的外表面。极少情况可能是纤芯的表面。

11.2.24　纤芯中心 core center

光纤芯区外围最佳拟合圆的中心。纤芯中心有可能与包层中心、基准面中心都不相同。最佳拟合方法必须指定。

11.2.25　包层中心 cladding center

光纤包层外围最佳拟合圆的中心。包层中心有可能与纤芯中心、基准面中心都不相同。最佳拟合方法必须指定。

11.2.26 基准面中心 reference surface center

光纤基准面外围最佳拟合圆中心。基准面中心有可能与纤芯中心、包层中心都不相同。最佳拟合方法必须指定。

11.2.27 光纤轴 fiber axis

沿光纤长度所有纤芯中心串联的轨迹。光纤轴就是光纤纤芯的中心线，它随光纤布设状态的变化而变化，光纤为拉直状态时，其为直线轴，光纤弯曲时，其为弯曲轴。

11.2.28 纤芯直径 core diameter

光纤中承担传输光信息的中心材料的圆直径。纤芯的直径根据传输的光模而不同，通常，单模光纤直径一般在 8μm~10μm 之间，多模光纤直径一般为 50μm 或 62.5μm，还有介于单模光纤直径和多模光纤直径之间的直径。

11.2.29 包层直径 cladding diameter

包层厚度中心的圆的直径。包层直径一般为 125μm。包层直径是一个折中的直径，既不是包层内径，也不是包层外径，而且这个直径中不仅有包层的成分，还有非包层的成分，例如纤芯的成分。

11.2.30 基准面直径 reference surface diameter

过基准面中心的圆的直径。一次涂覆层为外表面的光纤，基准面直径是一次涂覆层的直径；包层为外表面的光纤，基准面直径是包层的直径；纤芯为外表面的光纤，基准面直径是纤芯的直径。

11.2.31 平均纤芯直径 average core diameter

沿光纤长度上的所有纤芯直径的平均值。平均纤芯直径是作为相关参数计算和光纤性能评估的一个实用参数。

11.2.32 平均包层直径 average cladding diameter

沿光纤长度上的所有包层直径的平均值。平均包层直径是作为相关参数计算和光纤性能评估的一个实用参数。

11.2.33 平均基准面直径 average reference surface diameter

沿光纤长度上的所有基准面直径的平均值。平均基准面直径是作为相关参数计算和光纤性能评估的一个实用参数。

11.2.34 纤芯直径容差 core diameter tolerance

偏离标称纤芯直径的最大允许偏差值。纤芯直径容差是一个关系到光纤性能和制造成本的数值，容差小，性能就好，但成本高。

11.2.35 包层直径容差 cladding diameter tolerance

偏离标称包层直径的最大允许偏差值。包层直径容差是一个关系到光纤性能和制造成本的数值，容差小，性能就好，但成本高。

11.2.36 基准面直径容差 reference surface diameter tolerance

偏离标称基准面直径的最大允许偏差值。基准面直径容差是一个关系到光纤性能和制造成本的数值，容差小，性能就好，但成本高。

11.2.37 纤芯容差区 core tolerance field

光纤横截面上的外接于芯区的圆和一个与内接芯区圆同纤芯并把芯区围入的最大圆之间的环形区域。

11.2.38 包层容差区 cladding tolerance field

光纤横截面上的外接于包层区的圆和一个与内接包层区圆同纤芯并把包层区围入的最大圆之间的环形区域。

11.2.39 基准面容差区 reference surface tolerance field

光纤横截面上的外接于基准面的圆和一个与内接基准面圆同纤芯并把基准面围入的最大圆之间的环形区域。

11.2.40 纤芯不圆度 non circularity of core

以纤芯最大直径与垂直于最大直径方向上的纤芯直径之差除以上述两值的平均值 (即椭圆的长轴与短轴之差除以两轴平均值)，或确定纤芯容差区的两个圆的直径之差除以纤芯直径。纤芯不圆度是对纤芯圆程度的度量。

11.2.41 包层不圆度 cladding non-circularity

确定包层容差区的两个圆的直径之差除以包层直径，或以包层最大直径与垂直于最大直径方向上的包层直径之差除以上述两值的平均值来表示。包层不圆度是对包层圆的程度的度量。

11.2.42 基准面不圆度 non-circularity of reference surface

确定基准面容差区的两个圆的直径之差除以基准面直径。基准面不圆度是对基准面圆程度的度量。

11.2.43 纤芯/包层同心度误差 core/cladding concentricity error

对于多模光纤，纤芯/包层同心度误差是纤芯中心与包层中心之间的距离除以纤芯直径。对于单模光纤，纤芯/包层同心度误差是纤芯中心与包层中心之间的距离。

11.2.44 纤芯/基准面同心度误差 core/reference surface concentricity error

对于多模光纤，纤芯/基准面同心度误差是纤芯中心与基准面中心之间的距离除以纤芯直径。对于单模光纤，纤芯/基准面同心度误差是纤芯中心与基准面中心之间的距离。

11.2.45 阶跃型光纤 step index fiber

光纤的纤芯与包层的折射率关系为阶跃型折射率分布(或突变性差别)的光纤或光导纤维，也称为阶跃折射率光纤或突变光纤，简称为阶跃光纤。阶跃折射率光纤的传播模式可以用贝塞尔函数来描述，纤芯处的场强度正比于第一类的零阶贝塞尔函数，包层部分由第二类的修正贝塞尔方程描述，模式函数和其一阶导数通常在纤芯-包层界面处是连续的。这种光纤分为单模光纤和多模光纤，单模的是激光通信中色散最小而信息容量最大的传输介质，多模的色散大，信息容量小。光纤传输模式多使光脉冲受到展宽，光纤的模间色散高，传输频带不宽，用于通信不够理想，只适用于如工控等短途低速通信。而单模光纤由于模间色散很小，所以单模光纤都采用突变型。

11.2.46 渐变型光纤 graded index fiber

具有渐变型折射率分布的光纤，也称为梯度型光纤或渐变型折射率光纤或自聚焦光纤。渐变型光纤的纤芯折射率中心最大，沿纤芯半径向往外呈抛物线逐渐减小，直到包层。光线在渐变型光纤中的传输轨迹近似正弦波。通过调节渐变折射率分布和光纤长度可使光线在外部位置会聚在一点。这种光纤的色散小，适用于多模通信的传输，带宽比突变型光纤大1~2个数量级，适合于中距离的光纤通信系统使用。

11.2.47 梯度折射率光导纤维 gradient refractive index optical fiber

折射率沿光纤芯径向呈梯度分布的光导纤维，其折射率分布关系按公式(11-5)和公式(11-6)计算：

$$n^2(r) = n_1^2 \left[1 - 2\Delta \left(\frac{r}{a} \right)^g \right], \quad r \leqslant a \tag{11-5}$$

$$n(r) = n_2, \quad r > a \tag{11-6}$$

式中：$n(r)$ 为离光纤中心距离为 r 处的折射率；n_1 为光纤中心的折射率；Δ 为光纤的相对折射率差，$(n_1{}^2 - n_2{}^2)/2n_1{}^2$；$a$ 为光纤的芯径；g 为不同梯度形状的参数，$g=2$ 为自聚焦玻璃纤维；n_2 为光纤包层的折射率。梯度折射率光纤都属于多模光纤，与阶跃折射率多模光纤相比其色散小，因而传输容量大，适于大容量长距离激光通信。

11.2.48　自聚焦玻璃纤维 self-focusing glass fiber

由中心到边沿的折射率接近抛物线分布而形成自聚焦的玻璃纤维，其折射率分布符合公式 (11-7)：

$$n(r) = n_1 \sqrt{1 - br^2} \tag{11-7}$$

式中：$n(r)$ 为离纤维轴 r 处的折射率；n_1 为纤维轴上折射率；b 为常数，由光纤相对折射差和芯径决定，$b = 2\Delta/a^2$；r 为光纤中离纤维轴某点的距离。这种光纤由于不存在芯与皮的界面，光在其中接近抛物线传输。自聚焦玻璃为多组分石英掺杂玻璃。自聚焦玻璃纤维可作为光学透镜、光通信元件和调制器的耦合件等。

11.2.49　单一材料纤维 single material fiber

以石英材料为纤维芯，空气作为包层，形成光在石英芯中进行全反射传输的阶跃型光学纤维。单一材料纤维由于没有外包层，其机械性能和耐腐蚀性不够好。

11.2.50　多组分玻璃光纤 multicomponent glass optical fiber

组成成分中除含有 SiO_2 外，还有 Na_2O、K_2O、GaO、B_2O_3 等其他成分组成的玻璃光导纤维。多组分玻璃光纤用得较多的是 SiO_2-Na_2O-GaO 系统和 SiO_2-Na_2O-B_2O_3 系统。多组分玻璃光纤比石英光纤容易混入过渡金属离子和氢氧根等杂质，所以传输损耗大。另外，水所引起的光纤表面损伤会使多组分玻璃光纤强度显著降低。

11.2.51　全玻璃光纤 all-glass fiber

纤芯和包层都用多组分玻璃材料制成的光纤。全玻璃光纤的典型类别是全石英玻璃光纤、氟化物玻璃光纤等。

11.2.52　全石英光纤 all-silica fiber

纤芯和包层都用多组分石英材料制成的光纤，也称为全石英玻璃光纤。全石英光纤是以二氧化硅 (SiO_2) 即石英为主要原料，通过不同的掺杂量 (如掺氟、二氧化锗等) 来控制纤芯和包层的折射率分布的光纤。石英光纤是一类重要的光纤材料，具有宽带、低耗、耐高温、化学稳定性好等优点，当光波长为 1.0μm~1.7μm(约 1.4μm 附近)，损耗只有 1dB/km，在 1.55μm 处最低，损耗只有 0.2dB/km，已广泛应用于有线电视和通信系统。

11.2.53 全塑光纤 all-plastic fiber

纤芯和包层都用多组分塑料制成的光纤。全塑光纤的主要原料有聚苯乙烯 (PS)、有机玻璃 (PMMA) 和聚碳酸酯 (PC) 等，其具有损耗较大 (达几十 dB/km)、数值孔径大 (0.3~0.5)、纤芯直径粗 (10μm~1000μm，比单模石英光纤大 10~100 倍)、制造成本较低、接续简单、易于弯曲和施工容易等特点，主要用于装饰、导光照明和近距离光通信中。

11.2.54 塑包石英光纤 plastic clad silica fiber

采用石英纤芯和塑料包层的光纤，也称为塑包光纤。塑包光纤是一种阶跃型光纤，其包层用折射率稍低于石英的硅胶、塑料等材料。其与石英光纤相比，具有纤芯粗、数值孔径高的特点，易与发光二极管 (LED) 光源结合，损耗也较小，适用于局域网 (LAN) 和近距离通信。

11.2.55 预制棒 preform

包含芯棒和外包在内可以用来拉制光纤的一种预制件。光纤预制棒是制造石英系列光纤的核心原材料。生产预制棒的方法主要有改进的化学气相沉积法 (modified chemical vapour deposition, MCVD)、轴向气相沉积法 (vapor phase axial deposition, VAD)、棒外化学气相沉积法 (outside chemical vapour deposition, OVD) 和等离子体激活化学气相沉积法 (plasma activated chemical vapour deposition, PCVD)。光纤预制棒的光学特性主要取决于芯棒制造技术，而光纤预制棒的成本主要取决于外包技术。

11.2.56 管棒法 rod-in-tube technique

将一实心棒放在管子中作为预制棒，从而使棒和管子一起被控制拉成光纤的一种光纤制造方法。

11.2.57 双坩埚法 double crucible technique

使纤芯材料和包层材料分别在两个同心圆坩埚中熔化，从双坩埚底部拉出光纤的一种光纤制造方法。

11.2.58 离子变换法 ion exchange technique

用界面离子交换技术来制造光纤的一种方法。这种方法是通过纤芯/包层界面离子交换来制造渐变型光纤。

11.2.59　化学气相沉积法 chemical vapor deposition technique

〈光纤制造〉采用化学气相沉积技术制造光纤预制棒的一种方法。这种方法是使气相原料与气体在高温下产生化学反应，其合成物沉积在衬管内壁，然后熔缩成一根预制棒。

11.2.60　气相轴向沉积法 vapor phase axial deposition technique

采用化学气相轴向沉积技术制造光纤预制棒的一种方法。这种方法是在化学气相沉积法中使气相合成物在轴向沉积生长而形成预制棒。

11.2.61　阻挡层 barrier layer

阻止羟基离子 (OH^-) 扩散进纤芯的沉积层。阻挡层有第一阻挡层和第二阻挡层：第一阻挡层是在基管和包覆层 (外包) 之间的具有低 OH^- 扩散系数的材料沉积，用于防止包含在基管中的 OH^- 扩散到包覆层中；第二阻挡层是在包覆层 (外包) 和芯棒之间的具有低 OH^- 扩散系数的材料沉积，用于防止已经从基管扩散到包覆层中的 OH^- 再扩散到芯棒中。

11.2.62　涂覆层 coating

在光纤的包层外所涂覆的用以增加光纤的机械强度、柔韧性和使用寿命的保护涂层。涂覆层的材料一般为环氧树脂或硅胶，通常包括一次涂覆层、缓冲层和二次涂覆层。含涂覆层的光纤外径一般要求为 $250\mu m$。

11.2.63　一次涂覆层 primary coating

直接涂在包层上以保持包层表面完整的一层保护涂覆层。涂覆层是保护光纤免受物理冲击和隔离化学腐蚀的外包裹柔性化工材料，常用丙烯酸环氧或有机硅树脂等。一次涂覆是在光纤刚拉成时就涂覆的保护层，其紧紧和石英结合在一起。

11.2.64　二次涂覆层 secondary coating；fiber jacket

直接加在一次涂覆层上以便在光纤成缆时加强保护作用的涂覆层。在一次涂覆层外再进行的二次涂覆，涂覆材料主要用丙烯树脂、有机硅胶、聚酰亚胺和金属等，以对光纤进行物理和化学作用的保护。二次涂覆层一般比一次涂覆层厚，有紧套光纤的二次涂覆层和松套光纤的二次涂覆层两种。

11.2.65　光纤缓冲层 fiber buffer

用来保护光纤以防物理损害的具有减弱冲击作用的材料层。光纤缓冲层通常是在一次涂覆层和二次涂覆层之间的层，以增强光纤的抗撞击能力等。

11.2.66 双包层光纤 double cladding fiber

由纤芯、内包层及外包层等不同折射率层组成的一种多模光波导层光纤。由于折射率不同，可使得不同波长的光能分别在不同波导包层中传输。

11.2.67 光子晶体光纤 photonic crystal fiber (PCF)

横截面上有较复杂的折射率分布，通常含有不同排列形式的气孔，这些气孔的尺度与光波波长大致在同一量级且贯穿器件的整个长度，光波可以被限制在低折射率的光纤芯区传播的光纤，也称为微结构光纤 (micro-structured fibers, MSF)。光子晶体光纤是一种将光纤与光子晶体的特性相结合而形成的一种新型光纤。光子晶体光纤是基于受激辐射原理实现入射光信号放大的一种掺杂光纤器件。在该种光纤中，沿光纤方向上是一种带有线状结构缺陷的光子晶体，光波可沿着光纤晶体结构中的缺陷进行传播。光子晶体光纤有很多奇特的性质：可以在很宽的带宽范围内只支持一个模式传输；包层区气孔的排列方式能够极大地影响模式性质；排列不对称的气孔可以产生很大的双折射效应，从而可设计出高性能的偏振器件。

11.2.68 波导管 wave guide tube

用来定向引导电磁波的结构，只传输色散波 (TE 波即横电波或 TM 波即横磁波)，不能传输横电磁波 (TEM 波) 的金属管。

11.2.69 光纤光栅 fiber grating

轴向折射率呈现周期性分布的无源光纤色散器件。其光谱特性取决于折射率的变化周期和调制深度。广义的光纤光栅是泛指光纤导波介质中物理结构呈周期性分布的一种光子器件，按照物理机制的不同分为蚀刻光栅和折射率调制的相位光栅两大类，而现在普遍说的光纤光栅是指折射率调制的相位光栅。光纤光栅通过波导与光波的相互作用，将在光纤中传输的特定频率的光波，从原来前向传输的限定在纤芯中的模式耦合到前向或后向传输的限定在包层或纤芯中的模式，从而得到特定的透射和反射光谱特性。光纤光栅促成了光纤由被动的传输介质转化为主动的光子器件。光纤光栅按折射率变化形成的方法可分为 I 型光纤光栅、II 型光纤光栅和 III 型光纤光栅；按折射率变化的结果可分为均匀光纤光栅 (含光纤布拉格光栅、长周期光纤光栅和闪耀光纤光栅) 和非均匀光纤光栅 (含线性啁啾光纤光栅、分段啁啾光纤光栅、螺旋光纤光栅、非均匀特种光纤光栅)。非均匀特种光纤光栅典型的有相移光纤光栅 (PSFG)、超结构光纤光栅 (SSFG)、取样光纤光栅 (SFG)、莫尔光纤光栅 (MFG)、锥型光纤光栅 (TFG) 等。

11.2.70　光纤布拉格光栅 fiber Bragg grating(FBG)

　　光栅的面法线方向与光纤轴线方向一致，折射率栅格周期沿纤芯轴向均匀分布，折射率调制深度一般为常数的光纤光栅，其折射率分布见图 11-7(a) 所示，反射光谱见图 11-7(b) 所示。光纤布拉格光栅的栅格周期一般为 10^2nm 量级，折射率调制深度一般为 $10^{-5} \sim 10^{-3}$ (折射率调制深度是折射率在数值上改变的程度)，反射光谱带宽较窄，反射率较高 (约 100%)，其反射带宽和反射率可经过改变写入条件灵活调节，是光纤领域广泛应用的一种光纤光栅。

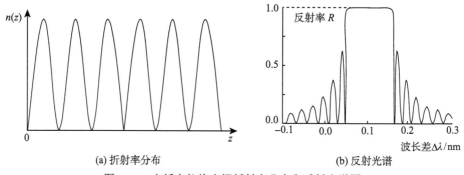

(a) 折射率分布　　　　　　　　　　　　　(b) 反射光谱

图 11-7　光纤布拉格光栅折射率分布和反射光谱图

　　光纤布拉格光栅是通过一定方法使光纤纤芯的折射率发生轴向周期性调制而形成衍射光栅的一种无源滤波光纤。光纤布拉格光栅主要的制作方法是利用光纤材料的光敏性，通过紫外光曝光的方法将入射光相干场图样写入纤芯，在纤芯内产生沿纤芯轴向的折射率周期性变化，从而形成永久性空间的相位光栅。其作用实质上是在纤芯内形成一个窄带的 (透射或反射) 滤波器或反射镜。当一束宽光谱光经过光栅时，满足布拉格条件的波长将产生反射，其余的波长透过光栅继续传输。光纤布拉格光栅具有体积小、熔接损耗小、全兼容于光纤、能埋入智能材料等优点，并且其谐振波长对温度、应变、折射率、浓度等外界环境的变化比较敏感，因此，在光纤激光器、光纤通信和传感领域得到了广泛的应用。

11.2.71　闪耀光纤光栅 blazed fiber grating(BFG)

　　光栅的面法线方向与光纤轴线方向成一定角度，折射率栅格周期沿纤芯轴向均匀分布，折射率调制深度一般为常数的光纤光栅，也称为倾斜光纤光栅 (tilted fiber grating)，其折射率分布见图 11-8(a) 所示，反射光谱见图 11-8(b) 所示。反射光谱带宽较窄，反射率较高 (约 100%)。闪耀光纤光栅不仅能引起反向导模的耦合，还会将基模耦合到包层中辐射掉，其带宽损耗特性可应用于掺铒光纤放大器的增益平坦。小夹角的闪耀光纤光栅可做成模式转换器，将一种导模耦合到另一种导模中。

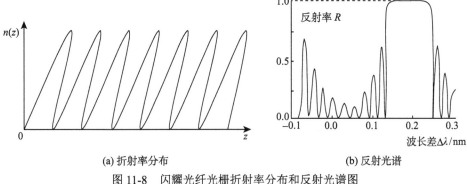

(a) 折射率分布 (b) 反射光谱

图 11-8 闪耀光纤光栅折射率分布和反射光谱图

11.2.72 啁啾光纤光栅 chirp fiber grating(CFG)

光栅的面法线方向与光纤轴线方向一致，折射率栅格周期沿纤芯轴向在整个区域内单调、连续、准周期线性变化 (周期逐渐变小或变大)，折射率调制深度一般为常数的光纤光栅，其折射率分布见图 11-9(a) 所示，反射光谱见图 11-9(b) 所示。

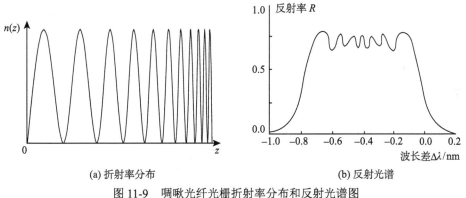

(a) 折射率分布 (b) 反射光谱

图 11-9 啁啾光纤光栅折射率分布和反射光谱图

啁啾光纤光栅的反射率不太高，反射光谱带宽较宽，具有一定的波动性，降低了光纤光栅的品质，不利于应用，可通过逐渐递减两端折射率的调制深度来改善波动性。啁啾光纤光栅可看成仅对光栅周期进行线性调制的情况。

11.2.73 锥形光纤光栅 tapered fiber grating(TFG)

光栅的面法线方向与光纤轴线方向一致，折射率栅格周期沿纤芯轴向均匀分布，折射率调制深度受到倾斜直线的对称调制至两端为零的光纤光栅，其折射率分布见图 11-10(a) 所示，反射光谱见图 11-10(b) 所示。反射光谱带宽较窄，反射

率较高 (约 100%)，由于折射深度的调制使反射光谱两边消除了旁瓣，很好地改善的反射质量。

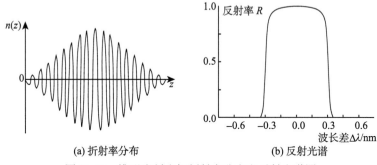

(a) 折射率分布　　　　　　　　(b) 反射光谱

图 11-10　锥形光纤光栅折射率分布和反射光谱图

11.2.74　莫尔光纤光栅 Moiré fiber grating(MFG)

光栅的面法线方向与光纤轴线方向一致，折射率栅格周期沿纤芯轴向均匀或单调、连续变化分布，折射率调制深度受到正弦波 (余弦波) 的对称调制的光纤光栅，其折射率分布见图 11-11(a) 所示，反射光谱见图 11-11(b) 所示。反射光谱为两个高反射率 (约 100%) 的窄带峰，它们的中间有一窄带透射峰，反射光谱具有带通特性。

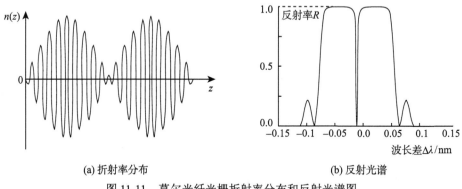

(a) 折射率分布　　　　　　　　(b) 反射光谱

图 11-11　莫尔光纤光栅折射率分布和反射光谱图

11.2.75　螺旋光纤光栅 spiral fiber grating(SFG)

光栅的面法线方向与光纤轴线方向为非线性变化,折射率栅格周期为常数,折射率调制深度沿光纤轴向呈螺旋分布的光纤光栅，其折射率分布见图 11-12(a) 所示，反射光谱见图 11-12(b) 所示。反射光谱为两个带宽较宽的双反射峰，反射率不太高，它们的中间有透射带，可以通过改变光栅的扭转率对反射峰的带宽以及双峰的波长间隔进行调整。

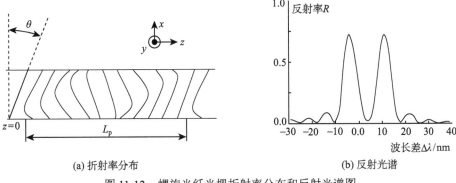

(a) 折射率分布　　　　　　　　　　　　(b) 反射光谱

图 11-12　螺旋光纤光栅折射率分布和反射光谱图

11.2.76　光纤光栅制作 fiber grating manufacture

应用强光按设计的折射率分布关系对光敏光纤进行作用，使光纤在纤芯轴线方向形成栅格周期为常数的折射率分布 (或周期性变化的折射率分布)、折射率调制深度不变或变化的分布被写入光纤中的非接触性光纤加工方法。光纤光栅制作的典型方法主要有干涉写入法 (包括驻波干涉法、全息干涉法、模板衍射法等)、逐点写入法和组合写入法 (包括二次曝光法、变迹曝光法、外场作用法、在线写入法、刻槽拉伸法、透镜阵列法、激光写入法等)。光纤光栅制作的光源主要为紫外光源、CO_2 激光器、飞秒激光器等；应用掺杂 (如掺锗) 或高压载氢技术对光纤增敏。

11.2.77　驻波干涉法光纤光栅制作 fiber grating manufacture of standing wave interference method

注入光纤的入射光与从光纤另一端返回的反射光在光纤内形成驻波，经过一定时间曝光后使纤芯的折射率形成周期性分布的内部写入法的制作方法，制作原理见图 11-13 所示。

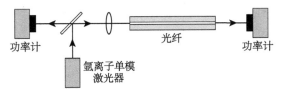

图 11-13　驻波干涉法光纤光栅制作原理图

11.2.78　全息干涉法光纤光栅制作 fiber grating manufacture of holographic interferometry

用分束镜将一束紫外激光分成等振幅的两束光，使两束相干光分别经各自的柱面镜会聚重叠干涉，形成周期性强光干涉条纹对光纤曝光，使光纤的折射率形成周期性分布的制作方法，制作原理见图 11-14 所示。

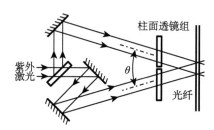

图 11-14　全息干涉法光纤光栅制作原理图

11.2.79　模板衍射法光纤光栅制作 fiber grating manufacture of template diffraction method

通过相位掩模或振幅掩模，让通过的紫外光衍射形成周期条纹，用衍射的周期条纹曝光光纤，使纤芯的折射率形成周期性分布的制作方法。模板衍射法分别有相位掩模法和振幅掩模法两种方法。

11.2.80　相位掩模法光纤光栅制作 fiber grating manufacture of phase-mask method

让入射的紫外光经相位空间调制模板，在模板后形成预定周期的衍射条纹，并用这些周期条纹对光纤进行曝光，使纤芯的折射率形成周期性分布的制作方法，制作原理见图 11-15 所示。

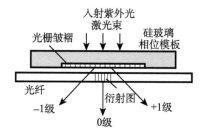

图 11-15　相位掩模法光纤光栅制作原理图

11.2.81　振幅掩模法光纤光栅制作 fiber grating manufacture of amplitude-mask method

让紫外光入射到振幅模板后，经过一个光学系统将振幅模板图案精缩并成像在光纤上，使纤芯的折射率形成周期性分布的制作方法，制作原理见图 11-16 所示。

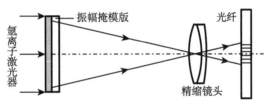

图 11-16　振幅掩模法光纤光栅制作原理图

11.2.82　逐点写入法光纤光栅制作 fiber grating manufacture of point by point writing method

将聚焦的激光束投射到光纤上，通过轴向移动由精密机构控制位移的激光投射系统或光纤 (激光和光纤任何一个均可作为移动对象)，对光纤逐点曝光，使纤芯折射率形成周期性分布的制作方法，制作原理见图 11-17 所示。

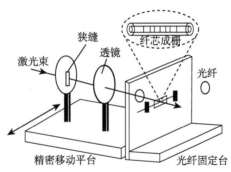

图 11-17　逐点写入法光纤光栅制作原理图

11.2.83　组合写入法光纤光栅制作 fiber grating manufacture of combined writing method

将干涉写入法和逐点写入法中的方法根据需要进行组合，以形成折射率制作结构丰富、形式多样、性能优异、符合需求的光纤光栅的制作方法。

11.3　光纤传播特性

11.3.1　模式 mode

〈光通信〉光信号在光纤中传导的方式，又称为模。模式是光纤传导的重要性能，光在光纤中传导的模式分为单模和多模，单模是直线传导模，在横截面的图案为一圆斑，多模是多轨迹的全反射传导模，在横截面的图案为多种轨迹驻波在横截面上的投影斑。光纤也按能传导的模式分为单模光纤和多模光纤。模式的数学意义是电磁场在光纤波导中传播时麦克斯韦波动方程组的一个解，表示某一给定空间区域的电磁场分布并属于由特定边界条件确定的独立解族，物理意义则是对应的电磁场的存在形式。

11.3.2   光纤导光 optical fiber light guide

用光学纤维作为传输通道，对承载信号的特定光谱段的光波进行传输的过程。光纤导光具有传输信号的带宽宽、损耗小、抗电磁干扰等优点，是通信优越的信号传输手段。

11.3.3   光纤参数 optical parameter

基于光纤构成的折射率、半径等参数，按特定的算法计算，用于表达光纤传输光波能力的参数。光纤参数主要包括相对折射率差、数值孔径、归一化频率、截止波长等。

11.3.4   相对折射率差 relative refractive index difference; refractive index contrast

纤芯折射率与包层折射率的相对差值，按公式 (11-8) 计算：

$$\varDelta = \frac{n_1^2 - n_2^2}{2n_1^2} \approx \frac{n_1 - n_2}{n_1} \tag{11-8}$$

式中：$\varDelta$ 为相对折射率差；n_1 为纤芯的最大折射率；n_2 为最里面的均匀包层的折射率。相对折射率差描述光纤剖面的折射率相对差别程度。由于光纤的相对折射率差与光纤的数值孔径成正比，相对折射率差反映了光纤接收光注入的空间能力，相对折射率差越大接收光注入的空间能力越强。普通的单模光纤的相对折射率差为 0.1‰~1‰。

11.3.5   数值孔径 numerical aperture (NA)

〈光纤〉子午光线进入或离开一光学元件或系统的最大圆锥顶角一半的正弦乘以圆锥顶所在点介质的折射率，分别按公式 (11-9)(阶跃型光纤) 和公式 (11-10)(渐变型光纤) 计算。

$$NA = n_0\sin\theta_a = \sqrt{n_1^2 - n_2^2} = n_1\sqrt{2\varDelta} \tag{11-9}$$

$$NA(r) = n_0\sin\theta_a = \sqrt{n_1^2(r) - n_2^2} \tag{11-10}$$

式中：NA 为阶跃型光纤的数值孔径；n_0 为光纤光入射端的介质折射率 (光入射端介质通常为空气，此时 $n_0 = 1$)；θ_a 为光纤对光的最大可接收角的一半；n_1 为阶跃型光纤的纤芯的折射率；n_2 为最里面的均匀包层的折射率；Δ 为相对折射率差；$NA(r)$ 为渐变型光纤的数值孔径；$n_1(r)$ 为渐变型光纤的纤芯的折射率；r 为距光纤的纤芯中心的径向距离。数值孔径表达光纤端面入射空间光锥能进行导波传播 (全反射传播) 的锥角大小，数值孔径越大，入射空间光锥的角就越大，进入光纤导波传播的光越多。

11.3.6 最大理论数值孔径 maximum theoretical numerical aperture

用纤芯折射率值和包层折射率值计算出来的数值孔径理论值，按公式 (11-11) 计算：

$$NA_{\text{max·th}} = \sqrt{n_1^2 - n_2^2} = n_1 \sqrt{2\Delta} \tag{11-11}$$

式中：$NA_{\text{max·th}}$ 为最大理论数值孔径；n_1 为纤芯的最大折射率；n_2 为最内层均匀包层的折射率；Δ 为光纤的相对折射率差。对于阶跃型光纤，最大理论数值孔径就是其数值孔径；对于渐变型光纤，最大理论数值孔径是公式 (11-11) 中的 n_1 在 $r = 0$ 时的值，即 $n_1(r) = n_1(0)$。

11.3.7 发射数值孔径 launch numerical aperture

将功率耦合 (发射) 进入光纤内的光学系统的数值孔径。发射数值孔径通常应大于光纤的数值孔径，以使光纤能获得最大的光束注入。光纤注入的光束多少受制于发射数值孔径的限制。

11.3.8 归一化频率 normalized frequency

表征光纤中所能传播的模式数目的特征参数，也称为 V 值，按公式 (11-12) 计算：

$$V = \frac{2\pi a}{\lambda} \sqrt{n_1^2 - n_2^2} = k_0 a n_1 \sqrt{2\Delta} = k_0 a \cdot NA \tag{11-12}$$

式中：V 为归一化频率值；a 为纤芯半径；λ 为真空中的波长；n_1 为纤芯的最大折射率；n_2 为均匀包层的折射率；k_0 为真空中的波数；Δ 为光纤的相对折射率差；NA 为光纤的数值孔径。归一化频率是光纤最重要的结构参数，该参数决定了光纤所支持的导模数量，V 值越大，光纤所支持的导模数量 M 就越大。如将光纤中传输的光频率折算成 0 到 1 中的无量纲数，有利于各个频率分布情况的比较、数值使用和状态识别。当 $V \leqslant 2.405$ 时，光纤中只存在唯一的传播模式基模 (即 HE$_{11}$ 或 LP$_{01}$ 模)；$V > 2.405$ 时，光纤中会有多个不同的传输模式。HE 是混合模，在波传播方向既有电场模，也有磁场模，HE$_{11}$ 为基模，是单模光纤工作模式；LP 是弱导光纤的线性极化模，几乎没有波传播方向的分量，LP$_{01}$ 为基模。

11.3.9 截止波长 cut-off wavelength

〈模的〉对于给定的束缚模不能在波导中存在的自由空间波长的界限波长。截止波长的界限是对大于端波长的截止。

11.3.10 光纤截止波长 fiber cut-off wavelength

单模光纤截止多模光的临界波长。或单模光纤中的二阶 LP_{11} 模中止传播的自由空间波长的界限波长。当工作波长大于截止波长时，光纤将只能传输单模光，当传输光波长小于该波长时，单模光纤可传输多模光。光纤截止波长是未成缆光纤的截止波长。光纤截止波长是包含高阶模发射的总功率和基模功率之比降低到一规定值，各模基本均匀激发下的波长。此规定值通常选为 0.1dB。截止波长与测量条件特别是试样长度及其弯曲和成缆状态有关，特别是与样品长度和被测光纤所弯成单圈的半径关系很大，通常在长为 2m 且绕有 280mm 直径环的光纤上测量。

11.3.11 光缆截止波长 cabled cut-off wavelength

已成光缆的光纤截止波长。通常在 22m 光纤上测量，该光纤的 20m 插入缆内，两个 1m 端各有一 90mm 直径环，以模拟光纤接头。

11.3.12 光纤损耗 fiber loss

承载通信信号的光波在光纤中传播，由于光纤吸收、散射和弯曲所导致光传输的能量减弱或损失的现象。

11.3.13 吸收损耗 absorption loss

〈光纤通信〉承载通信信号的光波在光纤中传播，传播随路径的增加使光能量被光纤吸收而逐渐减弱的现象。吸收损耗包括本征损耗、杂质离子吸收损耗和原子缺陷吸收损耗。

11.3.14 本征吸收损耗 intrinsic absorption loss

〈光纤通信〉由光纤材料所决定的固有的吸收损耗。本征吸收损耗与传输的波长有关，通常有紫外吸收损耗和红外吸收损耗：紫外吸收损耗的机理是光纤中传播的光子流将光纤材料中的电子从低能级激发到高能级而引起的损耗，高吸收发生在波长小于 0.4μm，低吸收的尾部可延伸 1μm 左右；红外吸收损耗机理是光纤中传播的光子与晶格相互作用时，部分光波能量传递给了晶格，使振动加剧而引起的损耗，这种晶格振动主要发生在 10μm、21μm 等波长处。紫外和红外的本征吸收损耗见图 11-18 所示。

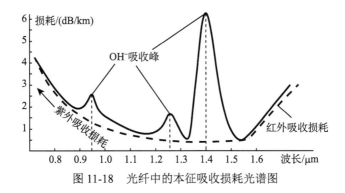

图 11-18 光纤中的本征吸收损耗光谱图

11.3.15 杂质吸收损耗 impurity absorption loss

〈光纤通信〉由于光纤材料纯度不高和制造工艺引入杂质所造成的吸收损耗。杂质吸收损耗由两种杂质吸收引起，一种是过渡金属离子，一种是氢氧根离子。过渡金属离子主要包括铁、铬、钴、镍、铜、锰等离子，这些离子会在光场作用下发生振动，将部分光能量吸收掉；由于 $SiCl_4$、$GeCl_4$ 和 O_2 等原料反应时需要氢氧焰，氢氧根离子 OH^- 存在，使在 $2.73\mu m$、$1.4\mu m$、$0.95\mu m$ 和 $0.75\mu m$ 处有吸收峰，导致光能损失，氢氧根离子 OH^- 的吸收谱见图 11-18 所示。杂质吸收损耗可通过提高材料纯度和完善加工工艺来克服和减小。

11.3.16 原子缺陷吸收损耗 atomic defect absorption loss

〈光纤通信〉由于光纤材料组成原子的缺陷，光纤在经受强粒子辐射时出现明显能量损失的现象。没有强粒子照射时，原子缺陷损耗可忽略不计，但在高能质子射线、高能电子射线、中子射线、X 射线、γ 射线等辐射环境下，晶格很容易在强照射的作用下产生振动，从而吸收光能，引起损耗。

11.3.17 散射损耗 scattering loss

〈光纤通信〉由于光纤材料均匀性问题、结构缺陷等改变了光线在光纤中直线传播方向，使光从光纤的侧面或反向散出光能损失的现象。散射损耗主要有线性散射损耗和非线性散射损耗；线性散射损耗是损耗功率与传播模式的功率呈线性关系，包含瑞利散射和波导散射；非线性散射损耗是损耗功率与传播模式的功率呈非线性关系，包含拉曼散射和布里渊散射。

11.3.18 弯曲损耗 bending loss

〈光纤通信〉由于光纤弯曲的结构关系变化，光纤传输的全反射结构关系被破坏，致使光线从光纤中折射出去所带来的光能损失的现象。弯曲损耗包括宏弯损耗和微弯损耗。数厘米弯曲直径的损耗基本上可忽略不计。

11.3.19　微弯 microbending

光纤的急弯曲，包括几微米的局部轴向位移和几毫米或几个波长的急弯曲。这种弯曲可能是在光纤涂覆、成缆、包装、施工等过程中的内部应变或外部挤压产生的随机的轴向错位或畸变造成。

11.3.20　微弯损耗 microbending loss

光纤中由于微弯引起的光传输损耗。光纤成缆时如果挤压严重会导致高达 1dB/km~2dB/km 的附加损耗。

11.3.21　宏弯 macrobending

光纤轴与直线的任何宏观偏移。光纤弯曲的曲率半径比光纤直径大得多的弯曲为宏弯。宏弯不容易造成光纤损伤或对光纤的损伤较小。

11.3.22　宏弯损耗 macrobending loss

光纤中由于宏弯引起的光传输损耗。当光纤的弯曲半径小到一定值时，会显著改变光纤的边界条件，致使原有的传导模转换为辐射模。一般普通单模光纤的弯曲半径要求大于 7.5cm；纤芯直径为 50μm 的渐变多模光纤弯曲半径要求大于 3.8 cm；纤芯直径为 62.5μm 的渐变多模光纤弯曲半径要求大于 2.5 cm。当宏弯的半径足够大时，宏弯损耗可以忽略不计。

11.3.23　耦合损耗 coupling loss

光从一光学元件耦合到另一光学元件时受到的光功率损耗。耦合损耗可以用绝对值来表示，也可用相当于耦合效率的比值 (dB) 来表示。

11.3.24　模耦合损耗 mode coupling loss

光纤传输中的模从低次模向高次模转换，进而再转换成辐射模，而使整个光波导损耗增加的这种附加损耗。

11.3.25　耦合器损耗 coupler loss

当其他端口被正确连接时，所选择的耦合器输入端到输出端的结构合理性和接口连接完备性问题带来的插入损耗。耦合器损耗主要是耦合器结构方式带来的损耗和连接端口的连接损耗。例如，耦合器的结构为 1 分 2 结构，如果分的角度大就会造成传输光从包层中泄漏。

11.3.26　连接损耗 connection loss

由光纤两端对接引起的光信号或功率的损耗，也称为接头损耗 (splice loss)。连接损耗包括可重复连接的损耗和固定连接的损耗。连接损耗的因素主要有：光

纤横向错位 (两轴心错位) 误差；光纤纵向错位 (两端面有间隙) 误差；光纤角度错位 (两轴有夹角或倾斜) 误差；端面形状误差；端光洁度低；光纤几何尺寸 (纤芯径、椭圆度、偏心度等) 误差；数值孔径误差；折射率误差等。

11.3.27　本征连接损耗 intrinsic joint loss

两根光纤连接时，因光纤参数不匹配而引起的光纤本征的光功率耦合损耗。引起本征连接损耗的参数是光纤几何尺寸和折射率分布的差异。

11.3.28　非本征连接损耗 extrinsic joint loss

由于光纤连接不完善而引起的光功率耦合损耗。非本征连接损耗是光纤参数是匹配的，即光纤几何尺寸和折射率分布是匹配的，但在光纤连接操作和光纤连接器上有机械偏差。

11.3.29　纵向偏移损耗 longitudinal offset loss

光纤接头中由于光纤与光纤对接轴向间隙引起的，或由于光纤与光源或光纤与光检测器连接而纵向偏移最佳校准位置引起的非本征连接损耗。

11.3.30　角偏差损耗 angular misalignment loss

光纤与光纤、光纤与光源或光纤与光检测器最佳校直时由于光轴间有角度偏移而引起的非本征连接损耗，也称为斜接损耗。

11.3.31　错位损耗 transverse offset loss

光纤与光纤、光纤与光源或光纤与光检测器连接，由于横向 (侧向) 偏离最佳校准位置而引起的非本征连接损耗。

11.3.32　传播因子 propagation factor

光波在折射率为 n 的介质中，在传播方向上的波长 λ 的倒数 (波数) 乘以 2π，用符号 k 表示，也称为传输因子或相位常数或传播常数 (propagation constant)。传播因子是描述光纤中各模式传输特性的一个参数，相速度 ω 与速度 υ 之比，即 $k = \omega/\upsilon = n\omega/c = nk_0$，其量纲是距离的倒数。光波在折射率为 n 的介质中的传播因子为真空中的传播因子 k_0 乘以介质的折射率 n，即 $k = k_0 n$。k_V 为传播因子 k 的垂直分量，$k_V = k\sin\theta = k_0 n\sin\theta$。光纤的传播因子就是波动光学中的波数。

11.3.33　轴向传播因子 axial propagation factor

沿光纤轴在传输方向上求得的传播因子，用符号 β 表示，也称为纵向传播因子或纵向传输因子。光束在折射率为 n 的纤芯中的传播因子 k 的方向与光纤轴垂直方向的夹角为 θ 时，轴向传播因子为 $\beta = k\cos\theta = k_0 n\cos\theta$。

11.3.34　光衰减 light attenuation

〈光纤通信〉平均光功率在光纤或光学波导及其连接件中的减弱现象，也称为光损耗 (light loss) 或总损耗 (total loss)。一段光纤上，两个横截面 1 和 2 之间在波长 λ 处 (或对波长为 λ) 的衰减按公式 (11-13) 计算：

$$A(\lambda) = 10\lg\left(\frac{P_1(\lambda)}{P_2(\lambda)}\right) \tag{11-13}$$

式中：$A(\lambda)$ 为光衰减，dB；$P_1(\lambda)$ 为通过模截面 1 的光功率，W；$P_2(\lambda)$ 为通过模截面 2 的光功率，W。

11.3.35　衰减系数 attenuation coefficient

〈光纤〉在稳态条件下，均匀光纤的单位长度损耗，为传播系数的实部，也称为光损耗系数，用符号 $\alpha(\lambda)$ 表示，按公式 (11-14) 计算：

$$\alpha(\lambda) = \frac{A(\lambda)}{L} \tag{11-14}$$

式中：$\alpha(\lambda)$ 为衰减系数，dB/km；L 为光纤长度，km；$A(\lambda)$ 为光衰减或光损耗，dB。衰减系数 $\alpha(\lambda)$ 其值与选择的光纤长度无关。$1/\alpha(\lambda)$ 称为衰减长度。衰减系数 $\alpha(\lambda) = 4.34\alpha(\lambda)_e$，$\alpha(\lambda)_e = (1/L)\ln[P_1(\lambda)/P_2(\lambda)]$。衰减系数可以看成当传输线轴上两点间或波导上两点间距离趋近于零时的衰减的极限值。光在光纤中传输的功率是随距离的增加以指数衰减的。光损耗系数包括吸收和散射。

11.3.36　相移系数 phase shift coefficient

传播系数的虚部，用符号 β 表示。相移系数是当传输轴上两点间或波导上两点间距离趋近于零时，场量相位变化的极限值。

11.3.37　传播系数 propagation coefficient

沿着给定频率的导波、平面波或在有限空间域中实际可视为平面波的传播方向的两点上，当两点间距离趋近于零时，其电磁场的特定分量之比的自然对数除以该距离之商的极限，用符号 γ 表示。传播系数通常是一个复数量，其量纲是距离的倒数，单位为 s^{-1}，传播系数与衰减系数和相位系数的关系为 $\gamma = \alpha + j\beta$。

11.3.38　速衰场 evanescent field

使得至少在一个方向，场的一个矢量的每一分量在所有点上同一时间具有相同的相位，而幅度在几个波长上迅速下降到一个可略去不计的值，这种下降不是由于吸收所造成的电磁场，也称为倏逝场。

11.3.39　模衰减差 differential mode attenuation

光纤各传播模的衰减的差值，也称为模衰减差值。模衰减差是多模光纤传导中，模之间衰减的差别关系。

11.3.40　模时延差 differential mode delay

由于光纤各束缚模的群速度不同而引起的模间的传播时延差，也称为模时延差值或偏振横色散或极化模色散 (PMD)。模时延差与光纤的双折射参数 $\Delta\beta$ 成正比。

11.3.41　平衡模分布 equilibrium mode distribution

多模光纤中不同束缚模间的相对功率分布达到与长度无关的状态，也称为稳态条件 (steady state condition)，或稳态模分布。

11.3.42　平衡长度 equilibrium length

在规定的激励条件下，多模光纤达到平衡模分布所必需的长度，也称为平衡模分布长度 (equilibrium mode distribution length)，或稳态耦合长度。诸模间功率的交换可以在传播一个称为平衡长度的有限距离后达到统计平衡。各模在传播一定距离之后，模耦合将达到稳态，此时的电磁场功率在各模间的分配达到稳态分布。当没有规定激励条件时，可按最坏情况取可能最长的长度作为平衡长度。

11.3.43　非平衡模分布 non-equilibrium mode distribution

在长度短于平衡长度的多模光纤内存在的模 (式) 分布。非平衡模分布中，电磁场功率在各模间的分配还未达到稳态分布。

11.3.44　模耦合 mode coupling

光纤中各模之间的功率交换。当光波导出现纵向非均匀性时，就将出现模式耦合现象。耦合可以发生在同一波导 (腔体) 中不同的电磁波的模式之间，也可以发生在不同波导的电磁波模式之间。

11.3.45　耦合模 coupled modes

能量相互交换的模。耦合模是那些比较相近的模，即它们的传播常数相近的模。通常，强耦合只发生在两个耦合模式之间。

11.3.46　耦合效率 coupling efficiency

耦合的发送侧光功率与接收侧光功率之比，通常以百分比表示。耦合效率是光纤输出 (发送) 端面的功率与输入 (接收) 端面的功率比，两端的差别主要是耦合器的损耗和接续操作的损耗。如果光纤接续 (含耦合器和接续操作) 损耗小，耦合效率就高，反之亦然。

11.3.47　束缚模 bound mode

光纤中，其场从纤芯向外径向上都是单调地衰减，且没有辐射功率损失的模。折射率随着与轴的距离增加而减小，且没有中心折射率凹陷的光纤束缚模，是 β 值为在公式 (11-15) 范围的一种模：

$$n(a)k \leqslant \beta \leqslant n(0)k \tag{11-15}$$

式中：β 为轴向传播系数虚部或传输常数；$n(a)$ 为与轴的距离等于纤芯半径 $(r = a)$ 时的折射率；$n(0)$ 为轴上 $(r = 0)$ 的折射率；k 为自由空间的波数，$k = 2\pi/\lambda$；λ 为波长。束缚模相当于几何光学的术语"传导光线"。在多模光纤中束缚模的功率主要封闭在纤芯内。

11.3.48　横电模 transverse electric mode

〈光通信〉电场矢量 E 垂直于传播方向而磁场矢量 H 不垂直于传播方向 z 而在传播方向面内的模，也称为 TE 模。横电模矢量状态为：$E_z = 0$，$H_z \neq 0$。在光纤中，TE 模和 TM 模相当于子午光线。

11.3.49　横磁模 transverse magnetic mode

〈光通信〉磁场矢量 H 垂直于传播方向而电场矢量 E 不垂直于传播方向 z 而在传播方向面内的模，也称为 TM 模。横磁模矢量状态为：$H_z = 0$，$E_z \neq 0$。在光纤中，TM 模和 TE 模相当于子午光线。

11.3.50　横电磁模 transverse electromagnetic mode

〈光通信〉电场矢量 E 和磁场矢量 H 两者都垂直于传播方向 z 的模，也称为 TEM 模。横电磁模矢量状态为：$E_z = H_z = 0$。在传播方向上没有电场分量和磁场分量的模。

11.3.51　混合模 hybrid mode

在传播方向 z 上既有电场矢量 E 分量，也有磁场矢量 H 分量的模，也称为 HE 模或 EH 模。混合模矢量状态为：$E_z \neq 0$，$H_z \neq 0$。这种模相当于斜 (非子午) 光线。

11.3.52　线性偏振模 linearly polarized (LP) mode

弱导光纤具有线性偏振的一种模。这种模在传播方向的场分量比垂直于传播方向的场分量小。

11.3.53　非束缚模 unbound mode

不属于束缚模的任何一种模，通常是光纤的漏泄模或辐射模。非束缚模是已不在光纤中的传播模，或者说已不受光纤束缚的传输模。

11.3.54 包层模 cladding mode

由于低折射率介质包围在最外包层，而被封闭在包层中的模。一次涂覆层折射率低于包层时，包层与一次涂覆层之间的界面就会形成全反射使光在包层中传播。包层模一般会因光纤弯曲和接续等产生，但通常传播不远。

11.3.55 辐射模 radiation mode

光纤中，处处都从纤芯向外径方向传递功率的模。这种模即使波长趋近于零，依然存在。辐射模相当于折射光线。辐射模是在波导中，能量向波导周围介质中辐射的模。光纤中的辐射模与导模 (表面波) 一起构成光纤的正交完备模系。

11.3.56 漏泄模 leaky mode

光纤中在有限距离内从纤芯向外径方向上具有速衰场，但除此距离以外，处处径向传送功率的模，也称为隧道漏泄模 (tunneling leaky mode)。漏泄模相当于漏泄光线。其是泄漏到包层中而具有传播损耗的准束缚波导模。

11.3.57 模容量 mode volume

能在光纤中存在的束缚模的数目。模容量与归一化频率密切相关，对于归一化频率 $V < 2.405$ 时，阶跃型光纤仅存在一个模式，这就是单模光纤的场合；对于归一化频率 $V > 5$ 时，阶跃型光纤的模容量近似于 $V^2/2$；指数律分布的光纤模容量近似公式为公式 (11-16)：

$$M = \frac{V^2}{2} \times \frac{g}{g+2} \qquad (11\text{-}16)$$

式中：M 为模容量；V 为归一化频率；g 为折射率分布参数。

11.3.58 有效模容量 effective mode volume

近场图的直径 (半幅值全宽) 与远场图半幅值强度所对的辐射角的正弦的乘积的平方。有效模容量与表示多模光纤中的模数的相对功率分布的宽度成正比。

11.3.59 模场直径 mode field diameter

单模光纤的导模横向宽度的量度，用符号 2ω 表示，按公式 (11-17) 计算：

$$2\omega = \frac{2}{\pi} \left[\frac{2\int_0^\infty q^3 \cdot F^2(q)\, \mathrm{d}q}{\int_0^\infty q \cdot F^2(q)\, \mathrm{d}q} \right]^{-1/2} \qquad (11\text{-}17)$$

式中：2ω 为模场直径；q 为 $\sin\theta/\lambda$；$F(q)$ 为远场强度分布。高斯分布的单模光纤，模场直径是光场幅度分布 $1/e$ 处点所围成圆的直径，也等于光功率分布为 $1/e^2$ 轨迹点所围成圆的直径。

11.3.60　轴光线 axial ray

〈光纤通信〉沿光纤光学中心线或光纤轴传播的光线。轴光线就是光纤的中心光线，是用于理论分析时的特定光线，它是光纤传播光束的对称中心。

11.3.61　傍轴光线 paraxial ray

〈光纤通信〉靠近并基本与光纤轴平行的光线。因为傍轴光线与光纤轴之间夹角 θ 很小，在计算时，$\sin\theta$ 或 $\tan\theta$ 可用 θ 角对应的弧度来代替。

11.3.62　子午光线 meridian ray

〈光纤通信〉在光纤子午面内传播的光线，即通过光纤轴线的光线，见图 11-19 和图 11-20 所示。光纤的子午面是包含光纤轴线在内的光纤剖面。

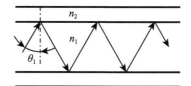

图 11-19　阶跃光纤子午光线的传播轨迹图

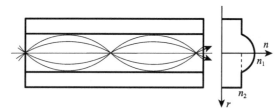

图 11-20　渐变光纤子午光线的传播轨迹图

11.3.63　斜光线 skew ray

〈光纤通信〉不在光纤子午面内传播的光线，即与光纤轴线不相交的光线，也称为不交轴光线。斜光线不经过光纤的中心区域，形成光线轨迹是空间折线轨迹，见图 11-21 所示。光线不经过的光纤中心区域称为焦散面。

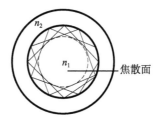

图 11-21　斜光线传播轨迹在横截面的投影图

11.3.64　折射光线 refracted ray

〈光纤通信〉光纤中从纤芯折射入包层的光线。折射光线是不能进行全反射的光线，因此由纤芯进入到了包层，并会泄漏射出，相当于辐射模。

11.3.65　漏泄光线 leaky ray

在光纤中，按几何光学预示能在纤芯边界上产生全反射，但由于纤芯边界的弯曲而遭受损耗的光线，也称为隧道漏泄光线 (tunneling leaky ray)。漏泄光线相当于漏泄 (或隧道漏泄) 模。

11.3.66　色散系数 dispersion coefficient

光纤单位长度的色散，用符号 $D(\lambda)$ 表达，按公式 (11-18) 计算：

$$D(\lambda) = \frac{\mathrm{d}\tau(\lambda)}{\mathrm{d}\lambda} \tag{11-18}$$

式中：$D(\lambda)$ 为光纤色散系数，ps/(km·nm)；$\mathrm{d}\tau(\lambda)$ 为单位长度的群时延，ps/km；λ 为光纤中传输光的波长，nm。

11.3.67　材料色散 material dispersion

光纤材料随波长不同而引起的折射角不同的现象，或光纤材料随波长不同而引起的传输速度不同 (或时延不同) 的现象。

11.3.68　材料色散参数 material dispersion parameter

表达材料色散特性的量，也称为材料色散系数，用符号 $D(\lambda)$ 表达，按公式 (11-19) 计算：

$$D(\lambda) = -\frac{1}{c}\left(\frac{\mathrm{d}N}{\mathrm{d}\lambda}\right) = \frac{\lambda}{c}\left(\frac{\mathrm{d}^2 n}{\mathrm{d}\lambda^2}\right) \tag{11-19}$$

式中：$D(\lambda)$ 为色散参数；N 为光纤群折射率；n 为光纤折射率；λ 为光纤中传输的波长；c 为真空中的光速。多数的光纤材料，在特定波长 λ_0 时，$D(\lambda)$ 为零，此特定波长 λ_0 一般在 1270nm 或 1300nm 附近。按公认规则，当波长小于 λ_0 时，$D(\lambda)$ 的符号取正号，当波长大于 λ_0 时，$D(\lambda)$ 的符号取负号。除 $\lambda \cong \lambda_0$ 情况外，单位长度光纤中材料色散引起的脉冲展宽由 $D(\lambda)$ 乘以谱线宽度 ($\Delta\lambda$) 给出。但是在 $\lambda \cong \lambda_0$ 时，它与 $(\Delta\lambda)^2$ 成正比。符号 $\cong$ 的意思是 "全等"。

11.3.69　折射率分布色散 refractive profile dispersion

光纤中在折射率变化分布状况下的同波长光线随折射率变化而折射角变化和光线随波长变化而折射角变化的现象。折射率分布的变化有两个因素，即相对折射率差的变化和折射率分布参数的变化。

11.3.70　折射率分布色散参数 refractive profile dispersion parameter

表达折射率分布色散的量，也称为折射率分布色散系数，用符号 $P(\lambda)$ 表示，按公式 (11-20) 计算：

$$P(\lambda) = \left(\frac{n_1}{N_1}\right)\left(\frac{\lambda}{\varDelta}\right)\left(\frac{\mathrm{d}\varDelta}{\mathrm{d}\lambda}\right) \tag{11-20}$$

式中：$P(\lambda)$ 为折射率分布色散参数；n_1 为纤芯的最大折射率；N_1 为对应于 n_1 的群折射率，$N_1 = n_1 - \lambda(\mathrm{d}n/\mathrm{d}\lambda)$；$\varDelta$ 为相对折射率差；λ 为对应真空中的波长。

11.3.71　模式间色散 mode dispersion

多模传输的光纤中各模式在光纤中具有不同传输群速度的现象。模式色散使光纤中各模式在传输方向逐渐分开，使光信号在时域展开，或是各模式在同一光源频率下传输参数不同而群速度不同。

11.3.72　波导色散 waveguide dispersion

光纤中某一模式包含不同频率成分在光纤中具有不同传输群速度的现象。波导色散是模式本身的色散。光纤的波导色散与比值 (a/λ) 相关，a 为纤芯的半径，λ 为光的波长。

11.3.73　色散斜率 dispersion slope

光纤色散系数对波长的导数，用符号 $S(\lambda)$ 表示，按公式 (11-21) 计算：

$$S(\lambda) = \frac{\mathrm{d}D(\lambda)}{\mathrm{d}\lambda} \tag{11-21}$$

式中：$S(\lambda)$ 为色散斜率；$D(\lambda)$ 为色散系数；λ 为光纤中光传输的波长。

11.3.74　零色散波长 zero-dispersion wavelength

色散系数为零的波长，用符号 λ_0 表示。光纤总色度色散参数 $D(\lambda)$ 等于材料色散参数 $D(\lambda)_{\mathrm{mat}}$ 与波导色散参数 $D(\lambda)_{\mathrm{wg}}$ 之和，即 $D(\lambda) = D(\lambda)_{\mathrm{mat}} + D(\lambda)_{\mathrm{wg}}$。材料色散参数 $D(\lambda)_{\mathrm{mat}}$ 随波长的增大，色散值逐渐增大，由负值最终变为正值；而波导色散参数 $D(\lambda)_{\mathrm{wg}}$ 始终是负值，随着波长的增大绝对值增加；在特定的波长处，光纤的材料色散参数 $D(\lambda)_{\mathrm{mat}}$ 与波导色散参数 $D(\lambda)_{\mathrm{wg}}$ 彼此抵消为 0，这个特定的波长就是零色散波长 λ_0。

11.3.75　零色散斜率 zero-dispersion slope

零色散波长下的色散斜率值，用符号 S_0 表示，符合公式 (11-22) 的关系：

$$S_0 = S(\lambda_0) \tag{11-22}$$

式中：S_0 为零色散斜率；$S(\lambda_0)$ 为波长为 λ_0 时的色散斜率。

11.3.76 脉冲展宽 pulse broadening

相同长度的光纤中最高次模与最低次模达到终点的时间差。脉冲展宽是由于色散或其他机理造成的脉冲宽度的增大。脉冲展宽可以用冲激响应或半幅值脉宽来规定。脉冲的宽度增大将产生脉冲的失真。

11.3.77 模畸变 mode distortion

多模光纤中由于具有不同特征的多个模的传输而产生的畸变 (失真)。在给定发射条件下，模畸变是由模时延差和模衰减差造成的。

11.3.78 模内畸变 intramode distortion

光纤中一个给定的模内由色散引起的畸变 (失真)，也称为色度畸变 (chromatic distortion)。模内畸变来自于材料色散和波导色散，波导色散和材料色散均源于群速随波长而变化，它们往往同时存在并交织在一起。

11.3.79 发射角 radiation angle

容纳光纤末端出射光束的某一规定光度值百分比的圆锥顶角的一半，也称为输出角 (putout angle)。发射角锥体通常是由远场辐照度从其最大值下降到某一规定百分比时的角度来确定；或者是在远场中任一点上能找出规定的总辐射功率的百分比的那个圆锥。

11.3.80 接收角 acceptance angle

光功率可以耦合进光纤束缚模里去的最大圆锥顶角的一半，也称为最大耦合角。当光纤芯折射率是半径的函数时，接收角将为纤芯输入端面上位置的函数，接收角按公式 (11-23) 计算：

$$\varphi_{\max} = \arcsin \sqrt{n(r)^2 - n_{\mathrm{a}}^2} \tag{11-23}$$

式中：$\varphi_{\max}$ 为接收角；$n(r)$ 为纤芯折射率；n_{a} 为包层的最小折射率。如果角度超出光纤的接收角，则光功率可以耦合进漏泄模里去。

11.3.81 辐射图 radiation pattern

〈光纤通信〉以光纤输出端的发射角或位置为自变量的相对功率分布图。辐射图分别有以输出端发射角为横坐标变量的相对功率分布图和以输出端位置为横坐标变量的相对功率分布图，两种图是等价的或者说来自同一个输出的，只是它们的横坐标采用了不同的变量。

11.3.82　近场区 near-field region

紧靠光源的区域，或者辐射图的孔径随着与光源的距离而明显变化的区域。近场区是光纤测量中，用辐射图变化状态来说明光源与光纤注入端之间，输入关系有明显变化的距离范围区间。

11.3.83　近场辐射图 near-field radiation pattern

描述以光纤出射面平面中的位置为自变量的辐射图，也称为近场图 (near-field pattern)。近场辐射图的近场是在输出端，不同于近场区，其是在输入端。

11.3.84　近场衍射图 near-field diffraction pattern

在近场区中观测到的衍射图，也称为菲涅耳衍射图 (Fresnel diffraction pattern)。近场衍射图的近场是在输出端，不同于近场区，其是在输入端。

11.3.85　远场区 far-field region

离光源远的区域，或者辐射图的孔径随着与光源的距离不变化的区域。远场区也是光纤测量中，用辐射图变化状态来说明光源与光纤注入端之间，输入关系无明显变化的距离范围区间。

11.3.86　远场辐射图 far-field radiation pattern

描述以光纤出射面的远场区中的辐射角为自变量的辐射图，也称为远场图 (far-field pattern)。远场辐射图的远场是在输出端，不同于远场区，其是在输入端。

11.3.87　远场衍射图 far-field diffraction pattern

在远场区中观测到的衍射图，也称为夫琅禾费衍射图 (Fraunhofer diffraction pattern)。远场衍射图的远场是在输出端，不同于远场区，其是在输入端。

11.3.88　平衡辐射图 equilibrium radiation pattern

达到平衡模分布的光纤输出辐射图。对于多模光纤，使光纤长度达到使多模功率稳定分布后，光纤输出辐射的图。

11.4　光　　缆

11.4.1　光缆 optical fiber cable

用单根光纤、多根光纤或光纤束制成的满足光学特性、机械特性和环境性能指标要求的特定结构的成品索线。光缆通常由缆芯、护层和加强芯组成。光缆中也有可能包含金属导体。典型的光缆主要是层绞式光缆、骨架式光缆、束管式光缆、束管式带状光缆、层绞式带状光缆，它们的结构形式见图 11-22 所示。

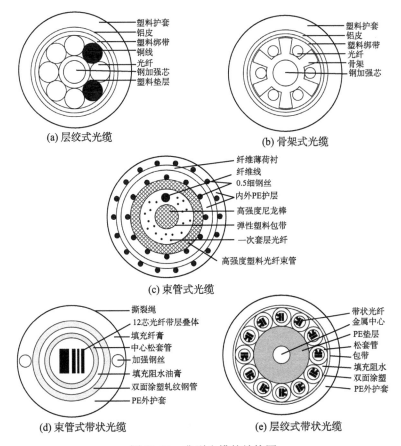

图 11-22　典型光缆的结构图

11.4.2　多芯光纤 multi core fiber

包含两根或两根以上纤芯，每根纤芯可传输独立的信号的光纤。多芯光纤可看成是一种共用包层的光纤，有一纤 3 芯、一纤 7 芯和一纤 19 芯等类型，可用于提高传输容量。传统的光纤是单芯光纤。

11.4.3　光缆组件 optical cable assembly

带有光纤连接器终端的光缆。光缆组件是在光缆的一端或在光缆的两端配备了光纤连接器终端的加配光缆，以方便光缆的使用。

11.4.4　紧套光纤 tight tube fiber

由受到约束的、不能自由拉动和活动的二次涂覆层包裹的光纤构成的光纤。紧套光纤的二次涂覆层与缓冲层及一次涂覆层是通过加工工艺紧密结合在一起的。

11.4.5 松套光纤 loose tube fiber

在一个槽子或一根管子里松散地装设只有一次涂覆的光纤构成的光纤。松套光纤的一次涂覆层及缓冲层是紧套的，而它们对二次涂覆层是相对独立的，可在二次涂覆层内自由活动，也可以通过填充油膏的方式悬浮。

11.4.6 带状光缆 ribbon cable

缆中光纤编排成扁平带状的光缆。将多芯光纤 (4 芯、6 芯、8 芯、12 芯等) 粘在一排的称为一带 (或一组)，多带 (多组) 组成一根光缆的称为带状光缆。大的带状光缆可用两条或多条光纤带叠在一起，然后整个装上外护套制成。带状光缆可以是紧结构的，也可以是松结构的。

11.4.7 松管光缆 loose tube cable

光纤装在一个或多个管子里的松套光缆。松管光缆中可能有一根管子，也可能有多根管子，每个管子中的光纤是可以活动的。

11.4.8 骨架型光缆 grooved cable

光纤放入圆柱体的沟槽里的松套光缆。大的骨架型光缆可用两根或多根圆柱单元一起绞合，然后整个装上外护套制成。

11.4.9 光纤束 fiber bundle

一束无缓冲层的光纤组件。光纤束中的光纤只有一次涂覆层，没有加缓冲层，然后把这些只有一次涂覆层的光纤集束在一起形成组件。

11.4.10 敛集率 packing fraction

光纤束中总的有效纤芯横截面积对光纤束总横截面积之比。光纤束总横截面积通常是指护套里包括包层和填隙在内的面积。敛集率反映的是光纤束构成的有效率，数值越大有效率越高。

11.5 线路器件与连接

11.5.1 线路器件 wiring device

在光纤线路或网络中，用于线路连接、信号选路、信号分配、信号控制、信号调制、噪声隔离、滤波、衰减等功能的器件，也称为光无源器件或网络器件。线路器件包括光纤连接器、光环行器、光隔离器、光耦合器、光开关、光调制器、光滤波器、光衰减器等。有源器件主要是光源和光检测器。

11.5.2 光纤连接 fiber connection

使两根光纤或两条光纤束之间连通，实现光信号持续或接续传输到预定点的状态或施工活动。连接有可拆卸的连接以及固定 (永久) 连接。采用光纤连接器的连接是可重复和拆卸的连接，而熔接接头和机械接头的连接是不可拆卸的连接。

11.5.3 光纤连接器 optical fiber connector

用作连通两根光纤或两条光纤束之间实现光信号的持续传输，并可重复地连接与拆开连接的器件，也称为活动连接器。光纤活动连接器可分为调心型和非调心型，非调心型光纤连接器常用的结构有套管结构、双锥结构、V 型槽结构等，套管结构示意图见图 11-23 中的 (a) 和 (b) 所示。图 11-23(b) 中的套管连接器的插针的细内孔直径、外圆直径和细内孔长度的量值可为，例如，$d_1 = 0.125 \pm 0.001$，$d_2 = 2.499 \pm 0.0005$，$l = 4$。

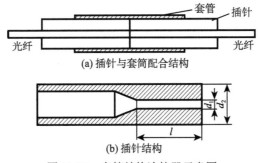

图 11-23　套管结构连接器示意图

光纤连接器的主要性能指标有插入损耗、稳定性、互换性、插拔次数、抗拉强度、重复性、工作温度和反射损耗 (回波损耗) 等。光纤连接器分别有 FC 型光纤连接器 (插针与耦合套筒，套管外用金属材料制作，用卡口螺纹进行连接)、SC 型光纤连接器 (插针和套管外为工程塑料，矩形结构，用插拔方式连接)、ST 型光纤连接器 (插针和套管外用金属材料制作，用带键的卡口锁紧机构进行连接)、双锥型光纤连接器 (端头圆锥形圆筒插头)、DIN 型光纤连接器 (与 FC 相似)、MT-RJ 型光纤连接器 (闩锁机构，双芯排列设计)、LC 型光纤连接器 (模块化插孔闩锁机理) 和 MU 型光纤连接器 (以 SC 为基础) 等类型。

11.5.4 光纤套管 fiber ferrule

通常是一个刚性的管子，用来限制光纤或光纤剥除端的机械紧固装置。典型的做法是将一束光纤的各根光纤在套管内粘在一起，而套管的直径是按能获得最大敛集率来设计的。

11.5.5　光纤接头 optical fiber splice

使两根光纤之间耦合光功率的永久连接部分。光纤接头是不可拆卸的光纤接续的形态和在光纤线路上的位置，包括机械接头和熔接接头。光纤接头是用于不需要拆卸或重复使用的场合。

11.5.6　机械接头 mechanical splice

利用夹具或材料而不是用热熔方法来完成固定连接的光纤接头。机械接头是利用力学原理和机械结构来将两根光纤两个端头实现紧密结合的接头。机械接头是用机械装置实现不可拆卸的固定连接或永久连接物理状态，有 V 型槽法、毛细管法等。

11.5.7　熔接接头 fusion splice

利用局部加热到足以熔融或熔化两段光纤的端头来完成接续，形成固定连接的光纤接头。熔接接头是光纤接头中使用最普遍的接头，其中的电弧放电是熔接法中应用最广的方法。电弧放电熔接由光纤熔接机的高频电源 (20kHz) 的高压 (2000V~4000V) 放电电流 (15mA~20mA) 的加热来实现熔接。

11.5.8　光纤连接组件 fiber joint module

容许两条或多条光纤之间连接的组件。光纤连接组件比光纤连接器有更多的连接能力和连接附加功能，是一种集成了多功能的连接器。

11.5.9　多光纤连接组件 multi-fiber joint module

容许两条或多条多纤光缆之间连接的组件。多光纤连接组件不仅具有光纤连接组件的功能，还能连接多纤光缆，是一种集成了更多功能的连接器。

11.5.10　光纤耦合器 optical fiber coupler

能使传输中的光信号在特定结构的耦合区发生耦合，并进行再分配的器件，也称为光耦合器。光纤耦合器能将两个或多个端口之间传递的光功率无缝 (无外泄漏) 连通的无源器件，其端口可以接到光纤、光源和检测器等。光纤耦合器分别有 3 端口分路器、3 端口合路器、4 端口耦合器、多端口星形耦合器、合波器 (不同光波合一)、分波器 (不同光分别分开) 等类型。光纤耦合器按端口形式可分为：X 形 (2×2) 耦合器、Y 形 (1×2) 耦合器、星形 ($N \times N$，$N > 2$) 耦合器、树形 ($1 \times N$，$N > 2$) 耦合器等，见图 11-24 所示。光纤耦合器耦合后要求频谱和偏振不能变化，变化的只是功率，而使波谱改变的称为波分复用器。

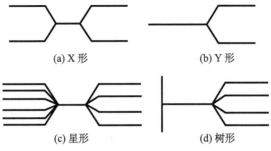

(a) X 形   (b) Y 形

(c) 星形   (d) 树形

图 11-24 光纤耦合器端口形成示意图

11.5.11 定向耦合器 directional coupler

能从一个输入端口将同一波长的光功率无缝 (无外泄漏) 传递到一个或多个确定的输出端口的光纤耦合器。其功能是分别取出光纤中相同方向传输的光信号，结构形状为 2×2 的 3 端或 4 端耦合器。

11.5.12 T 形耦合器 T-coupler

外形像 T 形，具有三个端口的光纤耦合器。T 形耦合器的功能是把一根光纤输入的光信号按一定比例分配给两根光纤，或把两根光纤输入的光信号组合在一起，输入给一根光纤。

11.5.13 Y 形耦合器 Y-coupler

外形像 Y 形，具有三个端口的定向耦合器。Y 形耦合器的功能与 T 形耦合器类似，即功率的分配或合成，它们之间的差别是耦合器的外形，T 形耦合器的结构是相互垂直的。

11.5.14 光合路器 optical combiner

一种把同一波长的光功率从几个输入端口分配给数量较少的输出端口的定向耦合器。光合路器典型的是使用合光路功能的 T 形耦合器和 Y 形耦合器等。

11.5.15 光分路器 beam splitter

将一束同一波长的光分离成两束或多束的无源器件。光分路器典型的是使用分光路功能的 T 形耦合器、Y 形耦合器、星形耦合器、树形耦合器等。

11.5.16 星形耦合器 star coupler

能将同一波长的光功率从一个或几个输入端口分路给数量较多的输出端口，也可把光同一波长的功率从数量较多的输入端口合路给数量较少的输出端口的光纤耦合器。星形耦合器是一种 $n \times m$ 耦合器，通常用作多端功率分配器。

11.5.17　波分复用器/解复用器 wavelength division multiplexer/demultiplexer

将多个不同波长的从发射机输出的光信号组合在一起输入到一根光纤的耦合器件；将一根光纤输出的多个不同波长的光信号分配给不同波长接收机的耦合器件。波分复用器具有将多波长的光波合并在一起输出的功能；解复用器具有对多波长的光波按波长拆分输出的功能。

11.5.18　光衰减器 optical attenuator

一种用于降低 (或改变) 光功率的无源器件。光衰减器分为可变光衰减器和固定光衰减器两大类。固定光衰减器一般为镀金属吸收膜的琉璃片，通常采用活动连接器形式连接。固定光衰减也可以通过在光纤端面镀金属膜来实现，还可以用空气衰减 (在光路上设置几微米的气隙) 来实现。可变光衰减器可采用两块各位置镀不同厚度金属膜片的组合来形成所需要的光衰减量。可变光衰减器主要用于光线路电平调整，例如测量光接收机灵敏度时，需要用可变光衰减器进行连续调节来观察接收机的误码率，包括在校正光功率计时也需要可变光衰减器。固定光衰减器主要用于调整光纤通信线路电平，如光纤通信线路电平太高，就需要串入固定光衰减器。

11.5.19　隔离器 isolator

对正向、反向传播具有不同衰减能力的一种二端器件。隔离器是一种只允许光波往一个方向传播，阻止光波往其他方向特别是反方向传播的无源器件。它在一个方向的衰减比其反方向的衰减大许多。隔离器常常用来防止反射沿传输路径返回，主要用在激光器或光放大器的后面。

11.5.20　光环行器 optical circulator;halo line device

具有多个端口的、只允许光波往一个方向传播的无源器件。光环行器除端口多以外，其工作原理与隔离器相似。典型的光环行器一般有 3 个或 4 个端口。光环行器主要用于光分插复用器中。

11.5.21　光开关 optical switch

置于光路中，对光路传输的信号进行快速切换的无源器件。光开关的性能参数主要是插入损耗、串扰、开关时间、扩展信号和寿命等。开关时间根据用途不同，指标不同，例如，用于业务保护和恢复切换的开关时间在毫秒级，而用于光交换的则需要达到纳秒级。光开关的类型主要有：机械开关 [光纤开关、自由空间棱镜开关、宏机械开关、微机电系统 (MEMS) 光开关等]；固体波导光开关 (电光开关、声光开关、热光开关等)；新技术开关 (气泡开关、液晶开关、全息开关等)。

11.5.22 光调制器 optical modulator

应用电光效应、磁光效应或声光效应等将信息加载到光波 (载波) 上，以实现从电信号到光信号转换的器件。光调制的方法有内调制和外调制：内调制可通过直接改变半导体激光器的注入电流来实现对光载波的调制；外调制是使光束穿过电光效应晶体等，通过改变施加在光电晶体上的电场强度，从而使光电晶体中出射光的相位、振幅、偏振等参数发生改变来实现的调制。光调制器主要有电折射调制器 (相位调制)、马赫-曾德尔 (M-Z) 型调制器 (对两条光路实施相位调制，以实现光输出的 "通" 或 "断" 的功能)、声光布拉格调制器 (调制形成折射率周期分布的光栅)、电吸收多量子阱 (MQW) 调制器 (对光输出进行强制调制) 等。

11.5.23 光滤波器 optical filter

用来限制某些波段的光辐射通过的一种器件，也称为滤光器。光滤波器通常用来改变光谱的分布。光滤波器可以用于波长选择、光放大器的噪声滤除、增益均衡、光复用/解复用等。光滤波器主要有法布里-珀罗滤波器 (平板间隔决定波谱输出)、马赫-曾德尔干涉滤波器 (由两路光的光程差决定波长输出)、阵列波导光栅 (波导决定波长输出)、光纤光栅滤波器 (光栅衍射角决定波长) 等。

11.5.24 双色滤光器 dichroic filter

能把光辐射分隔成两个谱带的滤光器。例如：高通和低通滤光器；马赫-曾德尔干涉滤波器就可以通过调整两支光路的干涉光程差来使两个不同波长的光从两个不同的通道输出。

11.5.25 双色镜 dichroic mirror

根据波长有选择地反射某些光的镜子。双色镜是一种镀制了干涉膜的玻璃片，这种膜层具有对反射光波长的选择性 (即只反射某特定波长) 和透射光波长的选择性 (即只透射某特定波长)，由此使两种不同波长的光从两个不同的通道输出。

11.5.26 干涉滤光器 interference filter

由一层或多层介质薄膜或金属薄膜构成的，并借助干涉效应而工作的滤光器。干涉滤光器通常是只透射某一特定窄带波的滤光镜，可以用于对某一特定波长选择输出。

11.5.27 滤模器 mode filter

用来接受或抑制某个模或某些模的器件。滤模器可以通过将光纤弯曲成圆圈形成对高阶模过滤的滤模器。可通过测试来确定光纤需弯曲的直径大小和圈数。

11.5.28　扰模器 mode scrambler

用来促使光纤中诸模之间的功率转换，有效地搅乱模式的器件，也称为混模器 (mode mixer)。采用上波纹板与下波纹板啮合相对的布置结构，将传输光的光纤放置在上下波纹板之间，通过轻轻地挤压光纤上特殊设计的精密机构波纹的外表面，引起光纤的宏弯，使光纤中的高阶模混合，输出强度均匀分布的光斑，以改善输出信号的质量，消除散斑等噪声。波纹板与下波纹板是一种经典的扰模器。扰模器常常用以提供一种与光源特性无关的模式分布。

11.5.29　包层模剥除器 cladding mode stripper

一种促使包层模转换成辐射模的器件，也称为剥模器 (mode stripper)。它通常用折射率等于或稍大于光纤包层折射率的材料构成。包层模剥除器的典型类型为，在一个平板表面上刻一条 S 形弯曲槽，在槽内放有折射率大于包层的折射率液体，将剥去了涂覆层的光纤放入槽中，使光纤的包层模折射出去的器具。

11.5.30　尾纤 optical fiber pigtail

一端附在活动连接头元件上，便于活动连接头元件与另一光口或光纤连接的一段短光纤，也称为猪尾线。尾纤只有一端有连接头，另一端是一根光缆纤芯的断头，主要用于实现设备间光口互联和设备与光缆纤芯互连，典型的连接是与终端的连接。当尾纤与光源连在一起时，也称为发射光纤 (launching fiber)，此时发射光纤与尾纤是同义词。

11.5.31　锥形光纤 tapered fiber

横截面尺寸沿着光纤长度逐渐相似变化的光纤。锥形光纤普遍采用的制作方法是熔拉法，制作要保证光纤的包层和纤芯的直径沿光纤轴向均均匀变细，其主要几何参数为光锥长度、光锥锥度、光纤锥的粗端半径和光纤锥的细端半径。锥形光纤的功能为：当光从大端入射时，锥形光纤可以提高入射端损伤阈值，能准直入射光束，提高光束质量；当光从小端入射时，锥形光纤可以作为扩束器等。

11.5.32　折射率匹配材料 refractive index matching material

用来减小光纤端面的菲涅耳反射，折射率近似等于纤芯折射率的透明液体和胶黏材料。折射率匹配材料是光纤连接时，为了避免连接带来的光学性能影响而使用的材料。

11.5.33　光放大器 optical amplifier

一种在保持光信号特征不变的条件下，增加光信号功率的有源器件。光放大器的原理是基于激光的受激辐射和材料的受激散射，通过将泵浦光的能量转变为信号光的能量来实现放大。光放大器的类型主要有：半导体激光放大器 (辐射进入增益介质直接放大)；掺杂稀土元素放大器 (辐射通过激活掺杂光纤放大)；光纤布里渊放大器 (非线性效应放大)；光纤拉曼放大器 (非线性效应放大) 等。光放大器的主要参数为：泵浦和增益系数；增益带宽和放大器带宽；增益饱和与饱和输出功率；放大器噪声。

11.6　光检测器及测量

11.6.1　光检测器 optical detector

受到光功率照射时产生电信号输出的一种换能器件，也称为光探测器。光检测器是光信号读出的光电器件，主要应用于光通信的接收端。

11.6.2　集成光路 integrated optical circuit(IOC)

由集中制作在同一基底上的有源和无源的电、光和 (或) 光电元件组成具有信号处理功能的单片的或混合的光路。

11.6.3　响应度 responsivity

〈光纤通信〉光检测器的电输出与光输入之比。通常以单位入射光功率下产生的光电流或电压大小表征，单位为安/瓦 (A/W) 或伏/瓦 (V/W)。

11.6.4　灵敏度 sensitivity

〈光纤通信〉达到规定性能质量所需要的最低光功率，也称为测试阈值。输出信噪比、误码率等都是典型的性能的量度。灵敏度不等同于响应度。

11.6.5　光纤终端装置 fiber optic terminal device

包括一个或多个光电器件，用来把电信号变换为光信号和/或把光信号变换为电信号，能连接到至少一根光纤的一种组件。光纤终端装置常常都具有一个或多个集成光纤连接器或尾纤。

11.6.6　发送光纤终端装置 transmit fiber optic terminate device

具有一个或多个光源以及一个或多个光输出端的光纤终端装置，也称为发送终端。光发送光纤终端装置的光源通常采用半导体激光器、半导体二极管等光源。

11.6.7　接收光纤终端装置 receive fiber optic terminate device

具有一个或多个光检测器和一个或多个光输入端的光纤终端装置，也称为接收终端。接收光纤终端装置的光检测器通常采用对光源辐射灵敏的光电传感器，例如对近红外辐射灵敏的光电接收器。

11.6.8　PIN-FET 集成接收器 PIN-FET integrated receiver

由 PIN 光电二极管和场效应晶体管 (FET) 组合并封装在一个外壳里的光接收器。PIN-FET 集成接收器是一种一体化集成封装的器件，其集成特性比由各个分立元件分立结合装置的特性有显著改善。

11.6.9　四同心圆近场样板 four concentric circle near-field template

适用于光纤近场辐射图的对比与检查，由四个同心圆构成的样板。这种样板常被用作对光纤各个几何特性的容许偏差进行总的检查的一种简单方法。

11.6.10　四同心圆折射率样板 four concentric circle refractive index template

适用于光纤折射率分布完整曲线的对比与检查，由四个同心圆构成的样板。这种样板常被用作对光纤各个几何特性的容许偏差进行总的检查的一种简单方法。

11.6.11　光时域反射法 optical time domain reflectometry(OTDR)

靠光脉冲传输通过光纤，测量返回输入端的散射光与反射光的合成光功率的时间函数，从而测得光纤特性的一种方法，也称为后向散射法 (backscattering technique)。这种方法在估算均匀光纤的衰减系数，检查光纤的光学连续性，确定故障点位置以及其他局部损耗方面是很有用的。

11.6.12　切片干涉测量法 slabbing interferometry

使用干涉仪来扫描光纤的薄切片端面 (垂直于光纤轴)，从而测得光纤折射率分布的方法。

11.6.13　横向干涉测量法 transverse interferometry

把光纤放在干涉仪中，并从横截于光纤轴的方向照亮光纤，用以测量光纤折射率分布的方法。

11.7　通 信 系 统

11.7.1　光纤链 optical fiber link

由光发射单元、光纤、光接收单元、连接器元件，必要时还有光中继器组成的任何传输通信链路，也称为光纤链路。

11.7.2　光数据总线 optical data bus

使用光纤传输的数据总线。光数据总线是为光纤通信网络各系统之间的信息和数据的交换和共享提供的协调、规范的分配、传输和控制逻辑操作的软件和硬件集成装置。光数据总线的性能指标主要是总线带宽 (传输速率)、总线位宽 (同时传输位数) 和总线工作频率 (工作时钟频率)。

11.7.3 波分复用 wavelength division multiplexing(WDM)

在一根光纤内按光波长区分开的两个或多个信道同时传输的技术。波分复用技术一般有粗波分复用 (CWDM)、密集波分复用 (DWDM)、光频分复用 (OFDM)。通常，载波复用数小于 8 波，信道间隔大于 3.2nm 的为 CWDM；载波复用数大于8 波，信道间隔小于 3.2nm 的为 DWDM；波分复用的密集程度与其他电通信的频分复用密集程度相当的为 OFDM。波分复用是频分复用 (FDM) 的一种形式。为了避免混淆，使用专门的术语以与光纤线路在一个波长上可能采用光载基带信号组成的频分复用相区别。

11.7.4 时分复用 time division multiplexing(TDM)

利用高速光开关把多路光信号在时域里复用到一路上的传输技术。光时分复用是每个基带数据流在复用信道上分配一个时隙进行串行传输。光时分复用与电时分复用道理上相同，只是电时分复用在电域完成。

11.7.5 空分光交换 space-divisional photonic switching(SDPS)

光由波导结构所限制和引导的空间无干涉地控制光路径的光交换。最基本的空分交换是 2×2 光交换模块，输入端和输出端均有 2 根光纤。典型的空间光交换由二维光极化控制的阵列或开关门器件组成。

11.7.6 时分光交换 time-divisional photonic switching(TDPS)

把 N 路时分复用信号中各个时隙的信号互换位置的光交换。时分光交换是使时分复用信号经过分路器使其每条线上同时都只有某一时隙的信号，然后把这些信号分别经过不同的光纤延迟器件使其获得不同的时间延迟，最后再把这些信号经过一个复用器重新复合起来。

11.7.7 波分光交换 wave-divisional photonic switching(WDPS)

通过改变波长关系进行的光交换。有波长互换光交换和波长选择光交换两种方式。波长互换光交换是从波分复用信号中提取所需波长的信号，把它调制到另一个波长上去实现。波长选择光交换可以看成一个 $N \times N$ 阵列波长交换系统，N 路原始信号在输入端分别去调制 N 个可变波长激光器，产生出 N 个波长信号，经星形耦合器后形成波分复用信号，在输出端采用光滤波器或相干光检测器检出所需波长的信号。

11.7.8 波长交换 wavelength switching

光信号在网络节点中不经过光/电转换直接将所携带的信息从一个波长转移到另一个波长上的交换。

11.7.9　光中继器 optical repeater

一种主要包括一个或几个光信号放大器和辅助器件的设备。它的输入和输出都是光信号，插入传输介质中某一点上使用。

11.7.10　光再生中继器 optical regenerative repeater

一种用来接收数字信号并能按规定要求再生信号的光纤中继器。光再生中继器主要由光电检测器、放大器、均衡器、判决再生电路、光源与驱动电路、自动功率控制 (APC) 电路和自动增益控制 (AGC) 电路等组成，其基本功能是均衡放大、时钟提取和识别再生 (即 3R 功能)。

11.7.11　受衰减限制的运行 attenuation-limited operation

光纤链路中，系统的运行性能受接收光功率大小限制的运行能力。对于衰减限制，解决传输链路损耗、提高发射源功率和提高接收灵敏度是突破限制的路径。

11.7.12　受带宽限制的运行 bandwidth-limited operation

光纤链路中，系统的运行性能受系统带宽限制的运行能力。对于带宽限制，提高传输链路带宽和压小信号载体谱宽是突破限制的路径。

11.7.13　受失真限制的运行 distortion limited operation

光纤链路中，系统的运行性能受任何种类失真限制的运行能力。对于失真限制，提高传输信号质量和提高接收信号质量是突破限制的路径。

11.7.14　受量子噪声限制的运行 quantum-noise-limited operation

光纤链路中，系统的运行性能受量子噪声限制的运行能力。对于量子噪声限制，减小信号传输链路噪声和信号接收器噪声是突破限制的路径。

11.7.15　模噪声 modal noise

光纤系统中，由模衰减差和诸束缚模之间光能分布起伏或相对相位波动共同影响而产生的噪声，也称为斑点噪声 (speckle noise)。

11.7.16　光孤子 optical soliton

经光纤长距离传输后其幅度和宽度都不变的超短光脉冲。光孤子的脉冲为皮秒数量级，即脉冲时间为 1×10^{-12} s 数量级。在一定条件下，相互对立的光纤色散和非线性效应共同作用于光脉冲出现相互抵消，就可保持脉冲宽度不变，形成稳定的光孤子。光孤子是光纤的群速度色散和非线性效应相互平衡的结果。

11.7.17 光孤子通信 optical soliton communication

利用光纤群速度色散和非线性效应相互平衡结果的光孤子作为载体的通信方式。光孤子通信的传输距离可达上万千米，甚至几万千米。

11.7.18 光孤子通信系统 optical soliton communication system

由光孤子源、孤子传输光纤、孤子能量补偿放大器和孤子脉冲信号检测接收单元组成的光通信系统。光孤子通信系统主要特点是大容量和长距离传输。光孤子源是光孤子通信系统重要的组成部分，要求能输出功率较大、脉宽很窄、谱线很纯的变换限制双曲线正割或高斯形超短脉冲串。

11.7.19 光接入网 optical access network

通信网络中由业务结点接口 (SNI) 和用户网络接口 (UNI) 之间一系列传送实体组成，为供给电信业务提供所需的传送承载能力，可经由网络管理接口配置和服务的网络系统。光接入网为共享相同网络侧接口并由光传输系统所支持的接入链路群，也称为光纤环路系统 (FITL)。光接入网俗称为通信网络的 "最后一公里网络"。光接入网从系统配置上可分为无源光网络 (PON) 和有源光网络 (AON)。原则上，对接入网可以实现的 UNI 和 SNI 的类型和数目没有限制。光接入网有四个基本应用类型：光纤到路边 (FTTC)；光纤到大楼 (FTTB)；光纤到办公室 (FTTO)；光纤到家 (FTTH)。

11.7.20 无源光网络 passive optical network(PON)

网络中没有任何有源电子设备的一种纯介质网络。在光线路终端 (OLT) 和光网络单元 (ONU) 之间没有任何有源电子设备的光接入网。无源光网络主要是线路终端 (OLT) 和光网络单元 (ONU) 之间的光分配网络 (ODN) 是无源设备。无源光网络对各种业务是透明的，易于升级扩容，便于维护管理，缺点是光线路终端 (OLT) 和光网络单元 (ONU) 之间的距离和容量受到限制。

11.7.21 有源光网络 active optical network(AON)

从局端设备到用户分配单元之间采用了光电转换设备、有源光电器件等有源设备传输的网络。用有源设备或有源网络系统 (如 SDH 环网) 的光远程终端 ODT 代替无源的光网络中的线路终端 (OLT)，线路终端 (OLT) 和光网络单元 (ONU) 之间存在有源电子设备的光接入网。有源光网络主要是线路终端 (OLT) 和光网络单元 (ONU) 之间的光分配网络 (ODN) 是有源的。有源光网络的传输距离长、容量大，易于扩展带宽，运行和网络规划灵活性大，但是需要供电和机房。

11.7.22 光纤混合网 hybrid fiber coax(HFC)

在一个有线电视 (CATV) 网内能够传送多种业务并且能够双向传输的接入网。从传统的同轴电缆 CATV 网到 HFC 网经历了单向光纤 CATV 网、双向光纤 CATV

网的过程, 最后发展到 HFC 网。光纤混合网的原理是在双向光纤网的基础上, 根据光纤的宽频带特性, 用空余的频带来传输话音业务、数据业务或个人信息; 传输过程是将视频业务信号和电信业务信号在主数字终端 (HDT) 处混合在一起, 调制到各自的传输频带上, 通过光纤传输到光纤节点, 在光纤节点处进行光/电转换后由同轴电缆或由光缆分配到每个用户, 每个光纤节点能够服务 500 个左右的用户。

11.8　空间光通信

11.8.1　空间光通信 space optical communication

利用设置在空间的两个或多个通信终端之间传输激光束作为信息载体进行通信的方式, 也称为自由空间光通信 (free space optical communication, FSO)、无线光通信 (wireless optical communication, WOC)、空间激光通信 (space laser communication, SLC)。环绕地球可建立的空间光通信链路有: 轨道高度小于 1000km 的低轨道卫星 (LEO) 与 36000km 的高同步轨道卫星 (GEO) 间的链路; GEO 与 GEO 间的星间链路; LEO 与 LEO 间的星间链路; GEO 与地面间的星地链路; 飞机与 GEO 或 LEO 间的链路; 飞机与飞机间的链路; 地面间的链路等。空间光通信与微波通信相比具有通信容量大、抗干扰性好、保密性强、体积小、功耗低、建造和维护成本低等优点。

11.8.2　空间光通信系统 space optical communication system

由相互间进行信息交换的两个或多个激光通信终端为主体以及相关的支持分系统共同组成的光通信系统。空间光通信系统的组成和原理见图 11-25 所示。激光通信终端由捕获、对准和跟踪 (acquisition pointing tracking, APT) 子系统, 通信子系统和接口子系统组成。APT 子系统由光学天线、粗瞄模块、精瞄模块、精跟踪模块、超前瞄准模块、信标光模块、APT 控制器等组成; 通信子系统由接收机和发射机等组成; 接口子系统由遥测遥控模块、数据接口模块、二次电源模块和星载数据处理系统 (on-board data handling, OBDH) 接口模块等组成。

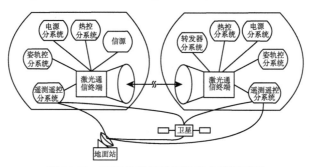

图 11-25　空间光通信系统的组成和原理图

11.8.3 空间环境适应性 space environment adaption

激光通信终端在空间环境振动条件、温度与热循环条件、真空条件和辐射条件下保持长期、稳定正常工作的适应性。

11.8.4 通信链路方程 communication link equation

计算接收机探测器接收功率的方程，按公式 (11-24) 计算：

$$P_{\text{r}} = \left(\frac{\pi D_{\text{t}}}{\lambda}\right)^2 \cdot \left(\frac{\lambda}{4\pi L}\right)^2 \cdot \left(\frac{\pi D_{\text{r}}}{\lambda}\right)^2 \cdot P_{\text{t}} = G_{\text{t}} \cdot \left(\frac{\lambda}{4\pi L}\right)^2 \cdot G_{\text{r}} \cdot P_{\text{t}} \tag{11-24}$$

式中：P_{r} 为接收机探测器的接收功率；$G_{\text{t}} = \left(\frac{\pi D_{\text{t}}}{\lambda}\right)^2$ 为发射天线增益；$\left(\frac{\lambda}{4\pi L}\right)^2$ 为自由空间损耗；$G_{\text{r}} = \left(\frac{\pi D_{\text{r}}}{\lambda}\right)^2$ 为接收天线增益；P_{t} 为发射器的发射功率。上式是衍射极限角的情况下得出的，当激光束散角大于衍射极限角时，上式方程修正为公式 (11-25)：

$$P_{\text{r}} = T_0 T_{\text{t}} T_{\text{r}} \cdot \frac{\pi^2 D_{\text{t}}^2 \cdot D_{\text{r}}^2}{16 L^2 \lambda^2} \cdot \left(\frac{\phi_0}{\phi_1}\right)^2 \cdot P_{\text{t}} = G_{\text{t}} \cdot \left(\frac{\lambda}{4\pi L}\right)^2 \cdot G_{\text{r}} \cdot T \cdot \left(\frac{\phi_0}{\phi_1}\right)^2 \cdot P_{\text{t}} \tag{11-25}$$

式中：$T = T_0 T_{\text{t}} T_{\text{r}}$ 为介质损耗，包括大气、海水透过率及发射、接收光学系统透过率；$\left(\frac{\phi_0}{\phi_1}\right)^2$ 为实际光束发散角与衍射极限角的比例系数。

光通信链路功率设计要保证在所要求的参数 (通信距离、系统码率及误码率) 条件下，光接收端机探测器上接收到的最小功率 P_{rmin} 要大于接收机灵敏度。

按照激光的传输模型，系统发射光端机激光的发射功率为

$$P_{\text{t}} = P_{\text{r}} \cdot \frac{\theta^2 \cdot l^2}{T_0 T_{\text{t}} T_{\text{r}} \cdot D_{\text{r}}^2} \tag{11-26}$$

式中：θ 为通信光发散角；l 为通信距离；T_0 为大气、海水透过率；T_{t} 为发射光学系统的透过率；T_{r} 为接收光学系统的透过率；D_{r} 为接收光学系统的口径。

11.8.5 信标 beacon

〈空间光通信〉为空间卫星提供方位参考的空间中的恒星、行星、人造卫星等星体。信标可以用于确定接收方自己在空间的方位和姿态的星体。

11.8.6 信标光 beacon light

〈空间光通信〉星体所发出的为接收方提供参考位置和姿态的光。人造卫星作为信标时所发出的用于自己被发现和为对方提供参考位置和姿态的光。人造卫星的信标光＋星敏感器可不需要通过扫描而直接捕获建立链路。

11.8.7　星敏感器 star sensor

〈空间光通信〉利用一些星体的位置精确测定自身卫星的位置和姿态的光探测装置。星敏感器一般安装在人造卫星的终端上。

11.8.8　指向目标过程 targeting process

〈空间光通信〉空间光通信终端由任意位置指向目标可能出现的区域的过程。指向目标过程的运动范围较大，运动速度也较大，典型速度为 1(°)/s 量级。

11.8.9　捕获 acquisition

〈空间光通信〉两个光通信终端之间发现对方信号和确定对方位置的状态。卫星间捕获的接收成像/发射信标方式有凝视/凝视方式、凝视/扫描方式、扫描/扫描方式、扫描/凝视方式。接收成像为被动方，发射信标为主动方，主动方发射信标的凝视方式为信标光发散角大于另一端的凝视视场角。

11.8.10　扫描方式 scanning mode

〈空间光通信〉空间光通信终端的主动方为了让对方的空间光通信终端发现自己，使其信标光扩大照射角度范围所设计的光投射轨迹。为了提高扫描效率和扩大扫描范围，信标光设计的扫描方式有矩形扫描、螺旋扫描、矩形螺旋扫描、玫瑰形扫描和李萨如形扫描。

11.8.11　对准 pointing; targeting

〈空间光通信〉两个光通信终端之间在完成捕获后进行相互精确定向和瞄准的结果。对准是两个光通信终端建立通信链路和进行相互光通信的前提条件。

11.8.12　跟踪 tracking

〈空间光通信〉两个光通信终端之间在完成对准后动态调整，始终保持相互间对准状态的行为。跟踪是对目标锁定后的随动状态，要求高精度的机电或液压随动系统来执行。

11.8.13　捕获概率 acquisition probability

〈空间光通信〉由多种有关捕获的不确定因素所构成的总的捕获可能性。捕获概率是由对目标的不确定覆盖概率、信标光覆盖不确定区的概率、捕获探测器探测概率所决定的概率，按公式 (11-27) 计算：

$$P_{\text{acq}} = P_{\text{unc}} \times P_{\text{pt}} \times P_{\text{d}} \tag{11-27}$$

式中：P_{acq} 为捕获概率；P_{unc} 为对目标的不确定覆盖概率；P_{pt} 为信标光覆盖不确定区的概率；P_{d} 为捕获探测器探测概率所决定的概率。

11.8.14　等效噪声角 noise equivalent angle

〈空间光通信〉与跟踪探测器的探测灵敏度或噪声相关的影响总瞄准误差的角度或参数。四象限跟踪探测器的等效噪声角按公式 (11-28) 计算：

$$NEA = \frac{1}{SF\sqrt{SNR}} = \frac{\sqrt{N_0 \cdot B}}{SF(P_r \cdot R_d)} \tag{11-28}$$

式中：NEA 为等效噪声角；SF 为斜坡因子，rad^{-1}；SNR 为信噪比；P_r 为接收功率，W；R_d 为探测器灵敏度，A/W；N_0 为接收机噪声，A/Hz；B 为跟踪环带宽，Hz。NEA 与跟踪控制带宽的方根成正比，降低 NEA 的方法是选择更灵敏或低噪声的探测器。

11.8.15　瞄准误差 targeting error

〈空间光通信〉用径向角度瞄准偏差或用瞄准偏差概率分布的标准差描述的误差。瞄准误差是瞄准角不确定度所表达的误差。

11.8.16　系统突发误差 system emergency error

动态瞄准误差超过空间光通信系统误差分配中允许的瞄准误差上限时的误差。系统突发误差是瞄准角不确定度中某个小概率事件的误差。

11.8.17　系统突发概率 system emergency probability

出现动态瞄准误差超过空间光通信系统误差分配中允许的瞄准误差上限的概率。系统突发概率是瞄准角不确定度中某个小概率事件的概率。

11.8.18　空间光通信激光器 space optical-communication laser

用于建立空间光通信链路的空中平台承载的激光光源。空间光通信激光器的技术是光空间通信的关键技术之一。空间光通信激光器是考虑光通信效果最佳对激光器类型和性能的选择，主要应用的激光器集中在半导体激光器、固体激光器和光纤激光器类型上。

11.8.19　空间光通信探测器 space optical-communication detector

空间光通信系统中分别承担通信功能、激光光束捕获功能和跟踪入射光束以便返回光束功能的光探测器的总和。通信探测器主要采用 APD、PIN、CCD 等光探测器；跟踪探测器主要采用 CCD、QAPD、QPIN 等光探测器；激光光束捕获探测器主要采用 CCD、QAPD、QPIN 等光探测器。

11.8.20 光通信波长选择 optical-communication wavelength selection

综合考虑光传输波长的介质吸收影响和探测器波长灵敏度等因素使通信效果最佳而对激光波长的选择。空间光通信波长主要集中在采用 800nm、1060nm、1550nm 和 10.6μm 的波段上。空间光通信波长选择考虑的因素主要为：空间信道对不同波段的影响；不同波段的激光器调制性能不同，根据通信码速率对激光器调制性能的要求；通信距离对激光器输出功率的需求；不同波段的光束衍射极限角不同，由光束准直程度决定；通信接收和信标探测器性能的需求；不同波段背景光的影响程度；元器件发展程度和新技术的应用等。当前的空间光通信大多采用 800nm 和 1550nm 波段。

11.8.21 回转反射镜 rotation mirror

空间光通信系统中装在具有回转功能的结构平台上，放大望远镜的前方，能旋转角度对望远镜发出给对方的信标信号进行空间范围反射扫描发射或扫描对方信标发射的信号给望远镜接收的平面反射镜。采用回转反射镜的方式，成像光学系统、探测器、激光器等都可以固定。

11.8.22 回转望远镜 rotation telescope

空间光通信系统中装在具有回转功能的结构平台上，能旋转角度直接发出扫描信标信号和接收对方信号的望远镜。使用回转望远镜时，不需要同时使用回转反射镜。使用回转望远镜时，光通信的其他部分可采用固定方式。回转望远镜是实现长距离连接的装置。

11.8.23 回转组件 rotation module

空间光通信系统中使整个光通信终端机各部分同时回转的一体化组件。这种设计方式的组件重量较大，扫描视场也很大，接近于整个球空间。

11.8.24 望远镜结构形式 telescope construction mode

空间光通信系统中安于回转平台上，用作对准装置实现长距离通信链路链接的回转望远系统的组成结构关系，见图 11-26 所示。空间光通信系统的空间望远镜光学系统结构形式主要有离轴式牛顿望远系统、卡塞格林望远系统、离轴式格里高利望远系统、附加透镜式卡塞格林望远系统、附加施密特校正板式卡塞格林望远系统、马克斯托夫卡塞格林望远系统等。

图 11-26 望远镜结构图

11.8.25 分光方式 beam splitting mode

对于同时具有光发射和光接收功能的同光端系统，为了避免发射光经同一通道光学系统的光学元件反向散射干扰和湮没接收光信号所采取的分离光信号防止措施。分光方式主要有空间分光、光谱分光、时域分光、偏振分光四种方式。

11.8.26 空间分光 space beam splitting

在空间关系上将发射光通道与接收光通道分别以发射口径和接收口径分成两个通道的分光方式。这种方式的系统通常使用较大的光束发散角，主要应用于允许在发射和接收口径之间存在对准偏差及短距离通信中。空间分光是最朴素直观的分光思想。

11.8.27 光谱分光 spectrum beam splitting

通过使用双色分光片和适当的滤光片将发射光和接收光以不同波长分开的分光方式。这种方式可使发射光和接收光在同一光学系统通道中传播，对于很窄光束进行对准很有效，是一种理想的分光方式。

11.8.28 时域分光 time beam splitting

使光发射功能和接收功能分时段进行工作实现不干扰的分光方式。这种系统只用一个波长，并要求窄光束精确对准，但工作状态会受时间限制，如发射器工作时接收器停止工作。

11.8.29 偏振分光 polarization beam splitting

通过光学方法使激光输出的线性偏振光转化为圆偏振，经适当控制使发射端和接收端分别为左旋圆偏振光或右旋圆偏振光来区别接收光和发射光的分光方式。

11.8.30　反射镜材料 mirror material

具有空间环境适应性和加工工艺有利性的光学功能材料。空间光通信系统选择的反射镜材料主要有 SiC、Be、微晶玻璃、熔石英、Si、碳纤维复合材料 T300B 等。反射镜材料应密度小、线膨胀系数小、机械强度高、热膨胀性可调、抗热震性好、耐化学腐蚀、低介电损耗、电绝缘性好、可轻量化处理等，微晶玻璃是基本具有这些性能较理想的材料。

11.8.31　透镜材料 lens material

具有空间环境适应性和光学折射性能的光学材料。空间光通信系统选择的透镜材料常见的是 K9 玻璃，它具有成本低、稳定性好等优点。空间光通信透镜材料需要关注的性能主要有温差光学常数、线膨胀系数、弹性模量、密度、导热率、泊松比等。

11.9　可见光通信

11.9.1　可见光通信 visible light communication(VLC)

无需光纤等有线信道的传输介质，利用可见光波段的光作为信息载体，在自由空间中直接传输光信号的通信方式。

11.9.2　光保真技术 light fidelity(LIFI)

一种利用可见光波谱 (如灯泡发出的光) 进行数据传输的无线传输技术。光保真技术是用可见光来实现无线通信，即利用电信号控制发光二极管 (LED) 发出的肉眼看不到的高速闪烁信号来传输信息。

11.9.3　视距 line-of-sight(LOS)

〈光通信〉直视光通信中，通信两点间视线能及，空间波能直接传播到达的通信距离。视距也是通信用探测器能按直线途径接收和响应接收信号的距离。对于通信探测器不能按直线途径接收和响应的距离，将为被看成是视距之外的距离。因此，视距也是一个直线通信距离。

11.9.4　非视距 non-line-of-sight(NLOS)

〈光通信〉非直视光通信中，通信的两点视线受阻，彼此看不到对方，菲涅耳区大于 50％ 的范围被阻挡的通信距离。非视距不是直线的通信距离。

11.9.5　光线跟踪 ray trace

〈光通信〉通过跟踪与光学表面发生交互作用的光线从而得到光线经过路径轨迹的方法，也称为光迹追踪或光线追迹。光线跟踪是来自于几何光学的一项通用技术。

11.9.6　加性高斯白噪声 additive white Gaussian noise(AWGN)

〈光通信〉最基本的噪声与干扰模型。它的幅度分布服从高斯分布，而功率谱密度是均匀分布的，它意味着除了加性高斯白噪声外，$r(t)$ 与 $s(t)$ 没有任何失真，即 $H(f)$ 失真的。

11.9.7　多径反射 multipath reflection

〈光通信〉光波传播过程中，环境中有障碍物，例如天花板、地面、墙体等，接收端会接收到来自不同反射路径的传播信号的现象。多径反射是对信号的干扰因素。

11.9.8　光学天线 optical antenna

〈光通信〉一种用来接收或发射无线光信号的设备。光学天线包括发射的光学天线和接收的光学天线。光学天线通常为一种透射式光学物镜或一种反射式光学物镜，或透射式光学望远系统或反射式光学望远系统。

11.9.9　全向天线 omnidirectional antenna

一种用来接收或发射光信号的器件。在水平方向图上表现为 360° 均匀辐射，即无方向性，在垂直方向图上表现为有一定宽度的波束，一般情况下波瓣宽度越小，增益越大。

11.9.10　聚光比 concentrating ratio

光学天线的入射口径面积与光学天线出射口径面积之比，也称为能量收集率，是评价光学天线系统的最重要指标。

11.9.11　光学增益 optical gain

〈光通信〉同一探测器在加光学天线时探测面接收到的光功率与不加光学天线时探测面接收到的光功率之比，即加光学天线后等效有效面积与未加光学天线之前有效面积之比，按公式 (11-29) 计算：

$$G = \frac{S_1 - S_2}{S_0}\tau \tag{11-29}$$

式中：G 为光学增益；S_1 为入瞳面积；S_2 为遮光面积；S_0 为探测面积；τ 为系统的透过率。加光学天线可使探测器接收到更大面积的光，从而提高探测的功率。

11.9.12 强度调制直接检测 intensity modulation direct detection(IM/DD)

对强度调制的光载无线信号直接进行包络检测的方法。强度调制信号直接通过光电探测器即可恢复出原信号。强度调制光学通信系统的发送端信号内容是用强度调制的，接收端用检测器直接检测光信号可获得信号。

11.9.13 信道串扰 channel crosstalk

〈光通信〉可见光通信中，LED 光谱具有一定的带宽，随着信道个数的增加，信道间隔的减小，LED 光谱会出现重叠，因滤光片无法区分光谱重叠的部分，由此产生的信道互串干扰的现象。

11.10 紫外光通信

11.10.1 紫外光通信 ultraviolet communication(UVC)

以大气散射和吸收为基础，利用中紫外中的 200nm~280nm 日盲紫外波段的紫外光进行的无线光通信。紫外通信具有窃听率低、方位辨别率低、抗干扰能力强、全方位全天候工作等优点。紫外光通信有紫外光直视通信和紫外光非直视通信两类方式。无线紫外光通信的原理见图 11-27 所示。

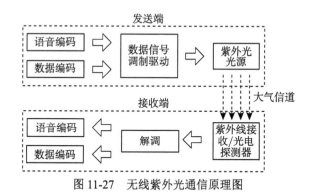

图 11-27   无线紫外光通信原理图

11.10.2 紫外光直视通信 ultraviolet direct sight communication

通信紫外光源发出的紫外光子沿直线直接传播到接收端的通信。紫外光直视通信是紫外光发射端与接收端对准的通信。按紫外光源光束发散角与接收视场角的对应关系，可分为三种类型：宽发散角发送-宽视场角接收；窄发散角发送-宽视场角接收；窄发散角发送-窄视场角接收。紫外光直视通信的上述类型分别见图 11-28 中的 (a)、(b) 和 (c) 所示。

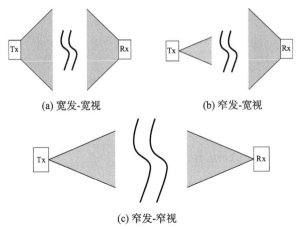

(a) 宽发-宽视　　　　　　(b) 窄发-宽视

(c) 窄发-窄视

图 11-28　无线紫外光直视通信类型图

11.10.3 紫外光非直视通信 ultraviolet non-line-of-sight communication

通信紫外光源发出的紫外光子经散射后传播到接收端的通信。紫外光非直视通信不需要进行对准、捕获和跟踪等复杂技术的应用，而且通信可绕过发送端和接收端的障碍物进行通信，即可绕道通信。紫外光非直视通信的类型有发送轴与接收轴平行同向、发送轴与接收轴斜-直相交和发送轴与接收轴斜-斜相交，分别见图 11-29 中的 (a)、(b) 和 (c) 所示。

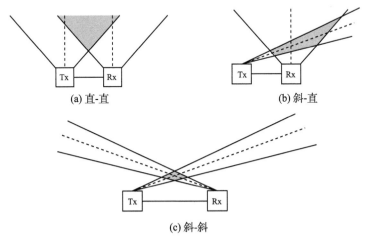

(a) 直-直　　　　　　　(b) 斜-直

(c) 斜-斜

图 11-29　无线紫外光非直视通信类型图

11.10.4　蒙特卡罗法 Monte Carlo method

〈紫外光通信〉以概率和统计理论方法为基础的一种计算方法，是使用随机数 (或更常见的伪随机数) 来解决很多计算问题的方法。常用于紫外信道模型的构建，以及紫外信道性能的仿真分析。也称为随机抽样或统计试验方法，属于计算数学的一个分支。蒙特卡罗方法能够模拟实际物理过程，解算问题的结果与实际非常符合，可以得到很圆满的结果。

11.10.5　大气湍流 atmospheric turbulence

〈紫外光通信〉大气中的一种重要运动形式，它的存在使大气中的动量、热量、水气和污染物的垂直和水平交换作用明显增强，远大于分子运动交换强度，是紫外通信中需要重点考虑的大气影响类型。大气湍流的存在会对电磁波在大气中的传播产生一定的干扰作用，会引起紫外光信号衰落、光强闪烁、光束扩展等。一般在长距离的紫外通信中，都需要考虑大气湍流对通信系统的影响。

11.10.6　散射通信 scatter communications

利用对流层及电离层中的不均匀性对电磁波产生的散射作用，进行的超视距的通信。散射通信可分为电离层散射通信、对流层散射通信和流星余迹通信。经过散射的电波能量向多个方向发送，在超视距远方接收点的信号能量将很微弱并有衰落现象，因此在散射通信系统中需要大功率发射机、高增益天线和高灵敏度接收机，并采用分集接收方式。散射通信是不需要直视的通信，可降低通信双方的位置选择要求。

11.10.7　相位函数 phase function

紫外光在大气中传播时会发生散射，瑞利散射和米氏散射同时存在，综合考虑两种散射得到统一的表征光子散射运动方向的总体散射分布的相位函数关系，用公式 (11-30) 表达：

$$p(\mu) = \frac{k_s^{\text{Ray}}}{k_s} p^{\text{Ray}}(\mu) + \frac{k_s^{\text{Mie}}}{k_s} p^{\text{Mie}}(\mu) \tag{11-30}$$

式中：$p(\mu)$ 为总体散射分布的函数；k_s 为总体散射系数；k_s^{Ray} 为瑞利散射系数；$p^{\text{Ray}}(\mu)$ 为瑞利散射相位函数；k_s^{Mie} 为米氏散射系数；$p^{\text{Mie}}(\mu)$ 为米氏散射相位函数。

11.10.8　时域响应 time domain response

反映紫外光通信中，发射的光子可以通过不同长度的多个路径到达接收机的时间概率分布。时域响应是表征紫外信道特性的一个重要参数。每个光子通过不同路径以一定概率随机到达接收机，时域响应按公式 (11-31) 计算：

$$h(t) = H_0 \cdot h_0(t) \tag{11-31}$$

式中：$h(t)$ 为在散射之后到达接收机的光子的传播时间的分布；H_0 为透射光子到达检测器的总概率；$h_0(t)$ 为在散射之前到达接收机的光子的传播时间的分布。

11.10.9　椭球坐标系 ellipsoid coordinate

由径向坐标 ξ、角坐标 η 和方位角坐标 ϕ 来唯一确定椭球面上任意点坐标，作为紫外光单次散射链路模型分析基础的坐标系，见图 11-30 所示。图 11-30 中，F_1 和 F_2 分别为椭球的两个焦点，r 为两个焦点间的距离，r_1 和 r_2 分别为椭球面上某点到两焦点的焦半径，Ψ_1 和 Ψ_2 分别为椭球的两个焦角，β_s 为散射角。这些参数分别按公式 (11-32) ~ 公式 (11-42) 计算。当 $\xi \to \infty$ 时，椭球成为一个圆；当 $\xi \to 1$ 时，椭球成为连接两焦点的线段。

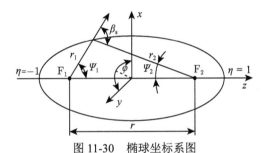

图 11-30　椭球坐标系图

$$r_1 = \left[x^2 + y^2 + \left(z + \frac{r}{2} \right)^2 \right]^{1/2} \tag{11-32}$$

$$r_2 = \left[x^2 + y^2 + \left(z - \frac{r}{2} \right)^2 \right]^{1/2} \tag{11-33}$$

$$\xi = \frac{r_1 + r_2}{r}, \quad 1 \leqslant \xi \leqslant \infty \tag{11-34}$$

$$\eta = \frac{r_1 - r_2}{r}, \quad -1 \leqslant \eta \leqslant 1 \tag{11-35}$$

$$\phi = \arctan(x, y), \quad -\pi \leqslant \phi \leqslant \pi \tag{11-36}$$

$$\beta_s = \Psi_1 + \Psi_2 \tag{11-37}$$

$$\cos \Psi_1 = \frac{1 + \xi \eta}{\xi + \eta} \tag{11-38}$$

$$\sin\Psi_1 = \frac{\left[\left(\xi^2-1\right)\left(1-\eta^2\right)\right]^{1/2}}{\xi+\eta} \tag{11-39}$$

$$\cos\Psi_2 = \frac{1-\xi\eta}{\xi-\eta} \tag{11-40}$$

$$\sin\Psi_2 = \frac{\left[\left(\xi^2-1\right)\left(1-\eta^2\right)\right]^{1/2}}{\xi-\eta} \tag{11-41}$$

$$\cos\beta_s = \frac{2-\xi^2-\eta^2}{\xi^2-\eta^2} \tag{11-42}$$

11.10.10　节点模型 node model

　　为保证紫外光通信节点的转发效果，对节点中的发射端和接收端所进行的空间位置布设的设置方案。紫外光通信的节点模型有柱形结构和半球形结构等节点模型，见图 11-31 中的 (a) 和 (b) 所示。由于发射端的价格便宜，而接收端的价格昂贵，一个通信节点上通常设置多个发射端和一个接收端，图 11-31 中，顶端点为接收端，侧面上的点为发射端。

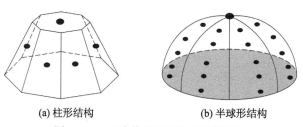

(a) 柱形结构　　　　　　　　　　(b) 半球形结构

图 11-31　无线紫外光通信节点模型图

11.10.11　源节点 source node

　　紫外光通信的节点中，承担发射通信信号功能任务的节点。源节点是发射端的节点。为了提高有效接收的概率，一般源节点的布设比较多。

11.10.12　目节点 receiver node

　　紫外光通信的节点中，承担接收通信信号功能任务的节点。目节点是接收端的节点。由于接收端的价格比较贵，一般目节点的布设比较少。如果是大范围的和远距离的通信，需要采取组网通信方式，网的节点通常既是发射端又是接收端，两个功能集中在一个节点中。

11.10.13　非直视共面 non orthoptic coplane

在紫外光的非直视通信中，紫外光光源发送端 Tx 的光锥中心轴线与紫外光探测器接收端 Rx 的接收光锥中心轴线在空间相交形成垂直于水平面的平面，见图 11-32 所示。非直视共面的模式下，紫外光光源发送端 Tx 的光锥中心轴线、紫外光探测器接收端 Rx 的光锥中心轴线在水平面的投影和发送端点 Tx 与接收端点 Rx 的连线三条线在同一条直线上。典型的非直视共面是发送端中心轴、接收端中心轴和 Tx 与 Rx 的连线三条线构成同一个平面，且为通过 Tx 和 Rx 并垂直于地平面的平面。

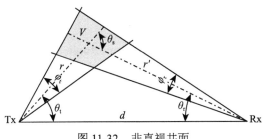

图 11-32　非直视共面

11.10.14　非直视非共面 non orthoptic non-coplane

在紫外光的非直视通信中，紫外光光源发送端 Tx 的光锥中心轴线与紫外光探测器接收端 Rx 的接收光锥中心轴线在空间不相交的空间几何形态，见图 11-33 所示。非直视非共面的模式下，紫外光光源发送端 Tx 的光锥中心轴线、紫外光探测器接收端 Rx 的光锥中心轴线在水平面的投影和发送端点 Tx 与接收端点 Rx 的连线三条线不在同一条直线上。且发送端的中心轴线与接收端的中心轴线不能构成一个平面。

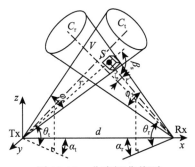

图 11-33　非直视非共面

11.10.15　有效散射体 effective scatterer

紫外发射光源照射空间形成的光束立体角空间区域中，在指定距离和位置可接收到由其散射出的规定紫外散射能量的对应散射的立体区域。

11.10.16　发送仰角 transmitting elevation angle

紫外通信光源向空间发射的紫外光束锥体中心线与地平面形成的最小夹角，或过紫外光束锥体中心线且与地平面垂直的平面中，中心线与地面线的夹角。

11.10.17　接收仰角 receiving elevation angle

紫外通信接收系统的空间接收视场锥体中心线与地平面形成的最小夹角，或过空间接收视场的锥体中心线且与地平面垂直的平面中，中心线与地面线的夹角。

11.10.18　发射发散角 transmitting divergence angle

紫外通信光源向空间发射的紫外光束锥体的立体角。发射发散角是发送端光源所发出的光束立体扩散角，发散角的大和小各有利弊。发散角大时接收端获取信号的范围大，但信号的强度弱；发散角小时接收端获取信号的范围小，但信号的强度强。

11.10.19　接收视场角 receiving view field angle

紫外通信接收系统接收紫外光信号的空间视场立体角。接收视场角是由接收端光电系统的视场大小决定的。接收视场大，有利于接收发送端发出的信号，但接收端的接收器的灵敏度就要高，因而成本也就高。

11.10.20　单次散射通信 single-scattering communication

无线紫外光通信的紫外辐射光子经过一次散射到达接收端的通信方式。单次散射通信在收发距离比较近时，发送端所发出的光可经单次散射到达接收端。单次散射通信的信道模型有共面单次散射模型和非共面单次散射模型。

11.10.21　多次散射通信 multiple scattering communication

无线紫外光通信的紫外辐射光子经过多次散射到达接收端的通信方式。当收发距离比较远或发送仰角比较大时，大部分光子需要经多次散射才能到达接收端，或者说通信的光子大概率是多次散射的。多次散射的信道模型是基于蒙特卡罗方法的非共面多次散射模型。

11.10.22　分集接收 diversity receiving

无线紫外光通信中，通过分散传输，使接收端能获得多个统计独立、携带同一信息的衰落信号，对这些信号进行集中合并的特定处理，降低信号电平起伏来减少衰落影响的接收技术。分集接收中的合并主要有最大比合并、等增益合并和选择比合并。无线紫外光通信信道带宽很窄,分集技术可以获得空间复用增益,从而增加信道容量。

11.10.23　分集方式 diversity mode

无线紫外光通信中,对相同的信号传输所采用的分散的技术途径。分集方式主要有空间分集、频率分集和时间分集。空间分集是对相同的信号,采用多个不同的地点位置来发送;频率分集是对相同的信号,采用多个不同的频率来发送;时间分集是对相同的信号,采用多个不同的时间段来发送。

11.10.24　信道衰落 channel fading

无线紫外光通信的紫外光子传输过程中,受到障碍物、多路径、强吸收等因素影响所造成的接收信号急剧下降的现象。信道衰落有慢衰落和快衰落两种。

11.10.25　信道慢衰落 channel slow fading

紫外通信光源发送的紫外光子信号传输过程中,由于受到由大气湍流所引起的信号光强起伏造成的衰落现象。慢衰落效应的本质是信号的局部中值随时间的变化,这种变化比较缓慢,因此称为慢衰落。

11.10.26　信道快衰落 channel fast fading

紫外通信光源发送的紫外光子信号传输过程中,由于受到大气中的强烈散射所引起的码间干扰造成的衰落现象。码间干扰引起接收信号波形展宽,对应时延扩展或者频率选择衰落。

11.10.27　路径损耗 path loss

紫外光子在传输介质中由于路径上的障碍物、吸收、散射等因素所引起的接收端光功率的损失。路径损耗有正常损耗和非正常损耗,非正常损耗是路径中出现了障碍物、强吸收、干扰等因素造成的。

11.10.28　无线网状网络 wireless mesh network(WMN)

具有自组网、自修复、多跳级联、节点自我管理等智能优势,能够借助多跳的通信方式以更低的发射功率获得同样的覆盖范围的一种新型无线组网技术,也称为无线 mesh 网络、多跳网络。无线 mesh 网络是一种高容量、高速率、覆盖范围广的通信网络,是无线紫外光通信优选的通信管理网络模式,适合紫外通信的特点需要。

11.10.29   紫外光源 ultraviolet light source

无线紫外光通信中，用于发送紫外光子的辐射源。紫外光源一般采用紫外激光器、紫外光灯 (如紫外光汞灯、紫外线金属卤化物灯、紫外线荧光灯、氙灯等)和紫外 LED。

11.10.30   紫外接收端 ultraviolet light receiver

无线紫外光通信中，由紫外滤光片、紫外光电探测器和紫外接收端电路组成的,用于接收紫外辐射源信号的紫外光子接收器。紫外光电探测器是将光信号转换为电信号的装置,常用的是光电倍增管,其光谱响应范围较宽,为 185nm~650nm。

第 12 章　微纳光学术语及概念

本章的微纳光学术语及概念主要包括理论与基础、元器件与系统、加工制造共三个方面的术语及概念。微纳光学的理论主要是波动光学中的麦克斯韦方程的电磁理论和衍射理论等，这些理论在第四章波动光学术语及概念中已写入，在本章就不再重复。部分成像特性、二元光学元件等内容在 "第 3 章　几何光学术语及概念" 和 "第 16 章　光学零部组件术语及概念" 等章中已写入的，在本章中也不再重复纳入。由于微纳光学这一章的内容篇幅不大，其加工制造具有微小化和精细的特殊性，因此，这部分有些内容就保留在本章中，而不归到本书的 "第 15 章　光学工艺术语及概念" 之中。

12.1　理论与基础

12.1.1　纳米光子学的理论 theory of nano-photonics

由纳米光场理论、纳米尺度物质的光学性质理论、纳米结构与光场的相互作用理论等构成的理论。组成纳米光学的主要理论所包含的各理论内容主要为：

近场光学理论，包括倏逝波、全内反射、角谱方法等；

周期纳米结构的光学性质，包括光子晶体的理论、光子带隙计算方法等；

纳米尺度物质的光学性质理论，包括量子点、量子线、量子阱的能级结构理论，纳米微粒电子能级不连续性的久保理论，纳米微粒的尺寸效应、表面效应、量子隧道效应等；

一维受限 (纳米尺度) 光学系统理论，包括光学薄膜理论、光学谐振腔理论 (光场量子化的光学谐振腔理论称为腔量子电动力学)、波导理论、表面等离子体激元理论等；

二维受限 (纳米尺度) 光学系统理论，主要是二维波导理论 (这种情形的表面等离子体激元模式的计算需要从全矢量波动方程出发通过数值计算得到)；

纳米探针、纳米小孔理论等；

纳米光子学的理论基础是光场的经典理论和纳米尺度物质系统的量子属性相结合的半经典理论。

12.1.2　二元光学 binary optics

基于光波衍射理论，利用计算机辅助设计和特种精细工艺，在基底上制作二台阶或多台阶的表面微结构实现光波相位变换光学元件的技术学科，又称为衍射光学 (diffractive optics)。"二元" 的名称来自于制作这类元件常采用黑白二元掩模光刻形成台阶或相位级。经过 N 次光刻的相位级数为 2^N 个。

12.1.3　横电波标量亥姆霍兹方程 Helmholtz equation of transverse electric wave

表达电磁波在平板波导传播中，横电波 (或磁波) 传播规律的波动方程，也称为横电波波动方程，或 TE 波方程，由公式 (12-1) 表达：

$$\frac{\partial^2 E_y}{\partial x^2} + \left(k_0^2 n_j^2 - \beta^2\right) E_y = 0 \tag{12-1}$$

式中：E_y 为波动的电场矢量；y 为平板波导界面的一个方向；x 为平板波导的限制方向 (垂直波导界面的方向)；$k_0 = \omega \sqrt{\varepsilon_0 \mu_0} = 2\pi/\lambda$，$\lambda$ 为真空中的光波波长；n_j 为波导衬底、导波层、覆盖层的折射率 ($j = 0, 1, 2$)；β 为等效波矢。横电波标量亥霍兹方程中，电场振动矢量方向与波传播方向垂直并分布在这个垂直横截面内，电场在波传播方向无矢量分量，磁场为具有波传播方向分量的波型，称为 TE 模或 H 模。当将公式 (12-1) 和公式 (12-2) 中的 β 项去掉和 n 的下标去掉时，就是平面波在线性、非色散和各向同性介质中传播的亥姆霍兹波动方程。

12.1.4　横磁波标量亥姆霍兹方程 Helmholtz equation of transverse magnetic wave

表达电磁波在平板波导传播中，横磁波 (或电波) 传播规律的波动方程，也称为横磁波波动方程，或 TM 波方程，由公式 (12-2) 表达：

$$\frac{\partial^2 H_y}{\partial x^2} + \left(k_0^2 n_j^2 - \beta^2\right) H_y = 0 \tag{12-2}$$

式中：H_y 为波动的磁场矢量。横磁波标量亥姆霍兹方程中，磁场振动矢量方向与波传播方向垂直并分布在这个垂直横截面内，磁场在波传播方向无矢量分量，电场为具有波传播方向分量的波型，称为 TM 模或 E 模。

12.1.5　微纳光学材料 micro-nano optical material

具有特定光学特性的微米以及纳米量级的精细结构材料的统称。微纳光学材料包含了许多新的光学特性，这些 "新" 的光学特性现象通常在宏观结构光学材料上无法出现，如光学超晶格、级联量子阱等现象。

12.1.6　纳米结构 nanostructure

尺寸介于分子和微米尺度间的一维、二维、三维物质结构。纳米结构物质的线度在 0.1nm~100nm 范围内，则称为纳米物体，这些物体的结构则称为纳米结构。

12.1.7　超构分子 ultra structure molecular

由人工为特定光传输目的设计和合成的非自然合成的特殊结构的分子。通过设计人工分子内部电场和磁场的耦合特性，改变材料物理环境的空间对称性，从而可实现人工设计的非线性光学材料。金属纳米颗粒组成的一维超构分子可出现奇特的自修复特性。

12.1.8　人工光学材料 artificial optical material

基于人工超构分子内部电场和磁场的耦合，通过对人工超构分子的组合与设计，实现对光波的精确设计和调控的材料。人工超构分子组合的人工光学材料主要有超构表面材料、开口谐振环、左手材料、隐身斗篷等。

12.1.9　光场操控 manipulation of light field

对光的偏振态、相位、振幅以及多参量空域的联合调整和控制，也称为光场调控 (light field regulation)。当今，偏振态调控自由度的引入以及新颖动量和角动量的出现，使得空间结构光场具有许多新颖性质。

12.1.10　超材料 metamaterial

具有天然材料所不具备的超常电磁性质的人工复合材料或复合结构的材料。目前人工发展出的这类"超构材料"包括负折射率材料光子晶体、左手材料、超磁性材料、隐身斗篷等。

12.1.11　超表面 metasurface

由亚波长尺寸的周期、准周期或者随机的单元构成，厚度远小于波长的一种超构材料的二维表面，也称为超构表面。超构表面利用每个单元结构对入射光场的强烈响应来改变局部光场的振幅和相位，以亚波长尺度对光场振幅与相位进行调制，进而实现对近场与远场的调控。

12.1.12　开口谐振环 split ring resonator(SRR)

由具有一个缺口的金属环所构成的一种磁性超构材料。开口谐振环相当于一个电感和电容组成的谐振电路，金属环可看成电感，缺口可看成电容。一对同心的亚波长大小的开口谐振环，缺口反向放置，可以有效地改变磁导率。这种双开口谐振环结构设计，在超构材料研究中常被用作许多超构材料磁单元的原型。

12.1.13　右手材料 right-hand material

介电常数 ε 和磁导率 μ 均为正值，电场、磁场和波矢三者构成右手关系 (或右手定则) 的材料。右手定则为：右手掌伸平，拇指指向波矢 k 方向，四指指向电场

强度 E 方向，四指旋转小于 180° 的与电场垂直的方向为磁场强度 H 方向。自然界存在的物质基本上都符合右手定则的。

12.1.14　左手材料 left-hand material

一种介电常数和磁导率均为负值，电场、磁场和波矢三者构成左手关系 (或左手定则) 的材料。电磁波在左手材料中传播时，波矢 k、电场 E 和磁场 H 之间的关系符合左手定则 (与右手定则对称的关系)，它具有负相速度、负折射率、理想成像、逆多普勒频移、反常切连科夫辐射等奇异的物理性质。

12.1.15　表面等离子体激元 surface plasmon(SP)

在金属表面存在的自由振动的电子与光子相互作用产生的沿着金属表面传播的电子疏密波。表面等离子体能够被电子也能被光波激发，其特性一般由金属表面结构所决定。在两种半无限大、各向同性介质和金属构成的界面，介质的介电常数是正的实数，金属的介电常数是实部为负的复数，用麦克斯韦方程，结合边界条件和材料的特性，可以计算得出表面等离子体激元的场分布和色散特性。

12.1.16　表面等离子体极化激元 surface plasmon polariton(SPP)

在金属-电介质或金属-空气界面上传播的处于红外或可见光波段的电磁波。表面等离子体极化现象既包含金属中的电子运动，也包含在空气或电介质中传播的电磁波。

12.1.17　表面等离子共振 surface plasmon resonance(SPR)

存在于金属和电介质界面上的一种自由电子的集群振荡。这种类型的电磁波在界面处场强最大，在垂直于界面方向随距离的增加成指数衰减。

12.1.18　量子效应 quantum effect

〈微纳光学〉材料特征尺度达到纳米尺度时，特别是当特征尺寸与电子的德布罗意波长可比拟或更小时，电子将表现出明显波动性的现象。当电子的运动在某个方向上被约束时，电子的能量被量子化。

宏观物体在温度降低或粒子密度变大等特定条件下，其个体组分会相干地结合起来，形成一个有机的整体，使整个系统产生量子效应，表现出量子性质。例如，原子气体的玻色-爱因斯坦凝聚、超导电性、超流性、约瑟夫森效应等。

12.1.19　量子点 quantum dot

在三个维度受到纳米级的限制，体尺寸在纳米级别，主要是由 IV、II-VI，IV-VI 或 III-V 元素组成的半导体材料。量子点有时也被称为 "人造原子"、"超晶格"、"超原子" 或 "量子点原子"。量子点是在三个空间方向上把激子束缚住的半导体纳米结构材料。

量子点的形状一般为球形或类球形，直径通常在 2nm~20nm 范围，自组装量子点的典型尺寸在 10nm~50nm 之间，组成的化学元素类型常有硅量子点、锗量子点、硫化镉量子点、硒化锌量子点、硒化镉量子点、碲化镉量子点、硫化铅量子点、硒化铅量子点、磷化铟量子点和砷化铟量子点等。通过对量子点 (这种纳米半导体材料) 施加一定的电场或光压，它们便会发出特定频率的光，而发出的光的频率会随着这种半导体材料的体尺寸的改变而变化，因此，通过调节这种纳米半导体的尺寸就可控制其发出的光的颜色。这种纳米半导体拥有类似于自然界中的原子或分子限制电子和电子空穴的特性。量子点的制造主要有化学溶液生长法、外延生长法和电场约束法三大类。

12.1.20 量子线 quantum wire

在两个维度上受到纳米级限制，导电性质受到量子效应影响的导线。这种效应描述载流子在两个维度上被限制的情况，如在 z 轴和 y 轴上被限制在一个很小的尺度为 d 的范围内 (线的横截面积为 d^2)，而在 x 方向可自由移动。量子线的直径越小，其量子效应就越明显，半导体线的电阻在直径 100nm 左右开始显示出明显的量子线特性，而金属线的直径要在原子量级才能显现出量子线特性。这种情况类似载流子在碳纳米管或者硅纳米导线中的运动。碳纳米管的管身由六边形碳环微结构单元组成，端帽部分为由含五边形的碳环组成的多边形结构，径向尺寸为纳米量级 (2nm~20nm)，轴向尺寸为微米量级，见图 12-1 所示。

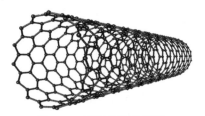

图 12-1　碳纳米管结构图

12.1.21 倏逝波 evanescent wave

由于全反射而在两种不同介质的分界面上产生的一种表面电磁波，也称为消逝波，衰逝波。倏逝波的幅值随垂直分界面方向深度的增大而呈指数式的衰减，而随切向方向改变相位。应用倏逝波的特性，可由将两块直角棱镜的斜面靠近来构成分束棱镜，通过改变两个棱镜斜面间的空气隙大小，来改变光束分光能量的比例。应用该特性，也可以在光纤的外层上加一光密物质来取出光纤内传播的光 (或光载的数据)。

12.1.22 超棱镜效应 superprism effect

在禁带附近的透射带内，光子晶体具有反常色散和各向异性的特点，利用这种特性对光子晶体中的光束传播方向进行控制，实现不同波长光束在空间上的色散分离的效应。

12.1.23 超透镜效应 hyperlens effect

物点的光束射入负折射率介质的入射界面后，在介质内部会聚为一个点，光波继续传播到介质的出射界面后，再次会聚形成像点，这种介质能在近场亚波长尺度补偿包括倏逝波振幅在内的傅里叶展开的各个部分，使光波所成的像既包含了传输波部分，又包含了承载物体细节信息的倏逝波部分，呈现出显著超出传统透镜成像分辨力的效应。负折射率介质光束会聚的原理见图 12-2 所示。超透镜效应可以使所成像保留了物具有的所有信息，物点聚焦为完美的像点，像的分辨力超出衍射极限，实现比传统透镜完美的成像。

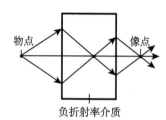

图 12-2 负折射率介质光束会聚原理图

入射光在正、负折射率介质界面间折射时，因折射角为负，所以点光源发出的球面波经负折射介质平板的第一个界面后，向负方向偏折，这会使光在透镜中会聚成一个像点，光波再经过负折射介质平板的第二个界面时再次负折射，在负折射介质平板的另一侧将会聚成另一个像点，这就是所谓光子晶体负折射的超透镜效应，亦称为光子晶体负折射的自聚焦效应。

12.1.24 标量衍射模型 scalar diffraction model

将衍射光学元件看作一无限薄曲面，曲面前的光场分布乘上衍射光学元件的复振幅透过率就可得到曲面后的光场分布的模型。标量衍射模型是基于标量衍射理论的复振幅透过率二维模型。用于设计结构周期尺寸大于等于十倍波长的微光学器件。在这种模型中，衍射与偏振态无关，光的性质与入射角、波长基本无关。

12.1.25 矢量衍射模型 vector diffraction model

通过求解边界约束的麦克斯韦方程组得到光场经过衍射光学元件后的反射场、透射场和衍射场的模型。矢量衍射模型适用于设计结构周期尺寸约等于波长的微光学器件。矢量衍射模型是基于矢量衍射理论的三维模型、严格模型。

12.1.26 光线追踪模型 raytrace model

从光的偏折来描述微光学的模型。光线追踪模型只作 ±1 级计算，是实用模型，也称为光线模型。光线追踪模型的核心是光线与物体相交的偏折计算，常用的模型有全息模型和无穷大折射率模型，前者沿用全息图的分析方法进行成像光线的光线追迹，后者沿袭传统光学元件初级像差分析得到衍射元件的初级像差特性。

12.1.27 等效折射模型 equivalent refraction model

结构周期尺寸小于等于十分之一波长的光折射模型。在等效折射模型中，光脱离共振区，衍射消失，只有 0 级存在，这时微结构相当于一层介质，称为等效介质。

12.1.28 光场有限元法 finite element method(FEM) of optical field

将求解区域看作由许多在节点处相互连接的小单元 (子域) 所构成，其模型可以给出基本方程的分片 (子域) 近似解的计算方法。由于单元 (子域) 可以被分割成各种形状和大小不同的尺寸，所以等效折射模型能很好地适应复杂的几何形状、复杂的材料特性和复杂的边界条件的光学性能的求解。

12.1.29 光场边界元法 boundary element method(BEM) of optical field

采用波动方程的积分形式表述衍射光学元件界面而非全部求解空间上的采样点的场及其法向导数，并且通过确定表面场分布，从而可推导出空间任意位置的衍射场分布的方法。

12.1.30 严格耦合波法 rigorous coupled wave analysis(RCWA)

假设衍射光学元件为无限周期结构，将电磁场在相位调制区按衍射级次展开成一系列已知特征函数的平面波分量，每个分量的振幅是周期结构参数的函数的分析方法。通过求解相位调制区的耦合波微分方程组可确定各个衍射级次的振幅。这种方法可以有效地分析全息光栅和表面浮雕光栅结构。

12.1.31 模态法 modal approach(MA)

将电磁场在相位调制区按特征模式进行展开，得到各电磁场模式系数的方法。例如，傅里叶模态法 (或严格耦合波分析法，RCWA) 是处理周期性结构 (尤其是衍射光栅) 电磁场问题的一种非常有效的工具。它将电磁场以及材料的介电常数进行傅里叶级数展开，通过求解矩阵的特征值、特征向量的问题来求解麦克斯韦方程。

12.1.32 时域有限差分法 finited-difference time-domain method(FDTD)

基于麦克斯韦方程用有限元求解衍射问题的数值计算法。时域有限差分法特别适合有限孔径非周期结构的衍射光学元件的计算与分析，是微光学与光波导分析的常用工具之一。

12.1.33　高折射率模型 high refractive index model(HRI)

运用折射光学元件来等价衍射光学元件时，设定折射率为很高的值而衍射微结构高度很小，来替代描述折射率无穷大而高度无穷小的结构的模型。在几何光学模型近似下，衍射光学元件以无限薄的表面微结构产生有限的光焦度。

12.1.34　贝里相位 Berry phase

由于偏振光的初末偏振态之间演化路径不同而产生的相位。当一个系统的哈密顿量依赖于一个随时间周期变化的参量时，在绝热近似条件下，系统在演化一个时间周期后，除了会累积一个固有的动力学相位以外，还会多出一个特殊的相位，这就是贝里相位。贝里相位不是由光程的不同而产生的，相同初末偏振态沿不同路径演化，彼此间会存在一个相位差，是贝里相位的空域几何结构的表现。

12.1.35　衍射极限 diffraction limit

一个理想物点经光学系统成像，得到的是一个弥散的夫朗禾费衍射像，衍射限制了像点不可能达到理想点尺寸 (无限小点) 的现象。因为一般光学系统的口径都是圆形，夫朗禾费衍射像就是所谓的艾里斑。这样每个物点的像就是一个弥散斑，两个弥散斑靠近后就不好区分为两个，这样就限制了系统的分辨率。衍射斑越大，能分辨两个点的间隔就越小，因此，也就限制光学系统的成像分辨率。

12.1.36　超衍射极限 super diffraction limit

采用近场成像时，把倏逝近场作为工作光子，倏逝近场的光子某方向的动量分量 K 可以大于光子频率 ω，根据不确定性原理，此时光子在这个方向上位置的不确定度可以小于 $1/\omega$，导致高频信息不丢失，成像光斑远小于衍射极限，从而可以提高分辨率的技术。

12.1.37　超分辨率 super-resolution

通过特定的技术拍摄物体 (前期) 或/和通过对拍摄物体的图像进行技术处理 (后期)，获得超出传统光学成像分辨力的技术。超分辨率技术有通过前期和后期两种技术途径来实现。前期技术途径是利用结构产生的近场倏逝波 (高频信息)，捕捉成像物体亚波长尺寸的信息，进而获得远高于传统光学成像分辨率的技术。后期技术途径是通过软件对低分辨率图像进行处理，最终重建出相应的高分辨率图像的技术。前期与后期相结构的途径之一是多次拍摄物体 (或观测信息)，通过图像处理获得超过原始图像的分辨率，即是以时间换空间的方法。这里的超是指超出所用仪器本身的分辨率。

12.1.38 透镜阵列压缩比 compression ratio of lens array

微透镜阵列通道面积除以微透镜阵列工作面积之商，也称为填充因子，用符号 C 表示。透镜阵列压缩比反映微透镜阵列系统有效工作面积 (通道面积) 所占整个工作面积的比率利用率，压缩比的数值越大，透镜阵列利用率越高，反之亦然。

12.1.39 光栅压缩比 compression ratio of grating

光栅衍射成像的所有光栅面积和除以光栅被光照射的整个图形工作面积之商。光栅压缩比反映的是光栅分束能量的集中程度，光栅压缩比越大说明光栅分束光能的集中度越高，反之越低。

12.1.40 透镜阵列能量利用率 energy utilization efficiency of lens array

微透镜阵列通道面积除以微透镜工作面积之商。透镜阵列能量利用率反映微透镜阵列系统的光能有效性利用的效率，能量利用率数值越大，能量利用率越高，反之亦然。

12.1.41 阵列均匀性 array uniformity

微透镜阵列中各单微透镜之间出射光束光强的一致性。体现在微透镜阵列中的各个阵列微透镜光学性能的一致性，一般这个指标的要求为不均匀性应小于 3%~5%。

12.1.42 光束均匀性 beam uniformity

微透镜阵列中，每个微透镜各自出射光束面积内的光照度的一致性。一般这个指标的要求为不均匀性应小于 3%~5%。

12.1.43 光电混合集成 hybrid optoelectronic integration

把光器件和电子器件集成为有某种光电功能的模块或组件，也称为光电混合集成模块或光电混合集成组件。

12.1.44 光波导 optical waveguide

引导光波在其内部或者附近传输的一种光学结构，又称介质光波导。光波导有集成光波导和圆柱形光波导两大类，集成光波导 (通常都是光电集成器件中的一部分，故称为集成光波导) 包括平面介质 (含薄膜) 光波导和条形介质光波导，圆柱形光波导通常为光纤 (光学纤维)。光波导的传输原理不同于金属封闭波导，其原理是电磁波在不同折射率介质的分界面上全反射使光波限制在分界面包围的区域内传播。

12.1.45 薄膜光波导 thin film optical waveguide

由介质薄膜构成，以低折射率材料作为外层或衬底的一种光波导。通常在折射率为 n_2 的基片 (砷化镓或玻璃等) 上，镀一层折射率为 n_1 的介质薄膜，再加上折射率为 n_3 的覆盖层制成，各折射率的关系为 $n_1 > n_2 > n_3$，以便将光波局限在介质薄膜内传播。

12.1.46　纳米物质 nanomaterials

尺寸为 0.1nm~1000nm 的超微粒构成的材料，也称为纳米材料。纳米物质既非微观物质也非宏观物质，属于介于两者之间的介观物质。纳米材料按空间维数、化学组成、物理性质、物理形态和应用场合进行分类。

按空间维数分为：零维纳米材料，三个维方向都受纳米尺寸限制；一维纳米材料，二个维方向都受纳米尺寸限制；二维纳米材料，一个维方向受纳米尺寸限制；三维纳米材料，由零维、一维和二维纳米材料为基本单元组成的纳米体块材料。

按化学组成分为纳米晶体、纳米非晶体、纳米陶瓷、纳米玻璃、纳米有机材料、纳米聚合物材料、纳米复合材料等。

按物理性质分为纳米金属、纳米半导体、纳米铁电材料、纳米磁性材料、纳米非线性材料、纳米超导材料、纳米热电材料等。

按物理形态分为纳米粉末、纳米纤维、纳米薄膜、纳米液体、纳米气体等。

按应用场合分为纳米电子材料、纳米光子材料、纳米生物医学材料、纳米传感材料、纳米储能材料等。

纳米材料具有许多特征长度，如电子的德布罗意波长、光衍射极限长度、超导相干长度、隧穿势垒厚度、铁磁临界尺寸等。纳米材料还有许多奇特的性质：力学上的高强度、高韧性；热学上的低熔点、高比热、高膨胀系数；化学上的高反应活性、高扩散率；光学上的近场 (倏逝场) 特性、极强光吸收、高非线性；磁学上的高矫顽力、超顺磁性等。

12.2　元器件与系统

12.2.1　衍射光学元件 diffractive optical element(DOE)

应用衍射原理实现成像或非成像光学功能，用特种精细工艺制造的光学元件。衍射光学元件能够在保持较高衍射效率的同时对光强分布进行精确控制。衍射光学元件按调制类型不同,可分为振幅型、相位型和混合型三类。衍射光学元件的设计理论可归结为正问题和逆问题两大类：根据已知的入射光场和衍射光学元件的特性,求解衍射光场的特性 (正问题)；根据已知的衍射场的某些特性信息，求解衍射光学元件某些未知特性或结构参数。衍射光学元件可以通过入射光波相位的调制，改变光波的传播方向、振幅、相位和偏振态，从而可产生许多折射光学元件不能实现的功能，其可实现的光学功能见图 12-3 中的 (a)~(o) 所示，图中衍射元件的左边为输入光波，右边为输出光波。衍射光学元件除了有多光学功能优点外，还具有体积小、重量轻、易复制、易实现等优点，广泛应用于光通信、光学传感、微机电系统、光计算、数据存储、生物芯片、激光医学、激光聚变等诸多领域。

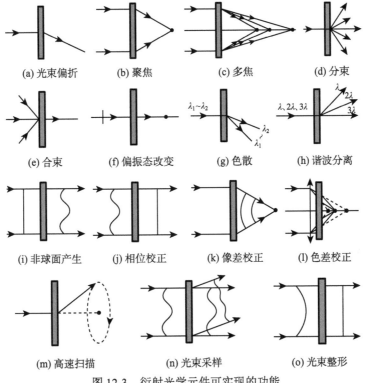

(a) 光束偏折　(b) 聚焦　(c) 多焦　(d) 分束

(e) 合束　(f) 偏振态改变　(g) 色散　(h) 谐波分离

(i) 非球面产生　(j) 相位校正　(k) 像差校正　(l) 色差校正

(m) 高速扫描　(n) 光束采样　(o) 光束整形

图 12-3　衍射光学元件可实现的功能

12.2.2　二元光学元件 binary optical element(BOE)

基于光波的衍射理论，利用计算机辅助设计，并用超大规模集成电路制作工艺，在片基上 (或传统光学器件表面) 刻蚀产生两个或多个台阶深度的浮雕结构，形成纯相位、同轴再现、具有极高衍射效率的一类衍射光学元件。

12.2.3　二元型微透镜 binary microlens

按衍射原理对光进行作用，用二元光学方法设计与加工形成的平面结构形式的微型尺寸的透镜。二元型微透镜的光束会聚或发散的功能，利用的是透镜平面上不同的振幅及相位分布，以衍射来形成光束的偏折。

12.2.4　分束元件 beam splitter element

能将一束波面光能均匀分布的光波，经过衍射光学元件特定设计的振幅相位分布调制，衍射后形成多个光束以不同方向传播的衍射光学元件。典型的分束元件有达曼光栅、塔尔博特光栅等。分束元件的分束成像方式有：在光栅后面加透镜，分束成像在透镜焦面上的远场分束；光栅不加透镜，分束成像在一特定近距离的近场分束。

12.2.5　光束整形元件 beam shaping element

　　能将某种函数的光能 (或光强) 分布关系的光束，经过衍射光学元件特定设计的振幅相位分布调制，衍射后形成预定函数的光能 (或光强) 分布关系的光束的衍射光学元件。典型的光束整形元件是将光能为高斯分布的光束整形为近平顶柱形或齿顶柱形的光能分布，光束整形前的高斯光能 (或光强) 分布见图 12-4(a) 所示，光束整形后的圆柱光能 (或光强) 分布见图 12-4(b) 所示。光束整形元件典型的振幅相位分布设计的算法主要有几何变换法、GS 算法 [盖师贝格 (R. W. Gerchberg) 和撒克斯通 (W. O. Saxton)]、杨顾算法、模拟退火混合算法、遗传算法、混合算法等。几何变换法、GS 算法、杨顾算法、模拟退火混合算法获得的整形光束在焦平面上的光强分布分别见图 12-5 的 (a)、(b)、(c) 和 (d) 所示。

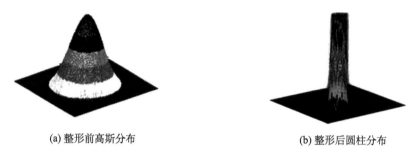

(a) 整形前高斯分布　　　　　　　　　　　　(b) 整形后圆柱分布

图 12-4　光束整形前后对比图

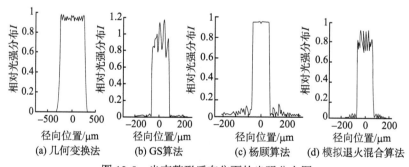

(a) 几何变换法　　　(b) GS算法　　　(c) 杨顾算法　　　(d) 模拟退火混合算法

图 12-5　光束整形后在焦面的光强分布图

12.2.6　达曼光栅 Dammann grating

　　具有特殊孔径函数的二值相位的远场分束光栅。达曼光栅的分束原理和一个周期的单元结构见图 12-6 所示。达曼光栅对入射光波产生的夫琅禾费衍射图样 (傅里叶谱) 是一定点阵数目的等光强光斑，完全避免了一般振幅型光栅因 sinc 函数强度包络所引起的谱点光强不均匀分布的问题，是一种远场分束的光栅。

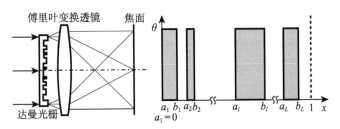

图 12-6　达曼光栅做分束原理及光栅单元结构

12.2.7 塔尔博特光栅 Talbot grating

具有特殊孔径函数的多阶相位的近场分束光栅。塔尔博特光栅用单色平面波照明，会在距光栅的某些分数塔尔博特距离处出现相似于周期物体的像，周期光斑点阵像见图 12-7 所示，这种无需透镜成像的现象称为塔尔博特效应，或自成像效应。对周期为 d 的物体，发生塔尔博特效应距离按公式 (12-3) 计算，分数塔尔博特距离按公式 (12-4) 计算。图 12-7 所示为压缩比为 36 的塔尔博特光栅的衍射光斑点阵。

$$Z_t = \frac{2Nd^2}{\lambda} \qquad (12\text{-}3)$$

$$z = \frac{Z_t}{n} \qquad (12\text{-}4)$$

式中：Z_t 为塔尔博特效应距离；d 为光栅的周期；N 为 1,2,3,$\cdots$ 等自然数；λ 为照明光的波长；z 为分数塔尔博特距离；n 为 2,3,$\cdots$ 等自然数。达曼光栅和塔尔博特光栅都可应用于分束和照明。

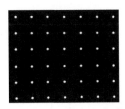

图 12-7　衍射光斑点阵

12.2.8 光纤布拉格光栅 fiber Bragg grating

纤芯折射率呈周期性变化的光纤，也称为光纤光栅 (fiber grating)。在纤芯内相位呈周期性分布，其作用的实质是在纤芯内形成窄带 (透射或反射) 滤波器或反射镜。利用这一特性可制造出许多性能独特的光纤器件。

12.2.9　体光栅 volume grating

一种物质在一个方向上折射率交替变化，形成一种空间布拉格光栅状态的三维物体光栅。光从横截面入射或者从侧面入射时，在光栅体内部发生布拉格衍射。

12.2.10　共振滤波器 resonance filter

由亚波长高度和间隔尺寸的结构组成，具高反射率的窄频段选择的单层光栅和多层光栅，也称为亚波长波导光栅。单层共振滤波器的结构见图 12-8 所示，图中，表层为空气，折射率 $n_a = 1.0$，基底层玻璃的折射率 $n_b = 1.52$，光栅周期 $d = 314nm$，光栅厚度 $h = 134nm$，光栅结构由高低两种折射率的材料组成，高折射率 $n_h = 2.1$，低折射率 $n_l = 2.0$，填充系数 $f = 0.5$；其反射率光谱曲线见图 12-9 所示，该共振滤波器在特定波长处发生全反射共振效应，TE 偏振波共振峰位置出现在 $\lambda = 550nm$ 处，而 TM 偏振共振峰位置为 $\lambda = 510nm$ 处，二者相差约 40nm，而对于其他波长都是低反射率。多层共振滤波器的结构见图 12-10 所示，图中，上述单层光栅结构的上表面和下表面分别各镀了一层均匀膜层，折射率分别为 $n_1 = 1.38$ 和 $n_3 = 1.62$，三层的厚度分别为 $h_1 = 100nm$、$h_2 = 134nm$ 和 $h_3 = 85nm$；其反射率光谱曲线见图 12-11 所示，多层共振滤波器的旁带在 450nm~700nm 波段范围得到很好的抑制，仅有 0.27%，共振峰的位置会随光栅周期的变化而发生变化，而对旁带反射率和旁带范围等不会产生影响，光栅周期分别为 290nm、310nm 和 330nm 时，TE 三个偏振波共振峰 TE_a、TE_b 和 TE_c 的波长位置分别为 $\lambda_a = 522nm$、$\lambda_b = 553nm$ 和 $\lambda_c = 585nm$ 处，多层共振滤波器的性能比单层共振滤波器的有显著改善。

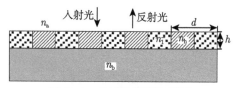

图 12-8　单层共振滤波器图

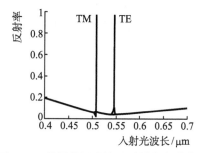

图 12-9　单层共振滤波器反射率光谱曲线

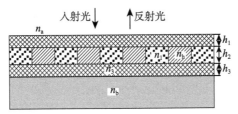

图 12-10　多层共振滤波器图

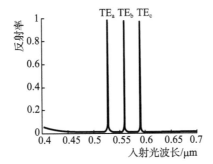

图 12-11　多层共振滤波器反射率光谱曲线

12.2.11　阵列波导光栅 arrayed waveguide grating(AWG)

多个波长复合的光经中心输入信道波导输出后,在输入平板波导内发生衍射,到达一组具有相等长度差的波导端面(等效凹面光栅)上进行功率分配并耦合到阵列波导区,经阵列波导传输到输出端,输出的光具有相同的相位差,输出平板波导对不同波长的光衍射角不同,使输出的光按波长进行了通道位置的分配,而实现光波解复的波导器件。阵列波导光栅主要由输入波导、输入星型耦合器、阵列波导、输出星型耦合器和输出波导组成,见图 12-12 所示(彩色图附书后)。阵列波导组每个单元相邻波导多出光程差 $n\Delta L$,相当于半径为罗兰直径的凹面光栅上产生的光程差 $d\sin\theta$。由于罗兰圆周上的任一点发出的光束,经凹面光栅衍射之后,一定聚焦在罗兰圆周的另一点上,因此,阵列波导的两端就相当于凹面光栅。阵列波导光栅通常用于波分复用系统中的光复用器,这些设备能够把许多波长的光复合到单一的光纤中,从而提高光纤通信的传播效率。阵列波导光栅基于不同波长的光相互之间无干涉的基本光学原理。这意味着如果每个通道使用有细微波长差别的光,许多通道的光能够被单一的光纤携带,且信号串扰可以忽略。

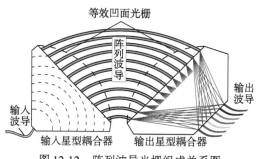

图 12-12   阵列波导光栅组成关系图

12.2.12   啁啾光栅 chirped grating

折射率变化不是等周期的光纤光栅。啁啾光栅的折射率变化的间隔从小逐渐变大为负啁啾光栅，或折射率变化的间隔从大逐渐变小为正啁啾光栅。

12.2.13   偏振衍射光学元件 polarized diffraction optical element

实现偏振分离和纵向 (横向) 光学强度调制功能的衍射光学元件。偏振衍射光学元件是能够对自然光提取偏振光成分形成偏振光的衍射光学元件。

12.2.14   微透镜阵列 micro lens array(MLA)

通光孔径及浮雕深度为微米级的透镜组成的光学功能阵列。微透镜阵列不仅具有传统透镜的聚焦、成像等基本功能，而且具有单元尺寸小、集成度高的特点，使得它能够完成传统光学元件无法完成的功能，并能构成许多新型的光学系统。微透镜阵列有折射型和衍射型两类微透镜阵列，主要有波前传感、光聚能、光整形等功能。

12.2.15   非成像微光学阵列 non-imaging microoptical array

以聚能为主要目的，起提高光能利用率的作用，由大量微小光学元件组成的阵列。这类阵列 (其微光学元件是微透镜) 已用于焦平面阵列和平板显示器中。

12.2.16   光束变换器 beam converter

利用衍射光学原理设计与加工的，完成传统光学无法实现的一些光学功能的器件或元件。光束变换器分别有光束整形、光束变换、光互联等。

12.2.17   微透镜 microlens

透镜结构尺寸在毫米级或者以下,用传统的光学加工方法无法加工的透镜。微透镜包括折射型微透镜和衍射型微透镜。微透镜制作的加工方法主要有热熔法、金刚石切削法、光刻法、激光加工法等。

12.2.18 折射型微透镜 refractive microlens

按折射原理对光进行作用，能获得大数值孔径和短焦距的微型尺寸的透镜。折射型微透镜的光束会聚或发散的功能，仍然是利用球面或非球面来形成光束的偏折。

12.2.19 衍射型微透镜 diffractive microlens

按衍射原理对光进行作用，具有衍射透镜对光束进行偏折、会聚、分束、合束、色散、谐波分离、偏振态改变等功能的微型尺寸的透镜。衍射型微透镜有连续浮雕衍射微透镜、多台阶衍射微透镜、亚波长衍射微透镜等。

12.2.20 连续浮雕衍射微透镜 continuous relief diffraction microlens

按照菲涅耳波带板原理将连续相位分布折射透镜演化为按 2π 模分布的衍射微透镜。

12.2.21 多台阶衍射微透镜 multi-step diffraction microlens

将透镜通光口径中的光波通过路径的相位离散化，采用 n^2 等级的相位台阶，形成近似连续浮雕结构形态的衍射微透镜，见图 12-13 所示。

图 12-13　多台阶衍射微透镜结构示意图

12.2.22 亚波长衍射微透镜 subwavelength diffraction microlens

将透镜通光口径中的光波通过路径的相位，按亚波长非周期的二台阶结构来构建的衍射微透镜，见图 12-14 所示。亚波长衍射微透镜是在连续浮雕衍射微透镜和多台阶衍射微透镜的基础上，采用更复杂的电磁场计算方法来设计的，其衍射效率约为 60%，具有较好的聚集性能。

台阶深度

图 12-14　亚波长衍射微透镜结构示意图

12.2.23 混合型微透镜 hybrid microlens

以衍射型微透镜和折射型微透镜混合组成的，具有消色差功能，能实现高像质的组合微透镜。

12.2.24　亚波长光学元件 subwavelength optical element (SOE)

微结构尺寸与入射光波长相近或更小的周期结构的衍射光学元件。例如，亚波长周期光栅、矩形亚波长光栅、亚波长光栅反射滤波器、亚波长衍射微透镜等。

12.2.25　PB 相位光学元件 Pancharatnam-Berry phase optical element (PBPOE)

基于计算机产生的连续位置变量的亚波长格栅相位，不是由光程的不同而产生的，而是因为偏振的变化引起的，利用这个效应产生需要的相位波前的光学元件。PB 相位是与光的偏振相关的几何相位，基于亚波长光栅的 PB 相位光学器件可以得到任意想要的相位。有人利用 PB 相位的原理制作了适用于圆偏振光入射的介质超表面，实现了半波片、棱镜、透镜等光学器件的功能。

12.2.26　微结构薄膜 microstructure film

具有周期性微结构的衍射功能的薄膜。微结构的周期小于等于十分之一波长时，衍射消失，只有零级存在。微结构薄膜相当于表面接上一层薄膜 (一层等效介质)，实际上是在同一材料上的一体结构，因此，结构和性能稳定。

12.2.27　偏振调焦透镜 polarization focusing lens

基于量子化 PB 相位衍射光学元件的衍射光学元件。例如，通过控制微结构单元光轴方向实现对圆偏振光的调控来构建的基于 PB 相位的等离子体超透镜。

12.2.28　谐衍射透镜 harmonic diffractive lens(HDL)

在透镜通光口径的通道上，相邻环带间的光程差是设计波长 λ_0 的二倍或以上波长整数的衍射透镜，其结构见图 12-15 所示。在设计衍射元件时，透镜的折射率为 n，邻环带间的光程差为 $P\lambda_0(P \geqslant 2)$，使整个波段内多个波长具有相同光焦度 (使几种波长的光波会聚在同一位置)，克服衍射器件存在较大色差的缺点，同时使衍射器件边缘的微结构周期加大的衍射透镜。

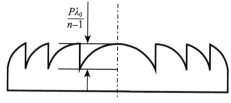

$$\frac{P\lambda_0}{n-1}$$

图 12-15　谐衍射透镜示意图

12.2.29　螺旋相位元件 spiral phase element

产生螺旋相位分布光束的元件。螺旋相位元件是一种新型的衍射光学元件，螺旋相位板是该类元件中的一种。螺旋相位分布光束有个黑的中心点且能够传递角动量。螺旋相位板 (vortex phase plate, VPP) 可以产生具备涡旋的特殊光场，入射平面波穿过 VPP 后产生的涡旋光束是一种具有相位奇点、螺旋型波前和确定轨道角动量的特殊光场，在束缚微小粒子、量子信息传输、光梯度力研究等领域有着广泛应用。

12.2.30 超表面透镜 metasurface lens

利用超表面技术在表面布设由大量的亚波长尺寸的散射体构成的面阵，通过精确控制每个单元的结构来控制光的相位变化，实现透镜的光会聚功能的透镜，其表面结构见图 12-16 所示。超表面透镜可采用两种原理来设计：一种是针对线极化光的，将每个散射体作为亚波长谐振腔，通过改变谐振腔的尺寸，来控制光波的相位；另一种是针对圆极化光的，通过控制每个散射体的旋转角度，来控制光波的相位。超表面透镜能够实现亚波长和微米级聚焦，具有结构超薄、分辨力高 (1.5 倍) 等突出优点，具有可能取代手机、显微镜、照相机等传统镜头的潜力。

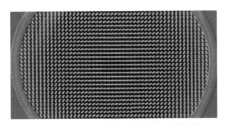

图 12-16　超表面透镜结构示意图

12.2.31 分布式布拉格反射器 distributed Bragg reflector(DBR)

由不同材料组成的多层结构构成，每层具有不同的折射率或者不同的结构，进而在波导中实现周期性变化的有效折射率分布，用于波导中的反射器。这种反射器当每层的厚度小于真空中的波长时，光经过不同层之间的界面发生反射，进而产生相干叠加，得到反射率很高的反射光。这些反射率很高的波长范围通常被称为光子禁带，与之对应的光波无法进入结构中。

12.2.32 分布反馈布拉格结构 distributed feedback Bragg structure (DFBS)

利用折射率周期变化的光栅结构来提供反馈，以实现光波导的纵模选择的布拉格光栅结构。

12.2.33 纳米光子存储器 nano photon memory

采用纳米尺寸的金属杆 (杆长度约 20nm) 为存储介质，用激光脉冲的重复频率和偏振态来控制存储性能的存储器。该存储器属于第三代存储器，是五维 (三维空间加两个相互垂直的等离子体共振维) 的金属纳米杆存储器，存储过程用双光子激发和多光子荧光读出技术，可将存储密度提高 3 个数量级。

12.2.34　微纳光学天线 micro-nano optical antenna

用于光频段，原理类似于传统偶极天线，可以在光频波段实现传播光与局域场的有效相互转换，进而实现光波前的调制，尺度需接近乃至小于光的波长，在微米或纳米级别的微纳元件。

12.2.35　光学微腔 optical microcavity

利用在折射率不连续的界面上的反射、全反射、散射或者衍射等效应，将光限制在一个很小的区域的一种尺寸在微米量级或者亚微米量级的光学谐振腔。光学微腔不同于谐振腔，通常不是分立元件，光学微腔的典型特点就是集成化的或片上集成的，作为一种低阈值激光微腔，在集成光学和信息光学等领域有很好的应用前景。

12.2.36　光学微腔调制器 optical microcavity modulator

运用光学微腔结构，实现包括相位调制、电光调制等光电调制功能的调制器。光学微腔结构的形态主要有微球腔、微盘腔、微环腔和微芯环腔等。

12.2.37　光学微腔滤波器 optical microcavity filter

由输入输出波导和它们之间的微谐振腔构成，具有等频率间隔的纵模，品质因子很高，谱线窄，当从输入波导输入端进入一个宽频光信号时，其中与谐振腔谐振波长相同的光波可以通过谐振腔和直波导的耦合进入谐振腔，然后再耦合到输出波导，而非谐振波长处的入射光波将无法耦合进入谐振腔，进入谐振腔的光波在输入波导中传播至透射端，从而实现滤波的功能器件。

12.2.38　微光机电系统 micro-opto-electro-mechanical system(MOEMS)

微光学技术与微机电系统技术结合建立的微系统，也称为光学微机电系统(optical MEMS)。微光机电系统是当前性能最佳、精度最高、知识密集度最高的微系统。

12.2.39　信息微系统 information micro system(IMS)

将外界信息通过微机电系统或微光机电系统技术来实现功能或动作的系统。信息微系统是广泛意义上的微系统，集微型机构、微型传感器、微型执行器以及信号处理和控制电路于一体，甚至还同时将通信和电源灯集成于一体的器件或系统。

12.2.40 纳光机电系统 nano-opto-electro mechanical system(NOEMS)

微结构尺度在纳米量级上 (不大于百纳米级) 的微光机电系统。纳光机电系统应用仿生学原理,为新型纳光机电系统的设计提供创新思想,以结构、器件和系统三个层次来构建纳光机电系统。例如,研发自主导航、救援侦察、爬行机器人、减振降噪等方面的纳光机电系统样机。

12.2.41 混合光学系统 hybrid optical system(HOS)

将微光学中的光学元件包括二元光学元件 (衍射系统) 与传统光学元件 (折/反系统) 结合形成的一种新型光学系统,也称为折/衍混合光学系统 (hybrid refractive/diffractive optical system,R/D HOS)。

12.3 加 工 制 造

12.3.1 微加工 micro fabrication technology(MFT)

用于加工微机电系统或微光机电系统这种微小器件的方法与技术,也称为微制造技术或细微加工。微加工是制造微米级或更小的微型结构的技术,早期的微加工只是用于集成电路制造,现代的微加工扩展到了微机电系统、微系统、微机械、MOEMS、RFMEMS、PowerMEMS、BioMEMS,进一步深化到纳米级 NEMS。

12.3.2 光刻分辨率 photoetching resolution

由光刻物镜数值孔径、光源波长和工艺因素所决定的能刻蚀图案的最小间隔尺寸。光刻工艺的分辨率按公式 (12-5) 计算:

$$R = K\frac{\lambda}{NA} \tag{12-5}$$

式中:R 为光刻分辨率;K 为工艺因子;λ 为光刻光源的波长;NA 为光刻物镜数值孔径。

光刻分辨率是抗蚀剂的重要指标之一,表明抗蚀剂所能达到的工艺节点,决定抗蚀剂的工艺适应范围。

12.3.3 光学分辨率增强技术 optical resolution enhancement technology

采用缩短光刻曝光光源的波长和增大光刻物镜的数值孔径的方法来提高投影光刻系统的分辨率的技术。缩短光刻光源波长的技术方向是采用极紫外或 X 射线光源;增大物镜数值孔径一方面是提高物镜的相对孔径,另一方面是使物镜工作在高折射率液体中。

12.3.4　光学邻近效应 optical proximity effect(OPE)

光学光刻过程中，由光的衍射引起的，使得基片上的图形和掩模板上的图像尺寸失去对应关系的效应。邻近效应带来图形失真，将会降低光刻工艺的加工精度。

12.3.5　光学邻近效应校正 optical proximity effect correction(OPEC)

事先估计邻近效应畸变大小，在掩模板设计时通过预修正来进行补偿的技术。光学邻近效应校正技术的基本原理是进行振幅控制，即在需要曝光的地方添加光，在不需要的地方减少光，通过改变掩模板设计来控制衍射光。

12.3.6　移相掩模 phase shift mask(PSM)

在光掩模的某些透明图形上增加或减少一个透明的介质层，形成的局域移相器，使光波通过这个介质层后产生 $180°$ 的相位差，与邻近透明区域透过的光波产生干涉，抵消图形边缘的光衍射效应，提高图形的光分辨率的技术。

12.3.7　离轴照明 off-axis illumination(OAI)

采用倾斜照明方式，用从掩模图形投射过的 0 级光和其中一个 1 级光衍射光成双光束像的技术。离轴照明可提高分辨率和明显改善焦深。

12.3.8　扫描式电子束曝光 scanning electron beam exposure

用细电子束在基片表面的电子束抗蚀剂上进行直接照射扫描的电子束曝光(或光刻，lithography) 技术。电子束曝光技术是在电子显微镜的基础上发展起来的，最初利用电子显微镜在薄膜上制作高分辨率图形。现已研究开发了光栅扫描曝光技术等一系列新技术。由于电子束曝光技术具有极高的分辨率和灵活性，它在亚微米和纳米器件的研制和生产中发挥着重要作用。

12.3.9　投影式电子束曝光 projection electron beam exposure

从特殊掩模获得的电子束图像在电子束抗蚀剂上进行成像照射的电子束曝光（或光刻，lithography）技术。由于投影式电子束曝光可以直接制备版图且版图易修改，因此在掩模板制作方面具有重要地位。

12.3.10　电子束抗蚀剂 electron beam resist(EBR)

受到电子束照射后发生化学反应变成可溶或不可溶的有机高分子化合物，也称为电子束光刻胶。电子束抗蚀剂分为正型电子束抗蚀剂和负型电子束抗蚀剂，正型电子束抗蚀剂经电子束照射后会断裂分解，而负型电子束抗蚀剂经电子束照射后会交联不溶。通常，正型的分辨率高于负型的，而负型的灵敏度高于正型的。

12.3.11 离子束曝光 ion beam exposure

在真空条件下将氩、氪、氙等惰性气体通过离子源产生离子束，经加速、集束、聚焦后对光致抗蚀剂曝光的技术。

12.3.12 X 射线曝光 X-ray exposure

以 X 射线为光源，透过 X 射线掩模，照射基片表面的 X 射线抗蚀剂的曝光技术。即使是软 X 射线的波长也比极紫外光的还短，短波长的光源有利于提高光刻曝光图案的分辨率，因此，X 射线曝光是一种极高分辨率图案光刻的要素。

12.3.13 掺杂 doping

用人为的方法将所需要的杂质以一定方式掺入到半导体基片规定的区域内，并达到规定的数量和符合要求的分布的技术。掺杂是制作光放大、变折射率等微纳光学元件的一种重要技术。

12.3.14 热扩散 thermal diffusion

微观粒子使浓度趋于均匀的一种热运动。热扩散是通过粒子间无规则的热运动渗透或相互渗透来实现粒子浓度的均匀化。

12.3.15 离子注入 ion implantation

将离子束射入到材料中去，离子束与材料中的原子或分子将发生一系列物理的和化学的相互作用，入射离子逐渐损失能量，最后停留在材料中，并引起材料表面成分、结构和性能发生变化，从而优化材料表面性能，或获得某些新的优异性能的技术。

12.3.16 湿法刻蚀 wet etching

用特定的化学溶液，溶解掉基底材料上经过物理作用后预定要去除部分的技术。湿法刻蚀是通过曝光、显影和定影过程去掉不需要的图案部分的物理化学刻蚀方法。

12.3.17 干法刻蚀 dry etching

用离子束等非液体物质的动能作用，打掉基底材料上预定要去除部分的技术。干法刻蚀是通过高速粒子的动能作用，去掉不需要的图案部分的物理刻蚀方法。

12.3.18 离子束刻蚀 ion beam etching

利用有一定动能的惰性气体来轰击基片材料表面，去除掉材料表面不需要部分的一种干法刻蚀方法。

12.3.19　聚焦离子束加工 focused-ion-beam machining

在电场和磁场作用下，将离子束聚焦到亚微米量级，通过偏转系统和加速系统控制离子源，实现微纳米结构的无掩模加工的技术。

12.3.20　电子束直写 electron beam lithography

利用强度可变的电子束对基片表面的抗蚀材料实施变剂量曝光，显影后便在抗蚀层表面形成要求的浮雕轮廓，以此方法制作衍射光学元件的加工技术。

12.3.21　激光束直写 laser beam lithography

利用强度可变的激光束对基片表面的抗蚀材料实施变剂量曝光，显影后便在抗蚀层表面形成要求的浮雕轮廓，以此方法制作衍射光学元件的加工技术。

12.3.22　灰度掩模法 grey scale mask

在掩模平面不同位置提供可变的透过率，单一灰度掩模含有一组二元掩模的相位信息，在经过一次光刻和刻蚀后得到所需的衍射光学元件的加工技术。

12.3.23　气相法 vapor phase method

在纳米材料制备过程中，源物质为气相物质或者通过一定的过程转化为气相物质，再将气相物质转变为固相物质，形成所需物质的方法。

12.3.24　化学气相沉积法 chemical vapor deposition(CVD)

〈微纳光学〉利用气态物质在气相或气固界面上发生反应来生成固态沉积物的方法。化学气相沉积法主要经过反应气体向基体表面扩散、反应气体吸附于基体表面、在基体表面上发生化学反应形成固态沉积物及产生的气相副产物脱离基体表面三个过程。化学气相沉积法反应主要有热分解反应、化学合成反应和化学传输反应等。化学气相沉积法是制备半导体薄膜常用方法，通过加入表面镀有催化剂的衬底，可用来制备一维的纳米材料。

12.3.25　激光烧蚀法 laser ablation method

用一束高能脉冲激光辐射靶材表面，使其表面迅速加热熔化蒸发，随后在衬底上冷却结晶制备材料的方法，又称为热蒸发法 (thermal evaporation)。激光烧蚀法制备的纳米材料包括纳米薄膜、纳米线和纳米颗粒。

12.3.26　液相法 liquid phase method

在纳米材料制备过程中，以化学溶液作为介质传递能量，从而制备得到纳米材料的方法。

12.3.27　双光子聚合 two-photon polymerization

在强激光作用下,物质的一个分子同时吸收两个光子后所引发的光聚合方法或过程。双光子聚合是强激光下光与物质相互作用的现象,属于三阶非线性效应的一种。利用了双光子吸收过程对材料穿透性好、空间选择性高的特点,可应用于三维微加工、高密度光储存及生物医疗等领域。

12.3.28　纳米压印技术 nanoimprint technique

通过光刻胶辅助,将模版上的微纳结构转移到待加工材料或基底上的一种微纳加工技术。纳米压印技术主要有热压印、紫外压印和微接触压印三类。据报道,加工精度已经达到 2nm,超过了传统光刻技术达到的分辨率。

12.3.29　电子束刻蚀 electron beam etching

通过控制高能电子束在电子束敏感材料(电子束光刻胶)上引起的物理或化学变化来制备掩模板的一种微纳加工技术。

12.3.30　高温拉伸法 high-temperature tensile

通过对材料的待加工位置进行升温,使其软化并改变其材料性质,提高延展性,借助机械力进行拉伸,最终实现粗细为微米甚至纳米级的纤维材料的一种微纳加工技术。